# COURS COMPLET

## D'AGRICULTURE

THÉORIQUE, PRATIQUE, ÉCONOMIQUE, ET DE MÉDECINE RURALE ET VÉTÉRINAIRE.

*Avec des Planches en Taille-douce.*

# COURS COMPLET D'AGRICULTURE

THÉORIQUE, PRATIQUE, ÉCONOMIQUE, ET DE MÉDECINE RURALE ET VÉTÉRINAIRE;

SUIVI d'une Méthode pour étudier l'Agriculture par Principes :

*OU*

# DICTIONNAIRE UNIVERSEL D'AGRICULTURE;

*PAR une Société d'Agriculteurs, & rédigé par M. L'ABBÉ ROZIER, Prieur Commendataire de Nanteuil-le-Haudouin, Seigneur de Chevreville, Membre de plusieurs Académies, &c.*

TOME SIXIÈME.

*A PARIS,*

RUE ET HÔTEL SERPENTE.

M. DCC. LXXXV.

*AVEC APPROBATION ET PRIVILÉGE DU ROI.*

# COURS COMPLET

## D'AGRICULTURE

### THÉORIQUE, PRATIQUE, ÉCONOMIQUE, ET DE MÉDECINE RURALE ET VÉTÉRINAIRE.



JARDIN. Espace quelconque de terrein, ordinairement entouré par des murs, ou par des fossés, ou par des haies, sur lequel on cultive séparément, ou des arbres, ou des légumes, ou des fleurs, ou le tout ensemble. Ces trois objets déterminent toutes espèces de jardins. On peut cependant ajouter un quatrième ordre, aujourd'hui appelé *jardin anglois*, qui renferme les trois premiers, & bien au-delà, puisque jusqu'aux prairies, aux terres labourables, aux forêts, &c. sont de son ressort & entrent dans sa composition. Il s'agit de toutes les espèces de jardin, & sur-tout du jardin potager & fruitier, à cause de leur utilité.

*PLAN du Travail.*

## CHAPITRE PREMIER.

### *DU JARDIN POTAGER OU LÉGUMIER.*

On doit faire une très-grande différence entre celui de l'homme riche & celui d'un simple particulier; du jardin maraicher, à la porte d'une grande ville ou dans les campagnes. La disparité est encore plus forte entre les légumiers des provinces du nord, que l'on arrose à bras, & ceux des provinces du midi, arrosés par *irrigation.* (*Voyez* ce mot essentiel à lire.)

La richesse enfante le luxe, & le luxe multiplie les besoins, sur-tout les besoins superflus. Le financier veut à prix d'argent soumettre la nature à ses goûts; rapprocher, pour ainsi dire, les climats, afin d'obtenir leurs productions diverses; & aidé par l'art, jouir des présens de Pomone au milieu des rigueurs de l'hiver. Ces jouissances à contre-temps flattent la vue & la vanité; le goût l'est-il? C'est ce dont on se soucie bien peu. Delà le potager de l'homme riche doit avoir, au moins dans une partie, des quarreaux entourés & coupés par des murs, afin d'y placer les couches, les chassis vitrés, les serres chaudes, &c.; le maraicher voisin des grandes villes où les fumiers de litière sont très-abondans, obtient à peu près les mêmes effets par des soins multipliés & jamais suspendus, par des abris formés avec des roseaux, des paillassons autour de ses couches, couvertes avec des cloches de verres, & de paille longue au besoin. Le maraicher des campagnes, ou voisin d'une petite ville, profite des abris naturels, s'il en a, & attend patiemment que la saison de semer & de planter soit venue, suivant le climat qu'il habite.

Un Parisien qui voyage est tout étonné de ne pas trouver dans les provinces qu'il parcourt, les légumes aussi avancés que dans les environs de la capitale. Il y a un mois, dit-il avec un air de satisfaction, que l'on y mange des laitues pommées, des petits pois, des melons, &c. &c.; & aussitôt il conclut que les maraichers & jardiniers de l'endroit sont des ignorans. Tel est le langage de l'homme qui juge & tranche sur tout sans avoir auparavant examiné s'il est possible de cultiver autrement dans les provinces, c'est-à-dire, si le jardinier voulant & pouvant très bien cultiver comme dans les environs de la capitale, retireroit un produit capable de le dédommager de ses avances.

Les primeurs sont chèrement payées à Paris sur-tout, parce que l'argent y regorge: le litron de petits pois, qui y est vendu jusqu'à 200 livres, vaudroit un petit écu dans les provinces, & encore la vente en seroit douteuse. Cependant, pour se procurer cette primeur, le maraicher de province auroit été obligé de faire les avances de chassis vitrés, de cloches & d'une quantité de fumier de litière, soit pour les *couches*, soit pour les *réchaux* (*voyez* ces mots) : mais un tombereau de fumier sortant de dessous les pieds des chevaux, lui coûte 40 sous ou 3 livres; il lui en faudra au moins vingt. Le malheureux aura donc sacrifié en pure perte son temps & son argent pour acquérir la gloire stérile d'avoir des primeurs. Je mets en fait que le *premier* melon ne se paie pas plus de 24 sous à Aix & à Montpellier, & il en est ainsi de toutes les autres parties du jardinage. C'est le local, ce sont les abris naturels qui doivent décider du temps de semer, de planter, &c.; tout le reste est superfluité & confirme l'antique proverbe, qui dit que *chaque chose doit être mangé dans sa saison*. Je ne veux pas cependant conclure que les gens riches, & qui habitent en province, doivent strictement se conformer à la méthode du jardinage adoptée dans leurs cantons, je les invite très-fort au contraire à envoyer leurs jardiniers s'instruire auprès de ceux de Paris, parce qu'il en résultera, 1°. une plus grande dépense de la part du propriétaire, & qui augmentera le bien-être de la classe des journaliers; 2°. parce que son jardinier une fois instruit ne bouleversera pas la méthode de son canton, mais il la perfectionnera dans plusieurs de ses points, sans augmenter la dépense; objet essentiel, sans lequel il ne réussira jamais auprès des jardiniers qui vivent & payent leur ferme du produit de la vente de leurs légumes. L'homme riche ne regarde pas de si près; il veut jouir, coûte qui coûte; voilà le but de ses désirs & de ses dépenses : mais une chose que l'on ne conçoit pas, c'est que le financier qui sacrifie pour le luxe de son potager des sommes qui fourniroient au-delà de la subsistance de dix familles, relègue ce même potager dans un coin, & le dérobe à la vue par des charmilles, & souvent par des murs, comme si c'étoit un objet méprisable & peu digne de figurer dans son parc! Il traitera de provinciale ma manière de juger des objets. Je souscris à toutes les qualifications qu'il plaira lui donner; mais à mon goût, rien ne flatte plus agréablement la vue, qu'un potager bien entretenu. La diversité des verds & des formes des plantes qu'on y cultive, offre une multiplicité de nuances qui enchante; & de cette espèce de désordre, naît la beauté du coup-d'œil. C'est-là que l'on voit la végétation dans toute sa pompe, l'agréable réuni à l'utile, & l'assommante & symmétrique uniformité en est bannie. Chacun a sa manière de voir; telle est la mienne.

## SECTION PREMIÈRE.

### *De l'exposition d'un Légumier.*

Elle est à peu de chose près indifférente à l'homme riche, parce qu'à force d'entasser pierre sur pierre, d'élever des murs & des terrasses, il se procure les abris qu'il désire : ces dépenses excèdent pour l'ordinaire la valeur du fond; mais rien n'est perdu, parce que l'ouvrier y a gagné.

En général, l'exposition du levant & du midi sont à préférer; la plus mauvaise est celle du nord. Ces assertions sont générales ; mais elles souffrent de grandes restrictions. Avant de déterminer l'emplacement d'un légumier, on doit connoître depuis deux à trois ans quels sont les vents dominans du climat, & surtout les points d'où partent les vents impétueux & les orages. Les quatre points cardinaux désignent les principaux vents ; mais dans tel canton le nord, par exemple, y amène les froids, les glaçons & des coups de vents terribles, tandis que dans d'autres le nord-ouest est le seul glacial & orageux. Ici le vent d'est est dévorant par sa chaleur, tandis que dans la province voisine c'est le vent pluvieux. Que conclure, sinon que toute règle générale en ce genre est abusive, & que l'étude seule des climats & des abris du canton doit fixer l'emplacement d'un jardin potager ? Cependant, comme l'eau est la base fondamentale de la prospérité d'un jardin, on doit y avoir égard, à moins que la source, la pompe, le puits ou le réservoir soient placés sur un lieu assez élevé pour que l'eau coule par sa pente naturelle près de l'extrémité, dans de petits bassins, si on arrose à bras, ou à son entière extrémité sur toutes ses parties, si on arrose par irrigation.

Si le légumier est d'une vaste étendue, on aura beau multiplier les réservoirs particuliers, remplis par l'eau du réservoir général, ou par celle de la pompe, ou par celle du puits, il ne faudra pas moins pomper ou puiser cette eau, & arroser à bras cette vaste superficie. Que de soins perdus, & sur-tout que de peines pour les malheureux valets chargés des arrosemens ! La *noria*, ou puits à chapelet (*voyez* ce mot, & indiqué à celui d'IRRIGATION), diminuera l'ouvrage des trois quarts, parce qu'il y a beaucoup de grosses plantes que l'on peut arroser ainsi, même dans nos provinces du nord. En supposant que la chose fût impossible, il en résulteroit toujours qu'une mule ou un cheval monteroit plus d'eau en deux ou trois heures, qu'un ou plusieurs hommes n'en monteroient dans les vingt-quatre. Economie dans la dépense, la première mise une fois faite, & économie dans l'emploi du temps, sont les premiers bénéfices.

Le potager doit être placé près de l'habitation & près des dépôts de fumier ; cependant, si le jardinier a son logement dans le légumier même, il est alors presqu'indifférent qu'il soit plus ou moins rapproché de l'habitation du maître, parce que le jardinier est dans le cas de veiller à sa conservation & d'empêcher les dégâts. Malgré cela, il est bon que le maître puisse, de sa demeure, voir ce qui se passe dans son potager, surveiller son jardinier & ses valets. *Il n'est pour voir que l'œil du maître*, sur-tout lorsqu'il n'est pas d'humeur & qu'il ne croit pas être du bon ton de se laisser voler & piller impunément.

Quelques auteurs conseillent de placer le légumier à la naissance d'un petit vallon, parce qu'elle forme une espèce d'amphithéâtre circulaire, plus ou moins allongé. J'adopte leur sentiment jusqu'à un certain point. Il est clair que cette situation offre les différentes expositions, & multiplie les abris ; & par conséquent, on peut avoir mieux que par-tout ailleurs, & jardin d'été, & jardin d'hiver. Malgré ces avantages, il convient d'y renoncer complettement, pour peu que le plan incliné soit, je ne dis pas rapide, mais un peu au-delà de la pente très-douce.

Plusieurs de nos provinces sont sujettes à des pluies fréquentes, & d'autres à des pluies d'orage, les seules que l'on connoisse pendant l'été dans celles du midi. Ces pluies entraînent l'*humus* ou terre végétale (*voyez* les mots AMENDEMENS, ENGRAIS, & le dernier chapitre du mot CULTURE), qui doit faire la base essentielle de la terre d'un jardin, & qui est le résultat des débris des végétaux, des animaux & des engrais qu'on y prodigue. Si j'avois à choisir, je préférerois le terroir plat au-dessous de l'amphithéâtre formé par le vallon. Une seule pluie d'orage entraîne plus de terre végétale, qu'il ne s'en forme dans une année.

Le sol du bas des vallons est toujours très-bon en général, & très-productif, parce qu'il est engraissé par la terre végétale que les eaux ont fait descendre du vallon, & qu'elles y ont accumulée : mais souvent ce local est marécageux. Le premier soin est donc d'ouvrir un large & profond fossé de ceinture tout autour du jardin, 1°. afin d'y recevoir en dépôt la terre végétale entraînée du côteau; 2°. d'y contenir les eaux, & les empêcher d'inonder le jardin; 3°. pour servir d'écoulement aux eaux du sol, & l'assainir. Avec de telles précautions on aura un fond excellent. Cependant on a encore à redouter les funestes effets des brouillards, que les cultivateurs appellent des *rosées*. Dans une matinée, toutes les plantes sont couvertes comme d'une espèce de rouille qui les fait périr, ou du moins les empêchent de prospérer. C'est par la même raison que les légumiers placés près des bois, ou entourés de hautes charmilles, &c. ne réussissent jamais aussi-bien que ceux qui sont à découverts, & où les vents dissipent l'humidité vaporeuse de l'atmosphère. Dans les jardins ordinaires, le niveau de pente est trop fort à deux pouces par toise.

Les jardins en terrasses les unes sur les autres, offrent d'excellens abris, de bonnes expositions, de beaux espaliers, des places favorables aux couches, aux chassis; mais ils ne conviennent qu'à des gens riches : leur entretien est dispendieux & ruineux pour le particulier, parce qu'il faut tout y transporter à bras d'hommes, sans parler des frais de construction. Les terrasses, toutes circonstances égales, consomment beaucoup plus d'eau lors des arrosemens, que les terreins plats, à cause des abris qui augmentent la chaleur; & comme dans ce point d'élévation il y a un plus grand courant d'air, l'évaporation est de beaucoup plus considérable. Les légumes cultivés sur ces terrasses sont plus savoureux, plus parfumés que ceux venus dans un bas fond.

L'exposition avantageuse ou nuisible d'un jardin, doit, je le répète, varier suivant les climats & les vents dominans, & souvent elle dépend de la position de l'eau. Comme tous ces points sont susceptibles de se sous-diviser à l'infini, je persiste à dire qu'il est impossible d'établir des règles invariables, ce seroit induire en erreur le cultivateur crédule. Qu'il étudie le pays qu'il habite, c'est là le seul livre à consulter; il y trouvera une certitude, dont la base sera l'expérience.

## Section II.

*Du sol d'un Légumier, & de sa préparation.*

Voulez-vous avoir des légumes monstrueux pour la grosseur; ayez un fond de terre de deux pieds environ, uniquement composé de débris de couches, de débris de végétaux unis à quantité de fumiers, enfin une quantité d'eau suffisante aux arrosemens. Ces légumes seront magnifiques à la vue; mais le goût sera-t-il satisfait? non; ils sentiront l'eau & le fumier. Les laitues, les herbages que l'on cultive en Hollande, sont monstrueux par leur volume, ils étonnent, & voilà tout. Leur graine transportée & semée ailleurs, quand les circonstances ne sont pas égales, la plante acquiert en qualité, en saveur, ce qu'elle perd en volume, & semée plusieurs fois de suite dans un terrein médiocre, elle revient par dégénérescence au premier point dont elle est partie, sur-tout s'il y a une grande différence dans le climat. (*Voyez* le mot Espèce.)

Désirez-vous obtenir des légumes bons & bien savoureux; ayez une terre franche, modérément fumée & arrosée; mais ce n'est pas le compte des maraichers, il leur faut du beau & du promptement venu; la qualité leur importe peu.

C'est d'après l'un ou l'autre de ces points de vue, qu'il faut choisir le sol d'un jardin. Comme on n'est pas toujours le maître du choix, l'art doit suppléer à la nature, & il en coûte beaucoup lorsqu'on veut la maîtriser. C'est au propriétaire à examiner le but qu'il se propose; il travaille à se procurer des légumes pour sa consommation, ou pour en faire vendre la plus grande partie. Dans ce cas, qu'il dispose donc le sol de son jardin en conséquence; voici une loi générale, capable de servir de base à la culture de tous les légumes en général. *L'inspection des racines décide la nature & la profondeur du sol qui leur convient.* Les plantes potagères sont ou à racines fibreuses, ou à racines pivotantes. (*Voyez* le mot Racine.) Il est clair que les premières n'exigent pas un grand fond de terre, puisque leurs racines ne s'enfoncent qu'à cinq ou six pouces de profondeur. Les secondes, au contraire, demandent une terre qui ait du fond, & une terre peu tenace. Sans l'une & l'autre de ces conditions, elles ne pivoteront jamais bien. Or, si le terrein n'est pas préparé par les mains de la nature, il faut le faire ou renoncer à une bonne culture. Afin de diminuer les frais, le propriétaire destinera une partie de son terrein aux plantes à racines fibreuses, & l'autre aux racines pivotantes, & lui donnera par le travail ou par le mêlange des terres, la profondeur convenable. Il est aisé, dans le fond d'un cabinet, de prescrire de pareilles régles; il n'en est pas ainsi lorsqu'il s'agit de les mettre en pratique; le travail est long, pénible, très-dispendieux & souvent trop au-dessus des moyens du cultivateur ordinaire. Celui qui se trouvera dans ce cas, doit se résoudre à ne défoncer ou à ne mêlanger chaque année qu'une étendue proportionnée à ses facultés; s'il emprunte pour accélérer l'opération, c'est folie.

Il n'est pas possible d'attendre aucun succès, si on rencontre une terre argilleuse; la préparation qu'elle demande, coûteroit plus que l'achat du sol. La terre rougeâtre, que le cultivateur appelle *aigre*, est dans le même cas; elle est bonne, tout au plus, à la culture des navets. Un des grands défauts de la terre pour les jardins, est d'être trop forte, trop compacte, trop liante; elle retient l'eau après les pluies, se serre, s'agglutine & se crevasse par la sécheresse. Lorsque le local ou la nécessité contraignent à la travailler, la seule ressource consiste à y transporter beaucoup de sable fin, des cendres, de la chaux, de la marne, de grands amas de feuilles, & toutes sortes d'herbes, afin d'en diviser les pores. Malgré cela, en supposant même tous ces objets réunis & transportés à peu de frais, ce ne sera qu'après la troisième ou quatrième année que l'on commencera réellement à jouir du fruit de ses dépenses & de ses travaux.

Après avoir reconnu la qualité de la couche supérieure jusqu'à une certaine profondeur, on doit s'assurer de la valeur de la couche inférieure. Si celle-ci, par exemple, est sablonneuse, elle absorbera promptement l'eau de la supérieure, & le jardin exigera de plus fréquens arrosemens. Si au contraire elle est argilleuse, il ne sera pas nécessaire d'autant arroser pendant l'été; mais dans la saison des pluies, il est à craindre que les plantes ne pourrissent. Ces attentions préliminaires sont indispensables avant de fixer l'emplacement d'un jardin. De ces généralités, passons à la pratique.

Long-tems avant de tracer le plan d'un jardin, on doit avoir mûrement examiné les avantages & les inconvéniens du local, la position de l'eau, la facilité dans sa distribution, la commodité pour des charrois, le transport commode & le lieu du dépôt des engrais, enfin la position où seront construits le logement du jardinier, le hangard destiné à mettre à couvert les instrumens aratoires, & le terrein destiné au placement des couches, des chassis, des serres, &c. suivant l'objet qu'on se propose.

Le plan & le local une fois décidés, & le jardin tracé, il ne s'agit plus que de défoncer le sol, afin que dans la suite on soit en état de le travailler par-tout également. Si un particulier aisé entreprend la confection d'un jardin, il doit ouvrir des allées de communication entre chaques grands quarreaux; celle du milieu, & qui correspond à l'entrée, sera la plus large. (Consultez le mot Allée, relativement aux proportions à garder.) Le jardin de l'humble maraicher n'a pas besoin de cet agrément, son but capital est de profiter du plus de superficie qu'il est possible.

Les allées tracées, on enlévera la couche supérieure de terre, & on la mettra en réserve, suivant que le terrein total sera pierreux; on excavera les allées, afin de recevoir les pierres & cailloux qui se présenteront lors de la fouille générale. Le grand point, le point essentiel est de si bien prendre ses précautions, qu'on ne soit jamais obligé de manier ou transporter deux fois la même terre.

Si le sol est marécageux ou simplement humide, ces pierrailles deviendront de la plus grande utilité, & serviront à établir des aqueducs, ou filtres ou écouloirs souterreins, qui transporteront les eaux au-dehors de l'enceinte. Afin d'éviter les répétitions, voyez ce qui fera dit en parlant de l'aſſainiſſement des PRAIRIES.

La fouille du total de l'emplacement doit être de trois pieds de profondeur. Si on veut économiſer, on donnera ce travail à l'entrepriſe, & à tant par toiſe quarrée de ſuperficie ſur la profondeur convenue. Mais pour ne pas conclure un marché en dupe, on commencera à faire fouiller, à journées d'hommes, une ou deux toiſes, & on jugera ainſi, toute circonſtance égale, quel doit être la dépenſe générale, & combien on doit payer par toiſe. Si on déſire connoître bien particulièrement le prix, il faut que le propriétaire ne quitte pas d'un ſeul moment ſes travailleurs, & qu'il calcule enſuite à combien lui revient chaque toiſe. S'il s'en rapporte à d'autres yeux qu'aux ſiens, il eſt difficile qu'il ne ſoit pas trompé. Malgré l'avis que je donne, mon intention n'eſt pas que le propriétaire ſe prévale des lumières qu'il a acquiſes pour ruiner les priſataires. Il faut que ces gens vivent, & gagnent plus ſur le prix fait, que ſi l'ouvrage avoit été commencé & fini à journées, parce qu'ils travailleront beaucoup plus, la tâche étant à leur compte, que s'ils remuoient la terre à journées. Il ne convient pas non plus que les intérêts du propriétaire ſoient léſés; à prix fait, bien entendu, il en coûte moins, & l'ouvrage eſt beaucoup plutôt achevé. C'eſt au propriétaire à veiller enſuite ſur la manière dont l'opération s'exécute. Pour cet effet, il coupe un morceau de bois, & marque la longueur de deux ou trois pieds, ſuivant la profondeur convenue, & de tems à autre il vient ſur le chantier, & enfonce en différens endroits cette jauge, afin de ſe convaincre que les ouvriers ſe ſont conformés aux conditions admiſes. Si la jauge n'enfonce pas, l'ouvrier ne manquera pas d'objecter qu'elle eſt arrêtée ou par une pierre, ou par une motte de terre mal briſée. C'eſt auſſi ce que le propriétaire doit examiner auſſi-tôt, en faiſant enlever la terre juſqu'à l'endroit qui préſente de la réſiſtance, afin de convaincre l'ouvrier de ſa friponnerie ou de ſa négligence à ne pas enlever les pierres, ou à ne pas briſer les mottes, comme il y étoit obligé par l'acte ou les conventions du prix fait. Si au contraire la réſiſtance vient de ce que l'ouvrier n'a pas donné à la tranchée la profondeur convenable, il doit ſur-le-champ faire ſuſpendre tout l'ouvrage, juſqu'à ce que le vice ſoit réparé. La ſévérité eſt néceſſaire avec l'ouvrier; payez-le bien, & faites-vous bien ſervir; ſi vous lui paſſez une faute, il en commettra cent, & vous finirez par être complettement ſa dupe.

Eſt-il néceſſaire, dans la fouille générale du ſol, de comprendre celui ſur lequel les allées ſont ou doivent être tracées? Pluſieurs auteurs ſont pour la poſitive; quant à moi, je n'y vois qu'une dépenſe ſuperflue. Les premiers diſent : ſi on ne fouille pas tout le terroir, celui des quarreaux ſera plus élevé que celui des allées, & elles deviendront un cloaque après chaque pluie. Les ſeconds conviennent du fait; mais, comme il n'exiſte point de terrein, ou preſque point, ſans pierres, ſans graviers, les allées ſont deſtinées à les recevoir, & ces gravats les rehaufferont, les aſſainiront, & l'eau ne pourra pas les détremper, ſur-tout ſi on a la précaution de les enſabler & de les niveler

lorſque

lorsque tout l'ouvrage sera fini. C'est donc dans le cas seulement où il seroit impossible de se procurer du sable & des pierrailles, qu'il conviendroit de fouiller la totalité du sol. On pourroit encore éviter les trois quarts de la dépense, en portant sur ces allées, & avec la brouette, un peu de terre des quarreaux voisins; alors les allées seront de niveau, ou, si l'on veut, plus élevées que le reste.

Supposons actuellement que tout soit disposé pour commencer les tranchées sur la longueur ou sur la largeur d'un quarreau. On commence par enlever la terre de la premiere fouille de trois pieds de profondeur sur quatre à cinq pieds de largeur, & on la porte à l'autre extrémité du quarreau. Les *Brouettes* (*Voyez* ce mot), sont très-commodes pour l'opération, d'ailleurs, elles peuvent être conduites par des femmes ou par des jeunes gens, dont les journées sont de moitié moins cheres que celles des hommes, & elles font autant d'ouvrages. On peut encore se servir de tombereaux; mais je réponds, d'après ma propre expérience, que ce second moyen est plus coûteux.

La première tranchée ouverte, & la terre enlevée, les ouvriers commencent la seconde & en jettent la terre derriere eux, s'ils se servent de pioches ou de tels autres instruments à manches recourbés, en observant que la terre de dessus soit retournée & forme le dessous. Au contraire si l'ouvrier travaille avec la *Bêche* (*Voyez* ce mot) il va à reculons & jette devant lui & dans le creux, la terre qu'il souleve avec cet outil. Dès que le sol n'est pas pierreux, je préfère la Bêche à tout autre instrument, parce que la terre est mieux & plus régulièrement divisée, émiettée & nivelée. — L'ouvrier continue ainsi son travail, jusqu'à ce qu'il parvienne à l'extrémité du quarreau. Là il trouve la premiere terre transportée, qui lui sert à remplir le vuide formé par la derniere tranchée, alors le quarreau est complettement défoncé, & sa superficie se trouve de niveau.

Plusieurs particuliers couvrent de fumier la superficie du sol à défoncer. Je ne vois pas le but de cette opération, à moins que le terrein ne soit destiné à être tout à la fois & légumier & fruitier. Dans ce cas, l'engrais servira & favorisera l'accroissement des racines des arbres qu'on doit planter; mais dans un simple légumier, les racines des plantes n'iront jamais chercher la nourriture à trois pieds de profondeur; ni aucun travail, à moins qu'il ne soit semblable au premier, ne ramenera jamais plus cet engrais à la superficie. Si les tranchées ont été bien conduites, la terre de la superficie, une fois retournée, doit occuper le fond de la tranchée, & celle du fond le dessus.

Dans quel temps doit-on commencer à ouvrir les tranchées? Cela dépend des saisons, du climat, de la nature du sol, & de l'époque à laquelle les ouvriers sont le moins occupés. Dans les pays méridionaux, il convient de commencer l'opération à la fin de janvier ou de février, afin que la terre ait le temps de s'approprier les influences de l'atmosphère & d'être pénétrée par la lumière & la chaleur vivifiante du gros soleil d'été; quelques légers labours, *même* à la charrue, suffiront à la préparation des planches, des tables, &c., à moins qu'il ne soit survenu de grosses pluies d'orage; on pourroit encore commencer à semer & à planter les légumes pour l'hiver suivant. Il est bon cependant d'observer qu'il vaut mieux donner quelques coups de charrue pendant l'été, afin de détruire les mauvaises herbes, que de trop-tôt se hâter de semer & de planter. Dans les provinces du nord, l'automne est la saison favorable; la terre n'est ni trop sèche ni trop mouillée. Si elle est trop sèche, le travail est long, pénible & coûteux; si elle est trop pénétrée par l'eau, il est inutile de le commencer, on paîtriroit la terre, on la durciroit & on la retourneroit mal. Dans quelque climat que l'on habite, on doit consulter les circonstances; l'hiver & les glaces produisent dans le nord un effet opposé à ceux des provinces du midi, ils soulevent le terrein & l'émiettent, mais les pluies & la fonte des neiges le tassent & le plombent trop vîte.

Plusieurs Auteurs qui se sont fidélement copiés les uns après les autres, conseillent de défoncer le sol jusqu'à la profondeur de quatre pieds, si on ne peut pas facilement se procurer de l'eau pour arroser, parce que la terre ainsi profondément retournée, conserve la fraîcheur pendant plus long-temps. Je demanderois à ces Auteurs s'ils pensent de bonne foi que cette terre se soutiendra toujours ainsi soulevée; si petit à petit elle ne se plombera pas, & si une fois plombée elle conservera plus de fraîcheur qu'auparavant? Je crois au contraire qu'il y aura plus d'évaporation, & par conséquent que les effets de la sécheresse se manifesteront bien plus vîte. Sans la quantité convenable d'eau pour les arrosemens, il faut renoncer à toute espèce de grand légumier, à moins que l'on n'habite un pays où les pluies soient très-fréquentes pendant l'été, & en outre un pays où la chaleur soit très-tempérée dans cette saison.

J'ai dit plus haut que le sol des tranchées devoit être défoncé à la profondeur de trois pieds, mais c'est dans le cas qu'on plante des arbres fruitiers dans le légumier; autrement la tranchée de deux pieds de profondeur est très-suffisante, parce que je ne connois point de légumes à racine pivotante qui plonge au-delà de ce terme. A quoi sert donc de multiplier la dépense, & d'enfouir au fond de la tranchée de trois pieds la terre de la superficie qui ne reverra jamais le jour, & qui devient inutile à la nourriture des plantes?

Si la fouille a été faite immédiatement avant l'hiver, il est à propos de couvrir le sol avec du fumier bien consommé, afin que les pluies, les neiges le détrempent & imbibent la la terre de sa graisse. Si au contraire la fouille a été faite après l'hiver, il convient d'enterrer le fumier à quelques pouces de profondeur, afin que l'ardeur du soleil & le courant d'air ne détruisent & ne fassent pas évaporer ses principes vivifians. Ce que je viens de dire suppose qu'on n'a pas la puérile envie de jouir du terrein aussi-tôt après que le travail est fini. Je ne cesserai de répéter ce qui a été dit au mot *Défrichement*, au mot *Amendement*. Il faut que la terre de dessous, ramenée à la superficie, ait eu le temps d'être travaillée & pénétrée par les météores. On éloigne, il est vrai, le moment de jouir, mais on jouit ensuite bien plus sûrement.

Jusqu'à présent tout a été du ressort des manœuvres ou journaliers; ici commence le travail du jardinier. Il soudivise ses quarreaux en tables ou planches, & dispose le local des petits sentiers de séparation. Si le jardin doit être arrosé par irrigation, il trace la place des rigoles & celles des plates-bandes, en un mot, il prépare le terrein pour recevoir des plans enracinés, ou les semences.

Le simple jardin légumier ne demande aucun plan étudié; des quarreaux plus ou moins allongés sont tout ce qu'il exige. C'est la commodité, la facilité dans le service, dans l'arrosement, le transport des fumiers qu'il faut se procurer par dessus tout, enfin ne rien négliger de ce qui tend à simplifier le travail & à diminuer les frais de main-d'œuvres. C'est là le premier bénéfice.

Il me reste encore une question à examiner. Les fouilles ou tranchées plus ou moins profondes sont-elles indispensables dans tous les cas lorsqu'il s'agit de créer un jardin? Elles sont très-utiles en général, mais elles ne sont pas toujours d'une nécessité absolue. Cette distinction tient à la qualité du sol; en effet, si la couche de terre est par elle meme profonde, meuble, riche, & si elle ne retient pas trop l'eau, à quoi serviront les grandes tranchées? si le sol est naturellement composé d'un sable gras & fertile, les fouilles le rendront d'un côté plus perméable à l'eau, & de l'autre plus susceptible d'évaporation. Les fouilles ont pour but de faciliter le pivotement & l'extension des racines, & dans les deux cas cités, rien ne s'oppose à leur développement. Les grandes fouilles sont donc ici très-inutiles, il suffit avant de tracer le jardin, d'égaliser le terrein à la charrue, afin d'enlever les brousailles, les touffes d'herbe, & de passer ensuite la herse sur les deux labours croisés, afin de niveler & d'égaler le terrein. On parviendra par cette méthode à tracer facilement les allées, & la plus légère raye les dessinera & les séparera, à l'œil, du sol destiné à former les quarreaux, les plates-bandes &c. Le plan une fois tracé, arrêté & fixé par différents piquets, il ne s'agit plus que de bien fumer la superficie, & de donner un fort coup de bêche pour l'enterrer.

### SECTION III.

*Du tems de semer.*

Fixer une époque générale pour les semailles, c'est établir l'erreur la plus décidée, ou bien il faut se contenter d'écrire pour un canton isolé, & encore doit-on subordonner à la maniere d'être des saisons, les préceptes que l'on donne. Cependant comme je ne puis traiter ici de tous les cantons du royaume en particulier, je me contente d'envisager les deux extrémités, celle du midi & du nord, comme les deux qui sont les plus opposées. Les particuliers dont les jardins s'éloignent des extrémités de l'un ou de l'autre climat, modifieront l'époque des semailles en raison de leur éloignement, & sur-tout en raison des abris que la nature leur fournit. (*Voyez* le mot AGRICULTURE, chap. III des ABRIS, afin de juger jusqu'à quel point ils influent sur la végétation, ou combien dépendent d'eux son accélération ou son retard). Lille en Flandres & Paris sont les exemples pour le nord, Marseille & Béziers pour le midi. Les deux ** indiquent qu'il faut semer sur *couche* & sous cloche pour le climat de Paris ſeulement. La couche & la grande paille, au beſoin, ſuffiſent pour l'autre. La ſeule * marque que la graine demande à être ſemée dans un lieu bien abrité ; le reſte ſans * en pleine terre.

## ÉPOQUES DES SEMAILLES.

### *Climat de Paris et de Flandres.*

#### Janvier.

** Feves.
** Laitues { crêpe. / verſailles. / printanière. }
** Melons.
** Radis.
** Petites raves.
** Pourpier vert.
** Chicorée ſauvage.
** Cardons.
** Concombres.
** Cerfeuil.
** Creſſon alénois.
* Oignons de S. Antoine.

### *Climat des bords de la Méditerranée.*

#### Janvier.

** Melons.
** Concombres.
** Pourpier.
** Céleri.
* Radis.
* Petites raves.
* Choux-fleurs hâtifs.
* Laitues { allemande. / pomme de Berlin. / groſſe rouge. / jeune rouge. / coquille. / paſſion. / groſſe blonde. / groſſe gorge. / bapaume. / les gênes. / l'italie. / la royale. / la gotte. / ſanguine ou flagellée. / chicon rouge. / panaché. / gris. / hâtif. }
* Creſſon alenois.
* Mâche.
* Cerfeuil.
Poireaux.
Oignons.
* Choux { blancs. / pommés. / de milan. / verds. / rouges. }
Feves.
Pois.

Persil.
Échalote.
Épinards.

FÉVRIER.

** Melons.
** Aubergines.
** Petites raves.
** Radis.
** Pourpier vert.
** Concombres.
** Oignons.
** Carottes.
** Chou de milan.
** Chou-fleur.
** Basilics.
** Couches à champignon.
** Asperges.
** Haricots.
* Pois { verts. michauds. domini. nains.
* Feves de marais.
* Ail.
* Echalotes.
* Rocamboles.
* Ciboule.
* Oignon.
* Chicorée.
* Escarolle.
* Chou frisé nain.
Épinards.
Cerfeuil.
Persil.
** Les laitues du mois précédent.

FÉVRIER.

** Choux { fleur. brocoli. cabu ou pomme. de Milan. de Strasbourg.
** Poivre d'Inde.
** Aubergine.
** Courges.
** Concombres.
** Melons.
** Céleri.
** Basilic.
* Laitues { coquille. paresseuse. Versailles. d'Autriche. brune de Hollande. Perpignan. petite crêpe. grosse crêpe. celles du mois précédent.
* Oignons d'automne.
Pois.
Fenouil.
Chervis.
Topinambour.
Pomme de terre.
Poirée.
Petites raves.
Radis de toute espèce.
Persil.
Feves.
Fournitures de salades.
Cardons d'Espagne.
Haricots.
Asperges.
Carottes.
Panais.
Salsifix.
Cerfeuil.

## PARIS.

### Mars.

** Couches à champignons.
** Melons.
** Potirons.
** Courges.
** Concombres.
** Chou-fleur.
** Céleri.
** Capucine.
** Basilic.
** Chicorée sauvage.
** Feves de marais.
** Haricots.

* Laitues { Versailles. / La george. / La petite crêpe. / La bagnolet.

Persil.
Cerfeuil.
Radis.
Raifort.
Petites raves.
Navets.
Pinprenelle.
Pourpier verd.
Poirée.
Cresson alénois.
Oignons,
Épinards.
Feves de marais.
Pois.
Carottes jaunes & rouges.
Lentilles.
Pommes de terre.
Estragon.
Chicorée sauvage.
Moutarde.

## MÉDITERRANÉE.

Chicorée.
Escarolle.
Mâche.
Senevé.
Arroche.
Lentilles.

### Mars.

Laitues { à coquille. / de la passion. / romaine. / chicon verd. / gris. / d'Espagne. / d'Allemagne. / panaché. / alphange.

On peut encore essayer les laitues des mois précédens.

Porreaux.
Oignons d'été.
d'automne.
échalotes.
aulx.

Pois { quarrés. / nains. / à parchemin. / romain. / d'Angleterre. / verd. / michaud. / baron. / à cul noir. / de tous les mois. / goulus.

Feves.
Chervi.
Raifort.
Radis.
Petites raves.
Epinards.
Persil.
Poirée.
Betteraves { jaunes. / rouges.

Cardons.
Haricots.
Artichauds.
Asperges.
Basilic.
Capucine.
Bourrache.
Sarriete.
Carotes.
Panais.
Scorsonère.
Salsifix.
Céleri.
Cerfeuil.
Chicorée de toute espèce.
Pourpier.
Cresson alenois.
Angélique.
Courges.
Melons.
Concombres.
Estragon.
Percepierre.
Navets.
Radis.
Petites raves.
Pommes de terre.
Topinambour.
Pomme d'amour ou tomates.
Choux de toutes les espèces, & même le chou-fleur.

AVRIL.

** Chou { de Milan. fleur.
** Céleri.
** Cardon.
** Potiron.
** Différentes laitues.
** Pourpier doré.
Chou de Milan.
Poirée.
Radis.
Petites raves.

AVRIL.

Laitues { la royale. la crêpe blonde. la petite rouge. la capucine. l'Autriche. Roulette verte. Tous les chicons.

Chou { fleur. de Milan. rave. brocolis.

## PARIS.

Chicorées.
Maïs ou blé de Turquie.
Cardon.
Haricots.
Pois { à cul noir. goulu. quarré.
Feves.
Persil.
Carotte { jaune. rouge.
Laitues.
Chicorée sauvage.
Salsifix.
Betterave { jaune. rouge.
Sarriette.
Panais.
Laitues { de Siléfie. de Verfailles. d'Italie.
Chou { frisés. nains. fleurs durs. de la S. Remi. brocolis.
Céleri { long. plein. branchu.
Cardons.
Potirons.
Concombres.

### MAI.

** Chou-fleur.
Chou tardif.
Cardons d'Espagne.
Melons.
Haricots blancs.
Feves de marais.
Poirée.
Oseille.
Céleri.
Cerfeuil.

## MÉDITERRANÉE.

Pois { à cul noir. nains. goulus. michauds.
Oignons.
Chicorées endives.
Épinards.
Persil.
Feves.
Raifort.
Radis de toute espèce.
Cardons.
Artichaux.
Haricots.
Oxès ou alléluia.
Anis.
Oseille.
Basilic.
Carottes.
Scarsonne.
Salsifix.
Pourpier.
Pommes d'amour ou tomates.
Poivre d'Inde.
Aubergine.
Navet.
Fenouil.

### MAI.

Laitues { chicons de toute espèce. brune de Hollande. petite crêpe.
Chou { de Milan. fleur tardif. rave.
Pois à cul noir.
Épinards.
Raifort.

Laitues.

**PARIS.**

Laitues.
Pourpier doré.
Pois, & sur-tout le quarré blanc.
Choux d'hiver.
Scorsonères.
Betteraves.
Concombre.
Cornichons.
Radis.

JUIN.

Haricots.
Chicorées.
Mâche.
Poirée blonde & verte.
Pourpier doré.
Laitues d'été.
Chicons verds.
Cerfeuil.
Choux { pommés hâtifs. / frisés hâtifs. / de Milan.
Pois { michaud. / Suisse.
Radis.
Raves.
Raiforts.

JUILLET.

Oseille.
Poirée.
Cerfeuil.
Laitue royale.

**MÉDITERRANÉE.**

Radis de toute espèce.
Poirreaux.
Haricots { verds. / d'Espagne. / blancs communs.
Carottes.
Scorsonère.
Céleri.
Chicorée { endive frisée. / scariole. / à la régence. / de Meaux.
Pourpier.
Cresson alenois.
Concombres.
Tomates.
Poivre d'Inde.
Navets gris.

JUIN.

Chicons de toute espèce.
Choux { verds. / Milan. / brocolis.
Pois { nains. / à cul noir.
Toutes espèces de radis, & sur-tout le gros radi noir de Strasbourg.
Epinards.
Haricots.
Concombres.
Carottes.
Basilic.
Chicorée endive, scariole.
Pourpier doré.
Mâche.

JUILLET.

Laitues.
Ciboules.
Épinards.
Radis de toute espèce.

Chicorées.
Pourpier doré.
Pois { michauds. quarrés.
Navets.
Radis.
Raiforts.
Raves.
Chou de bonneuil.
Haricots.
Oignons blancs.
Ciboule.
Fraisier des mois.

Haricots de toute espèce, excepté celui d'Espagne.
Cerfeuil.
Endives de toutes espèces.
Navet.
Pourpier.

AOUT.

Cerfeuil.
Chicorées.
Poirée.
Épinards.
Navets.
Laitues d'hiver.
Mâche.
* Oignons blancs.
Raves.
Ciboule.
Oseille.
* Chou { fleurs durs. pommés hâtifs. frisés hâtifs. Milan. gros de Milan. de bonneuil. d'Aubervilliers.
Salsifix.
Scorsonère.

AOUT.

Laitues { petite crêpe. grosse blonde. brune de Hollande. cocasse. coquille. la passion. laitue épinard.
Chicons romains & verts.
Oignons d'été.
Choux { fleur. cabus. de Milan.
Epinards.
Cardons.
Carottes.
Scorsonère.
Endives.
Chicorées.
Mâche.
Navets.
Raves.
Raiforts.
Radis de toute espèce.

SEPTEMBRE.

Raves.
Radis.
Raiforts.

SEPTEMBRE.

Laitues { à coquille. de la passion. pommées.

**PARIS.**

Carottes jaunes & rouges.
Épinards.
Mâche.
Oignons blancs.
Cerfeuil.
* Pois michauds.

**MÉDITERRANÉE.**

Laitues { petite crêpe. / brune de Hollande. / la roulette. / la royale. / la gênes. / chicons d'Allemagne. / laitue épinard. }
Épinards.
Oignons. / Ail. / Rocambole. / Echalotes. } à remettre en terre.
Chou-fleur hâtif.
Cerfeuil.
Endives.
Chicorées.
Mâches.
Navets.
Radis.
Petites raves.

OCTOBRE. (Paris)

Épinards.
Cerfeuil.
Mâche.
Radis.
Petites raves.
* Pois verts.
Laitue { romaine. / crêpe. }
* Chou fleur.

OCTOBRE. (Méditerranée)

* Chou { fleur. / cabu. }
* Feves.
* Concombres.
Oignons.
Endives.
Chicorées.
Raiforts.
Navets.
Radis.
Petites raves.
Épinards.
Pois { goulus. / barons. / michauds. / nains. }
Mâche.
Cresson alénois.
Coriande.

**PARIS.**

NOVEMBRE.

* Pois { verts. domine. michau. } à semer en manequin.

DÉCEMBRE.

* Pois verts.
* Feves de marais.

**MÉDITERRANÉE.**

NOVEMBRE.

Laitues { roulette. la george. la mignone. de Silésie. panachée. de la passion. capucine. paresseuse. d'Autriche. crêpe verte. }
* Chicons.
Oignons.
Raifort.
Radis.
Petites raves.
Épinards.
* Feves.
Pois { michauds. nains. goulus. }

DÉCEMBRE.

Laitues, les mêmes que dans le mois précédent, & en sus :
la rouge pommée.
la royale.
la Versailles, & les mêmes qu'en janvier.
Oignons.
Feves.
* Radis.
* Petites raves.

On sera peut être étonné de voir certaines especes semées chaque mois de l'année, sur-tout dans les provinces méridionales, les radix, les épinards par exemple. Sans cette précaution on n'en auroit à cueillir que depuis le mois de septembre jusqu'en mars ; alors les derniers & les premiers seroient trop durs après trois semaines ou un mois de leur semis. Si on veut jouir pendant toute l'année, il faut semer souvent, parce que la grande chaleur fait promptement monter les plantes en graines. On peut dire en général que chaque graine est dans le cas d'être semée à trois époques différentes dans les mêmes années; mais il faut avoir un jardinier intelligent qui sache saisir le moment. Cette classe d'hommes a une routine très-bonne en elle-même, & sait que le jour de la fête de tel saint, il convient de semer telle & telle espèce. Si la saison est dérangée, ses plantes montent en graine, ou ne réussissent point, il rejette la faute sur la qualité de la graine, tandis que cela tient à la constitution de la saison qui ne s'accordoit pas avec son calendrier. Ce fait prouve encore combien les époques générales que l'on prescrit sont abusives.

Le particulier riche croit faire des merveilles d'appeller chez lui des jardiniers instruits auprès des grandes villes, sur-tout si elles sont éloignées de son canton. Cet habile homme sur lequel il fonde ses espérances, sera pendant les deux premières années très-inférieur aux jardiniers les plus communs du pays, parce qu'il n'en connoît point le climat; mais s'il a de l'intelligence, s'il sait observer & raisonner la méthode du pays, à coup sur il la perfectionnera dans la suite.

Ce seroit perdre ici son temps de présenter un tableau semblable au précédent, pour indiquer les époques auxquelles on doit transplanter les semis, cueillir les graines, serfouir, enterrer les plantes à blanchir &c. &c. Tous ces objets dépendent du climat, je le répète, on transplante lorsque le semis est assez fort, on travaille le pied des plantes, on les sarcle autant de fois qu'elles en ont besoin; on récolte la graine quand elle est mûre, on fait blanchir les cardons, les chicorées, lorsque les pieds sont assez forts &c. &c. Il ne faut que des yeux pour juger; les préceptes sont abusifs, & l'Auteur fait parade d'une vaine & inutile érudition, à moins qu'il n'écrive pour un très-petit canton; s'il généralise, tout est perdu.

## CHAPITRE II.

### *Des Jardins fruitiers.*

Le regne de Louis XIV fut l'époque de la perfection des arts en France, comme celui de François I de la renaissance des lettres. L'art des jardins fruitiers prit une nouvelle forme. Laquintinie parut, & les arbres autrefois livrés à eux-mêmes, couvrirent de leurs branches, de leurs feuilles, de leurs fleurs & de leurs fruits, la nudité & la rusticité des murs. Enfin dans ses mains l'arbre prit la forme d'un espalier, d'un éventail & d'un buisson. Ce grand homme opéra une révolution presque aussi entière dans la culture du légumier.

Pendant que la France & l'Europe entière admiroient & adoptoient les méthodes de M. Laquintinie, & qu'on s'extasioit à la vue de ses espaliers, de simples particuliers, conduits par le génie de l'observation & de l'expérience, perfectionnoient à petit bruit, ou plutôt presqu'ignorés, la théorie de la taille des arbres. Enfin après des travaux soutenus pendant près d'un siécle, on a commencé à se douter que les seuls habitans du village de *Montreuil* (*Voyez* ce mot) avoient découvert le secret de la nature. Ce n'est que depuis quelques années que la vérité gagne de proche en proche. Il faudra bien du temps pour que la révolution soit générale & complette; on tient à ses anciens préjugés; on les caresse & il est difficile d'en secouer le joug. Les partisans de la méthode de M. de Laquintinie ne croiront pas sur paroles, & ils demanderont des preuves sur la supériorité de celle des Montreuillois. Sans entrer ici dans aucune discussion, je leur dirai seulement, *on voit encore aujourd'hui à Montreuil des pêchers plantés à la fin du siècle dernier.* Que l'on cite un pareil exemple dans les fruitiers de M. Laquintinie, & dans tout le reste du royaume. M. Laquintinie connut le genre de culture de ces bons travailleurs, mais trop attaché à la méthode qu'il avoit imaginée; & encouragé par les louanges qu'un grand Roi & la nation lui prodiguoient, il crut au-dessous de lui de devenir imitateur. Il avoit fait venir le jeune *Pepin*, cultivateur de Montreuil, qui tailla en sa présence plusieurs arbres, mais Laquintinie jaloux ou enthousiaste de sa propre méthode, se hâta de le congédier, & *Pepin* de retourner à son village y cultiver l'héritage de ses pères.

## Section premiere.

### *De la formation des Jardins fruitiers.*

Ils supposent nécessairement une plus grande profondeur à la couche de terre végétale que celle des légumiers, afin que le pivot des arbres plonge & s'enfonce sans contrainte, & sur-tout sans être forcé de s'étendre horisontalement. Ceci demande des développemens, & éprouvera beaucoup de contradiction. Comme chacun a sa maniere de voir, si on condamne la mienne, je ne force personne à l'adopter.

J'établis en principes 1°. Qu'on ne doit planter aucun arbre dépouillé de son pivot. 2°. Que tout arbre doit être greffé franc sur franc; il résulte donc de ces deux assertions que pour se procurer un bon & excellent jardin fruitier, il faut une couche de terre qui ait beaucoup de profondeur. On concluroit à tort que je désapprouve les jardins fruitiers dont la couche de terre franche n'a que trois ou quatre pieds, & qui porte sur une couche de gravier ou de pierrailles &c. Lorsqu'il n'est pas possible de se procurer un autre sol, on est forcé de se contenter de celui-là, il est inutile alors de laisser le pivot, & de ne planter que des arbres greffés franc sur franc. Ces exceptions ne détruisent pas les deux assertions générales, elles les confirment au contraire, puisque nulle règle sans exception. Mais je persiste à dire que celui qui est assez heureux pour avoir un grand fond de terre & de bonne terre, doit en profiter & en tirer le meilleur parti. Je conviens que des arbres ainsi plantés resteront plus long-temps à se mettre à fruit, sur-tout s'ils sont taillés suivant la marotte ordinaire; que certaines espèces réussissent mieux greffées sur coignassier, sur prunier, &c. Il ne s'agit pas ici de quelques exceptions particulières, mais de la masse des arbres fruitiers considérée dans son ensemble. En suivant les procédés que j'indique, on ne sera pas obligé de remplacer chaque année un grand nombre d'arbres & souvent un tiers ou une moitié après la première année de la plantation; enfin, on aura des arbres forts & vigoureux qui subsisteront pendant plusieurs générations d'hommes. J'ose dire plus, si un particulier avoit la patience d'attendre, je lui conseillerois de semer sur place le pepin, le noyau &c ; de cultiver leur produit avec les mêmes soins que les semis des pépinières; enfin de greffer lorsque les troncs auroient acquis la grosseur convenable & déterminée pour recevoir la *greffe*, (*Voyez* ce mot). La beauté & la durée de tels arbres bien conduits, feroient époques dans le canton, sur-tout si on n'avoit pas eu la manie de les semer trop près les uns des autres. On auroit alors l'arbre naturel, & l'arbre dans toute sa force. Que l'on considère dans une forêt l'arbre venu de brin ou celui venu sur souche, & on décidera auquel des deux on doit donner la préférence ! Il en est ainsi de l'arbre fruitier. Je sais que la greffe s'oppose à la grande & naturelle extension de l'arbre, mais par exemple les abricotiers à noyaux doux n'ont pas besoin d'être greffés pour produire leurs espèces, ainsi que plusieurs autres fruits à noyaux. Je demande si on pourra comparer avec eux, pour la force, pour la vigueur, un abricotier, un pêcher greffé sur un prunier ou sur amandier, &c. &c., si le pommier ou le poirier sont aussi vigoureux greffés sur coignassier que sur franc ? enfin, si un arbre quelconque, dont on a supprimé le pivot, végéte aussi rapidement & dure autant que celui dont on a ménagé le pivot, & sur-tout que celui qui a été semé à demeure? Nier ces faits, c'est vouloir se refuser à l'évidence; il y a très-peu d'exceptions à cette loi. L'on veut jouir, & jouir promptement, dès-lors il faut contrarier la nature, & l'arbre, par une caducité précoce, la venge des loix qu'on a violées.

Il est très-ordinaire de voir, dans un jardin fruitier, les arbres à fruits d'été, d'automne & d'hiver, mêlés indistinctement les uns avec les autres; on ne sépare pas plus les arbres dont la végétation a une force, par exemple, comme douze de ceux dont le degré de végétation n'excède pas six. Il résulte de ces bigarrures, qu'une allée, qu'une partie d'un espalier sont dégarnis de fruits & de feuilles, tandis que les arbres de certaines places en sont chargés. Il vaut beaucoup mieux destiner un emplacement pour chaque espèce en particulier; par exemple, tous les bons chrétiens d'été ensemble, &c. &c. Il en est ainsi pour les arbres inégaux en végétation. N'est-il pas plus agréable à voir dans une allée des arbres taillés, soit en évantail, soit en buisson, & tous de la même force & de la même hauteur, plutôt que d'en voir un plus haut, l'autre plus bas? Le jardinier aura beau tailler long ou court, par exemple, une arménie panachée, ses branches ne s'éléveront, ne s'étendront & ne se feuilleront jamais autant que celles d'un dagobert, &c., le premier aura perdu ses feuilles à la première matinée fraîche, tandis que l'autre ne se dépouillera qu'aux gelées. Que d'exemples pareils il seroit facile de rapporter!

J'insiste sur la séparation des espèces, afin que le jardinier ne fasse point de méprise à la taille. L'homme instruit connoît la qualité de l'arbre à la seule inspection du bois; mais, pour parvenir à ce point de certitude, il faut une longue pratique, & surtout avoir l'art de bien observer. Un autre avantage qui résulte de cette séparation, consiste dans la facile cueillette des fruits, elle évite le transport çà & là des échelles, des paniers, &c.

Voici encore une proposition qui paroîtra paradoxale à bien des gens; j'ose avancer qu'on doit planter, dans les endroits les plus froids & les plus battus des vents, les arbres à fleurs les plus précoces, comme abricotiers, pêchers, amandiers, &c. Ces arbres, originaires d'Arménie & de Perse, se trouvent en France dans un climat bien différent; cependant ils y fleurissent dès que le dégré de chaleur de l'atmosphère est le même que celui qui les mettoit en fleur dans leur pays natal; ils ont beau avoir changé de climat, ils obéissent, quand les circonstances ne s'y opposent pas, à la loi que la nature leur a assignée dans le nouveau. Aussi voit-on, lorsque les fortes gelées sont tardives, des pêchers, des amandiers fleurir à la fin de décembre & souvent de janvier; or, en plaçant ces arbres dans l'endroit le plus froid & le plus exposé aux grands courrans d'air, ils ne fleuriront pas en pure perte, ni si-tôt que les autres arbres de leur espèce, plantés contre de bons abris. D'ailleurs, ils fleuriront plus tard au printemps, le développement & l'épanouissement étant retardé, la fleur craindra beaucoup moins les funestes effets des gelées tardives du printemps. Admettons encore que ces arbres soient en fleurs dans le même temps que le seront ceux qui sont bien abrités, je ne crains pas de dire que les fleurs de ces derniers seront bien plus maltraitées que les autres, en raison de l'humidité qui les recouvre, tandis que le courant d'air l'aura dissipée sur les fleurs des premiers. On fera très-bien cependant d'avoir de bons abris pour les pêchers, les abricotiers, les amandiers, surtout dans les provinces du nord, afin que si les gelées détruisent les fleurs des arbres plantés sur l'élévation, elles n'endommagent pas celles des arbres bien abrités, & ainsi tour à tour. J'ai observé un très grand nombre de fois, dans l'intérieur du royaume, que les gelées du printemps nuisoient plus aux arbres des bas fonds qu'à ceux des côteaux ou des éminences. Les sols argilleux sont à comparer aux bas fonds; ils retiennent l'eau trop long-temps, quand une fois ils en sont imbibés; la chaleur a-t-elle dissipé leur humidité, leurs mollécules se resserrent, s'adaptent les uns aux autres, & la masse se durcit au point que les racines n'ont plus la liberté de s'étendre. Les fruits cueillis sur ces arbres n'ont ni saveur ni parfum, & ces arbres offrent sans cesse le triste spectacle de la nature souffrante, & qui dépérit insensiblement.

Les jardins fruitiers sont communément environnés de murs, soit afin de défendre les fruits contre le pillage, soit pour se procurer de beaux *espaliers*. (*Voyez* ce mot.) Les arbres y sont plantés & taillés ou en espalier, ou en contrespalier, ou en évantail, ou en buisson, ou bien, livrés à eux-mêmes, s'ils sont à plein vent. Tout le monde convient que le fruit de ces derniers est infiniment supérieur au goût; mais dans nos Provinces du nord la chaleur n'est souvent pas assez forte pour lui faire acquérir une parfaite maturité : il convient, & on est forcé alors de les tenir ou à mi-tige, ou ravalés par une taille quelconque, soit en évantail, soit en buisson. Le premier offre le long d'une allée une jolie tapisserie

pisserie de verdure, singuliérement embellie au temps des fleurs, & très-riche lorsque les fruits ont acquis leur grosseur & leur couleur ordinaire; mais la monotonie est fatiguante. Les seconds permettent à la vue de pénétrer à travers le vuide qui reste entre eux, à mesure qu'ils s'éloignent & forment une cloche dont l'évasement est au sommet. Il est certain que si tous ces arbres sont à la même hauteur, que s'ils ont un égal diamètre, ils produisent un très-bel effet. (*Voyez* les mots BUISSON, BUISSONIER.)

Je n'aime pas la bigarrure le long des allées ou des espaliers, que présentent les arbres à mi-tige, placés alternativement avec les arbres nains : ou tout un, ou tout autre. Le mi-tige seul figure très-bien, & la vue se promène agréablement par dessous. L'arbre en éventail fait tapisserie, & ne permet pas de voir au-delà, pour peu que ses branches soient élevées. Lorsqu'on plante, on doit considérer 1°. l'utile, 2°. l'agréable.

Admettons qu'on ait à former la totalité d'un jardin fruitier, & qu'on desire avoir des arbres sous toutes les formes; les allées une fois tracées, le sol divisé par plate-bandes ou par quarreaux, on réservera les quarreaux du fond aux arbres à plein vent, les quarreaux qui les précèdent seront destinés aux arbres à mi-tige, ceux en avant aux arbres taillés en buissons; les seconds quarreaux aux arbres nains, livrés à eux-mêmes, & tels qu'ils pousseront après les avoir ravalés après leur plantation, & encore mieux sans les avoir ravalés; enfin, les quarreaux sur le devant seront occupés par des arbres taillés en éventail.

On sera peut-être étonné que je place dans le nombre des nains des arbres qui ne seront point sujets à la serpette ni à la taille; outre qu'ils produiront un effet pittoresque, & un peu sauvage au milieu de ces arbres symétriquement arrangés, j'ose assurer que chaque année ils se chargeront de beaucoup plus de fruits que les autres, & l'on sera surpris de leur étonnante végétation. Enfin, après une longue suite d'années, on les mettra, si l'on veut, & sans courir aucun risque, en arbres à plein vent; il suffira petit-à-petit & médiocrement chaque année, de supprimer les branches les plus basses, & de recouvrir soigneusement les plaies avec l'*onguent* de Saint Fiacre. (*Voyez* ce mot.) Au surplus, la disposition de la forme des arbres dépend de la volonté du propriétaire.

Lorsque l'on plante un fruitier, l'espace paroît immense, & le pied de chaque arbre, très-éloigné du pied voisin, parce qu'alors on n'apperçoit qu'un tronc mince, sans branches, sans feuilles, & absolument nud; mais pour peu qu'on ait l'habitude de voir & de juger de l'espace qu'il occupera dans la suite, on se regle alors sur la distance proportionnelle que les arbres exigeront entre eux : c'est pourquoi j'ai conseillé de mettre chaque espece à part, soit par rapport au fruit, soit par rapport à la force de la végétation de chaque espece. Ce n'est pas tout : on doit encore connoître la maniere d'être & de végéter de chaque arbre, dans le pays qu'on habite, & relativement au sol: par exemple, les bons chrétiens d'été, d'Ausch, à feuilles de chêne, &c. poussent bien plus vigoureusement, (toutes circonstances égales) dans les Provinces du midi que dans celles du nord; ils demandent donc à être plus éloignés entr'eux dans cette région qu'aux environs de Paris. C'est de cette manière que l'homme instruit juge & compare, tandis que l'ignorant tire des coups de cordeaux, alligne & espace symétriquement ses arbres. Eh! le coup d'œil, dira-t-on, doit-il être compté pour rien? Je réponds: Eh! qu'importe votre coup d'œil à la nature? croyez-vous que la beauté d'un jardin dépend d'une monotone symétrie? Le premier point est de tirer du sol tout le parti possible, & d'avoir des arbres de la plus grande beauté. Veut-on encore absolument ne pas déroger au total à l'ordre symétrique? eh bien, placez dans les premiers rangs les arbres qui étendent moins leurs branches & s'élèvent moins, & ainsi successivement pour les autres, selon l'ordre de la végétation. Alors les coups de cordeaux seront sur le devant plus serrés, & plus larges dans le fonds; mais comme l'effet de la perspective est de paroître diminuer de largeur à mesure qu'elle se prolonge, la suppression d'un, de deux ou de trois ou quatre arbres sur le fond sera insensible, suivant la grandeur & la largeur du quarreau; alors, au lieu d'avoir des lignes droites, vous en aurez d'obliques, mais parallèles & symétriques. Tout l'art consiste, avant de planter, de mesurer la longueur & la largeur du quarreau, de désigner par des points sur le papier l'espace qui doit régner entre chaque arbre, & de calculer leur nombre, de manière qu'il se trouve toujours un arbre sur la bordure tout autour du quarreau. Sa grandeur & la force de végétation de chaque espèce, décident le nombre que l'espace doit contenir, ainsi que celle à laisser entr'eux. On ne se repent jamais d'avoir éloigné les arbres, au contraire, on se repent toujours, & bientôt, d'avoir planté trop près. Je plante près, vous dit-on, pour jouir plus vîte, à la longue je supprimerai un rang d'arbres. La précaution est utile pour garnir des espaliers, si toutefois on n'attend pas que les arbres aient souffert par l'entrelacement de leurs racines; alors ces arbres, surnuméraires de l'espalier, seront choisis parmi ceux qui se mettent les premiers à fruits, & on les taillera fort à fruit, sans se soucier qu'ils fassent jamais de beaux arbres, puisqu'ils doivent être supprimés après un certain nombre d'années. En général on attend toujours trop tard à faire cette soustraction; il en est alors des arbres plantés près-à-près comme d'un pauvre petit enfant dont le corps est lié & garotté, ses membres ne peuvent ni s'allonger ni s'étendre; les racines des arbres éprouvent le même sort, & comme les branches sont toujours proportionnées aux racines, on doit juger de la chétive phisionomie de l'arbre qui souffre. Consultez ce qui est dit au mot Espalier, relativement à la distance des arbres, des murs de clôture, & à la multiplication des murs pour former les Abris, & non pas les Arbres, ainsi qu'on l'a imprimé.

L'expérience démontre que les arbres plantés, soit dans les bas fonds, soit dans les terreins gouteux-marécageux, donnoient des fruits sans goût, & dont le parfum ne différoit guères de celui de la rave: de tels fruits sont très-indigestes, & ne se conservent pas. Ces arbres sont dévorés par la mousse, les lichens, &c., & la main attentive du jardinier ne peut complettement les détruire. Je préférerois un sol graveleux, ou caillouteux, ou sablonneux, parce que avec de l'eau & des engrais appropriés, je me procurerois des arbres passables, mais dont le parfum du fruit seroit admirable. Lorsque le terrein est gouteux, les fossés d'écoulement sont le seul moyen de les assainir; s'il n'est pas possible d'en ouvrir, il vaut mieux renoncer à l'établissement d'un jardin. Heureux, cent fois heureux, celui qui trouve une bonne & profonde couche de terre végétale.

La position la plus utile pour un jardin fruitier, est celle d'un côteau à pente douce, & à l'abri des vents orageux. Dans les provinces du midi, il est indispensable que l'on puisse conduire l'eau au pied des arbres, au moins deux ou trois fois dans l'été, & après que l'eau a pénétré la terre, la travailler; sans cette précaution le fruit flétrira sur l'arbre, ou bien s'il y reste attaché, sa trop précoce maturité ne permettra pas qu'il prenne sa grosseur ordinaire ni son goût parfumé.

Peu de personnes se déterminent à planter des fruitiers séparés, & surtout avec des arbres à plein vent; alors c'est un verger proprement dit, & pour profiter du terrein qui se trouve entre les arbres, on seme de la graine de foin, mais on a soin chaque année de faire travailler deux fois la circonférence du pied des arbres. Si l'entretien de cette prairie exige une fréquente irrigation, ces arbres se trouveront dans le cas de ceux plantés dans les terreins humides, dont il a déjà été question. Cependant cette terre ne doit pas rester inculte, on peut la semer ou la planter avec des légumes qui exigent peu d'eau, & qui sont en état d'être récoltés un peu auparavant l'époque des grandes chaleurs : les arbres profiteront singulièrement des labours donnés à la terre. Quant aux arbres en évantail ou en buisson, il n'est guères possible d'en cultiver le sol dans la vue d'en retirer des récoltes; leur ombre est trop rapprochée de la terre, trop épaisse, les plantes s'*étioleroient*. (*Voyez* ce mot.) On doit cultiver la terre en plein plusieurs fois dans l'année, & la tenir rigoureusement sarclée.

Ce que j'ai dit jusqu'à présent s'applique aux jardins fruitiers en général. Ceux des provinces méridionales, dans le Pays-bas, & par conséquent très-chaud, exigent quelques précautions de plus; ils demandent à être arrosés par irrigation, & les grenadiers, les jujubiers, les caroubiers, n'y exigent pas des abris ainsi que l'oranger & le citronnier. Quant aux figuiers, ils doivent être plantés dans un quartier séparé ou en bordures; & ils ne réussissent jamais mieux que lorsque leurs racines ont de l'eau tout au près, & lorsque leur tête est exposée au plus gros soleil. Les capriers, arbustes à tiges inclinées, craignent singulièrement l'humidité & la terre forte; les cerisiers, appelés *guigniers* dans le nord, y réussissent très-mal, malgré les soins les plus assidus; les griottiers à fruits acides, nommés *cerisiers* à Paris, y réussissent un peu mieux. On n'y cultive aucune espèce de vigne, ni en espalier, ni en contr'espalier, ni en treille, parce que les raisins de vignes sont si bons, si sucrés, si parfumés, qu'il ne vaut pas la peine de leur donner des soins particuliers. Il est inutile d'entrer ici dans de plus grands détails, on peut consulter chaque article au mot propre.

## SECTION II.

*Des travaux du jardin fruitier.*

M. de la Bretonnerie, dans l'ouvrage qu'il vient de publier sous le titre d'*École du jardin fruitier*, que je me plais à citer, a donné un précis des travaux, distribué mois par mois. Il peut servir de rudiment aux jardiniers des provinces du nord, & être très-utile à ceux des provinces du midi. Je ferai observer les différences relatives à ces derniers climats; copier mot pour mot cette partie de l'ouvrage de l'auteur, c'est convenir de ma part que ce qu'il a dit vaut mieux que ce que j'aurois pu dire, & c'est avec plaisir que je lui rends cet hommage.

### JANVIER.

On continue pendant les mauvais temps tous les ouvrages du mois précédent qui se font à couvert; on donne encore la chasse aux limaçons, retirés dans les trous de murs, au pied des espaliers.

Continuer la taille des arbres, des pommiers, poiriers & pruniers, quand il vient quelques beaux jours. On attend en février à tailler les pêchers, les abricotiers (1); on a soin de réserver, en taillant, les branches dont on veut tirer des greffes, qu'on ne coupera aussi qu'en février.

### FÉVRIER.

On taille les pommiers, poiriers & pruniers qu'on avoit épargnés jusqu'à présent, pour en tirer des greffes qu'on prend sur de bons arbres vigoureux, & l'on choisit de jeunes branches de l'année. (On les conserve ainsi qu'il a été dit au mot GREFFE.)

Si on a quelques arbres languissans dont la pousse s'arrête, on ne manquera pas de les ravaller sur jeune bois, pour les rajeunir, & d'ébotter tous ceux qu'on veut greffer en fente en avril, afin de concentrer la sève.

On achève à couvert, pendant les mauvais tems, les ouvrages qu'on n'a pu finir en janvier.

On prépare les paillassons de pailles ou de roseaux, afin d'abriter les arbres, les couches, &c.

C'est la vraie saison à la mi-février de tailler les abricotiers & les pêchers, (*Voyez* la note ci-dessous) sans attendre, suivant la routine ordinaire, qu'ils soient en fleurs, car alors on ne sait où poser les mains sans en abattre, & quelquefois les meilleures. Il suffit pour tailler, que les boutons à fruit marquent, en s'arrondissant comme des pois; on palisse à mesure qu'on taille.

Communément on peut tailler la vigne sans risque, depuis la mi-

(1) Dans les provinces du midi, le pêcher sur-tout a souvent, à cette époque, ses boutons prêts à épanouir. On doit se hâter de les tailler dès qu'ils s'arrondissent, & lorsque leur forme annonce s'ils seront boutons à bois ou boutons à fruit, afin de ne laisser de ces derniers que le nombre nécessaire.

février & le commencement de mars. (1)

Quand la terre est saine, le tems au beau, & qu'on a beaucoup de plantations à faire, on commence à planter les arbres qu'on n'a pas pu planter en automne dans les terreins trop humides. (2)

On visite les amandes, les chataignes qu'on a mises en automne dans du sable à la cave, & l'on voit si elles sont germées & bonnes à planter, & si elles ne sont pas germées, à cause de la trop grande sécheresse du sable, on le change & on en remet de plus frais.

On plante & on séme les pépinières comme en novembre; celles-ci ont l'avantage d'échapper aux rigueurs de l'hiver & à la dent des mulots, mais les plans poussent un peu plus tard. (3)

Vous semez les pepins de citron depuis la mi-février jusqu'à la mi-mars, pour faire des sujets propres à recevoir les greffes des orangers. Les pepins des oranges de Malthe, selon quelques habiles orangistes, valent encore mieux. (4)

On ne doit pas tarder de planter les rejetons enracinés de noisetiers, ainsi que les boutures des groseilliers, des osiers, (5) qu'on coupe d'un pied de longueur, & qu'on enfonce jusqu'à la terre dure; il suffit que la tête sorte de trois à quatre pouces: on plante les boutures par un temps humide, & jamais par le hâle.

Il ne faut pas oublier, à mesure qu'on taille des arbres, d'écraser la punaise grise qui s'attache derrière les branches; les orangers y sont fort sujets, ce qui lui a donné le nom de punaise d'oranger.

Les limaçons n'ont pas encore quitté leurs retraites; il faut les chercher dans les trous des murs & dans les tas de pierre.

Il faut labourer tous vos arbres aussi-tôt qu'ils sont taillés, avant qu'ils fleurissent, parce que l'humidité qui s'éléveroit de la terre, fraîchement remuée, s'attachant aux fleurs, les exposeroit à la gelée. Ce

---

(1) On peut tailler la vigne dès que les feuilles sont tombées, si le bois est mûr. Si, dans le nord, on craint que le froid & les gelées pénétrent l'œil lorsqu'on a coupé le sarment raz & au-dessus, on peut laisser deux pouces de bois au-dessus de l'œil, & le retrancher à l'époque indiquée par l'auteur. C'est une double opération, j'en conviens, mais la première se fait dans un temps où l'on n'est pas pressé par le travail, & la seconde est bientôt faite. On peut palisser aussi-tôt après qu'on a taillé, afin d'avoir moins d'ouvrage sur les bras en février & en mars.

(2) Ces plantations arriérées réussissent mal dans les provinces du midi, elles sont trop tôt surprises par les chaleurs.

(3) Dans les provinces du midi, les semis doivent être faits en novembre.

(4) Dans les pays méridionaux, semez en novembre, les pepins se conservent en terre; tenez les vases ou les caisses dans de bons abris pendant les rigueurs de l'hiver, couvrez-les avec de la paille de litière, & garantissez-les des pluies; ils germeront dès que la chaleur de l'atmosphère sera au degré qui leur convient, & à la fin de l'année vous aurez une forte pousse.

(5) Plantez en novembre. Le noisetier est souvent en fleur en janvier; il réussit bien lorsqu'il est arrosé pendant l'été: il mourroit sans cette précaution, à moins qu'il ne survienne des pluies, ordinairement très-rares dans les provinces du midi.

labour est le second dans les terres légéres & sèches qu'on a dû labourer avant l'hiver, & le premier dans les terres froides, qu'on n'a pas dû au contraire ouvrir avant l'hiver, & qui ne sont même pas assez ressuyées encore pour les labourer dans ce temps-ci; si elles sont boueuses, on attend en mars, en avril ou en mai, quand les fruits sont noués.

On fume en même temps les terres légères avec du bon fumier de vache bien consommé, & les terres froides avec du fumier de cheval.

On plante la vigne en février & en mars. Les côteaux, la terre légère & caillouteuse lui conviennent.

## Mars.

On continue de planter les arbres, & de faire les labours avant que la fleur paroisse; (1) on met une douve ou petite planchette au devant des pêchers qu'on a plantés pour garantir les bourgeons qu'ils pousseront, des gelées & du gresil.

Les taupes coupent quelquefois les racines des arbres; elles tracent & remuent beaucoup de terre dans ce temps ci; on doit leur tendre des piéges. (*Voyez* le mot Taupe.)

On commence, selon l'ancienne coutume, ou l'on continue de tailler la vigne, si on a commencé à la mi-février, ce qu'on a pu faire sans risque de la tailler trop tôt. (2)

On plante les groseillers de boutures à mesure qu'on taille, & les framboisiers de plant enraciné.

On plante des mûriers, des grenadiers de plant enraciné, des coignassiers de boutures & de plant enraciné, des noisetiers de plant enraciné, (3) des figuiers de boutures, de marcotes, de plant enraciné.

C'est encore le tems de planter des pepinieres de chataignes, de noix, d'amandes, & autres noyaux, si on ne l'a pas fait dans les mois précédens.

On continue jusqu'à la fin de ce mois tous ces ouvrages; il faut donner un labour aux osiers, pour détruire les herbes.

Il est encore temps de semer des pepins d'orange sur couches, ou dans des pots qu'on enfouit successivement dans plusieurs couches chaudes, pour les avancer: on marcote aussi des branches.

Si vous voulez avoir des capriers, vous en sémerez ou planterez dans les crevasses & trous des murs.

Les grandes gelées étant passées, on découvre les figuiers qu'on avoit couchés dans terre en décembre, & ceux des espaliers qu'on avoit empaillés. (4)

C'est le meilleur temps pour ôter la mousse des arbres, après quelques pluies, à la fin de l'hiver, parce qu'elle ne se reproduit point pendant la sécheresse & les chaleurs de l'été, & se trouve détruite pour cinq ou six ans; (5) mais quand on l'ôte

---

(1) C'est trop tard pour les provinces du midi.

(2) Dès que le bois est mûr, on peut la tailler. (*Voyez* note 1, page 29.) Dans les provinces du midi elle commence à pleurer à cette époque, & dans ce cas la taille est pernicieuse.

(3) C'est trop tard. (*Voyez* les notes précédentes.)

(4) Double méthode plus qu'inutile dans les provinces du midi.

(5) Si les arbres sont plantés dans un bas fond, si le sol est naturellement humide, elle reparoît beaucoup plus vîte; j'en ai la preuve.

avant l'hiver, l'humidité de la saison la reproduit bientôt.

AVRIL.

Il est temps de commencer à ratisser & à nettoyer les allées. (1)

Il faut faire la guerre aux fourmis, dès qu'elles paroissent dans les arbres; les phioles ou petites bouteilles remplies d'eau sucrée, sont les piéges qu'on leur tend, ainsi qu'aux perce-oreilles, qui rongent aussi les yeux des jeunes arbres, & ne s'y répandent que dans la nuit.

Quand la sève *est en mouvement*, (2) ce que l'on connoît lorsque l'écorce des arbres se détache facilement, on greffe en fente, en écusson, ou à la pousse. Il vaut mieux attendre à la fin du mois ou en Mai, si la sève est encore languissante.

La mi-avril est la saison de marcoter les grenadiers; c'est encore le temps de planter les figuiers de boutures, de marcotes, de plants enracinés qu'on trouve sur les vieux pieds, ou des morceaux mêmes des vieilles souches qu'on éclate, pourvu qu'il y tienne de la racine. Les petits plants peuvent se planter en caisse ou en pots. (3)

On taille les figuiers en pleine terre, quand ils s'élancent trop, aussi-tôt que leurs yeux paroissent, & que le fruit est sorti, c'est-à-dire qu'on raccourcit toutes les branches élancées & sans couronne, afin de les faire fourcher : ceux qui sont suffisamment garnis de branches depuis le bas jusqu'en haut, & dont les branches sont couronnées, peuvent s'en passer, cette taille n'étant faite que pour multiplier les branches & le fruit. Mais pour les figuiers en caisse ou en pots, on ne sauroit se dispenser de les tailler, pour leur faire prendre la forme qu'on veut leur donner, qui doit être celle de l'entonnoir ou du buisson. Les figuiers taillés en boule sur tige ne produisent pas de fruit. (4)

Dans les années hâtives on commence par éclaircir les abricots, lorsqu'ils sont trop serrés & par paquets; on supprime les plus petits, les malfaits, & on laisse de préférence ceux du bas des branches : dans les trochets où ils sont serrés, on tourne entre les doigts ceux qu'on veut ôter, & on les tire doucement à soi, pour ne pas endommager les autres.

La greffe en couronne entre le bois & l'écorce se fait aussi quand les arbres sont en pleine sève; elle n'est pas sans inconvénient.

Le contraste du chaud & du froid fait quelquefois cloquer toutes les feuilles du pêcher, (*voyez* le mot CLOQUE) & le puceron s'y loge : le remede est d'abattre ces feuilles, quand elles commencent à se faner, & de

---

(1) Commencez en février dans les provinces du midi, & pendant l'année, autant de fois qu'elles en auront besoin, sans attendre aucune époque fixe.

(2) L'époque du *détachement de l'écorce* est celle que l'on doit observer, & non pas le mois; attendre à la fin d'avril ou en mai seroit trop tard.

(3) L'expérience démontre ici que les boutures de figuier reprennent ici mieux que les plans enracinés; le mois de mars est l'époque de leur plantation.

(4) Consultez le mot FIGUIER, pour connoître la culture qui lui convient dans les provinces du midi.

les brûler, pour détruire le puceron. Si on les abattoit trop tôt, la saison n'étant pas avancée, les nouvelles feuilles, qui ne tardent pas à repousser, seroient encore exposées au même accident.

C'est la saison de faire des incisions longitudinales au corps des arbres dont la tige est restée plus maigre d'un côté que de l'autre, & se trouve arquée, ou bien quand la tige est restée en totalité plus maigre que la greffe; ce qui s'exécute avec la pointe de la serpette, en fendant l'écorce jusqu'au bois.

C'est aussi le temps en avril ou en mai, lorsque les nouveaux bourgeons ont cinq à six pouces de longueur, de courber les branches trop vigoureuses de quelques arbres qui s'emportent plus d'un côté que d'un autre, ce qu'on appelle *arbre épaulé*, & de détacher & laisser en liberté le côté le plus foible, qu'on lâchera alors, n'ayant plus besoin d'être contraint.

Il faut commencer à ficher les échalas au pied des souches de la vigne.

Faire la guerre aux hannetons, en secouant les arbres le matin & à midi, parce qu'alors ils sont engourdis, & ne prennent pas leur volée comme le soir.

Chercher sur les poiriers de bon-chrétien d'hiver la chenille noire, qui gâte ses fruits, & toutes les autres en général, qui paroissent à plusieurs reprises & en différentes saisons les plus chaudes & seches, comme au temps du solstice & de la canicule; (1) serrer

(1) Les poiriers de ces provinces, ou plutôt leurs jeunes bourgeons, sont attaqués, vers l'extrémité supérieure, par un insecte qui les pique à plusieurs reprises & circulairement. Au-dessus de ces piqûres, il dépose son œuf, il sort un petit ver qui se nourrit de la moëlle & de la substance intérieure du bourgeon; il va toujours en descendant. Après un certain temps & un long enfoncement, il se change en crysalide, ensuite en insecte parfait, & fait une petite ouverture par laquelle il sort pour aller se reproduire. Malgré les soins les plus assidus, je n'ai pu découvrir l'insecte parfait, mais j'ai tout lieu de croire que c'est un Charanson : on reconnoît la présence du ver par les feuilles supérieures qui se desséchent, ainsi que la partie du bourgeon, située au-dessus des piqûres. Les boutons inférieurs, ainsi que leurs feuilles, restent verts pendant toute la saison, mais l'année suivante, à la taille, on trouve une branche creuse comme un chalumeau, & qui périt; cette cavité a souvent plus d'un pied de longueur, & même pénétre quelquefois dans le tronc. Enfin, le ver creuse toujours jusqu'à ce qu'il se transforme en crysalide.

Il faut se hâter, dès qu'on voit les feuilles mortes, de couper la partie du bourgeon noire & flétrie, & de retrancher du bourgeon qui reste verd, jusqu'à ce qu'on ait trouvé l'insecte; alors on taille près du premier bon œil qu'on rencontre au-dessous. Cette visite doit être faite chaque hiver pendant ce mois & le suivant; c'est l'unique moyen de détruire un insecte qui pullule beaucoup.

Les mouches menuisières, également très-communes dans ces provinces, s'attaquent au tronc & aux grosses branches, dont l'écorce est encore lisse; elles font une très-petite ouverture avec la tarrière dont la nature les a pourvues, y déposent un œuf, d'où il sort ensuite un gros ver. Sa manière de travailler est toujours en montant, &, avec les pinces dont la partie antérieure de sa bouche est garnie, il coupe, mâche, taille la partie ligneuse du bois, & la rejette en-dehors par l'ouverture placée au bas de sa galerie; c'est une vraie sciure de bois, & en tout semblable aux débris formés par la scie de l'ouvrier, avec cette différence cependant que les brins sont, pour ainsi dire, agglutinés & collés les uns aux autres. A mesure que le ver grossit, les sciures augmentent

rer entre les doigts les feuilles roulées des arbres, pour écraser le ver qui s'y est logé.

On retourne la douve ou planchette dont on a couvert ses jeunes pêchers nouvellement plantés, pour donner plus de place & d'air aux jeunes pousses qu'ils ont faites.

## Mai.

On fera bien d'accoller & de donner le premier lien à la vigne, pour attacher les branchages longs que le vent pourroit décoller, & ôter en même temps quelques bourgeons, pour ne laisser que les plus beaux sarmens, au nombre de deux, trois ou quatre, plus ou moins, suivant l'âge & la force du cep.

On visitera les espaliers, pour retirer les nouveaux bourgons qui passent derriere les treillages; on attachera les plus longs, & l'on ôtera les feuilles cloquées & les limaçons.

Il faut pincer ou rompre les jeunes branches des groseillers, élever ses tiges, que le vent pourroit casser.

Vous n'oublierez pas les greffes en écussons des chataigniers, des cerisiers & des pruniers, si elles ne sont pas encore faites; celles en flûte ou en sifflet des figuiers; & encore celles en fente qui restent à faire des pommiers & des poiriers. Les greffes faites en ce tems-ci pousseront au bout de quinze jours, si le temps est favorable; pendant que celles faites en avril sont quelquefois un mois sans qu'on y apperçoive aucun mouvement.

Vous fumerez, s'il est besoin, & labourerez, aussi-tôt que les fruits seront noués, les arbres qui n'ont pu l'être dans les terres fortes & humides.

Si on éprouve une grande & longue sécheresse en mai, les arbres manquent de sève, les fruits se détachent & tombent; il faut alors verser avec l'arrosoir quelques seaux d'eau par-dessus les feuilles, si l'on peut, & au pied de ses arbres, pour les remettre en seve. Les prunes tombent les premieres.

On donne un second ratissage aux allées, & l'on tond les buis pour la premiere fois, afin qu'ils puissent se recouvrir de feuilles avant l'été.

Quand on s'apperçoit par des points noirs, particuliérement au revers des feuilles du poirier de bon-chrétien d'hiver, qu'elles sont attaquées du

& couvrent la terre. Il est alors aisé de reconnoître la présence du ver, & l'ouverture par laquelle coule la sciure; il suffit de prendre la perpendiculaire si une branche est attaquée, ou d'examiner le tronc de l'arbre du côté où la sciure s'accumule; on prend ensuite un fil de fer que l'on insinue dans la cavité, & on le pousse jusqu'à ce que la résistance mette obstacle à sa plus forte introduction. Il est bon d'observer cependant que souvent les courbures de la galerie arrêtent le fil de fer avant qu'il soit parvenu jusqu'à l'insecte, & on se tromperoit grossièrement si on s'imaginoit l'avoir tué. Pour éviter cette méprise, on garnit la pointe du fil de fer avec un gros plomb de lièvre, l'arrondissement du plomb glisse sur les irrégularités du tube, & permet son introduction; enfin on le pousse & on le retire à différentes reprises, jusqu'à ce qu'on soit bien convaincu d'avoir tué l'insecte. Si la cavité est pleine de tours & de détours, si l'introduction du fil de fer jusqu'au bout devient impossible, il faut alors fendre l'écorce, & aller chercher l'animal dans sa retraite. On pansera ensuite la playe avec l'onguent de S. Fiacre.

tigre, on les passe fortement entre ses doigts, pour écraser l'insecte & ses œufs.

On sort les orangers de la serre, (1) ainsi que les figuiers en caisses ou en pots; on les travaille ensuite avec de l'eau échauffée au soleil; on enlève toutes les feuilles chancrées, le bois mort, & l'on donne l'arrondissement à la tête en les taillant, car c'est la véritable saison. Les Jardiniers, pour en tirer plus de fleurs, remettent à les tailler en septembre, mais aux dépens des arbres qui restent trop chargés & mal formés pendant la fleur & tout l'été. Les petits orangers élevés de pepins & sur couches n'ont plus besoin d'abri; on continue d'arroser ces arbres une fois par semaine, jusqu'en juin qu'on commence à les arroser plus souvent. On rencaisse ceux qui en ont besoin. (2)

Les gelées étant passées, il est temps d'ôter les petits paillassons qu'on avoit placés au dessus de ses espaliers en décembre ou en février; on ne les ôtera que dans un temps sombre & couvert, & non dans l'ardeur du soleil; on enlève aussi les petites planchettes qu'on avoit mises au-devant de ses arbres.

Les greffes faites en avril commencent à remuer, si le temps a été favorable.

L'ébourgeonnement du cerisier hâtif ou précoce, qui est en espalier au midi, doit précéder celui de tous les arbres, son fruit mûrissant le premier; on lui ôte peu de bourgeons, & l'on attache tout ce qu'on peut attacher.

On donne le second labour à la vigne, quand tous les risques sont passés.

On donne un léger labour tous les mois aux orangers avec la houlette, tant qu'ils sont hors de la serre.

Quand on voit aux pêchers des branches qui se disposent à devenir gourmandes, dominantes ou mal placées, on commence à la fin de mai à les couper à moitié de leur longueur, près d'un œil, on les recoupe en juin & juillet, comme on le verra; mais on retranche tout-à-fait ceux qui viennent aux côtés du pied des principales branches de la derniere taille, qu'ils arrêteroient en leur interceptant la nourriture, ou qui feroient de trop grandes plaies, si on ne les retranchoit qu'au tems de l'ébourgeonnement.

On commence par attacher les branches les plus allongées des jeunes arbres, que le vent pourroit casser.

Il faut chercher la lisette, qui coupe le bourgeon des greffes.

Il ne faut pas attendre la saison ordinaire pour ébourgeonner les pêchers où les fourmis & les pucerons se sont jetés, & ont formé au bout des branches des houpes ou toupillons qu'il faut couper & jeter au feu.

(1) A la fin de février, suivant la saison, on découvre les citroniers en pleine terre; les orangers ont moins besoin de garniture pendant l'hiver, & on sort tous les pieds de l'orangerie. Attendre jusqu'en mai, par exemple, à Lyon, à Bordeaux, &c., ce seroit trop tard; on le peut au commencement ou au milieu d'avril.

(2) Les arrosemens doivent être relatifs aux climats, & l'encaissement avoir lieu à la sortie de l'orangerie.

### Juin.

Au commencement de juin on met un second lien à la vigne, pour rassembler les bras qui se sont allongés, & on l'ébourgeonne pour la seconde fois.

Quelques-uns ne se contentent pas d'avoir en avril taillé leurs figuiers en caisses ou en pots; ils pincent & rompent encore, au commencement de juin, à trois ou quatre yeux, les plus forts des nouveaux bourgeons ou les nouveaux jets les plus vigoureux, suivant leur force. Ces trois ou quatre yeux feront une couronne de branches à fruit pour l'année suivante, & le fruit de l'année, qui profitera de la seve qui s'y seroit portée, en deviendra plus beau; mais comme c'est le temps de l'extravasion du suc laiteux que cet arbre rend avec abondance par l'extrêmité des branches rompues, nous croyons cette opération plus dommageable qu'utile; il vaut mieux se contenter de raccourcir les branches trop élancées en avril.

Continuez de palisser les treilles, dont le vent casseroit les bras les plus allongés.

On coupe le lien de la greffe en écusson, quand on voit que l'écusson est bien repris, afin qu'il n'étrangle pas la greffe.

Il est tems de tendre des piéges aux loirs, avant que ces animaux commencent à sortir pour manger les abricots & les pêches, afin qu'ils voient ces piéges en sortant, & s'y accoutument, sans en être épouvantés, comme ils le seroient s'ils ne les avoient pas vu d'abord. Les meilleurs piéges sont les quatre de chiffres, ou les petits assommoirs qu'on tend à leur passage sur le chapiteau des murs, où ils courrent pendant la nuit pour gagner les espaliers.

A la mi-juin on recoupe encore par la moitié les branches gourmandes dont on avoit retranché la moitié en mai.

On arrose les figuiers en caisses ou en pots de deux jours l'un, depuis cette époque jusqu'a ce que le fruit soit cueilli.

On cueille les boutons de capriers avant que les fleurs épanouissent; les plus petits boutons & les plus fermes sont les meilleurs.

On ne donne plus que des ratissages & menues façons aux pieds des arbres dans les terres légères, mais il faut travailler les terres fortes, fraîches & argileuses, qu'on ne sauroit trop ouvrir & remuer après l'hiver.

Il faut donner aux oliviers le premier labour à la houe, & tous les mois un petit labour avec la houlette aux orangers. (1)

Ebourgeonner les abricotiers, les pêchers après la Saint-Jean, c'est-à-dire après le solstice, temps où le soleil dardant ses rayons plus à plomb, cause à la sève une forte fermentation, & fait pousser une infinité de bourgeons; en un mot, c'est le temps de la grande pousse des arbres : c'est donc une regle certaine, qui ne sauroit tromper, que de ne se pas pres-

(1) Consultez les mots Olivier & Oranger pour connoître leur culture dans les provinces du midi.

ſer d'ébourgeonner plutôt, pour ne pas recommencer, comme font ceux qui manquent de pratique ou d'inſtruction. Les poiriers & les pommiers, qui ſont plus tardifs, s'ébourgeonnent plus tard au déclin de la canicule, quand le bouton eſt formé au bout des branches.

On commence l'ébourgeonnement par les abricotiers, enſuite celui des pêchers à fruits hâtifs, ſi les bourgeons ſont aſſez allongés, comme d'un pied ou quinze pouces, pour ſoutenir l'attache & pouvoir paliſſer. Les jeunes pêchers ſont toujours ceux qui preſſent le plus, parce qu'ils ont ordinairement pouſſé de fortes branches fort allongées, que le vent caſſeroit : vous aurez ſoin de réſerver en ébourgeonnant quelques branches ſuperflues, que vous ne couperez point, mais que vous marquerez & attacherez au mur, afin d'en tirer des greffes, ſi vous en avez beſoin pour les écuſſons à œil dormant en août.

Il eſt encore temps de couper les branches attaquées par les fourmis & par les pucerons, ſi on ne l'a pas fait plutôt.

Les arbres étant ébourgeonnés, on couchera en paliſſant les branches les plus hautes ſous le chapiteau des murs, ſans les couper & arrêter, pour qu'elles ne dépaſſent pas le mur, ſi ce n'eſt en ſeptembre, lorſque la ſève eſt arrêtée.

Le paliſſage étant fini, il ne reſte plus qu'à éclaircir les pêches qui ſont trop ſerrées, qui ſe nuiſent, & ne pourroient groſſir ni mûrir parfaitement. Les abricots ont été éclaircis en avril. On éclaircit auſſi les poires trop ſerrées, mais on n'ôte rien aux rouſſelets, ni à la plupart des fruits d'été.

On retire quelques clous des arbres paliſſés au clou & à la loque, quand les clous ſe trouvent trop près du fruit, & l'on paſſe une petite pierre ſous les branches où il ſe trouve quelques fruits trop près du mur qui les endommageroit.

On a l'attention de n'éclaircir les pêches tardives que huit jours après les autres, parce qu'il en tombe ordinairement après l'ébourgeonnement. Les prunes des arbres à plein vent, quand il y en a trop, perdent beaucoup de leur qualité, ſi l'on n'en diminue pas le nombre, en coupant celles qu'on veut ôter par le milieu de la queue avec des ciſeaux. La reine-claude entre autres, quand elle charge beaucoup, dégénère au point de n'être pas reconnoiſſable.

Ce n'eſt qu'en juin que la vigne défleurit, & que les grains commencent à paroître; (1) c'eſt le temps, auſſi-tôt qu'ils ſont de la groſſeur d'une tête d'épingle, d'éclaircir les grappes de muſcat, dont les grains toujours ſerrés & enfoncés mûriſſent difficilement; on en ôte les deux tiers ou les trois quarts, avec de petits ciſeaux pointus & bien affilés : Les plaies ſe referment aſſez promptement, & les grains qui reſtent deviennent plus gros, plus croquans, prennent plus de couleur, & mûriſſent mieux.

La ſeconde opération après l'ébourgeonnement des arbres, c'eſt de découvrir les fruits qui ſont trop cachés ſous les feuilles, à meſure qu'ils

(1) Beaucoup plutôt, à meſure qu'on approche du midi.

en ont besoin; on n'abat point les feuilles entières avec leur talon ou pédicule, ce qui nuiroit à la branche & au fruit, qui ne prendroit pas autant de nourriture; on les casse adroitement dans le milieu, en les serrant entre deux doigts, & les tirant prestement en tournant. On ne fait cette opération qu'après quelque petite pluie, & jamais dans la sécheresse & la grande ardeur du soleil, qui frapperoit les fruits trop vivement. La tache blanche & large qu'on apperçoit sur des fruits découverts naturellement, ou qu'on a découvert mal-à-propos, vient d'un coup de soleil, dont les pêches, qui en sont couronnées, comme on dit, ne profitent plus, & se gâtent. On attend, pour découvrir les abricots & les pêches hâtives que ces fruits commencent à tourner ou prendre de de la disposition à mûrir; on les découvre peu-à-peu, à mesure qu'ils avancent en maturité; mais la pêche de Magdelène, particuliérement entre les hâtives, & toutes les pêches tardives, s'effeuillent toutes vertes, & ne craignent pas le soleil, parce qu'elles sont plus dures; la première en aura plus de couleur, & les dernières mûriront plutôt.

On acheve d'ébourgeonner la vigne, & on donne à la fin de juin le troisième & dernier palissage des treilles; on pince, on casse, à l'endroit de quelque nœud, le bout des branches, pour les arrêter, & on dévance de huit jours cette opération dans les climats un peu plus chauds que celui de Paris.

Il faut se disposer à la Saint-Jean à arroser tous les jeunes arbres nouvellement plantés, si on veut assurer leur réussite; vous faites au pied de vos arbres un petit bassin d'un pied de diamètre, en ramenant de la terre circulairement, & non pas en creusant au pied de l'arbre, comme le font mal-adroitement les jardiniers ignorans, qui découvrent ainsi les racines qui restent couvertes de trop peu de terre, & s'éventent quand la terre, après les arrosemens, se fend par l'ardeur du soleil. Vous couvrirez le bassin, après avoir arrosé avec de la litiere ou du crottin de cheval, ou du terreau, ou d'une planche, & au défaut de tout, avec de la terre seche & émiettée, (1) afin d'y conserver la fraîcheur, & d'empêcher la terre de se fendre. Vous continuerez de les arroser jusqu'à la fin d'août.

Vous pincerez à sept ou huit pouces, & même à un pied, le maître jet des greffes en fente, quand il se trouve encore seul, & qu'il s'allonge trop, afin de le tenir bas, & de lui faire pousser des bourgeons qui deviendront de bonnes branches que vous taillerez l'année suivante, afin de les avancer & de les faire mettre à fruit; mais on ne parle que des greffes des arbres qui sont en place, & non de celles des pépinieres & autres arbres à replanter, auxquels on coupe la tête en les transplantant; il n'y faut point toucher.

C'est le temps, vers la fin de juin, de couper à moitié de leur longueur tous les bourgeons ou nouveaux jets

(1) La bâle du bled, de l'avoine, &c. est, à mon avis, ce qu'il y a de mieux, de l'épaisseur de deux à trois pouces.

des extrémités les plus hautes des arbres stériles, poiriers, pommiers ou pruniers nains, qu'on veut laisser aller sans les tailler, pour les faire mettre à fruit; ils repousseront de nouveaux bourgeons de tous les yeux restans, qui auront encore le temps de s'aoûter, c'est-à-dire de prendre de la consistance & de la maturité, par la chaleur du mois d'août.

Il faut évider les groseillers en entonnoir, en les ébourgeonnant au dedans & au dehors, & pincer toutes les pointes à une égale hauteur, quand les groseilles sont tout-à-fait rouges, tant pour faire grossir & achever de mûrir le fruit, en le débarrassant de tous les bourgeons, & lui procurant la vue du soleil, que pour cueillir plus facilement, & en éloigner les moineaux qui se cachent dans l'épais feuillage, & détruire en même temps les pucerons & les fourmis qui s'y logent. Ces arbrisseaux étant ainsi ébourgeonnés en ont meilleure grace, & les longs rameaux de ceux qu'on a élevés sur tiges, seroient, faute de cette opération, cassés par le vent, ce qui dérangeroit tout-à-fait la forme de leur tête.

C'est aussi dans le solstice, où il se fait un nouvel épanchement de la sève, qu'il faut prendre garde au flux de gomme qui en provient : il ne paroît d'abord qu'une petite tache à la branche attaquée; mais bientôt si vous ne la coupez deux doigts au dessous du mal, il gagne promptement, & fait mourir toute la branche.

Les insectes qui ont attaqué les arbres au printemps, se renouvellent & prennent de nouvelles forces dans ce temps-ci, ainsi que dans la canicule. Ces insectes sont les punaises, les pucerons, les chenilles.

Le blanc, la rouille, la chute des feuilles sont aussi des accidens du temps, qui disparoissent l'année suivante; mais les chancres, les ulcères & les excroissances, qui viennent de la même cause, restent ordinairement pour toujours.

### Aout.

On continue dans ce mois d'arroser les jeunes arbres, & on donne le troisième ratissage aux allées.

Les mêmes soins aux orangers qu'en juin; ils sont en pleine fleur.

On continue d'ébourgeonner les pêchers.

On découvre l'abricot hâtif de quelques feuilles au commencement de juillet, & le gros abricot quinze jours après, lorsqu'ils commencent à jaunir & à s'éclaircir, (1) l'abricot d'espalier étant sujet à rester vert du côté de la queue, qui est presque toujours serrée contre le mur ou contre le treillage. La Quintinie, afin d'y rémédier, de les faire mûrir plus parfaitement, & de leur donner plus de qualité, détachoit les branches de l'abricotier, les tiroit en avant, & les fixoit à certaine distance du mur, en les attachant à un pieu. J'ai pratiqué la même opération, en éloignant les branches du mur, au moyen de quelques petites fourches

(1) Il ne faut jamais perdre de vue que ces époques sont relatives au climat dans lequel l'auteur écrit; elles doivent être devancées, je le répète, à mesure qu'on approche du midi, soit par la chaleur que procurent les abris, soit en effet par l'éloignement du nord.

ou de petites planchettes passées derrière entre le mur & la branche; je m'en suis assez bien trouvé.

On coupe les branches gourmandes pour la troisième fois.

On donne quelques binages ou menues façons, avec la binette, à tout ce qui en a besoin, pour faire mourir l'herbe, & rendre la terre meuble.

Depuis le 15 juillet jusqu'au commencement de septembre, on peut faire des greffes en écusson, à œil dormant, sur le prunier & l'amandier, pour y élever des pêchers & des abricotiers, & le prunier sur son propre sauvageon; on pose des écussons sur le pêcher même, & sur l'abricotier, mais seulement sur les branches de l'année, auxquelles on veut ajouter quelques branches qui manquent, ou changer d'espèce, & sur les poiriers & pommiers de même.

Depuis la mi-juillet jusqu'à la mi-septembre, on peut écussonner les petits orangers de deux ou trois ans, lorsqu'ils ont acquis la grosseur du doigt à deux ou trois pouces au-dessus du tronc, afin que la tige soit formée du jet de la greffe, & qu'elle ne repousse pas des bourgeons francs, mais de la greffe: si dans la suite quelque maladie ou accident obligeoit d'étêter l'arbre, on fera encore mieux d'attendre à les écussonner au commencement d'août.

On découvre un peu la pêche petite mignonne, qui mûrit dans ce mois-ci.

Les framboisiers, soit en haies, soit en buissons, seront tondus à la hauteur de trois pieds, quand le fruit sera passé, tant pour la propreté que pour donner plus de nourriture aux souches.

On ne doit point encore ébourgeonner les poiriers, pommiers & pruniers, quoiqu'on le voye faire à d'autres, afin que leurs arbres aient l'air d'être plutôt arrangés. Il n'y faut pas procéder que le bouton ne soit formé au bout des branches, ce qui est le signe certain que la sève est arrêtée, & ne produira plus de faux bourgeons.

On ébourgeonne de nouveau, on attache & on laboure la vigne avant le mois d'août; on détruit en même-temps les limaçons, les perce-oreilles, qui sont logés dans les feuilles repliées & dans les liens.

L'écusson du pêcher doit être appliqué sur différens sujets, au déclin de la seconde sève, sur le prunier de S. Julien à la fin de juillet; mais sur le jeune amandier, qui garde sa sève plus long-temps, ce n'est que vers la mi-septembre.

## Aout.

Les arrosemens & les labours se continuent aux orangers comme ci-devant, de même qu'à tous les jeunes arbres de l'année.

On n'ébourgeonne les orangers que vers le déclin de la canicule, comme les autres arbres, après le renouvellement de la sève d'août, quoique plusieurs jardiniers les ébourgeonnent en juillet & août, aussi-tôt que la fleur est passée; mais cette propreté prématurée fait pousser de nouveaux bourgeons. Après l'ébourgeonnement dont nous parlons, on n'y touche plus. On greffe les orangers en écusson dormant.

On découvre la pêche grosse mignone, à mesure qu'elle commence à tourner ou blanchir du côté de la queue, qui eſt le côté oppoſé au ſoleil, & les prunes de reine-claude, qui ſont en eſpalier au midi.

Pendant le renouvellement de la ſève de la canicule, appelée ſève d'août, les arbres pouſſent une multitude de nouveaux jets. Le pêcher principalement, après avoir été ébourgeonné exactement en juillet, paroît tout-à-coup hériſſé d'un nombre prodigieux de bourgeons confus, qui ſe reproduiſent juſqu'au-delà de la canicule, après quoi cet arbre devient ſage. Il faut bien ſe donner de garde d'ôter aucune de ces branches folles; l'expérience apprend qu'il en repouſſeroit de nouvelles en plus grand nombre. Il faut donc laiſſer vos pêchers jeter leur feu, & préférer de les voir long-temps en déſordre, que de les perdre par une propreté mal entendue; mais on eſt aſſuré qu'au déclin de la canicule il ne pouſſera plus de ces faux bourgeons, c'eſt le cas alors de les ſupprimer, c'eſt-à-dire, à la fin du mois; on n'épargne que ceux qui peuvent être paliſſés. Ce qui démontre qu'il ne faut ébourgeonner les poiriers, pruniers & pommiers, qui ſont plus tardifs, que vers le déclin de la canicule, c'eſt-à-dire vers la mi-août; le véritable temps eſt quand, le ſoleil n'ayant pas la même force, la ſève s'arrête, & le bouton eſt formé & parfaitement arrondi au bout des branches qui étoient terminées auparavant par deux feuilles, qui ſont la fourche, comme il eſt facile de l'obſerver. Vos poiriers, &c. étant ébourgeonnés plutôt, pendant la force de la canicule, repouſſeroient de faux bourgeons, des yeux & des branches-crochets que vous auriez fait pour ſe tourner à fruit, & ces faux bourgeons, qui ſont blanchâtres, cotonneux & tendres, qui ne s'aoûtent & ne mûriſſent point avant l'hiver, reſteront non-ſeulement inutiles, mais même pernicieux, n'étant pas propres à donner de bonnes branches à bois ni à fruit dont ils tiennent la place: on eſt obligé de les recouper, ce ſont autant d'yeux perdus, & le but de l'ébourgeonnement, qui eſt la véritable taille d'été pour faire tourner les branches à fruit, eſt manqué.

On donne le troiſième labour à la vigne avant que les vignerons aillent en moiſſon.

Repaſſez le long de vos eſpaliers, pour attacher les pointes des branches qui ſe ſont allongées depuis le paliſſage qu'on a fait en ébourgeonnant.

Découvrez de leurs feuilles après quelques pluies, comme il a été dit, en caſſant les feuilles par la moitié, du poirier du bon chrétien d'hiver & de la pomme d'api, pour leur donner de la couleur.

On continue de greffer en écuſſon juſqu'au 15 ſeptembre.

Le temps eſt venu de ſupprimer aux pêchers tous les faux bourgeons dont on a parlé précédemment.

### Septembre.

On donne quelquefois en ſeptembre un ſarclage ou léger labour, pour détruire l'herbe qui a dû croître dans les vignes, quand le mois d'août a été pluvieux; ce travail favoriſe la maturité du raiſin.

Quand on veut tenir ſes arbres proprement, on fait, au mois de ſeptembre, un troiſième paliſſage, pour attacher toutes les branches de la pouſſe du mois d'août, couper celles qui débordent le chapiteau quand

quand on ne peut les coucher en-dessous; on ne craint pas qu'elles repoussent de nouveaux bourgeons.

On continue de greffer en écusson jusqu'au 15 septembre.

Il faut découvrir de quelques feuilles les raisins des treilles, quinze jours seulement avant leur maturité, & avec précaution, ne découvrant d'abord que ceux qui se trouvent étouffés sous un trop épais feuillage, à qui l'on peut procurer plus d'air, sans les découvrir encore tout-à-fait, car le raisin sur-tout ne mûrit pas lorsqu'il est trop tôt dépouillé de ses feuilles; quand il est découvert à propos, le chasselas prend cette belle couleur ambrée qu'on estime.

On découvre aussi de la même manière la poire de bon chrétien d'hiver & la pomme d'api, si on ne l'a pas fait plutôt, afin de leur faire prendre un rouge vif qui en relève la beauté.

On donne la quatrième façon ou ratissage aux allées, au moyen de quoi elles resteront propres pendant tout l'hiver.

Les arbres qu'on plantera en novembre, & même au printemps, en viendront mieux si on fait les trous dans ce moment; les impressions de l'air en préparent la terre.

On continue de serfouir ou labourer légérement les orangers, mais ils ne seront plus arrosés qu'une fois par semaine jusqu'au commencement d'octobre, huit jours avant de les rentrer dans la serre, ainsi que les figuiers en caisse & en pots.

On tond les buis pour la seconde fois.

On greffe le pêcher sur le jeune amandier vers la mi-septembre.

Quelques jardiniers ne taillent leurs orangers qu'en septembre, quand la sève est arrêtée, pour avoir plus de fleurs; mais ils font tort à leurs arbres, & confondent l'ébourgeonnement avec la taille, car c'est le temps de les ébourgeonner en août & septembre, après la fleur. On a dû les tailler en mai. On laisse échapper quelques menues branches pour avoir de la fleur en hiver.

On achève de découvrir les chasselas de toutes leurs feuilles; il n'y a plus de risques à présent, le raisin est clair & dans toute sa grosseur; il n'a plus qu'à prendre couleur, c'est-à-dire, à devenir blond & doré en mûrissant, ce qui est la perfection du chasselas. On laisse en place jusqu'en octobre celui qu'on veut conserver pour l'hiver.

C'est le temps de gauler les noix; on les met en monceau dans un lieu sec & aéré, où elles achèvent de s'écaler. On laisse sécher les noix dépouillées de leur robe à l'ombre dans le grenier; elles se conserveront sèches pendant tout l'hiver, mais on aura soin de mettre dans le sable, à la cave, celles qu'on destinera pour planter en pépinière au printemps.

Pour cueillir tous les fruits en général, il faut choisir un temps sec, afin qu'ils se conservent mieux; observer de ne pas rompre leur queue, de les peu toucher, & de les porter doucement sans les heurter & les meurtrir. On a pour cette cueillette de grandes corbeilles plates à deux anses, que deux hommes portent; on en garnit le fond & les côtés avec des feuilles de vigne, on pose dessus un seul rang de fruit, jamais deux l'un sur l'autre, & sur-tout des pêches, plus sujettes à se meurtrir que d'autres.

Dans les années hâtives, on ramasse déjà des châtaignes. (*Voyez* ce mot & la manière de les conserver.)

On gardera les pepins des poires & des pommes, mettant à part ceux de doucin & de paradis, pour former des pépinières en novembre ou en mars. Le moyen de se pourvoir d'une quantité suffisante de pepins de poires ou de pommes, c'est de ramasser, quand il est sec, le marc de ces fruits qui ont été sur le pressoir, on les frotte entre les mains & on les crible; ceux même des fruits pourris sont aussi bons que d'autres. On étend ces pepins sur le plancher d'un grenier, où ils restent jusqu'à ce qu'on les seme, ou bien, lorsqu'ils sont secs, on les conserve à l'abri des souris dans des sacs suspendus au plancher.

Il faut se transporter, à la fin de septembre, dans les pépinières, pour choisir les arbres qu'on veut planter; on les frappe au pied d'un petit coup de marteau, pour y laisser l'empreinte de deux lettres, afin de les reconnoître, & de les lever ensuite quand la feuille sera tombée : les arbres en valent mieux de ne pas être arrachés plutôt, ce qu'on n'observe point assez. Si on attend plus tard à marquer ses arbres, on court risque de trouver les plus beaux enlevés, & de n'avoir que le rebut.

On plante les marcottes des grenadiers qu'on a faites en avril.

## Octobre.

Il est encore temps de donner le dernier ratissage aux allées, si on ne l'a déjà fait, & une petite façon à tout le jardin, afin qu'il reste propre pendant tout l'hiver.

Dans les plans de bois & les pépinières qui sont dans des fonds humides, où il a cru beaucoup d'herbes, il faut ramasser les terres en buttes & par chaînes, pour faire pourrir les herbes retournées pendant l'hiver; ces terres s'égouttent & se mûrissent ainsi : on les répand au printemps, & c'est la meilleure façon qu'on puisse leur donner.

On cueille tous les raisins, tant chasselats que muscats & autres, par un beau temps, pour les conserver dans des armoires ou sur des claies, à l'abri des gelées & de toute impression de l'air. (1)

Il n'y a plus de pêche en octobre que la persique & la pavie, qui mûrissent rarement. La pavie sur-tout ne mûrit guères que dans les pays les plus chauds, comme en Provence, où la grande ardeur du soleil, qui est contraire dans ce pays aux pêches tendres, n'a que la force nécessaire pour attendrir la pavie, & lui donner la qualité qu'elle n'acquiert jamais ici. (2)

---

(1) Dans les provinces du midi, cette cueillette demande à être faite du 10 au 20 septembre pour le plus tard.

(2) Le succès de la pavie n'est pas réservé aux seules provinces qui avoisinent la Méditerranée; ce fruit mûrit très-bien dans l'Agenois, la Guyenne, le Dauphiné, le Lyonnois, & dans plusieurs de nos provinces du centre du royaume. Si, dans ces climats chauds, on a la facilité d'arroser les pieds d'arbres, les pêches tendres y sont très-bonnes, & infiniment plus parfumées que dans les environs de Paris.

On cueille les poires de messire-Jean, de marquise, de crésane, de bergamote d'automne, & de S. Germain, vers la S. Denis, les pommes de calville rouge & de calville blanc.

Dans les années peu hâtives, on achève la récolte des châtaignes & des amandes, & on met dans la cave celles qu'on destine aux pépinières.

Si on a empaillé des groseliers en juillet, on a encore des groseilles jusqu'aux gelées.

Si votre terrein n'est pas trop froid, ou l'année tardive, vous cueillerez tous les fruits d'hiver vers la S. Denis, vers le 15, mais dans les deux cas ci-dessus, vous attendrez jusqu'à la fin du mois.

Il ne faut donc pas se presser trop de cueillir ces fruits, quoiqu'il en tombe même quelques-uns; ils ne seront pas perdus en les serrant sèchement, s'ils ne sont pas meurtris, ou en les faisant cuire au chaudron dans l'eau réduite en sirop. Les fruits cueillis trop tôt se rident, se fannent & se dessèchent, il n'y reste que la peau & le cœur pierreux sans jamais mûrir.

On fera bien de laisser le bon-chrétien d'hiver huit jours plus tard que les autres sur l'arbre, pour le perfectionner, & la pomme d'api le plus long-temps que l'on pourra, afin qu'elle prenne plus de couleur.

On continue de faire des trous pour planter les arbres.

On peut encore, dans cette saison, changer de terre les orangers qui en ont besoin; on réchauffe avec du petit fumier de mouton ceux qui sont languissans; on les serfouit & on les mouille tous pour la dernière fois, huit jours avant de les renfermer. On emporte ceux qu'on a élevés sur couche, & on finit par les entrer tous dans la serre vers le 15 du mois.

On porte les nèfles au grenier sur de la paille pour les faire mûrir.

A l'égard des coins, il n'y a pas de risques d'attendre, pour les cueillir, jusqu'aux gelées, qu'ils ne craignent pas, & jusqu'à ce qu'ils aient acquis une belle couleur d'or; on les essuie pour en ôter le duvet, &, après les avoir mis un peu au soleil, on les serre dans un lieu sec, & séparément, à cause de leur odeur forte, qui feroit gâter les autres fruits. Malgré toutes les précautions, ils pourrissent bientôt, si l'on n'a pas soin de bonne heure d'en faire des compottes, de la marmelade ou du ratafiat.

On finit le travail de ce mois par porter des terres neuves, des gazons, des gravois ou démolitions de murs faits en terre, des boues de rues long-temps reposées à l'air, & autres engrais qu'on répand au pied de ses arbres, ainsi que les fumiers qu'on ne fait non plus que répandre sur les terres froides avant l'hiver.

### NOVEMBRE.

On lève dans les pépinières, aussitôt que la feuille est tombée, les arbres qu'on a marqués en septembre. C'est la saison de les planter particulièrement dans les terres légères. (*sur-tout dans les Provinces du midi*) Nos cultivateurs de Montreuil préfèrent en général la plantation du printemps; elle peut être plus favorable dans leur terrein; mais on conviendra que d'attendre à planter au printemps dans les terres légères, si la saison est sèche, la plantation manque en plus grande partie, au lieu qu'étant faite avant l'hiver, les arbres ont déjà poussé quelques racines, qui ont pris corps, & se sont alliées avec la terre, de façon qu'ils craignent moins la sécheresse. Le pommier & le prunier sur-tout exigent, encore plus que d'autres, d'être plantés avant l'hiver.

On répand du fumier au pied des arbres, dans les terres froides qu'on ne laboure qu'au printemps; mais pour toutes les terres usées, trop sèches, les sables, les terres légères en général, on les laboure profondément avec la fourche, aux environs de la Toussaint; nous disons avec la fourche, car la bêche, qui tranche la racine des arbres, doit être proscrite & bannie pour toujours du jardin fruitier.

Vous n'oublierez pas de planter en pépinière, dans cette saison comme au printemps, toutes les boutures & rejettons enracinés de pruniers, merisiers, poiriers, pommiers, &c. en un mot, tous les plans, les châtaignes, les amandes, les noyaux, &c. On a vu en février la raison de former les pépinières de ces noyaux au printemps, en les conservant pendant l'hiver dans du sable à la cave, pour les faire germer. On peut toujours, sauf à recommencer, semer quelques pepins, qui avanceront plus que ceux qu'on sème en février & mars, s'ils échappent aux rigueurs de l'hiver.

Quant on veut avoir du plant de mûriers, on a soin de marcotter des branches, quand la feuille est tombée.

L'olivier se plante en novembre dans les pays chauds, (*Voyez* le mot Olivier.) & en février & mars dans les pays tempérés.

On coupe les osiers vers la Toussaint, quand la feuille est tombée après les premières gelées. On ne coupera qu'en mars ceux qu'on destine à faire du plant.

On tire les échalas de la vigne, pour les mettre par chevalet dans le jardin, pour passer l'hiver ou les serrer à l'abri, s'il y en a peu, & l'on cure les raies dans les vignes, c'est-à-dire qu'on en relève la terre qu'on jette à droite & à gauche sur les planches avec la houe, ce qui fait des sentiers propres, & donne de l'écoulement aux eaux.

On retire le petit fumier de mouton qu'on avoit mis en octobre au pied des orangers languissans, parce que ce fumier, s'il y restoit plus de six semaines, au lieu de les raviver, les brûleroit.

Quand les gelées deviennent trop fortes, ou les pluies trop fréquentes, & qu'on ne peut ni labourer ni planter, on s'occupe à couper des perches, pour raccomoder des treillages & faire des paillassons; on coupe & on aiguise les échalas, on élite les osiers; on fait des caisses, &c.

On taille le caprier.

On peut enfin, quand les feuilles sont tombées, éplucher & préparer la vigne pour la taille, ainsi que les pêchers & abricotiers, ôtant les chicots, les bois morts, quelques bourgeons & branches inutiles; c'est autant d'ouvrage fait avant la taille, qui n'aura lieu entiérement qu'en février pour la vigne, (*voyez* note première, page 29.) pour les pêchers & les abricotiers; mais pour les autres, aussi-tôt que la feuille est tombée.

On peut commencer à enlever la mousse des arbres après quelques pluies, & continuer de même pendant l'hiver, mais le mieux c'eſt à la fin de l'hiver.

Décembre.

On ne tailloit autrefois les poiriers & les pommiers qu'en février, comme le pêcher après les fortes gelées; on les taille à préſent auſſi-tôt que les feuilles ſont tombées; il eſt rare que la gelée ſoit aſſez forte en ce climat pour les endommager. Quelques curieux cependant qui n'ont pas beaucoup d'ouvrage, attendent encore à tailler en février, ſur-tout les jeunes arbres, afin d'être hors de tout riſque que la gelée ne faſſe des gerſures, & n'endommage l'œil à l'extrémité des branches taillées. Les poiriers de rouſſelet de Rheims paroiſſent les plus tendres à la gelée; mais on taille à préſent, pour avancer l'ouvrage, quand on en a beaucoup. Il eſt bon de réſerver à tailler en février ceux de ces arbres dont on veut tirer des greffes, parce qu'en reſtant alors moins de temps dans la cave, ſelon notre méthode, elles ſe conſervent plus facilement juſqu'à la fin d'avril. On paliſſe à meſure qu'on taille.

Des agriculteurs modernes penſent qu'on peut tailler la vigne auſſi quand la feuille eſt tombée; en conſéquence quelques perſonnes plantent en même temps les croſſetes, à meſure qu'elles taillent; mais d'autres, & tous nos vignerons, attendent à la fin de février ou le commencement de mars pour l'une ou l'autre opération. La vigne taillée en ce temps-ci pouſſe plutôt au printemps, & ſe trouve conſéquemment plus expoſée à la gelée; au lieu que la taille en février ou mars, en prenant garde que la ſève ne ſoit pas encore en mouvement, & qu'elle ne coule pas par la coupe qu'on fait au sarment, par où elle perdroit beaucoup ſi la ſève étoit encore long-temps en activité. La taille de mars retarde la pouſſe de la bourre; elle court moins de riſque. L'une & l'autre méthode peuvent réuſſir, ſelon les années & la ſaiſon du printemps plus ou moins froide; mais la taille de février ou mars nous a paru la plus sûre & la meilleure auſſi pour planter. (1)

Dans les climats froids on fait bien d'attacher les figuiers près des murs, afin de les couvrir de paillaſſons ou de litière, de fougère ou de coſſes de pois, qu'on arrête deſſus avec des perches & des oſiers, pour les garantir de la gelée.

Quand les figuiers ſont adoſſés à des bâtimens aſſez élevés pour les mettre à l'abri, ils n'ont beſoin ordinairement d'aucune précaution; ce n'eſt que dans les hivers très-rigoureux qu'ils ſont ſujets à geler. Les figuiers ſe trouvent-ils éloignés des abris, on les couche dans la terre.

A meſure que les arbres ſont taillés, on leur ote la mouſſe facilement dans les temps humides; il eſt plus avantageux d'attendre la fin de l'hiver. L'inſtrument le plus commode pour abattre la mouſſe dans toutes les branches, eſt le ſarclet des maraichers, avec lequel ils nettoient l'herbe des planches d'oignons.

En enlevant avec le même inſtrument les écorces galeuſes & chancreuſes, on détruit la retraite d'une infinité d'inſectes.

---

(1) Conſultez le mot Vigne, où cette queſtion ſera diſcutée.

On continue de charrier & de ramasser au pied des arbres toutes sortes d'engrais convenables, tels qu'ils sont indiqués à la fin d'octobre.

On raccommode les treillages, les outils de jardin; on aiguise les échallas.

On fait bien de placer au-dessus des espaliers de pêchers, de petits paillassons de deux pieds de largeur, pour garantir ces arbres, pendant l'hiver, de la neige & du verglas qui les gâtent.

### SECTION III.

*Catalogue des meilleurs fruits.*

Il ne sera pas question dans cette liste de toutes les espèces de fruits, mais simplement des meilleurs & des plus utiles. Pour le surplus, consultez ce qui est dit sous chaque mot propre.

#### §. I. *Des fruits à noyaux.*

ABRICOTIER, *voyez* abricot précoce... gros abricot ou commun... abricot blanc... abricot musqué... abricot d'Angoumois, ou abricot rouge..., abricot de Provence... abricot de Hollande... abricot alberge... abricot de Portugal... abricot noir... abricot pêche ou de Nanci... abricot mont-gamet... abricot alberge...

AMANDIER commun, à gros ou à petit fruit... amandier à coque tendre, ou amandier des dames... amandier à fruit amer... amandier pêche, plus curieux qu'utile.

AZEROLIER à fruit blanc ou à fruit rouge. Ce fruit n'est bon que dans les Provinces méridionales.

CERISIER. Merisier à fruit doux... à gros fruit doux... (cerisiers *guigniers*, ainsi nommés à Paris, & *cerisiers* en Province.) Guignier à fruit noir... guignier à gros fruit blanc... guignier à gros fruit noir & luisant... guignier à fruit rouge tardif, plus curieux qu'utile.

Bigarreautiers à gros fruit rouge... à gros fruit blanc... à petit fruit hâtif...

*Cerisiers* à fruits ronds, à Paris, & appellés griotiers en Province... nain précoce... hâtif... commun à fruit rond... cerisier à la feuille... cerisier à trochet... tardif ou de la Toussaint, simplement curieux... de Montmorenci ou gobbet gros & à courte queue... de villenes à gros fruit de rouge pâle... de Hollande... à fruit ambré... griotier de Portugal... d'Allemagne... la cheri-duke... cerise guigne.

JUJUBIER. On n'en connoît qu'une seule espèce dans nos Provinces du midi.

NOISETTIER ou AVELINIER franc à fruit ovoide & la pellicule du fruit rouge... à fruit rond ou commun... à fruit anguleux ou d'Espagne... à fruit blanc & ovoide. Le premier mérite la préférence.

NOYER commun... à très-gros fruit, plus agréable qu'utile... à fruit tendre & à écorce fragile... celui qui donne deux récoltes, simplement curieux... le tardif ou de la Saint-Jean, époque à laquelle il fleurit. Le premier & le dernier sont vraiment utiles; le dernier sur-tout dans les pays où l'on craint les gelées tardives du printemps.

PÊCHER. (Suivant l'ordre de maturité.) (1) Avant-pêche blanche: son seul mérite est d'être précoce... avant-pêche rouge, ou avant-pêche de Troye... double de Troye ou petite mignonne... magdelène blanche, bonne dans les Provinces du midi... chevreuse hâtive... pourprée hâtive... grosse mignonne... fausse mignonne... vineuse... magdelène tardive à petites fleurs... la chanceliere... pêche malte... belle garde ou galande... petite violette hâtive... grosse violette, ou violette de Courson.... admirable, ou belle de Vitry... bourdine ou royale... teton de Vénus... chevreuse tardive... brugnon violet... nivette... violette tardive... pourprée tardive... persique... pavie rouge... de Pomponne... pavie jaune... admirable jaune... jaune lisse.

PISTACHIER, cultivé en pleine terre dans les Provinces du midi.

PRUNIER. Prune jaune hâtive ou de catalogne... gros damas de Tours... damas musqué... perdrigon hâtif... grosse mirabelle... prune de Monsieur... la diaprée... perdrigon blanc... perdrigon violet... perdrigon rouge... impériale... grosse reine-claude, ou dauphine, ou abricot vert, ou damas vert... petite reine-claude... impératrice blanche... abricotée... diaprée rouge, ou roche-courbon... diaprée blanche... sainte-catherine... damas de septembre... impératrice violette, ou princesse ou altesse... prunier du Canada, non pour son fruit, mais pour ses fleurs.

## §. II. *Des fruits à pepins.*

COIGNASSIER. Coin commun... coin de Portugal. Le dernier est à préférer.

ÉPINE-VINETTE, à fruit, à pepins ou sans pepins. Le dernier seul mérite d'être cultivé dans les jardins.

FIGUIER. (*climat de Paris*) Figue printanniere, ou blanche longue... blanche ronde d'automne... violette longue ou angélique... violette ronde... (*climat du midi*) la cordelière ou servantine... figue de Bordeaux... grosse blanche longue... la marseilloise... petite blanche ronde ou de Lipari... la verte... la grosse jaune... la grosse violette longue... la petite violette... la bourjassete ou barnisote... la graissane... la verte-brune... figue du Saint-Esprit.

FRAMBOISIER. Framboises blanches ou rouges.

GRENADIER. Grenade douce... douce & acide.

GROSEILLER *non épineux* à fruit rouge... à fruit blanc... à fruit noir ou cassis. *Epineux* à fruit blanc... à fruit violet, ou groseilles à maquereaux.

MURIER à gros fruit noir. Il est inutile de parler ici des mûriers dont la feuille sert à nourrir les vers à soie. Le fruit en est fade.

(1) Je n'indique aucune époque fixe, elle varie suivant les saisons, & sur-tout suivant les climats.

Néflier sauvage... à gros fruit ou de Hollande... sans noyau.

Olivier. Il est inutile d'en parler ici : on ne peut le cultiver dans le nord sans le secours de l'orangerie, & dans les Provinces du midi il couvre les champs, & on ne le cultive pas dans les jardins.

Oranger *proprement dit.* Orange douce ou de Portugal... grosse orange ou de Grasse... orange rouge... sans pepins... de Chine... riche dépouille... orange bergamotte... bigarade commune... violette... petite bigarade chinoise... pommier d'Adam... Bouquetier.

Limonier. Limon commun... de Calabre... doux limon poirette... impérial... balotin... de grenade ou pomme de paradis ou lime en Provence... limon de Valence... cédrat de Florence.

*Arbres qui participent de l'Oranger & du Limonier.*

Lime douce.... pompoleum.... Schaddech ou chadec... pompelmous.. mella rosa.. oranger hermaphrodite... citronier.

Poirier. ( suivant l'ordre de maturité relative aux climats & aux saisons ) Amiré-joanet... petit muscat ou sept-en-geule... muscat robert... aurate... magdelène ou citron des carmes... cuisse-madame... la bellissime... l'épargne... gros & petit blanquet... l'épine rose ou poire rose, ou caillot rosat... l'orange musquée... l'orange rouge... la robine ou royale d'été... bon chrétien d'été musqué... gros rousselet... rousselet de Rheims... fondante de Brest... Epine d'été... orange tulipée... bergamotte d'été... bergamotte rouge... verte longue... angleterre ou beurré d'Angleterre... beurré... doyenné blanc... doyenné gris... bezi de Montigny... bergamotte suisse... & d'automne... bellissime d'automne... messire-jean... sucrévert... bon chrétien d'Espagne... merveille d'hiver... épine d'hiver... la louise bonne... la marquise... la crezane... l'ambrette... l'échasserie... bezy de Chaumontel... saint-germain... virgouleuse... martinsec... le colmar... la royale d'hiver... angleterre d'hiver... angélique de Bordeaux... franc réal.... catillac... bon chrétien d'hiver... rousselet d'hiver... orange d'hiver... double fleur... muscat l'allemand... bergamotte de Hollande impériale... poire livre...

M. de la Bretonnerie indique un choix entre les poiriers qui est très-bien vu, & sert à fixer celui des personnes qui, ne connoissant pas les fruits, veulent se procurer les espèces les plus estimées. Si l'étendue du jardin est considérable, on peut planter les arbres des espèces que je viens de citer; mais si l'emplacement ne contient que cinquante poiriers, voici ceux adoptés par l'auteur cité. 2 cuisse-madame... 2 blanquette... 2 robine ou royale d'été... 4 rousselet de Rheims... 4 beurré... 4 doyenné gris... 3 messire jean... 4 crezane... 4 saint-germain... 2 chaumontel... 2 royale d'hiver... 4 virgouleuse... 4 colmar... 2 bon chrétien d'hiver... 2 martinsec.... 2 muscat l'allemand... 2 bergamotte de Hollande... 1 franc réal.

Pour un jardin où l'on n'auroit que 24 places, on choisiroit... 3 roussele let de Rheims... 3 beurré... 2 doyenné gris... 2 crezane... 4 saint-germain... 2 virgouleuse... 2 chaumontel... 4 colmar... 2 bon chrétien d'hiver.

Pour un jardin à douze places, il suffit de diminuer sur les nombres précédens.

POMMIER. (par ordre de maturité) On prévient que cet arbre réussit mal dans les Provinces du midi, sur-tout les cantons fortement abrités.

La passe pomme... la calville d'été... le rambour franc... le postophe d'été... calville rouge... calville blanche... pomme de châtaigner... court-pendu... fenouillet gris... rouge... reinette franche... reinette grise... drap d'or ou reinette dorée... pomme d'or ou reinette d'Angleterre... reinette de Canada... reinette d'Espagne... grosse reinette blanche fouettée de rouge... reinette grise de Champagne... l'api franc... api gros ou pomme rose... l'haute en bonté... rambour d'hiver... la violette... postophe d'hiver.

VIGNE. Il ne s'agit que de celles cultivées dans les jardins. Pour les autres *voyez* l'article VIGNE. Le morillon hâtif ou raisin de la Magdelène, non à cause de la bonté de son fruit, mais parce qu'il est mûr à la fin de juillet... chasselas doré ou Bar-sur-aube... chasselas rouge... chasselas musqué... la Cioutat... muscat rouge... muscat blanc... muscat d'Alexandrie ou passe longue... le cornichon... le corinthe blanc.

Le châtaignier est un arbre fruitier hors de rang, & ne peut être comparé, pour son fruit, qu'à celui du maronier d'Inde, recouvert par une enveloppe coriace & armée de piquans; cependant ces deux arbres sont totalement séparés dans l'ordre de la nature, & on ne doit pas les confondre.

Dans les jardins, il ne faut cultiver que les châtaigniers qui produisent des marons, & si le pays ne convient pas à cet arbre, son fruit sera toujours au-dessous du médiocre. Si on peut le cultiver dans les champs, il y figurera mieux que dans un jardin, où il occuperoit trop d'espace.

## CHAPITRE III.

### *Du jardin fruitier & légumier en même temps.*

C'est le plus commun, parce qu'il y a très-peu de propriétaires en état de le séparer. Ce que j'ai dit des deux premiers s'applique à celui-ci.

Ordinairement on se contente de couvrir les murs par des arbres en espalier, soit nains, soit à mi-tige, & les bordures des quarreaux avec des nains, taillés ou en évantail, ou en buisson.

La distribution des arbres est différente dans les jardins toujours mixtes, & arrosés par *irrigation.* (*Voyez* ce mot.) Comme ces jardins sont divisés en grands quarreaux, & ces quarreaux en trois, quatre ou cinq grandes tables, les arbres sont plantés tout autour des allées, mais encore dans la platte-bande qui sépare chaque table. Dans les jardins de maraichers, tous les arbres sont à plein vent; chez les particuliers, ceux de l'intérieur des quarreaux sont à plein vent, & ceux des bordures sont taillés en évantail ou en buisson; quelques-uns taillent les uns & les autres en évantail. Le buisson est interdit pour l'intérieur, parce qu'il gêneroit l'ouvrier qui ouvre & ferme les rigoles lorsqu'il s'agit d'arroser.

Un point essentiel à observer dans la formation des jardins à irrigation, c'est qu'après en avoir tracé le plan sur le sol, on doit donner plus de profondeur aux tranchées destinées à recevoir les arbres, qu'à celles du reste du jardin. Fouiller & retourner la terre à la profondeur de deux pieds, est très-suffisant pour les légumes, mais ce n'est point assez pour des arbres à plein vent. Sans cette précaution leurs racines, au lieu de plonger dans la terre, s'étendront horisontalement dans le voisinage, & nuiront aux légumes.

## CHAPITRE IV.

### *Du jardin destiné aux fleurs.*

Je ne parlerai pas ici de ce qu'on appelle *parterre*, il est du ressort des jardins nommés de *propreté*, dont il sera question dans l'article suivant. Il s'agit uniquement du jardin des amateurs fleuristes.

### Section première.

#### *De sa situation, de la préparation du sol, &c.*

I. *De sa situation.* Il doit être placé dans un lieu un peu élevé, où passe un libre courant d'air, mais cependant abrité contre les vents du nord, & des côtés par lesquels soufflent communément les vents impétueux. Il est cependant à souhaiter qu'il ait, soit par art, soit naturellement, toutes les expositions, afin que l'amateur puisse y cultiver les plantes agréables qui naissent soit au midi, soit au nord; elles ne réussissent jamais bien dans un petit jardin, environné de maisons trop élevées : la lumière du soleil y arrive trop tard, ou le quitte trop tôt; la chaleur s'y concentre, & elle n'est pas tempérée par un courant d'air frais : l'humidité une fois introduite se dissipe difficilement; les rosées & le serein y sont plus abondans, & les gelées fortes ou foibles y sont plus destructives.

La seconde condition est que l'eau y soit abondante, ou du moins proportionnée aux besoins; si elle vient d'une source, qu'il y ait un réservoir susceptible d'en contenir une certaine quantité, afin que son degré de chaleur suive celui de l'atmosphère, (*Voyez* ce qui a été dit aux mots ARROSEMENT, FONTAINE, IRRIGATION.)

La troisième, que le jardin ait un niveau de pente, doux & proportionné à son étendue, afin que les eaux pluviales n'y séjournent pas. Si la pente est trop rapide, la terre végétale ou *humus*, naturellement & totalement soluble dans l'eau, sera entraînée, & il ne restera plus que la terre matrice.

II. *De la qualité du sol.* Je sais, qu'entre les mains d'un fleuriste, le sol devient toujours ce qu'il veut qu'il soit, parce que s'il est argilleux, il le fait enlever, & le supplée par un terrein préparé; s'il est sablonneux, il donne le corps & l'aglutination nécessaires à ses molécules; enfin, la terre d'un jardin destinée aux fleurs n'est point une terre naturelle, on n'en trouve aucune semblable, elle est créée par l'art. Il est cependant très-important, pour un jardin de ce genre, de trouver dans l'origine un bon fond de terre, une terre bien végétative, parce qu'elle doit servir de base à toutes ses préparations, & cette rencontre heureuse diminue les frais, les travaux & l'embarras.

III. *De sa préparation.* Pour ne pas se tromper, on doit considérer les racines de chaque espèce de plante; elles indiquent la profondeur de bonne terre qu'elles exigent. ( *Voyez* ce qui a été dit au chapitre premier du jardin légumier. ) Après s'être assuré de la profondeur à laquelle une plante plonge ses racines, il reste à considérer comment & quelle est la manière d'être des racines. Par exemple, les plantes à oignons, comme les jacynthes, les tulipes, &c., à tubercules, comme les renoncules, les anémones, &c., n'exigent pas des engrais animaux, à moins qu'ils ne soient très-vieux, très-consommés & réduits complettement à l'état de terreau. Si la terre retient l'eau, si le fond est argilleux, les oignons pourriront, parce qu'ils se nourrissent plus par leurs fleurs que par leurs racines; ils prospéreront au contraire dans une terre douce, végétale, substancielle, mêlée en parties égales avec des feuilles d'arbres bien pourries. On doit cependant excepter celles des noyers, des myrthes, & même des chênes, parce qu'elles conservent toujours leur astriction & leur amertume naturelle, très-préjudiciables aux plantes; celles de figuiers produisent le même effet. La hauteur de huit pouces de terre préparée leur suffit. Si on donnoit à des œillets une terre aussi douce, ils travailleroient beaucoup en racines, & peu en fleurs. Les giroflées & autres plantes analogues y prospéreront, mais beaucoup mieux dans une terre *faite*, unie aux engrais animaux, surtout si elles trouvent un fond de semblable terre de douze à quinze pouces de profondeur. Je n'entrerai pas ici dans de plus grands détails sur l'espèce de terre préparée, qui convient à chaque genre de plante en particulier, parce qu'elle est indiquée à l'article de toutes les plantes, & ce seroit une répétition inutile. J'ai cité les exemples ci-dessus comme des généralités, pour indiquer seulement la nécessité de diversifier le sol suivant le besoin.

Dans le jardin d'un fleuriste, il doit y avoir un local uniquement consacré à la préparation des terres, & divisé en plusieurs cases séparées par des cloisons. Ces cases demandent à être éclairées par les rayons du soleil, & couvertes soit avec des planches, soit avec de la paille, soit par un toît réel, afin que la terre ne soit pas délavée par les pluies, & qu'exposée au soleil, elle attire à elle ce sel aérien, le grand combinateur des principes. ( *Voyez* le mot *amendement* & le dernier chapitre du mot *agriculture*. )

Le temps, pour commencer la préparation des terres, est après la chute des feuilles; on amoncele celles-ci ou séparément, ou unies avec la terre, ou mêlées avec la terre & les engrais animaux, suivant le besoin. Si le hangard recouvre exactement le monceau, si la pluie ne peut l'imbiber, on le mouillera de manière que l'humidité pénétre jusqu'au fond: il reste dans cet état jusqu'après l'hiver. Au premier printemps & par un beau jour, on renverse le monceau; on l'étend, & à force de coups de pelle la masse totale est mêlangée & amoncelée de nouveau sous le hangard. Si elle se trouve trop sèche, on l'imbibe de nouvelle eau, car sans humidité point de fermentation, de décomposition, ni recomposition. Au mois de juin ou de juillet on recommence la même opération, ainsi qu'au mois d'octobre.

Les bons & zélés fleuristes n'emploient cette terre qu'apres deux ans de travail, & ils ont raison. Telle est la manière de se procurer un fonds de terre suffisant & relatif à la nature de chaque plante en particulier; c'est de ce mêlange bien fait & bien approprié, que dépendent non-seulement la beauté des fleurs, mais encore le perfectionnement des *espèces*. (*voyez* ce mot) Ils ont encore l'attention, lorsqu'ils le peuvent, de ne pas faire servir deux fois la même terre à la même espèce de plante; alors cette terre première est recombinée avec d'autres, & sert aux plantes d'une constitution différente.

J'ai vu des fleuristes attacher la plus grande importance à se procurer de la terre des taupinières : je conviens qu'elle est bien divisée, bien atténuée, mais en est-elle meilleure pour cela ? Si elle est argilleuse, la pluie & ensuite l'exsication la durciront tout comme auparavant; si elle est sablonneuse, elle restera toujours sans adhésion, & cette terre ne diffère en rien de celle du champ, du chemin, &c. où l'animal a travaillé. Sa bonne qualité est donc simplement relative, & non pas essentielle. Il n'en est pas ainsi de celle que l'on retire de l'intérieur des troncs pourris des vieux arbres, parce que c'est un vrai débri de substances végétales bien consommées, & excellent pour les semis des graines fines, délicates & difficiles à germer.

Plusieurs amateurs se sont persuadés, qu'en combinant avec ces terres des principes colorans & solubles dans l'eau, ils parviendroient à colorer les plantes, par exemple, à se procurer des œillets noirs, &c. Il n'existe aucune fleur noire dans la nature, & elle ne changera pas ses loix pour leur faire plaisir; d'ailleurs, la sève ne se charge jamais d'aucun principe colorant; elle monte claire dans un état de vaporisation. Le fleuriste doit donc se contenter d'avoir des fleurs superbes, & rien de plus en ce genre. Une occupation bien digne de ses soins, seroit de faire des expériences sur l'hybridicité des fleurs. (Consultez le mot HYBRIDE, & ce qui est dit au mot ABRICOTIER.) Mais toutes ces tentatives seront en pure perte, s'il croit opérer sur des fleurs doubles ou privées des parties organiques de la génération. Il n'en sera pas ainsi des fleurs semi-doubles, parce qu'elles n'ont plus qu'un pas à faire pour devenir complettement doubles. Ses essais sur les fleurs simples, vigoureuses, belles & bien nourries, seront couronnés du succès, si leurs genres ne sont pas trop disproportionnés.

IV. *Des objets nécessaires à un jardin fleuriste.* Si l'amateur embrasse la fleurimanie dans sa totalité, il lui faut nécessairement une serre chaude, une serre en manière d'orangerie, des chassis vitrés, des amas de fumier de litières, du tan, des couches, des cloches, &c. Le simple amateur, plus restreint dans son goût, se contente des chassis, de quelques couches, & d'un certain nombre de cloches. Les pots, vases, caisses de toutes grandeurs, sont nécessaires à l'un & à l'autre, ainsi que beaucoup de terrines plattes pour les semis; des cribles en fil de fer de différent diamêtre, des cribles en crin pour nettoyer les graines, & de quelques cribles en parchemin, destinés aux mêmes usages; des grilles en fil de fer, des clayes en bois pour passer la terre; des pêles, des bêches, des rateaux, des tire-fleurs ou houlettes de différentes grandeurs, des cordeaux, des plantoirs, des arrosoirs, de petites pioches, &c.

Il doit encore avoir un local spacieux & couvert, sec, susceptible d'être aéré au besoin, & garni tout le tour avec des tablettes, sur lesquelles il dépose les oignons, les griffes, &c.; une partie de ces tablettes doit être divisée en petits quarreaux, par des traverses en bois, afin que chaque espèce de griffes de renoncule, par exemple, soient séparées des autres espèces, & ne se confondent pas avec elles; afin d'éviter les étiquettes qu'un coup de vent dérange souvent. Plusieurs des petits quarreaux sont peints en jaune, blancs, violets, rouge, &c., en un mot d'une couleur correspondante à celle de la fleur dont il renferme la griffe & l'oignon; alors il n'y a plus de méprise, & lors de la plantation, l'amateur est à même de disposer à son gré de l'effet que chaque couleur de la fleur doit produire dans son jardin. Les oignons, les griffes, &c. peuvent encore être classés dans ces quarreaux, suivant leur nomenclature. La première méthode est à préférer, parce qu'elle parle plus directement aux yeux.

Le même ordre d'arrangement, la même distribution de case peut avoir lieu pour les graines. Quant à moi, je préférerois l'usage des calebasses ou courges de pélérins. Lorsqu'elles sont encore sur la plante, on grave dans la peau extérieure les noms de chaque espèce, ou bien on applique par-dessus & on colle un papier où chaque lettre du nom est découpée, ou bien encore on colle chaque lettre séparément, & le soleil les fait reparoître par le changement de couleur. Lorsque la calebasse est mûre, ces caractères sont ineffaçables, & elle servira pendant plus de quinze à vingt ans. Les graines s'y conservent mieux que dans des sacs de toile ou de papier. Une ficelle passée & nouée à leur col, sert à les attacher à un clou, ou contre les tablettes, ou contre un mur.

Le jardin du fleuriste exige un amphithéâtre ou des gradins, afin d'y placer des vases, soit pour offrir le plus beau de tous les coups d'œils, soit pour conserver plus long-temps la durée d'une fleur. Ces amphithéâtres sont recouverts par un toit, ou avec des toiles, afin de garantir les fleurs de l'activité du soleil ou des pluies qui les font passer brusquement, & ne donne pas à l'amateur le temps de jouir du fruit de ses travaux.

Il est essentiel que la hauteur des gradins soit proportionnée à celle des vases qu'il doit supporter; sans cette précaution, le petit pot à oreilles d'ours, à prime-vère, &c., figureroit très-mal sur un gradin destiné à des pots d'œillets, de reine-marguerite, d'amaranthes, &c.; il faut que le bois ne paroisse point à la vue, & qu'il n'y ait presqu'aucune partie du vase qui soit visible, si ce n'est dans le premier rang; alors la verdure & les fleurs sont dans une progression ascendante & continuelle, d'où dépend la beauté du coup d'œil. Elle n'existe plus, cette beauté, si une fleur est cachée par une autre, ou si l'œil la confond avec elle. La coquetterie est ici nécessaire, chaque fleur doit être vue séparément. C'est dans l'arrangement d'un amphithéâtre qu'on connoît le goût de l'amateur; assortir les nuances & les couleurs, les faire ressortir les unes par les autres, & les marier si bien, que chaque fleur, considérée séparément, paroisse parfaite : c'est en quoi l'art consiste.

On cultive rarement les tulipes, les jacynthes, les renoncules, les anémones dans des vases; on les met en pleine terre, où presque toujours elles réussissent mieux. Le gros soleil & la pluie sont les ennemis des fleurs, &, pour leur assurer une certaine durée, on les couvre avec des toiles soutenues par des piquets. En général ces piquets sont toujours trop bas, la plante respire difficilement, & on jouit mal du coup d'œil; il vaut beaucoup mieux avoir de grandes tentes de toiles, portées sur des chassis assez élevés pour qu'on puisse librement se promener par dessous, & voir ses fleurs à chaque instant du jour. Lorsque le soleil est couché, on retire ces toiles sur les côtés, & les plantes jouissent de la fraîcheur de la nuit; jamais les fleurs ne paroissent plus belles, plus brillantes que lorsque le grand jour est modéré par ces toiles; elles sont aux fleurs ce que les cadres sont aux tableaux.

## SECTION II.

### *Énumération des plantes à fleurs agréables ou odorantes.*

I. *Des plantes à oignons.* Les amarillis, & par préférence les lys de S. Jacques, & celui de Guernesey... le pancratium maritime ou narcisse de mer... le perce neige... les jacynthes... les tulipes... les jonquilles .. les narcisses... les colchiques... la fritillaire... la couronne impériale... le lys blanc... le lys martagon... le muguet ou lys des vallées... la tubéreuse.

II. *Des plantes à tubercules.* L'ellébore à grande fleur blanche... les anemones... les renoncules... les iris, & particulièrement celui de Suze & celui de Perse... l'ixia de Chine... la pivoine mâle & femelle.

III. *Des plantes annuelles à racines fibreuses.* La reine marguerite... les amaranthes, & sur-tout la crête de coq & le tricolor... l'œillet d'Inde... l'œillet d'Inde passe velour... la belle de nuit... la balzamine... l'anonis ou goutte de sang... le réséda... le basilic... la giroflée ou violier quarantain... les grands pavots... les coquelicots... la pensée... le thalaspi... le pois odorant ou musqué... les bluets ou centaurées à fleur jaune, blanche ou violette .. le seneçon du Canada... les pieds d'alouette... l'immortelle violette... le *xeranthemum* ou immortelle rayonnée.

IV. *Des plantes vivaces à racines fibreuses.* Les prime-vères... l'hépatique... les oricules ou oreilles d'ours... les giroflées... les violiers jaunes... les juliennes... les œillets... l'œillet de Perse... les juliennes... l'ancolie ou gantelée... les grandes mauves trémiaces, celle de Chine... la mauve en arbre... la piramidale... la violette.. la coque lourde ou *lychnis*... la croix de Jérusalem ou de malthe... la scabieuse... le souci... la camomille à fleur double... le petit tournesol à fleur double... le monarda.

V. *Des arbustes odorans ou à jolies fleurs.* Le tataspic... la pervenche du Cap... l'héliotrope du Pérou... le lilas de Perse... la rose gueldres... les rosiers de toutes espèces .. les jasmins d'Espagne, d'Arabie, des açores & le jasmin jaune très-odorant .. le laurier thym... le pêcher... l'amandier nain & à fleurs doubles... le myrthe... la bruyère du Cap... le genet à fleurs doubles... le spirea à feuilles d'obier & de saule... le seringa à fleur double... le leonurus ou queue de lion d'Afrique... le thym... le serpolet... la lavande... la marjolaine... le marum... le geranium ou bec de grue... l'immortelle jaune.

Je sais qu'on peut ajouter beaucoup à ce catalogue, mais le grand fleurimane le trouvera à coup sûr trop nombreux; il se contente de cultiver les prime-vères, les auricules, les œillets, les tulippes, les renoncules, les anémones, & ensuite quelques plantes de fantaisie.

## SECTION III.

### *Du temps de semer.*

Si on n'est pas riche en fleurs de distinction, il faut absolument prendre le parti de semer, à moins qu'on ne soit dans le cas de satisfaire ses fantaisies à prix d'argent. On jouit plutôt, il est vrai, mais cette jouissance est moins précieuse, moins flateuse que celle d'avoir obtenu par ses soins, ou une espèce nouvelle, ou une espèce perfectionnée. Les Flamands & les Hollandois font un commerce de graines qu'ils vendent assez chèrement, c'est à eux qu'il faut s'adresser, & ils sont en général de très-bonne foi : c'est d'eux surtout qu'il faut tirer la graine des prime-véres & des oreilles d'ours. Les semis de ces deux plantes ni leur culture ne réussiront jamais bien dans nos provinces du midi; on en sème la graine aussitôt qu'elle est bien mûre, dans des terrines remplies de terreau consommé, ou avec de la terre noire que l'on retire du dedans du tronc des vieux arbres; on peut attendre à la semer à la fin de l'hiver; il en est ainsi de celle des oreilles d'ours, des tulipes, des jacinthes, des œillets. Quelques amateurs attendent le mois de septembre pour les semis des graines à oignon, sans doute dans la crainte des effets de la chaleur de l'été : en plaçant les terrines au nord, on parera à cet inconvénient, & la jeune plante aura pris de la consistance avant l'hiver. Chacun, sur cet objet, doit consulter le climat qu'il habite & l'expérience; il me paroît cependant qu'on ne risque jamais rien d'imiter la nature, qui confie à la terre le soin des graines dès qu'elles sont mûres. Lorsque la plante est annuelle, lorsque les gelées la font périr, à coup sûr elle ne lèvera pas avant l'hiver; si elles sont vivaces, & si elles bravent le froid, elles germeront & végéteront dès que l'air ambiant sera au degré de chaleur qui leur convient. (*Voyez* les belles expériences de M. Duhamel, décrites au mot AMANDIER, page 458.) Voilà les loix invariables qui doivent guider les fleuristes.

Le semis des anémones, des renoncules se fait aux mêmes époques.

Les semis n'ont encore rien ajouté aux jonquilles, aux narcisses, ni à la tubéreuse, on a obtenu des fleurs doubles, rien de plus. Il n'en est pas ainsi des tulipes, les espèces se sont singulièrement multipliées; la tulipe à fleur double eſt rejetée par les amateurs, mais elle figure bien dans les bordures d'un grand jardin.

Si on a des ſerres chaudes, des chaſſis, des couches, des cloches, des paillaſſons, &c., rien de plus aiſé alors que d'accélérer l'époque des ſemis des fleurs ordinaires, autrement il faut ſe réſoudre à attendre la fin de l'hiver, le mois d'avril pour les provinces du nord, de février pour celles du midi, & de mars pour celles du centre du royaume. Cette loi générale ſouffre peu d'exceptions; il vaut beaucoup mieux préparer des couches & ſemer par-deſſus quand elles auront jeté leur premier feu, que de ſemer en pleine terre; mais on doit appréhender que la chaleur n'attire les courtillières ou *taupes-grillons*, (*Voyez* ce mot) & ces inſectes malfaiſans détruiront toutes les plantes, ſi on ne ſe hâte de les ſuffoquer avec l'huile, ainſi qu'il ſera dit dans cet article. Pour prévenir cet inconvénient, on garnira le fond de la couche avec des planches bien jointes & à languettes, ainſi que le tour, juſqu'à la hauteur de cinq à ſix pouces; ſi on n'a pas les bois néceſſaires, on peut employer de larges quarreaux.

Si on eſt privé de ces ſecours, on ſera réduit à ſemer en pleine terre, au pied de quelque bon abri, & on attendra que la chaleur ſoit bien établie dans l'atmoſphère. Les gelées tardives ſont la ruine totale des ſemis précipités; les pavots, les coquelicots, les pieds d'alouette demandent à être ſemés en octobre, ils ne ſont pas ſi beaux étant ſemés en mars ou en avril. Si on veut encore une règle bien sûre qui fixe l'époque à laquelle chaque graine doit être ſemée, que l'on conſidère celle à laquelle chaque graine tombée dans le jardin germe & lève; imitons la nature, elle ne nous trompe jamais.

## Section IV.

### *Du temps de planter les oignons, les renoncules, les anémones.*

I. *Des oignons.* On a, dans chaque pays, une régle sûre qui fixe l'époque à laquelle ils doivent être plantés, de quelque eſpèce qu'ils ſoient, c'eſt lorſque, au centre de l'oignon, on commence à voir paroître ſon dard ou pouſſe; ſi on retarde plus long-temps, l'oignon ſouffre : il vaut mieux dévancer l'époque que de la retarder; quelques exceptions ne détruiſent pas cette loi générale. L'époque de cette germination n'eſt pas la même partout; elle varie ſuivant la chaleur des climats. Pour les provinces du nord, le mois d'octobre eſt le temps où l'on plante les oignons de jacinthe, de tulipes, & en général de toutes les eſpèces d'oignons qu'on lève de terre en été après que les feuilles ſont ſèches; quant à ceux qu'on laiſſe en terre pendant pluſieurs années de ſuite, ils demandent d'être replantés à la même époque; cependant, dans le nord du royaume on peut, à la rigueur, planter les oignons juſqu'en février. Il n'en eſt pas ainſi dans les provinces du midi; l'oignon s'épuiſe à pouſſer ſes feuilles ſi on ne le plante à la fin de ſeptembre ou au commencement d'octobre; cette époque paſſée, la fleur qu'il donne eſt chétive, parce que ſa végétation, lors du développement de la tige, eſt trop précipitée par les chaleurs.

II. *Des anémones & des renoncules.* Je ne sais pourquoi, aux environs de Paris, on donne la préférence aux renoncules sémi-doubles sur les renoncules complettement doubles; chacun a sa manière de voir, je préfére les dernières. Dans le nord, on plante les griffes à la fin de février, lorsque l'on ne craint plus les fortes gelées. Dans les provinces du midi, il faut absolument les planter en octobre ou au commencement de novembre, les garantir pendant l'hiver de la neige, (s'il en survient) au moyen des paillassons ou avec de la paille longue. Si on plante plus tard, on court les risques de perdre beaucoup de griffes, & à coup sûr on n'aura que de chétives fleurs. Les anémones se plantent comme les renoncules.

Ces généralités sur le temps de semer & de planter, doivent suffire pour le moment, parce qu'à chaque article en particulier sont indiqués la manière & le temps convenable aux différentes plantes.

Il seroit superflu de tracer ici le plan du jardin d'un fleuriste; tout plan suppose la connoissance du local, de ce qui l'accompagne, de sa position, de ses points de vue, &c., & ces plans seroient trop généraux, & pourroient ne convenir à aucune situation particulière. Les gens très-riches sont les seuls qui attachent une certaine importance à cette espèce de jardin. Le fleurimane ne voit que fleur, ne parle que fleur, le reste lui est indifférent; la division de son jardin consiste dans des quarreaux placés à côté les uns des autres, communément bordés par des briques de champ, & non par des buis ou telles autres plantes dont les racines affameroient les plantes voisines, & qui serviroient de retraite à une multitude d'insectes destructeurs. La devise de son jardin est : *Argus esto, sed non Briareus;* ou bien : soyez tous yeux, & n'ayez point de mains. En effet, ses fleurs sont plus précieuses pour lui que la richesse. Chacun a sa jouissance & sa marotte.

## CHAPITRE V.

### *Des jardins de propreté ou de plaisance.*

C'est ici où le luxe s'unit à la belle nature, où les arts s'empressent d'étaler leurs plus riches productions; où la main habile du jardinier donne des formes symétriques à ses arbres, & en tient captives les branches, en un mot, où tout est décoré, paré, embelli & fait tableau.

L'ennui naquit un jour de l'uniformité.

Ce vers devroit servir d'épigraphe à nos jardins. En effet, une symétrie monotone y régne de toute part; toujours des lignes droites, des allées à perte de vue, des bosquets maniérés, le feuillage des arbres soumis aux ciseaux, en tout & partout la nature contrariée & forcée. Nous ne la voyons dans nos jardins que comme une vielle coquette qui doit son faux éclat aux frais immenses d'une toilette rafinée. Le premier coup d'œil frappe, le second est plus tranquille, au troisième l'illusion cesse, l'art paroît, & le prestige s'évanouit. Cela est si vrai, qu'on s'ennuye bientôt des jardins artistement symétrisés, leurs propriétaires préférent la promenade des champs à celle de leurs parcs, ils y découvrent une agréable simplicité, une variété charmante, un beau désordre, des beautés toujours nouvelles, enfin la nature qu'ils ont exilée de leurs possessions.

Cependant, comme ces jardins symétriques ont encore leurs partisans, il est nécessaire de tracer sommairement les préceptes généraux de leur composition, tels qu'ils ont été donnés par *Leblond*, éléve de *Lenotre*.

Tout le monde se croit en état de tracer le plan d'un jardin, & il n'est pas un seul architecte qui ne se regarde comme un grand homme en ce genre; cependant j'ose dire qu'il faut un génie particulier, & que cet art est un des plus difficiles, parce qu'il ne porte sur aucune base fixe. Le plan total doit dépendre du site, des points de vue, de la position des eaux, de la nature du sol, du climat, relativement aux arbres, enfin de mille & mille circonstances. Tracer des quarrés, des ronds, des pattes d'oyes, des allées, des contre-allées, des bosquets, des boulingrins, des portiques; indiquer la place des jets d'eau, des cascades, des statues, des vases, des treillages, &c., c'est moins que rien; mais faire concourir chaque objet isolé avec l'ensemble général, c'est le *maximum* de l'art auquel peu de personnes parviennent, parce qu'il n'est pas dans la nature. Avant *Lenotre*, cet art étoit inconnu; il l'a créé dans le siècle dernier. On ne se doutoit pas en France de la distribution & du luxe d'un jardin; cet homme célèbre a eu un grand nombre de copistes, d'imitateurs, & pas un égal; il assujettit tout au compas, à la ligne droite & à la froide symétrie du cordeau. Les eaux furent emprisonnées par des murs, la vue bornée par des massifs, &c., enfin on appela grand, majestueux, sublime, ce qui dans le fond n'étoit que beautés factices, difficultés vaincues, & monotone symétrie.

## Section première.

### *Observations préliminaires avant de former un jardin.*

Le local de l'habitation décide communément de celui du parc; on tient à ce qui existe, on veut le laisser exister, & souvent, pour conserver un bâtiment déjà fait, on multiplie les dépenses au double de ce qu'il en auroit coûté si on avoit tout abattu.

Avant de songer au plan d'un jardin, il faut examiner si l'emplacement qu'on lui destine est à une exposition saine, bien aérée; si le sol est bon & fertile, si l'eau est abondante & heureusement placée pour la distribution générale; s'il est possible de se procurer une vue agréable, de jolis paysages, l'aspect d'une ville ou de plusieurs villages, enfin si on peut s'y rendre facilement; si une de ces conditions manque, il faut renoncer à l'entreprise.

Les plans en plaine sont plus faciles à dessiner que ceux placés sur des côteaux, mais ils sont privés d'un des plus beaux ornemens, celui qui embellit tous les autres, de la vue. De grandes & belles promenades de plein pied, & tout le luxe & la magnificence possibles, ne rachetent jamais cette privation. L'air est toujours plus pur sur les côteaux situés du levant au midi, la position en est riante, & tous les objets se dessinent à la vue; au lieu que dans la plaine l'œil ne s'étend pas au-delà des allées & des palissades, en un mot, on est comme enseveli dans ses plantations; la chaleur y est plus étouffante, & le serein dangereux.

On veut construire un parc, on fait venir un ordonateur de jardins, ou un architecte. Il examine le local, fait arpenter, lève le plan, retourne chez lui & dessine. Ce n'est pas ainsi qu'on doit se hâter; les petites méprises tirent dans la suite à de grandes conséquences : je désirerois que l'ordonateur passâ huit jours de suite sur les lieux dans chaque saison de l'année, afin qu'il eût le temps de connoître le local sous tous ses aspects, d'examiner, de remanier de nouveau son dessein général, & d'établir une concordance exacte entre chaque partie, je ne dis pas symétrique, mais une concordance de goût, une concordance d'ensemble. Le plan général une fois dressé, je le communiquerois à des *connoisseurs*, non pas à la foule de ce qu'on nomme amateurs; j'irois avec eux sur les lieux, le plan à la main, j'en ferois une espèce d'application au local, avec le secours d'un nombre proportionné de jalons; j'écouterois leurs critiques, saisirois leurs idées, & j'en conserverois une note fidèle. Un second & un troisième examen, fait par d'autres connoisseurs, serviroient de contrôle au premier plan & aux vues des seconds. Il est clair que sur un grand nombre d'objets de détails, il y aura des contradictions sans nombre, mais il est clair aussi que ce qui sera réellement beau, naturel & bien vu, sera généralement adopté. Malgré ces examens & ces visites réitérées, je laisserai encore mûrir ce plan entre les mains du premier architecte, & je lui communiquerai successivement les corrections indiquées, non sous le titre de corrections, crainte de blesser son amour-propre, mais comme des doutes, des vues, des probabilités qu'on soumet à son examen, avec prière d'y réfléchir. Quant aux objets qui auront été généralement critiqués, ils sont, à coup sûr, mauvais, & doivent être supprimés & suppléés par d'autres de meilleur goût. C'est un point sur lequel le propriétaire doit insister.

Le plan une fois arrêté, il doit demander un devis estimatif des dépenses, soit pour la fouille & le transport des terres, soit pour les bâtimens, les morceaux d'architecture, l'achat des arbres, des arbustes, leurs plantations, &c. &c. Je suppose que la dépense totale soit portée, par exemple, à trente mille livres, le propriétaire doit s'attendre qu'elle sera doublée avant que tout soit fini, & peut-être encore excédera-t-elle le double. C'est à lui actuellement à calculer s'il peut faire cette dépense sans se déranger, sans se gêner, sans nuire à son bien-être; autrement c'est un fou, & un fou à lier, s'il a des enfans. Si ce propriétaire ne veut pas être trompé dans son attente, il doit demander à l'ordonnateur un devis estimatif de chaque objet en particulier, & dans lequel seront stipulés l'épaisseur & la hauteur des murs, les déblais & les remblais des terres, les plantations, &c. &c. &c. Tous ces points bien circonstanciés, il donnera le prix fait de l'exécution à l'ordonateur, & il veillera de très-près à ce que toutes les conditions du traité soient strictement remplies dans la pratique. C'est le seul moyen de ne pas excéder la dépense qu'on s'est proposé de faire.

## Section II.

*Des dispositions générales d'un jardin.*

Le célèbre *Leblond*, dans son ouvrage intitulé *Théorie & pratique des jardins*, va nous servir de guide.

Il vaut mieux se contenter d'une étendue raisonnable bien cultivée, que d'ambitionner ces parcs d'une si grande étendue, dont les trois quarts sont ordinairement négligés. La vraie grandeur d'un beau jardin ne doit guères passer trente à quarante arpens. (*Voyez* ce mot) Le bâtiment doit être proportionné à l'étendue du jardin, & il est aussi peu convenable de voir un magnifique bâtiment dans un petit jardin, qu'une petite maison dans un jardin d'une vaste étendue.

L'art de bien disposer un jardin a pour base quatre maximes fondamentales. La première, de faire céder l'art à la nature; la seconde, de ne point trop offusquer un jardin; la troisième, de ne point trop le découvrir; & la quatrième, de le faire paroître toujours plus grand qu'il ne l'est effectivement. Tout homme de bon sens voit, du premier coup d'œil, les résultats de ces quatre maximes; leurs commentaires deviendroient inutiles & mèneroient trop loin.

La proportion générale des jardins, est d'être un tiers plus longs que larges, & même de la moitié, afin que les pièces en deviennent plus gracieuses à la vue; une fois ou deux plus long que large, le jardin est manqué.

Voici, à peu près, les autres régles générales. Il faut toujours descendre d'un bâtiment dans un jardin par un perron de trois marches au moins; cela rend le bâtiment plus sec, plus sain, & on découvre de dessus ce perron toute la vue générale, ou une bonne partie.

Un parterre est la première chose qui doit se présenter à la vue; il occupera les places les plus proches du bâtiment, soit en face ou sur les côtés, tant parce qu'il met le bâtiment à découvert, que par rapport à sa richesse & sa beauté, qui sont sans cesse sous les yeux, & qu'on découvre de toutes les fenêtres de la maison. On doit accompagner les côtés d'un parterre de morceaux qui le fassent valoir, comme c'est une pièce platte, il demande du relief; tels sont les bosquets, les palissades, placés suivant la situation du lieu. L'on remarquera, avant de les planter, si on jouit d'une belle vue de ce côté-là, alors on doit tenir ces côtés tous découverts, en y pratiquant des boulingrins & autres pièces plattes, afin de profiter de la belle vue. Il faut sur-tout éviter de la boucher par des bosquets, à moins que ce ne soit des quinconces, des bosquets découverts avec des palissades basses, qui n'empêchent point l'œil de se promener entre les tiges des arbres, & de découvrir la belle vue de tous les côtés.

Si au contraire il n'y a point d'aspect riant, il convient alors de border le parterre avec des palissades & des bosquets, afin de cacher des objets désagréables.

Les bosquets (*Voyez* ce mot) sont le capital des jardins; ils font valoir toutes les autres parties, & l'on n'en peut jamais trop planter, pourvu que les places qu'on leur destine n'occupent point celles des potagers & des fruitiers, qu'on doit toujours placer près des basses cours.

On choisit, pour accompagner les parterres, les dessins de bois les plus agréables, comme bosquets découverts à compartimens, quinconces, salles vertes, avec des boulingrins, des treillages & des fontaines dans le milieu. Ces petits bosquets sont d'autant plus prétieux près du bâtiment, que l'on trouve tout-à-coup de l'ombre sans l'aller chercher loin, ainsi que la fraîcheur, si délicieuse en été.

Il seroit bon de planter quelques petits bosquets d'arbres verts; ils feront plaisir dans l'hiver, & leur verdure contrastera très-bien avec les arbres dépouillés de leurs feuilles.

On décore la tête d'un parterre avec des bassins ou pièces d'eau, & au-delà, une palissade en forme circulaire, percée en patte d'oie, qui conduit dans de grandes allées. L'on remplit l'espace, depuis le bassin jusqu'à la palissade, avec des pièces de broderies ou de gazon, ornées de caisses & de pots de fleurs.

Dans les jardins en terrasse, soit de profil ou en face d'un bâtiment où l'on a une belle vue, comme on ne peut pas boucher la tête d'un parterre par une demi-lune de palissades, il faut alors, pour continuer cette belle vue, pratiquer plusieurs pièces de parterre tout de suite, soit de broderies, de compartimens à l'angloise, ou par des pièces coupées, qu'on séparera d'espace en espace par des allées de traverse, en observant que les parterres de broderie soient toujours près du bâtiment, comme étant les plus riches.

On fera la principale allée en face du bâtiment, & une autre grande de traverse, d'équerre à son alignement; bien entendu qu'elles seront doubles & très-larges. Au bout de ces allées on percera les murs par des grilles qui prolongeront la vue. On tâchera de faire servir les grilles & les percées à plusieurs allées, en les disposant en patte d'oie, en étoile, &c.

S'il y avoit quelqu'endroit où le terrein fût bas & marécageux, & qu'on ne voulût pas faire la dépense de le remplir, on y pratiquera des boulingrins, des pièces d'eau, & même des bosquets, en relevant seulement les allées pour les mettre de niveau avec celles qui en sont proches & qui y conduisent.

Après avoir disposé les maîtresses allées & les principaux allignemens, & avoir placé les parterres & les pièces qui accompagnent ses côtés & sa tête, suivant ce qui convient au terrein, on pratiquera dans le haut & le reste du jardin, plusieurs différens dessins, comme bois de haute futaie, quinconces, cloîtres, galeries, salles vertes, cabinet, labyrinthe, boulingrins, amphithéâtres ornés de fontaines, canaux, figures, &c. : toutes ces pièces distinguent fort un jardin du commun, & ne contribuent pas peu à le rendre magnifique.

On doit observer en plaçant & en distribuant les différentes parties d'un jardin, de les opposer toujours l'une à l'autre : par exemple, un bois contre un parterre ou un boulingrin, & ne pas mettre tous les parterres d'un côté, & tous les bois d'un autre; comme aussi un boulingrin contre un bassin, ce qui feroit vuide contre vuide.

Il faut de la variété non-seulement dans le dessin général, mais encore dans chaque pièce séparée ; si deux bosquets, par exemple, sont à côté l'un de l'autre, quoique leur forme extérieure & leur grandeur soient égales, il ne faut pas pour cela répéter le même dessin dans tous les deux, mais en varier le dedans. Cette variété doit s'étendre jusques dans les parties séparées ; par exemple, si un bassin est circulaire, l'allée du tour doit être octogone. Il en est de même d'un boulingrin & des pièces de gazon qui sont au milieu des bosquets.

On ne doit répéter les mêmes pièces des deux côtés, que dans les lieux découverts, où l'œil, en les comparant ensemble, peut juger de leur conformité, comme dans les parterres, &c.

En fait de dessins, évitez les manieres mesquines, donnez toujours dans le grand & dans le beau, en ne faisant point de petits cabinets de retour, des allées si étroites, qu'à peine deux personnes peuvent s'y promener de front : il vaut mieux n'avoir que deux ou trois pièces un peu grandes, qu'une douzaine de petites, qui sont de vrais colifichets.

Avant de planter un jardin, on doit *attentivement* considérer ce qu'il deviendra, vingt ou trente ans après quand les arbres seront grossis, & les palissades élevées. Un dessin paroît quelquefois beau & d'une belle proportion dans le commencement que le jardin est planté, qui dans la suite devient trop petit & ridicule.

Après toutes ces règles générales, il faut distinguer les différentes sortes de jardins ; elles se réduisent à trois ; le jardin de niveau parfait, le jardin en pente douce, & le jardin dont le niveau & le terrein sont entrecoupés par des chûtes de terrasse, de glacis, de talus, de rampes, &c.

Les jardins de niveaux parfaits sont les plus beaux, soit à cause de la commodité de la promenade, soit par rapport aux longues allées & enfilades où il n'y a point du tout à descendre ni à monter ; cela les rend d'un entretien moins dispendieux que les autres.

Les jardins en pente douce ne sont pas si agréables & si commodes : quoique leur pente soit imperceptible, elle ne laisse pas de fatiguer & de lasser extraordinairement, puisque l'on monte ou que l'on descend toujours. Les pentes sont fort sujettes à être gâtées par des ravines, & sont d'un entretien continuel.

Les jardins en terrasses ont leur mérite & leur beauté particulière, en ce que du haut d'une terrasse, vous découvrez tout le bas d'un jardin ; & les pièces des autres terrasses, qui forment autant de différens jardins, qui se succèdent l'un à l'autre, causent un aspect fort agréable & des scènes différentes. Ces jardins le disputent en beauté à ceux de niveau, si toutefois ils ne sont pas coupés par des terrasses trop fréquentes, & si on y trouve de longs plein-pieds. Ils sont fort avantageux pour les eaux qui se répètent de l'une à l'autre ; mais ils sont d'un grand entretien & d'une grande dépense.

C'est d'après ces différentes situations que l'on doit inventer la disposition générale d'un jardin, & la distribution de ses parties. Tels sont les préceptes de M. le Blond. Si on

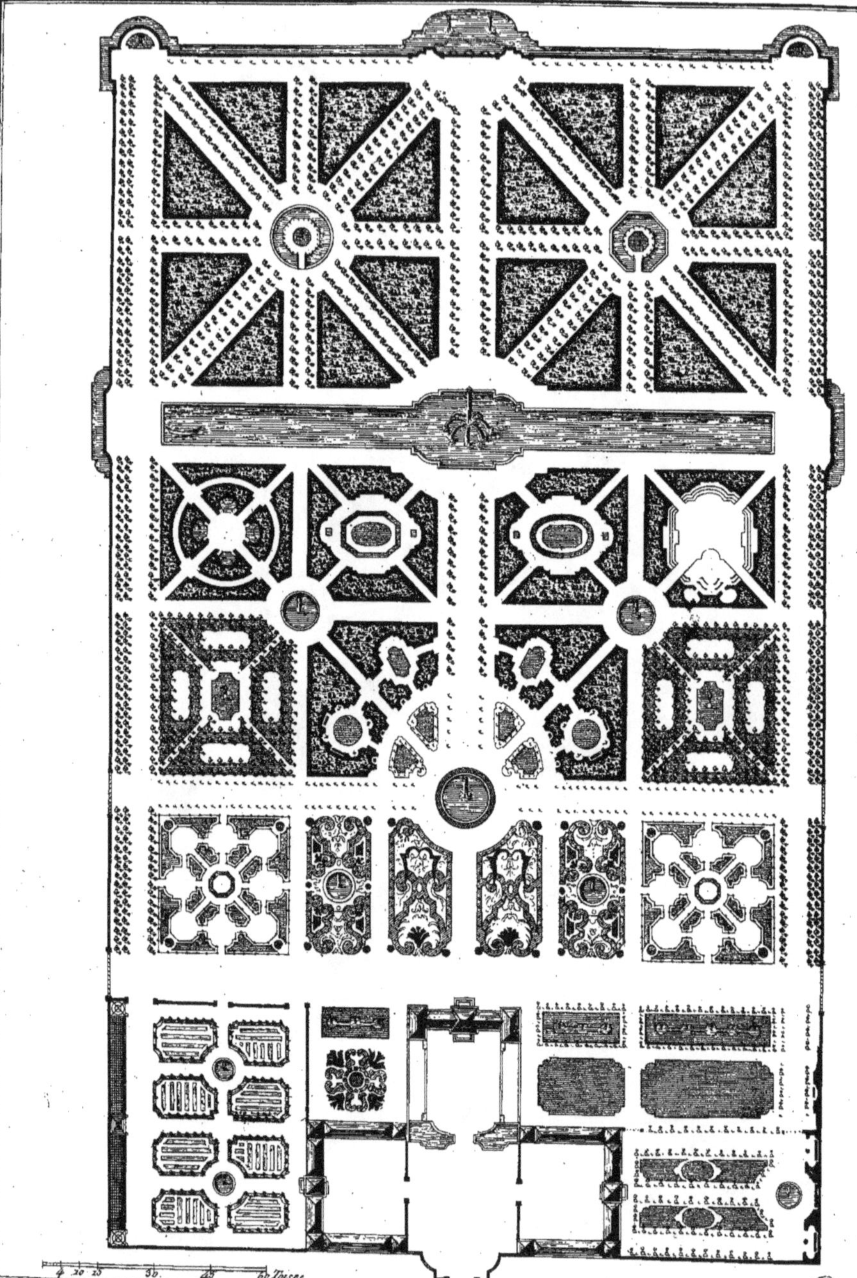


*Sellier Sculp.*

désire de plus grands détails, il faut consulter son ouvrage, enrichi d'un très-grand nombre de gravures qui représentent des plans suivant les différentes situations, les modèles des parterres en tous genres, des bois, des bosquets, des boulingrins, des palissades, des rampes, des glacis, des tapis de gazon, des portiques, des berceaux, des treillages, des fontaines, des bassins, des jets d'eau, &c. &c. Ces objets sont étrangers à cet ouvrage : cependant, pour avoir une idée précise de ces détails, il suffit de considérer la *planche* I, qui représente un magnifique jardin en ce genre, dont le sol est uni & de niveau.

Je ne crois pas pouvoir mieux terminer ce chapitre, qu'en rapportant les paroles de Michel de Montaigne, quoique de son temps l'art des jardins de plaisance fût pour ainsi dire inconnu. « Ce n'est pas raison, dit » ce philosophe, que l'art gaigne » le point d'honneur sur notre grande » & puissante mère nature. Nous » avons tant rechargé la beauté in- » trinseque de ces ouvrages par nos » innovations, que nous l'avons du » tout étouffée. Si est ce que par- » tout sa pureté reluit, elle faît mer- » veilleuse honte à nos vaines & fri- » voles entreprises ».

Je suis bien éloigné de blâmer cette somptuosité, cette magnificence dans les jardins publics; par exemple, aux Thuileries, modèle unique en ce genre; dans les jardins des princes & des grands seigneurs : ces jardins en imposent par leur air de grandeur & de majesté, si toutefois on doit les qualifier de ces épithètes, & si la belle nature ne leur est pas préférable; mais que de simples particuliers sacrifient une étendue considérable de terrein à des objets purement de luxe, & où ils ne promeneront jamais, c'est le comble du ridicule. Passe encore que ces particuliers décorent les parties voisines de leur habitation par des parterres, des boulingrins, &c. &c.; c'est dans l'ordre reçu : il faut que tout ce qui avoisine l'habitation ait un air de propreté & d'arrangement; pour tout le reste, on doit tout au plus un peu aider à la nature, & jamais ne s'écarter du naturel. C'est sur ces parcs que devroient peser les impôts puis qu'ils dérobent à l'agriculture les terreins les plus précieux & devenus inutiles; mais malheureusement leurs possesseurs sont ceux qui en paient le moins. Une paroisse est écrasée parce qu'un financier s'est mis dans la tête d'acheter tous les champs qui l'environnent, d'en former un parc, & de faire refluer les impositions que ces champs payoient auparavant sur le reste de la communauté. Il en résulte que la misère est identifiée avec les villages peu éloignés des grandes villes, parce que la moitié, & souvent les trois quarts du territoire sont occupés par des gens exempts de tailles, &c. Heureuses sont les provinces où les impositions sont réelles & non personnelles, alors les parcs ne sont pas les destructeurs & les sang-sues du voisinage.

## CHAPITRE VI.

### *Des Jardins Anglois.*

Qu'est-ce qu'un jardin anglois? C'est une campagne, belle par son site, riche par sa végétation, boisée convenablement, coupée par des canaux ou par des rivières, par des ruisseaux, variée dans ses produits, embellie par des masses dont on a su profiter; en un mot, c'est la belle & simple nature parée de toutes ses graces. Si l'art vient à son secours, il ne doit pas se faire remarquer dans l'ensemble, mais seulement dans quelques détails de bon goût.

Les Chinois, les Japonois sont les premiers inventeurs de ces jardins. Kœmpfer, dans son *Histoire du Japon*, dit que ce peuple a toujours dans son jardin, entr'autres ornemens, un petit rocher ou une colline artificielle, sur laquelle il élève quelquefois le modèle d'un temple; que souvent on y voit un ruisseau qui se précipite du haut d'un rocher avec un agréable murmure, & que l'un des côtés de la colline est orné d'un petit bois, &c.

On imprima à Londres, en 1757, un ouvrage intitulé de *l'Art de distribuer les jardins suivant l'usage des Chinois*, où l'auteur s'explique ainsi: » Les jardins que j'ai vus à la Chine étoient très-petits; leur ordonnance cependant, & ce que j'ai pu recueillir des diverses conversations que j'ai eues sur ce sujet avec un fameux peintre chinois, nommé *le Pepqua*, m'ont donné, si je ne me trompe, une connoissance de ces peuples sur ce sujet. »

« La nature est leur modèle, & leur but est de l'imiter dans toutes ses irrégularités. D'abord ils examinent la forme du terrein; s'il est uni ou en pente; s'il y a des collines ou des montagnes; s'il est étendu ou resserré, sec ou marécageux; s'il abonde en rivières ou en sources, ou si le manque d'eau s'y fait sentir. Ils font une très-grande attention à ces diverses circonstances, & choisissent les arrangemens qui conviennent le mieux avec la nature du terrein, qui exigent le moins de frais, cachent ses défauts, & mettent dans le plus grand jour tous ses avantages. »

» Comme les Chinois n'aiment pas la promenade, on trouve rarement chez eux les avenues ou les allées spacieuses des jardins de l'Europe. Tout le terrein est distribué en une variété de scènes; des passages tournans & ouverts au milieu des bosquets, vous font arriver aux différens points de vue, chacun desquels est indiqué par un siége, par un édifice ou par un autre objet ».

« La perfection de leurs jardins consiste dans la beauté & dans la diversité de ces scènes. Les jardins chinois, comme les peintres de l'Europe, rassemblent les objets les plus agréables de la nature, & tâchent de les combiner de manière que non-seulement ils paroissent avec plus d'éclat, mais même que par leur union ils forment un tout agréable & frappant. »

» Leurs artistes distinguent trois différentes espèces de scènes, auxquelles ils donnent les noms de *riantes*, d'*horribles* & d'*enchantées*. Cette dernière dénomination répond à ce qu'on nomme *scène de roman*, & nos chinois se servent de divers artifices pour y exciter la surprise. Quelquefois ils font passer sous terre une rivière ou un torrent rapide, qui, par son bruit turbulent, frappe l'oreille sans qu'on puisse comprendre d'où il vient; d'autres fois ils disposent les rocs & les bâtimens, & les autres objets qui entrent dans la composition, de manière que le vent passant

passant à travers des interstices & des concavités qui y sont ménagées pour cet effet, forme des sons étranges & singuliers : ils mettent dans ces compositions les espèces les plus extraordinaires d'arbres, de plantes & de fleurs; ils y forment des échos artificiels & compliqués, & y tiennent différentes espèces d'oiseaux & d'animaux monstrueux. »

» Les scènes d'horreur présentent des rocs suspendus, des cavernes obscures, d'impétueuses cataractes qui se précipitent de tous les côtés du haut des montagnes; les arbres sont difformes, & semblent brisés par la violence des vents & des tempêtes. Ici on en voit de renversés qui interceptent le cours du torrent, & paroissent avoir été emportés par la fureur des eaux; là, il semble que, frappés de la foudre, ils ont été brûlés & fendus en pièces; quelques-uns des édifices sont en ruines, quelques-autres consumés à demi par le feu : quelques chétives cabannes dispersées çà & là, sur les montagnes, semblent indiquer à la fois l'existence & la misère des habitans. A ces scènes, il en succède communément de riantes. Les artistes chinois savent avec quelle force l'ame est affectée par les contrastes, & ils ne manquent jamais de ménager des transitions subites, & de frappantes oppositions de formes, de couleurs & d'ombres. Aussi, des vûes bornées, ils vous font passer à des perspectives étendues; des objets d'horreur à des scènes agréables, & des lacs & des rivières, aux plaines, aux côteaux & aux bois : aux couleurs sombres & tristes, ils en exposent de brillantes, & des formes simples aux compliquées, distribuant, par un arrangement judicieux, les diverses masses d'ombre & de lumière, de telle sorte que la composition paroît distincte dans ses parties, & frappante dans son tout. »

» Lorsque le terrein est étendu, & qu'on peut y faire entrer une multitude de scènes, chacune est ordinairement appropriée à un seul point de vue; mais lorsque l'espace est borné, & qu'il ne permet pas assez de variété, on tâche de remédier à ce défaut, en disposant les objets de manière qu'ils produisent des représentations différentes, suivant les divers points de vue; & souvent l'artifice est poussé au point que ces représentations n'ont entr'elles aucune ressemblance. »

» Dans les grands jardins les chinois se ménagent des scènes différentes pour le matin, le midi & le soir, & ils élèvent, aux points de vue convenables, des édifices propres aux divertissemens de chaque partie du jour. Les petits jardins, où, comme nous l'avons vu, un seul arrangement produit plusieurs représentations, présentent de la même manière aux divers points de vue, des bâtimens qui, par leur usage, indiquent le temps du jour le plus propre à jouir de la scène dans sa perfection. »

» Comme le climat de Chine est extrêmement chaud, les habitans emploient beaucoup d'eau dans leurs jardins. Lorsqu'ils sont petits, & que la situation le permet, souvent tout le terrein est mis sous l'eau, & il ne reste qu'un petit nombre d'îles & de rocs. On fait entrer dans les jardins spacieux des lacs étendus, des rivières & des canaux. On imite la nature, en diversifiant, à son exemple, les bords des rivières & des lacs. Tantôt ces bords sont arides & graveleux, tantôt ils sont couverts de bois jusqu'au bord de l'eau; plats dans quelques endroits, & ornés d'arbrisseaux & de fleurs; dans d'autres ils se changent en rocs escarpés, qui forment des cavernes où une partie de l'eau se jette avec autant de bruit que de violence : quelquefois vous voyez des prairies remplies de bétail, ou des champs de riz qui s'avancent dans les lacs, & qui laissent entr'eux des passages pour des vaisseaux : d'autres fois, ce sont des bosquets pénétrés en divers endroits par des rivières & des ruisseaux capables de porter des barques. Les rivages sont couverts d'arbres, dont les branches s'étendent, se joignent, & forment en quelques endroits des berceaux, sous lesquels les batteaux passent. »

» Vous êtes ordinairement conduit à quelqu'objet intéressant, à un superbe bâtiment placé au sommet d'une montagne coupée en terrasses, à un casin situé au milieu d'un lac, à une cascade, à une grotte divisée en divers appartemens, à un rocher artificiel, ou à quelqu'autre composition semblable. »

» Les rivières suivent rarement la ligne droite; elles serpentent, & sont interrompues par diverses irrégularités; tantôt elles sont étroites, bruyantes & rapides, tantôt lentes, larges & profondes. Des roseaux & d'autres plantes & fleurs aquatiques, entre lesquelles se distingue le *Lienhoa*, qu'on estime le plus, se voient & dans les rivières & dans les lacs. Les Chinois y construisent souvent des moulins & d'autres machines hydrauliques, dont le mouvement sert à animer la scène. Ils ont aussi un grand nombre de batteaux de formes & de grandeurs différentes. Leurs lacs sont semés d'îles; les unes stériles & entourées de rochers & d'écueils; les autres enrichies de tout ce que la nature & l'art peuvent fournir de plus parfait. Ils y introduisent aussi des rocs artificiels, & ils surpassent toutes les autres nations dans ce genre de composition. Ces ouvrages forment chez eux une perfection distincte : on trouve à Canton, & probablement dans la plupart des autres villes de Chine, un grand nombre d'artisans uniquement occupés à ce métier. La pierre dont ils se servent pour cet usage, vient des côtes méridionales de l'empire; elle est bleuâtre, & usée par l'action des ondes, en formes irrégulières. On pousse la délicatesse fort loin dans le choix de cette pierre. J'ai donné plusieurs taëls pour un morceau de la grosseur du poing, lorsque la figure en étoit belle & la couleur vive. Ces morceaux choisis s'emploient pour les paysages des appartemens. Les plus grossiers servent aux jardins; & étant joints par le moyen d'un ciment bleuâtre, ils forment des rocs d'une grandeur considérable : j'en ai vu qui étoient extrêmement beaux, & qui montroient dans l'artiste une élégance de goût peu commune. Lorsque ces rocs sont grands, on y creuse des cavernes & des grottes avec des ouvertures, au travers desquelles on apperçoit des lointains. On y voit en divers endroits des arbres, des arbrisseaux, des ronces & des mousses, & sur le sommet on place de petits temples & d'autres bâtimens, où l'on monte par le moyen de degrés raboteux, irréguliers & taillés dans le roc. »

» Lorsqu'il se trouve assez d'eau &

que le terrein est convenable, les chinois ne manquent point de former des cascades dans leurs jardins. Ils y évitent toute sorte de régularités, imitant les opérations de la nature dans ces pays montagneux. Les eaux jaillissent des cavernes, des sinuosités, des rochers. Ici paroît une grande & impétueuse cataracte; là c'est une multitude de petites chûtes. Quelquefois la vue de la cascade est interceptée par des arbres dont les feuilles & les branches ne permettent que par intervalle de voir les eaux qui tombent le long des côtés de la montagne; d'autres fois au-dessus de la partie la plus rapide de la cascade, sont jetés, d'un roc à l'autre, des ponts de bois grossièrement faits, & souvent le courant des eaux est interrompu par des arbres & des monceaux de pierre, que la violence du torrent semble y avoir transportés. »

» Dans les bosquets, les chinois varient toujours les formes & les couleurs des arbres, joignant ceux dont les branches sont grandes & touffues, avec ceux qui s'élèvent en pyramide, & les verds foncés avec les verds gais. Ils y entremêlent des arbres qui portent des fleurs, parmi lesquels il y en a plusieurs qui fleurissent pendant la plus grande partie de l'année. Entre leurs arbres favoris est une espèce de saule (1) : on le trouve toujours parmi ceux qui bordent les rivières & les lacs, & ils sont plantés de manière que leurs branches pendent sur l'eau. Les chinois introduisent aussi des troncs d'arbres, tantôt debout, tantôt couchés sur la terre, & ils poussent fort loin la délicatesse sur leurs formes, sur la couleur de leur écorce, & même sur leur mousse. »

» Rien de plus varié que les moyens employés pour exciter la surprise : ils vous conduisent quelquefois au travers de cavernes & d'allées sombres, au sortir desquelles vous vous trouvez subitement frappé de la vue d'un paysage délicieux, enrichi de ce que la nature peut fournir de plus beau : d'autres fois on vous mène par des avenues & par des allées qui diminuent & qui deviennent raboteuses peu à peu; le passage est enfin tout à fait interrompu. Des buissons, des ronces, des pierres le rendent impraticable, lorsque tout-d'un-coup s'ouvre à vos yeux une perspective riante & étendue, qui vous plaît d'autant plus que vous vous y étiez moins attendu.

» Un autre artifice de ces peuples, c'est de cacher une partie de la composition par le moyen d'arbres & d'autres objets intermédiaires. Ceci excite la curiosité du spectateur; il veut voir de près, & se trouve, en approchant, agréablement surpris par quelque scène inattendue, ou par quelque représentation totalement opposée à ce qu'il cherchoit. La terminaison des lacs est toujours cachée, pour laisser à l'imagination de quoi s'exercer : la même règle s'observe, autant qu'il est possible, dans toutes les autres compositions chinoises. »

» Quoique ces peuples ne soient pas fort habiles en optique, l'expé-

(1) *Note de l'Éditeur.* Je crois que le saule dont il est ici question est celui que nous appelons *saule pleureur* ou *saule de Babylone.* SALIX BABILONICA. LIN. (*Voyez* le mot SAULE.)

rience leur a cependant appris que la grandeur apparente des objets diminue, & que leurs couleurs s'affoibliſſent à meſure qu'ils s'éloignent de l'œil du ſpectateur. Ces obſervations ont donné lieu à un artifice qu'ils mettent en pratique. Ils font des vues en perſpective, en introduiſant des bâtimens, des vaiſſeaux & d'autres objets diminués à proportion de la diſtance du point de vue : pour rendre l'illuſion plus frappante, ils donnent des routes griſâtres aux parties éloignées de la compoſition, & ils plantent dans le lointain des arbres d'une couleur moins vive, & d'une hauteur plus petite que ceux qui paroiſſent ſur le devant : de cette manière, ce qui en ſoi-même eſt borné & peu conſidérable, devient en apparence grand & étendu. »

» Ordinairement les Chinois évitent les lignes droites, mais ils ne les rejettent pas toujours. Ils pratiquent quelquefois des avenues, lorſqu'ils ont quelqu'objet intéreſſant à mettre en vue. Les chemins ſont conſtamment taillés en ligne droite, à moins que l'inégalité du terrein ou quelqu'obſtacle ne fourniſſe au moins un prétexte pour agir autrement. Lorſque le terrein eſt entiérement uni, il leur paroît abſurde de faire une route qui ſerpente : car, diſent-ils, c'eſt ou l'art ou le paſſage conſtant des voyageurs qui l'a faite, &, dans l'un ou l'autre cas, il n'eſt pas naturel de ſuppoſer que les hommes vouluſſent choiſir la ligne courbe, quand ils peuvent aller par la droite. »

» Ce que les Anglois nomment *clump*, c'eſt-à-dire peloton d'arbres, n'eſt point inconnu aux Chinois, mais ils le mettent rarement en œuvre; jamais ils n'en occupent tout le terrein. Leurs jardiniers conſidérent un jardin comme nos peintres conſidérent un tableau, & les premiers grouppent leurs arbres de la même manière que les derniers grouppent leurs figures, les uns & les autres ayant leurs maſſes principales & ſecondaires. »

Tel eſt le précis, continue l'auteur, de ce que m'ont appris, pendant mon ſéjour en Chine, en partie mes propres obſervations, mais principalement les leçons de *Lepqua*, & l'on peut conclure de ce qui vient d'être dit, que l'art de diſtribuer les jardins dans le goût chinois, eſt extrêmement difficile, & tout-à-fait impraticable aux gens qui n'ont que des talens bornés. Quoique les préceptes en ſoient ſimples, & qu'ils ſe préſentent naturellement à l'eſprit, leur exécution demande du génie, du jugement & de l'expérience, une imagination forte, & une connoiſſance parfaite de l'eſprit humain, cette méthode n'étant aſſujettie à aucune règle fixe, mais ſuſceptible d'autant de variations qu'il y a d'arrangemens différens dans les ouvrages de la création.

On ne ſauroit fixer l'époque ni l'origine de ces jardins, elle paroît fort ancienne en Chine, & les premiers papiers peints, apportés de ces contrées, ont ſans doute fait imaginer de les imiter en Europe. On lit, dans le recueil des *lettres édifiantes* des miſſionnaires de Chine, & ſur-tout dans celles du F. *Attiret*, jéſuite & peintre de l'Empereur, des détails fort intéreſſans; mais ce qu'on vient de dire ſuffit pour donner une idée aſſez exacte de la compoſition de ces jardins.

Pendant que *Lenotre* soumettoit tout au cordeau, à l'équerre & à la symétrique correspondance, le célèbre *Dufresny* s'étoit déjà ouvert une route nouvelle, & d'une main hardie, mais, ami du beau naturel, il traçoit les jardins de *Mignaux*, près Poissy, ceux de l'abbé *Pajot*, près de Vincennes, & présentoit à Louis XIV deux plans de jardins pour Versailles. Les idées neuves de *Dufresny* furent envisagées comme ridicules par les uns, & leur exécution comme trop dispendieuse par les autres. Leur singularité empêcha qu'on sentît le mérite de ce genre nouveau; le plan de *Lenotre* fut préféré à ceux de *Dufresny*, & bientôt, à force de dépenses, furent tracés les froids, monotones & magnifiques jardins qui existent aujourd'hui. On y cherche en vain la belle & simple nature, à sa place on voit l'art régner d'un bout à l'autre, & la figure des arbres atteste l'esclavage sous lequel ils gémissent.

Il est constant qu'au commencement de ce siècle, les jardins en Angleterre ne différoient en rien de ceux de l'Europe; ou plutôt l'art des jardins, mêmes symétriques, y étoit inconnu avant *Lenotre*. Environ l'an 1720, parut *Kent*, homme de génie, artiste plein de goût; il présenta à l'Anglois, ce peuple ami de la nature, la nature elle-même dans la composition des jardins, & son entreprise des jardins d'*Esher*, maison de campagne du ministre *Pelham*, produisit une révolution totale.

Le goût des jardins appellés *anglois*, & qu'on devroit plutôt nommer *chinois*, s'étend aujourd'hui dans toutes les parties du continent; mais on a la fureur, sur un espace très-circonscrit, d'entasser objets sur objets; tout y est mesquin, rétréci, petit, parce que les compositeurs de ces jardins n'ont pas encore des yeux exercés à contempler la nature, ni assez de génie pour l'imiter dans sa simplicité & dans ses champêtres décorations.

Il a paru, depuis quelques années, plusieurs ouvrages sur la composition de ces jardins. En 1771, *l'art de former les jardins modernes*, ou *l'art des jardins anglois*, à Paris, chez Jombert, 1 vol. *in*-8°. En 1774, M. Watelet publia *son essai sur les jardins*, imprimé à Paris chez Saillant. En 1776, *Théorie des jardins*, chez Pissot. En 1777, *de la composition des paysages, ou des moyens d'embellir la nature autour des habitations, en joignant l'agréable à l'utile*, par M. Gerardin, à Paris, chez Delaguette. En 1779, *sur la formation des jardins*, par l'auteur des considérations sur le jardinage, Paris, chez Pissot. Enfin le *Poëme des jardins* de l'abbé de Lille. Ces ouvrages sont-ils vraiement nécessaires? Je ne le crois pas. Dufresny & Kent ne connurent que leur génie, & se frayèrent une route qu'on soupçonnoit peut-être, mais inconnue avant eux. Mon but n'est certainement pas de dépriser les ouvrages que je viens de citer, & j'en ai parlé exprès, afin que ceux qui désireront travailler en grand, les lisent, les méditent, & sur-tout évitent, en appliquant les préceptes à la nature, quelques défauts qu'on a reprochés aux premiers inventeurs. Presque tous les jardins, nouvellement plantés dans les environs de Paris, ne doivent pas être pris pour des modèles en ce genre; ces jolis colifichets sont plutôt la caricature d'un grand jardin. Je dirai aux amateurs : allez à Ermenonville, voilà le jardin, le parc, rendu à la nature par les ſoins de M. Gerardin, ſon propriétaire & ſon compoſiteur; là, une étude de quelques jours vous inſtruira plus que les livres, parce que tout y eſt ſaillant & démontré par l'exemple. La ſcience, les beaux, profonds & métaphyſiques raiſonnemens ſur les ſites, les eaux, les rochers, les bois, &c. ſont plus qu'inutiles, ſi le goût manque, ſi l'homme qui étudie n'a pas en lui une propenſion décidée pour le beau naturel, qu'on appelle *goût*, enfin s'il ne ſait pas voir la nature.

Je n'entreprendrai pas de tracer ici les préceptes répandus dans les ouvrages déjà cités, la forme de ce cours d'agriculture, ſes bornes & ſon but ne le permettent pas, mais la deſcription des jardins de Stowe, & la gravure qui l'accompagne, ſuffiront pour donner une idée de ce qui mérite le nom de *jardin naturel*. Il en exiſte aujourd'hui de plus parfaits en Angleterre, mais je n'en ai pas la repréſentation ni celle du parc d'Ermenonville en France.

Stowe eſt à ſoixante milles de Londres, & à un mille & demi de la ville de Buckingham, il appartient à Richard Grenville, lord Temple & baron de Cobham; le terrein compris dans l'enceinte des jardins eſt d'environ quatre cents arpens.

Le château 1 (*Voyez Planche 2*) eſt ſitué ſur le ſommet applati d'une colline plus élevée que toutes celles des environs; La perſpective qui s'offre de la grande porte d'entrée 2, & ſous la colonnade qui orne le centre de la façade méridionale, eſt une des plus belles de ſtowe. Vous plongez de tous côtés ſur les jardins, & vous découvrez l'immenſe prairie 3, & la belle porte qui eſt au-delà du parc, vers Buckingham, avec un lointain qui eſt une partie du Buckinghamſhire. De-là vous deſcendez ſur la terraſſe 4, dont la longueur égale celle de la façade du château; elle eſt couverte de gravier très-fin, & domine une vaſte pièce de gazon 5, qui, en ſe rétréciſſant, forme une large avenue 6 bien alignée & bien unie juſqu'à une grande pièce d'eau 7, très-irrégulière, où deux rivières viennent ſe réunir en ſerpentant. Cette pièce étoit autrefois un grand baſſin exagone, au milieu duquel s'élevoit un obéliſque qui a été tranſporté dans le parc. Cette avenue & la pièce de gaſon forment un des plus beaux tapis verd animé par toutes ſortes de troupeaux; il préſente une pente douce depuis la terraſſe juſqu'à la pièce d'eau; aux deux bouts de la terraſſe ſont deux jardins potagers 8, 9, entièrement environnés de bois.

En tournant à droite, vous trouvez l'orangerie 10, qui fait partie de l'aile gauche, & a plus de vingt pieds de longueur. Outre les orangers, il y a des ſerres pour les plantes étrangères; le devant de l'orangerie eſt orné d'un joli parterre 11.

De ce même côté, à l'extrémité du foſſé d'enceinte, eſt le *ſallon de Nelſon* 12, portique quarré, dont le plafond & les murs ſont ornés de peintures à freſque, médiocres & gâtées, avec des inſcriptions latines, une ſur l'arc de Conſtantin à ſa louange, & à gauche, une ſur la nomination de Marc-Aurèle à l'empire du monde. Deux colonnes & deux pilaſtres ornent la façade de ce ſallon. De chaque côté, & à peu de diſtance, ſont deux grands vaſes de

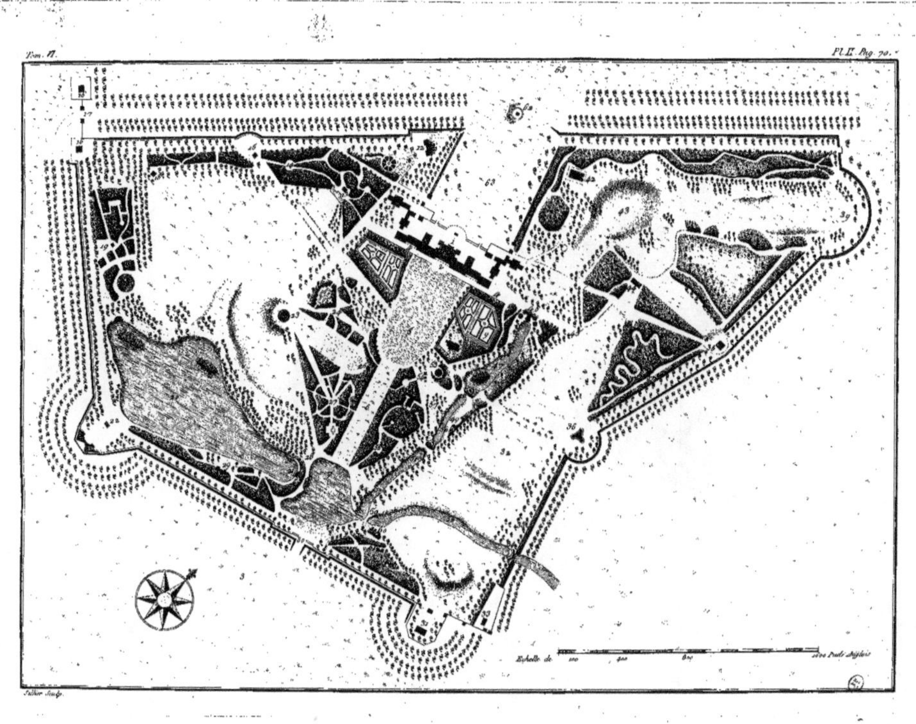
Tom. IV.
Pl. II. Pag. 70.
Echelle de 100 400 800
Pieds Anglois
Sellier Sculp.

plomb doré. Ce reposoir, ouvrage de Vanbrugh, est environné d'arbres verds, & d'arbres qui quittent leurs feuilles. Ceux qui bordent les allées sont plus considérables.

A l'extrémité de ce bosquet est le *temple de Bacchus* 13, qui consiste en un immense tapis verd, terminé par un grand lac, au-delà duquel est le temple de Vénus & un lointain. Le temple de Bacchus est d'ordre dorique; on y monte par trois marches ornées de sphinx. Les peintures, qui sont de Nollikins, représentent le réveil de Bacchus & des Bacchantes. Aux deux côtés du temple sont deux statues, l'une de la poésie lyrique, & l'autre de la poésie satyrique.

En quittant ce temple & son beau point de vue, si vous vous enfoncez dans le bois, à droite, vous arrivez dans une cabane des plus rustiques, appelée l'*hermitage de S. Augustin* 14; elle est faite de racines & de troncs d'arbres en leur état naturel, entrelacés avec beaucoup d'art, & surmontée de deux croix. L'intérieur représente parfaitement une cellule des pères de la Thébaïde; ce sont des planches couvertes de foin & de sarment, des racines saillantes sans ordre & chargées de mousse, des bancs aux encoignures, & des fenêtres à trappe sur lesquelles on lit des inscriptions, peu décentes en vers Léoniens, dans le goût des siècles barbares: cet hermitage est dans un lieu fort obscur, & tout-à-fait caché par des bois.

En suivant le sentier, on arrive à une statue qui représente une Dryade dansante 15. Là étoit autrefois l'obélisque de *Coucher*, mais ce nom, ainsi que ceux de quelques autres amis de feu lord Cobham, ont disparu des jardins. Si vous continuez la longue terrasse, appellée la promenade de *Nelson*, & qui est bordée à gauche par un joli bosquet peu profond, elle vous conduit à *deux pavillons* 16, qui terminent cet angle des jardins. Ils sont d'ordre dorique & à voûte unie; le dôme extérieur est orné de quatre bustes, & surmonté d'une petite rotonde ouverte à huit colonnes; l'un de ces deux pavillons est hors du parc, & sert de ferme. Au milieu de l'intervalle est une belle grille de fer 17, du dessein de Kent, laquelle donne passage dans les immenses pelouses & les bois qui composent le parc. A peu de distance des pavillons, hors des jardins & sur la même rivière qui vient de les arroser, on voit un fort beau pont.

Dans le coin de la terrasse, & au travers des arbres, on entrevoit une *piramide* 18 fort noire. Les gens qui aiment ce qui leur retrace l'antiquité, verront toujours ce bâtiment avec plaisir; il est d'une élégante simplicité, & construit précisément comme les pyramides d'Egypte. On y peut monter extérieurement jusqu'au sommet par les quatre faces, sur des marches de trois pouces de largeur & de quatorze pouces de hauteur; il y a deux portes fort basses & d'un dorique très-massif; l'intérieur est une voute à six coupes; la hauteur de cette pyramide est de soixante pieds: cette pyramide est consacrée à Vanbrugh, constructeur de ces jardins. Dans l'intérieur de la pyramide & sur un des côtés des murs, on lit des vers d'Horace, qui commencent par ces mots: *lusisti satis*, &c., & sur l'autre: *linquenda tellus*, &c.

De la pyramide on découvre un beau tableau, la grande pelouse où domine la rotonde, une partie du lac, & de superbes allées d'arbres toujours verts à droite & à gauche.

Entrez dans le labyrinthe, qui est à droite, & suivez-en les détours, vous y trouverez de jolies salles & des lits de verdure fort agréables. Au milieu de l'allée qui est vis-à-vis de l'angle des pavillons, est une statue de *Mercure volant*. Cette allée vous conduit à une éminence ornée de cyprès, & sur laquelle est le monument de la reine *Caroline* 19, dont la statue est élevée sur quatre colonnes ioniques. Comme ce monument est presque environné de bois, le principal objet qui frappe de ce point de vue, est la rotonde à l'autre bout de la prairie.

En continuant votre route après avoir traversé quelques groupes d'arbres, vous arrivez à l'extrémité d'un grand lac 20, dont l'aspect est délicieux. Ses bords sont des promenades de gazon, ombragées des plus beaux arbres : d'un côté est le vaste tapis verd, dont l'inégale surface est couverte de troupeaux de toute espèce; de l'autre, un bois touffu, où l'on distingue confusément des grottes, des sentiers, des statues. L'extrémité opposée du lac vous frappe agréablement par une superbe *cascade* 21, dont les eaux se précipitent à travers des rochers, & des ruines artificielles bien imitées. Le pied des rochers se divise en plusieurs grottes remplies de dieux marins. C'est à mon gré de toutes les scènes de Stowe la plus piquante & la plus animée. Les cignes nombreux dont le lac est couvert, les poissons qui jouent à sa surface, l'éclat des eaux & de celles de la cascade, quand elles sont frappées des rayons du soleil; ces bois dont les teintes sont si variées; cette prairie couverte de troupeaux, ces temples qui s'offrent de toutes parts; ces petites îles ornées de grouppes d'arbres; les images des arbres & des rochers réfléchies dans l'eau, tous ces objets forment une perspective qui tient du romanesque.

En vous promenant le long du lac, vous vous trouvez insensiblement le long de la terrasse du couchant, dont l'angle forme une espèce de bastion rempli par un petit bocage d'arbres verts, & par le temple de *Venus* 22. Ce bâtiment est composé de trois pavillons, unis par six arcades, & il représente un demi-cercle. La porte du pavillon du milieu est ornée de deux colonnes ioniques, & supporte une demi-coupole sculptée en petits lozanges. Le reste de la façade est rempli par quatre niches ornées par quatre bustes : l'intérieur est orné de peintures dont le sujet est pris de la *Reine Fée* de Spenser. C'est la belle Hellinore, qui, dégoûtée de son vieux mari Malbecco, s'est enfuie dans les bois, où elle vit avec les satyres. Malbecco, après l'avoir longtemps cherchée, la trouve enfin, & veut lui persuader de le suivre; mais elle le repousse avec mépris, & le menace de le livrer aux satyres, s'il ne se retire promptement. Le vieillard obéit, mais avec les marques du désespoir. Le plafond est orné d'une Venus : sur la frise on lit ces vers de Catulle :

*Nunc amet qui nundum amavit,*
*Quique amavit nunc amet.*

Ce temple est appellé le bâtiment de Kent, parce que cet architecte a été le vrai créateur de Stowe, & en a donné les dessins.

Du

Du temple de Vénus, revenez sur vos pas jusqu'à l'allée qui croise la terrasse, & traversez le vaste tapis verd, pour voir enfin de plus près ce que c'est que cette *rotonde* 23, qui vous a toujours frappé de tous les points de vue, & où l'on monte insensiblement de tous côtés. Elle est formée de dix colonnes ioniques, qui soutiennent un dôme couvert de plomb, sous lequel est une Vénus de Médicis, de bronze, sur un piédestal noir. Le contraste de cette couleur & du bronze de la statue avec le blanc des colonnes, produit de loin un bel effet. Cette rotonde est de Vanbruch, perfectionnée par Bora : sa situation est admirable; on ne sauroit imaginer une scène plus riche ni plus majestueuse que celle où domine cet élégant édifice.

Allez vers le nord, & percez dans les feuillages, vous découvrirez la *caverne de Didon* 24, petit reposoir fort simple, où l'on a peint Enée & Didon avec ces vers de Virgile : *Speluncam Dido*, *&c.* De-là, par un sentier fort court & fort sombre, vous venez au pied d'un monticule, sur lequel est érigée une colonne 25 corinthienne, qui supporte la statue du Roi Georges II : elle est environnée de sapins. On voit d'ici le lac, la maison, la colonne Cobham, le temple des grands hommes (1), la grande porte du côté de Buckingham, le temple de Vénus, & la rotonde.

En descendant à gauche, vous vous trouvez au bout d'une vaste avenue de gazon, bordée de plantations irrégulières. Cette extrémité, qui n'est éloignée que de quelques pas de la grande avenue, forme une espèce de terrasse ornée de deux urnes : on l'appelle le *théâtre de la Reine* 26. Le fond de cette avenue étoit autrefois rempli par une belle pièce d'eau.

Continuez votre route à gauche, & traversez ce charmant bosquet, dont les allées bordées de fleurs & d'arbrisseaux de toute espèce, viennent en serpentant aboutir à un centre 27 commun. Là étoit autrefois un joli bâtiment ionique, appellé *Sallon du repos*.

Après avoir traversé une autre belle salle régulière, un sentier vous conduit à une petite allée d'*arbres*

(1) *Note de l'Éditeur.* M. de Gerardin a quelque chose d'approchant dans son parc d'Ermenonville, & par un seul mot, pour devise, il caractérise les personnages :

| | |
|---|---|
| NEWTON, *Lucem.* | MONTESQUIEU, *Justitiam.* |
| DESCARTES, *Nil in rebus inane.* | ROUSSEAU, *Naturam.* |
| VOLTAIRE, *Ridiculum.* | JOSEPH PRIESTLEY, *Aerem.* |
| W. PENN, *Humanitatem.* | BENJ. FRANKLIN, *Fulmen.* |

Et au bas de la colonne cassée : *Quis hoc perficiet.*

*verts* 28, sous laquelle, par le moyen de plusieurs canaux, la pièce d'eau se précipite dans le lac, & forme cette cascade 21 si pittoresque dont on a déjà parlé.

De-là vous descendez sur le bord du lac, qui est tapissé d'un beau gazon, & s'élève doucement. Tout se réunit ici pour rappeller à votre imagination les idées poëtiques; les arbres, les plantes & le gazon dont vous êtes environné; le lac, le vaste tapis verd qui est au-delà, dont vous mesurez l'étendue; l'aspect des ruines couvertes de lière & d'arbres verts; les tritons & les naïades qui s'offrent sous diverses attitudes dans leurs grottes humides; le chant de mille oiseaux & le bêlement des troupeaux, mêlés au bruit des feuilles agitées & à celui de l'eau de la cascade, produisent le plus beau & le plus agréable ensemble. Tout près est une grotte rustique de l'invention de Kent 29, appellée l'*Hermitage* ou la *Grotte du Berger*: elle est couverte de lierre, & au-devant d'un boccage qui s'élève jusqu'à la terrasse ou l'allée du midi; le dedans est voûté. On y trouve une inscription angloise presque effacée, à la mémoire d'un lévrier d'Italie, appellé le *Signor Fido.*

Si vous remontez en traversant le boccage jusqu'à l'allée méridionale, nommée la *Terrasse de Pegs*, vous trouvez deux pavillons 30 en forme de péristiles, placés aux deux côtés de l'entrée la plus ordinaire des jardins. La porte de fer ne s'élève qu'au niveau de la terrasse, ainsi que toutes les autres portes d'entrée, pour ne pas marquer les bornes des jardins, & afin que rien n'empêche qu'elles ne s'unissent en apparence avec le reste de la campagne. On monte sous chaque pavillon par six marches; le plafond sculpté en hexagone, avec une rose au centre, est supporté par six colonnes doriques. La perspective est ici de la plus grande beauté. Les massifs bordés d'arbres verts qui règnent le long de la terrasse, s'ouvrent pour laisser voir la pièce d'eau & ce beau tapis de verdure & de bois qui s'élève continuellement jusqu'à la maison, & il devient assez large pour que la façade soit pleinement découverte. A droite & à gauche on apperçoit au travers des arbres & des percés, d'autres objets, tels que le lac, les rivières, &c.

Continuez votre promenade à droite, le long de la terrasse, vous arriverez à une espece de demi-lune décorée par le *Temple de l'Amitié* 31. C'est un bâtiment d'ordre dorique, & distingué par la justesse de ses proportions. La façade présente un portique à quatre colonnes & deux niches, & les côtés sont composés chacun de trois arcades qui forment deux autres portiques. Le dessus de la porte est orné de l'emblême de l'amitié, & sur la frise est cette inscription: *Amicitiæ sacrum.* L'intérieur du temple offre une suite de dix bustes de marbre blanc, sur des piedsdestaux de marbre noir, tous bien exécutés; chaque buste est le portrait d'un ami du lord Temple. Le plafond présente la Grande-Bretagne assise, & à ses côtés les emblêmes des règnes qu'elle regarde comme les plus glorieux ou les plus honteux de ses annales. Tels sont d'une part ceux d'Elisabeth & d'Edouard III, & de l'autre, celui de Jacques second, qu'elle semble vouloir couvrir de son manteau, & rejeter avec dédain. De ce temple, la vue se porte immédiatement sur un charmant vallon traversé par une rivière, dont le côté le plus éloigné est un vaste *tapis verd* 32 triangulaire, en plan incliné, coupé très-irrégulièrement, parsemé de quelques arbres, couvert de troupeaux, & terminé au sommet par le Temple des Dames. Les principaux objets de ce point de vue sont d'ailleurs le temple gothique, le pont de Palladio, la colonne Cobham, & le château antique qui est dans le parc. L'angle des jardins, qui est peu éloigné du temple de l'Amitié, est marqué par une belle *grille de fer* 33, élevée de toute sa hauteur au-dessus de la terrasse : cette porte est le passage pour aller à l'ancien château.

Descendez dans le vallon, le long de la terrasse du levant, qui est la plus irrégulière, & vous trouverez bientôt un très-beau pont, appellé le *Pont de Pembroch* 34, ou le pont de *Palladio*, parce qu'il est construit selon la manière de ce dernier. Ses deux extrémités offrent deux élégantes balustrades qui se continuent dans les entre-colonnes : le plafond soutenu par des colonnes ioniques, est divisé en quatre ceintres sculptés en grands hexagones : les quatre coins intérieurs sont ornés de vases de plomb dorés. On voit de dessus ce pont la principale rivière serpenter dans les jardins & dans le parc, & ses bords couverts de troupeaux qui viennent s'y désaltérer. Les autres points de vue sont une ferme, le château gotique, le temple de Vénus, l'arc d'Amélie, & le temple de l'Amitié.

Après avoir traversé le pont, continuez la même *allée* 35 le long du tapis verd, dont l'élévation est très-sensible, jusqu'à ce que vous arriviez à un temple 36 rougeâtre, qui se voit de très-loin, parce qu'il est situé sur une éminence : il est bâti d'un grès fort tendre & fort rouge, & sa forme imite parfaitement celle des anciens temples du treizième & du quatorzième siècle. On l'appelle le *Temple Gothique*. Tout est dans le goût antique, les portes, les vîtreaux, les tours, les ornemens. On monte par un escalier fort usé à une galerie qui forme un second étage, & de-là jusqu'au haut d'une grosse tour, d'où l'on découvre tout le pays d'alentour à la distance de plusieurs milles. Ce temple a soixante-dix pieds de haut. Le dôme est orné des armes de la famille des Grenville. On lisoit autrefois sur la porte d'entrée, ce vers de Corneille :

> Je rends grâces aux Dieux de n'être pas Romain.

L'extérieur a trois faces semblables, & chaque angle a une tour pentagone, dont celle qui est tournée au levant est la plus élevée, & surmontée de cinq petites flèches avec des croix : les autres ont de petits donjons à cinq fenêtres ; chaque façade a sept portes & autant de fenêtres vîtrées. Au levant & à quelques toises du temple, on a placé en demi-cercle sur le gazon les sept *divinités saxones*, qui ont donné leurs noms aux jours de la semaine chez les Anglois. Ces statues sont en pierre & du ciseau de Risbrack, célèbre sculpteur. Le lord Cobham les avoit placées dans le boccage 15 autour d'un autel rustique : c'étoit observer le costume, & ne pas mêler le sacré avec le profane. Derrière ces statues, il y a une porte d'entrée qui s'ouvre dans le parc sur de vastes prairies. De tous les côtés du temple gothique, on a de beaux points de vue: le vallon qui paroît ici très-profond, couvert de troupeaux & d'arbres; la maison qui s'élève au-dessus des arbres, le temple de Myladi, la colonne Cobham au bout d'une longue allée; la rivière & le pont, d'immenses prairies & des lointains.

Suivez toujours la terrasse, ou si vous l'aimez mieux, la route irrégulière 37, qui lui est à-peu-près parallèle, & qui traverse de vastes massifs diversement grouppés, dont l'ensemble présente une forme triangulaire. Vous trouvez à l'extrémité de cette route une superbe *colonne* 38 canelée & octogone, dont le sommet est surmonté d'une rotonde ouverte sur huit petites colonnes quarrées. Sur cette rotonde est placée la statue du lord *Cobham*, habillé à la romaine & en attitude de Jules-César. On monte jusqu'au sommet par cent quarante-sept marches fort rudes, autour de laquelle on lit ces mots en gros caractères: *Ut L. Luculli summi viri quis? at quam multi villarum magnificentiam imitati sunt!*

Cette colonne est apperçue de presque tous les coins du jardin, dont elle est un des objets les plus remarquables. Indépendamment des paysages & des champs du côté du parc, elle domine dans les jardins, sur une belle pelouse qui se termine de chaque côté par des bois, & vient se perdre dans un profond vallon, au-delà duquel est le superbe temple de la Concorde; à gauche on voit le temple gothique, la grande arcade vers Buckingham, & au-delà un agréable paysage.

Achevez de parcourir la terrasse jusqu'à cette grande *demi-lune* 39 qui la termine, & n'est ornée que de quelques grouppes d'arbres plantés sans ordre: j'excepte toujours ceux qui règnent le long du mur & du fossé d'enceinte dans tout le circuit des jardins. M. Whalely a déjà observé que c'étoit là presque les seules traces de symétrie qui eussent été conservées à Stowe.

*La terrasse du nord* 40 est entièrement bordée de bosquets & de bocages percés très-irrégulièrement. En général les arbres, les arbrisseaux toujours verds, tels que les cyprès, les ifs, les sabines, les thuya, les lauriers de toute espèce, les houx, les magnolia, &c. règnent principalement le long des bordures dans toutes les plantations de Stowe, & les arbres qui se dépouillent de leur verdure remplissent l'intérieur des bois, quoiqu'ils soient également mêlés d'arbres toujours verds. Le commencement des bosquets de la terrasse du nord, est orné d'un pavillon octogone 41 ouvert, orné de quatre thermes en-dehors & de quatre têtes de bélier en-dedans, avec une voûte qui se termine en pointe; on l'appelle le *temple de la poésie pastorale.* A quelques pas du pavillon, vers l'angle de la terrasse, est une statue qui représente la poésie pastorale 40; elle tient dans sa main une toile déroulée, sur laquelle on lit ces mots: *Pastorum carmina canto.*

En se promenant le long de la terrasse, on a pour perspectives d'immenses pelouses, couvertes de bêtes fauves & de toutes sortes de troupeaux, des champs, des villages, de vastes forêts percées d'allées à perte de vue, & de l'obélisque de Wolf.

Quand vous êtes parvenu au bout

de la terraſſe ; vous êtes arrêté par une porte de fer qui ne s'élève qu'à la hauteur de l'allée. Tournez à gauche & percez quelques grouppes d'arbres, vous ſerez agréablement frappé de l'aſpect du bâtiment le plus ſuperbe de ces jardins : c'eſt *le temple Grec* 42, dont la forme rectangulaire porte environ quatre-vingt-huit pieds de longueur; il eſt de l'ordre ionique, & conſtruit exactement ſur le modèle du temple de Minerve à Athénes. On monte par quinze marches ſous un ſuperbe périſtile de vingt-huit colonnes, qui régne tout autour du temple, & dont le plafond eſt ſculpté en petits quartés ornés de roſes. Le fronton préſente en demi-relief les quatre parties du monde, qui apportent à la Grande Bretagne les principales productions qui les caractériſent; c'eſt l'ouvrage du ſculpteur Scheèmaker. Le ſommet du fronton eſt orné de trois ſtatues, plus grandes que le naturel, & celui du fronton oppoſé en a autant. Sur la friſe du portique eſt gravée cette inſcription :

*Concordia & victoria.*

Sur le mur de face aux deux côtés de la porte, qui eſt peinte en bleu & or, ſont deux grands médaillons, ſur l'un deſquels ſont écrits ces mots : *concordia fœderatorum*; & ſur l'autre : *concordia civium.* Sur la porte on a gravé ce paſſage de Valère-Maxime : *quo tempore ſalus eorum in ultimas anguſtias deducta, nullum ambitioni locum relinquebat.* L'intérieur du temple eſt d'une grande ſimplicité; on y voit quatorze niches vuides, indépendamment d'une autre niche où eſt placée une ſtatue avec cette inſcription : *libertas publica.* Au-deſſus de ces niches ſont autant de médaillons où ſont repréſentées, en bas reliefs, les conquêtes des Anglois ſur les François.

Le temple Grec eſt admirablement bien ſitué, & domine une magnifique perſpective preſqu'entièrement compoſée de bois & de pelouſes. La vue ſe porte immédiatement ſur un profond vallon de traverſe 43, entièrement couvert de gazon, dont les côtés ont depuis deux cent cinquante juſqu'à deux cent quatre-vingt pieds de talus. Au-delà du vallon, la ſcène ſe diviſe en trois ouvertures, qui, en partant du temple, forment encore trois rayons divergens ; celle qui eſt à gauche eſt une clarière aſſez étroite, au bout de laquelle on apperçoit l'obéliſque qui eſt dans le parc; celle de la droite conſiſte en un beau tapis verd, terminé par la colonne *Cobham* 38; enfin la diviſion du milieu, qui eſt ſans comparaiſon la plus ſuperbe, préſente, dans toute ſa longueur, un large & profond vallon, marqué par de petits monticules & de légers enfoncemens, & dont les bords ſont couronnés de beaux maſſifs, d'où ſe détachent quelques grouppes d'arbres juſques dans le fond. Le long de ces bords ont été placés quelques grouppes de ſtatues de plomb blanchi, dont les plus belles ſont celles d'*Hercule* & d'*Antée*, de *Caïn* & d'*Abel*, morceaux pleins de vigueur. Ce terrein couvert de gazon, & ces bois où l'on diſtingue toutes les nuances de verd, ces bâtimens, ces ſtatues, tous ces objets placés à une juſte diſtance, compoſent un point de vue qui étonne & attache le ſpectateur ; vous ne pouvez quitter ce bâtiment, où règne tant de goût & de ſimplicité, qu'après en avoir fait le tour plus d'une fois.

* Si de-là vous traversez le vallon à droite, & ensuite la première allée qui se présente, vous découvrez un édifice situé entre deux beaux tapis de verdure & de vastes bosquets; c'est le *temple des Dames* 44. Vous entrez de plein pied sous trois rangs d'arcades qui se croisent quarrément & forment neuf voutes à six coupes, dont les points d'intersection sont marqués par une rose. Le pavé est composé de petits cailloux, & varié par des desseins de pierre plate, circulaires & exagones; un escalier assez joli conduit à un sallon dont les murs sont ornés de peintures de Sleter, assez médiocres; elles représentent plusieurs dames, occupées, les unes à des ouvrages à l'éguille, les autres à peindre, les autres à jouer des instrumens. Ce sallon est encore décoré de huit colonnes & quatre pilastres d'ordre ionique, & de marbre veiné de rouge & de blanc. Ce bâtiment a, d'un côté, pour perspective le magnifique tapis verd ou *vallon triangulaire* 32, avec tous les objets qui l'accompagnent, tels que la rivière, le pont, le temple Gothique & le temple de l'Amitié; & de l'autre côté une belle pelouse de niveau, la colonne Cobham & la colonne Rostrale.

Descendez le vallon au midi, en côtoyant le bois à droite, jusqu'à ce que vous trouviez, à la seconde allée de traverse, un petit *côteau rapide* 45; descendez ce côteau, & vous ne trouverez plus, en vous promenant le long des trois pièces d'eau qui se succèdent jusqu'à la rivière & remplissent le fond d'un grand vallon, qu'une alternative délicieuse de boccages sombres, de pièces de gazon & de petits lieux de repos.

Le premier objet qui se présente au bas du côteau & au milieu d'un ombrage épais, est une *jolie grotte* 46, dont la surface extérieure est couverte de petits silex ou pierres à fusil, & de plaques de porcelaine. L'intérieur est divisé en trois compartimens, dont les murs sont incrustés de coquillages & de silex. La voute du milieu est ornée de glaces dont la forme représente un soleil; les murs des autres divisions sont aussi couverts de glaces comme des cheminées, mais le plus bel ornement de cette grotte est une admirable statue de marbre, qu'on dit représenter une Vénus, quoique son air modeste annonce le contraire; elle est représentée toute nue, quoique de grandeur plus qu'humaine, portant une main sur son sein, & jetant de l'autre une légère draperie qui ne la couvre que très-foiblement. Immédiatement derrière la grotte, le terrein s'élève à pic, & il est entièrement couvert d'arbrisseaux, de lierres & de ronces.

A la distance de trois ou quatre pas de l'entrée de la grotte, sont placées deux jolies rotondes, l'une dorique, l'autre ionique, composées chacune de six colonnes, qui soutiennent une coupole; les colonnes ioniques sont torses. Ces rotondes sont entièrement incrustées de petits silex & de nacres, leurs centres offrent des grouppes de quatre enfans qui se tiennent par la main.

Tournez à gauche, en vous écartant un peu du bord de l'eau, gagnez le bois, & vous trouverez un bâtiment fort simple, appellé *cold-bath* ou les *bains froids*; il contient un réservoir plein d'eau courante, destinée aux bains, & il n'est orné que de quelques médaillons où sont des têtes d'Empereurs Romains.

Entre les deux rotondes, commence la première pièce d'eau, appellée la rivière *des aulnes* 47; parce que cette espèce d'arbre abonde sur ses bords: elle contient une petite isle remplie d'arbrisseaux. Les eaux se dégorgent dans la seconde pièce d'eau sous un pont de *rocailles* 48, couvert de lierre & d'autres plantes rampantes, & forment plusieurs jolies cascades. Sur le bord de cette pièce d'eau, à côté du pont, étoit autrefois un petit pavillon chinois.

En partant du pont de rocailles, suivez le bord du canal à gauche, vous trouverez une espèce de petit amphithéâtre de gazon, couronné par le temple des *illustres Bretons* 49, ou des hommes les plus célèbres d'Angleterre; c'est une suite, à peu près demi-circulaire de seize niches, dans chacune desquelles a été placé le buste de quelque Anglois fameux; le milieu de la courbe est orné d'une pyramide remplie par un fort beau buste de Mercure, au-dessus duquel est cet émistiche de Virgile: *campos ducit ad Elysios;* & plus bas une plaque de marbre noir, où sont gravés ces vers de Virgile: *hic manus ob patriam*, &c. Les illustres Anglois ici représentés sont... Alexandre Pope... Thomas Gresham... Ignace Jones... Jean Milton... Guillaume Shakespear... Jean Locke... Isaar Newton... François Bacon... Le roi Alfred... Edouard, prince de Galles... La reine Elisabeth... Le roi Guillaume III... Walter Raleigh... François Drake... Jean Hampden... Jean Barnard... Cette suite de niches est terminée en-bas par trois grandes marches, & s'enfonce dans un boccage de lauriers, dont les branches, tombant naturellement sur les frontons, forment une couronne à chaque buste. Le terrein compris entre le bâtiment & les eaux forme une pente douce, de la largeur de deux à trois toises, & couverte de gazon.

Le temple des illustres Bretons est l'objet le plus intéressant des *champs élisées*. On appelle ainsi tout le vallon compris entre la grande avenue 5, 6, & la *pelouse triangulaire* 32, & dont le fond est rempli par les trois *pièces d'eau* 47, 50, 51; mais la scène, divisée par la pièce d'eau du milieu, a reçu plus particulièrement le nom de champs élisées. Pour achever de les parcourir, revenez sur vos pas, & traversez le pont de *rocailles* 48, ensuite montez à droite, & percez quelques grouppes d'arbres verds fort touffus, vous verrez une *église paroissiale* 52, entourrée d'un cimetière, terminé par un mur, & rempli d'épitaphes; cette église, quoique tout-à-fait cachée par des bois, n'est pas un objet digne des champs élisées, & des jardins charmans paroissent peu faits pour renfermer un cimetière.

Vous quittez bien vîte ce triste séjour pour examiner un monument plus digne de votre attention, & qui s'offre à vos yeux en sortant du cimetière; c'est une *colonne rostrale* 53, en l'honneur du capitaine Grenville; sur le sommet est une statue qui représente la poésie héroïque, tenant un rouleau déployé où sont ces mots: *non nisi grandia canto;* sur la plinthe & sur le piedestal sont gravées plusieurs inscriptions.

A quinze ou seize toises de la

colonne Grenville, vous appercevez, ſur un monticule, & dans une heureuſe ſituation, le temple de l'*ancienne Vertu* 54. C'eſt une très-jolie rotonde qui n'eſt pas ouverte de toutes parts, comme celle de Vénus, mais ſeulement entourrée d'un périſtile composé de ſeize colonnes d'ordre ionique. On y entre par deux portes tournées au midi & au levant, à chacune desquelles on arrive par un eſcalier de douze marches. On lit au-deſſus de chaque porte : *priſcæ virtuti.* L'intérieur du dôme eſt fort bien ſculpté, & les murs ſont décorés de quatre niches, où ſont placées les ſtatues un peu giganteſques d'Homère, de Lycurgue, de Socrates & d'Épaminondas, au-deſſous deſquelles ſont gravées des inſcriptions.

Chaque ouverture de périſtile entre les colonnes, préſente quelques points de vue agréables. De la porte du levant, on voit la colonne de Grenville, le temple des fameux Bretons, le pont de Pembroke & la rivière. De la porte du midi on découvre les colonnes du roi George & de la reine Caroline, & le château antique.

A côté de ce temple eſt celui de la *moderne vertu*, qui n'eſt qu'un monceau de ruines, avec une arcade & une ſtatue briſée, le tout couvert de ronces & de lierre.

Marchez le long du boſquet à droite, vous trouvez une roûte tortueuſe & ornée, qui vous mène à une arcade 55, d'ordre dorique, érigée en l'honneur de la princeſſe *Amélie*, tante du roi. Ce monument eſt ſur le ſommet du vallon des champs éliſées, preſque ſur le bord de la grande prairie d'avenue, & au milieu d'un joli boſquet. Une clarière étroite qui s'ouvre dans les bois, laiſſe voir ſur la même ligne, mais fort éloignés l'un de l'autre, le pont de Palladio & le château gothique; le ceintre de l'arcade, orné d'exagones remplis par une belle fleur finement ſculptée, eſt ſupporté par des pillaſtres cannelés; on lit ſur l'attique du côté de l'avenue : *Ameliæ Sophiæ aug.*, & du côté du vallon on voit ſon médaillon avec cette exergue, priſe d'Homère : *O colenda ſemper & culta!*

Aux deux côtés de cette arcade ſont placées en demi-cercle les ſtatues d'Appollon & des neuf Muſes, qui ouvrent de ce côté-là la ſcène des champs éliſées.

Entre l'arcade & l'avenue, on admire un beau groupe de *gladiateurs*, entrelacés & renverſés l'un ſur l'autre. Le reſte des maſſifs ou boſquets vient ſe terminer près de la grande *pièce d'eau* 7, où des ſentiers tortueux conduiſent à une *cabane* 56, entièrement cachée par des arbres.

En deſcendant de l'arcade d'Amélie & du temple des Vertus, on ſe promène ſur un charmant *tapis verd* 57, parſemé de quelques arbres, & qui préſente une pente douce juſqu'à la pièce d'eau; il eſt toujours couvert de troupeaux, & dès le commencement du printemps les roſſignols & les autres oiſeaux y font entendre leurs ramages. Aſſis ſous un orme antique & touffu qui répand au loin ſon ombre ſur le tapis verd, & au pied duquel on a placé un banc des plus ſimples, vous voyez devant vous la *pièce d'eau* 50, & au-delà, cette ſuite des grands hommes d'Angleterre, environnés de lauriers & de myrthes, qui ſe réfléchiſſent dans l'eau. Quoique cette perſpective ſoit véritablement élyſienne à beaucoup d'égards, elle ſeroit encore plus agréable

agréable si on y voyoit moins de bâtimens.

Des champs élisées, vous traversez un *pont* 48, bordé d'arbres, pour entrer dans la grande *pelouse triangulaire* 32; ce pont sépare la pièce d'eau du milieu de la troisième, qu'on appelle *rivière inférieure* 51. Pour la distinguer de la principale rivière, appellée la *rivière supérieure* 58, le point de réunion de ces deux rivières est marqué par un simple *pont de pierre* 59, que vous traversez en sortant de la pelouse pour achever de parcourir les derniers bosquets qui vous restent à voir dans l'enceinte des jardins.

Le premier bâtiment qui vous frappe quand vous marchez à gauche sur le bord de la rivière, est le *monument Congrève* 60; c'est une piramide tronquée, sur le sommet de laquelle est un singe assis qui se regarde dans un miroir : le reste de la piramide est orné d'un vase sur lequel sont sculptés les attributs du genre dramatique, propre à Congrève; au bas du monument sont deux morceaux séparés & appuyés contre le piédestal, obliquement & d'une manière fort négligée; c'est d'un côté le buste du poète en demi-relief & en forme de masque comique, & de l'autre une pièce de marbre sur laquelle est gravée une inscription en l'honneur de Congrève.

Si vous vous enfoncez dans le bosquet, vous voyez encore un petit bâtiment, appellé la *grotte de cailloux* 61; c'est une demi-coupole qui ressemble à une coquille; le fond en est composé d'un gravier très-fin & de petits cailloux, de manière qu'ils imitent des fleurs, & présentent dans le fond les armoiries du lord Cobham ou des Grenvilles, dont la devise est : *templa quàm dilecta?* On voit que les jardins répondent à la devise.

De la grotte des cailloux vous remontez par la première allée qui se présente jusqu'à la terrasse du midi, & vous revenez aux deux pavillons 30, qui répondent à l'avenue, après avoir parcouru & examiné tous les objets renfermés dans l'enceinte de Stowe.

Au-delà des jardins, il reste encore dans le parc; quelques objets que j'ai indiqués, en parlant de certaines perspectives, & qu'il faut considérer de plus près, mais ils ne sont pas représentés dans le plan, parce qu'ils sont trop éloignés.

A un mille & demi ou environ de l'angle oriental de la terrasse, vous trouvez, au milieu des champs & des prés, une ferme construite comme les forts du XIV siècle, avec des créneaux au sommet des murs. On l'appelle le château; il est environné de petits bosquets de bois du côté opposé au jardin; là est une laiterie qui fournit d'excellentes crêmes & de bons laitages.

De ce château, en allant directement au nord, vous arrivez à l'*obélisque* que le lord Temple a érigé en 1759, à la mémoire du major général *Wolfe*; cet obélisque, qui a plus de cent pieds de hauteur, est situé sur une éminence, au milieu d'une immense pelouse peuplée de troupeaux, & sur-tout de bêtes fauves. La perspective ici est fort étendue, & du côté opposé aux jardins, c'est-à-dire vers le Northamptonshire, est une vaste forêt, percée d'allées à perte de vue, & terminée par des lointains.

De l'obélisque, vous revenez à la

terrasse du nord, pour voir la *statue équestre de Georges Ier 62*; elle est placée hors des jardins, quoique sur la même ligne que la terrasse & à l'extrémité d'un tapis verd 63, fort vaste & parfaitement uni, qui règne dans toute la longueur de la façade du nord; cette statue est très-médiocre dans son genre.

A peu de distance de la statue commence une vallée, dont le bord règne parallèlement à la terrasse; depuis ce bord jusqu'au fond de la vallée, la pente oblique est environ de sept à huit cent pieds. Le terrein, extrêmement diversifié & couvert de toutes sortes de troupeaux, tant dans la vallée que dans les campagnes qui sont au-delà, offre une perspective des plus agréables & des plus champêtres.

Faites entièrement le tour de ces belles allées qui environnent les jardins de toutes parts, excepté au levant, & terminez le petit voyage de Stowe par la superbe *porte* ou *arcade* qui est au midi des jardins, sur le bord du chemin qui conduit à Buckingham; elle est construite dans le goût de la porte S. Martin de Paris, quoique moins vaste, & sans figures ni trophées. Cette façade est ornée de quatre belles colonnes corinthiennes; l'inférieur de la voûte, qui est très-large, est sculpté en grands quarrés creux, & l'entablement est surmonté d'une très-belle ballustrade. Cette porte de décoration répond exactement à la grande avenue des jardins, au sommet de laquelle est placé le château. On le voit tout entier s'élever au milieu des bois, ainsi que plusieurs autres bâtimens, tels que le temple gothique, la rotonde, les colonnes, &c.; ce qui forme un tableau magnifique.

Tels sont les jardins de Stowe, *où vous voyez*, dit Pope, *l'ordre dans la variété; où tous les objets, quoique différens, se rapportent à un seul tout: ouvrage admirable de l'art & de la nature, que le temps perfectionnera.*

On auroit tort de se figurer que ces temples, ces rotondes, ces obélisques, &c. contribuent à la vraie beauté des jardins de Stowe; tous ces objets sont purement accessoires & de décoration, & j'ose dire que s'ils étoient supprimés, ces jardins seroient toujours beaux & très-beaux, parce qu'ils sont dans la belle nature, que rien n'y présente l'idée de gêne, de contrainte, de travail, & l'on croiroit qu'ils ne doivent rien à l'art, tant l'art a soin de s'y cacher. Le grand mérite, le mérite capital est d'avoir tiré le parti le plus avantageux des fonds, des élévations, des plateaux, & d'avoir conservé aux points de vue différens leur étendue & leur agrément; enfin on peut dire que c'est le local lui-même qui a décidé le plan de ces jardins, tandis que, pour l'ordinaire, il faut que le local soit soumis au plan de l'architecte. Il est impossible, dans ce dernier cas, d'avoir un jardin naturel. Cette vérité exigeroit des commentaires, des dissertations; mais comme j'ai cité les ouvrages qui la démontrent, il est inutile que j'entre dans de plus grands détails; d'ailleurs, ils seront toujours superflus pour l'homme né avec le goût qui lui fait distinguer le beau naturel du prétendu beau factice. Les règles sont utiles aux imaginations froides, lorsqu'il s'agit d'objets de conventions; mais dans les jardins appellés anglois, il ne peut exister d'objets de convention, puisque tout doit y être naturel, subordonné au site, à ses accidens & aux objets qui l'environnent.

Le lecteur peut à présent comparer les différentes espèces de jardins, & choisir celle qui sera le plus conforme à son goût.

JARDINAGE. Terme collectif, par lequel on désigne plusieurs jardins placés dans un même lieu. Il se dit encore de l'art de cultiver les jardins; & dans plusieurs, on appelle *jardinage* la masse des légumes qu'on porte aux marchés.

JARDINIER. Homme qui cultive & soigne les plantes d'un jardin. Cette définition suffisoit au temps passé; mais elle est trop générale aujourd'hui. On doit distinguer le jardinier maraicher, ou celui qui ne s'occupe que de la culture des légumes; le jardinier-tailleur d'arbres fruitiers, le jardinier pépiniériste, le jardinier décorateur, ou qui est spécialement chargé de l'entretien des bosquets, des boulingrins, de la route, des palissades, & enfin du jardinier parterriste ou fleuriste. Rien de si commun que les jardiniers en tous les genres, & cependant rien de si rare qu'un bon jardinier. En effet, où peut-il avoir appris son métier? chez son père, chez son maître? Mais si l'un & l'autre n'ont pour guide que la routine, l'élève ne saura rien de plus; s'il a de l'imagination, s'il sait observer, combien d'années ne s'écouleront pas avant qu'il ait acquis une pratique sûre! en attendant, vos arbres seront mutilés, votre potager ruiné, & vos bosquets détruits. Un garçon se marie, le voilà aussitôt jardinier de profession, & il cherche à se placer, & croit savoir son métier. Nous avons des écoles jusques pour l'art de la frisure, & aucun maître pour l'agriculture & pour les jardins. Un artiste s'instruit en voyageant; le jardinier est sédentaire & s'écarte peu du lieu qui l'a vu naître : ce sont donc toujours les mêmes exemples, les mêmes routines qu'il a sous les yeux. Si, à l'imitation des artisans, il veut voyager & parcourir les différentes provinces de France, il n'est guère plus avancé à son retour qu'à son départ, parce que les bons exemples lui manquent, parce qu'il ne trouve pour instituteur que des hommes pauvres, qui cherchent moins la perfection de leur état, qu'à vivre de leur travail. Les environs de Paris pour les légumiers, Montreuil & les villages voisins pour les arbres fruitiers, Ermenonville pour les jardins naturels ou à l'angloise, sont les seules écoles à fréquenter. Quant aux parterres, bosquets & autres genres factices, on en voit par-tout; c'est la partie où les jardiniers réussissent le moins mal, parce que tout y est soumis à la règle & au cordeau.

Un jardinier, quel que soit son genre, doit être fort, adroit, intelligent, actif, ami de la propreté, de l'ordre & de l'arrangement; aimer son jardin comme on aime sa maîtresse; admirer ses productions, se complaire dans son travail, être toujours à la tête des ouvriers, le premier au jardin & le dernier au logis, faire faire chaque soir la revue des outils, pour voir ſi ceux dont on s'eſt ſervi dans la journée ſont rangés à leur place, ſi rien ne traîne & ſi tout eſt dans l'ordre. Heureux celui qui poſſède un homme pareil ! on ne ſauroit trop le payer, puiſque le travail, l'eau & lui ſont l'ame d'un jardin quelconque. Ce n'eſt pas aſſez qu'il ſoit inſtruit, qu'il ſoit vigilant, il doit encore être fidèle & nullement ivrogne.

En général les jardiniers maraichers qui demeurent chez les bourgeois, font un commerce clandeſtin très-préjudiciable aux intérêts du maître; c'eſt celui des graines, des primeurs, &c. Communément on laiſſe les plus belles plantes monter en graine : un ou deux pieds ſuffiroient pour l'entretien d'un jardin; ils en laiſſent dix & vingt, ſous le ſpécieux prétexte que ſi les uns manquent, les autres réuſſiront. C'eſt de cette manière que ſont pourvues les boutiques des marchands de graines des environs. Combien de fois les propriétaires ne ſont-ils pas forcés de racheter leurs graines chez ces receleurs ?

L'objet des primeurs eſt d'une grande conſéquence. Si le propriétaire aime à jouir, leur ſouſtraction le prive du ſeul plaiſir qu'il ſe promet de ſon jardin; ſi au contraire il veut ſe dédommager de ſes dépenſes, & avoir un bénéfice ſur le produit des ventes de ſes légumes, le jardinier infidèle lui enlève la partie la plus claire. Enfin ſi ce jardinier eſt chargé des ventes, s'il trompe ſur ces ventes, & les tourne à ſon profit, le bénéfice eſt zéro, & la perte ſeule eſt réelle : de là eſt venu une autre maxime, qui dit que le jardin du bourgeois lui coûte plus qu'il ne lui rend. Enfin, laſſé de beaucoup dépenſer ſans jouir, il finit par affermer & par n'être plus le maître chez lui.

Admettons qu'on ſoit dans la ferme perſuaſion que ſon jardinier eſt fidèle; ſur quoi eſt-elle fondée ? Sur une phiſionomie heureuſe, un air de bonne foi, & même de déſintéreſſement. Je croirai à ſes bonnes qualités, quand l'expérience les aura prouvées. Il faut, pour ſa tranquillité, une certitude réelle & non pas idéale. A cet effet on choiſira un ou deux jours de marché par mois, & l'on fera acheter par des perſonnes affidées & ſûres tous les légumes qu'il y aura portées; alors, certain ſur le montant de la vente, on verra ſi la balance ſera exacte avec la recette dont il rendra compte. Cette expérience, pluſieurs fois répétée par des perſonnes & à des repriſes différentes, ſera la vraie pierre de touche : il en eſt ainſi pour les fruits; &c. Les ſeigneurs, les perſonnes opulentes trouveront peut-être ces précautions meſquines; mais le particulier qui vit ſur un revenu modéré, qui eſt chargé d'enfans, n'eſt pas dans le cas de ſe laiſſer voler impunément. Si ce dernier eſt aſſez heureux pour avoir un jardinier inſtruit, laborieux & fidèle, qu'il augmente ſes gages, lui accorde des gratifications; enfin qu'il ſe l'attache par ſes bienfaits, & le conſerve avec le plus grand ſoin.

Il eſt bon de faire connoître une autre manière de friponner des jardiniers chez les bourgeois. Sous prétexte que la ſaiſon preſſe, que les travaux ſont arriérés, &c. ils demandent des journaliers, multiplient le nombre des journées bien au-delà des besoins réels, & souvent ils en comptent qui n'ont pas été faites. Ce n'est pas tout, ils retiennent pour eux une partie de leur salaire. Le propriétaire qui passe une grande partie de l'année à la ville, est à coup sûr trompé : quant à celui qui vit à la campagne, s'il l'est, c'est sa faute; les paiemens doivent être faits par ses mains à la fin de chaque semaine, & chaque jour le matin & le soir, il doit compter le nombre d'ouvriers employés, & en tenir une note : enfin, questionner les ouvriers pour savoir si le jardinier n'exige pas d'eux une certaine rétribution. Je parle d'après ce que j'ai vu, & les ouvriers me répondirent : *Nous travaillons en conséquence du salaire qui nous reste*. D'après cela, l'ouvrage étoit très-longuement & très-mal fait.

Lorsqu'un jardinier se présente, méfiez-vous si vous le voyez trop recherché dans sa parure; ce sera un jardinier petit-maître, un damoiseau & rien de plus. Si la misère est empreinte sur ses habits, c'est un débauché, un dissipateur; si ses habillemens sont malpropres & trop négligés, votre jardin sera traité de même; si c'est un beau parleur & plein de jactance, c'est un ouvrier au-dessous du médiocre : l'homme à talens, interrogé, répond : voyez, examinez comme je tenois & travaillois le jardin que je quitte pour prendre le vôtre. Ne vous laissez pas séduire par ce propos; prenez-moi à l'essai; quand vous m'aurez vu travailler pendant quinze jours, vous fixerez mes gages. Il faut une année révolue pour conclure sur les talens, sur la conduite & la fidélité d'un jardinier.

JARDON, JARDE. Médecine vétérinaire. Tumeur dure qui occupe la partie postérieure & inférieure de l'os du jarret, jusqu'à la partie supérieure & postérieure de l'os du canon, à l'endroit du tendon fléchisseur du pied : elle est quelquefois d'une nature phlegmoneuse (*Voyez* Phlegmon) dans le commencement, & fait assez souvent boiter le cheval.

Une extension de l'un des tendons dont nous venons de parler, est la vraie cause de cette maladie.

On y remédie dans le commencement par des fomentations émollientes, & par des cataplasmes de même nature, auxquels on fait succéder les frictions résolutives & spiritueuses, telle que l'eau-de-vie camphrée, &c., tandis qu'il faut avoir recours à l'application du feu avec les pointes, si la tumeur est ancienne.

JARRET. Médecine vétérinaire. Les jarrets du cheval exigent l'attention la plus sérieuse; quelques légers en effet qu'en soient les défauts, ils sont toujours très-nuisibles. Le mouvement progressif de l'animal n'est opéré que par la voie de la percussion; la machine ne peut être mue & portée en avant, qu'autant que les parties de l'arrière-main, chassant continuellement celles de devant, l'y déterminent; or, toute imperfection qui tendra à les affoiblir, & principalement à diminuer la force & le jeu du jarret, qui d'ailleurs par sa propre structure est toujours plus fortement & plus vivement occupé que les autres parties, ne sera jamais raisonnablement envisagée comme médiocre & d'une petite conséquence. Mais passons à l'examen de cette partie.

1°. La situation : le jarret est situé entre le tibia ou la jambe, & le canon de l'extrémité postérieure.

2°. Le volume : il doit être proportionné au tout dont il fait une portion : des petits jarrets sont toujours foibles.

3°. La forme : les jarrets doivent être larges & plats.

4°. La force : des jarrets qui tournent, qui balancent, qui se jettent en dedans quand le cheval chemine, sont ce que nous appellons des jarrets mous ; il est encore des chevaux qui en cheminant portent les jarrets en dehors ; ni les uns, ni les autres ne peuvent être facilement unis, parce que dès que cette partie est hors de la ligne, cette fausse direction la met hors d'état de suffire au poids même de l'animal.

5°. La distance de l'un & de l'autre : des jarrets serrés, & dont la pointe ou la tête est très-rapprochée ou se touche, constituent les chevaux que nous nommons jartés ou crochus, ou clos du derrière. Ils ne peuvent s'asseoir que très-difficilement ; à la moindre descente, leurs jarrets se lient, s'entreprennent l'un & l'autre, & le derrière en eux ne peut avoir aucune force.

6°. Le plis : s'il est trop considérable, si la flexion de cette partie est telle naturellement que dans le repos, le canon se trouve fort en avant & sous l'animal, nous disons que les jarrets sont coudés, & il en résulte une seconde espèce de chevaux crochus. La courbure extrême de ceux-ci met l'animal hors d'état de mouvoir la partie avec aisance ; l'un & l'autre de ses pieds sont trop près du centre de gravité, & pour peu que le derrière soit passé, ils outre-passent ce point, de manière que le cheval ainsi conformé, ne peut conserver le juste équilibre d'où dépend la mesure & la facilité de son action. Ainsi, telle est la source de la foiblesse commune à ces sortes de chevaux, & le vice est bien plus grand encore, si, par une erreur de la nature, il se trouve joint à celui des reins trop longs, des hanches trop étendues, &c. &c.

7°. La substance : elle doit être sèche ; nous disons alors que l'animal a les jarrets bien évidés : des jarrets charnus, des jarrets pleins ou gras sont toujours chargés d'humeurs, & sujets par conséquent à une multitude de maux.

Ces maux, outre les engorgemens & les enflûres qu'un travail excessif peut y produire, & que dans les jeunes chevaux le soin & le repos peuvent garantir, sont le capelet ou passe-campane, la salandre, le vessigon, la varice, la courbe, l'éparvin, le jardon. (*Voyez* tous ces mots, suivant l'ordre du dictionnaire, quant au traitement). On doit bien comprendre que tous ces maux différens, survenant à une partie chargée des plus grands efforts à faire, sont toujours fort à craindre, sans parler de ceux auxquels elle peut être sujette, conséquemment à ces mêmes efforts, & qui n'ont point encore reçu de dénominations propres & particulières.

JASMIN BLANC COMMUN. Tournefort le place dans la première

section de la vingtième classe destinée aux arbres dont le pistil devient un fruit mou, à semences dures; & il l'appelle *jasminum vulgatiùs flore albo*; Von Linné le nomme *jasminum officinale*, & le classe dans la Diandrie Monogynie.

*Fleur*, d'une seule pièce, divisée en cinq folioles, ayant pour base un tube cylindrique, un calice à cinq dentelures; le tout renferme deux étamines & un pistil.

*Fruit*, baie molle, ovalle lisse, à deux loges, renfermant deux semences, enveloppées d'une membrane.

*Feuilles*, aîlées: les folioles ovales, en forme de fer de lance, terminé par une impaire plus longue que les autres.

*Racine*, rameuse, ligneuse.

*Port*, arbrisseau à tiges sarmenteuses, qu'on élève en palissade. L'écorce des troncs est brune, celle des rameaux verdâtre; le bois jaune & dur; les fleurs à l'extrémité des tiges; feuilles opposées.

*Lieu*, originaire des Indes, naturalisé sur-tout dans nos provinces méridionales, ou les plus grands froids peuvent faire périr les tiges, & non pas les racines.

Ce jasmin prouve ce que j'ai dit au mot *espèce* & ailleurs, qu'avec le temps & des soins, il est possible de naturaliser en France les plantes les plus indigênes. On le cultiva d'abord dans des vases qui furent renfermés avec soin dans les serres pendant l'hiver; quelques drageons furent ensuite confiés à la pleine terre, & bien abrités; enfin on voit aujourd'hui ce charmant arbrisseau servir aux palissades, aux tonnelles dans presque tous les jardins des provinces du midi & du centre du royaume: on le multiplie par marcottes, par drageons; ils reprennent facilement. On greffe sur cet arbuste les autres jasmins.

Jasmin d'Espagne *ou* de Catalogne, *ou* a grandes fleurs. C'est le *jasminum grandiflorum* de Von Linné; le *jasminum Hispanicum flore majore externè rubente* de Tournefort. Quelques curieux ont un jasmin d'Espagne à fleurs semi-doubles, ce qui établit une jolie variété à multiplier par la greffe: il diffère du premier par sa fleur du triple plus large, & dont les folioles sont moins allongées au sommet; par le dessous de ces folioles, qui est rouge; par ses feuilles plus larges, plus ovales. Von Linné observe que les trois dernières proviennent de la dilatation de leur queue ou pétiole; de sorte qu'elles tombent toutes à la fois. Le tronc de cet arbrisseau ne s'élève pas; ses rameaux sont courts & non sarmenteux. Il fleurit pendant l'automne & même dans la serre, si on a soin de lui donner de l'air. On le greffe en fente sur le jasmin commun. Un auteur dit que ce jasmin greffé est moins délicat que celui qu'on élève de graines: sans doute des graines apportées du Malabar, d'où il est originaire; car il est on ne peut plus rare de le voir grainer, même dans nos provinces méridionales. Les habitans de Nice & des bords de la rivière de Gènes, font un commerce de ces arbustes; ils nous les apportent tous greffés: la tige & le tronc sont couverts de mousse, qu'ils ont le soin de tenir fraîche. La première chose à examiner en les achetant, est de voir si la greffe est verte;

si elle est brune ou flétrie, il ne faut pas acheter le pied.

Dans les provinces du midi & du centre du royaume, on les plante dans des vases avec une terre bien substantielle, telle que la terre franche mêlée avec moitié de terreau, & on recouvre le dessus du vase avec du fumier bien consommé. Le grand point est de faire en sorte que les racines soient bien étendues & touchent de tous leurs points les molécules de la terre. On donne une petite mouillure, afin de faire tasser la terre; enfin l'arbre est planté, de manière qu'après le tassement de la terre, le colet des racines reste au niveau de la surface du vase. La partie devenue vuide, est remplie de nouvelle terre. Si le colet des racines est enterré, il en sort des branches qui sont sauvageonnées, & qui absorbent la sève, au grand détriment de la greffe. Le jasmin planté, si c'est dans l'hiver, on place le vase dans un lieu à l'abri des gelées, qui ait beaucoup d'air & ne soit pas humide. Si le soleil y donne, un peu de mousse tout autour du pied empêchera que ses rayons ne le desséchent: la greffe ne doit point être recouverte.

Dans les provinces du nord, on fera très-bien d'enterrer les vases dans une couche vitrée, & de l'ouvrir autant de fois & pendant aussi long-temps que la saison le permettra. La couche les rend délicats, sensibles au froid, & on ne les en retire que lorsque la saison est assurée, & qu'ils sont en pleine végétation; l'hiver suivant on les reporte dans l'orangerie.

Ce jasmin est en culture réglée, c'est-à-dire cultivé en pleine terre à Grasse, Vence, Antibes, Nice & toute la rivière de Gènes; la fleur se vend aux parfumeurs. L'arbre commence deux mois plutôt à y fleurir que dans le nord; les gelées seules arrêtent sa fleuraison: si le froid devient apre (relativement à ces climats), on leur fait des espèces de cabannes; les cannes ou roseaux de jardins servent de charpente; pardessus on étend un lit de paille, maintenu supérieurement par d'autres cannes qu'on assujettit de distance en distance avec les inférieures, afin que les vents n'enlèvent pas la paille. Les côtés de ces espèces de tables sont, dans les cas urgens, garnis avec de la paille longue, que l'on enlève dès que le danger cesse, parce que cet arbre craint singulièrement l'humidité. Le fumier n'est pas épargné sur la surface de la terre, & il est enfoui au premier labour après l'hiver: la culture du jasmin en exige beaucoup.

Dans les provinces du nord, on ne peut le cultiver en pleine terre, que derrière de bons abris, & encore faut-il multiplier les paillassons qui les garantissent rarement des grands froids, & les font sur-tout pourir par l'humidité qui se concentre endessous. Je conviens que ceux qui passent ainsi l'hiver, donnent plus de fleur en automne: mais cet excédent peut-il être mis en comparaison avec le danger que l'arbre court? Il vaut beaucoup mieux le conserver dans des pots, & les enterrer contre des murs pendant la belle saison, & les renfermer à l'approche des grandes gelées. Les jardiniers fleuristes des environs de Paris ont des fleurs pendant presque tout l'hiver, par le secours des couches vitrées.

Dans

Dans les provinces du midi, chaque année ou tous les deux ans & à la fin de l'hiver, on coupe raz la tête de l'arbre contre les bourgeons, & il en repousse de nouveaux qui ont souvent jusqu'à sept ou huit pieds de longueur. Comme les poussées dans le nord sont beaucoup plus courtes, il n'est pas nécessaire de les raccourcir aussi souvent. Dans le midi les bourgeons se divisent dès la première année en petites branches à fleurs, & c'est de leur multiplicité que dépend l'abondance de de leurs récoltes. Les bourgeons de la première année qu'on laisse subsister pendant la seconde, multiplient ces branches sécondaires; les fleurs sont nombreuses & moins belles : il vaut beaucoup mieux raser chaque année; sans cette précaution, la confusion règne dans les bourgeons; ils occupent un grand espace, & se nuisent entr'eux.

Jasmin des Açores. *Jasminum Azoricum. Lin.* & *Tourn.* Ainsi nommé, parce qu'il nous a été apporté de ces isles. Ses tiges sont grêles, longues, blanches, susceptibles de s'élever très-haut, si on leur donne des appuis : elles sont garnies de feuilles opposées, trois à trois, grandes, rondes, veinées, du même verd de chaque côté, & conservent leur couleur pendant toute l'année. Les fleurs sont grandes, blanches, renfermées dans des calices profondément découpés : elles paroissent dès que la chaleur commence à être un peu forte, & se succèdent jusqu'aux froids. Ce joli arbrisseau se cultive comme le jasmain d'Espagne; il est moins délicat que lui, & par conséquent passe plus facilement l'hiver en pleine terre.



Le parfum de ses fleurs est de beaucoup supérieur à celui des deux jasmins ci-dessus. On le multiplie par la greffe sur le jasmin ordinaire & par boutures.

Jasmin a fleurs jaunes. *Jasminum fruticans.* Lin. *Jasminum luteum, vulgò dictum bacciferum.* Tour. Arbrisseau très-commun en Provence, en Languedoc & dans les pays chauds. Ses feuilles sont alternativement placées trois à trois, & simples, portées sur des tiges anguleuses & rameuses; à la base du pétiole qui porte les feuilles, s'élèvent deux éminences linéaires qui s'étendent sur les tiges. Ses fleurs sont jaunes, & des baies noires dans leur maturité leur succèdent. La fleur a peu d'odeur. Il n'exige aucune culture particulière. Il fleurit deux fois, sur l'arrière-printemps & en automne. On le multiplie par boutures & par drageons.

Jasmain nain. *Jasminum humile.* Lin. *Humile luteum.* Tourn. Il habite les mêmes provinces que le précédent. Ses tiges ne s'élèvent guère plus de 12 à 15 pouces; elles sont flexibles, un peu anguleuses; ses feuilles sont placées alternativement, quelquefois trois à trois, quelquefois aîlées. Une petite baie rouge dans sa maturité, succède à une petite fleur jaune.

Jasmin très-odorant a fleurs jaunes. *Jasminum odoratissimum.* Lin. La tige s'élève à la hauteur de plusieurs pieds, ferme & droite, à rameaux cylindriques. Les feuilles varient; elles sont trois à trois ou aîlées; l'aîle est composée par sept folioles lisses, ovales & pointues. La fleur est petite & répand une odeur délicieuse : il est originaire des Indes, & fleurit pendant tout l'été & jusqu'aux froids.

L'orangerie lui suffit pendant l'hiver dans les provinces méridionales ; il demande plus de soins dans celles du nord.

On pourroit réunir à la famille des jasmins le SAMBAC, & particulièrement celui qu'on appelle JASMIN D'ARABIE. *Nictantes Sambac.* LIN. *Syringa Arabica foliis mali aurantii.* BAUH. PIN. Joli arbrisseau toujours verd, à tiges flexibles, à feuilles opposées, simples, très-entières, les inférieures en forme de cœur & obtuses; les supérieures ovales aigues; les fleurs naissent au sommet des rameaux, & sont très-odorantes.

La greffe sur le jasmin commun est une manière sûre de les multiplier. Les marcotes faites comme celles des œillets, réussissent toujours pour peu qu'on en ait soin.

JASMINOIDES. Quoique ce genre soit assez nombreux, je ne parlerai que de deux de ses espèces ; la première très-utile pour les haies, & la seconde pour couvrir les murs de verdure : ces deux qualités méritent qu'on en prenne soin dans les provinces du midi. Von-Linné les désigne sous la dénomination de *lycium*, & les classe dans la Pentandrie Monogynie. Tournefort les nomme *rhamnus*, & les place dans la même classe que les jasmins.

JASMINOIDE D'EUROPE. *Lycium Europæum* LIN. *Rhamnus spinis oblongis flore candicante.* BAUH. PIN.

*Fleur* ; calice d'une seule piece ; dans lequel s'implante le tube de la fleur en forme de cloche découpée en cinq parties égales à son sommet ; on voit au milieu cinq étamines & un pistil. La fleur est d'un blanc légèrement violet, plus foncé dans le centre, & représentant une espèce d'étoile.

*Fruit* ; baie charnue, de couleur jaune, renfermant des semences en forme de rein.

*Feuilles* ; adhérentes aux tiges, simples très-entières, assez épaisses & roides en forme de coin; celles des tiges plus grandes que celles des rameaux ; celles des rameaux inégales, grouppées au nombre de deux à quatre.

*Port* ; arbrisseau très-rameux, armé de longues épines à la base de chaque rameaux ; il peut s'élever à la hauteur de dix pieds. Des aisselles des feuilles sortent les fleurs, ordinairement seules, quelquefois deux à deux ; il fleurit au printemps & en automne.

*Lieu* ; l'Espagne, l'Italie, nos provinces méridionales.

Cet arbrisseau n'exige aucune culture; il est précieux pour les provinces où l'aubépin, le prunelier réussissent peu. On feroit avec ce jasminoide des haies impénétrables, si on prenoit la peine de les tondre ou de les tailler. Ses épines longues & roides servent à faire sécher les figues au soleil ; ses feuilles se développent dès qu'il ne gèle plus, se sèchent & tombent pendant les sécheresses de l'été : il en repousse de nouvelles en automne. Cet arbre mérite peu d'être cultivé dans nos provinces du nord, il y périroit par le froid.

Jasminoide de Barbarie ou de Chine. *Lycium Barbarum.* Lin. Il différe du précédent par ses fleurs plus grandes, purpurines; par ses étamines très-saillantes; par ses feuilles, plus grandes, ovales, oblongues; celles des rameaux ont à leur base deux petites folioles : ses tiges sont très-flexibles, surchargées de petits rameaux d'un joli effet pendant la fleur, à laquelle succède une baie d'un rouge oranger & éclatant.

On doit soutenir & treillager les tiges & les rameaux qui font chaque année des pousses vigoureuses & quelquefois surprenantes par leur longueur; sans cette précaution elles rampent sur terre, & présentent un grouppe informe. Cet arbuste résiste aux grands froids, & il n'exige absolument aucune culture; cependant si on le travaille au pied, s'il est fumé & arrosé dans le besoin, on est sûr de lui faire tapisser & couvrir, en moins de trois ans, un mur de huit à dix pieds d'élévation. Dans les provinces du midi, les charmilles, les faux, ou fayards, ou hêtres, réussissent très-mal; on peut les suppléer par ce jasminoide, & jouir bien promptement. Comme le roseau des jardins est très-commun dans ces provinces, on s'en sert pour faire les treillages contre les murs. Des cloux & du fil de fer suffisent pour fixer les tiges. Lorsque les feuilles sont tombées, c'est le moment de tondre la palissade; on la tond une seconde fois au printemps, après la chute des feuilles. Des rameaux surviennent, s'élancent, retombent de toutes parts, & fleurissent de nouveau en août, septembre & octobre; comme les fleurs sont multipliées à l'infini, elles deviennent une ressource précieuse pour les abeilles qui accourent de toute part. De semblables palissades font grand plaisir dans un pays où la verdure en masse est si rare.

On multiplie cet arbrisseau par couchées, par boutures simples, ou avec les drageons qu'il pousse de toute part.

JAVART, Médecine vétérinaire. Le javart en général n'est autre chose qu'un petit bourbillon, ou une portion de peau qui tombe en gangrêne, & qui se détache en produisant une légère sérosité.

Dans le cheval, on a donné au javart différens noms, relativement à sa situation; on l'a appellé javart tendineux, lorsqu'il étoit situé sur le tendon; javart encorné, quand il occupoit la couronne près du sabot; mais cette dénomination n'étant pas suffisante, nous le distinguerons, d'après M. Lafosse, à raison des parties qu'il attaque, en javart simple, en javart nerveux, en javart encorné proprement dit, & en javart encorné improprement dit.

Les principes qui donnent naissance à ces différentes espèces de javart, sont les contusions, les meurtrissures, les atteintes négligées, l'âcreté des boues, la crasse accumulée, l'épaississement & l'acrimonie de l'insensible transpiration & d'autres humeurs, &c.

Le javart auquel le bœuf & le mouton se trouvent quelquefois exposés, s'appelle fourchet : nous n'en parlerons seulement qu'après avoir donné la description des signes & du traitement de chaque espèce de javart en particulier que l'on observe dans le cheval.

*Du javart simple.* Celui-ci n'est accompagné d'aucun danger, il attaque seulement la peau & une partie du tissu cellulaire du paturon, plus communément aux pieds de derrière qu'à ceux du devant. Cette espèce de javart est quelquefois si peu apparente, qu'on ne s'en apperçoit que parce que le cheval boite, & qu'en touchant le paturon, on sent une tumeur plus ou moins dure & douloureuse, d'où suinte une matière d'une odeur fœtide.

Faire détacher le bourbillon, faciliter la suppuration, voilà les indications curatives que cette espèce de javart offre à l'article VÉTÉRINAIRE.

Après avoir donc reconnu que les tégumens du paturon sont les seules parties affectées, coupez-en les poils, & appliquez sur la tumeur un cataplasme de mie de pain & de lait. Le cataplasme fait avec le levain, les gousses d'ail & le vinaigre, recommandé par M. de Soleysel, m'a réussi plusieurs fois; continuez-le jusqu'à ce que l'abcès s'ouvre, & que le bourbillon soit sorti, ensuite pansez la plaie avec l'onguent basilicum, & terminez la cure en employant l'onguent égyptiac. On doit bien comprendre que si l'ouverture de l'abcès est trop petite, qu'il est important de la dilater avec le bistouri, dans la vue de faire pénétrer mieux les remédes dans le fond de l'ulcère, de faire sortir le bourbillon avec plus de facilité, & d'opérer une plus prompte cicatrisation.

*Du javart nerveux.* On donne ce nom à celui qui attaque la gaine du tendon. Cette espèce de javart fixe ordinairement son siège dans le paturon, & reconnoît pour cause la matière du javart simple, qui a fusé ou pénétré jusqu'à la gaine du tendon. Il est aisé de s'en appercevoir, lorsqu'après la sortie du bourbillon il suinte de la plaie une sérosité sanieuse, tandis qu'il reste encore une petite ouverture & un fond qu'on découvre par le moyen de la sonde.

Avez-vous reconnu ce fond? avez-vous découvert la route que tiennent les matières purulentes? introduisez-y une sonde cannelée, sur laquelle vous ferez glisser le bistouri, faites une incision longitudinale, que vous prolongerez jusqu'au foyer du mal, en prenant garde de ne pas intéresser les parties tendineuses : mettez ensuite dans la cavité de l'ulcère des plumaceaux mollets, chargés de digestif simple, à moins que le tendon ne soit lésé; s'il est affecté, substituez des petits plumaceaux, imbibés d'onguent digestif, animé avec l'eau-de-vie ou la teinture d'aloës, pour accélérer la chute de la partie lésée; pansez ensuite le reste de l'ulcère avec le simple digestif, & terminez la cure par l'application des plumaceaux secs.

La fistule se trouve quelquefois en-dedans du paturon & vers la fourchette; dans ce cas, faites une incision en tirant vers le milieu de la fourchette : c'est le vrai moyen de ne pas toucher au cartilage latéral de l'os du pied, dont la carie constitue le javart encorné improprement dit.

*Du javart encorné proprement dit.* On l'appelle ainsi, parce qu'il établit toujours son siège sur la couronne, ou au commencement du sabot.

Une atteinte négligée, un coup que le cheval se sera donné ou qu'il aura reçu dans cette partie, en sont les principes ordinaires.

La contuſion eſt-elle récente? appliquez-y un léger réſolutif, tel que la térébenthine de Veniſe. La ſuppuration eſt-elle établie? favoriſez-la par l'application de l'onguent baſilicum. Appercevez-vous un bourbillon? faites-le ſuppurer, afin de le faire détacher plus promptement. Mais la contuſion paroît-elle ſur la pointe du talon? le bourbillon tarde-t-il à ſe détacher? après quatre ou cinq jours de panſement, faites un peu marcher l'animal; il eſt prouvé par l'expérience de M. Lafoſſe & par la nôtre, que le mouvement facilite & favoriſe la ſortie de la matière dont le ſéjour pourroit léſer les parties voiſines; le bourbillon étant ſorti, panſez la plaie comme un ulcère ſimple, juſqu'à parfaite guériſon.

Il arrive quelquefois qu'après la ſortie du bourbillon, la plaie fournit une matière liquide; & qu'on y découvre un fond au moyen de la ſonde; c'eſt une preuve que la matiére a attaqué le cartilage placé ſur la partie latérale & ſupérieure de l'os du pied, d'où réſulte le javart encorné improprement dit, dont nous allons parler.

*Du javart encorné improprement dit.* Celui-ci eſt une carie du cartilage dont nous avons déjà décrit la ſituation, avec un ſuintement ſanieux, & un engorgement dans la partie poſtérieure du pied, à l'endroit même du cartilage; ce n'eſt donc plus un javart, puiſque c'eſt une maladie particulière du cartilage: mais pour nous conformer à l'uſage reçu, nous avons cru devoir lui laiſſer ce nom, en y ajoutant les deux mots, improprement dit, pour le faire diſtinguer du véritable javart encorné, dont le ſiège eſt fixé à la couronne, proche le ſabot.

Ce mal reconnoît pour cauſes l'humeur du javart encorné, la matière d'une bleime, d'une ſeime, d'une atteinte, &c., dont l'humeur aura fuſé juſqu'au cartilage, & qui l'aura carié. (*Voyez* CARIE.)

On eſt aſſuré de la carie du cartilage par le ſuintement continuel que l'on obſerve à cet endroit, par l'enflure du pied, & par le fond qu'on y ſent avec la ſonde.

Cette eſpèce de javart eſt un mal fort grave & très-difficile à guérir; on peut ajouter même qu'il eſt incurable, ſi l'on ignore la ſtructure du pied. Pour le guérir, coupez entièrement tout le cartilage; l'expérience prouvant que, lorſqu'il eſt carié ſeulement dans un de ſes points, il eſt peu-à-peu gagné par la carie dans toute ſon étendue; cette opération demande donc un artiſte habile & éclairé. Un maréchal de village, ordinairement dépourvu de notions claires & diſtinctes ſur la ſtructure du pied, ſans force, ſans adreſſe, auroit donc tort de l'entreprendre. L'extirpation faite, mettez ſur la plaie des petits plumaceaux imbibés dans la teinture de térébenthine, que vous contiendrez avec de larges plumaceaux & une bande qui les comprimera doucement contre le fond de la playe? Y a-t-il hémorragie, appliquez ſur l'ouverture de l'artère, de l'amadou ou de la poudre de lycoperdon, dont nous avons déjà parlé à l'article HÉMORRHAGIE. (*Voyez* ce mot) ou bien faites compreſſion, &c.

Au bout de quatre ou cinq jours, levez l'appareil; en attendant plus tard, on s'expoſe à faire naître des ulcères ſinueux, qu'il eſt eſſentiel de dilater, pour donner iſſue à la matière. A chaque panſement, ne faites pas lever trop haut le pied de l'animal, crainte de l'hémorrhagie; évitez de le faire marcher; n'appliquez les premiers jours, après avoir levé le premier appareil, que des plumaceaux imbus de teinture d'aloës ou de térébenthine, ensuite du digestif animé avec plus ou moins d'eau-de-vie; dilatez tous les sinus qui pourront se former pendant le traitement, tenez la sole de corne toujours humectée avec l'onguent de pied, nourrissez l'animal avec peu de foin, beaucoup de paille & de son mouillé, faites-lui boire souvent de l'eau blanchie, & donnez-lui de temps-en-temps quelques lavemens émolliens.

*Du fourchet.* Nous avons dit, au commencement de cet article, que le bœuf & le mouton étoient quelquefois sujets à une espèce de javart, appellé fourchet.

Le pied de ces deux animaux, dont la construction est si différente de celle du cheval, n'est affecté que du fourchet simple & du fourchet encorné.

Le fourchet simple n'est accompagné d'aucun danger; mais le fourchet encorné, que l'on observe entre la dernière phalange du pied & la corne, mérite un traitement particulier. Dilatez l'abcès formé par le pus, jusqu'au commencement de la corne. L'ulcère ne pénétre-t-il que dans la partie postérieure du pied, sans gagner la corne & l'os du pied de l'un ou l'autre ongle? la seule dilatation de l'ulcère, avec l'application de la teinture d'aloës & le digestif simple, suffisent pour conduire l'ulcère à parfaite guérison. Mais il n'en est pas de même lorsque l'ulcère a fait des progrès entre l'os du pied & la corne; craignez alors la chute de la corne; évitez-la en faisant une controuverture, ou bien en ouvrant la corne avec la cornière du boutoir dans toute la longueur de l'abcès; ensuite appliquez sur toute la plaie des plumaceaux imbus de teinture de térébenthine que vous renouvellerez toutes les vingt-quatre heures; réprimez les chairs fongueuses, molles & baveuses par l'usage de l'onguent égyptiac; les chairs étant d'un bon caractère, maintenez-les dans leurs justes bornes par des plumaceaux soutenus par un bandage convenable. M. T.

JAVELLE. JAVELLER. C'est mettre les bleds en poignées, & les laisser couchés sur les sillons, afin que les grains sèchent & jaunissent. Trois ou quatre javelles forment la gerbe. On dit que l'*avoine a été javellée*, lorsqu'elle est devenue noire par l'effet de la pluie.

JAUGE. JAUJAGE. JAUGEUR. La *jauge* est une verge de bois ou de fer, divisée en travers par pieds, pouces & lignes, avec laquelle on prend la longueur & la largeur de la futaille. *Jaugeage* est l'action de jauger les tonneaux, les futailles, & l'art de connoître combien ils contiennent de fluides, &c. *Jaugeur* est l'officier dont l'emploi est de jauger.

Développer ici l'art de jauger seroit trop long, il faudroit encore rapporter la méthode employée dans chaque province, ce qui excéderoit les bornes prescrites à cet ouvrage, & m'écarteroit de mon but. Dailleurs, dans toutes les villes, dans tous les villages, il y a des tonneliers qui sont jaugeurs au beſoin. Si on déſire de plus grands renſeignemens à ce ſujet, on peut conſulter le Dictionnaire économique de *Chomel* au mot Jauge, les Mémoires de l'Académie des Sciences, année 1726, pag. 74... 1741, pag. 100... 1741, pag. 385.

JAUNISSE. C'eſt un épanchement de bile ſur toute l'habitude du corps, qui change en jaune ſa couleur naturelle.

Cette maladie ſe reconnoît d'abord au blanc des yeux, qui ſe teint inſenſiblement en jaune; cette couleur ſe répand bientôt ſur toute l'habitude du corps. Les urines que les malades rendent ſont très-jaunes, & impriment au linge une couleur ſaffranée; les excrémens ſont au contraire pâles; le pouls eſt foible, lent & quelquefois fébrile; la peau eſt sèche & âpre au toucher; les malades éprouvent une démangeaiſon aſſez vive, qui reſſemble parfaitement bien à celle des piqûres d'épingles ſur le corps; ils ont la bouche amère ainſi que la ſalive; les alimens qu'ils prennent acquièrent de l'amertume dans la maſtication; quelquefois ce goût eſt ſi piquant, qu'il leur ſemble avaler de l'abſynthe, ou le fiel le plus amer; les objets qu'ils regardent leurs paroiſſent jaunes. À tous ces ſymptômes ſe joignent le dégoût, des rapports, une ſombre triſteſſe qui participe de la mélancolie, une douleur mordicante au creux de l'eſtomac, une difficulté de reſpirer, une tenſion aux hypocondres, une preſſion & une péſanteur à la région du foie.

Elle dégénére quelquefois en ictère noir, ſi la bile qui en eſt la principale cauſe, contracte une eſpèce de putridité acide. Les mêmes ſymptômes le caractériſent; la ſeule différence eſt dans la couleur du malade, qui tire ſur le bleu, le verdâtre, le livide, l'obſcur ou le plombé; la conjonctive des yeux eſt d'un jaune plus foncé; & les urines ont la couleur de caffé brûlé.

La jauniſſe reconnoît une infinité de cauſes; elle dépend le plus ſouvent de l'obſtruction du foie, d'un engorgement de la bile dans ſes propres couloirs. Les ouvertures des cadavres des perſonnes mortes de cette maladie ont toujours démontré des vices dans le foie.

Elle eſt quelquefois produite par des pierres trouvées dans la propre ſubſtance de ce viſcère; elle vient auſſi ſouvent à la ſuite des fatigues exceſſives, d'un travail forcé, d'une longue expoſition aux ardeurs du ſoleil.

Une vie trop molle & oiſive, les paſſions vives, un régime de vie trop échauffant, l'uſage des liqueurs & des vins qui n'ont point fermenté, les alimens de haut goût, l'inflammation du foie, une mélancolie très-longue, un amour malheureux, des déſirs effrénés & rendus vains, ſont autant de cauſes éloignées qui peuvent déterminer la jauniſſe.

Elle paroît quelquefois à la ſuite de quelque maladie aigue, & des fièvres intermittentes trop tôt arrêtées, & conſéquemment mal guéries, ſur-tout lorſqu'on s'eſt hâté de donner du quinquina & des aſtringents. Elle eſt alors très-opiniâtre, & céde difficilement aux remèdes qu'on lui oppoſe. Il n'eſt pas rare de la voir dégénérer en hydropiſie.

La ſuppreſſion des règles, des hémorrhoïdes, d'un cautère; la répercussion des erruptions cutanées, comme les dartres, la gale, peuvent encore lui donner naissance.

La jaunisse, qui paroît avant le septième jour d'une maladie aigue, est toujours symptomatique; celle qui vient beaucoup plus tard, & qui termine la maladie est toujours critique.

La dureté de l'hypocondre droit est toujours d'un mauvais augure dans la jaunisse; la démangeaison qui survient à la peau est un bon signe, & annonce toujours la guérison prochaine du malade, sur-tout si les urines sont chargées, épaisses, & déposent un sédiment. La jaunisse ne doit pas être regardée comme une maladie dangereuse; il est rare, lorsqu'elle est simple, d'y voir succomber les malades : lorsqu'il y a du danger, il est toujours produit par des causes accidentelles & particulières qui ont déterminé la jaunisse.

Résoudre les obstructions du foie, évacuer la bile surabondante, & fortifier la constitution énervée par le vice de la bile, sont les seules indications curatives que l'on doit se proposer dans cette maladie.

On parviendra à fondre & à résoudre les embarras du foie, en donnant des apéritifs & des résolutifs propres à l'organe affecté ; mais il faut plutôt faire précéder les émolliens & les bains. Ce n'est que dans la détente qu'on donnera les fondans. Le savon est un remède très-efficace; la gomme ammoniac, dissoute dans l'oximel, a très-bien réussi; mais je ne connois pas de meilleur remède, dont les effets soient plus salutaires & plus prompts, que le suc des plantes chicoracées, de pissenlit, & autres plantes lactescentes qui sont de vrais savons naturels. Quand leur action est trop lente, on y combine le sel de glauber à la dose d'une drachme pour chaque verre, & de dix grains de terre foliée de tartre. L'infusion des feuilles de chélidoine dans du vin blanc sec, le petit-lait, bien clarifié & mêlé au suc de quelque cloporte, méritent les plus grands éloges. Les eaux minérales, gaseuses, aiguisées avec le sel de glauber, sont souveraines dans leur effet contre l'ictère chaud; mais on ne doit pas trop se presser de faire usage des apéritifs & des fondans, en causant une fonte trop précipitée des humeurs, ils peuvent occasionner les accidens les plus graves.

L'émétique doit être donné de très-bonne heure, pour enlever les matières muqueuses & glutineuses qui obstruent les conduits biliaires. On doit même le répéter, s'il a déjà produit de bons effets.

On doit s'en abstenir lorsqu'il y a constriction spasmodique & éréthisme dans les canaux biliaires, quoiqu'il semble indiqué par les nausées & le désir des malades; il porteroit à l'excès la crispation & l'inflammation.

Il est encore contr'indiqué par la présence des pierres dans la vésicule du fiel, parce qu'il pourroit les faire passer dans le conduit choledocque, par les diverses secousses qu'il procure.

Les purgatifs ne doivent jamais être donnés dans le principe, ils seroient dangereux, & augmenteroient l'inflammation; il faut attendre que la bile ait acquis une certaine fluidité; ils doivent être pris dans la classe des minoratifs. On pourra purger les malades avec le tamarin, le sel policreste de Glaser, la crême de tartre & la rhubarbe; celle-ci pourroit être nuisible, si elle étoit donnée seule; mais, en la combinant avec le nitre & le sel de Glauber, elle ne peut qu'être très-utile, en favorisant une plus grande évacuation de bile.

On appliquera sur la région du foie, des emplâtres résolutifs, tels que celui de savon camphré & celui de ciguë; on y fera quelques frictions sèches, ou bien avec l'huile de rhue ou de camomille.

Il est encore très-avantageux de faire brosser la peau des malades, afin de déterminer une transpiration plus abondante. Les martiaux, le quinquina, l'extrait de gentiane, propres à fortifier la constitution énervée, sont aussi dangereux quand ils sont donnés trop tôt, sur-tout quand il y a surabondance de bile. La petite centaurée produit de bons effets dans l'ictère, lorsque l'obstruction commence à se résoudre. M. Ami.

Jaunisse. *Médecine vétérinaire.* Si, dans un animal quelconque, la langue, les lèvres, l'intérieur des naseaux, & principalement la conjonctive présentent une couleur jaune, si les urines déposent un sédiment jaunâtre, les fonctions des organes de la digestion sont dérangées, en un mot, si l'animal rend ordinairement par l'anus des excrémens jaunes & fluides, quelquefois durs & secs, nous disons qu'il est atteint de l'ictère ou de la jaunisse.

Cette maladie arrive toutes les fois que la bile, préparée dans le foie, & reçue par les conduits bilifères, au lieu de passer continuellement de ce viscère dans les petits intestins, est obligée de rentrer dans le torrent de la circulation, & de passer en partie par les vaisseaux exhalans qui se terminent à la surface extérieure des tégumens, & en partie par les autres conduits excrétoires.

Nous distinguons trois espèces de jaunisse; nous allons les décrire.

*Première espèce.* Jaunisse avec chaleur.

Elle se manifeste par les signes suivans. L'animal est pesant, triste, accablé; la chaleur de la superficie du corps est considérable, les veines qu'on apperçoit sur les tégumens, & principalement sur la cornée opaque, sont gonflées, la langue est très-chaude, l'animal témoigne beaucoup de désir de boire frais dans les premiers jours de la maladie, ensuite la fièvre augmente, l'appétit diminue, la respiration est plus laborieuse, les oreilles deviennent froides, le poil se hérisse, la conjonctive, la commissure des lèvres prennent une couleur jaune, les urines se colorent & sont plus ou moins troubles, en tirant ordinairement sur le brun obscur, & les excrémens sont plus souvent durs, secs & noirs, que fluides & de couleur jaune.

Les principes les plus fréquens de la jaunisse avec chaleur, sont l'eau impure & marécageuse, la longue exposition aux ardeurs du soleil, le passage subit d'un air chaud dans une atmosphère froide, un bain pris lorsque l'animal est couvert de sueur, enfin l'usage immodéré des plantes âcres & trop nutritives, &c.

Le bœuf & le mouton sont plus sujets à cette espèce de jaunisse que le cheval & l'âne; le bouc & le cochon échappent rarement à cette maladie, s'ils sont foibles & âgés;

mais s'ils sont jeunes, & le mal récent, on peut compter sur une parfaite guérison par l'usage des remèdes que nous allons indiquer.

Dès l'apparition des premiers symptômes, tels que la perte d'appétit, la chaleur, la couleur jaune de la conjonctive, & la difficulté de respirer, saignez l'animal à la veine jugulaire; & réitérez la saignée selon la plénitude des vaisseaux, l'âge, l'espèce du sujet, & la constitution de l'air; donnez quelques lavemens composés de décoction d'orge & de sel de nitre; administrez des breuvages de petit lait, de l'infusion des feuilles d'aigremoine aiguisée avec du nitre ou du vinaigre; mettez l'animal dans une écurie sèche & bien aérée, & donnez-lui pour nourriture du son humecté avec de l'eau nitrée, quant au bœuf & au cheval, & de sel marin pour le mouton. Si, cinq à six jours après ce traitement, la couleur jaune de la conjonctive se soutient, si l'appétit ne revient pas, si les excrémens deviennent jaunes & fluides, si la chaleur des tégumens & celle de la langue disparoissent, administrez les remedes que nous allons prescrire dans la jaunisse de l'espèce suivante.

*Deuxième espèce.* Jaunisse froide.

Celle-ci s'annonce par la diminution des forces, la tristesse de l'animal, la perte de l'appétit, la couleur jaune des yeux, les vaisseaux de l'œil variqueux, la langue jaunâtre, la difficulté de respirer, la contraction plus ou moins forte des muscles du bas ventre, la froidure des tégumens, la petitesse des vaisseaux superficiels, la fluidité & la couleur jaune des matières fécales, la répugnance de la boisson, & les battemens de l'artère maxillaire plus petits que dans l'état naturel.

Le bœuf, & encore plus le mouton, sont plus exposés à cette espèce de jaunisse que les autres animaux.

Nous rangeons parmi les causes les plus connues de la jaunisse froide, le passage subit du chaud au froid, les bains, la pluie après une course violente, la suppression de la transpiration, ou une sueur tout-à-coup arrêtée, une diarrhée suspendue par l'usage des remèdes astringens, les eaux impures & stagnantes pour boisson, les pâturages marécageux, la boisson trop copieuse, sur-tout chez le mouton, le long séjour dans les écuries humides & mal disposées, & les concrétions pierreuses dans le foie.

Loin de prescrire ici la même méthode de la jaunisse avec chaleur, nous recommandons au contraire l'usage du suc exprimé des feuilles de chélidoine, incorporé avec parties égales de miel, le savon incorporé avec suffisante quantité d'extrait de genièvre, de ciguë, à la dose de demi-drachme pour le cheval, délayé dans une décoction de pariétaire, ou de garance, ou d'asperges, continués pendant neuf à dix jours, sans oublier les lavemens indiqués dans la jaunisse précédente.

*Troisième espèce.* Jaunisse par les vers.

Le foie du cheval, du bœuf, du mouton, contient des vers dont la figure & la grandeur varient selon l'espèce de l'individu. Leur multiplication est souvent si dangereuse, que la sécrétion de la bile se trouvant dérangée, son transport dans les vaisseaux bilifères est gêné, de-là le reflux de cette humeur dans le torrent de la circulation, & la jaunisse.

On doit bien comprendre que cette espèce de jaunisse n'étant qu'accidentelle, on ne peut parvenir à la faire cesser, & à rétablir l'animal, qu'en ôtant ou détruisant les vers par les remèdes appropriés. (*Voyez* l'article VERS, maladies vermineuses) où nous nous proposons de traiter au long des espèces des vers qui affectent les animaux, de ce qui les produit, de leurs désordres, des différentes maladies qu'ils occasionnent, & de la préparation de l'huile empyreumatique pour les détruire. M. T.

JAUNISSE. (*Maladies des plantes & des arbres*). Elle est quelquefois subite, & plus souvent elle se prépare de loin.

La jaunisse subite est plus fréquente dans le printemps, que dans le reste de l'année. Elle tient à un passage trop prompt du chaud au froid, & par conséquent à une suppression ou diminution de transpiration. La sève regorge dans toutes les parties supérieures de l'arbre, redescend avec peine & lenteur vers les racines, & reste confondue avec la matière excrétoire de cet engorgement & de ce mêlange; la sève se détériore; & si la chaleur ne rétablit promptement le cours de l'excrétion, en un mot, si la sève tarde à suivre sa route naturelle, le mal-être devient général dans toutes les parties de la plante. Le parenchyme des feuilles est vicié, & de vert qu'il étoit auparavant, il passe à la couleur jaune, plus ou moins claire, suivant le degré de son altération.

La greffe trop enterrée, & surtout dans les sols naturellement gras & humides, est une des causes de la jaunisse lente.

L'arbre surchargé de lichen & de mousse est sujet à cette maladie.

Si l'amandier, par exemple, a ses racines chargées de nodus, d'exostoses, la jaunisse fait de grands progrès & fait périr l'arbre, si avant l'hiver on n'a pas le soin de fouiller tout autour de ses racines, & de supprimer ces excroissances contre nature qui vicient la sève du moment qu'elle s'introduit dans la plante.

On voit souvent des arbres forts & vigoureux pendant plusieurs années depuis leurs plantations, commencer à jaunir. Si on fouille jusqu'à la plus grande profondeur des maîtresses racines, on trouvera ou que leurs extrémités plongent dans l'eau stagnante, ou qu'elles ne peuvent pénétrer un tuf par couche, ou enfin que les vers du *hanneton* (*Voyez* ce mot) se sont acharnés à ronger les maîtresses racines. Enfin si l'arbre est trop vieux & tend à sa fin, il n'est pas surprenant que ses feuilles jaunissent & tombent avant le temps.

Les arbres plantés dans des terreins arides, sablonneux, & qu'on ne peut arroser pendant les grandes chaleurs, jaunissent. Un mêlange d'argille bien sèche, divisée en poussière, mêlée avec ces sables, leur donnera du corps, parce qu'à la première pluie elle se mêlera avec eux, laissera moins évaporer l'humidité de la terre, & retiendra plus longtemps l'humidité occasionnée par les eaux pluviales. S'il n'est pas facile de se procurer de l'argille, on la suppléera par une couche entre deux terres, faite avec des feuilles d'arbres, & fur-tout avec la bâle des blés, orge, avoine &c. Si on eſt privé de ces ſecours, le dernier parti à prendre, eſt de couvrir le pied de l'arbre, à une circonférence de trois à quatre pieds, avec des cailloux, des pierres, qu'on enlèvera dès que les grandes chaleurs ne feront plus à redouter.

Si le fond du ſol eſt trop humide naturellement, c'eſt un grand malheur pour un jardin fruitier; le ſeul remède eſt d'ouvrir de grands foſſés d'écoulement dans la partie la plus baſſe du jardin, ou non loin des arbres & à une profondeur au-deſſous de leurs racines dont on remplira le fond avec des pierrailles & des cailloux.

Si l'arbre jaunit par vieilleſſe, il faut le ſuppléer par un autre, & ſi la terre eſt épuiſée, changer & tranſporter l'ancienne, enfin remplir le grand creu avec de la nouvelle. Les gazonnées produiſent de très-bons effets.

L'arbre dont on a étronçonné, mutilé les racines avant de le planter, eſt très-ſujet à la jauniſſe, parce qu'il ne peut plus produire que des racines latérales, peu profondes, & par conſéquent ſujettes à éprouver les effets de la ſéchereſſe. Les pommiers & poiriers greffés ſur coignaſſiers, ſont dans le même cas par la même raiſon.

Les jeunes arbres expoſés au gros midi contre un grand mur, éprouvent trop de chaleur dans leur tronc, & leurs feuilles jauniſſent. Une planche, une douve, dont on recouvrira le tronc, préviendra la maladie.

Lorſqu'on découvre les racines pour connoître la cauſe du mal, produit ſoit par les inſectes, ſoit par la moiſiſſure & noirceur des racines, &c. il faut commencer par viſiter celles d'un côté, & procéder ainſi de ſuite; mais à chaque fouille remettre de la terre neuve & bonne. Lorſque l'on trouve l'origine du mal, il faut tuer les vers avec la ſerpette, enlever les parties mâchées, & cerner juſqu'au vif; enfin ſupprimer juſqu'au vif les racines chancies, noires, &c. On doit bien ſe donner de garde de découvrir toutes les racines à la fois. Après ces opérations, on donne un *bouillon* à l'arbre (*Voyez* ce mot), afin de lui aider à réparer ſes forces.

JET. C'eſt la pouſſe perpendiculaire d'un arbre pendant une année.

JETER. C'eſt un mot ſynonyme de celui *eſſaimer*. (*Voyez* ce mot).

JEUNE. FAIRE JEUNER UN ARBRE. Expreſſion nouvelle, introduite dans la pratique du jardinage par M. l'abbé de Schabol. Voici comme il s'explique : « C'eſt une invention nouvelle pour empêcher qu'un arbre ne s'emporte tout d'un côté, tandis que l'autre côté ne profite point, & au contraire dépérit. On y remédie en ôtant toute la nourriture & la bonne terre au côté trop en embonpoint, mettant à la place de la terre maigre ou du ſable de ravine, pendant qu'on fume & qu'on engraiſſe bien le côté maigre : de plus, on courbe un peu fortement toutes les branches du côté trop gras, & on laiſſe en liberté entière le côté maigre. Voilà ce qu'on appelle faire jeûner les arbres, & leur faire pratiquer l'abſtinence & la diète; c'eſt ainſi que ſans tourmenter les arbres qui ne ſe mettent pas à fruit, ſans en couper les racines, & les mutiler en cent façons, suivant l'usage, on parvient à leur faire porter du fruit ».

JONQUILLE. Tournefort la place dans la première section de la neuvième classe des liliacées, d'une seule pièce; divisée en six parties, & dont le calice devient le fruit, & il l'appelle *narcissus junci folius luteus*. Von Linné la classe dans l'Hexandrie Monogynie, & la nomme *narcissus junquilla*.

*Fleur ;* plusieurs & rarement une seule, renfermées dans le spathe ou feuille membraneuse, qui sert de calice avant le développement ; la corolle est divisée en six parties insérées sur la base du tube du nectaire, qui est d'une seule pièce cylindrique; les étamines au nombre de six, dont ordinairement trois plus longues & trois plus courtes.

*Fruit ;* capsule longue, à trois côtés, à trois loges, à trois valvulves ; les semences nombreuses, presque rondes.

*Feuilles ;* simples, très-entières ; partant de la racine, elles sont en forme d'alène.

*Racine ;* oignon étroit, allongé, recouvert d'une pellicule brune.

*Port ;* du centre de l'oignon s'élève une hampe ou tige, au sommet de laquelle les fleurs sont portées; elles sont d'une couleur jaune, qui a fixé la dénomination de couleur jonquille.

*Lieu ;* originaire d'Espagne, de l'Orient : on la trouve encore dans le bas Languedoc.

*Culture ;* je ne connois que deux espèces jardinières, bien caractérisées; la jonquille à fleur simple & à fleur double; les unes & les autres à plus ou moins grandes fleurs. Quelques fleuristes mettent au nombre des jonquilles des individus qui appartiennent à l'espèce nommée *narcisse*.

La terre légère & substantielle convient à la jonquille; elle craint l'humidité comme presque toutes les plantes bulbeuses. L'oignon demande à être enterré peu profondément, parce qu'il s'enfonce beaucoup, & alors il ne fleurit pas. La profondeur de trois pouces est plus que suffisante, & on fera bien d'incliner l'oignon sur le côté, afin qu'il s'enfonce moins. Il est inutile & très-inutile d'arroser après la plantation, pourvu que la terre soit un peu humide. Dans tous les pays quelconques, l'époque à laquelle on doit planter est indiquée par l'oignon lui-même. On peut différer jusqu'à ce que son dard ou jet commence à paroître au sommet de l'oignon. Si on attend que ce jet ait une certaine longueur, l'oignon souffre. Il suffit de considérer le lieu natal, pour voir que cette plante ne craint pas la chaleur; cependant elle la craint dans nos provinces du nord, parce que sa première végétation est lente, retardée par la longueur des hivers, & la chaleur la surprend trop vîte. Dans les pays chauds elle végère pendant l'hiver, & fleurit lorsque la chaleur est au point qui lui convient. On ne fait point assez d'attention aux différentes manières d'être des climats, & à l'époque *naturelle* de fleuraison du pays natal.

Comme les feuilles de la jonquille ressemblent assez pour leur forme & en petit à celles des joncs; comme ces feuilles sont peu nombreuses, & occupent peu d'espace;

enfin, comme l'oignon a peu de largeur sur sa hauteur, on peut planter à trois pouces de distance. Dans les provinces du nord, il est prudent de couvrir la terre avec de la paille pendant les grandes gelées.

On lève de terre l'oignon tous les trois à quatre ans, & on en sépare les cayeux; ils doivent être conservés dans un lieu sec & bien aëré; placés dans un endroit humide, la moisissure s'en empare, & ils pourrissent. L'oignon ne doit être déplanté que lorsque les feuilles sont sechées.

La jonquille figure très-bien dans les vases, dans les caisses, & c'est sa véritable place; car en platte-bande, en carreaux, l'effet est trop nud à l'œil.

Des fleuristes prétendent que l'oignon & les cayeux doivent être remis en terre aussi-tôt que leur séparation est faite, ou ne pas attendre au-delà de huit jours. Je réponds d'après l'expérience que cette précaution est inutile, & qu'ils sont dans le cas d'attendre autant de temps que les hyacinthes, les tulipes, &c. pourvu qu'ils soient tenus dans un lieu bien sec.

Des jonquilles placées dans des vases peuvent fleurir deux fois. On les plante à la fin de l'été, & au commencement de l'hiver on les porte dans des serres chaudes. Aussitôt après leur fleuraison, ces mêmes pots sont mis en terre dans le jardin, & au temps ordinaire il paroît de nouvelles tiges, de nouvelles fleurs.

JOUBARBE. (*Voyez pl. III.*) Tournefort la place dans la sixième section de la sixième classe qui comprend les fleurs en rose, dont le pistil devient un fruit composé de plusieurs capsules, & il l'appelle *sedum majus vulgare*. Von Linné la nomme *semper vivum tectorum*, & la classe dans la Dodécandrie Dodécaginie.

*Fleur;* ordinairement composée de douze pétales B ovales, pointus, velus, portant chacun une étamine. Le pistil C est composé de douze à quinze ovaires; il repose sur le placenta qui est au centre du calice D, dont le nombre des divisions égale celui des pétales.

*Fruit;* le pistil ne change point de forme en mûrissant. Les ovaires se changent chacun en une capsule E à une seule loge remplie de semences F.

*Feuilles;* oblongues, charnues, succulentes, convexes en dehors, applaties en dedans, couvertes de poils sur leurs bords, implantées sur la racine, rassemblées par leur base en forme hémisphérique.

*Racine* A, petite, fibreuse.

*Port;* la tige s'élève du centre des feuilles, droite, rougeâtre, pleine de moëlle, revêtue de feuilles plus étroites que celles des racines. Les fleurs naissent au sommet disposées en bouquet. Les tiges sèchent dès que la semence est mûre.

*Lieu;* les vieux murs, les rochers. La plante est vivace, fleurit depuis juillet jusqu'à la fin de septembre, suivant les climats.

*Propriétés;* le suc des fleurs a une odeur légèrement nauséabonde, & une saveur un peu âcre. La plante est aqueuse, rafraîchissante & astringente.

*Usage;* le suc exprimé des feuilles récentes, se donne depuis une once jusqu'à quatre, seul ou mêlé avec

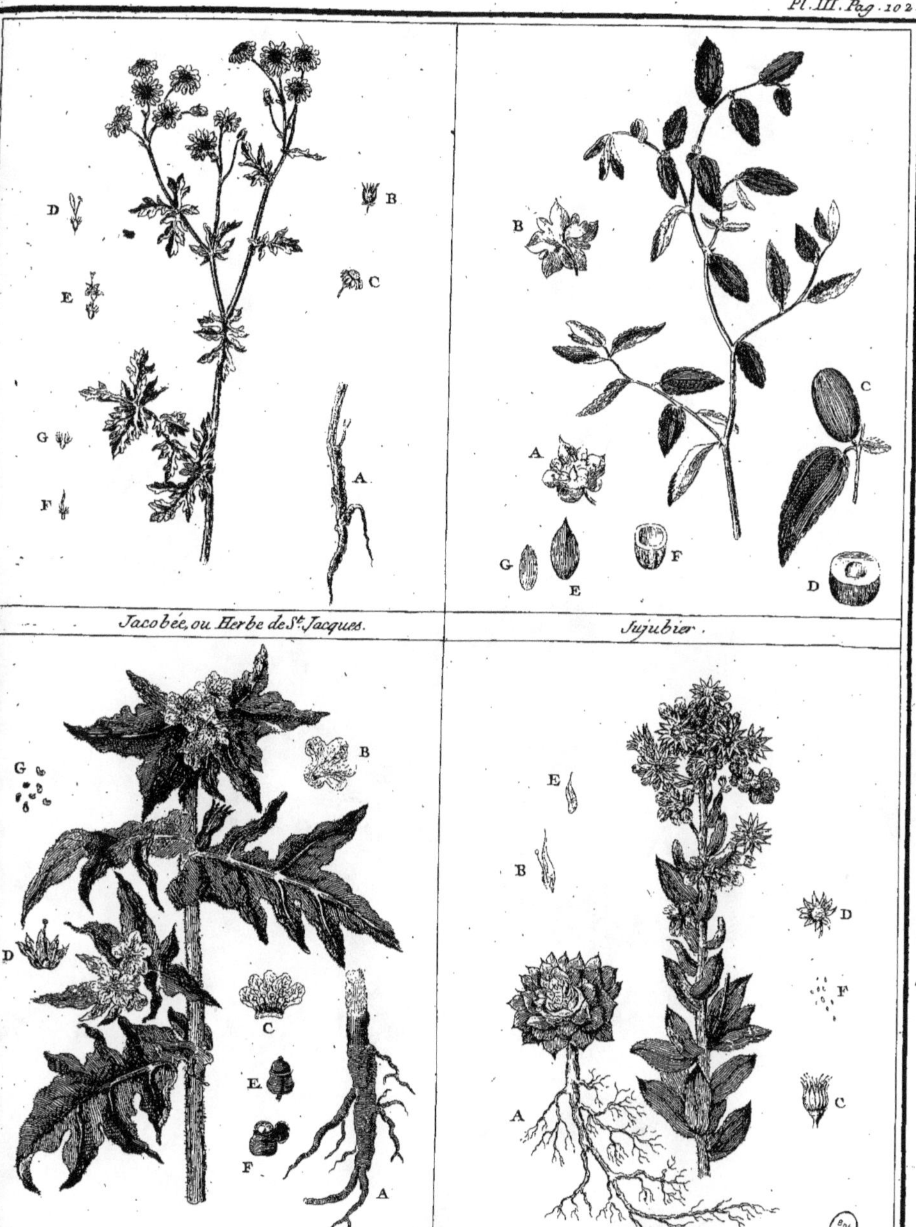


Jacobée, ou Herbe de St. Jacques.

Jujubier.

Jusquiame.

Joubarbe grande.

ier Sculp.

parties égales d'eau dans les fièvres intermittentes, qui n'ont point de froid marqué.

Les feuilles dépouillées de la peau, macérées dans l'eau, sont employées dans les fièvres ardentes, & les inflammations qui menacent de gangrenne. Pour les animaux, la dose de ce suc est de demi-livre.

JOUBARBE DES VIGNES. (*Voyez* ORPIN).

JOUG. Pièce de bois traversantpar dessus la tête des bœufs, avec laquelle ils sont attelés pour tirer ou pour labourer : on en trouve de tout faits dans les foires & chez les marchands. Il faut en essayer trente & quarante avant d'en trouver un exactement proportionné à la tête d'un bœuf. Ne vaudroit-il pas infiniment mieux faire venir chez soi les constructeurs? ils prendroient leurs mesures sur l'animal même, & dès-lors il ne seroit point gêné ou blessé. Au lieu d'un joug par paire, il faudroit en avoir au moins deux & même trois, afin qu'en cas de rupture, les bœufs ne restassent pas pendant plusieurs jours de suite dans l'écurie sans travailler. L'orme, le frène & le hêtre, *bien secs*, sont le meilleur bois pour en faire. Celui de hêtre prend mieux le poli, mais il est plus cassant que les deux premiers. On doit tenir dans un lieu sec & à l'ombre ceux que l'on garde en réserve; les étendre sur le plancher, & non pas les placer perpendiculairement, parce que le bois travaille & se déjette, si l'atmosphère est long-temps humide.

JOURNAL DE TERRE. Espace de terrein qu'on peut labourer dans un jour. Cette dénomination, ainsi que celle de *sétérée*, d'*ouvrée de vigne*, *&c.* ne présente aucune idée exacte, puisque telle paire de bœufs, de chevaux ou de mules peuvent labourer dans un jour un tiers plus de terrein que telle autre paire. Le grain de terre plus ou moins tenace, fait encore varier le travail, ainsi que la circonstance de la saison. Il arrive de là que les mesures, quoique sous la même dénomination, varient d'une province à une autre, & souvent de village à village dans la même province. Quand verrons-nous en France une seule loi, un seul poids & une seule mesure!

JUCHOIR A POULES. Endroit où les poules passent la nuit. C'est un assemblage de traverses qui se tiennent ensemble, mais assez éloignées pour que les poules d'un rang ne touchent pas celles du rang voisin. Il doit être placé dans un lieu sec, exposé au midi, & si on le peut, près de l'endroit où le four est placé. Si le lieu est humide & froid, les poules feront peu d'œufs pendant l'hiver, se mettront à couver très-tard; dès-lors on sera privé des premiers petits poulets qui se vendent toujours bien; les petits de l'arrière-saison réussissent mal, & passent difficilement l'hiver. La proximité du four répand une chaleur douce & soutenue, qui fait le plus grand bien aux petits & aux poules. Si l'endroit est trop chaud pendant l'été, il convient alors d'ouvrir une fenêtre au nord, & d'établir un courant d'air.

La personne chargée du soin des poules doit de temps en temps, & pendant la nuit, entrer dans le juchoir, faire sortir celles qui se couchent dans les panniers, & les forcer à retourner sur le juchoir : elles les remplissent d'ordures, & les poules abandonnent & vont pondre leurs œufs souvent dans des lieux écartés; alors ils sont presque toujours perdus pour le maître.

Le juchoir pour les dindes pendant l'été, est ordinairement une vieille roue de charrette, implantée sur un pied droit au milieu de la basse-cour.

JUGERÉE. Mesure de terre en usage chez les Romains; elle désignoit, comme le mot *journal*, l'étendue de terrein labourable dans un jour par une charrue.

JUJUBE. JUJUBIER. ( *Voyez pl. III, page* 102 ). Tournefort classe cet arbre dans la septième section de la vingt-unième classe des arbres à fleur en rose, dont le pistil devient un fruit à noyau, & il l'appelle *ziziphus.* Von Linné le nomme *rhamus ziziphus*, & le classe dans la Pentandrie Monogynie.

*Fleur;* en rose, composée de cinq pétales très-petits, attachés par leur base sur le bord du tube du calice, de manière qu'ils sont fort éloignés de l'ovaire, comme on le voit en A, où la fleur est représentée de face. Les étamines au nombre de cinq; le pistil au centre de la fleur; B représente le calice vu en-dessous.

*Fruit* C; baie ovale, verte avant sa maturité, d'un rouge orangé lorsqu'elle est mure. D la représente coupée transversalement, pour laisser voir l'espace qu'occupe le noyeau E, lequel est coupé en F, & renferme l'amende G.

*Feuilles;* aîlées, à queues courtes, portées sur une queue longue ou pétiole commun; elles sont ovales, oblongues, simples, à trois nervures principales, dentées en manières de scie, luisantes, unies, d'un verd clair.

*Port;* je ne sais pourquoi tous les écrivains le placent parmi les grands arbrisseaux; sans doute que dans nos provinces du nord il n'y excède pas la grandeur ordinaire. Il n'en est pas ainsi dans celles du midi, où l'on voit des troncs de douze à quinze pouces de diamètre, s'élever aussi haut que les plus grands poiriers, & se charger de branches aussi fortes. L'écorce de cet arbre est rude, gercée; les jeunes branches pliantes, garnies à leur insertion de deux aiguillons durs, piquans, presque égaux. Les fleurs très-petites, presque blanches, naissent des aisselles des feuilles, soutenues par de courts pédicules; les feuilles sont alternativement placées sur leur pétiole commun.

*Lieu;* nos provinces méridionales, où il fleurit en mai & en juin.

*Propriétés;* le fruit est nourrissant, doux, agréable, quoiqu'un peu fade. Il est expectorant, adoucissant, légèrement diurétique. Il est indiqué dans la toux essentielle, la toux catharale, l'asthme convulsif, dans les espèces de maladies où il faut aider & soutenir l'expectoration, & dans la colique néphrétique par des graviers.

*Usages;* le fruit desséché dans les tisanes & apozêmes pectoraux.

*Culture;* on le plante, dans les provinces du midi, avec les arbres fruitiers ordinaires. Il n'exige aucune culture particulière. Sa végétation

tion est lente; mais comme ses rameaux se garnissent d'un grand nombre de feuilles, on peut en couvrir des tonnelles, en s'y prenant de bonne heure: ils n'auront pas dans la suite besoin de soutien.

On ne s'amuse pas à le multiplier par les noyaux; cette voie est trop lente : il vaut mieux déraciner les jeunes pieds qui sortent de terre au-tour du tronc.

Si on est curieux de se procurer cet arbre dans le nord, où le fruit ne mûrira jamais bien, quelle que soit la chaleur de l'année, il est plus expéditif de tirer du midi de jeunes pieds bien enracinés, & de les planter dans des vases de grandeur convenable, qu'on renfermera dans l'orangerie pendant l'hiver. Si on veut le multiplier par semences, on prend des noyaux qu'on met dans des vases remplis de terre douce, & qu'on enfonce dans une couche. Si le noyeau a trempé dans l'eau pendant douze à vingt-quatre heures avant de le semer, il germera plus facilement. Chaque année on aclimate peu-à-peu l'arbre; enfin on le plante en pleine terre derrière un bon abri. Pendant les premières années, on aura soin de garnir tout le tour du tronc avec du fumier de litière, & d'envelopper le tronc & les branches avec de la paille, seulement pendant les fortes gelées.

En plantant près & en inclinant les jeunes branches, on feroit des *haies* impénétrables avec cet arbre. (*Voyez* le mot Haie).

JULEP. Potion médicinale, faite avec une eau distillée, ou avec de l'eau commune, ou avec une décoction légère de plantes & d'autres ingrédiens, unis à une certaine quantité de sirop quelconque; par exemple d'une once sur six onces d'eau. Je crois les juleps plus avantageux aux apothicaires qu'aux malades. Les juleps se conservent peu; on doit les faire au moment de les donner.

Julep cordial. Mêlez une once de sirop d'écorce de citron avec les eaux distillées de scorsonère, de chicorée sauvage, de chardon béni & de mélisse, de chacun une once. Ajoutez-y deux de canelle orgée. Les trois premières eaux n'ont pas plus d'efficacité que l'eau de rivière. Une infusion de canelle dans l'eau commune avec le sirop, produiroit le même effet, ainsi que de simples infusions de plantes aromatiques.

Julep rafraîchissant. Sans recourir aux mêlanges, un peu de vinaigre étendu dans l'eau commune, jusqu'à agréable acidité; la limonade, le suc de groseilles, d'épine vinette, avec un peu de sirop ou du sucre.

JULIENE *ou* Juliane des jardins. Tournefort la place dans la quatrième section de la cinquième classe des herbes à fleur en croix, dont le pistil devient une silique à deux loges séparées, & il l'appelle *hesperis hortensis*. Von Linné la nomme *hesperis matronalis*, & la classe dans la Tétradynamie siliqueuse.

*Fleur*; en croix, les pétales oblongs, terminés par des onglets de la longueur du calice, dont les folioles sont linéaires, excepté deux qui sont renflés; les étamines au nombre de six, dont quatre plus longues, & deux plus courtes.

*Fruit*; silique longue, canelée, séparée par une cloison membraneuse de la longueur des battans; les semences ovales, aplaties, rousses.

*Feuilles*; ovales, en forme de lance, à légères dentelures, avec de courts pétioles.

*Racine*; petite, en forme de navet, blanche.

*Port*; tiges de deux pieds de hauteur environ, rondes, velues, remplies de moëles, droites, simples, ou rameuses. Les rameaux naissent des aiselles des feuilles. Les fleurs naissent au sommet des tiges, & les feuilles sont alternativement placées sur les tiges.

*Lieu*; originaire d'Italie; cultivé dans nos jardins. La plante dure deux ans.

Cette plante varie dans nos jardins pour la couleur de sa fleur; sur des pieds elle est blanche, & violette sur d'autres. A force de soins, on est parvenu à la rendre double & très-double. Elle produit alors un très-bel effet dans les platte-bandes d'un jardin & dans des vases. Ces plantes n'exigent aucune culture particulière; elles aiment la terre-meuble & très-substancielle : on en sème la graine après l'hiver.

JUMART. On trouve dans Cardan plusieurs particularités sur cet animal, qui tiennent presque toutes de la fable. Nous nous bornerons seulement à dire que le jumart naît toujours d'un accouplement entre les races du bœuf & du cheval, c'est-à-dire, du taureau & de l'ânesse, ou bien de l'âne & de la vache; qu'il n'a ni corne, ni ongle fendu, ni quatre estomacs; que sa queue est plus grosse que celle de l'âne; & qu'on en exige le même travail.

Cet animal devant donc être regardé comme un véritable âne, consultez cet article, relativement aux usages auxquels il est destiné, à la manière de le nourrir, & à ses maladies. Il est extrêmement fort. (*Voy.* ANE). M. T.

M. de Buffon nie la possibilité de l'existence de cet animal, à cause de la trop grande ligne de démarcation qui sépare ses générateurs, & il regarde le jumart comme un être chimérique. On convient qu'il n'est pas commun, parce qu'on ne s'occupe point assez du soin de croiser les espèces. Cependant, malgré la décision du Pline françois, on peut & on doit être très-persuadé de l'existence des jumarts. Pendant très-long-temps il en a existé un à Lyon, qui traînoit la charrette dans toute la ville, &, si je ne me trompe, on en voit encore un à l'école vétérinaire d'Alfort.

Je sais & je conviens que l'autorité de M. de Buffon doit être d'un grand poids; mais ce célèbre naturaliste n'a pas été dans le cas de tout voir, de tout examiner par lui-même. Cependant, si on doute encore de l'existence des jumarts, on peut consulter les lettres de M. Bourgelat, insérées page 546 du tome troisième des *Considérations sur les corps organisés*, par le célèbre & exact observateur M. Charles Bonnet, de Genève. Dans la vallée de Barcelonnette, les jumarts ne sont pas rares, & on les y appelle *jumerre*. Tous ces animaux ne sont pas égaux; ils tiennent quelquefois plus du bœuf que de l'âne, & ainsi tour-à-tour. Cette diversité dans la conformation, a été l'origine de l'espèce de contradiction qu'on rencontre dans les descriptions de cet animal.

JUMENT. (*Voyez* CHEVAL.

JUSQUIAME *ou* HANEBANE POTELÉE. (*Voyez pl. III, page* 102). Tournefort la range dans la première section de la première classe des herbes à fleur en entonnoir, dont le pistil devient le fruit, & il l'appelle *hyosciamus vulgaris vel niger*. Von Linné la nomme *hyosciamus niger*, & la classe dans la Pentendrie Monogynie.

*Fleur;* d'une seule pièce en forme de tube B, évasé & divisé en cinq segmens obtus. Dans la figure C elle est représentée ouverte, & laisse voir les cinq étamines dont elle est pourvue. Le pistil est placé au fond du calice D à cinq segmens ovales & pointus.

*Fruit* E; il reste caché au fond du calice : c'est une capsule de la forme d'un petit vase couvert : elle est partagée en deux loges par une cloison, comme on le voit dans la figure F, où le couvercle est représenté renversé. Cette capsule renferme des semences G inégales, aplaties, ridées.

*Feuilles;* amples, molles, cotoneuses, découpées profondément sur leurs bords, & elles embrassent la tige par leur base.

*Racine* A; épaisse, ridée, en forme de navet, brune en dehors, blanche en dedans.

*Port;* tiges hautes d'une coudée, branchues, épaisses, cylindriques, couvertes d'un duvet épais : les fleurs sont entourées de feuilles; les feuilles placées alternativement sur les tiges, & quelquefois sans ordre.

*Lieu;* les endroits pierreux; le long des chemins : la plante est annuelle, & fleurit en mai & en juin.

*Propriétés;* toute la plante a une odeur forte, désagréable, puante; sa saveur est nauséabonde & âcre. L'odeur des semences récentes est virulente, d'une saveur fade & nauséabonde. Toute la plante est assoupissante, vénéneuse, anodine, résolutive.

L'extrait des feuilles pris à haute dose, cause des anxiétés, des maux de cœur, une espèce d'ivresse, un sommeil inquiet, le vomissement, & quelquefois des convulsions.... A dose médiocre, il rend la tête lourde, le ventre libre, & souvent excite l'appétit, sans faire éprouver de vives douleurs dans la région épigastrique. Il a réussi plusieurs fois dans la folie & dans les maladies convulsives. Les autres qualités qu'on lui suppose, ne sont pas bien constatées. Il faut beaucoup de prudence pour prescrire un tel remède; on donne l'extrait depuis un grain jusqu'à vingt, exactement mêlé avec trois parties de sucre. On regarde son suc mêlé avec du lait comme un bon gargarisme contre les angines.

La seule inspection d'une plante en fleur, annonce en *général* ses propriétés : on doit se méfier de toutes celles dont l'odeur est nauséabonde, de celles dont la fleur a une couleur mal prononcée, triste & brune.

KALI. ( *Voyez* SOUDE. )

KERMES *ou* GRAINE D'ÉCARLATE. *Hist. Nat.* Il ne faut pas confondre le kermes de Provence & de Languedoc, avec la cochenille que l'on ramaſſe dans l'Amérique eſpagnole ſur une eſpèce de *cartus* ou figuier d'Inde, qui s'élève en arbre. L'inſecte dont il s'agit vit, s'accouple, pond & meurt ſur le petit *chêne-vert.* (*Voyez* ce mot). Le kermes eſt un *galle-inſecte.* ( *Voyez* ce mot). Je vais tirer ce qui ſuit du *Dictionnaire* d'Hiſtoire Naturelle de M. Valmont de Bomarre.

*KERMES aut CHERMES*, *aut COCCUS TINCTORIUS ILICIS*; eſt la plus renommée des galle-inſectes (d'Europe); ſa figure approche de celle d'une boule dont on auroit retranché un aſſez petit ſegment. Cet inſecte vit ſur les feuilles du petit chêne vert, & ſur ſes bourgeons encore tendres. Les femelles ſont plus aiſées à trouver que les mâles : elles reſſemblent dans leur jeuneſſe à de petits cloportes; elles pompent leur nourriture en enfonçant profondément leur trompe dans l'écorce des bourgeons; alors elles courent avec agilité. Lorſque l'inſecte a acquis toute ſa croiſſance, il paroît comme une petite coque ſphérique membraneuſe, attachée contre le bourgeon; c'eſt-là qu'il doit ſe nourrir, muer, pondre, & terminer enſuite ſa vie. Les habitans de Provence & de Languedoc ne font la récolte du kermès que dans la ſaiſon convenable, & ils conſidèrent cet animal en trois états différens d'accroiſſement. Vers le commencement du mois de mars, ils diſent que le ver couve, alors il eſt moins gros qu'un grain de millet.... Au mois d'avril, ils diſent qu'il commence à éclore, c'eſt-à-dire que le ver a pris tout ſon accroiſſement... Enfin, vers la fin de mai on trouve ſous le ventre de l'inſecte 1800 ou 2000 petits grains ronds. Ce ſont des œufs qui, venant enſuite à éclore, donnent autant d'animaux ſemblables à celui dont ils ſont ſortis. Ces œufs ſont plus petits que la graine de pavot; ils ſont remplis d'une liqueur d'un rouge pâle; vus au microſcope, ils ſemblent parſemés de points brillans couleur d'or : il y en a de blanchâtres & de rouges. Les petits qui ſortent des œufs blancs ſont d'un blanc ſale; leur dos eſt plus écraſé que celui des autres : les points qui brillent ſur leur corps, ſont de couleur d'argent; les gens du pays les appellent *la mère du kermès*.

Les petits œufs étant ſecoués, il en ſort autant de petits animaux entièrement ſemblables à l'inſecte qui les produit. Ils ſe diſperſent ſur le chêne juſqu'au printemps ſuivant; ils ſe fixent dans la diviſion du tronc & des rameaux pour faire leurs petits. On doit obſerver que lorſque le kermès acquiert une groſſeur convenable, alors la partie inférieure du ventre s'élève & ſe retire vers le dos, en formant une cavité, & de cette manière, il devient ſemblable à un cloporte roulé. C'eſt dans cet eſpace vuide qu'il dépoſe ſes œufs; après quoi il meurt & se dessèche. Ce cadavre informe ne conserve point, comme la cochenille, l'extérieur animal : ses traits s'effacent & disparoissent. On ne voit plus qu'une espèce de galle, triste berceau des petits œufs qui doivent éclorre. A peine les œufs sont ils éclos, que les petits animaux veulent sortir de dessous le cadavre de leur mère, pour chercher leur nourriture sur les feuilles du petit chêne, non en les rongeant comme les chenilles, mais en les suçant avec leur trompe.

Le mâle du kermès ressemble dans le commencement à la femelle; mais bientôt après s'être fixé comme elle, il se transforme dessous sa coque en une nymphe qui, devenue insecte parfait, soulève la coque, & en sort le derrière le premier : alors c'est une petite mouche qui ressemble en quelque manière au cousin; son corps est couvert de deux grandes aîles transparentes; il saute brusquement comme les puces, & cherche en volant ses femelles immobiles, qui l'attendent patiemment pour être fécondées. Les a-t-il trouvées, il se promène plusieurs fois sur quelqu'une d'elles, va de sa tête à sa queue, pour l'exciter; alors la femelle, fidelle & soumise au vœu de la nature, répond aux caresses de son mâle, & l'acte de fécondation a lieu.

La récolte du kermès est plus ou moins abondante selon que l'hiver a été plus ou moins doux. On a remarqué que la nature du sol contribue beaucoup à la grosseur & à la vivacité du kermès; celui qui vient sur des arbrisseaux le long de la mer, est plus gros & d'une couleur plus vive que les autres. Des femmes arrachent avec leurs ongles le kermès avant le lever du soleil. Il faut veiller, dans ce temps de récolte, à deux choses; 1°. aux pigeons, parce qu'ils aiment beaucoup le kermès, quoique ce soit pour eux une assez mauvaise nourriture; 2°. on doit arroser de vinaigre le kermès que l'on destine pour la teinture, & le faire sécher; cette opération lui donne une couleur rougeâtre; sans cette précaution, l'insecte, une fois métamorphosé en mouche, s'envole & emporte la teinture. Lorsqu'on a ôté la pulpe, ou poudre rouge, on lave ces grains dans du vin, on les fait sécher au soleil, on les frotte dans un sac pour les rendre lustrés, ensuite on les enferme dans des sachets où l'on a mis, suivant la quantité qu'en a produit le grain, dix à douze livres de cette poudre rouge par quintal. Les teinturiers achettent plus ou moins le kermès, selon que le grain produit plus ou moins de cette poudre. La première poudre qui paroît sort d'un trou qui se trouve du côté par où le grain tenoit à l'arbre : ce qui paroît s'attacher au grain vient d'un animalcule qui vit sous cette enveloppe, & qui l'a percée, quoique le trou ne soit pas visible. Les coques de kermès sont la matrice de cet insecte; c'est ce qu'on appelle *graine d'écarlatte*, dont on tire une belle couleur rouge, la plus estimée autrefois, avant qu'on se servît de la cochenille.

On connoît encore un kermès appellé *de Pologne*, & qui donne une très-belle teinture rouge avec les préparations précédentes. L'insecte vit sur les racines de la *renouée* ou *trainasse*, *poligonum aviculare*. Lin. Les personnes proposées à cette récolte sont fort soigneuses d'examiner, vers le solstice d'été, si ces grains sont parvenus à leur maturité, & s'ils sont pleins d'un suc rouge; alors, avec une espèce de truelle, ils soulèvent la racine de la plante, cueillent les grains, & mettent la plante dans le même trou dont elles l'ont tirée. On sépare ensuite toutes les impuretés mêlées avec ces grains, par le moyen d'un crible destiné à cet usage. Lorsqu'on voit que les vermisseaux sont prêts à sortir de ces grains, on arrose avec du vinaigre ou avec de l'eau très-froide jusqu'à ce qu'ils soient morts; après cela on les fait sécher dans une étuve ou au soleil, mais lentement; car si on les desséchoit trop & trop vîte, ils perdroient ce beau pourpre qui fait tout leur prix. Quelquefois les ouvriers tirent les vermisseaux de la coque, ils les entassent & en font une masse. Cette préparation exige encore beaucoup de précaution, car si on pressoit trop ces vers, on en exprimeroit le suc, qui en est la partie la plus précieuse. Les teinturiers font plus de cas de cette masse de vers entassés, que des coques en entier, aussi se vend-t-elle beaucoup plus cher.

Je suis très-persuadé que si on vouloit, en France, prendre la peine de visiter les racines des renouées, plantes si communes sur nos grands chemins & sur le bord des champs, on y récolteroit tout autant de kermès qu'en Pologne.... Celui qui vit sur la vigne, ne donneroit-il pas une semblable couleur? Ce fait mérite d'être vérifié.

Kermès animal. *Prépàration pharmacéutique*, avec la substance appellée *graine de kermès*, n'est autre chose que l'animal dont nous venons de parler... ces graines s'opposent quelquefois au vomissement par foiblesse... à la diarrhée par foiblesse d'estomac & des intestins, & à la diarrhée séreuse... à la dissenterie, quand les forces vitales sont abbatues, lorsque l'inflammation & la douleur sont diminuées... à la disposition pour l'avortement par foiblesse des parties contenantes... aux hémorrhagies internes qu'il est essentiel de suspendre par degrés insensibles. Le sirop de kermès est indiqué dans les mêmes maladies; la dose des graines est depuis quinze grains jusqu'à deux drachmes, incorporées avec un sirop, ou délayées dans quatre onces d'eau... la graine concassée depuis une drachme jusqu'à une once, en macération au bain-marie dans cinq onces d'eau. Le sirop se prescrit depuis une once jusqu'à trois, seul ou étendu dans cinq onces d'eau.

On a dit dans l'article précédent, que les pigeons se jetoient sur le kermès; cette nourriture, très-mal saine pour eux, communique une teinte rouge à leurs excrémens; lorsqu'on s'en apperçoit, il faut mettre dans le pigeonnier plusieurs pains d'argille, imbibés d'eau nitrée, & ensuite bien paîtrie.

Kermès minéral. *Préparation pharmacéutique*. A petite dose, il excite des nausées, purge légérement sans colique ni foiblesse considérable; il favorise l'expectoration & la résolution des maladies inflammatoires de la poitrine, & il y est employé avec succès. On a souvent observé qu'il aidoit à la détorsion & à la cicatrice de plusieurs espèces d'ulcères internes & externes, exempts de vices scrophuleux, scorbutiques & vénériens. A dose médiocre, il procure un vomissement très-rarement accompagné de mauvais effets, excepté chez les malades dont la poitrine est délicate ou disposée à cracher du sang. Après avoir fait vomir, il laisse pour l'ordinaire un mal-aise universel, une anxiété qui ne tarde pas à se dissiper si le sujet est robuste.... A haute dose, il produit de violens efforts pour vomir, il purge considérablement, cause un vomissement excessif, des maux de cœur, des coliques, des convulsions, un froid presque général, & quelquefois la mort.

On le prescrit comme altérant depuis un quart de grain jusqu'à un grain, délayé dans un véhicule aqueux, ou incorporé avec un sirop; comme vomitif, depuis deux grains jusqu'à six.

KILOOGG ou KLIYOOGG. J'ai fait connoître la société utile des *Bousbots*, & la juridiction qu'ils exercent en Franche-Comté; il est juste que je paie ici le tribut de louange dû au mérite de JACQUES GOUYER, natif de Wermetschwel, dans la paroisse d'Uster en Suisse, plus connu sous le nom de KLIYOOGG, qui veut dire *Petit-Jacques*, que sous son nom propre. Pour le peindre en deux mots, sa morale & sa conduite lui ont mérité le nom de SOCRATE RUSTIQUE. Je dois au zèle empressé de M. le chevalier de Bourg, le précis suivant de sa vie & de ses maximes, & je ne crains pas de proposer ce Socrate moderne pour modèle à tous les cultivateurs : heureux si je pouvois lui ressembler en tous les points.

*Vie du Socrate.*

Pour l'avantage de l'agriculture, l'on se jette avec trop d'ardeur dans les nouveautés, & avant d'avoir appris à bien connoître les méthodes anciennes; les uns croient avoir atteint au but, lorsqu'ils ont fait connoître aux cultivateurs, des plantes & des graines d'une espèce nouvelle; d'autres, lorsqu'ils ont proposé des instrumens de labourage d'une invention récente, ou une autre manière de labourer, &c. Je pense au contraire qu'il faudroit, avant tout, commencer à connoître parfaitement la nature du fonds, les moyens mis en usage par les plus laborieux & les plus industrieux économes du pays, & alors sans préjugés & sans entêtement pour la nouveauté, se décider en faveur du plus utile, &c. Enfin, il seroit à désirer de trouver un moyen d'exciter une noble émulation parmi les habitans de la campagne.

Ce seroit, selon moi, la voie la plus facile pour ramener les beaux jours de l'agriculture : le génie le plus borné peut suivre l'exemple, sans qu'aucun obstacle l'arrête, tandis que les difficultés se présentent en foule lorsqu'il s'agit d'inventions nouvelles. Les uns croiroient en les adoptant, insulter à la mémoire de leurs ancêtres, en ne suivant pas en tous points leur exemple; d'autres conviendront que ces inventions peuvent être bonnes pour certains pays, mais ne conviennent pas du tout à la nature du nôtre; d'autres enfin, objecteront que toutes ces méthodes ont des avantages à certains égards; mais que leur supériorité, sur la méthode ordinaire, est si équivoque, qu'on peut les regarder au moins comme inutiles.

Au lieu qu'en proposant la manière dont ces économes laborieux cultivent leurs champs, chacun pourra se convaincre de son utilité par le témoignage de ses propres sens. Au reste, les inventions nouvelles, quelques bonnes qu'elles soient, sont toujours lentes à produire de grands effets, & pour y parvenir, il faut de toute nécessité qu'elles aient tourné en coutume.

*Maximes.*

Pour convaincre le paysan des avantages qu'on lui propose, pour le faire renoncer à ses anciens préjugés, & changer la routine dont il a hérité de ses peres, c'est l'affaire du temps & de la persuasion. Je ne puis m'empêcher de citer le conseil donné par Socrate dans Xénophon. » J'ai employé, dit-il, une attention toute » particuliere, pour connoître à fond » ceux qui passoient pour les plus » sages & les plus prudens dans chaque » genre de profession. Etonné de voir » parmi les gens qui s'occupoient des » mêmes choses, que les uns restoient » dans la misère, tandis que les » autres s'enrichissoient considérable» ment, je trouvai cette observation » digne des recherches les plus exactes, » & de l'examen le plus rigoureux. » Les soins que je me donnai m'éclai» rèrent sur la véritable cause de » cette différence; je vis que ceux » qui travailloient sans réflexion, & » comme au jour la journée, ne de» voient s'en prendre qu'à eux de leur » misère; ceux au contraire qui, ap» puyés sur des principes stables & » réfléchis, & guidés par des vues » saines & déterminées, joignoient » dans leur travail, l'assiduité à l'at» tention, & l'ordre à l'exactitude, » se rendoient ce même travail plus » facile, plus prompt, & infiniment » plus profitable. Quiconque voudra » aller à l'école de ces derniers, aug» mentera son bien, sans que rien » puisse jamais le rebuter, & il amas» sera des trésors, quand même une » divinité ennemie se déclareroit » contre lui. » Ce qui vient d'être dit, sert de préliminaire au précis de la vie & des maximes du Socrate rustique, connu dans sa contrée sous le nom de Kliyoogg. Cet homme rare, ce vrai philosophe, doit toutes ses connoissances à ses réflexions. Sans ambition, il n'a d'autre but que l'utilité, aussi il prêche avec force de parole & d'action, ce qu'il croit être le plus avantageux.

Il vit avec l'un de ses frères; ces deux familles ne forment qu'un seul ménage. Kliyoogg a six enfans, & son frère en a cinq. Leur fortune étoit des plus médiocres, à cause des liquidations qu'il falloit faire, & les difficultés paroissoient insurmontables. Tant d'obstacles réunis, réveillèrent le zèle du célèbre cultivateur, & l'animèrent à redoubler d'ardeur & d'application, afin de parvenir à les surmonter. Il songea bien sérieusement à remettre son héritage en valeur, & se porta gaiement, & sans délai, à exécuter ses projets.

Notre Socrate rustique obligé de spéculer sur tout, trouve d'abord que son cheval est plus dommageable que utile, aussi il est déterminé à s'en défaire, & augmenter du produit de cette vente le nombre de ses bœufs. L'entretien d'un cheval est, dit-il, très-dispendieux; cet animal consomme autant de foin qu'une vache, & outre l'avoine qu'il lui faut de plus, nous devons compter au moins une pistole par an, pour le ferrage. De plus, le cheval diminue de prix en vieillissant, au lieu qu'un bœuf qui vieillit, se met à l'engrais, & se revend

revend encore avec quelque bénéfice. Il a calculé qu'on pouvoit entretenir deux bœufs avec ce qu'il en coûtoit pour un cheval, à quoi on peut encore ajouter que le fumier de cheval n'eſt pas à beaucoup près d'un auſſi bon engrais pour les terres, que le fumier des bêtes à corne. (1)

Notre ſage économe ne tient qu'autant de beſtiaux, qu'il peut en nourrir largement pendant toute l'année, avec le foin & l'herbe qu'il recueille; ſa paille eſt ménagée avec le plus grand ſoin, pour tout autre choſe que pour la litiere, qui eſt tellement prodiguée dans ſon étable, qu'on y enfonce juſqu'aux genoux.

Il a ſoin de ramaſſer dans l'étendue de ſes poſſeſſions, toutes les matières propres à la litière, telles que des feuilles d'arbre, de la mouſſe, des feuilles de jonc, &c. Les branches les plus minces, & les piquans des pins & des ſapins, lui fourniſſent ſur-tout une ample proviſion de ces matières.

Voici ſa méthode par rapport aux fumiers; il laiſſe toujours la même litière ſous ſes beſtiaux pendant huit jours, & chaque jour il en répand de fraîche par-deſſus, de ſorte que cette litière ſe trouve bien imbibée par les excrémens, & elle a déjà acquis un degré de fermentation avant d'être tranſportée ſur le tas de fumier; au reſte, cet uſage ne lui a pas paru malſain pour ſes beſtiaux. (2)

Quand à ce qui concerne l'adminiſtration du fumier, voici comment il s'y prend; il apporte la plus grande attention à empêcher que ſon fumier ne ſe deſſéche pas, de crainte que la fermentation ne vienne à ſe ſupprimer tout-à-coup, ce qu'il prévient par de fréquens arroſemens; il a fait creuſer pour cet effet, ſept grands trous quarrés & à portée, dans leſquels il laiſſe corrompre l'eau néceſſaire à ſes différentes opérations. Après avoir couvert le fond de ces trous de fumier de vache bien fermenté, & jeté par-deſſus une aſſez grande quantité d'eau bouillante, il acheve de les remplir avec de l'eau fraîche ſortant du puit.

Cet uſage lui procure d'excellens fumiers, parfaitement corrompus dans un très-court eſpace de tems. Cette eau ainſi préparée, ne ſert pas ſeulement pour le fumier, Kliyoogg l'emploie encore à l'amélioration de ſes terres & de ſes prés; mais il faut avoir l'eau à portée, & du bois aſſez aiſément pour que la dépenſe ne ſoit pas exceſſive.

Kliyoogg eſt ſi fort convaincu de l'utilité de la chaleur pour opérer la fermentation putride, qu'il croit que tout terrein, même le plus ſtérile, eſt ſuſceptible d'être fertiliſé en y mettant le feu. Il ſe fonde ſur les mêmes principes, pour conclure qu'une année, dont l'été aura été fort chaud &

(1) *Note du Rédacteur.* Cela dépend de la qualité du ſol qu'on doit enrichir; le fumier produit par les animaux ruminans, contient moins de parties ſalines que celui des non ruminans. (*Voyez* les mots ENGRAIS, AMENDEMENS.)

(2) Il faut conſidérer qu'il s'agit ici de la Suiſſe, pays froid, & que la litière eſt très-épaiſſe. Dans les pays plus chauds, dans les provinces méridionales, ce procédé ſeroit funeſte; il vaut beaucoup mieux pour le fumier, que ſa fermentation une fois commencée ne ſoit pas interrompue.

bien sec, sera suivie d'une abondante récolte. (1)

Ce sont les engrais qui procurent la grande fertilité ; aussi notre économe s'en procure de toutes manières : il se sert utilement de cendres de tourbe. A son grand regret, il n'a pu trouver chez lui de marne ; mais son industrie lui a fait découvrir un espèce de sable ou menu gravier, qui lui donne à-peu-près le même engrais que feroit la marne. Il trouve encore dans les gazons enlevés de dessus la surface des pâtures ou jacheres qui ont poussé beaucoup d'herbe, une matière très-propre, lorsqu'elle est bien préparée, à servir d'engrais. Cette préparation consiste à laisser ces gazons pendant deux ans en plein-air, exposés ainsi à ses influences & aux intempéries des saisons ; au bout de ce temps-là ils sont bien pourris, & ils sont très-propres à être transportés avec succès, tant sur les prairies, que sur les champs que l'on veut amender.

Jamais aucun préjugé ne lui a fait rejeter de nouvelles ouvertures ; il les juge toutes dignes d'être approfondies, & témoigne sa reconnoissance à ceux qui les lui communiquent. Il pense qu'en général, tout mêlange de deux terres différentes peut tenir lieu d'engrais, quand même elles ne différeroient que par la couleur. Il croiroit donc avoir amendé un champ lorsqu'il auroit pu y transporter, sans beaucoup de frais, de la terre d'un autre champ. C'est ainsi, selon lui, qu'une terre légère est améliorée par une terre pesante ; une terre sabloneuse, par une terre-glaise ; une terre-glaise bleue, par une terre-glaise rouge, &c. (2)

C'est dans ces différens moyens de se procurer des engrais, que notre judicieux laboureur fait consister la base fondamentale de l'agriculture.

Un arpent de pré exige selon lui, pour être suffisamment amendé, de deux en deux ans, dix charois de fumier, ou vingt tonneaux de cendres de tourbe ; il pense que cette dernière matière est le meilleur engrais pour les prés que l'on peut arroser. (3)

Les arrosemens lui fournissent une seconde manière d'amender un pré, qui n'est pas moins avantageuse, de sorte qu'il fait très-peu de différence d'un pré bien arrosé, à un pré bien fumé, sur-tout si la qualité de l'eau est bonne pour cet objet.

Un grand principe de Kliyoogg est qu'il ne faut point songer à augmenter le nombre de ses possessions, avant d'avoir porté celles que l'on possède à leur plus haut degré de perfection : l'on en sent aisément la raison ; car, dit-il, si un cultivateur n'a pu encore parvenir à donner à son champ la meilleure culture possible, combien moins en viendra-t-il à bout si, augmentant l'étendue de son do-

(1) Je suis fâché de n'être pas de l'avis de Socrate rustique ; ( *Voyez* ce qui a été dit au mot ECOBUER & au mot DÉFRICHEMENT. ) mais sa remarque sur la chaleur de l'été est très-bonne, sur-tout si on n'a pas excité trop d'évaporation des principes par la fréquence des *labours*. ( *Voyez* ce mot. )

(2) En fait d'argille, la couleur importe peu ; la bonification vient de ce que l'une contient plus de substance calcaire que l'autre, & sur-tout de ce que la nouvelle, n'ayant pas eu le temps de s'agglutiner avec l'ancienne, elle en tient les molécules plus séparées.

(3) ( *Voyez* ce qui a été dit au mot CENDRE. )

maine, il se met dans le cas de partager, & son attention, & ses travaux?

Nous finirons ce qui a rapport aux prairies, par une circonstance qui peut ruiner un pré; c'est lorsque le plantain y prend trop le dessus; ses feuilles larges & serrées contre la terre, la couvrent entiérement, & empêchent les bonnes plantes de pousser, ce qui rend un pré tout-à-fait stérile; le seul remède à employer dans pareille circonstance, c'est de labourer cette prairie, & après lui avoir fait porter du bled pendant quelques années, il faudra la remettre en pré.

Nous allons considérer à présent la manière dont notre judicieux cultivateur administre ses terres à bled.

Les terres de sa communauté sont, suivant l'usage général, assolées en tiers. Kliyoogg destine toujours la première sole pour le froment ou l'épautre; ce dernier grain est celui qu'il préfère pour l'ordinaire. La seconde sole est ensemencée en seigle, ou avoine, ou pois, ou féves. La troisième sole reste en jachere; les champs clos sont ensemencés toutes les années; mais en outre, il a grande attention d'y varier les espèces de grains. Il fume ces champs deux fois en trois ans, & leur donne des soins tout particuliers.

Il compte pour labourer un arpent, la journée complette de deux hommes & de quatre bœufs. (1) Il donne, suivant l'usage ordinaire, trois labours à la première sole. Le premier, au printems; le second, d'abord après la fenaison; & le troisième, après la récolte; il donne, autant qu'il lui est possible, deux labours à la seconde sole. Le premier, immédiatement après la récolte; le second, immédiatement avant que d'ensemencer. On doit sur-tout observer de ne donner que de légers labours dans les terres légères, & d'en donner au contraire de très-profonds dans les terres pesantes & argilleuses.

Kliyoogg a observé que pour se procurer d'abondantes récoltes, il est très-essentiel de varier souvent les espèces de grains dans le même terrein; aussi marque-t'il le plus grand empressement lorsqu'on lui indique quelque nouvelle espèce de grains. Il est tellement convaincu de l'utilité de cette méthode, qu'il trouve un avantage sensible lorsqu'il achete seulement sa semence à quatre lieues de distance de chez lui.

Un des engrais dont il se sert avec beaucoup de succès pour fertiliser ses champs les plus stériles, de manière qu'ils portent d'abondantes récoltes en bled, est ce même sable ou petit gravier dont j'ai parlé rapidement au sujet des engrais pour les prés; il mêle ce petit gravier avec la terre de ses champs. Le gravier dont il se sert est bleuâtre & marneux; Kliyoogg le prend le long de quelques côteaux arides de son voisinage; il a soin d'en ôter les gros cailloux.

Voici encore un nouveau genre d'amélioration que notre Kliyoogg emploie dans ses terres labourées. Ayant observé que les sillons destinés à l'écoulement des eaux enlevoient plusieurs toises de terrein qui devenoit par-là

(1) *Nota.* Ce calcul doit varier selon la qualité du terrein, & la facilité plus ou moins grande que procure la saison.

inutile, il avoit remarqué de plus que le bled qui venoit ſur les deux côtés de ces ſillons réuſſiſſoit aſſez mal; pour obvier à cet inconvénient, il a changé ſes ſillons ou ſangſues, ou rigoles, en foſſés couverts. Il creuſe à cet effet, dans le lieu convenable, & à la place de ces ſillons, un foſſé de deux pieds de profondeur qu'il remplit de cailloux juſqu'à moitié; il met par-deſſus des branches de ſapin, & achève enfin de remplir ſon foſſé avec la terre qu'il en avoit ſortie, de manière que tout ſe laboure ſans aucun inconvénient.

Les pâtures n'ont rien de particulier; ce ſont de mauvaiſes terres anciennement couvertes de bois rabougris par la dent du bétail, lorſque les arbres faiſoient leur première pouſſe; auſſi ces friches ſont peu profitables au bétail, puiſqu'elles ne produiſent que quelques plantes de mille-pertuis, de thithimale ou de fougere.

Je paſſerai à l'eſpèce de culture qu'il donne à ſes bois. Son premier objet eſt la multiplication de ſes fumiers, comme nous l'avons dit plus haut; il nettoie très-exactement ſes bois & même ſes arbres, ce qui fait que tout le terrein eſt couvert de jeunes rejettons qu'il recueille exactement pour l'augmentation de ſes fumiers, & pour la litière de ſes étables; il évalue à deux charrois par an, ce qu'il retire par chaque arpent de bois.

Après avoir donné un détail très-raccourci des moyens employés par Kliyoogg pour améliorer ſon domaine, il ne ſera pas inutile de faire part de ſa façon de penſer par rapport à l'agriculture en général. Un philoſophe, (& celui-ci en mérite le nom), ne borne pas le bien, il n'a rien tant à cœur que de le voir propager; telle eſt l'ambition de notre Socrate ruſtique. Il penſe que ſi on veut parvenir à perfectionner l'agriculture d'un canton, il faut commencer par réformer les mœurs de ſes habitans; alors ces hommes ſeront ſuſceptibles de prendre une véritable ardeur pour les travaux de la campagne. L'on pourra ſonger à améliorer les terres par des moyens phyſiques, & à changer des pratiques qui n'ont en leur faveur que l'ancienneté, contre d'autres dont un examen ſuffiſamment réfléchi aura démontré la ſupériorité. Notre ſage prétend qu'un moyen de redreſſer bien des abus, ſeroit que le gouvernement & l'habitant de la campagne ſe prêtaſſent mutuellement la main, afin de concourir au bien général; alors l'intelligence viendroit diriger les mains laborieuſes de l'habitant de la campagne; il y auroit bien peu de pays qui ne ſuffiſe & au-delà, à la nourriture de ſes habitans. Il voudroit auſſi que les paſteurs, au lieu d'être ſi ſavans dans leurs ſermons, où le payſan n'entend rien, s'arrêtaſſent un peu plus à expliquer, d'une manière aſſez claire & aſſez ſimple, comment il faut ſe conduire, & que l'eſſence de la piété conſiſte à remplir exactement envers le prochain les devoirs de la juſtice. Enfin, il n'y a que celui qui, toujours fidèle à la probité, & conſtant dans ſon travail, mange ſon pain à la ſueur de ſon front, qui puiſſe ſe promettre la bénédiction du Tout-Puiſſant. Un cultivateur laborieux ne connoît point de mauvaiſe année, & rien ne ſauroit troubler le contentement dont il jouit. Un fainéant au contraire attend tout du ciel, & s'en prend à l'injuſtice du ſort, lorſqu'il recueille moins que celui qui a été plus assidu à son travail. Il faudroit que le gouvernement envoyât des députés chargés de donner des distinctions à ceux des habitans de la campagne dont les biens annonceroient l'assiduité au travail, tandis qu'ils traiteroient avec la dernière rigueur les lâches & les fainéans. Il vaudroit mieux ne point faire de loi, que de laisser entrevoir au paysan qu'on n'en exige pas l'exécution à la rigueur. Le paysan reconnoît tôt ou tard que c'est pour son bien qu'on se sert de la force pour lui faire exécuter ce qui est avantageux. Ne craignez pas l'improbation du public ; douterions-nous que ce qui est honnête & utile n'entraîne pas à la longue son suffrage ! il est certain qu'il y a quelque chose au-dedans de nous qui dit oui, lorsqu'on nous prêche la vérité, lors même qu'elle nous est désagréable. La satisfaction qu'on éprouvera au-dedans de soi-même, lorsqu'on pourra du moins se rendre témoignage qu'on a rempli tout ce à quoi l'on croyoit être obligé, n'est-elle pas déjà une récompense, & la plus belle qu'on puisse éprouver? Fiez-vous-en à la Providence divine sur la réussite d'une entreprise utile; quand même elle viendroit à échouer, elle peut encore produire des effets salutaires dans un autre temps. Souvent lorsque le désordre des saisons & des élémens sembloient m'avoir enlevé tout espoir, le ciel me favorisoit encore d'une récolte assez bonne & honnête.

En entrant dans l'intérieur de la maison de Kliyoogg, nous nous confirmerons dans la vérité de cette Sentence de Socrate; de toutes les professions, l'agriculture est celle qui nous enseigne le mieux la justice & la science du gouvernement.

C'est lui qui exerce dans le ménage les fonctions de pere de famille; il est cependant le cadet ; mais son aîné a eu assez de lumiere & de sagesse pour reconnoître la supériorité que le génie & les talens de son frere lui donnoient sur lui; il est en conséquence chargé de toute l'administration du travail ; il se contente de l'y seconder avec ardeur. En admettant le systême que Kliyoogg s'est formé sur les devoirs d'un pere de famille, on trouveroit au reste peu de personnes qui ne lui en cédassent très-volontiers l'honneur; il faut, suivant lui, que le pere de famille se trouve toujours le premier & le dernier à tous les ouvrages, & l'essence de son autorité consiste à prêcher d'exemple aux autres individus de la famille, sans cela, tous les efforts que l'on fait, tous les soins que l'on se donne, deviennent inutiles.

Le pere de famille est la racine qui donne à l'arbre entier la force & la la vie; si la racine périt, l'arbre, quelque vigoureux qu'il soit, périra avec elle. De quel front le maître pourra-t-il exiger de ses gens qu'ils ne se rebutent pas dans leur travail, lorsqu'il sera le premier à se rebuter ? Avec quelle autorité pourra-t-il régler & ordonner tout ce qui devra se faire, lorsque le valet sera mieux que lui au fait de la besogne ? au lieu qu'un maître intelligent, & qui donnera l'exemple du travail, aura toujours des valets soumis & laborieux.

Lorsque Kliyoogg a formé une fois une bonne & saine résolution, il fait forcer, avec une fermeté inébranlable, tout son ménage à concourir à son exécution; & lorsqu'il regarde une chose comme nuisible, ou seulement inutile, il fait pareillement obliger tout son monde à la rejeter, ou à s'en abstenir. C'est encore une de ses grandes maximes, qu'il faut commencer par extirper tout ce qui est nuisible & inutile, avant de songer à la moindre amélioration. Tant qu'on n'a pas arraché les mauvaises herbes d'un champ, tout engrais, bien loin d'être avantageux, ne sert qu'à faire multiplier ces plantes parasites, qui enlèvent à la bonne semence toute sa nourriture.

Kliyöogg tenoit le seul cabaret qu'il y eut dans le village; il en résultoit en apparence un profit assez considérable pour le ménage : un examen plus réfléchi l'eût bientôt convaincu du contraire; il frémit à la seule pensée des funestes impressions que l'exemple dangereux des gens qui fréquentoient son cabaret, feroit sur ses enfans.

Il découvrit un autre source de la ruine du ménage dans la coutume où l'on est de faire de petits présens aux enfans, à l'occasion d'un baptême, ou pour les étrennes, &c. Ces sortes de présens, dit-il, font que les enfans s'accoutument de bonne heure à se faire de petits revenans bons par d'autres voies que par leur travail, ce qui devient un germe de fainéantise qui est la racine de tous les maux.

Il ne veut pas que dans son ménage, aucun jour de l'année jouisse d'aucune distinction par rapport à la table. Chez lui, les dimanches & fêtes, la clôture des fenaisons de la récolte, la fête du village, les baptêmes de ses enfans, &c. n'ont aucune préférence, quant à la bonne chere. Il pense qu'il est absolument contre le bon sens de donner plus de nourriture au corps dans les jours destinés au repos, que dans les jours ouvrables où les forces épuisées, par un travail pénible, ont besoin de beaucoup plus de réparations. C'est pourquoi il a soin de régler les repas suivant la nature du travail. Ainsi, c'est lors des grandes fatigues, que l'ordinaire se trouve le plus abondant. Il ne boit pas de vin à ses repas, mais il en prend sa mesure réglée avec lui dans les champs; là, il lui tient lieu de confortatif, lorsqu'il sent que son corps s'épuise par la fatigue C'est le seul usage auquel l'ait destiné la providence.

L'objet que notre Sage regarde comme le plus important, & sur lequel il porte le plus d'attention, est l'éducation de ses enfans, qu'il envisage comme le plus sacré de tous ses devoirs. Il considère ses enfans, comme autant de bienfaits de la Divinité à laquelle il ne peut marquer sa reconnoissance qu'en leur applanissant le chemin qui conduit à la vraie félicité, persuadé qu'ils crieroient vengeance contre lui, s'il les mettoit dans la mauvaise voie. Son grand principe à cet égard, est de tout mettre en usage pour empêcher qu'il ne se glisse des idées fausses & des désirs déréglés dans ces ames tendres. Il avoit observé que toutes les opinions & les manières d'agir des enfans prenoient leur source dans ce qu'ils entendoient dire & voyoient faire aux personnes plus âgées; c'est pourquoi il veut qu'ils soient continuellement sous ses yeux; il se fait (autant qu'il est possible) accompagner par ses enfans dans ses travaux, afin de les accoutumer de bonne heure à la vie active; il proportionne à leurs forces, le travail qu'il leur donne; il tâche ainsi de les habituer de bonne heure à son genre de vie, de leur faire adopter ses mœurs, & de leur inspirer ce vrai contentement, qu'il regarde comme l'unique moyen d'arriver au bonheur; conséquemment à ces principes, il s'est chargé du soin d'instruire ses enfans, & il destine à cette occupation, le repos du dimanche; & par une suite des mêmes motifs, les deux frères ne se rendent jamais à l'église tous deux à-la-fois. L'un d'eux reste toujours à la maison, tant pour contenir les enfans dans la règle, que pour leur enseigner leur catéchisme & les exercer à la lecture & à l'écriture.

La manière dont Kliyoogg s'y prend pour exciter ses enfans au travail, mérite d'être rapportée. Tant que les plus jeunes ne sont pas encore en état de travailler la terre, il leur fait prendre leur repas sur le plancher. Ce n'est que du moment qu'ils ont commencé à lui être de quelques secours dans la culture de ses champs, qu'il les admet à sa table avec les plus âgés. Il leur fait comprendre par là, que tant que l'homme ne travaille pas & n'est d'aucun secours à la société, il ne sauroit être considéré que comme un animal qui peut avoir droit à sa subsistance, mais non à l'honneur d'être traité comme un membre de la famille. Du reste, il se tient fort en garde pour ne faire aucune distinction entre eux; il aime également ceux de son frere comme les siens; il les conduit tous vers le bien avec le même zèle & la même constance. Ce n'est qu'en se montrant obéissans & en faisant bien, qu'ils peuvent gagner son amitié, & s'attirer ses caresses; son approbation est la seule récompense à laquelle ils aspirent. Enfin, il a su trouver le moyen de se faire également chérir & craindre. Il les accoutume de bonne heure aux mêts grossiers dont il fait usage, & leur en donne autant qu'il leur en faut pour être pleinement rassasiés; mais il se garde bien soigneusement d'exciter leur gourmandise, en leur offrant, suivant la pernicieuse coutume de presque tous les parens, des friandises en guise de récompense. Aussi ces enfans n'ont aucune espèce de passion pour tout ce qui s'appelle mangeaille, & ne connoissent d'autre félicité, à l'égard du manger, que le plaisir d'appaiser leur faim. Cela fait aussi que l'on peut, avec toute sûreté, laisser ouvertes les armoires & les chambres où sont les provisions.

Il en use de même à l'égard de la caisse où il tient l'argent; elle est également ouverte à tous les membres de la famille, qui sont en âge de raison; tous y ont les mêmes droits. Comme tout le bien est en commun, on évite avec le plus grand soin jusqu'à la moindre apparence de profit personnel, & par ce moyen, tout amour immodéré pour l'argent est banni de sa maison. On n'y envisage exactement l'argent que comme un moyen de se procurer les choses nécessaires aux besoins du ménage, & chacun des membres de sa famille se trouvant abondamment pourvu du nécessaire, il ne s'élève jamais chez eux le moindre désir de s'en pourvoir ailleurs.

L'un des grands plaisirs qu'ait ressenti notre philosophe, (& qui décèle la beauté de son ame) est lorsque son frère fut nommé par la Communauté maître d'école de son village; Kliyoogg regarda cet événement comme un des plus heureux dont Dieu pût le favoriser. Il conçut dès ce moment l'espoir de pouvoir rendre désormais ses principes d'un usage plus étendu, & de procurer à ses concitoyens un bonheur pareil à celui que le bon ordre, qu'il avoit su introduire dans son administration domestique, lui faisoit éprouver. L'on ne sauroit croire, à ce qu'il dit, combien l'autorité influe sur le bien qu'on se propose, quand on sait l'employer à propos. Il suivit avec fermeté, par rapport à ses écoliers, les mêmes principes qui lui avoient si bien réussi chez lui, & pour mieux assurer l'observation des règles qu'il introduisoit dans son école, il résolut dès le commencement de se borner au très-modique salaire qui lui étoit assigné, & de ne pas accepter le moindre présent de qui que ce fût. C'est là précisément, dit-il, ce qui affoiblit le maintien des meilleurs réglemens : on offre aux supérieurs l'amorce flateuse des présens ; du moment qu'ils ont tendu les mains pour les recevoir, ces mains deviennent impuissantes pour arrêter les progrès du mal.

Son grand principe dans ses opérations, c'est d'aller toujours à son but par la voie la plus courte, & sa sagacité naturelle la lui fait saisir aisément; de-là vient que l'ordre le plus exact règne dans toute sa maison, & que chaque ustensile se trouve à portée du lieu où l'on peut en avoir besoin.

Ce principe n'est pas seulement la base de son système économique, il lui sert encore de guide dans toute sa conduite morale; rien ne lui paroît plus précis & plus clair que les idées que nous devons nous former du juste & de l'honnête. Nous pouvons lire, dit-il, au-dedans de nous-mêmes ce que nous devons faire ou omettre dans chaque circonstance; il n'y a qu'à se demander, lorsqu'on agit vis-à-vis d'autrui, ce que nous souhaiterions qu'on fît à notre égard en pareil cas, & observer si, pendant tout le temps qu'on agit, le cœur est satisfait & tranquille. C'est dans le témoignage qu'on peut se rendre à soi-même d'avoir rempli tous ses devoirs, & dans la paix intérieure qui en résulte, que Kliyoogg renferme l'idée du bonheur; il découvre, dans les suites que nos actions entraînent naturellement après elles, les récompenses ou les punitions de la Justice divine. Tout comme la fertilité devient le prix d'une culture laborieuse & assidue, la paix de l'ame & la tranquillité d'esprit sont la récompense d'une conduite vertueuse.

Lorsqu'il a fait quelque bonne découverte, il n'a rien de plus pressé que d'en faire part à d'autres; il se donne même alors toutes les peines imaginables pour les convaincre de l'utilité de ce qu'il propose, & combattre les préjugés ; il n'est jamais plus satisfait que lorsqu'il peut assister à quelque conférence, où l'on discute avec cette chaleur qu'inspire un véritable intérêt pour tout ce qui a pour objet le bien public. C'est là qu'il présente ses idées avec cette noble franchise qui annonce la pureté de son intention, & qu'il prescrit à chaque état ses devoirs avec une justesse d'esprit étonnante, se servant à cet effet de comparaisons tirées de l'économie champêtre. Il attaque

attaque les vices qui le bleſſent avec beaucoup de liberté, mais d'une manière qui ne ſent pas la ruſticité.

C'eſt ainſi qu'il ſait s'attirer l'eſtime de tous les honnêtes gens qui ſavent apprécier ſon mérite.

Nous terminerons cet article en rapportant ce qui, ſelon notre Socrate ruſtique, donneroit à l'agriculture toute l'activité dont elle eſt ſuſceptible. Il faudroit exciter l'ardeur du travail parmi nos cultivateurs, au moyen des récompenſes & de certains honneurs; il faudroit mettre l'attention la plus exacte à en faire une juſte diſtribution. Ce moyen exigeroit l'établiſſement d'une ſociété choiſie d'hommes reſpectables, qui, réuniſſant à la probité la plus inébranlable une connoiſſance approfondie de tout ce qui concerne l'économie ruſtique, jouiroient de l'eſtime générale. Lorſque cette ſociété auroit acquis les connoiſſances néceſſaires à ſa miſſion, il faudroit qu'elle ſe tranſportât dans les divers villages qui devroient être viſités, & qu'elle donnât des idées ſaines ſur les travaux des divers objets de la récolte du pays. Il faudroit enſuite faire aſſembler les habitans, & donner aux économes qui auroient été les plus attentifs, & qui ſe ſeroient le plus diſtingués dans la culture de leurs terres, les éloges qui leur ſeroient dus, en les propoſant comme modèle aux autres, & comme de véritables bienfaiteurs de l'humanité. Enfin, on leur donneroit, en témoignage de l'approbation publique, les prix qu'on auroit établis. Je choiſirois pour cet effet une médaille frappée exprès; elle pourroit repréſenter d'un côté un laboureur conduiſant ſa charrue, un génie viendroit lui poſer ſur la tête une couronne compoſée des différens fruits de la terre, entrelacés les uns aux autres, avec ces mots : *pour le meilleur cultivateur.*

De pareilles récompenſes influeroient infiniment plus ſur une amélioration générale dans la culture des terres, que la méthode ordinaire d'établir un prix pour la meilleure diſſertation ſur un ſujet propoſé; en ſuivant mon idée, on parvient immédiatement à l'exécution, dont les plus beaux projets ſont encore bien éloignés.

Tel eſt en abrégé le précis de la morale & de la conduite de ce ſimple cultivateur, qui fixe avec raiſon l'admiration de la république helvétique, & qu'elle conſulte ſouvent. Il ſeroit à déſirer que dans chaque village il y eût un *Jacques Gouyer*, & l'on verroit bientôt les mœurs reprendre leur antique pureté, & la culture des champs conduite, non par la routine, par le préjugé, mais par de bons principes fondés ſur l'expérience. Heureux Kliyoogg, reçois ici le tribut de mon admiration, de tes vertus & de ton ſavoir!

KIOSQUE. Mot emprunté du turc, qui déſigne un petit pavillon iſolé & ouvert de tous côtés, où l'on va prendre le frais & jouir de quelque vue agréable. Les kioſques des riches de Conſtantinople ſont peints, dorés, pavés de carreaux de porcelaine, & ont vue pour la plupart ſur le canal de la mer Noire & ſur la Propontide. On a établi ce genre de décoration pour nos jardins appellés anglois; mais on a ſupprimé avec raiſon ces dorures, qui annoncent plus l'opulence que le bon goût.

KISTE. Médecine Vétérinaire. C'est ainsi qu'on appelle une tumeur insensible, contenant un sac membraneux, dans lequel se trouve quelquefois une matière purulente, mais le plus souvent huileuse & jaunâtre.

La différence qu'il y a entre le Kiste & le squirre, c'est que celui-ci est dur dans son centre, tandis que l'autre est mou.

Lorsqu'on soupçonne de la matière dans le kiste, on l'incise comme l'abscès, on fait sortir le pus, & on termine la cure avec le digestif animé; & dans les cas où l'on doit enlever le kiste comme le squirre en totalité ou en partie, consultez le mot *Squirrhe*, où il sera traité de la manière d'y procéder. M. T.

---



LABDANUM ou Ladanum. (*Planche IV*) Tournefort le place dans la cinquième section de la classe sixième, consacrée aux fleurs à plusieurs pièces régulières & en rose, dont le pistil devient un fruit qui, dans son épaisseur, renferme plusieurs semences, & il l'appelle *cistus ladanifera, cretica flore pupureo*. Von Linné le nomme *cistus creticus*, & le classe dans la Polyandrie Monogynie.

*Fleur* A; à cinq pétales égaux, disposés en rose; B la fleur vue par-derrière; C pétale séparée de la fleur. Elle est de couleur jaune, mais marquée par-derrière d'une tache purpurine. Les étamines D très-nombreuses. Le pistil E seul & unique. Toutes les parties de la fleur reposent dans le calice F à cinq folioles.

*Fruit* G; capsule partagée en plusieurs loges, disposées, comme on le voit en H, où la capsule est coupée dans sa longueur. I représente une des valves, & les semences menues, anguleuses K, sont renfermées dans chaque loge.

*Feuilles*; simples, oblongues, pointues, épaisses, couvertes d'un suc gluant & embrassant les tiges par leur base.

*Racine*; ligneuse.

*Port*; arbrisseau de deux à trois pieds de hauteur, branchu; les feuilles opposées; les fleurs au sommet des tiges, ou seules, ou plusieurs réunies ensemble.

*Lieu*; l'Italie, les provinces méridionales du Royaume.

*Propriétés*; naturellement & par incision il découle du tronc & des branches une résine gommeuse, appellée *labdanum*, molle lorsqu'elle est cueillie depuis peu de temps, & d'une couleur noirâtre. Son odeur est douce, aromatique; sa saveur âcre, amère, aromatique. Cette substance est plus soluble dans l'esprit-de-vin que dans l'eau; elle l'est également dans les jaunes d'œufs, les huiles, le sirop & le miel.

*Usages*; on ordonne le labdanum depuis demi-gros jusqu'à un gros dans la gelée de coin, contre les cours de ventre & la dyssenterie. L'emplâtre fait avec le labdanum est regardé comme résolutif.

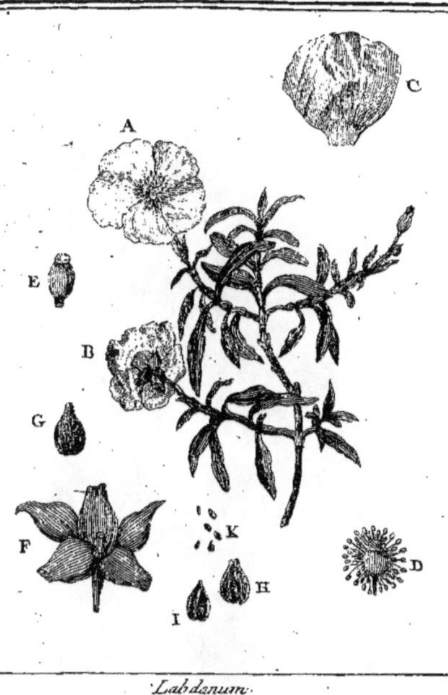


Labdanum.

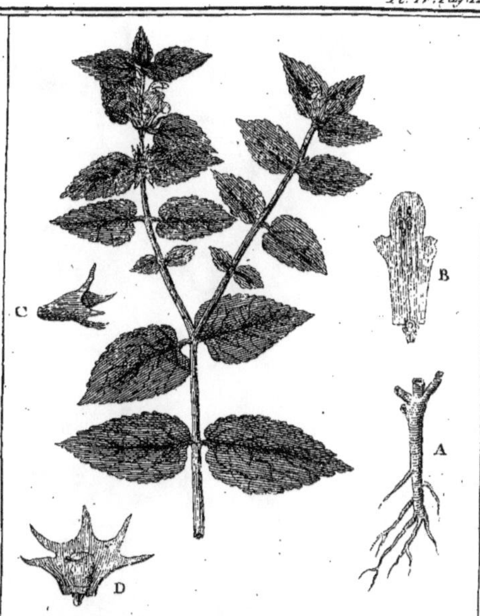


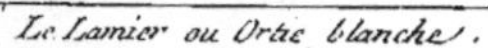

Le Lamier ou Ortie blanche.

Laitron doux.

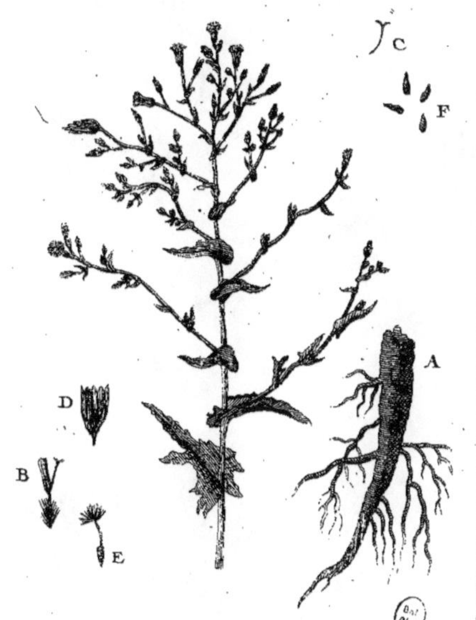


Laitue Sauvage.

r Sculp.

LABIÉE. (*Bot.*) M. Tournefort a ainsi nommé une fleur dont la corolle monopétale offre deux lèvres. (*Voyez* au mot Fleur la description & le dessin d'une corolle labiée.) MM.

Labiée. (*Fleur.*)

LABOUR. LABOURAGE. C'est l'action de remuer la terre, ou avec la charrue, ou avec la bêche, ou avec la houe, ou enfin avec un instrument quelconque. Quoique tout travail qui remue la terre soit un vrai labour, cependant on entend plus communément par ces mots le travail en grand, fait avec la charrue, & il ne s'agira que de celui-là dans cet article. Au mot *bêche*, on est entré dans de grands détails sur cet instrument & sur la manière de s'en servir. (*Voyez* ce mot, afin d'éviter les répétitions.) Quand doit-on labourer? comment doit-on labourer? sont les points à examiner.

*Plan du Travail.*



## CHAPITRE PREMIER.

### *Quand doit-on labourer.*

Le premier but du labourage est de soulever une couche de terre, d'amener ses parties inférieures sur la surface, & celles de la surface de les retourner en-dessous. Le second est de diviser & séparer les molécules de la terre les unes des autres, afin qu'un plus grand nombre soit exposé aux effets de la chaleur, de la lumière du soleil, de la pluie, des rosées, enfin de tous les météores. Lisez l'article *Amendement*, dans lequel l'action des météores est mise en évidence : il est essentiel à l'objet présent.

Quand faut-il labourer? Indiquer des jours, des mois pour tout le royaume, ce seroit le comble de l'erreur. L'époque des labours dépend de la position locale des champs & de la manière d'être des saisons; objet qu'on ne doit jamais perdre de vue.

J'ai déjà dit plusieurs fois dans le cours de cet ouvrage, que le meilleur labour étoit celui qu'on donne à la terre aussi-tôt que la récolte est levée, 1°. parce qu'il enterre le chaume, les grains tombés des épis; 2°. qu'il détruit les mauvaises herbes poussées avec le bled, & les empêche de grainer; 3°. qu'il enterre également les graines mûres des différentes plantes appellées *mauvaises herbes*. Si la terre doit rester en *jachere* (*Voyez* ce mot), il est clair qu'une très-grande partie de ces graines germera, soit pendant le reste de la saison de l'été, soit pendant l'automne, & elles produiront beaucoup d'herbes, beaucoup de plantes ou vivaces, ou annuelles. Toute cette verdure enterrée par un second labour donné avant l'hiver, périra, pourrira, & rendra à la terre plus de principes qu'elle n'en a perdu. Voilà déjà les matériaux tous formés de la sève. Lisez le dernier chapitre du mot *Culture*, & même cet article en entier, afin de connoître les opinions des différens auteurs sur la manière de labourer & sur les effets résultans de ce travail. Lisez également l'article *Engrais*.

Par le premier labour, celui d'été, une plus grande superficie de terre est exposée à la chaleur, à la lumière du soleil, & à l'action des météores. Pour peu que la terre soit humide, la fermentation s'établit dans toutes le substances végétales & animales qui ont été enterrées; de cette fermentation résulte nécessairement leur décomposition, corruption & putréfaction; & dès-lors le mêlange intime de leurs principes avec ceux de la terre végétale ou *humus* qui reste, & avec la terre matrice du champ.

Par le second labour ou hivernage, la terre du champ est préparée mécaniquement, mais d'une manière différente; 1°. les graines enterrées & dont les plantes ne craignent pas le froid, germent, poussent & végètent dès que la chaleur ambiante de l'atmosphère est au degré qui leur convient. (*Voyez* les belles expériences de M. Duhamel au mot *Amendier*). Voilà encore de nouvelles herbes pour l'hiver, & par conséquent de nouveaux engrais & de nouveaux matériaux de la sève, qui seront enterrés par le premier labour après l'hiver; 2°. les frimats, la neige, la glace, &c. sont les meilleurs laboureurs que je connoisse. Jamais charrue la mieux montée ne divisera & ne séparera les molécules de la terre aussi-bien qu'eux. La terre gelée occupe beaucoup plus d'espace que lorsqu'elle ne l'est pas. La terre soulevée par la charrue, & déjà en partie divisée, sera donc plus susceptible de s'imprégner d'eau, que la terre qui n'a pas été labourée. Dès-lors, à la première gelée, chaque goutelette d'eau glacée & interposée entre chaque molécule, fera l'office de levier, & de proche en proche, soulévera de plusieurs pouces la terre déjà remuée; & lorsque le dégel viendra, elle restera dans cet état jusqu'à ce qu'une pluie, & à la longue son propre poids, la fassent affaisser. Si la neige a recouvert ces sillons pendant un temps assez considérable ou à plusieurs reprises, cette neige a retenu les principes qui s'évaporoient de la terre, & sur-tout l'*air fixe* (*Voyez* ce mot), qui s'en échappe, & qui est fourni par les corps, soit végétaux, soit animaux, qui se décomposent & se putréfient dans son sein. Lorsque la neige fond, elle rend à la terre les principes combinés avec son eau. Il résulte donc du labourage avant l'hiver, 1°. la germination d'une certaine quantité de plantes; 2°. une division considérable des molécules de la terre des sillons; 3°. la conservation par la neige de l'*air fixe* qui se feroit évaporé. (*Voyez* ce mot). Voilà pourquoi on dit que *la neige engraisse la terre*. Ce n'est pas par elle même, puisqu'elle est un simple composé aqueux, une eau très-pure & infiniment moins chargée de sel que l'eau de pluie. Cette eau a été rendue *neige* ou cristallisée par l'air fixe de l'atmosphère; elle a retenu celui qui s'échappoit de la terre, se l'est encore approprié; enfin elle rend le tout à la terre soulevée lorsque le dégel survient. Cet agent actif & puissant, l'*air fixe*, n'a point été connu des cultivateurs: M Fabroni, dans ses *Réflexions sur l'état actuel de l'Agriculture*, est le seul qui ait examiné ses effets. Si on place sous un récipient rempli d'air fixe, un petit vase quelconque avec de la terre, & nouvellement ensemencée, l'air fixe, cet air mortel sera absorbé par les graines à mesure qu'elles germeront, & rendu pur & respirable : celui de la neige, & celui qui se feroit échappé de la terre sans la neige, produit le même effet sur les plantes du champ. Elles ne travaillent pas en-dessus, puisque l'air ambiant est trop frais; mais leurs racines poussent avec force, & infiniment plus à cette époque que dans toute autre : vérité palpable, qui démontre jusqu'à l'évidence la nécessité du labour avant l'hiver, & du labour aussi-tôt après l'hiver, afin de mêlanger cette couche supérieure de terre avec l'inférieure, & l'enrichir.

J'ai conseillé un troisième labour après l'hiver, c'est-à dire à l'époque que la plus grande partie des graines qu'on appelle *mauvaises herbes*, aura germé, sera sortie de terre, & même avancée en végétation jusqu'au point d'être fleurie, parce qu'alors ces herbes sont dans leur plus grande force, rendent infiniment plus de principes à la terre qu'elles ne lui en ont dérobé. On ne doit jamais perdre de vue que la terre végétale ou *humus*, ou terre soluble dans l'eau, enfin cette terre précieuse, l'ame de la végétation, n'est autre chose que la terre qui a déjà servi à la charpente des végétaux & des animaux; que c'est la seule qui substente la végétation, & la seule qui entre dans la composition de la sève; car la terre-matrice n'est que son réceptacle, & n'est rien par elle-même.

J'appelle ces trois labours *préparatoires*, parce que, suivant moi, ils n'ont pour but que d'empêcher, 1°. les mauvaises herbes de grainer; 2°. de les enfouir, afin de créer de leurs débris la terre végétale; 3°. pour mettre la terre dans une disposition de s'imprégner des effets des météores. Les labours dont il va être question méritent d'être appellés *labours de division*, c'est-à-dire, propres à diviser la terre déjà soulevée par les travaux précédens, à en briser les mottes, en un mot, à la rendre assez meuble & assez atténuée pour que la radicule du grain qui sera semé, puisse pivoter avec facilité & promptement à cinq à six pouces de profondeur; enfin, pour que les racines latérales & chevelues ne trouvent aucun obstacle à s'étendre & à se multiplier.

Les *labours de division* doivent être faits coup sur coup, c'est-à-dire, qu'il faut labourer, croiser & recroiser en tout sens jusqu'à ce que la terre soit assez ameublie, & semer aussi-tôt par-dessus. Si les trois premiers labours, & sur-tout le second & le troisième, ont été donnés à la profondeur convenable; s'ils ont été donnés, non en croix, mais sur des lignes très-obliques les unes à l'égard des autres, il est clair que toute la masse de terre aura été soulevée & bien soulevée, puisqu'on aura eu le choix du temps où la terre n'aura été ni trop sèche, ni trop humide, & par conséquent elle ne sera ni trop dure, ni soulevée en mottes. Si au contraire, d'après le systême de plusieurs auteurs modernes, qui font consister toute l'agriculture en labours multipliés, on n'a cessé de labourer le même champ à intervalles très-rapprochés, il résultera de ces labours multipliés, 1°. le dérangement de cette fermentation inteſtine qui décompoſe les ſubſtances animales & végétales, & qui de leur décompoſition prépare la terre végétale, & la combine avec les matériaux de la ſève; 2°. ils causeront une évaporation ſenſible, & très-ſenſible, des principes de la terre.

On niera peut-être cette ſeconde aſſertion; mais que répondre à ces points de fait? Le dépôt de roſée eſt plus abondant ſur un champ bien labouré, que ſur celui qui ne l'eſt pas (toute circonſtance égale de champ à champ, ce dernier ſuppoſé dépouillé d'herbes). Or, la roſée eſt plus fortement attirée par ce premier champ. Il y aura donc au lever du ſoleil, & pendant ſa vive action dans la journée, une plus forte évaporation? La preuve en eſt que tous les fluides doivent ſe mettre en équilibre, & que l'eau contenue entre les molécules de la terre, doit ſe ſublimer en raiſon de la chaleur qui l'attire; & cette attraction de l'air fixe & de l'humidité intérieure, eſt encore aiguillonnée par l'évaporation de la roſée qui donne, ſi je puis m'exprimer ainſi, des aîles aux deux autres. En effet, une terre labourée sèche bien plus vîte qu'une terre qui ne l'eſt pas; & ſá ſiccité dépend de la plus grande évaporation. Voici une preuve plus forte encore : dans un jour très-chaud d'été, & lorſque le ſoleil eſt près du milieu de ſon cours, placez-vous de manière qu'une grande partie du champ, fortement labouré, ſoit horiſontale à votre vue, & vous appercevrez à la hauteur de deux à trois pieds au-deſſus de la ſurface du ſol, une ſcintillation très-vive, très-ſémillante : mettez-vous dans la même poſition vers un champ non labouré ou anciennement labouré, l'activité de cette ſcintillation ſera bien moins forte. Quelle eſt donc la matière de cette ſcintillation, ſinon celle des vapeurs qui ſe ſubliment? Dira-t-on qu'elle tient ſimplement à la réverbération des rayons du ſoleil? Si cela étoit, un champ non labouré les réfléchiroit beaucoup mieux. En effet, il les réfléchit mieux, ainſi que tous les corps durs; mais on n'y remarque pas la même ſcintillation. La terre nouvellement labourée eſt plus brune que celle qui l'eſt depuis long-temps, elle doit donc abſorber beaucoup plus de rayons ſolaires, s'échauffer davantage (*Voyez* le mot *chaleur*), & produire moins de ſcintillement; & c'eſt préciſément tout le contraire, ils y ſont plus hauts & plus abondans.... Les labours faits pendant les groſſes chaleurs ſont plus nuiſibles qu'utiles, ſur-tout s'ils ſont ſouvent répétés. Ces principes paroiſſent en contradiction avec ce vieux & utile proverbe : *labour d'été vaut fumier*. Mais il s'agit de s'entendre : les proverbes ne ſeroient pas devenus tels, s'ils n'étoient fondés ſur l'expérience. Ce labour vaut fumier, parcequ'il accélère la décompoſition des ſubſtances animales & végétales, & ſur-tout parce qu'il enfouit beaucoup d'herbes prêtes à grainer, & qui auront le temps de pourrir avant les ſemailles; mais ſi on laboure à pluſieurs repriſes conſécutives, afin de rendre la terre du champ meuble comme celle d'un jardin, on épuiſe cette terre, & le mal ne peut ſe réparer que par les engrais. Il n'eſt pas encore temps de ſonger à cette grande diviſion. On ne doit juſqu'à ce moment avoir en vue,

1°. que d'enterrer le plus d'herbes qu'il est possible. Or, si on laboure coup sur coup, il n'y aura point d'herbes & beaucoup d'évaporation inutile. J'ai dit & je dirai sans cesse que ces herbes rendent plus à la terre qu'elles n'en ont reçu, & que par leurs décompositions elles deviennent un des premiers élémens de la sève & de la charpente des plantes à venir. 2°. De ramener la terre de dessous au-dessus, afin de lui donner, non le *tems de se cuire*, suivant l'expression triviale, mais de s'imprégner des effets des météores, de la chaleur & de la lumiere du soleil. Or, par les labours répétés & multipliés, ces opérations ne peuvent avoir lieu, surtout la dernière; & par la première, la terre, il est vrai, est bien remuée, mais celle de dessous y revient trop vîte, & ne reste pas assez long temps exposée à l'air. Ces faits sont si vrais, que les plus grands partisans des fréquens labours ont vu & sont convaincus par l'expérience, que leurs terres, après plusieurs années, ont été plus épuisées, qu'en suivant les méthodes ordinaires. On échaffaude des systêmes, on prend pour leur base un objet de comparaison quelconque; par exemple, la fécondité du sol d'un jardin; on conclut du petit au grand; tout l'édifice s'écroule enfin, après avoir ruiné le zélateur du systême. Personne n'a jamais douté de la bonne qualité des terres des jardins; mais vouloir rendre celles des champs égales, la chose est, moralement parlant, plus qu'impossible. Si on le tente, la dépense excédera la valeur de l'achat du champ, & on l'épuisera à coup sûr à la longue, à moins qu'on n'y multiplie les engrais; eux seuls peuvent réparer les pertes causées par l'évaporation. Ne voit-on pas que, dans un jardin, les engrais animaux sont très-multipliés, & que chaque quarreau est fumé au moins une fois par année; que les débris des feuilles, des tiges, &c. fournissent perpétuellement les matériaux de la sève, & qu'il en est de ces herbes, relativement au jardin, comme des herbes pour un pré. Il n'y a qu'une seule méthode capable de faire, très à la longue, ressembler le sol d'un champ à celui d'un jardin ou d'un pré, c'est d'*alterner* ce champ, (*Voyez* ce mot) c'est d'y créer, d'y multiplier des plantes, & de les y enterrer.

Les grosses chaleurs passées, chacun suivant son climat, il est temps alors de commencer les labours de *divisions*, c'est-à-dire, ceux qui doivent émietter la terre. On suppose que les trois premiers auront été donnés à une profondeur convenable; dès-lors ces derniers s'exécuteront sans peine. C'est le cas de croiser & de recroiser les premiers; mais après ce premier labour, de passer la *herse*, (*Voyez* ce mot) qui divisera les mottes, par conséquent le second croisage n'en soulévera plus, & s'il en souléve encore un grand nombre, on hersera de nouveau. Si la terre est assez ameublie, ces deux labours suffiront, & la terre recevra la semence sur un troisième labour, ou sur un quatrième, si le besoin l'exige, ce que je ne crois pas. L'avantage de passer la herse sur chaque labour, excepté sur le dernier avant de semer, ne consiste pas seulement à briser les mottes, il empêche que l'évaporation ne soit aussi forte que si le sillon étoit resté intact, ce qui est un grand & un très-grand point.

De toutes les pratiques, la plus absurde est de semer sur des labours anciennement faits; on dit pour raison ou pour excuse, qu'on refroidit la terre, que le grain germe moins bien. Que l'on sème tard ou de bonne heure, l'excuse est pitoyable, à moins qu'on ne sème pendant la gelée, & je ne crois aucun cultivateur assez dépourvu de bon sens pour agir de la sorte. Dans les pays où la semence est enterrée par la herse, comment la herse, quelques longues que soient ses dents, pourra-t-elle enterrer & recouvrir le grain? à peine les dents s'enfonceront-elles dans la terre, & le grain sera enseveli sous une motte de terre, ou nullement enterré. Dans ceux où l'on recouvre le grain avec la charrue, appellée *araire*, ou avec la petite charrue à oreille ou versoir, ce sera encore des mottes que l'on soulèvera, & le grain qu'elles recouvriront ne germera pas; au lieu que dans tous ces cas, si la terre avoit été fraichement remuée avant les semailles, & le grain recouvert à la herse ou par un léger labour, il se seroit trouvé dans une terre meuble, & les racines l'auroient promptement pénétrée; enfin aucun grain n'auroit été perdu.

Est-il possible de suivre la méthode de labourer que je propose dans toute l'étendue du royaume? Elle l'est jusqu'à un certain point pour tous les climats, & souffre peu de modifications. Dans toutes nos provinces on éprouve les quatre saisons, quoiqu'elles commencent ou finissent plus tard, suivant les lieux; ainsi dans chaque endroit on a la liberté & le choix du temps pour donner un labour avant l'hiver; on a le même choix après l'hiver & à la fin du printemps; ainsi nulle difficulté quant aux labours *préparatoires*. Quant à ceux de *divisions*, on objectera qu'on n'a pas assez d'animaux, qu'il y a trop peu de temps, & enfin que si on attend l'approche de l'époque des semailles, il sera impossible de bien diviser la terre de tous les champs; que prouvent ces exceptions? Rien du tout, sinon que le travail est toujours au-dessus des forces, qu'on laboure beaucoup & qu'on laboure mal, enfin que tout se fait à la hâte. Je prescris ici la méthode de labourer qui me paroît & que l'expérience me prouve la plus avantageuse; chacun s'y conformera autant que sa volonté ou ses moyens le permettront.

On objectera encore & on dira: A quoi employera-t-on les animaux pendant l'intervalle des labours *préparatoires*, ou pendant l'intervalle de ceux-ci à ceux de *divisions*. L'occupation ne manque jamais dans une grande métairie lorsqu'elle est bien conduite; c'est le temps qui manque, parce qu'on n'est jamais assez fort en bestiaux, en valets, &c. N'a-t-on pas, à ces époques, les fumiers à transporter ainsi que les terres, pour enrichir les champs pauvres; n'est-ce pas encore la saison de charier les bois, les sables, les pierres nécessaires aux réparations, &c. Si tous ces travaux sont inutiles, ce que je ne crois pas, aidez vos voisins à labourer leurs champs suivant leur fantaisie, mettez-les en avance pour le travail, mais à condition qu'ils vous rendront, lors des labours de *divisions*, journées pour journées, d'hommes & de bestiaux, alors

alors tout sera fait à l'aise, sans précipitation & par conséquent tout sera bien fait.

Je connois plusieurs cantons dans le royaume, où l'on ne laboure les terres, très-bonnes à la vérité, que pendant le mois ou les six semaines qui précédent l'époque des semailles, & où cependant les bleds sont de la plus grande beauté. Ce genre de culture me surprit, & j'observai 1°. que, depuis une récolte jusqu'aux semailles suivantes, ces champs servoient de parcours aux troupeaux, & que les propriétaires avoient grand soin de détruire les herbes que les moutons dédaignoient & refusoient de manger. 2°. Qu'ils y conduisoient leurs troupeaux à des époques éloignées, afin que l'herbe broutée eut le temps de repousser. 3°. Que les enfans arrachoient les coquelicos & autres herbes (que les moutons ne mangent pas) lorsqu'ils étoient en pleine fleur, & ils laissoient la plante sur le champ se consommer. 4°. Si, lors des premiers labours, la terre étoit dure, sèche, ils atteloient à la charrue quatre bœufs au lieu de deux, & la charrue passoit deux fois dans la même raye, afin d'ouvrir un sillon de six pouces au moins, ou de huit poutes au plus de profondeur. 5°. Que des enfans, des femmes, armés de petits maillets de bois, longuement emmanchés, frappoient sur les mottes & les brisoient, de manière qu'en six semaines de temps la terre étoit parfaitement labourée, & ses molécules bien divisées. J'avoue n'avoir pas mis en pratique cette méthode de cultiver; malgré cela elle me paroit mériter d'être examinée & suivie de près dans plusieurs cantons, sur-tout dans ceux où les bras & les animaux ne manquent pas.

Cette méthode confirme ce que j'ai dit plus haut au sujet de l'évaporation. Ces labours, dans ce cas, donnés coup sur coup, détruisent & enfouissent les racines des plantes, mêlent le crotin des moutons avec les molécules de la terre, & celles du dessous comme du dessus se trouvent bien mélangées. Le crotin sert d'engrais, il facilite la germination & son développement, & à mesure que les herbes pourrissent, le nombre & l'extension des racines augmente. Je pense qu'une pareille méthode seroit très-utile sur un sol de médiocre qualité; la grande attention à avoir est de détruire les herbes dédaignées par les troupeaux, afin de les empêcher de se reproduire par la graine.

Les principes que j'ai établis sont en contradiction formelle avec ceux des systêmes de culture qui furent si fort à la mode il y a vingt à trente ans, & rapportés au mot CULTURE; je crois les miens fondés en théorie, & j'ai l'expérience de leur réussite. Je ne demande pas qu'on les adopte, mais qu'on ait la complaisance de les mettre en pratique sur un champ quelconque, & sur-tout que l'on juge par comparaison, en rendant les circonstances égales : alors on prononcera d'une manière sûre si j'ai tort ou si j'ai raison. L'expérience doit être le seul guide en agriculture, & l'art de préparer les terres n'admet point d'hypothèse. Je n'attache aucune prétention à ma manière d'écrire, je dis ce que je vois, ce que j'exécute & ce qui me réussit; je serai très-reconnoissant envers celui qui me fera connoître un meilleur plan de labour.

## CHAPITRE II.

*Comment faut-il labourer ?*

Jusqu'à présent, tout a été, pour ainsi dire, spéculation pour le cultivateur & objet de méditation : il s'agit actuellement de la pratique, & cette pratique suppose l'examen de trois questions; 1°. quelle doit être la profondeur du labour relativement à un champ ? 2°. Dans quelle circonstance doit-on labourer ? 3°. Comment faut-il labourer ?

### SECTION PREMIÈRE.

*Quelle doit être la profondeur du labour relativement à la qualité de la terre ?*

Le cultivateur, avant de labourer, doit avoir étudié & connoître, 1°. quelle est la profondeur de la couche supérieure du champ, & sa qualité ? 2°. Dans la supposition qu'elle soit mince, de quelle nature est celle de dessous ? 3°. Quel est le parallélisme ou l'inclinaison de son champ ? enfin les avantages qu'il peut retirer, ou ce qu'il doit craindre de l'inclinaison ?

I. *De la profondeur de la couche supérieure, & de sa qualité.* Toute plaine en général est primordialement l'ancien lit des eaux lorsqu'elles couvrirent la surface de la terre ; parconséquent elle est toujours formée par un dépôt : ce dépôt est fertile, ou de médiocre qualité, ou mauvais, suivant les matériaux dont il est composé. On doit les appeller dépôts de première formation. Pour avoir une idée générale de la manière dont ils se sont établis, il suffit de jeter un coup-d'œil sur la carte géographique des bassins de France, & sur leurs descriptions, insérées au mot *Agriculture*. Tel est, par exemple, le banc de craie qui traverse toute la France de l'est au nord-ouest, & qui se prolonge jusqu'à l'extrémité de l'Angleterre ; tels sont les faluns de Touraine, &c. &c. Ces premiers dépôts dans la plaine ont été ensuite améliorés ou détériorés par des causes accidentelles ; tels sont les dépôts des rivières, des fleuves, qui dans leurs débordemens exhaussent les plaines avec les terres ou sables, ou pierres qu'ils charrient : enfin, par leur changement de lits successifs, attirés tantôt par une montagne, tantôt par une autre. De ces différentes circonstances présentées ici très en abrégé, dépend la qualité de la couche & sa profondeur. On peut encore ajouter que, pour l'ordinaire, la couche de terre de la plaine est toujours de même nature que celle des pierres des montagnes voisines, & que le grain de terre n'est que le débris de ces pierres. Ainsi, en supposant les montagnes circonvoisines calcaires, les terres de la plaine seront bonnes. Si les montagnes sont de granit, ou d'autres substances vitrescibles, le sol sera maigre, pauvre & très-sablonneux, &c. On doit encore considérer si le courant des fleuves & des rivières est rapide ou lent ; dans le premier cas, la bonne terre entraînée & dissoute par l'eau, est portée au loin, & le sable vif fait la moitié du dépôt ou sa totalité. Si le cours est lent, la terre dissoute a le temps de se déposer, & le sol devient fertile. Il résulte de ces circonstances soit éloignées, soit nouvelles, que les couches de terre sont en raison des causes qui les ont formées. Cette origine importe peu au commun des cultivateurs ; mais elle devient instructive, curieuse & amusante pour celui qui étudie le grand livre de la nature.

Pour connoître la profondeur & la qualité de la couche supérieure, il faut, avec une bêche, une pioche, &c. faire ouvrir des tranchées à différens endroits du champ, & fouiller à la profondeur de deux pieds. Heureux celui qui trouvera une terre homogène & de bonne qualité. Des recherches postérieures sont inutiles, ou du moins de pure curiosité, tant qu'il ne s'agira que de la culture des grains; mais s'il est question d'un *jardin fruitier* (*Voyez* ce mot), cette couche supérieure ne sera pas suffisante. Ce n'est point ici le cas d'entrer dans de plus grands détails.

II. *De la couche inférieure.* Si la couche supérieure porte sur une couche épaisse d'argille, la première sera naturellement humide, parce que les eaux n'auront pas la facilité de s'écouler. Il en sera ainsi si la couche inférieure est ferrugineuse & par lit, comme dans les landes de Bordeaux, de la Hollande, de la Flandre Autrichienne près d'Anvers, ou s'il se trouve des bancs calcaires à grandes couches; si au contraire la partie inférieure est sabloneuse, caillouteuse, la supérieure sera toujours sèche, à cause de la facile infiltration des eaux.

Dans le premier cas, les labours, même les plus profonds, sont inutiles; il vaut beaucoup mieux ouvrir des tranchées d'écoulement qui traverseront le champ; & pour ne point perdre de terrein, les remplir de cailloux, de grosses pierres, & recouvrir le tout avec deux pieds de bonne terre. Ce moyen assainit le champ, & rend la terre labourable à la profondeur qu'on exige. Dans le second, on peut fouiller profondément par les labours *préparatoires*; mais on a à craindre dans la suite les effets de la sécheresse, sur-tout dans les pays méridionaux, à cause de la grande évaporation.

Si la couche supérieure est argilleuse ou crétacée, les labours, soit de préparation, soit de division, ne sauroient être trop profonds, parce que cette terre rebelle a malheureusement une forte tendance au rapprochement de ses molécules extrêmement déliées dès qu'il survient de la pluie.

Si au-dessous d'une couche *mince* d'argille ou de craie, il se trouve de la terre végétale ou du sable, ou du petit cailloutage, c'est le cas de ne rien épargner, afin de percer cette premiere couche. Alors, du mêlange de ces substances de différens lits, il en résultera une terre très-productive en bled. Défoncer le sol à la *bêche* ou à la *houe* (*Voyez* ces mots), vaudroit beaucoup mieux que les labours, & seroit plus coûteux, mais le produit dédommageroit de la dépense.

Si au contraire la couche supérieure est caillouteuse, & l'inférieure tenace, c'est encore le cas des défoncemens ou des labours très-profonds : si la première est sabloneuse ou caillouteuse, ou maigre & rougeâtre par le fer qui la colore, & la couche inférieure une bonne terre végétale, on ne doit rien épargner pour ramener celle-ci à la surface, & la bien mêlanger avec le reste.

Si la couche supérieure est bonne, mais de peu d'épaisseur, & que l'inférieure soit maigre & mauvaise, il faut se contenter de labours légers, & cependant chaque année soulever un travers de doigt ou deux de l'inférieure (suivant l'épaisseur de la couche supérieure), afin de la métamorphoser petit à petit en bonne terre. Trop hâter ce défoncement, c'est nuire à la masse du champ. Cette terre chétive appauvriroit trop la bonne tout à la fois, & n'auroit pas le temps de s'imprégner des effets des météores, & de s'amalgamer avec les débris des substances animales & végétales, & de composer l'*humus* ou *terre végétale principe*.

Si sous la couche supérieure & mince se trouvent des rochers, des bancs de pierres, il n'est pas nécessaire de prévenir que les labours profonds sont inutiles, puisqu'ils sont impossibles. Mais si ces rochers, si ces bancs sont calcaires, & sur-tout s'ils se lèvent par feuillets minces, comme dans le grand banc de cette nature, qui s'entend depuis Blois jusqu'à l'extrêmité de l'Angoumois, & dans plusieurs autres endroits du royaume, on fera très-bien de soulever ces feuillets, de les diviser à force de passer la charrue, parce qu'ils sont tendres, qu'ils se décomposent & se réduisent en terre, lorsqu'ils sont exposés à l'air. Quoique de tels champs n'offrent à l'œil que l'aspect d'un débris de pierrailles, ils donnent des blés superbes. Les pierres, les cailloux empêchent la grande évaporation de l'humidité, & cependant ils augmentent la chaleur du sol par celle qu'ils s'approprient en raison de leur dureté. Cela est si vrai, que dans nos provinces même les plus méridionales, ces terreins produisent d'excellens bleds, pour peu que la saison les favorise, & leur qualité est beaucoup supérieure à celle des blés de la plaine, ou venus dans de bons fonds.

On doit conclure que la profondeur des labours sagement faits, dépend de la qualité de la couche supérieure & de celle de la couche inférieure; que sans cette attention, on cultivera toujours mal; enfin, que chaque champ demande un labour particulier, dès que les circonstances ne sont plus les mêmes.

III. *Des labours relatifs au parallèlisme, ou à l'inclinaison du champ.*

1°. *Du parallèlisme.* Il est presque moralement impossible que le sol d'un champ soit parfaitement de niveau, & qu'il n'y ait une pente quelconque vers un ou plusieurs de ses côtés. Dans ce cas, il est aisé de donner issue aux eaux surabondantes, & par conséquent de labourer comme on le jugera à propos, après avoir auparavant bien étudié la nature du terrein. La coutume est, lorsque le sol est goutteux & qu'il retient l'humidité, de labourer ou en planche, ou en *billons* (*Voyez* ce mot) ou enfin à plat; mais en ouvrant de grandes rigoles de distances en distances, plus ou moins multipliées, suivant le besoin. Il convient de relire l'article *Billon*, afin de suivre ce qui a été dit relativement au parallèlisme du sol. Pour peu qu'il ait de pente, je préfère à tous égards le labour à plat, coupé par des sang-sues ou rigoles, parce qu'on n'a pas à craindre la stagnation des eaux, & sur-tout parce qu'il n'y a point de terrein perdu ou de grain submergé comme dans les labours à planches ou à billons.

Le climat que l'on habite, la rareté ou la fréquence des pluies, a décidé (en général) la manière de labourer suivie dans le pays; l'expérience a même démontré qu'elle étoit à certains égards préférable à toutes autres; mais a-t-on bien examiné si, en ouvrant un fossé magistral, d'une toise de largeur sur autant de profondeur, & le conduisant vers une extrémité du champ, où des sondes auront appris que la terre est perméable à l'eau, cette vaste saignée ne suffiroit pas pour assainir le sol? Ne pourroit-on pas faire correspondre à ce fossé magistral, plusieurs fossés latéraux qui couperoient le champ dans toutes ses parties? Je conviens que ces travaux entraînent à de grandes dépenses; qu'elles sont encore multipliées par le transport des pierrailles qui doivent remplir aux deux tiers le fond de ces fossés; qu'il en coûtera beaucoup pour finir de les remplir avec la terre qu'on en aura retirée; enfin, pour égaler la terre superflue sur ce champ; mais ici c'est une affaire de calcul. Tout propriétaire peut voir, en remontant aux six ou dix récoltes précédentes, combien il a perdu de grains par la stagnation des eaux; estimer sur la totalité du champ, la portion de terre non couverte par l'eau, qui a produit du grain; enfin comparer cette production avec celle qu'auroit donné le même champ, si tout le sol avoit été couvert d'épis. De cette comparaison première, il doit en faire une seconde; estimer ce que lui coûteront les travaux de recreusement, de transports, &c. & les mettre en balance avec le surplus des récoltes qu'il est en droit d'attendre après le desséchement. Si le produit net est complétement inférieur, il doit y renoncer; mais si les frais sont couverts par l'excédent de trois ou quatre récoltes, c'est mettre son argent à gros intérêts, & le champ doublera de valeur. Il faudra moins de travaux, & la recette sera de beaucoup plus forte par la suite. J'insiste sur cette manière d'opérer, parce que j'en ai vu des effets surprenans. Le pauvre cultivateur n'est pas en état de faire ces premières avances; je le plains; cependant, s'il le vouloit bien, il en viendroit à bout avec de la patience. L'hiver est si long dans plusieurs de nos provinces! il y a un grand nombre de journées pendant lesquelles il ne peut pas labourer; qu'il emploie ce temps à ramasser ou à charrier les pierrailles, à ouvrir *autant qu'il le pourra* & à prolonger le fossé magistral : ce qu'il ne fera pas dans une année, il l'exécutera dans une autre; enfin petit à petit il parviendra à dessécher sa possession.

Si ces débris de pierres ou grosses pierres que je préfère aux cailloux*, enfin si les cailloux sont rares, comme dans plusieurs de nos provinces, il ne reste plus que la petite ressource d'ouvrir de larges fossés de ceinture, afin d'y dégorger les eaux du champ.

On peut *à la longue* parvenir à détruire le parallélisme du champ par les labours continués sur le même plan : ceci demande une explication. Ayez une charrue armée d'un fort versoir ou oreille, & capable de soulever la terre de six à huit pouces; commencez à ouvrir le premier sillon sur le bord du champ, & l'oreille tournée contre le champ : continuez de labourer ainsi, en suivant le contour du champ entier. Lorsque la charrue sera arrivée au point dont elle est partie, faites entrer le soc sous l'endroit où la terre est déjà soulevée ; labourez de manière que ce second sillon reporte encore plus en dedans la terre qui sera soulevée, & une partie de celle qui l'a déjà été. Continuez le sillon tout près du premier, c'est-à-dire, labourez serré, & ainsi de suite, en contournant toujours le champ, comme dans les deux premiers sillons. Il faut avoir grande attention que la terre ne retombe pas dans le sillon qui est déjà fait. Vouloir tout à la fois renverser beaucoup de terre contre l'intérieur du champ, ce seroit faire des amoncelemens préjudiciables, & il seroit impossible d'aller jusqu'au centre de ce champ. Ce déplacement de terre est l'ouvrage du temps; mais comme il ne coûte pas plus de labourer d'une façon que d'une autre, je préfère celle-ci. On convient cependant que le milieu du champ sera mal labouré, parce que les spirales seront trop courtes, & une partie restera plus basse que le reste. Comme personne ne possède un champ parfaitement rond, il sera possible de porter sur ce milieu une partie de la terre des angles qu'on n'aura pas pu labourer de la manière que je propose.

Les valets s'opposeront à cette méthode : *ce n'est pas la coutume du pays*, vous diront-ils; le grand point est de leur en faire naître l'idée, & de leur persuader qu'elle vient d'eux. Lorsqu'ils sont rassemblés, ayez l'air de les consulter; proposez-leur plusieurs expédiens, bons ou mauvais; engagez les à les discuter entr'eux; laissez-leur appercevoir celui auquel vous voulez venir, & dès que l'un d'entr'eux aura approché du but, louez-le, paroissez saisir son idée, & commentez-la avec eux tous; enfin échauffez leur imagination sans avoir l'air de trop vous en occuper. Recommandez-leur d'y réfléchir, & assurez-les bien que vous ferez ce qu'ils voudront. La réussite alors est assurée. Si au contraire vous agissez d'autorité, ils abîmeront vos bêtes par un travail inutile, & la besogne sera mal faite, très-mal faite & manquée pour toujours.

Le premier point est de chercher tous les moyens possibles & les moins coûteux, afin que le parallèlisme du champ cesse d'être préjudiciable; une fois obtenu, abandonnez les labours à planches & à billons; labourez à plat, & multipliez les rigoles ou sang-sues.

2°. *De l'inclinaison du champ.* Avant d'entrer dans aucun détail, il convient de parler des rigoles ou sang-sues.

La rigole est un petit fossé d'écoulement, creusé par le soc de la charrue, & dont la terre est soulevée sur le bord par son oreille. Communément on se sert d'une charrue à deux oreilles; mais dans tous les cas, on passe deux fois, afin de rendre le sillon plus large & plus profond.

La disposition & la direction des *sang-sues* (ce mot est également reçu dans plusieurs de nos provinces), ne peuvent être ici déterminées; elles dépendent entièrement du local & de son niveau de pente.

Cette opération en général est toujours très-mal faite. On commence par ouvrir une rigole principale sur toute la longueur du champ, & on dispose les autres en manière de patte d'oie, qui y viennent aboutir; de toutes les méthodes c'eſt la plus défectueuſe, à moins que la nature du local ne la décide irrévocablement : il eſt aiſé de prévoir qu'à la moindre pluie d'orage, cette rigole ſe métamorphoſera en torrent, & par conſéquent qu'elle formera une ravine; enfin petit à petit elle doublera & quadruplera ſon niveau de pente au grand détriment des terres voiſines. Le vice provient 1°. de ce qu'on a donné une ligne trop droite à la rigole; 2°. de ſa pente trop rapide; 3°. de la trop grande quantité d'eau qui s'y rend.

L'œil accoutumé à juger des niveaux, doit parcourir le champ; on doit fixer par de petits piquets les endroits à ſillonner par la charrue, & leur faire ſuivre les plus grands contours poſſibles qui modéreront la rapidité de l'eau, & la forceront à s'écouler avec tranquillité.

Il eſt encore très-important de multiplier les ſang-ſues capitales, & d'écarter les points de leur dégorgement; par habitude ou par ignorance ces points ſont chaque année placés dans le même endroit, & pendant cinq ou ſix récoltes conſécutives; les terres voiſines ont été entraînées; le niveau de pente s'eſt formé bien au-delà, & les terres ſeront encore plus entraînées à l'avenir : au lieu que ſi à chaque récolte, le point de dégorgement avoit été changé, la ſurface du champ n'auroit point varié, & on en auroit conſervé la terre.

Un autre défaut à éviter dans la formation des rigoles par la charrue, eſt de jeter la terre ſur un bord en montant, & ſur l'autre bord en deſcendant. La partie inférieure n'a pas beſoin d'avoir ſon bord rehauſſé, puiſqu'il eſt cenſé que le ſillon eſt aſſez large & aſſez profond pour contenir l'eau. S'il ne l'eſt pas, ce peu de terre n'eſt pas aſſez fort pour empêcher que l'eau ne s'échappe à travers le champ. Il vaut beaucoup mieux faire ſuivre la charrue par un valet armé d'une pèle, & lui faire jeter la terre de l'intérieur ſur le bord ſupérieur de la rigole. Ce petit rehauſſement formera une eſpèce de petite digue qui retiendra la terre entraînée du haut; & ſi l'eau eſt trop abondante, comme cela arrive par fois, elle fera ſa trouée dans l'endroit le plus foible de cette petite chauſſée, & la terre ne ſera entraînée que ſur les bords de la trouée, tandis qu'elle ſera retenue par le reſte.

Auſſi-tôt après la première pluie un peu forte, le propriétaire, accompagné de ſes gens avec leur pèle, ſuivra toutes les rigoles, les fera creuſer dans les places où la terre a été dépoſée; ou encore mieux, il fera rehauſſer les deux bords, puiſque les atterriſſemens prouvent que le niveau de pente eſt en défaut. Il viſitera avec le même ſoin les bords ſupérieurs de la rigole, & fera boucher les trouées, & les fortifiera. On traitera de minutieuſe la précaution que j'indique; mais c'eſt le cas de citer cet adage, *principiis obſta*. Plus des trois quarts du ſol en pente, jadis cultivés & aujourd'hui décharnés, ne ſeroient pas dans cet état déplorable, ſi leurs propriétaires avoient eu cette légère attention.

Plus le champ a d'inclinaiſon, & plus on doit augmenter les rigoles générales & les rigoles partielles. C'eſt d'eux & de leur entretien continuel que dépend ſa fertilité, ſur-tout dans les pays sujets aux longues ou fréquentes pluies d'orage. Sans leur secours, il n'y restera bientôt plus que le tuf, & ce sera un champ perdu pour toujours.

En suivant les bonnes règles de culture, un champ incliné, dont la pente s'écarte de l'angle de quarante-cinq degrés, ne demande pas à être cultivé en grain, puisque chaque année la couche de terre remuée par la charrue, est à peu de chose près entraînée par les pluies. Si l'on habite un climat tempéré, il vaut mieux le convertir en prairies, surtout si on peut lui donner de l'eau. Dans les provinces du midi, l'intérêt bien entendu sollicite le propriétaire à le couvrir de bois. Je n'insiste pas sur cette dernière assertion démontrée par l'expérience, & surtout par le besoin de bois de tous genres, dont on est à la veille de manquer dans tout le royaume, & qui est déjà si rare & si cher dans ses provinces du midi.

Cependant si on a la manie de vouloir encore le mettre en culture réglée, ou de la continuer, voici les procédés dictés par le bon sens. Le premier travail consiste à ouvrir un fossé dans la partie supérieure du champ, s'il est dominé par des terreins plus élevés; laisser d'espace en espace des séparations dans le fossé, d'une épaisseur de douze à dix-huit pouces, mais moins élevées de quelques pouces seulement que les bords du fossé général. Les creux se rempliront insensiblement de la terre entraînée par la partie supérieure au champ; chaque année on les fouillera une ou deux fois, suivant le besoin, & leur terre sera jetée sur le champ, & étendue autant que faire se pourra. Avec cette précaution, on redonnera chaque fois autant de terre nouvelle qu'il en aura été entraînée par les pluies, & le champ se conservera à-peu-près de même valeur.

Le fossé de ceinture supérieure sera dirigé sur les deux côtés du champ, où l'on formera & multipliera autant que l'on pourra des creux semblables à ceux du fossé. Ils diminueront la rapidité de la chûte, & deviendront également des réservoirs à terre, qui seront nettoyés au besoin; enfin, au bas du champ, on ouvrira un vaste fossé qui achevera de retenir les terres, & en fournira sans cesse de nouvelles au champ.

L'inclinaison du sol, plus ou moins grande, dicte quelle doit être la profondeur des labours, même abstraction faite de la qualité du sol & du climat: plus la couche supérieure de terre soulevée sera forte, & plus il y en aura d'entraînée par une pluie d'orage, & plus enfin la superficie sera successivement abaissée. Si on laboure sur un fort massif de terre végétale & tenace, le danger sera moins à craindre; mais il le sera toujours. On doit d'ailleurs considérer que la couche inférieure a beau être de bonne qualité, elle ne le sera jamais autant que la supérieure, parce qu'elle n'aura pas été élaborée par les météores (*Voyez* le mot Amendement). Règle générale, plus la pente est rapide, & moins les labours doivent être profonds. Les fossés de ceinture serviront à recevoir les eaux des rigoles, qu'on ne sauroit trop multiplier sur de tels champs.

Si au contraire la pente est douce, le fossé supérieur produira toujours d'excellens d'excellens effets, & les rigoles ne demandent ni le même nombre, ni la même profondeur. Dans l'un & dans l'autre cas, pour peu que le champ ait une certaine étendue, on fera très-bien d'avoir des rigoles générales à demeure, c'est-à-dire qu'on ne les changera pas, mais seulement les rigoles partielles. Si on le sème en gazon, si on forme une platte bande de chaque côté & de six à huit pouces de largeur, on doit être assuré qu'il ne se formera jamais des trouées ni des ravins, à moins d'un cas extraordinaire. Il est bon cependant d'en nettoyer le fond au besoin, parce que l'herbe retient la terre charriée par les eaux; ce fond s'élève, & bientôt il se trouve de niveau avec les côtés; alors ces rigoles ne sont plus d'aucune utilité: elles demandent à être souvent visitées, afin de prévenir les engorgemens, & la terre qu'on en retire, doit être jetée sur le bord du côté supérieur.

Les champs à plan incliné, soit du côté du levant, soit du côté du midi, sont moins sujets aux mauvaises herbes que ceux inclinés des deux autres côtés (toute circonstance égale); ils demandent à être labourés & semés de bonne heure, parce qu'ils craignent beaucoup la sécheresse & la chaleur, relativement au climat & en raison de leur inclinaison, qui les met dans le cas de recevoir plus perpendiculairement les rayons du soleil.

Il ne reste plus qu'une seule observation à faire, relative aux champs inclinés, & elle est de conséquence. Après que tout le champ est labouré en plein, soit après le premier, le second, enfin, après chaque labour, on doit tracer & ouvrir les rigoles comme s'il venoit d'être semé. Il est aisé de sentir que sur cette terre fraîchement retournée, s'il survient une grosse pluie, une pluie d'orage, elle sera promptement entraînée du haut en bas; au lieu que les rigoles détourneront les eaux, & préviendront les dégradations. C'est une mauvaise nature de bien que celle des champs ainsi inclinés, à moins qu'ils ne soient convertis en prairies ou en bois; & encore, pendant les premières années, la prudence exige qu'on ait le plus grand soin des rigoles.... Règle générale, plus un terrein est incliné, plus le sol en est maigre, moins il doit être labouré souvent. Dans le le premier cas, la terre est emportée, & dans le second, on l'appauvrit encore, & l'on diminue sa qualité végétative par la grande évaporation de ses principes, & sur-tout de son *air fixe* (*Voyez* ce mot).

### Section II.

*Dans quelles circonstances doit-on labourer?*

Les méthodes ordinaires & admises dans presque tout le royaume, laissent rarement le choix des circonstances, à cause que l'on n'est jamais assez fort en bestiaux & en valets: on laboure, quand on peut, pendant toute l'année, & l'on est forcé de travailler pendant les grandes chaleurs. Celle que j'ai proposée précédemment, assure une liberté entière. En effet, il m'importe peu avant l'hiver que la terre soit mouillée (elle ne peut-être trop sèche dans cette saison), que la charrue la soulève par bandes tenaces dans un sol fort ou argilleux; n'ai-je pas la ressource précieuse des gelées, qui les divisera & les émiettera plus que deux ou trois coups de charrue dans toute autre saison ! Il suffit que ce labour préparatoire soit profond & à sillons séparés & larges, afin qu'une grande surface soit exposée à l'action des météores, puisque dans cette saison l'évaporation, si redoutable dans les autres, ne l'est aucunement.

Il n'en est pas ainsi du labour préparatoire. Dès qu'on ne craint plus les rigueurs de l'hiver, il convient d'attendre, autant qu'on le peut, que la terre soit suffisamment ressuyée, c'est-à-dire, moins imbibée d'eau que dans l'hiver, afin qu'elle soit peu tassée par le piétinement des animaux qui labourent. Comme on a beaucoup d'espace de temps devant soi, on est donc libre de choisir un moment & des jours favorables. Si on a de grandes possessions, c'est le cas de se faire aider par ses voisins, & de leur rendre ensuite travail pour travail.

Le troisième labour préparatoire, ou à la fin du printemps, est moins utile que les premiers, & je le supprimerois totalement, si je ne craignois la fructification des mauvaises herbes, & sur-tout si les champs ne fournissoient que des herbes utiles & saines pour la nourriture des troupeaux. Ce labour trop voisin de l'été, occasionnera beaucoup d'évaporation, & ce mal ne peut être compensé que par l'engrais des moutons, & par celui des mauvaises herbes que l'on enfouit.

Quant aux labours de grandes divisions, ceux qui doivent, coup sur coup, précéder les semailles, ils seront faits avec facilité, si les deux ou trois premiers préparatoires ont été exécutés avec soin & à une profondeur requise.

Je conviens qu'il est des saisons capables de déranger tous les raisonnemens les mieux suivis. S'il survient des pluies longues & fréquentes avant les semailles, alors le champ cultivé suivant la méthode décrite ci-dessus, est dans le cas de tous les autres champs, puisqu'il a eu autant de labours qu'eux, à la seule différence des intervalles. Dans l'un & dans l'autre cas, on fait comme l'on peut; & au lieu de donner trois à quatre labours consécutifs, on n'en donne qu'un ou deux, afin de ne pas dépasser l'époque des semailles; époque très-intéressante, & de laquelle dépend souvent le succès de la récolte. D'ailleurs, si, comme je l'ai dit, le propriétaire a eu la sage précaution d'aider ses voisins pendant la discontinuation de ses travaux, il trouvera alors des secours assurés, & qui le mettront au courant de ses opérations.

On objectera contre le conseil que je donne de labourer le champ aussitôt que la récolte est levée, 1°. que j'occasionne une très-grande évaporation; 2°. que souvent la terre est si sèche, que la charrue ne peut la sillonner. Ces objections sont spécieuses.

1°. Il est clair qu'on augmente l'évaporation & la perte des principes; mais en même temps on lui rend le chaume, on enfouit les herbes, les graines de bonnes ou de mauvaises plantes qui repousseront dès que l'air sera à la température qui leur convient. J'augmente l'évaporation jusqu'à ce que l'herbe ait repoussé, la graine germée, &c. mais alors ces herbes s'imprégnent, se nourrissent & s'approprient l'air fixe qui sort de la terre, comme les graines mises à germer sous un récipient rempli d'air fixe, comme il a été dit plus haut. Ainsi le petit mal est compensé par un grand bien, par la végétation des herbes qui produiront dans la suite l'*humus* ou terre végétale.

D'ailleurs tout propriétaire intelligent doit saisir cette époque pour semer sur ce même champ des raves, des navets, du sarrasin, des carottes, &c. qui serviront de nourriture au bétail pendant l'hiver suivant, & qui seront ensuite enfouies au commencement du printemps, par deux forts labours. Cette manière d'opérer vivifie les terres mêmes les plus maigres (*Voyez* le mot ALTERNER).

2°. La sécheresse, j'en conviens, est un grand obstacle à ce labour sur le chaume, & sur tout dans les provinces du midi; mais comme on a du temps devant soi, quatre bœufs, ou mules, ou chevaux, laboureront avec la charrue le sol qui ne peut l'être avec deux. Il ne s'agit pas ici de détruire le chaume au moment même qu'il est coupé : ce n'est ni un besoin urgent, ni de première nécessité; & prendre ce conseil à la rigueur, seroit un abus. Si on ne peut faire autrement, on attendra qu'une pluie bienfaisante vienne ouvrir les pores de la terre, & on profitera de cet heureux moment.

On voit, en suivant cette méthode, que dans tous les cas, il est possible de labourer, de bien labourer & de labourer fructueusement.

Les méthodes ordinaires laissent moins la liberté dans le choix; cependant, dans tout état de cause, si on laboure les terres fortes, argilleuses, crayeuses, marneuses, lorsqu'elles sont pénétrées par l'eau, les pieds du bétail les paîtrissent, le dessous de la charrue les presse, & l'un de ses côtés les serre, & celui du versoir retourne des tranches toutes d'une pièce, qui se durciront en sechant, à moins que le labour ne soit donné avant l'hiver. Ces tranches, une fois sechées, seront difficilement dissoutes par la pluie, à cause de leur tenacité; & les labours sur les labours les déplaceront, les porteront plus haut ou plus bas sans les diviser, ainsi qu'il convient. Cependant ce labour sera compté pour un, & il ne produira presque aucun effet.

Si au contraire cette terre est trop sèche, le bétail sera excédé de fatigue, la charrue entrera peu, & la terre soulevée sera en mottes, &c.

Le point à choisir d'où dépendent les bons labours, est celui où la terre n'est ni trop ni trop peu humectée; mais dans les cantons où les pluies sont fréquentes, & dans quelques-uns où elles sont presque journalières, cette disposition heureuse du sol n'est pas de longue durée, & on doit se dépêcher d'en profiter, en se servant de tous les moyens possibles.

Dans les cantons, au contraire, où les pluies sont rares, & où les chaleurs surviennent de bonne heure, la nécessité est encore plus urgente de saisir le moment, parce qu'une fois passé, il est rare de le retrouver pendant l'été. Mais si on avoit donné un fort labour avant & après l'hiver, & au point convenable, on ne seroit pas embarrassé pour les labours d'été. On sent donc de quelle importance il est que les deux premiers labours soient profonds & donnés dans des circonstances favorables, puisque c'est d'eux que dépend la facilité de ceux qui doivent leur succéder. Cette nécessité est moins urgente pour les terreins légers & sabloneux, la charrue les sillonne sans peine dans tous les temps; mais pendant l'été, les labours y excitent une évaporation très-nuisible.

## Section III.

### *Comment doit-on labourer?*

L'action mécanique du labourage a pour but, 1°. de diviser la terre; 2°. de ramener à la surface une portion plus ou moins forte de la couche inférieure, qu'on pourroit appeller terre vierge.

1°. Pour diviser la terre, on ouvre le premier sillon sur une ligne droite, & le second coupe le premier à angle droit, ce qui forme la croix. Telle est la coutume générale : est-elle la meilleure? Je ne le crois pas. Il n'y a de terre vraiment remuée que celle du sillon; mais celle de l'intérieur du quarré reste intacte; tandis que si on avoit donné le second labour en lozange, même allongé, toute la terre auroit été soulevée par ces deux labours, ou du moins plus d'un grand tiers en sus que dans les deux autres labours. On dira : mais en donnant les labours postérieurs, le quarré est traversé de nouveau par ses angles : cela est vrai; mais en supposant une double section par les angles du lozange, n'y auroit-il pas plus de terre soulevée? Cette vérité est trop palpable, pour s'appesantir sur sa démonstration. Il convient donc d'abandonner les labours par quarrés, & d'adopter ceux par lozanges.

2°. *Dans la main du laboureur*, dit le proverbe, *est la clef du grenier du propriétaire* : c'est-à-dire, que du labourage plus ou moins bien fait, dépend la bonne ou la chétive récolte, toutes circonstances égales.

La couche supérieure du sol s'appauvrit par l'évaporation & par les principes enlevés par la végétation des blés, puisqu'on sème & l'on récolte sans cesse, sans rendre à la terre les matières premières de la végétation.

On sait aussi que l'eau des pluies dissout l'*humus*, les sels, les substances savonneuses, & qu'elle les entraîne vers la couche inférieure; enfin qu'elle les en pénètre : c'est donc la portion la plus rapprochée de cette couche inférieure, qu'il convient de ramener en-dessus & de mêlanger avec la supérieure. Aussi le bon laboureur, celui qui n'est pas un automate, ne suit pas machinalement ses bœufs; il sonde son terrein; il examine si la charrue amène à la surface une partie de la couche du dessous, toujours de couleur différente de celle du dessus; il pique plus profondément, ou soulève moins, suivant la circonstance. C'est la nature du sol, la qualité de la couche inférieure qui l'indiquent de rapprocher ou d'allonger la flèche de la charrue, suivant qu'il vient trop ou trop peu de terre du dessous, & surtout suivant sa qualité bonne ou médiocre, ou mauvaise. Dans un bon sol, les labours profonds font merveille; dans les mauvais, ils sont très-pernicieux. Un bon laboureur, un laboureur intelligent eſt un homme eſſentiel, & que l'on doit ménager & bien payer.

Pour éviter la peine, les laboureurs ordinaires ne manqueront pas de dire au propriétaire peu inſtruit: La couche de deſſous eſt *aigre*, *elle n'aura pas le temps de ſe cuire*, *la récolte ſera perdue*, *&c.*; tous ces propos ſont ceux de la fainéantiſe ou de l'ignorance. Laiſſez dire, & ramenez toujours plus ou moins une portion de la terre inférieure, & qui n'a pas encore travaillé. Sa qualité, comme je l'ai déjà dit, décide de la quantité. On peut augmenter cette quantité, ſi dans le temps convenable on a porté des engrais ſur le champ, c'eſt-à-dire, avant le premier labour d'hiver, ou au ſecond, au plus tard.

L'exécution de ce renouvellement de la couche ſupérieure, eſt moralement impoſſible, ou du moins très-difficile, tant qu'on ſe ſervira de la charrue nommée *araire*, ou de la petite charrue à verſoir. La première, dans quelques endroits, eſt appellée *dentel*, & la ſeconde, *mouſſe*. Ce ſont preſque les ſeules dont on ſe ſerve dans le Bas-Dauphiné, le Comtat d'Avignon, la Provence, le Languedoc. Elles grattent la terre à trois ou quatre pouces au plus de profondeur réelle: ce n'eſt pas labourer. Le ſillon cependant paroît profond, à cauſe de l'élévation de la terre pouſſée ſur ſes bords; mais ce labour n'eſt qu'apparent; il peut être & il eſt même ſuffiſant ſur un ſol maigre, & dont la couche ſupérieure repoſe ſur une couche encore plus mauvaiſe. Dans tout autre terrein, c'eſt du travail perdu ou preſqu'inutile. Dans ces provinces dévorées par la chaleur, on ſe plaint de la ſéchereſſe, de ce que les bleds ſont trop tôt ſurpris par le chaud, &c. ces plaintes, ces lamentations perpétuelles ne font pas ouvrir les yeux aux cultivateurs, & ils ne voient pas que ſi les labours avoient été plus profonds, les racines ſe ſeroient enfoncées dans la terre, & auroient moins promptement été privées de cette humidité qui conſtitue la bonne végétation Si la contrariété des ſaiſons, ſi le peu de beſtiaux de labour que l'on nourrit, ont retardé les labours, enfin ſi le travail preſſe, on loue des paires de labours, & on les paie à tant par jour ou par meſures du pays; les propriétaires des mules, des bœufs ou des chevaux, veulent être bien payés, & rien n'eſt plus juſte; mais pour ménager leurs bêtes, le travail eſt mal fait, ils inclinent la charrue à verſoir; la terre paroît très-ſoulevée ſur le côté du ſillon, & elle l'eſt en effet, & le ſillon n'a point de profondeur réelle. Si on les paie par tâche, le labour eſt encore plus mauvais. J'ai ſouvent offert à ces laboureurs à journées de prendre leurs bêtes, à condition qu'ils ſe ſerviroient de mes charrues qui piquent bien en terre, & aucun n'a jamais voulu s'en ſervir, quoique j'offriſſe de payer leurs journées au-delà du prix courant. Les ſaiſons, j'en conviens, diminuent ou perdent quelquefois les récoltes; mais leur perte habituelle vient 1°. de ce que l'on laboure mal; 2°. de ce que l'on laboure à contre temps.

Les partiſans des labours multipliés, ſyſtême jadis ſi accrédité par M. Tull, & mis à contribution par pluſieurs auteurs qui l'ont ſuivi, ne manqueront pas de faire une longue énumération des principes de leur maître, rapportés au mot *culture*, & de finir par dire : comparez un champ labouré d'après votre méthode, & comparez la récolte que l'on obtiendra d'après la nôtre : je conviendrai avec ces Messieurs que dans l'origine ils auront un grand avantage sur moi ; c'est-à-dire que si nous prenons tous deux un champ quelconque, & parfaitement égal dans toutes les circonstances, ils auront la première année une récolte bien supérieure à la mienne, parce que leurs labours réitérés & multipliés au point de rendre la terre meuble comme celle d'un jardin, ont forcé, ont *actionné* tout-à-la-fois, si je puis m'exprimer ainsi, jusqu'aux dernières molécules du sol ; il n'est donc pas étonnant si la récolte est belle. Voilà le beau côté du tableau ; voyons actuellement le revers ; comptons combien il a fallu de labours pour faire acquérir à cette terre cette souplesse, cette division forcée. Estimons la valeur ou le prix qu'on aura payé pour chaque labour, & du tout faisons-en un total. Actuellement, il faut estimer la valeur du produit de la récolte, & faire le tableau de comparaison de dépense & de recette. La même opération doit être répétée pour le champ labouré à grands intervalles, mais dans les circonstances convenables, & on verra que le produit réel, déduction faite de toutes dépenses, sera au moins au pair par les deux méthodes. Admettons que celui de la première soit supérieur & très-supérieur, il ne prouvera rien, sinon que la terre de ce champ a été forcée, & que la végétation des bleds l'a épuisée. Il est aisé de le prouver, en répétant plusieurs années de suite les mêmes opérations sur chaque champ, & l'on verra que peu-à-peu le premier s'appauvrira & le second s'enrichira : cela est si vrai, que les partisans les plus zélés du système de M. Tull, ont ouvert les yeux, & qu'ils ont vu enfin que la dépense excédoit le produit. Il n'est donc pas surprenant d'entendre dire que la terre s'appauvrit : cela est vrai, lorsque l'on travaille mal, lorsque l'on force son évaporation, & sur-tout quand on croit suppléer les engrais par des labours multipliés. Les avantages réels des engrais, consistent dans la substance huileuse & graisseuse qu'ils fournissent à la terre, & qui devient savoneuse, en s'unissant avec les sels & l'eau ; dans cet état, elle forme la matière de la sève, ainsi qu'il a déjà été dit si souvent dans le cours de cet ouvrage. Mais un avantage bien réel encore que la terre tire d'eux, c'est l'absorption de leur air fixe, surabondant, qui se dégage lors de leur décomposition, ou lors de leur conversion en matériaux de la sève. Une partie de cet air est pompé par les racines avec la sève, & l'autre est réabsorbée par les feuilles à mesure qu'elle s'échappe de la terre. L'exemple du vase mis sous le récipient dont on a parlé, suffit pour le prouver. (*Voyez* encore les trois expériences citées tome I, page 481, au mot *Amendement*). Il me paroît bien difficile de se refuser à ce genre de preuves.

Il ne me reste plus qu'à examiner si les labours profonds & très-profonds, méritent les éloges que leur ont donné plusieurs auteurs.

On a déjà vu que le bon agriculteur proportionnoit la profondeur des labours, suivant l'épaisseur de la couche supérieure & sa qualité, & suivant celle de l'inférieure, &c. &c. Si la terre est bonne, à quoi serviront des labours plus profonds que le point auquel doit s'étendre l'extrémité des racines? A rien quant au besoin réel, & à beaucoup quant à la perte des principes par l'évaporation. Si le sol est depuis long-temps simplement égratigné par de petits labours, il est clair que cette couche de terre, sans cesse remuée, est appauvrie, & qu'il convient de la mêlanger avec l'inférieure, mais non pas en une quantité disproportionnée, excepté dans les labours d'hivernage. Pendant les labours de division ou les derniers, elle n'auroit pas le temps de s'imprégner des effets des météores Les profonds, & très-profonds labours écrasent les bêtes de fatigue, donnent de belles récoltes pendant quelque temps, & finissent par ruiner le sol, à moins qu'on ne répare ses pertes en multipliant les engrais. Dans un champ mal travaillé de longue main, un labour de six à huit pouces de profondeur réelle, est plus que suffisant. S'il survient de grosses pluies, pour peu que ce champ ait de pente, une grande partie de la terre est entraînée: voilà comment s'abaissent successivement les côteaux, & les plaines s'enrichissent à leurs dépens. Dans ce cas, on appauvrit la terre matrice, c'est une perte réelle, puisque l'*humus* qui a été dissout & entraîné par l'eau, fournit lui seul la charpente des plantes.

Dans un terrein de qualité médiocre, ou sabloneux, ces profonds labours sont désastreux; ils facilitent l'évaporation du peu d'air fixe qu'ils contiennent.

Les terreins tenaces, argilleux, crayeux, sont les seuls qui exigent de profonds labours; mais on ne doit venir à une grande profondeur que petit à petit. En effet, à quoi servira une masse d'argille ou de craie qu'on amenera à la surface, & dont le volume sera du double de celui de la terre que les météores, les labours & les engrais ont rendue végétale? Ici, toute proportion est rompue, le mauvais domine sur le médiocre, le médiocre sur le bon; une chétive récolte sera la récompense d'un travail fait à contre-sens. Je conviens cependant qu'à la longue, & en soutenant toujours la même profondeur des labours, on parviendra à améliorer la masse de terre soulevée. Il auroit mieux valu le faire petit à petit, on auroit eu chaque fois des récoltes passables.

On auroit tort de conclure que je suis ennemi des profonds labours; au contraire, je persiste à dire qu'ils sont excellens ou très-nuisibles, suivant les circonstances; enfin, que les labours avant & après l'hiver doivent nécessairement être de six à huit pouces de profondeur, lorsque le local le permet. Cette profondeur ramène, à une juste proportion, la terre neuve sur la superficie; elle a le temps de se combiner intimément avec l'ancienne, de s'imprégner du sel aërien, de la lumière du soleil, &c. enfin la profondeur de ces premiers labours, facilite le travail des derniers.

Des écrivains engagent à faire des labours *francs*, d'un pied de profondeur, d'un seul coup, & ils en parlent comme d'une chose très-facile. Je suis fâché de ne pas avoir leurs yeux, & d'ignorer leurs moyens. Mes charrues sont fortes; bien montées, tirées par de bons bœufs, & malgré cela, j'ai vainement tenté, même en mettant trois paires de bœufs, de parvenir à cette profondeur, je ne dis pas dans des terreins tenaces, comme l'argille, &c. mais dans de bons fonds ordinaires. L'on peut dire que leur plume sillonne mieux que leur charrue. Si on prend pour un pied de profondeur depuis le sommet de la terre remuée & montée sur le bord du sillon, jusqu'à sa base réelle, il n'est pas étonnant que l'on compte un pied; mais ce n'est pas ainsi qu'on doit calculer, il s'agit de la profondeur réelle & intrinséque du sillon, non comprise la hauteur de ses bords, puisque cette hauteur dépend du plus ou du moins, 1°. de la manière dont le laboureur tient sa charrue; 2°. de l'écartement ou du rapprochement de l'oreille au versoir contre le corps de la charrue; 3°. enfin de la longueur & hauteur que l'on donne à ce versoir. Je regarde donc toujours comme très-difficile ou comme impossible l'exécution de ces labours *francs* de douze pouces de profondeur. Admettons les possibles; à quoi serviront-ils? A trop ramener de terre-vierge sur la superficie, & à la longue, à épuiser le champ. Des exceptions particulières ne détruisent pas cette assertion générale. Afin d'éviter les répétitions, voyez ce qui est dit dans le premier chapitre de la quatrième partie de l'article *Charrue*, sur leur attelage, la manière de les conduire, & d'exécuter les différens labours pour lesquels on les emploie. *Tome III*, *page* 131.

## CHAPITRE III.

*Est-il plus avantageux de labourer avec des bœufs, ou avec des chevaux, ou avec des mules.*

La solution de ce problême est facile, si on se dépouille de bonne foi de toute prévention contractée par l'habitude, ou si l'on voit & l'on examine les choses sans partialité.

Il est démontré en mécanique que l'homme ou l'animal quelconque, ne tire qu'en raison de son poids ou de sa masse : premier principe.

Il est encore démontré que la force de l'animal diminue, s'il n'est pas bien proportionné, & que plus il sera monté haut sur ses jambes, moins sa masse aura de force, attendu la foiblesse ou la disproportion des points d'appui : second principe; d'où il seroit aisé d'en déduire plusieurs autres, & que le lecteur peut aisément supposer.

Prenons actuellement un bœuf & un cheval bien conformés, & de poids égaux; je dis que le bœuf tirera plus que le cheval, parce qu'il est moins monté haut en jambes, parce que que ses membres sont plus ramassés, enfin parce qu'il tire du poids de tout son corps, puisque le joug est attaché à ses cornes, tandis que le cheval ne tire que par les épaules, soit avec un collier, soit avec un poitrail.

Il y a deux manières de faire cette expérience; la première, de mettre l'un après l'autre chaque animal, par exemple, dans la grande roue d'une machine appellée *grue* : on verra alors qu'ils soulèveront le même fardeau, parce

parce qu'ici ils n'agissent que comme masse. Dans la seconde, attelez-les successivement à une corde attachée à une poutre ou à un fardeau quelconque à tirer. Ici le bœuf aura l'avantage sur le cheval, parce qu'il est plus ramassé dans ses membres, plus court jointé, & ses points d'appui plus forts. Cependant on doit observer que les bœufs sont accoutumés à tirer deux à deux, au lieu que le cheval tire souvent seul ; il faut donc, pour rendre l'expérience concluante, supposer deux bœufs & deux chevaux égaux & bien proportionnés dans leur genre. Ce que je dis du bœuf & du cheval s'applique aux mules & aux mulets.

Voyons actuellement quels sont les animaux les moins coûteux pour l'achat & pour l'entretien.

On a dans tout le royaume *en général* une belle paire de bœufs de 5 à 6 ans pour 400 liv.; une paire de mules de même âge, sans être de qualité première, coûte 1000 à 1200 l. Le prix d'une paire de chevaux est à-peu-près le même : donc pour la même somme j'aurai trois paires de bœufs.

Il faut à présent estimer le prix d'achat des harnois des chevaux, & leur entretien, & le comparer avec celui d'un joug & de la longue courroi qui sert à l'assujettir aux cornes de l'animal. Je demande de quel côté est l'économie ?

Le cheval, le mulet, demandent à être ferrés ; nouvelle dépense. Le bœuf n'a pas besoin du maréchal. Je sais cependant que dans certaines provinces du royaume, on ferre les bœufs. Cette précaution est tout au moins inutile. Par-tout ailleurs l'animal est sans fer ; & on objecteroit en vain la différence des sols, des climats, &c.

La nourriture du bœuf est peu coûteuse ; de la paille & quelque peu de foin lui suffisent chaque jour vers le midi, & les jours fériés il va pâturer dans les prés, dans les champs, & cette nourriture accessoire économise les provisions de la maison. Le mulet, le cheval au contraire exigent des repas réglés, toujours du fourrage, de la paille, & sur-tout de l'avoine. Il est donc clair que la dépense pour la nourriture, est d'un tiers plus forte pour ces animaux que pour le bœuf. Voilà trois économies réunies ; maréchal, bourrelier & nourriture ; que l'on calcule actuellement à combien elles montent à la fin de l'année dans une grande métairie !

Si j'avois à choisir entre le cheval & le mulet ou la mule, je préférerois ces derniers, parce qu'ils sont moins sujets à de grandes maladies, & demandent rarement les soins du maréchal : de-là est venu le proverbe, *il est coûteux comme un cheval à l'écurie.*

Je connois les objections que l'on fait communément contre le service des bœufs, & je les réduis à deux principales. Ils sont moins expéditifs au travail, & on risque de les perdre par une épizootie.

Je conviens en général que les bœufs ont un pas tardif & lent ; mais est-ce leur faute ? Non, sans doute ; elle tient plus à la paresse du premier conducteur, qu'à l'impuissance de l'animal : ceci paroîtra peut-être un paradoxe ; un seul point de fait prouve ce que j'avance. Au Pérou & au Brésil, où l'on a transporté cette race de l'Europe, & où elle est si multipliée aujourd'hui, que souvent on tue un bœuf pour le seul plaisir d'en manger la langue, on y fait des courses de trois ou quatre lieues, monté sur ces animaux, aussi vîte & en aussi peu de temps, qu'avec les chevaux de poste en France. Il ne s'agit pas ici d'examiner si ces bœufs au galop ont les allures & la souplesse du cheval, il suffit de prouver qu'ils sont susceptibles d'aller vîte, & très-vîte; & j'ajoute que j'en ai depuis deux ans une paire qui marche aussi vîte qu'une paire de chevaux ou de mules, sans être plus fatigués que ceux qui vont plus lentement. Tout dépend du premier conducteur que l'on a donné à l'animal, & je réponds du fait d'après mon expérience. Le cultivateur peut donc acheter des bœufs qui n'aient pas encore labouré, & les mettre peu à peu au pas qu'il désire. Il ne sera pas difficile d'y parvenir; mais la difficulté extrême sera de soumettre à cette marche preste, le laboureur, sur-tout dans les pays où la coutume est établie de labourer avec des bœufs. Dans les provinces où la culture se fait avec des chevaux, la chose est facile, parce que le valet est accoutumé à marcher plus vîte.

J'ai voulu me convaincre par mes propres yeux de la différence qu'il y a entre la marche des mules avec celle des bœufs dans les premiers labours, ou labours de défoncement, & j'ai vu que sur un sillon d'un quart-d'heure de marche, il n'y avoit pas six toises de différence. Je conviens qu'elle seroit plus considérable au troisième ou au quatrième labour, parce que les mules doivent avoir moins de peine que dans les premiers, attendu que leur masse est moins forte que celle des bœufs, & que c'est en raison des masses que réside la force pour tirer. J'invite le cultivateur, amateur de l'ouvrage bien fait, de comparer le sillon tracé par des bœufs, à celui fait avec des mules ou avec des chevaux; il verra combien le premier est net, droit, sans inégalité, & plus profond que les autres. J'ai des chevaux, des mules & des bœufs, & je trouve une très-grande économie à me servir des derniers, sans parler de la supériorité de leur travail.

Un point essentiel à observer lorsque l'on achette des bœufs, est de s'assurer de l'endroit où ils ont été élevés. Par exemple, des bœufs nés & nourris sur les montagnes & dans les lieux élevés de l'Auvergne, du Limosin, &c. sont en général très-peu propres aux pays de plaine, & ils ont beaucoup de peine à s'y accoutumer, soit à cause du changement de nourriture, soit à cause de la différence du climat, &c. S'ils ont été élevés dans des endroits secs naturellement, & par le sol, & par le climat, ils dégénèreront dans les lieux bas & humides, ainsi de suite, lorsqu'il se trouve une disproportion marquée. Peut-on se figurer que les bœufs vigoureux, par exemple de la Camargue, fussent d'un grand secours dans nos provinces du nord? Ils pâtiront, languiront, & souffriront jusqu'à ce qu'ils soient acclimatés. On ne fait point assez ces réflexions, lorsque l'on achette le bétail dans les foires. On se contente d'observer s'il est en bon état, jeune & bien proportionné; & on est tout étonné ensuite de le voir chez soi dépérir à vue d'œil! On doit, autant qu'on le peut, se procurer le bétail né dans le voisinage : changeant d'écurie, il retrouve le même climat & la même nourriture. On dit que les bœufs ne réussissent pas dans nos provinces méridionales ; c'est une erreur : il y fait moins chaud qu'au Pérou, qu'au Brésil, qu'au Cap de Bonne-Espérance, où ces animaux ont si bien réussi. Il suffit de les faire boire trois fois par jour, & de les tenir à l'orge ou à l'avoine verte pendant deux semaines au printems. La cherté des chevaux & des mules commence à forcer les cultivateurs à revenir à la culture exécutée par les bœufs, ainsi qu'elle l'a été autrefois dans tout le royaume, sans exception d'aucune de ses provinces. C'est un point de fait qu'on ne sauroit nier.

Un auteur, très-estimable dans son ouvrage intitulé : *Manuel d'Agriculture pour le Laboureur*, dit : « Il y a une raison qui rend le cheval préférable au bœuf, c'est que, » pour une charrue, il ne faut qu'un » attelage de chevaux ; au lieu qu'il » en faut deux de bœufs, dont l'un » soit pour le travail de la matinée, » & l'autre pour celui de l'après-midi, » toujours ainsi alternativement, afin » que l'un des deux se repose : autrement le même attelage qui ne » discontinueroit pas son travail, » iroit extrêmement lentement, ce » qui obligeroit d'en avoir deux pour » bien faire aller une charrue ».

Je ne nie pas que cette méthode existe dans certains cantons du royaume, puisque M. de la Salle de l'Etang en fait mention ; mais quoique j'aie parcouru presque l'étendue du royaume dans tous ses points, j'ose avancer que je ne l'ai vu suivie nulle part, & que par-tout les mêmes bœufs travaillent trois à quatre heures dans la matinée, suivant la saison, & autant dans l'après-midi. On ne les feroit travailler qu'une heure par jour, qu'ils n'en iront pas plus vîte, & qu'ils marcheront toujours du même pas auquel leurs premiers conducteurs les auront accoutumés.

Il est bien démontré à mes yeux, & par ma propre expérience, que la dépense, soit pour l'entretien, soit pour la nourriture de deux paires de chevaux, équivaut, à très-*peu de chose près*, à celle de quatre paires de bœufs, & beaucoup au-delà à celle de trois paires ; sur-tout si l'on compte l'intérêt de la mise d'argent pour l'achat, & si l'on y ajoute la perte & la non-valeur que le temps amène sur le prix des chevaux, à mesure qu'ils vieillissent. Les bœufs au contraire, hors de service, sont mis à l'engrais, & on les vend ensuite presqu'aussi cher qu'ils ont coûté. Je ne crois pas qu'on puisse nier ces points de fait. Admettons actuellement que le travail de deux paires de chevaux égale celui de trois paires de bœufs, à cause de leur lenteur, il n'en sera pas moins vrai que le travail aura moins coûté, & qu'il sera mieux, & plus solidement, & plus profondément fait. Je demande encore de quel côté doit pencher la balance ? sur-tout si l'habitude & le préjugé n'ont aucune part dans la décision.

Les bœufs sont attaqués par les *épizooties* (*Voyez* ce mot), & souvent ces terribles maladies enlèvent tout le bétail d'un canton & d'une province. Telle est la seconde objection que l'on fait contre l'usage des bœufs. La clavellée ou petite-vérole, ou picotte, n'est-elle pas une maladie contagieuse pour les troupeaux ?

La morve, le farcin, &c. ne sont-ils pas épizootiques pour les chevaux, pour les mules & les mulets? Cependant ne se sert-on pas des uns & des autres? & l'objection n'est-elle pas la même dans tous les cas? Si le cultivateur a lu & médité attentivement ce qui est dit au mot *Epizootie*, il verra que rien n'est plus aisé que de garantir son bétail de la contagion générale, soit par des soins & des remèdes de précaution, soit par une rigoureuse séparation des animaux sains d'avec les animaux malades, & en empêchant que les personnes qui servent les uns, n'approchent des autres dans aucun cas. Les maréchaux sont, à l'égard du bétail, lorsqu'il règne une épizootie, ce que les médecins & les chirurgiens sont à l'égard de la petite-vérole. Ils sortent de visiter un malade, après l'avoir touché, ou ses vêtemens; ils s'imprégnent du venin contagieux, & le répandent par-tout où ils vont. Cela est si vrai que lorsque toute communication quelconque a été interdite, la maladie reste circonscrite dans le lieu même, & le voisinage en est exempt. Il en est ainsi de la peste, &c.

Personne n'ignore que le *cheval* (*Voyez* ce mot) est sujet à un très-grand nombre de maladies, tant intérieures qu'extérieures, tandis que le bœuf en est très-rarement attaqué, sur-tout pour les maladies extérieures. Il est donc clair que le bœuf mérite à tous égards la préférence sur le cheval, lorsqu'il s'agit de l'économie rurale. Il est également démontré, par l'expérience journalière, qu'il résiste beaucoup plus à la fatigue. J'aurai peine à convaincre de ces vérités un Flamand, un Picard, &c. parce qu'ils sont dans l'usage de se servir des chevaux; mais je les invite à faire des expériences comparatives : elles prouveront plus que les discours, & c'est le seul moyen de dissiper l'illusion.

LABOUREUR. C'est celui qui laboure ou fait profession de faire labourer & cultiver des terres. Conduire une charrue paroît une action bien facile; cependant, sur vingt laboureurs, on en trouve à peine un excellent, deux passables, & le reste au-dessous du médiocre. On reconnoît un bon laboureur à la manière aisée dont il conduit & manie sa charrue; à la facilité que l'habitude lui a donnée de la faire enfoncer ou soulever à volonté; à l'art d'ouvrir des sillons égaux & droits; au versement des terres sur le bord du sillon, &c. Enfin, un bon laboureur est celui qui ne fatigue pas ses bêtes, & qui sait proportionner la profondeur du sillon à la qualité de la terre. Quant aux laboureurs ordinaires, tout sol à leurs yeux est le même; ce sont autant de machines traînées plutôt par les bêtes confiées à leurs soins. Un bon laboureur s'affectionne à ses animaux; il les aime, les caresse, les bat rarement, & ils obéissent à sa voix. Si la fatigue est considérable, il fait ce qu'il peut pour la diminuer, en redoublant ses efforts. A peine le bétail est-il rentré dans l'écurie, qu'il le bouchonne, s'il est en sueur, le couvre au besoin, veille à lui procurer une bonne litière, le panse & l'étrille plusieurs fois chaque jour, & son zèle souvent trop empressé, le porte à procurer à l'animal beaucoup plus de fourrage qu'il ne doit en consommer :

j'en ai vu qui partageoient avec lui le pain de leur déjeûner. L'on observe presque toujours que les laboureurs qui ne savent pas travailler, s'attachent rarement à leurs bêtes; elles sont sales, crottées, mal soignées, mal nourries; & cette négligence vient de ce qu'ils labourent sans le désir de bien faire, en un mot, parce qu'ils sont obligés de travailler pour vivre. De ce peu d'aptitude, de cette indifférence, naît l'insouciance où ils sont de la conservation du bétail. Il est battu, mal nourri & mal soigné. Dès que vous connoîtrez un bon laboureur dans le canton, n'épargnez ni soin ni argent pour vous le procurer, & tâchez de vous l'affectionner par de bons procédés, & sur-tout par de bons gages; votre argent sera placé à gros intérêt.

LABYRINTHE. Lieu coupé par plusieurs chemins ou allées, & où il y a beaucoup de détours, en sorte qu'il est difficile d'en trouver l'issue. On a introduit ce genre de décoration dans les grands parcs, & il produit un effet agréable, s'il est bien dessiné. Il suppose nécessairement beaucoup d'espace, sans quoi les allées sont les unes sur les autres, trop étroites, & les plantations privées du grand air, *s'étiolent* (*Voyez* ce mot). Le local doit décider de la forme du labyrinthe; le grand point est d'éviter la confusion, & de masquer avec art la véritable route qui conduit à l'issue, afin de causer une légère inquiétude à celui qui s'est engagé dans les routes. Communément le centre du labyrinthe est décoré par un pavillon ou par tel autre objet, qui dédommage de la peine que l'on a eu à y parvenir.

LACRYMALE (*Fistule*). MÉDECINE VÉTÉRINAIRE. Elle s'annonce au grand angle de l'œil du cheval, par une tumeur phlegmoneuse, qui, en s'abcédant, produit du pus qui s'écoule le long de cette partie. Les points lacrymaux sont engorgés & souvent ulcérés; mais, pour l'ordinaire, on observe un ulcère entre les paupières, à l'endroit de la *caroncule* lacrymale. (*Voyez ce mot*).

Cette maladie reconnoît pour cause l'âcreté des larmes, le grand froid, & quelquefois une cause interne, telle que le virus de la morve, du farcin, &c. (*Voyez* ces mots).

*Traitement.* Dès que vous appercevrez de la tumeur, appliquez sur la partie des compresses imbibées dans une décoction émolliente, réitérez-en l'application sept à huit fois le jour. Mais la maladie est-elle avancée? Y a-t-il écoulement de matière purulente? Tentez d'abord de déterger l'ulcère avec des injections faites par le canal lacrymal, dont vous trouverez l'ouverture au bord des narrines, au haut de la lèvre postérieure; & si les points lacrymaux sont engorgés de manière à ne pas permettre à la liqueur de passer, injectez de bas en haut.

Il est des cas néanmoins où il faut inciser & ouvrir le sac; on y procède de la manière suivante: faites contenir les paupières par un aide, introduisez la sonde cannelée, & faites une incision avec le bistoury; cela fait, lavez la partie avec du vin chaud, appliquez ensuite des petites tentes de digestif simple, &

continuez ce pansement jusqu'à ce que la suppuration ne soit plus si abondante, & que la plaie soit belle, & terminez la cure par l'usage du beaume de Copahu ou du Pérou.

On doit bien comprendre que ce traitement local ne suffiroit point pour remédier à la fistule lacrymale, qui reconnoît pour cause le virus de la morve, du farcin, &c. (*Voyez* ces mots). M. T.

LADRERIE. Médecine vétérinaire. La ladrerie est une maladie familière aux cochons domestiques : elle a beaucoup de rapport avec la lèpre de l'homme. C'est sans doute pour cette raison que Moïse en défendit autrefois l'usage à son peuple.

*Symptômes*. Les tégumens sont insensibles, l'animal se remue avec peine, & paroît triste ; les bords & la partie inférieure de la langue, quelquefois le palais, sont chargés de petits grains & de tubercules blanchâtres, rarement noirâtres, souvent remplis d'une humeur épaisse. Lorsque la maladie est avancée, la racine des poils est pour l'ordinaire ensanglantée, l'animal se soutient à peine sur le train de derrière. Nous avons vu des cas où cette maladie ne se connoissoit qu'après avoir égorgé l'animal, & l'avoir mis en pièces. Alors nous avons trouvé le tissu cellulaire des muscles, parsemé de grains blanchâtres.

*Causes*. La ladrerie vient ordinairement de la malpropreté où on abandonne le cochon, & de la corruption des substances infectes dont il a coutume de se nourrir. Voilà pourquoi le sanglier n'est point sujet à cette maladie; cette espèce de cochon sauvage ne se remplissant point de semblables ordures, & vivant communément de grains, de fruits, de glands & de racines. Voilà pourquoi aussi le jeune cochon domestique n'y est point exposé, tant qu'il tette.

L'expérience prouve que cette maladie n'est point contagieuse, & qu'elle ne se communique pas d'un porc malade à un porc sain. Elle est très-difficile à guérir dans le commencement, & lorsqu'elle est parvenue vers son dernier degré d'accroissement, elle est incurable.

*Traitement*. Pour guérir l'animal dans le principe de la maladie, mettez-le sous un hangar exactement pavé, propre & bien aéré : étrillez-le deux fois par jour; faites-le baigner tous les jours dans une eau courante & pure; au sortir du bain, bouchonnez-le exactement, ensuite ramenez-le à l'étable, où vous changerez de litière deux fois par jour; faites-le promener une heure le matin, autant le soir, sans lui permettre de manger aucune substance infecte; nourrissez-le de grains de froment, & de son humecté d'eau aiguisée de sel de nître; tenez-le à cette nourriture, mais à une dose modérée, & dans des temps réglés. Prenez de fleur de souffre trois onces; de son environ une livre; mêlez exactement, & humectez le mélange avec de l'eau simple; réitérez ce breuvage tous les jours à jeun, pendant l'espace d'un mois, ou environ; parfumez le malade une fois le matin, autant le soir, avec les vapeurs de deux parties de souffre & d'une partie d'encens; donnez tous les jours avec le grain de froment, la racine de patience pulvérisée, à la dose de quatre onces. M. Vitet conseille ce dernier remède; quelques-autres auteurs ont proposé l'usage interne des préparations mercurielles & antimoniales; mais dans ce cas, la chair de l'animal est très-suspecte. M. T.

LAINE. Espèce de poil qui couvre la peau des moutons, des brebis, des agneaux, & de quelques autres bêtes. Il ne sera question dans cet article que de celle des trois premiers. La masse de laine qui se lève tout d'une pièce lorsque l'on tond l'animal, se nomme *toison*.

La laine est une matière souple & solide, qui nous procure la plus sûre défense contre les injures de l'air. Les poils qui la composent, offrent des filets très-déliés, flexibles & moëlleux. Vus au microscope, ils sont autant de tiges implantées dans la peau par des radicules. Ces petites racines qui vont en divergeant, forment autant de canaux qui leur portent un suc nourricier que la circulation dépose dans des follicules ovales, composées de deux membranes; l'une externe, d'un tissu assez ferme & comme tendineux; l'autre interne, enveloppant la bulbe. Dans ces capsules bulbeuses, on apperçoit les racines des poils, baignées d'une liqueur qui s'y filtre continuellement, outre une substance moëlleuse qui fournit amplement la nourriture. Comme ces poils tiennent aux houpes nerveuses, ils sont vasculeux, & prennent dans des pores tortueux la configuration frisée que nous leur voyons sur l'animal.

Avant l'invention des toiles de fil, dont l'usage habituel remonte peu au-delà avant Jules-César, les étoffes de laine étoient plus recherchées, parce que rien ne pouvoit les suppléer; mais aujourd'hui les étoffes de soie & de coton en ont singuliérement diminué la consommation. La qualité de ces objets, plutôt de luxe que d'utilité réelle, ne défendra jamais aussi-bien l'homme contre les injures des saisons, que la laine. De toutes les matières connues, elle est celle qui tient le plus chaud, & l'étoffe qu'on en fabrique, est celle qui dure le plus. La beauté & la bonté de la laine tient à l'espèce du troupeau, au pâturage qui le nourrit, au climat qu'il habite, & à la manière dont il est soigné & conduit : c'est ce qu'il faut démontrer.

*PLAN du Travail.*

CHAP. I. *Précis historique du perfectionnement des laines.*

CHAP. II. *Des moyens de perfectionner les laines.*

SECT. I. *Du climat.*

SECT. II. *Du croisement des races de qualité supérieure, avec celles de qualité inférieure.*

CHAP. III. *Est-il possible de perfectionner les laines en France, & quelles sont les qualités des laines actuelles.*

SECT. I. *De la possibilité de perfectionner les laines en France.*

SECT. II. *Des qualités des laines actuelles, des troupeaux & des pâturages dans le royaume.*

## CHAPITE PREMIER.

### *Précis historique du perfectionnement des laines.*

Il est inutile de remonter au temps des patriarches, quoique leur richesse consistât dans les troupeaux; de parler de l'empire des Elamites, le peuple le plus ancien dont l'histoire fait mention, des Moabites, des Juifs, &c. nous savons seulement qu'ils possédoient de nombreux troupeaux, & nous ignorons s'ils se sont occupés de perfectionner les espèces, & par conséquent les laines.

Les Phéniciens, peuple toujours actif & vigilant, se livrèrent au travail des manufactures, & les colonies qu'ils établirent dans presque toutes les parties du monde, alors connues, y portèrent le fruit de leurs observations & de leur industrie. Les champs de l'Arcadie étoient déjà couverts, mille ans avant l'Ere-Chrétienne, d'un nombre prodigieux de troupeaux : la laine y étoit tellement estimée, de même que dans l'Afrique, qu'il n'étoit permis d'égorger que les vieilles brebis, & après les avoir tondues. Les Phéniciens transportèrent leurs manufactures dans l'isle de Malthe, où, suivant Diodore de Sicile, on fabriquoit des étoffes de laine fine, vingt-un ans avant Jésus-Christ. On peut raisonnablement penser que les Espagnols & les Portuguais doivent aux Phéniciens l'art de préparer les laines.

Rome eut à peine élevé ses murs, & nommé ses rois, que ses premiers soins se tournèrent du côté des bergeries; & les troupeaux y furent en si grande considération, qu'on expioit le crime d'homicide par l'amende d'un bélier. Peuple féroce, la vie d'un citoyen n'étoit pas plus prisée chez vous que celle d'un animal!

Columelle, contemporain de l'empereur Claude, avoit en grande recommandation les brebis; aussi il reproche sans cesse aux dames Romaines, énervées par la molesse asiatique, introduite dans Rome, de ne plus donner aucun soin aux bêtes à laine, & d'avoir perdu de vue l'exemple que Tanaquil, épouse de *Lucius Tarquinus Priscus*, leur avoit donné, en filant & lissant elle-même la laine pour l'habit royal de *Servilus Tullius*. Ces habits furent déposés après sa mort dans le temple de la Fortune, & son fuseau dans celui de *Sancus*. Les Romains ordonnèrent en son honneur, qu'une fiancée se présenteroit, avec son fuseau à la main, devant celui qu'elle devoit épouser, & qu'elle orneroit de festons de laine la porte de la maison de son futur.

Columelle dont on vient de parler, & natif de Cadix, est peut-être le premier qui se soit imaginé de croiser les races : la nation Espagnole lui doit ses belles laines. Ce grand homme, frappé de la blancheur & de l'éclat de quelques moutons sauvages, amenés d'Afrique à Cadix pour les spectacles, apperçut qu'il étoit possible d'apprivoiser ces animaux, & d'en établir la race dans sa patrie. Il exécuta son projet, & accoupla des béliers africains avec des brebis espagnoles. Les moutons qu'il obtint avoient le moëlleux & le délicat de la toison de leur mere, l'éclat & la blancheur de la laine de leur père.

La nation Espagnole touchoit au moment d'être une des plus puissantes de l'Europe, par le seul avantage de ses laines, lorsque les découvertes de Christophe Colomb la plongèrent dans une espèce de léthargie; elle préféra l'or du Mexique

que à ses laines, ou du moins les laines ne furent plus le premier objet de ses soins & de son ambition : l'Espagnol embrassa le signe pour la réalité.

Vers l'an 810, Charlemagne releva la splendeur des laines & des manufactures de France par des établissemens à Lyon, à Arles, à Tours. Bientôt après, forcé de traverser les Alpes pour se rendre en Italie, il en forma de nouvelles à Rome & à Ravenne. Les premières se sont maintenues jusqu'à ce qu'elles ont été transformées en manufactures de soie, mais à peine s'est-on souvenu en Italie des soins & des encouragemens accordés par l'Empereur.

Les villes de l'ancien royaume de Bourgogne, sur-tout celles du Brabant & de Flandres, goûtèrent un repos dont ne jouirent pas celles de France & d'Italie. Comme les arts aiment la tranquillité, les manufactures de Flandres attiroient déjà les regards en 960. Leur plus haut dégré de considération fut en 1267, & l'époque de leur décadence en 1305. La ville de Louvain possédoit seule quatre mille maîtres & cent cinquante mille ouvriers. Les maîtres disputèrent le salaire aux ouvriers, & ceux-ci, après s'être livrés à d'horribles excès, abandonnèrent le pays, afin de se soustraire aux punitions qu'ils méritoient. Les Anglois & les Hollandois tendirent les bras aux fugitifs, & quelques autres passèrent dans les différens états d'Allemagne.

Les étoffes de laine ne tardèrent pas à acquérir de la célébrité en Hollande. En 1624 ce peuple fabriquoit vingt-cinq mille pièces de drap de qualité supérieure, que l'on distinguoit par la beauté de leur couleur, & par leur finesse. En 1650 la fabrication annuelle d'une seule province méridionale de Hollande, monta à deux mille six cens pièces de drap.

Si les Anglois & les Suédois ont été jusqu'au seizième siècle assez peu instruits dans la culture des jardins potagers, pour avoir fait venir de l'étranger de la salade, des choux, des navets & autres légumes semblables, il faut convenir que ces nations pensantes ont beaucoup surpassé leurs rivales dans la perfection des laines. Les Anglois, à l'exemple des Romains, attribuent leurs progrès à une de leurs reines, épouse d'Edouard le vieux; elle éleva les princesses ses filles dans l'exercice de l'art qu'elle avoit elle-même appris à la campagne avant son mariage avec le roi en 918; depuis cette époque les manufactures se multiplièrent, & on forma en 1080 des communautés à Lincolk, à Yorck, à Winchester. Ce fut en 1331 que les Flammands exilés apportèrent en Angleterre leurs talens & leur industrie, attirés par les privilèges qu'on leur accorda. C'est à cette époque à laquelle il faut remonter pour la célébrité des draps de l'Angleterre. Vers l'an 1582, on exportoit annuellement deux cent mille pièces de drap; en 1600, on en exporta pour la valeur d'un million; en 1699, pour deux millions neuf cent trente-deux mille deux cent quatre-vingt-douze livres sterlings, dont la valeur faisoit la cinquième partie de tous les effets exportés pendant cette année. La liberté & la protection spéciale du Gouvernement n'ont pas peu contribué à augmenter & à perfectionner cette branche de commerce.

Cette liberté & cette protection ont été accordées en Hollande, & cependant certains draps d'Angleterre l'emportent en beauté sur ceux de Hollande, de France, de Venise, &c. il faut en chercher la raison dans la production des matières premières, fournies par le pays même.

Le premier trafic de laine dont l'histoire fait mention, fut en 712 & 727, sous le roi Ina, à qui la nation doit de sages loix concernant la multiplication de la bonne race de brebis. Le roi Alfred, en 885, fit encore plus que ses prédécesseurs: enfin la vigilance du gouvernement anglois alla si loin, qu'en 961, le roi Edgard entreprit d'exterminer les loups dans toute l'étendue de son royaume; les récompenses furent prodiguées, & dans l'espace de quatre années ce projet fut entiérement exécuté. Depuis cette époque, la race de brebis à laine fine s'accrut de telle sorte, que le roi Henri II défendit, en 1172, la fabrication des draps faits avec la laine d'Espagne mêlée avec celle d'Angleterre. Vers l'an 1357, les Anglois vendirent par an à l'étranger cent mille sacs de laine; ils en exportèrent chaque année, sous le règne de Henri IV, cent trente mille sacs, & on suppute aujourd'hui en Angleterre la valeur de la laine brute à deux millions sterlings, & à huit millions sterlings celle qui a été manufacturée.

L'émulation devint si forte, que plusieurs habitans de la campagne négligèrent l'agriculture pour entretenir au-delà de vingt-quatre mille brebis; mais Henri VIII défendit en 1534 à tout colon d'en entretenir plus de deux mille. Ce réglement a souffert depuis quelques exceptions.

L'Angleterre, jalouse de conserver la race précieuse de ses brebis, ne permit pas l'exportation des béliers. Edouard III fut le premier qui défendit, en 1638, leur sortie du royaume, afin, dit-il, que la laine angloise ne baisse pas de prix, & que la laine étrangère ne soit pas améliorée au désavantage évident de la nation. Henri VI renouvella la même défense en 1424, & la reine Elisabeth, par son édit de 1566, ajoute à la rigueur des édits précédens; elle statue que quiconque exportera des béliers, sera puni pour la première fois de la perte de ses biens, mais qu'il sera puni de mort s'il retombe une seconde fois: ces loix rigoureuses existent encore aujourd'hui, mais la cupidité a souvent surmonté les obstacles.

Tout le monde convient que les laines d'Espagne surpassent en finesse celles d'Angleterre, & que leur prix est bien supérieur. Cette qualité est-elle dûe au climat, ou aux soins qu'on y prend des brebis? Le climat y contribue sans doute; mais celui d'Espagne ne lui est pas tellement particulier, qu'on ne puisse en trouver un semblable; c'est donc plutôt à l'attention continuelle, & presque patriarchale, que les Espagnols ont eu de leurs troupeaux depuis des temps très-reculés, que l'on doit attribuer cette perfection.

De toutes les nations, il n'en est point qui ait plus encouragé le soin des troupeaux: les possesseurs des bergeries ont formé de tout temps en Espagne une société dont les députés s'assembloient dans des lieux indiqués, afin de disposer la marche,

& pourvoir aux besoins des troupeaux ambulans, mais sur-tout pour rendre aux propriétaires les brebis mêlées avec celles d'un autre troupeau. Ces assemblées furent ordonnées dans la première loi écrite, connue en Espagne en 466 par Enrico IX, roi des Goths.... Le roi Sisnando, au quatrième concile de Tolède en 633, changea le nom de député en celui de conseiller, & peu après les députés devinrent des officiers, des juges royaux, dont les fonctions étoient d'examiner & de prononcer d'après les loix.

On est porté à penser que ce conseil avoit beaucoup d'autorité, puisque Léonore, reine douairière de Portugal, fit en 1499, par son ambassadeur, proposer à ces bergers de passer les limites d'Espagne, & de venir faire paître leurs troupeaux sur le territoire de son royaume, où elle leur promettoit les secours les plus efficaces. Le conseil accepta les propositions de l'ambassadeur, & depuis ce temps les brebis espagnoles passent en Portugal dans un certain temps de l'année, moyennant une légère rétribution. Il est défendu aux bergers d'y tondre les brebis & de les vendre hors de l'Espagne. L'autorité royale vint à l'appui du décret des bergers; le roi Ferdinand & la reine Elisabeth ordonnèrent en 1500 qu'un conseiller du roi présideroit à ces assemblées.

Les brebis à laine fine sont l'objet spécial des loix & des priviléges. Les pâturages destinés à cette race privilégiée, sont différens suivant les saisons de l'année; elles passent l'hiver dans les provinces basses & méridionales d'Espagne, comme l'Estramadure, l'Andalousie, la nouvelle Castille, ou dans celles de Portugal, & on les conduit en été sur les hauteurs & les montagnes de la vieille Castille & du royaume de Léon.

Ces troupeaux ambulans ont une liberté pleine & entière pour pâturer sur les endroits par où ils passent, sans payer la plus légère redevance; les possesseurs du terrein ne peuvent s'y opposer. Les champs labourés, les prairies, les vignes, les jardins potagers même doivent leur être livrés; les seuls terreins fermés par des murs sont exempts. Comme ces transmigrations se font au commencement & à la fin de l'hiver, les troupeaux, dit-on, causent peu de dommages.

La bonne race de brebis à laine fine étoit beaucoup diminuée avant l'avènement de Philippe IV au trône d'Espagne; ce monarque n'oublia rien pour l'augmenter & pour encourager les propriétaires à la multiplier; il publia à cet effet un édit en 1633, dont voici les articles intéressans.

1°. Pour prévenir les désordres, assurer l'abondance des pâturages, & les avoir à un prix modéré, il sera fait un cadastre général dans tout le royaume, dans lequel on spécifiera l'étendue & les bornes de chaque pâturage particulier. 2°. Il sera défendu d'enclore ou de labourer, ou cultiver aucun endroit sans une permission spéciale qui ne sera accordée qu'en cas de nécessité. 3°. La plantation de nouvelles vignes sera proscrite comme nuisible à l'agriculture, & principalement aux troupeaux. 4°. Si un berger se plaint que le propriétaire d'un champ veut lui vendre trop cher le pâturage, le possesseur & le berger nommeront chacun un député pour régler le prix;

ſi ces arbitres ne s'accordent pas, un troiſième ſera nommé par le tribunal le plus prochain, pourvu cependant que le pâturage dont il s'agit ne ſoit pas ſous la juriſdiction de ce tribunal.

Cet édit abolit pluſieurs redevances payées auparavant par les troupeaux, lorſqu'on les conduiſoit d'un pays à un autre; il défendit aux bergers de céder leurs prétentions aux pâturages qui leur appartenoient par l'uſage incontesté d'une ſaiſon, parce que le pâturage n'eſt point à eux, mais aux troupeaux. Perſonne ne pouvoit enchérir ſur un bail, ni le poſſeſſeur affermer ſon terrein par la voie de l'enchère; il étoit défendu à celui qui n'avoit point de troupeaux de prendre des pâturages à bail, & s'il en avoit, de ne contracter que pour l'étendue dont il avoit réellement beſoin. Les communes ne pouvoient être affermées ſous quelques prétextes que ce fût. Si un propriétaire ne payoit pas ſes dettes, les créanciers n'avoient le droit de faire ſaiſir que le nombre des brebis excédant celui de cent, & ce nombre devoit toujours lui reſter. Le poſſeſſeur d'un fonds ne peut le vendre ni l'aliéner ſans céder en même-temps le troupeau, & il n'eſt en droit de renvoyer ſon fermier que lorſqu'il s'eſt procuré un nombre ſuffiſant de brebis. Afin de prévenir le hauſſement du prix des pâturages, il fut fixé & défendu de l'augmenter. Le droit de demander la fixation du pâturage n'appartenoit qu'aux poſſeſſeurs de troupeaux, & les champs dépendans du domaine de la couronne, furent ſoumis comme les autres à la même taxe.

Les troupeaux ont en Eſpagne la liberté, durant leur marche d'un pays à un autre, de ſe répandre à leur gré ſur les champs incultes & dans les champs cultivés le long des chemins par où ils paſſent. Les propriétaires doivent laiſſer une eſpace de terre de quatre-vingt-dix *varas*, afin que les troupeaux trouvent de quoi vivre dans leur marche.

Les bergers jouiſſent de l'exemption de pluſieurs impôts, comme ceux pour l'entretien des ponts, des chemins, des juriſdictions, &c. Si un berger a trouvé une brebis égarée, & s'il la perd de nouveau, il eſt obligé d'affirmer par ſerment à celui qui la demande, qu'elle a été perdue de nouveau, & non par ſa faute, ſans quoi il doit dédommager le demandeur.

Le ſel eſt fort cher en Eſpagne; mais comme il eſt important d'en donner aux brebis, les bergers vont en prendre à un prix plus modéré dans les magaſins du roi, ſans obſerver les formalités mentionnées & gênantes pour l'achat & le tranſport du ſel. La diminution du prix eſt d'un quart, & on délivre dans ces magaſins un *fanega* pour chaque cent de brebis; le fanega contient deux mille deux cent quatre-vingt-un pouces cubiques de France.

Les bergers ont droit de demander ſur leur route, ſoit en temps de paix, ſoit en temps de guerre, une eſcorte militaire pour les garantir de toute violence; ils peuvent, par-tout où ils paſſent, abattre du bois pour leur uſage ſans en demander la permiſſion, & on eſt obligé de leur procurer des pâturages ſéparés pour les brebis attaquées du claveau ou de quelqu'autre maladie contagieuſe. Si la marche des troupeaux eſt ſuſpendue par le débordement de quelque fleuve ou de quelque ruiſſeau, les officiers du lieu ſont ſpécialement chargés de procurer des pâturages à un prix très-modique.

De tous les priviléges accordés, ſoit par le roi Siſnando en 633, ſoit par les rois ſes ſucceſſeurs, le plus remarquable, ſans contredit, eſt celui que le roi Alphonſe XI donna à Villa-Real, le 17 janvier 1335 ou 1347, par lequel il prit ſous ſa protection ſpéciale les troupeaux du royaume ſous le titre de *troupeau royal*. Le roi s'exprime ainſi en s'adreſſant aux tribunaux ſupérieurs : » Sachez qu'à cauſe des grands maux, » torts, brigandages & violences auxquels les bergers de notre royaume » ſont expoſés de la part des hommes » riches & puiſſants, nous trouverons bon de prendre ſous notre » protection, garde & puiſſance, tous » les troupeaux, tant les vaches que » les juments, les poulins, mâles & » femelles, les porcs & les truyes, » les béliers & les brebis, les chévres » & les boucs, afin qu'ils ſoient notre » troupeau, & qu'il n'y ait point » d'autres troupeaux dans notre » royaume. » Les brebis obtinrent bientôt la préférence ſur tout autre bétail; elles ſont aujourd'hui la véritable & première richeſſe de l'Eſpagne.

Cette nation a, pour ainſi dire, négligé preſque toutes les branches de l'économie; cependant on doit lui rendre juſtice, & convenir que dans tout ce qui a des rapports à cette partie, elle ſert de modèle aux autres nations. (1)

Les ſoins que l'on prend en Eſpagne de ces brebis à laine fine, conſiſtent 1°. A les conduire en été dans les pays montagneux & froids, relativement au reſte de l'Eſpagne, & en hiver dans les plaines, de ſorte qu'ils ſont preſque toujours expoſés à la même température.

2°. Les troupeaux n'entrent qu'une fois l'année dans des endroits couverts, & c'eſt au temps de la tonte, dans le mois de mai. Quand imitera-t-on cet exemple en France!

3°. Les bergers raſſemblent chaque ſoir le troupeau, au moment que la roſée commence à tomber, &, à l'aide des chiens, ils réuniſſent les brebis

(1) *Note de l'Éditeur.* En n'enviſageant que le bien-être & la proſpérité des troupeaux, les loix eſpagnoles ſont admirables; mais ne peut-on pas dire que des loix qui attaquent & gênent les propriétés des particuliers, qui mettent le prix des pâturages dans les mains des bergers, &c., ſont des loix deſtructives de l'agriculture, qui, ainſi que les arts, ne demandent que *liberté* & *protection*. L'état de langueur de l'agriculture en Eſpagne n'eſt-il pas plutôt dû à ces loix décourageantes pour le cultivateur, qu'à l'expulſion des Maures, ou à l'expatriation qui eut lieu lors de la découverte de l'Amérique. Pourquoi ce peuple s'expatrioit-il en ſi grand nombre? c'eſt qu'il étoit malheureux dans ſon pays, & vexé par les loix. L'Eſpagne a un beau problême à réſoudre : lui eſt-il plus avantageux de réduire le nombre prodigieux de ſes troupeaux, & d'encourager toutes les branches de l'agriculture, ou de laiſſer les choſes ſur le pied où elles ſont aujourd'hui? En France, par exemple, les troupeaux y ſont moins nombreux, la laine moins belle; excepté dans quelques-unes de nos provinces, ils voyagent peu d'un canton dans un autre; mais preſque tout y eſt cultivé, &, à coup ſûr, le produit des récoltes en tout genre excède infiniment celui que l'on retireroit en admettant la méthode & la légiſlation eſpagnole ſur les troupeaux. On doit dire cependant qu'il eſt poſſible d'améliorer nos laines, comme on le verra ci-après.

très-près les unes des autres, & ne les laissent disperser le lendemain, que lorsque la rosée est entièrement dissipée.

4°. Les troupeaux sont divisés en plusieurs classes; la première comprend les vieilles brebis & les béliers qui doivent les couvrir; la seconde, les jeunes brebis & les jeunes béliers; la troisième enfin les plus jeunes brebis. Le temps de l'accouplement fini, on ne les sépare plus qu'en deux classes; savoir celle des béliers & celle des brebis.

5°. On fait abreuver les troupeaux dans les ruisseaux d'eau claire & coulante, & on les laisse boire autant qu'ils le désirent.

6°, De trois jours l'un, le sel est distribué à tout le troupeau, & quelques propriétaires donnent par an jusqu'à quinze *fanega* pour mille brebis.

Les propriétaires des troupeaux ont le plus grand soin de se procurer la race de brebis dont la laine est la plus belle & la plus fine, & ils n'épargnent rien pour y réussir. Ils choisissent à cet effet les meilleurs béliers, & les accouplent avec des brebis dont la laine est aussi belle que celle du mâle. Le temps de l'accouplement est fixé sur le temps de la transmigration d'un pays à un autre; il se fait ordinairement en juin, & cent cinquante jours après les agneaux naissent; on les laisse téter autant qu'ils désirent, & on ne trait jamais les brebis. Un bélier ne couvre jamais plus de quinze à vingt brebis, & encore, si on a un nombre suffisant de béliers, on diminue celui des brebis. Les béliers ni les brebis ne s'accouplent jamais qu'à la troisième année, & la brebis ne l'est plus à la septième, temps auquel elle commence à perdre les dents de devant. Ceux qui désirent se procurer des brebis & des béliers vigoureux pour l'accouplement, égorgent quelques agneaux, afin que les mâles sur-tout puissent téter deux brebis. On reconnoît un bon bélier aux marques suivantes : s'il est grand, fort & nerveux; s'il a beaucoup de laine sur les jambes, sur les joues, sur le front; si la laine est par-tout fine, serrée, blanche; si le dedans de la bouche & de la langue n'a point de taches noires. On scie les cornes dans la saison de l'accouplement, aussi près qu'il est possible de la tête, en observant cependant de ne point faire saigner l'animal. Un bon bélier est toujours payé à très-haut prix.

7°. Les agneaux naissent dans le temps que les brebis sont aux pâturages d'hiver. Si quelqu'agneau vient à mourir, le berger a soin d'accoutumer un autre agneau à téter la brebis qui a perdu le sien. On coupe la queue à chaque agneau dès l'âge de deux mois, & on ne lui laisse que trois pouces de longueur, afin que cette partie, qui est ordinairement sale, ne gâte point la laine des cuisses, & ne gêne pas dans l'accouplement.

8°. Le propriétaire des troupeaux les divise en petites troupes de mille chacune, & chaque troupe à un nombre suffisant de pasteurs pour la conduire. Le premier berger se nomme *pastor majoral*, & il a l'intendance du troupeau entier. Pour chaque troupe de mille brebis, il y a un *ravadan*, un *adjudant* & un *pasteur adjudant*; enfin un *zagal*. On donne au berger un ou deux gros mâtins, pour garder les brebis contre le loup, un âne, ou un mulet, ou un cheval pour porter les vivres, & vingt chèvres pour traire; mais dans la saison des agneaux, comme leurs travaux sont plus multipliés, de même que dans celle de la tonte, on leur permet alors de prendre deux gardiens extraordinaires. On compte encore deux personnes occupées à faire le pain, la cuisine, & à pourvoir aux besoins nécessaires pendant la marche.

9°. Lorsque le temps de la tonte est venu, on conduit les brebis dans des maisons particulières, disposées pour cet usage. Cette opération commence à Ségovie dans les premiers jours de mai, ou au commencement de juin; si le temps est pluvieux, on diffère de quelques jours, parce que la laine est endommagée si elle est mouillée quand on la tond, & l'animal souffre beaucoup s'il pleut sur lui quand il est nouvellement tondu; il en meurt quelquefois. Les jours destinés à cette opération sont des jours de fêtes & d'allégresse; ils diffèrent bien peu des solemnités observées chez les Juifs. Il est bon de remarquer que les Espagnols, avant de tondre les brebis, les tiennent étroitement serrées dans un endroit fermé, afin de les y faire suer, ce qui augmente le poids de la laine, & peut-être en facilite la tonte. Le tondeur, après avoir lié les pieds de la brebis ou bélier, se tient debout pendant le travail; il commence le long d'un côté du ventre, avance jusqu'au dos, aux cuisses, au col, & continue également de l'autre côté, de sorte que toute la toison tient ensemble. La laine du ventre, de la queue & des jambes est mise à part, & est nommée *décher*; elle sert dans le pays comme bourre aux usages grossiers. Aussitôt que la brebis est tondue, on recouvre les incisions faites dans la chair par les ciseaux, avec ces petites lames très-minces, qui se séparent du fer quand on le bat sur une enclume. Un tondeur peut dans un jour lever dix toisons.

Dès que la toison est levée & séparée de la mauvaise laine, on la porte dans un magasin humide, afin qu'elle ne perde pas de son poids; c'est dans ce même endroit qu'on détache les laines des peaux de moutons morts dans les pâturages, ou tués pour les besoins de la vie; cette laine est appelée *pelada* : voici la manière dont on s'y prend pour l'avoir. On mouille les peaux, & on les amoncèle les unes sur les autres, afin qu'elles s'échauffent & commencent à acquérir un petit mouvement de putréfaction : alors les peaux, prises chacune séparément, & étendues, sont raclées avec une espèce de couteau, dont le côté tranchant, armé de dents, ressemble à un peigne. Celles qui sont trop sèches & qui n'ont pu être humectées, sont tondues au ciseau. Les peaux fraîches sont enduites, du côté de la chair, d'un mélange de chaux & d'eau, après quoi elles sont pliées du même côté, laissées pendant vingt-quatre heures dans cet état, & la laine s'en détache ensuite facilement.

L'assortissement des laines se fait aussitôt après la tonte; l'ouvrier place la laine sur une table formée par des claies, dont les ouvertures sont assez espacées pour laisser tomber la poussière & les ordures. La laine est divisée en trois parties; la plus fine, marquée R, est celle du dos & des côtés; la seconde, moins fine, marquée G, est celle des cuisses & du col; la troisième, marquée S, est celle de dessous le col, des parties inférieures des cuisses & des épaules. On fait encore assez communément une quatrième division, formée de la laine du dessous du ventre, de la queue & du derrière des cuisses, marquée F, c'est la plus mauvaise de toutes. Ces laines sont mises dans des sacs. On fait, dans les environs de Ségovie, une classe à part des laines des agneaux; cette espèce est moins chère que celle des brebis & des béliers, & il est défendu d'en fabriquer des draps. Dans quelques endroits de la vieille Castille, on mêle la laine des agneaux à la laine la plus fine R; à Soria, on mêle la laine la plus fine des agneaux avec celle G, & le reste avec S. On suppute en Espagne que la laine des agneaux fait la dixième partie de la laine d'un troupeau, & celui qui achette la laine avant la tonte, fait son calcul en conséquence.

On a pour laver les laines des canaux ou des réservoirs construits en maçonnerie, & une grande chaudière de cuivre, montée sur son four. L'ouvrier fait tremper la laine pendant deux heures dans l'eau chaude, il la remue & la foule pendant ce temps & la nettoie; de-là elle est portée dans l'eau claire & courante, & ensuite laissée en monceau sur le pré, jusqu'au lendemain. L'eau s'écoule, la laine se sèche en partie, & pour la sécher entièrement, elle est étendue sur le gazon. Les gens employés au lavage, laissent dans le réservoir au moins une partie des ordures produites par la laine qui vient d'être lavée, parce qu'ils pensent qu'elles font l'effet du savon, & qu'elles servent à dégraisser celles qu'on y met ensuite. La diminution du poids de la laine n'est pas la même dans toutes les contrées de l'Espagne; à Ségovie, elle est à peu près de cinquante-quatre pour cent, ailleurs de quarante-huit, &c.; cela dépend de la chaleur de l'eau dans laquelle le premier lavage a été fait.

Il est constant que la laine des brebis espagnoles est la plus fine de toutes les laines connues, & que depuis un temps immémorial, les troupeaux ont été très-nombreux & très-soignés dans ce royaume.

Les Suédois, peuple actif & laborieux, à l'exemple des Anglois & des Espagnols, ont cherché à perfectionner la laine de leurs troupeaux, & la rigueur & l'âpreté de leur climat ne les ont point empêché de venir à leur but. Il est certain que la reine Christine fit venir, soit d'Angleterre, soit d'Espagne, diverses espèces de béliers & de brebis; ces espèces précieuses s'abbatardirent insensiblement par le peu de soins qu'on leur donna; celles transportées d'Allemagne en Suède réussirent beaucoup mieux, & surpassèrent de beaucoup l'ancienne race Suédoise, mais la laine qu'elles fournissoient étoit grossière, peu serrée & peu propre à la fabrication des étoffes fines, ce qui forçoit la nation à tirer de l'étranger la matière première des draps.

M. Alstroemer le père, zélé pour le bien public, entreprit, non sans beaucoup de risques, d'être utile à sa patrie en parcourant l'Espagne, en y examinant les soins qu'on prenoit des troupeaux, enfin en faisant venir d'Angleterre, en 1715, trente béliers qu'il distribua à ses amis, auxquels il donna en même-temps les documens nécessaires. Depuis cette époque il s'est procuré chaque année des brebis de tous les pays où la beauté, la qualité

qualité & la finesse de la laine sont renommées. Les environs de la ville d'Alinysas, la terre royale d'Hogentrop, les environs de Berga furent les dépôts où il plaça successivement des brebis d'Angleterre, d'Espagne, de Portugal, de Sardaigne, du Texel, & même d'Asie & d'Afrique, afin de s'assurer quelle seroit l'espèce qui s'accoutumeroit le mieux à la rigueur du climat de Suède, & à laquelle les pâturages conviendroient le mieux.

Ces essais réussirent parfaitement. Les brebis Angloises furent introduites en 1715, les Espagnoles depuis 1723, celles d'Eyderstadt depuis 1726, les chèvres d'Angola en 1742; ces animaux n'ont point souffert du changement de climat, & ils ne demandent que des soins continués pour prospérer & se maintenir. Il est constant que le produit des laines fines fournit aujourd'hui la moitié de celle que l'on y consomme dans la manufacture des draps, & que bientôt la Suède se passera des laines fines étrangères. Il seroit important de savoir si le changement de climat, &c. n'a apporté aucun changement dans la laine, car l'expérience a prouvé que celle des bêtes Espagnoles, transportées en Angleterre, est devenue plus longue, un peu moins fine que la laine d'Espagne, mais qu'elle est plus blanche. Le gouvernement de Stockolm a fait publier & distribuer dans chaque paroisse des instructions pour les bergers, & des commissaires veillent à ce qu'elles soient mises en pratique.

Après avoir fait connoître le perfectionnement des laines dans les différens royaumes d'Europe, il est temps de prouver que le même perfectionnement peut avoir lieu en France. Columelle, bon juge en cette partie, disoit que de son temps les moutons & les laines de la Gaule l'emportoient en bonté sur toutes les espèces connues. Les autres nations se sont occupées de leurs troupeaux, & nos ancêtres les Gaulois & les François, qui leur ont succédé, sont restés bien au-dessous d'elles à cet égard pendant un grand nombre de siècles. Ce n'est guère que sous Louis XIV que le gouvernement fit attention au dépérissement des laines de France.

Le Roussillon & nos autres provinces méridionales ont toujours fourni des laines fines, & bien supérieures à toutes celles du reste du royaume; elles doivent leur qualité sans doute au renouvellement des espèces, facilité par le voisinage de l'Espagne, & à leur climat, mais non pas à la manière d'y conduire & d'y soigner les troupeaux, qui, en certains endroits, est peut-être la plus absurde de toutes celles suivies en France.

Colbert, sous Louis XIV, à qui la nation doit de la reconnoissance pour la protection spéciale qu'il fit accorder à nos manufactures, & qui négligea un peu trop les progrès de l'agriculture, porta un œil attentif sur le perfectionnement des laines. Il fit venir un grand nombre de brebis & de béliers Espagnols & Anglois, & les distribua dans nos différentes provinces. Les encouragemens furent multipliés, & chaque possesseur de ces races fines eut la liberté de suivre la méthode qu'il jugeroit la plus avantageuse au bien-être de son troupeau. De tels soins méritoient d'être couronnés pas le succès; mais bientôt, & peu-à-peu, ces bêtes précieuses dégénérèrent & périrent. Colbert manqua le but auquel il vouloit atteindre, parce qu'en distribuant les béliers & les brebis, il n'apprit pas aux propriétaires de quelle manière ils devoient les soigner & les conduire. Les brebis, sans cesse exposées au grand air dans leur pays natal, n'entrant jamais dans les maisons qu'au jour de la tonte, passant l'hiver dans les plaines tempérées, & l'été sur les montagnes, trouvèrent une si grande différence dans le climat, dans les pâturages, & sur-tout dans l'air étouffé & corrompu qu'elles respiroient dans les bergeries où elles furent entassées, qu'il leur fut impossible de résister à une transition aussi subite & aussi peu proportionnée à leur tempéramment; cependant elles réussirent mieux dans nos provinces méridionales que par-tout ailleurs. Dans la gaule Narbonoise on a conservé le nom de *majoral* au premier berger, & d'*adjudant* au second, preuve assez évidente de la communication qu'il y a eu de ce pays avec l'Espagne.

Après la mort de Colbert, en 1682, le systême du gouvernement, relatif aux laines & aux manufactures de draps, changea tout-à-coup; la liberté fut anéantie, & la contrainte & les extorsions qui en sont une suite nécessaire, prirent sa place. L'exportation de nos laines fines fut défendue avec sévérité, parce qu'on se figura que celles des provinces méridionales devoient suffire à la consommation de nos manufactures. Les propriétaires furent obligés de vendre leurs laines aux manufacturiers, & dès-lors ceux-ci devinrent les maîtres du prix. Enfin on contraignit ces malheureux à conduire leurs troupeaux dans le local des manufactures pour y être tondus, ou d'appeller chez eux un commissaire lors de la tonte, ou enfin de faire une déclaration exacte du nombre des toisons; le tout sous peines de punitions, d'amendes, &c.

Ces gênes, ces entraves, ces découragemens accumulés les uns sur les autres, portèrent la consternation dans l'ame du possesseur des troupeaux; bientôt ils les négligèrent, enfin les vendirent aux bouchers pour se soustraire à la contrainte. Le gouvernement eut beau donner des interprétations, ajouter des modifications à son premier édit, le mal étoit fait; ces palliatifs ne dissipèrent pas la crainte, & toute émulation fut éteinte. Tant il est vrai que le gouvernement ne doit s'occuper qu'à assurer la liberté des propriétés, & à multiplier les encouragemens. Le bien s'opère lentement, & le mal très-vîte; le premier, enfant de la liberté, ressemble au grain qui végéte & mûrit peu-à-peu, & le second, ou la contrainte, produit les effets de la grêle, qui anéantit en un instant les douces espérances du cultivateur, & qui le ruine.

Sous le dernier règne, le gouvernement fit venir de temps à autre des races à laine fine; elles ont un peu perfectionné nos laines; mais comme ces opérations ont été partielles, la masse générale n'en a retiré aucun avantage.

Nous touchons à l'instant heureux de voir un changement total dans cette partie, & cette révolution sera dûe à la patience, au zèle & aux lumières de M. Daubenton de l'Académie Royale des Sciences. Il y a environ quinze ans que cet excellent & modeste patriote s'occupe en silence du perfectionnement de nos espèces de bêtes à laine. Le Gouvernement lui en a procuré de toutes les provinces de France, & de chaque pays étranger où les brebis & les béliers ont de la réputation. Peu à peu il a enrichi les races médiocres, ennobli celles déjà riches; enfin il est parvenu à avoir des laines superfines, qui le disputent en beauté, en qualité, aux plus parfaites d'Espagne ou d'Angleterre. Les draps fabriqués avec ces laines, sont de la qualité la plus supérieure. O homme précieux à la nation, recevez ici le tribut de louanges que vous méritez, & que votre modestie refuse! Votre nom immortel sera placé avec ceux des bienfaiteurs de la patrie.

M. Daubenton a considéré que le perfectionnement des laines ne seroit général en France qu'autant que les bergers seroient instruits. A cet effet, il vient d'établir une école pour eux, & il leur apprend, l'expérience sous les yeux, que les bergeries sont la première cause de l'appauvrissement de la laine. Son école est établie près de Mont-Bard en Bourgogne, & sa bergerie est une vaste enceinte fermée de murs. On lui doit déjà un excellent ouvrage, par demandes & par réponses, intitulé : *Instruction pour les bergers & pour les propriétaires des troupeaux*, à Paris, chez Pierres, rue Saint-Jacques. Il promet encore plusieurs traités en ce genre. Il seroit à désirer que cet ouvrage précieux, écrit avec la plus grande simplicité & clarté, fût répandu aux frais du Gouvernement dans toutes les paroisses du Royaume : c'est le seul & unique moyen d'étendre promptement les connoissances. Il ne reste plus qu'à distribuer de bons béliers dans les provinces du royaume aux propriétaires qui auront des bergers à l'école de M. Daubenton.

## CHAPITRE II.

### *Des moyens de perfectionner les laines.*

La France est peut-être de tous les royaumes celui où il est le plus facile d'élever un grand nombre de troupeaux, & de qualité supérieure, sans nuire à l'agriculture : ce qui sera prouvé dans le chapitre suivant par l'énumération de la qualité des troupeaux dans nos différentes provinces, & par celle de leur laine. Le particulier n'y aura pas, il est vrai, un troupeau de 1000 bêtes; mais la multiplicité des petits troupeaux, chacun suivant l'étendue de ses possessions, équivaudra au grand nombre réuni en masse. Deux choses concourent au perfectionnement des laines, 1°. le climat & l'habitude des bêtes d'être sans cesse exposées au grand air; 2°. le croisement des races supérieures en qualité, avec les races inférieures.

### SECTION PREMIERE.

#### *Du climat.*

Jettons un coup-d'œil rapide sur la position des provinces de France. La Provence a deux climats bien différens, celui de l'hiver le plus tempéré dans le pays bas, & les montagnes de la haute Provence, fourniront pendant l'été des pâturages abondans & sains. La partie du Languedoc, qui avoisine la mer, est dans le même cas que la Provence. Les montagnes du Velai, des Cevènes, la grande chaîne qui traverse de l'est à l'ouest le Languedoc, &c. offrent des ressources aussi précieuses. Le Roussillon a dans ses parties basses un climat semblable à celui d'Espagne, & les Pyrénées, qui, à mesure que la neige fond, appelle ses troupeaux. Le Comté de Foix, la Gascogne, le Béarn, la Navarre, sont dans la même position. La Guienne, dans sa partie du nord, touche au Limosin, & à l'Auvergne par l'est. La Saintonge, l'Angoumois, trouveront dans ces pays montagneux des pâturages d'été. Le Dauphiné a également sa partie basse & sa partie haute, ainsi que le Lionnois, le Forez & le Beaujolois. Le Bourbonnois, la Bourgogne, la Franche-Comté, l'Alsace, la Lorraine, sont dans le même cas. Par-tout on trouve de grandes plaines & de très-hautes montagnes. Ces montagnes s'abbaissent, ou plutôt se métamorphosent en côteaux, lorsqu'on s'approche du nord du royaume & du voisinage de l'Océan, soit au nord, soit à l'ouest. Il est donc démontré, par la position géographique de la France, que dans la majeure partie de la France méridionale, il est possible d'établir les transmigrations des troupeaux, sans les faire autant & si longuement voyager que ceux d'Espagne. Les expériences & les succès de M. Daubenton démontrent encore que les laines acquerront dans le nord de la France une qualité supérieure, sans avoir recours à ces voyages. Ainsi, dans les deux suppositions, la possibilité du perfectionnement des laines, est d'une facile exécution.

Il y aura beaucoup de préjugés à vaincre, d'obstacles à surmonter, de vieux abus à détruire & à faire oublier. C'est l'affaire du temps & de l'exemple; mais il ne faut pas que le Gouvernement s'en mêle, sinon pour protéger & pour encourager; & même le peuple est si prévenu contre les encouragemens qu'il propose, que je lui ai vu dans plusieurs endroits, refuser les muriers qu'il lui donnoit gratuitement pour planter.

M. Daubenton, quoique son mérite fût certainement bien connu, a sûrement été, pendant plusieurs années, l'objet des sarcasmes & des plaisanteries de ses voisins, parce qu'il suivoit une méthode nouvelle; mais à coup sûr son exemple va produire une révolution dans son canton, & un mot de lui sera un oracle. Voilà comme nous sommes extrêmes pour le bien comme pour le mal! Il faut que l'exemple & le succès forcent la confiance; & une fois établie, elle surmonte les plus grands obstacles. Qui peut donc établir & propager cette confiance dans toute l'étendue du royaume? Sont-ce les livres? le paysan ne lit pas; & le cultivateur a si souvent été trompé, & il est si peu en état de distinguer le bon du mauvais, que cette ressource précieuse dans l'origine, est aujourd'hui de nul effet. Ce seront les bergers sortis de l'école de Montbard, qui parleront aux yeux & à la raison, par l'exemple qu'ils donneront dans les provinces : eux seuls doivent produire une révolution générale, & eux seuls peuvent l'effectuer.

La France ne possède aucune province plus approchante de l'Espagne, & plus propre à élever des troupeaux à laine fine, que la Corse. La méthode du parcourt & des voyages à l'Espagnole, y est déjà introduite;

ainsi nuls préjugés à vaincre sur ce point. Les troupeaux y passent l'hiver dans le pays plat & voisin de la mer; & à mesure que les chaleurs approchent, ils montent dans le Niolo & le Nébio, pays de montagnes assez élevées pour être couvertes de neige pendant neuf à dix mois de l'année. Comme les Arts sont encore dans l'enfance dans cette île, dont les deux tiers au moins sont incultes, les Corses préfèrent les brebis & les béliers à laine noire, brune ou rousse, aux bêtes à laine blanche, parce qu'elles sont naturellement teintes pour la fabrication de leurs étoffes grossières. Jamais les unes ni les autres n'entrent dans les habitations, pas même pour la tonte; il n'y a donc rien à changer de ce côté-là; mais la laine y est courte, grossière, jarreuse & très-maltraitée, parce que l'on conduit les troupeaux dans les maquis ou bois taillis très-fourrés, qui déchirent les poils sur le dos de l'animal. Cette île, presque en tout semblable à l'Espagne, relativement à ses deux climats, & par conséquent à ses pâturages, demande que l'espèce de ses béliers & de ses brebis soit entièrement changée ou peu à peu perfectionnée, attendu qu'ils sont d'une stature bien au-dessous de la médiocre. Il faudroit encore défendre aux bergers de les conduire dans les maquis, de traire les brebis, dont le lait converti en fromage, fait leur unique nourriture & la principale des propriétaires des troupeaux. Il vaudroit mieux, à l'exemple des Espagnols, donner quelques chèvres aux bergers, & les obliger à laisser tetter les agneaux autant de temps que leurs meres auroient du lait. La dégénérescence ou la petitesse de chaque espèce d'animaux, dépend-elle dans ce pays du climat ou du peu de soin qu'on leur donne? La grosseur & la grandeur des renards, des cerfs, des biches, des sangliers, sont de moitié moindre que celle des mêmes animaux en France. Il en est ainsi de la race des chevaux qui y vivent dans un état sauvage. Les bœufs seuls & les vaches ont conservé à-peu-près le volume ordinaire des petites races. Mais quand il seroit démontré que le climat nécessite la petitesse des béliers & des brebis, il n'en est pas moins vrai qu'en croisant les races du pays avec des béliers espagnols ou africains, on remonteroit insensiblement la race, & on auroit des laines très-fines; mais il faudroit complètement immoler toute brebis à laine brune, ou noire, ou tigrée. Il y a grande apparence que la race actuelle est la même, & s'est perpétuée sans mêlange depuis le temps des Romains. Revenons aux provinces du Continent.

L'exemple & les tentatives qui ont été faites par le passé, sont une leçon bien instructive pour l'avenir. Les races étrangères, transportées à grands frais en France, y sont dégénérées ou péries, non à cause du changement subit du climat, mais par le régime insensé auquel on les a soumises. Ces animaux, accoutumés & vivant perpétuellement au grand air, ont été entassés dans des bergeries presqu'entièrement fermées, où du moins la lumière du jour ne pénètre que par un petit nombre de larmiers, qu'on a encore grand soin de fermer pendant l'hiver, comme si la nature n'avoit pas donné à l'animal une fourrure capable de garantir son corps de la pluie & de la froidure des saisons.

M. Daubenton fait à ce sujet une remarque bien judicieuse; la voici : « La laine préserve du froid & des » fortes gelées toutes les parties du » corps des moutons qui en sont » couvertes; mais le grand froid pour» roit faire du mal aux jambes, aux » pieds, au museau & aux oreilles, » si ces animaux ne savoient les te» nir chauds. Etant couchés sur la li» tière, ils rassemblent leurs jambes » sous leur corps, en se serrant plu» sieurs les uns contre les autres; ils » mettent leurs têtes & leurs oreilles » à l'abri du froid dans les petits » intervalles qui restent entr'eux, & » ils enfoncent le bout de leur mu» seau dans la laine. Les temps où » il fait des vents froids & humides, » sont les plus pénibles pour les mou» tons exposés à l'air; les plus foi» bles tremblent & serrent les jam» bes, c'est-à-dire, qu'étant debout, » ils approchent leurs jambes plus » près les unes des autres qu'à l'or» dinaire, pour empêcher que le froid » ne gagne les aines & les aisselles, » où il n'y a ni laine ni poil; mais » dès que l'animal prend du mou» vement ou qu'il mange, il se ré» chauffe, & le tremblement cesse ».

La chaleur & l'action directe des rayons du soleil, sont le fléau le plus redoutable pour les troupeaux. La première, dans les *bergeries* (*Voyez* ce mot) jointe à l'humidité & à l'air âcre & presque méphitique qui y règne, leur cause des maladies putrides & inflammatoires. Cet air est si âcre, que la majeure partie des bergers des provinces du midi, ont la peau des mains & du visage parsemés de dartres. La seconde fait porter le sang à la tête de l'animal, il chancelle, tourne, tombe & périt, s'il n'est promptement secouru par la saignée. Dans les provinces du midi, l'ombrage y est fort rare. Où faut-il donc conduire les troupeaux pendant la chaleur du midi, lorsqu'on n'a pas la facilité de les faire voyager sur les hautes montagnes? Un olivier devient le seul abri contre la violence du soleil; chaque brebis se pousse, se presse, se joint contre la brebis voisine, & passe sa tête sous son ventre : tel est l'état forcé & pénible dans lequel reste un troupeau pendant près de quatre heures. Afin de remédier à un abus aussi meurtrier & aussi détestable, il faudroit que chaque propriétaire eût une bergerie d'été, ainsi que je l'ai décrit page 221 du Tome II, avec cette différence cependant que je la voudrois environnée de grands arbres à rameaux touffus, & que toute la circonférence fût fermée par des cloisons faites comme des abats-jours. Si on trouve cette clôture trop dispendieuse, on peut la suppléer par des fagots peu serrés, traversés par des piquets que l'on fichera en terre. Il en résulte 1°. une espèce d'obscurité qui éloignera les mouches & les tans, animaux très-incommodes & vrais persécuteurs des troupeaux; 2°. un courant d'air sans cesse agissant, & par conséquent une agréable fraîcheur; 3°. enfin, comme je suppose cette bergerie très-vaste, les animaux ne seront pas serrés & pressés les uns contre les autres. Cependant j'aimerois mieux les voir paître sur les hautes montagnes, & employer toutes les parties du jour, dès que la rosée est dissipée & avant qu'elle tombe, à brouter & à se nourrir.

Nous avons fait voir jusqu'à quel point la position de la France permettoit les voyages des troupeaux; examinons comment il est possible de les effectuer de gré à gré, sans que le gouvernement s'en mêle; car sa sollicitude réveilleroit peut-être encore les anciens soupçons, les anciennes allarmes du temps passé. Supposons qu'un propriétaire du pays bas ait un troupeau de cent brebis; supposons un pareil troupeau chez le propriétaire habitant les pays élevés: ils seront d'un grand secours l'un à l'autre s'ils veulent s'entendre & former entr'eux une société, dont la base sera que l'un nourrira les deux cent brebis pendant l'hiver, & l'autre pendant l'été; enfin que ces troupeaux n'entreront jamais dans les bergeries. Cette association est simple à établir, il ne s'agit plus que d'avoir de bons bergers. Les deux propriétaires y trouveront d'abord le même avantage quant au fumier, puisqu'ils feront parquer, & que le parcage de deux cent moutons pendant six mois, équivaut à celui de cent pendant une année. Un second avantage pour tous les deux, est d'avoir l'engrais tout transporté sur les lieux, aulieu qu'il auroit fallu le charier de la bergerie aux champs, opération très-longue, qui occupe beaucoup d'hommes & d'animaux. Les champs les plus éloignés de la métairie sont par-tout & toujours les plus mal fumés, ou, pour mieux dire, ne le sont jamais, soit à cause de la difficulté, soit par l'éloignement des charrois, tandis que les claies qui forment le parc sont transportées sans peine sur les lieux. Le parcage offre encore la manière de répandre plus uniformément l'engrais, & dans la saison la plus convenable, chacun suivant son climat. La construction & les frais d'entretien d'une bergerie doivent être comptés pour quelque chose; leur suppression est donc bénéfice réel pour le propriétaire, & les bergeries existantes deviennent un débarras & un objet d'aisance de plus dans sa maitairie. (*Voyez* le mot Parc.) Il est donc possible & très-possible de former des associations, & elles sont en général plus faciles que la location des pâturages sur les endroits élevés, quoiqu'elles soient connues & pratiquées dans quelques unes de nos provinces, telles que la Provence, le Roussillon, le Comté de Foix, le Béarn, la Navarre, &c.

On doit, autant qu'il est possible, éviter les transitions trop subites lorsque l'on fait venir des béliers & des brebis de l'étranger, soit en raison du climat, soit en raison du pâturage; il est constant que les bêtes à laines Angloises, Hollandoises, &c. réussiront mieux dans les provinces du nord du royaume que dans celles du midi; de même les béliers & les brebis espagnoles & africaines prospéreront beaucoup plus dans celles du midi que dans celles du nord, à cause de l'espèce d'analogie des climats & des pâturages, sur-tout si on ne ferme pas les animaux dans les bergeries lorsqu'ils sont accoutumés au grand air; tels sont ceux d'Angleterre, d'Espagne, &c.

Comment sera-t-il possible de déraciner un préjugé peut-être aussi ancien que la monarchie; comment faire comprendre aux propriétaires & aux bergers que les bergeries sont la ruine de leurs troupeaux, qu'ils se portent infiniment mieux à l'air libre pendant toute l'année, enfin que ce grand air, les rosées, les pluies, la propreté & la lumière du soleil blanchissent, assouplissent les laines, & leur donnent une qualité supérieure en finesse & en moëlleux. Une longue dissertation, quoique très-bien raisonnée, glisseroit sur leur esprit; proposons leur donc des exemples, & répondons à leurs objections.

Personne ne conteste la qualité supérieure des laines d'Espagne, d'Angleterre, de Hollande & de Suède: voilà à peu près les extrêmes pour les climats; pourquoi n'aurions-nous donc pas en France, pays tempéré, ce que l'art & les soins ont créé & multiplié avec le plus grand succès au nord & au midi de l'Europe? c'est donc vouloir s'aveugler sur ses propres intérêts, que de refuser d'imiter des exemples couronnés par les succès les plus décidés. En Angleterre les troupeaux parquent pendant toutes les saisons de l'année, quelque temps qu'il fasse; on y est même obligé d'aller les chercher au milieu de la neige, & de leur porter à manger, ou dans ces cas de les retirer sous des hangars. Combien de fois n'a-t-on pas lu dans les papiers publics les plus authentiques, que les neiges abondantes, subites & imprévues, avoient enseveli des troupeaux entiers pendant un mois & jusqu'à six semaines; on a toujours remarqué qu'ils ont peu ou point souffert; leur chaleur naturelle la fond graduellement, & ils sont toujours sur la terre, où ils trouvent quelques plantes qui aident à les soutenir. Mais pourquoi emprunter des exemples chez les étrangers, tandis que nous en avons de si convaincans en France! M. le maréchal de Saxe fit jeter dans le parc de Chambort un certain nombre de béliers & de brebis de Sologne; ils furent livrés à eux-mêmes, ils s'y multiplièrent, leur laine acquit une supériorité très-décidée. La bergerie de M. Daubenton, située dans un pays naturellement froid, n'est qu'une vaste cour ou enclos, fermé par des murailles, où les troupeaux passent tout le temps qu'ils ne peuvent parquer dans les champs; cependant ils sont composés de races Espagnoles, Angloises, du Tibet, de toutes espèces des différentes provinces du royaume. Que répondre à des points de fait de cette évidence, dont chacun peut se convaincre par ses propres yeux; il faut nier l'évidence, si on s'y refuse. Souvent les mères mettent bas au milieu de la neige & des glaçons, & leurs agneaux sont par la suite les plus vigoureux du troupeau. Venez & voyez, vous dira M. Daubenton, je n'ai pas de meilleure preuve à vous donner.

Ce seroit le comble de l'erreur de penser qu'on doive tout-à-coup renverser les bergeries, & faire parquer les troupeaux pendant toute l'année; la chose conçue ainsi est impossible, on seroit presqu'assuré d'en perdre la majeure partie. En effet, comment concevoir qu'une brebis, qu'un mouton, tout en sueur, & accoutumé dans une bergerie à respirer un air dont la chaleur est presque toujours, & même en hiver, de vingt à trente degrés, puissent tout-à-coup supporter de six à dix degrés de froid. Il faut donc les y accoutumer insensiblement, & s'y prendre de bonne heure. Pendant toute la belle saison les laisser coucher à l'air; à l'époque des neiges & des gelées, se contenter de les tenir sous des hangars bien aérés, & dès que le froid se radoucit, les

les faire parquer. C'eſt ainſi que peu à peu on les accoutumera à toutes les rigueurs des ſaiſons, & l'hiver ſuivant, ou le ſecond hiver, les pères, les mères & les petits n'auront plus beſoin d'aucun ménagement.

Il eſt reconnu, dira-t-on, que l'humidité eſt le fléau le plus cruel pour les bêtes à laine. La propoſition eſt vraie dans toute ſon étendue, mais c'eſt l'humidité jointe à la chaleur, telle que celle d'une bergerie bien fermée, dans laquelle on laiſſe amonceler le fumier, & d'où on ne le ſort qu'une à deux fois l'année. On ne niera pas que du fumier qui fermente, il ne s'élève beaucoup d'humidité, & qu'elle ne ſoit ſublimée ou réduite en vapeurs par la chaleur. On ne niera pas que cette humidité ne ſoit âcre, puiſqu'elle produit des cuiſſons aux yeux & des irritations dans le goſier, & par conſéquent la toux à ceux qui y entrent, & qui ne ſont pas accoutumés à reſpirer l'air vicié qui remplit la bergerie; enfin on ne niera pas que la chaleur n'y ſoit très-forte, puiſque j'ai vu des bergeries où la neige fondoit ſur les tuiles à meſure qu'elle tomboit, tandis que le toit voiſin en étoit ſurchargé.

Si on mène paître des troupeaux dans des pâturages humides, s'ils ſont expoſés à la pluie, enfin ſi on les ramène enſuite dans les bergeries dont on vient de parler, il eſt certain que la chaleur du lieu & celle de l'animal chaſſeront l'humidité de la laine, mais cette humidité s'évaporera, reſtera diſſoute dans l'air de ſa bergerie, & comme on ne lui laiſſe aucune iſſue pour s'échapper, elle augmentera encore & viciera l'air. Il n'eſt donc pas étonnant que l'animal ſouffre, patiſſe, dégénère & périſſe; mais au contraire s'il reſte expoſé à l'air libre, l'évaporation de ſa toiſon ſe diſſipera, & il reſpirera un air pur. Des troupeaux entiers ſont ſujets à être *galeux;* la clavelée ou *claveau*, (*Voyez* ces mots) ou picotte ou petite vérole des moutons, eſt pour eux une maladie très-dangereuſe, parce que cette maladie de la peau eſt répercutée par la chaleur dans la maſſe des humeurs. La gale eſt infiniment rare dans les troupeaux ſans bergerie, & le claveau eſt pour eux une maladie ſans danger ni ſuite fâcheuſe.

Un troupeau parqué ſur un ſol humide, ajoutera-t-on encore, ou expoſé aux grandes pluies, ſera néceſſairement expoſé à l'humidité, & dès-lors ſujet à un grand nombre de maladies. Il s'agit ici de s'entendre; jamais on n'a conſeillé de faire parquer les troupeaux dans des lieux bas ou aquatiques; on doit au contraire réſerver les lieux élevés & en pente pour le parcage, dans les temps humides. Les prairies ſèches ſont excellentes dans ce cas; mais comme chaque jour on change les claies du parc, le piétinement de l'animal n'a pas le temps de convertir la terre en bourbier, & quand même il ſeroit dans cette eſpèce de bourbier, cette humidité lui ſeroit moins funeſte que celle de la bergerie.... Les pluies longues & fréquentes imbiberont la toiſon juſqu'à la peau de l'animal, & l'expérience prouve que lorſqu'elle eſt mouillée l'animal ſouffre. Je nie décidément la première ſuppoſition; ſi on prenoit la peine d'examiner, on ne l'avanceroit pas comme une aſſertion démontrée. Expoſez un mouton, un bélier, une brebis à la plus grande pluie battante d'été, ou aux longues pluies d'hiver, & vous verrez toute la surface de sa toison imbibée & trempée, mais la base sera toujours sèche, parce que le suint que l'animal transpire, immiscible à l'eau, forme une espèce de vernis sur lequel elle glisse; d'ailleurs, les poils très-serrés, très-rapprochés & couchés les uns sur les autres, représentent les thuiles qui couvrent les toits, & garantissent l'intérieur de la maison. Il y a plus; lorsque l'animal sent sa toison trop chargée d'eau, il procure, à l'aide des muscles peaussiers, un trémoussement général à la peau, & parconséquent à la laine, qui fait tomber la majeure partie de l'eau dont elle est chargée; ce trémoussement de la peau dans le mouton, ressemble assez à celui du cheval lorsqu'il veut se débarrasser des mouches qui le piquent.

Etudions donc la nature, & nous verrons qu'elle n'a rien épargné pour la conservation des animaux destinés à vivre au grand air; nous nous écartons de ses loix, & nos animaux domestiques sont la victime de notre prétendue sagesse. Voit-on dans les villes les vendeuses sur les places, & les paysans dans les champs s'enrhumer, tandis que les habitans casaniers sont affectés du moindre froid? C'est que les uns sont plus près de la nature que les autres, & l'habitude d'être au grand air soutient la force de leur corps, & les préserve d'une infinité de maux qui affligent les citadins. La santé des troupeaux, leur prospérité & leur perfectionnement, dépendent de l'homme; une fausse sagesse, une fausse prudence, fondées sur des préjugés absurdes, sont cependant la règle de leur conduite?

## Section II.

### *Du croisement des races de qualité supérieure avec celles de qualité inférieure.*

Le climat n'influe pas absolument & en général sur la qualité de la laine, mais seulement sur le tempéramment de l'animal; il en est ainsi de sa nourriture. Cette assertion souffre quelques modifications, comme on le verra dans le chapitre suivant. La preuve en est que les brebis de Barbarie, les chèvres & les chats d'Angola, transportés en France, conservent la finesse, la blancheur & le moëlleux de leurs poils. Si l'on transporte en Afrique, &c. nos brebis & nos béliers à laines chétives, elles resteront ce qu'elles sont, & leur laine n'y deviendra pas plus belle. Les voyages des troupeaux, à l'exemple des Espagnols, ne changent pas les laines mauvaises en médiocres, ni les médiocres en fines, puisque les troupeaux voyagent perpétuellement en Corse, & ils y sont presque toute l'année dans une égale température d'air; cependant leur laine est détestable. On voit en Espagne des troupeaux à laine commune, voyager comme ceux à laine fine, & leur laine n'acquérir aucune qualité, quoique le climat & la nourriture soient les mêmes. La maigreur ou l'embonpoint de l'animal, causés ou par le climat ou par la nourriture, influent sur la plus ou moins grande quantité de laine, & non pas sur sa grossiéreté ou sur sa finesse. Si les laines des provinces méridionales de France sont fines, elles doivent cette qualité aux brebis eſpagnoles qui y ont été jadis & qui y ſont encore quelquefois introduites, & pas auſſi ſouvent que le beſoin l'exige, par la mauvaiſe tenue des troupeaux.

Dans tout le cours de cet ouvrage, on n'a ceſſé de faire remarquer l'analogie frappante qui ſe trouve entre le règne végétal & le règne animal; elle ſe préſente ici ſous un nouveau jour également démonſtratif. Des circonſtances qu'on ne peut prévoir font que dans un ſemis, par exemple, de pepins, de pommes, de graines, de renoncules, de jacynthe, &c., on trouve, ce que les jardiniers appellent des *eſpèces nouvelles*, ou des eſpèces déjà exiſtantes, mais perfectionnées; c'eſt à ces heureux haſards que l'on doit les pommes de reinette, de Calville, &c., & ſur-tout le bezi de Montigné, venu de lui même ſans ſoins & ſans culture au milieu des forêts de M. de Trudaine. Il ſeroit aiſé de citer une foule d'exemples ſemblables relativement aux arbres, & plus encore parmi les fleurs des parterres. Il en eſt de même parmi les animaux. On peut conſulter à ce ſujet les ouvrages du Pline françois, & l'on y verra avec quelle diverſité la nature a multiplié, par exemple, la famille des chiens, &c. Qu'avec des yeux exercés, un amateur examine un troupeau, il trouvera sûrement dans le nombre quelques individus dont la laine ſera un peu plus fine, plus longue & plus étoffée que celle des autres; cependant il eſt prouvé qu'ils ont tous eu un père & une mère à peu près égaux en qualité. Supposons actuellement que cet amateur ſépare le bélier & la brebis du plus beau corſage, & à laine moins groſſière, du reſte du troupeau, & qu'il les faſſe ſoigner & accoupler, il en réſultera, à coup sûr, un individu qui tiendra du père & de la mère, & qui ſera ſupérieur en corſage & en laine au reſte du troupeau. Si le haſard fait qu'il rencontre chez lui un bélier plus beau que le premier, & qu'il croiſe ſa race avec la brebis choiſie, il eſt encore démontré par l'expérience que l'animal réſultant de cet accouplement, ſera beaucoup plus grand que la mère, & *ſouvent plus beau* que le père. Or, en continuant les mêmes ſoins, les mêmes attentions & les mêmes accouplemens, on parviendra petit-à-petit à remonter l'eſpèce de ſon troupeau. Cette progreſſion n'eſt-elle pas dans tous les points la même que celle que la nature ſuit dans le perfectionnement des eſpèces végétales, ſoit en formant des *eſpèces hybrides*, (*Voyez* ces deux mots) ſoit en couronnant les ſoins du fleuriſte qui métamorphoſe ſucceſſivement en fleurs doubles les fleurs ſimples d'une plante, & qu'il perpétue enſuite par la greffe, par les caïeux, ou par les boutures. Mais ſi à une brebis déjà perfectionnée par le corſage & par la qualité de la laine, vous donnez un bélier à laine groſſière & de petite ſtature, l'animal qui proviendra ſera très-inférieur à la mère, & peut-être au père. Il faut, dans les accouplemens, employer toujours les individus les plus beaux.

Il eſt à-peu-près démontré que les petits reſſemblent à leur mère par leurs parties intérieures, mais à leur père par l'extérieur, & principalement par leur ſurface & par leurs poils. En voici la preuve : ſi un bouc d'Angola, à poils ſi fins, ſi doux, ſi blancs & ſi longs, couvre une chèvre d'Europe, à poils groſſiers &

variés en couleurs, il transmet à son petit l'éclat & la noblesse de sa toison. Si au contraire un bouc d'Europe couvre une chèvre d'Angola, l'individu qui en naîtra aura le poil de son père. Lorsqu'un cheval couvre une ânesse, le mulet ressemble plus au pere qu'à la mère par les oreilles, le crin, la queue, la couleur & le port. Au contraire, lorsqu'une jument est couverte par un âne, l'espèce qui en sort tient du mâle par les longues oreilles, par une queue de vache très-courte, par une couleur souvent grise, & une croix noire sur le dos. Les béliers anglois sont souvent, & pour la plupart, sans cornes, parce que, dans le principe, on a choisi par préférence les pères qui n'en avoient pas, & cette privation s'est perpétuée de race en race. La raison a déterminé ce choix : l'animal sans cornes a la tête moins grosse; la mère le met plus facilement bas, & il ne peut pas blesser les autres. C'est par de semblables accouplemens que l'on parvient à avoir des troupeaux entiers, ou à laine blanche, ou à laine brune, noire, rousse, &c., tout dépend des premiers accouplemens, & des soins que l'on donne aux suivans.

Il suivroit de ce qui vient d'être dit, qu'une belle race une fois établie, soit en mâles, soit en femelles, ne doit jamais se détériorer. Cela est vrai, jusqu'à un certain point, & tant que les animaux se trouveront dans les *mêmes circonstances;* mais si au lieu de les tenir toujours en plein air, on presse & on entasse les troupeaux dans une étouffante bergerie; les maladies de la peau affectent la qualité de la laine qui s'y implante & qui y prend sa nourriture; une fois viciée chez le père ou chez la mere, les circonstances ne sont plus égales, & la laine perd de sa qualité. La mauvaise nourriture, l'air étouffé & rendu âcre & presque méphitique, agissent fortement sur la constitution de l'animal, & la laine est moins épaisse, & diminue de longueur, parce qu'elle ne trouve plus dans la peau de quoi se substanter. C'est donc toujours la faute du propriétaire, si le troupeau dégénère; mais en revanche, avec des attentions soutenues, & qui sont plutôt un amusement qu'un travail, il peut remonter son troupeau presque sans sortir de sa province; & lorsqu'il aura atteint un certain genre de perfection, il doit alors, suivant le climat qu'il habite, faire venir des béliers anglois ou espagnols, leur donner à couvrir ses plus belles brebis, & conserver aux nouveaux nés la même manière de vivre que suivoient les béliers dans le pays d'où on les a tirés. Si avec ces béliers il peut faire venir de belles brebis, le perfectionnement de son troupeau sera plus rapide, & un produit assuré le dédommagera dans peu de ses premières avances. Les peuples amateurs & conservateurs des troupeaux, sont pleinement convaincus de la nécessité d'avoir de beaux & d'excellens béliers; & un François seroit étonné du haut prix auquel on vend ceux qui sont supérieurs. On a vu en 1758, chez Guillaume Stori, cultivateur Anglois, un bélier de 3 ans, qui pesoit 398 livres d'Angleterre, & qu'il vendit à M. Banks de Harsworth quatorze guinées. Les agneaux qui naquirent des brebis couvertes par ce bélier, ressembloient si fort au père, qu'on payoit au possesseur de cet animal une demi-guinée pour chaque brebis qu'il lui faisoit couvrir, c'est-à-dire, un peu plus de 12 liv. argent de France. M. Robert Gilson avoit un bélier de la même race, & en 1766, on payoit une guinée entière pour chaque accouplement. En tondant un agneau venu du premier de ces béliers, on tira vingt-deux livres angloises de laine fine. En Espagne on paie encore aujourd'hui un excellent bélier jusqu'à 100 ducats. C'est ainsi qu'en croisant sans cesse les races par des béliers forts & vigoureux, on est parvenu en Angleterre à avoir des laines de vingt, vingt-un à vingt-deux pouces de longueur, & un bélier à laine de vingt-trois pouces de longueur, a été vendu en Angleterre jusqu'à 1200 liv. De ces exemples on doit conclure, 1°. que le premier point & le plus essentiel, consiste dans la qualité supérieure du bélier; que c'est lui qui propage la bonne qualité de la laine, & que sans lui elle dégénère. 2°. Qu'on ne doit lui donner à couvrir que des brebis reconnues très-saines, jeunes, c'est-à-dire, de trois ans, & jamais après sept ans. Le mâle ou la femelle, trop jeunes ou trop vieux, affoiblissent le troupeau, au lieu de le perfectionner : douze à quinze brebis suffisent à un bélier qui, dans le temps de l'accouplement, exige d'être largement nourri.

Si on peut faire teter deux mères au même agneau, il est certain qu'il deviendra plus fort que celui qui tètera une seule mère, sur-tout si son père & si sa mère étoient sains & dans l'âge convenable. L'accouplement bien ménagé, perfectionne donc & la charpente de l'animal, & la qualité de sa laine. Des expériences journalières ont prouvé que des béliers de 28 pouces de hauteur, accouplés avec des brebis de 20 pouces, ont produit des agneaux qui dans la suite ont eu 27 pouces de hauteur. Les mêmes expériences démontrent que de l'union des béliers dont la laine avoit 6 pouces de longueur, avec des brebis dont la laine n'avoit que 3 pouces, il résultoit des individus qui avoient une laine de cinq pouces à cinq pouces & demi de longueur. Les mêmes expériences répétées sur des brebis à laine commune & grossière, & couvertes par des béliers à laine superfine, il en est résulté des agneaux à laine fine & quelquefois de *qualité supérieure* à celle du père. C'est par de pareils procédés & par des soins assidus, que M. Daubenton a amélioré près de Montbard, un troupeau de trois cents bêtes, dont la laine étoit auparavant courte, jarreuse & mauvaise, & sur-tout en le laissant jour & nuit & pendant toute l'année exposé au grand air.

La manière de conduire le troupeau, & le choix des mâles pour l'accouplement, contribuent, comme on vient de le voir, à la forte constitution de l'animal, à l'augmentation de son volume, à la longueur & à la finesse de la laine, mais encore augmentent la quantité de la laine. En voici la preuve : un bélier de Flandres, dont la toison pesoit cinq livres dix onces, allié à une brebis du Roussillon, qui n'avoit que deux livres deux onces de laine, a produit un agneau mâle, qui dans sa troisième année en portoit cinq livres quatre onces six gros.

## CHAPITRE III.

### *EST-IL POSSIBLE DE PERFECTIONNER LES LAINES EN FRANCE, ET QUELLES SONT LES QUALITÉS DES LAINES ACTUELLES?*

### SECTION PREMIÈRE.

*De la possibilité de perfectionner les laines en France.*

La première partie de cette question est décidée par ce qui a été dit dans les chapitres précédens, & je répète que l'école des bergers élevés par M. d'Aubenton, donnera la première & la plus sûre impulsion à une révolution générale, parce que l'expérience est le terme & la confirmation des leçons & des principes que l'élève reçoit. Il ne lui faut que des yeux; & la nature est le livre qu'il étudie & où il s'instruit. Il est encore démontré que la France est le royaume le mieux situé de toute l'Europe. Elle est modérément froide dans ses provinces du nord, tempérée dans celles du centre, & assez chaude dans celles du midi. Il résulte de cette situation la possibilité d'élever & d'entretenir de nombreux troupeaux, de quelque pays, de quelque contrée du monde qu'on tire les espèces; il suffit de les placer d'une manière convenable. La transformation des troupeaux à laine commune, s'exécuteroit sans peine & plus facilement qu'on ne détruira les préjugés: toutes les instructions publiées, soit par le Gouvernement, soit par des particuliers, produiront peu d'effets; la conviction dépend de l'exemple mis sous les yeux, contemplé chaque jour, & non pas considéré dans l'éloignement.

Par qui doit commencer la révolution? par les grands propriétaires de fonds; ils doivent envoyer un de leurs bergers à l'école de Mont-Bard, & choisir celui qui paroîtra le plus intelligent. A son retour, il exécutera chez son maître ce qu'il a vu mettre en pratique; & l'exemple de ce berger influera sur toutes les paroisses voisines. Les paysans & les hommes du *peuple* diront: Il n'est pas surprenant que de tels troupeaux prospèrent, que la laine en soit devenue fine, &c. le propriétaire est un homme riche, qui peut faire de la dépense: il en fait cependant moins qu'eux, puisqu'une cour & les champs lui serviront de bergerie, & même sans sortir de sa province, il perfectionne ses espèces, en accouplant les meilleures.

Il seroit cependant fort à désirer que l'homme riche fît venir de l'étranger des brebis & des béliers; & lorsque son troupeau seroit monté, qu'il permît & accordât gratuitement l'accouplement de ses béliers avec les brebis des petits particuliers, à la charge par eux de soigner leurs troupeaux de la même façon qu'il soigne les siens. C'est par cette voie que le bien se fera, que l'instruction s'étendra de proche en proche, & qu'enfin on parviendra à une révolution générale.

Les communautés d'habitans, un peu nombreuses, devroient se cotiser pour avoir un berger, & faire les frais pour se procurer des béliers de qualité. Si plusieurs communautés se réunissent, les frais seront moins considérables; il ne restera plus qu'à s'arranger & à convenir entr'elles du parcage, du pâturage, &c. un berger avec son chien conduit aussi bien un troupeau de deux cents bêtes, qu'un de cent.

La multiplicité des troupeaux nuira à l'agriculture : cette objection ne manquera pas d'être mise en avant. Il ne s'agit pas de couvrir de troupeaux tout le sol du royaume; mais de perfectionner la laine & les espèces de bêtes qui y existent. Il est plus que probable que chaque propriétaire nourrit autant de bêtes que ses moyens & ses possessions le permettent; ainsi on ne sauroit en augmenter le nombre; mais la valeur du produit doublera par la qualité.

C'est une erreur de penser que les communaux & les landes soient nécessaires à la prospérité des troupeaux. A force d'être broutés, piétinés, dégradés, l'animal n'y trouve qu'une maigre & très-rare nourriture; les mauvaises herbes qu'il dédaigne, gagnent bientôt le dessus, & étouffent à la longue les plantes utiles. Enfin, il est prouvé que dans les pays où il n'y a point de *communes*, (*Voyez* ce mot) on élève & on nourrit un plus grand nombre de bêtes, que dans ceux qui en ont de très-étendues.

Il n'en est pas tout-à-fait ainsi chez les particuliers qui ont des friches ou des terreins incultes. Si leur berger n'a pas dans le troupeau des brebis qui lui appartiennent, il ménagera l'herbe; & après avoir fait brouter une partie du terrein, il n'y reviendra pas de quelque temps, afin de lui donner le temps de pousser. Les troupeaux au contraire ne quittent pas les communes d'un soleil à un autre, & pendant toute l'année.

Que l'on compare actuellement les terres labourées ou en chaume, surtout si on suit ce qui est dit au mot *labour*, avec les landes & les friches, & l'on verra si le mouton ne trouvera pas dans ces premieres une nourriture plus abondante, des herbes plus tendres, plus délicates que sur les secondes. Dès-lors il faut conclure qu'une culture bien entendue vaut infiniment mieux pour les troupeaux, & qu'il est possible d'en augmenter le nombre jusqu'à un certain point, sans nuire à l'abondance des récoltes ordinaires. Les friches, les landes, les lieux incultes, ne sont vraiment utiles aux troupeaux, que parce qu'ils les forcent à marcher & à parcourir un grand espace, afin de se procurer leur nourriture. D'ailleurs si elles conviennent aux petites espèces, elles sont nuisibles, ou du moins peu profitables aux moyennes, & sur-tout aux grosses. Le propriétaire intelligent proportionne la quantité de ses troupeaux à l'abondance & à la qualité des plantes qui doivent le nourrir. Enfin, l'entretien d'un troupeau quelconque de brebis à laine fine, ne lui coûte pas plus à entretenir que celui à laine commune & grossière. Si on a un reproche à faire à la majeure partie des tenanciers, c'est de conserver une plus grande quantité de bêtes blanches que leurs possessions ou leurs moyens ne peuvent en nourrir; alors tout le troupeau est maigre ou étique, & ils sont obligés de lui faire parcourir les champs des voisins, ce qui est un vol manifeste. Dix brebis bien nourries, bien soignées, rendent plus que quinze à dix-huit brebis affamées; objet essentiel que ne doit jamais perdre de vue un bon cultivateur.

Il est donc démontré que même sans faire voyager les troupeaux suivant la méthode espagnole, il est de la plus grande facilité d'avoir en France des troupeaux à laine fine. Il est encore démontré que si on peut les faire voyager, ainsi qu'il a été dit dans le chapitre précédent, la laine en sera plus belle. Enfin on n'a qu'à vouloir pour obtenir.

### SECTION II.

*Des qualités des laines actuelles, des troupeaux & des pâturages dans le Royaume.*

Tout ce qui sera dit dans cette section, est le précis de l'excellent ouvrage de M. Carlier, intitulé : *Traité des bêtes à laine*, en deux volumes *in*-4°. Paris, 1770, chez Vallat-la-Chapelle, au Palais. L'auteur a parcouru tout le royaume, & il parle de ce qu'il a vu & examiné avec le plus grand soin. Il commence par les provinces méridionales.

1°. Le *Roussillon*. Cette province avoisine l'Espagne ; elle est remplie de hautes montagnes, de côteaux & de vallons couverts de gras pâturages : dans certains cantons les laines y sont aussi belles qu'en Espagne. Le Roussillon proprement dit se divise en trois cantons principaux, le Riveral, la Salanque, les Aspres ou la plaine. On donne les noms de *Riveral* & de terres arrosables, à une étendue de lieux bas, dans lesquels on conduit l'eau des rivières & des ruisseaux par des rigoles & par des canaux, pour arroser les terres & les rendre plus fertiles dans le genre de production qui leur est propre.

La *Salanque* est aussi un bas terrein, mais qui règne le long de la mer.

Les *Aspres* & la *plaine* sont un pays haut & sec, garni d'herbes fines & odoriférantes.

Pendant l'hiver, les troupeaux de ces trois endroits vivent séparément dans leurs territoires respectifs. Il est rare que pendant cette saison, la neige tienne assez long-temps pour empêcher les bergers de mener en pleine campagne. Dans le cas de longues pluies, on nourrit les bêtes à la bergerie avec du fourrage sec.

Lorsque les gelées ou les contre-temps détruisent les prairies artificielles, ou qu'il y a disette de bons fourrages, on fait passer les brebis au Riveral.

Aux approches des grandes chaleurs de l'été, & lorsque les herbes de la plaine commencent à se dessécher, qu'il y a disette d'eau, &c. on conduit les troupeaux aux montagnes du haut Conflant & Capsir. Ils y passent six mois dans les pasquiers royaux, au nombre de six à sept milles. Ceux qui ne vont pas à la montagne, se réfugient au Riveral & en Salanque, dans les cantons où les chaleurs sont moins vives & les herbes plus fraîches que dans la plaine & aux Aspres.

Les moutons des Aspres ne sont ni aussi forts, ni aussi corsés que ceux du Riveral & de la Salanque. La longueur des premiers est de trente pouces, & la hauteur en proportion. Tous, jusqu'aux *femelles*, ont le défaut de porter des cornes. On rejette les bêtes à toison noire.

Le mouton de Salanque ne passe guère l'âge de cinq ans sans dépérir : celui

celui des Aſpres & de la plaine vit trois ans de plus, & demeure ſain juſqu'à huit ans & au-delà. Le premier eſt ſujet à la pourriture.

La toiſon du mouton des Aſpres eſt fine, ſerrée, ſoyeuſe, légère & douce au toucher; les mèches ſont courtes & friſées, d'un pouce à un pouce & demi de long; elles allongent ſans rien perdre de leur qualité quand la nourriture a été bonne.

Les belles toiſons des Aſpres & d'une partie de la Salangue ſurpaſſent en fineſſe les laines d'Eſpagne, dites Arragons, Garcies, Andaloufie, & le cédent peu aux Ségovies, lorſqu'elles ſont pures & ſans mêlanges. On les vend dix à douze ſols la livre en ſuint, & trente-ſix à quarante ſols lavées; elles ne ſont pas d'un blanc parfait, elles tirent un peu ſur le jaune, ce que les fabriquans regardent comme une perfection.

Une toiſon fine pèſe trois livres & demi, & quelquefois quatre livres en ſurge, & cinq quarts étant lavée. Le Rouſſillon peut produire, année commune, huit mille quintaux ſurges de laine fine, & quatre mille d'inférieures.

Les troupeaux des gros tenanciers vont de dix-huit cens à deux mille bêtes, & ils les partagent en trois bandes égales. Pendant l'hiver un propriétaire de quatre cens bêtes les diviſe en trois lots, qu'il fait garder ſéparément. Après la tonte, on raſſemble pluſieurs troupeaux pour en compoſer un ſeul, lorſqu'on eſt ſur le point de paſſer à la montagne.

Les pâturages artificiels des terres arroſables du Riveral, & des excellens fonds des Aſpres, ſuffiſent non-ſeulement pour les troupeaux de la plaine, mais encore pour ceux des montagnes pendant quatre mois & demi.

Les autres cantons du Rouſſillon ſont le *Valſpir*, le *Conflant* & *Capſir*, la *Cerdagne*.

Les moutons de Valſpir tiennent beaucoup de ceux du Riveral & de la Salangue par le corſage & par la toiſon; ils en diffèrent en ce que les derniers paſſent toute l'année dans leurs gras pâturages, au lieu que ceux du Valſpir vont pendant l'été à la montagne.

Le Conflant ſe diviſe en deux parties, le haut qui eſt montueux, & le bas qui eſt un pays de plaine, à peu près comme le Rouſſillon & le Valſpir. Le Capſir eſt rempli de montagnes, de même que le haut Conflant.

Les propriétaires des troupeaux du bas Conflant imitent ceux de la plaine du Rouſſillon; ils les gardent chez eux pendant l'hiver & une bonne partie du printemps; aux premières chaleurs ils les conduiſent à la montagne.

La branche du bas Conflant, quoiqu'inférieure à celle des Aſpres, vaut mieux que celle du Valſpir; on y voit peu de toiſons noires.

Les neiges abondantes qui commencent à tomber vers le mois de novembre, & qui couvrent pendant cinq ou ſix mois la ſurface des montagnes du haut Conflant & du Capſir, ne permettent pas aux habitans de conſerver chez eux leurs troupeaux; ils vont tous les ans chercher ailleurs des aſyles contre la rigueur de la ſaiſon qui les prive des pâturages.

Les ménagers du haut Conflant, après avoir donné pendant ſix mois l'hoſpitalité aux bergers des Aſpres,

&c., viennent à leur tour la demander à ceux-ci pendant l'hiver.

Aux approches des premières neiges, les bergers du haut Conflant & du Capsir font un choix des bêtes qu'ils se proposent de garder chez eux, & marquent celles qui doivent descendre dans la plaine. C'est un usage reçu de ne retenir que les moutons, & d'envoyer les brebis portières; quand leurs moyens & les circonstances locales le permettent, ils mêlent des lots de moutons avec les brebis, mais ils gardent les béliers.

Comme ces pays ne sont pas assez étendus pour contenir le nombre prodigieux de bétail qui arrive de la montagne, ce qui reste, traverse la Cerdagne espagnole & françoise, & va s'établir dans les environs d'Urgel en Catalogne. Dès que les neiges sont fondues, les troupeaux retournent à leur montagne.

Les bêtes à laine du haut Conflant & du Capsir, l'emportent en poids & en longueur de corsage sur celles du Valspir & du bas Conflant. Les moutons du haut Conflant ont la tête & les pieds d'une couleur différente de la toison; tantôt ces parties sont entièrement rousses, tantôt mouchetées ou tachetées de noir ou de rouge. La moitié porte des toisons grises ou noires, & l'autre moitié une laine blanche sans mêlange; une partie a le ventre chauve, tandis que l'autre l'a garni de laine.

Dans *la Cerdagne* on gouverne les troupeaux comme dans le Valspir & le bas Conflant; l'espèce en est la même, si ce n'est que les bêtes ont la taille longue de quarante pouces environ, & qu'elles pèsent quelques livres de plus. On fait plus de cas des ventres pelés que des ventres garnis.

Les laines de Cerdagne, du haut Conflant, du Valspir, diffèrent de celles du bas Conflant & de celles de la plaine du Roussillon, en ce que leurs mèches ont plus de longueur & moins de finesse; elles valent quelques sous de moins par livre, & ne perdent au lavage que la moitié de leur poids.

II. *Le Languedoc* a de commun avec le Roussillon d'avoir plusieurs sortes de troupeaux, les uns à laine fine, & les autres à laine médiocre; il est coupé sur toute sa longueur par une chaîne de montagnes assez élevées. La Clappe de Narbonne & les basses Corbières sont au reste du Languedoc, par rapport aux pâturages, ce que sont les Aspres au reste du Roussillon. Il en est ainsi d'une partie du territoire de Béziers; les bêtes de ces cantons prennent plus d'accroissement en corsage & en laine, elles ont la taille plus haute & la laine plus longue. Un bon mouton, long de trois pieds, pèsera, gras, trente-six à quarante livres, au lieu qu'un mouton fin des Aspres ne pèsera pas plus de trente livres.

Les bêtes à laine y pâturent pendant toute l'année, excepté dans les temps de pluie, de neige ou de gelées; alors on les nourrit dans les bergeries. Les hautes montagnes du Gévaudan & des Cevennes, servent comme celles du haut Conflant pendant les mois de juin, de juillet & d'août. (1)

(1) *Note de l'Éditeur.* Cette assertion est malheureusement trop générale pour ce qui concerne les diocèses de Narbonne & de Béziers; il seroit bien à souhaiter que la méthode

La manière d'engraisser dépend des pâturages : ici on sépare des troupeaux, en divers temps de l'année, les bêtes qui ont pris graisse naturellement dans les vaines pâtures, &c.; là on retranche des troupeaux d'élèves, les moutons qui sont sur le point de dépérir, ainsi que les vieilles brebis, pour les placer dans des pâturages abondans; elles y prennent de l'embonpoint en un mois ou six semaines au plus; la qualité de la chair dépend beaucoup du canton.

Année commune, les ménagers du Languedoc font assez d'élèves pour remplacer les moutons que l'on vend ou qui meurent, & dans les cas de calamité, ils vont se recruter en Rouergue ou en Auvergne (1). Dans plusieurs territoires, le long de la côte du Rhône, où la difficulté de faire des élèves est habituelle, on vend les agneaux à cinq mois, & on achette des brebis en Provence pour les remplacer.

Le gros mouton du Gévaudan, remarquable par son corps ramassé, pése, gras, de cinquante à soixante livres; celui des diocèses de Narbonne & de Béziers, de trente à quarante livres; il est aussi mieux membré & plus rablé; il a le cou long & la tête grosse, les jambes de même, les oreilles longues & larges; sa forte complexion le met à l'abri de bien des maladies. Toutes les espèces du Languedoc se rapportent à trois classes; la moindre, longue de vingt & quelques pouces, est du poids de vingt à vingt-deux livres; la moyenne, de trente pouces, est du poids de vingt-huit à trente livres; la grosse, pesant quarante, cinquante & soixante livres, est longue de trois pieds.

Il n'est pas possible d'asseoir un jugement invariable sur le prix, sur la finesse, sur la longueur & sur la couleur des laines d'un canton, parce que les espèces varient beaucoup, & que l'on prend très-peu de soin des accouplemens. Les belles laines de Narbonne, des Corbières, & du diocèse de Béziers, passent, à plus juste titre, pour être les plus fines du bas Languedoc, & elles égaleroient en finesse celles de Ségovie, si les propriétaires adoptoient la méthode espagnole, & étoient plus soigneux de leurs troupeaux, & sur-tout si les bêtes restoient exposées au grand air pendant toute l'année. Les laines sont achetées par les fabriquans de draps pour les échelles du Levant, sur le pied de treize ou quatorze sols la livre en suint. Les laines communes portent entre deux & trois pouces de longueur; elles valent neuf à dix sols

espagnole fût plus générale, & que les troupeaux ne restassent pas exposés au plein midi de l'été au milieu d'un champ à l'ombre d'un olivier; l'animal se presse & se serre contre son voisin, afin de glisser sa tête sous son ventre, & la garantir de l'ardeur du soleil: dans cet état de gêne & de contraction, sa transpiration est très-considérable, & elle l'énerve. On ne doit donc pas être étonné du grand nombre de bêtes que l'on perd chaque année; la chaleur étouffante des bergeries, & la grande activité du soleil, en sont la cause première & infaillible. Si la dixième partie des troupeaux de la plaine gravissoient les hautes montagnes, le local ne fourniroit pas assez de nourriture, parce que les habitans des montagnes & des plaines tiennent autant de bêtes, & *trop souvent au-delà* de ce qu'ils peuvent en nourrir.

(1) Il vaudroit beaucoup mieux aller en Roussillon, & encore mieux en Espagne; il n'est pas rare, année commune, de voir périr de sept à dix bêtes sur cent.

la livre en suint, mais elles perdent peu de leur poids au lavage.

III. *Du Dauphiné & de la Provence.* Ces deux provinces ont ceci de commun, que leurs meilleures bêtes à laines occupent les territoires voisins de la côte orientale du Rhône. En Provence, en Dauphiné, ainsi que dans le Roussillon & le Languedoc, on distingue deux classes générales de pâturages, ceux d'hiver à la plaine, & ceux d'été à la montagne.

Le climat du Dauphiné, plus tempéré que celui d'Espagne, est en même-temps plus avantageux que celui du Roussillon. La plupart de ces montagnes sont couvertes d'une herbe fine & saine, & dont on ne peut tirer parti que pour la dépaissance des troupeaux.

Les Provençaux connoissent très-bien la propriété de ces montagnes, ils y conduisent tous les ans plus de deux cens mille bêtes, qui y passent sept mois de l'année. Le Gapençois est la partie du Dauphiné la plus abondante en herbe.

Les pâturages des plaines l'emportent en finesse & en qualité sur ceux des montagnes. Les cultivateurs de la province s'accordent à donner le premier rang aux herbes de la plaine de Bayonne & du nord de Valence. La plaine de Valoire, le côteau du Viennois, le long du Rhône & jusqu'à la côte de saint André, produisent des herbes presqu'aussi saines.

Les pâturages de Provence ne valent pas ceux du Dauphiné, l'herbe en est trop sèche. Il faut en excepter la Crau & la Camargue. La plaine de la Crau est de sept à huit lieues, & elle commence au-dessous d'Arles; son sol est couvert de cailloux, entre lesquels il croît de très-bonnes herbes. Les moutons en profitent par préférence au gros bétail, parce qu'ils ont l'instinct de détourner avec leurs pieds & de lever avec le nez les pierres qui les empêchent de pincer l'herbe.

La Camargue est un petit pays situé au-dessous des deux villes de Tarascon & d'Arles; sa base est baignée des eaux de la mer & des eaux qui s'y déchargent par les sept bouches du Rhône. Ce territoire, meilleur encore que celui de la Salangue & du Riveral du Roussillon, conserve en été un air frais & des pâturages abondans, & les troupeaux n'y souffrent pas de la chaleur.

Les bêtes qui vivent habituellement dans ce pays, portent des toisons très-nettes, très-blanches, au lieu que celles de la Crau les ont sales & chargées de suint. Le bon mouton de la Crau, engraissé en Camargue, a la viande presque aussi recherchée que celle du mouton de Gange en Languedoc.

Tant que les chaleurs ne sont pas accablantes, & que la santé des bêtes ne souffre pas, on les laisse à la plaine, mais ensuite on les conduit aux montagnes de la haute Provence, du Dauphiné & du Piémont.

Les meilleurs troupeaux de la Provence & du Dauphiné rentrent dans les deux classes de moyenne & de petite taille, depuis vingt-deux jusqu'à trente & trente-six pouces.

Un mouton de la Crau & de la Camargue, de taille ordinaire, est long de trente à trente-trois pouces, & pèse, gras, trente & trente-six livres, dépouillé & vuide. Les bêtes de petite taille, de vingt à vingt-deux pouces, pèsent ordinairement vingt-cinq livres.

Toutes les espèces de la Provence se réduisent à six branches principales, qu'on retrouve sans sortir des territoires de Cuers & de Saint-Maximin.

La première comprend les moutons du pays qui ont vingt-sept pouces, & ont un corsage bien proportionné; la laine en est fine par comparaison avec celle des autres branches.... Les raigues & les bigourets appartiennent plus particulièrement au Dauphiné, & viennent ensuite.... Les ravats de Piémont tiennent le quatrième rang, la chair en est peu délicate & la laine en est grossière.... Les motys, autre race du Piémont, & les canins d'Auvergne sont seulement reçus dans les années ingrates; il est défendu d'en acheter & d'en faire passer dans la province en tout autre temps. Le moty a le corps gros, le nez crochu & la tête semblable a celle du cheval d'Espagne; il s'en trouve dans le nombre qui ont de belles toisons. Les canins d'Auvergne tirent ce nom de leur corps bas & court.

On remarque parmi les troupeaux qui garnissent les territoires des environs de Vence, une race de moutons farouches qu'on nomme *sublaire;* ils portent des toisons noires, s'engraissent naturellement, & pèsent alors trente-cinq à quarante livres.

Les moutons du Dauphiné se réduisent à trois races principales, la *bayanne*, la *raigues* & les *ravats*. La première ressemble beaucoup à celle du Barrois, de Champagne & du Berry; on la croit originaire d'Espagne. Autrefois elle fournissoit une laine aussi belle, aussi fine, aussi courte que celle de prime de Ségovie; la race s'est abâtardie en faisant les remplacemens du Vivarais.

Les raigues habitent l'étendue du pays au midi de Valence; leur laine, plus longue & plus propre au peigne que celle du mouton de Bayanne, approche assez des qualités de Hollande & d'Angleterre; les toisons pèsent en suint de sept à neuf livres, & se vendent à raison de sept sols la livre. Les remplacemens se tirent de la foire d'Arles.

Les ravats donnent huit livres de laine en suint, & habitent les montagnes du Briançonnois. Le mouton bigouret est un diminutif des espèces précédentes.

IV. *L'Auvergne* est de tous les pays le plus commode & le mieux pourvu: les élèves qu'on y fait ne lui suffisent pas. Elle tire du Quercy & du Rouergue des moutons grands & moyens, qui sont distribués dans ceux de ses pâturages qui demeureroient vacans sans ce surcroît. La première est la haute Auvergne & très-montueuse; la seconde la basse ou plaine de Limagne. On donne le nom de mi-côte à plusieurs territoires mitoyens qui participent de la montagne & de la plaine.

On nourrit dans cette province trois races principales, celle du Quercy & des moutons de Sagala, canton du bas Rouergue. Le mêlange des espèces donne beaucoup de métis, provenant des trois races croisées.

Le mouton d'Auvergne, proprement dit, est long de trente pouces, & du poids de trente livres, gras & vuidé; il vit dans la plaine, & céde à celui du Quercy qui est plus gros & plus fort, étant élevé dans les pâturages abondans de la montagne. Il a la corne petite, le nez uni & plat.

Le dixième des toisons est à laine noire ou brune ; le mouton de la plaine vit moins que celui de la montagne, & sa chair n'a pas aussi bon goût.

On distingue trois sortes de pâturages, ceux de la montagne, qui sont plus nourrissans, ceux de la plaine & des terres en chaume, ceux de la mi-côte qui poussent des bruyères & des herbes courtes. Le mouton de la plaine profite à la montagne, lorsqu'on l'y conduit, ce qui arrive rarement, & celui de la montagne dépérit dans la plaine. Les pâturages des mi-côtes sont réputés les meilleurs; le sel est regardé comme très-salutaire à la montagne & nuisible dans la plaine.

V. Le *Quercy & le Rouergue*. Leurs moutons sont longs de trois pieds, gros & rablés, à laines grossières, à cornes longues & applaties; celui de Caussé, de race moyenne, est estimé. Près de Rhodés, le mouton a la laine plus courte & plus soyeuse; il est allongé, menu de corps & bien pris dans sa taille; on en voit peu dont la tête soit chargée de cornes; tous ont le front garni d'un toupet de laine.

La branche de Sagala différe peu de celle de la Limagne en longueur & en poids; la laine en est un peu plus fine.

Le nombre des élèves que l'on fait tous les ans dans ces deux provinces est fort grand; si on vouloit les conserver tous dans le pays, on ne pourroit les nourrir : on les fait passer ailleurs par peuplades, & sur-tout pour les boucheries de Paris.

Ces troupeaux sont nourris dans les pâturages des particuliers du pays, & dans les communaux; quelques-uns y restent pendant toute l'année, & les autres gagnent les montagnes d'Auvergne pendant l'été. Il y monte annuellement plus de vingt mille bêtes des divers cantons du Quercy, & près de trente mille du Languedoc & du Rouergue.

On règle l'usage du sel dans ces montagnes sur les raisons qui déterminent à y conduire; les troupeaux qui n'y demeurent que cinq à six semaines pour se rafraîchir, en sont privés.

VI. *Béarn, Bigorre, Gascogne, Guyenne & Périgord*. Les landes, qui tiennent au Béarn d'un côté, & à la Guyenne de l'autre, offrent une variété singulière de pâturages, suivant la qualité du sol. Les landes arides sont inutiles aux troupeaux, mais sur les autres les troupeaux y paissent pendant toute l'année.

En Béarn on distingue trois sortes de pâturages, ceux de la montagne ou des Pyrénées, ceux de la plaine & ceux des landes.

Le Bigorre, situé au pied des Pyrénées comme le Béarn, a les mêmes pâturages, de même que l'Armagnac, le Condomois & le Bazadois qui confinent à la Guyenne.

Les pâturages de la Guyenne consistent en bords de rivières, en champs en partie cultivés, en partie vacans, & en quelques cantons de landes.

Il y a une parfaite conformité entre le corsage & la qualité des toisons du mouton de rivière en Guyenne, & ceux de la grande branche du Quercy, du Gévaudan & des Pyrénées, tant pour le Béarn que pour le Bigorre; les moyennes & les petites branches de la lande & des plaines, se rapprochent, à quelques différences près. Feu M. d'Étigny, intendant de Béarn, ayant remarqué l'analogie entre les pâturages du Béarn & ceux d'Espagne, se détermina à faire l'acquisition de plusieurs béliers à toison fine, qu'il tira de l'Estremadure; il les accoupla avec des brebis béarnoises, plus fortes de corsage, mais inférieures en qualité de laine : ces brebis lui donnèrent des agneaux qui participoient de la taille du père & de la mère, & qui étoient couverts d'une laine peu inférieure à celle des étalons étrangers.

VII. *La Marche & le Limosin.* La première province est peuplée de bêtes à laine, originaires des Bois-Chaux, de Brenne en Berry, & de la petite espèce du Bourbonnois. Nous renvoyons à ce qui sera dit ci-après de ces races. On y voit aussi, par cantons, de la grande race du Limosin & de l'Auvergne.

La seconde est du petit nombre des pays où les pâturages ne reçoivent pas autant de bêtes qu'on pourroit en élever. La grande & la moyenne branche du Limosin, ne diffèrent pas de celle d'Auvergne. La petite, qui est aussi la plus fine pour a toison, tient beaucoup de celle de Caussé en Rouergue. On assure même que dans le nombre des toisons abattues à la tonte, il s'en trouve de comparables à celles d'Espagne, qui étant employées en bonneterie, donnent des ouvrages qui vont de pair avec les bonnets & les bas de Ségovie. Il est rare qu'on souffre des bêtes à toison noire dans les troupeaux de cette dernière espèce. On les rélègue dans les vallées.

Les territoires du Limosin diffèrent de ceux d'Auvergne, en ce que la petite espèce à toison fine, pâture sur les montagnes, au lieu que les bêtes à laine grossière & à grand corsage, cherchent la nourriture dans les vallons & dans les pays plats.

Abandonnons les pays montueux de France, pour envisager le pays plat, c'est-à-dire, la France septentrionale.

VIII. *Le Poitou.* C'est de cette province qu'on tire tous les ans des troupeaux considérables pour repeupler, améliorer & renouveller les troupeaux des cantons d'alentour. Le pays est partagé en vignobles & en pays de *Castine*, qui comprend les terres cultivées, & les friches, sur-tout du côté de la Bretagne & de la mer. Les pâturages du bas Poitou valent mieux que ceux du reste de la province. Plusieurs territoires de l'Election de Thouars, fournissent des pâturages variés, sains & abondans : on réserve les meilleurs pour les haras. Le Poitou a ses landes, & elles forment en quelque sorte la jonction des brandes du Berry & des friches de Guyenne.

Les bêtes à laine ont dans le Poitou une espèce de patrimoine & de pays héréditaire : elles sont en plus grand nombre, & réussissent mieux qu'ailleurs, dans toute la plaine qui s'étend de Niort à Fontenay, & de Fontenay à Luçon.

On distingue les moutons de Poitou par les noms génériques des territoires qu'ils occupent. On en fait deux classes, dont l'une comprend les moutons de plaine, & l'autre les moutons de marais. Ceux-ci, plus gros & plus forts, pèsent gras, de soixante à quatre-vingts livres, & les premiers de quarante-cinq à cinquante livres au plus. La longueur des moutons de marais excède de quelques pouces la longeur de trois pieds; celle des autres va en diminuant depuis trente jusqu'à vingt-cinq pouces.

Le mouton de Poitou est bien pris dans sa taille ; il n'est ni court, ni élancé ; il a la tête longue & fine. On en voit peu qui aient des cornes; les bergers les coupent aux agneaux, lorsqu'il leur en pousse. C'est une opinion dans ce pays qu'il faut châtier de bonne heure pour empêcher les cornes de pousser.

La bonne laine du Poitou étant courte & frisée, rend peu d'étaim. Les bêtes à toisons noires sont aujourd'hui rejetées. Les bonnes brebis portières, bien nourries & bien soignées, vivent huit à neuf ans, & on vend à la quatrième ou à la cinquième année les moutons à l'engrais.

La méthode de parquer pendant l'été a seulement lieu à la plaine. Dans les marais, on a l'attention de séparer les jeunes bêtes qui n'ont pas encore trois ans, d'avec celles d'un âge plus avancé. On réserve aux premières les plus fins pâturages.

Il arrive dans le Maine, aux bêtes transplantées, la même chose qu'aux moutons d'Espagne à toisons fines, lorsqu'on les fait passer en Angleterre. Les mêches des toisons s'alongent & deviennent propres au peigne.

On distingue en Poitou deux espèces de laine, celle du marais & celle de la plaine. La laine de marais, grossière & longue de trois à quatre pouces, est de moindre valeur que celle de la plaine, qui, en général a le mérite d'être fine, courte, frisée & rarement mêlée de jarre. Ses mêches ont depuis deux jusqu'à deux pouces & demi lors de la tonte : elles approchent de celles de Champagne & du Berry. On en tire si peu d'étaim, qu'à peine trouve-t-on dans dix balles de quoi en composer une de laine propre au peigne.

IX. *Saintonge & pays d'Aunis.* L'aspect du pays est agréable par la variété des collines, des plaines coupées de ruisseaux, & par des rivières qui traversent & qui arrosent les prairies des vallons. Les bords de la mer sont plats & coupés d'une infinité de canaux, pour dessécher les marais à eau douce, ou pour fournir l'eau de la mer aux marais salans. Les troupeaux y trouvent toutes sortes de pâtures & un climat tempéré.

Les troupeaux se partagent en deux classes générales, les uns se nomment moutons de *grois*, & se rapportent à ceux de la plaine du Poitou, & les autres s'appellent moutons de *marais*. Le *grois* est long de vingt-deux à trente pouces, & pèse vingt-deux, vingt-cinq & trente livres ; celui de *marais* est un peu moins long que celui de Poitou, & pèse de quarante-cinq à cinquante livres au plus.

Les laines de la Saintonge & du Rochelois ne diffèrent pas de celles du Poitou. On vend les toisons l'une dans l'autre à raison de dix sols la livre surge, & de vingt sols la laine lavée. Celles de l'isle de Rhé, longues d'un pouce & demi, & même de deux pouces, ont la réputation d'être plus fines & plus soyeuses : elles se vendent quatre à cinq sols de plus par livre, & rendent plus d'étaim que celles de Poitou.

Les troupeaux sont en trop petite quantité dans l'Angoumois, pour en parler.

X. La *Bretagne*. En général, les Bretons n'ont aucun soin de leurs troupeaux,

troupeaux; ils vivent comme ils peuvent : on doit cependant en excepter le Comté de Nantes. On y élève trois sortes de bêtes à laine; le mouton rochelois, celui d'Anjou & de Poitou. Les deux premiers n'ont point de cornes, & ceux d'Anjou sont blancs à un quinzième près des bêtes à toisons noires. Ceux que l'on distingue par le nom de Poitou, noirs ou gris, sont moins forts que les précédens ; ils n'ont guère que vingt pouces de longueur, & peuvent passer pour une race dégénérée. Le mouton de plaine peut avoir deux pieds & demi, & celui d'Anjou trois pieds.

On voit du côté de Missillac, dans les troupeaux qui pâturent sur les landes, des brebis dont la tête est chargée de cornes.

Il y a 20 ans environ que M. Grou, Négociant de Nantes, fit venir de Hollande un troupeau, qu'il établit sur les bords de la Loire, du côté d'Ancenis. Les bêtes étoient longues de trente-six à quarante pouces, la tête grosse & longue, les yeux grands, la queue platte, de cinq à six pouces & couverte de poils raz. Leurs toisons composées de mèches de huit à neuf pouces, soyeuses, sans mêlange de jarre, pesoient 6 à 8 livres en suint, & ne diminuoient pas d'un quart au lavage. Les brebis portoient deux agneaux. Ces animaux, vigoureux & d'une forte complexion, supportoient l'humidité & le froid pendant l'hiver, sans autre couvert qu'un simple appentis. La chair du mouton gras, pesant depuis quatre-vingt jusqu'à cent livres, étoit beaucoup plus tendre & plus succulente que celle des meilleurs moutons du pays. Les brebis qui n'avoient qu'un agneau rendoient par jour une pinte de lait. Ce troupeau n'exigeoit aucun soin extraordinaire; mais il lui falloit beaucoup de nourriture.

Il y a dans le diocèse de Léon des veines de terrein, où les bêtes à laine réussissent, tandis qu'elles languissent plus loin, & qu'elles sont chétives.

Tous les troupeaux de cette partie de la Bretagne se réduisent à deux espèces principales; l'une, des gros moutons de marais, qui paissent dans les gras pâturages des bords de la mer; & l'autre, des moutons de plaine & de montagne. La chair des premiers est dure & d'un goût peu agréable, & leur laine est grossière. Les autres sont bons suivant les cantons.

A mesure qu'on quitte les côtes de cette partie de la Bretagne pour s'avancer dans la plaine, on ne trouve que des races dégénérées.

X. *Maine* & *Anjou*. Il y a dans le Maine peu de plaines découvertes & nues. Le pays est coupé de haies, rempli de landes & de vaines pâtures. Le haut Maine est plus précoce & plus tempéré que le bas Maine : ses plaines arides & sabloneuses pour la plupart, ne produisent que des bruyères assez propres à la nourriture des bêtes à laine. Cette partie est plus spécialement destinée aux bêtes à corne qu'aux troupeaux; on en voit seulement dans les grands domaines, & encore ils y sont peu nombreux. La race est foible & dégénérée, & ses toisons défectueuses & de peu de poids.

Le climat du bas Maine est plus rude à mesure qu'on approche de l'extrémité de cette province. Le sol en est assez généralement ingrat, si ce n'est dans le canton qu'on nomme Champagne du Maine, où l'on recueille pour l'ordinaire du blé & d'autres grains. Les terres pour le surplus restent communément en jachères pendant trois, six & quelquefois douze ans; ce qui facilite l'éducation des chevaux, des bœufs & de beaucoup de moutons.

Les bêtes s'y soutiennent mieux que dans le haut Maine, parce que tous les deux ou trois ans on les renouvelle par celles du Berry & du Poitou. La laine de ces régénérateurs, après un séjour d'un an ou de dix-huit mois dans le bas Maine, acquiert une qualité de laine haute, nerveuse, longue & soyeuse, d'où on tire le bel étaim, avec lequel on fabrique les étoffes si connues & si recherchées sous le nom d'*étamine* du Mans.

Le mouton de bonne race est ordinairement long de vingt-six à vingt-sept pouces, comme celui de plaine de la Bretagne & du Poitou. Les troupeaux ne parquent point, & leur laine chargée de toute espèce de saleté dans la bergerie, en est beaucoup altérée par le mêlange avec le suint : elle donne au lavage, un déchet considérable.

L'Anjou est plus uni que montueux. Il y a deux sortes de moutons; les uns viennent du Poitou, & les autres de la Sologne. Les bêtes qui arrivent dans ces deux provinces pour compléter les troupeaux, produisent des toisons composées de mèches plus longues, à mesure qu'elles se naturalisent dans les pâturages du pays. Les moutons du Poitou se soutiennent à tous égards; mais ceux de la Sologne perdent quelque chose du prix de leur laine, qui devient plus ferme & plus ronde en s'allongeant.

XI. Le *Berry* & la *Tourraine*. La Champagne du Berry est une plaine de quarante lieues de tour. Les terres cultivées ou sans culture se partagent en guérets, en jachères & en friches, dans lesquels on conduit les troupeaux, & en terres ensemencées, dont on a soin de les écarter. Les herbes tendres des guérets, prises en petite quantité, sont bonnes & nourrissantes : elles causent la pourriture ou les maladies de sang aux bêtes qui en mangent outre mesure, pour peu que la rosée les ait humectées.

On donne le nom de Bois-Chaud au reste du Berry, qui consiste en pays couvert de bois entremêlé de brandes ou landes, & de quelques prairies. Les herbes qui y croissent, forment une seconde branche de pâturage; ils sont bien inférieurs aux précédens en finesse & en goût. Les bonnes landes sont une ressource habituelle pour les troupeaux de bonne qualité, & la lande maigre est le partage du mouton de petite taille, nommé de brandes ou de Bois Chaud.

Le Berry réunit à la faveur de ses pâturages variés, les différentes espèces de bêtes à laine. Les territoires de certaines parties ne sont propres qu'à former des élèves jusqu'à l'âge d'antenois; dans d'autres ils ne sont propres qu'aux engrais.

Les troupeaux considérés sous le rapport de leurs toisons, se divisent en fins, mi-fins & gros. On appelle moutons fins ou de Champagne, ceux qui paissent habituellement dans la plaine de ce nom. Les bêtes de cette première branche, longues de deux pieds neuf pouces à trois pieds, portent une laine fine & blanche, courte, serrée & frisée, d'une qualité équivalente à celle des laines de Ségovie. Elles ont le cou allongé, la tête sans cornes & lainée sur le sommet jusqu'aux yeux, rousse ou blanche de même que les pieds. Le front un peu relevé en bosse; le nez long & camus; le ventre des mâles est garni de laine jusqu'à quatre ans: les femelles perdent la laine de cette partie, la première ou la deuxième fois qu'elles mettent bas.

Une bête de Champagne - Berry pèse, grasse, trente-quatre à trente-six livres, dépouillée & vuidée. Le mouton fin de Berry a plusieurs traits de conformité avec le mouton des Aspres & de la plaine du Roussillon, aux cornes près & à la laine que ces derniers ont plus fine.

On croit que le mouton *brion*, qui tire son nom de la paroisse où on l'élève, est originaire d'Espagne. Il est plus gros que le mouton de Champagne, sans lui être inférieur du côté de la toison; il se reconnoît à une touffe de laine qu'il a sur le front. Les meilleures bêtes de cette branche, rendent jusqu'à six livres de laine très-fine.

Un quart des troupeaux de Champagne porte une laine plus précieuse que le reste. Les propriétaires font en sorte que le nombre des seconds prévale sur celui des premiers, parce que ces derniers prennent le gras plus facilement, & qu'ils les vendent quarante sols de plus par paire.

Le mouton mi-fin de Bois-Chaud est de même figure que celui de Champagne; sa laine moins fine & moins corsée que celle du premier, est ordinairement molle & sans nerf. On y distingue deux sortes de troupeaux, les uns grands & de même taille que ceux de la plaine; les autres plus petits & de différentes couleurs. Ils tiennent des lieux où on les mène pacager. Longs de vingt à vingt-quatre pouces, leur poids n'excède pas dix-huit à vingt livres, gras & chair nette.

Le mouton de Faux, nourri ou engraissé en Bois-Chaud, plus gros & plus long de trois à quatre pouces que celui de Champagne, a la laine grossière, jarreuse, & varie de couleur comme le bocager des brandes. Quelques-uns ont le museau & les pieds tachetés de noir; d'autres portent des cornes. Ils sont originaires de la Marche & du Limosin, où ils retournent après qu'ils ont pris de l'embonpoint.

La bonne laine de Champagne se vend en Berry quinze à dix-huit sols la livre en suint, trente-six à quarante sols étant lavée. La laine de Bois-Chaud vaut communément huit à douze sols surge, & le double après le lavage.

La *Tourraine* élève peu de troupeaux. L'espèce qui y domine est la même que celle des brandes en Bois-Chaud. Cependant la Tourraine le disputoit autrefois au Berry pour le nombre de ses bêtes à laine.

XII. La *Sologne* & le *Gâtinois*. La Sologne est un pays sabloneux, ingrat, quoique traversé par des rivières; on donne le nom de mouton de Sologne aux espèces de l'Orbanois, du Blaisois & du Gâtinois, parce que effectivement elles ont toutes des rapports entr'elles. Dans ces derniers pays, l'air y est pur & sain, & le terrein par-tout uni & cultivé. Le bétail blanc y est d'un très-bon rapport, tant pour la laine que pour le gras.

Les pâturages de la Sologne propre consistent en bruyères, en friches & en herbes qui poussent dans les terres de labour qu'on laisse reposer. La taille ordinaire du mouton Sologneau, est de trente à trente-trois pouces. Il a la tête fine, effilée, menue, blanche & quelquefois rousse, sans cornes, à l'exception de quelques béliers. Les marchands préfèrent les ventres garnis aux ventres chauves. Le mouton fin de Sologne, comparé à celui de la Champagne-Berry, est plus petit, sa chair plus délicate, sa laine plus courte, plus fine & moins serrée.

Les bêtes de Sologne vieillissent & perdent leurs dents de bonne heure à cause de la dureté de la bruyère, & sur-tout des cailloux auxquels elles touchent pour pincer l'herbe qui est à côté. On élève dans ce pays plus de brebis que de moutons, à cause de la difficulté de la subsistance. On fait deux classes de pâturages, les plus fins sont pour les agneaux, & les autres pour les mères. Les brebis portières se conservent jusqu'à sept à huit ans.

La laine de Sologne a ceci de particulier, qu'elle est frisée à l'extrémité de ses mèches : elle est aussi fine que celle de la Champagne-Berry ; mais elle n'a pas autant de corps, & ne porte que dix-huit à vingt lignes de longueur ; celle qui passe deux pouces est de moindre valeur. On la vent en suint quinze à dix-huit sols la livre ; elle perd huit à neuf onces de son poids au lavage, qui est d'une livre & demie.

Le *Gâtinois* est une continuation de la Sologne ; il se divise en pâturages de nourriture & en pâturages d'engrais. La race de Sologne se soutient très-bien en certains endroits, & dégénère dans d'autres, ce que l'on reconnoît à la toison, qui est moins fine.

Il y a une race de moutons Gâtinois à grand corsage, originaire du pays. Elle est mise par plusieurs dans la classe des moutons de Faux. En fait de troupeaux, le commerce le plus lucratif du Gâtinois, consiste en bêtes à laines vieilles, maigres ou chétives, qu'on achette pour engraisser & pour revendre. Le mouton Sologneau, qui a pris graisse en Gatinois, est un manger tendre & exquis.

XIII. La *Beauce* & le *Perche*. Dans la Beauce propre, les bêtes à laine reçoivent une éducation complette. Ses plaines immenses & cultivées produisent des herbes très-saines ; les terres y retiennent peu l'eau, & par-tout elles sont dépourvues de bois, d'arbres, de haies & de buissons.

La Beauce se divise en deux parties, la haute & la petite Beauce. La petite & le Perche ont ceci de commun, que le pays change souvent de face, tant en pâturages qu'en aspects.

Les pâturages de la haute Bauce nourrissent une espèce de bêtes à laine pareille à celle des gros moutons de Cerdagne, de Gascogne & du Querci, excepté qu'elles n'ont point de cornes, & que leurs couleurs noires & grises détériorent moins de toisons en Beauce que dans les pays précédens. Leur laine ronde, plus droite que frisée, passe pour être molle, creuse, sur-tout pendant les années sèches, lorsque faute d'une suffisante quantité d'herbages, elles ont souffert la faim. Cette première espèce de mouton est nommée *Beau-*

*ceron*, & celle de la petite Beauce, *Percheron*, parce qu'elle est effectivement répandue dans une grande partie de la province du Perche.

C'est une suite nécessaire de la diversité qui règne dans les pâturages de la petite Beauce & du Perche, qu'il y ait beaucoup de mêlange dans les troupeaux, & on a la maladresse en général de ne point faire parquer les troupeaux. Cependant l'exemple donné par MM. Guerier, auroit dû faire changer cette préjudiciable coutume. Ils ont fait passer d'Angleterre en France un troupeau de bêtes à laine à grand corsage : ils l'ont établi auprès de Saint-Martin de Belesme, & continuent encore de le gouverner suivant la méthode angloise. Ils les tiennent continuellement exposés au grand air en hiver & en été ; & dans la crainte que les pluies abondantes, les neiges & les frimats, ne leur occasionnassent des maladies, ils ont fait dresser des appentis, à l'abri desquels ces animaux peuvent se préserver du mauvais temps. Ce troupeau surpasse en beauté & en force, tout ce qu'un choix scrupuleux pourroit trouver de plus parfait dans la grande branche du pays.

La laine de la haute Beauce, longue de quatre à cinq pouces, est ordinairement sale, grasse & luzerneuse, à cause de la malpropreté des bergeries. On la vend huit sols en suint, & le double lavée. Le poids commun de la toison d'une bête, est de quatre livres à deux ans, & de huit à quatre ans.

XIV. *Champagne & Brie*. Les plaines de la Champagne occupent le milieu de son arrondissement ; ses bordures sont remplies de bois & de collines. On distingue dans ces deux provinces plusieurs espèces de bêtes à laine, dont la dominante est celle qui porte le nom de chaque province. Le mouton champenois ressemble au bauceron de grande branche, à la laine près, que ce dernier a ordinairement plus sèche & plus creuse....... Le moyen mouton de Champagne est un diminutif de la grande branche, eu égard à la longueur de la taille & à la grosseur du corsage seulement. La petite branche n'est pas une race indigène ; elle y est introduite de la Bourgogne & du Bourbonnois. La toison qui la couvre est composée d'une laine courte, frisée & fine pour l'ordinaire, à-peu-près comme celle du petit mouton bigoret du Dauphiné.

On élève trois sortes de moutons dans l'Election de Troye, le champenois de grande branche, le sologneau & le mouton de Bourgogne : ce qu'on nomme mouton de plaine & mouton de montagne dans l'élection de Rheims, se rapporte à la grande & à la moyenne branche de Champagne.

Les troupeaux qu'on élève dans la Brie Françoise, sont une race picarde ; ceux de la Brie Champenoise viennent de différens cantons de la province de Champagne. Les pâturages de la Brie ont la propriété d'adoucir la rudesse de la laine du mouton picard, de rendre plus ferme & plus corsée celle du mouton de Champagne. Le changement devient sensible après un an ou dix-huit mois de séjour. On amène aussi dans la la Brie Champenoise beaucoup de bétail de la Sologne, du Gatinois & de la Beauce. Les meilleurs moutons briards se trouvent dans les environs de Créci & de Coulommiers.

Les laines de Champagne, telles qu'on les récolte sur les lieux, sont de médiocre qualité, molles & creuses. Les toisons fines & courtes qui se trouvent dans le nombre, proviennent des moutons de la Bourgogne & du Bourbonnois, qui ne sont, à proprement parler, que des races d'emprunt. La laine de Brie est préférable à celle de Champagne.

XV. *Bresse*, *Franche-Comté*, *Bourgogne*, *Bourbonnois*, *Lorraine* & *Alsace*.

*Bresse* & *Bugey*. La première est divisée en deux parties par la rivière qui se jette dans le Rhône. La moitié, située du côté de la Saone, retient le nom de Bresse, & l'autre qui regarde la Savoie, prend le nom de Bugey. La Bresse est un pays uni & fertile en pâturages. Le Bugey est montueux, & les habitans tirent plus de profit de leurs pâturages, que de leurs récoltes, quoique celles-ci y suffisent aux besoins de la vie. La vraie richesse y consiste dans les troupeaux. Ils passent l'hiver dans la plaine & l'été à la montagne. Cette transmigration n'est pas occasionnée par l'excès des chaleurs, comme en Provence & en Roussillon : ce sont les pâturages qui invitent à la faire. Le départ de la plaine pour aller à la montagne se fait ordinairement vers le temps de Pâque, & le retour a lieu vers la fin de Septembre.

*Bourgogne* & *Franche-Comté*. La première est appellée le *Duché*, & la seconde le *Comté* de Bourgogne. On remarque dans l'une & dans l'autre les mêmes propriétés, la même division des territoires, la même nature de pâturages, & par une conséquence nécessaire, la même espèce de bétail blanc.

La Franche-Comté se divise, comme la Bresse, en pays plat & en pays de montagne ; ses plaines peuvent être comparées à celles de la Beauce pour les récoltes, mais on n'y éleve pas autant de bêtes à laine que les pâturages en peuvent nourrir. Les pâturages des collines offrent une ressource précieuse pour l'éducation du gros & du menu bétail, & dont on tire le meilleur parti.

Le pays plat de la Bourgogne fournit d'excellentes récoltes sans amendemens. Il n'en est pas ainsi dans les bailliages d'Autun, d'Auxone, de Châtillon sur Seine, dans le Brionnois & dans le Charolois, & même dans une partie du Maconnois; mais les parcours & les pâturages y sont multipliés.

Le Bourbonnois, placé entre le Berry & la Bourgogne, participe aux propriétés & à la température qui distinguent ces deux provinces ; ses rapports avec le Berry sont un peu plus marqués qu'avec la Bourgogne, tant à l'égard de la culture & des fonds de terre, que relativement au nombre & au gouvernement des troupeaux.

La Lorraine & l'Alsace sont tellement une continuité de la Bourgogne & de la Franche-Comté, qu'on y trouve par-tout les mêmes traces des opérations de la nature, en passant de la plaine à la montagne, & des côteaux aux vallées.

Les Vosges, qui traversent la Lorraine depuis l'Alsace jusqu'à la Champagne, fournissent d'excellens pâturages pendant huit mois de l'année, & dans la Lorraine allemande on parque environ pendant six mois.

L'Alsace est traversée par le Rhin & l'Ill, coupée par une infinité de petits ruisseaux, & arrosée de pluſieurs petites rivières. La haute Alſace eſt remplie de montagnes; le terrein entre l'Ill & le Rhin eſt bas, très-humide & ſouvent inondé, il ne convient point aux moutons; le centre de la province fournit pour leur nourriture des jachères, des communes & des bois. Ce n'eſt pas l'uſage en Alſace de conduire les bêtes à laine ſur les plattes formes des montagnes, ces lieux ſont réſervés au gros bétail. En Alſace comme en Dauphiné, l'élévation des montagnes n'eſt pas uniforme, il y en a de très-hautes, dont la ſurface eſt couverte d'une grande étendue de gras pâturages, qu'on abandonne à l'engrais des bœufs & des vaches pendant huit mois de l'année, depuis la fonte des neiges jusqu'à ce qu'elles recommencent. Les bergers ont la liberté de faire pâturer leurs ouailles ſur les monticules & ſur les côteaux.

Les pâturages propres à ce bétail ſont auſſi fort communs dans la partie occidentale de la baſſe Alſace; ils conſiſtent en herbes qui croiſſent ſur des hauteurs, ſur des landes & dans des terreins plus ſablonneux que gras.

Il ſuit de cette expoſition, qu'à partir de la Breſſe, on retrouve partout ſucceſſivement les mêmes aſpects, les mêmes expoſitions, les mêmes natures de terrein, & par conſéquent les mêmes facilités de pourvoir aux beſoins des troupeaux.

On vient d'obſerver que toutes les eſpèces de bêtes à laine du pays, contenues entre le Dauphiné, le Rhin & l'Allemagne d'une part, la Champagne de l'autre, ſe partagent en moutons de Faux, auxquels les grandes branches de Champagne & d'Allemagne ſe rapportent; en moutons Barrois & en moutons de Sologne. Il ne faut pas en conclure, que tout ce qui exiſte de bêtes à laine dans ces quartiers, ſoit habituellement renouvellé par des eſſaims du dehors; il n'y a pas de cantons où on ne faſſe des éléves, pour peu qu'on ait des pâturages & des fourrages; mais au défaut d'un nombre ſuffiſant de bêtes indigènes, c'eſt une coutume fondée ſur l'économie, d'avoir recours à des eſpèces homogènes des autres pays. Ces trois races ſont celles qui y réuſſiſſent le mieux; elles engendrent des métis, tels que les moutons d'Auxois, qui eſt une branche dont les individus ont de vingt-ſept à trente pouces, tenant de celle du Berry & de la Sologne par la toiſon, & dont on eſtime la chair autant que celle du mouton de Sologne.

La Breſſe nourrit une grande quantité de bêtes à laine, & principalement dans le Bugey, du côté de Nantua; on en compte jusqu'à cinq à ſix mille dans le ſeul territoire de Valbonne. La plupart des bêtes ſont longues de vingt-ſept à trente-trois pouces, elles ont la tête garnie de cornes en volutes, & ſont une race moyenne de Faux, partie blanche, & partie noire ou brune.

Le mouton originaire de Berry fait race dans le Bourbonnois.

La petite eſpèce, connue en Champagne ſous le nom de mouton Bourguignon, n'eſt autre choſe que le mouton du Bourbonnois.

La race dominante dans le Nivernois eſt plus haute de corſage, & a beaucoup de reſſemblance avec la grande branche du Gâtinois & du Limoſin.

Le mouton d'Auxois doit être regardé comme la race principale de la Franche-Comté & de la Bourgogne; toutes les autres s'y rapportent pour la longueur & pour la qualité, si ce n'est du côté de l'Auxerrois, où le mouton est plus gros & d'une toison plus commune.

Les autres espèces vont en diminuant de vingt-huit à vingt-quatre pouces; les laines tiennent beaucoup de celles du Dauphiné.

Il y a en Lorraine & dans les Trois-Evêchés quatre branches principales de bêtes à laine; une petite, connue sous le nom d'*Ardennoise*, portant une laine fine & peu garnie; elle est très-répandue dans les Vosges. La seconde, appellée petite *Allemande*, qui est plus grosse, & a le double de laine de la première. La troisième, qui est celle du pays, surpasse en poids les précédentes. La quatrième, qu'on nomme grande *Allemande*, originaire du pays d'Hanovre, est plus forte que les trois autres en poids & en laine. Les bêtes à toison noire sont rares dans les Trois-Evêchés.

La plus grande partie des moutons de la Lorraine est pareille en corsage au mouton de Vallage de la Champagne, mais leur laine est plus moëlleuse & plus recherchée; le reste est inférieur à cette espèce du côté de la taille, & a beaucoup de rapport avec les petits moutons bocagers des Ardennes.

L'Alsace, autrefois renommée par la quantité de ses troupeaux & par leur bonne qualité, n'en auroit pas aujourd'hui pour sa consommation sans la Suisse & la Lorraine; la méthode de parquer est presque sans exemple dans cette province.

XVI. *Isle de France*, *Normandie*, *Picardie & Flandres.*

La Flandre, dont on considére le Hainault comme une partie, surpasse tous les autres pays par la force & par la grandeur des bêtes à laine qui s'élèvent dans les meilleurs cantons; cette race, qui cause de la surprise à ceux qui la voient pour la première fois, se soutient à la faveur des gras pâturages qui sont, à tous égards, les plus substantiels de tout le reste du royaume. La Picardie & la Normandie sont des pays très-propres à l'éducation du bétail. L'Isle de France se suffiroit à elle-même, si elle n'avoit d'autres besoins à remplir que ceux des villes du second ordre, mais Paris est un gouffre pour la consommation.

L'*Isle de France*. Les troupeaux y accourent de tous les environs, la consommation de la capitale les y appelle, & l'on peut dire en général que les propriétaires sont peu attentifs aux remplacemens. L'espèce dominante se rapporte à la branche picarde du Beauvoisis; les autres sont des moutons Bricads, des Baucerons, des Sologneaux, du Barrois, du Cauchois, des Normands, même des Liégeois & des moutons de Faux. Les bergers de l'Isle de France se conduisent, dans le gouvernement des troupeaux, comme ceux de la Picardie.

La Normandie, dans sa partie haute, est abondante en excellens pâturages. La basse est une continuation de la Bretagne, & a beaucoup de rapports avec elle.

Les pâturages de la haute Normandie se partagent naturellement en deux classes. Les herbages des prairies & les pâtures vaines & vagues, auxquelles il faut joindre celles des jachères & des plaines cultivées après la moisson. Cette division en amène une autre, qui est celle des pâturages

pâturages d'engrais & des pâturages de nourriture. Les principaux cantons de nourriture se remarquent dans le pays de Caux, qui est le premier de toute la Normandie, & d'où le mouton cauchois prend son nom. Les deux Vexins participent l'un & l'autre de la propriété des territoires de l'Isle de France & de la Picardie qui les avoisinent. Le pays d'Auge est sans difficulté supérieur à tous les autres cantons de Normandie par l'abondance de ses herbages; il n'est pas le seul en Normandie où l'on travaille à l'engrais, mais les pâturages destinés à cet effet y sont plus rassemblés que par-tout ailleurs.

La variété des espèces de bêtes à laine est très-grande en Normandie, tant par la différence des noms, que par la figure & la proportion du corsage. Elles peuvent cependant se réduire à trois branches principales: les cauchois, les moutons vexins & les moutons bocagers ou bisquains. Les deux premières variétés, plus grandes & plus fortes que la troisième, se trouvent fréquemment dans la haute Normandie; cette dernière se rencontre plus communément dans la basse Normandie.

Le mouton cauchois est une race de Poitou & de Berry à laine frisée, assez ordinairement ronde, longue de trente-six à quarante pouces, forte & médiocre à raison des lieux où cette race est élevée. Il y en a de deux sortes, le franc & le bâtard cauchois. Ce dernier n'a pas d'état certain, il dépend des lieux où il vit, & des espèces avec lesquelles on croise le franc cauchois. Celui-ci a la tête rousse ou blanche, les pieds de même, sa toison est blanche, quelle que soit la couleur de la tête & des pieds. On préfère le cauchois des parties maritimes à celui de l'intérieur des terres; les moutons de Pré-Salé, du côté de Dieppe, si renommés par le goût délicieux de leur chair, ne sont autre chose que des cauchois, dont les quatre quartiers pèsent cinquante à soixante livres.

La race cauchoise, considérée du côté de la toison, se divise en plusieurs branches, savoir en celles qui ont la laine longue, celles qui l'ont courte, celles qui l'ont grosse ou fine: ces modifications dépendent des pâturages.

Nous avons parlé, à l'occasion du mouton fin de Champagne-Berry, de la préférence qu'on donne aux bêtes à toison moins précieuse sur les superfines, c'est la même chose en Normandie; on y fait moins de cas des troupeaux à laine juine ou fine, que de ceux qui l'ont rude & ferme.

La quantité d'élèves qu'on forme dans les deux Vexins, est inférieure à celle du pays de Caux & des lieux voisins; les habitans achettent beaucoup de troupeaux des provinces voisines, & les bêtes transportées, profitent & y deviennent meilleures, après un séjour de deux à trois ans, que si elles étoient restées dans leur lieu natal. La toison du mouton Vexin proprement dit, est ordinairement composée de mèches plus droites & plus longues que celles du mouton cauchois.

Le bisquain de Normandie est une petite espèce de vingt-deux, vingt-quatre & vingt-huit pouces, pareille à celle des moutons de Varrène en Berry; ils sont de deux sortes, par rapport à leurs toisons, que les uns ont fines & les autres rudes & communes; la chair en est délicate, après qu'ils ont été engraiſſés dans des pâturages convenables.

Les moutons normands d'Alençon, du Cottentin, de Valogne, &c., quoique qualifiés par les noms des territoires qu'ils occupent, ſe rapportent chacun à l'une des trois eſpèces précédentes, & principalement aux cauchois & aux biſquains. Les excellens moutons de Condé ſur Néraut proviennent de la race cauchoiſe. Le prix ordinaire de la laine eſt de vingt ſols lavée; la dernière qualité ſe vend quinze ſols, & la tête vaut trente ſols; la laine juine eſt toujours achetée quelque choſe de plus.

La Picardie eſt comme de plein pied avec la haute Normandie; toutes les races de bêtes à laine, répandues dans la Picardie, ſe rapportent 1°. à la branche du Vermandois, qui eſt la plus forte; 2°. à celle du mouton picard proprement dit, qui eſt une race moyenne & commune dans le Beauvoiſis; 3°. à celle du mouton de Thiérache, qui eſt la moindre des trois.

Le mouton Vermandois, ainſi nommé de la partie orientale de la Picardie, où il eſt plus nombreux, a ſa tête groſſe, l'oreille longue & large, le col gros & long, la jambe groſſe; il eſt long de trente-ſix à quarante pouces. La force de ſa complexion exigeant qu'on lui donne une nourriture abondante, il profite dans les vallées, & ſe plaît dans les gras pâturages; il n'a point de canton atitré, on le retrouve dans tous les lieux où les fourrages, où les herbages ne manquent point, depuis les confins de la Thiérache juſques dans le Boulonnois & dans le Ponthieu.

Les moutons picards ſont de deux ſortes; on diſtingue les uns par un toupet de laine qu'ils ont au front, & qui ne ſe trouve point dans les autres; les derniers engraiſſent plus promptement, ont la laine plus fine & la chair meilleure.

Les moutons de la Thiérache ont trente pouces, cette race eſt commune du côté de Guiſe & de Vervins, elle eſt baſſe de taille, ayant la tête groſſe, l'oreille large & courte, ainſi que le nez. La plus commune de ces trois races eſt celle du mouton picard. Les laboureurs, peu attentifs, achettent aux foires les bêtes de remplacement, & prennent indiſtinctement toutes les eſpèces qui ſe préſentent, comme dans l'Iſle de France: de là vient le mêlange des eſpèces.

Les bergers en picardie, comme dans preſque toutes les autres provinces, ont la manie de boucher tellement les ouvertures des bergeries pendant l'hiver, que l'air extérieur ne ſauroit y pénétrer, & ils font ſuer exceſſivement l'animal avant l'opération de la tonte. Ces deux vices d'éducation ſont la ſource des maladies & des pertes qui découragent par la ſuite les laboureurs, le tout par entêtement & ignorance ſur leurs véritables intérêts.

La chair de ces animaux eſt aſſez ſouvent ferme & peu délicate. La Picardie n'a pas de lieux deſtinés aux engrais comme la Normandie; une partie des bêtes s'engraiſſent naturellement.

La laine du gros mouton vermandois eſt dure: les toiſons du Santerre ſont eſtimées à cauſe de la netteté & de la tranſparence des filets qui les rendent propres à recevoir les apprêts du lavage & toutes ſortes de teintures. La laine du Beauvoiſis eſt plus rude que celle du Santerre, mais on prétend que les eaux de la petite rivière du Terrein ont la propriété d'adoucir cette rudesse ; celles de Soissons & de Noyon ont le mérite d'être plus douces que les toisons du Laonois & de la Thiérache. Le poids commun des toisons est de quatre à cinq livres non lavées, & la longueur des mèches de cinq à six pouces : ces laines sont plus droites que frisées.

*Artois, Hainault & Flandres.* L'Artois est presque par-tout uni & plat, & c'est ici que commencent les Pays-bas. La température de l'Artois est par-tout assez égale : il y a peu de bois, peu de foins ; les pâturages y sont médiocres dans le pays plat, le surplus se rapporte à ce qu'on voit en Flandres. Plusieurs donnent le nom de mouton d'Artois à une branche de bêtes à laine à oreilles pendantes, plus grosse que le mouton Vermandois, & moins forte que le mouton Flamand, parce qu'elles sont assez communes en Artois ; mais, attendu qu'on trouve dans bien d'autres pays de ces oreilles pendantes, il suffit d'observer qu'on en voit dans l'Artois.

Les bêtes blanches qu'on éleve dans le Hainault sont des branches de l'espèce de Thiérache & de la petite race de Vermandois, longue de trente pouces.

La Flandres est une partie des Pays-bas, supérieure au reste de la France en bétail & en pâturages. Les premiers moutons qu'on fit passer des Indes en Flandres par la Hollande, furent regardés comme un effort de la nature, qui s'étoit surpassée dans ce genre de production. Ces bêtes parurent d'abord un objet de curiosité. L'on ne soupçonna pas qu'il fût possible de les multiplier au point d'en peupler la plus grande partie de la Flandres. Ces brebis donnoient alors sept agneaux ; cette fécondité diminua à mesure que l'espèce se perfectionna. Les brebis flandrines ne donnent plus qu'un agneau, deux au plus, & dans ce cas on prend le parti d'enlever le moindre, afin que celui qui reste profite mieux, & que le tempéramment de la mère ne soit pas affoibli. Lorsque les femelles donnoient cinq agneaux, leur laine étoit moins belle, les élèves moins forts de corsage, moins robustes, & plus sujets aux maladies. Le mouton flamand, soigné & tenu proprement, réunit dans son état actuel toutes les perfections des autres, sans en avoir les défauts. Une démarche libre & ferme, un port avantageux, un corsage bien proportionné dans toutes ses parties, annoncent une bonne constitution, un tempéramment robuste, exempt des maladies si communes aux espèces plus délicates ou plus foibles.

Les autres races se distinguent par un corsage allongé, menu, efflanqué ; d'autres par une taille ramassée : ceux-ci par un large collier, de longues soies, ou par un toupet de laine au-dessus du front : ceux-là par une couleur rousse de la tête & des pieds, par des taches noires ou grises qui détériorent leurs toisons ; par des cornes ou par une qualité de laine rousse & jarreuse, ou enfin par un naturel sauvage ou timide qui les rend difficiles à garder. Le mouton flamand ne porte aucun signe qui le défigure, tout est assorti dans les parties qui le constituent ; sa laine est non-seulement blanche & sans tache, mais cette blancheur est aussi d'un bel éclat.

Les plus grands moutons de Flandres peuvent avoir depuis quatre jusqu'à cinq pieds & demi de la tête à la queue ; la hauteur & la grosseur sont en proportion.

On distingue cinq branches de moutons flamands. On nomme moutons *frisés*, ceux de la première espèce, moutons *grenés* ou *grenetés* ceux de la seconde; la troisième porte une laine frisée comme la première, mais cette qualité de laine est peu longue & moins fine. On appelle mouton de *Dunkerque* ceux de la quatrième qualité, parce qu'ils sont communs aux environs de cette ville. La cinquième espèce est celle des moutons *razis*, que l'on nomme ainsi à cause que la toison en est courte & retapée. Les bêtes de ces cinq espèces ont, à peu près, le même corsage, elles différent seulement par la qualité de leur laine, ce qui fait, qu'immédiatement après la tonte, leur prix est à peu près le même. Le mouton à laine superfine ou frisée le céde peu à ceux d'Angleterre & de Hollande, mais les cultivateurs imitent ceux du Berry, c'est-à-dire qu'ils ne conservent dans leurs troupeaux qu'une très-petite quantité de bêtes de cette branche, qui n'est guère que le sixième du total. En Flandres, c'est une mauvaise combinaison de l'intérêt public & particulier; les maîtres des troupeaux ne demanderoient pas mieux que de multiplier cette branche, mais ils se plaignent de n'avoir pas un débit aussi réglé de la laine fine que de la laine commune.

Les herbages de Flandres ont une vertu merveilleuse, qu'on ne retrouve pas dans les autres pays. Cette propriété fait aussi que le mouton flamand ne peut guère réussir que dans cette province. La race de Flandres a ceci d'avantageux pour la propagation, que les brebis & les béliers sont propres à l'accouplement une année plutôt que les espèces ordinaires. Quant au prix des bêtes faites, un mouton razis coûte 18 liv., s'il est en bon état, de même qu'un mouton à laine frisée. Le prix change & augmente à mesure qu'on s'éloigne ou qu'on approche du temps de la tonte. Dans le dernier cas, le mouton frisé augmente de 8 livres, année commune : celui grené de 6 livres, & les autres de 5 livres. La valeur des bêtes varie selon les années.

Nous n'entrerons pas dans de plus grands détails sur les laines en général, ni sur le temps auquel on doit tondre les bêtes à laine, sur la manière de les tondre, de séparer les laines; ces objets seront examinés à l'article MOUTON.

LAIT. Liqueur blanche qui se forme dans les mamelles de la femme & des femelles des animaux vivipares, pour la nourriture de leurs petits.... C'est de toutes les substances animales celle qui se rapproche le plus du règne végétal, & qui a souffert le moins d'altération. En effet, le lait ne diffère du chyle que par quelques légers changemens, éprouvés dans le torrent de la circulation, & qui le rendent plus fluide & plus délié. On peut regarder ce fluide comme une véritable *émulsion*.... (*Voyez* ce mot). Dans les animaux herbivores, il sent encore les plantes dont l'animal a été nourri. Les vaches, dont la principale nourriture a été la luzerne, le treffle à fleur jaune, &c. donnent un lait dont le beurre est toujours haut en couleur. On pourroit à ce sujet varier les expériences, afin de connoître au juste les plantes qui influent le plus sur la quantité & sur la qualité du lait; si chaque année & dans chaque saison elles ont la même action; enfin quelle différence sensible il résulte de la situation de tel ou tel pâturage. Il faut convenir que sur ces points, on a seulement des apperçus généraux, & non des expériences bien constatées. Il s'agit actuellement d'examiner quelles sont les parties constituantes du lait, de la manière de le retirer des mamelles des animaux; du petit lait, & de la qualité & des usages auxquels on peut employer le lait des différens animaux. On ne répétera pas ici ce qui a été dit aux mots Beurre & Fromage. (*Voyez* ces mots.)

I. *Des parties constituantes du lait.* Le lait, abandonné à lui-même, se sépare en trois substances; la butireuse, qui est la crême ou l'huile du lait, est celle qui rend mate sa couleur; la partie caseuse ou le corps muqueux, qui tient en suspension le corps huileux ou butireux; enfin la sérosité ou petit lait, qui concouroit à l'union des deux premiers principes. Ce petit-lait est véritablement un acide végétal qui se développe par le progrès de la fermentation; mais il est tellement combiné dans le lait, qu'il ne s'y manifeste par aucune de ses qualités. Cet acide est dans le lait à-peu-près dans le même état que le *tartre* (*Voyez* ce mot) l'est dans le vin, & il lui est analogue, c'est-à-dire, qu'il est, comme le tartre, uni à une huile & à une terre. La partie butireuse, qui n'est autre chose qu'une huile végétale, a aussi son acide. Cette décomposition du lait abandonné à lui-même, peut être regardée comme le premier temps d'une fermentation très-prompte, parce que les principes du lait ont peu de liaisons entr'eux. Après cette première fermentation, le lait passe à la putréfaction, & dans cet état il donne beaucoup d'alkali volatil.

On peut regarder le lait comme une véritable *émulsion animale*. Il est opaque, ainsi que toutes les liqueurs sur-composées, en quoi il ressemble encore aux émulsions qui ne sont que l'huile du corps muqueux, flottante dans un liquide : il en est de même du lait. Lorsque le lait est frais, les alkalis ou les acides qu'on jette dessus, ne produisent aucune effervescence; mais ils le coagulent, & unissent ensemble la partie butireuse & caseuse, & en séparant la partie séreuse ou petit-lait, qui demeure unie & impregnée d'acide. Il y a cependant une différence entre la coagulation produite par les sels acides ou par les sels alkalis fixes ou volatils; ces derniers désunissent la masse, au lieu que l'acide produit un *coagulum*.

Si on examine le lait avec le secours d'un microscope, on y apperçoit une multitude de globules très-inégaux pour la grosseur & pour leur forme, qui nagent dans une liqueur diaphane. Il est aisé de reconnoître que les uns appartiennent à la partie butireuse, & les autres à la partie caseuse; enfin que le fluide diaphane est ce qui forme dans la suite le petit-lait ou *serum*. Cette observation prouve encore que les deux premiers principes sont simplement étendus, interposés dans le fluide, mais non pas dissous par lui; & combien leur désagrégation est facile lorsqu'on emploie la chaleur, ou les acides, ou les alkalis.

II. *De la manière de retirer le lait des mamelles des animaux.* Les détails dans lesquels je vais entrer, sont minucieux en apparence, & non pas dans la réalité, puisque l'abondance ou l'exsication du lait tient à plusieurs causes.

Lorsqu'on a privé la mère de son petit quelque temps après qu'elle a mis bas, les tetines se remplissent, se gorgent, & deviennent douloureuses, si on ne trait pas l'animal: livré à lui-même, il souffre, & peu à peu le lait tarit, ce qui détruit le profit que le propriétaire est en droit d'en attendre & d'en retirer; mais si l'animal est bien soigné, il donnera du lait jusqu'à ce qu'on le fasse couvrir de nouveau, souvent même presque jusqu'au moment de mettre bas. Quoique ce cas ne soit pas rare, il vaut beaucoup mieux ne pas demander à l'animal une liqueur peu saine alors, & dont la soustraction nuit à la mère & au petit.

Si on veut qu'une vache, qu'une ânesse, &c. donne du lait en abondance & pendant long-temps, on doit la traire à des heures réglées, à des distances égales, deux fois par jour, & non pas trois fois, comme on le pratique en certains endroits, ou un peu chaque fois à diverses reprises dans la journée. Il faut cependant convenir que lorsque l'animal a mis bas depuis peu de temps, & lorsque le lait est bien abondant, il est nécessaire de traire trois fois par jour; mais cette exception ne détruit pas la règle générale; elle dépend beaucoup de la qualité de l'individu particulier de l'animal, & des herbages dont il est nourri.

Il résulte du premier régime que la nature dans la formation du lait, suit une marche réglée, & elle en fournit en plus grande quantité. Par les autres au contraire elle est sans cesse contrariée, & insensiblement le lait tarit.

Le second avantage tient à l'envie & au besoin où l'animal se trouve de donner son lait. Lorsqu'il est réglé, il attend avec inquiétude le moment du trait, afin d'être soulagé du poids qui fatigue ses tetines; alors il se présente de lui-même au seau ou baquet destiné à recevoir le lait, sur-tout si après l'opération, la trayeuse a la coutume de lui donner à manger. Une personne mal habile fatigue souvent l'animal; elle le brusque ou le bat. Ces mauvais traitemens le rendent revêche, difficile à gouverner; il redoute un moment qui devroit être pour lui plutôt sensuel que pénible, puisque le trait est un besoin réel.

La trayeuse doit manier doucement les tettines, les caresser, les presser du haut en bas, & traire jusqu'à ce qu'elles aient donné tout leur lait; mais elle ne commencera réellement à traire que lorsqu'elle verra l'animal tranquille. Sans cette petite précaution, le seau seroit bientôt renversé & le lait perdu.

Si on néglige de traire jusqu'à la dernière goutte, si on trait à différentes reprises dans le jour, & tantôt à une heure ou à une autre, on verra insensiblement diminuer la quantité du lait, & enfin les mammelles devenir sèches. Le propriétaire qui ne voit rien, ou qui s'en rapporte trop facilement à ses valets ou aux personnes chargées de la laiterie, se plaint du peu de produit de l'animal, le condamne à être vendu à la foire, tandis que le vice réel provient *presque toujours* de la négligence de la trayeuse.

Après avoir trait l'animal, on passe le lait à travers un linge bien blanc, bien lavé, afin de retenir & séparer du lait toute espèce d'ordure qui peut être tombée dans le seau pendant l'opération. La manière de conserver le lait, de l'écrêmer, &c. sera détaillée au mot *Laiterie ;* & il en a déjà été parlé à l'article BEURRE, FROMAGE (*Voyez* ces mots).

III. *Du petit-lait & des procédés pour l'obtenir.* On a vu dans les articles déjà cités, de quelle manière on fait cailler le lait, soit avec la présure, soit avec les fleurs du caille-lait, blanches ou jaunes, soit avec celles d'artichauds, de cardons d'Espagne, &c. ainsi il est inutile de revenir sur ces articles. Le petit-lait est la partie séreuse qui se sépare du lait lorsqu'il est caillé, & elle est plus ou moins acide, suivant la substance employée à le faire cailler ; si on se sert des acides végétaux, tels que le vinaigre, la *crême de tartre* (*Voyez* ce mot), il conserve plus d'acidité que lorsqu'il est fait, par exemple, avec les fleurs.

Dans les grands atteliers à beurre & à fromage, la même opération qui coagule le lait, en sépare le petit-lait ; mais pour les usages d'une pharmacie ou de l'intérieur d'une maison, quoique la pratique soit à-peu-près la même, elle exige cependant plus d'attentions. Chaque particulier suit un procédé différent, quoique tendant toujours au même but. Cependant la manière de préparer le petit-lait devroit varier suivant l'indication de la maladie que l'on se propose de combattre. Par exemple, si on se sert d'un acide trop développé, comme celui du vinaigre ou de la crême de tartre, le petit-lait conserve un goût aigrelet. Il en est ainsi avec la levure de bierre, &c. Ce petit-lait, avec une pointe d'acide, convient dans tous les cas où il y a putridité. Les fleurs du caille-lait blanc ou jaune, communiquent un léger goût mielleux, & qui n'est pas désagréable : celles du cardon d'Espagne n'en donnent point, & elles doivent être préférées.

Choisissez le meilleur lait & de l'animal le plus sain, faites-le un peu chauffer, & versez ensuite une infusion de fleur de cardon d'Espagne. Lorsque le lait sera coagulé, placez-le sur une étamine, afin de le laisser égoutter. Ce qui a coulé est le petit-lait, & demande à être clarifié. À cet effet, prenez des blancs d'œufs, fouettez-les avec le petit lait, laissez reposer, filtrez quand il sera clair, & limpide comme l'eau. On obtient, par ce procédé, une liqueur qui a une légère teinte jaunâtre, & qui a le goût de lait.

Voici un autre procédé : prenez bon lait de vache, quatre livres ; présure délayée dans une cuillerée d'eau, demi-dracme ; mêlez le tout dans une terrine de fayance, que vous exposerez à une douce chaleur sur les cendres chaudes ; dès que le lait sera coagulé, versez-le sur un tamis de soie ou de crin ; recevez le petit-lait qui en découlera, dans un vaisseau de fayance ou de grès ; ajoutez sur chaque livre de petit-lait, un blanc d'œuf ; mêlez exactement ; faites bouillir le tout jusqu'à ce que les blancs d'œufs soient coagulés. Pendant le temps de l'ébullition, jettez-y crême de tartre pulvérisée, huit grains; passez le mêlange à travers un linge fin & propre, sans exprimer; filtrez la colature à travers le papier gris, & vous aurez le petit-lait clarifié.

Ce travail demande la propreté la plus rigoureuse, parce que de toutes les substances, le petit-lait est une de celles qui fermentent le plus aisément, & par conséquent qui se détériorent avec la plus grande facilité. On doit donc chaque jour laver dans une lessive faite de cendres, tous les vaisseaux en bois destinés à cet usage; & à plusieurs reprises dans l'eau commune, les vaisseaux en verre ou en fayance, & les tenir renversés, afin qu'il n'y reste aucune humidité. L'étamine ou le filtre exige les mêmes précautions.

IV. *Des différentes qualités de lait.* Celui de femme est le plus nutritif & le plus agréable de toutes les espèces de lait; il mérite la préférence dans la plupart des maladies où cette liqueur est recommandée, à cause de son analogie avec la constitution de l'homme. Il se digère facilement, restaure promptement les forces vitales & musculaires; mais dans un très grand nombre de maladies auxquelles ce lait convient, il est dangereux & très-dangereux de faire tetter une nourrice; elle risque d'être bientôt attaquée de la maladie de celui qui la tette. Cet inconvénient a fait recourir à plusieurs autres laits.

Le *lait d'ânesse* est moins abondant en fromage & en beurre, que celui de femme, & il contient une plus grande quantité de petit-lait.

Le *lait de jument* est plus sucré que celui d'ânesse : on y trouve moins de beurre & de fromage.

Le *lait de vache* est très-chargé de beurre & de fromage, relativement à la quantité de petit-lait.

Le *lait de chèvre* fournit plus de fromage, moins de beurre & de petit-lait.

Le *lait de brebis* contient plus de fromage, moins de beurre & de petit-lait que les précédens. Tel est en substance le résultat des expériences faites par M. Vitet, célèbre Médecin de Lyon. Ceux qui les répéteront après lui, trouveront ces assertions, prises en général, très-vraies, mais elles varieront suivant la manière de nourrir les animaux, & suivant la qualité de l'herbe qu'on leur donne ou qu'elles pâturent.

Il est bien reconnu aujourd'hui que le lait d'ânesse se digère facilement, qu'il ne fatigue pas l'estomac, qu'il nourrit peu; c'est pourquoi on doit le donner à plus grande dose que les autres. Il calme sensiblement l'irritation des branches pulmonaires, & tient le ventre libre.

Le lait de jument nourrit davantage : il paroît produire le même effet que le précédent.

Le lait de vache donne souvent une douleur gravative aux estomacs foibles, constipe & se digère mal. Son usage cause des coliques, la diarrhée, & quelquefois le vomissement.

Le lait de chèvre, assez analogue à celui de vache, le supplée dans les provinces où les vaches sont peu communes : il en est ainsi de celui de brebis.

Avant de parler du lait de femme, il est important de combattre une fausse opinion dans laquelle on est, lorsque le lait ne passe pas. On dit qu'il se caille dans l'estomac, & que

que de là naît la difficulté de le digérer.

Le lait se coagule en passant dans l'estomac ; c'est la liqueur *gastrique* qui produit cet effet : c'est une liqueur légère, transparente, écumeuse, savoneuse, saline, qui découle continuellement des glandes de l'estomac, & dont l'usage est de servir à la dissolution & au mêlange des alimens.... On trouve jusque dans le gosier des poulets une semblable liqueur, & tous les animaux le vomissent caillé. Cette coagulation est si essentielle à la digestion de cet aliment, qu'on ne le trouve jamais que coagulé dans l'estomac ; & elle est si prompte, que malgré la plus grande célérité à ouvrir le ventricule d'un animal vivant, auquel on vient de donner du lait, on le trouve toujours coagulé. C'est donc à tort que l'on craint la coagulation du lait dans l'estomac, puisque cette coagulation est absolument essentielle à la digestion. Pour la faciliter, on donne du sucre avec le lait, &, sans le savoir, on augmente les moyens de le faire coaguler plus vîte. Il est vrai que dans les estomacs foibles, & qui ne peuvent pas le digérer, il fermente & s'aigrit au point qu'il cause des tranchées, des dévoiemens ordinaires aux enfans à la mammelle, & qu'on fait disparoître avec les alkalis ou avec les absorbans. Le lait qui a été coagulé dans l'estomac, se dissout ensuite dans le *duodenum*, s'y change en chyle, en se mêlant avec les autres liqueurs digestives ; mais il y en a toujours une partie qui passe avec les excrémens, sans être décomposée. De-là vient que les femelles des animaux qui allaitent, mangent si avidement les excrémens de leurs petits, ce qu'elles cessent de faire, dès qu'ils ont commencé à manger de quelqu'autre aliment que du lait.

Le *lait de femme.* (*cet article est de M. Amilhon*) C'est la nourriture naturelle des enfans. Il se sépare du sang, & se filtre dans les mammelles. Il mérite la préférence sur toutes les autres espèces de lait, comme étant plus analogue à nos humeurs.

Il n'est pas employé à la seule nourriture des enfans. Les hommes sont forcés quelquefois d'y avoir recours dans certaines maladies. D'après cette observation, M. de Lamure, célèbre professeur de l'Université de Montpellier, dit qu'on doit le préférer à toutes les autres espèces de lait, dans la pthysie, la consomption, le marasme, & dans les ulcères cancereux.

La meilleure façon de le donner, est de faire sucer le lait, immédiatement à la mammelle de la femme. Si on le faisoit traire dans un vaisseau, dans le temps qu'on mettroit à en ramasser une suffisante quantité, il perdroit & exhaleroit plusieurs parties volatiles qui sont très-utiles aux malades. Une infinité d'observations prouvent les bons effets de cette façon de prendre le lait de femme dans des pthysies désespérées. Ce lait se donne ordinairement deux fois par jour. Le malade peut le prendre pour toute nourriture ; il est quelquefois employé à l'extérieur, comme remède adoucissant, & on s'en sert assez souvent pour calmer les douleurs aux dents & aux oreilles. Le lait de femme, pour être bon, doit être blanc,

& avoir un goût doux & ſucré ; il ne doit être ni trop aqueux, ni trop épais, il doit avoir une certaine conſiſtance, ou, pour mieux dire, une certaine craſſe. Pour qu'il ait toutes ces qualités, on doit ſe procurer une bonne *nourrice.* (*Voyez* ce mot)

Le lait des animaux peut remplacer celui des femmes dans preſque toutes les circonſtances, & ſur-tout pour la nourriture des enfans. Mais la manière d'élever les enfans en France, & de les nourrir de lait de femme, eſt ſi générale, qu'elle forme dans les eſprits un préjugé qui les porte à ſe révolter contre la propoſition de s'en paſſer, & de leur faire uſer du lait de vache ou de chèvre.

L'exemple de tous les pays du nord, où les enfans ſont nourris avec du lait de vaches, quelques exemples particuliers qu'on a eu en France de cette nourriture, doivent raſſurer ſur une méthode qui effraie d'abord, & qui, bien combinée par les exemples & les avantages qui en réſultent, ſera adoptée par les perſonnes capables de réflexion.

En Ruſſie & en Moſcovie tous les enfans ſont nourris avec du lait de vache, tant ceux des princes que ceux du peuple. L'uſage de nourrir les enfans avec le lait de femme, y eſt pour ainſi dire inconnu ; les hommes y ſont forts & robuſtes ; ils y vivent long-temps, & ſoutiennent très-bien les fatigues du travail & celles de la guerre.

Perſonne n'ignore le fameux exemple d'une chèvre, dont l'inſtinct la conduiſoit tous les jours à différentes heures au berceau d'un enfant pour l'alaiter, & l'enfant ſuçoit avec avidité le lait que cet animal lui fourniſſoit. La nature, en donnant du lait aux femelles des animaux, ne l'a pas réſervé ſeulement pour leurs petits, elle a voulu encore donner aux hommes un ſecours dans les beſoins les plus urgens.

Pourquoi n'en profiteroit-on pas ? Il faut cependant convenir que le lait de la mère doit être la nourriture la plus analogue au tempérament & à la foibleſſe de l'enfant.

En convenant de ces principes, on doit avouer auſſi qu'ils ne ſont pas ſuivis en France. On y élève, il eſt vrai, les enfans avec du lait de femme ; mais ce ſont des femmes étrangères, des nourrices mercénaires, dont le tempérament ne ſe rapporte aucunement à celui de l'enfant.

On devroit adopter ce ſyſtême : il tariroit une ſource inépuiſable d'inconvéniens auxquels les enfans ſont expoſés. Nourris d'un lait pur en lui-même, ils deviendroient forts & robuſtes ; ils ne participeroient ni aux vices du tempérament, ni à ceux du caractère qu'ils ſucent avec le lait des nourrices. Les maladies du corps, les paſſions de l'ame, tout paſſe dans le ſang ; & le lait qui en eſt la partie la plus eſſentielle, eſt reçu par l'enfant, qui reçoit en même temps le germe des infirmités & des paſſions de ſa nourrice.

Parmi les gens du peuple & ceux de la campagne, dont l'intérêt eſt la meſure & la règle de leur conduite, la même nourrice allaite ſouvent pluſieurs enfans : elle commence par le ſien ; mais bientôt entraînée par l'appât du gain, elle se persuade que son enfant est en état d'être sevré; elle le prive de son lait, qui lui seroit encore nécessaire, pour le vendre à un étranger. Cet infortuné devient foible, languissant & succombe; mais elle n'impute point à sa cupidité la perte de son enfant, qui tout au moins auroit traîné une vie foible & languissante, s'il eût survécu.

L'infidélité des nourrices, qui ne veulent point découvrir leur état, dans la crainte de perdre le salaire qu'elles tirent de la nourriture d'un autre enfant, est un des inconvéniens qui demandent l'attention la plus sérieuse & la plus réfléchie. Si elles deviennent enceintes, elles perdent le lait, ou la qualité en est altérée. Il en est de même si elles tombent malades, elles donnent à l'enfant un lait pernicieux, ou sans user de prudence & de circonspection, elles le remettent & le confient à une voisine officieuse, pour le nourrir, en attendant une prompte guérison.

On doit encore compter pour beaucoup le risque que court l'enfant, si la nourrice a été dérangée dans sa conduite, ou si son mari a vécu ou vit encore dans la débauche. L'usage du lait de chèvre ou de vache remédie à tout, & n'a d'autre inconvénient que celui du préjugé, qu'on nomme, avec justice, l'ennemi de la saine raison. M. AMI.

Toutes les espèces de lait dont on vient de parler, produisent de bons effets dans les différentes espèces de toux, dans les différentes hémophtysies & pthysies; mais leur usage est dangereux aux personnes attaquées de la fièvre, de maux de tête; dont le foie, la rate ou le mésentère sont obstrués; dont les hypocondres sont tuméfiés; à celles qui sont tourmentées de la soif fébrile, affectées d'une maladie aigüe, inflammatoire, ou d'une violente hémorragie, de la diarrhée, de la dissenterie; aux scorbutiques, aux vérolés, aux scrophuleux, aux asthmatiques, aux pituiteux & aux mélancoliques.

Le petit-lait raffraîchit, pousse par les urines, rarement par les selles: quelquefois il affoiblit l'estomac, & le rend moins propre à la digestion. Il tempère la chaleur excessive de la poitrine, il calme la soif dans la fièvre ardente & dans la fièvre inflammatoire, lorsque les premières voies ne contiennent point d'humeur acide. Il diminue la chaleur & la douleur qui accompagnent les maladies inflammatoires des voies urinaires. Il est même préférable aux émulsions dans ce dernier genre de maladies. Il est encore très-utile dans le scorbut, la vérole, le cancer oculte & la disposition aux maladies soporeuses.

V. *Du sel* ou *du sucre de lait*. Cette dernière dénomination lui est donnée à cause de son goût doux, agréable & sucré. Ce n'est point dans la boutique des apothicaires qu'on le prépare, mais sur les hautes montagnes de Suisse, de Franche-Comté, de Lorraine, &c. c'est l'ouvrage des pâtres, & leur manipulation a été pendant long-temps un secret. Il y a environ quarante ans que, pour la première fois, on ne parloit à Paris que du sucre de lait. Il étoit fort cher, & il eut une vogue prodigieuse. M. Prince, apothicaire de Berne, en étoit le grand promoteur; mais l'enthousiasme diminua bientôt, dès que le nombre des fabricateurs eut augmenté.

Après avoir retiré du lait toutes les parties propres au fromage, il reste le petit-lait; & dans ce petit-lait, le sera ou *seret* est encore séparé, de sorte qu'il ne reste plus que le petit lait proprement dit, que l'on donne aux cochons, ou que l'on jette, à moins qu'on ne veuille en retirer le sel. Dans ce cas, on jette le petit-lait dans un vaisseau, on le fait bouillir à petit feu, jusqu'à ce qu'il soit évaporé au moins aux trois quarts. On porte le tout dans un lieu frais, & tout autour du vase, il se forme des crystaux. On verse doucement & par inclinaison l'eau restante; & lorsque les crystaux sont tirés du vase, on les met sécher sur du papier gris; enfin on les conserve dans des boëtes. Si l'évaporation a été trop forte, les crystaux sont beaucoup plus colorés que lorsqu'elle a été lente. Cette première opération ne suffit pas pour les rendre parfaitement blancs & purs; il en faut une seconde, dont on parlera ci-après. Les montagnards de l'Emmenthal en Suisse, font évaporer jusqu'à siccité, & il reste au fond de la chaudière une poudre brune; ils portent cette poudre aux apothicaires des villes voisines, & la leur vendent six liards la livre. Le fameux Michel Shuppak, plus connu sous le nom de *Micheli* ou *Médecin de la montagne*, non loin de Berne, traité de charlatan insigne par les uns, & de Médecin par excellence par les autres, préparoit cette poudre brune, & la réduisoit en un vrai sucre de lait ou en tablettes. Il exposoit cette poudre brune à l'air, & la faisoit blanchir à la rosée, il la faisoit dissoudre ensuite dans de l'eau très-pure, il y ajoutoit de la crême de tartre, & faisoit évaporer lentement jusqu'à pellicule. Au fond de la chaudière étoit un sédiment blanc, qu'on enlevoit & qu'on coupoit en tablettes; mais il faut que la liqueur soit tenue dans un lieu frais pendant six semaines ou deux mois, afin que la crystallisation s'opère. Ce sucre de lait vaut 24 sols la livre de Suisse, un peu plus forte que celle du poids de marc.

Toute cette opération peut être simplifiée; il suffit de ne pas faire évaporer jusqu'à siccité, afin que les parties salines ou sucrées ne soient pas calcinées dans le fond de la chaudière. Lorsqu'on a retiré les premiers crystaux, il faut les faire dissoudre dans de l'eau de rivière, & recommencer l'évaporation jusqu'à pellicule; si une fois ne suffit pas, on procède à une seconde & même à une troisième; lorsque ce sel est suffisamment blanc, on le fait sécher à l'étuve, & on le conserve dans des boëtes garnies de papier blanc: cent-vingt livres de crystaux jaunes se réduisent à vingt livres de crystaux blancs & commerçables.

Le sel ou sucre, ou sel essentiel du lait, ne produit pas les mêmes effets que le petit-lait, à quelque dose & de quelque manière qu'il soit prescrit. Dans le temps de l'enthousiasme pour cette nouveauté, on le regardoit comme un grand remède dans les maladies pulmonaires, cancéreuses, dans la goutte, enfin dans toutes les maladies où il falloit corriger l'acrimonie & renouveller les principes du sang. Ce remède, si prôné, a eu le sort de beaucoup d'autres: on le prescrit depuis une drachme jusqu'à demi-once, en solution dans huit onces d'eau, ou bien on le mange en tablette ; il est peu soluble dans la bouche.

Lait des plantes. Le figuier, les tithymales, les laitues, &c., lorsqu'on sépare les feuilles de la tige, ou lorsque l'on coupe la tige, laissent suinter une liqueur blanche, semblable, pour la couleur & pour la consistance, au lait des animaux ; d'autres plantes fournissent un lait jaune, &c. ; en général, ces espèces de lait sont âcres & caustiques.

LAITERIE. Lieu destiné à renfermer le lait des vaches, des chèvres, des brebis, &c., où l'on fait la crême, le beurre, les fromages, &c.

Dans les pays où l'on fait beaucoup de beurre & de fromage, le choix de l'emplacement d'une bonne laiterie est aussi important que celui d'une bonne *cave* ( *Voyez* ce mot) dans les grands pays de vignobles pour y conserver le vin ; sans l'une & l'autre, on ne peut espérer aucune perfection dans ces deux genres. C'est à la qualité du local de la laiterie que sont dûes les qualités si différentes des crêmes renommées de Blois, des petits fromages d'Angelot en Normandie, de Roquefort sur les confins du Rouergue & du Languedoc, de Sassenage, &c. ( *Voyez* ce qui a été dit en parlant de ces *fromages*, & à l'article Beurre. ) Il est démontré que la meilleure laiterie est celle où les variations de l'atmosphère sont peu sensibles ; ce n'est pas tout, la laiterie doit être éloignée de tout fumier, de tout endroit infecte, & tenue dans la plus rigoureuse propreté.

On aura rarement une bonne laiterie si on la place au niveau du sol, si la porte par laquelle on y entre donne à l'extérieur ; si l'eau nécessaire au lavage, ou l'eau des laits n'a pas un endroit pour s'écouler au loin, ou dans un puits perdu, ou puisard, & sur-tout si ce puisard exhale une mauvaise odeur.

Tout ouvrage en bois, & même les vaisseaux de bois, doivent être bannis du service de la laiterie ; on a beau les laver avec soin, ils contractent à la longue une odeur aigre qui se communique au lait. Il est important que des sabots, ou telles autres chaussures à semelles en bois, soient auprès de la porte d'entrée en nombre proportionné à celui des personnes employées au service de la laiterie ; elles doivent quitter ces chaussures en sortant, & prendre celles qu'elles avoient auparavant.

Une bonne laiterie doit être souterraine, voûtée, carrelée avec un niveau de pente destiné à l'écoulement des eaux. Quelques soupiraux, dirigés vers le nord, serviront à établir un courant d'air frais, qui dissipera l'humidité. Ces soupiraux seront fermés pendant les grandes gelées, pendant les grandes chaleurs, tant que le soleil est sur l'horison, & sur-tout lorsque l'on craint quelqu'orage. Il est inutile de dire que le pavé doit être balayé autant de fois par jour que le besoin l'exigera, qu'on ne doit laisser aucune ordure se former dans les soupiraux, contre les murs, contre la voûte, &c., en un mot qu'il faut la plus scrupuleuse propreté. Tout autour de la laiterie seront construites des banquettes en maçonnerie, & recouvertes par des dales ou pierres plattes polies, ou de grands carreaux, le tout jointé exactement, & chaque joint revêtu de ciment, afin que le coup de balai en enlève sans peine jusqu'à la plus légère malpropreté. Que de lecteurs traiteront de minuties ces précautions, cette continuité de vigilance & de soins ! Je leur répondrai : la coutume une fois bien établie dans l'intérieur de votre métairie, se continuera sans peine si vous veillez à son exécution. Si le propriétaire compare ensuite la crême, le beurre, le fromage qu'il fabriquera dans une bonne laiterie, avec la qualité des produits qu'il retiroit auparavant, il sera forcé de convenir que la perfection tient à de très-petits détails, & qui ne sont ni plus coûteux, ni plus gênans que ceux qu'ils remplacent. La meilleure laiterie, je le répète, est celle qui est fraîche sans être humide, celle où la température de l'air varie le moins, enfin celle qui est moins sujette aux impressions successives de pesanteur ou de légéreté de l'atmosphère. J'ai dit plus haut qu'on devoit proscrire l'usage des vaisseaux de bois destinés à contenir le lait : cette proscription est juste, mais trop générale, parce que dans beaucoup de nos provinces, il n'est pas facile de se procurer des vaisseaux de faïence ou de terre vernissée ; lorsqu'on le peut, on doit les préférer à tous égards ; ils ne s'imprégnent pas, comme le bois, de l'odeur aigre, & il est plus facile de les laver & de les tenir propres : fraîcheur & propreté recherchées, sont les deux grands conservateurs du lait, de la crême, du beurre & du fromage. Le nombre des terrines ou vaisseaux de terre vernissée, doit être proportionné aux besoins du service journalier, & il convient d'avoir plusieurs terrines de réserve, afin de suppléer celles que l'on casse, ou dont le vernis se détache. Lorsque l'argile cuite, qui fait le corps de ces vaisseaux, se trouve à nud, car le vernis n'en est que la couverte très-mince, elle s'imprégne d'un goût & d'une odeur aigre, & dans cet état elle vaut moins que les vaisseaux de bois.

Quelques auteurs ont conseillé l'usage des vaisseaux d'étaim ou de plomb, comme moins dispendieux que les premiers. A parité, ils seront plus chers que des vaisseaux de terre vernissés ; mais comme ils dureront beaucoup plus, à la longue la parité de dépense deviendra égale. Je regarde cependant l'usage des vaisseaux de plomb & d'étaim comme dangereux, & bien plus encore celui des vaisseaux en cuivre. On sait que le lait contient un acide, masqué, à la vérité, quand il est nouvellement tiré ; que cet acide se manifeste aisément, & qu'il est très-sensible dans le petit-lait. Cet acide agit sur le plomb & sur le petit-lait, change en chaux les parties qu'il corrode ; enfin, l'expérience a prouvé combien cette chaux étoit dangereuse, comment elle occasionnoit la terrible maladie appellée *colique des peintres*. On dira que cette chaux est un infiniment petit ; mais tous ces infiniment petits accumulés de jour en jour dans le corps, forment une masse qui produit des effets funestes & certains, quoique lents. Une chétive économie l'emporte ici sur la santé & sur la vie des citoyens. Quant au cuivre, il est inutile d'insister sur cet article ; personne n'ignore avec quelle facilité il se convertit en verd-de-gris, & combien il est dangereux. Les vaisseaux d'une laiterie doivent être larges & peu profonds ; on retire une plus grande quantité de crême de ceux-ci, que lorsqu'ils ont plus de profondeur : c'est un point de fait facile à vérifier.

Après avoir passé par le tamis, ou par un linge serré, le lait qu'on vient de traire, on le porte à la laiterie, pour le vuider dans les terrines placées sur les hauteurs d'appui dont on a parlé, ou par-terre sur le sol carrelé. Le peu de profondeur du vaisseau lui fera perdre plus facilement la chaleur qui lui aura été communiquée par le lait, & la crême montera plus vîte. L'ascension de la crême dépend de la saison & du climat : huit à dix heures lui suffisent ordinairement. Si on la lève trop tôt, on en perd beaucoup qui reste mêlée avec le lait ; trop tard, elle commence à travailler, & le beurre en est moins bon, & plus fort au goût. Plus la crême est nouvelle, meilleur est le beurre. (*Voyez* ce qui a été dit au mot Beurre, sur la manière de le faire.)

LAITRON doux *ou* épineux. (*Voyez planche IV, page* 122) Tournefort le place dans la première section de la treizième classe des herbes à fleurs à demi-fleurons, dont les semences sont aigretées, & l'appelle *sonchus lævis, laciniatus, latifolius*. Von Linné le nomme *sonchus oleraceus*, & le classe dans la singénésie polygamie égale.

*Fleur* à demi-fleurons, ordinairement jaunes, quelques fois blancs, hermaphrodites. B représente le demi-fleuron ; C, le filet qui sort du demi-fleuron ; D, le fruit sur lequel il porte ; E, le placenta montré à découvert dans le calice sur lequel il porte. Les écailles du calice sont linéaires, inégales, lisses & placées en recouvrement les unes sur les autres.

*Fruit*. Semences solitaires, un peu oblongues, couronnées d'une aigrette simple ; le réceptacle est nud.

*Feuille*. Sans pétiole, embrassant la tige par la base, plus large que le reste de la feuille, terminée en pointe, & qui est plus ou moins découpée, & épineuse suivant les variétés.

*Racine* A. grêle, longue, fibreuse, blanche.

*Port*. Tige creuse, haute d'un à deux pieds, cannelée, rameuse, pleine d'un suc laiteux & blanc ; les fleurs naissent au sommet, soutenues d'un péduncule velu ; les feuilles alternativement placées sur les tiges.

*Lieux*. Très-commun dans les sols cultivés, dans les bons terreins, le long des chemins ; la plante est annuelle, & fleurit pendant tout l'été. Lorsque la plante végète dans un sol riche & travaillé, elle perd ses épines.

*Propriétés*. Cette plante a un goût amer. Elle est raffraîchissante, apéritive, adoucissante. Son plus grand usage est en décoction pour les cataplasmes. Comme elle devient parasite dans nos champs, qu'elle s'y multiplie beaucoup, il faut l'arracher & la détruire, séparer la partie supérieure de celle qui est terreuse, & la porter dans le ratelier des bœufs, des vaches, des cochons. C'est une très-bonne nourriture pour ces animaux. Quelques auteurs ont prétendu que l'infusion ou la décoction de cette plante augmentoit le lait des nourrices, mais c'est une erreur.

LAITUE sauvage. (*Voyez planche IV, page* 122.) Tournefort & Von Linné la placent dans la même classe que la plante précédente. Le premier la nomme *lactuca silvestris costa spinosa*, & le second *lactuca virosa*.

*Fleur* B. Offre un des demi-fleurons dont la fleur totale est composée. Ces demi-fleurons hermaphrodites reposent sur un réceptacle nud, au fond d'une enveloppe commune, représentée en D. Le pistil C occupe le centre du tube; il est composé d'un ovaire, d'un stile, dont la longueur égale celle du tube, comme on le voit en B, & de deux stigmates recourbés en arc.

*Fruit.* E. Succéde à chaque demi-fleuron; l'aigrette qui le couronne est soutenue par un pédicule assez long, qui adhère à la semence, sans faire corps avec elle. Les semences F sont représentées dépouillées de leurs aigrettes; elles sont ovales, comprimées & pointues.

*Feuilles.* Oblongues, étroites, garnies de poils, armées d'épines le long de leur côte qui est blanchâtre. Il y a une variété, à feuilles très-découpées.

*Racine* A. Plus courte, plus petite que celle des laitues cultivées.

*Port.* Tige rameuse, blanchâtre, plus grêle, plus sèche que celle de la laitue cultivée, souvent épineuse; les fleurs sont rassemblées au sommet, & les feuilles alternativement placées sur les tiges.

*Lieu.* Le bord des chemins, les murailles; fleurit en mai ou juin, suivant les climats. La plante est annuelle.

*Propriété.* Elle est très-laiteuse, un peu amère, plus apéritive & plus détersive que la laitue cultivée, & ses propriétés sont les mêmes. Je vais les décrire, afin de ne pas y revenir lorsque je traiterai des laitues cultivées. Les feuilles appaisent la soif fébrile, dit M. Vitet, la soif occasionnée par de violens exercices; elles tempérent la chaleur de tout le corps, particulièrement des intestins, des voies urinaires & des ardeurs d'urine. Les feuilles apprêtées en salade, offrent une nourriture agréable, raffraîchissante & capable de s'opposer à la tendance des humeurs vers la putridité. Les cataplasmes de laitues cuites sont très-émolliens. L'eau distillée de la plante, que l'on conserve & que l'on vend dans les boutiques, n'a pas plus d'efficacité que l'eau simple de rivière ou de fontaine.

Un métayer économe fait rassembler avec soin les feuilles de laitues qu'on enlève, en nettoyant la plante destinée à devenir son aliment & celui des valets de la métairie. Il arrose ces feuilles avec un peu de vinaigre, les saupoudre légèrement de sel, & les donne, pendant les grandes chaleurs, à ses bœufs & à ses chevaux qui en sont très-friands. Il peut encore y ajouter de l'huile; cette préparation réveille l'appétit de ces animaux, les raffraîchit & prévient la putridité.

## CHAPITRE PREMIER.

### *Des laitues cultivées.*

Le nombre des variétés de cette plante est prodigieux & s'accroît chaque jour, parce que les laitues ne sont point des espèces premières, mais des *espèces* jardinières, (*Voyez* ce mot) susceptibles de perfection ou de détérioration, suivant le climat, le sol & la culture qu'on leur donne. La plus grande partie est composée d'espèces *hybrides*. (*Voyez* ce mot,) & leur mêlange tient à d'autres mêlanges antérieurs des *étamines*. (*Voyez* ce mot.) Ainsi, plus

plus on ira & plus on multipliera encore les espèces jardinières, sur-tout si on n'a pas le plus grand soin de planter à part, & dans des planches éloignées, chaque espèce jardinière. Je crois que l'on pourroit avancer, sans commettre une hérésie botanique, que la laitue sauvage est le type premier des laitues cultivées, & qu'elle doivent leur perfection simplement à la culture. Les botanistes, Von Linné, par exemple, qui est celui qui a réduit les espèces à un plus petit nombre, distingue la laitue cultivée par ses feuilles arrondies, & par ses fleurs disposées en corymbe, tandis que celles de la laitue sauvage sont pointues & presque placées horisontalement. Je demande si ces caractères sont assez constans, & s'ils suffisent pour déterminer les espèces. On n'étudie point assez la dégénérescence de nos espèces jardinières. On va en juger. Sur un mur fort épais, le vent ou les oiseaux portèrent une graine de laitue pommée; elle y végéta, produisit une plante, & des fleurs, dont la graine venue en maturité se sema d'elle-même sur ce mur. Afin d'empêcher les oiseaux & sur-tout les chardonnerets, qui en sont très-friands, de la dévorer, j'aidai la chûte de la graine, déjà beaucoup plus petite que celle de la première, & je la fis recouvrir de terre à la hauteur de deux ou trois lignes. L'année suivante, nouvelles plantes, fleurs, graines, & la même opération; mais à cette seconde année toutes les parties de la plante étoient singulièrement dégénérées, & la sécheresse y contribua beaucoup; enfin, à la troisième année, les feuilles s'allongèrent, devinrent pointues & chargées de cils ou poils très-approchans de ceux de la laitue sauvage; les feuilles perdirent leur forme de coquille ou de nacelle, devinrent plates & presque horisontales. Je ne sçais ce qu'il en sera cette année. Ce fait est de peu d'importance pour le cultivateur ou pour le jardinier; mais je le rapporte afin de mettre les amateurs dans le cas d'étudier & de suivre le perfectionnement & la dégénérescence des espèces jardinières.

Je ne puis décidément assurer de quelle espèce pommée étoit la graine qui a produit la laitue dont je viens de parler, parce que le lieu où elle végéta, & la chaleur du pays lui firent bientôt perdre sa forme. Cependant je crois qu'elle appartenoit à la Gênes.

Les botanistes réduisent à une seule espèce la laitue cultivée des jardins, qu'ils appellent *lactuca sativa*, & ils regardent comme de simples variétés les laitues pommées & les laitues crépues. Ils ont raison dans le fond, puisque si leur culture est négligée pendant plusieurs années de suite, & si le sol est mauvais, elles dégénéreront & redeviendront ce qu'elles étoient dans leur première origine. Leur perfectionnement est donc l'ouvrage de l'industrie, de la patience, des soins, du soleil & du climat. On peut s'assurer de ce fait en Hollande, où les laitues sont monstrueuses pour la grosseur, & presque toutes les espèces de pommées, beaucoup plus grosses qu'en France.

On ne connoît pas le pays natal d'où on a tiré la première laitue des jardins; ce qui me porte encore à penser que son véritable type est la laitue sauvage, que j'ai décrite & fait graver exprès. Au surplus, je propose cette idée comme un simple problême à résoudre. Ce qu'il y a de constant, c'est que la graine des laitues, transportée dans les quatre parties du monde, y réussit très-bien, & que même certaines espèces s'y perfectionnent. L'expérience prouve que les unes réussissent mieux que les autres, suivant les climats de notre royaume. La vraie richesse du cultivateur consiste à les connoître & à choisir les meilleures & celles qui exigent le moins de soin. L'amateur, au contraire, aime le nombre & la diversité, il peut contenter son goût, car aucune plante des jardins n'a plus multiplié ses espèces jardinières que la laitue.

On peut diviser ces espèces suivant le temps où elles doivent être semées, par conséquent en laitues d'hiver, & en laitues d'été. Le second genre de division, est de partir des espèces premières, & de placer ensuite celles qui s'en rapprochent. Cette méthode seroit plus curieuse qu'utile, & laisseroit beaucoup d'incertitude sur la filiation de ces espèces. Enfin, la troisième, qui est à préférer, est la division simple en laitues pommées & en laitues à longues feuilles ou *chicons*, vulgairement appellées laitues romaines.

### SECTION PREMIÈRE.

#### *Des laitues pommées.*

Il est difficile d'établir un ordre bien méthodique pour classer les laitues; cependant les voici rapprochées par leur couleur. La lettre B indique que la graine est blanche; la couleur noire de la graine est désignée par une N.

*Laitues pommées d'un verd foncé.*

Impériale ou laitue d'Autriche, ou grosse allemande B.... La cocasse B... La Versailles B... Pomme de Berlin N... Grosse rouge N... Jeune rouge ou petite rouge N... Coquille N... Passion B....

*Laitues blondes ou mouchetées de jaune.*

Grosse blonde B... George blonde B... Bapaume N... Gênes blonde B... Italie N... Hollande ou laitue brune N... Paresseuse B... Royale B... Perpignane B... Petite crêpe ou petite noire N... Grosse crêpe ou crêpe blanche B... Aubervilliers B... Gotte B... Dauphine N... Bagnolet B... La vissée N.

*Laitues flagellées ou tachées de rouge.*

Sanguine ou flagellée N... Berg-op-zoom... N... Palatine N.. Sans-pareille B... La mousseronne B.

*Laitues curieuses.*

Frisée à feuille de chicorée N... Laitue-épinard B.. Laitue-épinard N.

*Laitues allongées ou chicons.*

Romaine rouge N... Romaine flagellée N... Chicon vert N... Chicon gris B... Chicon blanc B... Chicon hatif B... Alfange B.

*L'impériale* ou *laitue d'Autriche* ou *grosse allemande*..... *Lactuca amplissimo folio glabro pallide viridi, capite flavo maximo, semine albo* (1).

(1) *Note de l'Éditeur.* Je préviens que ces citations latines sont empruntées de l'Ouvrage intitulé le *Nouveau Laquintinie*, & que je vais me servir de cet Ouvrage & de celui intitulé *École du jardin potager*, pour décrire la culture des laitues dans nos provinces du nord, très-différente de celle du midi.

M. Descombes l'appelle la *reine* des laitues : elle mérite ce nom par sa grosseur monstrueuse, sur-tout en Hollande ; sa pomme est très-serrée, & sa saveur est douce & sucrée lorsque le terrein & le climat lui conviennent. Dans les provinces du nord elle demande à être semée de bonne-heure & sur couche, si on veut en recueillir la graine qui est blanche, en forme de navette, sillonnée, pointue à son extrémité, & légérement tronquée à sa base. Cette laitue reste longtemps à faire sa pomme, & monte très-difficilement. On peut la replanter jusqu'à la fin de juillet dans les provinces méridionales ; après ce temps elle ne pomme plus ; & dans celles du nord, le commencement de juin est la dernière époque de la replantation. Les premières feuilles basses & extérieures de cette laitue sont très-grandes, lisses, d'un verd pâle & terne, & souvent il sort de leurs aisselles des drageons qu'il faut retrancher. Sa pomme est de couleur jaune, & le véritable temps de la manger est le printemps. On la replante à quatorze ou quinze pouces de distance, en tout sens. Pendant les grandes chaleurs si on arrose trop souvent, la plante se fond. De toutes les espèces de laitues, c'est celle que l'on doit préférer dans les provinces méridionales, parce qu'elle craint moins la sécheresse que les autres, & sur-tout parce qu'elle monte difficilement (1).

*La laitue cocasse . . . Lactuca multi folia è viridi sub rufescente, tumide crispata, capite majore, semine albo.* Sa graine est blanche, plus alongée, plus pointue que celle de la précédente, & ses sillons moins caractérisés. Elle aime un terrein léger, substantiel & bien terrauté, & beaucoup d'arrosemens. Elle est un peu amère, & médiocrement tendre ; cependant les jardiniers paroissent la préférer à toute autre pour l'été, parce que sa pomme est grosse & se soutient longtemps en cet état avant de monter en graine ; il faut même fendre la pomme afin que la tige s'élance d'entre les feuilles découpées, fleurisse & graine. Ses feuilles extérieures sont de couleur verte-foncée, luisantes & très-cloquetées. Si on la seme en août elle passe très-bien l'hiver en pleine terre, sur-tout dans les provinces méridionales. Elle réussit mal dans les terreins forts & tenaces. Dans les provinces du nord, si on veut en avoir la graine, on doit l'élever sur couche.

*La versailles* paroît être, au rapport de l'auteur du nouveau la Quintinie, une variété de la cocasse ; elle est, ajoute-t-il, de même grandeur & à-peu-près de même qualité ; la tête est un peu applatie, moins amère, moins garnie de feuilles, se soutenant aussi long-temps dans les chaleurs, & montant aussi difficilement en graines ; elle est blanche. Ses feuilles sont d'un verd plus clair sans mélange

(1) Lorsque j'indique une époque, par exemple, un mois pour semer, c'est en général ; je l'ai déjà dit & je le répète, il n'est pas possible d'établir une loi invariable ; chacun doit faire des essais, étudier son climat, sa position ; enfin, pour avoir une certitude, semer les mêmes graines à chaque mois de l'année, & observer attentivement la manière d'être de l'atmosphère. A la fin de février ou au commencement du mois de mars, on doit semer dans les provinces du midi toutes les laitues d'été.

de roux. Elle demande le même terrein & la même culture ; elle supporte mieux les fortes gelées. M. Descombes, auteur très-estimé de l'*école du jardin potager*, regarde la versailles comme une espèce bien différente de la cocasse. La feuille de la première est d'un verd plus clair sans aucune teinte de rousseur ; sa pomme plus applatie ; ses feuilles moins entassées les unes sur les autres. Sans vouloir décider la question, je crois qu'on doit la regarder comme une variété de la précédente, & que le sol, la culture, l'exposition & souvent l'*hybridicité* des semences, ( *Voyez* ce mot, ) doivent singulièrement métamorphoser les *espèces* jardinières. ( *Voyez* ce mot. ) Il faut la semer en février dans les provinces du midi.

*Laitue batavia* ou *laitue de Silésie*.... *Lactuca amplissimo folio crispo, late viridi, per lymbos rubescente, capite maximo, semine albo.* Dans les provinces du midi, on donne mal-à-propos le nom de *silésie* à la laitue sanguine. Ce n'est pas celle dont il s'agit dans cet article. Voici ce que l'estimable auteur de la nouvelle *maison rustique* dit de cette espèce. Cette laitue, pour laquelle on n'a pas encore trouvé de terrein propre, demande à être souvent & abondamment mouillée le soir & le matin, & jamais dans les heures de la grande chaleur. Elle pomme rarement après le mois d'août, parce que les saisons fraîches lui sont contraires. Quoique sa pomme, qui se forme en deux mois & demi, ne soit pas très-pleine, ni très-blanche, & qu'elle soit un peu amère quand elle a cru dans les terres fortes, elle est si tendre, si cassante, si délicate, qu'elle peut passer pour une des meilleures laitues. Elle est une des trois plus grosses. Ses feuilles un peu alongées sont très-frisées, très-grandes, d'un verd très-clair, presque blond, un peu teintes de rouge sur les bords qui sont très-dentelés ou légérement découpés. Sa graine est blanche. Il faut la placer à quinze ou seize pouces de distance. Elle a une variété qu'on nomme *laitue-choux* de *Batavia*, ou mieux *batavia brune*, qui n'en diffère que par sa couleur de verd-foncé. Elle est excellente, elle s'accommode de tous les terreins, pomme mieux & est plus ferme. Elle mérite la préférence sur la batavia & sur la plupart des laitues.

M. Descombes, dans *l'École du jardin potager*, dit que la première est grosse comme un *petit choux*. Il a été assez heureux sans doute pour trouver le terrein qui lui convient. Elle réussit très-bien dans le climat que j'habite. Il faut la semer dans le mois de janvier, derrière un bon abri.

*La laitue-pomme de Berlin* .... *Lactuca amplissimo folio dilutè viridi, per lymbos sub rufescente, capite maximo, semine nigro.* On peut la regarder comme inconnue dans les provinces du midi, & on ne la trouve que chez les amateurs. On doit la semer dès les premiers jours de janvier, afin de l'avoir dans sa perfection au printemps, parce qu'elle monte facilement. De toutes les laitues, c'est la plus volumineuse quand elle se trouve dans un sol convenable. Sa pomme n'est jamais bien serrée, mais elle blanchit très-bien. Elle est douce, tendre & cassante; un verd tendre colore ses feuilles, & de légères teintes de rouge décorent leurs bords. Sa graine est noire, ou plutôt d'un brun-foncé, petite, pointue par les deux bouts, mais beaucoup plus par le supérieur. Dans les provinces du nord on peut la cueillir au printemps & en automne.

*Laitue grosse rouge .... Lactuca rotundifolia nigra viridis atro-rubente colore obsoleta, majore capite aureo, semine nigro.* Sa graine noire, ressemble beaucoup à la précédente ; cependant elle est un peu plus étroite, plus alongée & un peu moins grosse. Il faut convenir que les expressions manquent lorsqu'il s'agit de décrire & de spécifier des différences sensibles à l'œil armé d'une loupe, & qu'il est très-difficile d'assigner à la vue simple; c'est pourquoi le cultivateur doit être très-attentif à mettre des étiquettes fixes sur les graines qu'il renferme. La moindre confusion le met dans l'impossibilité de reconnoître les espèces d'une manière positive.

Elle se plaît dans les terreins gras & fertiles, y pomme très-bien & y dure longtemps. Si le sol ne lui convient pas, c'est-à-dire, s'il est maigre, sabloneux, elle est dure & réussit mal. Elle demande, dans les provinces du midi, à être semée en février. Sa semence est noire, ses feuilles arrondies, très-peu frisées, d'un verd rembruni, d'un gros rouge. Sa pomme est grosse, d'un jaune orangé & tendre. Cette laitue demande à être multipliée dans les provinces du midi, elle est cependant regardée par-tout comme une des meilleures.

*Jeune rouge ou petite rouge? Lactuca rotundifolia dilute viridis è rubro varia, flavo capite parvo, semine nigro.* A semer en février ou plus tard dans les provinces du midi, & se cueille au printemps, & en automne dans celle du nord, où l'on doit l'avancer par le secours des couches, attendu qu'elle pomme lentement, & reste longtemps dans cet état avant de monter. Elle est douce & tendre, jaune dans le cœur. Les feuilles extérieures sont d'un verd tendre, fouettées de rouge, rondes, & presqu'unies. Sa graine est noire.

*Laitue coquille. Lactuca rotundifolia è viridi subflava, capite parvo, semine albo.* De toutes les laitues, celle-ci résiste le mieux aux rigueurs de l'hiver, ainsi que la suivante. C'est un mérite, j'en conviens, mais il est bien diminué par sa qualité dure & amère : comme tous les jardiniers n'ont pas la facilité ou les moyens de se procurer des couches, des cloches, &c. elle ne doit pas être rejetée. Dans les provinces du midi elle demande à être semée en janvier, & dans celles du nord, dans le courant du mois d'août, afin de la replanter en octobre, derrière de bons abris. Sa pomme est petite, ses feuilles un peu jaunes, bien arrondies, grandes, peu frisées, unies par leur bord; la graine est blanche. Il y a une variété de celle-ci qui ne diffère que par la graine qui est noire.

*Laitue-passion. Lactuca folio crispo viridi, capite parvo, semine albo.* Même mérite & mêmes défauts que la précédente ; sa pomme un peu moindre dans le nord, plus grosse au midi. Sa feuille verte, cloquetée; sa graine blanche.

*Grosse blonde .... Lactuca flava, capite majore, semine albo.* Son nom indique sa couleur & son volume. Sa feuille est grande, très-cloquetée, unie par les bords. Sa tête se forme promptement, elle est assez serrée, & dure peu, parce qu'elle monte vîte. Sa graine est blanche. Dans les provinces du midi il faut la semer une des premières.

Dans le nord on la cueille au printemps & à l'automne, & on la seme à deux époques différentes. M. Thoin, du jardin du Roi, à Paris, a eu la bonté de me faire parvenir une collection très-étendue de graines de laitues & de plusieurs autres plantes potagères. Je suis charmé de trouver ici l'occasion de lui témoigner publiquement ma reconnoissance. Il s'est trouvé dans le nombre des paquets de laitue, un intitulé : *grosse blonde*, de l'isle de Rhé. J'en ai semé la graine qui est noire; j'ose croire que les plantes qui en sont provenues, sont une simple variété de la grosse blonde ordinaire.

*La george-blonde ... Lactuca è viridi flava, paululùm crispa, capite majore, semine albo*, exige d'être semée en janvier dans les provinces du midi, parce qu'elle monte très-vîte à l'approche des grandes chaleurs de ces climats. On la cueille au printemps, & en automne dans le nord. Elle demande une terre meuble & substantielle. Feuilles grandes, un peu frisées, d'un verd-blond, & cassantes. Pomme grosse, serrée, un peu applatie; sa graine blanche. Quoique dans le nord on puisse la semer sur couche, elle ne pomme que lorsqu'elle est repiquée.

*La grosse george*, bonne variété de la précédente. Elle en diffère, en ce que dans le nord on la seme sur couche & sous cloche où elle pomme très-bien. Elle aime l'air & les fréquens arrosemens. Sa pomme est un peu plus grosse que celle de la george-blonde, & comme celle-ci, elle monte facilement. Dans le midi, il faut la semer comme la précédente.

*La bapaume. Lactuca flava, capite magno, semine nigro.* Sans doute ainsi nommée du lieu dont on l'a tirée, très-peu connue dans le midi, sinon par quelques amateurs. On l'y seme en janvier, février & mars. On risque dans ce dernier mois de la voir monter. Le grand mérite de cette laitue pour le nord, est de venir dans toutes les saisons. Feuilles blondes; pomme grosse, un peu vuide au sommet, serrée par le bas; graine noire; elle est de médiocre qualité.

*La gênes blonde. Lactuca è viridi flava, parvo capite albo leviter turbinato, semine albo.* Dans le midi on la seme en janvier, ainsi que ses deux variétés dont on parlera ci-après. Feuille lisse, blonde; pomme blanche, pointue, de médiocre grosseur; sans amertume; semence blanche; monte facilement.

*La gênes verte.* Feuille verte, frisée; pomme dure & jaune, plus grosse que la précédente; graine blanche. Semée en janvier au midi, on la cueille au printemps, & à l'automne au nord. Elle demande peu d'eau & d'être souvent serfouie.

*La gênes rousse.* Feuille frisée; rousse, marquetée en brun; pomme jaune, tendre & bien remplie; semence noire. Passe fort bien l'hiver au midi, où on la seme en août & en janvier; réussit dans toutes les saisons dans le nord, excepté en été.

*L'italie ... Lactuca tenui folio dilutè viridi per lymbos rubra, parvo capite flavo, semine nigro.* Cette espèce est très-avantageuse pour les provinces du midi, parce qu'elle exige peu d'eau pour les arrosemens. Le second avantage est de ne pas être difficile pour le choix du terrein, & de subsister longtemps pommée avant de monter. On l'y seme au mois de janvier. Elle réussit en toutes saisons dans les provinces du nord. Feuilles fines, unies sur les bords, colorées en rouge, d'un verd tendre; pomme serrée, de médiocre grosseur, jaune, tendre, d'un goût parfait; semence noire. Il y a peu de meilleures laitues.

*De Hollande*, ou *laitue brune* ... *Lactuca fusco viridis, magno capite flavo, semine nigro.* On lui reproche d'être un peu dure. Elle est utile pour les provinces du midi où on la seme en février; elle y soutient assez bien les chaleurs; pomme très-bien & monte tard. Feuilles lisses, unies, d'un verd-brun & mat à l'extérieur. Pomme grosse, ferme, bien pleine & jaune; semence noire.

*La paresseuse* ... *Lactuca multi folia crispa saturè viridis, capite magno; semen album; maturare pigra.* D'une grande ressource dans les provinces du midi. On lui donne le nom de paresseuse, parce qu'elle monte difficilement & tard. On l'y seme en février; elle résiste très-bien aux chaleurs & à la sécheresse. Elle est amère & un peu dure. Dans le nord on doit l'avancer sur couche, pour la faire grainer. Feuilles unies sur les bords, très-nombreuses, crispées, les extérieures d'un gros verd; pomme grosse, ferme, bien pleine; semence blanche.

*La royale* ... *Lactuca pulchrè & splendidè viridis, capite magno, semine albo.* Excellente laitue, presque inconnue au midi du royaume, doit y être semée en janvier: elle demande beaucoup d'eau. Feuilles extérieures d'un beau verd, un peu cloquetées & luisantes, plus blondes que celles de l'italie; pomme bien formée, tendre, douce, & dure longtemps; semence blanche.

*La perpignane* ou *laitue à grosses côtes*. *Lactuca plano folio viridi, crasso pediculo, flavo capite majore, semine albo.* Originaire du pied des Pyrennées où elle réussit très-bien, ainsi que dans les autres provinces du midi. On l'y seme en janvier; elle craint les terreins humides, résiste aux chaleurs & à la sécheresse, mûrit difficilement dans les provinces du nord, si on n'aide les semences & si on ne les avance par la couche. On en distingue deux espèces, l'une verte & l'autre mouchetée de taches jaunes. La perpignane verte est facile à distinguer des autres laitues par ses feuilles unies, lisses & à grosses côtes; par sa pomme qui est très-grosse & jaune, tendre & douce; sa graine est blanche... La mouchetée de jaune est la variété de la première. La côte de ses feuilles est un peu moins forte.

*La petite crêpe* ou *petite noire* ... *Lactuca crispa è viridi subflava, capite minimo, semine nigro.* Dans les provinces du midi on peut la semer en janvier, février & mars. Les dernières semées courent grand risque de monter, si les chaleurs sont précoces; mais cette laitue passe très-bien l'hiver. Dans le nord elle n'est réellement bonne à cueillir qu'au printemps; car celle qui vient sur couche pendant l'hiver, n'a presqu'aucun goût. C'est une très-petite laitue à feuilles d'un verd-jaunâtre, frisées, dentelées & arrondies; pomme petite; semence noire. Dans le nord on la seme au mois d'août en pleine terre & contre des abris; au commencement d'octobre sur couche; enfin, également sur couche en décembre jusqu'en mars.

*La grosse crêpe* ... est une variété de la précédente, mais une variété perfectionnée; sa pomme a presque le double de grosseur. Il y a encore une variété de *crêpe*, appellée la *ronde*;

ou *crêpe blanche*, ou *printanière*, ou *courte*, dont la pomme est un peu plus grosse que celles des deux précédentes. Feuille blonde, presque lisse. On préfére celle-ci pour mettre sous cloche; elle a peu besoin d'air, & elle monte facilement en graine.

On choisit par préférence la graine de la première & de la seconde crêpe pour les petites laitues à couper: pommées dans les provinces de l'intérieur du royaume. *Salade de carême*, dont on entoure le thon & le saumon.

*Laubervilliers*, inconnue dans les provinces du midi. Très-petite laitue, ses feuilles basses, lisses, d'un gros verd; sa pomme très-petite, jaune & fort tendre; sa graine blanche. Elle réussit très-bien dans le nord pendant le printemps & dans l'été; sa pomme se soutient assez long-temps.

*La gotte*, caractérisée par sa graine blanche & fort courte; c'est une des meilleures à semer sous chassis dans le nord, depuis octobre jusqu'en février; les moindres chaleurs la font monter: inconnue au midi de la France.

*La dauphine* ou *laitue printanière*, & une des meilleures laitues. On la reconnoît aisément aux drageons qui s'élancent d'entre les aisselles de ses basses feuilles, & qu'on doit sévérement retrancher. Elle demande beaucoup d'eau & souvent, & réussit dans toute sorte de sols... Elle est hâtive, grosse; sa pomme plate, serrée; sa semence noire; inconnue dans les provinces du midi. On devroit l'y semer à la fin de décembre ou au commencement de janvier.

*La sanguine* ou *la flagellée*. Très-agréable pour la vue, pas aussi recherchée pour le goût. Feuilles unies par leurs bords, d'un gros verd, tiquetées ou sillonnées par des veines rouges, & quelquefois entièrement rouges. Le cœur est blond, veiné d'un beau rouge; sa pomme de médiocre grosseur; sa semence noire. Il y a une variété à semence blanche, dont toutes les couleurs sont plus claires. Elle monte dès qu'elle sent les fortes chaleurs, & ne réussit qu'au printemps. Elle demande une terre douce, & doit être semée en décembre & janvier dans les provinces du midi.

*La berg-op-zoom*, peu connue au midi de la France, où elle réussiroit bien, parce qu'elle vient vîte, monte difficilement, & ne craint pas l'hiver. Feuilles rondes, unies par le bord, d'un verd-brun, fortement lavées de rouge-brun sur tous les endroits frappés du soleil; pomme petite, ferme, bien arrondie; semence noire.

*La palatine* diffère de la précédente par ses teintes de rouge moins fortes, & par sa pomme un tiers plus grosse.

*La sans-pareille*, feuilles d'un verd très-clair tirant sur le blond, finement dentelées, lavées de rouge sur les bords; de moyenne grosseur; semence blanche.

*La mousseronne*. Feuilles très-frisées, crispées, dentelées, d'un verd-clair, fortement teintes de rouge sur les bords; pomme petite & tendre; semence blanche.

*Laitue frisée à feuille de chicorée*. Je l'ai semée, je ne la connois pas encore: sa graine est noire.

*Laitue-épinard*. Il y en a deux espèces, l'une à graine blanche & l'autre à graine noire. L'une & l'autre ont les feuilles lâches, peu serrées, peu cloquées, arrondies; poussent des drageons entre les aisselles des feuilles. Elles sont peu volumineuses. On ne conserve ces espèces dans

dans le nord que par simple curiosité, ou comme laitues à couper, parce qu'en automne on en a beaucoup d'autres. Il n'en est pas ainsi dans les provinces du midi, j'avoue qu'elles me font grand plaisir après la Toussaint & au premier printemps; j'ai alors une espèce qui a l'air de petite laitue pommée, ou plutôt qui commence à faire sa pomme : elle est assez agréable; on l'appelle *laitue épinard*, parce qu'on la coupe comme des épinards, elle repousse jusqu'à ce qu'elle monte. L'impériale, la dauphine & ces deux dernières sont, je pense, les seules qui poussent des drageons. A ces laitues blondes on peut réunir les deux laitues suivantes: la *bagnolet* & la *petite courte*; feuilles blondes, lisses, pomme grosse, jaune & ferme; semence blanche, hâtive, elle pomme & monte facilement; sous cloche, elle a moins besoin d'air que beaucoup d'autres, elle réussit bien en pleine terre, graine peu.

*La vissée*, laitue originaire d'Italie, en forme de vis, & ce qui l'a fait appeler *vissée* par M. Decombes, qui, le premier, a cultivé cette espèce en France. Feuilles extérieures d'un verd jaunâtre, frisées, cassantes; l'ensemble des intérieures a la forme alongée d'un pain de sucre, terminé en pointe avec des enfoncemens & des élévations, qui tournent de bas en haut à la manière des vis de pressoir; sa graine est noire & peu abondante. Cette laitue est douce & tendre, c'est une bonne espèce à semer en janvier, février & mars, dans nos provinces du midi.

Je n'ai pas parlé de la laitue commune, & que j'aurois dû placer après la laitue sauvage; elle est trop médiocre en qualité, & cette médiocrité la fait exclure des jardins. Je pense cependant que si la laitue sauvage est le type de toutes les espèces cultivées dans les jardins, la laitue commune tient le premier degré de perfectionnement : un amateur devroit s'occuper de cette filiation.

J'ai employé les dénominations reçues & adoptées par les meilleurs écrivains sur le jardinage. Il auroit été de la dernière impossibilité d'établir une synonimie pour les noms usités dans les provinces.

## Section II.

### *Des laitues alongées, vulgairement nommées* Chicons.

M. l'abbé Nollin assigne trois caractères particuliers aux laitues romaines ou chicons, & qui les distinguent des laitues dont on vient de parler. 1°. La feuille est alongée, étroite à la base, large & ordinairement arrondie à son extrémité, presque lisse, n'étant frisée, ni froncée, ni cloquée, ou du moins l'étant peu. 2°. Aucune de ces feuilles ne s'étend horizontalement, mais toutes se soutiennent droites, se rapprochent les unes des autres, sans cependant se serrer ni former de tête compacte; de sorte que la plupart des variétés ont besoin d'être liées comme la scariole, parce que les feuilles blanchissent & s'attendrissent. 3°. Elle est parfaitement douce, au lieu que les laitues pommées, les plus douces, ont une pointe d'amertume. Les chicons réussissent beaucoup mieux dans les provinces du midi que dans celles du nord; ils y sont bien plus doux, & n'ont besoin ni de cloches, ni de couches.

*Romaine rouge* ou *chicon rouge.... Lactuca romana rubra, ſemine nigro.* Feuilles extérieures teintes de rouge, les intérieures d'un beau jaune, & tendres; la graine noire; il craint l'humidité, & ſi la ſéchereſſe eſt trop forte lorſqu'il eſt lié, il faut arroſer la terre ſans que l'eau aille ſur la plante. On ne craint pas cet inconvénient, lorſqu'on arroſe par irrigation. La terre forte eſt celle qui lui convient le mieux. On le ſeme en juillet & août dans le nord, derrière des abris; il blanchit ſans être lié, & fournit juſqu'aux premières gelées. Dans les provinces du midi on le ſeme en novembre, décembre, janvier, février & mars.

*Chicon panaché, romaine flagellée.... Lactuca romana rubro maculata, ſemine nigro.* A ſemer de très-bonne heure dans les provinces du midi, afin de l'avoir au premier printemps, en avril & en mai; les grandes chaleurs le font monter trop vîte. La fin du printemps eſt ſa ſaiſon dans le nord, & on doit l'y ſemer ſur couche. Ses feuilles extérieures ſont tachées de rouge, les intérieures jaunes, moins panachées en rouge; les ſemences ſont noires.

On doit regarder comme une ſimple variété de celui-ci, le chicon dont le cœur eſt encore plus tacheté de rouge; mais il a l'avantage de ſe fermer & de blanchir ſans le ſecours des liens; ſa graine eſt blanche. Cette variété tire ſon origine d'Angleterre; elle craint les chaleurs de l'été & les fraîcheurs de l'automne; ſa ſaiſon eſt le printemps, & elle demande les mêmes ſoins que la précédente.

*Chicon verd.... Lactuca romana viridis, ſemine nigro.* Feuilles plus longues que celles des autres chicons, bien arrondies & concaves à leur extrémité; un peu froncées; leur couleur eſt d'un verd foncé, la côte eſt blanche, la ſemence noire: cette eſpèce eſt la moins tendre, mais la plus groſſe & la moins difficile ſur le choix du ſol & ſur les ſaiſons. On la ſeme dans les provinces du midi dans les mois de janvier, février & de mars, & à la fin d'août, pour la repiquer avant l'hiver à de bonnes expoſitions. Il en eſt de même dans le nord, à l'exception des couches pour les ſemailles d'hiver. Ordinairement il n'eſt pas néceſſaire de la lier pour la faire blanchir. La bonne eſpèce doit être applatie ſur ſon ſommet; ſi elle ſe termine en pointe, c'eſt un chicon dégénéré.

*Chicon gris* ou *romaine griſe.... Lactuca romana ſature viridis, ſemine albo.* Hative au printemps, ſupporte l'hiver, plus douce que la précédente, & moins verte; difficile ſur le choix du terrein; réuſſit mal en été & en automne dans le nord; ſemence blanche: à ſemer de bonne heure dans les provinces du midi.

*Chicon blond*, ou *romaine blonde... Lactuca romana, ſubflava, ſemine albo;* feuilles minces, unies, un peu pointues, d'un verd tirant ſur le jaune; côte blanche; l'intérieur plein; le ſommet des feuilles obtus; ſemence blanche; chicon délicat, monte & fond facilement : il n'aime pas l'humidité. A ſemer comme les précédens.

*Chicon hâtif*, ou *romaine hâtive.... Lactuca romana ſubflava, præcox, ſemine albo.* Sa forme ſemblable à celle du précédent, & ſes feuilles un peu pointues. La couleur des feuilles eſt moins lavée de jaune:

femence blanche. Il s'élève & fe ferme bien fous cloche; femé fur couche en octobre, il vient à fon point en avril. Dans les provinces du midi, à femer en janvier.

*Alfange*; chicon, fi on peut l'appeller ainfi, tendre & délicat; à feuilles liffes, fines, alongées, pointues, terminées en forme de langue de ferpent; leur couleur eft d'un verd pâle, avec quelques ombres de taches rouges au fommet; femence blanche; monte & pourrit facilement.

La pourriture n'eft pas à craindre pour les laitues pommées ni pour les chicons dans les provinces du midi, foit à raifon de la féchereffe du climat, foit parce qu'on arrofe par irrigation. Si les pluies cependant y font très-abondantes & continues, ce qui eft fort rare, ces laitues y pourriffent plutôt que dans le nord.

## CHAPITRE II.

### *De la culture des laitues.*

I. *Provinces du midi.* On a dû remarquer, en fuivant l'énumération des efpèces, l'époque à laquelle on doit les femer : on choifit à cet effet un lieu bien abrité ou par des murs, ou par des claies faites exprès; la terre doit être fine, bien terrautée & travaillée; ainfi préparée elle eft prête à recevoir les femences des laitues à manger au printemps. S'il étoit poffible de fe procurer dans ces provinces des couches & des cloches, il conviendroit alors de femer en décembre, & même en novembre; dans ce cas, on auroit des plans à lever & à mettre en pleine terre dès les mois de janvier & février. On courroit alors les rifques d'en perdre beaucoup, moins par la rigueur du froid, que par l'impétuofité des vents qui occafionnent une forte évaporation dans la plante, & produifent fur elle le même effet que les fortes gelées. Il y a, ainfi qu'on l'a vu, des efpèces qui réfiftent mieux les unes que les autres; & qui, par cette raifon, ont été nommées laitues d'hiver; ces efpèces doivent être femées à la fin d'août, en feptembre & au commencement du mois d'octobre : peu à peu elles s'accoutument aux matinées fraîches, & font déjà endurcies contre la rigueur de la faifon lorfqu'on les replante à demeure pour paffer l'hiver. Les autres, au contraire, ont été élevées délicatement, & la tranfition d'un lieu à un autre eft plus ou moins funefte, à raifon de la diverfité de température; cependant, à force de foins & avec de la paille longue, on garantit ces laitues d'été des intempéries de l'air, & on en jouit beaucoup plus tôt. Les cultivateurs ordinaires ne prendront pas ces peines trop minutieufes, & la vente de leurs primeurs ne les dédommageroit pas du temps qu'ils auroient perdu; il vaut mieux attendre d'avoir chaque chofe dans fa faifon; la faveur de la plante eft délicate & à fon point, & la dépenfe eft alors moins confidérable. Les amateurs & les gens riches peuvent fatisfaire leur fantaifie. Si la faifon devient âpre, de la paille longue, jetée fur les femis, les préferve du froid. Quelques jardiniers, afin de conferver la fraîcheur & d'empêcher l'évaporation de la terre, couvrent le fol, dès qu'il eft femé, avec des feuilles d'artichaux, de choux, & la graine germe plus vîte, & n'eft pas enlevée par les chardonnerets, les pinçons & autres oifeaux qui en font très-friands. Cette précaution eſt plus utile dans les ſemailles d'automne que dans celles d'hiver, parce que, dans le premier cas, cette ſaiſon a encore des jours fort chauds, & ſur-tout parce qu'il ſeroit dangereux d'arroſer trop tôt par irrigation; alors l'eau affaiſſe trop la terre du ſillon, quoiqu'elle ne le ſurmonte pas.

Les ſemailles d'hiver peuvent être faites en tables, en planches, attendu que dans cette ſaiſon la terre a très-rarement beſoin d'être arroſée, on ſeme à la volée, en recouvrant le tout d'un peu de terre. Les ſemailles d'automne, au contraire, exigent que la terre ſoit déjà diſpoſée en ſillon *tronqué*, c'eſt-à-dire, que ſa partie ſupérieure ne ſoit pas entièrement terminée par la terre tirée du foſſé. ( *Voyez* la gravure du mot Irrigation. ) Sur ce ſillon plat, & à la partie où monte l'eau de l'irrigation, on ſeme à la volée, & avec la terre qu'on enleve du foſſé, on recouvre la graine, & on achève d'élever le ſillon; alors le foſſé ſe trouve net, & aſſez profond pour recevoir l'eau lorſque le beſoin le demande. Quelques jardiniers, le ſillon une fois tout formé, ſe contentent, de chaque côté & à la hauteur où montera l'eau, de tracer avec le manche du rateau, ou tel autre morceau de bois, une ligne d'un pouce de profondeur, de la ſemer & de la recouvrir. Cette méthode eſt défectueuſe, en ce que les graines ſont alors trop accumulées & ſe nuiſent; d'ailleurs, ſi deux ſillons, ſemés à la volée, ſuffiſent, il en faudroit près de ſix, afin d'avoir le même nombre & la même quantité de bonnes laitues.

La graine de laitue germe aſſez facilement, celle de deux ans moins vîte que celle de la première année; il en eſt ainſi de la graine de trois ans, c'eſt à peu près le dernier terme juſqu'auquel on puiſſe la conſerver. Pluſieurs auteurs propoſent différentes infuſions pour la faire germer plus vîte; ces infuſions ſont inutiles. Ayez un terrein bien préparé, ſemez dans un temps convenable, voilà la meilleure recette.

La diſpoſition des jardins par ſillons feroit perdre beaucoup de terrein ſi on ne profitoit des deux côtés de l'ados du ſillon; le jardinier attentif plante d'un côté des laitues, tandis que de l'autre il a ſemé ou planté un autre herbage qui ne parviendra à ſon point de groſſeur ou de maturité, que lorſque les laitues ſeront coupées. C'eſt ainſi que ſont diſpoſés les ſillons entre les rangées des pois, dans les tables de cardons, d'oignons, de choux, de céléris, &c.

Si on le pouvoit, il vaudroit beaucoup mieux ſemer à demeure qu'en pépinière; la tranſplantation retarde les progrès de la plante, qui en eſt moins belle. De toutes les erreurs, la plus abſurde c'eſt le retranchement des racines; je dis, au contraire: levez avec le plus grand nombre de racines poſſibles, & même avec la terre ſi elle eſt un peu mouillée, & plantez ſans la déranger. Si vous avez beaucoup de laitues à tranſporter, ſi elles ſont trop ſerrées dans les pépinières, & ſi la terre s'en détache, ayez un plat, un vaſe peu profond, plein d'eau, & rangez dans ce vaſe les laitues près les unes des autres, afin que les racines y trempent, & que la plante conſerve ſa fraîcheur; replantez après le ſoleil couché, faites venir l'eau, & le lendemain, avant le ſoleil levé, couvrez chaque laitue avec une feuille qui ſera enlevée le ſoir à la fraîcheur, & une autre sera également remise & enlevée le lendemain. Ces précautions paroîtront minutieuses aux jardiniers qui massacrent l'ouvrage; mais en suivant leur méthode ordinaire, en plantant au gros soleil un plant déjà fané, en ne le couvrant pas les jours suivans, les feuilles languissent, sèchent, & les racines n'ont effectivement repris qu'après six ou huit jours; tandis que par la manipulation que je propose, à peine se ressentent-elles de la transplantation : j'en réponds, d'après mon expérience.

Dans les provinces du midi, les laitues exigent d'être plus souvent serfouies que dans celles du nord, parce que l'irrigation affaisse trop promptement la terre & la durcit. Un petit travail donné tous les quinze jours leur fait un grand bien, & encore plus si on remue toute la terre du sillon, comme il a été dit au mot Irrigation; mais il faut pour lors que le sillon soit des deux côtés planté en laitues, car ce bouleversement de terre dérangeroit la plante voisine. Le meilleur arrosement dans l'été, est au soleil couchant.

Comme toutes les espèces de laitues ne donnent pas autant de graines les unes que les autres, & que plusieurs en donnent fort peu, le jardinier prévoyant destine un plus grand nombre de pieds à grainer; dans chaque espèce il choisit & conserve les plus beaux pieds : c'est le seul moyen de n'avoir pas des semences dégénérées. Les espèces qui donnent le moins de graine sont la bapaume... l'italie... les crêpes... l'aubervillers... la vissée... la bagnolet.

Si on désire ne pas voir confondre ces espèces, ni devenir *hybrides*, (*Voyez* ce mot) il faut avoir l'attention la plus scrupuleuse de tenir éloignés, *autant qu'il sera possible*, les pieds des espèces destinées pour la graine. C'est par le mêlange de la poussière des étamines d'une plante, portées sur une autre, que chaque année on voit naître cette multitude de variétés, presque aussi nombreuses qu'il existe de jardins.

II. Des *provinces du nord.* Ici le travail est plus assidu, plus minutieux, parce qu'il est mieux récompensé, & le prix des primeurs dédommage des peines & des soins, du moins à la proximité des grandes villes. Dans les campagnes, le fumier est trop cher, trop précieux, & mieux employé qu'à faire des couches, & la misère est trop grande pour faire les avances des cloches de verre. On en voit dans les jardins des Seigneurs, des gens aisés, & cet attirail n'obstrue pas l'étroite demeure du pauvre maraicher; il attend le retour de la belle saison, & profite des premiers beaux jours de mars ou d'avril, suivant le climat, pour semer ses laitues d'été. Après avoir préparé son terrein avec soin, il le seme de quinze en quinze jours; il seme pendant tout le printemps & pendant tout l'été, suivant ses besoins & suivant les espèces. S'il devance le retour de la chaleur, il prend une peine inutile, l'air n'est pas assez chaud pour que la plante profite; c'est perdre du temps, infructueusement. Lorsque les plans ont quatre ou cinq feuilles, il les enlève de la pépinière, les replante dans une terre bien préparée, à la distance proportionnée au volume que la plante acquerra, & il arrose aussi-tôt, & dans la suite aussi souvent que les plantes l'exigent. Les arrosemens d'avril & du printemps se font le matin & à midi, ceux de l'été à trois ou quatre heures de l'après-midi & le soir; on employe les enfans à détruire les mauvaises herbes des tables, & à en serfouir la terre.

» Pour avoir de bonne heure des laitues au printemps, du premier au quinze mai, il faut, dit M. Nollin, dès le milieu du mois d'août, semer en bonne exposition les variétés qui passent l'hiver, telles que les crêpes, l'italie, la cocasse, la coquille, la passion, la romaine hâtive .... A la fin d'octobre ou au commencement de novembre, on doit repiquer les plans sur des plattes bandes des espaliers au midi & au levant; dans les fortes gelées, les couvrir de litière, paillassons & autres matières propres à les défendre, & qu'on retire dès que le temps s'adoucit. On laisse en pépinière le plant le plus foible; s'il résiste à l'hiver, il fournit une autre plantation en mars. »

» En septembre & en octobre, on peut semer ces mêmes variétés sous cloche, sur des ados de terreau ou de terre meuble, mêlée avec du crotin; trois semaines après, on repique le plant plus à l'aise sur d'autres ados pour y repasser l'hiver en pépinière, on couvre les cloches de litière dans les fortes gelées, & on les découvre dans le milieu du jour, & même on leur donne un peu d'air, à moins que le temps ne soit excessivement rude. Au commencement de février, on leur donne chaque jour plus d'air, on ôte entièrement les cloches pendant le jour & même pendant la nuit, si les gelées ne sont pas trop fortes, afin d'endurcir le plant. Lorsqu'il aura passé huit à dix jours sans cloches, & qu'il sera accoutumé au plein air, on le repiquera en plant en bonne exposition, entre le 15 février & le premier mars, si la température de la saison le permet. »

» Depuis la fin de septembre jusqu'au temps des premières laitues pommées, on seme tous les quinze jours de la graine de laitues crêpes, de versailles, de george-blonde, &c., afin d'avoir pendant toute la saison rigoureuse de la petite laitue ou laitue à couper.... Sur des couches de chaleur tempérée & couvertes de quatre à cinq pouces de terreau, on seme la graine assez claire & en petits rayons ou à la volée; on la recouvre de très-peu de terreau, & on la presse fortement avec la main sur le terreau sans l'enterrer; on couvre de cloches.... Environ quinze jours après, lorsque le plant a deux bonnes feuilles, outre ses colyledons, on coupe la plante. »

Pour avoir des laitues pommées pendant l'hiver, il faut, à la fin d'août, semer sur un ados de terreau, bien exposé, de la graine de petite crêpe, de crêpe ronde ou autre variété, qui résiste au froid & pomme sous cloche. Lorsque le plant est assez fort, on le repique en place sur des couches qui n'ont pas besoin d'être fort hautes; il y pomme sous cloche en décembre.

A la fin d'octobre ou au commencement de novembre, on fait un autre semis sur couche. Lorsque le plant fait sa première feuille, on le repique plus à l'aise, & lorsqu'il est assez fort on le repique en place sur une couche neuve, pour qu'il pomme en janvier sous cloches ou sous chassis. Ce second semis & les suivans, ne sont ordinairement que des laitues-crêpes.

En décembre, janvier & février, on fait de nouveaux semis des mêmes laitues; mais la rigueur de cette saison exige plus de soin. Il faut semer la graine fort clair sur une couche de chaleur tempérée, chargée de quatre pouces seulement de terreau. Dès que le plant commence sa première feuille, on doit le repiquer à un pouce de distance l'un de l'autre, sur une nouvelle couche, ou sur la même si elle conserve encore assez de chaleur. Lorsque sa quatrième ou cinquième couche est formée, il faut le transplanter sur une couche neuve, chargée de six bons pouces de terreau, ou mieux, de terre meuble & mêlée de terreau. Si c'est sous un chassis, on pique les pieds à cinq ou six pouces de distance en tout sens. Si c'est sous cloche, on peut en mettre sous chacune jusqu'à quinze pieds, & lorsqu'ils se serreront, on n'en laissera que quatre ou cinq, & le surplus sera repiqué sous d'autres cloches. *Il est reconnu que les cloches neuves font périr le plant.* Depuis que les graines sont semées jusqu'à ce que les laitues soient pommées, on ne peut être trop attentif à couvrir les cloches de grande litière; à les borner pendant la nuit; à augmenter les couvertures dans les grands froids; à ajouter des paillassons par-dessus pendant les neiges & les grandes pluies; à donner de l'air aux cloches ou aux chassis le plus souvent qu'il est possible, & toujours du côté opposé au vent; à soutenir dans les couches, que l'on fait fort étroites dans cette saison, (*Voyez* le mot COUCHE) une chaleur modérée, & non un grand feu qui feroit fondre le plant. Lorsque les laitues commencent à *tourner*, c'est-à-dire à pommer, on doit retrancher les feuilles basses qui sont jaunes, & plomber, approcher & presser le terreau contre le pied.

Dans les plants de laitue, faits dans l'hiver & dans le printemps, il faut choisir les pieds les plus gros & les plus pommés pour grainer; il est nécessaire de ficher au pied de chacun, un échallas pour le marquer, & dans la suite pour soutenir la tige contre les vents; on doit dégager le pied, surtout des grosses variétés, des feuilles jaunes, fanées, pourries, ou même trop nombreuses. Lorsque les aigrettes des graines commencent à paroître à l'extremité des rameaux, il faut couper ou arracher les tiges; les exposer pendant quelques jours au soleil, sur des draps ou dans un van, ensuite les secouer ou les battre légérement, & ramasser la graine qui s'est détachée; remettre les tiges au soleil pendant quelques jours, & les battre. La graine qui s'en détache est bien inférieure à la première, & ne doit être employée que pour faire de la laitue à couper. La graine de laitue peut se conserver quatre ans; mais elle n'est très-bonne que la seconde année; semée la première année, le plant monte facilement; la troisième année une partie ne lève point, & la quatrième il ne lève que les graines parfaitement aoûtées, pourvu encore que la graine ait été tenue bien renfermée.

LAMBOURDE. M. Roger de Chabol la définit ainsi. Les lambourdes sont de petites branches maigres, longuettes, communes aux arbres à pepins & à ceux à noyaux; ayant des yeux plus gros & plus près que les branches à bois, & qui jamais dans les arbres de fruit à pepin ne s'élèvent verticalement comme elles; mais qui naissent d'ordinaire sur les côtés, & sont placés comme en dardant.

Celles des fruits à noyaux donnent du fruit dans la même année;

les lambourdes des arbres fruitiers à pepin sont trois ans à se préparer à donner du fruit. Elles sont plus courtes sur le pêcher que sur les autres arbres. Outre les caractères assignés plus haut, en voici encore quelques-uns propres à les faire reconnoître. Elles naissent vers le bas & à travers l'écorce du vieux bois, & même des yeux des branches de l'année précédente. Leurs yeux sont de couleur noirâtre ; leur écorce est d'un verd luisant, & l'extrémité supérieure de la lambourde est terminée par un grouppe de boutons, dont un seul à bois. Telles sont particulièrement celles du pêcher ; elles ne durent qu'un an : on les retranche à la taille de l'année suivante. On distingue encore la lambourde de la *brindille* ( *Voyez* ce mot, ) sur les arbres à fruits à pepins, en ce que celle-là est lisse, tandis que celle-ci est plus courte & chargée de rides circulaires.

Les *lambourdes* bien conduites & bien ménagées, assurent l'abondance des fruits pour les années suivantes. On ne doit jamais les abattre. Si elles sont trop longues, on les raccourcit en les cassant : si elles poussent dans un endroit dégarni de branches à bois, en les taillant pendant deux à trois ans consécutifs à un seul œil, elles se changent en branches à bois, & dès-lors elles sont traitées comme les autres.

LAMBRUCHE ou LAMBRUSQUE. On donne ce nom à la vigne devenue sauvage, & qui croît dans les buissons. On appelle encore ainsi une espèce de vigne de l'Acadie & de quelques autres contrées de l'Amérique septentrionale, qui donne un raisin d'assez bon goût, mais dont l'écorce est coriace : je ne le connois pas. Ces espèces de vignes qu'on voit grimper sur les buissons, s'attacher & atteindre à la hauteur des plus grands, offrent une ressource avantageuse dans bien des cas. Leurs ceps très-longs, très-flexibles, ainsi que leurs longues pousses annuelles, tiennent lieu de cordes, de liens, servent à amarer les bâteaux, & durent même assez longtemps. On les noue & on les alonge comme les cordes.

LAME ( bois ). Ce mot a deux significations, ou plutôt il est employé pour désigner deux parties différentes de la plante : l'une qui appartient à la fleur & l'autre au fruit. La partie supérieure de chaque pétale prend le nom *d'épanouissement* ou de lame. La lame peut être dentelée comme dans *l'œillet*; fendue en deux comme dans le *lichnis* ; tronquée, dans le *behen blanc*; obtuse, dans la *nielle des bleds*, creuse, frangée, &c.

Dans les fruits, les lames sont des séparations des réceptacles, herbacées d'abord, qui acquièrent dans la suite de la consistance au point d'être presque ligneuses. Ces lames sont placées dans l'intérieur du réceptacle, & forment les loges dont ils sont composés. Le fruit du pavot offre un exemple de réceptacle à lames. M M.

LAMIER ou ORTIE BLANCHE, ou ARCHANGELIQUE. ( *Voyez planche IV*, *page* 122 ). Tournefort le place dans la seconde section de la quatrième classe destinée aux fleurs d'une seule pièce, irrégulière & en lèvre, dont la partie supérieure est creusée en cuiller. Il l'appelle *lamium vulgare album sive archangelica, flore albo*.

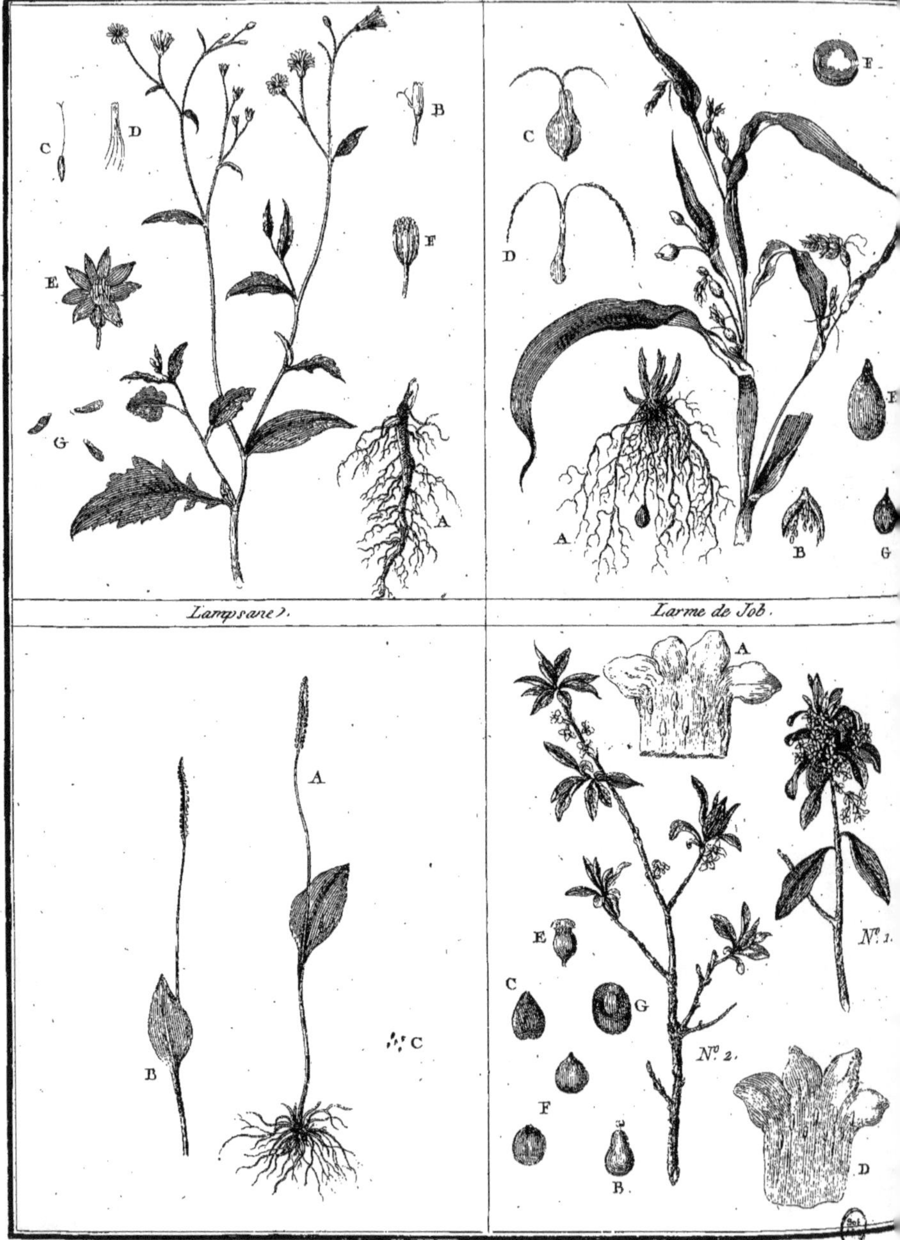


Langue de Serpent. Lauréole male et femelle.

*albo.* Von Linné la nomme *lamium album*, & la classe dans la didynamie gymnospermie.

*Fleur.* Blanche, la lèvre supérieure obtuse, entière, en forme de cuiller, l'inférieure plus courte, échancrée, & en forme de cœur. B représente la lèvre supérieure de la fleur, & fait voir le pistil & les quatre étamines, dont deux plus grandes & deux plus courtes... C représente le calice fermé & de profil... D le fait voir ouvert & terminé en filets aigus.

*Fruit.* Quatre semences triangulaires, tronquées, placées dans l'intérieur du calice.

*Feuilles.* En forme de cœur, pointues & portées sur de longs petioles, couvertes d'un duvet ou amas de petits poils, qui ne causent à la peau de celui qui les touche, ni démangeaison, ni cuisson comme les autres orties. Ainsi, le nom d'*ortie*, qui vient de brûler, de cuire, est ici mal appliqué.

*Racine.* A. Rameuse, fibreuse, rampante, la plante est vivace.

*Port.* Tiges hautes d'un pied environ, carrées, grêles, creuses, un peu velues, noueuses. Les fleurs placées en manière d'anneau tout-autour & presque adhérentes aux tiges. Les feuilles florales, éparses, entières, quelques-unes en forme d'alène au milieu des bouquets; les autres feuilles opposées, deux à deux.

*Lieu.* Les haies, les buissons, l'ombre; fleurit en mai, juin & juillet.

*Propriétés.* Saveur des feuilles, austère &, légèrement amère; elles sont sans odeur. Celle des fleurs est douce, aromatique, & leur saveur médiocrement âcre.

*Usage.* Celui des feuilles, nul. On prescrit très-inutilement l'infusion des fleurs pour arrêter les hémorragies internes, puisqu'elles échauffent & augmentent sensiblement les forces vitales. Les fleurs macérées au soleil, dans l'huile d'olive, sont recommandées comme un baume excellent pour les blessures des tendons. L'action de la chaleur du soleil doit avoir rendu cette huile rance, par conséquent âcre & caustique. La causticité doit encore être augmentée par la chaleur & l'inflammation de la peau.

LAMPAS. Médecine vétérinaire. Si le tissu dont sont formées les gencives dans la mâchoire antérieure du cheval, accroît considérablement en consistance, s'il se prolonge contre nature, & de manière à anticiper sur les dents incisives ou les pinces, alors nous disons que l'animal a la fève ou le lampas. Cet accident est assez fréquent dans les jeunes chevaux, ou pour mieux dire, dans les poulains, & très-rare dans les vieux chevaux.

Nous voyons journellement à la campagne, que pour ôter cette prétendue fève ou lampas, on a coutume de brûler cette partie avec un fer rouge. Cette opération n'ôte certainement pas à l'animal le dégoût qu'on lui suppose, mais elle lui cause un mal réel. Ne vaudroit-il pas mieux, au contraire, pour guérir cette prétendue maladie, laver souvent cette partie avec une infusion résolutive, ou avec des aulx pilés & du sel jeté dans du vinaigre, ou bien avec l'oxymel simple. M. T.

LAMPSANE ou CHICORÉE DE ZANTE. Tournefort la place dans la

première section de la troisième classe, comme les laitues, &c., & il l'appelle *zacintha sive cichorium verrucarium.* Von Linné la nomme *lapsana zacintha*, & la classe dans la singénésie poligamie égale.

*Fleur.* Composée de quinze à seize demi-fleurons hermaphrodites, égaux. B représente un de ces fleurons; le pistil C est terminé par deux stigmates égaux; il est enveloppé d'un tube représenté ouvert en D... Tous les demi-fleurons sont rassemblés dans l'enveloppe ou calice E, garni d'environ huit écailles membraneuses.

*Fruit.* Semences rassemblées en faisceau F sans aigrettes; G oblongues, cylindriques, à trois côtés.

*Feuilles.* Simples; les radicales découpées, presque aîlées, terminées par une foliole en forme de cœur; celles des tiges oblongues, étroites, pointues.

*Racine.* A. En forme de fuseau, simple, ligneuse, blanche, fibreuse.

*Port.* Tige de deux à trois pieds, cannelée, rameuse, un peu velue, rougeâtre, creuse. Les fleurs naissent au sommet sur des péduncules épais; les feuilles sont placées alternativement sur les tiges.

*Lieux.* Les haies, les bords des chemins, les jacheres; la plante est annuelle.

*Propriétés.* Raffraîchissante, émolliente, détersive.

*Usages.* En décoction, en lavemens; pilée & appliquée extérieurement, elle déterge les ulcères, & son suc est très-utile pour laver le bout des mammelles ulcéré. Chomel la dit très-bonne contre les dartres farineuses.

LANDE. Grande partie de terre où il ne croît que des genêts, des bruyères, & une herbe coriace, maigre & courte. Tous les pays à landes que j'ai parcouru, m'ont offert le même spectacle & la même cause d'infertilité, c'est-à-dire, un tuf ferrugineux à un ou deux pieds de profondeur, & quelquefois en manière de table, de banc à sa surface. Comme ce minérai ne s'étend pas par-tout, & à une aussi petite profondeur, il y a plusieurs endroits susceptibles de culture, si on les défriche, & si on a le soin d'empêcher les troupeaux d'y entrer. La seconde cause d'infertilité est le défaut de niveau. Les eaux s'accumulent dans différens points, y sont stagnantes, ne se dissipent que par l'évaporation, & infectent l'air du voisinage. Je pense encore que toutes les landes ont été formées par des dépôts de la mer, d'où proviennent l'inégalité de leur surface, leurs bas-fonds & leurs élévations en certains endroits. Si la couche ferrugineuse n'est pas épaisse, il est possible de rendre les landes fertiles en la brisant, parce qu'on rencontre souvent au-dessous une couche de bonne terre. Chaque particulier peut défricher & cultiver dans ses possessions; mais le travail ne fera véritablement utile qu'autant qu'il sera fait en grand ou par une compagnie, ou par la Province, ou par le Roi. Le premier soin doit être d'ouvrir des canaux d'écoulement, après avoir pris un ou plusieurs niveaux de pente, suivant les inégalités du sol ou ses débouchés. A ces canaux généraux doivent aboutir ceux des possessions des particuliers, & la terre que l'on en retirera servira à combler les endroits bas. Le canal général, suivant l'abondance des eaux, peut devenir d'une grande utilité; il servira à transporter les denrées, les bois &c. d'une extrêmité des landes à une autre, ou auprès d'une ville ou jusqu'à un chemin.

Les couches inférieures d'argille, & recouvertes supérieurement par des couches de sable, sont les secondes causes de l'infertilité & de la stagnation des eaux. Il est possible de tirer meilleur parti de celles-ci que des sols ferrugineux. L'écoulement une fois donné, l'eau qui traverse les sables ne s'arrêtera plus à l'argille, & s'écoulera dans les canaux particuliers, & de ceux-ci dans le canal général. Le sable mêlé ensuite avec l'argille, donnera une terre végétale. Il n'est pas douteux que les sols qui ont été pendant longtemps couverts d'eau, ou qui ont servi d'étangs, ne deviennent très-riches en végétation, puisque les eaux qui y affluent, y ont sans cesse apporté & accumulé l'humus ou *terre végétale*. (*Voyez* ce mot) qu'elles tenoient en dissolution, & qu'elles y ont déposé.

En admettant le plan & l'exécution d'un travail général, à-peu-près tel qu'il vient d'être indiqué, & suivant les circonstances, convient-il de mettre tout de suite le sol en culture réglée? (*Voyez* ce qui a été dit au mot Défrichement) je répete que je tiens pour la négative; quelques endroits, de tenemens, font exception à la règle, & la nature du sol le décide pour tout le reste. Il vaut beaucoup mieux semer des pins maritimes, des chênes dont les espèces sont les plus communes dans le pays, parce qu'à la longue ils formeront, par leurs débris, l'humus qui manque à cette terre, simplement terre matrice, & dépourvue des principes de la sève. (*Voyez* le dernier chapitre du mot Culture). Il n'est que trop ordinaire, dans ces cas, de vouloir promptement jouir du fruit de ses dépenses & de ses travaux. On seme, la récolte est chétive, ou médiocre tout au plus; on laboure & on seme de nouveau, & la récolte est nulle ou presque nulle; le grain a absorbé le peu de terre végétale que la terre matrice contenoit. Au contraire si, par exemple, on a semé le pin maritime qui vient très-vîte, & dont la vente du bois & de la raisine est si avantageuse, on retardera, il est vrai, la rentrée des fonds; mais ces rentrées dédommageront ensuite amplement, de la mise de fonds, & de l'attente; enfin, on auroit à la longue un sol propre à toute espèce de grains.

On ne manquera pas d'objecter, qu'en détruisant les landes, qu'en les plantant en bois, qu'en les mettant en culture réglée, on anéantit le pâturage d'un grand nombre de bêtes à cornes, de nombreux troupeaux, &c. Mais le problême à résoudre est, 1°. Vaut-il mieux rendre l'air salubre, & par conséquent conserver la santé des habitans? 2°. Vaut-il mieux avoir de grandes forêts de chênes, &c., que d'avoir des bœufs, des vaches maigres & étiques, & des troupeaux exténués? 3°. D'amples récoltes ne dédommageront-elles pas de la diminution des troupeaux? Je pense, & je ne crains pas d'avancer, 1°. que plus il y a de terres cultivées, & plus les troupeaux peuvent être multipliés. 2° Que la santé des troupeaux est toujours en raison de la qualité de l'herbe qu'ils mangent; & du lieu qui la produit. Or, quelle comparaison peut-on faire, soit pour la qualité, soit pour la quantité de l'herbe d'un champ cultivé avec celle d'un terrein inculte & sabloneux, ou marécageux. Si on doute de cette vérité, il convient de lire l'article COMMUNE, COMMUNAUX, & on verra, d'après un tableau authentique, qu'on nourrit plus de bœufs, de vaches, & de troupeaux dans les villages qui n'ont point de communaux, que dans ceux qui en ont, & que la différence est énorme, quant à la qualité du bétail. Les abeilles seules perdent à ces échanges de landes en champs cultivés.

LANGUE. MÉDECINE VÉTÉRINAIRE. La *langue* est logée dans l'espace que laissent intérieurement entr'elles les deux branches de l'os de la mâchoire postérieure : on appelle aussi cet espace, le canal.

Dans le cheval, le trop d'épaisseur de la langue doit nécessairement rendre la bouche dure, les barres, (*Voyez* ce mot) étant alors à l'abri de l'effet de l'embouchure; il en est de même, si le canal qui la reçoit n'a ni assez de largeur, ni assez de profondeur.

Il est encore des langues qu'on appelle langues pendantes, langues serpentines.

Une langue pendante est très-désagréable à la vue; une langue serpentine remue sans cesse, elle rentre & sort à tout moment, elle s'arrête fort peu dedans & dehors, & elle est fort incommode. Nous voyons encore des chevaux qui étant embouchés, replient leur langue & la doublent; d'autres la passent pardessus le mors : ces sortes de chevaux tiennent toujours la bouche ouverte. Il est possible de remédier à ces imperfections par la tournure & le choix des embouchures.

*Maladies de la langue*. La langue est quelquefois ébréchée par une trop forte compression du mors, & coupée par celle du filet, ou le plus souvent par les cordes ou par les longes du licol que de très-mauvais valets ou palfreniers auront passé très-indiscrètement dans la bouche pour retenir le cheval. La langue peut aussi être attaquée d'une tumeur chancreuse, qui la rongeant en très-peu de temps, sans qu'on s'en apperçoive, en cause quelquefois la chûte. (*Voyez* CHANCRE A LA LANGUE) C'est cette même tumeur qui arrive dans les maladies épizootiques, non-seulement aux chevaux, mais aux bêtes à corne, dont nous avons déjà traité à l'article CHARBON A LA LANGUE. (*Voyez* ce mot). Quant aux excroissances ou aux alongemens en forme de nageoires de poissons, que l'on remarque sous la langue, connus sous le nom de barbes ou de barbillons, le lecteur peut consulter cet article. M. T.

LANGUE DE CERF. (*Voyez* SCOLOPENDRE).

LANGUE DE CHIEN. (*Voyez* CYNOGLOSSE).

LANGUE DE SERPENT. (*Voyez planche V, page 225*). Tournefort la place dans la seconde section de la seizième classe qui renferme les plantes sans fleurs apparentes, & dont les fruits ne naissent pas sur les feuilles, mais en épis, ou dans des capsules; il l'appelle *ophioglossum vulgatum*. Von Linné lui conserve la même dénomination, & la classe dans la cryptogamie, dans la famille des fougères.

*Fructification.* C'est un épi articulé, représenté au haut de la tige A, qui s'ouvre dans toute sa longueur par un mouvement naturel de contraction. *Voyez* la tige B qui répand les semences C ovoïdes & lisses. Elles sont représentées augmentées à la loupe, car à la vue simple elles paroissent n'être que de la poussière.

*Feuille.* Une seule, ovale, simple, entière, sans nervure, portée sur un pétiole qui part de la racine.

*Racine.* Composée de fibres ramassées en faisceaux.

*Port.* La tige de l'épi part de la racine, s'élève à la hauteur de deux ou trois pouces; lisse, cylindrique. La feuille embrasse la tige par sa base, & s'élève moins haut que l'épi.

*Lieu.* Les prés inondés, les marais; la plante est vivace & fleurit en mai ou juin.

*Propriété.* La saveur de la feuille est douceâtre, visqueuse, légèrement austère & virulente. Elle est vulnéraire, prise intérieurement ou appliquée à l'extérieur.

*Usage.* Les feuilles infusées dans l'huile d'olive récente, passent pour un vulnéraire aussi puissant, aussi utile pour les plaies, que l'huile de *millepertuis*. (*Voyez* ce mot) Les feuilles tendent à répercuter les inflamations érysipélateuses.

LAPEREAU, LAPIN, LAPINE. Le premier est le petit, le second le mâle adulte, & le troisième la femelle également adulte. Je ne décrirai point cet animal, il n'est malheureusement que trop connu des cultivateurs. Après la grêle, c'est un de leurs plus terribles fléaux. Je puis assurer, d'après ma propre expérience, que dix lapins domestiques consomment autant d'herbe qu'une seule vache. Quelle doit donc être la consommation? quels doivent donc être les dégâts qu'ils font dans les champs voisins d'une *garenne*? Cet animal ronge, coupe, brise, plutôt pour avoir le plaisir de ronger, d'exercer ses dents, que de pourvoir à sa subsistance. J'ai vérifié le fait. Après avoir donné à des lapins, & en grande quantité, du son, de l'herbe fraîche, du foin sec, & trois fois plus qu'ils n'en auroient mangé dans la journée; enfin, après qu'ils furent rassasiés outre mesure, je leur jetai un morceau d'une vieille poutre de sapin, & ils se mirent à la ronger. Le lapin détruit donc pour le plaisir de détruire. En effet, si on examine le local où les lapins sauvages établissent leurs terriers, on voit l'écorce de tous les jeunes arbres, rongée, & peu à peu ce local se dégarnit de bois. Que l'on examine également les champs des environs, & on les verra dévastés. En un mot, ces animaux sont un vrai fléau pour les campagnes. Combien d'auteurs cependant écrivent pour apprendre à multiplier les garennes, à entretenir les lapins, & à leur procurer une nourriture abondante aux dépens des cultivateurs; sans doute qu'en prenant la plume ils n'ont considéré que le plaisir des seigneurs, & non les calamités des campagnes. Quant à moi, le vœu le plus ardent que je fais est de les voir détruire tous. (*Voyez* ce qui est dit au mot GARDE-CHASSE, si on veut les multiplier, & au mot GARENNE, si on veut les détruire.) Cet animal est sujet à la clavelée ou petite vérole, ainsi que le dit M. Astruc. Il ſuffit qu'il vienne pendant la nuit manger l'herbe déjà broutée par un troupeau attaqué de cette maladie. Puiſſe cette maladie, & pluſieurs autres accumulées ſur les lapins, en détruire l'eſpèce !

LARD. Partie graſſe qui eſt entre la couenne & la chair du porc. Cette partie forme autour du corps de l'animal, ce qu'on nomme le *manteau*, parce qu'elle l'enveloppe. On pourroit l'enlever d'une ſeule pièce, mais elle ſeroit embarraſſante. On la diviſe en deux, & on la ſale pour la conſerver, comme on ſale les autres parties du cochon. Après qu'il a pris le ſel qui lui convient, on traverſe chaque manteau par un oſier, & on le ſuſpend communément au plancher de la cuiſine ou dans le ſaloir. Ceux qui en font commerce, léſinent ſur la quantité de ſel, & celui qui l'achète eſt dans le cas d'avoir un lard qui rancit promptement. Il faut donc lui donner un nouveau ſel, & dans la quantité qu'il exige, ce que l'on connoît en le goûtant de temps à autre. Si on le tient dans un lieu chaud & humide, c'eſt un moyen sûr d'accélérer ſa rancidité; il vaut beaucoup mieux le ſuſpendre dans un lieu ſec, où règne un bon courant d'air.

On lit dans le journal économique de mai 1765, la méthode ſuivante pour le conſerver. « Après que le lard a été quinze jours dans le ſel, il faut avoir une caiſſe où il puiſſe y en entrer trois pièces; on mettra du foin au fond, on enveloppera chaque pièce de lard avec du même foin, & on en mettra une couche entre deux; cela l'empêche de rancir, & on le trouve au bout de l'an auſſi frais que le premier jour. Il faut ſeulement avoir ſoin de le garantir des rats, des ſouris & des inſectes qui peuvent ſe couler dans la caiſſe. »

Je n'ai point répété ce procédé, qui me paroît bon, en ce qu'il met le lard à couvert des alternatives & des viciſſitudes de l'air extérieur, & c'eſt toujours par elles & par leur contact immédiat que les corps ſe décompoſent. Je croirois cependant qu'il convient d'attendre que le lard ſalé ſoit bien ſec, & il l'eſt peu ordinairement quand il eſt au ſel, à moins que l'air ne ſoit très-ſec & très-froid dans cette ſaiſon. Si l'air eſt humide, le ſel attire ſon humidité, & augmente celle qui eſt inhérente au lard; dès lors, cette humidité ſurabondante ſe communique au foin, de-là la moiſiſſure, la décompoſition du lard & ſa rancidité. Il eſt aiſé de répéter ce procédé pour s'aſſurer de ſa valeur.

Le lard eſt un aliment très-indigeſte, qui n'eſt propre qu'aux eſtomacs robuſtes des gens de la campagne. Chez les perſonnes plus délicates, il rancit dans l'eſtomac avant d'être digéré, & leur cauſe des rapports déſagréables : plus il eſt vieux & plus il eſt indigeſte. En général c'eſt une nourriture mal ſaine, que le ſel ne parvient pas à corriger.

Dans les provinces qui bordent la Méditerranée, il ſubſiſte un préjugé dont les médecins mêmes ne ſont pas exempts; on y croit fermement que le bœuf échauffe, & on ne mange que du mouton; le pot au feu eſt fait avec du mouton, ce qui donne un bouillon fade & relâchant. Pour en relever le goût, on ajoute une pièce de lard dans le pot; ce bouillon eſt plus ſavoureux à la vérité, mais il eſt beaucoup plus indigeſte. Cependant c'eſt le ſeul bouillon que dans les hôpitaux on donne aux malades dont ſouvent l'eſtomac a été abattu par les maladies, & par les remèdes qu'on leur prodigue : il en réſulte que les convaleſcences ſont longues & laborieuſes. Un bouillon fait avec le bœuf eſt bien plus reſtaurant. Enfin, pour un hôpital comme pour un gros ménage, il y a une grande économie à manger du bœuf, & la nourriture en eſt plus ſucculente & plus ſaine : mais le préjugé exiſte, il eſt enraciné, comment le détruire ! Telle eſt la coutume du pays que j'habite. Cependant le bœuf fournit un bouillon qui ſe corrompt moins promptement que celui du mouton, & une livre de bœuf feroit plus de ſoupe & meilleure, que deux livres de mouton, même en y ajoutant du lard.

LARIX. (*Voyez* MELÈZE.)

LARME DE JOB. (*Voyez Planche V, page 225.*) Tournefort la place dans la cinquième ſection de la quinzième claſſe des herbes à étamines ſéparées des fruits, mais ſur le même pied, & il l'appelle *lachryma jobis*. Von Linné la claſſe dans la monorie triandrie, & la nomme *coix lachryma jobi*.

*Fleur* B. Compoſée d'une balle contenant deux fleurs formées de deux valvules oblongues & ſans barbe. Les fleurs mâles ſont ſéparées des fleurs femelles, mais ſur le même pied.... C repréſente une fleur femelle .... D ſon piſtil. Les fleurs mâles ont trois étamines.

*Fruit*. La fleur femelle devient par ſa maturité une graine E, de la forme d'une larme, caractère qui a ſervi à aſſigner le nom de la plante; cette graine eſt dure, polie. La balle fait partie du fruit, elle ne ceſſe pas d'envelopper l'embrion, même après ſa maturité. F la repréſente coupée tranſverſalement, pour faire voir la place que l'embrion G occupe.

*Feuilles*. Simples, entières, pointues, embraſſant la tige par le bas.

*Racine*. Rameuſe, fibreuſe.

*Lieu*. Originaire des Indes, cultivée dans les jardins, où elle eſt vivace ſi on la préſerve des gelées, fleurit en juillet, août.

*Port*. Tige d'un pied & demi; eſpèce de chaume articulé & plein; les fleurs naiſſent au ſommet, diſpoſées en panicules lâches; les feuilles, avant de ſe développer, ſont roulées en cornet en-dedans ſur un ſeul côté, & enſuite elles s'élèvent droites.

*Propriétés*. On la cultive en Eſpagne & en Portugal; on la ſeme au printemps ſur une couche médiocrement chaude; les jeunes plants ſont tranſplantés dès qu'ils ont quelques feuilles; les ſemences ſont mûres à la fin de ſeptembre. Cette plante n'exige d'autre culture que d'être farclée; la graine, moulue comme le bled, fournit une farine dont on prépare un pain groſſier. Les femmes de la côte de Malabar enfilent ces graines pour leur ſervir de colier : de cette pratique eſt venue ſans doute l'idée de les enfiler & d'en préparer des chapelets.

LARMOIEMENT. MÉDECINE RURALE. Le larmoiement eſt un écoulement involontaire des larmes.

Pluſieurs cauſes peuvent le déterminer : dans ce nombre, on doit comprendre l'inflammation de l'œil, l'obſtruction & l'oblitération du ſac lacrymal, une fistule dans la glande lacrymale, des embarras dans les conduits lacrymaux, une obstruction dans les parties voisines des yeux; il peut aussi être produit par la foiblesse & le relâchement des glandes des yeux, par une sérosité trop abondante dans le corps.

La répercussion des dartres, de la goutte, ou de quelqu'autre humeur, peut encore lui donner naissance.

Le larmoiement n'est pas toujours une maladie essentielle, il est très-souvent un symptôme qui caractérise l'arrivée de certaines maladies, telles que la rougeole & la petite vérole. On l'observe assez souvent dans les maladies aigües; pour l'ordinaire il est de mauvais augure, & annonce toujours une mort prochaine, surtout quand il est l'effet d'un relâchement des solides, & d'une atonie universelle. Il est quelquefois salutaire quand il paroît aux jours critiques, sur-tout s'il est accompagné du prurit du nez, de la rougeur de la tête & de la conjonctive des yeux, & du délire; il est alors l'avant-coureur & le signe d'une hémorrhagie de nez, qui ne tarde pas long-temps à paroître.

La curation de cette maladie est relative aux causes qui la produisent; si elle dépend de la foiblesse naturelle des yeux, on la combattra par des remèdes fortifiants, on lavera souvent la partie malade avec une eau bien fraîche, à laquelle on ajoutera une portion d'eau-de-vie & d'eau de lavande. L'eau de fenouil, celle de frêne & de sureau, l'eau végéto-minérale de Goulard, peuvent apporter quelque soulagement extérieurement, mais il faut alors donner les fortifians intérieurement, tels que les martiaux combinés avec le quinquina, &c.

Mais si elle tient à une sérosité trop abondante dans le corps, à la répercussion de quelqu'humeur hétérogène & viciée, on aura recours à l'application des vésicatoires à la nuque, aux bains de jambes aiguisés avec la moutarde en poudre. Si le larmoiement dépend au contraire de l'inflammation de l'œil, on employera la saignée, les bains locaux, les fomentations émollientes; l'application des pommes réduites en pulpe est un excellent remède, qui manque rarement d'opérer les effets les plus salutaires. Mais le larmoiement causé par une fistule, par l'oblitération du sac, ne peut pas être traité par des moyens aussi simples; il faut nécessairement recourir aux secours que la chirurgie fournit. Dans ces circonstances, on consultera ceux qui se sont dévoués à l'étude & à la connoissance des maladies des yeux, & dont l'intelligence, la dextérité & une expérience consommée ont établi la réputation, & mérité la confiance publique. M. AMI.

Larmoiement. *Médecine vétérinaire.* C'est une maladie dans laquelle l'humeur lacrymale coule continuellement & involontairement des yeux des animaux. Cet écoulement a lieu ordinairement dans les grandes inflammations de l'œil, comme à la suite d'un coup de pierre, de fouet, &c. Il reconnoît aussi pour cause une tumeur ou excroissance, qui comprime les points lacrymaux.

Pour remédier au larmoiement, il faut combattre la cause qui l'occasionne. L'écoulement étant donc le produit de l'inflammation, on doit

commencer

commencer par les remèdes analogues. (*Voyez* Inflammation) L'inflammation dissipée, on peut mettre de temps en temps quelques gouttes du collyre suivant dans le grand angle de l'œil.

Prenez de vitriol blanc un scrupule; de sucre candi un demi-gros; eau de rivière quatre onces; faites dissoudre le vitriol & le sucre dans l'eau, & injectez dans l'œil. Ce topique nous a réussi à merveille sur une mule, pour arrêter l'écoulement des larmes, à la suite d'un violent coup de fouet. M. T.

LARVE. On a donné ce nom à l'état de l'insecte lorsqu'il est sorti de son œuf. Par exemple, la chenille est la larve du papillon, c'est-à-dire, qu'elle en est le masque, tout comme le ver à soie, dans son état de chenille, est la larve de laquelle proviendra un petit papillon blanc, qui pondra des œufs, d'où sortiront de nouvelles larves, & ainsi de suite. C'est dans leur état de larve que les insectes font de grands dégats, par exemple, le ver du *hanneton*, (*Voyez* ce mot) vit pendant plusieurs années sous terre, & trouve sa nourriture en rongeant les racines des plantes, qu'il fait périr. C'est ce même ver & celui du scarabé, ou moine, qui détruisent circulairement les luzernes, en tournant toujours pour chercher de nouvelles racines. Lorsqu'il sera question du ver à soie, on fera connoître les différentes métamorphoses des insectes, en décrivant les siennes.

LATRINE. (*Voyez* Aisance fosse d')

LAVANDE. Tournefort la place dans la troisième section de la quatrième classe des herbes à fleur d'une seule pièce, divisée en lèvres, dont la supérieure est retroussée, & il l'appelle *lavandula angustifolia*. Von Linné la nomme *lavandula spica*, & la classe dans la didynamie gymnospermie.

*Fleur.* Formée par un tube cylindrique plus long que le calice; la lèvre supérieure relevée, étendue, partagée en deux, l'inférieure en trois parties arrondies, & à-peu-près égales.

*Fruits.* Quatre semences arrondies dans un calice renflé par le haut.

*Feuilles.* En forme de lame, entières. La lavande à larges feuilles n'est qu'une variété de celle-ci.

*Racine.* Ligneuse, fibreuse.

*Port.* Petit arbrisseau qui varie beaucoup pour sa hauteur, suivant les climats, le sol & la culture. Ses tiges s'élèvent ordinairement de quinze à dix-huit pouces, elles sont quadrangulaires. Les feuilles florales sont plus courtes que les calices, qui sont rougeâtres. Les feuilles des tiges sont adhérentes & sans pétiole, elles sont opposées; les fleurs naissent au sommet des tiges, elles sont disposées par anneaux & en manière d'épi.

*Lieu.* Très-commune dans les terres incultes des provinces méridionales, fleurit en juin & juillet.

*Propriétés.* Les fleurs ont une odeur agréable & une saveur amère. Les fleurs & les feuilles sont cordiales, céphaliques, emménagogues, masticatoires, sternutatoires, carminatives; elles échauffent, altèrent, constipent & augmentent sensiblement la vélocité & la force du pouls. On les prefcrit avec avantage dans les maladies foporeufes, contre les pâles couleurs, le rachitifme, la fuppreffion du flux menftruel occafionnée par impreffion d'un corps froid. L'eau diftillée de lavande réveille médiocrement les forces vitales, même donnée à haute dofe. La teinture de lavande agit plus fortement fur le genre nerveux que l'infufion aqueufe.

Voici le procédé pour faire la teinture de lavande. Prenez les fommités fleuries & récentes de lavande, rempliffez-en la moitié d'un matras, verfez par-deffus de l'efprit-de-vin, en quantité fuffifante pour qu'il les furpaffe d'un travers de doigt; bouchez exactement le matras que vous mettrez dans une étuve pendant quarante-huit heures. Si on diftile cette préparation, on aura une très-forte eau-de vie de lavande.

Dans les provinces du nord, la lavande eft employée à former les bordures des plattes-bandes, ce qui produit un joli effet quand la plante eft en fleur. On doit couper les tiges auffi-tôt que la fleur eft paffée, & ne pas lui donner le temps de grainer. C'eft le moyen d'avoir de nouvelles fleurs jufqu'à l'automne: fans cette précaution, les tiges fe deffèchent & font défagréables à la vue. La plante fouffre la tonte comme le buis, mais fa couleur, d'un verd blanchâtre, n'eft pas agréable.

On doit exclure de femblables bordures de tout jardin potager, parce qu'elles fervent de retraites sûres & commodes aux limaces & aux efcargots de toutes les efpèces; ils en fortent pendant la nuit & à la fraîcheur, & vont dévorer les femis.

Cet arbriffeau craint l'humidité; on le multiplie par boutures, par des plans enracinés, & en éclatant les vieux pieds. La faifon pour le replanter eft le printemps & l'automne: la première eft à préférer. Il n'eft pas délicat fur le choix du terrein, puifqu'il végéte fur les terreins incultes de la Provence & du Languedoc; mais un bon fol augmente le verd de fes feuilles, lui fait pouffer des tiges nombreufes & bien nourries. Cependant, fi on compare dans le nord l'odeur de fes fleurs avec celle des provinces du midi, on y trouve une grande différence. L'odorat eft plus fatisfait dans le midi; mais combien ce petit avantage eft réparé dans le nord par la beauté de la verdure & la douce fraîcheur qui y règne!

Les provinces du midi fourniffent encore la lavande à feuilles découpées, celle à feuilles dentelées & crêpues, & la lavande ou ftæchas; mais la botanique n'étant pas le but de cet ouvrage, il fuffit d'indiquer les efpèces fans les décrire.

Les parfumeurs préparent avec les fommités fleuries de la lavande, des fachets à odeur, des eaux diftillées odorantes, & une huile effentielle.

LAVEMENT, ou CLYSTERE, ou REMEDE. Subftance fluide qu'on injecte dans les inteftins par le fondement, au moyen d'une feringue.

Les lavemens font fimples ou compofés, & leur dofe doit être proportionnée à l'âge du fujet auquel on les donne.

La dofe ordinaire pour l'homme eft d'une demi-bouteille de pinte, mefure de Paris, d'un quart ou d'un tiers de cette mesure pour un enfant, d'une pinte & demi ou deux pintes pour un bœuf & pour un cheval.

On compose ces remèdes suivant l'indication de la maladie, soit afin de tenir simplement le ventre libre, soit pour redonner du ton aux intestins, soit pour calmer leur trop grande rigidité, causée par l'inflammation intérieure, &c. Si on donne le lavement trop chaud, le malade le rend presqu'aussi-tôt; simplement tiède, il séjourne trop long-temps dans les intestins, & devient quelquefois nuisible. On connoît le degré de chaleur convenable, lorsqu'on applique la seringue contre la joue, & qu'on en peut supporter la chaleur. On fait en général trop peu d'usage de ce médicament : dans nombre de cas il peut suppléer tous les autres, & souvent il est unique dans son espèce.

Souvent l'idée ridicule de vouloir passer pour un savant compositeur de remèdes, a fait multiplier les drogues qui entrent dans la préparation de ce remède; les plus simples & les moins composés sont toujours les plus efficaces, & l'on juge beaucoup mieux de leur manière d'agir.

Avant de donner un lavement aux bœufs & aux chevaux, il faut que le valet d'écurie frotte sa main & son bras avec de l'huile; qu'il insinue sa main dans le fondement de l'animal, qu'il en retire les excrémens qui y sont endurcis; qu'il recommence cette opération en enfonçant le bras aussi avant qu'il le pourra. Sans cette précaution préliminaire & indispensable, le remède ne produira aucun effet. Dès que l'animal aura reçu le lavement, on le fera trotter afin qu'il le garde plus longtemps; autrement il le rendroit tout de suite. Si l'animal est trop malade pour courrir, on donnera deux lavemens de suite; le second dès que le premier sera rendu, & même un troisième s'il ne garde pas assez longtemps le second.

Comme souvent dans les campagnes il n'est pas facile de se procurer une seringue proportionnée au volume de l'animal, voici le moyen d'en fabriquer une promptement & à peu de frais. Prenez un morceau de *roseau* des jardins. (*Voyez* ce mot) ou un morceau de sureau dont vous ôterez la moëlle, long de six à huit pouces; adaptez à une de ses extrémités une vessie, & fixez-la par plusieurs tours de corde. Elle formera une vaste poche dans le bas du tuyau. A l'extrémité supérieure du sureau, placez tout autour de la filasse ou du chanvre peigné, ou du coton, ou bien encore un morceau d'étoffe que vous assujettirez avec du fil, afin de former dans cet endroit une espèce de bourrelet qui empêchera que l'intestin ne soit blessé par l'introduction & le frottement du bois qui sert de canule. Le tout ainsi préparé, vuidez par le haut du tuyau la matière du lavement qui se précipitera dans la vessie; introduisez cette espèce de canulle dans le fondement de l'animal; de la main gauche soutenez la vessie, & de la droite, pressez fortement de bas en haut cette vessie. La pression forcera l'eau à pénétrer dans l'intestin de l'animal.

Le même instrument peut au besoin servir pour l'homme; il suffit de diminuer la longueur & la grosseur de la canule. On peut encore mettre la dose convenable du lavement dans la vessie, & l'assujettir ensuite contre le sureau.

*Lavemens raffraîchissans & anti-putrides.*

Le lavement le plus commun est celui qui est fait avec l'eau simple. Il suffit dans les constipations & les inflammations légères. On peut suppléer à l'eau simple par la décoction de mauve ou de pariétaire, ou de mercuriale, &c. Si la saison empêche de cueillir ces plantes, ou si on ne les connoît pas, on fera dissoudre dans l'eau un peu de gomme arabique ou de cerisier, d'abricotier, de pêcher, &c.; ou on fera bouillir de la graine de lin. C'est en raison de leur mucilages que ces substances agissent & rendent l'expulsion des excrémens plus facile. L'eau relâche l'intestin, & le mucilage le tapisse. Prenez une once de graine de lin, ou demi-once de gomme, ou une poignée des plantes indiquées, faites les dissoudre dans l'eau chaude, ou faites-en une décoction, & vous aurez un lavement adoucissant.

Si on désire qu'il calme davantage l'irritation des intestins, il suffit d'ajouter un peu de vinaigre, jusqu'à ce que l'eau acquierre une agréable acidité. On ne peut trop recommander ce remède, soit pour les hommes, soit pour les animaux, dans toutes les maladies putrides & inflammatoires, & il peut suppléer tous les autres de ce genre.

L'eau de poulet en lavement est très-raffraîchissante ainsi que l'eau de son.

Bien des gens regardent l'huile d'amande douce comme très-adoucissante; elle ne l'est pas plus que celle d'olive nouvelle. C'est en raison de leur mucilage que l'une & l'autre agissent, & elles le déposent en viellissant. Cette perte du mucilage est la première cause de leur rancidité, & en été l'huile d'amandes est rance souvent après quinze jours. Toute huile dont la saveur est déjà forte, est âcre & irritante. Ainsi, cette substance devient, dans cet état, âcre, irritante, & produit un effet tout opposé à celui que l'on attendoit, & la prudence exige que l'on s'assure de la qualité de l'huile avant de l'employer.

Les lavemens, même simplement composés d'eau, produisent de très-bons effets, dans les ardeurs & les rétentions d'urine; leur action est encore plus marquée si on y ajoute un peu de vinaigre. On le répète, le vinaigre seul & uni à l'eau d'une décoction mucilagineuse, est de tous les remèdes de ce genre, celui que l'on doit préférer, soit pour raffraîchir, soit pour s'opposer aux effets de la putridité & de l'inflammation.

Les maladies épizootiques qui se manifestent pendant l'été, sont toutes putrides ou inflammatoires, & souvent l'une est effet de l'autre. Dans ces cas, donnez ces lavemens au nombre de cinq ou six par jour; continuez & ne diminuez ensuite leur nombre qu'en raison de la diminution des symptomes de la maladie; mais n'employez jamais les huileux, mettez à leur place les décoctions des plantes mucilagineuses ou les substances gommeuses. Dans plusieurs épizooties j'ai souvent dû, presque aux seuls lavemens, la guérison des animaux. On peut ajouter le miel en décoction, & supprimer les plantes mucilagineuses... Les graines de concombres, de courges, de melons, les amandes pilées; en un mot, leur émulsion servent aux lavemens rafraîchissans & anti-putrides. Mais, pourquoi recourir à toutes ces préparations longues, lorsque l'eau, le vinaigre & le miel suffisent ? C'est qu'on croit augmenter l'efficacité du remède par la multiplication & la préparation des drogues.

Une des plus heureuses découvertes de ce siècle, est sans contredit celle des différentes espèces d'*air*. (*Voyez* ce mot) Ici la physique est venue au secours de la médecine, & lui a fourni un des plus grands remèdes contre la putridité. On donne aujourd'hui des lavemens d'air fixe, qui produisent les plus grands effets. Il est fâcheux que l'appareil pour obtenir cet air, ne soit pas à la portée des habitans de la campagne. Cet air s'unit très-bien avec l'eau simple, & cette eau, imprégnée d'air, donnée soit en boisson, soit en lavement, est le remède le plus efficace dans les maladies putrides, même inflammatoires. Le succès a surpassé mes espérances sur les hommes comme sur les animaux.

*Des lavemens toniques.*

Toutes les plantes odoriférantes, comme le thim, le romarin, le serpolet, la lavande, la camomille romaine, &c. peuvent servir à la décoction du lavement. Si on veut le rendre purgatif, on y ajoutera du sucre rosat, ou une décoction de séné, ou des sels neutres, ou même du sel de cuisine.

On appelle lavement *carminatif*, ou propre à expulser les vents, celui que l'on compose avec la décoction de camomille, de mélilot, de coriandre, d'anis, de baies de genièvres, &c., avec le miel commun. Ce lavement est tonique, & il fait rendre beaucoup de vents ; mais n'est-ce pas en augmentant encore leur nombre ? J'ai toujours vu que des lavemens émoliens diminuoient beaucoup l'irritation des intestins, & que l'air y étant moins raréfié par la chaleur, les vents sortoient sans peine. Il est très-prudent de faire rarement usage des remèdes incendiaires. Il est des cas cependant où les lavemens actifs sont d'un grand secours. Par exemple, dans l'apoplexie d'humeur, alors prenez séné, coloquinte, de chacun une once ; ajoutez à la colature deux onces vin-émétique trouble. Comme il est possible qu'on n'ait pas sous la main, & dans une circonstance où les momens sont précieux, les substances dont on vient de parler, on peut les suppléer par une décoction de deux onces de tabac, soit en feuilles sèches, soit en corde, soit en poudre, & encore mieux par un lavement de fumée de tabac, dont il sera question à l'article NOYÉ.

Dans les fièvres, on donne des lavemens avec la décoction du quinquina.

LAURÉOLE MÂLE. (*Voyez planche V, page* 225). Tournefort la place dans la première section de la vingtième classe, destinée aux arbres à fleurs d'une seule pièce, & dont le pistil devient un fruit mou, rempli de semences dures ; il l'appelle *Thymelæa lauri-folio semper virens, seu laureola mas*. Von Linné la nomme *Daphne laureola*, & la classe dans l'octandrie monogynie.

*Fleur.* Le n°. 1 représente une branche de la lauréole mâle. La fleur est d'une seule pièce, sans calice ; la corolle est presqu'en forme d'entonnoir,

Elle eſt repréſentée ouverte en A, afin de faire voir l'arrangement des huit étamines. Le piſtil B, eſt placé au centre de la corolle, qui eſt découpée en quatre parties ovales & aigues.

*Fruit.* C. Baie obronde, à une ſeule loge, renfermant une ſeule ſemence ovale & charnue.

*Feuilles.* Adhérentes aux tiges, épaiſſes, en forme de lance, graſſes, liſſes & luiſantes.

*Racine.* Ligneuſe & fibreuſe.

*Port.* Arbriſſeau toujours verd, qui s'élève à la hauteur de dix-huit à vingt-quatre pouces; les fleurs naiſſent en grappe des aiſſelles des feuilles; les feuilles ſont éparſes, raſſemblées au ſommet, & toujours vertes.

*Lieu.* Les montagnes, à l'ombre dans les forêts; fleurit en mai & en juin, & la fleur eſt d'un verd-terne.

LAURÉOLE FEMELLE, ou MÉSEREUM, ou BOIS GENTIL. (*Voyez planche V, page 225, n°. 2.*) *Thymelca folio deciduo.* TOURN. *Daphne meſereum.* LINN.

*Fleur & fruit.* Les mêmes caractères que les précédens. En D la corolle eſt repréſentée ouverte. E fait voir la différence qui ſe trouve dans le piſtil. F repréſente le fruit, & G le fruit coupé tranſverſalement.

*Feuilles.* Plus petites, plus molles, moins luiſantes.

*Port.* Arbriſſeau à tiges brunes, en quoi elles différent des précédentes qui ſont vertes; pliantes, cylindriques, hautes de deux à trois coudées, dont les feuilles tombent à l'entrée de l'hiver. Il a une double écorce, l'extérieure verte & l'intérieure blanche. Les fleurs ſont rouges, adhérentes aux tiges, raſſemblées trois à trois.

*Lieu.* Les Alpes, les Pyrennées, les montagnes élevées de l'intérieur du royaume.

LAURÉOLE-GAROU, ou TRINTANELLE. *Thymelca foliis lini.* TOURN. *Daphne gnidium.* LIN. Il diffère des précédens par le grand nombre de tiges qui s'élèvent de ſes racines, hautes d'un à trois pieds, droites, ſeulement garnies de rameaux au ſommet; l'écorce des tiges eſt brune; les feuilles ſont linéaires, en forme de lance aiguë, étroites à leur baſe; les fleurs naiſſent au ſommet des tiges, au lieu que dans les eſpèces précédentes, elles naiſſent des aiſſelles; les fleurs ſont d'un blanc couleur de cire, auxquelles ſuccèdent des baies d'un joli rouge.

Il y a pluſieurs autres eſpèces de lauréole que je ne décrirai pas, parce que cet ouvrage n'eſt pas un dictionnaire de botanique; d'ailleurs, les trois eſpèces indiquées ſuffiſent pour l'agrément & pour l'utilité.

Cette plante eſt très-multipliée dans les terreins incultes de nos provinces du midi: mêlée avec les autres brouſſailles, on s'en ſert pour chauffer les fours.

*Propriétés d'agrément. La lauréole mâle*, quoique petit arbuſte, mérite de tenir une place ſur le devant, dans les boſquets toujours verts: on peut même en faire des bordures. Le temps d'en faire des plantations eſt fixé par la chûte des graines; mais il eſt plus sûr de les ſemer tout de ſuite dans une terre légère, ombragée par de grands arbres. A la ſeconde, ou à la troiſième année, ſuivant leur force, on les plantera dans le sol destiné à les recevoir. Leur reprise sera assurée, si on a eu la précaution de les semer dans des pots, parce que les racines ne seront point endommagées dans le dépotement, & la plante ne s'appercevra pas du changement. Si la terre est trop sèche lors de l'opération qui doit se faire au premier printemps, on arrosera un peu la terre des pots, afin qu'elle fasse prise.

Le *bois gentil* est un des arbustes les plus agréables au premier printemps. Ses fleurs couvrent ses tiges, ses rameaux, & les feuilles ne paroissent qu'après les fleurs. Cet arbuste ne se plaît réellement bien que sur les montagnes où il produit le plus joli effet. Dans la plaine & dans les provinces où la chaleur est vive, il végète pendant deux ou trois ans, & y périt de langueur. On peut le transplanter pendant tout l'hiver. Il vaut mieux le faire dès le commencement, à cause de sa grande tendance à fleurir dès que la chaleur se renouvelle. Il a une jolie variété à fleurs blanches.

Le *garou* est joli par la masse touffue de ses tiges qui s'arrondissent d'elles-mêmes à leur sommet, & forment une surface unie. Lorsque l'arbuste est chargé de ses petits fruits rouges, il est très agréable à la vue. L'époque à laquelle on peut transporter cette plante de son lieu natal dans les jardins, est à la fin de l'automne. Elle demande un terrein sec & aride. Les arrosemens lui sont contraires.

*Propriétés médicinales.* Les feuilles, l'écorce, la racine & la plante entière sont très-âcres & caustiques; elles offrent un purgatif des plus violens, dont la prudence interdit l'usage, même à la plus petite dose.

L'usage ordinaire de ces plantes, & sur-tout du *garou* plus actif que les autres, est de détourner les humeurs, soit employées en séton sur les animaux, soit en manière de cautère sur l'homme. On applique l'écorce moyenne sur la portion du tégument qu'on veut enflammer, afin d'y déterminer un écoulement des humeurs séreuses. Dans les maladies qui demandent un prompt secours, il vaut mieux appliquer les vésicatoires, parce qu'ils agissent plus vîte; mais comme les mouches cantarides portent sur la vessie, c'est une observation à faire avant de s'en servir, sur-tout s'il y a déjà quelques dispositions à l'inflammation.

On fait macérer dans le vinaigre & dans l'eau tiède, pendant cinq à six heures, des petites branches. Fendez la branche, séparez l'écorce, & rejetez la partie ligneuse. Appliquez un morceau de l'écorce de la longueur d'un pouce ou deux, & de la largeur de six lignes environ, suivant la portion des tégumens où vous désirez établir la déviation; recouvrez l'écorce avec une compresse, assujettie par une bande : au bout de douze heures, levez l'appareil; renouvellez l'application soir & matin, jusqu'à ce qu'il s'écoule une grande quantité d'humeurs : alors ne changez l'écorce que toutes les vingt-quatre heures, & même toutes les trente-six heures. Si l'inflammation est trop vive, substituez des feuilles de *poirée*, (*Voyez* ce mot) ou du beurre *très-frais*, & ne recommencez l'application de l'écorce que lorsque la peau ne fournit plus, ou très-peu d'humeurs.

Très souvent il s'établit derrière les oreilles des enfans un écoulement d'humeurs qui est salutaire; un peu d'écorce de garou servira à l'entretenir aussi longtemps qu'on le désirera, & même à l'augmenter.

Pour entretenir un cautère toujours ouvert, on se sert d'un pois ou d'une petite boule de cire blanche que l'on y introduit, & que l'on y maintient, soit avec une compresse, soit en la recouvrant avec un morceau de toile de diapalme. J'ai très-souvent observé que le cautère s'enfonçoit insensiblement dans les chairs, & parvenoit jusqu'au périoste. Il me paroît beaucoup plus prudent de supprimer le pois ou la cire, & d'appliquer sur l'endroit cautérisé un morceau d'écorce de garou; il empêchera la réunion des chairs, maintiendra la petite inflammation à la superficie des tégumens, & on n'aura plus lieu de craindre l'excavation de la plaie.

*Usage économique.* Toutes les espèces de lauréoles peuvent servir à la teinture en jaune.

LAURIER ORDINAIRE, ou LAURIER FRANC. Tournefort le place dans la même classe que les lauréoles de l'article ci-dessus, & l'appelle *Laurus vulgaris.* Von Linné le nomme *Laurus nobilis*, & le classe dans l'énéandrie monogynie.

*Fleur.* D'une seule pièce, dont la corolle est découpée en quatre ou cinq parties ovales; elle n'a pas de calice : neuf étamines & un pistil garnissent le centre de la fleur. On y découvre un nectaire composé de trois tubercules colorés, aigus, qui entourent le germe, & se terminent par deux espèces de poils.

*Fruit.* A noyau, ovale, pointu, à une seule loge, entouré de la corolle, contenant un noyau ovale, & aigu.

*Feuilles.* Fermes, dures, supportées par un pétiole, simples, très-entières, en forme de fer de lance, veinées, d'un verd luisant.

*Racine.* Ligneuse, épaisse, inégale.

*Port.* Arbre qui pousse de terre une ou plusieurs tiges fort hautes & fort droites, & dont les branches se resserrent contre le tronc; son écorce est mince, verdâtre; son bois est fort & pliant; les fleurs naissent des aisselles des feuilles, plusieurs ensemble, portées sur un péduncule; les feuilles toujours sont vertes, & alternativement placées sur les tiges.

*Lieu.* Originaire d'Espagne & d'Italie, presque devenu indigène en Provence, en Languedoc & en Roussillon; il y fleurit en mars, & ses fruits sont mûrs en automne. Le laurier a plusieurs variétés. La première à feuilles larges; la seconde à feuilles ondées; la troisième à feuilles étroites. La chaleur du climat détermine la hauteur de cet arbre.

*Propriétés médicinales.* Les feuilles ont une saveur âcre, aromatique; les semences sont odorantes, âcres & un peu amères; les feuilles & les baies sont stomachiques, nervines, cordiales, détersives, anti-septiques.

Les feuilles & les baies sont utiles en médecine. Des feuilles fraîches on fait une décoction; des feuilles sèches, une poudre qu'on donne à la dose d'une dragme; la décoction des feuilles se donne en lavement.

On tire du laurier quatre espèces d'huile. La première est fournie par les baies macérées dans l'eau, & distilées; elle a toutes les vertus des huiles aromatiques. Prise intérieurement, elle chasse les vents, à la dose

de

de trois jusqu'à quatre gouttes. Pour avoir la seconde espèce d'huile, on fait bouillir les baies dans l'eau; lorsque cette eau est froide, elle est surnagée par une huile verdâtre, moins spécifique que la précédente. La troisième se tire des baies seulement, & elle est moins active que les deux autres. La quatrième se fait avec les baies & les feuilles, & on s'en sert à l'extérieur, comme liniment, afin de donner de la force & de la sensibilité aux parties relâchées & presque insensibles.

Les maréchaux font un grand usage de l'huile de laurier, par expression, qui est à tous égards préférable à l'onguent de laurier, sur-tout à celui préparé avec les feuilles. Pour faire cet onguent, prenez partie égale de graisse de porc mondée, & d'huile de baies de laurier; faites fondre au bain-marie, & vous aurez l'onguent de laurier, de couleur verte & d'une odeur aromatique douce.

Le genre du laurier comprend plusieurs espèces précieuses, originaires des grandes Indes, & qui ne peuvent résister aux hivers, même de l'Europe tempérée, à moins qu'on ne les renferme dans des serres chaudes. Tels sont :

Le *laurier canelle. Laurus cinnamomum.* Lin. que les Hollandois se sont efforcés de détruire, excepté dans leurs possessions. On doit au zèle de M. Poivre, ancien Intendant de l'Isle de France, de l'y avoir multiplié, ainsi que le giroflier. Ce citoyen philosophe a rendu aux îles de France & de Bourbon le même service que M. Declieux à celle de la Martinique, & actuellement à toutes les îles voisines, en y portant le *café*. ( *Voyez* ce mot ). La mémoire d'un tel bienfait ne mériteroit-elle pas d'être conservée dans un monument, qui transmettroit à la postérité le nom de ceux à qui on en est redevable.

Le *laurier-casse. Laurus cassia.* Lin. dont on tire une écorce qui a presque les mêmes propriétés que la canelle.

Le *laurier-camphre. Laurus camphora.* Lin. Toutes les parties de cet arbre précieux fournissent par incision la résine si connue en médecine & dans les arts, sous le nom de *camphre.* ( *Voyez* ce mot )

Le *laurier-culiban. Laurus culiban.* Lin. dont on se sert dans les Moluques pour la préparation des alimens.

Le *laurier-canelier sauvage d'Amérique. Laurus indica.* Lin. Il seroit peut-être possible, à force de semis répétés, d'en introduire l'espèce dans nos provinces du midi. Ce seroit un arbre de plus, il est vrai; mais quelle seroit son utilité réelle ?

Le *laurier de Perse*, ou *poirier d'Avocat. Laurus Persea.* Lin. dont le fruit est très-estimé en Amérique.

Le *laurier de Bourbon*, ou *laurier rouge. Laurus Borbonia.* Lin. dont le bois scié & poli représente un satin moiré, & qui est fort estimé pour la marqueterie & la construction des meubles.

Le *Laurier-sassafras. Laurus sassafras.* Lin. Très-utile en médecine, comme bois sudorifique. ( *Voyez* le mot SASSAFRAS ) On peut le cultiver en pleine terre dans nos provinces du midi, & dans de bonnes expositions, on l'y multiplieroit comme le mûrier, par des semis réitérés.

(*Voyez* ce qui a été dit au mot Espèce) (1)

*Culture.* Le laurier ordinaire, & toutes ses variétés, se multiplient par semis & par marcotte. L'époque du semis est aussitôt que la graine est mûre & tombe. Il convient de semer chaque graine dans un pot, deux tout au plus, & si elles germent toutes les deux, on détruira un pied, dès qu'il sera hors de terre. Cette méthode est la plus sûre pour la transplantation. L'année d'après la germination on renverse le vase, & sans déranger les racines & la terre qui les environne, on les met dans une petite fosse destinée à les recevoir. Cette opération doit avoir lieu du moment où l'on ne craint plus le retour des gelées. Dans les provinces du nord, il sera utile de couvrir les jeunes tiges avec de la paille, pendant les premiers hivers, sur-tout si l'arbre n'est pas dans une bonne exposition. Il est encore avantageux d'entourer le pied avec du fumier. Si le froid fait périr les tiges, il en poussera de nouvelles des racines, à moins qu'il n'ait été excessif, & qu'on n'ait pris aucune précaution pour les garantir. Cet arbre demande une terre substancielle, & quelques arrosemens au besoin.

Comme cet arbre pousse beaucoup de rejettons, on peut les détacher dès racines dès qu'ils seront garnis de chevelus, & les planter. C'est le moyen le plus prompt pour les multiplier, mais moins sûr que les semis qui acclimatent mieux les arbres.

On peut encore coucher les branches, au défaut de rejettons enracinés, & les marcotter comme des œillets. Dans les provinces du midi elles prennent de racines sans cette précaution. Cet arbre pyramide joliment, & figure bien dans les bosquets d'arbres verds. Dans les provinces du nord on ambitionne la verdure perpétuelle des arbres du midi, & dans celles-ci on regrette de ne pas avoir la verdure moirée des gazons, celle du tilleul, de la charmille, &c. Si les arbres toujours verds font quelque plaisir en hiver, combien leur verd-foncé & monotone est triste en été!

La superstition des anciens a perpétué une erreur jusqu'à nos jours. On a sans cesse répété que la foudre respectoit le laurier. Le fait est faux. Puissent toutes les erreurs n'être pas d'une conséquence plus dangereuse!

Laurier-cerise. Tournefort le place dans la septième section de la vingt-unième classe destinée aux arbres à fleurs en rose, dont le pistil devient un fruit à noyau, & l'appelle *lauro cerasus.* Von Linné le classe dans l'icosandrie monogynie, & le nomme *prunus lauro cerasus.* Ce n'est donc point un laurier.

*Fleur.* En rose à cinq pétales, obronds, concaves; attachés au calice par des onglets; calice d'une seule pièce, à cinq découpures obtuses & concaves.

*Fruit.* Baie ovale, presque ronde,

(1) Je viens d'indiquer ces espèces de *lauriers*, non à cause de l'utilité par rapport à notre agriculture, mais uniquement à cause des reproches que l'on me fait de ne pas parler de toutes les plantes. Le but de cet Ouvrage n'est pas pour l'instruction des seuls Botanistes ou de quelques amateurs; s'ils désirent de plus grands détails, ils pourront consulter le Dictionnaire encyclopédique, l'Histoire du règne végétal de M. Buchos, le Dictionnaire anglois de Miller, &c. Je ne veux pas multiplier inutilement le nombre des volumes.

charnue, dans laquelle eſt un noyau ovale, pointu & ſillonné.

*Feuilles.* Simples, entières, oblongues, fermes, épaiſſes, luiſantes, portées par des pétioles, avec deux glandes ſur le dos.

*Racine.* Rameuſe & ligneuſe.

*Port.* Arbre qui s'élève aſſez haut, ſuivant le climat qu'il habite; ſon écorce eſt liſſe & d'un verd-brun; les fleurs ſont diſpoſées en grappes pyramidales, plus courtes que les feuilles, & naiſſent de leurs aiſſelles; les feuilles ſont toujours vertes & placées alternativement ſur les tiges.

*Lieu.* Apporté de Trébiſonde en 1576, aujourd'hui naturaliſé dans les jardins, & ſur-tout dans ceux des provinces méridionales. Fleurit en mai & juin.

*Propriétés.* Les fleurs & les feuilles ont le goût & l'odeur de l'amande amère. Communément on met ſur une pinte de lait deux ou trois feuilles, pour lui donner un goût amandé. Cette petite ſenſualité peut devenir très-funeſte ſi on augmente la doſe. Ces feuilles alors cauſent des coliques, des convulſions, & ſouvent la mort. L'eau diſtillée des feuilles, eſt un poiſon décidé, ſoit pour les hommes, ſoit pour les animaux. Il eſt beaucoup plus prudent de ne jamais employer ni feuilles, ni fleurs, ni fruits de cet arbre.

*Culture.* Il a deux variétés, l'une à feuilles panachées en jaune, & l'autre panachées en blanc. On multiplie ces arbres par ſemences, par marcottes, & on greffe les variétés panachées ſur le laurier-ceriſe ordinaire.

On ſeme les graines auſſitôt qu'elles tombent de l'arbre, & elles germent facilement au printemps ſuivant. Cet arbre n'exige aucune culture particulière, il demande ſeulement de bons abris dans nos provinces du nord. Le froid y fait ſouvent périr les tiges, mais il en repouſſe de nouvelles des racines. Dans les provinces du midi on en fait des berceaux, les branches ſont flexibles, & ſe prêtent à la direction qu'on veut leur faire prendre. Ces cabinets, ces berceaux de laurier-ceriſe ſont agréables, parce que les feuilles ſont toujours vertes & en aſſez grand nombre pour procurer un ombrage agréable. D'ailleurs leur couleur d'un verd gai leur mérite la préférence ſur preſque tous les autres arbres toujours verds, ordinairement d'une couleur verte triſte & brune. Je crois m'être apperçu qu'il n'eſt pas très-ſain de demeurer longtemps, & pendant les groſſes chaleurs de l'été dans ces cabinets. Il s'en exhale une odeur forte, qui porte ſouvent à la tête, & même provoque les nauſées. Je ne ſçais ſi dans le nord on éprouve le même effet par la tranſpiration de la plante.

Laurier-rose. Von Linné le claſſe dans la pentandrie monogynie, & le nomme *Nerium Oleander.* Tournefort le place dans la cinquième ſection de la vingtième claſſe deſtinée aux arbres à fleur d'une ſeule pièce, & dont le piſtil devient une eſpèce de ſilique; il le nomme *Nerion floribus rubeſcentibus.*

*Fleur;* grande, en forme d'entonnoir, le tube cylindrique, les bords de la fleur diviſés en cinq découpures larges. On remarque un nectar à l'ouverture du tube, formant une couronne frangée: le calice très-petit, diviſé en cinq parties égales.

*Fruit.* Eſpèce de ſilique, composé

de deux folicules cylindriques, longues, s'ouvrent du sommet à la base, renferment beaucoup de semences oblongues, couronnées d'une aigrette, & rangées les unes sur les autres en manière de thuile.

*Feuilles.* Entières, en forme de lance, pointues, marquées en dessous d'une côte saillante.

*Racine.* Ligneuse, jaunâtre.

*Lieu.* Originaire des Indes, cultivé dans les jardins.

*Propriétés.* Saveur très-âcre. Les fleurs sont sternutatoires, déterfives & vivement purgatives. Il est très-imprudent de s'en servir pour l'intérieur. Pour peu que la dose soit forte, c'est un poison pour l'homme & pour les animaux.

Les feuilles réduites en poudre sont un sternutatoire fort; mais que l'on donne avec le plus grand succès dans les maux d'yeux, occasionnés par une abondance d'humeurs. J'en ai vu de très-bons effets. On la prescrit encore contre les maux de tête & les migraines. Des feuilles, on fait encore des cataplasmes, des décoctions : on en compose avec du beurre, un onguent pour la gale & autres affections cutanées.

*Culture.* Il y a une variété de ce laurier, de nom seulement, à fleur blanche, dont les propriétés sont encore plus actives que celles de l'autre, & une autre variété à fleur double. Dans le nord on tient ces arbres en caisses comme les orangers; & à l'approche du froid, on les enferme dans la serre. Le laurier rose à fleur double, craint beaucoup plus le froid que les deux autres. Dans les provinces du midi, le long de la Méditerranée, on le cultive en pleine terre. Quoique cet arbre soit regardé comme originaire des Indes, je l'ai cependant trouvé naturalisé en Corse, dans un lieu où sûrement il n'a pas été planté de main d'homme. (1) On peut le multiplier par semence; mais il est plus court de séparer les drageons qui poussent des racines, ou de coucher ses branches en terre, même sans les marcotter. Je crois que si on multiplioit les semis, on parviendroit à l'acclimater dans nos provinces du nord. On risqueroit, dans les froids âpres, de perdre les tiges; mais il en repousseroit des racines, si on avoit le soin de couvrir le pied pendant l'hiver, avec quatre ou cinq pouces de fumier.

La multiplicité des fleurs dont cet arbre se charge, leur couleur & leur forme gracieuse, méritent les soins du jardinier. Comme il pousse beaucoup de racines fibreuses, il épuise promptement la terre dans laquelle elles s'étendent. Elle demande donc à être renouvellée, fumée de temps à autre. Il ne faut pas le laisser languir par la sécheresse. Pour avoir plus long temps des fleurs, il faut les couper dès qu'elles sont passées, & ne pas leur laisser le temps de faire la graine.

On tenteroit vainement de faire des berceaux avec cet arbre, quoique ses branches soient très-flexibles, parce qu'il se dégarnit de feuilles par le bas, à mesure qu'il s'élève : il figure très-bien dans les bosquets d'été.

---

(1) On le trouve aussi très-communément en Provence, dans les montagnes dites *les Maures*, entre Hières & Bormes.

Laurier-Alexandrin. (*Voyez* Houx.)

Laurier-Thin. Von-Linné le classe dans la pentandrie trigynie, & le nomme *Viburnum Tinus*. Tournefort le place dans la sixième section de la vingtième classe des arbres à fleur d'une seule pièce, dont le calice devient une baie : & il l'appelle *Tinus Prior*.

*Fleur*. En rosette, à cinq découpures obtuses; le calice petit & à cinq dentelures ; cinq étamines, trois pistils, quelques fleurs stériles, les autres hermaphrodites.

*Fruit*. Petites baies, arrondies, d'un noir bleuâtre, luisantes, renfermant une seule semence, osseuse, applatie, obronde, en forme de cœur.

*Feuilles*. Simples, calicées, ovales, fermes, terminées en pointes dures, toujours vertes, luisantes, d'un vert brun.

*Racine*. Ligneuse, rameuse, très-fibreuse.

*Port*. Arbrisseau dans les provinces du nord, mais qui s'élève à dix à douze pieds dans celles du midi. Il jette beaucoup de drageons par les racines. Son écorce est lisse, blanchâtre; celle des jeunes pieds, rougeâtre. Les fleurs disposées au haut des tiges en espèce de grappes, rouges avant leur épanouissement, blanches lorsqu'elles sont épanouies ; les feuilles opposées. Il fleurit en hiver & en été.

*Lieu*. Originaire d'Espagne, d'Italie, cultivé dans les jardins.

*Propriétés*. Cet arbrisseau est peu employé en médecine, quoique ses baies soient très purgatives.

*Culture*. On compte plusieurs variétés, l'une à feuilles alongées & veinées, & à fleurs purpurines; l'autre à feuilles panachées de blanc, ou panachées de jaune, enfin un laurier-thin, nain, à petites feuilles.

Cet arbuste, comme le précédent, pourroit être acclimaté dans nos provinces du nord, par des semis réitérés, & avec les mêmes précautions. On le multiplie par marcottes, & sur-tout par ses drageons. Dans celle du midi du Royaume, on le cultive en pleine terre ; on en forme de très-jolies palissades, des tonnelles très-agréables. Si sur trente années il y en a une où la rigueur du froid fait périr ses tiges, en moins de deux à trois ans le mal est réparé par les nouvelles qu'il pousse de ses racines. Si on le cultive dans des pots, il souffre la taille comme l'oranger. Il figure très-bien dans les bosquets toujours verts.

Laurier-Tulipier. (*Voyez* ce mot)

LEGUME. Proprement dit, est la graine des fleurs en papillon ; tels sont les pois, les fèves, les haricots; d'où est venue la dénomination de *plantes légumineuses*. Ces graines sont renfermées entre deux battans ou cloisons, qui forment la gousse à laquelle les graines tiennent par un cordon ombilical. A Paris & dans ses environs, on a généralisé l'idée attachée à ce mot *légume*, & on lui a donné une extension sur toutes les plantes d'un potager, de sorte qu'un melon, un chou, un potiron, une asperge, sont appellés mal-à-propos *légumes*; ce qui fait une confusion dans les idées. Ce nom ne devroit être consacré qu'aux plantes vraiment *légumineuses*. Il est inutile d'entrer ici dans de plus grands détails, parce qu'en parlant de chacune de ces plantes séparément, on traite de leur culture & de la manière de les conserver.

LENITIF. Médecine Rurale. Remède dont on fait usage pour adoucir les humeurs & les douleurs. Lénitif en médecine est un purgatif, très-usité anciennement, & composé de plusieurs purgatifs doux, tels que la manne, le tamarin, le séné, les prunaux, auxquels on ajoute différentes substances émollientes; on pourra s'en convaincre par la formule suivante. Prenez séné bien mondé, polipode de chêne, orge bien mondé & des raisins secs, de chacun deux onces; des jujubes, des tamarins, des prunes douces, desquelles on aura extrait le noyau, de chacun un gros; mercuriale, une once & demie; violettes fraîchement cueillies, & du capillaire de Montpellier, de chacun une poignée; demi-once de réglisse. Faites bouillir le tout dans neuf livres d'eau; puis ayant coulé & exprimé les matières, vous dissoudrez dans leur colature deux livres de bon sucre, qu'il faut faire cuire en consistance d'électuaire mol; mais ayant ôté le tout du feu, ajoutez-y des pulpes de casse, de tamarins, des prunes douces, de la conserve de violette, & de la poudre de séné, de chacun six onces; de bonne rhubarbe, & de la semence d'anis en poudre, de chacune une once; faites un électuaire régulier de toutes ces drogues. Telle est la composition de l'électuaire lénitif, décrit dans la Pharmacopée de Charras : il est aisé de voir que ce remède est tombé en caducité, & qu'on ne s'en sert plus aujourd'hui, ou du moins très-rarement.

La dose à laquelle on le donne, est depuis une once jusqu'à une once & demie. Il est encore aisé de voir que c'est principalement le séné qui rend cet électuaire purgatif.

On se sert aujourd'hui en médecine de remèdes plus simples, & dont les succès sont plus assurés & plus rapides. M. Ami.

LENTILLE. Tournefort la nomme *Lens Major*, & la place dans la première section de la dixième classe des plantes à fleurs en papillon, & dont le pistil devient une petite gousse à une seule loge. Von Linné la nomme *Ervum Lens*, & la classe dans la diadelphie décandrie.

*Fleur*. En papillon; étendard plane, un peu recourbé, arrondi, grand; les aîles plus courtes que l'étendart; la carenne pointue, plus courte que les aîles; le calice divisé en cinq découpures, étroites, pointues, à-peu-près de la longueur de la corolle.

*Fruit*. Légume, obrond, obtus, cylindrique, contenant des semences comprimées, convexes, arrondies.

*Feuilles*. En manière d'aîle, les folioles ovales, entières, adhérentes aux tiges.

*Racine*. Fibreuse, rameuse.

*Port*. Tige herbacée, de huit à douze pouces de hauteur, suivant les climats, velue, anguleuse; les fleurs naissent des aisselles; les pédoncules portent ordinairement quatre fleurs: les vrilles sont simples, les stipules deux à deux, en forme de fer de flèche.

*Lieu*. Les champs, les jardins potagers : la plante est annuelle.

*Propriété.* La farine des lentilles eſt une des quatre farines réſolutives. On ſe ſert de ce légume bien plus comme nourriture, que comme médicament.

*Culture.* Cette plante réuſſit très-mal dans les pays chauds; comme elle craint les gelées, on eſt forcé de la ſemer après l'hiver; & s'il ne ſurvient pas de pluies au printemps, elle eſt ſurpriſe par la chaleur & par la ſéchereſſe, & à peine récolte-t-on la ſemence. Elle réuſſit auſſi fort mal dans les terreins gras, humides & tenaces; elle aime une terre légère, & réuſſit aſſez bien ſur un ſol de médiocre qualité.

Sa principale culture eſt en plein champ; & ſemée dans un potager, elle ne rendroit pas autant qu'un autre légume. Après avoir labouré la terre, dans un temps convenable où la terre ne forme aucune motte, on ſème la lentille à la volée, comme le bled, & on fait paſſer deux ou trois fois la herſe par deſſus, afin de bien égaliſer le terrein, & recouvrir le grain. Le climat décide le moment de la ſemer, & la meilleure époque eſt celle où l'on ne craint plus le funeſte effet des gelées tardives.

Dans les cantons où la ſemence eſt à bon marché & le foin cher, on peut ſemer la lentille pour fourrage; c'eſt le cas alors de ſemer plus épais que ſi on devoit récolter le grain. Lorſque la plante eſt en pleine fleur, on la fauche. Si on attend ſa maturité à cauſe du grain, on la fauchera lorſque les feuilles, dans leur totalité, commenceront à ſecher, & on n'attendra pas qu'elles ſoient très-ſèches, ſans quoi on perdroit beaucoup de grains.

Dans quelques cantons du royaume, on ſéme l'avoine & les lentilles dans le même temps, parce qu'elles mûriſſent & ſont fauchées à la même époque. Cette méthode me paroît mauvaiſe, & je me fonde ſur l'exemple des pois, des veſces, dont les vrilles s'attachent au chaume des blés, ſégles, & s'y entortillent, les ſerrent & les étranglent. La ligature formée par la vrille de la lentille, ne ſerre pas autant, j'en conviens, que celle des pois, &c. mais c'eſt toujours une ligature; & chaque plante demande à végéter en liberté. Cette méthode n'eſt avantageuſe qu'autant qu'il eſt queſtion de fourrage, à l'exemple des Flamands, qui ſément tout-à-la-fois des veſces, des pois, des fèves, des lentilles, de l'orge, de l'avoine, &c. pour faire ce qu'ils appellent *la dragée;* aucun fourrage ne lui eſt comparable.

Si on récolte dans ſa maturité la lentille mêlée avec l'avoine ou avec l'orge, on ſépare ces grains, en les jètant en l'air comme pour vanner. Cette ſéparation eſt une ſuite néceſſaire de leur peſanteur ſpécifique.

Il y a deux eſpèces de lentilles, ou plutôt l'une eſt une variété de l'autre. La première eſt appellée *groſſe lentille*, & la ſeconde, plus petite, *lentille à la Reine.* Cette dernière eſt plus délicate. Ces petits grains ſont une reſſource précieuſe, lorſque les pluies ont empêché les ſemailles de blés hyvernaux, ou lorſqu'ils ont péri par les gelées ou telle autre intempérie des ſaiſons.

Dans les Mémoires de la Société d'Agriculture de Rouen, il eſt queſtion d'une lentille appellée *du Canada*, qui eſt une eſpèce de veſce à grain blanc, tirant sur le jaune, & dont il est fait un très-grand éloge; mais comme il n'est pas possible de reconnoître cette plante par le peu de caractères qu'on lui assigne, je n'en parle pas. Les lentilles du Puy-en-Velai sont très-renommées, & en effet elles méritent de l'être.

On bat les lentilles comme le blé, les pois, &c. Les tiges servent de nourriture aux animaux.

LENTISQUE. (*Voyez planche VI*) Von Linné le classe dans la dioécie pentandrie, & le nomme *Pistacia Lentiscus*. Tournefort l'appelle *Lentiscus vulgaris*, & le classe dans la seconde section de la dix-huitième classe destinée aux arbres à fleurs mâles & femelles, qui naissent sur des pieds différens.

*Fleur*. On n'a représenté ici que la fleur mâle. La femelle n'en diffère que par la suppression des étamines; le pistil occupe le milieu. A fleur mâle, à cinq étamines. B étamine vue par la face interne. C vue par le dos. Ces étamines sont rassemblées dans un calice D qui tient lieu de pétales; c'est un tube à cinq parties égales.

Le calice de la fleur femelle n'a que trois divisions.

*Fruit*. Après la fécondation, l'ovaire devient un fruit vert, ensuite rouge E, puis noirâtre après sa maturité F. Il perd de son volume à mesure qu'il mûrit; il est sphérique, marqué d'un ombilic, sec, renfermant une seule amande G, sphérique comme lui.

*Feuilles*. Aîlées, sans impaire, les folioles en forme de lance, très-entières, au nombre de cinq ou de six de chaque côté.

*Racine*. Ligneuse, rameuse.

*Port*. Cet arbrisseau s'élève à huit ou dix pieds dans les provinces du midi. Les châtons des fleurs mâles sortent deux à deux des feuilles; les fruits naissent de leurs aisselles, disposés en grappes : les feuilles sont alternativement placées sur les branches, ont des rebords, & sont toujours vertes.

*Lieu*. La Grèce, l'Italie, la basse-Provence & le Bas-Languedoc.

*Propriétés*. Le bois est d'une odeur agréable; la résine d'une odeur aromatique, & d'une saveur amère. La résine, qu'on appelle *mastic en larmes*, se tire de cet arbre dans l'isle de Chio. Le bois a une qualité astringente; les sommités, les baies & la résine, sont dessicatives, astringentes & stomachiques. Le mastic est quelquefois indiqué dans l'ahstme humide, la toux catarhale, la diarrhée par humeur séreuse, les fleurs blanches, les pâles couleurs; en parfum dans les maladies de la poitrine, où il faut rendre l'expectoration facile, & où il n'existe aucune disposition inflammatoire; dans les douleurs rhumatismales par sérosités; en solution, dans l'esprit-de-vin pour les ulcères des tendons & la carie des os. Ce mastic mâché, détermine une plus grande sécrétion de la salive, blanchit les dents, rend l'haleine d'une odeur agréable, ce que savent très-bien les Turcs & les dames du serrail. Ce mastic est soluble dans l'esprit-de-vin, les jaunes d'œuf & les huiles, mais non pas dans l'eau. Les larmes blanches sont à préférer à toutes les autres. Pour obtenir ce mastic, on fait, dans les mois de juillet, août & septembre, des incisions à l'arbre, d'où

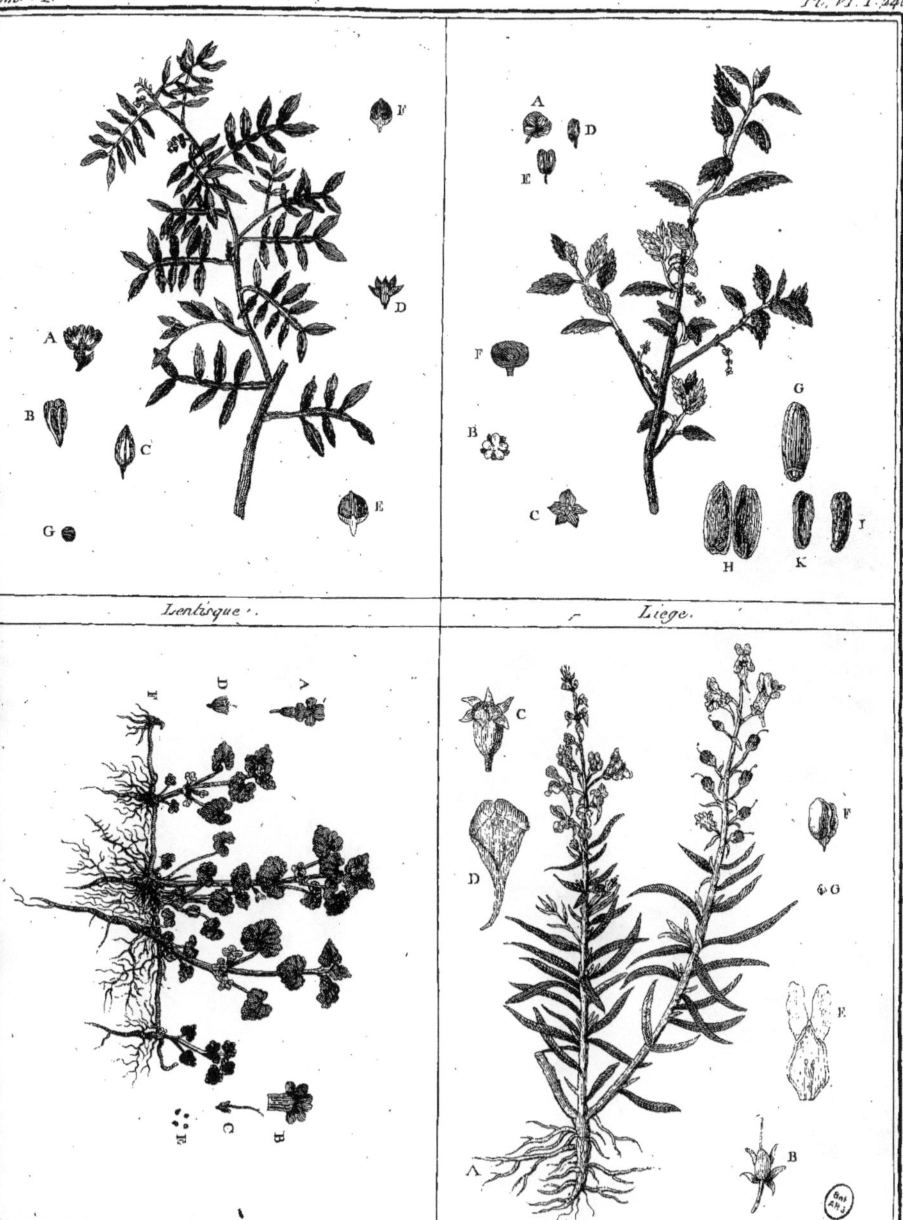
Lentisque.
Liege.
Lierre terrestre.
Linaire commune.
...ier Sculp.

d'où la sève s'extravase, & forme sur l'écorce, en se durcissant, des espèces de larmes. Ce mastic entre dans la composition de plusieurs vernis.

*Culture.* Il seroit possible, par des semis réitérés, de naturaliser le lentisque dans plusieurs de nos provinces (*Voyez* le mot ESPECE) : il est indigène dans la Basse-Provence & dans le Languedoc. Comme cet arbre est toujours vert, il serviroit très-bien à former des bosquets & des tonnelles à ombre épaisse ; mais on le laisse sans culture végéter dans les haies, le long des chemins, pour fournir un peu de bois de chauffage; on le multiplie facilement par semences & par couches; si on le cultive, si on donne à son pied quelque labour, il végéte fortement. Je ne doute pas, je le répète, qu'avec des soins on n'en forme de jolies palissades; le point essentiel est de diminuer la multiplicité des rameaux qui s'élèvent de ses racines, & de ne lui laisser que la quantité suffisante de tiges dont on a besoin pour garnir.

LÉONURUS ou QUEUE DE LION. Tournefort le nomme *leonurus perennis Africanus, sideritis folio, flore phœniceo majore*, & le place dans la seconde section de la quatrième classe des herbes à fleur d'une seule pièce irrégulière, dont la lèvre supérieure est creusée en cuiller. Von Linné l'appelle *phlomis leonurus*, & le classe dans la dydinamie gymnospermie.

*Fleur.* Labiée & d'une seule pièce, la supérieure beaucoup plus longue que l'inférieure, divisée en trois; quatre étamines, dont deux plus grandes & deux plus courtes, un seul pistil; le calice à découpures, alternativement plus longues & plus courtes, & au nombre de dix.

*Fruit.* Quatre semences oblongues a trois côtés, renfermées dans le calice.

*Feuilles.* Entières, en forme de lance, dentées en manière de scie.

*Racines.* Très-fibreuses.

*Port.* Arbrisseau de deux à trois pieds de hauteur, à tiges quarrées, branchues; les fleurs rangées autour des tiges comme celles de l'ortie blanche ou *lamier*, rassemblées; ces touffes diminuent de grandeur, à mesure que la tige s'élève; ses fleurs sont de la couleur du tabac d'Espagne, mais un peu plus rougeâtres, plus veloutées.

*Lieu.* L'Afrique, le Cap de Bonne-Espérance. L'arbuste fleurit deux fois l'année, au printemps & en automne, & reste en fleurs pendant long-temps.

*Propriétés.* D'aucun usage en médecine, mais cet arbuste est des plus pittoresques, & pare singulièrement un jardin. L'orangerie lui suffit dans les provinces du midi, & même il passe bien l'hiver dans une chambre, pourvu qu'il ne gêle point; il craint singulièrement l'humidité dans cette saison.

*Culture.* Chaque année l'arbuste doit être changé de pot, parce que ses racines en occupent bientôt toute la capacité; il demande une terre substantielle, forte, & mêlée au terreau: si on ne lui donne que du terreau, il faut l'arroser trop souvent. Chaque rameau détaché du tronc & mis en terre à l'ombre, arrosé au besoin, pousse promptement des racines; de manière qu'un rameau mis en bouture à la sortie de l'orangerie, est, dans les provinces du midi, en état d'être levé de terre en juin ou juillet, & de fleurir dans la même année si on l'a planté un peu fort. Ses graines mûrissent difficilement, même dans nos provinces du midi; on l'a appellé *queue de lion* à cause de sa couleur & à cause de la disposition de ses fleurs.

LEPRE. Médecine rurale. La lèpre est une maladie contagieuse, accompagnée de stupeur & d'insensibilité de la peau.

On en distingue ordinairement deux espèces, qui, à proprement parler, sont les deux degrés de cette maladie affreuse.

Le premier degré est connu sous le nom de *lèpre des Grecs*; le second est appellé *lèpre des Arabes* ou *éléphantiase*.

La description de la lèpre présente à l'humanité le tableau le plus hideux & le plus affligeant. Ceux qui en sont attaqués ont la peau dure, sèche & âpre au toucher; ils y ressentent une démangeaison & un prurit des plus incommodes. La lèpre est quelquefois partielle, & n'attaque que certaines parties du corps, telles que le front, les pieds & les mains : le plus souvent elle est universelle, & recouvre toute la peau.

Elle est toujours moins mauvaise & moins dangereuse quand elle s'annonce comme la gale; c'est-à-dire, lorsque la peau devient rouge & très-dure, & qu'elle excite une vive démangeaison.

Il se fait une éruption de pustules rouges, plus ou moins multipliées, quelquefois solitaires, le plus souvent entassées les unes sur les autres dans différentes parties du corps, sur-tout aux bras & aux jambes. A la base de ces premières pustules il en nait bientôt d'autres, qui se multiplient & s'étendent beaucoup en forme de grappes; leur surface devient en peu de temps rude, blanchâtre & écailleuse; les écailles qu'on détache en se gratant, ressemblent à celles des poissons, & dès qu'on les a enlevées, on apperçoit un léger suintement d'une sanie ichoreuse, qui occasionne un picotement désagréable.

Si l'on abandonne cette maladie à elle-même, ou qu'on ne se hâte pas de la combattre par des remèdes appropriés, elle fait les progrès les plus rapides, & les humeurs se vicient à un tel point, que les pustules deviennent noires & livides, de blanches ou jaunes qu'elles étoient auparavant. La peau devient encore plus rude, & aussi épaisse & ridée que celle d'un éléphant.

La respiration devient aussi plus difficile, l'haleine est puante, la voix perd sa force & devient rauque; les joues se recouvrent d'une sorte de crasse, l'urine que les malades rendent est épaisse, & aussi trouble que celle des juments. A tous ses symptomes se joint l'assoupissement ou l'insomnie, ainsi que la maigreur de tout le corps, & une odeur insoutenable qui s'en exhale. C'est alors qu'il survient des boutons & des ulcères malins par tout le corps; les poils tombent avec le peau; celle du visage tombe aussi par lambeaux; l'enflure des lèvres & des extrémités est si prodigieuse, qu'on ne peut souvent appercevoir qu'avec beaucoup de peine les doigts enfoncés & cachés dans la tumeur. Dans cette cruelle position, une espèce de glace s'empare des malades; ils ne sont aptes ni propres à faire le moindre mouvement; ils tombent dans un engourdissement & une nonchalance affreuse; survient enfin une fièvre lente, qui consume en peu de temps le malade.

Heureuses les contrées sur lesquelles cette maladie n'étend point ses ravages! elle étoit très-commune autrefois dans les pays chauds, dans la Syrie & en Egypte.

S'il faut en croire certains auteurs, on observe assez souvent cette maladie en Espagne & dans l'Amérique méridionale; elle est très-rare en France. Je suis persuadé néanmoins que c'est faute de n'avoir pas donné toute l'attention convenable à la description de la lèpre, qu'il s'est passé plus d'un siècle sans qu'on ait pu l'observer.

Par le détail de symptomes où nous sommes entrés pour bien faire connoître cette maladie, il est aisé de voir que sa cause tient à une âcreté des humeurs, portée à un degré extrême.

La cause d'un vice aussi âcre prend sa source dans l'abus d'un régime échauffant & des alimens salés, épicés & de haut goût; tout ce qui peut incendier le sang, tel que les liqueurs échauffantes & trop spiritueuses, ainsi que les viandes enfumées, peuvent exciter cette âcreté. Dans le nombre de ces causes, on doit admettre une disposition naturelle à contracter cette maladie, & y comprendre la boisson des eaux impures, la mal-propreté sur-tout, les excès de débauche en tout genre, la suppression des évacuations ordinaires, & notamment celle de la transpiration; les trop vives passions de l'ame, & enfin tout ce qui peut imprimer au sang & à la lymphe une âcreté corrosive.

Nous avons déjà dit que la lèpre étoit une maladie contagieuse; d'après cela, on ne doit point laisser communiquer ceux qui en sont infectés avec les personnes saines, de peur d'étendre la contagion; on doit les reléguer dans des endroits isolés & éloignés du commerce des hommes. Ceux qui, par état, sont forcés de leur donner des soins, tant pour ce qui concerne leur traitement, que pour leur régime, doivent redoubler d'attention & de précaution pour se mettre à l'abri de cette cruelle maladie.

La lèpre, dans son principe, est susceptible de guérison. On a vu des lépreux vivre pendant plusieurs années, sans autre désagrément que d'avoir la peau défigurée. Elle est incurable, lorsqu'elle est parvenue à son dernier degré. C'est aussi d'après ce fait d'observation que Celse avoit raison de dire, que dans ce cas il ne falloit point fatiguer le malade par des remèdes qui n'étoient d'aucune utilité.

Adoucir l'âcreté des humeurs, combattre leur épaississement, inviter & porter la nature à opérer une crise salutaire par les émonctoires naturels de la peau, sont les vues curatives que l'on doit avoir pour parvenir à guérir cette maladie dans son premier degré.

S'il y a pléthore, tension & dureté dans le pouls, on commencera par saigner le malade une ou deux fois, sur-tout si les boutons qui commencent à constituer l'éruption, sont d'un rouge assez vif; le relâchement que cette évacuation amène, facilite beaucoup l'action des remèdes.

S'il existe des signes de putridité, on purgera le malade de manière à ne point exciter d'irritation dans l'estomach, mais néanmoins assez énergique pour pouvoir débarrasser les premières voies de la saburre qui peut les surcharger.

Cela fait, on combattra l'âcreté des humeurs par un long usage des bains domestiques, par beaucoup de boissons adoucissantes, telles que le petit-lait nitré, ou coupé avec la fumeterre, les bouillons adoucissants faits avec les plantes chicoracées & les escargots de vigne, l'eau de veau seule ou nitrée, une décoction légère de racines de salep, le suc des plantes antiscorbutiques, les eaux acidules, prises seules, ou coupées avec une partie de lait bien écrêmé.

Le mercure a été regardé de tout temps comme le vrai spécifique de cette maladie; il peut produire de bons effets, mais il doit être administré avec prudence & ménagement. On ne doit y avoir recours qu'après avoir bien détrempé, délayé & adouci la masse des humeurs. On l'employe ordinairement sous forme de friction; cette manière de le donner n'exclud pas celle de le prendre par la voie de la digestion: on le combine alors avec quelque conserve agréable au goût.

Ce remède, si vanté par les auteurs qui ont le mieux écrit sur cette maladie, répond très-rarement au succès qu'on se croit en droit d'en attendre; il est très-ordinaire de voir reparoître sur la peau une nouvelle éruption de boutons, quelque temps après avoir insisté sur son administration; il faut alors se retourner, & inviter la nature à se débarrasser par les couloirs de la peau, du reste de ce virus qui infecte la masse des humeurs, en prescrivant au malade l'usage de certains sudorifiques, dont les succès ont été reconnus & confirmés par l'observation.

Personne n'ignore que c'est le hasard qui a fait connoître les vertus de la vipère. Galien nous apprend que quelques personnes, touchées de compassion envers un misérable lépreux, & se croyant dans l'impossibilité de le guérir, résolurent de mettre fin à ses souffrances en l'empoisonnant; l'effet ne répondit point à leur attente, & le remède, loin de hâter la mort, opéra une parfaite guérison (1).

Je ne saurois assez recommander l'usage de la vipère dans le traitement de la lèpre; les bons effets qu'elle a produits dans les maladies de la peau, sont constatés par les observations les plus exactes. *Lieutaud* nous apprend qu'on prépare avec le tronc entier d'une vipère, à laquelle on a ôté la tête & la peau, ou avec une moitié seulement, un bouillon que l'on regarde comme un excellent médicament propre à purifier le sang & à augmenter la transpiration. Ces vertus, ajoute ce grand médecin, la rendent très-efficace dans les maladies de la peau, & fort utile à ceux qui ont le scorbut, maladie qui différe très-peu de la lèpre.

Les autres sudorifiques, tels que le gayac, le sassafras, la squine & la salsepareille, quoique très-énergiques ne sont point aussi efficaces que la vipère.

(1) Dictionnaire des Sciences, mot LÈPRE, page 854.

Mais les bains ſimples, ou d'eaux minérales ſulphureuſes de Barège, de Banières, de Coterets, de Bourbonne, ſur-tout ceux de la Malou & d'Aveſne, ſi connus en Languedoc, ſont les remèdes les plus appropriés, ſoit pour opérer la guériſon, ſoit pour la rendre parfaite, en rendant à la peau ſa couleur & ſa ſoupleſſe naturelle. Ces mêmes eaux, priſes intérieurement, ne peuvent auſſi qu'être très-avantageuſes. Mais tous ces différens remèdes ne produiront de bons effets, qu'autant que les malades s'abſtiendront des alimens groſſiers, échauffans & de difficile digeſtion.

Quant au ſecond degré de la lèpre, nous avons déjà dit qu'elle réſiſtoit opiniâtrément à toutes ſortes de remèdes; il eſt inutile de s'y arrêter. M. AMI.

LESSIVE DU LINGE. Eau rendue déterſive des graiſſes, des huiles, par l'addition d'un ſel alkali. Cette opération, ſi univerſelle & ſi néceſſaire, exige que j'entre dans quelques détails.

La tranſpiration eſt une humeur graſſe & huileuſe, qui s'attache à nos linges, & elle eſt peu miſcible à l'eau ſeule; mais ſi on ajoute un ſel *alkali*, (*Voyez* ce mot) la matière huileuſe ou graiſſeuſe s'unit alors à l'eau par l'intermède du ſel, & de cette union il réſulte un vrai ſavon, miſcible à l'eau, & qui la rend par conſéquent miſcible aux graiſſes, beurre, huile, &c, & permet que ces ſubſtances ſoient ſéparées du linge des vêtemens, &c. & entraînées par le courant de l'eau. Voilà la baſe & la manière d'agir de toutes les leſſives.

Perſonne n'ignore que l'on met le linge dans un cuvier, qu'il eſt recouvert d'un grand drap, & chargé de quelques pouces de cendres ordinaires, ou d'un peu de potaſſe ou de *cendres clavellées*, (*Voyez* ce mot), & ſouvent le tout enſemble ou ſéparément, aiguiſé avec de la chaux : on prend enſuite de l'eau bouillante que l'on verſe par-deſſus. Comme le fond du cuvier eſt percé d'un petit trou garni de paille, cette eau, après avoir traverſé toutes les couches de linge comme à travers un filtre, s'écoule peu-à-peu dans un baquet placé ſous le cuvier, & cette même eau, remiſe dans la chaudière, & verſée perpétuellement ſur le cuvier pendant toute la journée, s'imprégne de la partie graiſſeuſe & huileuſe du linge. En effet, lorſque l'on trempe ſes doigts dans cette leſſive, on la trouve onctueuſe & ſavonneuſe. L'addition de la potaſſe, de la chaux, de la cendre gravellée, augmentent l'activité de la leſſive, mais ces matières altérent beaucoup le linge ſi leur ſel ne trouve pas aſſez de matière huileuſe ou graiſſeuſe à détruire, parce qu'elle agit alors directement ſur lui. Il faut donc être très-circonſpect dans leur emploi. Le linge, ainſi préparé & ſorti du cuvier, eſt porté à la fontaine, à la rivière, pour être lavé & ſavonné à grande eau. L'effet du ſavon eſt de s'approprier le ſurplus de la matière graiſſeuſe, enſorte que le linge eſt dans le cas d'en être entièrement dépouillé. Telle eſt à-peu-près la manière générale d'opérer; mais eſt-elle la meilleure, la plus économique quant à la dépenſe & quant à la durée, à la beauté & à la blancheur du linge? Je ne le crois pas.

On dira peut-être que ces détails ne doivent pas occuper un homme,

& qu'ils sont du ressort des femmes; aussi je ne prétends pas qu'un cultivateur, qu'un homme qui vit dans son domaine, s'occupe à *couler une lessive ;* mais qu'il veille à la conservation de son linge & à sa blancheur, c'est autre chose, & la plus petite opération du ménage des champs doit fixer l'attention de l'amateur de l'ordre & de l'observateur.

En partant du principe chymique qui sert de base à cette manipulation, je dis qu'il vaut infiniment mieux savonner le linge & le faire tremper un jour entier dans une eau savonneuse, avant de le jeter dans le cuvier pour le lessiver; enfin de le faire presser & tordre à différentes reprises dans cette eau, parce qu'elle a une affinité réelle avec les matières grasses qu'elle détache du linge, qu'elle dissout & qu'elle s'approprie. Le linge ainsi préparé, mis dans le cuvier avec l'eau savonneuse, lessivé ensuite d'après les procédés ordinaires, & porté à la rivière, n'a plus besoin d'y être savonné, mais tordu & lavé à plusieurs reprises à grande eau courante. La trop grande quantité d'alkali, ou de cendres, ou de chaux, n'est pas alors tant à redouter, le nerf du linge n'est plus si fort attaqué, enfin toute sa crasse est rendue miscible à l'eau, & dès-lors susceptible d'être entièrement entraînée par l'eau courante. Ce procédé n'est pas plus coûteux que celui employé journellement, & je puis répondre, d'après mon expérience, que le linge est beaucoup plus blanc, plus ferme & mieux conservé que par tout autre procédé; il est facile de la répéter.

L'usage de frotter le linge avec des brosses à poils rudes, a été introduit par l'avarice, afin d'économiser le savon; il est plus gâté en deux blanchissages, qu'il ne le seroit en vingt, en suivant le procédé ordinaire.

Lessive des grains. Je ne répéterai pas ce ici qui est dit au mot Chaulage & au mot Froment, je rappellerai seulement que tous ces arcanes, ces préparations, qui de temps à autre reparoissent dans les papiers publics, & qu'on donne comme des nouveautés, sont le plus souvent ou déjà connus, ou du moins inutiles. La renommée de l'arcane se soutient pendant un an ou deux, & la recette retombe ensuite dans l'oubli d'où on l'avoit tirée. En admettant même que la préparation, ou lessive du grain, hâte sa germination, il n'en résulteroit aucun avantage quant à sa végétation postérieure, puisque dès que les deux premières feuilles du grain ont poussé, les deux lobes de la semence, imprégnés de préparation, sont complétement détruits. L'homme aime le merveilleux, & la cherté d'une denrée est souvent une raison de plus pour la lui faire acheter.

Lessive des arbres. C'est encore ici où le charlatan triomphe. Que de promesses magnifiques, que de prétendus faits constatés dans les papiers publics, que de faussetés imprimées, revues, corrigées & augmentées, pour détruire les chenilles, les papillons, les pucerons, les galles-insectes qui dévorent les arbres. De l'eau simple ou aiguisée avec du vinaigre, une brosse, ou le dos de la lame d'un couteau, produisent les mêmes effets que les lessives les plus vantées, telles que celles où l'on fait entrer les corps graisseux, huileux ou savonneux. La partie aqueuse s'évapore, & la substance graisseuse, reste collée sur les branches comme un vernis insoluble à l'eau qui bouche les pores, arrête la transpiration pendant le jour, & empêche pendant la nuit l'absorption des principes répandus dans l'atmosphère. (*Voyez* le mot AMENDEMENT) Il faut conclure que toutes les préparations si vantées, soit pour les grains, soit pour les arbres, sont de pures charlatanneries; on en convient assez généralement, mais existe-t-il un seul charlatan sans dupes? Tel est le sort de l'homme.

LÉTHARGIE. MÉDECINE VÉTÉRINAIRE. On a observé que le bœuf & le cochon sont plus sujets à cette affection comateuse, que le mouton & le cheval. L'animal qui en est atteint est comme plongé dans un profond sommeil, la respiration est grande, ordinairement accompagnée de ronflement, ou de ralement, ou de soupirs. Le mouvement du cœur est fort & fréquent; en irritant l'animal avec l'aiguillon ou avec le fouet, il est insensible, quelquefois il se remue & se lève, mais un instant après il se couche & retombe dans son premier état; souvent il marche en chancelant, & il ne tarde pas à tomber à terre comme une masse.

Cette maladie répondant à-peu-près à l'assoupissement, nous croyons devoir renvoyer le Lecteur à cet article, quant aux causes & au traitement. (*Voyez* ASSOUPISSEMENT) M. T.

LEVAIN. (*Voyez* l'article PAIN)

LEVER. Terme de jardinage. On dit qu'une graine a levé lorsque la radicule s'est enfoncée dans terre, & que les deux lobes de la graine sont hors de terre, c'est-à-dire qu'elle a germé, & que les feuilles quelconques paroissent en-dehors.... On dit lever un arbre, lorsqu'on le déplante pour le planter en un autre endroit.... *Lever en motte*, lorsqu'on le déplante avec toutes ses racines & avec la terre qui leur est adhérente.... *Lever en manequin*, c'est le déchausser tout autour, & retenir la terre qui l'environne, avec des claies ou un manequin, suivant le volume des racines. Ces deux dernières opérations ont pour but de conserver les racines sans les châtrer, racourcir ou rafraîchir, à la manière des jardiniers, mais dans leur entier; la nature ne les avoit pas faites pour subir ces suppressions, qui forment autant de plaies qu'il y a eu de racines coupées.

LEVRE, (*bot.*) Nom que les botanistes ont donné aux limbes de certaines corolles, qui sont recourbées de l'intérieur à l'extérieur, & qui imitent en quelque sorte les lèvres des animaux. Dans les fleurs *personnées* & *labiées*, les pétales couronnées ont la forme & portent le nom de lèvres. (*Voyez* le mot FLEUR,) où l'on trouvera le dessin de ses parties. M M.

LEVURE. (*Voyez* PAIN)

LIE. Sédiment des liqueurs composées, qui se précipite par le repos. Ce n'est pas le cas de parler ici de toutes les espèces de sédiment. Il suffit d'examiner la lie du vin, la seule utile. Dans les années sèches, & pendant lesquelles la chaleur se soutient depuis le commencement de la maturité du raisin jusqu'à sa récolte, la lie est abondante; elle l'est beaucoup moins dans les années pluvieuses & froides, parce que le mucilage, & sur-tout la partie sucrée, sont moins rapprochés dans le raisin, & que sous une même quantité de fluide les principes sont moins abondans & moins rapprochés que dans les années sèches & chaudes. Il y a plus de véhicule aqueux. Voici un point de fait qui paroîtra contradictoire avec ce que je viens de dire. Les vins des provinces méridionales déposent moins de lie que ceux des provinces du centre du royaume ; cependant il y a une plus grande maturité dans les premiers, & par conséquent plus de principes rapprochés dans une masse donnée de fluide. Cette différence très sensible, provient de la qualité du raisin que l'on cultive : telle espèce en fournit beaucoup plus qu'une autre. Un vin qu'on laisse longtemps cuver, & qu'on ne tire que lorsque la *fermentation*, (*Voyez* ce mot) est complettement cessée, & lorsqu'il est clair & lympide, suivant la mauvaise coutume de la majeure partie des vignerons de Provence & de Languedoc, &c. donne très-peu de lie; elle a resté adhérente aux grappes ou aux pellicules. Ainsi, pour conclure de la qualité des vins par les lies, il faudroit connoître l'espèce de raisin qui les a faits; le pays d'où il vient; quelle a été la constitution de l'été & de l'automne ; mais toutes les fois que des lies on retirera beaucoup de tartre, on peut assurer que le vin étoit généreux, qu'il contenoit beaucoup d'esprit ardent, parce que le tartre, insoluble dans l'eau, ne se sépare du vin qu'autant qu'il se forme d'esprit ardent. Les lies des vins nouveaux en contiennent très-peu.

Les principes constituans les lies, sont une terre calcaire, extrêmement fine & divisée, une partie du mucilage du vin, & plus ou moins de la partie colorante du raisin, suivant son espèce; enfin, la portion du tartre qui ne s'est point cristallisée contre les douves du vaisseau qui a contenu le vin.

La matière terreuse est le *vrai humus*, la terre végétale & soluble dans l'eau ; c'est l'excédent de celle qui a servi à la végétation du cep, & à la charpente du raisin ; enfin, celle qui est montée avec l'eau de végétation, dès que cette dernière a été dans l'état savonneux. (*Voyez* le mot AMENDEMENT, & le dernier chapitre du mot CULTURE.)

La matière mucilagineuse est également le surplus du principe muqueux contenu dans le vin. C'est ce mucilage qui donne à la liqueur le moëlleux & l'amiable : trop de mucilage la rend liquoreuse, & quelquefois pâteuse. Tels sont les vins muscats qui n'ont pas été collés. Ce muqueux est également monté avec la sève dans son état savonneux; enfin, c'est la partie la moins élaborée du mucilage qu'on retrouve dans la lie.

La partie colorante qu'on y voit, est celle qui n'a pas été dissoute par l'esprit ardent; elle a simplement été étendue dans la liqueur, & non dissoute. Par exemple, si on presse du raisin rouge, tel qu'on l'apporte de la vigne, sans qu'il ait fermenté, on aura une liqueur rouge, mais la partie colorante y sera seulement étendue & non dissoute ; elle sera comme le cinabre délayé dans un verre d'eau, sans addition de gomme, & cette eau restera rougie tant qu'elle sera agitée ; & enfin reprendra sa couleur naturelle après avoir précipité la terre minérale. Il en est ainsi du moût, il y a extension,

tension, division des principes colorans, & non pas dissolution, ce qui est très-différent. Je n'examinerai pas ici si cette partie colorante est simplement résineuse, ou une résine unie avec un extrait; cet article est renvoyé au mot RAISIN. Ainsi, quand il seroit démontré qu'une partie est dissoute par l'eau, (l'extractive,) & l'autre par l'esprit ardent, (la résineuse) il n'en est pas moins vrai que la résineuse est la plus abondante, & par conséquent celle qui exige la conversion du principe sucré en esprit ardent, pour la dissoudre & la combiner avec la liqueur.

Les lies des vins qui ont peu fermenté, sont beaucoup plus colorées que celles des vins fermentés convenablement. Cette proposition générale souffre des modifications. Prenez, par exemple, le raisin de la famille des *pinneaux*, appellé le *teint-eau* ou *teinturier*, dénomination qu'il mérite, à cause de la grande quantité de sa partie colorante, il est certain que les lies du vin de ce raisin seront beaucoup plus colorées que celles de tout autre. Ainsi, sa couleur & son intensité dans les lies, tient également à la plus ou moins longue fermentation, à la qualité de l'espèce de raisin, au climat, à la constitution de l'année, au grain de terre de la vigne, & à son exposition.

Le tartre est le sel essentiel de la vigne, d'où il passe dans le raisin, & du raisin dans le vin. Plus un vin est généreux, plus il précipite de tartre. Les vins des provinces du midi en contiennent fort peu; il abonde dans leurs lies & contre les parois des vaisseaux où il se crystallise en couche dure & épaisse. Au contraire, dans les provinces du nord, la Bourgogne, la Champagne, &c. les vins retiennent cette agréable acidité du tartre: acidité dont on ne s'apperçoit en aucune manière dans les vins des provinces du midi. Cet acide est encore un des dissolvans de la partie colorante.

La lie est composée de ces quatre principes; mais elle retient encore une portion de vin & de spiritueux. Elle ressemble à une gelée; elle est épaisse & tremblante, comme elle. La pression ne sauroit en extraire le vin sans le secours d'une chaleur artificielle.

La lie est-elle utile au vin, c'est-à-dire à sa qualité & à sa conservation? Les sentimens sont partagés sur ce problême; ils ne devroient pas l'être: c'est ce que nous examinerons au mot VIN.

De la lie on retire du vin, qui sert à faire le vinaigre. En distillant les lies, on obtient un esprit ardent. (*Voyez* le mot DISTILLATION, *page* 34) On calcine le résidu des distillations, ou les lies dans leur état naturel, pour en obtenir *l'alkali*. (*Voyez* le mot CENDRE GRAVELÉE, & le mot TARTRE)

LIEGE. (*Voyez planche VI, page* 248) J'ai déjà parlé sommairement du liége, à l'article CHÊNE, parce qu'effectivement c'est un chêne; mais il mérite qu'on s'en occupe d'une manière particulière. Les fleurs mâles sont séparées des fleurs femelles, & disposées comme celles du *chêne* ordinaire. (*Voyez* ce mot) A en représente une avec les étamines réunies, qui se séparent, comme on le voit en B. Elles sont rassemblées dans un calice d'une seule pièce C à cinq divisions. D fait voir une étamine examinée en-dessus, &

E vûe en-dessous. Les fleurs femelles n'ont qu'un pistil, & sont renfermées dans un calice rond, à peine visible avant la formation du fruit. F le représente dans l'état de maturité, dans lequel repose le fruit G. H le fait voir coupé longitudinalement. I fait voir la semence extérieurement, & K vûe à l'intérieur. Le reste de la description comme à l'article Chêne-Liège : sa culture ne diffère pas de celle du chêne ordinaire.

Le chêne-liége craint le froid jusqu'à un certain point; je crois cependant que par des semis répétés de proche en proche, on parviendroit à le naturaliser dans beaucoup de provinces du centre du royaume. Ce n'est pas en faisant venir les glands de Perpignan, par exemple, & en les semant en Bourgogne, qu'on réussira; la distance est aussi disproportionnée que le climat. Mais si, par exemple, on les seme au Pont-du-Saint-Esprit, & que les glands des arbres qui en proviendront, soient ensuite semés à Valence, & ainsi de suite en remontant vers le nord, il est plus que probable que la naturalisation aura lieu. (*Voyez* ce qui a été dit au mot Espèce)

Le chêne-liége aime les terreins légers, & craint les sols humides. Il est très-commun près de Bayonne, dans quelques cantons de la Guyenne, du Roussillon, de la basse-Provence & du Languedoc. L'Italie & l'Espagne en produisent beaucoup.

L'écorce de ce chêne est précieuse, c'est pourquoi on s'attache à lui donner le plus de quille qu'il est possible; cependant en ménageant sa tête, afin d'avoir de plus longues pièces d'écorce. Lorsque cet arbre a acquis, après quinze ou vingt ans, une certaine consistance, & le pied un certain diamètre, on enlève son écorce qui, cette fois, n'est bonne qu'à brûler, ou pour les tannées. L'opération s'exécute en coupant cette écorce circulairement au haut & au dessous des branches. On la coupe également au-dessus des racines, ensuite on la fend du haut en-bas, en un, deux ou trois endroits différents, suivant le diamètre du tronc. Dans l'espace de sept, huit à dix ans, cette écorce se régénère; mais elle n'a pas encore la perfection qu'on désire : elle sert aux pêcheurs, pour soutenir leurs filets à fleur-d'eau. Huit ou dix ans après on recommence l'opération, & à cette époque l'écorce a ordinairement acquis l'épaisseur convenable à la fabrication des bouchons. (*Voyez* ce mot) L'incision de l'écorce s'exécute avec le tranchant d'une hache, dont l'extrêmité inférieure du manche est terminée en coin, qu'on enfonce peu-à-peu entre l'écorce & le bois. Il faut éviter avec grand soin de meurtrir une peau ou écorce qui fixe, qui recouvre la partie ligneuse, parce que c'est elle qui régénère l'écorce supérieure. Après avoir enlevé ces écorces, on les coupe sur une longueur & largeur donnée; l'excédent sert sur les lieux à la fabrique des bouchons. Si la superficie n'est pas unie, on enlève avec la plaire les parties raboteuses. Aussitôt après ces planches de liége sont flambées des deux côtés, de manière que la flamme les pénètre à-peu-près de l'épaisseur d'une ligne. Cette opération resserre les pores, & donne plus de nerf au liége. Le blanc, celui qui n'a point été flambé, est moins estimé que l'autre. Les qualités qui constituent un bon liége, sont d'être souple, pliant sous le doigt, élastique, point ligneux ni poreux, de couleur rougeâtre. Le jaune est moins bon, le blanc est le plus mauvais. Quant aux proportions qui constituent un bon *bouchon*, *voyez* ce qui est dit au mot BOUCHON.

On lit dans le journal économique, du mois de juin 1771, une observation de M. Ruden Schueold, conseiller de commerce en Suède, qui mérite d'être rapportée. Il dit que la cire vierge, & blanchie au soleil, mêlée avec du suif de bœuf, bien nettoyé, (deux tiers de cire & un de suif) communique au liége trempé deux ou trois fois dans ce mêlange, la propriété nécessaire pour ne laisser aucun passage aux parties les plus subtiles des liquides les plus forts & les plus spiritueux. Chaque fois qu'on aura trempé le bouchon dans ce mêlange, il faudra le mettre, le côté le plus large en-bas, sur une pierre, ou sur une plaque de fer, & le tenir ainsi dans un four chaud, jusqu'à ce qu'il soit parfaitement sec. Si on fait bouillir le liége dans cette mixtion, il acquiert plutôt la vertu dont il s'agit; mais il perd une partie de sa flexibilité & de son élasticité. Au moyen de cette préparation, le liége ne laisse échapper aucune partie volatile de quelque liqueur que ce soit. Il est vrai qu'à la longue l'eau-forte le ronge; mais il résiste beaucoup plus longtemps. Les bouchons ainsi préparés ne donnent aucune odeur au vin, au lieu que les bouchons d'Angleterre qu'on fait bouillir dans l'huile, lui en communique une désagréable.

LIENTERIE. MÉDECINE RURALE. La lienterie est une espèce de flux de ventre, dans lequel on rend les alimens cruds, immédiatement après les avoir mangés.

D'après cette définition, il est aisé de connoître cette maladie; outre que ceux qui en sont attaqués, rendent, par dévoiement, les alimens tels qu'ils les ont pris, ils sont extrêmement dégoûtés, quelquefois même ils éprouvent une faim canine, & une chaleur intérieure; ils ressentent à la région de l'estomac, des épreintes, qui les jettent souvent dans des défaillances: à cet état succède assez ordinairement un accablement général, un grand abattement des forces, qui réduit les malades à un état extrême de sécheresse; enfin, au marasme. Par les symptomes dont on vient de parler, on peut croire que la lienterie a son siège dans l'estomac; il paroît même qu'il est seul affecté; ce qui le prouve, c'est la qualité & la nature des matières alimenteuses que les malades rendent par les selles, & qui n'ont subi aucun changement.

Une infinité de causes concourent à produire cette maladie; de ce nombre sont la foiblesse des fibres de l'estomac, leur inaction, le relâchement extrême de ce viscère; son irritation portée au dernier degré; le défaut de ressort & de faculté rétentrice. Des poisons reçus dans sa cavité, & l'âcreté des sucs gastriques peuvent encore occasionner la lienterie; elle peut dépendre aussi d'une diathèse scorbutique, & venir à la suite d'un ulcère de l'estomac, & de quelque autre longue maladie, telle que la dissenterie & une diarrhée. On ne doit pas oublier dans l'énumération des causes de cette maladie, l'usage des alimens grossiers & de difficile digeſtion, & une cicatrice très-épaiſſe qui peut s'être faite dans quelque partie du tube inteſtinal. Cette dernière cauſe a été obſervée & admiſe par *Aetius* & *Celſe*; elle paroît néanmoins chimérique, & ne paroît pas pouvoir contribuer à la lienterie, puiſque le ſiège de celle-ci eſt dans l'eſtomac & non dans les inteſtins.

Buchan nous apprend que lorſque la lienterie ſuccède à la diſſenterie, elle a les ſuites les plus funeſtes. Si les ſelles ſont très-fréquentes, ajoute ce médecin, ſi les déjections ſont abſolument cruës, c'eſt-à-dire composées d'alimens peu ou point changés, ſi la ſoif eſt conſidérable, les urines en petite quantité, la bouche ulcérée, le viſage parſemé de taches de différentes couleurs, le malade eſt en un très-grand danger.

Le traitement de la lienterie diffère peu de celui de la diſſenterie. Pour la combattre avec ſuccès, il ne faut jamais perdre de vue la cauſe véritable qui l'a produite; on commencera par faire vomir les malades avec l'ipécacuana, ſi l'eſtomac & le reſte des premières voies ſont embourbés des ſucs putrides. On inſiſtera enſuite ſur les purgatifs, avec leſquels on combinera toujours l'ipécacuana à petite doſe.

Mais ces remèdes ſeroient dangereux, ou tout au moins inutiles, ſi la lienterie dépendoit d'un relâchement extrême de l'eſtomac, ou de ſa trop grande irritation. Dans le premier cas, les toniques aſſez actifs, tels que l'ipécacuana en poudre, donné toutes les heures à la doſe d'un grain, l'infuſion des feuilles d'oranger, de petit-chêne, le quinquina donné en poudre, les martiaux, les bains froids, ſeroient le plus grand bien. Ils ſeroient au contraire très-nuiſibles, ſi l'eſtomac étoit irrité; ils augmenteroient encore plus la tenſion de ſes fibres; il vaut mieux alors employer les adouciſſans & les relâchans, tels que la ſaignée, les bains tièdes, l'eau de veau, celle de guimauve, les bouillons adouciſſans & les narcotiques.

Si la lienterie reconnoît pour cauſe un ulcère de l'eſtomac, on donnera alors les vulnéraires déterſifs, comme les infuſions de feuilles de véronique, de lièrre terreſtre, de mille-feuille, adoucies avec le miel de Narbonne; & les différens baumes naturels. Enfin, on oppoſera à chaque cauſe un traitement approprié.

Juſqu'ici on n'avoit pas connu de remède ſpécifique contre la lienterie. Depuis environ dix ans, on ſe ſert en Europe de la racine de *colombo*, qui produit les plus heureux effets dans la lienterie la plus invétérée. *Pringle*, *Percival*, *Gaubius*, *Tronchin* & *Buchan* la recommandent comme le plus excellent remède qu'on puiſſe employer contre cette maladie; ce dernier en rapporte deux exemples frappans, comme on peut s'en convaincre dans ſa médecine domeſtique. M. Duplanil, célèbre médecin, à qui nous ſommes redevables de la traduction de cet excellent ouvrage, remarque que cette racine nous eſt apportée de la ville de *Colombo* dans l'île de Ceylan. Cueillie récemment, elle purge par haut & par bas; ſèchée, on l'emploie dans ces contrées comme ſtomachique; dans les fièvres intermittentes & les diarrhées, à la doſe d'un demi-gros, trois ou quatre fois par jour.

*Buchan* veut qu'on la donne pluſieurs fois dans la journée, ſous forme de bol, à une plus petite doſe, c'eſt-à-dire à quatre grains, & qu'on l'incorpore dans un ſyrop aſtringent, tel que celui de groſeilles ou de coins.

Enfin, les antiſpaſmodiques ſeront employés, ſi la cauſe de la lienterie tient à l'affection des nerfs. M. AML.

LIERRE. Tournefort le place dans la ſeconde ſection de la vingt-unième claſſe deſtinée aux arbres à fleurs en roſe, dont le double piſtil devient une baie, & il l'appèle *hedera arborea*. Von Linné le nomme *hedera helix*; il le claſſe dans la pentandrie monogynie.

*Fleurs*. Raſſemblées en manière d'ombelle, dont l'enveloppe eſt dentelée; les fleurs compoſées de cinq pétales diſpoſés en roſe, oblongs, ouverts, courbés à leur ſommet; renfermés dans un calice très-petit, à cinq dentelures poſées ſur le germe.

*Fruit*. Baie noire dans ſa mâturité, ronde, à une ſeule loge renfermant cinq groſſes ſemences arrondies d'un côté, anguleuſes de l'autre.

*Feuilles*. Portées ſur de longs pétioles, fermes, luiſantes, ovales; celles de l'extrémité des branches quelquefois abſolument ovales, les inférieures preſque triangulaires: toutes varient beaucoup dans leur forme.

*Racine*. Ligneuſe, fibreuſe, & preſque traçante.

*Port*. Grand abriſſeau qui s'élève à des hauteurs conſidérables, dont le bois eſt tendre & poreux; ſes tiges ſont ſarmenteuſes & grimpantes; elles s'attachent aux arbres, aux vielles murailles, par des vrilles rameuſes qui s'y implantent comme des racines, & abſorbent la ſubſtance des arbres; les fleurs vertes, raſſemblées à l'extrémité des tiges, & diſpoſées en eſpèces de grappes rondes; les feuilles alternativement placées ſur les tiges, quelquefois panachées; ce qui conſtitue des variétés.

*Lieu*. Toute l'Europe; fleurit en juin, juillet, août, ſuivant les climats.

*Propriétés*. Les feuilles ont une ſaveur un peu âcre; les baies un goût acidule. Il découle du bois un ſuc qui s'épaiſſit, qu'on nomme *gomme de lierre*, dont la ſaveur eſt âpre & âcre. Les feuilles ſont aſtringentes & déterſives; les baies purgatives par le haut & par le bas; la racine très-déterſive & réſolutive.

*Uſages*. Avec les feuilles, on fait des décoctions & des cataplaſmes; avec les baies, des infuſions dans du vin. L'uſage intérieur de cette plante eſt dangereux.

*Culture*. Les lierres panachés en jaune ou en blanc, ne ſont que des variétés. Les amateurs peuvent les greffer ſur le lierre ordinaire. On multiplie celui-ci par ſemences, & encore mieux par drageons enracinés. Il ſuffit de coucher une branche en terre, elle y prend auſſitôt racine. Le lierre épuiſe les arbres qui lui ſervent d'appui; cependant dans les boſquets toujours verds, on peut en ſacrifier quelques-uns, afin d'avoir des effets pittoreſques. Les lierres tapiſſent très-bien les vieux murs, & figurent agréablement ſur ces prétendues vieilles maſures, faites depuis peu, dont on décore ce qu'on appelle les jardins anglois.

LIERRE TERRESTRE. (*Voyez planche VI, page* 248) Tournefort le place dans la troiſième ſection de la quatrième claſſe deſtinée aux herbes à fleurs, d'une ſeule pièce, en lèvre, dont la partie ſupérieure eſt retrouſſée, & il l'appelle *calamintha humilior rotundiore folio*, ou d'après Bauhin, *hedera terreſtris vulgaris*. Von Linné le nommé *glechoma hederacea*, & le claſſe dans la didynamie gymnoſpermie.

*Fleur.* En lèvres; le tube comprimé; la lèvre ſupérieure droite, obtuſe, preſque diviſée en deux; l'inférieure grande, ouverte, obtuſe, diviſée en trois; la partie moyenne évaſée. A fait voir la forme de la corolle; elle eſt repréſentée ouverte en B, & on y voit les quatre étamines, dont deux plus grandes & deux plus courtes. C déſigne le piſtil, & D le calice.

*Fruit.* Quatre ſemences E, ovales, renfermées dans le calice cylindrique.

*Feuilles.* Simples, en forme de reins, crenelées, portées ſur des pétioles.

*Racine.* Horizontale, rampante, pouſſant & ſe multipliant par drageons, repréſentée en F.

*Lieu.* Les champs, les haies; la plante eſt vivace, & fleurit en juin, juillet & août, ſuivant les climats.

*Propriétés.* Les feuilles ſont amères, un peu aromatiques; toute la plante eſt aſtringente, vulnéraire, expectorante, & foiblement inciſive.

*Uſages.* Les feuilles ſont très-utiles dans la toux eſſentielle, lorſque l'expectoration commence à ſe montrer; dans la toux catarrhale, l'aſthme pituiteux, dans les commencemens de la phtiſie pulmonaire. On emploie l'herbe fraîche ou ſèche, ou les ſommités fleuries de l'herbe fraîche; on en fait des décoctions, des extraits, des bouillons; on en tire un ſuc, on en prépare un ſyrop, qui a la même propriété que la décoction des plantes.

LIGNEUX. (*Bot.*) C'eſt par cet épithète que les botaniſtes ont déſigné les parties ſolides & dures des plantes & des arbres. Comme elles ſont le réſultat de l'endurciſſement des fibres ligneuſes, ou vaiſſeaux limphatiques, on peut conſulter, pour en comprendre la théorie, les mots COUCHES LIGNEUSES, FIBRE VÉGÉTALE ET VAISSEAUX LIMPHATIQUES. M M.

LILAS ou LILAC. Tournefort le place dans la ſection quatrième de la vingtième claſſe des arbres à fleurs d'une ſeule pièce, dont le piſtil produit un fruit à pluſieurs loges, & il l'appelle *lilac*. Von Linné le nomme *ſyringa vulgaris*, & le claſſe dans la diandrie monogynie.

*Fleur.* D'une ſeule pièce; le tube cylindrique, très-long, le limbe ouvert, à quatre dentelures; le calice d'une ſeule pièce, petit, diviſé par ſes bords, à quatre dentelures; les étamines au nombre de deux, & un ſeul piſtil.

*Fruit.* Capſule oblongue, applatie, terminée en pointe, à deux loges, renfermant des ſemences ſolitaires, applaties, pointues des deux côtés, bordées d'une aîle membraneuſe.

*Feuilles.* Portées ſur de longs pétioles, ſimples, ovales, en forme de cœur, liſſes.

*Racine.* Ligneuſe, rameuſe.

*Port.* Grand arbriſſeau, dont la tige s'élève aſſez droite, & rameuſe; l'écorce d'un gris-verdâtre, le bois tendre; les fleurs de couleur *lilas*, diſpoſées au haut des tiges en pyramides ovales ou grappes.

*Lieu.* Originaire des Indes, de Perſe, cultivé dans les jardins, ſouvent dans les haies. C'est un des premiers arbres qui fleurissent au printemps.

*Culture.* Le lilas ordinaire fournit plusieurs variétés. La première à fleurs blanches ; la seconde à fleurs tirant sur le bleu ; à feuilles panachées en blanc ou en jaune, sur-tout celui à fleurs blanches.

On connoît encore le *lilas de Perse*, *syringa Persica*. LIN. *Lilac ligustер folio*. TOURN. Il diffère du premier par ses feuilles, semblables à celles du *troëne*, (*Voyez* ce mot) par ses tiges qui ne s'élèvent ordinairement qu'à trois pieds ; par ses grappes de fleurs, beaucoup plus petites. Il y a une variété à fleurs blanches.

Von Linné regarde comme une simple variété du petit lilas de Perse, celui qui est à feuilles découpées comme le persil, & il le nomme *syringa lasciniata*, & il s'élève à la même hauteur. Ces deux jolis petits arbrisseaux, l'ornement des bosquets de printemps, reçoivent la tonte comme les buis, & se chargent de fleurs. On peut à volonté varier leur forme. On doit, à cause de leur peu de hauteur, les placer sur le devant des massifs.

Le lilas ordinaire ne doit occuper que le second & même le troisième rang dans les massifs, & on doit garder pour le centre les arbres qui montent plus haut. De cette manière les massifs pyramident & font un très-bel effet. Mais si on plante les arbres pêle-mêle, sans avoir égard au temps de leur fleuraison, & à la hauteur de leurs tiges, tout devient confusion, les plus élevés étouffent les plus bas, & le coup-d'œil n'est plus agréable. Les lilas à feuilles de troëne, ou à feuilles découpées, forment de jolies palissades, tapissent bien les murs, si on a soin de les tailler. Le lilas ordinaire n'aime pas la gêne, & il se venge de la main du jardinier, par la quantité de tiges qu'il pousse de ses racines ; d'ailleurs les bourgeons de ces tiges périssent à mesure qu'ils s'élèvent, & ne subsistent plus que vers le sommet.

On peut former les haies de clôture avec le lilas ordinaire, & au temps de la fleur elles sont charmantes ; mais le lilas veut être seul, ses branches doivent être tirées presque horizontalement, & croisées les unes sur les autres en lozange, de cette manière elles ne s'emportent pas vers le haut. (*Voyez* au mot HAIE, la description de ce travail.) Je n'ai pas essayé de greffer par approche les tiges les unes contre les autres. Je présume que la chose est très-possible.

Ces arbustes supportent les froids rigoureux de nos hivers, comme s'ils étoient indigênes. Ce fait prouve combien il est facile de naturaliser de proche en proche les arbres des pays méridionaux. Consultez le mot ESPÈCE.

Le lilas ordinaire vient par-tout, jusques sur les vieux murs. Les petits à feuilles de troëne, ou à feuilles découpées, sont plus délicats, ils aiment une terre substancielle.

On peut multiplier ces espèces par le semis ; c'est le moyen de se procurer une grande quantité de pieds ; & comme leur végétation est prompte, on est amplement dédommagé de ses soins. Mais toutes ces espèces de lilas poussent beaucoup de drageons enracinés, qui fournissent des sujets à replanter : on les préfère communément au semis. Si on veut avoir beaucoup de drageons, il faut raser toutes les tiges près du ſol, & recouvrir le pied avec cinq à ſix pouces de terre..... On peut encore coucher des branches, comme des marcottes. On ſème la graine auſſitôt qu'elle eſt mûre.

LILIACÉE. Plante à fleur en *lis*. Ces fleurs ſont de pluſieurs pièces, régulières, compoſées ordinairement de ſix pétales, quelquefois de trois, ou même d'un ſeul diviſé en ſix portions par les bords. Elles imitent le lis d'où elles ont pris leur dénomination. Leurs ſemences ſont toujours renfermées dans une capſule à trois loges. Enfin, on donne en général le nom de *liliacées* à toutes plantes qui ſortent d'un oignon.

LIMACE. LIMAÇON. La première eſt un reptile nud, c'eſt-à-dire ſans robe ou coquille ; & le ſecond ſe renferme dans une coquille qui prend le même accroiſſement que lui. Lorſque la ſaiſon froide commence à ſe faire ſentir, il ſe retire dans ſa coquille, & la bouche avec une matière glutineuſe, qui durcit & le met à l'abri du froid & de l'humidité, lorſqu'il a creuſé ſa retraite ſous terre, ou ſous des pierres, ou dans les crevaſſes des murs. La limace ſe replie également ſur elle-même, & la partie de ſon col ou coqueluchon lui tient lieu de coquille. La limace & le limaçon ſont hermaphrodites, c'eſt-à-dire que chaque individu a les parties ſexuelles mâles & femelles ; mais il faut l'accouplement des deux êtres pour féconder, & ils ont beaucoup de peine à s'accoupler. Je n'entrerai pas dans de plus grands détails ſur la ſtructure & ſur les eſpèces de limaces & de limaçons ; ils ſont plus utiles aux naturaliſtes qu'aux cultivateurs. Ceux qui déſireront de plus grands éclairciſſemens, peuvent conſulter les ouvrages de M. de Réaumur, de Swamerdam, le dictionnaire d'hiſtoire naturelle de M. Valmont de Bomare, &c.

Ces deux inſectes font de très-grands dégâts dans les jardins potagers, dans les vergers & dans les champs ; ils attaquent indiſtinctement les fruits, les jeunes bourgeons des arbres, & les plantes lorſqu'elles ſont encore tendres. C'eſt véritablement un fléau, & cette engeance maudite ſe multiplie à l'excès, ſi on ne ſe hâte pas de la détruire. Que d'arcanes, que de recettes on a publié ſur cet objet, toutes plus merveilleuſes les unes que les autres ; & toutes, au moins très-inutiles, ſi elles ne ſont pas nuiſibles ! La ſeule bonne recette conſiſte dans la perſévérance & les ſoins, pour trouver, & enſuite écraſer ces inſectes. Le limaçon & la limace marquent les endroits par où ils ont paſſé avec une humeur viſqueuſe, gluante & brillante ; ainſi on peut les ſuivre à la trace juſques dans leur retraite. On dit que ces animaux n'ont point d'yeux ; mais que ſont donc ces deux points noirs, qui brillent à l'extrémité de leurs cornes ? Comment vont-ils ſi bien en ligne droite ſur le fruit ? Sont-ils ſimplement attirés par l'odorat ? Quoi qu'il en ſoit, il n'eſt pas moins vrai qu'ils cauſent beaucoup de dégâts.

Les limaces & les limaçons ſe retirent pendant le jour ſous les feuilles des arbres, dans les haies, ſous les bancs, ſous les pierres, & courent pendant la nuit ; s'il ſurvient une pluie chaude pendant le jour, ils ſe mettent également en marche, & vont marauder. C'eſt alors le cas de viſiter ſes

eſpaliers

espaliers & ses arbres, ils ne sont plus cachés sous les feuilles ; mais ils courent par-dessus ou contre les branches. Il est donc facile de les prendre & de les tuer, ou de les jeter dans un sac, afin de les manger ensuite. Dans plusieurs de nos provinces, les limaçons sont un excellent mets pour les paysans, & dans d'autres ils ne mangent les limaçons que pendant l'hiver, lorsque leur coquille est fermée par l'oppercule. On peut garder les limaces, & les donner aux poules, aux dindes, aux canards, qui en sont très-friands. Le jardinier vigilant ira, chaque soir, une lumière à la main, visiter ses espaliers, les tables de son jardin, & ramasser tous les limaçons qu'il trouvera. A force de soins il parviendra à les détruire.... Il peut encore, de distance en distance, placer des planches élevées d'un pouce, sur un côté, & touchant terre de l'autre ; les limaces & les limaçons s'y retireront, & ils les tuera : ce qui est plus sûr que les petits cornets faits avec des cartes, que les papiers publics ont, dans le temps, proposé comme une recette sûre. Je conviens que l'odeur de la colle qui unit les feuilles de papiers, dont la carte est composée, attire les limaçons, qu'ils la rongent avec plaisir, & qu'ils se cachent dans cette espèce d'entonnoir; mais ce repaire n'est pas aussi sûr que celui offert par les planches, par les pierres, par les vases de terre, de fayance, à demi-cassés & renversés, &c. ; on les visite sans peine le matin & le soir.

Dans une seule nuit, les limaces sur-tout, dévastent les semis sur couche ou dans les tables, lorsque les plantes commencent à poindre. Si la limace est aveugle, comme on le dit, au moins elle n'est pas maladroite, car elle sçait très-bien choisir les herbes les plus tendres, & elle n'y manque jamais. Le seul moyen de préserver les semis, est de couvrir la terre avec des cendres, ou avec de la chaux pulvérisée, ou simplement avec du sable très-fin. Ces substances agissent mécaniquement sur l'animal, & non par quelques propriétés qui leur soient particulières. Ces particules fixes & déliées s'attachent au gluten de l'animal, empâtent tout le dessous de son ventre & ses côtés, de manière que ses mouvemens sont arrêtés, il ne peut plus se traîner en avant, & souvent il meurt sur la place. Mais si on laisse durcir cette couche de sable, de chaux, &c., elle ne produit plus aucun effet. Il faut donc de temps à autre la pulvériser, en diviser les molécules, la rendre le plus meuble possible, & même la renouveller au besoin.

Ces petits moyens suffisent dans un jardin, pour quelques tables seulement. Mais, y a-t-il beaucoup de cultivateurs en état de les employer en grand pour les vignes, pour les champs, &c. ?

Les limaces des jardins, jaunes, brunes ou noires, quelle que soit leur couleur, sont plus grosses, plus volumineuses que celles des champs : ces dernières n'ont que quelques lignes de diamètre, sur six, huit à dix de longueur, suivant leur âge. Elles sont communément de couleur grise, quelquefois verdâtres, & quelquefois une partie de leur corps est noire & l'autre grise. Ces couleurs tiennent-elles à leur degré d'accroissement, ou constituent-elles des espèces différentes? Les naturalistes résoudront ce problême. Mais ce qu'il importeroit de sçavoir au cultivateur, ce seroit un moyen sûr & peu coûteux de les détruire. Lorsque l'automne est un peu chaude, lorsque les bleds sont hors de terre ; enfin, lorsque les froids ne surviennent pas de bonne heure, ces insectes se multiplient à un tel point qu'ils dévorent tous les bleds, & laissent la terre nue. Enfin, on est souvent obligé de resemer. On a conseillé de conduire la volaille sur ces champs, & elle détruit beaucoup d'insectes. Cette volaille endommagera le bled tendre, en le becquetant, en le déterrant, &c. L'objection est vraie jusqu'à un certain point; mais il vaut encore mieux perdre quelques grains de bleds, & détruire les limaces, qui ne reparoîtront pas dans les années suivantes. Cette opération, utile pour de petits champs, est presque impossible lorsqu'ils sont d'une vaste étendue; il reste encore la difficulté de conduire la volaille de la métairie sur ces champs, sur-tout s'ils sont éloignés. Un troupeau de dindes est conduit plus facilement, & encore faut-il avoir ces dindes à sa disposition ! Tout paroît facile à l'homme qui voit la culture, & qui en parle au coin de son feu. Qu'il y a loin de ses discours à l'exécution ! Lorsqu'un champ est dévasté par les limaces, je ne vois d'autre expédient que celui d'un fort labour. L'animal enterré, périt; & il reste la ressource de semer dans le temps les bleds marsais.

On a encore proposé de conduire sur ces champs ravagés, une troupe d'enfans, afin d'écraser les limaces. Le moyen est sûr, mais il est coûteux; & les enfans ne peuvent les chercher que le soir ou le matin : durant le jour elles sont cachées sous les motes de terre, à moins que la journée ne soit humide ou pluvieuse. Ces petits moyens sont des palliatifs; il n'en est pas de meilleurs que la charrue.

On a beaucoup vanté la chair de la limace & du limaçon dans les bouillons préparés contre la toux essentielle ou convulsive; contre les maladies de poitrine, &c. L'expérience n'a point encore démontré leurs bons effets. La chair de la limace & du limaçon est peu nutritive, & se digère difficilement par les estomacs foibles.

LIMBE. C'est le bord supérieur de la feuille d'une fleur quelconque. Ce limbe peut être entier, ou dentelé, ou crénelé, ou cartilagineux, ou bordé de poils, &c.

LIMITE, BORNE, ou BODULE. Ces dénominations admises dans nos différentes provinces, désignent la pierre placée à l'extrémité des possessions des particuliers, & entre la possession du voisin; c'est-à-dire que la limite est plantée moitié sur un champ & moitié sur l'autre.

La limite est communément un bloc de pierre, de deux à trois pieds de hauteur, sur un pied environ d'épaisseur. Si elle sert de point de démarcation pour quatre champs, ses angles doivent correspondre aux coins de ces champs; & on la taille triangulaire si elle sert à trois champs. Il est essentiel de choisir la pierre à grain le plus dur & le plus serré, afin qu'elle soit moins promptement attaquée par le temps.

« Les Romains, dit M. Dumont dans ses recherches sur l'administration de ce peuple, avoient une attention extrême pour tout ce qui concernoit les limites des possessions des particuliers. Les régler & les reconnoître, étoit chez eux, jusque sous les derniers Empereurs, une science recommandée, dont les maîtres tenoient le rang des personnages distingués : science, dont on ne pouvoit, sous peine de mort, faire profession sans avoir été examiné, & sans en avoir été reconnu capable. »

« Lorsque deux propriétaires voisins posoient une limite, ils pratiquoient les cérémonies les plus imposantes, & ils prenoient les précautions les plus recherchées, pour faire reconnoître à jamais, malgré les injures du temps, le lieu où ils la plaçoient. Ils apportoient la pierre près de la fosse où ils devoient la planter : là, ils la couronnoient de fleurs, l'arrosoient d'huile parfumée, & la couvroient d'un voile; ensuite, environnés de flambeaux allumés, ils offroient en sacrifice une hostie sans tache. Après l'avoir égorgée, ils s'enveloppoient la tête mystérieusemeut, & égouttoient le sang de la victime dans la fosse; ils y jettoient de l'encens, des fruits de la terre, des rayons de miel, du vin, & d'autres choses qu'il étoit d'usage de consacrer aux dieux Termes. Ils mettoient le feu à toutes ces matières; quand elles étoient consumées, ils plaçoient la pierre sur les cendres chaudes, & répandoient du charbon autour, parce que le charbon est incorruptible. C'est pour cette raison que le législateur avoit prescrit que l'holocauste se fît dans la fosse. Ceux qui empiétoient sur le terrein de leurs voisins, étoient chargés des plus affreuses malédictions, & menacés de tous les malheurs ».

C'est d'après cette cérémonie religieuse & ces malédictions, que s'est perpétuée jusqu'à nos jours l'erreur populaire des revenans dans les champs; c'est toujours l'ame de celui qui a déplacé les limites, qui est censée paroître sous la forme d'un fantôme; mais si on voit réellement un fantôme, le peuple doit être persuadé qu'il apparoît ainsi pour exciter la frayeur, écarter les gens, & favoriser par-là ou la contrebande, ou des vols, ou des rendez-vous particuliers. Il n'y a point de méthodes plus sûres d'écarter ces revenans, que des coups de fusils chargés à grenailles. Dès qu'ils voient qu'on n'est pas leur dupe, la supercherie disparoît bientôt.

La méthode des Romains dans le placement des limites, mérite d'être admise par-tout, parce que la cendre, les charbons, les traces du bûcher, subsisteront pendant des siécles. Les sacrifices, les offrandes & les libations servoient seulement à rendre l'opération plus solennelle; &, marquée du sceau de la religion, elle en imposoit davantage au peuple. Ce mêlange de politique & de Religion n'étoit pas mal-à-droit.

Dans les pays cadastrés, les limites sont un peu moins nécessaires qu'ailleurs, parce que le cadastre assure & désigne la propriété de chaque individu; mais il faut que l'arpentement ait été fait avec exactitude. Eh comment atteindre à cette exactitude, à cette précision dans une opération qui se crie au rabais, & qui souvent est faite par des gens sans connoissances! Malgré le cadastre, les limites bien établies éviteront par la ſuite un très-grand nombre de procès, toujours très-diſpendieux par les deſcentes & les vérifications des commiſſaires. Un bon père de famille ne doit jamais laiſſer ſes poſſeſſions ſans être déterminées par des limites, ſurtout ſi elles confinent celles des gens de main-morte, des grands chemins, les bords des rivières, &c. Les gens de main-morte ne meurent jamais, leurs biens ſont entretenus avec ſoin, & ſouvent ceux des particuliers ne le ſont pas, ou changent de maîtres. Eux ou leurs fermiers profitent de cette eſpèce d'abandon, du peu de connoiſſance des nouveaux propriétaires, & ils empiètent ſourdement, & peu-à-peu, ſur leurs poſſeſſions : ces exemples ne ſont pas rares. Il faut enſuite intenter des procès pour rentrer dans ſon bien, & ils écraſent en frais le malheureux cultivateur qui n'eſt pas aſſez riche pour lutter contr'eux.

La ſeconde manière de placer les limites, eſt lorſque la foſſe eſt ouverte dans l'endroit convenu, d'y jeter la pierre, & de mettre de chaque côté ce qu'on appelle les *témoins*. On prend à cet effet une pierre dure, dans le genre des cailloux, que l'on partage en deux, & après avoir examiné ſi les deux morceaux ſéparés ſont dans le cas d'être rejoints, & s'ils repréſentent la pierre primitive, alors on les ſépare, & on les range un de chaque côté du champ que la limite diviſe. Cette méthode eſt très-bonne, ainſi que celle dans laquelle on ſe ſert d'une brique également diviſée; mais pour plus grande ſûreté, je déſirerois qu'on ajoutât du charbon ſur l'un & ſur l'autre côté.

On ne doit jamais planter des limites ſans en dreſſer un procès-verbal, fait double & ſigné par les parties intéreſſées, & joindre au procès-verbal le plan figuré du champ, & la ſpécification exacte de ſon étendue. La plus grande préciſion, ſans doute, exigeroit de meſurer la diſtance qui ſe trouve, par exemple, entre un pont, une égliſe, &c. & la limite qu'on a plantée ; il eſt impoſſible qu'avec de ſemblables précautions il ſurvienne des procès.

Dans les plaines & dans tous les lieux ſujets aux atterriſſemens, il convient de placer des limites qui s'élèvent au-deſſus du ſol d'un à deux pieds, & dès qu'on s'apperçoit que la ſurface du terrein s'élève & commence à couvrir la partie ſupérieure de la limite, appeler les voiſins intéreſſés, & en planter de nouvelles. Sur les montagnes, au contraire, & ſur les plans très-inclinés, il convient de planter profondément les limites, parce que la terre, ſans ceſſe entraînée par les eaux pluviales, laiſſe bientôt leur bâſe à nud ſi elle eſt peu profonde. Un père de famille ne peut être tranquille, ni à l'abri des chicanes & des extorſions de ſes voiſins, qu'autant que ſes poſſeſſions ſont exactement déterminées par des limites.

LIMON. LIMONEUX. Terre graſſe, onctueuſe, communément très-végétale, dépoſée par les eaux. L'eau de pluie précipite un limon, & celui de la roſée eſt plus abondant. Les terres qu'on retire des foſſés, des étangs, en un mot des endroits où les eaux ont ſéjourné, ſont graſſes, limoneuſes, & contiennent beaucoup de cet *humus*, de cette terre végétale ſoluble dans l'eau dont j'ai ſi ſouvent parlé, & qui différe en tout point de de la terre matrice. ( *Voyez* le mot Amendement, & le dernier chapitre du mot Culture. )

Dans les forêts, la couche supérieure est un véritable limon, parce qu'elle est entièrement composée de végétaux & d'animaux décomposés par la putréfaction. Or, comme la charpente des plantes & des animaux est cette précieuse terre végétale, cet *humus*, il n'est donc pas surprenant qu'il s'y en soit accumulé beaucoup, & que le sol devienne très-productif après le défrichement.

La terre qu'on retire des marres, des fossés, &c. agit peu sur les champs lorsqu'on l'y répand aussitôt après l'avoir retirée; il convient de la laisser amonceler sur les bords du champ, afin que les principes qu'elle contient soient combinés par l'effet de la fermentation intérieure, & sur-tout par les rayons du soleil & par ce sel aérien, si bien démontré par M. Bergman, qu'elle attire avec force, & dont elle s'imprégne.

Le mot limoneux désigne un endroit boueux, fangeux, & où l'eau séjourne.

Limon. Limonier. ( *Voyez* le mot Oranger )

LIMONADE. Liqueur préparée avec le suc de citron ou de limon, l'eau & le sucre. Un citron ordinaire suffit sur une livre d'eau & trois onces de sucre blanc; ces doses varient suivant le goût des personnes & suivant leurs besoins, en ajoutant plus de sucre & plus de suc de citron. La bonne limonade doit être modérément sucrée, & l'eau avoir une agréable acidité.

Coupez le citron par le milieu, exprimez-en le suc dans un linge net, placé sur un vase quelconque, afin que la pulpe & les pepins qui se détacheront, restent sur le filtre; ajoutez ensuite l'eau & le sucre. Cette liqueur rafraîchit beaucoup plus que l'orangeat, que l'on prépare de la même manière; elle est très-agréable & très-utile pendant les grandes chaleurs, dans les fièvres putrides, ardentes, ou inflammatoires, dans le scorbut, les ardeurs d'urine, l'abondance des humeurs & leur raréfaction. La limonade préparée avec le suc de citron est moins active que si on employe celui du limon.

Si on veut aromatiser & parfumer la limonade, on frotte avec des morceaux de sucre l'écorce du citron, & ils s'imprégnent de l'huile essentielle qu'elle contient; plus il y a de cette huile essentielle, & plus la limonade devient échauffante.

La cupidité a fait imaginer de substituer de l'acide vitriolique au suc de citron, & même dans ce qu'on appelle *tablettes de limonade;* cette préparation peut devenir très-nuisible lorsqu'il y a tension des fibres, astriction des organes sécrétoires, & épaississement lymphatique. M. Marat, sécrétaire perpétuel de l'académie de Dijon, & si connu par l'étendue de ses travaux & de ses lumières, a fourni les moyens de démasquer la supercherie; c'est lui qui va parler.

Le premier & le plus simple, est de verser dans de la limonade quelques gouttes de la dissolution du sel marin à base de terre pesante; si la limonade ne contient que de l'acide citronien, la liqueur restera limpide; on verra sur-le-champ s'y former un précipité blanc & lourd, s'il y a de l'acide vitriolique, & la quantité du précipité indiquera celle de cet acide.

Le second est de faire tomber dans la limonade du vinaigre de Saturne; la liqueur blanchira sur-le-champ, il y aura un précipité blanc; mais en versant ensuite quelques gouttes d'acide nitreux, le précipité disparoîtra & la liqueur reprendra sa limpidité, sa diaphanéité, s'il n'y a point d'acide vitriolique : elle restera plus ou moins blanche & louche, s'il y en a, & il se formera un précipité blanc & insoluble, qui sera du vitriol de plomb.

Une remarque importante à faire est que, dans les limonades les plus pures, ces sels & ces acides, en séparant l'huile essentielle du citron, donneront un œil blanchâtre à ces liqueurs; mais cette huile ne tardera pas à s'élever à leur surface, & la liqueur restera limpide & sans précipité.

LIN COMMUN. Von Linné le classe dans la pentandrie pentagynie, & il le nomme *Linum usitatissimum*. Tournefort le place dans la première section de la huitième classe des fleurs en œillet, dont le pistil devient le fruit; il l'appelle *Linum sativum*.

*Fleur*. Presqu'en entonnoir, composée de cinq grands pétales, larges, crénelées à leur sommet, le calice formé de cinq pièces droites & aiguës, les étamines & les pistils au nombre de cinq.

*Fruit*. Capsule ronde, à cinq côtés, à dix loges, à cinq valvules, dix semences lisses, luisantes, pointues.

*Feuilles*. En forme de fer de lance, adhérentes aux tiges, simples, très-entières.

*Port*. Tiges ordinairement de la hauteur d'un pied & demi, cylindriques, grêles, lisses; les fleurs, d'une jolie couleur bleu-clair, naissent au sommet en pannicules lâches; les feuilles sont alternativement placées sur les tiges.

*Lieu*. On ignore son pays natal, mais il est aujourdhui cultivé depuis le nord jusqu'au midi de l'Europe, & il est annuel.

LIN VIVACE. *Linum perenne*. Lin. Il diffère du précédent, que je prends ici pour tipe de ce genre, par sa tige deux fois plus élevée & plus rameuse, par ses fleurs plus grandes, à corolles très-entières, par les folioles de leur calice plus obtuses, ainsi que la capsule qui renferme les graines, & surtout par sa racine qui est vivace; les tiges meurent chaque année; il est indigène dans les pays du nord, & sur-tout dans la Sibérie, ce qui lui a fait donner le nom de lin de Sibérie.

Von Linné compte vingt-deux espèces de lin, dont il est inutile de donner l'énumération, puisqu'il ne s'agit pas ici d'un dictionnaire botanique; d'ailleurs, ces espèces ne sont d'aucune utilité réelle, & ne peuvent même pas servir à la décoration des jardins. Il y a cependant l'espèce que Von Linné appelle *Linum Narbonense*, ou *lin de Narbonne*, parce qu'il croît dans le bas Languedoc & dans la Provence. Il differe des deux précédens par sa tige cylindrique, rameuse à sa base, par ses feuilles dispersées sur les tiges, raboteuses, pointues; par ses fleurs très-grandes, ainsi que leur calice membraneux sur les côtés, très-pointus à leur base, & terminés au sommet par une pointe. J'en ai trouvé quelques pieds que j'ai fait rouir comme ceux du lin commun, & dont j'ai retiré une écorce ou filasse à-peu-près semblable à celle du lin; mais l'expérience n'a pas été faite assez exactement, ni assez en grand, pour décider ici d'une manière positive de son degré d'utilité. Comme la racine de cette plante est vivace, elle seroit d'un grand secours dans nos provinces vraiment méridionales par leurs *abris*, (*Voyez* ce mot) puisqu'elle ne craindroit pas les chaleurs & la sécheresse de l'été. Il seroit absurde d'y tenter la culture du chanvre; sur vingt années il y réussiroit tout au plus une fois, & quelques cantons, en petit nombre & très-abrités, peuvent recevoir la culture du lin commun, puisqu'il faut le semer de bonne heure, comme il sera dit ci-après. Je tâcherai de me procurer de la graine du lin de Narbonne, & je verrai s'il est possible d'en tirer un bon parti.

Je n'ai jamais cultivé ni vu cultiver le *lin vivace* ou de *Sibérie*; ce que je vais dire est copié mot pour mot de l'ouvrage intitulé : *Histoire universelle du règne végétal*, publié par M. Buchoz; il n'indique pas la source de laquelle il a tiré cet article. Je passerai ensuite à la culture du *lin commun*, pratiquée soit au midi, soit au nord du royaume de France.

## §. I. *De la culture du lin de Sibérie.*

Ce lin s'élève à une très-belle hauteur; on n'en connoît même point parmi les autres lins, qui monte aussi haut. Les frimats de l'hiver ne lui sont pas préjudiciables; ses nouveaux rejets qui reparoissent, après qu'on l'a coupé, dans le mois d'août, se conservent parfaitement bien pendant l'hiver; ils sont aussi verds sous la neige & sous la glace, que dans les beaux jours d'été. Von Linné est le premier qui a découvert ce lin, & qui en a donné la description dans son ouvrage, intitulé *Hortus Upsaliensis.* Il ne l'a pas plutôt fait connoître, que M. Dielke, grand cultivateur de Suède, & vrai amateur, en a introduit la culture dans ce royaume, où cette plante réussit parfaitement. On a fait l'essai de sa culture dans l'électorat d'Hannovre, où elle a eu le même succès qu'en Suède.

Pour cultiver ce lin, il faut commencer par choisir un terrein mêlé de sable : on prépare ensuite la terre par deux bons labours, après quoi on sème, à la volée, ce lin au mois d'avril, en observant d'employer un tiers de semence de moins que si on semoit le lin ordinaire. On passe ensuite légérement la herse sur la terre; après quoi on la retourne, & on l'y repasse de nouveau. Ce lin reste en terre environ trois semaines avant de lever; quand il commence à croître, il faut sarcler rigoureusement les mauvaises herbes, de même que pour le lin ordinaire. Voilà toute la façon qu'il exige au temps de sa maturité. Pour lors, quand il est bien mûr: ce que l'on reconnoît facilement par sa tige qui jaunit, & par ses feuilles qui commencent à tomber, on le coupe à la faulx, au lieu de l'arracher. Il repousse du pied pour l'année suivante. On réitère pour lors dans cette année le même sarclage, qui n'est pas à beaucoup près aussi difficile que celui de la précédente, parce que le lin devient assez fort pour prédominer sur les autres plantes.

Ce lin n'exige pas d'autre culture dans cette année & pendant les suivantes : il faut sur-tout prendre garde que la terre où on l'a semé soit bien meuble, sans aucune motte ou gazon que l'on brisera s'il s'en trouve. Si la terre est absolument sèche & maigre, on pourra y mettre du fumier, mais en petite quantité.

Pour mieux faire concevoir l'avantage que procure cette plante, il suffit d'en faire le parallèle avec le lin ordinaire. Celui-ci se seme pendant deux mois, avril & mai. La première semence est sujette à être gâtée pendant le mois de mai : il ne reste qu'onze jours en terre avant de lever ; celui de Sibérie peut être semé dès la fin de mars ; il ne lève qu'au commencement de la huitième semaine (1), & on n'a pas à redouter pour lui les gelées printanières. On n'a pas besoin, pour en avoir, d'en sémer du nouveau, comme le lin annuel, qui peut être totalement gelé.

Le lin annuel demande une bonne terre grasse & bien fumée. Le lin vivace, au contraire, vient dans une terre sabloneuse & presque sans fumier, & il faut moins de semences. La racine du lin annuel est simple & ne porte qu'une seule tige; celle du lin vivace, au contraire, produit toutes les années de nouveaux jets. Il est plus facile de sarcler le lin de Sibérie que l'autre, sans craindre de l'arracher.

Les tiges des feuilles du lin vivace sont d'un verd foncé ; celles du lin commun, venu dans un terrein sabloneux, sont d'un verd-clair, & dans un terrein gras, d'un verd plus foncé; mais moins cependant que celui de Sibérie. Quand la plante de lin commun est vigoureuse, & lorsqu'elle a les feuilles bien larges, on a tout lieu de s'attendre à une bonne récolte ; c'est le même indice dans le lin de Sibérie; il passe d'un tiers en hauteur le plus beau lin commun. Ils mûrissent tous deux dans la onzième ou douzième semaine, à compter de la germination. La filasse de l'un & de l'autre a une égale blancheur.

Quand le lin de Sibérie est coupé, & qu'il a été un peu de temps sur le terrein, pour le faire sécher, on le ramasse par petites poignées; on sépare la graine de la tige avec un peigne de fer nommé communément *gruge*. Lorsque cette opération est faite, on ramasse la graine sur de gros draps pour la faire sécher ; ensuite on la bat, on la vanne, & on la met dans le lieu qu'on lui destine, ayant cependant soin de la remuer souvent, de peur qu'elle ne moisisse & qu'elle ne s'échauffe; ce qui pourroit arriver si elle n'étoit pas bien sèche. Quant à la tige, on la fait de nouveau sécher au soleil ; & lorsqu'elle est bien sèche, on la met en botte : on prend sur-tout garde de mettre toutes les parties supérieures des tiges du même côté. On transporte ainsi ces tiges dans les endroits où on veut les faire *rouir*. (*Voyez* ce mot & ce qui a été dit à l'article CHANVRE.) Comme elles sont extrêmement sèches, elles rouissent facilement. On les met dans l'eau pendant quelques jours, & on choisit la plus claire; celle de fontaine est préférée. Lorsque les tiges

(1) *Note de l'Éditeur*. Ceci paroît contradictoire avec ce qui est dit plus haut sur le temps de sa germination.

ſont aſſez rouies, on les retire de l'eau, & on les met en tas pendant trois jours, avec des planches par-deſſus, pour achever le rouiſſement. Enſuite on les fait ſécher, & on les prépare pour les mettre en filaſſe, comme le lin ordinaire, comme le chanvre. Si on ne veut pas faire rouir à l'eau, le rouiſſement s'exécute auſſi bien au ſoleil; il ſuffit de retourner de temps en temps les paquets comme ceux du chanvre.

Le fil & la toile qu'on retire du lin de Sibérie ſont moins fins que ceux du lin ordinaire. Voilà en quoi il en diffère, & ſon ſeul côté déſavantageux. Peut-être que ſi on le naturaliſoit en France, le changement de climat, la nature du ſol changeroient & amélioreroient ſa texture. C'eſt à l'expérience à décider la queſtion.

§. II. *De la culture du lin ordinaire.*

I. *Du ſol qui lui convient.* Pour bien connoître la qualité de la terre néceſſaire à cette culture, on doit diſtinguer non-ſeulement les climats, mais encore ſi on ſe propoſe d'avoir une graine bonne, & en quantité; ou bien ſi l'on déſire du lin haut en tige, & qui donne beaucoup de filaſſe; ou enfin, ſi on veut ſe procurer du lin à tiges moyennes & à filaſſe fine.

Lorſque la graine eſt ce qu'on ſe propoſe ſur-tout de recueillir, ſoit pour la vendre, comme les Hollandois, ſoit pour en extraire l'huile; un ſol un peu argilleux, bien ſubſtantiel, ou naturellement, ou par des engrais, & ſur-tout bien préparé, & émietté par des labours, donne une graine parfaite. Dans un ſemblable ſol & avec des ſoins convenables, nous aurions en France de très-bonnes graines pour ſemer, ſans être obligés d'avoir recours aux Hollandois, qui nous fourniſſent celle de la province de Zélande, & qu'ils vendent pour celle de Riga.

Plus la terre eſt légère, moins la tige s'élève, & plus la filaſſe eſt fine. L'époque des ſemailles contribue encore beaucoup à cette précieuſe qualité, ainſi que nous le dirons tout-à-l'heure. Il ne faut pas que la terre conſerve l'eau, ni qu'elle la laiſſe trop promptement filtrer. Ces deux extrêmes ſont très à redouter, ſuivant les climats; le premier, dans les provinces du nord; & le ſecond, dans celles du midi: le meilleur ſol eſt celui qui retient une humidité convenable, & peu d'aquoſité.

II. *Des labours & des engrais.* Dans quelque pays que ce ſoit, on ne ſauroit trop les multiplier, ainſi que les engrais; le point eſſentiel eſt de rendre la terre meuble, bien menuiſée & ſans motte, afin que la ſemence ne ſoit pas étouffée par-deſſous, qu'elle germe, qu'elle lève & enfonce promptement ſa racine pivotante.

Dans les provinces méridionales, où il pleut rarement pendant l'été, labourer la terre après la récolte des bleds, c'eſt la ſoulever avec peine & en gros morceaux: autant vaut-il la laiſſer telle qu'elle eſt; mais, au contraire, ſi en ſeptembre, ou dans les premiers jours d'octobre, il ſurvient une pluie favorable, on doit alors labourer coup ſur coup, juſqu'à ce que les molécules terreuſes ſoient bien diviſées, & prêtes à recevoir la ſemence. Les lins qu'on doit ſemer après l'hiver, laiſſent le temps & le choix des circonſtances propres aux *labours*. (*Voyez* ce mot)

Toute espèce d'engrais convient au lin, pourvu qu'il soit bien consommé. L'engrais encore pailleux, & nouvellement fait, est bien peu utile, & souvent il s'oppose à la herse qui doit unir la surface du champ. D'ailleurs la combinaison savonneuse des principes graisseux, huileux & salins de l'engrais, n'est pas établie, & ne peut qu'à la longue s'établir avec les principes du sol, tandis que le lin exige une prompte & succulente nourriture. Pour juger de la nécessité de cette combinaison savonneuse, lisez les articles Amendemens, Engrais. Si on a le choix des engrais, les excrémens humains, les urines conservées dans des marres, sont à préférer à tous les autres. Au défaut de ceux-ci, ceux de moutons, de chèvres, tiennent le second rang, & après eux, celui du cheval, du mulet; enfin, celui de vache. La colombine, réduite en poussière, & semée à la volée sur le champ, est excellente: on peut même la réserver pour la semer sur les lins hivernaux, en janvier ou en février, lorsque le temps est disposé à la pluie.

La chaux, la marne, les cendres, les deux premiers sur-tout, fournissent de bons amendemens dans les terres fortes, tenaces; le sable, dans ce cas, n'est pas à négliger. La chaux & la marne doivent être jetées en terre avant le premier labour d'hiver, afin qu'il enterre ces substances; afin que les pluies les dissolvent; enfin, pour que la combinaison savonneuse soit faite au moment où l'on confie la semence à la terre. Les effets de la marne sont plus tardifs que ceux de la chaux.

J'insiste fortement sur la nécessité des engrais; mais les meilleurs & les plus abondans produiront peu d'effets, si le sol n'est profondément défoncé avant de semer. Combien doit-on donner de labours? Il n'est pas possible d'en prescrire le nombre; c'est la tenacité du grain de terre qui le décide. Il faut que la terre soit émiettée comme celle d'un jardin. Cela seul doit décider du nombre des labours. Ceux qu'on donnera avant l'hiver, pour les lins à semer au printemps, prépareront cette division, & amélioreront le sol. (*Voyez* l'article Labour)

Les Flamands, les Artésiens sont dans l'habitude de diviser leurs champs par tables, & tout autour d'ouvrir une espèce de petit fossé; la terre qu'ils en retirent est rejetée sur le sol de ces tables. Ces fossés servent à deux fins; à écouler l'eau lorsqu'elle est trop abondante, ou à la retenir, en fermant la bouche du fossé, après les pluies du printemps ou de l'été. De cette manière il se trouve toujours assez d'humidité pour les racines. Cette méthode peut être très-utile dans les provinces du centre du royaume, & défectueuse dans celles du midi, puisque les pluies y sont excessivement rares depuis le mois de mai jusqu'à l'automne.

III. *Du choix de la graine.* L'expérience la plus constante a démontré que la graine de lin, semée trois fois de suite dans le même sol, ou dans le même canton, dégénère; enfin, qu'il est indispensable de la renouveller. Les habitans des côtes maritimes s'en procurent facilement par le moyen des Hollandois qui la transportent dans tous nos ports. La

Zélande leur en fournit beaucoup, & ils la mêlent avec celle qu'ils tirent de Riga en Livonie, ou de Liban en Courlande. Quand elle est bien choisie, qu'importe le pays où elle a été récoltée. Cela est si vrai, que nos graines de lin de France servent à régénérer l'espèce de celles du nord de l'Europe, & qu'elle réussit aussi bien en Livonie, &c. que celle de Livonie dans notre pays. Le point essentiel est la qualité de la semence, & sa transplantation d'un pays dans un autre. Il est à présumer que cette graine nous est fournie par une compagnie qui s'est appropriée ce commerce exclusivement dans le nord. Si les hommes étoient moins esclaves de l'habitude, s'ils sçavoient ou vouloient s'écarter des sentiers battus, nous aurions en France de quoi satisfaire nos besoins sans recourir à l'étranger. La Provence, le Languedoc fourniroient, à peu de frais, la Normandie, la Bretagne & toutes nos côtes de l'Océan; celles-ci l'intérieur du royaume, & l'échange de semence d'une province à une autre, suffiroit pour l'amélioration du lin. Cette manière de voir s'éloigne des idées reçues; malgré cela, j'ose avancer que la graine récoltée au midi, & semée au nord, doit y prospérer plus que celle du nord semée au midi. L'expérience a prouvé que le lin a très-bien réussi au Sénégal & en Amérique, il ne redoute donc pas les grandes chaleurs, pourvu que l'on donne à la terre le degré d'humidité qui lui est nécessaire. Le lin craint l'effet des grandes gelées d'hiver; les gelées tardives du printemps lui sont funestes: donc, il y a lieu de présumer qu'il est originaire des pays chauds. Si la plante étoit indigène à nos provinces, son tissu ne seroit pas détruit par la gelée.

Si on n'est pas à portée de renouveller ses semences, on peut conserver celles de la dernière récolte, mêlée dans des sacs, avec de la paille hachée très-menu, & le tout mêlé intimément: les sacs doivent être tenus dans un lieu sec où il y ait peu de courant d'air. On garde ainsi la graine pendant un an ou deux, & par ce moyen elle reprend un peu de qualité. Cet expédient n'équivaut pourtant pas au changement de semences.

Il y a plusieurs manières de juger de la qualité des graines. L'habitude de les voir & de les comparer est la meilleure, & un Hollandois ne s'y trompe jamais. On prend une poignée, c'est-à-dire autant que la main peut en contenir, en serrant les doigts; à mesure qu'on les serre, les graines s'échappent par en-haut & par les pointes. Si elles sont pointues & minces, la graine est pareillement mince & maigre; si, au contraire elles sont arrondies & bien fournies, toute la graine a la même qualité. Elle doit aussi être ferme & unie. Si ses bords sont rudes, inégaux ou rongés, la graine est défectueuse. Si sa couleur n'est pas bien foncée & luisante, c'est une preuve que la graine est peu nourrie. Si on jette une petite poignée de graines dans un vase rempli d'eau, les bonnes iront à fond, & les mauvaises surnageront. Pour juger de la quantité d'huile qu'elles contiennent, il suffit de jeter une poignée de graine sur des charbons ardens, la bonne pétille & s'enflamme aussitôt. De la qualité de la graine, dépend en très-grande partie l'abondance de la récolte.

IV. *De la quantité de semence à*

*répandre sur un espace donné.* Elle dépend du but que se propose le cultivateur. S'il désire avoir un lin long, fort, vigoureux, & qui produise de bonne graine, il sème moitié moins que lorsqu'il s'attache à la finesse, & à la qualité dont doit être la filasse. Le proverbe dit : *Lin semé clair fait graine de commerce, & toile de ménage ; semé dru fait linge fin.* Cette règle générale souffre peu d'exception ; cependant la nature du sol mérite d'être comptée pour quelque chose. Vingt-cinq livres, poids de marc, suffisent pour semer un champ de dix mille pieds de superficie, (on parle ici du pied-roi) & cinquante livres, si on veut avoir un lin bien fin. Chacun peut faire l'application de ces mesures à ses champs, parce qu'il sçait combien un arpent ou une septerée, ou une bicherée, &c. contiennent de pieds, tandis que le nom de ces mesures est inconnu à plus des deux tiers des habitans du royaume.

Dans plusieurs cantons, à la seconde, ou à la troisième récolte de lin, la coutume est établie de semer dans le même temps, c'est-à-dire au printemps, la graine de lin mêlée avec celle du grand *treffle.* Comme cette dernière plante prend très-peu d'accroissement, tandis que l'autre est sur pied, elle nuit bien peu à sa végétation. Cette ressource est interdite à nos provinces vraiment méridionales, & deviendroit aussi utile à celles du centre du royaume, qu'elle l'est pour les provinces du nord.

V. *Des époques de semailles.* On les divise en deux principales. On appelle, *lin d'hiver*, celui qui a été semé en septembre ou en octobre ; *lin d'été*, lorsqu'il a été semé en mars ou en avril, même en mai ou en juin, suivant le climat & la saison.

Plus le lin reste longtemps en terre, & plus sa filasse est fine, & meilleure en sera la graine. Ces avantages méritent une grande considération relativement à l'époque des semailles. Ni fête de saint, ni telle autre époque de la rubrique des cultivateurs ne doivent la déterminer. Cependant les semailles d'été ont lieu en général dans le courant de mars ou d'avril, au plus tard, & il est bien certain qu'en mars ou avril de l'année 1785, les semailles n'ont pu avoir lieu, à cause de la durée excessive des gelées.

Il vaut mieux différer le moment des semailles, lorsque la terre est trop humide & le temps pluvieux. La terre seroit paîtrie par la charrue, comprimée par les herses ou par les rouleaux que l'on passe & repasse sur les sillons, après avoir semé, soit pour enterrer la graine, soit pour niveler la surface du champ. Il faut donc, autant qu'on le peut, choisir un temps sec.

Dans les provinces du midi, où l'on sème en septembre ou en octobre, on ne craint pas la trop grande humidité ; mais, en revanche, on a à redouter la sécheresse & à lutter contre la dureté de la terre, qui a été soulevée en mottes par la charrue. Le parti à prendre dans ce cas, est de faire suivre la charrue par des femmes ou par des enfans, armés d'un petit maillet de bois, longuement emmanché, avec lequel ils briseront les mottes, & les réduiront en poussière.

Un autre moyen est de labourer près-à-près, c'est-à-dire que celui qui conduit la charrue, doit lever très-peu de terre à la fois ; alors les bêtes auront moins de peine, pourtont labourer plus profondément, & il y aura moins de grumeaux; mais il y en aura toujours assez pour nécessiter l'opération du maillet.

Le champ bien labouré, avant de semer, il ne reste plus qu'à le diviser en planches d'une longueur indéterminée, sur une largeur de six à huit pieds, pour qu'on puisse les sarcler avec facilité, & ramer le lin au besoin, comme il sera dit ci-après.

Dès que les grandes chaleurs sont venues, le lin cesse de croître. Alors tous les sucs se portent à la formation & à la nourriture de la graine. Ce point de fait doit servir de règle dans chaque pays, & par conséquent fixer à-peu-près à quelle époque doivent être faites les semailles. C'est un grand avantage de semer de bonne heure, lorsque le climat & la saison le permettent.

Lorsque le grain est jeté en terre, on herse plusieurs fois de suite, les dents en bas, & on retourne la herse sur son plat, afin de mieux régaler & applanir la surface.

Plusieurs particuliers conservent une certaine quantité de paille hachée très-menu, & ils la répandent légérement sur la terre nouvellement semée. Le but de cette opération est d'empêcher que la première pluie qui surviendra ne frappe trop la terre. Cette précaution, peu dispendieuse & peu gênante, est très-bonne, elle assure à la plante la facilité de plonger promptement le pivot de sa racine à une certaine profondeur; ce qui la met dans le cas de moins craindre la sécheresse dans la suite, & ce qui prouve l'avantage d'avoir donné de profonds labours. En Suède on couvre la linière, nouvellement semée, avec de jeunes branches de sapin, afin de ménager la paille, & produire le même effet.

J'ai dit plus haut, qu'on pourroit semer le même champ pendant deux à trois années consécutives; mais cela n'a lieu que pour les terreins nouvellement défrichés & dans les bons fonds de terre. Dans tout autre cas, il vaut beaucoup mieux ne semer en lin le même champ que dans un intervalle de cinq ou six ans. Une terre *alternée*, (*Voyez* ce mot) par des prairies naturelles ou artificielles, par des bleds, &c. gagne beaucoup, & devient par ce mêlange de culture, très-propre à celle du lin.

VI. *Des espèces jardinières du lin.* On en compte trois : le lin *chaud*, nommé *têtard* dans plusieurs de nos provinces. Son caractère est de végéter rapidement, mais de s'arrêter bientôt après. Il est nommé têtard, à cause de la multitude de ses têtes. Il est plus branchu que les autres lins. Comme il graine beaucoup, on devroit le semer quand on se propose de récolter de la graine destinée à fournir de l'huile. Ce lin & les suivans sont des *espèces* (*Voyez* ce mot) jardinières du premier ordre, puisqu'elles se reproduisent les mêmes par les semis, & ne varient point ou du moins très-peu. Le lin têtard reste plus bas que les autres, il est bien difficile de le travailler sans casser ses rameaux; alors il se rabougrit. Ce lin mûrit le premier.

*Le lin froid, ou le grand lin*, est, à ce que je crois, l'espèce naturelle, ou première, d'où dérive l'espèce jardinière du lin têtard & du suivant. Sa végétation est très-lente dans le commencement, mais elle est rapide dans les suites; ses tiges sont hautes, peu chargées de semences. Ce lin mûrit plus tard que les autres lins.

*Le lin moyen* mûrit le second, ne croît pas si vîte que le lin chaud, mais plus vîte que le lin froid; il est peu chargé de graine; il s'élève plus que le premier, & moins que le second.

Par un abus impardonnable, toutes les graines de ces trois espèces sont communément confondues & semées ensemble. Dès-lors le lin têtard nuit à la végétation du lin moyen, & à celle du lin élevé; tout comme celle-ci dérange celle du têtard. Il vaudroit beaucoup mieux les séparer exactement, lors de la cueillette, pour les semer ensuite dans des champs séparés. Les vues du cultivateur seroient remplies, puisque dans une partie du champ il auroit le lin dont la graine est destinée à l'extraction de l'huile; dans l'autre, le lin propre à la toile fine, & dans la dernière, le lin consacré à la fabrication des toiles de ménage. On dira, peut-être, qu'on sépare les pieds de ces lins, suivant l'ordre de leur maturité. Mais, peut-on lever de terre une plante mûre, sans nuire à la voisine qui ne l'est pas, sur-tout dans les lins semés épais? C'est beaucoup détériorer sa récolte, & multiplier le travail en pure perte. Il est difficile de ne pas être réduit à cette fâcheuse extrémité, lorsqu'on achète la graine telle qu'elle est apportée par les Hollandois. Ne seroit-il pas possible qu'un cultivateur Flamand, par exemple, s'entendît avec un cultivateur Provençal, Languedocien, &c.; & qu'après avoir, l'un & l'autre, séparé leurs graines, ils fissent un échange. Je le répéte, il est inutile de recourir à la graine de Livonie, lorsqu'on peut s'en procurer d'aussi bonne dans le royaume, & sur-tout sans mêlange.

VII. *De la conduite du lin semé, jusqu'à sa maturité.* Les mauvaises herbes causent la destruction du lin. C'est afin d'avoir la facilité de les arracher, que le champ a dû être divisé en planches de six pieds de largeur, sur une longueur quelconque.

Le sarclage est l'occupation des femmes & des enfans, & il est important de choisir, pour cette opération, le jour qui suit la pluie; l'herbe est mieux arrachée, & le lin renversé pendant le sarclage se relève plus facilement. Ce travail exige d'être répété aussi souvent que le besoin l'exige, sur-tout dans le commencement. Lorsque le lin est parvenu à une certaine hauteur, il ne permet plus la sortie des mauvaises plantes.

Si on a semé dru, dans l'intention de se procurer de la filasse longue & fine, il est à craindre que les plantes ne se soutiennent contre les efforts des vents ou de la pluie, sans verser. Le rapprochement des tiges les oblige à s'élancer, à devenir fluettes, à avoir peu de consistance; enfin, à fléchir, à se couder & à se plier sur la terre; dès-lors la plante ne se relève plus, finit tristement sa végétation, & la filasse se réduit ensuite presque toute en étoupe. Afin de prévenir ces fâcheux inconvéniens, on *rame* les lins, non pas comme les pois, les haricots, &c., mais en croisant les tasseaux. Voici la manière d'opérer.

La finesse & le rapprochement des pieds les uns contre les autres, décident du nombre de rames dont chaque table doit être pourvue. Il vaudroit mieux les trop multiplier que d'en mettre trop peu. L'habitude de voir, de juger de la saison, instruisent le cultivateur de la hauteur à laquelle la plante s'élèvera, à peu de chose près. Il se procurera un grand nombre de petits piquets, de dix-huit à vingt pouces de hauteur, sur six, huit, dix à douze lignes d'épaisseur, & il les enfoncera en terre, à la profondeur de quatre à six pouces.

Supposons qu'une table ou planche ait six pieds de largeur, il faudra sept piquets, à la distance d'un pied les uns des autres, & il en plantera de semblables sur la même ligne que les premiers, à la distance de deux à trois pieds, en suivant la longueur de la planche. Le nombre des tasseaux, ou traverses de bois léger & mince, doit être proportionné aux besoins. Chaque tasseau sera assujetti contre tous les piquets qu'il rencontre dans son étendue, de manière qu'ils semblent former autant de petites allées, de petites séparations, de petites pallissades, qu'il y a de piquets à la tête & au bout de la planche. Voilà le lin assuré sur cette direction; mais ce n'est pas encore assez. Il faut ensuite placer de nouveaux tasseaux en sens contraire des premiers, & à angles droits, de manière que lorsqu'ils seront attachés ils présenteront de petits quarrés. Ainsi les tasseaux & les piquets seront multipliés en raison de l'impétuosité des vents ou des pluies qu'on a à craindre dans le pays que l'on habite. Les ligatures seront faites avec des joncs, ou avec de la paille, ou avec de l'osier.

Les lins semés clair, ou pour la graine, ou pour la toile de ménage, n'ont pas besoin de ces secours. La finesse de la filasse du lin semé dru, dédommage des peines que l'on prend pour la rendre parfaite. Si on a la facilité de conduire l'eau sur la linière, on doit en profiter suivant le besoin; mais jamais lorsque le lin est en fleur, lorsque l'on vise à la graine. C'est le contraire pour le lin fin & le grossier, la tige profite de la substance qui auroit servi à la formation de la graine. L'arrosement empêche les fleurs de nouer.

VIII. *De l'époque à laquelle on doit arracher le lin.* Chaque pays a, pour ainsi dire, une coutume différente; il est à présumer qu'elle est fondée sur l'expérience & sur l'observation; mais il reste le droit de demander si on a fait des expériences comparatives, afin de déterminer la méthode d'une manière précise? Les coutumes, en général, tiennent plus à la routine qu'au discernement. Ne seroit-ce pas une des causes qui rend le lin de tel canton inférieur à tel autre, ou dont la filasse donne plus ou moins d'étoupes. Je sçais du moins que ces variations tiennent beaucoup à la culture, à la manière d'être des saisons, au grain de terre, &c.; mais ces causes ne sont pas uniques.

On dit communément que le lin doit être arraché lorsque les tiges ont acquis une couleur jaune. Ce point de couleur est bien vague; car du jaune foncé, ou du jaune tirant sur le verd ou sur la paille, combien n'existe-t-il pas de nuances intermédiaires? Le lin qui a végété sur un sol naturellement humide, est couleur de paille dans sa maturité, & il acquiert cette couleur beaucoup plus vîte que le lin provenant d'un bon fonds, & non trop humide, quoiqu'il ne soit pas encore bien mûr. Dans ce cas, la couleur paille est l'indice d'une végétation qui a été languissante. La couleur n'est donc pas un indicateur rigoureux, mais seulement elle met sur la voie de juger.

Plusieurs auteurs annoncent qu'on ne doit arracher le lin que lorsque la capsule, qui renferme les semences, s'ouvre d'elle-même ; parce qu'alors la graine est mûre. D'autres prétendent qu'il faut arracher le lin encore verd; quelques-uns enfin, annoncent la chûte des feuilles comme un signe constant de la maturité de la graine. C'est la méthode de Livonie. Tous ont peut-être raison : il ne seroit pas bien difficile de concilier ces opinions.

Le premier point à examiner par le cultivateur, est la constitution de son climat, & la nature de son sol; & s'il veut juger avec connoissance de cause, il doit, toute circonstance égale, cueillir son lin à plusieurs reprises, & examiner, 1°. lequel rouira le mieux & le plus vîte; 2°. lequel donnera la filasse la plus longue, la plus fine & la plus forte; 3°. lequel de ces lins produira moins d'étoupes, ou moins de déchêts, lorsqu'on passera la filasse par le peigne; 4°. lequel fournira la meilleure toile & de plus grande durée. D'après un pareil examen il prononcera d'une manière assurée, sur-tout s'il répète ses expériences de comparaison pendant plusieurs années consécutives. Plusieurs lecteurs trouveront cette marche longue, ou ennuyeuse, & auroient peut-être mieux aimé que j'eusse désigné une époque fixe, un signe certain, &c. Je leur répondrai que toute assertion générale en ce genre est abusive, par cela seul qu'elle est générale, & que je l'induirois en erreur si je lui en donnois une. D'après cet aveu, il est aisé de conclure que ce que je vais dire ne présente que de simples apperçus, qui doivent varier suivant les circonstances & les climats.

Lorsque l'on travaille principalement pour la graine, c'est le cas de récolter le lin quand les capsules sont prêtes à s'ouvrir, sans attendre qu'elles soient ouvertes, parce qu'on perdroit la majeure partie des graines.

Si on travaille pour la toile de ménage & la graine, cette époque sera un peu devancée; mais si on a pour but la filasse fine, on n'attendra pas l'époque à laquelle la capsule froissée dans les doigts, s'ouvre & répande sa graine.

Jetons encore un coup d'œil sur la plante. La seule partie utile du lin, la semence exceptée, est la filasse; l'intérieur de la tige est un tissu ligneux dans son genre, comme celui du chanvre, & à fibres peu serrés, le tout revêtu par l'écorce; & entre l'écorce & la partie ligneuse, on trouve un mucilage déposé par l'ascension & la descension de la sève.

Dans toutes les plantes en général la sève est très-abondante jusqu'au moment où le fruit noue, AOUTE. (*Voyez* ce mot) A mesure qu'il mûrit, la sève a moins d'aquosité, elle est moins abondante & plus élaborée; enfin, lorsque le fruit est mûr, la plante annuelle se dessèche, & la plante vivace se conserve jusqu'à l'hiver, ne fait plus de progrès, & il est très-rare de la voir fleurir de nouveau, parce que le but de la nature est rempli; c'étoit la reproduction de l'individu par ses semences.

D'après ces principes généraux, & qui ne peuvent être contestés par quelques exceptions particulières, il est clair que tant que la sève aqueuse, peu élaborée, montera avec abondance dans le lin, sa fibre sera molle, & aucune de ses parties n'aura encore la consistance que l'on demande; enfin, que la filasse se désagrégera dans la suite en passant par le peigne, &

& qu'elle fournira une immense quantité d'étoupes.

Si on attend la maturité complète de la graine, la sève sera très-rare, très-visqueuse ou colante, & le mucilage liéra si fort l'écorce contre la partie ligneuse ou chenevotte, que malgré le rouissage, la filasse cassera net avec la chenevotte.

Entre ces deux extrêmes il y a donc un terme moyen, celui où il reste une certaine aquosité dans la plante; alors l'écorce tient moins au bois, dont la fibre est alors moins serrée & moins desséchée; & après le rouissage cette écorce se détache, sans peine, d'un bout à l'autre, sans casser. Si une assertion pouvoit être générale en agriculture, celle-ci le seroit relativement au lin, & au moment auquel on doit l'arracher.

Cette espèce d'incertitude sur l'époque fixe à laquelle on doit arracher le lin, prouve, de la manière la plus claire, combien il est nécessaire de semer à part le lin qu'on destine à porter la graine, & de choisir à cet effet le meilleur sol & la meilleure exposition. Cette méthode est suivie dans le Levant, & la graine qu'on y récolte vaut, pour le moins, autant que celle de Riga, si vantée. La bonne qualité de la graine dépend de la bonne végétation de la plante, & d'une bonne maturité.

IX. *De la manière d'arracher le lin.* Dans la graine que l'on achète, les trois espèces jardinières de lin sont pour l'ordinaire confondues ensemble. De ce mêlange il résulte plus de peine & plus d'embarras pour le cultivateur: une espèce s'élève plus que l'autre, ou mûrit plutôt; il faut revenir à la cueillette à plusieurs reprises différentes; il faut donc séparer le lin fin du lin grossier, &c. Ces opérations, cette perte de temps, seroient évitées si on avoit semé séparément chaque espèce, & dans un seul jour le champ entier auroit été récolté.

Les momens sont précieux pour cette récolte, quelques jours de pluies suffisent pour la retarder ou pour gâter le lin couché sur terre, lorsqu'il a été arraché. S'il est mouillé, s'il survient du soleil, les gouttes de pluies impriment au lin des taches noires qui ne s'effacent presque plus; tandis qu'une des premières qualités du lin fin, est d'avoir une filasse d'une grande blancheur, quand elle a été peignée.

Il résulte encore du mêlange du lin têtard & du moyen, l'inégalité dans la grosseur & la longueur des tiges, de manière que la chenevotte de l'une est plus écrasée au moulin, ou par le serançoir, que l'autre; que la filasse longue & courte, débarrassée de la chenevotte, perd beaucoup en passant par le peigne, & qu'elle est plus difficile à être bien filée, que si les brins conservoient entr'eux une grandeur & une finesse à-peu-près égales. L'inégalité de maturité & de qualité obligent de récolter à plusieurs reprises différentes, lorsqu'on veut se procurer une belle & bonne filasse; enfin, elle multiplie les frais, & fait perdre beaucoup de temps. Malgré cela, il vaut mieux faire ce sacrifice que de s'exposer à avoir un mauvais mêlange; & à cet effet on séparera les pieds suivant leur grosseur, leur longueur & leur maturité, si la récolte se fait tout-à-la-fois, ou bien on les récoltera chacune séparément, & à l'époque où elles devront l'être; ce qui vaut beaucoup mieux.

La manière d'arracher le lin, est par poignées, que l'on étend sur le sol, écartées les unes des autres, les têtes du même côté, & tournées vers le midi, afin que la chaleur du soleil les frappe mieux. Si on peut se procurer facilement pour ce travail des enfans ou des femmes, on les chargera de retourner ces plantes chaque jour, & ils se serviront, pour cette opération, de fourches de bois, dont les fourchons soient rapprochés. Le but de cette opération est de dessécher également la plante des deux côtés, & de lui faire perdre une partie de sa couleur, par l'action du soleil qui agit sur l'écorce comme sur la cire lors de son blanchissage.

Cette méthode n'est pas suivie par-tout. Dans quelques-unes de nos provinces, on place un certain nombre de poignées de lin les unes contre les autres, les racines en-bas & écartées, afin que la masse réunie forme une espèce de cône. Cette manière de dessécher est fort bonne, parce qu'il s'établit un courant d'air entre chaque pied de lin. Si la saison est favorable, il ne faut que trois ou quatre jours pour mettre les capsules dans le cas de s'ouvrir & de lâcher leurs graines; mais des paquets trop épais, trop serrés, nuiroient à la dessication des plantes de l'intérieur. Si le pays est sujet à des coups de vents, à des raffales, il faut recourir à la première de ces méthodes, & abandoner celle-ci, parce que la moindre agitation de l'air renverseroit ces espèces de petites meules, & en raison de leur dessication, feroit répandre la graine sur le sol. Dans les provinces méridionales il vaut beaucoup mieux étendre sur terre & clair, les poignées que l'on vient d'arracher, la chaleur est assez forte pour dissiper leur air & leur eau, surabondans de végétation & de composition. Dans celles du nord, l'opération est beaucoup plus longue, & le retournement fréquent des tiges beaucoup plus nécessaire.

Après l'exsication, il vaut beaucoup mieux égrainer les tiges sur le lieu même, que les transporter entières, ou à la métairie, ou près du rouissoir, afin d'éviter la perte de celles qui tomberoient en chemin. A cet effet, on étend de grands draps sur le sol, & sur ces draps on place une espèce de banc d'une longueur proportionnée au nombre des ouvriers destinés à séparer les graines : c'est encore l'ouvrage des femmes & des enfans. De la main gauche ils saisissent une poignée de lin, du côté des racines, ils posent les têtes de la plante sur le banc, & avec un battoir de blanchissage, ils frappent sur les capsules, qui s'ouvrent & laissent tomber leurs graines sur les draps. D'autres femmes, ou d'autres enfans présentent de nouvelles poignées aux batteurs, & ceux-ci rendent les poignées battues à d'autres qui les rassemblent & les lient en bottes, de manière qu'on peut tout de suite les porter au rouissoir. L'opération, ou la journée finie, on vanne la graine, afin de la séparer des débris des capsules, & on la porte aussitôt sur les lieux où elle doit être conservée. Il est prudent, suivant les cantons, d'exposer les tiges pendant quelques jours à l'ardeur du gros soleil, afin de dissiper un reste d'humidité qui feroit fermenter le monceau, & nuiroit beaucoup à la qualité de la graine. Chaque soir on la renferme, afin de la soustraire à l'humidité de la nuit; au serein, à la rosée, &c.

Si la saison s'oppose au desséchement des tiges & à la séparation des graines, on transporte au logis les plantes, après les avoir bottelées; là on les délie, on les arrange en petites meules, comme il a été dit plus haut; en un mot, on cherche les expédiens les plus propres à accélérer leur dessication. Dans d'autres cantons, on porte sous des hangards les tiges avec leurs capsules, sans les battre, elles y achèvent leur dessication, quoique amoncelées jusqu'à un certain point. On prétend dans ces pays, que la graine & que la filasse se perfectionne sous ces hangards; ce qui me paroît douteux. S'il reste un peu trop d'humidité, la fermentation s'excite, fait réagir le mucilage, il s'échauffe, & cette chaleur diminue la quantité de l'huile contenue dans la graine, & en détériore singulièrement la qualité. (*Voyez* ce qui a été dit au mot Huile) Ces monceaux de lin, non égrainés, attirent les rats, & ils y accourent en foule. Après avoir dévoré la graine, ils attaquent l'écorce, la rongent, la brisent en petits morceaux, & ces débris leur servent à former leurs nids. J'ai vu plus de demi-aune de toile suffire à peine à la texture d'un nid artistement & commodément rangé. Que l'on juge donc du dégât que les rats & les souris doivent causer dans un pareil monceau !

X. *Du rouissage.* En traitant du chanvre, j'ai rapporté les différentes méthodes employées à cet effet, & j'ai fait voir combien elles étoient disparâtes & fautives; enfin, qu'aucune n'étoit fondée sur un principe constant & uniforme. Une circonstance particulière m'a mis dans le cas de tenter de nouvelles expériences à ce sujet, dont je rendrai compte aux mots Rouir, Rouissage, Routoir.

XI. *Des soins que demande le lin au sortir du routoir.* On connoît que la plante est assez rouie, lorsqu'après avoir pris plusieurs brins de différentes bottes, on essaie de les casser vers l'endroit où étoient les graines. Si la chenevotte se casse sec, si la filasse se détache aisément, depuis la racine jusqu'au sommet de la plante, c'est une preuve que le chanvre est assez roui.

Après l'avoir tiré de la fosse, il demande à être lavé à grande eau courante, afin de détacher & entraîner la portion du mucilage, dissoute par l'eau de la fosse, & qui resteroit collée contre l'écorce, sans cette précaution. Si l'eau de la fosse n'est pas courante, si elle ne se renouvelle pas perpétuellement en grande quantité, le poisson meurt, parce que l'eau se charge du mucilage qu'elle dissout, elle devient gluante, & le poisson ne peut plus respirer. On le voit alors venir à la surface chercher à respirer l'air de l'atmosphère, tandis qu'auparavant l'air contenu dans l'eau suffisoit à sa respiration.

Après ce fort lavage, on étend le lin sur terre, on le laisse exposé à toute l'ardeur du soleil, & on le retourne de temps à autre. Sa dessication est plus ou moins prompte, suivant le climat, suivant la saison, & sa manière d'être à cette époque. Dans les provinces du midi, l'opération est promptement achevée. Il n'en est pas ainsi dans celles du nord, où l'art doit venir au secours de la nature; on y est souvent forcé de porter le lin au halloir.

Le halloir est un lieu voûté, dans lequel on a pratiqué une cheminée, afin d'attirer la fumée, & pour l'empêcher de noircir les lins. On fait dans ce halloir un feu clair, avec le bois le plus sec, ou avec des chenevottes, qui donnent peu de fumée. Les lins y sont placés sur claies, & on les en retire dès qu'ils sont bien secs, pour leur en substituer de mouillés.

Dès que le lin est sec, on le porte dans des greniers bien aérés; si on est dans l'intention de réserver pour l'hiver un genre d'occupation aux femmes & aux enfans, sinon, l'on travaille tout de suite à séparer la filasse de la chenevotte.

On teille le chanvre; mais il seroit très-difficile de teiller le lin, à cause de l'exiguité de ses tiges. Les méthodes de séparer les chenevottes de l'écorce ou de la filasse, varient suivant les cantons.

Dans quelques endroits on se sert d'un banc de bois, bien lisse & bien uni, sur lequel on étend le lin que l'on tient de la main gauche, & de la main droite on frappe avec un battoir de blanchisseuse, afin de briser la chenevotte. Lorsqu'elle l'est au point convenable, l'ouvrier met sur le banc la partie qu'il tenoit dans la main, & la bat également. Ensuite, saisissant avec ses deux mains les extrémités de la filasse, il la passe & repasse sur l'angle du banc qui achève de briser la chenevotte, & il secoue la filasse, ne la tenant que d'une main, & les restes des chenevottes tombent sur la terre.

Dans d'autres cantons on employe une *broye*. ( *Voyez figure II, planche VII.* ) Cet instrument est beaucoup plus expéditif que le premier, & mérite la préférence si l'ouvrier sçait bien le conduire. Il a l'inconvénient de casser les fils : cela est vrai, lorsque les bois ne sont pas bien unis, & lorsque leurs arrêtes sont trop vives. Ici, au lieu du battoir dont on a parlé plus haut, on se sert d'un couteau de bois arrondi, nommé *espadon*, avec lequel on frappe sur le lin; il a un pouce d'épaisseur. Là, cet espadon est de trois pouces d'épaisseur. Toutes ces méthodes ne me paroissent pas aussi utiles que celle dont on se sert en Livonie, & dont je vais tirer la description des mémoires de la Société d'Agriculture de Bretagne. On doit à M. Dubois de Donilac de nous l'avoir fait connoître.

La broye des Livoniens est semblable à la nôtre, ( *Voyez figure II* ) depuis l'axe jusqu'à la longueur des machoires; l'autre moitié de la longueur, depuis l'axe jusqu'au manche, est pleine & taillée en goutières correspondantes, ensorte que la machoire de dessus s'applique sur celle de dessous, & qu'elles se touchent dans toutes leurs parties, parce que les angles saillans des goutières d'une des machoires, répondent aux angles rentrans de l'autre. Ces angles sont à-peu-près de soixante degrés, & l'arrête en est mousse.

La différence de la broye des Livoniens d'avec la nôtre, n'auroit-elle pas pour but deux opérations séparées? La première consiste à broyer la filasse lorsqu'elle tient encore à la chenevotte, & la partie des deux machoires, qui est vuide, paroît destinée à cet usage. Comme cette opération demande évidemment plus de force que celles qui suivent, aussi la partie qui lui est destinée, est-elle du côté de l'axe qui réunit les deux machoires; c'est là qu'avec un moindre effort la pression a infiniment plus

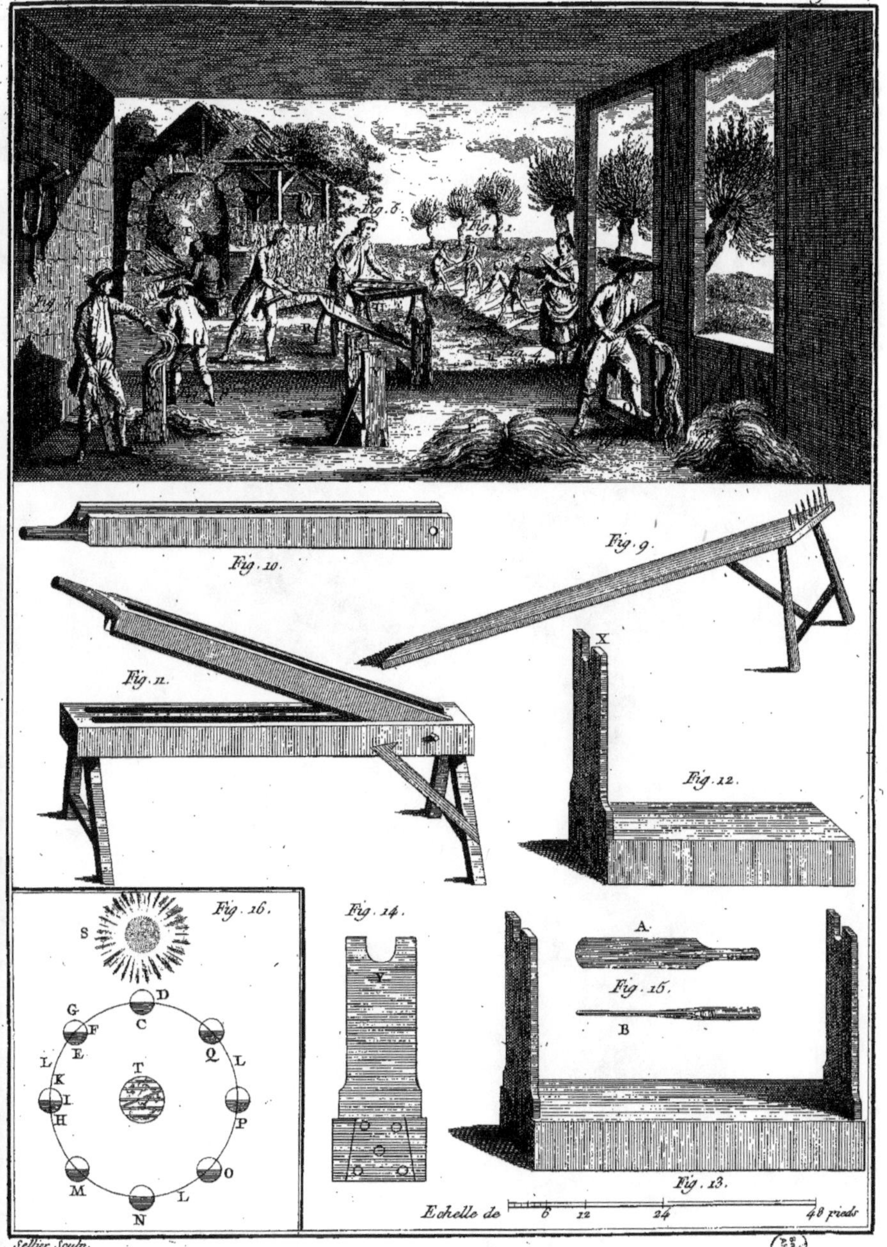


Sellier Sculp.

de puissance, & que le coup qui pourroit détruire le filament, en a infiniment moins. C'est donc là qu'il faut engager le lin, dans le temps où l'on veut briser la chénevotte, sans que le filament soit attaqué.

Lorsque la chenevotte est brisée, & que la filasse en est presqu'entièrement séparée, il reste à l'en purger tout-à-fait, & à l'assouplir. Pour cet effet, on engage la filasse entre les goutières correspondantes des machoires inférieures & supérieures; elle ne peut y éprouver qu'un frottement assez léger, puisqu'alors elle est près du manche que tient l'ouvrier, & loin de l'axe. Ainsi, en la faisant glisser entre les goutières, tandis que les machoires sont un peu pressées l'une contre l'autre, la filasse doit être assouplie dans toute sa longueur, sans être exposée à ces ruptures continuelles qu'elle éprouve lorsqu'on l'assouplit d'une autre manière, ou par la broye ordinaire.

La Livonie est d'une si grande étendue, qu'il n'est pas surprenant qu'on y employe des moyens différens pour la préparation des lins & des chanvres. M. Dubois de Donilac y a vu exécuter, en très-peu de temps, un travail qui est très-long & très-dispendieux en France. Ce sont des moulins qui broyent le lin & les chanvres, & on prétend que les lins & chanvres préparés par eux, se vendent quinze à vingt pour cent plus chers que ceux qui ont été broyés ou teillés. Ces machines, ou en bois ou en pierre, & plus souvent en pierres, sont mues ou par l'eau, ou par le vent, ou par un cheval; ainsi on peut en faire usage dans toutes les positions.

C'est en général une aire circulaire, terminée par un rebord de dix-huit pouces de hauteur. Cette aire est un plan incliné d'environ six pouces du centre à la circonférence; une pierre un peu élevée & percée dans son milieu occupe le centre; elle est destinée à recevoir une pièce de bois posée verticalement. On assemble à cette pièce de bois une barre de fer, qui traverse une pierre qui a la forme d'un cône tronqué; cette pierre doit être non-seulement unie, mais adoucie, afin qu'en brisant par son poids la chenevotte sur laquelle on la fait rouler, la filasse ne soit ni coupée, ni altérée par les angles multipliés d'une surface raboteuse. Le chanvre ou le lin est étendu sur l'aire circulaire, en plaçant le gros bout des tiges du côté de la circonférence, & le petit bout du côté du centre. Si c'est du lin qu'on veut broyer, on en étend deux rangs l'un au bout de l'autre, afin que toute la surface de l'aire en soit couverte. Une épaisseur de trois, quatre ou cinq pouces suffit d'abord. On fait tourner la pierre, qu'on peut regarder ici comme une meule. Après une douzaine de tours, la couche de chanvre ou de lin s'affaisse sensiblement; on arrête le moulin pour mettre une seconde couche sur la première, & enfin une troisième.

Pendant l'affaissement qui se fait à chaque couche, un ouvrier, armé d'une fourche à trois branches, suit la meule, & retourne les brins de lin ou de chanvre. L'opération de tourner & de retourner se continue jusqu'à ce que la chenevotte soit brisée, & que les particules qui en restent soient peu adhérentes au filament. On les retire alors de dessus l'aire, & il suffit de les secouer par poignées d'une médiocre grosseur, pour faire tomber toute la chenevotte.

La filasse dans cet état n'a besoin que d'être peignée pour être portée à sa perfection. Il est d'usage en Livonie de la faire un peu sécher dans le four, pour que le travail du peigne n'en diminue pas la longueur. Il est essentiel de ne l'exposer qu'à une chaleur très-douce. On arrange la filasse dans le four sur des claies de bois, & à plat.

L'usage des Livoniens est de commencer à broyer à cinq heures du matin & de finir à minuit. Pendant ce temps on broye ordinairement, dans un moulin qu'un cheval peut mouvoir, quatre ou cinq *pierres* de chanvre ou de lin. M. de Donilac pense que chaque *pierre* répond à-peu-près à trois cens livres de France, poids de marc. Ce travail ne demande chaque jour que deux à trois chevaux, qui sont successivement attelés. Deux hommes suffisent pour gouverner la machine; ils s'employent alternativement à retourner le lin & à faire marcher le cheval.

Il est aisé de sentir quelle épargne on feroit sur la main d'œuvre avec ces moulins; nos meilleurs ouvriers broyent & broyent mal environ douze livres de chanvre par jour; ainsi il faudroit en employer cent douze pour que leur travail fournît treize cens cinquante livres de filasse, qui sont la quantité moyenne entre douze & quinze cent livres pesant, que broyent les moulins des Livoniens.

J'ai vu dans plusieurs endroits du royaume, par exemple, à Vienne en Dauphiné, des moulins à-peu-près semblables; mais on ne s'en sert que pour broyer le chanvre après qu'il a été teillé. Ce broyement fait élever une poussière très fine, qui se répand dans tout le moulin, qui cause de violens picotemens à la gorge & à la poitrine : dans ce cas, il y a donc une opération de trop dans cette méthode, celle de teiller le chanvre & de broyer le lin avec la broye ordinaire, ou avec l'espadon ou le battant sur une pièce de bois.

Pour mieux connoître les détails des préparations du lin après qu'il a été roui, *Voyez la Planche VII*, *page* 284, que j'ai prise dans la première édition de l'Encyclopédie.

Cette planche représente l'attelier des espadeurs, dont le mur du fond est supposé abbatu, pour laisser voir dans le lointain les premières préparations, *fig.* 1. *Routoir* Q où l'on a mis le chanvre ou le lin. Plusieurs hommes sont occupés à le couvrir de planches & à charger ces planches de pierres, pour tenir le chanvre au fond de l'eau & l'empêcher de surnager.

2. Ouvrier qui passe le lin sur l'égrugeoir R, pour détacher le grain qui y reste attaché.

3. *Le haloir* T. C'est une espèce de cabanne, où l'on fait sécher le chanvre en le posant sur des bâtons au-dessus d'un feu de chenevottes. Comme la blancheur du lin est un de ses principaux mérites, on doit préférer le haloir dont nous avons parlé.

4. Une femme S qui teille le chanvre, c'est-à-dire qui, en rompant le brin, sépare l'écorce du bois.

5. Ouvrier qui rompt la chenevotte avec les deux machoires de la broye U.

6. Ouvrier qui espade, c'est-à-dire,

qui frappe avec l'espadon Z sur la poignée de chanvre ou de lin N qu'il tient dans l'entaille demi-circulaire de la planche verticale du chevalet Y.

7. Ouvrier qui, pour faire tomber les chenevottes, secoue contre la planche M du chevalet la poignée de lin qu'il a espadée.

8. Autre espadeur qui fait la même opération sur l'autre planche verticale du chevalet.

9. *Bas de la Planche.* L'égrugeoir dont se sert l'ouvrier de la figure 2; l'extrémité de cet instrument, qui pose à terre, est chargée de pierres pour l'empêcher de se renverser.

10. Machoire supérieure de la broye, vue par-dessous. On voit qu'elle est fendue dans toute sa longueur pour recevoir la languette du milieu de la machoire inférieure, & former avec celle-ci deux languettes ou tranchans mousses, propres à rompre & à briser la chenevotte.

11. La broye toute montée; la machoire supérieure est retenue dans l'inférieure par une cheville qui traverse tous les tranchans.

12. Chevalet simple X, le même que celui cotté X dans la vignette.

13. Chevalet double Y Y, le même que ceux cottés M Y dans la vignette.

14. Elévation d'une des planches du chevalet, soit simple, soit double.

15. Elévation & profil d'un espadon, vu de face en A & de côté en B.

Au mot Chanvre, j'ai donné le procédé du prince de Saint-Sevère pour le préparer & le rendre aussi beau que celui de Perse; je crois qu'on pourroit faire usage de ce procédé pour le lin; cependant j'avoue que je ne l'ai pas essayé. On trouve dans les Mémoires de l'Académie de Stockolm un procédé pour rendre le lin aussi beau que le coton; je vais le rapporter, il est de M. Palmquist, & il revient à-peu-près, quant au fond, à celui du prince de Saint-Sevère.

On prend une chaudière de fer fondu ou de cuivre étamé, on y met un peu d'eau de mer; on répand sur le fond de la chaudière parties égales de chaux & de cendres de bouleau ou d'aune. (Toute autre cendre de bois qui n'aura pas floté sera aussi bonne) Après avoir bien tamisé chacune de ces matières, on étend par-dessus une couche de lin, qui couvrira tout le fond de la chaudière. On mettra par-dessus assez de chaux & de cendres pour que le lin soit entièrement couvert; on fera une nouvelle couche de lin, & on continuera de faire ces couches alternatives jusqu'à ce que la chaudière soit remplie à un pied près, pour que le tout puisse bouillonner. Alors on mettra le feu sous la chaudière, on y remettra de nouvelle eau de mer, & on fera bouillir le mêlange pendant dix heures, sans cependant qu'il sèche; c'est pourquoi on y remettra de nouvelle eau de mer à mesure qu'elle s'évaporera. Lorsque la cuisson sera achevée, on portera le lin ainsi préparé à la mer, & on le lavera dans un panier, où on le remuera avec un bâton de bois bien uni & bien lisse. Lorsque le tout sera refroidi au point de pouvoir le toucher avec la main, on savonnera ce lin doucement, comme on fait pour laver le linge ordinaire;

& on l'exposera à l'air pour qu'il se séche, en observant de le mouiller & de le retourner souvent, sur-tout lorsque le temps est sec : on le battra, on le lavera de nouveau, & on le fera sécher. Alors on le cardera avec précaution, comme cela se pratique pour le coton, ensuite on le mettra en presse entre deux planches, sur lesquelles on placera des pierres pesantes. Au bout de deux fois vingt-quatre heures, ce lin sera propre à être employé comme du coton.

### §. III. *De la graine de lin, relativement au commerce.*

On a vu, par ce qui a été dit, comment la graine de lin devient un objet intéressant pour le commerce; comme on l'a fait circuler du nord au midi & du midi au nord, par rapport à la nécessité où l'on est de changer les semences destinées à semer. Quoique cet objet soit très-important, on peut se passer du secours intéressé des Hollandois, en échangeant les semences d'une de nos provinces du midi avec celles d'une de nos provinces du nord, & ainsi tour-à-tour; il ne s'agit dans chaque endroit que de bien cultiver la linière destinée à la graine.

Le second objet de commerce est l'huile qu'on retire du lin, objet bien plus important que le premier, & dont la préparation semble être presque confinée dans nos provinces de Flandres & d'Artois. Les Hollandois achettent la graine dans nos provinces maritimes, en retirent l'huile chez eux, & nous revendent ensuite cette huile. D'où peut provenir sur ce sujet une pareille indifférence de notre part? J'en ai cherché pendant long-temps les motifs, & j'ai cru appercevoir que ce vice anti-économique tenoit au peu de force, au peu d'énergie des machines que nous employons pour extraire l'huile des graines. En effet, si on compare nos pressoirs, nos moulins à ceux des Hollandois, il est facile de voir que d'une masse donnée de graine, les Artésiens, les Flamands & les Hollandois sur-tout, retireront une plus grande quantité d'huile, & à beaucoup moins de frais; dès-lors notre main d'œuvre n'a pu soutenir la concurrence, & nous avons mieux aimé leur vendre nos graines, que de songer à perfectionner nos machines. A l'article Moulin, je donnerai la description de celui employé par les Hollandois, bien plus expressif & expéditif que celui des Flamands & des Artésiens.

Je ne répéterai pas ici ce que j'ai déjà dit sur la fabrication de l'*huile*. (*Voyez* ce mot) Je me contente de remarquer que la coutume de la retirer au moyen de deux plaques échauffées par l'eau bouillante, est vicieuse, & que cette chaleur fait réagir sur l'huile grasse l'huile essentielle; enfin qu'elle contracte promptement une odeur & un goût forts. Cette qualité défectueuse est indifférente lorsque l'huile doit être employée dans les arts, mais il n'en est pas ainsi lorsqu'elle doit servir aux apprêts des alimens. La difficulté d'extraire l'huile avec de mauvais pressoirs, fait recourir à l'usage des plaques chaudes.

La graine de lin ne doit être renfermée dans des sacs, ou amoncelée, que lorsqu'elle est parfaitement sèche; elle demande encore à être tenue dans un lieu bien sec & exposé à un courant d'air. Si on la ferme humide, elle fermente, s'échauffe, & l'*huile* qu'elle renferme se vicie, (*Voyez* le mot HUILE) & diminue en quantité. L'écorce qui revêt l'amande de la graine est remplie de mucilage; on peut s'en convaincre en jetant quelques graines dans l'eau, & on verra bientôt se former tout-autour une espèce de gelée, & si l'on met beaucoup de graines, l'eau deviendra mucilagineuse & gluante. Or, si l'eau a la faculté de détruire ce mucilage, l'humidité de l'atmosphère a donc en partie sur lui la même action; de-là résulte la nécessité de tenir la graine dans un lieu sec & exposé à un courant d'air qui dissipe l'humidité. D'ailleurs, l'état alternatif de siccité & d'humidité qu'éprouveroit la graine, nuit à sa conservation, à la qualité & à la quantité de l'huile.

### §. IV. *De la graine de lin, relativement à la médecine.*

La graine est la seule partie du lin, employée en médecine; elle donne une huile, un suc gluant, mucilagineux & fade; elle est émolliente par excellence, béchique, antiphlogistique.

La décoction des semences diminue sensiblement l'ardeur d'urine quelquefois occasionnée par l'application des mouches cantharides; & le pissement de sang, causé par les mouches cantharides prises intérieurement; l'ardeur d'urine par l'inflammation du col de la vessie ou de l'urètre; l'ardeur d'urine par âcreté des urines; elle augmente le cours de ce fluide, suspendu par un état inflammatoire. Le mucilage des semences soulage quelquefois dans la phtisie pulmonaire essentielle, dans l'asthme convulsif & la toux catarrhale: plusieurs médecins préfèrent la décoction édulcorée avec le miel blanc.... Extérieurement, le mucilage appaise les douleurs hémorrhoïdales; il est nuisible sur les tumeurs inflammatoires & sur les brûlures récentes. L'huile de lin par expression, en onction, relâche les tégumens, mais elle ne guérit point les douleurs des articulations, les mouvemens convulsifs, ni les taches de la peau.... Intérieurement, elle fait quelquefois mourir les vers ascarides, cucurbitins & lombricaux; elle calme les coliques causées par des substances vénéneuses, comme la plupart des huiles par expression.

On prescrit les semences du lin depuis demi-dragme jusqu'à demi-once, en décoction dans huit onces d'eau; l'huile se prend intérieurement depuis deux jusqu'à quatre onces, & en lavement à la dose de huit onces. Il est très-essentiel de se servir de l'huile tirée tout récemment.

Pour l'animal, la dose de l'huile de lin est de quatre onces; celle des graines est d'une à deux onces sur trois livres de décoction ou de boisson.

La graine moulue & réduite en farine est émolliente & macérative, & on s'en sert pour les cataplasmes.

LINAIRE COMMUNE, ou LIN SAUVAGE. (*Voyez Planche VI, page* 248.) Von Linné la classe dans la dydinamie angiospermie, & la nomme *anthirrinum linaria*. Tournefort la place dans la troisième classe qui renferme les herbes à fleur d'une seule pièce, irrégulière & terminée par un mufle à deux mâchoires, & il l'appelle *linaria vulgaris lutea, flore majore.*

*Fleur.* Jaune, formée par un mufle à deux mâchoires, & dont le fond est terminé par un éperon ou queue semblable à la pointe d'un capuchon. B représente le pistil sortant du milieu du calice, entre la partie supérieure de la fleur C & l'inférieure D, dans chacune desquelles se trouvent deux étamines; en tout quatre étamines, dont deux plus longues & deux plus courtes.

*Fruit.* E Coque partagée en deux loges F, remplies de semences plates G, qui ont la figure d'un petit rein, entourées à leur bord d'un feuillet membraneux, & elles sont noires.

*Feuilles.* En forme de lance, linéaires, serrées contre la tige.

*Racine.* A Blanche, dure, ligneuse, rampante, traçante.

*Port.* De la même racine, s'élèvent à la hauteur d'un pied, & quelquefois davantage, plusieurs tiges cylindriques & branchues à leur sommet, où naissent des fleurs en épi, portées par de courts péduncules qui naissent de l'aisselle des feuilles.

*Lieu.* Les terreins incultes; la plante est vivace & fleurit pendant les grandes chaleurs.

*Propriétés.* Son odeur est fétide, & sa saveur légérement salée & amère; elle est fortement résolutive, émolliente & diurétique.

*Usages.* On emploie toute la plante; on s'en sert rarement pour l'intérieur; appliquée en cataplasme, elle est anti-hémorrhoïdale; son suc, employée contre les ulcères, a peu de vertu.

LINIMENT. Espèce de médicament qui s'applique à l'extérieur, & dont on frotte légérement la partie malade. Le liniment, proprement dit, doit être d'une consistance moyenne entre l'huile par expression, le baume artificiel & l'onguent.

LIS BLANC ou LIS COMMUN. Von Linné le classe dans l'hexandrie monogynie, & le nomme *lilium candidum.* Tournefort l'appelle *lilium album vulgare*, & le place dans la quatrième section des herbes à fleur régulière en lis, composée de six pétales, & dont le pistil devient le fruit.

*Fleur.* Blanche & sans calice, en forme de cloche étroite à sa base, composée de six pétales droits, évasés, recourbés, & chaque pétale a un nectaire à sa base; les étamines au nombre de six & un pistil.

*Fruit.* Capsule formée par le renflement du pistil, marquée de six sillons, à trois loges, à trois valvules, renfermant des semences plates, en recouvrement les unes sur les autres.

*Feuilles.* Eparses, simples, très-entières; celles qui partent des racines sont larges, longues & pointues; celles des tiges plus étroites & plus petites, à mesure qu'elles approchent du sommet.

*Racine.* Bulbeuse & formée d'écailles appliquées les unes sur les autres.

*Port.* La tige s'élève depuis deux jusqu'à quatre pieds, suivant la nature du sol, du climat & de la culture; cette tige est herbacée, feuillée, très-simple; les fleurs naissent au sommet, & elles ont une ou deux stipules au bas de chaque péduncule.

*Lieu.* La Palestine, la Syrie, cultivé dans nos jardins, où il n'est pas ſenſible aux froids; il fleurit en juin, juillet & août, ſuivant le climat.

*Culture.* Cette plante eſt tellement devenue indigène en France, qu'elle n'exige aucun ſoin particulier; elle demande tout au plus que la plate-bande dans laquelle elle eſt plantée, ſoit travaillée au printemps, & débarraſſée des mauvaiſes herbes. Cependant une bonne culture & un bon ſol augmentent la hauteur de ſa tige & le volume de ſes fleurs. J'ignore s'il exiſte des lis blancs à fleurs doubles; je n'en ai jamais vu.

On peut multiplier ce lis par les ſemences, mais cette voie eſt longue; il eſt plus ſimple de ſe ſervir des caïeux, qui ſont en très-grand nombre; une ſeule écaille, miſe en terre & ſoignée, produira dans la ſuite un oignon parfait. Le temps convenable à la ſéparation des caïeux, eſt marqué par le deſſéchement complet des tiges & des feuilles; les amateurs font cette opération tous les trois ans. L'habitant des campagnes laiſſe l'oignon livré à lui-même, ne le défilente jamais, & il en ſort des maſſes de tiges. Le lis s'accommode aſſez bien de toutes ſortes de terreins : on dit, & je ne l'ai pas éprouvé, qu'en plantant les oignons à différentes profondeurs, on avance ou l'on retarde leur fleuraiſon. Les lis font très-bien dans les grandes plates-bandes des jardins; leurs fleurs, le grouppe des feuilles & des tiges ſont très-parans.

On a cherché en vain à donner artificiellement une autre couleur aux fleurs du lis, ſoit par des arroſemens d'eau colorée, ſoit en plaçant des couleurs ſous l'écorce des tiges. Nous ignorons quels ſont les moyens que la nature a pour décorer d'un blanc éclatant, le lys; d'un jaune agréable, la jonquille; d'un bleu raviſſant, le bluet, &c. Laiſſons-là agir, elle eſt bien au-deſſus de l'art; & toutes ſes opérations ſont merveilleuſes, & manifeſtent la ſageſſe de celui qui a donné la vie à l'univers.

*Propriétés médicinales.* La racine eſt onctueuſe & graſſe; l'odeur de la fleur eſt agréable, mais forte, ſouvent très-nuiſible dans les appartemens, & ſur-tout dans la chambre où l'on couche, dont elle vicie l'air qu'elle rend méphitique. La racine eſt maturative & anodine; les fleurs anodines & échauffantes.

*Uſages.* L'oignon broyé ou cuit avec la mie de pain, accélère la maturité des abſcès, & change en abſcès une tumeur inflammatoire. L'oignon cuit ſous les cendres chaudes, & mis enſuite, depuis demi-once juſqu'à deux onces, en macération dans cinq onces d'eau ou de vin blanc, eſt un urinaire actif; il eſt employé utilement dans l'hydropiſie de poitrine, & dans l'aſthme pituiteux.

On fait beaucoup de cas de l'huile dans laquelle on a fait macérer des fleurs de lis : l'huile ſeule nouvelle, ou bonne, produiroit le même effet. L'eau diſtillée des fleurs eſt preſque entièrement ſemblable à l'eau de rivière : ſon efficacité ne vaut pas la peine qu'on employe à cette opération. Cette eau eſt réputée coſmétique, c'eſt-à-dire propre à adoucir & à embellir la peau; on ajoute même qu'elle diſſipe les rides & les ſignes de la vieilleſſe. Si cette aſſertion étoit vraie, on verroit des champs entiers plantés en lis.

Le Lis Bulbeux, ou Lis Jaune. *Lilium bulbiferum*. Lin. Il diffère du premier, par la couleur jaune de sa fleur, par la disposition de ses pétales qui sont droits, & non pas lissés en-dedans; mais sur-tout par ses tiges. On voit aux aisselles des feuilles, aux péduncules des fleurs, de petites bulbes qui s'ouvrent en-dessus par écailles. Ils sont noirs quand ils sont mûrs, tombent & prennent racine en terre. On peut facilement multiplier cette espèce par ces bulbes, qui, étant secs, ont une odeur de violette. La culture de cette espèce n'est pas plus difficile que celle de la précédente; mais elle a fourni un grand nombre de variétés, dont voici les principales.

Le lis bulbeux à fleurs d'un pourpre jaune.

Le même & la même couleur, à fleurs doubles.

Le même, à fleurs plus petites,

Le même, à fleurs blanches.

Le lis bulbeux est indigène en Sibérie, en Autriche & en Italie.

Lis de Pompone, ou Lis rouge, ou Le Rouge vermeil. *Lilium Pomponium*. Lin. Son caractère est d'avoir les feuilles éparses, linéaires, aiguës, à trois côtés, formant une espèce de gouttière; ses fleurs réfléchies, & ses pétales roulés, & comme peints avec du vermillon. Il a fourni deux variétés principales, celui à odeur & celui à feuilles courtes & graminées. Cette plante qui fleurit plutôt que les autres lis, produit un joli effet. Elle est, ainsi que ses variétés, originaire de la Sibérie & des Pyrennées, & supporte difficilement les fortes chaleurs des provinces du midi.

Lis de Calcédoine. *Lilium calcedonicum*. Lin. Feuilles éparses, en forme de fer de lance; la tige est recouverte de feuilles jusqu'au sommet; les fleurs sont renversées contre terre, & leurs pétales roulés. Cette plante varie suivant les lieux; la tige ne porte quelquefois qu'une seule fleur, & l'onglet qui réunit ses pétales est souvent velu. Elle est originaire de Calcédoine. La plante ne craint pas les rigueurs de l'hiver des provinces méridionales; elle fournit deux variétés: dans l'une la tige porte plusieurs fleurs, & dans l'autre, la couleur des fleurs est d'un pourpre-sanguin.

Lis Superbe. *Lilium superbum*. Lin. Il est originaire de l'Amérique septentrionale. Ses feuilles sont éparses sur la tige, lancéolées, étroites, pointues. Du même point du sommet de la tige, qui s'élève quelquefois à six pieds de hauteur, partent les péduncules des fleurs qui semblent rendre la tige rameuse; les fleurs s'inclinent contre terre, & leurs pétales sont roulés. Cette plante n'exige pas plus de culture que le lis blanc, & elle fait l'ornement des jardins.

Lis Martagon. *Lilium martagon*. Lin. Il diffère des autres lis par sa racine bulbeuse, qui est jaunâtre; sa tige cylindrique, lisse, & souvent parsemée de points rouges; ses feuilles sont rangées tout autour de la tige comme les rayons d'une roue le sont contre l'essieu, & elles sont à deux rangs, chaque rang composé de six à sept feuilles. Au haut de la tige naissent les fleurs, portées sur de longs péduncules; les pétales de la fleur sont purpurins, tachetés de rouge; les

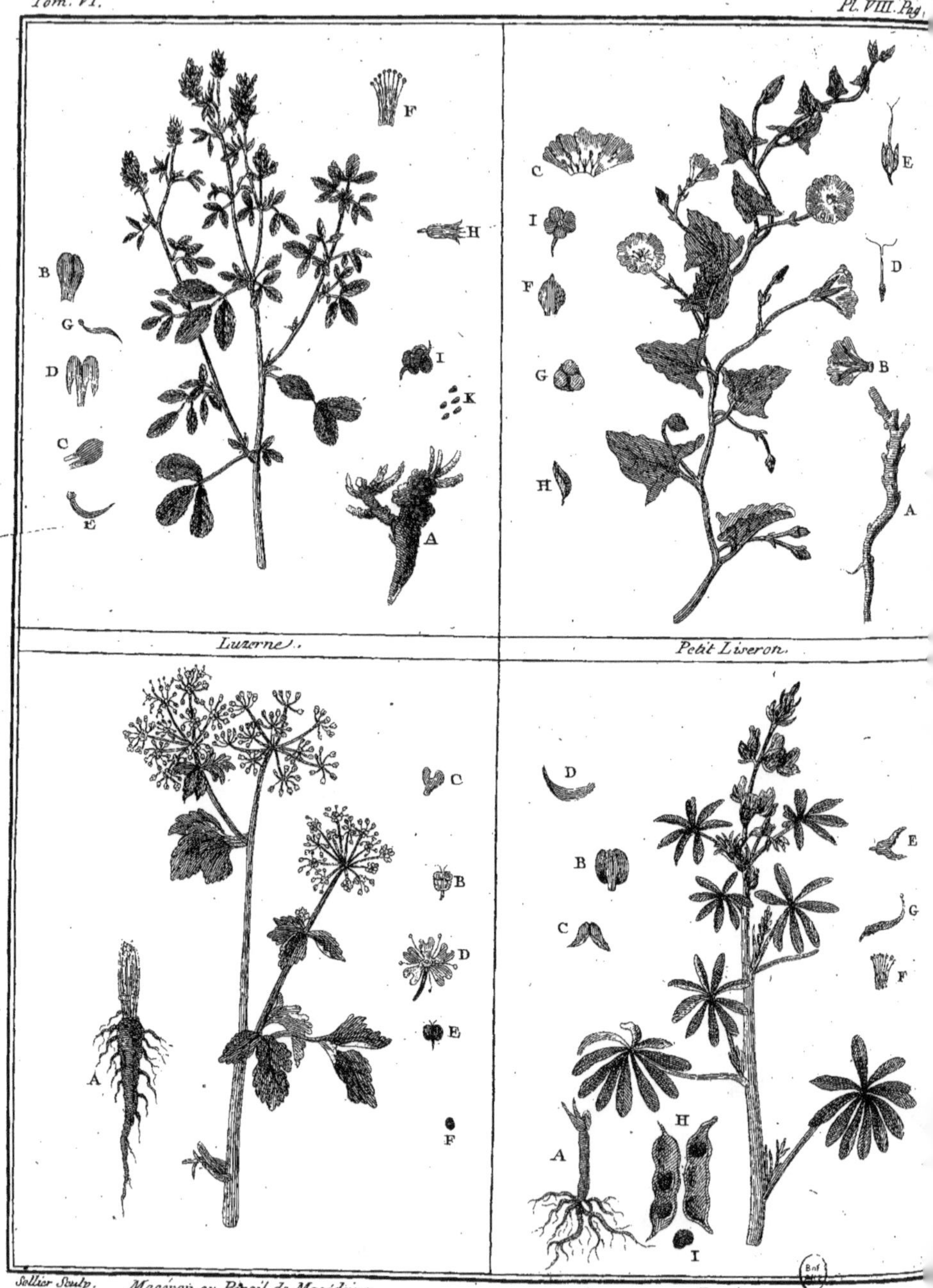


Sellier Sculp.

Maceron, ou Persil de Macédoine.

Lupin.

étamines sont de la longueur du pistil; à la base de chaque péduncule on remarque deux feuilles florales, l'une plus grande, & l'autre plus petite. Dans les parties inférieures, la feuille florale la plus grande, est à gauche, & à droite dans les supérieures. On le trouve dans la Hongrie, la Suisse, la Sibérie.

Toutes espèces de lis ornent très-bien un jardin; on peut même en garnir les lisières des bosquets; mais elles doivent y être plantées sans ordre, afin qu'elles aient l'air d'être naturelles au sol. Ce que je dis des bosquets, s'applique également aux bordures des prairies, &c.

Il seroit à désirer qu'on pût encore multiplier dans les jardins *le lis du Canada*, à fleurs jaunes, parsemées de taches noires; celui de Philadelphie, à fleurs droites, & à feuilles verticillées comme celui du Canada, & du *Camschatca*, à fleurs pourpres, à tige cylindrique, lisse, haute d'un pied.

LIS DES VALÉES. (*Voyez* MUGUET)

LIS DES ÉTANGS. (*Voyez* NENUPHARD)

LISERON DES CHAMPS, ou LISET. (*Planche VIII*) Von Linné le nomme *convolvulus arvensis*, & le classe dans la pentandrie monogynie. Tournefort le place dans la troisième section de la première classe des herbes à fleurs, d'une seule pièce, en forme de cloche, dont le pistil se change en un fruit sec, & à capsules; il l'appelle *convolvulus arvensis minor, flore roseo*.

*Fleur*. Formée par un tube court, évasé à l'extrémité supérieure, à cinq divisions, variant beaucoup pour la couleur, quelquefois pourpre, & le plus souvent couleur de rose, quelquefois blanche. B représente les cinq étamines attachées au pétale, représenté ouvert en C. Le pistil D s'attache, au fond du calice E à cinq divisions.

*Fruit*. F Capsule à deux loges, représenté en G coupé transversalement, pour laisser voir de quelle manière les graines sphériques, anguleuses H, s'attachent au placenta I.

*Feuilles*. Lisses, en forme de fer de flèche, aigu de tous côtés; les pétioles plus courts que les feuilles.

*Racine*. A. Longue, menue, rampante, peu fibreuse.

*Lieu*. Le bord des grands chemins, les champs, les jardins. Malheureusement la plante est vivace.

*Port*. Tiges grêles, foibles, couchées circulairement sur terre, si elles ne trouvent point de support; les fleurs naissent des aisselles des feuilles, & leur péduncule est presque égal à la longueur des feuilles.

*Propriétés*. M. Tournefort la regarde comme un des meilleurs vulnéraires employés en médecine. Les gens de la campagne brisent les feuilles & les tiges entre deux cailloux, & les appliquent sur les plaies.... La dénomination de *convolvulus* vient de *convolvere*, c'est-à-dire entourer.

Les jardiniers disent que sa racine vient des enfers, parce qu'elle s'enfonce si profondément, qu'on ne peut en trouver le bout. Si on la divise en morceaux, en fouillant la terre, chaque morceau produit une nouvelle plante, & on la propage ainsi à l'infini. Le seul moyen de la détruire est de l'épuiser, en coupant sans cesse les tiges qu'elle pousse, & ce n'est qu'avec le temps & la patience qu'on en vient à bout. Cette plante fleurit pendant l'été, & bien avant encore dans l'automne ; ses graines germent par-tout, même dans les gersures des pierres. Outre que cette plante épuise la terre, elle détruit toutes les plantes de son voisinage; elle s'entortille à elles par un mouvement opposé à la course du soleil, les serre, les étrangle, & les fait périr.

Le Grand Liseron, ou Liseron des Haies. *Convolvulus sepium*. Lin. Il diffère du précédent par sa fleur blanche, & du double plus grande; par ses feuilles en forme de fer de flèche, mais tronquées par derrière; par les péduncules des fleurs de la longueur des pétioles des fleurs; par deux feuilles florales, en forme de cœur; & plus longues que le calice. On lui attribue les mêmes propriétés qu'au précédent; la plante est vivace.

Est-ce à cette espèce qu'on doit rapporter le charmant liseron cultivé dans les jardins, & qui s'élève singulièrement haut, lorsqu'on lui donne des tuteurs? Sa fleur est d'une belle couleur bleue, tirant par nuance sur le pourpre violet. On en forme des tonnelles qui sont bientôt couvertes, des colonnes, des portiques chargés de fleurs qui s'épanouissent le soir, & restent ouvertes jusqu'au lendemain vers les dix heures du matin, & pendant toute la journée si le temps est couvert. Plus le fonds de terre est riche, & plus la plante s'élève; elle demande de fréquens arrosemens, & la premiere petite gelée la détruit.

Le Liseron Tricolor, ou a trois couleurs. *Convolvulus tricolor*. Lin. Ce liseron mérite d'être cultivé dans les jardins où on lui a donné le nom de Belle-de-Jour, parce que la fleur épanouit le matin & se ferme le soir. Ses fleurs ont trois couleurs, le fond en est bleu & blanc, avec des zones jaunes. Le tube de la fleur est alongé, il est seulement bleu à l'extérieur. La fleur est portée par un très-long péduncule, qui s'élance des aisselles des feuilles; ses tiges rampent sur terre; ses feuilles ont la forme d'une spatule, & n'ont point de pétioles. La culture les fait souvent varier. La plante est annuelle & fleurit pendant l'été.

On la seme sur place, dans les premiers jours du printemps. Lorsque le sol est bien préparé, on met trois à quatre graines dans le même trou. Si toutes végétent, on n'en laisse qu'une ou deux, & elles fleurissent en juin & juillet. On peut également les semer en automne, alors la plante fleurit au printemps. Cette plante ne demande aucun soin particulier. La vivacité des couleurs de ses fleurs, offre un joli coup-d'œil. On peut en garnir des plates-bandes entières. Cette plante est originaire d'Espagne, & elle est annuelle.

La Soldanelle est encore une espèce de *liseron*. ( *Voyez* le mot Soldanelle ) Il en est ainsi pour le liseron-Jalap, le liseron-Batate, le liseron-Scammonée. ( *Voyez* ces mots. ) De plus grands détails sur les liserons, nous meneroient trop loin; car Von Linné en compte cinquante-trois espèces, dont la connoissance de la plûpart est très-inutile aux cultivateurs, ou aux fleuristes.

Il ne s'agit point ici d'un dictionnaire de botanique.

LITHARGE. Mêlange du plomb & de l'écume qui sort de l'argent ou de tout autre métal raffiné par le plomb fondu. Il y en a de deux couleurs : la litharge appellée *d'argent*, & celle appellée *d'or*. On peut réduire la litharge en plomb, en la fondant à travers les charbons. Elle est souvent employée en médecine dans la composition des emplâtres & des onguents; en peinture, comme dessicative de l'huile, & par les frelateurs des vins & des cidres. Au mot VIN, nous indiquerons le moyen de reconnoître leurs fraudes, très-préjudiciables à la santé.

LITIÈRE. Paille qu'on répand dans les écuries, dans les étables, sous les chevaux, les bœufs, les moutons, & sur laquelle couchent les animaux. Dans beaucoup d'endroits la paille, même de seigle, est trop sèche & trop rare; par exemple, sur les montagnes, pour la sacrifier à cet usage, on la supplée par de jeunes pousses de pins, de sapins, de melèze, par la bruyère, les genets, la fougère, le chaume des bleds, les tiges du sarrazin, ou bled noir, du maïs, ou bled de Turquie, des buis, des feuilles de noyer, de châteignier, celles des arbres forestiers, des vignes mêmes, dans le besoin; enfin, de ce que l'on trouve de plus abondant, de moins coûteux, & de plus susceptible de s'imprégner de l'urine des animaux.

Dans les villes, on a la sage coutume de lever chaque jour la litière, de pousser sous l'auge la paille qui n'est pas humectée, & de transporter au dehors celle qui l'est. Le soir, on étend de nouveau la paille mise en réserve, & on en ajoute de nouvelle; & ainsi de suite chaque jour. Cette méthode est très-bonne; mais est-elle praticable dans les campagnes où, par une parcimonie mal entendue, le nombre des valets est toujours au-dessous de l'ouvrage que l'on doit faire; & quand ce nombre seroit augmenté en proportion du travail, auroit-on assez de paille à sacrifier à la litière? Cela est bon dans quelques provinces à grains, mais très-difficile ou presqu'impossible dans beaucoup d'autres. De-là est venue la détestable manie de ne lever la litière qu'une, ou deux, ou trois fois l'année tout au plus, & chaque jour, ou tous les deux jours, on ajoute un peu de paille ou un peu de feuilles, &c. sur celles de dessous; il en résulte que l'animal est complétement toute l'année dans un bourbier. Pour juger du mal qui résulte de cette méthode, *Voyez* ce qui a été dit au mot BERGERIE. Le cultivateur attentif à ses intérêts, qui sait le prix des *engrais*, ( *Voyez* ce mot ) qui sait que les engrais sont la base fondamentale de l'agriculture, fera enlever toute la litière au moins une fois par semaine pendant l'hiver, & deux fois pendant le reste de l'année. Il se procurera ainsi le double & le quadruple de fumier; car, avec une brassée de paille, le valet, toujours négligent, fait la litière pour toute une écurie. C'est un point sur lequel ne veillent pas assez les cultivateurs; ils doivent de temps en temps venir dans la nuit visiter leurs écuries, & faire lever tous les valets pour voir si la litière manque, ou si elle n'est pas assez abondamment fournie. Lorsqu'ils auront été ainsi dérangés pluſieurs fois, la litière, à coup sûr, ſera bonne, par la crainte qu'auront les valets de ces ſortes de viſites : les exhortations, les menaces ſervent très-peu ; il faut des punitions priſes dans la choſe même.

LITRON. Meſure dont on ſe ſert pour meſurer les choſes ſèches, comme pois, fèves, lentilles, &c., & qui contient la ſeizième partie d'un *boiſſeau* de Paris, ( *Voyez* ce mot ) ou trente-ſix pouces cubes.

LIVRE. Poids contenant certain nombre d'onces, plus ou moins, ſuivant le différent uſage des lieux.

A Paris, & dans pluſieurs contrées du royaume, la livre eſt de ſeize onces, poid *de marc*, & tout ce qui eſt vendu au nom du roi doit l'être avec ce poids ; tels ſont le ſel, le tabac, la poudre, &c. Cette livre ſe diviſe en deux marcs ou demi-livre ; le *marc* eſt de huit onces, l'once ſe diviſe en huit gros, le gros en trois deniers, le denier en vingt-quatre grains, peſant chacun un grain de froment.

A Lyon, la livre eſt de quatorze onces. Cent livres de Paris ſont cent ſeize livres de Lyon ; dans cette ville la livre de ſoie n'eſt que de douze onces. Dans pluſieurs villes du Languedoc, par exemple, la livre eſt de ſeize onces diſtinctes, mais ces ſeize onces ſe réduiſent à quatorze onces poids de marc. Les petits poids ſont appelés *poids de table*, *poids marchands*, qui varient non-ſeulement d'une province à l'autre, mais encore dans la même province. Il en eſt ainſi des meſures des ſolides & des meſures d'étendue. Quand viendra le temps où l'on n'aura qu'un ſeul poids, une ſeule meſure ! De plus grands détails ſur ces ſortes de variations qui exiſtent d'une ville, d'une province ou d'un royaume à un autre, ſeroient déplacés dans cet ouvrage ; ceux qui déſirent une inſtruction particulière ſur ce ſujet, peuvent conſulter le dictionnaire de *commerce* de Savary.

La livre dont on ſe ſert en médecine n'eſt que de douze onces effectives du poids de marc, mais diviſée en ſeize onces ; ainſi la demi-livre médicinale eſt de ſix onces, le quarteron de trois onces. On marque ainſi la livre ℔.j. deux livres ℔ij. & ainſi de ſuite ; une demi-livre ℔s.

L'once eſt compoſée de huit gros ou drachmes ℥j. deux onces ℥ij. deux onces & demi ℥ijs.

Le gros ou drachme contient trois ſcrupules ʒj. deux gros ʒij. une drachme & demie ʒjs.

Le ſcrupule contient vingt-quatre grains ℈.j. deux ſcrupules ℈ij. deux ſcrupules & demi ℈ijs. le grain ſe marque par gr.

Il eſt beaucoup plus prudent d'écrire en toutes lettres le poids du médicament, que d'employer ces ſignes, qui ſouvent ont cauſé de dangereuſes mépriſes, ſoit par ignorance, & encore plus par diſtraction, ſoit de la part de celui qui fait l'ordonnance, ſoit de celui qui l'exécute, ſoit enfin par la mauvaiſe configuration qu'on a donné au ſigne en le traçant ſur le papier. Il eſt ſi aiſé de ſe méprendre entre le ſigne de l'once & celui de la drachme, qui n'eſt que ſa huitième partie ? De ces erreurs naiſſent ce qu'on a appellé le *quiproquo*, avec raiſon ſi redouté lorſque le médicament eſt actif.

LOBE. (Bot.) Ce ſont les parties de la graine qui renferment & enveloppent immédiatement le germe

&

& la radicule. On leur donne encore le nom de *cotyledons.* ( *Voyez* ce mot ) M. M.

LOCHIE. ( *Voyez* ARRIÈRE-FAIX.

LOK, ou LOOK, ou LOCK. Mot tiré de l'arabe, pour désigner un électuaire plus liquide que mou, & dont voici la préparation.

Prenez amandes douces récentes, desséchées & blanchies, demi-once, que vous pilerez dans un mortier de marbre; ajoutez peu-à-peu d'eau de rivière filtrée, quatre onces, dans laquelle vous aurez fait dissoudre une once de sucre; passez à travers une étamine, & vous aurez une émulsion. Broyez dans un mortier de marbre bien sec, gomme adragant pulvérisée & tamisée, seize grains; délayez-la avec une cuillerée d'émulsion jusqu'à ce qu'elle soit réduite en mucilage; incorporez-y huile d'amande récente, une once; agitez ces substances; dès que le mucilage paroîtra exactement fait & sans grumeaux, versez-y un peu d'émulsion, avec la précaution de tenir toutes ces espèces de fluides dans un mouvement continuel & rapide; ajoutez-y eau de fleur d'orange une drachme, vous aurez le *lock blanc*, à prendre par cuillerée dans le jour; en été renouvellez-le deux fois par jour. Si vous substituez des pistaches aux amandes douces, avec syrop de violettes, deux onces, vous aurez le *lock verd.*

Ce remède diminue la sécheresse de la bouche & de l'arrière-bouche, nourrit médiocrement, & pèse souvent sur l'estomach; quelquefois il calme la toux essentielle & la toux convulsive, & favorise l'expectoration lorsqu'il n'existe point d'inflammation, ou qu'elle est sur sa fin. Il est nuisible pendant l'accroissement des maladies inflammatoires de la poitrine, au commencement de la toux essentielle, de la toux catarrhale; dans les maladies où les premières voies contiennent des humeurs acides, ou qui tendent à la putridité.

L'eau miellée ou l'eau sucrée ne seroit elle pas aussi salutaire qu'un lock? Elle coûteroit moins cher, & on l'auroit toujours sous la main.

LOQUE. LOQUETTE. Morceau d'étoffe avec lequel on fixe chaque branche, chaque bourgeon d'un arbre contre un mur, en retenant la loque à l'aide d'un clou qu'on plante dans le mur.

Quoique cette manière de disposer les branches & les bourgeons, soit, sans contredit, la plus avantageuse & la plus commode, puisqu'on les place dans la direction qu'on désire, elle n'est cependant pas praticable par-tout; elle exige des murs construits en plâtre on en *pisaï*, ( *Voyez* ce mot ) & dans plus des trois quarts du royaume, le plâtre est très-cher & très-rare; en le supposant même commun, il deviendroit inutile pour les murs *extérieurs* dans les provinces maritimes, parce que l'acide marin y décompose bientôt le plâtre. Dans les murs à chaux, à mortier & à pierres, on n'est pas le maître de choisir la place du clou; il ne reste donc plus que la ressource des treillages appliqués contre les murs, & avec un peu d'industrie de la part du jardinier, ces treillages permettent de bien palisser les bourgeons, sur-tout si on a eu le soin d'éloigner peu les bois, & d'en former de petits quarreaux.

Les clous entrent à volonté dans les murs de pisaï, mais comme ils sont construits en terre, & qu'on est obligé de les revêtir à l'extérieur d'une couche de mortier à chaux & sable, ces clous détachent une partie de cette couche, & peu-à-peu dégradent complètement le mur. Il faut donc, pour les murs en pierres ou en pisaï, recourir également aux treillages.

La loque a l'avantage de ne point étrangler la branche ou le bourgeon à mesure qu'il grossit, au lieu que l'osier ne prête pas, & établit une forte compression, s'implante dans l'écorce, y forme un *bourrelet*, (*Voyez* ce mot) enfin dérange & nuit beaucoup à la végétation de l'arbre.

LOUCHET ou LUCHET. Outil de jardinage pour fouiller la terre. (*Voyez* le mot Bêche.)

LOUP. LOUVE. Animal malheureusement trop connu dans les campagnes pour qu'il soit nécessaire de le décrire ici; il attaque les bœufs, les chevaux, les ânes; il les saisit par la queue, & à force de les faire tourner sur eux-mêmes, il les étourdit, les fait tomber, & leur saute aussitôt à la gorge; enfin l'animal expire, & il le dépièce jusqu'à ce qu'il soit rassasié à l'excès. Il emporte le mouton en le jetant sur son col; la chèvre, les chiens sont ses victimes; il attaque même les enfans & les femmes, lorsqu'il est pressé par la faim. Quand il a une fois goûté à la chair humaine, il la recherche ensuite avec avidité. Lorsque la vigilance des bergers, & les soins ou les mauvaises saisons, lui dérobent sa proie, plutôt que de mourir de faim, il leste son estomac en mangeant de la glaise. Les sens de cet animal sont très-exercés, il a l'oreille sensible au bruit le plus léger, & l'odorat très-délicat; il va toujours le nez au vent pour chercher sa proie; sa vue est perçante, & sa course prompte & soutenue. Sans cesse en défiance, il se cache dans le fourré des bois, d'où il ne sort que lorsque les ombres de la nuit invitent au repos les hommes & les animaux. La défiance guide ses pas, & son odorat lui indique les pièges qu'on lui tend. Attirer & surprendre un vieux loup, est une chose bien difficile. Si on désire de plus grands détails sur son histoire naturelle, on peut consulter l'ouvrage de M. de Buffon; comme il est entre les mains de tout le monde, il seroit superflu de le copier ici.

On a inventé plusieurs moyens pour exterminer ce fléau des campagnes; les Anglois ont mis la tête des loups à prix, & ils ont doublé, triplé, décuplé & centuplé les récompenses à mesure que l'espèce devenoit plus rare. Enfin il n'en existe plus dans cette île, assez éloignée du continent pour empêcher l'animal de traverser le bras de mer qui l'en sépare. On ne peut pas en France prendre le même parti, parce que ce royaume, en grande partie environné par la chaîne des Pyrénées & des Alpes, par la chaîne des Vosges & des Pays-Bas Autrichiens, ne peut se garantir de l'entrée de ces animaux; le roi donne trente livres par tête de loup, mais dans quelques cantons cette récompense est inconnue. Ce moyen s'oppose jusqu'à un certain point à l'exceſſive multiplication de ces animaux, mais produit peu d'effets. Si les loups ſont trop nombreux, les communautés s'adreſſent à leur intendant, & demandent la permiſſion de faire une battue à leurs frais, & rarement elle leur eſt refuſée. Plus la battue eſt nombreuſe, & moins elle a de ſuccès, parce que le loup s'enfuit dès qu'il entend le bruit des chaſſeurs, & ils ont beau ſe poſter avantageuſement, l'animal ſe dérobe aux embuſcades, & il eſt rare de compter trois ou quatre loups tués ou bleſſés dans ces battues.

Les battues ſe réduiſent à un ſimple déplacement des loups, d'un lieu à un autre; ſi elles ſont faites au compte du roi, il en coûte immenſément ou à la province ou au tréſor royal, & le réſultat n'eſt guères plus avantageux que celui des battues des communautés.

La louveterie eſt preſque devenue une ſcience qui conſiſte à former des équipages de chiens, ſoit pour courir après le loup, ſoit pour l'obliger à ſortir de ſa retraite, &c. Malgré toutes ces précautions, a-t-on moins de loups dans les provinces éloignées de la Capitale? N'a-t-on pas vu, en 1761 ou 1762, les femmes & les enfans être attaqués par ces animaux, devenus redoutables pour tous ces cantons? Dans une battue, compoſée de plus de quatre mille perſonnes, on tua cinq louveteaux, quelques renards, & on vit le loup carnaſſier, fuir, traverſer le Rhône, & aller exercer ſes ravages dans le Vivarais, où il fut tué quelques années après.

Le loup eſt ſi fin, ſi ruſé, ſi adroit, qu'on réuſſit très-peu à le détruire par la force ouverte. Il a donc fallu recourir aux pièges. Je vais rapporter les deſcriptions des principaux, copiées du dictionnaire encyclopédique & économique, & j'indiquerai enſuite un moyen que je regarde comme infaillible.

Le meilleur piège eſt le *traquenard*. (*Voyez* ce mot) Avant de le tendre, on commence par traîner un cheval ou quelqu'autre animal mort dans une plaine que les loups ont coutume de traverſer; on le laiſſe dans un guéret; on paſſe le rateau ſur la terre des environs pour reconnoître plus aiſément le pas de l'animal, & d'ailleurs le familiariſer avec la terre égalée qui doit couvrir le piège. Pendant quelques nuits le loup rode autour de cet appât, ſans oſer en approcher; il s'enhardit enfin: il faut le laiſſer s'y rendre pluſieurs fois. Alors on tend pluſieurs pièges autour, & on les couvre de trois pouces de terre, pour en dérober la connoiſſance à ce défiant animal. Le remuement de la terre que cela occaſionne, ou peut-être les particules odorantes, exhalées du corps des hommes, réveillent toute l'inquiétude du loup, & il ne faut pas eſpérer de le prendre les premières nuits; mais enfin l'habitude lui fait perdre ſa défiance, & lui donne une ſécurité qui le trahit.

Il eſt un appât qui attire bien plus puiſſamment les loups, & dont les gens du métier font communément un myſtère; il faut tâcher de ſe procurer la matrice d'une louve en chaleur; on la fait ſécher au four, & on la garde dans un lieu ſec. On place enſuite à pluſieurs endroits, ſoit dans le bois, ſoit dans la plaine, des pierres, autour deſquelles on répand du ſable; on frotte les ſemelles de ſes ſouliers avec cette matrice, & on en frotte bien ſur-tout les différentes pierres qu'on a placées; l'odeur s'y conserve pendant plusieurs jours, & les loups mâles & femelles l'éventent de très-loin; elle les attire & les occupe fortement; lorsqu'ils sont accoutumés à venir gratter quelqu'une de ces pierres; on y tend le piège, & rarement sans succès, lorsqu'il est bien tendu & bien couvert. DICT. ENCYC.

Dans les pays des forêts & grands bois où il y a nombre de loups, on peut se servir d'une fosse avec une trappe, laquelle étant chargée d'un bout, renverse sa charge dans la fosse, & se referme d'elle-même. Cette invention ne doit se pratiquer que dans les chemins écartés, qui sont les endroits ordinaires où passent les loups; & afin de ne pas travailler inutilement, il faut, avant d'y faire la fosse, vous promener quelque matin après la pluie, ou bien quand la terre est molle & qu'il a neigé, & regarder à terre pour y découvrir les empreintes du loup. On place sur la partie du milieu de la trappe ou bascule, une bête morte, & on l'y attache; dès que le loup a les quatre pieds sur la bascule, elle s'abaisse, & l'animal tombe dans la fosse.

Plusieurs personnes se servent d'un mouton ou d'une oie, pour attirer le loup & autres animaux carnaciers, parce que ces deux animaux étant seuls, ne cessent de crier; leurs cris attirent les loups & les renards, qui pensant se jeter sur eux, ne peuvent éviter les effets de la bascule. Lorsque le loup est pris, le mieux est de lui passer au col un las coulant pour le tirer de la fosse, & le donner ensuite aux chiens à étrangler loin de-là, car si le sang de l'animal est répandu sur la place, on peut compter qu'aucun autre loup n'en approchera de long-temps, quelques appâts qu'on mette dans le piège. DICT. ÉCONOM.

Les chasses, ainsi qu'il a été dit, produisent peu d'effets, les fosses sont souvent dangereuses pour les hommes qui ignorent où elles sont placées, ce que l'exemple a prouvé plusieurs fois; mais il existe un moyen moins coûteux, plus sûr, & dont je certifie avoir fait ou avoir fait faire plusieurs fois l'expérience avec *le plus grand succès*. Je n'en ai pas le mérite de l'invention, & j'avoue de bonne-foi que le procédé fut indiqué en 1764 ou 1765 dans les papiers publics; il me parut si simple, si naturel, que je le copiai alors; mais j'oubliai de transcrire le nom de son auteur, & de la feuille publique où il étoit inséré.

Prenez un ou plusieurs chiens, ou plusieurs vieilles brebis ou chèvres que vous faites étrangler; ayez de la *noix vomique* rapée fraîchement; (on trouve cette drogue chez tous les apothicaires) faites une quinzaine ou vingtaine de trous avec un couteau dans la chair, suivant la grosseur de l'animal, comme au rable, aux cuisses, aux épaules, &c. Dans chaque trou, qui doit être profond, vous mettrez un quart ou demi-once de noix vomique, le plus avant qu'il sera possible; vous boucherez ensuite l'ouverture avec quelque graisse, & encore mieux, vous rapprocherez par une couture les deux bords de la plaie, afin que la noix vomique ne puisse pas s'échapper; liez ensuite l'animal par les quatre pattes avec un osier, & non avec des cordes, qui conservent trop long-temps l'odeur de l'homme: enterrez l'animal ou les animaux ainsi préparés dans un fumier qui travaille, c'est-à-dire dans lequel les parties animales se développent par la fermentation ; il doit y rester en hiver pendant trois jours & trois nuits, suivant le degré de chaleur du fumier, & vingt-quatre heures pendant l'été. Cette seconde opération a pour but d'accélérer le commencement de putréfaction du chien, & de détruire sur-tout toute odeur que l'attouchement de l'homme peut lui avoir communiquée ; attachez une corde à l'osier qui lie les quatre pattes, & traînez cet animal par de très-longs circuits jusqu'à l'endroit le plus fréquenté par les loups ; alors suspendez-le à une branche d'arbre, & assez haut pour que le loup soit obligé d'attaquer le chien par le rable.

Le loup est un animal vorace qui ne se donne pas la peine de mâcher le morceau qu'il arrache, il l'avale tout-de-suite, & le poison ne tarde pas à produire son effet : on est sûr de le trouver mort le lendemain, & souvent il n'a pas le temps de gagner sa tanière.

Si on conseille de se servir d'un chien, ce n'est pas que cet animal ait une vertu particulière & plus capable d'attirer les loups que les autres animaux, mais comme le chien ne mange pas de la chair de chien, on ne craint pas que ceux du voisinage, pour l'ordinaire assez mal nourris, viennent dévorer l'appât, comme ils le feroient si on avoit placé une brebis ou une chèvre, &c.

On peut, comme on le voit, mettre ce procédé en pratique dans toutes les saisons & dans tous les jours de l'année, dès que l'on est incommodé par le voisinage des loups, cependant la meilleure saison pour l'employer est l'hiver, lorsqu'il gêle bien, parce que les animaux domestiques sont alors renfermés, & les animaux sauvages retirés dans leurs tanières, d'où ils ne sortent pas : ainsi le loup trouve très-difficilement de quoi assouvir son appétit dévorant, toujours augmenté par la facilité avec laquelle il digère ; alors l'animal est moins défiant, &, pressé par la loi tyrannique du besoin, il se jette indistinctement sur tout ce qu'il trouve.

Il est presque impossible, ainsi qu'il a été dit, de détruire complettement la race des loups en France, à cause du voisinage avec les autres pays ; mais il est bien facile d'en diminuer le nombre, & même de le réduire aux simples loups venant de l'étranger. A cet effet, l'argent que les intendans donnent pour chaque tête de loup pourroit être employé à l'achat de la noix vomique, qui seroit distribuée gratuitement dans toutes les paroisses ; chaque communauté seroit tenue de fournir les vieilles brebis ou les chiens, & le seigneur ou le curé du lieu seroient chargés de faire exécuter l'opération, & de la répéter plusieurs fois dans un même hiver. Je ne crains pas d'avancer que si l'opération étoit générale dans tout le royaume, & suivie avec soin & zèle pendant plusieurs années consécutives, on ne vînt à bout d'anéantir tous les loups.

On employe quelquefois dans la *Camargue* une méthode particulière pour prendre les loups, & qui mérite de trouver place ici. On forme avec des pieux de quatre à cinq pieds de long, qu'on plante solidement en terre, à la distance chacun d'un demi pied, une enceinte circulaire d'environ une toise de diamètre, & au milieu de laquelle on attache une brebis vivante, ayant une ou plusieurs sonnettes au col; on plante ensuite des pieux, également éloignés entr'eux, pour former extérieurement une seconde enceinte, éloignée de la première d'environ deux pieds; on laisse à cette enceinte une ouverture avec une porte, ouverte du côté gauche, qui permette au loup d'entrer seulement à droite: une fois que l'animal est entré entre les deux enceintes, il va toujours en avant, comptant pouvoir saisir la brebis, & quand il est parvenu à l'endroit par où il étoit entré, ne pouvant se retourner, les mouvemens qu'il fait pour aller en avant, font fermer la porte.

LOUP-GAROU. Homme que le peuple suppose être sorcier, & courir les rues & les champs, transformé en loup. Cette erreur est très-ancienne & très accréditée; il n'est guère possible de remonter à la fable qui lui a donné lieu. Sur la fin du seizième siècle, plusieurs tribunaux ne la regardoient pas comme telle; la Roche Flavia rapporte un arrêt du parlement de Franche-Comté, du 18 janvier 1574, qui condamne au feu Giles Garnier, lequel ayant renoncé à Dieu, & s'étant obligé par serment de ne plus servir que le diable, avoit été changé en loup-garou.

De pareilles extravagances ont mis plusieurs citoyens très-honnêtes dans le cas d'être maltraités par le peuple, & traduits en prison.

LOUPE. (Bot.) Excroissance végétale qui se forme sur la tige des arbres, & qui naît ordinairement dans les endroits endommagés par quelques blessures; un accident oblitérant les vaisseaux, ils s'obstruent insensiblement, & il se forme quelquefois des dépôts vers l'écorce; ces dépôts forcent les couches, soit corticales, soit ligneuses, qui les recouvrent, de se dilater, de se contourner & de prendre une forme arrondie & saillante. Insensiblement la sève & les autres humeurs s'y accumulent, y fermentent, & vicient nécessairement toutes les parties voisines; aussi lorsque l'on coupe une de ces loupes, on trouve toujours les couches qui les forment d'une couleur brunâtre, qui annonce l'état de maladie où elles sont; ces loupes acquièrent quelquefois une grosseur monstrueuse, comme on peut le remarquer sur quelques vieux arbres dans les forêts; mais une observation assez constante que j'ai faite, c'est que ces loupes sont presque toujours vers la partie inférieure du tronc, ce qui indique assez que c'est plus à des accidens extérieurs qu'à des vices intérieurs qu'il faut attribuer la cause des loupes. Consultez les mots Excroissance, pour voir le moyen d'extirper ces loupes, & Bourlet, pour connoître la manière dont les couches ligneuses se dilatent & prennent une forme arrondie. M. M.

Loupe. *Médecine rurale.* Nom que l'on donne à une tumeur plus ou moins grosse, sans douleur, sans inflammation, & sans aucun changement de couleur à la peau.

Les loupes ont toujours été comprises dans la classe des tumeurs enkistées; elles se fixent sur toutes les parties du corps; leur siège ordinaire est presque toujours sous la peau; quelquefois elles vont plus profondément, & s'établissent dans l'interstice des fibres musculaires.

Les loupes ont reçu différens noms, relativement à la couleur des matières qu'elles contiennent, & aux parties qu'elles occupent. La loupe est appelée *stéatome*, lorsque la matière qu'elle renferme ressemble au suif; quelquefois cette matière est liquide & jaune, & a beaucoup de ressemblance avec le miel, elle prend alors le nom de *melliceris*: elle est enfin connue sous le nom de *goetre*, (*Voyez* ce mot) lorsqu'elle est formée de chair, & qu'elle paroît au col.

La loupe, dans son origine, est d'un volume très-petit, & n'excède jamais la grosseur d'un pois, mais elle augmente insensiblement, & devient très-grosse, & pour mieux dire, monstrueuse. La loupe cède facilement à la compression par laquelle on sent une fluctuation quelquefois sensible, & quelquefois très-obscure, & quoiqu'elle soit sans douleur par sa nature, néanmoins elle s'enflamme quelquefois, & alors elle devient très-douloureuse; on y apperçoit de la rougeur, de la chaleur, & une démangeaison assez piquante.

La loupe se forme, comme nous l'avons déjà dit, dans les interstices des muscles, mais ce n'est que par la dilatation variqueuse des gros vaisseaux lymphatiques qui y rampent; elle est le plus souvent unique & solitaire, mais il n'est pas rare d'en voir plusieurs ensemble, & former, tantôt une espèce de grappe, lorsqu'il y a plusieurs vaisseaux limphatiques voisins qui sont affectés à-la-fois, & tantôt une espèce de chaîne, lorsqu'un même vaisseau limphatique devient variqueux en plusieurs endroits de sa longueur.

Tout ce qui peut relâcher la peau, épaissir la lymphe & en ralentir le cours, peut contribuer à la formation de la loupe; le défaut d'exercice, une vie molle & trop sédentaire, l'usage des alimens grossiers & de difficile digestion, l'abus des liqueurs spiritueuses, la suppression des évacuations habituelles, comme le flux hémorrhoïdal dans les hommes, & le flux menstruel dans les femmes; la transpiration supprimée, la répercussion de quelqu'humeur dartreuse, des évacuations immodérées peuvent produire des loupes. Il est encore d'autres causes aussi efficaces que celles dont nous venons de faire mention, telles que les coups violents, les chûtes, les contusions, les piqûres, les meurtrissures, une compression trop forte, faite & prolongée sur quelque partie du corps; enfin la morsure de différens animaux. La loupe est une tumeur plus ou moins incommode, & le mal qu'elle peut causer est relatif à son volume & aux parties qu'elle occupe. Pour l'ordinaire elle n'a aucune mauvaise suite; on en a vu cependant qui sont devenues cancéreuses, très-dangereuses & même mortelles.

Le pronostic des loupes doit dériver de leur volume, de leur nature, de leurs attaches à un certain nerf, à certains tendons & à certains vaisseaux, de leur profondeur & de l'épaisseur du kiste ou de la poche.

La loupe est un mal opiniâtre & difficile à guérir; lorsqu'elle n'incommode point, le meilleur parti est de ne pas entreprendre de la guérir. Dans le principe, il faut s'oppoſer à ſes progrès; pour cet effet, on a recours à une compreſſion graduée, qu'on fait avec une plaque de plomb battu, qu'on ouvre des deux côtés pour avoir deux anſes, à travers leſquelles on paſſe un ruban qu'on peut ſerrer au degré qu'on veut. Ce moyen eſt trop utile pour être négligé; ſa ſimplicité le rend recommandable; je l'ai vu réuſſir, mais il n'opére pas de grands effets quand on l'emploie ſur une loupe qui a acquis un certain volume. Il eſt alors inutile; il vaut mieux lui préférer des remèdes fondans, dont l'application eſt plus propre à donner de la fluidité à la matière renfermée dans la poche de la loupe, & à en procurer plus aiſément la réſolution. Dans cette vue, on recommande certains emplâtres fondans, comme ceux de *vigo cum mercurio*, de ciguë, de diabotanum, de diachylum gommé; l'application des linges imbibés d'urine, dans laquelle on a fait diſſoudre du ſel ammoniac, eſt un fondant très-énergique : je l'ai vu réuſſir. La terre cimolée des couteliers, les quatre farines réſolutives, l'oignon de ſcille, les boues d'eaux thermales, précédés des frictions ſéches ſur la loupe, ſont des remèdes trop énergiques pour qu'on n'obtienne pas de bons effets de leur emploi. *Aſtruc* recommande beaucoup la chaux vive paîtrie avec le miel & le ſavon, & appliquée en forme de cataplaſme; il prévient que ce remède cauſe des cloches qui incommodent beaucoup. L'emplâtre de tabac peut auſſi très-bien convenir; il eſt trop vanté par les auteurs pour ne pas y avoir recours.

Malgré l'application de tous ces fondans, on n'obtient pas la fonte ou la réſolution de la loupe; cette terminaiſon eſt aſſez rare; il faut alors en venir à la cautériſer, ou à l'extirper.

Rien de plus aiſé que de cautériſer une loupe; cette opération eſt ſi ſimple, que, dans les provinces méridionales, il y a pluſieurs guériſſeurs de loupes qui réuſſiſſent fort bien, & qui appliquent le remède convenable avec toute la dextérité poſſible, quoiqu'ils ſoient payſans d'origine & de profeſſion; pourquoi ne pas faire part aux gens de la campagne de leur ſecret? Plus ſujets que les autres claſſes de citoyens à avoir des loupes, pourquoi ne profiteroient-ils pas des mêmes moyens? Hâtons-nous de le leur indiquer, puiſqu'ils peuvent l'employer d'eux-mêmes, & ſe le procurer à peu de frais. Pour cela, on applique ſur la loupe un emplâtre qui la couvre dans ſon entier, & ouvert dans le milieu, de manière qu'on puiſſe placer dans ce vuide une ou pluſieurs pierres à cautère de moyenne groſſeur, qu'on recouvre d'un nouvel emplâtre, & qu'on fixe avec une ligature, de telle ſorte que la pierre à cautère puiſſe ronger & brûler la peau & le kiſte de la loupe. Après avoir laiſſé agir cet eſcarrotique pendant quelques heures, ſi le malade reſſent une douleur très-vive, une irritation forte, vous enlevez l'appareil, & vous panſez la plaie avec l'onguent de la mère, matin & ſoir, juſqu'à ce que l'eſcarre & la loupe ayent entièrement diſparus. Parvenu à ce point, (ce qu'on n'obtient qu'après une & même deux ſemaines, ou quelquefois plus tard) on penſe la plaie

plaie avec de la charpie chargée d'un digestif très-simple, fait avec la thérébenthine, le jaune d'œuf & l'huile d'hypéricum, jusqu'à ce que les chairs se soient bien détergées, & la suppuration bien diminuée; les chairs ne tardent pas à pousser de tout côté des bourgeons charnus, qui, en se réunissant, opèrent une cicatrice parfaite.

Quoique cette opération soit bien simple, & aisée dans son exécution, elle entraîne cependant quelquefois après elle la fièvre, des maux de tête, des insomnies, des agitations quelquefois allarmantes. Pour éviter ces inconvéniens, ou du moins pour en diminuer la violence, on doit auparavant préparer les malades par des bouillons adoucissans & des boissons rafraîchissantes; on doit aussi prévenir la sensibilité du sujet, & calmer l'irritation de ses nerfs par quelques bains tiédes; la saignée sera mise en usage s'il est sanguin & trop pléthorique; s'il y a de l'embarras dans les premières voies on le purgera, afin de prévenir une maladie putride, que la fièvre accidentelle pourroit déterminer.

L'extirpation est une opération que les gens de la campagne ne peuvent pas pratiquer; elle pourroit avoir les plus grands inconvéniens entre leurs mains, sur-tout si la loupe étoit fixée sur quelque nerf, artère, veine ou tendon; on aura recours aux gens de l'art. M. Ami.

Loupe. *Médecine vétérinaire.* La loupe est une tumeur charnue, graisseuse, formée non-seulement par le séjour des humeurs dans une partie, mais encore par l'accroissement & la multiplication des fibres & des vaisseaux de cette partie.

On appelle lipome la loupe qui occupe le tissu graisseux, tandis que celle qui dépend de l'engorgement des glandes porte le nom de squirrhe. (*Voyez* ce mot)

La chirurgie vétérinaire nous offre plusieurs ressources pour la guérison de ces sortes de tumeurs: la résolution, l'extirpation, la corrosion & l'amputation.

Ce dernier moyen nous paroît préférable à tous les autres, & l'on procède à l'opération de la manière suivante: on prend la loupe à pleine main pour la détacher, le plus qu'il est possible, du corps qu'elle occcupe, & avec un bistouri, on fait à la base de la tumeur une section circulaire ou demi-circulaire; on continue d'inciser entre la peau & les parties voisines, jusqu'à ce qu'on l'ait entièrement séparée, & on emporte la loupe.

La tumeur emportée, il ne reste qu'une playe large & platte, qu'il suffit de panser avec des étoupes cardées, que l'on contiendra par des cordons passés dans les bords de la peau; le lendemain de l'opération on pansera la plaie avec le digestif animé, & on la cicatrisera comme un ulcère ordinaire, (*Voyez* Ulcère.)

S'il survient quelqu'accident à la suite de l'amputation, tel que l'hémorrhagie, on peut l'arrêter par la compression & par tous les autres moyens indiqués à cet article. (*Voyez* Hémorrhagie)

La loupe, que l'on remarque assez souvent au coude du cheval, vient de ce que cet animal se couche en vache, c'est-à-dire, lorsqu'étant couché, le coude repose sur l'éponge du fer en-dedans, la compression continuelle de l'éponge sur le coude y fait venir une loupe, qui grossit toujours peu-à-peu, si l'on n'y remédie dans le principe, par les frictions résolutives avec l'eau marinée, & par la ferrure courte. (*Voyez* FERRURE)

Quant aux loupes qui arrivent au poitrail, & que les maréchaux de la campagne prennent très-mal à propos pour un *avant-cœur*, (*Voyez* ce mot) on ne doit les regarder que comme un véritable kiste, & les traiter à-peu-près de même. (*Voyez* KISTE) M. T.

LOUTRE. Quadrupède qui a la tête plate, le museau fort large, la mâchoire du dessous plus étroite & moins longue que celle de dessus, le col gros & court, les jambes courtes, la queue grosse à l'origine, pointue à l'extrémité; chaque côté du museau garni de moustaches formées par des poils rudes; le corps couvert de deux espèces de poils, les uns soieux, de couleur grise blanchâtre, les autres de couleur brune & luisante; les doigts tiennent les uns aux autres par une membrane plus étendue dans les pieds de derrière; cinq doigts à chaque pieds, ceux de derrière armés de petits ongles crochus.

Animal vorace, plus avide de poisson que de chair, qui vit sur les bords des rivières, des lacs & des étangs, & finit par dépeupler ceux-ci de poissons; il mange également les écrevisses, les rats & les grenouilles. Cet animal est réputé viande maigre, & c'est un mauvais manger. Avec sa peau on fait des fourrures; les chapeliers se servent de son poil pour fabriquer des chapeaux.

La loutre ne creuse point de terrier, mais elle se retire dans les trous formés par les racines, ou sous les racines des arbres qui bordent les rivières. Cet animal est fin & défiant, comme tous les animaux qui vivent de rapines.

On reconnoît la présence des loutres dans le voisinage des étangs, par leurs excrémens mal digérés, remplis d'écailles, d'arrètes; cet animal passe toujours dans le même endroit, & lorsqu'on a reconnu sa *passée*, on égalise le terrein, on le remue avec un rateau, afin que la terre prenne l'empreinte de ses pieds; on s'en assure plusieurs jours de suite par le même moyen, & ensuite on tend un *traquenard* (*Voyez* ce mot) sur son passage, & la chaîne du traquenard doit être fortement assujettie à un pieux ou à un arbre.

L'affut pendant la nuit est le second moyen qu'on employe pour prendre cet animal. La loutre a pour habitude d'aller fienter sur une pierre blanche lorsqu'elle en rencontre près de l'étang : si cette pierre manque, on peut en transporter une, ou un bloc de plâtre blanc ou de craye, ou même une pierre de couleur quelconque blanchie à la craye & à l'huile sicative, car blanchie à la chaux la couleur tiendroit moins : la chaux cependant peut être utile au défaut de tout autre moyen. Lorsque le chasseur connoît l'habitude contractée, il se porte près de la pierre, attend l'animal & le tire de très-près.

Un autre moyen d'écarter les loutres, c'est d'entretenir pendant plusieurs nuits de suite une lumière ou du feu sur le bord de l'étang ; ce moyen est purement palliatif, elles ne tardent pas à revenir dès qu'on cesse d'entretenir la lumière.

M. Jean Lots a donné un mémoire sur la manière avantageuse de dresser la loutre pour prendre du poisson. Il faut qu'elle soit jeune : on la nourrit pendant quelques jours avec du poisson & de l'eau, ensuite on mêle de plus en plus dans cette eau du lait, de la soupe, des choux & des herbes. Dès que l'on s'apperçoit que l'animal s'habitue à cette espèce d'aliment, on lui retranche successivement presque tout le poisson, & à sa place on substitue du pain, dont elle se nourrit très-bien; enfin il ne faut plus lui donner ni poissons entiers ni intestins, mais seulement des têtes. On dresse ensuite l'animal à rapporter, comme on dresse un chien ; lorsqu'il rapporte tout ce qu'on veut, on le mène sur le bord d'un ruisseau clair, on lui jette du poisson qu'il a bientôt joint & qu'on lui fait rapporter; la tête de ce poisson lui est donnée en récompense de sa docilité. Un homme de la Savoie, par le secours d'une loutre ainsi dressée, prenoit journellement autant de poissons qu'il lui en falloit pour nourrir toute sa famille. Cette méthode est fort ancienne en Suède.

LOUVET, ou LOVAT. Médecine Vétérinaire. C'est ainsi qu'on appelle, en Suisse, une maladie inflammatoire, contagieuse, qui attaque communément les bœufs & les chevaux.

Aussitôt que l'animal en est atteint, il perd ses forces, il tremble, il veut se tenir couché, il ne se lève que pour se raffraîchir, & rechercher les lieux frais ; il porte la tête basse & les oreilles pendantes; il est triste, ses yeux sont rouges & larmoyans, sa peau est fort chaude & sèche ; sa respiration est fréquente & difficile. Lorsque le mal a fait beaucoup de progrès, la respiration est toujours suivie d'un battement des flancs ; il tousse fréquemment, l'haleine est d'une odeur fétide : en appliquant la main le long des côtes, on sent que le cœur & les artères battent avec force ; la langue & le palais sont arides & deviennent noirâtres ; il perd l'appétit, & cesse de ruminer ; la soif est considérable ; il urine très-rarement & fort peu à la fois ; les urines sont rougeâtres ; les excrémens durs & noirâtres dans le commencement, quelquefois liquides & sanguinolents : les vaches perdent leur lait. Dans les uns il se forme des tumeurs inflammatoires, tantôt vers le poitrail, tantôt aux vertèbres du col & du ventre ; tantôt aux mammelles & aux parties naturelles : dans les autres, il paroît dans toute la superficie du corps des boutons comme de la gale & des furoncles. Il est rare de voir tous les symptômes attaquer en même temps le même sujet; mais l'expérience prouve, que plus ils sont nombreux, plus promptement l'animal périt : ordinairement il meurt ou guérit le quatrième jour, lorsque les symptômes sont violens : s'il passe le quatrième jour, & que le septième soit heureux, la guérison est certaine, quoique la convalescence n'arrive souvent que le quinzième jour.

L'abondance des urines troubles, déposant un sédiment blanchâtre ; les excrémens plus abondans que dans l'état naturel, humectés, & dépourvus de beaucoup d'odeur ; la peau noire & lâche ; les boutons pleins d'un pus blanchâtre ; la soif supprimée ; le retour de l'appétit ; les jambes enflées ; la rumination & la dessication, sont les signes avant-coureurs d'une parfaite guérison ; tandis que la tuméfaction du ventre, les mugissemens, les défaillances, la débilité, les tremblemens, les convulsions, la rétention d'urine, la diarrhée & la dissenterie, n'annoncent rien que de fâcheux.

Cette maladie est plus fréquente en été qu'en hiver, & elle est moins meurtrière au printemps qu'en automne. Les cantons qui abondent en pâturages marécageux, sont beaucoup plus exposés que les autres.

M. Reynier admet pour cause prochaine de cette épizootie, un alkali fixe, provenant, 1°. de la mauvaise qualité des eaux, dont le bétail est abreuvé ; 2°. du fourrage corrompu ; 3°. des fatigues excessives ; 4°. des écuries trop basses & mal aérées ; 5°. du défaut de boisson ; 6°. de l'intempérie de l'air.

L'existence de l'alkali fixe, développé dans les humeurs de l'animal, sain ou malade, est, selon M. Vitet, une chimère qu'aucune expérience ne peut maintenir dans l'esprit d'un observateur exact.

Sans nous arrêter ici à toutes ces causes, nous nous bornerons seulement à décrire les indications générales que présente cette maladie. Elles se réduisent à prévenir l'inflammation & la putridité, à en arrêter les progrès, à les combattre, si les symptômes en sont déjà déclarés, & à empêcher la gangrène de se manifester dans les tumeurs inflammatoires.

Pour remplir la première indication, il faut d'abord chercher à abattre la violence de la fièvre, la chaleur, l'altération & les autres symptômes qui en sont les suites. Il semble, au premier coup d'œil, que la saignée devroit être indiquée ; mais, en faisant attention que dans la Suisse, le bétail du paysan manque de sang plutôt que d'en avoir de surabondant, attendu la disette d'aliment, dont il a fort souvent à souffrir, on verra clairement, que la saignée ne corrigeroit en rien la nature du sang, & que son effet consisteroit uniquement à produire une révolution dans le cours des fluides. Il s'agit donc plutôt de combattre la mauvaise qualité des humeurs, que la *pléthore*. ( *Voyez* ce mot ) Pour cet effet, ayez recours à l'eau pure, plutôt fraîche que tiède, au petit-lait, aux sucs de laitues, de berle, de blette, aux décoctions d'orge, de semences de courges ou concombres, administrées sous forme de breuvage, ou de lavement ; ajoutez-y, si le mal est urgent, du sel de nitre, du crystal mineral, &c. Le vinaigre, mêlé avec suffisante quantité de miel, & étendu dans une décoction de feuilles de mauve ou de pariétaire, mérite la préférence sur tous les autres médicamens, soit qu'on le donne en breuvage, soit qu'on l'administre en lavement. Lorsque la diarrhée est considérable, & que la dissenterie commence à paroître, diminuez la quantité du vinaigre, & ajoutez au petit-lait deux onces de quinquina, ou quatre onces d'écorce de frêne en poudre. Si vous unissez les acides & le camphre avec le quinquina, vous le rendez plus efficace; de même que si vous délayez le quinquina pulvérisé dans l'eau, il agit mieux que la simple décoction de l'écorce de frêne. Passez un *séton* ( *Voyez* ce mot ) au poitrail, ou au bas-ventre : c'est ordinairement dans ces parties que les tumeurs se forment ; d'ailleurs, ces endroits étant éloignés des articulations & des grands vaisseaux, on n'a rien à craindre dans l'opération. Parfumez les écuries & les animaux avec le vinaigre, évitez les sudorifiques, les purgatifs & les diurétiques ; ils augmentent toujours les symptômes de la maladie.

Quant aux tumeurs inflammatoires, qui se forment à l'extérieur, ouvrez-les avec un bistouri ou un rasoir; scarifiez à l'entour; ensuite, appliquez sur toute l'étendue, un cataplasme fait avec les feuilles d'absinthe, la rhue, la menthe, la centaurée, la cigue, l'écorce de quinquina, de frêne, le sel ammoniac & le vin. Changez-le dès qu'il commence à se sécher ; enfin, pansez l'ulcère avec l'onguent égyptiac, après l'avoir recouvert du cataplasme précédent, & continuez ce pansement jusqu'à parfaite guérison. M. T.

LUCE. ( Eau de ) Consultez le mot Eau phamarcie.

LUCIE ( Bois de Ste. ) Consultez le mot Mahaleb.

LUETTE. Médecine rurale. Winslow, célèbre anatomiste, nous apprend que la cloison, qu'on peut aussi appeller le voile, & même la valvule du palais, est terminée en-bas, par un bord libre & flottant, qui représente une arcade particulière, située transversalement au-dessus de la base, ou racine de la langue. La portion la plus élevée, ou corps glanduleux, molasse, & irrégulièrement conique, dont la base est attachée à l'arcade, & dont la pointe pend librement en-bas, est ce qu'on appelle communément *luette*.

Cette partie est sujette à l'inflammation, rarement est-elle enflammée essentiellement; pour l'ordinaire elle participe de celle qui attaque les amigdales, & les parties voisines de la gorge.

Les signes qui nous font connoître cette maladie, sont la tumeur & la rougeur qu'on apperçoit à la luette, en faisant bien ouvrir la bouche à celui qui en est attaqué. En outre, la respiration est plus gênée & beaucoup plus difficile; le malade ne peut respirer que par les narrines ; la déglutition est aussi très-douloureuse ; il crache sans cesse, & ressent une douleur vive dans l'intérieur de l'oreille.

Tous ces symptômes ne sont effrayans, qu'autant que la fiévre qui survient est très-forte. Si au contraire, l'inflammation de la luette n'est point accompagnée de fiévre, elle céde bientôt aux gargarismes adoucissans & raffraîchissans, au repos, & à un régime de vie approprié. La saignée est tout au moins inutile; il faudroit, au contraire, y avoir recours, si la fiévre survenoit, & même la répéter plusieurs fois si elle acquerroit un certain degré de force & de violence.

Il est très-rare que la luette soit seule attaquée d'inflammation, indépendamment des autres parties voisines; mais sa chûte arrive plus communément. Cet accident est bientôt connu, si on fait ouvrir la bouche à ceux qui en sont attaqués, & si l'on comprime la base de la langue avec le bout d'une cuiller; il est toujours causé par le relâchement de ses fibres. On pare à cette légère incommodité d'une manière très-prompte & très-efficace. Pour y parvenir avec facilité, on comprime la langue à sa racine, & avec l'ex-l'extrémité d'une cuiller qu'on enduit d'un corps gras ou huileux, & qu'on a le soin de saupoudrer de poivre commun, grossiérement concassé; on va toucher la luette qui se contracte sur le champ, & revient à son point naturel, par l'impression que le poivre fait sur elle.

Ce remède, tout simple qu'il est, seroit très-nuisible, & ne devroit pas être employé, si la luette venoit à s'abattre par inflammation. Il vaut mieux alors s'en abstenir, & employer des moyens plus doux, tels que les gargarismes raffraîchissans, avec lesquels on peur combiner les astringents suivans, la racine de grande consoude, les feuilles de plantin, les balaustes, l'eau rose.

La luette est quelquefois recouverte de boutons qui ont un caractère malin, & qui donnent aussi une suppuration de mauvais caractère : une pareille maladie tient presque toujours à l'infection générale de la masse des humeurs; on l'observe assez souvent dans les maladies vénériennes invétérées, après des gonorrhées dont on a trop tôt arrêté l'écoulement. Il faut alors s'occuper de la maladie primitive, regarder l'éruption de ces boutons comme symptômatique. Si on applique un traitement convenable à la maladie essentielle, on les voit bientôt disparoître. M. AMI.

## LUMIÈRE. Physique et physiologie végétale.

### *Plan du Travail.*



### Section première.

### *Coup d'œil géneral sur la lumière.*

Quoique en général la physique proprement dite ne soit pas du ressort de cet ouvrage; cependant, suivant le plan que nous nous sommes proposé, il est nécessaire souvent d'y avoir recours, & d'en établir quelques principes, parce qu'ils doivent servir de base à l'explication des phénomènes les plus frappans de l'économie végétale; c'est ce qui nous oblige dans ce moment à entrer dans quelques détails sur la lumière, considérée physiquement. Cet élément est l'agent universel de la nature, il semble tout animer, tout mouvoir.

Mais, si nous considérons la lumière sous un rapport plus immédiat avec nous; si nous réfléchissons que c'est à elle que nous devons le spectacle brillant de l'univers, cette jouissance qui se renouvelle sans cesse, & sans laquelle la terre entière seroit le séjour des ténèbres & de la mort, quel est l'esprit assez apathique, pour ne pas désirer de connoître le principe & les propriétés de l'ame de l'univers! Quel plus manifique spectacle que celui qui se développe à nos yeux au moment où la lumière, disséminée autour de nous, va s'animer par la présence du soleil, que les ténèbres de la nuit sont dissipées, que nos yeux, longtemps fermés par un sommeil bienfaisant, s'ouvrent insensiblement & se promènent sur tout ce qui nous environne; on diroit alors qu'il se fait une nouvelle création pour nous, à mesure que nous distinguons de nouveaux objets; ils paroissent renaître; déjà l'éclat de la lumière augmente, les objets les plus éloignés semblent se rapprocher, parce qu'ils deviennent plus visibles; notre domaine s'étend, nos jouissances sont plus multipliées, notre existance se multiplie avec elles. La terre se pare de couleurs éclatantes, sa beauté va frapper nos yeux à l'instant où l'astre de lumière qui anime toute la nature, s'élance rapidement de l'horison, & s'élève au-dessus de notre séjour. Quelle majesté dans son ascension! quelle vivacité dans ces flots de lumière qu'il lance de tous côtés; nos yeux éblouis n'en peuvent supporter l'éclat; ils aiment bien mieux reposer leurs regards, tantôt sur les cimes dorées des montagnes, tantôt sur l'azur qui colore le vague des airs, ou sur ces tapis verdoyans dont mille & mille fleurs naissantes marquent les différentes parties, & dessinent les contours.

La lumière a paru, tout a repris l'existence, tout revit par ses bienfaits; l'homme, fortifié & renouvellé pour ainsi dire par un repos salutaire, retourne gaiement à son travail; les animaux sortent de leurs retraites pour jouir de ses premières influences; les oiseaux, portés sur leurs aîles légères, s'élèvent en chantant dans les airs, & semblent vouloir la prévenir & célébrer par leurs hymnes mélodieuses son heureux retour; les plantes, plongées auparavant dans un vrai sommeil, s'éveillent, leurs tiges se redressent, les feuilles & leurs fleurs s'épanouissent, & déjà elles exhalent autour d'elles cet atmosphère d'air pur & vivifiant qui purifie l'air.

La matière qui vit dans les animaux & les végétaux n'est pas la seule qui ressente les bienfaits de la lumière, la matière morte & inerte en reçoit une espèce d'existance par les diverses combinaisons qu'elle est susceptible de prendre avec elle. La lumière ayant la faculté de pénétrer les corps qu'elle touche, de produire en eux la chaleur, de développer celle qui étoit engourdie dans leur sein, que de phénomènes se reproduisent alors par ce nouvel agent! on peut même dire qu'il existe dans la nature une action & une réaction perpétuelle entre tous les corps qui sont soumis à son impression.

Si donc toute la nature éprouve une action si marquée de la part de la lumière, de quel intérêt n'est-il pas que nous cherchions à nous instruire plus particulièrement de ses propriétés & de ses effets.

## Section II.

### *De la lumière considérée physiquement.*

#### §. I. *Qu'est-ce que la lumière.*

La lumière est une matière, un fluide infiniment délié, qui en affectant notre œil de cette impression vive qu'on nomme clarté, rend les objets visibles; ce fluide disséminé dans tout l'espace, réside nécessairement entre le corps vu & notre œil, puisque c'est lui qui nous avertit de son existence, & qui fait naître dans notre ame sa sensation par le méchanisme de l'organe de l'œil. Mais qu'est-ce que cette matière? comment agit-elle sur notre œil, & y fait-elle naître le sentiment de la vue? Ces deux questions importantes ont été longtemps discutées, sur-tout la première, & les physiciens, tant anciens que modernes, ne sont point d'accord sur la nature de la lumière. Le sentiment le plus généralement reçu, & que nous adoptons ici sans entrer dans de longues discussions, qui n'appartiennent qu'à des traités de physique, celui qui paroît expliquer le mieux & le plus naturellement tous les phénomènes qui dépendent de la lumière, c'est que la lumière est un fluide dont les parties sont extraordinairement tenues, disséminées, & remplissant tous les espaces vuides de l'univers. Parfaitement élastique par lui-même, il est susceptible de toutes sortes de mouvemens & dans tous les sens; mais ce fluide n'est pas lumineux par lui-même, pour le devenir il a besoin d'éprouver certain degré de mouvement de vibration dans lequel consiste la lumière proprement dite, ou, pour mieux dire encore, duquel résulte la sensation de lumière dans notre ame.

§. II. *La lumière a toutes les propriétés de la matière.*

Si la lumière est un fluide, une matière, elle doit en avoir toutes les propriétés; elle est divisible; le prisme de tous les corps diaphanes qu'elle traverse en se reportant sous un angle connu, la décompose, la divise & la sépare pour ainsi dire en sept atomes colorés, dont la réunion faisoit auparavant la lumière blanche. 2°. Elle est pesante; elle change de direction lorsqu'elle est à portée de la sphère d'attraction de quelques corps. 3°. Les molécules qui la composent ne sont ni simples ni homogènes, mais chacune est composée de plusieurs autres qui paroissent de nature différente; ainsi le rayon rouge est bien plus pesant que le rayon violet, & entre ces deux on remarque une infinité de rayons intermédiaires, qui approchent plus ou moins de la pesanteur du rayon rouge & de la légéreté du violet. 4°. Elle est massive, & fait mouvoir des corps qu'elle frappe; elle fait tourner sur son pivot une aiguille, placée au foyer d'un miroir ardent. 5°. Elle est élastique, & sans doute le plus élastique de tous les corps de la nature; ce qu'on peut estimer facilement, parce qu'elle se réfléchit exactement sous le même angle sous lequel elle a frappé le corps qui le réfléchit. 6°. Enfin, elle tend, comme tous les corps, à se mouvoir en ligne directe, & elle s'y meut effectivement tant qu'il ne se trouve point d'obstacles sur son passage. S'il s'en trouve un, elle est soumise encore comme eux aux mêmes loix; l'obstacle est-il perméable, & la lumière le pénétre-t-elle obliquement? elle souffre alors, en le pénétrant & en sortant, un changement dans sa direction, par lequel elle s'approche plus ou moins de la perpendiculaire: c'est ce que l'on nomme en physique réfraction. L'obstacle est-il imperméable, alors elle se réfléchit, & c'est ce mouvement de réflexion qui, se propageant jusqu'à notre œil, produit en nous la sensation de la vue des corps.

En

En général, dès que la lumière en mouvement vient à frapper un corps par ses parties solides, intérieures comme extérieures, car la lumière est si subtile qu'elle pénétre tous les corps, & qu'elle s'y fixe en partie, alors le mouvement de vibration qu'elle lui imprime fait naître dans ce corps un certain degré de mouvement qui peut aller jusqu'à la chaleur & même l'ignition. Ce mouvement interne produit par la lumière, cette nouvelle modification, est, comme nous le verrons plus bas, le principe direct des phénomènes qui naissent par sa présence ou son absence, sur-tout dans le règne végétal.

## §. III. *Du mouvement de la lumière.*

Toute cause qui peut déterminer le mouvement de vibration dans le fluide lumineux, & le propager jusqu'à notre œil, produira l'éclat lumineux. Le soleil est ce qui, jusqu'à présent, a le plus d'action dans la production de la lumière, soit que cet astre soit un réservoir immense de ce fluide, & qu'à chaque instant il en verse des torrens qui ne s'épuisent jamais, soit seulement qu'il ne fasse qu'imprimer le mouvement nécessaire au fluide lumineux, disséminé dans tout l'espace.

Ce mouvement s'affoiblit de lui-même, & finit par cesser totalement, si la cause agissante est affoiblie. Ainsi, le jour paroît dès que le soleil vient sur notre horison mettre en vibration le fluide lumineux; le jour dure tant que cet effet a lieu; le jour cesse & la nuit arrive lorsque, par l'absence du soleil, le fluide lumineux perd son mouvement, & retombe dans un degré de motion presque insensible. La lumière réfléchie par la lune & par les astres répandus dans les cieux, soutient jusqu'à un certain point ce foible mouvement, ce qui entretient une espèce de lueur au milieu des ténèbres de la nuit, qui suffit à quelques espèces d'animaux pour y voir & se diriger. L'œil même de l'homme y devient sensible à la longue, & l'on parvient alors à distinguer quelques objets très-proches, lorsque la prunelle de l'œil s'est assez dilatée pour ramasser, pour ainsi dire, le plus de rayons de lumière possible. Dans ce cas, leur multiplicité équivaut en quelque sorte à leur vivacité. Mais si le fluide lumineux est absolument privé de toute espèce de mouvement, alors plus d'éclat lumineux, plus de sensation dans l'organe de la vue; des ténèbres épaisses nous environnent; rien n'est sensible, parce que rien n'a de mouvement. Observons toujours que la sensibilité de la vue étant, comme celle de tout autre sens, différente dans les divers êtres, ce qui est invisible pour nous, l'est aussi pour certains animaux, qui eux-mêmes sont plongés dans la nuit la plus obscure, tandis que quelques insectes jouissent encore d'une espèce de jour.

Le mouvement du fluide lumineux se propageant dans tous les sens, la plus petite étincelle de lumière se voit par tous les points de sa superficie; il faut donc la regarder comme un centre d'une sphère qui lance de toutes parts des rayons lumineux; ces rayons partant d'un centre commun, se propagent en s'écartant les uns des autres; leur éclat qui venoit de leur réunion s'affoiblit donc à mesure qu'ils s'éloignent & se séparent, & leur mouvement de vibration diminue en proportion, & pareillement il augmente à mesure qu'ils se rapprochent & se réunissent. Telle est la cause qui fait que plus nous nous éloignons d'un objet, & moins nous le distinguons, *& vice versâ*. Plus nous sommes près d'un objet, & plus notre œil reçoit de ses rayons, ou, ce qui revient au même, il est frappé d'un mouvement plus vif de vibration. Ce mouvement, qui nous paroît instantané, puisque nous appercevons les objets à l'instant même que nous les regardons, est cependant successif lorsque la distance qui nous sépare est très considérable. Les rayons lumineux qui partent du soleil, ou la propagation du mouvement de cet astre à nous, employent, suivant les observations de Bradley, huit minutes treize secondes à parcourir trente-quatre millions de lieues, distance du soleil à la terre. Suivant celles d'Hughens, quand les satellites de Jupiter sortent de l'ombre de cet astre, la lumière de ces satellites nous parvient d'autant plus tard que Jupiter est plus éloigné de notre globe, & la différence qu'on remarque dans cette vîtesse va à dix minutes au moins, lorsque Jupiter est à sa plus grande & à sa plus petite distance.

Les molécules lumineuses sont si tenues & si déliées, qu'elles peuvent se croiser & se pénétrer, pour ainsi dire, sans se confondre; c'est à cette propriété qu'est dû l'avantage le plus précieux de la lumière, par lequel une infinité de rayons, partant des objets qui sont placés au-delà de nous, pénètrent le globe de notre œil, s'y croisent néanmoins sans se confondre, & vont peindre chacun distinctement, au fond de cet organe, l'image de chaque partie de l'objet qui les réfléchit.

Nous avons déjà observé plus haut que lorsque la lumière frappe un corps, une partie étoit réfléchie ou réfrangée, & l'autre absorbée par ce corps; cette dernière portion s'y fixe au point qu'elle devient, pour ainsi dire, partie constituante de ce corps; si elle peut y conserver son mouvement de vibration, cette portion communiquera au corps une portion de son éclat lumineux, ou plutôt la portion absorbée restant toujours lumineuse, illuminera le corps qui l'a absorbée. Certains corps sont plus susceptibles de conserver cet éclat que les autres, & lorsqu'ils ont été exposés long-temps au soleil, si on les transporte tout-d'un-coup dans un endroit très-obscur, ils paroissent pendant quelques instans lumineux & phosphorescens. En général les corps blancs comme le papier, sont plus susceptibles que les autres de cette propriété. Si le mouvement de vibration s'éteint trop vîte, le corps reste obscur, mais il n'en éprouve pas moins une nouvelle modification, qui dans les uns est une altération, & dans les autres au contraire est une espèce de vivification. Les propriétés physiques de la lumière bien connues, il en reste une chymique, que tous les savans s'accordent à reconnoître actuellement dans la lumière, & dont la démonstration nous mèneroit trop loin; nous la regarderons cependant comme démontrée pour l'explication que nous avons à donner de divers phénomènes; c'est une qualité acide ou phlogistiquante, qui a fait que quelques chymistes l'ont regardée comme le vrai phlogistique; comme telle, la lumière joue un role très-intéressant dans le règne animal & végétal, ainsi que nous allons le voir.

## Section III.

### *Action de la lumière dans le règne végétal & animal.*

### §. I. *Action de la lumière sur le règne animal.*

Tout ce qui a un principe de vie paroît avoir un besoin absolu de la présence de la lumière, pour exister en état de santé, & remplir toutes les fonctions nécessaires à la vie; & tous les êtres vivans qui en sont privés, éprouvent bientôt une altération sensible. Les animaux, dont la nature est de vivre dans l'obscurité & loin de la lumière, n'y sont pas autant sujets à la vérité, mais dans leur port & leur couleur ils annoncent qu'ils ont été condamnés à une nuit éternelle; l'éclat du jour les fatigue, un air triste, un caractère sauvage, une robe nuancée de couleurs sombres, semblent leur attirer avec justice la haine des autres animaux, & ils sont pour eux comme pour l'homme d'un mauvais augure. Ceux au contraire qui sont nés pour jouir de la lumière, viennent-ils à en être privés quelque temps, la langueur s'empare de tout leur être, la circulation des humeurs se ralentit, le principe de vie s'altère, une maladie, semblable à celle que l'on appelle étiolement dans le règne végétal, achève enfin le désordre commencé. Comme la vie est plus courte dans ce dernier règne, l'altération est plus prompte & plus sensible, comme nous le verrons bientôt. Mais ne peut-on pas attribuer autant à la privation de la lumière qu'à l'humidité & au mauvais air, les maladies que les prisonniers contractent au fond des cachots? Poussons plus loin nos observations, & peut-être serons-nous étonnés des traces frappantes de l'influence de la lumière sur les animaux qui nous environnent, comme sur nous-mêmes, sans que nous y ayons jamais réfléchi.

La peau de l'homme, ce tissu si délicat, qui n'est recouvert que par une légère pellicule nommée *épiderme*, (*Voyez* ce mot) paroît très-susceptible de s'altérer lorsqu'elle est longtemps exposée à la lumière. En effet, ne voyons-nous pas que la peau de nos mains, de notre visage, & de toutes les parties du corps qui ne sont point habituellement couvertes, prennent une nuance foncée & brunâtre, & perdent insensiblement cette blancheur & cette douceur qui en faisoit tout le prix dans la fleur de la jeunesse. Cette altération ne s'arrête pas à l'épiderme, elle pénètre plus avant, & affecte même le réseau de Malpighi, comme je m'en suis assuré au microscope; j'ai trouvé en effet qu'il n'y avoit pas une grande différence entre l'épiderme de la peau la plus blanche, & celui d'une peau très-hâlée par le soleil, seulement la dernière étoit plus raboteuse, mais la couleur & la transparence étoient presque les mêmes; au contraire la différence entre le réseau de l'une & de l'autre étoit très-sensible, & l'altération étoit frappante. Les personnes qui restent longtemps exposées à un grand éclat de lumière, au soleil, par exemple, les gens de la campagne, les paysans, les laboureurs, les chasseurs, les voyageurs ont le teint & les mains presque brunes & comme brûlées; les Européens qui quittent ces climats tempérés pour aller habiter les zones brûlantes de l'Inde ou de l'Amérique, perdent bientôt leur blancheur; cette dégradation non-seulement se perpétue, mais elle augmente encore de race en race; & qui sait si ce n'est pas la seule cause originelle de la couleur noire de certains peuples?

En réfléchissant sur les idées que nous avons données de la manière dont les plantes se coloroient, (*Voyez* le mot COULEUR DES PLANTES) on verra qu'on peut en faire assez facilement l'application à la coloration accidentelle de la peau de l'homme; & la lumière, comme principe acide, pénétrant à travers l'épiderme dans le réseau de Malpighi & dans le parenchime, fait entrer en fermentation le suc dont il est imbibé; du degré de fermentation résulte le degré d'altération, & de ce dernier la nouvelle couleur qui paroît à travers l'épiderme. Que les amateurs des beautés de la figure, se consolent, cette blancheur de lys, cet éclat de fraîcheur qu'ils regrettent tant lorsque la lumière l'a fait disparoître, n'est pas perdu pour jamais; la nature, trop bonne, travaille à chaque instant à leur rendre ce qui excite leur regret. Que l'habitant efféminé de la ville, qui, pour varier ses ennuis, a fui un instant dans la campagne, & a osé exposer au grand jour sa peau délicate, ne se désespère pas si elle s'est hâlée un peu; qu'il rentre dans ses murs, la privation du plus grand des biens, de la lumière, lui rendra bientôt sa blancheur. Vil esclave d'une beauté passagère, que de plaisirs, que de jouissances dont il se prive pour la conserver!

Nous n'avons que très-peu d'observations sur l'influence de la lumière sur les animaux, cependant nous en citerons quelques-unes, qui nous serviront à nous mettre sur la voie pour en faire de nouvelles.

Il est constant que les climats où la robe des animaux, & le plumage des oiseaux, sont peints des plus riantes & des plus vives couleurs, sont ceux qui sont éclairés plus constamment par un soleil sans nuage, comme les régions renfermées sous la zone torride; plus nous nous éloignons de ces climats, plus nous approchons des régions polaires, où de longues nuits privent la terre de la bénigne influence de la lumière, & plus l'animal prend une teinte pâle, lavée, grise & blanche; les ténèbres d'un hiver de six mois affectent tellement certains animaux, qu'ils changent absolument de couleur, & qu'ils deviennent blancs durant cette saison rigoureuse, pour reprendre leur première parure si-tôt que le soleil reparoît sur l'horison. M. Scheele cite un trait plus frappant encore & plus direct de l'effet de la lumière sur la *nereis palustris*, qui, dit-il, est rouge lorsqu'elle vit au soleil, & blanche dans l'obscurité.

Les productions animales nous étant souvent plus utiles que les animaux mêmes, ont été beaucoup plus étudiées, & on s'est apperçu bientôt que la lumière les affectoit sensiblement; l'industrie humaine a su en tirer parti, les Chinois blanchissent leur soie en l'exposant au soleil: nous en faisons autant pour la cire, le suif, les toiles de chanvre ou de lin. La liqueur de certains animaux, blanche quand elle circule dans leurs vaisseaux, rougit aussitôt qu'elle est en contact avec la lumière; telle est celle de certains coquillages que l'on trouve au bord de la mer, & dont les anciens habitans de Tyr se servoient pour teindre leurs étoffes en pourpre.

§. II. *Action de la lumière dans le règne végétal.*

Ce n'est que depuis quelques années que les savans se sont occupés sérieusement des effets de la lumière sur les individus du règne végétal; leur maladie, connue sous le nom d'étiolement, en a été la principale cause; nous sommes entrés dans quelques détails sur cette singulière maladie au mot ÉTIOLEMENT; (*Voyez* ce mot) nous en avons cherché l'origine, & nous l'avons trouvée avec M. Méese & Bonnet dans la privation de la lumière. Nous ne répéterons donc pas ici ce que nous avons déjà dit, mais nous nous occuperons seulement de l'influence de la lumière sur la croissance des plantes, sur la coloration des pétales, des fruits & des autres parties de la plante, en un mot sur toute l'œconomie végétale.

Depuis MM. Duhamel, Bonnet & Méese, deux illustres observateurs ont suivi la marche de la lumière, & ses effets sur les plantes. Le premier est M. l'abbé Tessier, si avantageusement connu par ses divers travaux sur les grains & leur maladie; l'autre M. Senebier de Genève, à qui la physique & la chymie doivent quantité d'observations importantes; c'est l'extrait de leurs travaux que nous allons présenter ici.

M. l'abbé Tessier voulant s'assurer jusqu'à quel degré les plantes recherchoient la lumière, si leur penchant vers elle avoit lieu à la surface de la terre & dans des appartemens plus ou moins éclairés, comme dans les lieux obscurs, où le jour ne pénètre que par un seul endroit; si cette inclinaison varieroit suivant la manière dont les plantes seroient élevées, & suivant les époques de leur végétation; enfin si cette inclinaison seroit la même, & quelle modification elle éprouveroit par une lumière directe ou réfléchie, par la lumière du jour ou d'un flambeau allumé; M. l'abbé Tessier, dis-je, a fait un très-grand nombre d'expériences qu'il a variées de mille manières, en exposant des tiges de bled semé dans des pots, tantôt plus ou moins obliquement à une fenêtre, tantôt sur une cheminée, devant une glace ou devant les pilastres de la cheminée; tantôt en coupant les tiges déjà inclinées, pour voir si les nouvelles pousses se pancheroient de même; tantôt en éclairant des plantes renfermées dans une cave, par la lumière réfléchie des miroirs, ou par une lampe. Le détail de ces expériences nous mèneroit trop loin, il en résulte seulement que plus les tiges des plantes sont près de leur naissance, plus elles s'inclinent vers la lumière. Mais se fortifient-elles par la végétation? Leur tige se solidifie, & l'inclinaison diminue. Cette inclinaison semble augmenter encore, toutes choses égales d'ailleurs, en proportion de l'éloignement de la plante vers la lumière. La nature & la couleur des corps devant lesquels les plantes sont placées, influent encore sur leur inclinaison; s'ils sont de nature à absorber ou à ne réfléchir que très-peu de rayons, l'inclinaison sera considérable. La facilité avec laquelle les tiges poussent & se développent, augmente aussi la facilité avec laquelle elles s'inclinent vers la lumière. « Enfin on peut conclure,

„ dit M. l'abbé Teſſier, que l'incli- „ naiſon des plantes vers la lumière, „ eſt en raiſon compoſée de leur „ jeuneſſe, de la diſtance où elles „ ſont de la lumière, de la manière, „ dont leurs germes ont été poſés, „ de la couleur des corps devant leſ- „ quels elles croiſſent, & du plus ou „ moins de facilité que leurs tiges „ trouvent à ſortir de terre, ou des „ autres matières ſur leſquelles on les „ avoit ſemées. »

Ne ſoyons donc pas étonnés, d'après ces expériences, que les plantes & les arbres ſe portent toujours vers l'endroit où la lumière afflue avec le plus d'abondance, & que ſur les bords des allées, des clarières & des bois, nous voyons les grands arbres s'incliner en-dehors, & leurs voiſins ſe diriger dans le même ſens; que ceux qui ſe trouvent environnés d'autres, cherchent ſans ceſſe à s'élever au-deſſus d'eux, afin de jouir du bienfait de la lumière dont ils ont tant beſoin. Nous voyons auſſi toutes les plantes renfermées dans une ſerre, ſe porter naturellement du côté d'où leur vient le jour.

Si la lumière influe à ce point ſur la direction des tiges des plantes, elle a une action encore plus énergique ſur la coloration des tiges, des feuilles, en un mot de toutes les parties de la fleur. M. l'abbé Teſſier a fait encore un grand nombre d'expériences pour s'aſſurer ſi les différentes modifications de la lumière agiroient ſur la couleur des plantes comme la couleur directe. Pour cet effet, il plaça des plantes dans une cave qui n'étoit éclairée que par deux ſoupiraux, & il diſpoſa les pots dans leſquels étoient ſemés du bled, les uns directement ſous les ſoupiraux, les autres dans des endroits où ils ne pouvoient recevoir la lumière de ces ſoupiraux, que réfléchie par des miroirs. Tantôt il fit coincider en un ſeul point la lumière réfléchie par des miroirs placés au bas des deux ſoupiraux, & à ce point de réunion il mit des pots dans leſquels il avoit ſemé du bled; tantôt il s'eſt ſervi, pour les éclairer, de la lumière d'une lampe; dans d'autres expériences il s'eſt ſervi de la lumière de la lune, & dans d'autres de la lumière qui avoit traverſé des verres diverſement colorés.

Le réſultat de ſes expériences eſt: „ que les plantes élevées dans des „ ſouterreins loin de l'éclat du jour, „ ſont d'autant moins vertes qu'il s'y „ introduit moins de lumière, ou „ que la cave étant profonde, la lu- „ mière eſt portée plus loin; celles „ qui reçoivent la lumière du jour „ ont une couleur verte plus foncée „ que celles qui ne reçoivent que la „ lumière de réflexion, & plus les „ réflexions ſe multiplient, & plus „ la couleur verte diminue, parce „ que la lumière s'affoiblit davantage. „ La lumière d'une lampe conſerve „ aux plantes leur verdure avec moins „ d'intenſité que la lumière directe „ ou réfléchie; à la réflexion de la „ lumière d'une lampe, la couleur „ s'affoiblit encore, mais cependant „ jamais juſqu'à ſe détruire comme „ dans l'obſcurité. Pour qu'une plante „ ſoit décolorée, il n'eſt pas néceſ- „ ſaire qu'elle ſoit très-éloignée de „ la lumière; pourvu que la lumière „ ne tombe pas ſur elle, elle n'aura „ pas de couleur.... Enfin, on ne „ peut douter que la lumière de la „ lune, celle des étoiles fixes, des „ planètes, & celle des crépuſcules,

» n'entretiennent dans les végétaux » la couleur verte qu'ils reçoivent du » jour ou du soleil, puisque les » plantes qui passent les nuits dans » des lieux parfaitement obscurs, » sont moins vertes que celles qui » sont jour & nuit exposées à l'in- » fluence des différens corps lumi- » neux. »

De ces observations que la nature confirme en grand, naît une difficulté que M. l'abbé Tessier ne s'est pas cachée, & de laquelle il a donné une solution qui nous paroît très-juste. Si toutes choses égales d'ailleurs, les plantes les plus exposées à la lumière sont celles qui sont les plus vertes, comment se fait-il que celles qui sont au nord, ou abritées par des bois, sont quelquefois plus vertes que celles qui sont exposées au grand soleil & sans abris? « C'est que, ré- » pond très-ingénieusement M. l'abbé » Tessier, dans le premier cas elles » sont ordinairement plus fraîche- » ment, au lieu que dans le second » cas, étant plus exposées aux évapo- » rations & à l'ardeur du soleil qui » les desséche, elles ne peuvent con- » server leur couleur verte, qui de- » mande, outre la lumière, une cer- » taine humidité, sans laquelle elle » ne se soutient pas. »

M. Senebier s'est occupé, pendant plusieurs années, de l'effet de l'influence de la lumière sur les plantes, & il a observé qu'elle étoit non-seulement une cause immédiate de leur coloration, mais encore que c'étoit à son action qu'étoit dûe la décomposition de l'air fixe dans les feuilles, & le développement de l'air déphlogistiqué. Nous ne citerons encore ici que le résultat de ses ingénieuses expériences, dont on peut lire le détail dans son recueil d'excellens mémoires physico-chymiques sur l'influence de la lumière solaire, pour modifier les êtres, & sur-tout ceux du règne végétal.

L'allongement des tiges, la blancheur des feuilles, la foiblesse & la longueur de toutes les plantes, sont d'autant plus grands, que la privation de la lumière a été plus complète & de plus longue durée. Cette vérité a été démontrée, & par ce que nous avons dit jusqu'à présent, & par les détails que nous avons developpés au mot ETIOLEMENT. Comment donc la lumière agit-elle dans la coloration des végétaux? C'est le problême que M. Senebier a cherché à résoudre; & en lisant son ouvrage, on voit, avec plaisir, que la nature lui a dévoilé son secret, pour le récompenser du zèle & de l'espèce d'acharnement qu'il a mis à la consulter. Il a découvert qu'il existe une matière colorante, qui réside dans le parenchyme de la plante; que cette matière colorante est une résine fixe dans l'endroit où elle se trouve; qu'elle s'y forme, qu'elle y subsiste, sans circuler avec le reste des fluides de la plante; que c'est sur cette résine que la lumière a son action directe, & que c'est par la combinaison de la lumière avec elle, que les parties qui la contiennent & qui en éprouvent les effets, se colorent en verd. Quelques faits que nous allons rapporter, vont mettre en évidence cette ingénieuse théorie. Si l'on met dans l'obscurité une branche, un bouton, il n'y a d'étiolé que les nouvelles feuilles qui poussent depuis la privation de la lumière; si même l'on couvre avec quelque chose une portion de feuille attachée à sa tige, exposée à la lumière, toute la feuille restera verte, excepté ce qui avoit été couvert; enfin, si l'on expose de nouveau à l'action de la lumière, des parties de plantes étiolées, elles reprendront bientôt leurs premières couleurs; ce qui démontre évidemment que la matière colorante ne circule pas, & que la lumière agit directement, par sa présence ou son absence, sur la partie de la plante altérée; qu'elle traverse l'épiderme, qui est transparent, pour aller agir, comme acide phlogistiquant, sur la matière parenchymateuse, lui donner la teinte verte qu'elle doit avoir. La lumière, au contraire, vient-elle à lui manquer, privée alors de ce principe essentiel, cette matière s'altère & blanchit.

Si l'on pousse plus loin l'observation, & que l'analyse chymique vienne apporter son flambeau pour éclairer nos pas incertains dans ce labyrinthe, nous trouverons que les plantes vertes contiennent beaucoup plus de principes, qui annoncent la présence du phlogistique, que les plantes étiolées. On peut aller encore plus loin; ces dernières ont infiniment moins d'odeur & de saveur, & l'on sçait que le phlogistique est, pour ainsi dire, l'ame de ces deux qualités. Ce que nous disons des tiges & des feuilles des plantes, s'applique naturellement aux fruits qui ont beaucoup plus de goût, en proportion de la lumière qu'ils reçoivent. Cette observation est constante. Quelle différence n'y a-t-il pas entre la saveur des fruits des pays perpétuellement exposés à l'ardeur du soleil, & ceux des climats tempérés, où le soleil est rarement sans nuage!

Non content des nombreuses expériences qu'il avoit faites sur les plantes vivantes, M. Senebier a suivi l'influence de la lumière sur elles jusqu'après leur mort, en examinant son effet sur les bois, & sur les teintures des plantes dans l'esprit de vin. Rien n'est plus curieux que les résultats de ces expériences, & ils nous donnent la raison de ces changemens singuliers que nous voyons arriver tous les jours aux différens bois que nous employons dans les arts. Tous les bois ne changent pas aussi vîte ni aussi fort, & leur variation dépend, comme on peut le croire, de leur nature, de leur âge, & du degré de dessication. Les tables suivantes offrent le tableau des expériences de M. Senebier.

Le bois d'épinevinette commence à changer au bout de 3 à 4 minut.

| | |
|---|---|
| D'acacia . . . | 4 à 5. |
| De larze, ou larix | 4 à 5. |
| De sapin blanc . . . . | 40 |
| D'abricotier, de | 1 h. 15 minut. |
| De saule . . . | 4 |
| De fernambouc. | 4 |
| D'érable . . | 4 |
| De cerisier . . | 4 |
| De houx . . | 4 |
| D'if . . . . | 4 |
| De poirier . . | 4 |
| De sassafras . | 4 |
| De gayac . . | 4 |
| De mahogony . | 4 |
| De rose . . | 5 |
| De tremble . . | 5 |
| De prunier . . | 5 |
| De tilleul . . | 9 |
| De palesandre clair | 9 |
| De quassi . . | 12 |
| De fayard, ou lière | 14 |
| De chêne . . | 14 |
| De noyer . . | 18 |
| De verne . . | 19. |

De

De palesandre noir 20
De santal rouge 23
De violette . . 24
D'ormeau . . 29
D'amandier . 29
D'ébène . . 30

Les bois qui ont le plus changé de façon, qui ont presque perdu leur couleur première, & qui ont bruni considérablement, sont :

Le gayac.
Le cohenpo blanc.
Le cornouiller.
Le plane.
Le bois rouge.
Le chataignier.
Le pin.
L'ormeau.
L'alizier.
Le bois néphrétique.
Le santal rouge.
Le santal citrin.
Le mûrier blanc.
Le fusain.
Le coudrier.
Le faux acacia.
Le charme.
Le laurier.
Le maronnier.
Le pommier.
Le saule.
L'épinevinette.
L'abricotier.
Le larhe.

Les bois qui, dans le même temps, y ont beaucoup moins changé, quoiqu'ils aient été légèrement brunis, sont :

Le mahogony.
Le serpentin.
Le quassie.
Le lierre.
L'if.
L'olivier.
Le buis.
Le sassafras.
L'oranger.
Le bois de rose.
Le santal blanc.
L'aloes.
Le cèdre.
La squine.
Le lilas.
L'amandier.
L'ébène verd.

Enfin, ceux qui n'ont point éprouvé d'effet dans le même espace de temps, ou qui, dans un temps plus long, n'ont éprouvé qu'un très-léger changement, sont :

Le guy.
Le sureau.
Le bois de vigne.
Le reglisse.

Quelques bois prennent à la lumière des nuances remarquables, & changent diversement dans leurs divers état.

Le gayac y verdit.

Le cèdre & le chêne blanchissent.

Le bois néphrétique brunit dans sa partie blanche ; mais sa partie brune brunit plus encore que la première.

Le bois de pêcher brunit plus dans ses veines serrées que dans le bord sur lequel elles rampent.

Le noyer brun, tiré du cœur de l'arbre, change très-peu ; mais la partie blanche, près de l'écorce, change beaucoup.

Le noyer, fraîchement coupé, brunit beaucoup plus que le sec, & sur-tout celui qui est près de l'écorce.

Le sapin jaune, près de l'écorce, a moins bruni que le sapin blanc du cœur de l'arbre ; le sapin vieux & sec brunit beaucoup plus que le sapin jeune & frais.

Le faux acacia frais, brunit moins que le sec.

En général, les bois blancs se dorent, les bois bruns blanchissent, les bois rouges & violets jaunissent & noircissent.

Nous ne suivrons pas cet intéressant auteur dans ses expériences sur les teintures des plantes exposées à la lumière du soleil, & sur l'altération qu'elles y éprouvent. Notre objet étoit de suivre ses influences dans les objets naturels, & en tant qu'elles pourroient nous donner la solution, ou du moins nous mettre sur la voie de trouver celle de la plûpart des phénomènes qui lui sont dûs, & qui se passent sous nos yeux. *Voyez* encore COROLLE, COULEUR DES PLANTES, PANACHES, &c. M. M.

LUNATIQUE. MÉDECINE VÉTÉRINAIRE. Ce mot doit son existence à ceux qui ont imaginé, que sur le déclin de la lune, il découloit de cet astre une vertu secrète, qui troubloit & chargeoit la vue du cheval ; c'est à l'époque de cette opinion, qu'on a surnommé les individus, d'entre ces animaux, qui ont été atteints de cette maladie, chevaux *lunatiques*.

Il est néanmoins des médecins vétérinaires, qui ne font pas venir cette maladie des influences occultes de la *lune*; mais ils l'attribuent à différentes causes, dont les unes sont aisées à détruire, les autres sont plus tenaces, & d'autres résistent à tous les remèdes qu'on emploie pour les combattre.

Celles qui proviennent de quelque coup, de quelque blessure, ou de quelque froissement peu considérable, sont aisées à guérir.

Celles qui affectent la conjonctive & les paupières, de manière que la douleur que le cheval ressent, le détermine à mettre l'œil qui en est atteint, à l'abri des rayons lumineux, sont plus difficiles à guérir. Elles dépendent, ou de l'âcreté de la lymphe, ou d'une suppression considérable des excrétions, &c.

Celles qui pénètrent jusqu'au fond de l'œil, & dans ses tuniques intérieures, sont incurables; elles se manifestent par des symptômes plus violens que les précédentes, par des douleurs plus cruelles, & par la fièvre, qui est quelquefois accompagnée du délire. Elles causent une suppuration & un écoulement des humeurs contenues dans le globe, qui ne se terminent que par la perte de l'œil. Un pareil ravage est l'effet d'un coup violent, ou de la gale, ou du roux-vieux, dont on aura supprimé, sans précaution, le suintement des humeurs qui se portoient à la peau, ou d'un ancien ulcère qu'on aura cicatrisé inconsidérément, &c.

Il résulte de ce qui vient d'être dit, que les diverses maladies qui affectent l'œil du cheval, sont l'effet d'une cause interne, ou d'une cause externe. On en distingue de plusieurs espèces, qui sont *la sèche*, *l'humide*, *l'épizootique* & *la périodique*. Toutes ces maladies des yeux sont désignées par le mot *ophtalmie*, qui signifie inflammation de l'œil, accompagnée de rougeur, de chaleur, & de douleur, avec, ou sans écoulement de larmes.

L'ophtalmie *sèche*, sans écoulement de larmes, est l'effet de la stagnation du sang dans les petits vaisseaux. Les chevaux d'un tempéramment colérique, dont les fibres tenues ont une grande rigidité, & en qui la marche du sang est impétueuse, sont sujet à l'opthalmie *sèche*, sur-tout si on les soumet à des exercices longs, violens, & à des travaux pénibles. Elle s'annonce par l'affaissement du globe, par une diminution considérable de son volume, par son enfoncement dans la cavité orbitère, par l'inflammation de la conjonctive, qui se communique à toutes les parties de l'œil, & à celles qui l'environnent. Tous ces symptômes sont communément violens.

Les chevaux phlegmatiques, naturellement engourdis & paresseux, sont sujets à l'ophtalmie *humide*; les paupières s'enflent, se collent, il en sort une grande quantité de sérosité, dont la qualité est si âcre qu'elle ronge quelquefois le bord de la paupière inférieure, du côté du grand angle, & enlève le poil le long du chamfrin, sur lequel elle coule . . . . L'ophtalmie *épizootique* règne dans certain temps de l'année; elle dépend de la constitution froide & humide de l'air, ce qui fait qu'elle attaque indifféremment toutes sortes de chevaux.

L'ophtalmie *périodique* est celle qui revient toujours dans le même temps; parce que son cours se fait d'une manière régulière. Il est des chevaux qui en sont attaqués tous les ans, d'autres tous les six mois, & d'autres tous les mois. C'est par l'analogie de la régularité de son mouvement ou de sa révolution, comparée avec le cours de la *lune*, sans doute, qu'on a supposé que l'ophtalmie *périodique* dépendoit de l'influence de cet astre.

J'ai vu un cheval, d'un tempérament pléthorique, qui avoit les parotides gorgées, dures & enflammées, dont l'inflammation se portoit jusqu'à l'œil du même côté. La tête de cet animal étoit basse, il ne pouvoit supporter la lumière; il découloit de son œil une sérosité fort abondante; le ventre étoit paresseux, & la sécrétion des urines languissante. Pour dissiper le mal, & rétablir les fonctions des viscères, le régime, les boissons délayantes & apéritives, la saignée, les purgatifs & les collyres furent mis en usage. Le cheval parut guéri; mais au bout de six mois, l'ophtalmie attaqua l'œil de nouveau. On ajouta à ce premier traitement, le séton, & un régime plus long; ce qui n'empêcha pas que l'ophtalmie ne revint périodiquement de six mois en six mois, pendant l'espace de deux ans. Tandis que les partisans des qualités occultes, attribuoient cette fluxion aux influences *de la lune*, on reconnut qu'elle n'y avoit aucune part, & qu'elle provenoit de la foiblesse de l'estomac & du relâchement des intestins. On prescrivit, pour la boisson ordinaire du cheval, l'eau teinte *avec la boule de mars*; ce qui fut exécuté pendant près d'un mois. Le ventre devint plus libre, les reins firent mieux leurs fonctions, & l'ophtalmie ne reparut plus.

Il suit de-là, que toutes les différentes espèces d'ophtalmie, qui proviennent d'une cause inconnue à l'artiste, ou toutes celles qui ont déjà causé une certaine foiblesse à l'organe de la vue, produisent l'ophtalmie *périodique*, ou y disposent, & qu'on ne parviendra jamais à les guérir, qu'on n'ait guéri les maladies dont elles sont les *symtomes*. En conséquence, ce ne sera qu'après avoir administré les remèdes

des maladies principales, qu'on en viendra au traitement de ces espèces d'ophtalmies.

Outre les causes particulières à chacune de ces espèces d'ophtalmie, si on laisse le cheval exposé à l'air de la nuit, sur-tout quand il règne un vent froid du nord; s'il éprouve quelque *suppression* subite de la *transpiration*, principalement après avoir eu très-chaud; s'il reste longtemps exposé à la blancheur éblouissante de la neige; si on le fait passer subitement, d'une profonde obscurité, à une lumière éclatante; si on le loge dans une écurie basse, humide, ou s'il est exposé aux exhalaisons du fumier, que les propriétaires négligens, ou peu éclairés, entassent dans sa demeure, &c. chacune de ces circonstances peut encore occasionner l'ophtalmie.

Quant au *diagnostic* de l'ophtalmie *périodique*, l'âcreté des larmes qui découlent, fend la paupière inférieure, l'œil qui est attaqué est plus petit que l'autre, l'humeur aqueuse qu'il contient est trouble, la conjonctive est enflammée, l'enflure attaque les deux paupières, & principalement l'inférieure; l'écoulement des larmes est continuel, l'obscurcissement de l'œil présente une couleur de feuille morte; le délire, les actions effrénées s'emparent quelquefois de l'animal.

*Prognostic.* Si l'ophtalmie est légère, elle est facile à guérir, sur-tout lorsqu'elle provient d'une cause externe; mais si elle est violente, & qu'elle dure longtemps, elle laisse communément des taches sur la cornée lucide; elle obscurcit l'éclat des yeux, elle rend les humeurs troubles, elle épaissit la cornée, & elle la rend moins transparente, & quelquefois se termine par la perte de la vue.

Lorsque le cheval a un cours de ventre, & que l'ophtalmie passe d'un œil à l'autre, ce sont des signes qui ne sont pas défavorables; mais si elle est accompagnée d'une fiévre violente & opiniâtre, le cheval est en danger de perdre la vue.

*Remèdes.* La *saignée* est toujours indiquée dans une violente ophtalmie; on peut même la répéter, selon l'urgence des symptomes; on doit la faire, le plus près qu'il est possible, de la partie malade.

L'application des sangsues aux tempes & aux paupières inférieures, ne peut produire qu'un bon effet. Les breuvages & les lavemens délayans, ainsi que les laxatifs, ne doivent pas être négligés.

On pourra faire avaler au cheval, à jeun, de quatre en quatre jours, une décoction de *tamarin* & de *séné*; on aura soin qu'il ne manque pas d'eau blanchie avec le son de froment, ou d'eau d'orge, ou de petit-lait. On lui donnera tous les soirs une demi-bouteille de racine de *sénéka*, ou une bouteille de décoction de celle de *bardane*.

On lui fera prendre, trois fois par jour, un bain d'eau tiéde, dans lequel on placera les deux extrémités antérieures jusqu'aux genoux: chaque bain sera au moins de trois quarts-d'heure.

On brossera la tête du cheval, de manière à en enlever toute la poussière & la crasse, & l'on profitera du moment que ses jambes seront dans le bain, pour lui faire tomber, d'une certaine hauteur, une douche d'eau froide sur la tête, & pendant qu'elle tombera, un palfrenier frottera légérement & continuellement la partie douchée.

Si l'ophtalmie ne cède pas à ces premiers soins, on appliquera les *vésicatoires* aux *tempes*, ou derrière les *oreilles*, & on entretiendra l'écoulement pendant quelques semaines, au moyen de *l'onguent vésicatoire*, adouci avec *l'onguent basilicum.*

Le *séton* fait au cou, ouvert de haut en bas, produit aussi de bons effets lorsqu'il donne abondamment.

Si l'inflammation des yeux est très-considérable, il est bon d'appliquer sur ces organes un cataplasme de mie de pain & de lait, adouci avec du beurre frais ou de là très-bonne huile. Lorsque l'inflammation est dissipée, on fortifie les yeux, en les étuvant soir & matin avec une partie d'eau-de-vie dans six parties d'eau, ou avec une partie de vinaigre dans huit d'eau; ou avec deux gros de vinaigre de plomb, & autant d'eau-de-vie que l'on met dans quatre livres d'eau de fontaine.

Mais si l'ophtalmie est symptomatique, il faut d'abord traiter la maladie dont elle est un symptome; autrement, tous les remèdes qu'on vient de prescrire, ne parviendront jamais à guérir l'inflammation des yeux. M. B. R.

LUNE. (PHYSIQUE RURALE) Il n'entre certainement point dans le plan de cet Ouvrage, de parler astronomie & haute physique; mais nous nous sommes imposés la loi de ne rien omettre de ce qui pourroit servir à l'instruction des cultivateurs. Non-seulement le peuple, le simple habitant de la campagne a de fausses idées sur la lune, & abandonne son esprit à une foule de préjugés sur cet astre. Mais, combien de gens encore, qui, d'après leur fortune, ou leur naissance, devroient être instruits, le sont peu à cet égard? L'influence extraordinaire que l'on attribue à la lune sur presque toutes les opérations rurales, entraîne souvent dans de fausses opérations; mais cette influence n'en est pas moins réelle dans certaines circonstances, & la même loi qui soulève périodiquement les flots de la mer, doit nécessairement agir sur notre atmosphère, & l'on sait combien presque toutes ces opérations dépendent de l'état naturel de l'atmosphère. On peut voir au mot ALMANACH, que les points lunaires ont une très-grande influence sur les changemens de temps. Cette influence sera encore plus sensible lorsque nous aurons fait une plus grande suite d'observations météorologiques, & que nous les aurons comparées avec les différens mouvemens de la lune. Il est donc très-intéressant d'avoir une idée, au moins générale, de cet astre. Nous allons tâcher de la donner d'une manière claire & précise.

La lune est une planète secondaire, qui fait sa révolution autour de la terre comme son centre. Les astronomes ont donné le nom de satellites aux corps planétaires, dont la révolution se fait autour d'une autre planete. Il est de tous les corps célestes celui qui est le plus proche de la terre, & il fait sa révolution dans l'espace de vingt-sept jours sept heures & quarante-trois minutes. La route que la lune parcourt, ou son orbite, est incliné au plan de l'écliptique d'environ cinq degrés ; ce qui est cause qu'elle le coupe nécessairement en deux points opposés qu'on appelle *nœuds*, & comme cet astre passe sur un de ces points toutes les fois qu'il va de la partie méridionale de son orbite à la partie septentrionale, on a nommé ce nœud *ascendant*, & l'autre *descendant*, lorsqu'il retourne de la partie septentrionale à la méridionale.

Dans la révolution sur le plan de l'écliptique, la lune s'approche de la terre, tantôt plus, tantôt moins ; mais la distance moyenne est de soixante demi-diamètres de la terre ; & comme le diamètre de la terre a environ trois mille lieues, & par conséquent le demi-diamètre mille cinq cens, la distance moyenne de la lune à la terre est de quatre-vingt-dix mille lieues.

La lune est beaucoup plus petite que la terre, & on regarde communément son volume comme cinquante fois plus petit. Les astronomes croyent que sa densité est beaucoup plus grande, mais ils ne sont pas d'accord sur la proportion de cette différence.

La lune, en qualité de planète, ne jouit que d'une lumière empruntée ; elle la reçoit du soleil & nous la renvoie. On sent bien que si la lune n'est éclairée que comme la terre, il n'y en a qu'une partie d'éclairée à-la-fois, celle qui se trouve en face du soleil ; mais comme elle a un mouvement propre sur son axe en parcourant son orbe, elle doit nous offrir des variétés d'apparences relatives à sa position, par rapport à la terre & au soleil. Ce sont ces apparences que l'on a nommé phases ; elles seront très-intelligibles si l'on jette les yeux sur la *fig.* 16, *Pl. VII*, *page* 284. S représente le soleil, T la terre qui tourne autour de lui, L L L l'orbe de la lune autour de la terre. Si la lune se trouve en C entre le soleil & la terre, un spectateur, placé sur la terre, n'appercevra que la partie obscure de la lune, & ne verra rien de la partie éclairée D. La lune dans cette position est en conjonction, parce qu'elle est sur la même ligne que le soleil, & on lui a donné le nom de nouvelle lune. La lune commençant son cours, & avançant de C en E par son double mouvement autour de la terre & sur son axe, parvient en E ; alors on commence à appercevoir un quart de sa partie illuminée G F ; est-elle arrivée au point H, qui est la quadrature ou la fin de son premier quartier, alors on distingue la moitié de sa surface éclairée I K ; au point M on en voit les trois quarts, & parvenue au point N, qui est celui de l'opposition au soleil, elle nous offre alors toute sa partie éclairée, & on a ce qu'on appelle pleine lune. En remontant au point C par les points O P Q, la partie éclairée pour nous diminue dans la même proportion, & nous n'en voyons qu'une partie jusqu'à ce qu'elle soit totalement cachée pour nous, quand elle est revenue au point de conjonction. Ces portions éclairées de la lune nous paroissent sous la forme de croissant ou de cornes plus ou moins longues, suivant les jours de la lune, qui regardent l'orient lorsque la lune va de la conjonction à l'opposition par la ligne C H N, & au contraire elles regardent l'occident, lorsqu'elle remonte par la ligne O Q. Telle est l'explication très-simple des phases de la lune.

Nous avons dit plus haut que le mouvement périodique de la lune autour de la terre s'achevoit en vingt-sept jours, sept heures & quarante-trois minutes; cependant comme la terre continue de se mouvoir autour du soleil pendant ce temps, & qu'elle parcourt près d'un des douze signes, la lune ne peut se retrouver exactement en conjonction ou nouvelle, que lorsqu'elle a parcouru le signe que la terre a parcouru, & il lui faut, pour achever cette révolution, deux jours, cinq heures & une minute, ce qui fait que l'on compte vingt-neuf jours, douze heures & quarante-quatre minutes d'une nouvelle lune à l'autre. On a distingué ces deux espèces de mois en astronomie, & on a nommé le premier *mois lunaire périodique*, & le second *mois lunaire synodique*.

Quand on jette les yeux sur la lune dans son plein, on y apperçoit des points brillans & des taches obscures; & il est vraisemblable, que ce sont différens endroits qui réfléchissent ou absorbent les rayons lumineux. Parmi les taches obscures, on en a remarqué de changeantes, relativement à la position du soleil, qui étoient projetées du côté de l'orient, lorsque le soleil est occidental par rapport à l'hémisphère éclairé de la lune, & qu'elles devenoient occidentales lorsque le soleil se trouvoit à l'orient, ce qui indiqueroit assez de grandes ombres, produites par des corps élevés comme des montagnes.

Non-seulement la lune a un mouvement périodique autour de la terre dans l'espace de près d'un mois, mais elle met un certain espace de temps pour achever toutes ses révolutions, tant *périodiques*, par rapport au point du zodiaque d'où elle est partie, qu'*anomalistes*, par rapport à son apogée, & que *draconitique*, par rapport aux nœuds; de façon qu'au bout de ce temps la lune se retrouve au même endroit, & qu'elle recommence une nouvelle révolution complette. Ce temps embrasse le cours de deux cens vingt-trois lunaisons, & ramène les éclipses de lune assez également; les deux cens vingt-trois lunaisons forment l'intervalle de six mille cinq cent quatre-vingt-cinq jours & un tiers, ou bien dix-huit années, (quatorze communes & quatre bissextiles) onze jours, sept heures, quarante-trois à quarante-quatre minutes. Cette période ou ce retour exact a été nommé *saros*, & les astronomes Chaldéens en faisoient un très-grand usage pour la prédiction des éclipses; les modernes en tirent aussi un très-grand parti.

Mais rien ne prouve mieux l'influence de la lune sur notre atmosphère, & par conséquent sur la terre, que la belle application que M. l'abbé Toaldo a fait de cette période de dix-huit ans à la météorologie : il a découvert, en comparant les observations météorologiques, faites durant l'espace de trois *saros*, que le retour des saisons & de leurs météores étoient presque les mêmes, & qu'on peut presque annoncer leurs révolutions, c'est-à-dire la température, le changement de temps, les pluies, l'abondance ou la stérilité, &c. &c., en comparant les années ensemble de dix-huit en dix-huit ans. Cette observation ingénieuse peut être d'un grand secours pour la campagne, lorsqu'après une longue suite d'années elle aura été confirmée. (*Voyez* MÉTÉOROLOGIE) M. M.

Aux observations générales de M. Mongez, il convient d'en ajouter quelques-unes plus particulières, ou plutôt de rapporter quelques erreurs, afin d'en rappeler la fausseté.

L'opinion que tel quantième de la lune influe beaucoup sur la qualité du bois que l'on doit couper, de la forêt que l'on se propose d'abattre, est assez généralement répandue; mais, malheureusement pour les partisans de cette opinion, ils ne sont pas d'accord entr'eux sur un quantième décidé; les uns prétendent qu'on doit abattre en nouvelle lune, les autres lorsqu'elle est dans son plein, & quelques-uns tiennent pour le dernier quartier. Cette diversité prouve seule combien peu sont décisives les prétendues expériences que certains observateurs disent avoir faites pendant trente ou quarante ans. Tous affirmeront que le bois coupé à telle ou telle époque ne *chironne* jamais, c'est-à-dire qu'il n'est pas attaqué par les vers. Ce qu'il y a de certain, c'est que les bois plantés au nord, & ceux qui n'ont qu'assez tard le soleil de l'après-midi ou du soir, sont & seront toujours plus sujets à être chironnés, que les autres plantés au levant ou au midi, quel que soit le quantième auquel on les abatte. Choisissez, autant que vous le pourrez, un temps sec, un vent du nord qui ait régné depuis quelque temps, & qui ait resserré la fibre du bois, je réponds que, toutes circonstances égales, il chironnera moins que tel autre bois coupé en nouvelle, pleine ou vielle lune, si le temps est mou, humide ou pluvieux.

Je ne répèterai pas ce que j'ai dit au mot GIROFLÉE sur le quantième de la lune, qui, dit-on, procure les plantes à fleurs doubles ou simples: ce n'est pas une opinion, mais une erreur.

Toujours dans le même esprit, le vin devoit être soumis au despotisme de la lune, & l'idée généralement adoptée dans tous les pays de vignobles, est qu'on doit le *soutirer dans la pleine lune de mars.* Je pourrois, à la rigueur, admettre pour un instant la possibilité, ou même, si l'on veut, l'avantage de cette pratique, si tous les vignobles du royaume étoient situés dans le même climat, en un mot, si la chaleur de l'atmosphère ou sa température étoit égale partout; mais quelle différence énorme ne se trouve-t-il pas entre le climat du Vexin françois & de la Picardie près de Beauvais, avec celui de Bayonne, de Perpignan, de Montpellier & de Toulon! Que de nuances intermédiaires entre les deux extrêmes des vignobles de France! S'il y a des nuances, des disparités frappantes, le même point lunaire ne peut donc pas être un signe, une époque certaine pour des climats si disparates par la disproportion de chaleur. Comme on appelle *lune de mars* celle qui fixe la fête de pâques, qui est toujours le premier dimanche après la pleine lune & après l'équinoxe, la même règle ne peut donc pas être utile en même-temps aux extrêmes & à tous les points qui les divisent.

Si cette pleine lune, en crédit & en vénération, étoit chaque année à la même époque, l'illusion seroit plus réelle, mais en 1598 pâques se trouva le 22 mars, & le 25 avril en 1734, & en 1796 il se trouvera le 22 avril. Voilà dans ces exemples, dont j'ai pris les premiers qui se sont présentés, une différence de trente-trois jours. Je demande actuellement à un homme sensé, si dans ces trente-trois jours de printemps il ne doit pas y avoir une très-grande différence entre la chaleur d'un climat à un autre, & entre la chaleur du même climat, depuis le 22 mars jusqu'au 33 avril ? Dès qu'on admettra cette graduation de chaleur, on verra donc clairement combien il est absurde de choisir, puisque le vin, renfermé dans le tonneau, renouvelle sa fermentation aux premières chaleurs. Or, toutes les fois que le vin commence à *travailler*, on détériore sa qualité si on le soutire. Son travail tient à de nouvelles combinaisons qui s'améliorent, & les combinaisons de ses principes ne peuvent avoir lieu sans le développement de son air de combinaison ou *air fixe* ( *Voyez* ce mot ) qui est le lien des corps, leur pacificateur & leur conservateur. ( *Voyez* à ce sujet le mot FERMENTATION, afin d'éviter ici les répétitions ) Soutirez les vins en hiver lorsque le vent du nord & le froid règnent, sans faire attention au quantième de la lune, & vous aurez une liqueur qui se conservera, & qui perdra très-peu de ses principes. ( *Consultez* le mot VIN )

Il faudroit écrire des volumes entiers si on vouloit rapporter toutes les idées fausses ou les opérations que l'on soumet à la marche de la lune; mais de tels détails m'écarteroient trop de mon sujet.

LUPIN. ( *Voyez Planche VIII*, *page 293* ) Nommé par Von Linné *lupinus albus*, & classé dans la diadelphie décandrie. Tournefort le place dans la seconde section de la dixième classe composée des herbes à fleurs de plusieurs pièces irrégulières, & en papillon dont le pistil devient une gousse légumineuse.

*Fleur*. Papillonnée, blanche, légèrement purpurine, composée d'un étendard B, des ailes C, réunies à leurs extrémités; de la carène D, divisée à sa base en deux onglets qui s'attachent au fond du calice E; ce calice, d'une seule pièce, est partagé en deux lèvres; les parties sexuelles sont enveloppées par la carène & les ailes; le faisceau des dix étamines, réunies à leur base par une membrane, représenté ouvert en F, & le pistil fécondé en G; une des étamines est séparée des autres à sa base.

*Fruit*. Le pistil devient par sa maturité un légume oblong, pointu, applati, coriace, à une seule loge, composée de deux valvules qui s'ouvrent longitudinalement, comme on le voit en H; ces valvules renferment plusieurs graines I, presque rondes & applaties.

*Feuilles*. Velues en-dessous, cotonneuses en-dessus, divisées en sept segmens étroits & oblongs.

*Racine*. A Rameuse, ligneuse, fibreuse.

*Port*. Tige branchue, haute de deux pieds environ, droite, cylindrique, un peu velue, communément à trois rameaux. Les fleurs naissent au sommet, alternativement placées sur les tiges ainsi que les feuilles; les folioles se replient sur elles-mêmes au coucher du soleil. ( *Voyez* SOMMEIL DES PLANTES ) Cette propriété lui est commune avec presque toutes les plantes légumineuses, & avec beaucoup d'autres plantes.

*Lieu.* On ignore son pays natal; dans plusieurs pays on le seme dans les champs.

*Culture.* Avant de parler de son utilité, il convient de faire connoître les autres espèces qui peuvent entrer dans la décoration des jardins. Von Linné en compte six, outre celle qui vient d'être décrite; savoir le lupin vivace, *lupinus perennis*, originaire de Virginie. Ses feuilles sont composées de huit folioles très-longues, en forme de fer de lance & lisses; ses fleurs sont rassemblées en grappes, & leur couleur est bleue; la racine est traçante : on peut le cultiver dans les jardins, mais sa racine s'empare bientôt d'un très-grand espace. On doit semer cette plante à demeure; elle souffre difficilement la transplantation, à cause de la longueur de sa racine pivotante; une fois endommagée, la reprise est très-difficile.

*Le lupin à semence panachée. Lupinus varius.* LIN. Est annuel, & on le sème au printemps. On le distingue des précédens par son calice à deux lèvres, la supérieure partagée en deux lobes, l'inférieure fendue en trois avec des appendices de chaque côté; sa fleur est pourpre, sa semence est ronde & panachée.

*Le lupin hérissé. Lupinus hirsutus.* LIN. Originaire d'Arabie, d'Espagne, & de l'Archipel. Fleurs bleues, grandes, leur calice verticillé & avec des appendices; les lèvres supérieures & inférieures sont très-entières; il demande dans le nord d'être semé ou sur couche, ou contre un bon abri, de le garantir des matinées froides du printemps. On peut le semer en automne, & le fermer dans l'orangerie pendant l'hiver; il suffit au midi de la France de le semer en mars ou en avril.

*Le lupin poileux. Lupinus pilosus.* LIN. Toute la plante est couverte de poils; ses fleurs sont blanches & de couleur incarnat, leur étendard est rouge. Les feuilles sont en forme de fer de lance, mais un peu obtuses par le bout; il ressemble assez au précédent; mais ce qui le distingue particulièrement, c'est d'avoir la lèvre supérieure du calice divisée en deux parties, & l'inférieure très-entière. Plusieurs auteurs le confondent avec le lupin hérissé. Il est très-parant dans un jardin, & demande les mêmes soins que le précédent.

*Le lupin à feuilles étroites. Lupinus angusti folius.* LIN. Ses fleurs sont bleues, & son principal caractère est d'avoir les feuilles étroites & linéaires. Il est originaire d'Espagne & de l'Italie méridionale. La culture lui donne une certaine consistence.

*Le lupin jaune. Lupinus luteus.* LIN. Sa fleur a une odeur agréable, & sa couleur est jaune. La lèvre supérieure du calice est divisée en deux, & l'inférieure est à trois dentelures; la semence est applatie, & quelques fois bigarée dans sa couleur; les feuilles florales sont ovales, & les fleurs presque adhérentes aux tiges. On peut le semer depuis les premiers jours du printemps, & successivement jusqu'au milieu de l'été, pour jouir de ses fleurs. Tous les lupins, excepté celui qu'on appelle vivace, sont annuels.

Je ne sçais si la semence de toutes les espèces de lupins peut servir de nourriture à l'homme; mais celle du lupin blanc devient une ressource dans le besoin. Dans certains cantons du Piémont, & en Corse, son usage est fréquent. Dans cette isle on fait macérer la semence dans l'eau de mer que l'on change deux ou trois fois; on réduit ensuite cette semence en pâte, à laquelle on ajoute un peu d'huile, & on fait cuire le tout dans un four comme un gâteau. Si l'huile avoit été moins puante, j'aurois trouvé cette préparation assez bonne. L'eau douce produiroit le même effet sans doute, & enleveroit l'amertume de l'écorce de la graine, si on avoit la précaution de la faire macérer dans une eau alkaline, par exemple, dans une lessive faite avec des cendres, & aiguisée par un peu de chaux, à peu-près de la même manière qu'on enlève l'amertume de l'olive. En sortant ces graines de la lessive, on doit les laver à grande eau courante. Toute l'amertume réside dans l'écorce. Les Corses cherchent moins de façon, & les Piémontois se contentent de faire macérer la graine dans l'eau commune qu'ils changent plusieurs fois.

Cet aliment étoit connu des anciens, & Pline rapporte que Protogene n'avoit vécu que de lupins, pendant qu'il étoit occupé à peindre un célèbre tableau.

Columelle, en parlant des légumes, dit: le lupin est celui qui mérite la première attention, parce qu'il consomme le moins de journées, qu'il coûte très-peu, & que de toutes les semences, c'est celle qui est la plus utile pour la terre; car le lupin fournit un excellent fumier pour les vignes maigres, pour les terres labourables, outre qu'il vient dans les terreins épuisés, & que lorsqu'il est serré dans un grenier, il dure éternellement. On donne le grain à manger aux bestiaux pendant l'hiver, cuit & détrempé, & il leur est très-bon. Il peut être semé au sortir de l'aire, & il est le seul de tous les légumes qui n'ait pas besoin d'avoir été gardé préalablement dans le grenier. On peut le semer, ou dans le mois de septembre, avant l'équinoxe, ou incontinent après les calendes d'octobre, dans les terres qu'on laisse reposer, sans les labourer; & de telle façon qu'on le seme, la négligence du colon ne lui fait jamais tort. Cependant les chaleurs modérées de l'automne lui sont nécessaires, afin qu'il prenne promptement de la force; car lorsqu'il n'a pas pris de consistance avant l'hiver, les froids lui sont préjudiciables. Le mieux est d'étendre le lupin qu'on a de reste après qu'on l'a semé, sur un plancher dont la fumée puisse approcher, parce que si l'humidité le gagnoit, il seroit piqué des vers (1), & que dès que ces insectes en auroient rongé les germes, les restes ne pourroient plus pousser. Il se plaît, comme je l'ai dit, dans une terre maigre, & surtout dans la terre rouge. Il craint l'argille, & ne vient pas dans un terrein limoneux. Col. Liv. II. Chap. X.

Les Romains, pendant leur séjour

(1) *Note du Rédacteur.* Les lupins sont également piqués des insectes, quoique tenus dans des endroits très-secs.

dans les Gaules, y ont laissé plusieurs procédés utiles. L'art de bâtir en *pisai*; (*Voyez* ce mot) de construire les caves & les citernes en *béton*; (*Voyez* ce mot) la culture du lupin, &c. Columelle voyoit bien, & il laisse peu à dire après lui. Je regarde le lupin comme une des plantes précieuses pour les pays dont le sol est pauvre, maigre, caillouteux ou sabloneux. Il ne s'agit pas de considérer la récolte de son grain comme d'une grande utilité, sa qualité essentielle est d'être d'une grande ressource pour enrichir ces terreins, & leur fournir par sa décomposition cette terre végétale, cet humus qui sert à former la charpente des plantes. (*Voyez* le mot AMENDEMENT, & le dernier chapitre du mot CULTURE.)

Le lupin s'élève depuis dix-huit pouces jusqu'à deux pieds, & se charge d'un grand nombre de feuilles. Il absorbe de l'atmosphère la plus grande partie de sa nourriture, & rend parconséquent à la terre qui l'a produit, beaucoup plus de principes qu'il n'en a reçu : dès-lors il devient un excellent engrais. Il est surprenant, qu'à l'exemple du Dauphiné, du Lyonnois, & de quelques autres provinces, sa culture ne se soit pas plus étendue.

L'époque des semailles, indiquée par Columelle, pouvoit être bonne à Rome, & l'est de même pour nos provinces méridionales; mais dans celles du centre & du nord du royaume, il est plus prudent de le semer lorsqu'on ne craint plus les gelées. Les froids de l'hiver font souvent périr le lupin semé en automne, & il faut le semer de nouveau au printemps.

Les auteurs qui ont écrit sur la culture du lupin, s'accordent presque tous à dire qu'il se contente de légers labours, & même n'en conseillent pas d'autres. Je ne suis point de leur avis, parce que l'on manque le vrai but que l'on désire : celui de produire un bon engrais. Il y a une différence très-marquée entre la vigueur de la végétation du lupin qui croît dans un champ profondément sillonné, & celui d'un champ simplement égratigné. Le premier double & triple le produit du second.

Je conseille de donner deux bons labours croisés avant l'hiver, 1°. afin d'enterrer le chaume de la récolte précédente, & lui donner le temps de pourrir; 2°. afin que le sol soit à même de jouir des bienfaits de l'hiver; d'ailleurs, on aura moins de peine à soulever la terre après l'hiver. En février ou en mars, suivant le climat, c'est le temps de sillonner profondément la terre, & de multiplier les labours coup sur coup, afin d'être prêt à semer dès que le moment sera venu. On semera toujours sur un labour frais, & le grain sera couvert avec la herse passée à plusieurs reprises. Lorsque toutes les plantes du champ sont en pleine fleur, c'est le moment de labourer avec la charrue à versoir, & de faire un fort sillon. Les sillons doivent être serrés & près les uns des autres. Mais, afin de mieux enterrer toutes les plantes que le soc déracine, que le versoir couche, il faut que deux charrues, à la suite l'une de l'autre, passent dans la même raie. Les plantes sont mieux enfouies, & le labour est plus profond; deux avantages réunis par la même opération. Comme à cette époque la plante est très-herbacée, qu'elle n'a point encore acquis la qualité ligneuse, sa putréfaction est assez prompte, & elle est accélérée par la chaleur ordinaire de la saison.

Après les prairies artificielles, le lupin est la meilleure plante pour *alterner* les champs; (*Voyez* le mot Alterner) parce que c'est la plante, qui occupant le moins longtemps la terre, permet de donner les labours convenables avant de semer les bleds, & sur-tout, parce qu'elle se charge d'une grande quantité de feuilles, de fleurs & de rameaux; c'est par ces raisons, que le lupin est préférable, pour alterner, aux raves & aux navets.

Au lieu de laisser un champ en jachères, pourquoi ne pas l'alterner? Pourquoi, au lieu d'*écobuer* les terres, ne pas les semer en lupins? puisque l'écobuage ne produit que peu d'effets, qu'il laisse une cendre bientôt dépouillée de son sel, la chaleur du fourneau ayant dissipé les principes huileux, inflammables, & ayant fait évaporer l'air fixe que les plantes contenoient. Au lieu qu'en semant le lupin, & l'enterrant, tous les principes restent en dépôt dans la terre, & les bleds que l'on seme ensuite en profitent. Si le sol est si maigre, que, de deux années l'une, il ne puisse produire une récolte, ou de seigle, ou d'avoine, semez des lupins pendant deux & même trois années de suite. Il en coûtera moins que d'écobuer, & on aura une meilleure récolte. Peu-à-peu, & en alternant sans cesse, on enrichira son champ, & on parviendra enfin à le faire produire tous les deux ans.

Un des grands avantages du lupin est de détruire complettement les mauvaises herbes. Comme il croît très-serré par ses rameaux; comme ses feuilles multipliées, occupent tout l'espace d'un pied à l'autre, l'herbe qui sort de terre en même temps, est gagnée de vîtesse, elle *s'étiole*, (*Voyez* ce mot) pour aller chercher la *lumière*, (*Voyez* ce mot) languit & périt enfin, privée des bienfaits de l'air. On seme, sur six cents toises quarrées, environ cent cinquante livres pesant de graines. Si le sol est bon, il rend communément vingt pour un, & de dix à quinze dans un terrein plus maigre.

On doit mettre à part, dans un champ, les plantes qu'on destine à grainer; lors de leur maturité, on les arrache comme les pois, les haricots, & on les bat de même. La tige desséchée fournit à la litière des animaux; on la brûle, & on en chauffe le four dans les pays où le bois est rare. Cette récolte ne détourne point des autres. La graine se conserve très-bien sur pied dans sa gousse, & elle attend, sans craindre les pluies ou les frimats, qu'on vienne la récolter. Cette culture ne détourne donc pas des travaux de la campagne, objet qui la rend encore plus recommandable. Il faut semer le lupin, herser sa graine: voilà le seul excédent de travail; car on n'en auroit pas moins donné à la terre les labours ordinaires.

Lorsqu'après une récolte de bled dans un bon fonds, on veut en avoir une de même qualité, ou de seigle, dans l'année suivante, il convient de labourer fortement dès que la première récolte est levée, de semer & herser aussitôt. Le lupin végétera passablement bien jusqu'en septembre, & alors on l'enterrera; ensuite on semera à l'époque ordinaire. Il seroit à désirer que les climats permissent de suivre cette excellente méthode dans tout le royaume; mais elle ne peut avoir lieu que dans les pays où la récolte des bleds est finie à la fin de juin ou au commencement de juillet; elle est interdite dans les provinces méridionales, parce que la sécheresse de l'été, la difficulté de soulever les terres par le labour, sont des obstacles qu'on ne sauroit vaincre. Il y arriveroit souvent que la graine semée en juin, ne germeroit qu'en septembre, par le défaut d'humidité convenable à son développement. Dans les provinces du nord, le bled n'est souvent récolté que dans le mois d'août, & il ne vaudroit pas la peine de le semer. Chacun doit donc se régler d'après la connoissance de la constitution de l'atmosphère du pays qu'il habite; mais par-tout on aura l'époque fixe de semer au premier printemps, dès que l'on ne craindra plus les gelées. Les cent-cinquante livres de lupin coûtent, sur les lieux, à-peu-près 6 livres.

Cette manière d'alterner est bien simple, bien commode, & nullement dispendieuse. Le lupin enterré, tient lieu d'engrais, & c'est un engrais végétal excellent. De quelle ressource ne sera donc pas cette plante dans tous les cantons où les engrais & les pailles sont rares, où le sol est maigre, sabloneux ou caillouteux! mais les terreins tenaces, glaiseux, argilleux, plâtreux & craieux, n'en retireront aucun avantage.

Les bœufs, les chevaux ne mangent pas les feuilles, ni les tiges du lupin; mais en revanche les moutons en sont très-avides, sur-tout lorsque la plante est jeune: il est essentiel de garantir le champ de la dent du troupeau.

La meilleure manière de donner la graine du lupin aux bœufs, aux chevaux, aux moutons, &c. est de la faire moudre, & de leur en donner une certaine quantité soir & matin. Cette nouriture les tient fermes en chair, & les engraisse promptement. Quelques cultivateurs font infuser les graines dans plusieurs eaux, les dessèchent ensuite au four, & les font moudre. Cette dernière méthode me paroît préférable à la première, parce que l'amertume de l'écorce doit beaucoup échauffer l'animal, donner trop de ton à son estomac &c. &c. Cependant, dans tous les cas de relâchement, la première est plus utile, puisqu'elle tient lieu, en même temps, & de nourriture & de médicament.

Si on étoit curieux de faire la comparaison de la somme nécessaire pour l'achat des engrais animaux, capables de fumer un champ, & de ce que coûte l'achat de la graine de lupin, & les petits frais de culture excédens de la culture ordinaire, on verroit du premier coup d'œil, que tout l'avantage est pour le lupin, puisqu'il coûte très-peu, & que l'engrais se trouve à sa place, sur le champ même, & distribué également. On objectera que l'engrais animal sera plus actif, & durera beaucoup plus. Soit! Mais quel est le particulier assez riche en engrais, pour fumer tous ses champs, & sur-tout ceux qui sont éloignés de la métairie. Il n'en est pas moins vrai que l'engrais du lupin est excellent, qu'il détruit les mauvaises herbes, tandis que les fumiers les multiplient dans les champs. Je ne connois aucune plante dont la culture soit moins coûteuse, ni plus avantageuse dans les pays pauvres, & même dans les bons fonds, dès qu'on les laisse en jachères. Je prie ceux qui trouveront outrés les éloges que je donne aux lupins, de ne les blâmer qu'après avoir fait usage de cette plante pendant plusieurs années de suite.

*Propriétés médicinales*. La semence a une saveur amère & désagréable. Réduite en farine, c'est une des quatre appellées résolutives. On s'en sert en cataplasme pour faire mûrir les abcès. Plusieurs auteurs lui ont attribué beaucoup d'autres propriétés; mais elles ne sont pas encore assez confirmées par l'expérience, pour y ajouter foi.

LUXATION. Médecine Vétérinaire. On appelle luxation, le déplacement d'un ou de plusieurs os mobiles, hors de leur cavité.

Il y a des luxations complettes & incomplettes. Elle est complette, lorsque la surface d'un os est totalement séparée de celle d'un autre os, sur lequel il porte en avant, en arrière, ou sur les côtés. Elle est incomplette, lorsqu'il y a extension de ligament, ou qu'un os se porte en-dehors de la cavité, ou s'écarte du centre de l'os dont il est voisin. La luxation de la première espèce a rarement lieu dans les animaux, à moins qu'il n'y ait une rupture de ligament, & quelquefois des tendons.

Les causes des luxations, sont les coups, les chûtes, les efforts violens, les mouvemens extraordinaires, &c.

On connoît qu'il y a luxation dans une partie, par la douleur vive qui se fait sentir à l'articulation; par la difficulté qu'a l'animal de mouvoir la partie; par la tumeur qui paroît à l'endroit où l'os s'est jeté, & par une dépression à l'endroit où l'os s'est déplacé.

*Manière d'y remédier*. Si la luxation est complette, la réduction s'opère par l'extension, la contre-extension, & la conduite de l'os en sa place; on applique ensuite sur la partie, des compresses imbibées d'eau-de-vie camphrée, & on assujettit l'appareil avec un bandage, fait de manière à contenir les os en situation. Au contraire, si elle est incomplette, il suffit de la traiter simplement par les embrocations avec les aromatiques & vulnéraires, tel que le vin aromatique, la lie de vin, &c. Le repos sur-tout, contribue à la guérison de cette dernière espèce de luxation, qui arrive le plus souvent aux articulations du boulet, avec le pâturon.

Il est des cas où la luxation se trouve compliquée avec la fracture, & que l'inflammation, l'enflure, & quelquefois l'hémorragie s'opposent à la réduction. Alors, le parti qu'il y a à prendre, si l'os est fracturé loin de l'articulation, c'est d'en tenter la réduction; mais si la fracture est près de l'articulation, il faut attendre que les os soient soudés. On employe à cet effet les émoliens & les résolutifs; on a attention de prévenir l'endurcissement des ligamens, & l'épanchement de l'humeur synoviale dans l'articulation; & quand le cal se trouve formé, (*Voyez* Calus) on procède à la réduction. Elle se fait de la manière indiquée au mot Fracture. (*Voyez* Fracture) M. T.

LUZERNE. (*Voyez planche VIII, pag. 293.*) Von Linné la classe dans la diadelphie décandrie, & la nomme

*Medicago sativa.* Tournefort la place dans la quatrième section de la dixième classe, destinée aux herbes à fleurs de plusieurs pièces irrégulières, en papillon, qui portent trois feuilles sur le même pétiole. Il l'appelle *Medicago major, erectior, floribus purpureis.*

*Fleurs.* En papillon, composée de de cinq pétales. B représente le supérieur ou l'étendard. C les latéraux, ou aîles, mais un seul est dessiné; l'inférieur D, ou la carene, est représenté ouvert. Les étamines E, réunies à la base de leur filet, un seul excepté. Cette réunion, par la base, forme une espèce de membrane, & en F elle est représentée ouverte. C'est cette membrane qui compose le tube E. Le pistil est figuré en G; le calice H est divisé en cinq dents égales & pointues.

*Fruit.* I. Légume contourné en spirale comme les sillons de la coquille d'un limaçon. Cette spirale s'ouvre en deux battans, sur toute sa longueur, & dans sa parfaite maturité laisse échapper les semences K qui sont attachées à la nervure de cette gousse qui leur sert de placenta.

*Feuilles.* Trois à trois sur un pétiole; les folioles ovales, ou en forme de fer de lance; dentées à leur sommet.

*Racine.* A. Blanche, ligneuse, profondément pivotante.

*Port.* Tige d'un pied au moins de hauteur, & souvent de deux, suivant les saisons; sans poil, lisse, droite; les fleurs portées par des péduncules, sont disposées en grappes deux fois plus longues que les feuilles. Les péduncules sont terminés par un filet; les feuilles sont placées alternativement sur les tiges; elles ont des stipules au bas de la pétiole.

*Lieu.* Naturelle à l'Espagne & à la France méridionale. La plante est vivace.

Von Linné compte huit espèces de luzerne, que je ne décritai pas, à cause de leur peu de qualité relativement à celle dont on a parlé, & parce qu'elle ne fait pas d'ailleurs l'ornement des jardins. La luzerne en arbre fait exception à cette règle. Comme elle est toujours verte & fleurie pendant toute l'année, à l'exception du temps des gelées, ses feuilles sont toujours vertes, & on peut placer la plante sur le devant des bosquets. Elle est originaire des isles de la Méditerranée, & dans nos provinces du nord elle demande l'orangerie pendant l'hiver, ou du moins de bons abris. Elle diffère de la précédente par sa tige en arbre, par ses légumes en forme de croissant. Von Linné la nomme *Medicago arborea.* Elle aime les terres qui ont beaucoup de fond; mais pour l'usage ordinaire, on doit préférer la luzerne.

### §. I. *Du sol qui convient à la luzerne.*

Plusieurs auteurs avancent qu'elle réussit dans toutes sortes de terreins. Cette assertion est vraie quant à sa généralité, & très-fausse dans le particulier. J'ai dit très-souvent dans le cours de cet ouvrage, que l'on pouvoit établir une règle sûre en agriculture, quant à la nature du sol que demandent les plantes, par la seule inspection de leurs racines. Celle de la luzerne est pivotante, peu fibreuse, & plonge tant qu'elle trouve la terre qui lui est propre. Il n'est pas rare de de trouver des luzernes dont la racine a six & même jusqu'à dix pieds de longueur. Il est clair, d'après ce fait que je certifie, que cette plante réussira mal dans un terrein purement *caillouteux* ou sabloneux, dans un terrein gras & argilleux, craieux, ou entièrement plâtreux; dans celui où la couche de terre végétale de six à douze pouces d'épaisseur, recouvrira un fonds de gravier ou d'argille, &c. La racine alors cesse de pivoter, & à la moindre sécheresse elle souffre, languit & ensuite périt. Le point essentiel est de chercher une terre qui ait beaucoup de fond.

La meilleure terre, sans contredit, est celle qui est légère & substancielle. Les anciens dépôts formés par les rivières, ont communément cette qualité, parce qu'ils sont remplis d'*humus* ou terre végétale, dissoute, entraînée & déposée par l'eau; les sables gras, les terres tourbeuses viennent ensuite, & assez généralement tous les terreins situés au pied des montagnes, parce qu'ils sont sans cesse enrichis par les terres qu'entraînent les pluies.

De la qualité du sol dépend la durée & la beauté de la luzerne. Lorsqu'il lui convient, lorsque des *accidens particuliers*, dont on parlera dans la suite, ne la détruisent pas, une luzerne dure, dans les provinces méridionnales, depuis dix jusqu'à vingt ans. Sa durée diminue en raison du sol, & suivant sa qualité, elle est épuisée après quatre ou cinq ans, & même moins. Il ne valoit pas la peine de la semer, à moins qu'on ne veuille *alterner*, (*Voyez* ce mot) ou remettre un champ fatigué par des récoltes successives de bled.

## §. II. *Du choix de la graine & du temps de la semer.*

I. *Du choix de la graine.* On ne cueille communément la graine que sur de vieilles luzernes qu'on veut détruire, & on la laisse pour ainsi dire sécher sur pied, c'est-à-dire qu'on attend, pour la cueillir, l'approche des premiers froids. Dans les provinces du midi, après avoir fait la première coupe en avril ou en mai, suivant la saison & le climat, on ne la coupe plus, & la graine est mûre en octobre ou en novembre. Comme le légume qui contient la graine, est tourné en spirale, & que ses valvules s'ouvrent difficilement, on n'est pas pressé pour le moment de la recolte. Dans les provinces du nord, on ne doit point couper la luzerne pendant la dernière année, si on désire que la semence acquierre une parfaite maturité. Cette maturité est bien essentielle; la graine qui n'est pas mûre, & qui n'a pas acquis une couleur brune, ne lève pas, & sans cette précaution la luzerne lève trop clair, & ne garnit pas assez le champ. Le défaut de la graine, recoltée sur une luzernière à détruire, est d'être mêlée avec toutes sortes de mauvaises graines, & sur-tout avec celles des roquettes dans les provinces du midi, & ailleurs avec celles des graminées des prairies. On obvieroit à cet inconvénient, si on conservoit une place à part dans le champ, & dans la partie la mieux garnie de luzerne, parce que les tiges, placées près-à-près & très-feuillées, étouffent les mauvaises herbes, & les empêchent par conséquent de grainer : c'est le seul moyen d'avoir une graine nette &

pure. La bonne graine eſt luiſante, brune & peſante.

Lorſqu'on juge que la plante eſt bien mûre, on la fauche par un temps ſec, on la laiſſe expoſée à l'ardeur du ſoleil pendant pluſieurs jours de ſuite; enfin elle eſt portée ſous un hangard dans un lieu ſec, afin d'être battue pendant l'hiver par un temps ſec.

J'ai dit que le légume s'ouvroit difficilement, & que la ſemence avoit beaucoup de peine à s'échapper; il faut donc ne pas ſe laſſer de battre avec les fléaux, d'enlever les gros débris, de vanner ſouvent, & de battre de nouveau ce qui vient d'être vanné; en un mot, il faut de la patience pour ſéparer la graine, c'eſt pourquoi l'on choiſira pour cette opération la ſaiſon de l'hiver où l'on eſt le moins occupé. On doit bien ſe garder de porter au fumier les petits débris, ils retiennent encore trop de graines, & le fumier tranſporté ſur les champs, elles germeroient, & donneroient enſuite beaucoup de peine à détruire.

Pluſieurs auteurs avancent que la graine cueillie depuis plus d'une année ne lève pas; cela leur eſt peut-être arrivé, puiſqu'ils le diſent, mais je réponds, qu'ayant fait arracher des mûriers dans une luzernière, & n'ayant pas de graine fraîche, j'en haſardai une de quatre ans, qui a très-bien réuſſi; cependant, dans le doute & pour prendre le parti le plus ſûr, il vaut mieux choiſir de nouvelle graine, mais dans le beſoin ne pas négliger l'ancienne. Ne pourroit-on pas attribuer cette diverſité d'opinions aux effets de la diverſité des climats ſur la plante; la luzerne eſt indigène aux provinces du midi du royaume, & exotique à celles du nord, où on la naturaliſe de plus en plus, ſi toutefois l'aſſertion des auteurs à cet égard eſt vraie.

II. *Du temps de la ſemer.* Indiquer une époque fixe ſeroit induire en erreur; elle dépend & du climat, & de la ſaiſon. Dans les provinces du midi il y a deux ſaiſons, l'une dans le courant de ſeptembre, & l'autre à la fin de février, de mars, & au plus tard, à moins que les circonſtances accidentelles ne s'y oppoſent, juſqu'au milieu d'avril. Les ſemailles faites en ſeptembre, gagnent une année; dans la ſuivante on coupe cette luzerne comme les autres; il faut cependant obſerver qu'elle fleurit plus tard, & qu'ordinairement on a une coupe de moins. Dans celles du nord, on doit ſemer dès qu'on ne craint plus l'effet des gelées; c'eſt le point d'après lequel on doit ſe conduire, & laiſſer de côté l'époque de la fête de tel ou tel ſaint, ou bien ne l'admettre que comme une généralité pour le canton. La longueur de l'hiver de 1785 a ſingulièrement mis en défaut cette eſpèce de calendrier. Une gelée un peu forte détruit la luzerne lorſqu'elle ſort de terre. Il ſera prudent de ne pas ſe hâter de jouir, & de ne ſe permettre d'abord qu'une ſeule coupe, afin de ne pas épuiſer la plante, & ſur-tout pour que ſon ombre ait le temps de faire périr les mauvaiſes plantes.

A l'époque où l'on ne parloit en France que de nouveaux ſemoirs, de nouvelles machines, totalement oubliées aujourd'hui, leurs partiſans s'en ſervoient, & trouvoient admirable de voir les tiges de luzerne bien alignées, peu ſerrées, &c., enfin de les entretenir telles à l'aide d'une *charrue*, (*Voyez* ce mot) nommée *cultivateur*. Ces opérations ſont très-inutiles ; une fois que la luzerne a pris pied dans un champ, qu'elle est bien sortie, elle ne demande pas d'autre soin : à force de vouloir perfectionner les cultures simples & bonnes, on multiplie les frais sans augmenter les produits dans la même proportion. Ces mêmes cultivateurs recommandent encore de semer très-clair, afin que de la racine il sorte un grand nombre de tiges ; spéculation encore inutile. Je recommande au contraire de semer épais, parce que toutes les graines ne germeront pas, & parce que les plantes les plus fortes détruiront peu-à-peu les pieds les plus foibles, & qui les incommodent. C'est un point de fait que j'ai sans cesse sous les yeux ; il faut convenir cependant que le trop d'épaisseur, supposé égal, nuit au champ entier.

Je crois, *mais je ne l'ai pas essayé*, qu'on pourroit semer la luzerne comme les *trèfles* sur les bleds, (*Voyez* ce mot) & sur-tout au moment que la neige commence à fondre, parce qu'alors l'eau enterreroit la graine. Il n'est pas possible d'évaluer au juste la quantité de graine considérée par le poids, relativement à une surface de terrein donnée ; cette quantité dépend de la nature du sol & de l'époque des semailles. On doit semer plus dru en septembre ou en octobre qu'au renouvellement de la chaleur. A la première époque la graine a à redouter les fourmis, les oiseaux, les pluies trop abondantes, les eaux stagnantes pendant l'hiver ; au renouvellement de la chaleur, elle est sujette à moins d'accidens. On peut cependant dire que sur une superficie de quatre cent toises quarrées, on doit semer un peu plus de la seizième partie d'un quintal de graine, poids de marc, & au plus la douzième, parce que la semence est très-menue & garnit beaucoup. Si on peut se procurer une graine bonne & bien choisie, d'une province un peu éloignée, la plante gagnera par le changement de climat ; si des obstacles s'opposent à l'échange, celle du pays suffira. On a été longtemps persuadé dans le nord qu'on devoit absolument faire venir la graine des provinces du midi, & on avoit raison alors, parce que la plante n'étoit pas encore assez acclimatée, mais aujourd'hui ces longs transports, quoiqu'utiles, ne sont plus indispensables ; je crois même qu'il y auroit dans ce moment plus d'avantage de tirer la graine du nord, & de la semer au midi, parce qu'ici elle n'a jamais été renouvellée. Je le répète, l'échange est avantageux pour la luzerne, mais pas aussi essentiel que pour le froment, &c.

### §. III. *Des préparations que la terre demande avant d'être ensemencée, & de la manière de semer.*

A quelqu'époque que l'on seme, la terre doit être extrêmement divisée, puisque toute graine enfouie sous une motte ne germe pas ; dès lors on sent la nécessité de diviser la terre par de fréquens labours multipliés coup-sur-coup. Si on herse après chaque labour, l'opération sera moins longue. Il est donc difficile de prescrire le nombre des labours nécessaires, il dépend de la qualité de la terre, dont le grain est plus ou moins tenace, & dont les molécules sont plus ou moins faciles à être divisées.

La forme de la racine indique la nécessité absolue où l'on est de donner les labours les plus profonds; ici on ne doit épargner ni temps ni peine, & mettre plutôt deux ou trois paires de bœufs à la charrue, que de labourer avec un seul. La durée & la bonté d'une luzernière dépend, en grande partie, de ses succès dans la première année; si la graine germe mal, si elle est semée trop clair, la mauvaise herbe prend le dessus. Si on n'est pas dans la coutume de se servir de fortes charrues, il convient alors de faire passer les petites deux fois dans le même sillon, au moins pour les deux premiers labours croisés & de défoncement.

Si on seme après l'hiver, on a le temps nécessaire à la préparation du sol; deux labours donnés avant l'hiver faciliteront beaucoup la fouille profonde de la terre par la charrue, d'ailleurs la terre sera bien émiettée par les gelées : l'hiver est un excellent laboureur.

Lorsque la terre est bien divisée & prête à recevoir la semence, il est bon; si les sillons sont un peu profonds, de faire passer la herse & de semer ensuite. Sur le semis, on passe aussitôt la herse, soit du côté des dents en terre, soit du côté du plat, & ainsi tour-à-tour, afin que la graine soit enterrée, mais pas trop profondément. Il est bon encore d'attacher derrière la herse des fagots d'épine, chargés de quelques pierres ou de pièces de bois, ils régaleront la terre, & contribueront à mieux enfouir la semence : cette pratique n'est pas à négliger. En général, le point essentiel est de bien diviser la terre, de la diviser profondément, de ne pas trop enfouir la graine & de la bien recouvrir; si après les semailles il survient une pluie chaude, chaque graine germera, & on ne tardera pas à voir les plantes pulluler de toute parts.

### §. IV. *Des soins que demande la luzerne après avoir été semée.*

Lorsque le fond de terre lui convient, lorsqu'elle a été bien semée, enfin lorsqu'elle a bien germé, elle n'exige aucuns soins. Cette assertion ne s'accorde pas avec celle des auteurs qui prescrivent, comme une condition nécessaire à la réussite, de sarcler le champ de toutes les mauvaises herbes, & autant de fois qu'elles reparoissent : précaution inutile, dépense superflue, toutes les fois que la luzerne n'a pas été trop claire. Dans ce cas, qui dépend ou de la mauvaise qualité de la graine, ou de la faute du semeur, ou de l'effet de la saison, il vaut mieux faucher les mauvaises herbes, les laisser pourrir sur le champ, & resemer de nouveau à l'époque convenable au climat. Dans les pays où les chaleurs sont modérées, & où l'on est sûr de la pluie en été, on peut essayer de resemer jusqu'à la fin du mois d'août; mais cette ressource est interdite dans les provinces du midi dans les mois de juillet & d'août, la sécheresse & la chaleur y mettent obstacle.

A peine eus-je choisi le Languedoc pour le lieu de ma retraite, que je fis semer de la luzerne, &, plein des écrits que j'avois lus autrefois, & des pratiques que je connoissois, je fis sarcler rigoureusement une partie d'un champ que je venois de convertir en luzerne. Les paysans plaisantoient entr'eux de ma sollicitude; je leur en demandai la raison : la luzerne, me dirent-ils, en sait plus que vous, laissez-la faire, elle tuera les mauvaises herbes sans votre secours. Pour cette fois ils eurent raison : la partie du champ qui n'avoit pas été sarclée, fut, l'année suivante, aussi belle que celle qui l'avoit été. Depuis ce temps-là je n'ai pas eu la fantaisie de sacrifier de l'argent en pure perte.

On ne manquera pas d'objecter que les luzernes périssent à la longue, parce que les mauvaises herbes ou les plantes graminées les gagnent ; je réponds que ces plantes graminées, &c. &c. ne végètent que dans les places où les pieds sont déjà morts, & que tant que les pieds conservent de la vigueur, ils se défendent contre les mauvaises herbes, sur-tout s'ils sont encore assez rapprochés les uns des autres. Un seul coup d'œil jeté sur une luzernerie dans ses différens états, prouvera plus que tout ce que je pourrois dire.

Le grand destructeur & le plus terrible pour la luzerne, avant que l'âge la dégrade, c'est le ver du *hanneton* ( *Voyez* ce mot & *planche XXVII*, *page* 678 *du Tome VI*, *lettre* D, *fig.* 6 ) ainsi que celui de l'insecte nommé *moine* ou *rhinoceros* ; c'est le *Scarabæus Rhinoceros.* Lin. J'avois chargé le graveur de le représenter dans la même planche que celle du hanneton, & il l'a oublié. Il est aisé de reconnoître ce scarabé, plus gros que le hanneton, à une corne unique qu'il porte sur la tête, & qui l'a fait nommer *Rhinoceros* ; son corselet n'est pas moins singulier & irrégulier ; il s'élève sur le derrière, & forme une éminence transverse, à trois angles, & qui ressemble à une espèce de capuchon, d'où on lui a donné le nom de *moine* ; cette éminence est bien moins considérable dans la femelle, qui n'a point non plus de corne sur la tête. Tout le corps de l'animal est d'un brun chatain, ses étuis sont lisses, & son ventre est un peu velu ; on le trouve en grande quantité dans les couches, dans les jardins potagers & dans les bois pourris ; sa larve ressemble entièrement à celle du hanneton. Telle est la description que M. Geoffroi donne de cet insecte.

J'ignore si sa larve ou ver demeure aussi longtemps en terre, avant de passer à l'état de crysalide, que celle du hanneton ; je le croirois cependant, parce que j'en ai trouvé, à la même époque, de grosseur très-disparate, pour parvenir dans la même année au même volume ; je trouve que sa larve diffère de celle du hanneton, non par la forme, mais un peu par la couleur. Celle du rhinoceros est d'un gris bien plus foncé, & les petits points placés sur les côtés des anneaux, d'une couleur assez noire. Quoi qu'il en soit de ces différences, peut-être accidentelles, il n'est pas moins vrai que les larves de ces deux insectes parviennent en peu d'années à détruire une luzernière, sur-tout si elles sont multipliées.

J'ai suivi de près la marche de ces vers destructeurs, & j'ai toujours observé que le hanneton, dans son état d'insecte parfait, choisissoit, lorsqu'il vouloit s'enterrer pour déposer ses œufs, l'endroit qui étoit recouvert par l'excrément des bœufs, ou des chevaux, ou des mules, dont on s'étoit servi pour enlever la luzerne du champ. Ces excrémens en masse empêchent l'évaporation de l'humidité de la terre, lui conservent sa fraîcheur, & la rendent moins difficile à être pénétrée par l'insecte : c'est ce qui se passe dans les provinces du midi ; la terre y est quelquefois si dure, si sèche à sa superficie, que l'insecte est obligé de recourir à ce petit, mais ingénieux stratagême. Je ne pense pas qu'il en soit ainsi dans les provinces du nord, plus favorisées par les pluies, la terre y est par conséquent plus perméable à l'animal ; cependant au besoin le même instinct doit le conduire.

Ce fait paroîtra peut-être extraordinaire, mais je m'en suis convaincu d'une manière si positive, que je ne puis aujourd'hui le révoquer en doute : voici ce qui a donné lieu à cette vérification. Une bouse de bœuf, après s'être desséchée au soleil, étoit soulevée dans toutes ses parties par la nouvelle luzerne qui repoussoit pardessous ; d'un coup de pied je jetai au loin cette croute : je vis, à la place qu'elle occupoit auparavant, la terre beaucoup plus humide que dans les environs, & elle étoit criblée de trous ronds. Je crus d'abord qu'ils avoient été faits par le scarabé jayet, *Scarabæus totus niger capite inermi*, le scarabé gris, *scarabæus pillularius*, enfin par les différens insectes nommés *bousiers*, & *copris* en latin, qui vivent sur les bouses. Je retournai au logis sans y faire plus d'attention, parce que mon esprit étoit prévenu d'une idée naturelle ; mais chemin faisant la largeur de l'orifice des trous me frappa, & me fit naître des doutes. Le hanneton ne pouvoit pas passer par des trous ouverts par les autres scarabés, dont on vient de parler ; ils auroient été plus larges s'ils eussent été l'ouvrage des cigales au moment qu'elles s'enterrent. Dans cette incertitude, je pris le parti de revenir sur mes pas, de faire ouvrir la terre, & après l'avoir enlevée à huit à dix pouces de profondeur, je trouvai les hannetons, mais non pas en nombre égal à celui des trous que j'avois vus ; les autres avoient déjà pénétré au-dessous de la fouille que j'avois faite. Quelque temps après, j'eus occasion de faire encore la même opération, & au lieu de hannetons, je trouvai le scarabé rhinoceros. Ces deux places furent aussitôt marquées, chacune par un piquet fiché en terre, presque jusqu'à son sommet, afin qu'il ne pût être enlevé.

J'étois fort content de mon observation, & que l'on juge de mon étonnement, lorsque, l'année suivante, je ne vis aucune trace des dégats causés par les larves de ces insectes ; mais il n'en fut pas ainsi à la seconde année, parce que leurs vers ou larves n'étoient pas assez forts pendant la première année pour attaquer les racines pivotantes de la luzerne. A la seconde année je vis des pieds de luzerne bien verds la veille, se flétrir le lendemain, & être desséchés trois ou quatre jours après ; alors, saisissant ces tiges avec la main, je les arrachai sans peine de terre, ainsi que la partie supérieure de leurs racines qui étoit cernée, rongée & coupée. Je ne doutai plus que ce ravage ne dût être attribué au hanneton & au rhinoceros, & une fouille m'en convainquit aussitôt. Il seroit trop long de décrire mes recherches postérieures ; mais en voici le résultat :

Ces vers ou larves marchent toujours entre deux terres sur une ligne circulaire, & forment à la longue ce que l'on appelle des *tonsures*, ou espaces vides de luzerne, & dont peu-à-peu l'herbe s'empare. Le ver commence par le premier pied qu'il rencontre, passe au second, & vient ensuite au plus voisin du premier, & peu-à-peu il établit sa galerie, & ainsi de suite; on diroit que la place qu'il a dévorée a été tracée avec la faulx. Si dans cette espèce de cercle on voit des crochets, des proéminences, c'est que plusieurs vers travaillent en même temps sur différentes lignes, & quelquefois deux tonsures se joignent, & ne sont séparées que par une seule rangée de pieds de luzerne; souvent même, dans le milieu de ces tonsures, il reste deux à quatre plantes qui ont été épargnées. Le dégat continue jusqu'à ce que la larve devienne insecte parfait, c'est-à-dire hanneton. Dans cet état il sort de terre pour s'accoupler, & s'enterrer ensuite. (*Consultez* le mot HANNETON) Ce qui m'a fait présumer que le rhinoceros restoit aussi long-temps dans son état de larve que le hanneton, c'est que ses excursions & ses dégats duroient autant d'années. Les tonsures ne sont plus agrandies lorsque l'insecte est devenu hanneton. Si dans cet intervalle d'autres hannetons se sont enterrés dans leur voisinage, on peut s'attendre à de nouveaux dégats, & qui dureront autant que les premiers, & ainsi de suite. La source du mal est connue, comment la tarir?

J'ai toujours observé que les luzernières, placées près des bois, près des arbres, & des peupliers sur-tout, étoient plus endommagées que les autres; la raison en est simple: ces arbres servent de retraite aux hannetons, lors de leur sortie de terre, ils se nourrissent de leurs feuilles, ils y sont à couvert de l'ardeur du soleil; rassemblés pour ainsi dire en famille, ils y trouvent sans peine leurs compagnes, & l'époque de s'enterrer étant une fois venue, ils trouvent dans le voisinage de quoi remplir le but de leur conservation & de leur reproduction. De la théorie, passons à la pratique.

1°. Faire enlever avec soin de dessus le sol de la luzernière, tout le crotin de cheval, d'âne, de mulet, &c., & toutes les bouses de vaches & de bœufs; ces excrémens y sont sur-tout multipliés lorsqu'on y met ces animaux pendant l'hiver. Faire emporter également ces excrémens lorsqu'après les coupes on voiture la luzerne. Ceux-ci sont encore plus dangereux que les premiers, puisqu'ils conservent l'humidité de la terre qu'ils recouvrent, à l'époque assez ordinaire où le hanneton s'enterre.

2°. Aussitôt qu'on s'apperçoit qu'un pied de luzerne sèche, il faut faire ouvrir une tranchée tout autour, y découvrir la larve & la tuer. Le maître vigilant ne s'en rapportera qu'à lui-même pour la visite de sa luzernière, & il ne quittera l'opération que lorsqu'elle sera complettement finie; il fera très-bien encore d'avoir avec lui un petit sac rempli de graine de luzerne, & il en répandra sur la terre nouvellement remuée, & la fera enterrer, n'importe à quelle époque du printemps ou de l'été qu'il se trouve; le pire c'est de perdre un peu de graine. Cette première visite faite, il doit la recommencer souvent, & ne pas se lasser; ce petit travail conservera sa luzernière: cependant ces semis partiels seront peu utiles si la luzernière est vieille, parce que l'intérieur du sol est rempli de racines qui ont absorbé l'*humus* ou terre végétale, & les racines des nouvelles plantes ne trouveroient pas de quoi s'y nourrir : dans ce cas, on agira ainsi qu'il sera dit ci-après.

## §. V. *Des différentes récoltes de la luzerne.*

Si on en croit l'assertion de M. Hall, Anglois, & d'ailleurs auteur d'un grand mérite, les provinces méridionales de France ont l'avantage de faire jusqu'à sept coupes par an; malheureusement pour elles il n'en est rien, quelques avantageuses que soient les saisons, même quand on auroit les élémens à sa disposition, & l'eau nécessaire pour arroser le champ à volonté. Si on coupe la plante avant qu'elle soit en pleine fleur, on n'obtient qu'une herbe aqueuse, de peu de consistance, & qui perd les trois quarts de son poids par la dessication; elle est en outre peu nourrissante. En supposant que la première coupe soit faite du commencement au milieu d'avril, ce qui est le plutôt, est-il possible de concevoir que la luzerne ait eu le temps de fleurir sept fois avant les premiers froids? Il est rare qu'on puisse faire plus de cinq coupes. L'ordinaire, dans les provinces dont parle M. Hall, est quatre coupes; si la saison a été favorable, c'est une belle & très-riche production. Aucun champ ne rend numériquement autant qu'une bonne luzernière, c'est un revenu clair & net pendant dix ans, qui ne demande aucune culture, aucune avance, excepté celle de bien préparer le champ, l'achat de la graine, & la paye des coupeurs. Quatre cent toises quarrées de superficie sont communément affermées, dans le pays que j'habite, de cinquante & soixante livres par année. Heureux le propriétaire qui a beaucoup de champs propres à la luzerne.

Beaucoup d'auteurs prétendent, ainsi qu'il a été déjà dit, que la luzerne vient par-tout; si cette assertion étoit aussi vraie qu'elle est fausse, une grande partie de la Provence & du Languedoc seroit couverte de luzerne, puisque les prairies naturelles y sont rares par le manque presque absolu d'irrigation; mais l'expérience a prouvé, de la manière la plus tranchante, que dans ces provinces surtout, la luzerne demande un terrein qui ait beaucoup de fond, qui ne soit pas argilleux, & que le grain de terre ne soit ni trop tenace ni trop sablonneux.

Si dans tout le courant de l'année on a la commodité d'arroser les luzernières, les plantes s'éléveront fort haut, seront très-aqueuses, & ne donneront qu'un fourrage de bien médiocre qualité; il vaudroit beaucoup mieux convertir ce champ en prairie naturelle, le foin en seroit meilleur.

Dans les champs trop sablonneux, ou qui n'ont pas assez de fonds, la luzerne souffre beaucoup de la chaleur & de la sécheresse de l'été, mais s'il survient une pluie, elle regagne en quelque sorte le temps perdu; l'humidité développe bien vîte une végétation qui étoit concentrée.

Dans les provinces du centre du royaume, on fait trois coupes dans les années ordinaires, & quatre dans les années les plus favorables; deux à trois, au plus, dans les provinces du nord.

Règle

Règle générale, on ne doit faucher que lorsque la plante est en pleine fleur. Avant cette époque la plante est trop aqueuse, & ses sucs mal élaborés. Cette époque passée, elle devient trop sèche & trop ligneuse.

Il en est de la fauchaison des luzernes, à-peu-près comme de celle des foins. On la donne à prix fait, ou on fait le prix à journées. Ce dernier parti est bien plus dispendieux; mais le travail en vaut mieux. Les ouvriers à prix fait n'ont d'autre but que de vîte gagner leur argent; alors, pour expédier le travail, ils coupent trop haut, & laissent des chicots qui nuisent essentiellement au collet de la racine, par où doivent sortir les nouvelles tiges. Le collet de la racine est recouvert de mammelons qui deviennent sucessivement des yeux & ensuite des bourgeons. Les chicots se dessèchent, & font périr les mammelons qui les environnent; c'est pourquoi il est de la plus grande importance, lorsqu'on a semé la graine, de faire régaler exactement la superficie de la luzernière, de n'y pas laisser parcourir le gros bétail après la dernière coupe & pendant l'hiver, lorsque la terre est trop humide; le sommet de la racine, ou la tête de la plante cède à la pesanteur, à la pression de leurs corps, & leurs pieds les enfouissent avec la terre qu'ils compriment. On sent bien que la faulx passant sur ces petites fosses, ne peut aller chercher le collet des tiges, & qu'ainsi il doit rester beaucoup de chicots, & que la luzernière doit en souffrir. Si ces fosses sont très- multipliées, il convient, à la fin de l'hiver, de faire passer plusieurs fois consécutives, la herse à dent de fer, sur le champ, afin de les combler, & encore de labourer légèrement la superficie, & de herser ensuite. Ce petit travail a bien son mérite, & la beauté de la luzerne dédommage amplement, dans la première coupe, des frais de labourage.

Si la saison le permet, si on a à sa disposition le nombre de faucheurs convenable, les charrettes & les animaux nécessaires, il faut choisir un bon vent du nord, un jour clair & serein, enfin, un temps assuré, & se hâter de couper pour en profiter. Il vaut mieux payer quelques sols de plus par journées, ou par prix fait, afin d'être servi lestement. La luzerne coupée & mouillée par les pluies, perd, en grande partie, ou totalement sa couleur verte, sur-tout, s'il y a eu des alternatives de pluies & de soleil; elle perd alors réellement en qualité intrinsèque, & plus encore en valeur aux yeux de l'acheteur.

En admettant qu'elle ait été coupée dans les circonstances les plus favorables, & qu'elle paroisse bien sèche, on ne doit jamais la lever de dessus le champ, pour la mettre sur la charrette & l'enfermer, qu'après que le soleil aura, pendant quelques heures, dissipé la rosée. Si la chaleur est trop vive, & la luzerne trop sèche, on court le risque de laisser sur le champ une grande partie de ses feuilles, & de n'emporter que des tiges; cependant la bonté de ce fourrage tient beaucoup à ses feuilles. Ainsi, autant que les circonstances pourront le permettre, on ne doit pas manier ou botteler la luzerne dans le milieu du jour, sur-tout pendant les grandes chaleurs de l'été. Cette exception est plus ou moins essentielle, & relative au climat que l'on habite.

Un autre point, non moins essentiel, & qui entraîne après lui les effets les plus fâcheux, c'eſt de ne jamais fermer dans le fénil la luzerne qui n'eſt pas bien ſèche. Elle fomente, s'échauffe, prend feu, & bientôt l'incendie devient général.

La luzerne qui a fermenté, qui eſt échauffée, devient une très-mauvaiſe nourriture. Elle perd ſa couleur verte ou paille, ſuivant les circonſtances qui ont ſuivi ſa deſſication; elle prend alors une couleur plus ou moins brune, proportionnée au degré d'altération qu'elle a éprouvé. Lorſque l'altération eſt parvenue à un certain point, il eſt prudent, ſi on ne veut pas perdre ſon bétail, de ne l'employer que pour la litière.

Je n'entre ici dans aucun détail ſur les moyens d'accélérer ſa deſſication ſur le champ, de conſerver ſa couleur. Liſez l'article FOIN où ces moyens ſont décrits.

Il faut obſerver que la première coupe eſt la moins bonne de toutes, parce que la luzerne eſt mêlée avec beaucoup d'autres plantes qui ont végété avec elle. La ſeconde coupe eſt la meilleure; la troiſième eſt ordinairement encore très-bonne; les ſucs de la plante, dans la quatrième, ſont appauvris, & la luzerne elle-même ſe reſſent de ſes végétations précédentes.

## §. VI. *Des moyens de rajeunir une luzernière.*

Le temps & les inſectes ſont les deſtructeurs de la luzerne. Avec de petites attentions, on prévient, ou on arrête les dégâts cauſés par les animaux; mais tout cède & doit céder à la loi impérieuſe du temps. Il ne reſte donc aucune reſſource contre la dégradation cauſée par la vétuſté; mais on peut retarder cette époque par différens engrais.

Le premier, qui ſeroit le plus prompt, le plus commode, & nullement diſpendieux, ſeroit de faire parquer les moutons ſur la luzernière auſſitôt après que la dernière coupe eſt levée, & même pendant une partie de l'hiver.

Cette aſſertion paroîtra ridicule à un très-grand nombre de lecteurs, puiſqu'aux époques indiquées, ils ont grand ſoin de renfermer les troupeaux dans des bergeries rigoureuſement fermées & calfeutrées; afin d'interdire toute communication entre l'air extérieur, & l'air étouffé, & preſque méphitique du dedans. Conſultez les mots BERGERIE, LAINE. Il ſe prépare une heureuſe révolution en France, & nous la devons au zèle & aux lumières de M. d'Aubenton, qui a démontré, par une expérience de quatorze années, dans l'endroit le plus froid de la Bourgogne, que les troupeaux y peuvent paſſer toute l'année en plein air, même pendant les pluies, la neige & les froids. Les bergers, inſtruits à ſon école, & qui retourneront dans leurs provinces, prouveront le fait par leur exemple, & cet exemple prouvera plus démonſtrativement que le livre le mieux écrit & le mieux raiſonné. Aux expériences de M. d'Aubenton, on peut ajouter celles de M. Quatremere-Disjonval, ſur des troupeaux nombreux, tirés de la Sologne, accoutumés à être renfermés, & qui tout-à-coup ont paſſé, en plein air, les hivers de 1784 & 1785. Il ne peut donc plus exiſter aucun doute ſur la poſſibilité du parcage habituel. Peu-à-peu la vérité percera, & l'intérêt particulier des propriétaires les forcera à la reconnoître. D'après les faits cités, & depuis un temps immémorial, confirmés par l'exemple des troupeaux anglois & espagnols, qui n'entrent jamais dans la bergerie que pour y être tondus, je persiste à dire que le paccage est le moyen le plus sûr & le plus économique, quand on veut ranimer les forces d'une luzerne, & j'ajoute qu'on doit faire parquer à l'entrée de l'hiver, afin que les pluies ou les neiges de cette saison, aient le temps de délayer les crotins du mouton, & de pénétrer, chargés de leurs principes, jusqu'à une certaine profondeur du sol.

On objectera que pendant l'hiver, les troupeaux sont fréquemment conduits sur la luzernière, & qu'ils l'engraissent. Cela est vrai jusqu'à un certain point. Mais, quelle différence n'y a-t-il pas entre la somme des urines & des crotins d'un troupeau qui a parqué pendant plusieurs nuits de suite à la même place, & celle d'un troupeau qui y passe rapidement, afin de chercher sa nourriture ? Personne de bon sens ne peut mettre en problême, laquelle des deux manières est la plus avantageuse.

M. Meyer proposa, en 1768, le *gyps*, ou plâtre, pour rajeunir les luzernes, & fit part à la Société économique de Berne, de diverses expériences qu'il avoit faites dans les années précédentes. M. Kirchberguer les a répétées avec soin; & en voici le résultat sommaire.

1°. Il est démontré par ces expériences, qu'une mesure de gyps calciné, égale à celle de l'avoine, suffit pour la superficie de terre que la mesure d'avoine doit ensemencer.

2°. Que le gyps réussit mieux sur les bonnes terres en luzernière, que sur celles dont le sol est maigre & sabloneux.

3°. Qu'il produit un plus grand effet à la première qu'à la seconde année.

4°. Qu'il est moins actif dans un terrein humide, & qu'il l'est davantage sur un sol sec.

5°. Si on répand le plâtre aussitôt après l'hiver, la première coupe se ressent de cet engrais. Si on attend après cette coupe pour le semer, la seconde en profite.

Je conviens, d'après ma propre expérience, que le plâtre est très-avantageux sur les luzernières qui commencent à dépérir; qu'il favorise singulièrement la végétation du grand *treffle* (*Voyez* ce mot); qu'il est très-utile sur les prairies chargées de mousse; mais peut-on employer le plâtre dans tous les climats, & seroit-il aussi avantageux ? La solution de ce problême tient à deux objets. Au prix du plâtre, & à la manière d'être de l'atmosphère dans le pays que l'on habite.

L'engrais du plâtre est moralement impossible à être employé dans plus de la moitié du royaume, à cause de son trop haut prix; mais par-tout où il est commun & à bon compte, on fera très-bien de s'en servir. Cependant j'estime que la chaux éteinte à l'air, & réduite ainsi en poussière, mériteroit la préférence, & seroit bien supérieure au plâtre. L'une & l'autre de ces substances n'agissent que par leurs sels; & l'alkali de la chaux est en plus grande quantité, & plus développé que celui du plâtre; dès-lors la combinaison savonneuse, qui réunit & assimile les parties constituantes des plantes, est plutôt & mieux faite. Lisez le dernier chapitre du mot CULTURE, les articles AMENDEMENT & CHAUX. Veut-on encore que la grande atténuation de ces deux substances serve mécaniquement d'engrais, en procurant une plus grande division entre les molécules du sol? Soit! Mais la chaux éteinte à l'air, est bien plus divisée, & réduite en poussière plus fine que ne fera jamais le plâtre le mieux battu ou le mieux pulvérisé par le moulin. Ainsi, la chaux mérite la préférence, sur-tout lorsqu'elle est à bas-prix; & on se servira du plâtre, s'il est beaucoup moins cher que la chaux.

Dans les provinces maritimes du royaume, l'engrais du plâtre ou de la chaux y fera de peu d'utilité, & même nuisible, à mesure qu'on s'approche de la mer, parce que la terre ne manque pas de sel; mais bien plutôt de substances graisseuses & huileuses; & lorsque le sel surabonde, la plante souffre, à moins que de fréquentes pluies ne l'entraînent. Ces pluies sont excessivement rares au printemps & en été dans les provinces du midi. D'après ce simple exposé, il est clair que si on veut y faire usage du plâtre ou de la chaux, on doit les répandre avant l'hiver, & à différentes époques de l'hiver, à mesure qu'on s'éloigne de la mer. Enfin, l'avantage de ces deux engrais augmente à mesure qu'on s'approche du nord. Dans tous les climats du royaume, je préfère le paccage du troupeau sur la luzernière pendant l'hiver. Quand ouvrira-t-on les yeux sur un fait aussi important, aussi peu coûteux, & si utile pour la perfection des laines & la santé des troupeaux?

Quelques auteurs ont proposé de transplanter les luzernes, au lieu de les semer, & M. de Châteauvieux, fort partisan de cette méthode, conseille d'en couper le pivot, afin de forcer la plante à pousser des racines latérales. Je suis très-mortifié de ne pas être de l'avis de cet agriculteur, & de plusieurs auteurs qui ont répété la même chose d'après lui. Je ne crains pas de le dire, c'est ouvertement contrarier la loi naturelle de la plante, dont la force de la végétation tient à son pivot; la luzerne ne réussit jamais mieux que, lorsqu'elle peut enfoncer profondément ce pivot; & cette plante ne tire sa subsistance que par lui, sans lui elle dessécheroit sur pied dans les provinces méridionales. Je ne crois pas que dans les provinces du nord, la plante qui a subi cette opération, doive subsister en bon état pendant plusieurs années. Les travaux de l'agronome ont pour but d'aider les efforts de la nature, & de ne la jamais contrarier. Si ce pivot, énorme par sa longueur dans le sol qui lui convient, étoit superflu à la plante, la nature n'auroit pas été inutilement prodigue en sa faveur. Je l'ai déjà dit, & je le répéterai souvent, l'inspection seule des racines d'une plante, décide l'homme instruit sur la culture qu'elle exige. Cette théorie ne porte pas sur des données, sur des problêmes, mais sur une loi immuable. Ayons des yeux, & sçachons voir!

Le même auteur ajoute que le replantement des luzernes n'est pas plus dispendieux que la destruction des pieds surnuméraires qui ont été semés à la volée. Il me paroît difficile d'établir la parité dans les dépenses; d'ailleurs la dépense de l'extraction des pieds surnuméraires est inutile, parce que petit-à-petit le pied le plus fort affame & fait périr le plus foible, & à la longue il ne reste que les pieds qui peuvent se défendre les uns des autres. Je n'ai jamais vu de luzernière, avoir à sa quatrième année, un nombre de pieds inutiles. Ces raffinemens d'agriculture sont très-jolis dans le cabinet, & rien de plus.

M. Duhamel propose, pour regarnir les places vides, de faire des boutures avec les plantes voisines. Je n'ai pas fait cette expérience, mais je crois ce procédé avantageux, surtout pour repeupler ce qu'on appelle les tonsures. Je ne doute point de l'autenticité du fait, puisqu'un auteur aussi estimable l'avance; il en coûte si peu de l'essayer au temps de la première coupe, en ouvrant une fosse de huit à dix pouces de profondeur sur l'endroit qu'on veut regarnir. On couche alors la tige, on la recouvre de terre, à l'exception de l'extrémité qui doit déborder la fosse. Il me paroît essentiel d'en couper les fleurs, afin de forcer les sucs à se concentrer dans les tiges enterrées, & les obliger à donner des racines: c'est du moins le parti que je prendrois.

M. Duhamel dit encore avoir fait tirer de terre de vieux pieds de luzerne, ménager avec grand soin les racines latérales, couper le pivot à huit pouces, les avoir fait planter dans une terre neuve, & avant l'hiver; & qu'enfin tous avoient repris au printemps suivant. Il auroit peut-être dû nous apprendre combien d'années cette luzernière avoit resté en bon état.

## §. VII. *Des qualités alimentaires de la luzerne.*

La luzerne perd de sa qualité à mesure qu'elle s'éloigne de son pays natal; c'est-à-dire qu'elle n'est plus aussi nourrissante, parce que les sucs qui la forment sont trop aqueux, & ne sont pas assez élaborés. Malgré cela, aucun fourrage ne peut lui être comparé pour la qualité, aucun n'entretient les animaux dans une aussi bonne graisse, & n'augmente autant l'abondance du lait dans les vaches, &c.

Ces éloges mérités à tous égards, exigent cependant des restrictions. La luzerne échauffe beaucoup les animaux, & si on ne modère la quantité qu'on leur en donne, pendant les chaleurs, & sur-tout dans les provinces méridionales, les bœufs ne tardent pas à pisser le sang, par une suite d'irritation générale. Si on s'en rapporte aux valets d'écurie, ils saoulent de ce fourrage les bêtes confiées à leurs soins, ils s'enorgueillissent de les voir bien portantes, ne pouvant se persuader que la maladie dangereuse qui survient, soit l'effet d'une si bonne nourriture. Dès qu'on s'apperçoit que les crotins de cheval, de mulet, &c.; que les fientes de bœufs & de vaches, deviennent serrés, compactes, surtout ces dernières, on doit être bien convaincu que l'animal est échauffé par la surabondance du fourrage. C'est le cas d'en retrancher aussitôt une partie proportionnée au besoin, de mettre l'animal à l'eau blanche, légèrement nitrée; de donner des lavemens avec l'eau & le vinaigre; enfin, de mener les bœufs & les vaches paître l'herbe verte. Si on n'a pas cette ressource, comme cela arrive souvent pendant l'été, dans les provinces du midi, il faut cueillir les rameaux inutiles des vignes, & leur en laisser manger à discrétion pendant quelques jours, & jusqu'à ce que les excrémens aient repris leur souplesse ordinaire.

Je ne connois qu'un seul moyen de prévenir la déperdition superflue de luzerne, faite par les valets, & nuisible aux animaux; c'est de mélanger, par parties égales, ce fourrage avec la paille de froment ou d'avoine, non pas par lit ou par couche, mais par confusion. La paille contracte l'odeur de la luzerne, l'animal la mange avec plus de plaisir, & n'est plus incommodé. Cet expédient suppose que le fénil est fermé à clef, & que l'on a un homme de confiance, qui distribue chaque jour le fourrage dans une proportion convenable. Si l'animal voit qu'il a du fourrage au-delà de ses besoins, il laisse la paille de côté, & ne mange que la luzerne. S'il n'a que ce qu'il lui faut, il ne laisse rien perdre.

La luzerne, donnée en verd aux chevaux, mulets, & aux bêtes à cornes, les relâche, & les fait fienter clair : on appelle cela les purger. 1°. On ne doit donner cette herbe fraîche que vingt-quatre heures après qu'elle a été coupée, afin qu'elle ait eu le temps de perdre une partie de son air de végétation. 2°. On doit très-peu en donner à la fois, dans la crainte d'occasionner la maladie dangereuse dont on va parler. Tout bien considéré, cette manière de donner le vert, ne vaut rien. Il faut préférer de le faire prendre avec l'orge qu'on seme exprès; après l'orge vient l'avoine; mais dès que ces plantes ont passé fleur, que le grain commence à se former, elles deviennent très-dangereuses.

Si, par négligence, ignorance, ou autrement, on laisse aller un cheval, une mule, un bœuf, &c. dans une luzerne sur pied, il se presse d'en manger. La chaleur de l'estomac sépare promptement l'air de la plante, chez les bêtes à corne sur tout; cet air enfle leur estomac comme un ballon; ce volume monstrueux comprime les gros vaisseaux, arrête la circulation du sang, & l'animal meurt au bout de quelques heures, s'il n'est pas secouru promptement. La luzerne ne produit pas cet effet, à l'exception de toute autre plante. La même chose arrive, un peu moins vîte il est vrai, lorsque l'animal se gorge de bled, d'avoine, &c. encore sur pied, & lorsque la plante n'est encore composée que de feuilles. Tout pâturage trop succulent est dangereux.

Les procédés ordinaires, pour prévenir ces funestes effets, sont de faire de longues incisions dans le cuir & sur le dos de l'animal. Elles sont inutiles, quoiqu'elles dégagent un peu d'air & fassent sortir un peu de sang, si elles ont été un peu profondes; ensuite on force cet animal à courrir; ce qui vaut mieux, parce que la course & le mouvement rétablissent la circulation. Ce moyen ne suffit pas toujours, il vaut beaucoup mieux commencer à se frotter le bras avec de l'huile, on l'enfonce ensuite dans le fondement de l'animal, afin d'en retirer les gros excrémens, & donner une issue facile à ceux qui sont dans la partie supérieure des intestins, ainsi qu'à l'air qui distend ces parties; dans le bœuf les estomacs en sont quelquefois pleins, mais le livre est celui qui se durcit le plus; faites surtout courir l'animal. L'expédient qui ne m'a jamais manqué dans un pareil accident, c'est de lui faire avaler, aussi promptement qu'on le peut, une once de nitre dans un verre d'eau-de-vie; de vider l'animal comme il a été dit, & de le faire courir.

LYCHNIS, ou CROIX DE MALTHE, ou DE JERUSALEM, ou FLEUR DE CONSTANTINOPLE. Tournefort la place dans la première section de la huitième classe des fleurs en œillet, dont le pistil devient le fruit, & il l'appelle *lychnis hirsuta, flore coccineo major*. Von Linné la classe dans la décandrie pentagynie, la nomme *lychnis calcedonica*.

*Fleur*. En œillet, de couleur écarlate vive, à cinq pétales; l'onglet de la longueur du calice, qui est renflé & divisé en cinq parties. Les bords du calice soutiennent les pétales qui se couchent horizontalement; dix étamines & cinq pistils occupent le centre de la fleur.

*Fruit*. Capsule presque ovale, à une seule loge, à cinq valvules, contenant des semences en grand nombre, rousses, & presque rondes.

*Feuilles*. Oblongues, vertes, velues, embrassent la tige par leur base.

*Racine*. Fibreuse.

*Port*. Suivant la culture & le climat, les tiges s'élèvent à deux ou trois pieds, & sont cylindriques; les fleurs naissent au sommet, disposées en grouppes.

*Lieu*. Originaire de la Tartarie; la plante est vivace, & elle est cultivée dans les jardins.

*Culture*. On en connoît plusieurs variétés; la plus recherchée est celle à fleur écarlate & double; celle à fleur blanche, soit double, soit simple, est moins parante. Il y en a encore à fleur blanche, fouettée d'incarnat. Cette plante se multiplie par ses semences & par ses drageons. On la seme au premier printemps, dans une terre douce, légère, substancielle, ou rendue telle par le terreau, & on la replante à demeure, dans une terre semblable, dès que la plante est assez forte. Un peu avant l'hiver on fait très-bien d'enlever la terre qui environne son pied, & lui en substituer de nouvelle : c'est le moyen d'avoir de plus belles fleurs. Quoique le lychnis craigne l'humidité habituelle du sol, il demande, pendant l'été, de petits & fréquens arrosemens.

Pour le multiplier par drageons, on détache des tiges qui partent du collet de la racine, les petits rejettons enracinés ou non, & on en fait des boutures dans des vases ou des caisses, qui demandent d'être à l'ombre, ou du moins de ne recevoir que le soleil du matin. L'époque de cette opération est au commencement de l'automne & du premier printemps. Lorsqu'on est assuré que les boutures ont pris racine, on les lève de la pépinière, pour les transporter à demeure dans le parterre ou dans les plates-bandes du jardin, ayant soin de les couvrir avec des feuilles, ou avec des vases renversés, pendant la plus forte chaleur du jour, afin de faciliter leur reprise; & on enlève ces vases pendant la nuit. Cette fleur, dont la couleur est si tranchante, subsiste pendant long-temps, & produit un très-bel effet dans les jardins.

Lychnis, Coquelourde des Jardiniers. Quoique Von Linné la regarde comme une espèce à part de celle des lychnis, elle en est cependant si rapprochée, que je crois pouvoir ici les réunir, sans commettre une bien grande erreur botanique. Tournefort la nomme *lychnis coronaria dioscoridis, sativa.* Von Linné l'appèle *agrostema coronaria*, & tous deux la placent dans la classe indiquée ci-dessus.

*Fleur.* En œillet, d'une belle couleur pourpre, à cinq pétales nuds, couronnés à leur base de cinq nectaires; le calice est à dix angles, dont cinq alternativement plus petits.

*Fruit.* Capsule presque anguleuse, fermée, à une seule loge, à cinq valvules, renfermant des semences noires, rudes, & en forme de rein.

*Feuilles.* Adhérentes aux tiges, ovales, simples, entières, cotonneuses, blanchâtres.

*Racine.* Menue simple.

*Port.* Tige de douze à dix-huit pouces de hauteur, herbacée, cotonneuse, articulée, cylindrique, rameuse; les fleurs sont seules à seules au sommet, portées sur des péduncules qui partent des aisselles des feuilles.

*Lieu.* Originaire d'Italie; cultivée dans les jardins; la plante est vivace.

*Culture.* Comme celle de la précédente, & elle est moins délicate sur le choix du terrein.

LYMPHE. Médecine Rurale. De toutes les humeurs qui dérivent de la masse du sang, il n'en est aucune qui mérite plus d'éloges que celle-ci. Renfermée dans des vaisseaux très-petits, très-minces & transparens, connus sous le nom de *vaisseaux lymphatiques*, elle joue un des principaux rôles dans l'économie animale.

C'est à Thomas *Bartholin* & *Rudbec*, qu'on doit la découverte des vaisseaux lymphatiques. Ce fut en 1651 qu'ils les observèrent. Cependant quelques Anglois, & notamment *Glisson*, en attribuent l'invention à *Jolivius.* Avant eux, personne n'en avoit fait mention. Et en effet, il paroît bien que les anciens n'ont pas connu la nature & les propriétés de la lymphe; les modernes, au contraire, en ont bien senti l'existence, & reconnu l'utilité. Aussi l'ont-ils regardée, avec juste raison, comme le suc naturel de la nutrition.

En effet, la lymphe séparée du sang, est un suc très-délié, limpide, aquéogélatineux, dont la circulation est toujours dirigée de la surface du corps, vers les gros vaisseaux & vers son propre réservoir. Soumise à l'analyse chymique, elle fournit une quantité d'eau assez abondante, une matière gélatineuse, assez grasse, & une quantité de sel beaucoup moindre, relativement à ses autres principes. Elle doit sa finesse & sa fluidité aux particules aqueuses qu'elle contient, & qu'elle communique au sang : ses parties gélatineuses servent à la nutrition, & ses parties salines favorisent leur mêlange.

La lymphe peut aussi exciter une infinité de maladies : son épaississement, sa lenteur à couler dans le calibre des vaisseaux; son épanchement dans certaines cavités, sont autant de causes très-puissantes, qui déterminent quelquefois des affections très-sérieuses, & très-souvent incurables,

incurables, telles que l'hydropisie, des tumeurs froides, des enkiloses, &c.

D'après toutes ces considérations, on ne doit jamais perdre de vue les différentes altérations que la lymphe peut subir, & les indications curatives que l'on doit se proposer pour combattre, avec quelques succès, les différens désordres qui peuvent en résulter. Si la lymphe est trop âcre; ce qu'on pourra connoître à une démangeaison, & à un sentiment de prurit à la peau, au défaut de sommeil, à une diminution sensible de certaines sécrétions, à la rareté des urines, ou à leur couleur enflammée, on remédiera très-promptement à ce vice d'âcreté, au moyen d'une eau de veau très-légère, ou d'une infusion légère de fleurs de guimauve, ou par une boisson très-abondante d'une dissolution de gomme arabique, combinée avec le nitre purifié, donnée à la dose de quinze à vingt grains, dans un pot d'eau de pourpier.

Si, au contraire elle pèche par épaississement & par une consistance portée à un certain degré, alors des appéritifs légers, tels que les racines de fraisier, de chiendent, de petit houx, produiront les effets les plus salutaires.

La lymphe peut s'épaissir dans certaines cavités, jusqu'à un point de concrétion; il faut alors appliquer les fondans les plus énergiques, tels que le sel ammoniac, dissout dans l'urine, les emplâtres de cigüe, de diabotanum & de *vigo cum mercurio*. Cette application extérieure seroit peu énergique si l'on ne prenoit intérieurement d'autres fondans, qui doivent concourir à redonner la fluidité & la souplesse aux parties qui en ont besoin. Nous indiquerons au mot TUMEUR tous ceux qui doivent être employés en pareille circonstance. M. AMI.

---



MACERON, ou PERSIL DE MACÉDOINE. ( *Voyez Planche VIII, page* 293 ) Tournefort le place dans la troisième section de la septième classe destinée aux fleurs en ombelle, dont le calice devient un fruit arrondi & un peu épais, & l'appelle *hipposelinum theophrasti vel smyrnium dioscoridis*. Von Linné le classe dans la pentandrie digynie, & le nomme *Smyrnium olusatrum*.

*Fleur*. En rose, disposée en ombelle. D représente une fleur séparée, composée de cinq pétales C, recourbés par leur sommet, attachés par leur base sur les bords du calice alternativement avec les divisions. B représente le calice, contenant le pistil divisé en deux. Les étamines, au nombre de cinq, sont placées sur le bord du calice, en opposition à chacune de ces divisions, & alternativement avec les pétales, comme en le voit en D.

*Fruit* E. Composé de deux graines F en forme de croissant, convexe d'un côté, à trois cannelures, applaties de l'autre, & portées par le même péduncule.

*Feuilles*. Elles embrassent la tige

par leur base, & elles sont deux fois trois à trois; celles des tiges, portées sur des pétioles seulement trois à trois, sont dentées sur leurs bords en manière de scie.

*Racine.* A. En forme de navet, brune à l'extérieur, blanche en-dedans.

*Port.* Tiges environ de trois pieds de hauteur, rameuses, cannelées, un peu rougeâtres; l'ombelle naît au sommet, les rayons de l'ombelle générale sont d'inégale grandeur, & l'ombelle partielle est droite; les feuilles sont placées alternativement sur les tiges.

*Lieu.* Les provinces méridionales de France, l'Italie; dans les terreins naturellement humides, cultivé dans les jardins; la plante subsiste deux années.

*Propriétés.* La racine est âcre, amère, ainsi que les semences; toutes deux sont apéritives, carminatives & diurétiques.

*Usages.* On ne se sert que de la racine & de la semence, sur-tout de la racine; elle entre dans les ptisanes & apozèmes pour purifier le sang; on peut substituer les feuilles à celles du persil pour l'usage des cuisines.

MACHE, ou BLANCHETTE, ou POULE GRASSE, ou SALADE DE CHANOINE. Tournefort la place dans la troisième section de la seconde classe destinée aux fleurs d'une seule pièce, à entonnoir, dont le calice devient le fruit, ou l'enveloppe du fruit, & il l'appelle *valeriana arvensis precox, semine compresso.* Von Linné la nomme *valeriana locusta boliforia*, & la classe dans la triandrie monogynie.

*Fleur.* Calice dentelé, dont la base s'unit à l'embrion, & subsiste jusqu'à la maturité du fruit; la fleur d'une seule pièce, en entonnoir, & découpée en cinq parties à son sommet; les étamines, au nombre de trois, surmontées de sommets mobiles en tout sens; les pistils au nombre de deux.

*Fruit.* Capsule à plusieurs loges, renfermant chacune une semence applatie, ridée & blanchâtre.

*Feuilles.* Oblongues, assez épaisses, molles, tendres, les unes entières, les autres crenelées & sans pétioles.

*Racine.* Menue, fibreuse, blanchâtre.

*Port.* La tige s'élève du milieu des feuilles à la hauteur de six à dix pouces, foible, ronde, canelée, creuse; les fleurs naissent au sommet des tiges en ombelle, leurs feuilles sont opposées deux à deux.

*Lieu.* Les vignes, les balmes, les bords des chemins; on la cultive dans les jardins potagers, la plante est annuelle.

*Propriétés.* La racine a une saveur douce, ainsi que les feuilles, elles sont rafraîchissantes & adoucissantes; on les employe dans les bouillons de veau; on les mange dans les salades d'hiver.

*Culture.* On compte plusieurs variétés, les unes à feuilles plus ou moins larges, les autres à racines en forme de petits navets; on préfère ces dernières; leurs racines se mangent dans les salades comme les feuilles.

On multiplie cette plante & ses variétés par les semis; leur graine se conserve bonne à semer pendant plusieurs années; dans les provinces du nord on peut commencer à les semer depuis le milieu du mois d'août, jusqu'à la fin du mois d'octobre, en répétant les semis de quinzaine en quinzaine. Dans celles du midi, on seme en septembre, jusqu'au commencement & même au milieu de novembre, mais la règle la plus sûre pour chaque climat du royaume, est d'observer l'époque à laquelle elle sort de terre dans les champs; celle-ci est un peu dure; la bonne culture, le sol & les soins rendent celle des jardins très-tendre. On ne doit pas craindre de semer dru, parce que l'on coupe raz de terre les pieds surnuméraires & les plus gros, & on arrache avec la racine celles qui pivotent: de cette manière on éclaircit peu-à-peu les tables. Si la semence est trop enterrée, elle ne lève pas, & paroît les années suivantes après qu'on a remué la terre. Il est important de veiller sur la plante laissée pour graine lorsqu'elle approche de sa maturité, parce que la semence s'en détache facilement; on la cueillera donc, s'il est possible, par un temps de pluie, ou lorsqu'elle est chargée de rosée; alors, étendue sur un drap dans un lieu sec ou exposé au soleil, on ne craindra plus d'en perdre la graine. Quelques jardiniers entassent ces plantes dans un lieu frais, la fermentation & la chaleur ne tardent pas à s'y établir, & ils croyent perfectionner la graine par ce procédé. Ce n'est pas la loi de la nature, & si elle en avoit eu besoin, elle n'auroit pas donné à la graine une si grande facilité à s'échapper de la capsule. Les mâches, qui se multiplient d'elles-mêmes dans les champs, dans les vignes, démontrent l'inutilité d'amonceler les plantes, & de les faire fermenter pour en avoir la graine.

MACRE. *Trapa nutans*, Linn. Cette plante porte une infinité d'autres noms, suivant les cantons; *tribule aquatique*, *salégot*, *châtaigne d'eau*, *truffe d'eau*, *corniole*, &c.

*Fleurs*. Composées de quatre pétales, & d'autant d'étamines.

*Fruit*. Semblable à de petites châtaignes, hérissé de quatre pétales fermées par le calice; il renferme dans une seule loge une espèce de noyau aussi gros qu'une amande formée en cœur.

*Feuilles*. Larges, presque semblables à celles du peuplier ou de l'orme, mais plus courtes, ayant en quelque sorte une forme rhomboïde, relevées de plusieurs nervures, crénelées, attachées à des queues longues & grasses.

*Racine*. Longue & fibreuse.

*Port*. Tige rampante à la surface de l'eau, & jettent çà & là quelques feuilles capillaires qui se multiplient, & forment une belle rosette.

*Lieu*. Elle croît dans tous les étangs, les fossés des villes, & en général où il y a des eaux croupissantes ou du limon: la rivière de la Vilenne en est couverte.

*Propriétés économiques*. La macre a le goût de la châtaigne; on la vend à Rennes & à Nantes par mesure dans les marchés; les enfans en sont si friands, qu'ils la mangent crue comme les noisettes; on la fait cuire à l'eau ou sous les cendres dans plusieurs de nos provinces, & on la sert sur la table avec les autres fruits. On peut, après l'avoir dépouillée de son écorce, la faire sécher, la réduire en farine, & en composer une espèce de bouillie ; car on s'est trompé en croyant qu'on en préparoit du pain en Suède, en Franche-Comté & dans le Limosin; elle contient il est vrai du sucre & de l'amidon, mais la présence de ces deux corps dans les farineux ne suffit pas pour y établir la fermentation panaire : la châtaigne en est un exemple frappant.

*Observations.*

Il y a tant de plantes farineuses qui semblent destinées à croître spontanément & sans culture, que la providence offre aux hommes comme une sorte de dédommagement de l'aridité du sol qu'ils habitent; qu'on regrette toujours de ne point les voir couvrir une étendue immense de terreins perdus, ou consacrés à récréer la vue par une abondance flateuse, mais absolument nulle pour les besoins réels : pourquoi ne s'occuperoit-on point à multiplier dans les fossés, dans les marais, le long des rivières & des ruisseaux, celles qui se plaisent dans ces endroits, telles que les glands de terre, l'orobe tubéreux, le souchet rond, les macres, &c., ces végétaux alimentaires qui résistent à toute espèce de culture, comme on voit les sauvages résister à toute espèce de sociabilité. Les uns portent des bouquets de fleurs fort agréables, leurs feuilles sont un excellent pâturage, leurs semences ou leurs racines sont farineuses; les autres produisent un bel effet dans un canal; enfin il y en a encore beaucoup d'autres qu'on pourroit également distribuer dans les bois & dans les parterres; on embelliroit les taillis avec des orchis, qui la plupart portent des épis de fleurs très-odorantes; les allées vertes seroient couvertes & garnies de fromental & des autres graminés sauvages; les jacinthes, les narcisses, les ornythogales formeroient nos plattes bandes; les topinambours, dont les fleurs ressemblent à celles de nos soleils vivaces, figureroient dans nos jardins; on ne construiroit les haies qu'avec des arbrisseaux à fruits : c'est ainsi qu'en réunissant l'agréable à l'utile, on se ménageroit des ressources pour les temps malheureux. M. P.

MAGDELEINE. (pêche) (*Voyez* ce mot)

MAGDELEINE. (poire) (*Voyez* ce mot)

MAGNÉSIE BLANCHE, ou POUDRE DE SANTNELLY. Poudre blanche, insipide, inodore, qui s'unit aux acides, & forme avec eux un sel neutre purgatif; elle est indiquée dans les espèces de maladies où les premières voies contiennent des humeurs acides : si l'acide est surabondant, la magnésie purge doucement; souvent elle produit cet effet lors même qu'il n'existe pas d'acide, parce qu'elle renferme des sels neutres; si on la dépouille entièrement de ses sels neutres, & si on la prescrit à haute dose lorsqu'il n'y a point d'acide dans les premières voies, elle ne purge point, fatigue beaucoup l'estomac, & quelquefois elle donne de vives coliques. La dose, pour purger, est depuis une drachme jusqu'à une demi-once : on trouve cette préparation chez les apothicaires.

MAHALEB, ou BOIS DE SAINTE-LUCIE. Tournefort le place dans la septième section de la vingt-unième classe destinée aux arbres à fleur en rose, dont le pistil devient un fruit à noyau, & il l'a appellé *cerasus racemosa silvestris, fructu non eduli.* Cette dénomination n'est pas exacte; mais on l'a conservée, malgré l'erreur. Von Linné le nomme *prunus padus*, & il le classe dans l'icosandrie monogynie.

*Fleur.* Semblable à celle du *cerisier*, (*Voyez* ce mot) mais elle est plus petite, & son fruit n'est pas mangeable.

*Feuilles.* Simples, entières, ovales, dentées à leurs bords, terminées en pointe, portées sur des pétioles. On trouve des glandes à leur base & sur les pétioles.

*Racine.* Ligneuse, rameuse, traçante.

*Port.* Le même à-peu-près que celui du cerisier; mais son bois est dur, coloré en brun, veiné, odorant; les fleurs sont disposées à l'extrémité des tiges, en grappes rameuses; les feuilles sont placées alternativement sur les tiges.

*Lieu.* Les bois de l'Europe tempérée, & particulièrement près du village de Sainte-Lucie en Lorraine, d'où il a tiré son nom.

Cet arbre mérite, à beaucoup d'égards, qu'on donne plus d'attention à sa culture. Il devient d'une grande ressource pour retenir les terres des côteaux trop inclinés. Dans les terreins stériles par l'abondance de la craie, du plâtre, de l'argille, & même du sable, les débris de ses feuilles, les insectes qu'il nourrit, forment, à la longue, de la terre végétale, & ses racines pénétrent & soulèvent une partie du sol, & donnent la facilité aux eaux pluviales de pénétrer ces terres compactes & dures; enfin, peu-à-peu ces places ne présentent plus à l'œil le spectacle désolant d'une aridité extrême. L'arbre de Sainte-Lucie se multiplie par les semis, & par la séparation du pied du tronc, des rejets produits par ses racines.

Si on veut se procurer une excellente haie de clôture dans un bon fonds de terre, le semis est à préférer par celui qui n'aime pas hâter mal-à-propos sa jouissance. Si on craint la dent des animaux, les ravages des passans, il vaut mieux faire le semis chez soi; & après la première, ou la seconde année, tirer les pieds de la pépinière, sans mutiler, couper ou briser le pivot des racines. Cette manière de procéder est moins expéditive que celle des jardiniers ou des pépiniéristes, qui, d'un seul coup de bèche coupent l'arbre en terre, & l'en retirent, garni de quelques racines latérales : autant vaut-il se servir des rejets; mais le succès est bien supérieur dans la première méthode, soit pour la reprise de l'arbre, soit pour sa durée, soit pour sa belle végétation. La conservation du pivot, exige que la tranchée qui doit recevoir l'arbre, soit plus profonde que les tranchées faites pour les haies ordinaires. Après avoir planté ces arbres, on les coupe à un pouce au-dessus de la surface du sol, & on conduit ces haies, afin de les rendre impénétrables même aux chiens, ainsi qu'il a été dit à l'article HAIE. Consultez ce mot.

La conservation du pivot est bien

plus essentielle encore, lorsqu'il s'agit de garnir des terreins crayeux, argilleux, &c., puisque le but que l'on se propose est de diviser l'intérieur de ce sol, & de le forcer à recevoir l'eau. A cet effet on ouvre, à la distance de huit à dix pieds, un fossé proportionné à la longueur du pivot & au diamètre des racines. S'il est possible de garnir cette fosse avec une bonne terre, l'arbre profitera beaucoup plus. Il faut le couper à un pouce près de terre, afin d'avoir plutôt un taillis qu'un arbre.... Si on n'a pas un nombre suffisant de pieds, on peut semer dans ces fosses des noyaux, ils pivoteront insensiblement, ils pénétreront dans le sol. Si chaque année on veut un peu travailler les alentours des fosses, la végétation sera plus hâtive. Enfin, lorsque les branches du taillis auront acquis une certaine hauteur & grosseur, on les couchera dans des fosses profondes qu'on creusera tout autour; on ne laissera qu'un seul brin dans le milieu, & on le ravalera à un pouce de terre, afin qu'il buissonne de nouveau. Ces opérations, ces mains-d'œuvres sont coûteuses, j'en conviens; mais elles sont indispensables, pour des gens aisés qui ont dans la proximité de leurs habitations des endroits arides, où les autres arbres ne peuvent venir; ils proportionneront l'étendue de l'entreprise à leurs facultés; & sans se déranger, ils pourront, chaque année, ouvrir un certain nombre de fosses.

Le produit de cet arbre les dédommagera, à la longue, de leurs avances. Ses branches, un peu fortes, sont très-recherchées par les tourneurs & par les ébénistes, & le pis aller est d'en faire du bois de chauffage, ordinairement très-rare dans les pays de craie. On peut citer l'exemple de la Champagne pouilleuse. A l'ombre de ces arbres, l'herbe s'y établira peu-à-peu, & on aura par la suite un assez bon pâturage d'hiver pour les troupeaux. L'avantage le plus précieux est la formation de la terre végétale sur la surface du champ, & la division du sol.

Le mahaleb figure très-bien dans les bosquets de printemps; il fleurit en même temps que le cerisier, & ses grappes de fleurs produisent un joli effet.

MAÏS. (1) Plante graminée, plus connue en France, sous le nom de *bled de Turquie*, quoique cette dénomination ne lui convienne pas plus que celle de *bled d'Espagne*, de *bled de Guinée*, & de *gros millet des Indes*, puisqu'on en ignoroit l'existence dans ces contrées avant la découverte de l'Amérique.

Les voyageurs les plus célèbres assurent en effet, que quand les Européens abordèrent à Saint-Domingue, un des premiers alimens que leur offrirent les naturels du pays, fut le maïs; que pendant le cours de leur navigation ils le retrouvèrent aux Antilles, dans le Mexique, & au Pérou, formant par-tout la base de la nourriture des peuples de ces contrées; que cette plante, dont le port est si imposant & si majestueux, faisoit chez les Incas l'ornement des jardins de leurs palais; que c'étoit avec son fruit que la main des vierges choisies, préparoit le pain des sacrifices, & que l'on composoit une boisson

(1) Cet article est de M. Parmentier.

vineuse, pour les jours consacrés à l'allégresse publique; qu'il servoit de monnoie dans le commerce, pour se procurer les autres besoins de la vie; qu'enfin, la reconnoissance, ce sentiment si délicieux pour les cœurs bien nés, avoit déterminé les peuples même les plus sauvagesdes isles & du Continent de ce nouvel hémisphère, à instituer des fêtes annuelles à l'occasion de la récolte du maïs.

Ainsi on doit conclure, d'après les écrivains regardés, avec raison, comme les sources les plus originales & les plus authentiques de tout ce qui a été publié sur les productions de l'Amérique, que le maïs y est indigène, & que c'est delà qu'il a été transporté au midi & au nord des deux mondes où il s'est si parfaitement naturalisé qu'on le soupçonneroit créé pour l'univers entier; il se plaît dans tous les climats, & les bruyères défrichées de la Pomméranie en sont maintenant couvertes, comme les plaines de son ancienne patrie.

La fécondité du maïs ne sçauroit être comparée à celle des autres grains de la même famille; & si la récolte n'en est pas toujours aussi riche, rarement manque-t-elle tout-à-fait: son produit ordinaire est de deux épis, par pied, dans les bons terreins, & d'un seul dans ceux qui sont médiocres; chaque épi contient douze à treize rangées, & chaque rangée trente-six à quarante grains. Pour semer un arpent, il ne faut que la huitième partie de la semence nécessaire pour l'ensemencer en bled, & cet arpent rapporte communément plus que le double de ce grain, sans compter les haricots, les fèves & & autres végétaux, que l'on plante dans les espaces vides, laissés entre chaque pied.

Le maïs est donc un des plus beaux présens que le nouveau monde ait fait à l'ancien; car indépendamment de la nourriture salutaire que les habitans des campagnes de plusieurs de nos provinces retirent de cette plante, il n'y a rien que les animaux de toute espèce aiment autant, & qui leur profite davantage; elle fournit du fourrage aux bêtes à corne, la ration aux chevaux, un engrais aux cochons & à la volaille; elle a amené, dans les cantons où on la cultive avec intelligence, une population, un commerce & une abondance qu'on n'y connoissoit point auparavant, lorsqu'on n'y semoit que du froment & du millet: le maïs, en un mot, mérite d'être placé au nombre des productions les plus dignes de nos soins & de nos hommages; formons des vœux pour que nos concitoyens, plus éclairés sur leurs véritables intérêts, ouvrent les yeux sur les avantages de cette culture, & qu'ils veuillent l'adopter dans tous les endroits qui conviennent à sa végétation.

### *Plan du Travail.*

## CHAPITRE PREMIER.

### *Du Maïs considéré depuis le moment qu'on se propose de le semer, jusqu'après la récolte.*

### Section première.

*Description du genre.*

*Fleurs.* Mâles & femelles, qui, connues dans la famille des courges & de beaucoup d'autres plantes, naissent sur le même pied, mais dans des endroits séparés : les fleurs mâles forment un bouquet ou pannicule au sommet de la tige, ayant ordinairement trois étamines renfermées entre deux écailles : au-dessous de la pannicule, & à l'aisselle des feuilles, sont placées les fleurs femelles, dont le stigmate, semblable à des filamens longs & chevelus, se terminent en houpe soyeuse, diversement colorée.

*Fruit.* Semence lisse & arrondie à sa superficie, angulaire du côté par où elle tient à l'axe, serrée & rangée en ligne droite sur un gros gland ou fusée.

*Feuilles.* Longues d'un pied environ, sur deux à trois pouces de large, pointues à l'extrémité, d'un verd de mer plus ou moins foncé; rudes sur les bords, & relevées de plusieurs nervures droites.

*Racine.* Capillaire & fibreuse.

*Port.* Tige articulée assez ordinairement droite, ronde à son extrémité inférieure, & s'applattissant vers le haut, où elle est garnie & comprimée par des gaines de feuilles qui se prolongent.

*Lieu.* Nulle part le maïs ne croît spontanément, même dans son pays natal, il faut nécessairement le cultiver, & son produit est toujours relatif aux soins qu'on en prend, & à la nature du sol sur lequel on le sème; mais on peut avancer, avec vérité, que c'est une plante cosmopolite, puisqu'elle vient, avec un égal succès, dans des climats opposés, & à des aspects différens. Presque toute l'Amérique septentrionale, une partie de l'Asie & de l'Afrique, plusieurs contrées de l'Europe, trouvent dans ce grain une nourriture substancielle pour les hommes & les animaux.

### Section II.

*Description des espèces.*

Il n'est guères permis de douter actuellement qu'il n'y ait deux espèces particulières de maïs, bien distinctes

distinctes entr'elles; l'une dont la maturité n'est déterminée que dans l'espace de quatre à cinq mois; l'autre à qui il faut à peine la moitié de ce temps pour parcourir le cercle de sa végétation : nous les nommerons, à cause de cette différence caractéristique : *maïs précoce*, & *maïs tardif*.

*Maïs précoce*. Cette espèce est connue en Italie, sous le nom de *quarantain*, parce qu'en effet elle croît & mûrit en quarante jours. On l'appelle, dans l'Amérique, *le petit maïs*, où l'on prétend que c'est une dégénération de l'autre espèce, ce qui n'est pas vraisemblable, à cause des propriétés particulières qui les distinguent essentiellement. De quelle utilité ne deviendroit pas le maïs précoce pour le royaume, s'il y étoit cultivé : peut-être conviendroit-il à un terrein & à une exposition où le maïs tardif ne réussiroit pas; peut-être obtiendroit-on, par ce moyen, dans nos provinces méridionales, deux récoltes; & ce grain, dans les parties les plus septentrionales, atteindroit-il le même dégré de perfection que celui qui croît dans les contrées les plus chaudes; peut-être, enfin, le maïs hâtif serviroit-il à des usages économiques auxquels l'autre seroit moins propre.

*Maïs tardif* : c'est celui que l'on cultive en France, & dans les autres parties du globe; il porte des tiges plus ou moins hautes : on le nomme *le grand maïs* dans la Caroline & en Virginie, où l'on assure qu'il s'élève jusqu'à dix-huit pieds; sa plus grande élévation dans ces climats, va à peine à la moitié. On assure encore qu'il est plus fécond & plus vigoureux que le maïs précoce : peut-être, parce qu'il demeure plus long-temps sur terre, & qu'il est au maïs précoce, ce qu'est le bled d'hiver au bled de mars. On ne manquera point d'acquérir des lumières sur ce point intéressant, dès que les deux espèces seront également cultivées & comparées entr'elles par de bons agronomes.

## SECTION III.

### *Description des variétés.*

Il existe plusieurs variétés de maïs, qu'il faut prendre garde de confondre avec les espèces, puisqu'elles ne diffèrent les unes des autres que par la couleur extérieure du grain; du reste, elles germent, croissent & mûrissent de la même manière; les parties de la fructification sont entièrement semblables, & ce n'est guères qu'après la récolte qu'il est possible de s'appercevoir si les épis seront rouges, jaunes ou blancs : cette variété de couleur est plus fréquente, selon les années, les terreins & les aspects; souvent elle se rencontre dans le même champ, sur le même épi, quelquefois même un seul grain présente cette bigarrure. Nous nous sommes convaincu par l'expérience, que cette diversité de couleur est héréditaire : peut-être un concours de circonstances la ramène-t-elle insensiblement à une seule nuance.

*Maïs rouge*. On peut ranger dans cette variété le maïs pourpre-violet, ou noir, qui n'en diffère que par l'intensité de couleur; mais ce maïs rouge est le moins estimé : on le regarde même, dans quelques endroits, comme le seigle de ce grain : aussi ne le sème-t-on pas ordinairement, du moins en Europe, & il est purement accidentel, de manière qu'une pièce de plusieurs arpens en produit à peine un épi. Le maïs jaune & le maïs blanc sont donc les variétés principales que l'on cultive.

*Maïs blanc.* Il passe en Béarn pour être le plus productif, l'épi en est aussi plus gros, & la tige plus haute ; mais cette différence ne dépendroit-elle pas de ce qu'on le sème sur les meilleurs terreins, bien fumés, tandis que dans cette province on sème le maïs jaune dans les terres marécageuses, qui n'ont pas besoin d'engrais ; cependant on préfère assez constamment l'un à l'autre ; & lorsque les Américains de la nouvelle Angleterre ne récoltent que du maïs jaune, ils le vendent pour en acheter du blanc, dont la galette, selon eux, a une meilleure qualité.

*Maïs jaune.* La couleur primitive de ce grain paroît être jaune ; elle est du moins la variété la plus universellement répandue. On prétend que les terres sablonneuses lui conviennent mieux qu'au maïs blanc, & qu'elle est même un peu plus précoce : aussi est-elle choisie de préférence, lorsqu'on a dessein d'en couvrir des terres qui ont déjà rapporté. Il seroit à souhaiter que dans tous les cantons à maïs on fût attentif à ces considérations ; elles n'échappent point aux Béarnois, ni aux Américains particulièrement, qui, dans les terres sablonneuses, ne cultivent que du maïs jaune, malgré leur prédilection pour le maïs blanc.

### Section IV.

*Des accidens qu'éprouve le maïs.*

Quoique le maïs croisse & mûrisse recouvert d'une enveloppe épaisse, qui sert à le garantir de l'action immédiate du soleil, de la pluie, du froid & des animaux destructeurs, c'est à tort & contre l'expérience qu'on l'a présenté comme exempt de tout danger. Il ne faut que jeter un coup d'œil sur la structure de cette plante, pour juger que les intempéries des saisons influent essentiellement sur sa récolte, & que rien n'est plus important pour le cultivateur de maïs, qu'une pluie douce, ou les arrosemens qui y suppléent, accompagnés d'une chaleur tempérée.

S'il survient des chaleurs continues, sans être en même temps accompagnées de pluie, la végétation du maïs languit ; c'est alors qu'il faut prendre garde de trop remuer la terre, dans la crainte que le pied de la racine ne se desséche. Trois semaines ou un mois au plus de sécheresse, sont capables de diminuer considérablement les récoltes, à moins que le terrein ne puisse être arrosé par des canaux, comme dans quelques cantons de l'Italie ; mais on doit administrer ces arrosages avec prudence, & ne s'en servir que quand on s'apperçoit que la plante souffre visiblement, & que même les feuilles commencent à se flétrir.

Le maïs semé dans les terres voisines des rivières, & exposées au débordement, à l'instant même où la plantule se développe, court les risques d'être entièrement perdu, parce que l'eau échauffée par l'action du soleil, en desséche le cœur ou le centre alors fort tendre. Une partie de la récolte est encore également perdue par les pluies abondantes ; mais cet accident est moins à craindre dans les terres sèches & légères.

Le vent ne préjudicie pas moins au maïs, & le tort qu'il lui fait est d'autant plus capital, que la plante est plus haute, les pieds plus rapprochés, & que la semence a été moins enterrée. Rien n'est plus commun que de voir des champs de maïs versés : quelquefois on est obligé de le redresser avec la main, en mettant de la terre autour de la tige, & la comprimant un peu avec le pied, afin que la racine, presque à nud, ne soit pas exposée à l'ardeur du soleil qui la dessécheroit.

Quant au froid, il est certain, quoi qu'on en ait dit, que le maïs y est très-sensible, & qu'un instant suffit pour faire évanouir les plus belles espérances. Si, par malheur, la gelée a frappé les semailles, il faut les recommencer; & si elle surprend le grain sur pied, il ne vient plus à maturité; mais un pareil accident sera toujours fort rare, si on a soin d'attendre, pour la plantation, la fin d'avril, mais jamais plus tard.

### SECTION V.

#### *De ses maladies.*

La seule maladie, bien connue, du maïs, est désignée, mais très-improprement, sous le nom de *charbon*. M. Tillet en a donné une description dans les Mémoires de l'Académie Royale des Sciences, pour l'année 1760; & M. *Imhoff* vient de soutenir à Strasbourg, sur cette matière, une thèse bien faite, dans laquelle l'auteur confirme, en partie, ce que ce sçavant Académicien nous a appris touchant la nature, la cause & les effets de cette maladie.

Les caractères auxquels on reconnoît le charbon de maïs, sont une augmentation considérable de volume dans l'épi, dont les feuilles recouvrent un assemblage de tumeurs fongueuses, d'un blanc rougeâtre à l'extérieur, qui rendent d'abord une humeur aqueuse, & se convertissent, à mesure qu'elles se dessèchent, en une poussière noirâtre, semblable à celle que renferme la vesce-de-loup. Ces tumeurs charnues, qui varient de grandeur & de forme, sont quelquefois de la grosseur d'un œuf de poule, mais rarement au-delà. La poussière qu'elles renferment, est sans odeur & sans goût : analysée à feu nud, elle fournit des produits semblables à la carie des bleds, un acide, de l'huile & de l'alkali volatil. Mais une observation importante, c'est que cette poussière, de nul effet pour les animaux, n'est pas non plus contagieuse pour les semailles.

Comme la maladie du maïs se manifeste le plus communément sur les pieds vigoureux, qui portent plusieurs épis, il est assez vraisemblable qu'elle dépend, comme l'a soupçonné M. Tillet, d'une surabondance de sève, qui, dans un sol favorable, & par un temps propice, se porte, avec affluence, vers certaines parties, occasionne des ruptures & des épanchemens. Le remède à cette maladie, consiste à enlever à propos ces tumeurs, sans offenser la tige, & à couper les pannicules avant que les anthères ne mûrissent : le suc séveux, n'étant plus détourné de son cours, circule librement, aboutit à l'épi, & le nourrit. Ainsi les laboureurs, qui ne sont jamais alarmés de voir règner cette maladie dans leurs champs, puisqu'elle est le signal de l'abondance, ne devroient jamais laisser subsister aucune de ces tumeurs, grosses ou petites; parce que les tiges affectées de charbon, ne portent ensuite que des épis médiocres.

## Section VI.

### *Des animaux qui l'attaquent.*

Ce n'est absolument qu'au moment où le maïs se développe, qu'il devient quelquefois la proie d'un insecte particulier, de la classe des scarabés, que l'on nomme en Béarn, *laire*. Il s'attache aux racines, & ne les quitte point qu'elles ne soient entièrement rongées: pendant cette opération la plante languit & meurt. Le seul moyen de s'en préserver, c'est de travailler la terre aussitôt, & de couper le chemin à cet animal. Le sol humide y est ordinairement plus exposé que tout autre.

Les animaux qui fondent sur les semences, ne respectent pas non plus celles du maïs, & les champs qui en sont couverts, se trouvent également labourés par les taupes. Il faut se servir des moyens indiqués à l'article des Semailles, pour s'en garantir.

## Section VII.

### *Du terrein & de sa préparation.*

Toutes les terres, pourvu qu'elles aient un peu de fond, & qu'elles soient bien travaillées, conviennent en général à la culture du maïs. Ce grain se plaît mieux dans un sol léger & sablonneux, que dans une terre forte & argilleuse; il y vient néanmoins assez bien. Les prairies situées au bord des rivières, les terres basses, noyées pendant l'hiver, & dans lesquelles le froment ne sauroit réussir, sont également propres à cette plante; enfin, quelque aride que soit le sol du Béarn, il produit toujours, à la faveur de quelques engrais, d'amples moissons, sur-tout s'il survient à temps des pluies douces, accompagnées de chaleur.

Pour préparer la terre à recevoir la semence qu'on veut lui confier, il faut qu'elle soit disposée par deux labours au moins; l'un, ou d'abord après la récolte, ou pendant l'hiver, suivant l'usage du pays. Le second ne doit avoir lieu qu'au commencement d'avril, après quoi on herse & on fume. Il y a des cantons où le terrein est si meuble, qu'un seul labour, donné au moment où il s'agit d'ensemencer, suffit; tandis que dans d'autres, comme dans la partie froide & montagneuse du Roussillon, il faut quelquefois porter le nombre des labours jusqu'à quatre.

Toutes les terres ne se prêtent donc point à la même méthode de culture, & les différentes pratiques locales, usitées à cet égard, sont plus fondées qu'on ne croît sur l'expérience & l'observation. Tantôt on seme le maïs plusieurs années de suite dans le même champ, tantôt on alterne avec le froment; enfin il y a des cantons où, dans les terres ordinaires, on tierce, une année en maïs, une année en bled; la troisième reste en jachère. (*Voyez* le mot Jachère)

## SECTION VIII.

*Du choix de la semence & de sa préparation.*

Il faut, autant qu'on le peut, s'attacher à choisir le maïs de la dernière récolte, & laisser le grain adhérent à l'épi, jusqu'au moment où on se propose de le semer, afin que le germe, presque à découvert, n'ait pas le temps d'éprouver un degré de sécheresse préjudiciable à son développement. Il faut encore éviter de prendre les graines qui se trouvent à l'extrémité de l'épi ou de la grappe, & préférer toujours ceux qui occupent le milieu, parce que c'est ordinairement là où le maïs est le plus beau & le mieux nourri.

Quand on ne devroit laisser macérer le maïs dans l'eau que douze heures avant de le semer, cette précaution simple auroit toujours son utilité, ne dût-elle servir qu'à manifester les grains légers qui surnagent, à les séparer avec l'écumoir, & à ne pas confier à la terre une semence nulle pour la récolte, & qui pourroit servir encore de nourriture aux animaux de basse-cour; mais en faisant infuser le maïs de semence dans des décoctions de plantes âcres, dans la saumure, dans l'égout de fumier, dans les lessives de cendres animées par la chaux, ce seroit un moyen de le ramolir, d'appliquer à sa surface une espèce d'engrais, & de le garantir des animaux. Loin que cette préparation fût capable de nuire en aucun cas, on devroit par-tout la mettre en usage; elle équivaudroit certainement toutes ces recettes merveilleuses de poudre ou de liqueurs, soi-disant prolifiques, dont nous avons déjà apprécié la valeur.

## SECTION IX.

*Du temps & de la manière de semer.*

Il convient toujours d'attendre, pour commencer les semailles de maïs, que la terre ait acquis un certain degré de chaleur, qui puisse mettre à l'abri du froid une plante qui en est très-susceptible; elles doivent se faire dans le courant d'avril ou au commencement de mai au plus tard, afin que d'une part cette plante ne germe que quand le danger des gelées est passé, & que de l'autre les froids d'automne ne la surprennent pas avant la maturité.

Quand la terre est disposée à recevoir le maïs, on seme le grain par rayons, l'un après l'autre, à deux pieds & demi de distance en tout sens, & on recouvre à proportion, au moyen d'une seconde charrue. Ceux qui n'ont pas de charrue le plantent au cordeau, à la distance d'un pied & demi, en faisant avec le plantoir un trou, dans lequel on met un grain, que l'on recouvre de deux ou trois travers de doigt, afin de le garantir de la voracité des animaux destructeurs.

*Observations sur les semailles.*

Le maïs n'est pas cultivé par-tout de la même manière; dans certains endroits on seme ce grain à la charrue comme le bled ordinaire, & dans d'autres on le plante: cette dernière méthode mérite sans contredit la préférence, parce qu'alors la distance entre chaque pied est mieux observée, on ne distribue pas plus de semence qu'il n'en est nécessaire, & tous les grains se trouvent également recouverts & enterrés à des profondeurs convenables.

Mais, dira-t-on, en semant le maïs à la volée comme en Bourgogne, les semailles sont plus expéditives; on a en outre la ressource de donner aux pieds de maïs la régularité & l'espace nécessaire, parce qu'en même-temps que l'on sarcle, on a soin d'arracher ceux qui sont trop près, pour les replacer dans les endroits plus clairs; mais il est prouvé que les pieds arrachés & replantés ne végètent ni avec la même vigueur, ni avec la même uniformité.

Or, la méthode de semer le maïs ne doit être adoptée que dans deux cas particuliers; le premier, lorsqu'on a dessein d'en consacrer le produit au fourage; alors il faut s'écarter des règles ordinaires, & semer le grain fort près, parce qu'on n'a pas besoin de ménager des intervalles; une fois la plante parvenue à sa plus grande hauteur, on la coupe chaque jour pour la donner au bétail, dans un moment où l'herbe ordinaire commence à devenir rare. Le second cas, où il faut encore préférer de semer le maïs, c'est quand on veut profiter d'une terre qui a déjà rapporté du lin, de la navette ou du trefle; alors il est nécessaire de se servir des moyens les plus expéditifs, semer le grain macéré préalablement dans l'eau, parce que si les chaleurs se prolongent jusqu'au commencement d'octobre, le grain n'en est pas moins bon. On nomme cette espèce en Bourgogne, *bled de Turquie de regain*; mais nous le répétons, à moins de cette double circonstance, il faut planter le maïs, comme les haricots, à des distances de dix-huit à vingt pouces, & l'avidité de ceux qui voudroient le rapprocher davantage sera toujours trompée.

## Section X.

### *Des labours de culture.*

Rien ne contribue davantage à fortifier les tiges de maïs & à leur faire rapporter des épis abondans, que des travaux donnés à propos, & répétés trois fois au moins depuis la plantation jusqu'à la récolte : quiconque les néglige ou les épargne, ignore sans doute le profit qu'il en peut retirer, soit pour le fourage en verdure, dont les bêtes à cornes sont très-friandes, soit pour la quantité de grains qu'on récolte. Les effets principaux de ces labours de culture sont :

1°. De rendre la terre plus meuble & plus propre à absorber les principes répandus dans l'atmosphère.

2°. De la purger des mauvaises herbes qui dérobent à la plante sa subsistance, & empêchent sa racine de respirer & de s'étendre.

3°. De rechausser la tige pour lui conserver de la fraîcheur, & l'affermir contre les secousses des orages.

*Premier labour de culture.* On doit le donner quand le maïs est levé, & qu'il a acquis trois pouces de hauteur environ; on travaille la terre, on la rapproche un peu du pied de la plante; des hommes ou des femmes prennent des hoyaux ou sarcliers pour ôter les mauvaises herbes, ayant soin de ne pas trop approcher l'instrument de la plante, & de ne laisser subsister que la plus belle, de manière à ce qu'elle soit toujours espacée ainsi qu'il a été recommandé.

*Second labour de culture.* Il est semblable au précédent; on attend pour le donner que le maïs ait un pied environ; dans tous les cantons où la main d'œuvre n'est pas chère, on se sert pour ces labours de culture d'une houe ou bêche courbée; on continue d'arracher les mauvaises herbes, & on détache les rejettons qui partent des racines, & qui ne produiroient que des épis foibles & non murs si on les laissoit subsister; ainsi en les arrachant on augmente l'abondance du grain & le fourrage pour les bestiaux.

*Troisième labour de culture.* Dès que le grain commence à se former dans l'épi, il faut se hâter de donner ce travail, parce que c'est précisément l'époque où la plante en a le plus grand besoin : il convient aussi de bien nettoyer le champ des mauvaises herbes qui ont cru depuis le dernier travail, & de bien rechausser la tige; ce n'est, à bien dire, qu'après ce troisième labour de culture, que le maïs a acquis assez de force pour n'avoir plus rien à appréhender, & qu'on peut planter dans les espaces vides que laissent les pieds entr'eux, différens végétaux, tels que les haricots, les fèves, les courges, qui, pouvant croître à son ombrage sans nuire à la récolte du grain, présentent les avantages d'une double moisson.

## SECTION XI.

### *Du temps & de la manière de faire la récolte.*

Quelque temps avant la récolte du maïs, il faut songer à enlever la portion de la tige qui est à ses extrémités & au-dessous de l'épi, mais prendre garde de trop se presser à faire ce retranchement. Indépendamment de l'utilité des feuilles, commune à toutes les plantes qui végètent, celles du maïs en ont une particulière, qui rend leur conservation précieuse jusques à l'époque de la maturité du grain; elles forment une espèce d'entonnoir, présentant une large surface à l'atmosphère, & ramassant pendant la nuit une provision de rosée si abondante, que si le matin au lever du soleil on entre dans un champ de maïs dont le sol soit d'une terre légère, on apperçoit le pied de chaque plante mouillé comme s'il avoit été arrosé.

*Coupe des tiges.* Le moment où il est possible de faire cette opération sans danger, c'est quand les filamens sont sortis des étuis de l'épi, qu'ils commencent à sécher & à noircir. En enlevant les pannicules avant le temps, on nuiroit directement à la fructification de la plante, puisqu'elles contiennent les fleurs mâles destinées à féconder les fleurs femelles; mais il est toujours important que la récolte de la tige précède celle du grain, parce qu'ayant, comme les autres parties des végétaux, son point de maturité, elle deviendroit cotoneuse, dure & insipide si elle continuoit de demeurer attachée à la plante; au lieu qu'en la coupant lorsqu'elle est encore muqueuse & flexible, elle conserve, étant séchée en bottes au soleil, nouées avec les feuilles sur le corps de la plante, une plus grande quantité de principes nourrissans, & fournit par conséquent un meilleur fourrage. A moins donc qu'il ne faille laisser la tige sur pied, pour étayer les végétaux qui croiſſent en même-temps que le maïs, on doit toujours opérer ce retranchement avant la moiſſon.

*De ſa maturité.* Elle s'annonce par la couleur & l'écartement des feuilles ou enveloppes de l'épi ; alors le grain eſt dur, ſa ſurface eſt luiſante, & ſes feuilles jaunâtres ; enfin le temps de faire la moiſſon eſt indiqué. Le maïs ſemé dans nos provinces méridionales en mai, eſt mûr dans le courant de ſeptembre, & un peu plus tard dans les contrées moins chaudes.

*De ſa moiſſon.* Lorſque le moment de récolter le maïs eſt venu, & qu'il règne un temps ſec, les laboureurs envoyent leurs gens aux champs arracher les épis auxquels ils laiſſent une partie de l'enveloppe, ils en forment d'eſpace en eſpace de petits tas, afin que le grain ne ſoit pas expoſé à s'échauffer & à fermenter ; ils le tranſportent enſuite à la grange dans des voitures garnies ordinairement de toiles ; c'eſt là qu'on achève de diſpoſer le maïs à entrer au grenier, & à prolonger la durée de ſa conſervation.

## SECTION XII.

### *Maïs regain.*

Dans le courant de juin, lorſque les terres ont déjà rapporté du lin ou de la navette, on leur donne un coup de charrue, & auſſitôt on y ſeme du maïs qu'on a eu ſoin de laiſſer macérer dans l'eau pendant vingt-quatre heures, pour accélérer ſa végétation ; on pourroit même, ſi la ſaiſon étoit ſèche, le ſemer tout germé ; il arrive plus tard à maturité, mais ſouvent il n'en eſt pas moins bon, ſur-tout lorſque le canton eſt un peu méridional, & que les chaleurs ſe prolongent juſqu'au commencement d'octobre ; cette eſpèce eſt connue en Bourgogne ſous le nom de *bled de Turquie de regain.*

## SECTION XIII.

### *Maïs fourrage.*

Par-tout où le maïs forme la nourriture principale des hommes & des animaux, quelques portions de terreins ſont uniquement deſtinées à la culture de ce grain pour en obtenir un fourrage verd. Dans les cantons qui ſont peu riches en pâturage, ou lorſque les ſubſiſtances de ce genre ont manqué, on ſeme du maïs immédiatement après la récolte, dans des champs qui ont déjà rapporté du ſeigle ou de l'orge ; enfin, lorſque le maïs a été ſemé dès le mois d'avril, toujours à deſſein de le récolter en fourrage, on peut faire dans la même pièce juſques à trois moiſſons ; mais cette poſſibilité ſuppoſe un climat dont la température ſoit chaude, aſſez uniforme & ſuffiſamment humide ; on ne doit pas craindre au ſurplus que ce fourrage, recueilli trois fois ſur le même champ, puiſſe préjudicier aux récoltes futures, parce que toute plante dont la végétation eſt auſſi rapide qu'on s'empreſſe de couper avant la floraiſon, ne dégraiſſe jamais les fonds où on l'a ſemée, elle y laiſſe au contraire des racines tendres & humides, qui ſe pourriſſent aiſément, & rendent à la terre l'équivalent de ce qu'elles en ont reçu.

Après avoir donné à la terre un coup de charrue, le plus profondément

ment possible, on semera le maïs à la volée, en observant que le semeur s'en remplisse bien la main, & qu'il raccourcisse son pas; sans ces précautions, le grain, vu sa grosseur, se trouveroit trop clair. On l'enterrera aussi exactement qu'on pourra avec la charrue & la herse, passée deux fois en tout sens. Il faut environ huit à neuf boisseaux de Paris pour un arpent, ce qui forme à-peu-près les deux tiers de plus de semence qu'il n'est nécessaire pour la recolte du maïs en grain. Une fois semé & recouvert, on abandonne le grain aux soins de la nature; il est inutile de lui donner les différens travaux de culture dont il a été question. Plus les pieds se trouvent rapprochés, plus ils lèvent promptement, & plus ils foisonnent en herbe, parce qu'ils s'ombragent réciproquement, & conservent leur humidité : qu'importe l'épi, puisque ce n'est pas pour l'obtenir qu'on travaille.

Si toutes les circonstances se sont réunies en faveur du maïs, on peut commencer à jouir de son fourrage six semaines ou deux mois après les semailles; le moment où la fleur va sortir de l'étui est celui où la plante est bonne à couper; c'est alors qu'elle est remplie d'un suc doux, agréable & très-savoureux; plus tard son feuillage se fane, & la tige devient dure, cotoneuse & insipide.

On coupe le maïs fourrage chaque jour pour le donner en verd aux bestiaux; mais quand la fin de l'automne approche, il ne faut pas attendre que le besoin en détermine la coupe, dans la crainte que les premiers froids, venant à surprendre la plante sur pied, n'altèrent sa qualité; d'ailleurs il convient de laisser le temps de disposer les semailles d'hiver, & de profiter d'un reste de beau temps pour faire sécher ce fourrage à l'instar des autres, en l'étendant & le retournant.

## CHAPITRE II.

### *Du Maïs considéré relativement a sa conservation et a la nourriture qu'il fournit a l'homme et aux animaux.*

### Section première.

#### *Analyse du maïs.*

La connoissance approfondie des parties constituantes des grains, peut servir à répandre du jour sur l'art de les conserver longtemps, de les moudre avec profit, & d'en tirer le meilleur parti. Le maïs contient, indépendamment de l'écorce & du germe, trois substances bien distinctes entr'elles : sçavoir, une matière muqueuse, approchant de la gomme, du sucre & de l'amidon; mais cette dernière substance y est trop peu abondante pour que jamais le maïs soit capable de remplacer, dans ce cas, le froment & l'orge, les deux seuls grains consacrés à cet objet; le sucre ne s'y trouve pas non plus en quantité assez considérable pour devenir une ressource. Il faut donc renoncer à l'emploi de chacun des principes séparés du maïs; ils sont destinés à demeurer liés ensemble, & à servir à des usages plus essentiels, & plus économiques.

De l'analyse du maïs, appliquée également aux tiges fraîches de cette plante, cueillies & examinées dans tous les âges, depuis le moment qu'elles commencent à prendre de la consistance, jusqu'à celui où, devenues dures & ligneuses, elles conservent à peine la saveur sucrée qu'elles possèdent si éminemment avant la floraison, il est résulté des sucs troubles & douceâtres, qui, concentrés par le feu, présentent bien des liqueurs épaisses, des extraits, mais qui ne seront jamais comparables, comme on l'a dit, aux syrops, aux miels & aux confitures, quand bien même on supposeroit que la plante est infiniment plus succulente en Amérique que parmi nous.

Il seroit d'ailleurs ridicule de sacrifier, à grand frais, le maïs, pour n'obtenir que des résultats défectueux, & d'une utilité moins générale. Laissons aux abeilles le soin de courrir la campagne, pour aller puiser au fond du nectaire des fleurs, le miel qu'elles nous ramassent, sans opérer de dérangement dans les organes des plantes. Laissons également à l'industrie de nos colons, retirer de la canne, *Arundo sacarifera* le sucre tout formé, que la providence y a mis en réserve. Conservons à l'homme sa nourriture, aux bêtes à corne leur fourrage, aux chevaux leur ration, aux volailles leur engrais; voilà l'emploi le plus naturel & le plus raisonnable qu'il soit possible de faire du grain & des tiges du maïs.

## SECTION II.

### *Dépouillement des robes du maïs.*

Les épis de maïs, transportés à la grange, sont encore garnis de leurs robes ou de leurs feuilles : on laisse aux plus beaux & aux plus mûrs de ces épis une partie de l'enveloppe, pour en réunir plusieurs ensemble, & les suspendre au plancher, les autres en sont entièrement dépouillés & mis en tas dans le grenier : les épis qui n'ont pas acquis toute leur maturité sont mis à part, & servent journellement de nourriture au bétail : quant aux tiges restées dans les champs, après la récolte, on les enlève aussitôt avec les racines, lorsque on a dessein de semer du froment; on les répand sur les grands chemins, pour les triturer & les pourrir, ou bien on les enterre dans les champs même; mais ces tiges sont trop ligneuses pour pouvoir servir de litière, & devenir promptement la matière d'un engrais; il vaut mieux les brûler, parce qu'indépendamment de la chaleur qu'on en obtient, elles produisent beaucoup de cendres, & ces cendres une quantité considérable de sels alkalis, dont les fabricans de *salin* tireroient bon parti.

## SECTION III.

### *De la conservation du maïs en épi.*

L'air & le feu sont les agens de la conservation ou de la destruction des corps; c'est par leurs effets, bien dirigés, qu'on parvient à donner plus de perfection au maïs, ou à en prolonger la durée. Le premier de ces agens, le plus naturel & le moins coûteux, est toujours au pouvoir de l'homme; mais rarement en recueille-t-il tous les avantages.

*Maïs suspendu au plancher.* On en entrelasse les épis par les feuilles qu'on leur laisse à cet effet, on en forme des paquets de huit à dix épis, & on les suspend horisontalement avec des perches qui traversent la longueur des greniers & de tous les autres endroits intérieurs & extérieurs du bâtiment. Par ce moyen le maïs se conserve, sans aucuns frais, pendant plusieurs années, avec toute sa bonté & sa fécondité : il n'a rien à redouter de la part de la chaleur, de l'humidité & des insectes ; chaque épi se trouvant comme isolé, se ressue & se sèche insensiblement. Cette méthode de conservation, qu'on peut comparer à celle de garder les grains en gerbe, est pratiquée par tous les cultivateurs de maïs. Mais, quelque avantageuse qu'elle soit, il est impossible de l'appliquer à toute la provision, à cause de l'emplacement qu'elle exigeroit : aussi ne l'adopte-t-on que pour le maïs destiné aux semailles, dans les provinces méridionales sur-tout, où on en fait des récoltes abondantes.

*Maïs répandu dans le grenier.* Une fois les épis entièrement dépouillés de leurs robes, on les étend sur le plancher, à claire voie, d'un grenier bien aëré, à un pied ou deux au plus d'épaisseur, afin qu'ils puissent aisément exhaler leur humidité & se ressuer. On les remue de temps en temps, pour favoriser ce double effet. Il y a certains cantons où, avant de porter les épis au grenier, on profite des rayons du soleil, pour les y exposer. Cette dessication préalable, rend la conservation de maïs plus sûre & plus facile : souvent même il n'est pas nécessaire d'attendre qu'ils aient séjourné au magasin, pour les égrenner ; mais cette opération ne sauroit avoir lieu que longtemps après la récolte : il y a des cantons où on les passe au four.

## Section IV.

### *Procédé usité en Bourgogne, pour sécher le maïs au four.*

Pour faire sécher le *turquie* ; car c'est ainsi qu'on s'exprime en Bourgogne, lorsqu'on expose le maïs au four, on distribue les épis, destinés à la fournée, dans des corbeilles, puis on chauffe le four jusqu'au blanc parfait ; c'est-à-dire, un peu plus que pour la cuisson du pain. Le four, une fois chauffé, on le nettoye, on y jette les épis, que l'on remue avec un fourgon de fer recourbé ; on ferme le four aussitôt. Une heure après on le débouche, & au moyen de la pêle de fer, on a soin de remuer le fond du four, de soulever les épis, de renverser ceux qui sont posés sur l'atre. Après cette opération, on étend, avec la pêle, une ligne de braise allumée à la bouche du four, que l'on ferme le plus exactement possible, dans la crainte que la chaleur ne s'échappe. On remue les épis une seconde fois, & c'est à-peu près l'affaire de vingt-quatre heures pour completter la dessication du maïs.

Lorsqu'il s'agit de retirer les épis du four, on se sert d'un instrument de fer, de l'épaisseur de deux lignes, & on les met dans un pannier quarré ; on les égrene ensuite, afin qu'ils ne s'ammolissent point. On chauffe de nouveau le four, pour y sécher d'autres épis de maïs, que l'on laisse également vingt-quatre heures. Dans un four d'une capacité ordinaire, on sèche ordinairement environ quatre mesures de maïs ; c'est-à-dire, que les épis, passés au four, rendent, après leur dessication, environ quatre meſures en grains; mais quand les fours ont une dimenſion plus conſidérable, telle que celle des fours bannaux, on y ſèche juſqu'à trente & quarante meſures de maïs.

Par cette opération, on enlève au grain l'eau ſurabondante, & on combine plus intimément celle qui lui eſt eſſentielle; enſorte qu'il eſt moins attaquable par les inſectes, plus ſuſceptible de s'égrener, de ſe moudre, & de ſe conſerver ſans altération. Mais tous ces avantages ne ſauroient avoir lieu, ſans apporter dans la conſtitution du grain un dérangement dont le germe ſe reſſent le premier. Il ne faut donc jamais paſſer au four le maïs deſtiné à la reproduction future, rarement celui qui entre dans le pêtrin, ou que l'on donne à la volaille; parce qu'indépendamment de cet inconvénient, ce ſeroit employer une conſommation de bois en pure perte, & beaucoup d'autres frais de main d'œuvre. La deſſication n'eſt donc réellement utile que pour donner une perfection de plus à la bouillie; car c'eſt une vérité démontrée, que la farine qui fait la meilleure bouillie, eſt la moins propre à la panification.

## Section V.

### *Manière d'égrener le maïs.*

Il y a quelques précautions à employer avant d'égrener le maïs. Dans les pays chauds il ſeroit poſſible de faire cette opération en automne, ſi après la récolte on expoſoit les épis au ſoleil; mais elle s'exécuteroit difficilement dans les provinces ſeptentrionales, à moins qu'on ne ſe ſerve de la chaleur du four; parce que dans le premier cas l'humidité eſt moins abondante, & n'adhère point tant aux grains. Les différentes manières d'égrener le maïs ſont relatives au pays & à la quantité de grain qu'on récolte. La plus expéditive conſiſte à ſe ſervir d'une eſpèce de tombereau, ſoutenu par quatre petits pieds, & percé, dans ſon intérieur, de trous par où les grains, détachés de leur alvéole, puiſſent paſſer: on y met une certaine quantité d'épis. Deux hommes, placés aux extrémités, frappent deſſus avec des bâtons, & on repaſſe les épis à la main, pour en ſéparer les grains qui peuvent y être reſtés. Cette méthode, plus particulièrement uſitée dans le pays Navarrin, eſt ſemblable à-peu-près à celle de battre avec le fléau; & c'eſt ainſi qu'on égrène dans la plûpart des provinces méridionales; mais il y a tout lieu de croire que cette méthode ne peut être applicable qu'au maïs extrêmement ſec; car dans la circonſtance où il le ſeroit moins, l'effort de l'inſtrument dur doit être préféré.

Après l'égrenage, on porte l'épi, dépouillé de grain, dans un lieu à couvert, où il achève de ſe ſécher. Il porte différens noms, & ſon uſage principal eſt de favoriſer, dans les campagnes, l'ignition du bois verd, & même pour remplacer le charbon; il prend feu aiſément, répand une flamme claire & agréable. Il peut donc ſervir à chauffer le four, & à beaucoup d'autres deſtinations auſſi utiles.

## Section VI.

### *Conſervation du maïs en grain.*

Sans attendre que l'abſolue néceſſité force d'égrener le maïs, nous croyons qu'il n'y auroit aucun inconvénient de faire cette opération, dès qu'elle est praticquable. Nous osons même croire qu'elle ne peut être que très-avantageuse, parce que, outre l'emplacement qu'elle ménage, elle procure la facilité à toutes les parties du grain de se dessécher uniformément. Dès que le maïs est égrené & vanné, on le porte au grenier, où il reste jusqu'au moment qu'il s'agit de l'envoyer au marché pour le vendre, ou au moulin pour le moudre; mais, quelle que soit sa sécheresse naturelle, il faut de temps en temps le remuer avec une pèle, & le faire passer successivement d'un lieu dans un autre, en le rafraîchissant par de l'air nouveau. Mais les ennemis dont il faut préserver le maïs, ce sont les insectes, si redoutables à cause de leur petitesse, de leur voracité & de leur prodigieuse multiplication; le moyen le plus efficace pour y parvenir, est de tenir le grain renfermé dans des sacs isolés, & de placer ces sacs dans l'endroit de la maison le plus au nord & le plus sec; parce que là où il n'y a point de chaleur ni d'humidité, on n'a point non plus de fermentation ni d'insectes à appréhender.

## Section VII.

### *Farine de maïs.*

Il faut que le maïs soit parfaitement sec, pour être converti en farine, parce qu'autrement il engrapperoit les meules, & graisseroit les bluteaux: il est bon aussi de le moudre à part, quand on auroit l'intention de le mêler ensuite avec les autres grains. Mais comme le maïs ne sauroit être moulu en une seule fois, sans que le son & la farine ne soient réduits au même degré de ténuité, & confondus ensemble, il seroit à souhaiter qu'on adoptât, pour le moudre, la pratique de la mouture économique, que les meules fussent rayonnées, & que les bluteaux eussent plus de finesse. Le maïs, bien broyé, rend assez ordinairement les trois-quarts de son poids en farine, & le reste en son: le déchet n'excède pas celui des autres grains.

La farine de maïs jaune conserve d'autant moins cette couleur, qu'elle se trouve plus divisée par les meules: celle du maïs blanc n'a pas ce coup d'œil brillant de la farine de froment; mais une règle générale à établir, concernant l'état de division où elle doit être, dépend de l'espèce de préparation à laquelle on a dessein de la soumettre. Il convient que le grain ne soit que concassé, quand il s'agit de le destiner à des potages; plus atténué au contraire, dès qu'on veut en préparer de la bouillie; enfin, aussi fine qu'il est possible, lorsqu'il est question d'en fabriquer du pain; mais cette farine, examinée dans tous les états, ne contient pas la matière glutineuse animale, qui se trouve dans le froment & dans l'épeautre.

*De sa conservation.* Les habitans des campagnes, qui n'envoyent leur maïs au moulin que deux fois par mois, dans l'opinion où ils sont que le farine ne peut se conserver plus longtemps, & que passé ce terme, elle contracte un goût échauffé, la garderoient bien au-delà, même dans la saison la plus chaude, s'ils la sçavoient mieux bluter au sortir du moulin, & qu'ils fissent toujours usage de la meilleure méthode de la conserver. Cette méthode consiste à renfermer la farine dans des sacs, à éloigner les sacs des murs, à les isoler de manière à ce qu'ils ne se touchent par aucun point de leur surface, & qu'ils laissent assez de vuides entr'eux, pour permettre à l'air de circuler librement. Nous en expliquerons plus en détail les autres avantages, en traitant de la conservation de la farine, puisqu'ils sont applicables à tous les grains, & à tous les pays.

## SECTION VIII.

### *Maïs relativement à la boisson.*

Puisque le maïs contient des principes analogues à ceux des autres grains, on peut, en le soumettant aux mêmes opérations, obtenir des boissons destinées à différens usages. Il remplace, avec avantage, l'eau d'orge, de chien-dent & de riz, pourvu qu'on ne néglige point de faire pécéder la décoction à la trituration, afin d'enlever d'abord la matière extractive de l'écorce, & de la rejeter, comme étant moins douce que celle de l'intérieur; mais une des boissons les plus capitales qu'on puisse préparer avec le maïs, c'est la bière. M. le marquis de Turgot en a fait préparer pendant son séjour à Cayenne, en se servant d'absynthe au lieu de houblon, & M. Longchamp, célèbre Brasseur de Paris, a appliqué, avec un égal succès, tous les procédés de la brasserie au maïs, & la bière qu'il en a obtenu, étoit légère & excellente.

## SECTION IX.

### *Maïs, relativement à la nourriture pour les hommes.*

Il est en état de remplacer presque toutes les préparations alimentaires que l'on obtient avec les farineux ordinaires; il y en a même qui leur sont préférables, & qui pourroient devenir par la suite une nouvelle branche de commerce, & une épargne sur les grains destinés à former l'aliment principal des citadins; mais c'est particulièrement sous la forme de bouillie que le maïs sert de nourriture, & il porte alors différens noms, on l'appèle *polenta* dans les pays chauds de l'Europe; *milliasse* dans nos provinces méridionales, & *gaudes* en Franche-Comté & en Bourgogne; mais c'est toujours la farine de ce grain, plus ou moins divisée & purgée de son, délayée & cuite avec de l'eau ou du lait, & relevée par différens assaisonnemens. Cette forme est la plus simple, la plus naturelle & la plus convenable au maïs, & il seroit à souhaiter que la bouillie en général ne fût jamais préparée qu'avec ce grain, & l'on entendroit moins se plaindre contre l'usage des farineux. On employe encore le maïs sous forme de galette & de pain. Nous traiterons cet objet à l'article PAIN.

## SECTION X.

### *Maïs, relativement à la nourriture des animaux.*

Les bons effets du maïs ne se manifestent pas moins sur les animaux. La plupart montrent pour cette nourriture une prédilection décidée. On la leur donne en fourrage, en épis, en grain, en farine & en son : les chevaux, les bœufs, les moutons, les cochons, la volaille, tous aiment le maïs & le préfèrent aux autres grains; il ne s'agit que d'en varier la quantité & la forme, pour soutenir les uns au travail, & pour engraisser les autres. Entrons dans quelques détails.

### Section XI.

*Maïs en guise d'avoine.*

Dans le nombre des grains qui couvrent la surface du globe, il en est un qu'il faudroit proscrire, ou du moins en restraindre la consommation, c'est l'avoine, dont la culture absorbe beaucoup de bons terreins, & qui ne dédommage pas souvent des frais du labour. L'usage de ce grain est déjà remplacé, avec succès, dans quelques cantons de l'Europe, par l'orge, plante d'une végétation plus facile, & d'une récolte plus certaine. Ne pourroit-on pas, dans tous les endroits où le maïs est cultivé en grand, nourrir les chevaux avec le fourrage & le grain que la plante fournit? Quelques auteurs assurent que pour les y accoutumer, il faut concasser le maïs, le mêler avec leur avoine, & avoir toujours l'attention de les faire boire, comme quand on leur donne du froment. Enfin, une moisson passable en maïs, vaut mieux que la plus belle en avoine, & on observe qu'il a plus de substance que l'orge.

### Section XII.

*Usage du maïs-fourrage.*

Parmi les plantes, dont les prairies naturelles ou artificielles sont composées, il n'en est point qui renferment autant de principe alimentaire, & qui plaisent aux animaux de toute espèce que le maïs en verd; c'est la nourriture la plus saine, la plus agréable, & la plus substancielle qu'on puisse leur présenter; ils la préfèrent à toute autre, & ce fourrage seché avec soin, est encore une ressource précieuse pour les bestiaux pendant l'hiver, soit qu'on le leur donne seul ou mêlangé; mais dans ce cas il est à désirer qu'on ait les facilités nécessaires pour le hâcher de la même manière qu'on le fait pour la paille destinée à la nourriture des animaux, ils s'en trouveront mieux, & on économisera encore sur la quantité.

Le maïs semé pour le récolter en grain, offre aussi, à différentes époques de la saison, plusieurs ressources pour la subsistance des bestiaux, & dont on ne sçait pas profiter également par-tout pour les besoins de l'hiver: tels sont les pieds enlevés des endroits où la plante trop rapprochée, contrarieroit elle-même son développement; les rejettons qu'il faut aussi arracher; la tige coupée au-dessous du nœud de l'épi quelque temps avant la récolte; les feuilles qui restent sur la plante, & celles qui enveloppent l'épi. Toutes ces parties étant retranchées à propos, sechées au soleil, & mises en réserve, peuvent fournir encore un excellent fourrage, sans nuire à la grosseur & à l'abondance des épis: enfin, on conçoit combien une plante qui donne des récoltes aussi abondantes, est avantageuse pour les cultivateurs, puisqu'elle les mettra à portée d'augmenter leurs troupeaux, d'avoir un plus grand nombre d'animaux destinés au labourage, à fournir du lait, à être engraissés, & qu'ils obtiendront plus de fumier.

## Section XIII.

*Maïs pour le bétail.*

Dans l'Amérique ſeptentrionale on ne ſe donne pas la peine d'égrener le maïs pour le bétail, on lui jette les épis entiers ; mais il faut convenir, que pour que cette méthode ſoit avantageuſe, le maïs doit être nouveau, parce qu'alors la totalité de la grappe ſert de nourriture, tandis que trop dure, elle n'a plus de ſaveur. Les fameux cochons de Naples ne ſont engraiſſés que par ce moyen, & l'auteur de l'Ecole du Jardin-potager, aſſure, pour les avoir vus, qu'ils pèſent juſqu'à cinq cens livres, & que pour les amener à ce volume énorme, il ſuffit de les enfermer pendant deux mois dans une loge où il y a une auge toute remplie de ce grain. On a remarqué en Bourgogne, que quand les cochons étoient un peu gras, & qu'ils commençoient à ſe dégoûter, on leur donnoit tous les quinze jours du maïs entier non ſeché, & bouilli dans l'eau.

## Section XIV.

*Maïs pour l'engrais des volailles.*

Les volailles de toute eſpèce, profitent à vue d'œil, nourries avec du maïs crû, ou cuit, en farine, ou en boulette ; elles prennent beaucoup de graiſſe, & leur chair acquiert un goût fin & délicat : auſſi les plus eſtimées viennent-elles des endroits où ce grain eſt cultivé en grand. Les chapons de la Breſſe, les cuiſſes d'oyes, les foies de canards, ſi renommés dans toute l'Europe, doivent leurs avantages en partie au maïs.

## Section XV.

*De ſes propriétés médicinales.*

Indépendamment de la nourriture ſalutaire que le maïs fournit à l'homme & aux animaux, on lui attribue encore des propriétés médicinales ; mais ces propriétés ſont, comme on le penſe bien, moins ſenſibles chez les perſonnes qui font un uſage journalier de ce grain, parce que l'habitude le rend bientôt indifférent à l'économie animale, & que toute nourriture ne conſerve plus, au bout d'un certain temps, que l'effet alimentaire.

Les potages & les bouillies claires, en forme de gruaux, compoſés de farine de maïs, paſſent pour être très-ſalutaires, & tellement faciles à digérer, que ſouvent les médecins les preſcrivent comme remèdes aux malades & aux convaleſcens ; mais un des effets que produit aſſez conſtamment le maïs, ſous quelque forme qu'on s'en ſerve, c'eſt de porter aux urines ; & les voyageurs les plus dignes de foi, prétendent que les Indiens, avant leur conquête, ignoroient les maladies des reins, de la veſſie, & particulièrement la pierre : enfin, M. Desbiey, dans ſon mémoire ſur les landes, couronné par l'Académie de Bordeaux, aſſure que depuis que la culture du maïs a été introduite en Gaſcogne, les habitans qui en font leur nourriture principale, ont été délivrés des apoplexies auxquelles ils étoient très-ſujets auparavant. Si cette obſervation eſt fondée, elle ſuffit ſeule pour répondre aux objections qu'on a faites contre la nourriture du maïs, en l'accuſant d'occaſionner

casionner des plétores humorales & sanguines. Mais, encore une fois, c'est à l'expérience & à l'observation qu'il appartient de prononcer. Tout ce qu'il y a de bien constaté; c'est qu'en parcourant les campagnes de plusieurs de nos provinces, on voit que leurs habitans, qui vivent de maïs, sont portés à donner la préférence à ce grain, lors même qu'ils en ont d'autres & que leur vigueur & leur population suffisent pour attester la salubrité de cette nourriture.

MAINS ou VRILLES. (*Bot.*) Ce sont ces filets herbacés, dont quelques tiges de plantes sont pourvues pour pouvoir s'accrocher aux corps qui les avoisinent. La vigne, les pois, &c. ont des mains. (*Voyez* le mot VRILLES) M. M.

MAL D'ANE. MÉDECINE VÉTÉRINAIRE. C'est une maladie semblable aux peignes, (*Voyez* ce mot) qui se manifeste par de petites crevasses autour de la couronne de l'âne & du cheval. L'animal boite continuellement; la démangeaison qui a lieu presque toujours dans cette partie, l'incite à y porter la dent, ce qui lui occasionne quelquefois non-seulement un dégoût, mais une espèce de dartre & des ulcères à la langue & aux autres parties de la bouche. (*Voyez* DARTRE; & quant au traitement de la maladie dont il s'agit, *consultez* les mots ARRÊTE *ou* QUEUE DE RAT, CREVASSE, EAUX AUX JAMBES, PEIGNES, &c.) M. T.

MAL DE CERF. MÉDECINE VÉTÉRINAIRE. Le cheval qui est atteint de cette maladie, éprouve une tension spasmodique dans les muscles de la mâchoire postérieure, dans ceux des yeux, des oreilles, dans ceux de l'encolure du corps, de la croupe, de la queue, & dans ceux des extrémités. Ce spasme n'est pas toujours général, il se borne quelquefois aux muscles de la mâchoire postérieure; pour lors on le nomme *tic de l'ours;* d'autres fois il saisit les muscles du globe de l'œil, alors on lui donne le nom de *strabisme*. (*Voyez* ces mots)

*Les signes* qui caractérisent le *mal de cerf*, ou le spasme qui attaque généralement toutes les parties qui composent le cheval, s'annoncent par une roideur qui s'empare tout-à-coup des muscles du corps, & serre si fortement les mâchoires de cet animal, qu'il n'est presque pas possible de les ouvrir. Il élève d'abord sa tête & son nez vers le ratelier, ses oreilles sont droites, sa queue est retroussée, son regard est empressé comme celui d'un cheval qui a faim, & auquel on donne du foin; l'encolure est si roide, qu'à peine peut-on la mouvoir; s'il vit quelques jours dans cet état, il s'élève des nœuds sur les parties tendineuses, tous les muscles de l'avant-main & de l'arrière-main éprouvent un spasme si violent, qu'on diroit, en voyant les jambes du cheval ouvertes & écartées, que ses pieds sont cloués au pavé; sa peau est si fortement collée sur toutes les parties de son corps, qu'il n'est presque pas possible de la pincer; les muscles de ses yeux sont si tendus, que si on ne regardoit qu'à l'immobilité de ces organes, on croiroit que l'animal est mort: mais il ronfle & il éternue souvent, ses flancs sont fort agités, sa respiration est très-pénible.

Quant à l'évènement de cette maladie, elle cède ou fait mourir le cheval en peu de jours.

*La cause* immédiate du *spasme*, connu parmi les maréchaux sous le nom de *mal de cerf*, réside dans la crispation des nerfs qui tend la fibre dont ils sont composés, au point de les faire résister à l'action du sens intérieur; cette crispation est occasionnée par l'âcreté de quelques matières qui irritent le genre nerveux en général, ou qui agissant sur une seule partie, communique l'irritation qu'elle y produit à toute la machine, parce que ses ressorts réagissant tous les uns sur les autres, l'un ne sauroit être vivement ébranlé sans que les autres y participent.

La blessure d'un tendon, & principalement celle de la dure-mère, peut produire un spasme, qui roidit & rend immobile tout le corps de l'animal qui en est atteint, car l'expérience nous apprend, qu'en portant l'extrémité inférieure de la tête du cheval au poitrail, si l'on plonge un poinçon de fer entre l'occipital & la première vertèbre cervicale, sur-le-champ son corps & ses membres deviennent roides, & il meurt dans un vrai état de spasme, ce qui n'arrive point si on l'égorge, & qu'on le laisse mourir par la perte de son sang; il périt alors dans des mouvemens convulsifs, parce que l'affoiblissement successif de ses forces rend ses organes incapables d'une action régulière; tandis que dans le premier cas, la cause qui détruit l'animal est violente & prompte, de sorte que le spasme est la suite de la destruction subite des forces centrales, parce que celles de la circonférence n'éprouvant plus de leur part cette réaction qui maintenoit leur équilibre, se développent autant qu'il est en elles, ce qui donne à la fibre nerveuse une tension qui ne lui permet plus aucun mouvement.

Nous concluons de ce qui vient d'être dit, que le spasme universel, ou le *mal de cerf*, dépend de deux causes prochaines; l'une, de l'âcreté de quelques humeurs qui irritent vivement le genre nerveux, & l'autre, de la blessure de certaines parties tendineuses ou aponévrotiques, dont l'ébranlement & l'irritation se communiquent à toute la machine.

*La cure.* L'indication que présente la première cause, est d'adoucir ou d'expulser l'humeur irritante; mais comme les accidens de cette maladie menacent le sujet d'une mort prochaine, on est souvent obligé de travailler à les calmer avant de s'occuper à en détruire la cause. Les bains, les fomentations émollientes sont pour cela le remède le plus prompt & le plus sûr qu'on puisse employer; ils produisent un relâchement qui ne manque jamais de soulager l'animal, & comme souvent le premier siège de l'irritation se rencontre dans la région épygastrique, ou à l'estomac, ou au diaphragme, & que d'ailleurs ces organes sont le centre de toutes les forces animales, il est très-intéressant d'en relâcher les ressorts qui sont alors dans une très-grande tension. L'usage de l'huile d'olive, de celle de graine de lin, des boissons émollientes, opère de très bons effets.

Les saignées, par le relâchement qu'elles procurent; les narcotiques, par leur vertu d'engourdir le genre nerveux & de le rendre moins irritable; sont aussi des remèdes qui doivent être employés & réitérés suivant la nature & l'intenſité des accidens.

Quand on a calmé les ſymptômes les plus preſſans, & que le danger eſt devenu moins inſtant, on doit travailler à en détruire la cauſe, & pour cela il faut s'aſſurer de ſa nature, afin de la combattre par des remèdes convenables.

Si c'eſt une tranſpiration ſupprimée qui a occaſionné le ſpaſme, connu ſous le nom de *mal de cerf*, il faut employer les diaphorétiques, les ſudorifiques, étriller, broſſer & bouchonner fortement l'animal pour la rétablir.

Si on a lieu de ſoupçonner que quelque humeur âcre irrite l'eſtomac & les inteſtins, telle qu'une bile érugineuſe, & quelques ſubſtances vénéneuſes, priſes avec les alimens, il faut avoir recours aux purgatifs & aux lavemens.

Quant à l'indication curative que préſente la ſeconde cauſe, il faut avoir promptement recours à tous les moyens capables de détruire l'irritation que ſouffre la partie tendineuſe ou aponévrotique bleſſée. Si elle eſt cauſée par le déchirement ou la ſection imparfaite de quelques nerfs, il faut dilater la plaie, & même couper en entier le tendon ou l'aponévroſe, ſi une ſimple dilatation ne ſuffit pas.

Mais ſi l'importance ou la ſituation de la partie bleſſée, demande des ménagemens dans les inciſions qu'on voudroit faire, il faut avoir recours aux topiques émollients & relâchans, & lorſqu'ils ſont inſuffiſans, on employe les deſſicatifs qui détruiſent la ſenſibilité dans l'endroit bleſſé. L'huile de térébenthine réuſſit aſſez ſouvent à calmer les accidens de la bleſſure des tendons; ſi elle ne ſuffit pas, il faut ſe ſervir de l'huile bouillante, & même du cautère actuel ou potentiel.

Et s'il arrive que l'irritation ſoit entretenue par la préſence d'un corps étranger, ou par l'âcreté de quelques humeurs, qui, n'ayant pas une iſſue facile, ſéjournent dans la partie bleſſée & s'y corrompent, dans le premier cas, il faut, par tous les moyens qu'indique la chirurgie vétérinaire, faire l'extraction du corps étranger; dans le ſecond, il faut donner iſſue à la matière, en dilatant la plaie & en faiſant, ſi le cas l'exige, des contre-ouvertures, & chercher en même-temps à adoucir l'âcreté de l'humeur par des déterſifs adouciſſans, onctueux, mucilagineux, tels que le miel roſat, l'huile d'amande douce, l'onguent d'althæa, les mucilages de pſillium, de mauve, &c. M. B. R.

MAL DE FEU, ou D'ESPAGNE. Médecine vétérinaire. En hippiatrique, nous déſignons ſous ce nom une maladie dans laquelle le cheval a un air triſte, porte la tête baſſe, ne ſe couche que rarement, s'éloigne toujours de la mangeoire, avec fiévre, & un battement de flancs conſidérable.

Comme l'expérience prouve que cette maladie n'eſt ordinairement qu'un ſymptome d'une maladie eſſentielle, telle que la pleuréſie, la péripneumonie, &c., nous renvoyons le lecteur à ces articles, quant aux cauſes, & au traitement.

Nous obſerverons ſeulement ici que les maréchaux ſont dans l'erreur de prendre pour diagnoſtic, la chûte des crins, qui a lieu à la ſuite de cette maladie. Nous ſommes bien aiſe de leur apprendre que les crins tombent preſque toujours à la ſuite des maladies inflammatoires, & que ce phénomène n'eſt jamais le caractère du mal de feu. M. T.

MAL DE FEU des brebis. ( *Voyez* BRULURE. *Tom. II*, *pag.* 477, *col.* 1. )

MAL ROUGE. MÉDECINE VÉTÉRINAIRE. Cette maladie épizootique, qui attaque tous les ans les bêtes à laine de pluſieurs provinces, porte différens noms. On l'appelle mal rouge, maladie rouge, à cauſe du ſang que quelques-unes d'elles rendent particulièrement par la voie des urines. Dans le bas-Languedoc on l'appelle maladie d'été, parce qu'elle exerce ſes ravages après l'hiver; & enfin, maladie de Sologne, parce que, d'après les obſervations de M. l'abbé Teſſier, c'eſt le pays où elle eſt le plus généralement répandue.

*Symptomes & ſignes de la maladie rouge.*

Il eſt difficile de s'appercevoir dans les premiers inſtans, quand des bêtes à laine en ſont attaquées, parce qu'elles ſont mêlées à un grand nombre d'autres bêtes, ce qui empêche de diſtinguer celles qui ſont malades. On n'en eſt aſſuré, que lorſque dans la ſaiſon où règne l'épizootie, on les voit rallentir leur marche, s'écarter du troupeau, ne brouter que d'une manière languiſſante la pointe des herbes, au lieu de les dévorer juſqu'à la racine, revenir à la bergerie avec le ventre applati, l'air triſte, les oreilles baſſes & la queue pendante. Alors, ſi on les examine de près on leur trouve l'œil terne, larmoyant & preſque couvert; le globe & les vaiſſeaux qui s'y diſtribuent, les lèvres, les gencives & la langue blanchâtres, ou livides; les naſeaux ſont remplis d'une humeur épaiſſe qui les bouche; les urines ſont ordinairement rares & coulent lentement; la tête eſt ſouvent gonflée, ainſi que les jambes de devant. La foibleſſe des bêtes malades eſt telle, qu'on les fait tomber facilement, ſi on applique la main ſur leurs reins; elles ne font aucune réſiſtance lorſqu'on les ſaiſit par une jambe de derrière; la laine, dont les filamens, à la tête ſur-tout, ſont dreſſés & hériſſés, eſt d'une molleſſe extrême, au point que les hommes, qui tondent ces animaux, jugent que ceux dans leſquels ils remarquent ces ſignes, ſont malades, ou le deviendront bientôt. Lorſque les bêtes à laine ſont attaquées de cette maladie, elles cherchent l'ombre, ſans doute pour ſe garantir des mouches qui ſe jettent ſur elles en grand nombre, ſans qu'elles faſſent aucun effort pour les chaſſer. Souvent il s'en perd au milieu des bruyères, où elles périſſent & deviennent la proie des chiens & des oiſeaux de proie. Le plus ſouvent elles reſtent auprès des métairies, parce que le berger ne peut les déterminer à ſuivre les autres. Quand le mal eſt dans ſa force, elles portent la tête baſſe juſqu'à plonger le muſeau dans la terre; l'épine du dos ſe courbe; les quatre pieds ſe rapprochent; elles reſtent immobiles, tantôt debout, tantôt couchées, battant du flanc, & reſpirant avec peine. A cette époque on les fait ſuffoquer facilement, si, en leur examinant l'intérieur de la gueule, on la tient quelque temps ouverte. On ne peut guères juger de leur poulx ; car les bêtes à laine sont si timides, que même, dans l'état de santé, ses battemens en sont accélérés & irréguliers, lorsqu'on les saisit pour leur tâter le cœur ou l'artère crurale. La maladie, parvenue à son dernier terme, il sort de la gueule des bêtes une bave écumeuse ; leurs extrémités sont froides : on en voit beaucoup, qui, avec leurs excrémens, tantôt fluides, tantôt de consistance moyenne, rendent un sang peu foncé, & en petite quantité, ou par le nez, ou par la voie des urines : circonstance d'où vraisemblablement la maladie a pris son nom. Quelques bêtes ont de longs frissons ; d'autres sont si altérées, qu'elles boivent abondamment quelque espèce de boisson qui se présente : peu de temps avant la mort il leur survient un flux extraordinaire d'urine. Aucune de celles qui bavent, ou qui rendent du sang, ou qui boivent abondamment, ne guérit de la maladie.

La durée de cette maladie est ordinairement de six, huit, dix, ou douze jours, quelquefois plus ; mais rarement moins, à compter du moment où les bêtes à laine cessent de manger & de ruminer, jusqu'à celui de leur mort. Si elles en reviennent quelquefois, leur rétablissement se fait lentement. Nous avons observé, ainsi que M. l'abbé Tessier, que les bêtes les premières frappées de la maladie, périssent plus promptement que les autres.

*Causes.* D'après les observations de M. l'abbé Tessier, la maladie rouge ne paroissant pas contagieuse, ce sçavant a cru qu'il falloit en chercher la cause dans la manière dont on soignoit en Sologne les bêtes à laine, & dans la qualité des pâturages. Voici ce que ses recherches lui ont appris.

Au mois de novembre on forme, dans chaque métairie, deux troupeaux, l'un, de brebis pleines, & qui sont d'un âge plus ou moins avancé ; on y joint de jeunes femelles de l'année d'auparavant, parmi lesquelles quelques-unes ont des agneaux au mois de mars suivant.

Le second troupeau est composé d'agneaux nés au mois de mars précédent.

Chacun est conduit séparément aux champs, quelque temps qu'il fasse, à l'exception des jours de très-grandes pluies. On ne donne jamais rien aux bêtes à laine à la bergerie ; où il n'y a pas même des ratelliers ; ensorte qu'elles ne vivent que de ce qu'elles trouvent aux champs. Si la terre n'est pas couverte de neige jusqu'à la mi-janvier, ou jusqu'après les gelées, elle fournit assez de nourriture aux bêtes à laine ; mais elles en manquent en février. Lorsqu'il y a de la neige, on les conduit dans les lieux plantés de genêt, ou dans les plus hautes bruyères, ou le long des haies. C'est alors qu'elles souffrent encore la faim.

C'est à la fin de février, & dans le courant de mars, que les brebis font leurs agneaux. Elles seules, à cette époque, sont conduites dans les terres où l'on a récolté du seigle, & où il y a de l'herbe qu'on leur a réservée.

Si la saison est favorable, l'herbe pousse au mois d'avril, & les troupeaux en trouvent abondamment.

Alors, on expose dans les bergeries des agneaux de lait, des branchages d'arbres, garnis de feuilles, & coupés au mois de septembre, afin de les accoutumer à brouter. Dès le commencement de mai, ils sont menés indistinctement dans toute espèce de pâturage, parce que les habitans de Sologne sont persuadés qu'un agneau, tant qu'il tète, ne peut jamais contracter la pourriture. ( *Voyez* ce mot ) Persuadés également que vers la fin du même mois, ces jeunes animaux n'ont plus besoin de lait, ils traient les mères pour faire du beurre, & souvent ils commencent à les traire plutôt.

Si les bergères écoutoient les ordres de leurs maîtres, elles écarteroient presque toujours les brebis & les moutons qu'on ne veut pas engraisser, des pâturages humides, qui leur sont funestes. Mais, souvent, malgré les défenses, elles les y laissent aller, ou par négligence, ou dans le dessein de leur procurer une nourriture plus abondante.

Les brebis, les moutons & les agneaux paissent dans les chaumes de seigle, après la récolte qui s'en est faite en juillet; on ne les mène paître ailleurs qu'à la fin de septembre.

La Sologne, pays compris entre la Loire & le Chèr, est presque perpétuellement abreuvée d'eau. Le sol en est composé de sable & d'argile qu'on trouve à deux pieds ou deux pieds & demi de profondeur. Il n'y a nulle part un aussi grand nombre d'étangs. Presque par-tout on y voit des plantes aromatiques.

Les bergeries de Sologne, où l'on renferme les bêtes à laine, sont humides, mal closes & sans litière; souvent ces animaux sont aux champs par la pluie, & confiés à des jeunes filles, incapables d'attention. Que résulte-t-il de toute cette conduite ?

1°. Que les brebis pleines souffrent de la faim pendant l'hiver, & sur-tout dans les derniers mois de leur gestation, temps où elles auroient besoin d'une nourriture plus substantielle & plus abondante que jamais.

2°. Que les agneaux qui en proviennent sont foibles, languissans, & remplis d'obstructions.

3°. Qu'ils se gorgent d'herbes humides dans les pâturages où on les conduit, & avec d'autant plus d'avidité, que leurs mères ont moins de lait.

4°. Qu'étant déjà d'une constitution foible & lâche pendant la première année, ils ne peuvent supporter, dans l'hiver suivant, les effets de la faim; sans être exposés, au printemps, à une maladie occasionnée par le relâchement.

Plus le mois d'avril est pluvieux, plus la maladie rouge est considérable en Sologne : ( c'est une observation que nous n'avons point faite dans le bas-Languedoc. ) Les ravages qu'elle exerce sont d'autant plus grands, que les pâturages sont plus humides.

Plutôt on donne les béliers aux brebis, ou ce qui est la même chose, plutôt on fait naître les agneaux, plus la maladie rouge en enlève. Dans ce cas, la saison n'étant pas encore assez avancée, les brebis ne trouvent pas d'herbes aux champs, & ne peuvent fournir assez de lait à leurs agneaux pour leur subsistance.

Cette maladie dépendant donc, comme on vient de le voir, des soins qu'on a des bêtes à laine, sur-tout des brebis pleines, & de l'humidité du sol, on doit bien comprendre pourquoi elle attaque particulièrement les agneaux & les anthénois; pourquoi elle n'est pas aussi considérable tous les ans.

S'il arrive souvent de grandes mortalités qui détruisent la moitié, ou plus de la moitié des troupeaux, on doit chercher la cause de ces ravages extraordinaires dans les troupeaux achetés à des marchands, que l'on introduit dans les métairies, & qui viennent des lieux humides.

*Préservatif de la maladie rouge.*

Quand il seroit possible de guérir facilement toutes les maladies des bestiaux, chaque fois qu'elles reparoissent, il ne seroit pas moins intéressant de leur chercher de sûrs préservatifs. La multiplicité des occupations des cultivateurs, le peu d'habitude qu'ils ont d'appliquer des remèdes, les soins qu'il faut pour les employer convenablement, tout doit faire craindre que si on ne leur présentoit que des moyens de les guérir, même assurés, ils ne perdissent encore un grand nombre de leurs bestiaux. Mais ils sont bien plus en droit de désirer qu'on leur enseigne des préservatifs pour une maladie qu'on n'ose encore se flatter de combattre avec succès lorsqu'elle est déclarée, telle est la maladie rouge; on ne peut en indiquer de ce genre, que d'après l'examen des circonstances qui l'accompagnent, & d'après l'étude de ses symptomes & de ses effets. Voici ceux qui ont paru à M. l'Abbé Tessier les moins douteux, non pas pour éteindre entièrement la maladie, d'autant plus qu'elle dépend en partie de la nature du sol de la Sologne; mais pour en diminuer, autant qu'il est possible, les ravages.

Procurer un écoulement aux eaux stagnantes de la Sologne, en creusant le lit des rivières & des ruisseaux, & en y pratiquant des canaux, comme il y a lieu de croire qu'il y en avoit autrefois, par les traces qu'on en rencontre dans beaucoup d'endroits; ce seroit, sans doute, la manière la plus sûre de donner, à la fois, à cette province, & la salubrité, & la fertilité dont elle a le plus grand besoin. Ces terres, étant alors moins humides, & les récoltes plus abondantes, on préviendroit bien des maux, & particulièrement la maladie rouge. Mais, ce sont-là de grands moyens, qu'on ne peut espérer de voir exécutés de longtemps, & que le Gouvernement seul est en état d'entreprendre.

Pour corriger le mal, autant qu'il est au pouvoir des habitans du pays, il seroit à désirer, avant tout, que les métayers de Sologne, en employant plus de soins & d'activité, veillassent davantage à la conservation de leur bétail.

Afin d'éviter les grandes mortalités, on n'introduira dans les métairies qu'on veut garnir de troupeaux, que des bêtes à laine, élevées dans des endroits connus & non suspects. Celles qu'on achètera dans le voisinage, ou dans une autre province, dont le sol est plus sec, seront moins sujettes à cette maladie.

On diminuera les mortalités ordinaires, si l'on mène souvent les troupeaux dans des lieux plantés en genêt; si on ne les laisse point exposés à la rosée, à la pluie & aux orages; si on les écarte des prairies humides;

& enfin, si on ne les tond qu'après la mi-juillet.

On ne doit pas laisser la bête à laine de Sologne trop longtemps aux champs; elle a toujours l'œil plus ou moins gras, & par conséquent elle est habituellement menacée de pourriture : il suffit qu'elle paîsse deux fois par jour, pendant trois heures chaque fois.

Comme la principale source du mal est dans la manière dont on soigne les brebis pleines & les agneaux, on nourrira les brebis pleines à la bergerie, dans la saison rigoureuse, & sur-tout vers le temps qu'elles doivent bientôt mettre bas. On ne les traira jamais; parce qu'indépendamment de ce que le lait maternel est plus convenable à la foible constitution des agneaux, plus ceux-ci en tèteront, moins ils seront empressés de brouter des herbes dont les sucs trop humides leur causent des maladies.

On se gardera de mener les jeunes animaux dans les prairies, dont on écartera encore avec plus de soin leurs mères & les moutons, puisqu'ils sont également susceptibles d'en être incommodés. Ils seroient bien plus sûrement préservés de la maladie, si on leur donnoit à la bergerie quelques alimens, tels que du son, de l'avoine, &c.

Que l'hiver suivant on les entretienne de nourriture, quand ils n'en trouvent pas aux champs, & qu'au printemps on ne les laisse point brouter des herbes trop aqueuses; leur tempéramment se fortifiera, & on aura des anthénois bien sains & bien constitués, que la maladie rouge épargnera.

Vers le temps où ce fléau doit commencer à exercer ses ravages, on brûlera, plusieurs jours de suite, dans les bergeries, des branches de bois aromatiques, tel que le genièvre, dont on fera avaler de la décoction aux bêtes les plus languissantes. On se contentera de pendre, dans leurs bergeries, des sachets de sel marin qu'elles pourront lècher; puisqu'en Sologne la cherté de cette denrée, si utile pour les bestiaux, ne permet pas de leur en donner à manger. On peut, au sel ordinaire, substituer de la potasse ou des cendres gravelées, ou du sel contenu dans de la cendre de bois, le plus facile à obtenir en Sologne. Un gros de chacun de ces derniers sels, par pinte de boisson, est une dose suffisante.

Les bergeries seront placées dans les endroits les plus élevés des métairies; on en rendra le sol aussi sec qu'il sera possible, & on y fera de la litière, qu'il faudra renouveller de temps en temps; ces moyens garantiront les bêtes à laine de l'humidité. On donnera à ces habitations plus d'étendue qu'elles n'en ont dans beaucoup de métairies, afin que les animaux y soient à l'aise.

La fraîcheur des terres de la Sologne, formera toujours un obstacle à l'établissement du parcage dans ce pays : il demande beaucoup de précaution de la part des personnes qui voudront le tenter. L'humidité, je le répète encore, est à redouter pour les bêtes à laine. On peut, dans les grandes chaleurs, les faire coucher en plein air; mais, dans ce cas, on aura soin de ne former le parc domestique que sur un endroit où l'eau ne séjourne pas, & sous des arbres qui garantissent les animaux de de l'ardeur du soleil, quand au milieu du jour, ils sont de retour des champs.

Parmi toutes ces précautions, il en est une qu'on regardera comme dispendieuse, c'est celle de nourrir à la bergerie les bêtes à laine pendant l'hiver; tandis qu'en ne leur donnant pas à manger, tout est profit pour les propriétaires. Il faut convenir qu'en Sologne, dans l'état où est actuellement la province, les habitans ont peu de ressources pour se procurer de quoi alimenter leurs bêtes à laine en hiver; le sol est si ingrat & si mal cultivé, qu'on n'y récolte presque que la quantité de seigle nécessaire pour les habitans, & du foin seulement pour la nourriture des bœufs employés aux travaux de l'agriculture.

Malgré ces obstacles apparens, il y a des moyens de donner des alimens aux bêtes à laine de Sologne, quand elles ne trouvent rien aux champs; & même d'en augmenter par-là le nombre, puisqu'il suffit de suppléer, en hiver, à ce que la terre ne fournit pas alors. On n'en peut être que convaincu, en adoptant les réflexions suivantes de M. l'Abbé Tessier.

On entretient, dit-il, trop de bœufs dans cette province, où ils ne deviennent jamais beaux, & où par conséquent ils produisent peu aux métayers, lorsqu'ils les vendent. La culture des terres n'en exige pas une grande quantité. Quatre ou six de ces animaux, traîneroient, sans peine, une charrue, à laquelle on en attelle dix ordinairement. En en diminuant le nombre, une partie du foin qui leur est destinée, pourroit être donnée aux bêtes à laine, la seule espèce de bétail sur laquelle on doive porter ses vues en Sologne, dont les pâturages ne conviennent pas aux autres bestiaux.

On doublera les récoltes de foin, si l'on a l'attention de soigner les prairies, soit en faisant des fossés tout autour, pour les empêcher d'être inondées; soit en arrachant les plantes de mauvaise qualité, qui nuisent à l'accroissement de celles qui forment de bon foin.

La Sologne est couverte d'arbres; les métayers ont la permission d'en couper les branches; il y en a très-peu dont les feuilles ne conviennent aux bêtes à laine. On aura soin, dans le temps où la sève est encore en vigueur, d'en faire des provisions proportionnées aux besoins des troupeaux.

Dans plusieurs cantons de diverses provinces de la France, on donne aux bêtes à laine des galettes faites avec le marc de chenevis, dont on a exprimé l'huile. En Sologne, où l'on cultive du chanvre, ne pourroit-on pas en employer la graine à cet usage? Ne pourroit-on pas encore y établir des cultures de pommes de terre, de carottes & de turneps, espèce de navets que les bêtes à laine mangent volontiers, même dans les champs, & dont on les nourrit pendant l'hiver dans toute l'Angleterre, où les troupeaux sont si multipliés?

*Traitement de la maladie rouge.*

Pour guérir la maladie rouge, on a imaginé & employé jusqu'ici différens remèdes qui n'ont eu aucun succès, ou qui n'en ont eu que de très-foibles. Parmi ces remèdes, les uns sont enveloppés du voile du mystère; les autres, qu'on a moins de peine à pénétrer, sont des composés si bisarres, & si peu convenables à la maladie, qu'il est inutile de les rapporter.

Quelques métayers de la Sologne ont employé avec succès, la décoction de serpolet & d'autres plantes aromatiques. Il y en a qui prétendent avoir guéri des bêtes malades, en leur faisant avaler de la décoction de sureau, & en les exposant à des fumigations d'iebles. Ces moyens nous paroissent très-bien indiqués, & méritent qu'on y ait confiance : ils prouvent, d'ailleurs, qu'il existe une analogie marquée entre la pourriture & la maladie rouge.

Malgré ces légers succès, on ne doit pas conclure qu'on puisse facilement guérir cette maladie. Il ne faut du moins pas l'espérer, l'orsqu'elle est parvenue à un certain degré, comme lorsque le foie & le poumon sont déjà dans un état de putréfaction. Vraisemblablement les animaux guéris par M. l'Abbé Tessier, n'étoient encore que foiblement attaqués. La médecine vétérinaire a des bornes qui limitent son pouvoir; c'est à ceux qui l'exercent à les connoître, afin de ne pas employer inutilement, pour les franchir, un temps qu'on peut appliquer à des recherches capables de procurer de grands avantages.

Lorsque la maladie rouge est déclarée, on doit essayer, sur les bêtes qui ne sont pas dans un état désespéré, les remèdes que la connoissance des symptomes, & l'ouverture des corps, indiquent; c'est-à-dire, des apéritifs, des diurétiques & des toniques, tels que ceux que nous allons indiquer.

On donnera, chaque jour, & dans les premiers temps, aux bêtes à laine malades, plusieurs verres d'une décoction d'écorce moyenne de sureau, ou des baies d'alkekenge, ou coqueret; on remplacera quelques jours après cette décoction, par une autre faite avec la sauge, ou l'hysope, ou le pouliot, ou toute autre plante aromatique, en y joignant un gros de sel de nitre, ou deux gros de sel marin, par pinte d'eau; on enfumera les bergeries avec des branches ou des baies de genièvre.

Il faut rejeter la saignée & les remèdes raffraîchissans.

La nourriture sera, ou du seigle en gerbe, ou du genêt, ou des plantes sèches. Pour cette raison on éloignera les bêtes des prairies humides.

Nous ne conseillerons pas de faire usage de la thériaque, ni de l'orviétan, d'après notre expérience, & celle de M. Vitet & de M. d'Aubenton.

On aura grand soin, pendant tout le temps du traitement, de n'exposer les troupeaux malades ni au froid ni à la pluie. M. T.

MAL DE TAUPE. Médecine Vétérinaire. C'est une tumeur qui se manifeste sur le sommet de l'encolure du cheval, ou sur le sommet de sa tête même; elle est un peu molle, & de figure irrégulière; le pus qu'elle contient est blanc & épais comme de la bouillie : ce pus devient quelquefois si âcre, qu'il se creuse des sinus sous le cuir, & carie souvent le crane. Comme la peau de la tête est épaisse, ferme, tendue & près des os, la tumeur ne s'élève pas beaucoup, mais elle s'élargit à sa base. Elle reste ordinairement longtemps sans faire de grands progrès, parce que la lymphe qui la cause est visqueuse : mais quand cette humeur devient corrosive, elle ronge le kiste qui la renferme, & fait des sillons entre la peau & le péricrâne. Si elle perce cette dernière membrane, elle agit sur le crâne même; alors les suites en sont très-dangereuses. On a donné à cette tumeur le nom latin de *talpa*, en françois, *taupe*, parce qu'elle ressemble aux taupières, ou à ces petites éminences de terre que la taupe pousse sur la surface de la terre en fouillant, & parce que la matière purulente qu'elle contient, creuse & fait des trous sous la peau, comme cet animal en fait sous la terre.

La *cause* de cette tumeur est une lymphe visqueuse, arrêtée dans quelqu'un de ses vaisseaux, qu'elle dilate insensiblement jusqu'à lui faire acquérir un volume considérable. La tunique, qui enveloppe la matière de ces tumeurs, n'est autre chose qu'un vaisseau lymphatique ou adipeux, élargi de la même manière que les vaisseaux sanguins se dilatent quand ils forment l'anévrisme & les varices. Lorsque la lymphe ou la graisse trouve quelque obstacle à son mouvement progressif, elle s'accumule peu-à-peu, par le séjour qu'elle fait; la sérosité, qui en est exprimée, abreuve les fibres du conduit obstrué, les ramollit & les rend propres à recevoir beaucoup plus de sucs nourriciers qu'auparavant, de sorte que le vaisseau lymphatique ou graisseux se dilate extrêmement, & forme un sac qui fait le kiste de la tumeur. La matière renfermée dans ce kiste, s'épaissit de plus en plus, par la dissipation de ce qu'elle a de plus séreux & de plus subtil; mais quoiqu'elle s'épaississe à force de croupir & d'éprouver des oscillations des fibres, & les battemens des artères voisines, il lui survient un mouvement intestin qui la fait dégénérer en une espèce de pus semblable à de la bouillie, ou à du suif, suivant qu'elle est plus chyleuse, plus douce, ou plus grasse, & suivant la différence des vaisseaux où elle s'arrête; car c'est dans les vaisseaux lymphatiques, ou dans les vaisseaux adipeux que se forme le *talpa*. Ce mouvement intestin est beaucoup plus lent que celui qui se fait dans les tumeurs phlegmoneuses. La lymphe & la graisse sont plus homogènes que le sang, elles n'apportent pas tant d'obstacle au passage de la matière subtile, & ne se trouvent pas renfermées comme lui dans des artères qui le broyent continuellement.

Les *causes* qui arrêtent le cours progressif de la lymphe ou du suc adipeux, sont leur propre viscosité qui les fait circuler lentement, ou l'obstruction de quelques glandes, qui intercepte leur cours; ou une contusion, un coup, une chûte qui comprime leurs vaisseaux, les rompt ou en change la direction.

Le *diagnostic*. On connoît que cette tumeur est enkistée, en ce que la peau roule & glisse dessus. Quand on l'ouvre, on voit que la matière est renfermée dans une membrane.

Le *prognostic*. Le mal de taupe n'est dangereux que lorsqu'il se trouve placé sur les sutures du crane, surtout quand il est adhérent : alors il a communication avec la dure-mère; de sorte que si cette tumeur s'enflamme & suppure, elle communique son inflammation & sa corruption à cette membrane, ce qui met la vie de l'animal dans le plus grand danger.

*La cure.* L'indication curative doit se borner, 1°. à diminuer l'abondance de la lymphe, & à la rendre plus fluide. Pour obtenir cet effet, on donnera peu à manger au cheval qui sera atteint du *mal de taupe*, & principalement le soir; les fourrages provenans des prairies les plus sèches, l'avoine, les eaux les moins pesantes, l'écurie la plus sèche, & tenue proprement, le pansement de la main, & la continuité du travail auquel il est habitué, tous ces soins rempliront la première indication. 2°. On en aidera l'effet, en atténuant les humeurs, & en enlevant les obstructions, par l'usage des ptisanes faites avec la salsepareille, l'esquine, le sassaffras & les baies de genièvre, & par celui des ptisanes faites avec les racines & les feuilles de chicorée sauvage, de pimprenelle, de cerfeuil, de laitue, &c.; les eaux minérales, ferrugineuses, ou les eaux thermales, conviennent encore beaucoup en pareil cas; on purgera ensuite (*Voyez* MÉTHODE PURGATIVE) avec la confection hamech, le jalap, l'éthiops minéral & l'aloès succotrin: on ne doit point négliger ces précautions, parce qu'il survient très-souvent, après la guérison, des métastases funestes, qui donnent la mort à l'animal lorsqu'on s'y attend le moins.

La *cure* particulière du *mal de taupe* s'exécute par la résolution, par la suppuration ou par l'extirpation; si la tumeur est nouvelle & molle, elle peut se résoudre, en y appliquant, après avoir rasé le poil, l'emplâtre de *vigo-cum-mercurio;* l'onguent de styrax, mêlé avec les fleurs de soufre, ou avec l'éthiops minéral, &c., peuvent en opérer la résolution.

Mais si la tumeur ne se résout point, & qu'au contraire elle soit disposée à suppurer, on peut en faciliter la suppuration par les cataplasmes émolliens, par l'onguent basilicum. La suppuration s'étant déclarée, il faut aussitôt ouvrir l'abcès; quand le pus en est sorti, on détergera l'ulcère, & l'on consumera les chairs superflues & le kiste au moyen de l'onguent ægyptiac, de l'alun brûlé, du précipité rouge, du beurre d'antimoine ou de la pierre infernale. Il faut détruire jusqu'au bouton rouge qui se trouve ordinairement dans le fond; sans cette précaution la tumeur se renouvelleroit.

Enfin, si la tumeur ne prend pas la voie de la suppuration, ou qu'on ne juge pas à propos de l'attendre, on en viendra à l'extirpation; la cure sera plus prompte, pourvu que le cheval soit bien préparé. Pour faire cette opération, il faut d'abord ouvrir la tumeur, ou par une incision cruciale avec le bistouri, ou par une traînée de pierres à cautère, qu'on applique à travers une emplâtre fenêtré, & qu'on couvre d'une autre emplâtre. L'ouverture étant faite, on sépare par la dissection la tumeur d'avec les lèvres de la plaie & des parties voisines, & on l'emporte toute entière avec le kiste; on la consume par le moyen des caustiques ci-dessus rapportés, ce qui prolonge la guérison. Il faut avoir l'attention de consumer aussi le bouton ou la racine de la tumeur; la pierre infernale ou le cautère actuel y réussiront promptement; ensuite on incarnera & on cicatrisera la plaie à l'ordinaire, réprimant les chairs superflues avec l'alun brûlé, ou quelqu'autre caustique. M. B. R. A.

MAL DE TETE DE CONTAGION. Médecine vétérinaire. Cette maladie épizootique & contagieuse règne quelquefois parmi les chevaux, & en fait périr un grand nombre. M. de la Guriniere l'a décrite dans son école de cavalerie.

Lorsqu'elle a lieu, la tête du cheval devient extrêmement grosse, les yeux sont enflammés, larmoyans & très-saillans; il coule des naseaux une matière jaune & corrompue; elle se termine bientôt en bien ou en mal. La crise la plus heureuse est celle qui se fait par un transport d'humeurs sur les glandes de la ganache, dont le gonflement & la suppuration assurent la guérison de l'animal.

La couleur jaune des matières qui fluent par les naseaux, distingue cette maladie de l'étranguillon, (*Voyez* ce mot) dans lequel la matière est de couleur verdâtre; elle diffère de la morve (*Voyez* ce mot) par la fièvre aiguë & l'inflammation extrême qui l'accompagnent.

Tout l'espoir de guérison consistant dans le dépôt aux glandes de la ganache, c'est là aussi où l'on doit porter tous ses soins. Si la tumeur qui s'y forme, perce d'elle-même, le cheval est bientôt guéri. On en accélère la suppuration avec des oignons de lys, cuits sous la cendre, qu'on applique chaudement : si, au bout de sept à huit jours, la tumeur n'a pas percé, on l'ouvre avec un bistouri, & on la traite comme une plaie ordinaire. Lorsque cette maladie règne, on ne sauroit prendre trop de précaution pour en arrêter les progrès. (*Voyez* Contagion). M. T.

MALADIE. (Physiologie végétale) Plus on compare le règne végétal avec le règne animal, plus on y trouve de l'analogie; nous en avons détaillé le parallèle avec assez d'étendue au mot Arbre; (*Voyez* ce mot) nous y avons comparé les maladies qui affectent les individus des deux règnes; nous ne reprendrons donc pas ici ce parallèle, & nous nous contenterons de faire l'énumération des maladies dont les plantes & les arbres peuvent être affectés.

Tout ce qui a vie dans la nature, en doit le soutien au mouvement; c'est le grand agent de tous les phénomènes qui concourent à l'entretien de la vie. Développement & consolidation des solides, circulation & purification des fluides, appropriation & excrétion des principes nourriciers, tout dépend de lui, sans lui tout seroit mort. Mais en même-temps qu'il est le principe de la vie, il devient le principe de la mort, en consolidant les parties molles, en oblitérant les vaisseaux, & en dénaturant les fluides. Les végétaux sont donc comme les animaux, ils passent par trois états différens dans le cours de leur vie, ils se développent & croissent, ils se soutiennent en état de parfait, ils décroissent & meurent. Les deux premiers états peuvent être considérés comme états de santé, & le dernier comme un état de maladie & de dépérissement habituel & nécessaire. Cette maladie, de tous les jours & de tous les instans, a son principe dans l'organisation même du végétal. Tout fluide qui circule & qui va porter un principe nourrissant dans toutes les parties de la plante, forme perpétuellement un dépôt qui, dans la jeunesse & dans l'âge fait, se convertir tout entier en principes constituans; mais qui, dans la vieillesse, ne fournit que ce qu'il faut pour soutenir l'individu, tandis que le reste forme un dépôt qui, à la longue, donne une rigidité extrême aux solides, durcit les parties molles, & obstrue les vaisseaux. Comme cette maladie est celle de l'organisation même, l'homme n'a qu'un foible pouvoir sur elle; il est incertain si son art peut prolonger la vie, mais il est sûr qu'il ne peut pas empêcher de mourir, lorsque la machine est dans un état qui nécessite sa décomposition. Si son pouvoir est si borné dans le règne animal, combien plus l'est-il dans le règne végétal, où ses connoissances sont bien moindres, & sa pratique plus routinière; cela ne doit pas nous empêcher d'étudier & de chercher à approfondir les causes des maladies des plantes, & l'art de les guérir, ou du moins de diminuer leurs effets.

Les maladies des plantes, outre celle générale & universelle qui conduit à la mort, que l'on pourroit nommer le dépérissement vital, dont nous ne parlerons pas, reconnoissent deux causes principales, les causes internes & les causes externes : c'est d'après ces causes que nous classerons les maladies.

*Maladies des végétaux qui dépendent des causes internes.*

La carie.
Les chancres.
Le couronnement.
Les dépôts.
Les excroissances.
La fullomanie.
Les loupes.
La moisissure.
La mort subite.
La pourriture.
La suppuration.
Les tumeurs.
Les ulcères.

*Maladies des végétaux qui dépendent des causes externes.*

Le blanc.
La brûlure.
Le cadran.
La champlure.
Le charbon.
La chûte des feuilles.
L'ergot.
L'étiolement.
L'exfoliation.
Les gales.
Le gelis.
La gelivure.
Les gersures.
Le givre.
La jaunisse.
La mousse.
La nièle.
La rouille.
La roulure.

Pour achever ce tableau, nous indiquerons rapidement les causes qui influent sur chaque maladie, renvoyant à chacune en particulier les détails nécessaires & les remèdes qui y sont propres.

*Maladies produites par des causes internes.*

1°. La *carie* (*Voyez* ce mot) est une moisissure du bois qui le rend mou, & qui l'entraîne à une décomposition semblable à celle des os; cette maladie causée par la transpiration arrêtée, ou par une sève chargée de principes viciés, qui, circulant dans toutes les parties de la plante, y produit un ravage d'autant plus considérable, que son action est plus générale.

2°. Le *chancre*, (*Voyez* ce mot) il attaque les arbres sur-tout, & est assez analogue à celui qui attaque les animaux. Une humeur âcre & corrosive en est le principe, elle circule avec la sève, & on la reconnoît en ce que l'écorce laisse suinter de ses fentes une eau rousse, corrompue & très-âcre, qui attaque toutes les parties sur lesquelles elle coule. Il faut distinguer ces ulcères coulans des *abreuvoirs*, qui sont des trous formés par la pourriture des chicots ou des branches coupées, & des *goutières* qui sont des fentes dans le tronc, ou les branches par lesquelles l'eau de pluie coule le long de la tige.

3°. *Couronnement.* Cette maladie tient à l'action même de la vie; les extrémités les plus éloignées, comme celles qui terminent l'arbre, sont celles qui éprouvent les premières l'effet de l'obstruction des vaisseaux, du desséchement des solides, en un mot du dépérissement de l'arbre; il meurt bientôt de cette maladie, qui commence toujours par la sommité de l'arbre; on la nomme *couronnement*, lorsqu'elle a lieu dans cette partie, & *décurtation*, quand elle affecte les branches inférieures; les plantes herbacées, annuelles, ou vivaces, y sont sujettes comme les arbres. (*Voyez* le mot ARBRE, *Tom. I, page 631*)

4°. *Dépôts.* Ce sont des amas de sucs propres, qui, se fixant à un endroit, obstruent nécessairement les vaisseaux, les brisent, arrêtent la circulation, & s'extravasent dans le tissu cellulaire, ou dans les vaisseaux lymphatiques ou séreux. L'espèce d'inflammation qui se produit bientôt dans cette partie, altère toutes les parties voisines, & fait périr la branche & la tige où s'est formé le dépôt.

5°. *Excroissances.* (*Voyez* ce mot) Productions ligneuses, beaucoup trop abondantes & hors des règles communes de la végétation : ce sont des espèces d'*exostoses* végétales, occasionnées ou par une surabondance, ou, ce qui est plus commun, par un reflux de la sève, déterminé par la taille des branches d'un arbre, faite à contre temps. Ces monstruosités accidentelles ont encore lieu lorsque l'écorce d'un arbre a été déchirée & mutilée jusqu'à l'aubier, alors, en se reproduisant, il se forme un *bourlet* (*Voyez* ce mot) tout au-tour de la plaie, qui souvent dégénère en loupe, tumeur & autre espèce d'excroissance ligneuse.

6°. *Fullomanie.* Abondance prodigieuse & surnaturelle de feuilles, qui est déterminée dans une plante par une trop grande quantité de suc propre au développement des feuilles, aux dépens toujours des fleurs & des fruits.

7°. *Loupe.* (*Voyez* ce mot) Espèce d'excroissance ligneuse d'une forme globuleuse.

8°. *Moisissure.* (*Voyez* le mot CARIE)

9°. *Mort subite.* Elle est ou partielle ou totale, & est presque toujours produite par un desséchement subit, ou une extravasation très-abondante du suc séreux, occasionné par un coup de soleil, ou par la piqûre intérieure de quelque insecte.

10°. *Pourriture.* Cette maladie attaque communément l'intérieur de l'arbre, en commençant par la partie ſupérieure du tronc, & deſcendant juſqu'aux racines; elle creuſe toute la partie ligneuſe, & n'épargne que l'écorce, qu'elle attaque auſſi, lorſque tout le bois & l'aubier ont été diſſous par la pourriture. Les arbres dont la tête ou quelques groſſes branches ont été briſées ou coupées, ſont aſſez ſujets à cette maladie, ſur-tout lorſqu'ils ſont d'un bois poreux & léger, comme le ſaule. J'ai cependant vu des ſapins & des chênes attaqués de cette maladie, & dans l'intérieur deſquels on pouvoit tenir pluſieurs perſonnes à-la-fois. La pourriture eſt occaſionnée par la partie du bois miſe à nud, que l'humidité de l'air, la pluie & l'eau qui y ſéjourne, commencent à pourrir; la ſève ralentie par cette altération, s'échauffe, fermente, réagit contre les fibres ligneuſes, & les décompoſe en les ramenant à l'état de terreau ou d'*humus* végétal.

11°. *Suppuration des plaies.* Une plaie faite à un arbre par accident ou en le taillant, eſt une iſſue qu'on procure aux différens ſucs qui circulent dans l'arbre, & par laquelle ils s'extravaſent ſi on ne s'y oppoſe. La déſunion des fibres & la contraction des parties occaſionnent naturellement le flux des ſucs, & établiſſent une vraie ſuppuration; elle ſera ſéreuſe, gommeuſe ou réſineuſe, ſuivant la nature des ſucs des vaiſſeaux que l'on a mis à découvert par la plaie; cette ſuppuration peut dégénérer en carie & moiſiſſure, ſi on n'y apporte remède. Le remède eſt bien ſimple, il conſiſte à appliquer ſur la plaie de *l'onguent de S. Fiacre*, ou tout autre corps qui empêche la communication de la plaie avec l'air. Lorſque l'homme a cru que les ſucs, les gommes & les réſines que certains arbres contenoient, pouvoient lui être de quelqu'utilité, alors il a ſu tourner cette maladie à ſon profit, & il a fait des plaies à ces arbres, afin que la ſuppuration naturelle lui fournît ces produits.

12°. *Tumeurs.* ( *Voyez* ce mot ) La tumeur ne diffère de la loupe que par ce qu'elle affecte toutes ſortes de formes irrégulières, mais elle reconnoît les mêmes principes, & affecte la plante où elle ſe forme de la même manière que la loupe.

13°. *Ulcères coulans.* ( *Voyez* CHANCRE )

*Maladies produites par des cauſes externes.*

1°. *Blanc.* ( *Voyez* ce mot) taches blanches que l'on apperçoit ſur quelques feuilles & ſur quelques tiges de plantes, qui gagnent inſenſiblement juſqu'au bas des tiges & juſqu'à la racine; elles ſont dûes à des obſtructions des extrémités.

2°. *Brûlure.* ( *Voyez* ce mot ) Maladie propre aux arbres fruitiers, dûe aux premières gelées du printemps, qui glacent l'eau & l'humidité dont les tiges & même les boutons ont été imprégnés par les brouillards & le gîvre.

3°. *Cadran.* ( *Voyez* ce mot ) Maladie propre aux troncs des gros arbres; elle réunit les fentes circulaires de la roulure, & les rayons de la gelivure.

4°. *Champlure.* Cette maladie dûe au froid qui, ſurvenant tout-d'un-coup après une automne humide, ſurprend & glace les jeunes tiges herbacées de l'année, qui n'ont pas eu le temps de ſe fortifier & de ſe durcir. Les

Les arbres des pays chauds, & transportés dans des climats tempérés ou froids, sont sujets à cette maladie, qui en enlève un très-grand nombre.

5°. *Charbon.* (*Voyez* FROMENT, article maladie)

6°. *Chûte des feuilles.* Nous ne considérerons pas ici la chûte des feuilles dans l'automne, parce qu'étant un effet nécessaire de la végétation, & devant être comprise dans les périodes annuelles que la plante éprouve, ce n'est pas une vraie maladie; (*Voyez* FEUILLE) mais lorsqu'elle arrive subitement dans le courant de l'année, c'est alors une cause étrangère qui produit cette vraie maladie, & cette cause peut être également ou une gelée matinale, qui brûle les pédicules des feuilles, & les détache de leurs tiges, ou un soleil brûlant qui, dardant ses rayons entre deux nuages, agit comme à travers un verre brûlant, & desséche tout ce qui se trouve à son foyer. Les humeurs, dont la feuille & sa tige sont perpétuellement imbibées, étant absolument évaporées, les fibres racornies, le parenchime desséché, la feuille est un membre mort, qui ne tire plus la vie de l'air, n'exhale plus les sécrétions de la plante, & tombe bientôt.

7°. *Ergot.* (*Voyez* FROMENT & ses maladies)

8°. *Étiolement.* (*Voyez* ce mot) La privation de la lumière empêche la plante de se décomposer & de se dépouiller de l'air & de l'eau dont elle se nourrit; l'air déphlogistiqué se fixe dans l'intérieur, & il en vicie toute l'économie. L'étiolement est donc une vraie pléthore d'air déphlogistiqué, dont les deux principaux effets sur la plante sont l'alongement, l'excroissance extraordinaire des tiges, & la couleur pâle & blanche des feuilles & des tiges. Les nouvelles expériences de M. Bertholet sur l'effet de l'acide marin, saturé d'air déphlogistiqué, sur les couleurs végétales, me font regarder comme démontré la théorie de l'étiolement que je viens d'indiquer en peu de mots, que j'avois déjà indiqué au mot ÉTIOLEMENT, mais que je n'avois pas osé affirmer, manquant d'expériences démonstratives.

9°. *Exfoliation.* Séparation de la partie morte de l'écorce, du bois, &c. d'avec une partie vive contiguë: elle peut être occasionnée par une humidité à laquelle a succédé une sécheresse de la partie.

10°. *Gales.* (*Voyez* ce mot) Maladie produite par la piquûre des insectes, qui occasionne une extravasion du suc ou de la séve qu'elle dénature.

11°. *Gelis.* Cette maladie est très-analogue à la *champlure*, (*Voyez* ce mot) & elle reconnoît la même cause, c'est-à-dire, les gelées du printemps qui brûlent les jeunes tiges ou pousses encore trop tendres de l'année. (*Voyez* le mot GELÉE & ses effets)

12°. *Gelivure.* Maladie produite par la gelée, qui fait fendre les arbres, & même avec bruit. Lorsqu'ils sont ainsi gelés, ils se trouvent marqués d'une arête ou éminence formée par la cicatrice qui a recouvert les gersures, lesquelles ne se réunissent pas intérieurement. La gélivure ne dépend ni de la qualité du terroir, ni de l'exposition, mais d'un froid subit & très-vif: elle est assez rare.

13°. *Gersures.* Fentes longitudinales que le froid extrême produit dans les troncs d'arbres en les gelant.

14°. *Givre.* Cette maladie, qui se

manifeste par une blancheur qui recouvre la surface supérieure des feuilles, & qui les fait paroître plus épaisses & plus pesantes, n'attaque ordinairement que les plantes qui croissent dans des endroits bas & marécageux, où l'air ne se renouvelle qu'avec peine. Le défaut de transpiration en est la cause principale; la sève, parvenue par les pores excrétoires à la surface supérieure de la feuille, ne peut s'évaporer faute de soleil & de courant d'air; elle se desséche, ses parties terreuse & huileuse n'étant plus délayées, se déposent & bouchent les pores; de-là naissent des obstructions, des pléthores dans les vaisseaux de la feuille; de-là les maladies qui en dépendent. Les plantes attaquées de givre, suivant l'observation de M. Adanson, produisent rarement du fruit, ou ils sont mal formés, rabougris, & d'une crudité désagréable.

15°. *Jaunisse.* Maladie qui attaque les feuilles des plantes herbacées, les décolore, & les privant de la nourriture nécessaire, ou viciant celle qu'elles tirent, occasionne sensiblement leur mort & leur chûte; elle peut avoir pour cause une extrême sécheresse, comme une trop grande humidité.

16°. *Mousse.* (*Voyez* ce mot) C'est plutôt un accident qu'une véritable maladie, & qu'il est très-facile de prévenir ou de réparer quand on craint des suites dangereuses, en émoussant les tiges des arbres fruitiers sur-tout, car les arbres de hautes futaies paroissent n'éprouver qu'une très-légère impression de la mousse qui s'attache à leur écorce.

17°. *Nielle.* (*Voyez* ce mot & celui de FROMENT)

18°. *Rouille.* (*Voyez* ce mot & celui de FROMENT, à l'article de ses maladies).

19°. *Roulure.* (*Voyez* ce mot) Maladie qui attaque les feuilles; elle est ordinairement occasionnée par des insectes ou des chenilles, qui s'enveloppent dans ces feuilles.

Telles sont les principales maladies & les plus générales qui peuvent affecter les plantes dans tous les pays; il en est quelques-unes de particulières, qui semblent dépendre du local & du climat; elles ne sont que des variétés de celles que nous venons de décrire, mais elles méritent d'être observées avec le plus grand soin, afin de pouvoir les reconnoître aisément, les prévenir, ou du moins les traiter sûrement. M. M.

MALANDRE. MÉDECINE VÉTÉRINAIRE. La malandre est au pli du genou du cheval, ce que la solandre est au pli du jarret. (*Voyez* ce mot) C'est une crevasse d'où il découle une humeur âcre qui corrode la peau. Le mal est long à guérir, à raison du mouvement de l'articulation qui l'irrite sans cesse, & qui empêche la réunion des parties. La guérison en est encore plus difficile, lorsqu'il est entretenu par une humeur galeuse. (*Voyez* GALE) Mais si c'est une simple crevasse, de laquelle découle une sérosité noirâtre, il faut tondre la partie, ensuite la frotter jusqu'au sang, avec une brosse rude, & y appliquer un petit plumaceau d'onguent égyptiac, par-dessus lequel on met une bande en 8 de chiffre, unie & serrée. On continuera ce pansement pendant quatre à cinq jours. Quelquefois la malandre est de si peu de conséquence, qu'elle se dissipe en la bassinant seulement avec l'eau

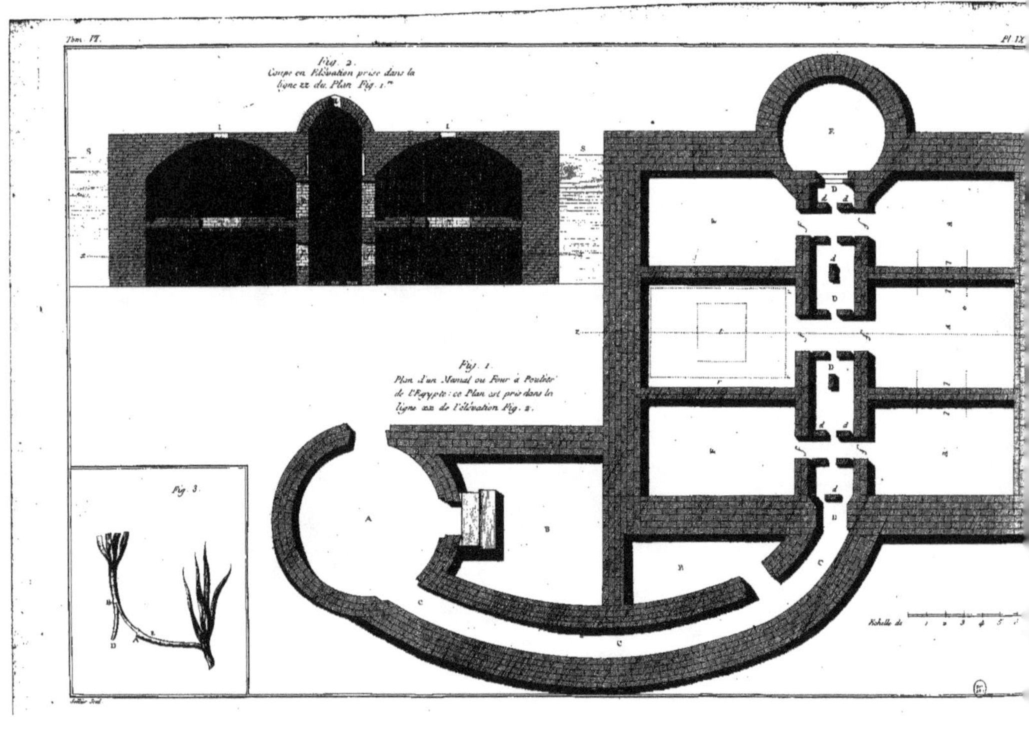
Fig. 2.
Coupe en Élévation prise dans la ligne zz du Plan Fig. 1.re
Fig. 1.
Plan d'un Mamal ou Four à Poulets de l'Egypte : ce Plan est pris dans la ligne xx de l'élévation Fig. 2.
Fig. 3.
A
B
C
D
E
F
Echelle de
1 2 3 4 5

d'alibour, dont voici la formule :

Prenez vitriol blanc, deux onces; vitriol de Chypre, une once; saffran, deux drachmes; camphre, égale quantité; faites dissoudre le camphre dans suffisante quantité d'esprit-de-vin, & mettez le tout dans environ quatre pintes d'eau, & conservez dans une bouteille pour l'usage. M. T.

MALIGNE (Fiévre.) *Voyez* FIÉVRE.

MALVACÉES. (*Bot.*) Plantes ou fleurs. On a donné ce nom à des plantes dont la fleur est monopétale, campaniforme, évasée & partagée jusqu'en-bas en cinq parties, en forme de queue. Cette classe renferme la grande mauve, la mauve rose, la mauve frisée, la mauve en arbre, la guimauve ordinaire, l'alcée, ou la mauve alcée, &c. M. M.

MAMALS. FOURS À POULETS DE L'ÉGYPTE. Édifice où, depuis plusieurs siècles, les Égyptiens font éclorre les œufs des poules & des autres oiseaux domestiques. Diodore de Sicile (Lib. 1) parle avec admiration de cet art des Égyptiens; ce qui peut faire conjecturer que, du temps de cet historien, la pratique en étoit très-perfectionnée, & peut-être déjà au point où nous la voyons aujourd'hui.

Nous allons puiser dans un très-bon ouvrage, & qui a paru depuis peu, (*Ornithotrophie artificielle, ou art de faire éclorre, &c. in-12.* Paris, Morin, rue S. Jacques) tout ce que nous dirons : 1°. de la construction des mamals, ou fours à poulets de l'Égypte; 2°. de la manière dont on y conduit les nombreuses couvées qu'on y entreprend. Nous ne saurions prendre un guide plus sûr & plus fidèle que l'auteur du livre que nous venons de citer.

*Constructions des mamals ou fours à poulets de l'Égypte.*

Les mamals, ou fours à poulets de l'Égypte, sont des bâtimens en brique, qui ont peu d'élévation, & qui sont presque entièrement enfouis dans la terre, comme on le voit par la ligne de terre S S, *Planche IX figure 2.* Le détail de leur construction, & de leurs différentes dimensions, se comprendra facilement, en suivant l'explication des *figures 1, 2.*

La *figure 1* représente le plan d'un mamal ou four à poulets de l'Égypte, pris dans la ligne *x x* de l'élévation, *figure 2.*

A. Chambre circulaire, servant aux usages des conducteurs ou directeurs des fours.

B B. Autres chambres extérieures, ou magasin des œufs.

C C. Conduit aboutissant à l'entrée du mamal; ce conduit va en descendant par une pente d'environ six pieds en terre, à l'endroit où il se joint à la galerie.

D D. Galerie ou corridor qui sépare les deux rangées parallèles des fours à droite & à gauche, & qui donne entrée dans ces mêmes fours.

*d d.* Petites élévations en brique, où les conducteurs des fours posent les pieds, pour ne pas écraser les poulets nouvellement éclos, qu'ils élèvent pour leur compte dans la galerie D D.

E. Autre chambre circulaire, où l'on dépose les étoupes dont on a besoin pour boucher les différentes ouvertures du mamal, quand il est nécessaire.

*ff.* Entrée de la galerie dans les chambres du rez-de-chaussée.

F F. Chambres du rez-de-chaussée où l'on place les œufs.

La *figure 2* ne représente que trois de ces chambres de chaque côté de la galerie D D.

De Thévenot assure (*Relation d'un voyage fait au Levant*, *in*-4°. Bilaine, 1675) avoir vu un mamal qui n'avoit effectivement que trois chambres ou fours de chaque côté, mais il n'y a presque pas de mamal qui n'en ait un plus grand nombre. Les mamals que Vesling a observés, contenoient huit de ces chambres de chaque côté : ceux au contraire que le P. Sicard a vus, n'en avoient que quatre ou cinq ; celui dont M. Niebuhr donne le plan, en avoit six. Le nombre de ces chambres est donc assez arbitraire ; il n'est pas nécessaire de le déterminer pour se former une idée juste des mamals & de leur service : voilà pourquoi nous nous sommes contentés de représenter trois de ces chambres dans la *figure 1* ; il est facile d'en imaginer telle suite qu'on voudra. Nous devons encore observer que le P. Sicard donne jusqu'à quinze pieds de longueur à ces chambres.

La *figure 2* représente la coupe verticale d'un mamal ou four à poulets de l'Égypte, prise dans la ligne ζ ζ du plan, *figure 1*.

S S. Ligne de terre qui marque comment les mamals sont enfouis dans la terre, & jusqu'à quelle partie de leur hauteur ils le sont.

D D. Galerie servant, comme il a été dit plus haut, de communication aux deux rangées de chambres ou fours parallèles, tant inférieurs que supérieurs.

*n n.* Endroits où l'on place des lampes pour éclairer la galerie.

H. Ouverture au sommet de la voûte de la galerie, par le moyen de laquelle elle communique avec l'air extérieur. Il y a autant de ces ouvertures dans la longueur de la galerie, que de fours correspondans à droite & à gauche dans chaque mamal.

*ff.* Entrées de la galerie dans les chambres inférieures F F.

F F. Chambres inférieures ou du rez-de-chaussée, où l'on dépose les œufs. (*Voyez* F F, *fig. 1*)

*g g.* Entrées de la galerie dans les chambres supérieures : ces trous ou entrées ont environ deux pieds de large.

G G. Chambres supérieures & correspondantes à chacune des inférieures F F.

T T. Ouvertures formant la communication des chambres supérieures G G, avec les chambres inférieures F F.

R R. Canaux ou rigoles prolongées le long du plancher des chambres supérieures G G, & où l'on fait le feu.

I I. Trous pratiqués au haut de la voute des chambres supérieures G G, au moyen desquels ces chambres communiquent, quand on veut, avec l'air extérieur.

L L. Portes ou ouvertures qui font la communication d'une chambre supérieure avec celle qui l'avoisine.

*e.* Porte de la chambre E, située au fond de la galerie ; cette porte est vue dans l'éloignement.

Pour ne pas multiplier les *planches* sans nécessité, nous nous sommes abstenus de donner le plan des chambres supérieures du mamal, lesquelles en forment le premier étage. Le plan du rez-de-chaussée ou des chambres inférieures suffit pour se former du tout une idée exacte ; ce que le plan de ce premier étage offriroit de particulier, se trouve indiqué sur celui de la *figure 1*.

Ainsi *t*, *fig. 1*. représente par les lignes ponctuées, l'ouverture T, qui fait la communication d'une chambre supérieure G (*fig. 2*) avec une inférieure correspondante F. (*figures 1, 2*) Le P. Sicard dit que cette ouverture est ronde, comme toutes celles qui servent d'entrée dans les chambres tant supérieures qu'inférieures : cela pouvoit être dans les mamals qu'il a vus. On comprend que la forme de ces ouvertures est absolument indifférente ; l'essentiel est qu'elles soient les plus petites possibles : en ce cas, les ouvertures rondes pourroient avoir quelqu'avantage sur les ouvertures carrées.

*r r* désignent les rigoles ou canaux qui sont pris dans l'épaisseur du plancher des chambres supérieures G G, (*fig. 2*) où l'on allume du feu.

Ainsi l'espace compris entre les lignes ponctuées *l l*, dénote les ouvertures latérales par où les chambres supérieures communiquent entr'elles. (*Voyez* L L, *fig. 2*) Nous avons jugé qu'il suffisoit d'indiquer ces particularités à l'une des chambres du plan ; on conçoit qu'elles se trouvent dans toutes les chambres semblables.

On voit donc qu'il faut sur-tout s'attacher à bien comprendre la disposition d'une chambre inférieure & de sa supérieure correspondante : c'est la réunion de ces deux pièces qui forme, à proprement parler, le four à poulet de l'Égypte ; tout ce que présenteroit le mamal ou l'édifice entier, ne seroit que la répétition d'un plus ou moins grand nombre de ces fours, réunis à droite & à gauche par leur rapprochement, & par une galerie commune.

Qu'on se représente donc bien nettement, à l'aide de la *figure 2*, une première chambre à rez-de-chaussée F, de huit pieds de longueur environ, sur cinq de large, & au plus de trois pieds de haut, communiquant avec une seconde chambre G, qui lui est supérieure par une ouverture T du plancher qui les sépare ; qu'on se figure cette chambre supérieure de la même longueur & largeur que la chambre inférieure, ayant environ quatre pieds de haut sous le sommet de sa voûte, & un trou I de huit à neuf pouces dans cette même voûte ; qu'on se représente des canaux ou rigoles R R, de quatre à cinq pouces d'ouverture & de deux de profondeur, rampant sur le plancher le long des quatre murailles de cette même chambre ; qu'on se représente enfin ces deux chambres avec des ouvertures très-petites *f*, *g*, par lesquelles elles communiquent à la galerie commune D D, & par où un homme ne peut entrer qu'en se glissant la tête la première : on saura tout ce qu'il faut savoir d'essentiel sur les mamals égyptiens, & tout ce qui est nécessaire pour en bien comprendre le service que nous allons expliquer.

*Service des mamals ou fours à poulets de l'Égypte.*

Le service des fours à poulets se fait de la manière suivante :

1°. On dépose cinq à six mille

œufs, felon le P. Sicard, & fept mille, felon Vefling, dans la chambre inférieure F; on les met fur de la paille ou fur des nates : mais on a l'attention de laiffer une place vide au-deffous de l'ouverture T du plancher de la chambre fupérieure G, afin qu'un homme puiffe entrer, quand il en eft befoin, dans la chambre inférieure, par cette ouverture.

2°. Cet arangement fait, on allume du feu dans les rigoles R R, *r r* (*fig. 1, 2*) de la chambre fupérieure. Pendant qu'il brûle, on bouche avec des tampons de paille ou d'étoupes le trou F, auffi bien que celui I de la voûte de la chambre fupérieure G; mais on laiffe ouvert le trou latéral *g*, faifant l'entrée de cette même chambre. C'eft par ce trou que la fumée paffe & fe décharge dans la galerie D D, où elle enfile les trous H H de fa voûte, qu'on tient auffi ouverts dans le temps qu'on fait du feu.

La matière qu'on brûle dans les rigoles eft de la bouze de vache & de la fiente, foit de chameau, foit de cheval, mêlée avec de la paille : on en forme des efpèces de mottes qu'on fait fécher au foleil; c'eft le chauffage ordinaire du pays.

La chaleur de la chambre fupérieure reflue dans l'inférieure où font les œufs, par le trou T, qui fait la communication des deux chambres.

Cette chaleur feroit trop forte, par rapport au climat de l'Égypte, fi on entretenoit continuellement du feu dans les rigoles; on n'en allume que pendant deux, trois ou quatre heures par jour, en différens temps, felon la faifon, & même vers le huitième ou le dixième jour de la couvée, on ceffe abfolument d'en faire, parce qu'à cette époque la maffe entière du mamal a acquis un degré de chaleur convenable, & qu'il eft poffible de le lui conferver pendant plufieurs jours fans une diminution trop fenfible, en donnant au mamal moins de communication avec l'air extérieur. Pour cet effet, on bouche habituellement toutes les ouvertures de la galerie & des chambres; on ne ferme cependant qu'à demi les ouvertures I I des voûtes des chambres fupérieures, afin d'y ménager une petite circulation d'air.

3°. La conduite du feu eft fans doute le principal objet de l'induftrie des directeurs des fours, mais ils ont encore d'autres foins à prendre durant le temps de la couvée; tous les jours, & même quatre ou cinq fois par jour, ils remuent les œufs, pour établir entr'eux tous la plus jufte répartition de chaleur qu'il eft poffible.

4°. Vers le huitième ou le dixième jour de la couvée, temps où, comme il a déjà été dit, on ceffe de faire du feu, les ouvriers exécutent une grande opération dans les fours; ils retirent les œufs qu'ils trouvent clairs & qu'ils reconnoiffent alors très-aifément en les regardant à la lumière, puis ils tranfportent fur le plancher de la chambre fupérieure une partie des œufs qui, jufque là, avoient tous été placés dans la chambre inférieure, ce qui les met plus à l'aife, & facilite fur-tout le remuement des œufs & l'examen de ceux qui fe trouveroient gâtés.

5°. Enfin arrivent le vingtième & vingt-unième jours, qui récompenfent les directeurs de leurs peines, & qui mettent fin aux travaux de la couvée. En effet, auffitôt que les poulets font éclos, les conducteurs des fours n'ont presque plus rien à faire; les poulets vivent fort bien deux jours sans avoir besoin de nourriture; ce temps suffit pour les livrer aux personnes qui ont fourni les œufs, ou pour les vendre à ceux qui en veulent acheter.

Le climat heureux de l'Égypte dispense de prendre des précautions bien pénibles pour élever les poulets nouvellement éclos; le plus grand soin qu'ils exigent, c'est celui de leur fournir une nourriture convenable. Paul Lucas ( *Tome II, page 9* ) prétend qu'on les nourrit dans les commencemens avec de la farine de miller.

Les conducteurs des fours, comme il a déjà été observé, mettent dans la galerie D D ( *fig. 1* ) les poussins qui leur appartiennent, & qu'ils veulent élevet dans le premier âge avec plus de soin; la chaleur douce qu'ils y éprouvent doit contribuer à les fortifier en peu de temps.

Tels sont les procédés au moyen desquels les Égyptiens savent multiplier, à leur gré, une espèce aussi utile que celle des oiseaux de basse-cour : on comprend que leur art doit également réussir sur toutes les sortes d'oiseaux dont elles sont fournies, comme oies, canards, dindons, &c.

Selon le P. Sicard, les seuls habitans d'un village nommé *Bermé*, situé dans le Delta, ont l'industrie de conduire les fours à poulets; ils se transmettent les uns aux autres la pratique de cet art, & en font un mystère à tous ceux qui ne sont pas du village : la chose est d'autant plus croyable, que, ne connoissant pas l'usage du thermomètre, le tact seul & une longue habitude peuvent les guider sûrement dans leurs opérations.

Lors donc que la saison est favorable, c'est-à-dire vers le commencement de l'automne, trois ou quatre cens *Berméens* quittent leur village, & se mettent en chemin pour aller prendre la conduite des fours à poulets, construits dans les différentes contrées de l'Égypte; ils reçoivent pour leur salaire la valeur de quarante ou cinquante écus de notre monnoie, & sont nourris par les propriétaires des fours où ils travaillent.

L'ouvrier ou directeur des fours est chargé de faire le choix des œufs, pour ne conserver que ceux qu'il croit propres à être couvés : il ne répond que des deux tiers de ceux qu'on lui confie. Ainsi le propriétaire remettant, par exemple, quarante-cinq mille œufs entre les mains du Berméen, directeur de son mamal, n'exige de lui que trente mille poussins à la fin de la couvée; mais comme il arrive presque toujours que les œufs réussissent au-delà des deux tiers, tout le profit n'est pas pour le directeur, le propriétaire y a sa bonne part; il rachette de son fournier pour six médins ( environ neuf sous de notre monnoie ) chaque *rubba*, ou trentaine de poussins éclos au-delà des deux tiers, & il les vend tout au moins vingt médins ou trente sols de notre monnoie.

Chaque mamal a vingt ou vingt-cinq villages qui lui sont annexés; les habitans de ces villages sont obligés d'apporter leurs œufs à leur mamal respectif; il leur est défendu, par l'autorité publique, de les porter ailleurs, ou de les vendre à d'autres qu'au seigneur du lieu, ou aux particuliers des villages de leur district. Au moyen de ces précautions, les mamals ont toujours des œufs en suffisante quantité. (*Voyez* INCUBATION) M. l'abbé COPINEAU.

MAMELLES. MÉDECINE RURALE. Le nombre, la situation & la figure des mamelles sont trop connues pour nous y arrêter, elles varient en volume & en forme, selon l'âge & le sexe.

Le volume des mamelles est très-petit chez les jeunes filles, il augmente à l'âge de puberté, & devient assez considérable chez les femmes enceintes & les nourrices. Ce même volume diminue dans la vieillesse. Il y a des pays où les mamelles se trouvent alongées à un tel point, que les femmes peuvent les jeter par-dessus l'épaule. Les mamelles des femmes de la terre de Papous & de la nouvelle Guinée, sont si longues, qu'elles tombent sur leur nombril. On sait que les femmes des déserts de Zara font consister la beauté de ces parties dans leur longueur; aussi, d'après cette idée, à peine ont-elles atteint l'âge de douze ans, qu'elles se serrent les mamelles avec des cordons pour les faire descendre le plus bas qu'elles peuvent.

Les mamelles sont destinées non-seulement à filtrer le lait, mais encore à le transmettre de la mère à l'enfant par le mamelon, qui est cette éminence arrondie & un peu alongée, placée au milieu de la mamelle, & qui se trouve percée de plusieurs petits trous, correspondans à autant de conduits par où le lait s'échappe.

Pour que les mamelles d'une nourrice ayent toutes les conditions & les qualités requises, elles doivent être médiocrement fermes, & d'un volume assez considérable, bien distinctes & séparées l'une de l'autre; elles ne doivent pas être trop attachées à la poitrine, il faut au contraire qu'elles s'avancent en-dehors en forme de poire; le mamelon ne doit pas être enfoncé, mais saillant, & ressembler pour la figure & pour le volume à une noisette, & les trous dont il est parsemé doivent être libres, pour qu'une pression assez médiocre de la main de la nourrice, ou de la bouche de l'enfant, soit suffisante pour en faire sortir le lait en manière d'arrosoir.

Malgré toutes ces conditions & les importantes fonctions que la nature exerce sur les mamelles, elle les a soumises à éprouver quelquefois des maux terribles, dont nous ne ferons pas le détail; nous nous contenterons seulement de faire observer qu'elles sont très-exposées, par leur structure, à des engorgemens de toute espèce, qui produisent souvent des maux incurables, tels que le *cancer*, le *squirrhe*, & des ulcères, des gerçures au mamelon, & des dépôts laiteux qui font souffrir les plus vives douleurs. (*Voyez* CANCER, SQUIRRHE, GERÇURE DE MAMELLES) M. AMI.

MANDRAGORE. (*Voyez planche X, pag.* 400.) Tournefort la place dans la première section de la première classe, qui renferme les herbes à fleur en cloche, dont le pistil devient un fruit mou, & il l'appelle *mandragora fructu rotundo*. Von Linné la nomme *mandragora officinarum*, & la classe dans la pentandrie monoginie.

*Fleur*. B. Calice d'une seule pièce à

Marube Blanc.

Marjolaine.

...llier sculp.

Maroute, ou Camomille puante.

Mandragore.

à cinq découpures pointues; la fleur est d'un violet-pâle; c'est un tube menu à sa base, renflé dans son milieu, évasé & à cinq découpures; les étamines au nombre de cinq C; & un pistil occupant le centre de la fleur.

*Fruit* D. Mou, rond, succulent. E le représente coupé transversalement, afin de montrer l'arrangement des graines F qui sont blanches, applaties, de la forme d'un rein.

*Feuilles.* Grandes, ovales, & partant du collet de la racine; elles sont rudes au toucher.

*Racine* A. Grosse, pivotante, quelquefois divisée en deux ou en quatre.

*Port.* Il s'élève d'entre les feuilles plusieurs petites tiges, chacune porte une fleur.

*Lieu.* Indigène en Italie; cultivée dans nos jardins, la plante est vivace.

*Propriétés.* L'odeur des racines est forte & puante; l'écorce étant desséchée, a une saveur âcre & amère; les feuilles sont dessicatives, atténuantes, résolutives; l'écorce est un violent purgatif par le haut & par le bas. On observe aussi qu'elle est narcotique & assoupissante. L'extrait de la racine à haute dose, purge à l'excès, il excite le vomissement, il rend le sommeil agité, & il abat les forces vitales & musculaires. A petite dose, il tient le ventre libre, & dispose au sommeil. Quoique cette plante doive être regardée comme un poison, donnée par des personnes peu instruites, elle peut être employée utilement dans plusieurs cas; les médecins de Vienne en Autriche, donnent la racine en infusion, à la dose d'un demi-scrupule à un scrupule, dans les maladies cancéreuses.

*Culture.* Elle vient très-bien dans un terrein léger & substantiel. On sème la graine dès qu'elle est mûre, ou au premier printemps, contre de bons abris, ou sous chassis, suivant le climat. Les pots sont nécessaires au semis, afin de mettre en terre la plante lorsqu'elle a acquis une certaine grosseur, afin de ne pas endommager son pivot. Dans le nord, on la garantit de la rigueur des hivers, soit en la remettant dans l'orangerie, soit en la couvrant avec de la paille de litière.

Il est étonnant combien les charlatans ont abusé de la crédulité du peuple, en lui montrant ce qu'ils appelloient des *mandragores* mâles ou femelles, auxquels ils attribuoient des propriétés merveilleuses. Il falloit avoir le visage voilé, & ne jamais regarder la plante pendant tout le temps qu'on mettoit à la tirer de terre, crainte de mourir; il falloit l'enlever lorsque la lune étoit dans tel signe du zodiaque, & dans tel de ses quartiers, &c. J'ai vu des mendragores qui représentoient assez bien les parties de l'homme ou de la femme, & cette ressemblance tient à un tour de main. On choisit à cet effet une mandragore à forte racine, laquelle, après quelques pouces d'étendue, se bifurque en deux branches. Comme cette racine est molle, elle prend aisément l'empreinte qu'on veut lui donner, & elle la conserve en se desséchant. Je ne détaillerai pas un procédé que tout le monde doit concevoir; je dirai seulement, que pour représenter les poils qui accompagnent les parties de la génération, on implante près-à-près des grains de bled, jusqu'à ce que le grain soit enfoui, mais le germe en-dehors. L'humidité de la racine se communique au grain, il germe, &

lorſque le germe eſt aſſez grand, on met la racine dans un four modérément chaud, afin de deſſécher le germe, & le grain ne paroît plus, parce qu'il eſt recouvert par le reſſerrement de la racine. Notre but en donnant ces détails eſt uniquement de détruire une erreur fort accréditée dans les campagnes, & de fournir le moyen de démaſquer la charlatanerie lorſque l'occaſion s'en préſente. Ces mêmes batteleurs font encore voir de prétendus *baſilics*, avec des yeux bleus, & dont le ſeul regard tue l'homme, ſi le baſilic le voit le premier. C'eſt avec une jeune *raye*, (poiſſon de mer,) qu'on fabrique ce monſtre fabuleux.

MANIE. Médecine Rurale. On appelle de ce nom un délire perpétuel, ſans fiévre, avec fureur & audace.

Cette maladie a toujours quelque ſymptome précurſeur. Pour l'ordinaire, ceux qui en ſont menacés éprouvent de fréquens maux de tête, ſont agités par des veilles preſque continuelles; leur ſommeil eſt entrecoupé par des ſonges fatiguans, qui les jettent dans un état violent de ſouffrance; ils ſe ſentent plus lourds & plus affaiſſés immédiatement après leurs repas; la digeſtion chez eux eſt pénible & laborieuſe; ils rendent beaucoup de vents par la bouche; leurs hippochondres ſont comme tuméfiés; de plus, ils ſont rêveurs, penſifs, & naturellement inquiets; ils ſe dégoûtent facilement de ce qu'ils recherchoient avec avidité; le ſouci, la triſteſſe, & la peur s'emparent de leur ame, & bientôt après leurs yeux ſont frappés & éblouis par des traits de lumière, des eſpèces d'éclairs; c'eſt alors que leur regard eſt audacieux, leurs yeux enflammés, le viſage pâle, & qu'ils ſont toujours prêts à faire du mal aux autres; ils éprouvent un bourdonnement & un tintement d'oreilles; ils ſont inſenſibles à la faim, aux froids les plus aigus, & aux veilles continuelles; ils ſont d'une chaleur & d'une force ſi grande, qu'ils briſent tout ce qui les environne, & ſe débarraſſeroient de l'homme le plus fort & le plus vigoureux. Dans cet état ils aiment les femmes avec fureur; ils déſirent ardemment le coït; les pollutions nocturnes ſont fréquentes; ils s'emportent contre les aſſiſtans, déchirent leurs habits, & ſe découvrent indécemment tout le corps: quelquefois ils fixent les yeux ſur un objet, & ce n'eſt que très-difficilement qu'on parvient à en détourner leurs regards. Quelquefois auſſi ils rient, contre leur coutume, ils parlent beaucoup à tort & à travers. Il y en a qui ne ceſſent de chanter, de parler, de rire ou de pleurer. Ils changent de propos à chaque inſtant; ils oublient ce qu'ils viennent de dire, & le répétent ſans ceſſe.

Tantôt le délire eſt continuel, & tantôt périodique. Les malades ſemblent, pendant quelque temps, jouir de leur raiſon: ils étonnent, par leur ſageſſe, ceux qui les traitent de fous; mais au bout de quelques heures, de quelques jours, & même de quelques mois, ils retombent dans leur manie.

Les hommes vifs, ardens & colériques, & dont la ſenſibilité eſt extrême, ſont les plus ſujets à la manie. J'ai obſervé que ceux qui y étoient diſpoſés, avoient les yeux faïencés: je puis même aſſurer que ce ſymptome ne m'a jamais trompé, &

certaines personnes de l'art auxquelles j'avois communiqué cette observation, ont été à même de l'observer, & leur témoignage est digne de foi.

Il paroît que la différence essentielle entre la manie, & la mélancolie, consiste en ce que la manie est le plus souvent produite par une cause idiopathique du cerveau, ou de ce qu'on appelle *ame pensante*. Au lieu que la mélancolie dépend d'une affection sympathique des organes digestifs, & autres viscères du bas-ventre, avec vice de constitution. Il n'est pas surprenant que le mouvement des maniaques soit vif, féroce, quelquefois phrénétique, vu que l'ame est primitivement affectée; tandis que dans la mélancolie on ne voit, le plus souvent, que des idées sombres, tristes, des aliénations d'esprit, moins actives; ce qui tient au vice qui est placé dans des organes moins sensibles & moins actifs, & à la dominance de l'humeur attrabilaire qui s'y complique le plus souvent.

Parmi les causes qui produisent cette maladie, on peut compter les vives passions, les mouvemens violens de l'ame, la contention d'esprit, une étude trop longtemps suivie, & trop réfléchie, un amour malheureux, des désirs effrénés, & rendus vains, ou satisfaits avec trop d'abandon; des méditations trop profondes; des idées révoltantes, qui peuvent agiter vivement les nerfs, déranger l'ordre de leurs fonctions, troubler celles de l'ame. Mais dans les causes prochaines, on doit comprendre une sensibilité extraordinaire dans la constitution, une disposition héréditaire, la suppression des menstrues, des lochies & du flux hémorroïdal; la répercussion de quelques humeurs dartreuses, écrouelleuses; les excès dans les plaisirs de l'amour, l'usage abusif des liqueurs fortes & spiritueuses.

La manie peut être sympathique, & reconnoître pour cause un amas de vers contenus dans l'estomac & les premières voies; un engorgement dans les conduits de la vésicule du fiel, & la présence d'une bile très-âcre, de couleur d'un verd foncé, & très-exaltée dans cette même poche; la manie a lieu quelquefois à la suite des fièvres intermittentes, dont on a trop tôt arrêté les paroxismes, par l'usage précipité du quinquina. Les fièvres aiguës, ardentes & inflammatoires, dont la crise a été imparfaite, laissent quelquefois, après elles, cette maladie. Hippocrate remarque que la cessation d'un ulcère, d'une varice, la disposition des tumeurs qui sont dans les ulcères, sont souvent suivies de manie.

Mais l'ouverture du crâne des maniaques, nous fait voir, que le plus ordinairement la cause est idiopathique, & a son siége dans le cerveau. On a trouvé dans les uns, la substance du cerveau très-ferme & compacte; les gros vaisseaux & ceux qui rampent sur la surface de ce viscère, gorgés d'un sang très-noir. Dans d'autres, un épanchement aqueux, qui inondoit tous les replis du cerveau; des hydatides solitaires, & d'autres très-rapprochées, & ramassées en forme de peloton; des varices au plexus chorroïde; les méninges enflammées, & très-dures; l'avancement de la faulx ossifié; des vers dans les sinus frontaux.

La manie est une maladie longue; pour l'ordinaire, peu dangereuse. Ceux qui en sont attaqués, sont forts, robustes, & à leur état près, bien portans. Ils vivent assez longtemps. Il est prouvé qu'ils ne contractent jamais de maladie épidémique. Mais un profond sommeil, qui succède à un délire continuel, & l'insensibilité des malades au froid le plus aigu, & à l'action des purgatifs, sont des signes de mauvais augure; & si les forces sont épuisées par l'abstinence, & que le malade tombe dans l'épilepsie, ou dans quelque maladie soporeuse, la mort ne tarde pas à terminer sa vie.

Personne n'ignore que la manie ne soit difficile à guérir, sur-tout lorsqu'elle est invétérée, & que cette maladie est incurable lorsqu'elle est héréditaire.

La nature opère très-rarement d'elle-même la guérison de cette maladie; néanmoins on a vu la manie guérie par de fortes hémorragies du nez, ou par d'autres évacuations; mais ces cas sont si rares, qu'on ne sauroit toujours attendre des crises aussi salutaires, sans exposer les maniaques aux dangers les plus évidens; on est donc forcé d'avoir recours à d'autres méthodes de traitement, relatives, 1°. à l'état de foiblesse, d'épuisement, de démence, produite ou entretenue par des évacuations immodérées, ou au vice général de la constitution; 2°. à l'état nerveux, idiopathique du cerveau & des nerfs.

1°. Dans cette espèce de manie qui succède aux fièvres intermittentes mal traitées, & sur-tout à la fièvre quarte, que *Sydenham* a fort bien observée, il est très-dangereux de faire saigner & de donner des évacuans; il faut, au contraire, la combattre par des remèdes analeptiques, fortifians & toniques: la thériaque, dans ce cas, est un excellent remède. *Locher*, qui a très-bien traité de cette maladie, a observé que les saignées & les purgatifs étoient nuisibles dans le cas de foiblesse naturelle & essentielle, & d'épuisement des forces. Au lieu que dans la manie entretenue par une fluxion chronique, ou par une congestion à la tête, à la suite des passions vives, de remèdes échauffans, & d'autres abus de cette espèce; les évacuans & la saignée, en affoiblissant le malade, produisent les plus heureux effets.

Les vésicatoires conviennent surtout à la manie qui reconnoît pour cause la répercussion des exanthèmes, des dartres & autres maladies de la peau. Mais, ce n'est pas comme irritans qu'il faut les employer, mais comme affoiblissans; pour cet effet il faut les maintenir pendant longtemps. Après les évacuans convenables, les raffraîchissans, tels que l'eau froide, les bains, & autres semblables sont très-avantageux. Il est très-utile de prendre un bain tiède des extrémités, en arrosant en même temps la tête d'eau glacée, & de donner intérieurement de la limonade nitrée. Le vinaigre distillé, paroît sur-tout convenir dans la manie, avec congestion à la tête, dans des sujets pléthoriques.

Les femmes histériques peuvent être facilement attaquées de manie, & sur-tout les femmes en couche, par des passions violentes, par la suppression des vuidanges, par des dépôts laiteux, & autres causes purement nerveuses, sans congestion à la tête. On est autorisé à soupçonner cette affection sympathique, lorsqu'il s'annonce tout-à-coup un délire, sans cause de congestion, précédé de violentes affections de l'ame. Les remèdes nervins, tels que la myrrhe, le castoreum, l'assa-fœtida, sont très-appropriés; & les martiaux, dont *Mead* a peut-être trop étendu l'usage, réussissent singulièrement.

L'opium est le remède le plus convenable à la manie qui est produite par des passions vives, des terreurs extrêmes sans congestion, ni pléthore. Un célèbre médecin l'a donné, avec succès, à la dose de huit grains. Mais il faut plutôt entretenir le ventre libre, au moyen de l'émétique, pour prévenir la congestion, qui ne pourroit être que désavantageuse. Dans le cas de veilles opiniâtres, l'opium, gradué à propos, procure un sommeil doux & très-avantageux. Mais il arrive quelquefois aussi, qu'il augmente les symptomes, & qu'il produit des interruptions dans le sommeil, des agitations & des songes très-fâcheux; il faut alors s'en abstenir, de peur qu'il ne rende la maladie incurable. Il vaut mieux lui préférer des raffraîchissans & d'autres calmans, tels que le syrop de diacode, & le camphre corrigé avec le nitre donné à très grande dose. *Locher* assure avoir soulagé, avec le musc, beaucoup de maniaques, & en avoir guéri un radicalement.

On a vu des maniaques guéris par certaines opérations. C'est ainsi qu'un homme, auquel on creva les yeux, parce qu'il faisoit le *loup-garou*, (*Voyez* ce mot) fut entièrement exempt d'attaque. Le hasard a plus souvent opéré de pareilles cures, que la main du chirurgien. On n'en sauroit conseiller l'imitation.

*Vanhelmont* a proposé l'immersion du malade dans l'eau froide. Il est très-vrai qu'on a obtenu de bons effets des bains froids, & de pareilles immersions. Les anciens faisoient un grand usage de l'ellébore blanc; mais, comme ce remède est corrosif, il ne peut être employé que comme sternutatoire. Le vinaigre distillé, peut être regardé comme un vrai spécifique dans cette maladie, & comme correctif de l'attrabile qui domine dans les affections maniaques & hypochondriaques. *Locher* faisoit prendre chaque jour, une livre d'infusion testacée d'hypericum, & après dîner, il donnoit de quart-d'heure en quart-d'heure, quelques cuillerées de vinaigre distillé. Il assure avoir guéri, par cette méthode, un grand nombre de malades; mais il veut qu'on continue ce traitement pendant deux ou trois mois. Il a vu que l'usage du vinaigre faisoit disparoître l'état étrange des yeux, & ce regard forcé, qui est un symptome primitif de cette maladie. Il a encore observé que ce remède pousse, par les sueurs, & les autres excrétions; mais que ces crises étoient indépendantes de la guérison, puisqu'elles n'arrivoient qu'après que la maladie avoit cessé, de même que la suppression des règles & des hémorragies qu'il faisoit disparoître; ce qui étoit un indice d'un entier rétablissement. M. Ami.

MANIHOC ou MAGNOC, Comme je n'ai jamais cultivé, ni vu cultiver cette plante, je vais emprunter cet article de *l'histoire des plantes* de la Guiane françoise, de M. Aublet. Von Linné le classe dans la monoécie monadelphie, & le nomme *jatropha manihot*. Il a été connu par Gaspard Bauhin, sous la dénomination d'*arbor succo venenato, radice esculentâ*.

On en connoît à Cayenne plusieurs

espèces. La première est celle dont la racine est bonne à manger six mois après que la plante a été mise en terre, c'est le *magnoc-maïé*. Cette racine est courte, grosse, dure à rapper; son écorce s'enlève difficilement; étant rappée & pressée, elle rend peu de suc; ses tiges sont basses, branchues & rameuses; elles ont au moins douze pieds de haut, & leur écorce est grisâtre.

La seconde espèce se nomme *magnoc-cachiri*, elle diffère de la première par ses racines, qui ont un pied & demi, ou plus, de longueur, environ sept à huit pouces de diamètre; par ses tiges, grosses à-peu-près comme le poignet, branchues, hautes de six à sept pieds. Les naturels du pays ne l'arrachent qu'après dix mois de culture; ils l'employent principalement à la fabrication d'une boisson qu'ils nomment *cachiri*.

La troisième espèce est le *magnoc-bois-blanc*. Elle diffère de la précédente par ses racines qui ont beaucoup de rapport, par leur forme & par leur grosseur, avec celle du magnoc-maïé. Ses tiges ont six à sept pieds de haut, elles sont terminées par de très-petits rameaux courts, chargés de feuilles; leur écorce est d'un gris-cendré. Pour employer sa racine, il faut qu'elle soit âgée de quinze mois. On fait avec cette espèce de magnoc une *cassave* très-blanche, & agréable au goût.

La quatrième espèce est le *magnoc-maï-pourri-rouge*. Ses tiges sont rougeâtres, branchues, rameuses & noueuses; ses nœuds sont très-rapprochés; la tige est haute de six à sept pieds; ses racines ont la peau brune; elles sont plus ou moins grosses, suivant la qualité du terrein; on ne les arrache qu'après quinze mois. La cassave qu'on en fait est excellente. Si ce magnoc est cultivé dans les champs où les eaux de pluie ne croupissent pas, ses racines se conservent en terre l'espace de trois années sans se pourrir ni se durcir.

*Le magnoc-maï-pourri-noir* forme la cinquième espèce. Elle ne diffère de la précédente que par ses tiges, dont l'écorce est brune; d'ailleurs sa racine a les mêmes propriétés que celles de la quatrième espèce, & ces deux plantes sont tout-à-fait semblables.

Nous mettrons, pour la sixième espèce, le *camagnoc*. Celui-ci diffère de tous les autres magnocs par ses racines, qui sont bonnes à manger sans être rappées, pressées ni réduites en farine : on peut les faire cuire sous la cendre ou dans un four, ou les faire bouillir. De quelque manière qu'on les cuise, elles sont bonnes à manger, & tiennent lieu de pain.

Elles n'empâtent pas la bouche, comme les cambars ou ignams; ses racines sont longues d'environ un pied sur trois à quatre pieds de diamètre. On les arrache au bout de dix mois; les tiges sont hautes de cinq à six pieds; leur écorce est rougeâtre; les feuilles sont également rougeâtres en-dessous, & sujettes à être piquées par les insectes; l'extrémité des tiges est chargée de feuilles; les vaches, les chèvres & les chevaux les mangent avec plaisir. Les racines coupées par rouelle, sont du goût des vaches, des chevaux & des cabris. Quand les saisons sont sèches, lorsque le fourrage manque, cette plante peut être d'un grand secours pour nourrir & pour engraisser les troupeaux. On peut nourrir avec ses feuilles un grand nombre de cochons. Les racines peuvent avoir la même utilité. Il y a encore beaucoup d'autres variétés de magnoc, qu'il feroit trop long de décrire, il suffit de connoître les six principales.

*Des différentes préparations du magnoc en farine, cassave, galette, couaque, cipipa.*

Lorsque j'arrivai dans la Guiane françoise, continue M. Aublet, les habitans de l'isle de Cayenne & de la Guiane n'avoient point d'autre méthode pour raper la racine de magnoc, que celle qui leur avoit été indiquée par les naturels du pays. Ils se servoient d'une rape faite avec la planche d'un bois blanc & peu compacte. Dans cette planche on implantoit de petits morceaux irréguliers de lave ou pierre de volcan, nommée à Cayenne *grison*. Alors les pores de la planche étant imbibés d'eau, se gonfloient, & par ce moyen les petits éclats de lave se trouvoient serrés. On promenoit cette racine sur la rape en pressant fortement. Les négres étant obligés d'appuyer la poitrine contre la planche, pour la soutenir, leur sueur pouvoit communiquer des maux à ceux qui mangeoient de cette farine. Je fis exécuter la roue à raper le magnoc, que M. de la Bourdonnaye avoit donnée aux habitans des isles de France & de Bourbon, & dont on trouve la description & la figure dans *l'histoire naturelle du Brésil*, par Pison. L'on reconnut que trois personnes faisoient, au moyen de cette roue, le travail de douze. On pourroit encore renfermer cette roue dans une caisse, à la partie supérieure de laquelle on construiroit une boëte qu'on rempliroit de racines; on y emboîteroit un madrier assez pesant pour faire avancer le magnoc sur la rape, à mesure que la roue tourneroit; & par-là on économiseroit encore le temps du négre qui présente la racine à la rape, & on éviteroit le danger qu'il court de s'écorcher les doigts à la rape, lorsqu'il veut l'employer toute entière. Comme cette opération n'exige pas une force supérieure, le courant d'un ruisseau pourroit faire tourner la roue, & on gagneroit par ce moyen le temps du négre.

*De la farine du magnoc.*

Pour faire cette farine, on ratisse la racine, on la lave ensuite pour en séparer la terre; d'autres personnes ôtent toute l'écorce, & par-là sont dispensées de laver la racine. Celle-ci étant rapée, on en renferme une certaine quantité dans une grosse toile ou natte propre à la retenir, & à laisser passer le suc, puis on la met sous une presse pour en extraire le suc. Les mottes, plus ou moins grosses, qu'on retire de la presse, sont placées sur une espèce de claie élevée de terre, sous laquelle on fait du feu pour dessécher ou boucaner ces parties, au point qu'on puisse, soit avec les mains, soit avec un rateau, étendre cette farine, la remuer, sans qu'elle s'amoncèle; car, si elle s'amonceloit, la dessication ne seroit pas égale, il s'y trouveroit des grumeaux, & il seroit à craindre que ces grumeaux ne se moisissent intérieurement. On prend donc la racine de magnoc rapée, pressée & boucanée, & on la fait sécher au soleil le plus promptement possible, de crainte qu'elle ne prenne un goût acide. Lorsqu'elle est ainsi desséchée, on peut la conserver quinze années, renfermée dans un lieu sec, sans craindre qu'aucune sorte d'insecte l'altère. Je ne dis pas un plus grand nombre d'années, parce que mon expérience n'est encore qu'à ce terme aujourd'hui.

Il y a des habitans qui ne prennent pas ces précautions; ils remplissent seulement de cette farine rapée, une auge creusée dans le corps d'un arbre; elle est percée de plusieurs trous, pour que le suc de la racine s'écoule hors de ce pressoir; se bornant à cette seule préparation, sans la faire boucaner.

On réduit ensuite, si on veut, ce magnoc en farine fine avec un pilon ou au moulin, & on la passe au tamis, comme toute autre matière qu'on veut avoir fine.

On fait du pain passable, en mêlant un quart de farine de froment, avec trois-quarts de magnoc. Quand on mange, sans en être prévenu, du pain fait avec du magnoc & du froment, mêlés par égale portion, on ne trouve point de différence de ce pain au nôtre, le goût en est même plus favoureux que celui du pain qui est tout de froment, & il est plus blanc. Ainsi, selon les circonstances, on peut faire le mêlange diversement, & à proportion de ce qu'on a de farine de froment.

On fait aussi, par le même mêlange, du biscuit très-bon à être embarqué, & je ne doute pas que ce biscuit ne fût, pour cette destination, d'une qualité supérieure à celui qu'on employe ordinairement, parce qu'il ne se trouveroit jamais moisi, ni attaqué des vers, en prenant soin de l'embarquer dans des caisses ou des barriques bien conditionnées, placées dans les soutes du navire. Ce biscuit pompe, avec moins d'avidité, l'humidité de l'air, que le biscuit de froment, parce que cette farine a un glutin qui résiste plus à l'humidité que la mucosité de la farine du froment.

*De la cassave.*

Pour faire la cassave, on a des plaques de fer fondu, polies avec du grès. On les met sur des fourneaux, dont le foyer est éloigné de la plaque; parce qu'il suffit qu'elle soit seulement bien chaude. Les personnes qui n'en font que pour leur usage, comme les Caraïbes & les négres, & qui changent souvent d'habitation, se contentent de poser les plaques sur trois pierres qui peuvent avoir sept à huit pouces de hauteur, & avec de petit bois ils échauffent leurs plaques. Ceux qui veulent vendre la cassave, sont obligés, par la loi du pays, de la livrer à un certain poids déterminé; ils ont une mesure qui fait leur poids, ils la remplissent de racines de magnoc, rapées & pressées, qu'ils renversent sur la plaque chaude, & avec les mains ils l'étendent, & lui donnent une forme de gâteau rond.

Celui qui fait ce travail est muni d'un petit bâttoir, en forme de pêle, & avec lequel il appuye sur cette farine grumelée, de manière que toutes les petites portions s'unissent à la faveur du mucilage que la chaleur en fait suinter. Lorsque l'ouvrier s'apperçoit que toutes les parties sont réunies & tiennent ensemble, il passe la pêle au-dessous, & traverse la forme ou mesure sur la plaque. Cette opération est facile, & se fait en peu de temps.

Plus la cassave est mince, & plus elle est délicate & devient croquante. Lorsqu'on lui laisse prendre une couleur rousse, elle est plus savoureuse; ce qui fait que bien des personnes l'aiment l'aiment mieux telle. Les dames créoles en mangent de préférence au pain de froment quand elle est sèche, mince & bien unie. Cette espèce de cassave est de la plus grande blancheur, & cette préparation faite avec soin, est préférable à toutes celles dont nous allons parler; elle se conserve quinze ans & plus; elle peut être mise en farine pour faire du pain.

*De la galette.*

La galette est la plus mauvaise préparation de magnoc; elle devroit être absolument défendue aux habitans, & il faudroit les empêcher d'en donner pour nourriture aux nègres.

Pour mettre la racine en galette, on a des formes en cuivre ou en ferblanc, qui contiennent un poids déterminé de la racine rapée & pressée. On en remplit ces formes; on y appuie la main, pour que la racine s'unisse & fasse masse; on place ces formes dans le four, d'où on les tire aussitôt que la superficie de la racine commence à roussir, & on en retire les galettes, pour remplir de nouveau les formes. Il résulte de ce procédé une mauvaise galette, dont à peine les bords sont cuits; l'intérieur s'est ramolli par la chaleur, & s'est mis en pâte : cette pâte, après deux fois vingt-quatre heures, est sujette à se moisir intérieurement; & alors, non-seulement les nègres n'en peuvent manger, mais les cochons même la refusent. Cette galette est mauvaise quoique nouvellement faite, parce que l'intérieur s'aigrit en douze heures; & lorsqu'elle n'est pas aigre, c'est une pâte dégoûtante qu'on ne sauroit mâcher ni avaler.

*Du couaque.*

Le couaque est la racine du magnoc qu'on desséche & qu'on rissole après qu'elle a été rapée, pressée & boucanée. Les voyageurs qui s'embarquent sur le fleuve des Amazones n'ont pas d'autres alimens. Le couaque est inaltérable, & je puis le garantir tel, pour quinze ans. J'en ai gardé tout ce temps-là dans une boëte, & quoiqu'elle fût fort mal-close, que les insectes pussent s'y introduire, ainsi que l'humidité de l'air, ce couaque est resté aussi sain, aussi bon que le jour même que je le déposai dans la boëte à l'Isle de France. Il est essentiel pour apprêter en couaque la racine du magnoc, qu'elle ait été boucanée; ensuite on a une chaudière de fer de moyenne grandeur, enchassée dans un fourneau sous lequel on fait un feu très-modéré; on passe au travers d'un crible la racine du magnoc boucanée pour en diviser toutes les particules, & on l'étend pour qu'elle se séche de plus en plus. Cette racine ainsi préparée est jetée par jointées dans la chaudière de fer, & une personne agile a soin de la remuer avec un rouleau ou avec une pèle, pour que toutes les parties se desséchent sans s'amonceler. On continue insensiblement de jeter de nouvelles racines rapées, en les mêlant le plus promptement possible avec la farine qui est déjà en partie desséchée. La dessication étant au point convenable, on laisse la farine se torréfier légérement, de manière qu'elle soit tout-à-fait privée d'humidité & un peu rissolée, puis on la retire & on l'étend pour qu'elle se refroidisse. Le magnoc est nommé *couaque* en sortant de la chaudière; on peut en remplir des magasins pour servir d'aliment quand les autres comestibles manquent; un voyageur, avec une provision de dix livres, a de quoi vivre quinze jours, quelqu'appétit qu'il ait; en temps de guerre, un soldat, un cavalier peut en porter pour se nourrir dans une marche forcée. Il suffit, pour le préparer, d'avoir de l'eau ou du bouillon, chaud ou froid, que l'on verse sur deux onces de couaque, & il y a de quoi faire un repas. Le couaque se gonfle prodigieusement, il reprend l'humidité qu'il a perdue; on peut en nourrir même les chevaux.

*Du cipipa.*

C'est la fécule de la racine du magnoc; il passe avec le suc une substance de la plus grande blancheur & finesse, c'est ce qu'on nomme *cipipa*. Les personnes qui pressent beaucoup de magnoc ont la précaution de mettre un vase sous le pressoir pour en recevoir tout le suc, & en même temps le cipipa, qui ressemble parfaitement à l'amidon qu'on retire du froment.

Après avoir décanté le suc, on prend le cipipa qu'on lave dans plusieurs eaux, afin de le rendre pur. Quelques personnes font avec ce cipipa récent & mouillé, des galettes très-minces en le pétrissant; on y met un peu de sel; elles les font cuire au four, enveloppées de feuilles de bananiers ou de balisier; ces galettes sont bonnes à manger, très-délicates, & blanches comme neige.

Lorsque l'on veut en faire de la poudre à poudrer, on fait sécher à l'ombre le cipipa; il forme des espèces de pains comme l'amidon. Il faut les écraser, & passer cette poudre à travers une toile fine; dans cet état le cipipa est propre à poudrer les cheveux; il s'emploie encore, comme la farine, à frire le poisson, à donner de la liaison aux sauces, & à en faire de bonne colle à coller le papier; mais pour en faire de la colle, il faut qu'elle soit cuite avec de l'eau de fontaine.

*Du cabiou.*

C'est un suc épaissi ou rob de magnoc; il faut prendre la quantité qu'on veut de ce suc, après l'avoir séparé du cipipa; on le passe au travers d'un linge, & on le fait ensuite bouillir dans un vase de terre ou de fer, & on l'écume continuellement; on y met quelques bayes de piment. Lorsque cette liqueur ne rend plus d'écume, c'est une preuve que toute la partie résineuse, qui étoit le venin contenu dans le suc, est séparée. On passe cette liqueur à travers un linge, & on la fait bouillir de nouveau, jusqu'à ce qu'elle ait acquis la consistance du syrop, ou même celle du rob. On retire le suc du feu quand il est à ce degré d'évaporation; lorsqu'il est refroidi, on le verse dans des bouteilles; alors il peut passer les mers & se conserver longtemps. Ce rob est excellent pour assaisonner les ragoûts, les rotis, sur-tout les canards & les oies; il a un goût excellent & aiguise l'appétit.

*Des diverses boissons qu'on prépare avec le magnoc.*

*Du vicou.*

On prend quinze livres de cassave avec une livre de machi, (1) ou bien,

(1) C'est la cassave mâchée par une indienne, & mise dans la pâte pour servir de levain.

comme le machi répugne à quelques-uns, on y supplée par le nombre de cinq ou six grosses patates, qu'on rape & qui font l'effet du levain. L'on pêtrit la cassave avec le machi ou avec les patates rapées, en y ajoutant l'eau nécessaire pour former une masse, qu'on laisse en fermentation pendant trente-six heures. Le vicou se fait avec cette pâte, à mesure qu'on désire en boire; il suffit alors de prendre une quantité de pâte proportionnée à la quantité de boisson dont on a besoin, & on délaye cette pâte dans l'eau. Les Galibès boivent le vicou sans le passer au travers d'un manaret, (1) & ajoutent du sucre à cette liqueur; elle est acide, rafraîchissante, très-agréable à boire. Les peuples de la Guiane n'entreprennent aucun voyage sans être pourvus d'une provision de pâte de vicou, qu'ils délayent dans un vase lorsqu'ils veulent boire & se rafraîchir.

*Du cachiri.*

On prend environ cinquante livres de la racine du magnoc cachire, récemment rapée, & sept à huit patates qu'on rape; quelques-uns y ajoutent une ou deux pintes de suc de canne à sucre, ce qui n'est point essentiel. L'on met dans un cannari (2) les racines rapées, on verse sur elles cinquante pots d'eau & l'on place le cannari sur trois pierres qui forment le trépied & en même-temps le foyer; on fait bouillir ce mêlange en remuant jusqu'au fond, pour que les racines ne s'y attachent pas, jusqu'à ce qu'il se forme dessus une forte pellicule, ce qui arrive à-peu-près à la moitié de l'évaporation; alors on retire le feu & on verse ce mêlange dans un autre vase, dans lequel elle fermente pendant quarante-huit heures, ou à-peu-près; lorsque cette liqueur est devenue vineuse, on la passe à travers un manaret.

Cette boisson a un goût qui imite beaucoup le poiré: prise en grande quantité elle enivre, mais prise avec modération, elle est apéritive, & regardée par les habitans comme un puissant diurétique. L'on se guérit par son usage de l'hydropisie, lorsque la maladie n'est point invétérée.

*Du paya.*

On prend des cassaves récemment cuites, qu'on pose les unes sur les autres pour qu'elles se moisissent. Sur le nombre de trois cassaves, l'on rape trois ou quatre patates, qu'on pêtrit avec les cassaves. L'on met ensuite cette pâte dans un vase, on ajoute environ quatre pots d'eau, puis on mêle & on délaye la pâte. On laisse fermenter ce mêlange pendant quarante-huit heures; la liqueur qui en résulte est alors potable; on la passe au travers du manaret pour

(1) Espèce de couloir ou tamis, plus ou moins serré. C'est un quarré fermé par quatre baguettes, sur lesquelles on natte les tiges d'une espèce d'arouma, fendues en trois ou quatre portions suivant leur longueur, qui imitent le rotin. C'est de cette manière que les Naturels de la Guiane font leurs cribles, leurs couloirs, leurs tamis.

(2) C'est un vase de terre fabriqué à la main par les femmes, cuit en le posant sur trois pierres, l'entourant & le remplissant d'écorces d'arbres sèches.

la boire; son goût a du rapport avec le vin blanc.

*Du voua paya-vouarou.*

Pour faire cette boisson, on prépare la cassave plus épaisse qu'à l'ordinaire, & quand elle est à moitié cuite, on en prépare des mottes que l'on pose les unes sur les autres; on les laisse ainsi entassées, jusqu'à ce qu'elles acquiérent un moisi de couleur purpurine.

On prend trois de ces mottes moisies; & sept à huit patates que l'on rape; on pétrit le tout ensemble, puis on délaye la pâte avec six onces d'eau; l'on met fermenter ce mêlange pendant vingt-quatre heures. Les naturels de la Guiane l'agitent & le troublent pour en faire usage; ils ont le plaisir de boire & manger à-la-fois: les Européens passent ce mêlange au travers d'un manaret.

Cette liqueur est piquante comme le cidre, & provoque des nausées: plus elle vieillit, plus elle devient pesante & plus elle enivre. Lorsque l'on se contente de préparer la pâte, on peut en faire provision pour un voyage de trois semaines. Les naturels du pays, moins délicats que les Européens, la conservent pendant cinq semaines; alors elle devient plus violente. On délaye cette pâte comme le vicou dans un vase quand on veut se désaltérer.

Le magnoc est pour l'Amérique, ce que les bleds sont pour l'Europe, & le maïs & le ris pour l'Inde. Le grand art & l'art essentiel, consiste à dépouiller les parties solides de la plante, du suc ou sève qu'elle contenoit; ce suc est un poison violent, car dans l'intervalle de vingt-quatre minutes, des chiens, des chats, &c. auxquels on a donné ce suc à la dose d'une once, sont péri dans les horreurs des convulsions, suivies d'évacuations abondantes, &c. Cependant, à l'ouverture des cadavres, M. Firmin n'a trouvé aucun vestige d'inflammation, d'altération dans les viscères, ni de coagulation dans le sang; d'où il conclud que ce poison n'est pas âcre ou corrosif, qu'il n'agit que sur le genre nerveux, & qu'il fait contracter l'estomac au point de rétrécir sa capacité de plus de moitié. M. Firmin dit avoir guéri un chat empoisonné par le suc de magnoc, avec de l'huile de navette chaude; ce qu'il y a de certain, c'est qu'il est mortel pour les hommes comme pour les animaux. Le suc de roucou, pris sans délai, est, dit-on, le contrepoison de celui du magnoc.

Combien s'est-il écoulé de siècles avant que les habitans de ces contrées soient parvenus à tirer leur principale nourriture d'une plante aussi dangereuse? Cependant il a fallu l'autorité royale pour forcer les blancs & tous les maîtres des nègres, à assurer chaque jour à ces derniers une petite portion d'une plante qu'ils cultivent & qu'ils arrosent de leur sueur. Par l'édit du roi nommé le *code noir*, donné à Versailles il y a quelques années, il est expressément ordonné aux habitans des îles françoises, de fournir pour la nourriture de chacun de leurs esclaves, âgé au moins de dix ans, la quantité de deux pots & demi de farine de magnoc par semaine; le pot contient deux pintes. Ou bien, au défaut de farine, trois cassaves, pesant chacune deux livres & demie. Il a fallu des loix pour taxer la quantité de nourriture qui devoit être donnée à des hommes,

& il n'a pas été néceſſaire de recourir aux loix pour celle des bœufs & des chevaux, &c.

MANNE. Suc concret, d'un blanc jaunâtre, ſoluble dans l'eau, d'une odeur approchant celle du miel, d'une ſaveur douce & un peu nauſéabonde. Telle eſt la ſubſtance ſéveuſe principalement du *frêne*, n°. 2. (*Voyez* ce mot) & de pluſieurs autres plantes. Il eſt inutile d'examiner ici ſi ce que nous entendons par le nom de manne doit être appliqué à celle dont il eſt parlé dans l'écriture, & qui ſervit de nourriture aux Hébreux dans le déſert; il n'exiſte à coup sûr aucun rapport entr'elle & la manne du commerce; les Iſraélites, avec celle-ci, auroient bien mieux été purgés que nourris.

Dans la Calabre & dans la Sicile, dit M. Geoffroi dans ſa *Matière Médiçale*, la manne coule d'elle-même ou par inciſion. Pendant les chaleurs de l'été, à moins qu'il ne tombe de la pluie, la manne ſort des branches & des feuilles du frêne; elle ſe durcit par la chaleur du ſoleil en grain ou en grumeaux. L'époque de l'écoulement naturel, dans la Calabre, eſt depuis le 20 juin juſqu'à la fin de juillet, & il a lieu par le tronc & par les branches. La manne commence à couler vers midi, & elle continue juſqu'au ſoir ſous la forme d'une liqueur très-claire; elle s'épaiſſit enſuite peu-à-peu, & ſe forme en grumeaux, qui durciſſent & deviennent blancs. On ne les ramaſſe que le lendemain matin, en les détachant avec des couteaux de bois, pourvu que le temps ait été ſerein pendant la nuit, car s'il ſurvient de la pluie ou du brouillard, la manne ſe fond & ſe perd entièrement. Après qu'on a ramaſſé les grumeaux, on les met dans des vaſes de terre non verniſſés, enſuite on les étend ſur du papier blanc, & on les expoſe au ſoleil juſqu'à ce qu'ils ne s'attachent plus aux mains : c'eſt-là ce qu'on appelle la manne choiſie du tronc de l'arbre.

Sur la fin de juillet, lorſque la liqueur commence à couler, les payſans font des inciſions dans l'écorce du frêne juſqu'au corps de l'arbre; alors la même liqueur découle encore depuis midi juſqu'au ſoir, & ſe transforme en grumeaux plus gros. Quelquefois ce ſuc eſt ſi abondant, qu'il coule juſqu'au pied de l'arbre, & y forme de grandes maſſes, qui reſſemblent à de la cire ou à de la réſine; on y laiſſe ces maſſes pendant un ou deux jours, afin qu'elles ſe durciſſent, enſuite on les coupe par petits morceaux & on les fait ſécher au ſoleil; c'eſt ce qu'on appelle la manne tirée par inciſion : elle n'eſt pas ſi blanche que la première; elle devient rouſſe & ſouvent même noire, à cauſe des ordures & de la terre qui y ſont mêlées.

La troiſième eſpèce eſt celle que l'on recueille ſur les feuilles. Au mois de juillet & au mois d'août, vers midi, on la voit paroître d'elle-même, comme de petites gouttes d'une liqueur très-claire, ſur les fibres nerveuſes des grandes feuilles & ſur les veines des petites; la chaleur fait ſécher ces petites gouttes, & elles ſe changent en petits grains blancs de la groſſeur du millet ou du froment; elle eſt rare & difficile à ramaſſer.

Les Calabrois mettent de la différence entre la manne tirée par inciſion des arbres qui en ont déjà donné d'eux-mêmes, & la manne tirée des frênes ſauvages qui n'en ont jamais donné d'eux-mêmes. On croit que cette dernière est bien meilleure que la première, de même que la manne qui coule d'elle-même du tronc est bien meilleure que les autres. Quelquefois, après & dans l'incision faite à l'écorce, on y insère des pailles, des fétus, ou de petites branches. Le suc qui coule le long de ces corps s'y épaissit, & forme de grosses gouttes pendantes en forme de stalactite, que l'on enlève quand elles sont assez grandes; on en retire la paille, & on les fait sécher au soleil. Il s'en forme des larmes très-belles, longues, creuses, légères, & comme cannelées en-dedans, & tirant quelquefois sur le rouge; quand elles sont sèches on les renferme bien précieusement dans des caisses : on en fait grand cas, & on a raison, car elles ne contiennent aucune ordure; on les appelle *manne en larmes*.

La manne est un purgatif doux, avantageux dans tous les cas où l'évacuation des matières fécales est indiquée, où il est essentiel en même-temps d'entretenir, d'augmenter le cours des urines, d'enlever les graviers & les mucosités qui embarrassent les voies urinaires; où l'on ne craint point d'augmenter la soif, la chaleur de l'estomac, des intestins, de la vessie & de la poitrine; elle calme la colique néphrétique causée par des graviers & par la goutte; elle rend l'expectoration plus abondante, & elle irrite même les bronches; en conséquence elle est contre-indiquée dans la phtisie pulmonaire essentielle; l'hémophtisie par disposition naturelle & par pléthore : chez les phtisiques elle rend la fièvre lente plus vive, la toux plus fréquente, l'expectoration plus forte; chez l'hémophtysique, le crachement de sang plus fréquent, & plus abondant.

La manne en larmes naturelle ou factice, est préférable à toutes les autres espèces : la dose est depuis une once jusqu'à trois, en solution dans cinq onces d'eau.

On vend, dans le commerce, une espèce de manne, connue sous le nom de *briançon*. Des Italiens traversent les Alpes, & viennent en faire la récolte dans les environs de cette ville. Il est certain que le frêne, n°. 2, ou *fraxinus oraus*. LIN. fournit de très-bonne & très-belle manne dans nos provinces du midi, & surtout près de la Méditerranée. Je me suis amusé à en ramasser quelques onces pour juger de sa qualité, & l'expérience m'a prouvé qu'elle étoit aussi bonne que celle de Calabre. Il est donc clair que si l'on vouloit en prendre la peine, il seroit possible de récolter dans le royaume celle que l'on y consomme.

MANNE ou MANNEQUIN. Espèce de pannier d'osier, plus long que large, dans lequel on apporte les fruits au marché.

MANNEQUIN, (arbre en) Arbres tirés de terre, & mis dans des mannequins ou panniers, que l'on place en terre avec leur mannequin, afin d'avoir, par la suite, la liberté de les transplanter.

MARAICHER. Jardinier qui cultive un marais.

MARAIS. Ce mot a plusieurs acceptions. Par marais proprement dit, on entend une terre abreuvée de beaucoup d'eau, qui n'a point d'écoulement ; il diffère des lacs & des étangs, en ce que ceux-ci sont submergés. La seconde acception est particulière à Paris & dans ses environs, & presque inconnue dans le reste du royaume. Un jardin potager y est appellé *marais*, sans doutè parce que les premiers potagers des environs de la capitale ont été établis sur un sol marécageux, ou sur un sol qu'il falloit creuser peu profondément pour se procurer l'eau nécessaire aux arrosemens. De-là l'origine du nom *maraicher*, pour désigner l'homme qui cultive un potager ou un marais. Il est certain que les bas-fonds, & même les marais, réunissent de grands avantages lorsqu'on les transforme en jardin, & qu'on donne un écoulement aux eaux. La terre végétale s'y accumule d'année en année par la décomposition perpétuelle & toujours renaissante des animaux, plantes, insectes, &c. dont le dernier résultat est la création d'un sol de couleur brune, tirant sur le noir, dont les principes sont déjà combinés & excellens, & dont les mollécules se séparent facilement les unes d'avec les autres; enfin, le sol par excellence pour la culture des légumes. Si on ajoute à cet avantage celui de pouvoir se procurer de l'eau presque sans peine, on verra qu'un semblable terrein mérite la préférence sur tous les autres. Chaque année la superficie du sol s'exhausse, soit par le débris de végétaux, &c., soit par le transport des terres, si le fonds est trop bas & trop aqueux.

Quant aux *marais* proprement dits, consultez les articles Défrichemens, Desséchemens, Étangs. Il est impossible que l'air qui environne ces marais ne soit pas infecte, & que les malheureux habitans qui sont attachés à la glèbe, dans le voisinage, ne soient pas, peu à-peu, consumés par la fièvre; & à coup sûr les bœufs, vaches, chevaux, &c. qu'on y envoie paître sont de la plus grande maigreur. Lisez l'article Commune, Communaux.

MARASME. Médecine rurale. C'est le desséchement général, & l'amaigrissement extrême de tout le corps; c'est le dernier état de la consomption.

Ceux qui en sont attaqués, ressemblent parfaitement à des squelettes vivans, tant ils sont décharnés & desséchés. Cet état de maigreur est trop sensible pour n'être pas apperçu, & la seule inspection de ceux qui en sont atteints, fait mieux reconnoître cette maladie, que le détail des symptomes les plus circonstanciés.

Cette maladie est pour l'ordinaire accidentelle; presque toujours elle vient à la suite de quelque longue maladie; elle dépend souvent d'un vice dans les humeurs, de leur dissolution, & du défaut de nutrition de toutes les parties du corps. On est sujet à cette maladie dans tous les âges de la vie; le vieillard n'en est pas plus à l'abri que le jeune homme, & les enfans à la mammelle; les pertes de sang extraordinaires, des lochies trop abondantes, une dissenterie invétérée, le scorbut, la vérole, une suppuration trop abondante, la paralysie, des embarras dans les glandes du mésentère, sont des causes qui déterminent aussi cette maladie; mais il n'en est point de plus puissante que la masturbation. Combien de jeunes gens sont tombés dans cet état de desséchement, pour s'être trop livrés à ce vice honteux! Combien n'y en a-t-il pas qui sont morts, victimes de cette horrible passion! Outre le marasme des solides & des fluides, il en est encore une autre espèce, qui dépend d'une cause nerveuse. On n'y observe ni toux, ni fiévre remarquable, ni difficulté de respirer; mais il y a un défaut d'appétit & de digestion. Au commencement de cette maladie, le corps devient œdémateux & bouffi; le visage est pâle & défiguré; l'estomac répugne à toutes sortes d'alimens, il ne retient que les liquides, & les forces du malade diminuent tellement qu'il est réduit à garder le lit, avant que les chairs soient totalement consumées.

Les causes qui disposent à cette maladie, sont les violentes passions de l'ame, l'usage immodéré des liqueurs spiritueuses & des alimens échauffans; la faim, la soif supportées trop longtemps; les exercices violens, les travaux pénibles, les veilles continuelles, le défaut de bons alimens; enfin, la dépravation du suc nourricier.

Quand cette maladie est produite chez les enfans par des embarras dans les glandes & les viscères du bas-ventre, on doit appliquer des topiques émoliens & résolutifs sur le bas-ventre, pour pouvoir résoudre ces obstructions, ou le frotter avec de l'onguent d'althea; faire prendre des bains de lait & des résolutifs internes.

Chez les vieillards, le traitement est plus facile. Il faut employer les eaux termales ou acidules. Le traitement le plus simple consiste à donner des évacuans avec des fortifians. L'émétique seroit nuisible, à moins qu'on n'eût rendu l'humeur mobile & le ventre libre. Il vaut mieux s'en tenir à certains purgatifs, tels que la rhubarbe & le mercure doux en bol, & dans l'intervalle de ces purgatifs, donner des gommes résolutives, comme la teinture volatile de gayac.

Le savon combiné avec la myrrhe, conviennent quand il y a de la mucosité dans les humeurs. On doit encore faire faire de l'exercice, & des frictions aromatiques sur le bas-ventre. Mais avant ces frictions, il faut procurer la liberté du ventre, sans cela elles échauffent considérablement, & causent des étranglemens funestes, & la fiévre lente. Le lait de vache, de chèvre, celui d'ânesse, les crêmes de riz, d'orge, de sagou, de pomme de terre, les bouillons mucilagineux, comme ceux de veau, de tortue, de poulet & de limaçons, des bonnes gelées à la viande, & les boissons adoucissantes, conviennent en général à tout espèce de marasme, sur-tout à celui qui a pour cause un vice dans les fluides & dans la rigidité des solides. Il ne faut jamais perdre de vue l'estomac; c'est de tous les viscères celui auquel il convient de s'attacher. Pour cela on doit le fortifier & le raffermir; le quinquina, la gentiane, la camomille, sont des remèdes trop énergiques pour en négliger l'emploi. Mais, un remède éprouvé en Angleterre, & qui est très-propre à rétablir singulièrement les digestions, est l'élixir de vitriol pris à la dose de vingt gouttes deux fois par jour, dans un verre d'eau ou de vin.

*Buchan* recommande beaucoup le vin calibé. Il fortifie les solides, &

aide

aide singulièrement la nature dans la confection d'un bon sang. Selon lui, le malade doit en prendre une cueillerée à bouche deux ou trois fois par jour.

Mais les amusemens agréables, ajoute ce médecin, la société des personnes gaies & enjouées, l'exercice du cheval, sont préférables, dans cette maladie, à tous les médicamens. Aussi, toutes les fois que la fortune du malade le lui permettra, nous lui conseillons d'entreprendre un long voyage, pour son plaisir, comme le moyen le plus propre à lui rendre sa santé.

Si la débauche, ou plutôt la masturbation, a produit le marasme, le meilleur conseil qu'on puisse donner, c'est d'observer la continence la plus stricte. M. Ami.

MARBRE. (*Hist. nat.*) Sous le nom de marbre, nous entendons seulement toute pierre calcaire, dont le grain est assez fin & assez dur pour pouvoir recevoir le poli. Cette définition distingue le marbre des pierres vitrifiables, comme granit, porphire, &c. auxquels on a donné souvent le nom de marbre; & des pierres calcaires communes.

Le royaume de France est beaucoup plus riche en marbre qu'on ne le pense, & lorsque l'on aura bien étudié les Pyrennées sur-tout, on verra qu'il ne le cède à aucun autre pays pour la quantité, la beauté & la variété de ses marbres. Les montagnes qui bordent la vallée d'Aspe, renferment dans leur sein des variétés singulières des plus beaux marbres. On en peut voir une très-belle suite d'échantillons, chez M. Leroi, commissaire de la marine, à Oleron.

Nous allons faire connoître ceux de France, que l'on emploie le plus communément, & les endroits où on les trouve.

On voit dans la vallée d'Ossan, presque vis à-vis Lavaux, une carrière de marbre blanc semblable à celui de Carrare; il est très-blanc, comme le marbre blanc antique. On en voit de beaux blocs; mais on dit qu'il est un peu trop tendre, & sujet à jaunir & à se tacher. Peut-être que plus on pénétrera dans l'intérieur du filon, & plus on trouvera qu'il aura acquis de dureté.

Dans la même vallée, en allant aux eaux chaudes, après avoir passé Lavaux, & le monument de la sœur d'Henri IV, sur le chemin à droite, on voit un filon de marbre noir & blanc, qui paroît aussi beau que l'antique.

Le marbre noir, d'une seule couleur, très-pur & sans tache, se trouve près de la ville de Dinant, dans le pays de Liége.

Le marbre de Namur est très-commun, & aussi noir que celui de Dinant; mais il n'est pas tout-à-fait aussi parfait, parce qu'il tire un peu sur le bleuâtre, & qu'il est traversé de quelques filons gris. Auprès de Dinant on trouve encore le marbre de Gauchener, d'un fond rouge-brun, tacheté & mêlé de quelques veines blanches; & à l'est, près de Dinant, le marbre d'un rouge-pâle, avec de grandes plaques & quelques veines blanches.

A Barbançon, pays du Hainaut, on trouve un marbre noir, veiné de blanc en tout sens.

A Givet, près Charlemont, pays de Luxembourg, marbre noir, mêlé de blanc, mais moins brouillé que le précédent.

Le marbre de Champagne eſt une brocatelle mêlée de bleu, par taches rondes, comme des yeux de perdrix. On en trouve encore dans la même Province, nuancé de blanc & de jaune-pâle.

A la Sainte-Beaume, en Provence, marbre d'un fond blanc & rouge, mêlé de jaune, approchant de la brocatelle.

A Tray, près de la Sainte-Beaume, marbre d'un fond jaunâtre, tacheté d'un peu de rouge, de blanc & de gris mêlé.

Le Languedoc fournit une très-grande variété de beaux marbres. A Coſne, marbre d'un fond rouge de vermillon-ſale, entre-mêlé de grandes veines & de taches blanches. Auprès du même endroit, le marbre de griotte, dont la couleur approche de celle des ceriſes qui portent ce nom. A Narbonne, marbre de couleur blanche, griſe & bleuâtre.

A Roquebrune, à ſept lieues de Narbonne, marbre pareil à celui de Languedoc ou de Coſne, excepté que ſes taches blanches ont la forme de pommes rondes.

A Caen en Normandie, marbre ſemblable à celui de Languedoc; mais plus brouillé & moins vif en couleur.

Les différentes vallées des Pyrenées ſont très-riches en marbre, comme je l'ai dit plus haut, & il y en a de très-belles carrières exploitées à Serancolin, marbre qui en porte le nom; ſa couleur eſt d'un rouge de ſang, mêlé de gris, de jaune, & de ſpath tranſparent. A Balvacaire, au bas de Saint-Bertrand, près Comminges, marbre d'un fond verdâtre, mêlé de quelques taches rouges, & fort peu de blanches. A Campan, marbres de pluſieurs eſpèces, de rouge, de verd, d'iſabelle, mêlés par taches & par veines. Celui que l'on nomme verd de Campan, eſt d'un verd très-vif, mêlé ſeulement de blanc.

La province d'Auvergne fournit un marbre d'un fond de couleur roſe, mêlé de violet, de jaune & de verd.

Le marbre de Bourbon eſt d'un gris-bleuâtre & d'un rouge-ſale.

A Sablé, à Mayenne, à Laval en Anjou, & ſur les confins du Maine, on trouve pluſieurs variétés de beaux marbres, ainſi qu'à Antin, Cerfontaine, Montbart, Merlemont, Saint-Remy, &c. &c.

On emploie le marbre à deux uſages principaux. A la décoration des bâtimens, & à faire de la chaux. (*Voyez* le mot CHAUX.) Il eſt à remarquer que le plus beau marbre blanc, comme celui de Carare, ne fait pas le meilleur mortier, quoiqu'il fourniſſe la chaux la plus vive & la plus active, ſi on conſidère ſa manière de fuſer à l'air ou dans l'eau. Cela tient ſans doute à ſon extrême pureté, car il ſe rencontre dans la pierre à chaux ordinaire une ſubſtance intermédiaire qui manque dans le marbre blanc de Carare, & qui ſert à faire adhérer plus intimement la chaux avec le ſable, & concourt certainement à ce que la criſtalliſation s'opère de façon que le lien ſoit plus étroit & plus ſerré. M.M.

MARC. Réſidu le plus groſſier & le plus terreſtre des fruits, herbes, &c. qu'on ſoumet à la preſſe, pour en tirer le ſuc. La dénomination de *marc* déſigne plus ſtrictement la grappe, les pellicules & les pepins du raiſin, après qu'il a été preſſé. On appelle *tourte*, *tourteau* le résidu des fruits ou amandes dont on a extrait l'huile. Le marc de raisin est un excellent engrais pour les oliviers. Les bœufs, les vaches, les chevaux, le mangent avec avidité, quand il est encore frais: les pepins servent de nourriture à tous les oiseaux de basse-cour. Le marc a beau être soumis au pressoir le plus actif, il retient toujours une certaine portion vineuse & d'esprit ardent. Dans plusieurs endroits on le distille. (Consultez le mot DISTILLATION, pour en connoître les procédés, & ceux qui sont les plus avantageux au marc; consultez également le mot FERMENTATION, afin d'apprécier jusqu'à quel point les grappes sont utiles ou nuisibles à la qualité du vin.)

MARC. (*poids*) dont on se sert en France, & dans plusieurs Etats de l'Europe, pour peser diverses sortes de marchandises, entr'autres l'or & l'argent. Ce fut environ en 1080 qu'on introduisit dans le commerce & dans les monnoies le poids de marc: presque chaque pays avoit le sien; & enfin ils furent réduits au poids de marc sur le pied qu'il est aujourd'hui.

Le marc est divisé en huit onces ou soixante-quatre gros, cent-quatre-vingt-douze deniers, ou cent-soixante esterlins, deux cent-vingt mailles, ou quatre mille six cent huit grains. (*Voyez* le mot LIVRE.) Deux marcs font la livre. Tout ce qui se vend au nom du Roi, l'est au poids de marc; tabac, sel, &c.

MARCOTTE. Branche quelconque, tenant au tronc, que l'on couche en terre, afin qu'elle y prenne racine. Elle diffère de la bouture, en ce que celle-ci est séparée du tronc, lorsqu'on la met en terre. Cette opération peut-être considérée sous deux points de vue, ou comme travail en grand, utile à l'agriculture, ou comme travail des amateurs, afin de multiplier des arbres, des arbrisseaux & des plantes rares. La base de cette opération porte sur ce principe; toutes les parties d'un arbre peuvent être converties en branches ou en racines. Ce principe est confirmé par la suite des belles expériences de M. Hales, & d'un grand nombre d'auteurs qui les ont faites avant ou après lui. La majeure partie des arbres, dont les branches sont couchées dans une fosse, & recouvertes de terre, prennent racine, parce que l'écorce de ces branches est parsemée de rugosités, de mammelons d'où partent les nouvelles racines, ou bien elles auroient produit des boutons dans la suite, si elles eussent resté exposées à l'air. Outre ces mammelons, à peine visibles à l'œil, on découvre sans peine, sur l'écorce de la branche, les proéminences formées par les boutons & par celles de la base de la feuille, & cette feuille nourrit chaque bouton pendant la première année, & à la seconde il devient *bourgeon* ou nouvelle branche. (*Voyez* le mot BOURGEON)

## SECTION PREMIÈRE.

### *Des marcottes des cultivateurs.*

Elles sont d'un avantage inappréciable lorsqu'il s'agit de regarnir les clarières faites dans les forêts, dans les bois, dans les taillis, &c.; & même c'est la seule manière de repeupler les places vides, à moins que leur espace ne soit très-vaste & très-étendu. Dans ce cas ce seroit une plantation nouvelle. Si sur le local vide il existe quelques pieds d'arbres assez forts, s'il en existe également dans sa circonférence, les marcottes seules suffiront pour le replacement.

On tenteroit vainement de regarnir les clarières par des plantations. Les arbres qu'on y placera réussiront pendant deux ou trois ans ; mais comme les racines des arbres voisins profitent des espaces vides pour s'étendre, elles occupent bientôt le sol de la clarière, & peu-à-peu attirées par la terre fraîchement fouillée, elles s'emparent avec force, affament & absorbent la nourriture des foibles racines des arbres nouvellement plantés, & le jeune arbre périt. Il n'en est pas ainsi lorsque l'on repeuple par les marcottes. Elles disputent le terrein aux racines parasites, parce qu'elles reçoivent de la mère, ou tronc, la nourriture pendant tout le temps qu'elles en ont besoin ; & dans cet intervalle leurs nouvelles racines acquièrent une force proportionnée à celle du tronc & à leur étendue.

Si dans l'espace à regarnir il existe quelques pieds d'arbres, à moins qu'ils ne soient trop vieux & trop décrépits, il convient de les couper au niveau du sol, & de charger de terre, à la hauteur d'un à deux pouces, la partie du tronc qui reste en terre, afin que l'endroit coupé de l'écorce, n'étant point exposé à l'air, la cicatrice ou bourrelet soit plutôt formé. Dans les provinces du nord, cette opération doit être faite aussitôt qu'on ne craint plus les grosses gelées ; & dans celles du midi, dans le courant de novembre, lorsque les arbres sont dépouillés de leurs feuilles. La raison de cette différence est prise en ce que dans le premier cas, les pluies habituelles & la rigueur du froid sont capables d'endommager la partie du tronc qui reste en terre ; tandis que dans le second, les racines des arbres travaillent pendant presque tout l'hiver ; que la cicatrice de l'écorce est formée au premier printemps, & qu'il est essentiel de faire profiter les nouvelles pousses de la plus grande force de la sève, afin de les mettre à même de ne pas craindre l'effet des grandes chaleurs ; si on ne craint pas l'effet des eaux stagnantes, il vaudroit encore mieux couper le tronc à quelques pouces au-dessus de la superficie du sol, parce qu'on aura dans la suite plus de facilité pour marcotter les branches.

Dans l'un comme dans l'autre climat, on ne doit couper aucun bourgeon, & on doit laisser le tronc pousser autant de rameaux qu'il voudra. Lorsque les feuilles sont tombées, & aux époques qui ont été indiquées, c'est le cas d'éclaircir, de supprimer les tiges surnuméraires, & de n'en laisser que la quantité convenable : cependant on peut en conserver quelques-unes de plus, afin de remplacer celles qui travailleront mal à la seconde année, ou qui périront.

Si, après la seconde année, la totalité des branches est assez forte pour être marcottée, on ouvrira des fossés proportionnés à leur longueur, sur une profondeur de douze à dix-huit pouces, & maniant doucement ces branches de peur de les faire éclater près du tronc, on les couchera dans la fosse que l'on remplira de terre, en commençant près du tronc, afin d'empêcher leur redressement, & les maintenir dans la direction qu'on leur destine. Près de l'autre extrémité de la fosse, on courbera doucement la marcotte, on la redressera, on comblera la fosse ; enfin, on coupera, à deux ou trois pouces au-dessus de terre, l'excédent de la marcotte. Une bonne précaution à prendre, est de charger de terre, à la hauteur d'un pied environ, sur un diamètre de cinq à six pieds, le tronc nourricier. Cette terre maintiendra la fraîcheur, fera couler l'eau pluviale sur les fosses, tassera la terre contre les marcottes ; mais elle empêchera sur-tout qu'il ne s'élance du tronc quelques nouvelles tiges qui affameroient les marcottes, parce que la sève a plus d'activité lorsqu'elle trouve une ligne droite, ou un canal direct, tandis qu'elle coule plus lentement dans des canaux inclinés. Il est très-prudent de conserver à part le gazon qui couvroit la place des fosses, & d'en garnir le fond à mesure qu'on y étend les branches. Cette herbe se réduit en terreau en pourrissant, & les jeunes racines profitent de cet engrais.

Si après la seconde année, les tiges n'ont pas acquis la longueur nécessaire, on doit attendre à la troisième, mais élaguer ces tiges par le bas, & jusqu'à une certaine hauteur, afin que les petites branches qu'on retranche, ne retiennent pas la sève, & qu'elle se porte avec force vers le sommet pour l'alonger. Jusqu'à quel point doit-on supprimer des branches inférieures ? C'est la force de la tige qui le décide. Si on élague trop, on n'aura jamais qu'une tige maigre, élancée & fluette.

Je suis très-convaincu que tous nos arbres-forestiers sont susceptibles d'être marcottés, & que les marcottes fournissent le moyen le plus prompt & & le plus sûr pour le repeuplement d'un taillis, d'un bois, d'une forêt. Si les clarières ne sont pas d'une trop vaste étendue, si une forêt est entièrement dépouillée d'arbres dans le centre, ou si les arbres du centre sont propres à être coupés sur pied, ceux de la circonférence serviront au remplacement ; & on opérera ainsi qu'il a été dit. Lorsqu'une certaine quantité des marcottes aura par la suite poussé des tiges assez fortes, on choisira les plus belles, les plus longues pour les marcotter de nouveau, & peu-à-peu les clarières seront regarnies. Si elles sont trop vastes, il vaut beaucoup mieux en replanter le centre, & marcotter tout ce qui se trouve sur les bords.

Dans le courant de la première & de la seconde année, après l'opération des marcottes, il convient de veiller attentivement à ce que, vers la partie du tronc, la branche couchée ne produise pas de rejettons ; on les supprimera dès qu'on les verra paroître ; & si cette partie de la branche est hors de terre, l'amputation sera faite au bas de la branche. Si on y laissoit un chicot ou un bourrelet, il en sortiroit de nouveaux bourgeons. On aura moins à craindre cette surcharge de bourgeons, si on a recouvert le tronc & les branches qui en partent, avec un pied de terre : alors, la branche n'ayant plus de communication avec l'air de l'atmosphère, elle est attirée par l'autre bout de la marcotte qui sort de terre, il s'y établit de nouvelles branches, & toute la force de la végétation s'y porte. Après plusieurs années, s'il sortoit du tronc une ou deux nouvelles tiges, on peut les laisser croître, parce que les marcottes ont déjà pris racine, & peuvent se suffire à elles-mêmes ; cependant si la clarière est vaste, il vaut encore mieux les supprimer, afin de laisser aux marcottes plus de nourriture, &c. &c.

Si on est dans l'intention de se procurer, du tronc du gros arbre coupé, un grand nombre de marcottes, & si on les destine à être ensuite plantées où le besoin l'exige, on doit recouvrir le pied du tronc coupé d'un à deux pouces de terre, afin que de ce même pied il sorte de nouvelles tiges. Cette légère couche de terre sert seulement à garantir la plaie, ou la partie coupée, des impressions de l'air, & à favoriser la naissance du bourrelet ou végétation de l'écorce; car le bois ne végétera plus. Lorsque l'on s'apperçoit que les premières marcottes sont bien enracinées, on ouvre de nouveau les fosses, en observant de bien ménager les racines des marcottes; on les enlève de terre, & on fait de nouvelles couchées avec les tiges qui s'élancent des bords du tronc. Ainsi le même pied d'arbre peut successivement produire un grand & très-grand nombre de marcottes. Il est aisé de concevoir combien les marcottes faites avant l'hiver, ont d'avantages sur celles pratiquées après cette saison, sur-tout dans les provinces du midi, parce que dans le premier cas les pluies ont eu le temps de pénétrer jusqu'au fond des fosses, d'y former un réservoir d'humidité, de bien tasser la terre; enfin, au retour de la chaleur, les marcottes végètent avec beaucoup plus de force. Si on a la facilité de les arroser une ou deux fois, pendant les grosses chaleurs de l'été, on est assuré d'avoir, en peu d'années, de beaux arbres, ou après la première ou seconde année, un bon nombre de plans parfaitement enracinés.

Dans toutes les opérations de la campagne, il y a presque toujours deux défauts essentiels, une économie mal entendue de temps & d'argent. Pour avoir plutôt fait, on se contente de faire des fosses de six à huit pouces de profondeur, & d'y coucher les branches. Si ces tiges doivent y rester à demeure, elles pousseront des racines latérales, qui resteront presque toutes en superficie; s'il survient une sécheresse, ces racines sont presque inutiles à la branche couchée, tandis que dans une bonne fosse, les racines nouvelles bravent la sécheresse, s'enfoncent plus avant dans le sol, & y trouvent une nourriture que la superficie leur refuse.

Je n'entre pas dans de plus grands détails sur cet article, parce que la section suivante lui sert de supplément.

## Section II.

### *Des marcottes des amateurs.*

Toute espèce d'arbre & de plantes à tiges vivaces, peuvent en général être marcottés; mais plusieurs poussent plus facilement des racines que d'autres: tels sont les arbres dont les boutons percent plus aisément l'écorce, & dans ce cas, ces boutons qui auroient fait des branches à bois ou du fruit, s'ils fussent restés exposés à l'air, se convertissent en racines lorsqu'ils sont enfouis dans la terre. Il a déjà été dit dans le cours de cet ouvrage, que M. Hales, & plusieurs autres avant ou après lui, ont renversé des arbres, que leurs branches ont été enterrées, & que la partie de leurs racines ont formé le sommet; que ces arbres ont parfaitement réussi malgré la transposition de leurs parties. ( *Consultez* le mot Grenadier, & vous verrez que les boutures faites ainsi avec les branches de cet arbrisseau, reprennent beaucoup mieux.)

Les plantes à tiges articulées, telles que celles des œillets, des roseaux, &c. sont marcottées avec beaucoup de facilité. Commençons par les marcottes, au succès desquelles la nature s'oppose le moins, & dont la position des tiges favorise encore l'opération.

Toute espèce de marcotte suppose qu'on s'est pourvu, d'avance, d'une terre fine, légère & substantielle, afin que les racines des plantes puissent s'étendre sans contrainte, & acquérir promptement une certaine consistance.

Les plantes à tiges articulées ont toutes un bourrelet à leur articulation, cette partie est recouverte par une ou deux feuilles, & leur sert de point d'attache. C'est précisément ce bourrelet qui facilite la sortie & l'extension des racines. L'œillet va servir d'exemple pour la manipulation.

Dans l'endroit du nœud de la tige, qui peut le plus commodément être enfoncé en terre, enlevez les deux feuilles avec un canif, ou autre instrument tranchant, à lame fine & bien éguisée; coupez *horizontalement*, & sur le nœud, jusqu'à la moitié du diamètre de la tige; après cela, suivant la distance d'un nœud à l'autre, faites une incision *perpendiculaire* au centre de la tige, sur cinq à huit lignes de hauteur, & qui pénètre jusqu'à l'incision déjà faite horizontalement sur le nœud, de manière que pour peu que la tige soit inclinée, elle présente cette figure. (*Voyez planche IX, figure III, page* 395)

A, nœud sur lequel on a fait, avant de coucher la tige, la coupure horizontale; B coupure perpendiculaire; D partie séparée par un de ses bouts, d'avec le reste du nœud, par la coupure perpendiculaire. C'est précisément à l'extrémité D, & sur sa partie de bourrelet, que les racines prennent naissance.

Après que les incisions sont faites, on creuse une petite fosse de douze à vingt-quatre lignes de profondeur : ( il s'agit ici des œillets dans le vase ou en pleine terre ) on incline doucement la tige dans la fosse, & près d'E on enfonce un petit crochet pour la maintenir dans cette position. La grande attention à avoir, consiste à empêcher le rapprochement des parties A & D; elles doivent, au contraire, rester séparées, & former entre elles un triangle tel qu'on le voit de D en A. Cet espace vide est garni de terre, afin d'empêcher le rapprochement des deux parties. On remplit ensuite la petite fosse avec la terre dont on a parlé, & on a grand soin que la tige qui sort de terre, conserve une direction perpendiculaire; ce qui s'exécute facilement au moyen de la terre qu'on relève contre : quelques personnes plantent un second crochet en A, afin de mieux assujettir la marcotte. Il ne reste plus qu'à plomber la terre avec la main, à arroser le tout, & à le tenir à l'ombre pendant quelques jours.

C'est une coutume assez générale, lorsque les marcottes sont faites, de couper toutes les sommités des feuilles des œillets. L'expérience a prouvé que cette suppression ne leur est pas nuisible; mais est-elle absolument nécessaire ? Je ne le crois pas. On fait, pour l'autoriser, le raisonnement suivant. La soustraction du bout des feuilles empêche qu'elles ne travaillent, & fait refluer vers le bourrelet D la sève qu'elles auroient absorbées ; enfin, ces feuilles coupées périssent à la longue, & la place qu'elles occupoient sert ensuite à former le pied de la plante. Dans ce cas, ce sont donc les sucs seuls de la mère tige, qui viennent nourrir la marcotte. Les feuilles ne servent donc plus, ou presque plus à absorber l'humidité de l'air, & les principes qu'il contient. (*Voyez* le mot AMENDEMENT) Quoi qu'il en soit de ces doutes, l'expérience de tous les pays prouve qu'en suivant cette opération, les marcottes réussissent à merveille; cependant, je puis dire, d'après ma propre expérience, que celles d'œillets réussissent également bien sans la soustraction de la partie supérieure des feuilles.

On choisit communément, pour marcotter les œillets, le temps où les fleurs sont passées. Cette époque convient à tous les pays tempérés, où l'on est assuré que les marcottes auront le temps de s'enraciner avant l'hiver, parce que dans cette saison elles pousseront par des racines, sans des précautions extraordinaires. Dans les pays très-froids, au contraire, il convient de devancer la fleuraison, & on ne marcotte pas les tiges qui s'élancent pour fleurir. Dans les provinces du midi, on peut ne faire cette opération qu'un mois après la fleur, afin d'éviter les grosses chaleurs; & comme la végétation se propage très-longtemps, les marcottes ont le temps de bien s'enraciner avant l'hiver.

Il n'y a point d'époque générale & fixe, pour le temps de séparer les marcottes des vieux pieds; l'opération dépend de l'état des racines qu'elles ont poussées. Il vaut mieux attendre à les lever après l'hiver, que de trop se hâter. Plus la marcotte sera enracinée, & plus sa reprise sera sûre.

On peut employer la même méthode pour les branches d'arbres, qui ne prennent pas facilement racine par de simples couchées; & si on veut les forcer à former le bourrelet, voici la manière de s'y prendre. On choisit à la fin de l'hiver, ou avant la sève du mois d'août, les branches à marcotter; on mesure des yeux, ou autrement, la place de ces branches qui sera enterrée, & qui formera le coude lorsqu'elle sera marcottée. Dans cet endroit on fera une ligature assez serrée, ou plusieurs, à la manière de celles des carottes de tabac, & à la même distance, ou en spirale avec la même corde, sur plusieurs pouces de longueur; mais celle du bas sera toujours circulaire, fixe & plus serrée que les autres. On laissera subsister ces ligatures pendant la sève du printemps, & pendant celle du mois d'août, si la première n'a pas suffi à produire un bon bourrelet. Deux objets contribuent à le former, quoiqu'ils dérivent du même principe.

1°. Ce serrement comprime l'écorce sur la partie ligneuse; la partie ligneuse grossit; mais comprimée dans cet endroit, l'écorce s'implante dans la cavité du bois qui n'a pu prendre autant d'extension que les parties voisines.

2°. Ces ligatures n'ont pas pu empêcher l'ascension de la sève jusqu'à la sommité des branches, mais elles ont arrêté en partie la descension de cette sève ; ce qui est prouvé par le bourrelet établi au-dessus & non au-dessous de la ligature. ( *Consultez* l'article Bourrelet, il est essentiel. )

Si les bourrelets ne sont bien formés qu'à l'approche de l'hiver, il convient d'attendre jusqu'après la sève du printemps de l'année suivante ; mais s'ils sont caractérisés, & sur-tout dans les provinces du midi, on doit faire la marcotte avant l'hiver, par les raisons énoncées ci-dessus.

C'est à l'expérience à prouver si ce bourrelet suffit à la naissance des racines, ou s'il faut absolument inciser la branche comme on incise une tige d'œillet. Il est impossible d'établir ici une règle générale. Chaque arbre, chaque plante demande, pour ainsi dire, un traitement différent. Le bourrelet & l'incision sont deux méthodes assez sûres, ou séparément, ou toutes deux réunies.

Une autre méthode, qui rentre dans celles dont on vient de parler, puisqu'elle est fondée sur la naissance du bourrelet, consiste à choisir une branche gourmande & bien nourrie, ou telle autre ; mais pas trop vieille. A quelques pouces au-dessus de cette branche, on cerne l'écorce sur une largeur de deux à trois lignes, & on répète la même opération deux ou trois pouces plus haut. On prend ensuite de l'*onguent de Saint-Fiacre* ( *Voyez* ce mot ), dont on recouvre les playes faites par l'enlevement de l'écorce, & on recouvre le tout avec de la filasse. Le temps pour faire cette opération est à la fin de la sève du mois d'août. La branche reste dans le même état sur l'arbre pendant l'année suivante, & elle donnera du fruit comme les autres. A la fin d'octobre de la seconde année, cette branche sera coupée à un pouce au-dessous de la plus basse incision, & mise en terre, de manière que le bourrelet supérieur ne soit pas recouvert.

Dans tous les cas, on ne doit jamais séparer une marcotte du tronc principal, sans être assuré auparavant, par une fouille, qu'elle a pris racines, & qu'elles sont assez fortes pour se passer du secours de leur mère. Il vaut mieux attendre une année de plus. Trop de précipitation, un désir immodéré de jouir, font que l'on risque souvent de perdre des arbres précieux.

Toutes les marcottes dont on vient de parler, supposent nécessairement la facilité de plier les branches, de les coucher en terre, d'y assujettir la partie qui doit former le coude, & le redressement de la tige au-dessus de la fosse. Mais comme on n'a pas toujours ces facilités, c'est à l'art à venir au secours des circonstances.

Supposons que le tronc d'un arbre soit élevé de plusieurs pieds au-dessus de terre, & que ses branches ne puissent pas être inclinées. On choisit alors une ou plusieurs branches sur cet arbre, & on le tire un peu en dehors. Alors, fixant en terre plusieurs piquets à la hauteur de l'arbre, on en entoure ces branches, au moins deux ou trois pour chacune, suivant la force des coups de vent du climat que l'on habite, & la pesanteur & le volume du vase qu'ils doivent soutenir. Si les branches qui doivent être marcottées, n'ont point de rameaux, on les fait passer par le trou placé au fond du vase, on assujettit le vase, & après l'avoir rempli de terre, & l'avoir arrosé, on le couvre de mousse. Si la branche est rameuse, & qu'on ne veuille pas facrifier fes rameaux, il convient d'avoir un vafe de fer-blanc ou de bois, en deux pièces, de manière que chaque pièce faffe exactement la moitié, & un tout par leur réunion. La feule attention que ces marcottes exigent, confifte à tenir la terre des vafes fouvent arrofée, afin d'y entretenir une humidité convenable : comme le vafe eft environné par un grand courant d'air, fon évaporation eft confidérable.

Si on défire que ces marcottes, d'ailleurs très-cafuelles, réuffiffent, il convient d'avoir, par avance, fait la fouftraction circulaire d'une portion de l'écorce, ainfi qu'il a été dit, ou d'avoir ménagé un bourrelet, par des ligatures, ou d'avoir fait une entaille à la branche, ou enfin, de la traiter comme une marcotte d'œillet. Il eft très-difficile autrement de réuffir fur des arbres à écorce liffe, & dont les boutons perçent difficilement la peau; les marcottes font plus difficiles encore fur ceux qui font remplis de moëlle, & dont l'écorce eft fine.

M. le Baron de Tfchoudy fait, dans le Supplément du Dictionnaire Encyclopédique, des obfervations qui méritent d'être rapportées.

« Les auteurs du jardinage n'indiquent, dit-il, pour marcotter, que le printemps & l'automne; cependant chacune de ces faifons a des inconvéniens pour ce qui concerne certains arbres. Il en eft de délicats, dont les branches, très-fatiguées par l'hiver, loin d'avoir, au retour du beau temps, affez de vigueur pour produire de leur écorce des racines furnuméraires, ont à peine la force qu'il leur faut pour fe rétablir. D'autres arbres, moins tendres, mais qui nous viennent des contrées de l'Amérique feptentrionale, où la terre profonde & humide, & les longues automnes, les excitent à pouffer fort tard, confervent cette difpofition dans nos climats; mais leur végétation vive, leurs jets pleins de fève, fe trouvent brufquement faifis par nos premières gelées. Que l'on couche leurs branches en automne, l'humidité de la terre hâtera leur deftruction. Si on attend le printemps, on les trouvera alors moëttes par le bout; on ne faura pas précifément où finit la partie deffechée & chancie, & où commence la partie vive & faine, qui fera d'ailleurs le plus fouvent trop courte pour fe prêter à la courbure qu'il convient de lui donner ».

« On préviendra ces inconvéniens, fi l'on fait, au mois de juillet, les marcottes de ces arbres un peu avant le fecond élan de la fève. Dans nos climats, (L'auteur écrivoit en Alface) les printemps mauffades & fantafques, ne laiffent à la première végétation qu'un mouvement foible & intermittent; fon jet d'été, moins contrarié, eft ordinairement plus foutenu, plus vigoureux; ainfi, nos marcottes ne font guères moins avancées que celles de la première faifon. En général, elles feront parfaitement enracinées à la feconde automne ou au fecond printemps, fur-tout, fi aux foins ordinaires, on ajoute de répandre fur leur partie enterrée, de la rognure de buis, ou telle autre couverture capable d'arrêter la moiteur qui s'élève du fond du fol, & de conferver le bénéfice des pluies & l'eau des arrofemens. La bale du bled, de l'orge, de l'avoine, &c. produira le même effet ».

» Ce ne sont pas là les seuls avantages du choix de cette saison pour faire les marcottes; il convient singulièrement à certains arbres, dont les branches ne poussent volontiers des racines, que lorsqu'elles sont encore tendres & herbacées. En les couchant on aura soin de faire l'onglet, autant qu'il sera possible, au-dessous du nœud qui sépare le jet de l'année précédente, d'avec le jet récent; & si l'on est contraint d'ouvrir dans ce bourgeon, il faudra s'y prendre avec beaucoup de dextérité. D'autres arbrisseaux, dont les jeunes branches survivent rarement à l'hiver, & qui tiennent de la nature des herbes, ne peuvent même être marcottés qu'en été. La marcotte, ayant produit des racines, périra, à la vérité, jusqu'à terre, durant le froid; mais elle demeurera vive à sa couronne, & poussera de nouveaux jets au printemps. »

» Il est encore d'autres arbres, dont les branches mûres sont si fragiles qu'elles se rompent sous la main la plus adroite, lorsqu'on veut les courber pour les coucher, soit en automne, soit au printemps : mais en été, on les trouvera liantes & dociles. Plusieurs arbres, toujours verts, dont les boutures ne se plantent avec succès que dans cette saison, sont aussi, par une suite de cette inclination, plus disposés à reprendre de marcotte dans ce même temps qu'en tout autre; & les marcottes de certains arbrisseaux, comme le chèvrefeuil, faites même assez avant dans l'été, prennent encore assez de racines, pour qu'on puisse les sevrer en automne. »

MARE. Amas des eaux pluviales & dormantes. L'insouciance & la paresse empêchent que les hommes n'ouvrent les yeux sur leurs besoins & sur leur santé, & plus souvent encore l'habitude ne leur permet pas d'examiner s'il est possible de se passer des mares, & si leur suppression est utile. En Normandie, par exemple, chaque métairie a sa mare destinée à abreuver les bestiaux, & même souvent les hommes : elles sont peu dangereuses dans un climat aussi tempéré, aussi pluvieux, comparé à celui d'un très-grand nombre d'autres provinces du royaume; mais s'il survient une longue sécheresse, les chaleurs y seront nécessairement vives, & très-vives : dès-lors, manque d'eau, corruption de cette eau à mesure qu'elle diminuera, corruption dans l'air, épidémie pour les hommes, épizooties pour les animaux. On a en effet remarqué que les épizooties putrides, charbonneuses, inflammatoires & gangréneuses survenoient toujours après les sécheresses. Plusieurs causes y concourent; mais la plus puissante est la corruption de l'eau dont les animaux s'abreuvent. Ce qui a lieu quelquefois dans le nord du royaume, est très-commun dans les provinces du midi. Si les mares, au lieu d'avoir une étendue disproportionnée, avoient une profondeur capable de contenir la même quantité d'eau, le mal seroit moindre, parce que la putréfaction de l'eau commence par les bords, & gagne de proche en proche la totalité : au-lieu que si la mare, coupée quarrément ou circulairement, étoit dans toutes ses parties entourée de murs, bien corroyés avec de l'argille en dehors, ou des murs en *béton*, (*voyez* ce mot) l'eau seroit contenue sur une plus grande hauteur; & lorsqu'elle diminueroit, ce seroit perpendiculairement. Il suffiroit de ménager sur un des côtés ( le plus commode pour le service de la métairie ) une pente d'eau qui se prolongeroit jusqu'au fond de la mare : enfin, le fond & la pente seroient pavés. L'eau ainsi resserrée ayant moins de surface, se conservera plus fraîche, & éprouvera moins d'évaporation, qui a lieu en raison des surfaces, & de leur peu de profondeur. La fraîcheur de l'eau est un point essentiel à la conservation de la santé des bestiaux : plus l'eau est échauffée, moins elle contient d'air, moins elle est digestive, & plus elle est pesante. Pour s'en convaincre, il suffit de prendre un pèse-liqueur (*voyez* sa figure & son usage au mot DISTILLATION) que l'on plonge dans l'eau que l'on vient de faire bouillir : placez le même pèse-liqueur dans la même eau, avant de la faire bouillir, & vous verrez une très-grande différence dans leur pesanteur spécifique. Plus l'eau se corrompt, & plus elle perd de cet air, principe vivifiant. Doit-on après cela être étonné s'il survient des épizooties ?

Si l'on persiste à conserver les mares, qu'elles soient du moins pavées & environnées de murs, ainsi qu'il a été dit ; mais qu'elles soient aussi tenues dans le plus grand état de propreté. J'entends, par ce mot *propreté*, qu'on n'y laisse croître aucune herbe dont les débris concourent à la putréfaction de l'eau ; qu'on détruise avec le plus grand soin les crapauds, les grenouilles, &, s'il est possible, toute espèce d'insecte. On ne fait pas assez attention que le frai d'un seul crapaud, d'une seule grenouille, après que les œufs sont éclos, se répand en forme de gelée, & qui couvre plusieurs pieds de superficie ; que cette gelée répand au-dehors ce qu'on appelle *odeur marécageuse* ; & qu'elle infecte l'eau. Combien de fois n'ai-je pas vu les animaux forcés de boire une eau verdâtre, boueuse, remplie de vers, &c., & leurs conducteurs avoir la stupidité de penser que cette eau les engraissoit. ( *Consultez* le mot ABREUVOIR, afin de ne pas répéter ici ce qui a été dit à ce sujet.) Enfin, avant l'entrée de l'hiver, on doit mettre à sec ces mares, & enlever toute la boue, la crasse & le sédiment qui en tapisse le fond. C'est le moyen le plus prompt & le plus sûr de détruire les insectes.

En bonne règle, & par humanité, le gouvernement est dans le cas d'ordonner la suppression de toutes les mares, puisque la santé des hommes & des animaux y est intéressée, surtout dans les provinces où la chaleur est ordinairement forte & vive. Mais où menera-t-on boire les bestiaux ? comment remplacer ces mares, &c. ? Il est aisé de répondre à toutes les objections que l'on peut faire.

Je réponds, 1°. Il n'est point, ou presque point de pays où l'on ne puisse rassembler les eaux pluviales dans des *citernes*. ( *Consultez* ce mot, ainsi que celui de *Béton*) 2°. Il n'est point de pays où l'on ne puisse creuser des puits : il est plus commode, moins coûteux & plus expéditif de pratiquer des mares, cela est vrai ; mais peut-on comparer cet avantage avec celui de la santé des hommes & des animaux ! De plus, combien de fois l'eau manquant dans ces mares, est-on obligé de conduire chaque jour, & à plusieurs lieues, les bestiaux pour les abreuver. Le paysan ne voit que le moment présent ; il ſonge peu à l'avenir, & ne s'imagine pas que l'eau ſtagnante & putréfiée, ſoit capable de lui occaſionner des maladies graves & ſérieuſes. (*Voyez* le mot ETANG.)

Il n'exiſte aucun endroit dans le royaume où l'on ne puiſſe trouver de l'eau à une certaine profondeur. Peu d'exceptions combattent cette aſſertion générale. Alors ſi la dépenſe qu'exige la conſtruction d'un puits très-profond, eſt trop forte pour un ſeul particulier, c'eſt à la communauté des habitans à fournir les fonds néceſſaires, en ſe cotiſant tous au marc la livre de leurs impoſitions. Mais comme, dans le nombre, il eſt rare qu'il ne ſe trouve des privilégiés, des exempts, ceux-ci ne doivent pas moins y contribuer en raiſon de la valeur de leurs poſſeſſions. La première conſtruction une fois faite, l'entretien eſt peu conſidérable. Si un projet ſi louable éprouve des oppoſitions, ce ſera à coup ſûr de la part des gros tenanciers. Il en ſera ici comme du partage des *communaux*. (*Voyez* ce mot) ils ſe conſidèrent comme des êtres iſolés qui ne vivent que pour eux, & ils ne font pas attention que, dans une épizootie, ils ſupportent les plus groſſes pertes, pour avoir mal entendu leurs intérêts, & ſur-tout pour n'avoir vu que le moment préſent.

MARGUERITE. (*Voyez* PAQUERETTE)

MARJOLAINE COMMUNE. (*Voy. Planche X*, p. 400) Tournefort la place dans la troiſième ſection de la quatrième claſſe deſtinée aux herbes à fleur d'une ſeule pièce en lèvres, & dont la ſupérieure eſt retrouſſée, & il l'appelle *majorana vulgaris*. Von-Linné la nomme *origanum majorana*, & la claſſe dans la didynamie gymnaſpermie.

*Fleur.* B repréſente une fleur ſéparée. Elle eſt compoſée d'un tube cylindrique, évaſé à ſon extrémité, partagé en deux lèvres, dont la ſupérieure eſt découpée en cœur, & l'inférieure diviſée en trois parties preſqu'égales, comme on le voit en C. Les quatre étamines, dont deux plus grandes & deux plus courtes, ſont attachées vers la baſe du tube. Le piſtil D occupe le centre. Toutes les parties de la fleur ſont raſſemblées dans le calice E. Chaque fleur eſt accompagnée à ſa baſe d'une feuille florale F.

*Fruit.* G, compoſé de quatre ſemences, cachées au fond du calice, & elles y reſtent juſqu'à leur maturité.

*Feuilles.* Petites, ovales, obtuſes, très-entières, preſqu'adhérentes aux branches, douces au toucher, blanchâtres.

*Racine* A. Menue & fibreuſe.

*Port.* Tiges hautes de douze à dix-huit pouces, grêles, ligneuſes, rameuſes, ſouvent velues; les fleurs naiſſent en épi au ſommet, & les feuilles ſont oppoſées.

*Lieu*; le Languedoc, la Provence. Cultivée dans les jardins, fleurit pendant tout l'été.

*Propriétés.* Toute la plante a une odeur aromatique, agréable, une ſaveur âcre & amère. Son principal caractère eſt d'être céphalique. Les autres vertus qu'on lui attribue ſont très-douteuſes.

*Uſage.* On fait ſécher les feuilles, on les pulvériſe & on les tamiſe; enfin, on inſpire cette poudre par le nez. Elle diſſipe les humeurs muqueuſes qui tapissent la membrane pituitaire. Elle est indiquée dans le larmoyement par abondance d'humeurs séreuses ou pituiteuses, dans le catarrhe humide, & l'enchifrenement, lorsqu'il n'existe pas de dispositions inflammatoires.

Marjolaine sauvage. (*Voyez* Origan)

MARNE, Histoire naturelle, Économie rurale. C'est une terre calcaire, effervescente avec les acides, plus ou moins blanche, plus ou moins compacte, presque toujours pulvérulente & déposée dans le sein de la terre. Les principes constituans de la marne sont la terre calcaire, la terre argilleuse, & la terre siliceuse ou le sable : on y trouve aussi de la terre magnésienne. Quand les trois premiers principes se trouvent dans une juste proportion, alors on a la marne parfaite, cet excellent engrais, ce trésor en agriculture.

Ces trois premiers principes influent nécessairement sur ces caractères extérieurs. Sa friabilité dépend de la proportion où est le sable : plus il y en a, & plus la marne est friable. Elle attire l'humidité & l'eau, & s'en imprègne; & lorsque le sable la rend très-poreuse, les interstices se trouvent remplis d'air athmosphérique, qui s'en dégage avec abondance, lorsque l'on verse de l'eau dessus; ce qui la fait paroître écumer. Sa tenacité & son espèce de ductilité sont en raison de la terre argilleuse qu'elle contient : si la portion argilleuse est considérable, la ductilité augmente, la nature de la marne change & passe à celle de terre opiste, dont on peut faire des vases, en apportant beaucoup de précaution dans leur cuisson. C'est enfin à la partie calcaire que la marne doit l'effervescence qu'elle fait lorsque l'on verse dessus un acide quelconque, comme vinaigre, eau forte, &c. L'acide décompose la terre calcaire, & en chasse l'*air fixe*, (*voyez* ce mot) qui s'échappe en bulles.

D'après ce que nous venons de dire, on connoîtra facilement les caractères de la bonne marne. Elle doit se déliter à l'air, & tomber en poussière : plongée dans l'eau, elle s'y divise & s'y dissout, en laissant échapper beaucoup de bulles d'air. Elle est très-friable, & en même-tems happe à la langue assez fortement. Enfin, elle fait beaucoup d'effervescence, si l'on y verse dessus du vinaigre ou de l'acide vineux, ou eau forte.

Non-seulement on trouve la marne sous forme pulvérulente, mais encore sous forme solide & en pierre. Ces pierres marneuses, exposées à l'air, s'y délitent bientôt, & y fusent comme la chaux vive.

La marne se trouve déposée dans beaucoup d'endroits entre les bancs d'argille ou de sable, sous les couches de la terre végétale, très-rarement à la superficie de la terre, mais plutôt à vingt, trente & même jusqu'à cent pieds de profondeur.

Il n'est pas difficile d'assigner quelle est l'origine de la marne, & ses principes constituans indiquent assez tout ce qui a concouru à sa formation. Elle paroît être le résultat des décompositions des pierres calcaires, quartzeuzes & argilleuses, charriées par les eaux, & déposées dans des bas-fonds, Ces dépôts étant de nature singulièrement propres à la végétation, ils ont été bientôt recouverts de plantes qui, par leur germination, leur végétation & leur mort successives, sont venues à bout de changer les couches supérieures de la marne en terre végétale. Insensiblement le terrein s'est élevé & amélioré par la culture, soit naturelle, soit artificielle, & ce dépôt marneux, enfoui profondément, s'est perfectionné, & la nature semble l'avoir ainsi mis en réserve pour nos besoins, & pour récompenser notre industrie. M M.

Les auteurs ne sont point d'accord sur l'origine de la marne. Quelques-uns prétendent qu'elle est originairement une chaux produite par le *detritus* ou brisement des coquilles, réduites en molécules très-fines par leur frottement & par le roulement, & déposées, ou en masse ou par couches, entre les bancs argilleux ou sablonneux. Celle qu'on rencontre sous les bancs argilleux est toujours plus profondément enterrée que l'autre. Celle des bancs sablonneux est pour l'ordinaire à deux ou trois pieds, ou plus, au-dessous de la superficie du banc supérieur, & on prétend qu'attendu la ténuité des particules de cette chaux, elles se sont insinuées à travers le sable, & ont été entraînées dans le fond du banc par les eaux pluviales, qui ont pénétré & traversé ce sable. Cette explication est plus spécieuse que démonstrative, puisque souvent sous ce même sable, & confondues avec la marne, on trouve des coquilles entières ou brisées. D'autres prétendent que la marne est dûe au simple débris des animaux, des végétaux, & des pierres calcaires; ce qui n'explique pas mieux pourquoi on trouve des marnes en blocs plus ou moins arrondis au milieu des terres, & dont la plupart ont pour noyau un ou plusieurs morceaux de coquilles, ou bien des marnes par couches ou par plaques peu étendues, d'un à deux pouces d'épaisseur, & répandues entre des lits, soit de sable soit d'argille. Quoi qu'il en soit, que la marne ait été rassemblée par infiltration ou par dépôts, la meilleure sera toujours celle qui contiendra le plus de parties calcaires, & les plus atténuées, n'importe la couleur qui est accidentelle, & qui ne contribue en rien à la fertilité; enfin, celle qui se réduit le plutôt en poussière, lorsqu'elle est exposée à l'air comme la chaux. Les auteurs ne sont pas d'accord, en général, sur les analyses des marnes; cependant tous ont raison, & leurs analyses sont bien faites : mais l'on peut dire que la marne d'un canton ne ressemble en rien à celle du canton voisin, & que toutes, si on peut s'exprimer ainsi, ont un visage particulier, des combinaisons différentes, quoique le principe vraiment marneux soit le même. Ainsi la plus ou moins prompte délitescence à l'air, la solubilité dans l'eau, & l'effervescence avec les acides, caractérisent les marnes riches ou peu riches en principes calcaires, que j'ai jusqu'à présent plus particulièrement spécifiés sous la dénomination d'*humus* ou *terre végétale*, la seule qui forme la charpente des plantes; toute autre terre doit être appelée *terre matrice*, & elle sert seulement de réservoir à l'humidité que les pluies lui ont communiquées, & de point d'appui aux plantes & à leurs racines. (*Consultez* le Chapitre VIII du mot *Culture*, où ces principes sont développés.)

La marne agit sur la terre dans laquelle on la mêle, par ses sels, par l'air fixe qu'elle recèle, par la terre végétale ou *humus* qu'elle contient; enfin, mécaniquement, par la division extrême de ses parties. On voit par ces détails que la marne est un excellent engrais qui réunit tous les matériaux de la sève, à l'exception de la partie huileuse, qui les rend savonneux, & susceptibles par conséquent d'une dissolution extrême dans l'eau qui leur sert de véhicule.

Que la marne ne soit, si l'on veut, qu'un amas des débris de coquilles, qu'une chaux naturelle, ou simplement une terre calcaire par excellence, abstraction faite des autres terres auxquelles elle est unie, sous quelque forme qu'on la considère, on ne peut nier qu'elle ne soit abondamment pourvue de sels, & que ces sels ne soient alkalis. Ils ont une tendance singulière à absorber l'air de l'atmosphère, à se naturaliser par leur combinaison avec le sel nommé *aérien* par le célèbre Bergman; enfin, à absorber l'humidité de l'air qui fait déliter la marne, & la réduit en poudre impalpable, de la même manière que la chaux ordinaire, après qu'on l'a retirée du four. Or tous les sels fécondent la terre toutes les fois qu'ils se trouvent proportionnés avec les matières graisseuses ou huileuses. (*Voyez* le mot Amendement, & le dernier Chapitre du mot *Culture*) Si les sels surabondent, il en résultera, pour un certain temps, le mauvais effet détaillé au mot *Arrosement* & au mot *Engrais*. Enfin, ces sels n'agiront efficacement que lorsque la combinaison savonneuse sera achevée.

La présence de l'air fixe est démontrée dans la marne par les bulles d'air qu'elle laisse échapper dans l'eau qui sert à la dissoudre, & par l'effervescence & par le bouillonnement qui sont excités, lorsqu'on verse un acide sur elle. J'ai fait voir cent & cent fois, dans le cours de cet Ouvrage, combien cet air influoit sur la végétation, comment il devenoit le lien de toutes les parties des plantes, & contribuoit à la solidité de leur charpente; que les arbres dont le bois est le plus dur, en contenoient davantage; enfin qu'un vase, *toutes circonstances étant égales*, placé sur un champ aride, un second sur un champ fertile & labouré, & un troisième près d'une bergerie, offroient des différences sensibles dans les progrès de la végétation des plantes qu'ils contenoient, en raison de la quantité d'air fixe qu'elles absorboient de l'atmosphère. Or, si cette différence est si sensible, simplement en raison de l'air extérieur, combien donc doit-elle l'être lorsque cet air fixe est concentré dans la terre, & sur-tout lorsque le surplus de celui qui a servi à former la sève, s'échappe de la terre, & est absorbé par les feuilles des plantes. Pour bien saisir ce qu'on vient de dire en abrégé, consultez le mot Air, & particulièrement les chapitres qui traitent de *l'air fixe*.

Si, suivant quelques auteurs, la marne est le résultat de la décomposition des substances calcaires & des végétaux, elle doit nécessairement renfermer une grande quantité de terre végétale ou humus, la seule qui entre & qui constitue la charpente des plantes. Ainsi, dès que cette terre végétale & parfaitement soluble dans l'eau, sera dissoute par elle, & combinée avec les autres matériaux de la sève, elle doit donc, de toute nécessité,

cessité, accélérer & fortifier la végétation des plantes. Il ne reste aucun doute à ce sujet.

La marne agit mécaniquement sur les terres fortes & tenaces, à raison de la ténuité de ses parties; elle agit sur ces terres, comme le sable sur l'argille. Chaque molécule fait l'office d'un petit coin, ou d'un petit levier qui se place entre les molécules de la terre, & les tient séparées. Il résulte de cette désunion, plus de souplesse dans la terre du champ; elle est pénétrée plus profondément par l'eau pluviale, & elle devient moins compacte & moins gersée par la sécheresse.

La marne, dit-on, *engraisse la terre;* cette expression est tout au moins impropre, puisqu'elle ne contient aucun principe graisseux, mais seulement des principes salins, terreux & aëriformes, & par conséquent tous disposés, tous préparés à s'unir aux matières graisseuses. On a beau labourer & labourer sans cesse, la marne ne s'unit point avec la terre du champ, elle reste séparée, & même conserve sa couleur; ce n'est qu'à la longue, & très à la longue, que s'opère la réunion & le changement de couleur; ce qui prouve clairement qu'elle divise les terres. D'où l'on doit conclure que la marne jetée sur les sols sablonneux & déjà peu liés, est non-seulement inutile, mais même nuisible. Ceci demande certaines restrictions, dont il va être question. Le laboureur s'apperçoit, dans un champ marné depuis quelques années, que la charrue entre plus facilement, & que ses animaux sont beaucoup moins fatigués. Quand la marne n'auroit d'autres avantages que celui de diviser la terre, de la rendre plus perméable à l'eau, & moins susceptible de se gerser par la chaleur, elle seroit bien précieuse.

Il a été dit que la portion vraiment marneuse, étoit mêlangée en partie avec du sable, ou avec de l'argille. C'est précisément le mêlange de ces substances qu'il est important de connoître, afin de décider sur quelle espèce de champs on doit répandre la marne, & en quelle quantité.

Le vinaigre, l'acide nitreux, ou eau-forte, noyés dans une quantité égale d'eau commune, l'un ou l'autre de ces acides dissolvent toute la partie calcaire, & n'attaquent pas la partie argilleuse: ainsi, ce qui restera sans être attaqué, indiquera la proportion de la terre calcaire. Il faut que l'acide recouvre entièrement la portion que l'on analise, & on doit en ajouter jusqu'à ce que l'effervescence ne se manifeste plus. L'argille & le sable resteront au fond du vase. Alors, remplissez ce petit vase d'eau de rivière; remuez le tout, videz-le sur un filtre de papier-gris, & ce qui restera sur le filtre sera la partie non marneuse, mais argilleuse & sablonneuse. Laissez sécher ce résidu; & si vous avez pesé le morceau de marne avant l'expérience, vous connoîtrez, en pesant de nouveau le résidu, combien il est resté de parties marneuses en dissolution dans l'eau passée à travers le filtre.

Le simple coup-d'œil suffit pour faire distinguer sur le filtre, la partie sablonneuse d'avec l'argilleuse, & la quantité respective de l'une ou de l'autre. Cependant, si vous désirez plus d'exactitude, rejetez le résidu du filtre dans un vase assez grand, & presque plein d'eau, & ayez l'attention de bien agiter cette eau, afin de diviser le plus qu'il est possible ce résidu. Lorsque le tout a été bien agité, videz de nouvelle eau dans ce vase, & qu'elle surpasse ses bords: la première eau s'écoulera sur la superficie du vase, & entraînera la partie argilleuse, mais la sablonneuse gagnera peu-à-peu le fond. Continuez à ajouter de l'eau jusqu'à ce qu'elle sorte claire, & qu'il ne reste plus d'argille. Laissez reposer & décantez ensuite doucement; placez au soleil, ou sur le feu la portion sablonneuse, & vous reconnoîtrez, quand elle sera sèche, & par son poids, qu'elle aura été la quantité d'argille entraînée par l'eau. Enfin, réunissant les différens poids, vous aurez à-peu-près la pesanteur totale du morceau de marne dont vous avez voulu connoître la qualité. Il ne s'agit pas ici d'avoir une précision mathématique: si elle étoit nécessaire, je ne présenterois pas cette expérience à de simples agriculteurs; mais on doit observer qu'il y aura toujours une différence dans la totalité des poids, puisqu'on n'a pas pu retenir l'air lorsqu'il s'échappoit, & le poids de cet air est considérable, proportion gardée.

Ces trois états généraux indiquent les terres où telle qualité de marne est utile, & où telle autre seroit nuisible. Si on est assez heureux pour avoir de la marne toute calcaire, il en faut beaucoup moins, & elle sera un engrais excellent pour les terres déjà bonnes par elles-mêmes, mais un peu compactes. Si elle est plus argilleuse que calcaire & sablonneuse, elle produira de bons effets dans les terres sans nerfs, & qui laissent trop facilement filtrer les eaux pluviales. Si elle est calcaire & très-sablonneuse, toutes les terres compactes & argilleuses en retireront d'excellens effets. Sans ces distinctions, on court grand risque de détériorer ses champs, & elles démontrent combien peu sont fondées les assertions des écrivains qui généralisent tout, & qui vont jusqu'à fixer le nombre de tombereaux de marne qu'on doit répandre par arpent, & combien de temps il convient de la laisser exposée à l'air, comme si la délitescence de la marne ne dépendoit pas du climat, en même temps que de la plus ou moins grande quantité d'argille qu'elle contient. Plus elle sera argilleuse, & plus elle doit rester exposée à l'air; plus elle sera calcaire, & plutôt elle sera réduite en poussière. Tels sont les principes d'après lesquels on doit se régler.

Je ne fixerai point le nombre de tombereaux de marne à répandre sur un arpent, parce que leur grandeur varie d'une province à une autre, & qu'il y a une très-grande différence entre la capacité d'un tombereau à vache ou à bœuf, ou à mule, ou à cheval, capacité toujours relative à la force de l'animal, & à la difficulté du transport. Enfin, le nombre des tombereaux dépend de la qualité du champ que l'on veut marner. On peut dire, en général, qu'un champ, suivant ses besoins & suivant la nature de son sol, est bien marné, lorsqu'il est recouvert, depuis quatre lignes jusqu'à douze d'épaisseur, & qu'une prairie qu'on veut rajeunir n'en exige que moitié, mais de la qualité de marne convenable.

Je sçais que dans plusieurs provinces, la marne argilleuse est employée pour fertilliser les terres argilleuses ou tenaces. Cet exemple prouve qu'il y a des abus par-tout ; ou bien qu'on n'a pas le choix dans les qualités de marne ; ou enfin, qu'on ignore les distinctions qui se trouvent entre-elles. Il vaut encore mieux se servir de marne argilleuse, que de se priver du bénéfice qui en résulte, sur tout si la dépense est trop considérable pour se procurer la qualité que l'on désire, & si le transport, ou l'extraction de la marne augmente beaucoup la dépense.

Doit-on transporter la marne dans les champs, & l'y laisser par petit tas, ou la répandre aussitôt après l'avoir apportée? Les cultivateurs & les écrivains ne sont pas d'accord sur ces points, parce que les uns ne voient que leur canton exclusivement à tout autre, & pensent, que par-tout l'on doit opérer comme chez eux, puisqu'ils réussissent : ceux-ci généralisent trop la solution du problême, en partie décidée par la qualité de la marne. Par exemple, la marne qui surabonde en parties calcaires n'a pas besoin de beaucoup de temps pour se déliter & se réduire en poussière, elle peut être répandue tout de suite, telle qu'on la sort de la marnière, à moins que les blocs ne soient trop forts ; il suffit de faire cette opération quelques jours avant de labourer. Il n'en est pas ainsi de la marne qui surabonde en parties argilleuses, c'est la plus ou moins grande quantité d'argille qu'elle contient, qui déterminera le temps qu'elle doit rester à l'air. Mais doit-elle être ammoncelée, pour être ensuite répandue, après un laps de temps quelconque? Je ne le crois pas. La délitescence de la marne ne s'exécute que couche par couche, & par l'humidité de l'atmosphère qu'elle absorbe. Ainsi, plus le monceau sera considérable, & plus longue sera la délitescence totale. Quelle nécessité y a-t-il donc de perdre du temps? Il me paroît qu'il est bien plus naturel, si les blocs sont trop gros, de les briser avec la masse sur le sol, & d'étendre au soleil la marne, à-peu-près dans la proportion d'épaisseur qu'on juge nécessaire ; alors elle se délite bien plus vîte & bien plus efficacement, puisque chaque morceau est environné par l'air atmosphérique, & présente plus de côtés pour l'absorption de l'humidité. Lorsque la marne est bien délitée, il ne reste qu'à faire passer la herse (*Voyez* ce mot), armée de branches ou de fagots d'épines. Cette opération dispense d'employer des hommes, elle est plus expéditive, & distribue la marne plus également ; au lieu que si elle a été amoncelée en petit tas, il faut nécessairement que des hommes la répandent avec une pèle ; ce qui multiplie les frais. Aussitôt qu'elle est répandue, on doit l'enterrer par un bon labour. La marne, portée sur le champ en septembre ou en octobre, laisse le temps propre à donner un labour avant l'hiver, qui dispose le champ à recevoir les impressions météorologiques de cette saison. Consultez les mots AMENDEMENT & LABOUR. En enfouissant la marne avant l'hiver, soit qu'on l'ait portée sur le champ aussitôt après la récolte, soit dans le courant de septembre, elle a le temps d'être pénétrée par les pluies d'hiver ; ses sels, son humus, & son air fixe ont le temps de s'unir avec la terre matrice, & de la diviser. Les labours que l'on donnera après l'hiver, pendant le printemps & l'été, avant de semer ce champ, la combineront encore mieux avec la terre matrice. Cependant on ne doit pas s'attendre que la première, & même la seconde récolte seront belles, ses bons effets ne se manifestent qu'à la longue, & lorsque les principes salins, terreux & aëriformes se sont combinés avec les parties graisseuses contenues dans la terre, & sont parvenues à former la matière savonneuse de la sève.

Cette combinaison est bien plus prompte & plus active dans les prairies marnées, parce que la partie graisseuse, végétale & animale y est en plus grande quantité que dans les champs à bled. Les insectes, & autres animaux, sont toujours en proportion de la quantité de plantes nourries sur un sol : il en est ainsi des débris des végétaux. Tel est l'avantage des prairies naturelles ou artificielles; au lieu que dans les champs à blé on retire toujours des récoltes qui diminuent peu-à-peu l'*humus* ou terre végétale ; enfin, on les épuise par des récoltes successives, tandis que si on *alternoit* ces mêmes champs il n'y auroit aucun épuisement, (*Voyez* le mot ALTERNER) & au contraire le fonds seroit bonifié d'une année à l'autre ; ce qui est prouvé par l'expérience.

Ce qui vient d'être dit prouve que l'on peut accélérer l'effet de la marne, en imitant la nature, c'est-à-dire en hâtant les combinaisons de la marne avec les matières animales & graisseuses.

A cet effet on rassemble dans la cour à fumier la quantité de marne qu'on juge nécessaire, & on l'amoncèle dans un coin de cette cour. A mesure qu'une partie se délite à l'air, on en fait un lit sur une couche de fumier, & ainsi successivement, à mesure que la marne se délite. Si la pluie tombe sur le monceau de marne, on ouvre tout-autour une tranchée, & elle est prolongée jusqu'au creux à fumier, afin d'y conduire les eaux chargées de la marne qu'elles ont dissoute; par ce moyen rien n'est perdu. Le fumier ainsi préparé, doit être arrosé de temps en temps, pendant les chaleurs de l'été, si les pluies sont rares dans le canton, & si la chaleur y est vive. En Flandres, en Picardie, par exemple, où les fumiers nagent toujours dans une grande masse d'eau, ces arrosemens sont inutiles; mais cette quantité d'eau, comme je l'ai déjà dit dans cet ouvrage, s'oppose à la fermentation & à la bonne décomposition des pailles. Sans fermentation point de décomposition, sans décomposition point de recombinaison, d'appropriations de principes, or la trop grande quantité d'eau s'y oppose : il en est de même si le fumier est trop sec. Les couches de marne sur celles du fumier, doivent avoir peu d'épaisseur, & il vaudroit même mieux mêler intimement la marne avec le fumier, la décomposition & la recomposition seroit plus prompte. Ce fumier, ainsi préparé, doit être porté sur le champ, & enterré avant l'hiver, par un bon labour croisé.

Si les fumiers sont rares, il est possible de les suppléer par un mêlange de terre franche avec la marne; on amoncèle ces matières après les avoir bien mêlangées, on place le tout dans un coin, & on recouvre la partie supérieure avec de la paille, afin que les eaux pluviales n'entraînent pas le sel de nitre qui ne tarde pas à se former sur toute la superficie. Une fois ou deux dans l'année, ce monceau eſt arroſé ſuivant le beſoin, après l'avoir retourné, afin que les parties qui auparavant étoient intérieures, deviennent extérieures, & pour que le tout ſoit bien mêlangé. Si ces terres reſtent amoncelées pluſieurs années de ſuite, ſi chaque année on les retourne deux à trois fois, on obtiendra le meilleur, le plus durable & le plus actif de tous les engrais, ſurtout ſi à cette terre on a ajouté une certaine quantité de fumier; on aura opéré par l'art & en peu de temps ce que la nature ne produit qu'à la longue. Enfin, toutes les fois qu'on trouvera une terre quelconque qui ſe délite à l'air, qu'elle que ſoit ſa couleur, qui ſe diſſout dans l'eau, qui fait efferveſcence avec les acides, & dont le bouillonnement dégage beaucoup d'air fixe, on aura une véritable marne. Ce que j'ai dit au mot CHAUX (article à conſulter par ſon analogie avec celui-ci) s'applique à la marne, & me diſpenſe d'entrer dans de plus grands détails; j'ajouterai ſeulement que dans toutes autres circonſtances, les labours trop multipliés concourent au prompt dépériſſement des terres; il en eſt tout autrement lorſque l'on marne ou lorſque l'on chaule, puiſque c'eſt de la combinaiſon & du mêlange de ces ſubſtances avec les molécules du ſol du champ, que dépend la plus ou moins prompte bonification, ſur-tout ſi, entre chaque labour, le champ a été imbibé de l'eau des pluies. Dans les provinces du midi, & ſur-tout dans ceux de leurs cantons qui approchent de la mer, la prudence ne permet pas de marner ſans de grandes précautions, parce que c'eſt ajouter un ſel à une terre qui eſt déjà imprégnée de celui de la mer, que les vents & les pluies y dépoſent. (*Voyez* l'expérience citée au mot ARROSEMENT)

## MARRON, MARRONNIER.

(*Voyez* CHATAIGNIER)

MARRONNIER D'INDE. Tournefort le place dans la première ſection de la vingt-unième claſſe deſtinée aux arbres à fleurs en roſe, dont le piſtil devient un fruit à une ſeule loge, & il l'appelle *hippocaſtanum vulgare*. Von Linné le nomme *æſculus hippocaſtanum*, & le claſſe dans l'heptandrie monogynie.

*Fleur*. En roſe, à cinq pétales obronds, pliſſés à leurs bords, ouverts, inégalement colorés. Le calice eſt ovale avec cinq diviſions; les étamines au nombre de ſept, & un piſtil.

*Fruit*. Capſule coriacée, obronde, armée de piquans, à trois loges & à trois battans, contenant ordinairement une ou deux ſemences, aſſez ſemblables à la châtaigne, recouvertes comme elle d'une écorce dure, brune, & nommées *Marrons d'Inde*.

*Feuilles*. Portées ſur une longue queue, compoſée de cinq ou de ſept grandes folioles qui partent d'un pétiole commun: elles ſont entières, ovales, pointues, dentées à leurs bords en manière de ſcie, ſillonnées en-deſſus, nerveuſes en-deſſous.

*Port*. Grand arbre rameux, dont la tige eſt droite, la tête belle, le bois tendre & filandreux; les fleurs blanches, fouettées de rouge, & quelquefois de jaune, diſpoſées au haut des tiges en grappes pyramidales.

*Lieu*. Originaire des Grandes-Indes. C'eſt en 1550 environ, qu'on l'apporta des parties ſeptentrionales de l'Asie. On le reçut à Vienne en Autriche en 1588, & M. Bachelier, en 1615, l'apporta de Constantinople à Paris, & le planta au jardin de Soubise. Le second fut planté au jardin royal des plantes, & le troisième au Luxembourg. Celui du jardin royal fut planté en 1656, & il est mort en 1767.

*Culture.* Tout est mode en France, & par conséquent de peu de durée. Dans le siècle dernier, chacun cherchoit avec empressement à se procurer des marronniers d'Inde. L'on admiroit sa croissance rapide, la beauté de sa tige, sa manière élégante dans la disposition de ses branches, le volume & la multiplicité de ses feuilles, la beauté pittoresque & le nombre de ses fleurs en superbes pyramides, enfin, l'ombre délicieuse qu'il procuroit. Il n'y a pas long-temps encore que l'on s'extasioit avec raison sur la portée des arbres de l'allée du palais royal à Paris, qui sembloit plantées & conduites par la main des fées. Aujourd'hui tout le mérite de cet arbre est éclipsé, parce que la chûte de ses fleurs salit les allées, & celle de ses fruits, lors de sa maturité, est, dit-on, dangereuse. Enfin, on le supplée par le tilleul, & sur-tout par celui appellé *de Hollande*, qui est aussi, il est vrai, un fort bel arbre. Tel est l'empire de la mode. On pourroit cependant demander si, dans l'espace de plus d'un siècle que la grande allée du palais royal a subsisté, & qu'elle a fait l'admiration de tous les amateurs & de tous les curieux, quelqu'un a été estropié par la chûte des marrons, & si un autre arbre, sans excepter le tilleul de Hollande, procure une ombre plus délicieuse, & se prête plus docilement aux ciseaux du jardinier? Quel est l'arbre dont la dépouille des fleurs, de leurs calices & de leurs fruits, ne salissent pas dans un temps donné le sol des allées? Chacun a sa manière de voir: je ne blâme pas celle des autres; mais, à mon avis, le marronnier d'Inde, bien taillé & en fleurs, est le plus bel arbre que je connoisse, celui qui flatte le plus agréablement ma vue, & à l'ombre duquel je brave plus surement les rayons brûlans du soleil. Enfin, c'est l'arbre dont la rapide végétation s'accorde le plus avec notre impatiente envie de jouir. Il est presque de tous les climats & de tous les pays, tandis que le tilleul souffre, languit & périt dans nos provinces méridionales. Il y a peu d'exceptions à cette loi.

Les reproches que l'on fait au marronnier sont bien foibles; & quant à la chûte des fleurs, elle s'étend également aux ormeaux & aux tilleuls: quelques coups de râteaux & de balais suffisent pour les faire disparoître. La durée de la chûte des fruits est de quinze jours environ, & dans une saison où l'on recherche peu un ombrage qui a été si nécessaire pendant l'été. Les *hannetons*, (*voyez* ce mot) se jettent par préférence sur le marronnier, & quelquefois le dépouillent de ses feuilles: mais le noyer & tant d'autres arbres n'ont-ils pas le même inconvénient? Si on met en comparaison le *miclat*, (*voyez* ce mot) qui découle des feuilles du tilleul, on verra qu'aucun arbre n'est exempt de défauts. Si on veut jouir du beau spectacle des fleurs du marronnier, & ne pas en redouter les suites, on fera usage des échelles qui servent à tailler ces arbres, pour couper les fleurs lorsqu'elles commenceront à passer ; enfin, au défaut d'échelles, on se servira de ciseaux ou torces, fixés au sommet d'une perche.

Le marronnier se plaît dans toute sorte de terreins, pourvu qu'ils conservent un peu d'humidité. Il se défeuille promptement dans les sols trop secs, & il y végète mal. Si le terrein est trop humide, le jaune de ses feuilles annonce son état de souffrance : dans un bon fonds, son tronc s'élance avec grace, & s'élève très-haut du moment que ses branches & ses feuilles touchent celles de l'arbre voisin, parce qu'elles sont obligées d'aller chercher la lumière. Si on veut hâter sa jouissance, pour une salle de marronniers, on plante à vingt pieds de distance : on doit dans ce cas supprimer un arbre entre deux, lorsqu'on commence à s'appercevoir que les rameaux *s'étiolent*, c'est-à-dire, s'alongent sans prendre assez de consistance. Dans peu d'années, si le fonds est bon, le vide occasionné par la suppression des arbres surnuméraires, sera regarni par les branches des arbres qu'on a laissé subsister ; elles s'abaisseront au-lieu de filer comme auparavant.

Dans les fonds de médiocre qualité, on peut planter depuis quinze jusqu'à vingt pieds de distance, & la suppression, dans la suite, sera inutile.

L'on taille le marronnier à plusieurs époques ; aussitôt après la chûte des feuilles, & avant la sève du mois d'août. Le marronnier isolé n'exige aucun soin de la part du jardinier du moment que le tronc a pris la hauteur qu'on désire : mais dans les salles, dans les avenues, dans les allées, le jardinier retranche impitoyablement tous les bourgeons qui s'alongent & dépassent l'allignement qu'il a donné.... Si l'ordre symétrique exige qu'on coupe quelque mère-branche, elle doit l'être raz du tronc, sans laisser aucun chicot, & il faut aussitôt la couvrir avec l'*onguent* de Saint-Fiacre, (*voyez* ce mot) afin que la partie ligneuse ne pourrisse pas avant que l'écorce ait eu le temps de la recouvrir. Sans cette précaution, il se forme une gouttière, & la pourriture gagne insensiblement l'intérieur du tronc de l'arbre.

Il vaut beaucoup mieux replanter le marronnier fort jeune, que d'attendre qu'il ait une haute tige ; sa reprise dans le premier cas est plus assurée, & ses succès plus prompts par la suite. Le point essentiel est de conserver, à chaque pied que l'on arrache de terre, le plus grand nombre de racines qu'il est possible. Jamais cet arbre ne végète avec autant de force que lorsqu'il est semé en place, parce qu'il est alors l'arbre de la nature, c'est-à-dire qu'il est garni de son pivot. Dans cet état, il craint moins la sécheresse, & pénètre très-avant dans la terre, où il trouve une humidité qui assure sa fraîcheur ; au lieu que l'arbre à racines écourtées ne peut plus en pousser que de superficielles & de latérales. Cette observation est importante pour les terreins secs & maigres. Dans les provinces du midi, on fera très-bien d'arroser ces arbres pendant les premières années après la plantation, dans le courant de juin, & un peu avant le renouvellement de la sève du mois d'août.

Le marronnier se multiplie par ses fruits. Aussitôt qu'ils sont tombés, on les enterre dans du sable pour les semer au premier printemps suivant :

cependant les marrons se conservent très-bien sous les feuilles de cet arbre; & ils poussent de meilleure heure que ceux que l'on a conservés dans du sable, pour les semer ensuite.... A la fin de la première année du semis, il convient de lever tous les plants, & de les mettre en pépinière à trois pieds de distance les uns des autres. Ils ne réussissent pas si bien dans un espace plus resserré.

Le marronnier d'Inde ordinaire a une variété, dont la coque des fruits n'est pas épineuse. Ses fleurs paroissent plutôt, & ses fruits tombent plus vîte; la tige de l'arbre s'élève moins, elle n'est pas si rameuse, ni si feuillée que celle de l'autre.

*Propriétés économiques.* Le bois est de qualité médiocre : cependant lorsqu'il n'est pas exposé à l'air extérieur, il se conserve aussi longtemps que celui des bois blancs : il brûle mal, ses cendres sont recherchées pour les lessives.

M. Parmentier nous a communiqué les observations suivantes.

Il paroît qu'on s'est beaucoup exercé sur les marronniers d'Inde & sur leur fruit. *Zanichelli*, Apothicaire à Venise, a publié une *Dissertation Italienne* concernant les cures qu'il a opérées avec l'écorce de cet arbre : il la compare, d'après ses propres observations & l'analyse chymique, au quinquina. Plusieurs médecins ont depuis confirmé l'opinion de ce pharmacien. MM. *Coste* & *Villemet* remarquent aussi dans leurs *Essais Botaniques*, que l'écorce du marronnier d'Inde, en décoction ou en substance, pouvoit remplacer celle du Pérou.

D'excellens patriotes se sont également appliqués à travailler le marron d'Inde, pour tâcher, s'il étoit possible, de le rendre aussi utile qu'il est agréable aux yeux; ils ont vu à regret ce fruit, dont la récolte est constamment sûre & abondante, relégué dans la classe des choses inutiles, à cause de son insupportable amertume. Chacun a cru être parvenu au but désiré. M. le président *Bon* a proposé, dans les *Mémoires de l'Académie Royale des Sciences de Paris*, 1720, de faire macérer ce fruit, à plusieurs reprises, dans des lessives alkalines, & de le faire bouillir ensuite, pour en former une espèce de pâte qu'on puisse donner à manger à la volaille. On a même cherché, dans quelques cantons où il régnoit une disette de fourrages, à accoutumer les chevaux & les moutons à s'en nourrir pendant l'hiver.

Mais il paroît que les marrons d'Inde, dans cet état, ne sont pas une nourriture saine, puisque, jusqu'aujourd'hui, la proposition est demeurée sans exécution. Les lotions & les macérations, en effet, ne sçauroient enlever le suc & le parenchyme dans lesquels réside l'amertume des marrons d'Inde; le changement que peuvent produire ces opérations, est d'en diminuer l'intensité.

D'autres, croyant impossible à l'art d'enlever l'amertume du marron d'Inde, pour en obtenir ensuite un aliment doux, se sont efforcés d'appliquer ce fruit à divers usages économiques. On a cru être parvenu à en faire une poudre à poudrer, en le mettant sécher, & en le réduisant en poudre : un cordonnier a préparé avec cette poudre une colle qu'il a exaltée comme très-utile au papetier, au tabletier & au relieur. On en a encore fait des bougies que l'on a

d'abord

d'abord beaucoup vantées ; mais ce n'étoit que du suif de mouton bien dépuré, & rendu solide par la substance amère du marron d'Inde ; leur trop grande cherté, les a bientôt fait abandonner.

Dans un Ouvrage qui a pour titre : *L'Art de s'enrichir par l'Agriculture*, l'auteur propose de raper les marrons d'Inde dans l'eau, de les y laisser macérer pendant quelque temps, & de laver ensuite avec cette eau les étoffes de laine. M. *Deleuze* indique aussi, d'après quelques expériences, les marrons comme très-bons pour le roui du chanvre.

Enfin, il y a des personnes qui, persuadées que les marrons d'Inde étoient moins propres à nous servir d'aliment, ou dans les arts, que de médicament, les ont envisagés sous ce dernier point de vue : on les a donc employés en fumigation & comme sternutatoire. On prétend que, pris intérieurement, ils arrêtent le flux de sang. Les maréchaux s'en servent pour les chevaux poussifs : on a vu un soldat invalide, sujet à l'épilepsie, manger des marrons d'Inde, dont l'usage, à ce qu'il assura, avoit éloigné sensiblement les accès de son mal. Une religieuse de l'hôtel-dieu de Paris a aussi été témoin des bons effets du marron d'Inde dans un cas semblable ; elle convient à la vérité que ce remède n'a pas eu une réussite égale sur tous ceux à qui elle l'a administré.

Quoiqu'il en soit, il paroît qu'on n'a encore découvert, reconnu, apperçu, dans le marron d'Inde, aucune propriété capable de le faire adopter pour des usages constans & familiers : aussi un particulier a-t-il voulu faire porter à l'arbre des fleurs doubles, dans le dessein de l'empêcher de produire des fruits, dont la chûte incommode. Ses expériences faites aux Thuileries & au Luxembourg, ont été sans succès : cependant on connoît les prodiges de l'art en ce genre, & on sçait que si d'une fleur blanche, unie & simple, le jardinier parvient à en faire une fleur double, rouge & panachée, la plante qui offre ce phénomène n'acquiert l'avantage de récréer ainsi nos yeux, qu'aux dépens de ses organes reproductifs, semblables à ces malheureuses victimes d'une coutume barbare & meurtrière, qu'un pontife philosophe a aboli pour l'honneur de l'humanité.

On a encore essayé d'ôter radicalement aux marrons d'Inde leur amertume ordinaire, & de faire porter à l'arbre même, sans changer son espèce, des fruits d'aussi bon goût que les marrons de Lyon. On y a d'abord enté un pêcher, qui a produit des fruits énormes, mais qu'il n'étoit pas possible de manger, à cause de leur excessive amertume. M. de Francheville a proposé à l'Académie de Berlin de faire de cette question intéressante le sujet d'un prix. Ce savant prétend que la métamorphose est possible, qu'il s'agit de deux conditions essentielles à observer pour l'accomplir. La première, de choisir des maronniers d'Inde de cinq à six ans, de les transplanter dans une terre fertile & grasse. La seconde, de les greffer d'eux-mêmes & sur eux-mêmes jusqu'à trois fois, suivant les méthodes usitées ; mais M. *Cabannis*, dans son excellent traité sur la Greffe, prouve combien sont chimériques toutes ces associations d'arbres d'espèces différentes, ou la transmutation de la même espèce.

En attendant que l'expérience & le

temps nous aient instruits sur la possibilité de la métamorphose qu'annonce M. de *Francheville*, nous croyons que l'amertume est aussi essentielle au marron d'Inde que la saveur sucrée l'est à la châtaigne; elles dépendent l'une & l'autre de la matière extractive qui, dans le premier de ces deux fruits, est résino-gommeuse, & dans le second simplement muqueuse. La greffe chez celui-ci ne fait que développer & augmenter le principe déjà préexistant dans le sauvageon : si cela est ainsi, cette opération, loin d'adoucir le marron d'Inde, ne fera qu'accroître son amertume.

Il est cependant certain qu'on peut retirer du marron d'Inde la partie farineuse & nutritive qu'elle renferme, en appliquant sur ce fruit le procédé dont se servent les Américains pour retirer du *manioc* (*Voyez* ce mot) une nourriture salubre appellée *cassave*. On en sépare donc, à la faveur de la rape & des lotions, une véritable fécule ou amidon, qui, incorporé avec des pulpes, telles que celles de la pomme de terre, ou avec d'autres farineux, peut devenir un pain salutaire & nourrissant sans avoir aucune amertume.

Mais quels que soient les avantages du marron d'Inde, considéré sous ses différens points de vue, il n'en est point qui puisse balancer celui de servir en totalité à la nourriture, sans qu'il soit nécessaire, pour l'y approprier, d'invoquer les secours de l'art, toujours embarrassant & très-coûteux dans ce cas. Les tentatives de l'espèce de celles que propose M. de Francheville ne sont pas moins dignes d'être essayés; pourquoi ne forceroit-on point quelques-uns de nos arbres forestiers à rapporter du fruit propre à nourrir? ce ne seroit pas un si grand malheur que la chair des bêtes fauves n'eût plus le goût sauvageon; ne vaut-il pas mieux s'occuper des moyens de multiplier nos productions, que d'en tarir la source : enfin, si l'on parvient jamais à enrichir le règne végétal, ainsi que nos tables, de ce nouveau fruit, d'autant plus précieux qu'il s'accommode à presque tous les climats, ce seroit encore un nouveau service que les sciences auroient rendu à l'humanité.

Marronnier d'Inde a fleur écarlate *ou* pavia. Von Linné le nomme *æsculus pavia*. Il diffère du précédent par ses fleurs qui ont huit étamines, par leur couleur écarlate, & elles sont plus petites. Cet arbre, originaire de l'Amérique septentrionale, peut s'élever jusqu'à la hauteur de vingt pieds, & figurer dans dans un jardin d'amateur. On le multiplie par le semis de ses fruits, & par la greffe sur le maronnier ordinaire, ce qui évite l'embarras des semis, & accélère la jouissance : cependant, comme il n'y a aucune proportion entre la végétation du tronc du maronnier ordinaire & celle des branches du pavia, la beauté des greffes & des jets qu'elles ont fourni ne subsiste pas longtemps. Dans les climats froids, lorsque les étés sont courts, ou lorsque les gelées sont précoces, les fruits du pavia mûrissent rarement assez pour être semés; lorsqu'ils sont parvenus à une maturité convenable, on les conserve dans du sable pendant l'hiver, & au premier printemps on le seme séparément & dans des pots. Dans les pays froids on enterre ces pots dans des couches, afin d'accélérer la végétation : lorsque la chaleur de l'atmosphère commence à prendre de l'activité, ces pots sont transportés près d'un abri, & mis en pleine terre, où ils sont arrosés de temps à autre, suivant le besoin. Les premières gelées attaquent les pousses encore trop tendres, si on n'a le soin de les garantir avec des paillassons, ou de les transporter dans une orangerie. A la fin de l'hiver on dépote chaque pied, on le place en pépinière, & encore mieux à demeure ; on a soin de les garantir des premières gelées.

Dans les provinces du midi du royaume, il suffit de semer les pavia contre de bons abris, & tout au plus de les couvrir avec de la paille, à la fin de la première année, si les gelées sont précoces.

MAROUTE ou CAMOMILLE PUANTE. ( *Voyez Planche X, page* 400 ) Tournefort la place dans la troisième section de la quatorzième classe destinée aux herbes à fleurs en rayon, dont les semences n'ont ni aigrette ni chapiteau de feuilles, & il l'appelle *chamæmelum fœtidum, sive cotula fœtida.* Von Linné la nomme *anthemis cotula*, & la classe dans la singénésie polygamie superflue.

*Fleur.* Composée de fleurons hermaphrodites dans le disque, & de plusieurs demi-fleurons à la circonférence. Chacun des fleurons B est un tube, menu à sa base, gonflé vers le milieu, évasé à son extrémité, & divisé en cinq dents aigues. Le demi-fleuron C est un tube dont l'extrémité devient une languette divisée en trois dentelures. Les fleurons & les demi-fleurons se rassemblent sur le réceptacle D, lequel est conique & garni de lames extrêmement fines, & qui font l'office de calice, comme il est représenté, vu par dehors, dans la figure E.

*Fruit.* Les graines F reposent sur le réceptacle, elles sont menues & sans aigrettes.

*Feuilles.* Adhérentes aux tiges, aîlées, décomposées, & les découpures linéaires.

*Racine* A. Fibreuse.

*Ports.* Tige cylindrique, pleine de suc, rameuse, diffuse ; les fleurs, soutenues par des péduncules, naissent au sommet, les feuilles sont alternativement placées sur les tiges.

*Lieu.* Les terreins incultes, la plante est annuelle.

*Propriétes.* Toute la plante a une saveur amère & une odeur forte & fœtide ; elle est fondante, apéritive, antispasmodique, fébrifuge, & carminative.

On emploie l'herbe & les fleurs dont on fait des décoctions pour les lavemens & bains de vapeurs ; on se sert de toute la plante pour des fomentations, ou en cataplasmes émolliens & résolutifs.

MARRUBE BLANC. ( *Voyez Planche X, page* 400 ) Tournefort le place dans la troisième section de la quatrième classe des herbes à fleur d'une seule pièce en lèvre, & dont la lèvre supérieure est retroussée, & il l'appelle *marrubium album vulgare.* Von Linné le nomme *marrubium vulgare*, & le classe dans la didynamie gymnospermie.

*Fleur.* Composée d'une seule pétale B à deux lèvres ; la supérieure C est relevée & fendue en deux dans presque toute sa longueur ; l'inférieure

D est divisée en trois parties, dont la moyenne est large & découpée en cœur; les deux autres sont étroites & arrondies; les quatre étamines, dont deux plus grandes, & deux plus courtes, sont intérieurement attachées à la corolle, de manière que chacune des lèvres en porte deux. E représente le pistil qui repose au fond du calice F, c'est un tube représenté en G, avec dix dentelures à son sommet, recourbée en manière de hameçon.

*Fruit.* H composé de quatre semences ovoïdes & noirâtres.

*Feuilles.* Arrondies, cannelées, blanchâtres, ridées, portées sur des pétioles.

*Racine* A. Fibreuse & noire.

*Port.* Tiges nombreuses, velues, quarrées, branchues, de la hauteur de douze à dix-huit pouces; les fleurs naissent en manière de rayon, tout autour des tiges, & y sont adhérentes; les feuilles sont apposées deux à deux sur chaque nœud.

*Lieu.* Les terreins incultes, les bords des chemins; la plante est vivace, fleurit presque pendant tout l'été.

*Proprietés.* L'odeur de cette plante est forte & aromatique; sa saveur est âcre & amère. C'est une des meilleures plantes médicinales d'Europe. Les feuilles font expectorer avec assez de force & de promptitude dans la toux catarrhale & dans l'asthme pituiteux. Elles échauffent & raniment les forces vitales; dès-lors elles sont très-souvent nuisibles dans la phtisie pulmonaire, essentielle, récente; avec un peu de fièvre & de toux, quoiqu'elles aient été recommandées dans ce cas. Elles sont indiquées dans les suppressions du flux menstruel & des lochies, par impression des corps froids, & dans la salivation par le mercure.

*Usages.* On donne les feuilles récentes, depuis deux drachmes jusqu'à trois onces, en macération; au bain-marie, dans cinq onces d'eau. Leur suc exprimé, depuis demi-once jusqu'à trois, édulcoré avec du sucre ou avec du miel : les feuilles sèches, depuis une drachme jusqu'à demi-once; en macération, au bain-marie, dans cinq onces d'eau : feuilles sèches & pulvérisées, depuis quinze grains jusqu'à une drachme, incorporées avec un syrop, ou délayées dans deux onces d'eau.

On donne, pour les animaux, le suc à la dose de quatre onces, ou l'infusion, à la dose de deux poignées dans une livre d'eau ou de vin.

MARRUBE NOIR. (*Voyez* BALLOTE)

MARTAGON. (*Voyez* LYS)

MARUM (le). (*Planche XI*, *page* 444.) (1) Tournefort le place dans la quatrième section de la quatrième classe des herbes à fleurs d'une seule pièce, en gueule & à deux lèvres; & il l'appelle *marum Cortusi.* Von Linné le nomme *teucrium marum*, & le classe dans la didanymie gymnospermie.

(1) On a mal-à-propos placé ici la gravure de l'*herbe aux chats* pour celle du *marum*; c'est une transposition; celle du *marum* se trouve à l'article *herbe aux chats*.

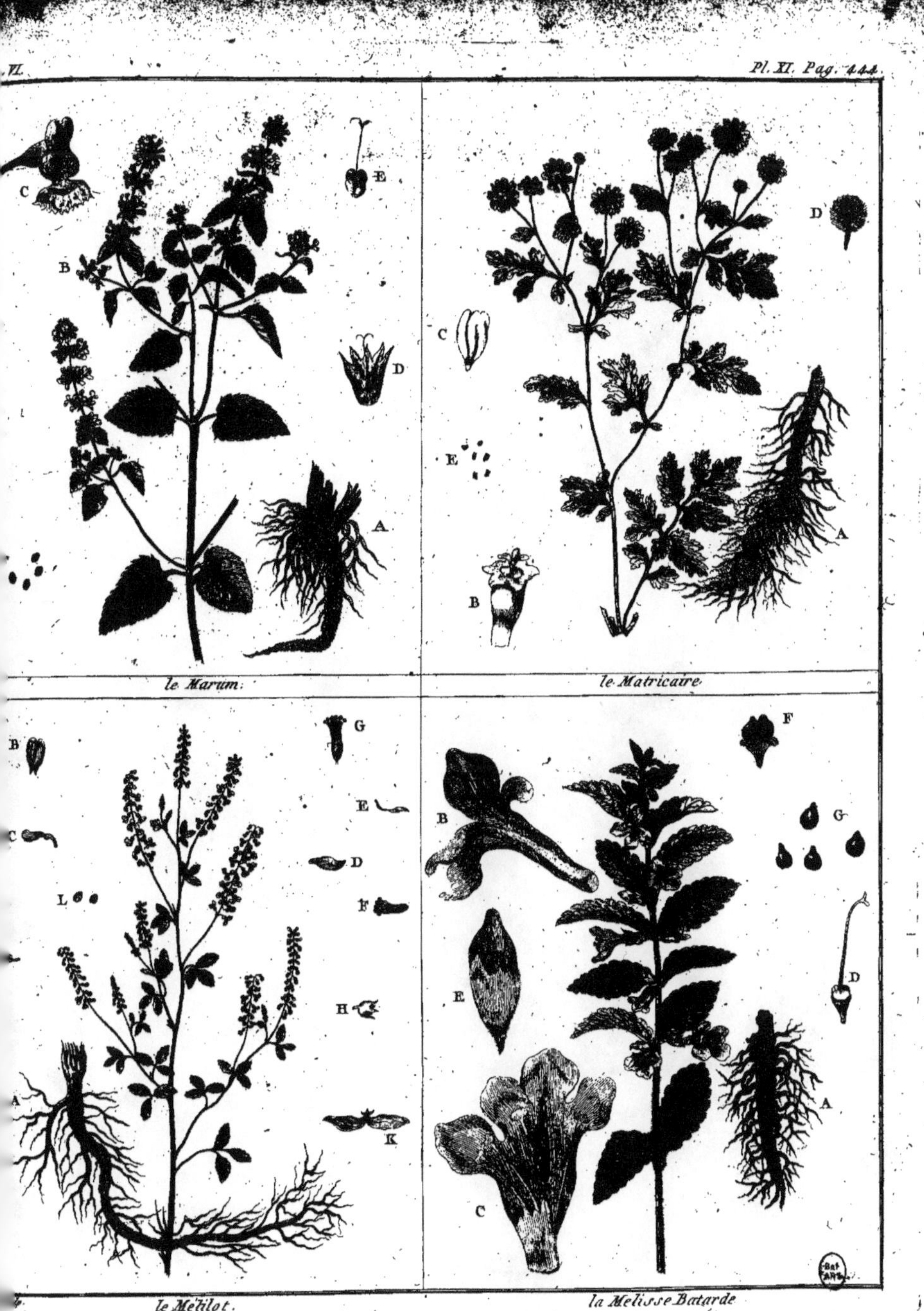


le Marum. le Matricaire

le Melilot. la Melisse Batarde

*Fleur.* B représentée de profil ; en C on la voit de face, & on apperçoit la manière dont les étamines sont attachées. Le tube de la fleur est cylindre & recourbé ; la lèvre supérieure relevée, arrondie & échancrée ; l'inférieure divisée en trois parties, dont les deux latérales sont en aîle, & celle du milieu, arrondie & creusée en cuiller. D fait voir le calice ouvert.

*Fruit.* E embrion formé par les quatre ovaires réunis ; F quatre graines ovoïdes de couleur jaunâtre.

*Feuilles.* Entières, oblongues.

*Racine.* Ligneuse, fibreuse.

*Port.* Tiges velues, & sortent deux à deux opposées & feuillées. Les fleurs naissent au sommet des tiges, disposées en épis ; les feuilles florales sont alternes, & chacune accompagne le pédicule de la fleur.

*Lieu.* Originaire d'Espagne & de nos provinces méridionales. C'est un très-petit arbuste ; il fleurit pendant tout l'été.

*Propriétés.* Feuilles d'une odeur aromatique, forte & piquante, d'une saveur âcre & piquante. Elles échauffent puissamment, & réveillent les forces vitales & musculaires ; elles produisent souvent de bons effets dans les maladies de foiblesse par humeurs séreuses, dans l'asthme humide, la suppression du flux menstruel, par l'impression des corps froids, les pâles couleurs, le rachitis, les maladies soporeuses par humeurs sereuses : pulvérisées & inspirées par le nez, elles sont sternutatoires.

*Usage.* Feuilles sèches & pulvérisées depuis dix grains jusqu'à une drachme, incoporées avec un syrop, ou délayées dans cinq onces d'eau : feuilles sèches, depuis un grain jusqu'à demi-once, en macération, au bain-marie, dans cinq onces d'eau ou de vin, suivant l'indication.

*Culture.* Lorsque l'on veut cultiver cet arbuste à odeur agréable & si pénétrante, on est forcé de le couvrir d'un grillage de fer, afin d'en éloigner les chats. Ils aiment tellement à se vautrer dessus, qu'ils parviennent à le détruire en peu de jours.

Dans les provinces du nord cet arbuste demande à être semé sur couche, & renfermé dans l'orangerie pendant l'hiver ; dans celles du midi, les semis exigent seulement un bon abri. Cet arbuste aime les fréquens arrosemens.

MASSIF. Ce mot a deux acceptions dans le jardinage. Dans la première il signifie un plein bois, qui ne laisse point de passage à la vue. Par la seconde, on désigne un arbre dont on a coupé le sommet, afin de ne lui laisser que des branches horizontales, & l'obliger à former une espèce de plate-forme. On tond avec les ciseaux ou avec le croissant, les bourgeons à mesure qu'ils s'élancent. Dans la première, on cherche à intercepter la vue ; & dans la seconde, c'est afin qu'elle ne soit pas arrêtée.

MASTICATOIRE. MEDECINE RURALE. C'est le nom qu'on donne à des médicamens qui produisent, par leur âcreté, une irritation dans la bouche, & excitent, par les excrétoires de cette même partie, c'est-à-dire les glandes salivaires, une évacuation plus abondante que dans l'état naturel.

On prescrit ces remèdes sous plusieurs formes. 1°. Sous forme solide; 2°. en fumigation, en faisant recevoir dans la bouche, par un tuyau destiné à cet usage, la fumée que le feu fait élever des parties irritantes qui les composent. Il y en a qu'on fait mâcher avec succès, dans le même dessein, quoiqu'ils n'aient point d'âcreté : tels sont la cire & le mastic. Personne n'ignore que le mercure pris intérieurement, ou administré sous forme de friction, excite quelquefois la salivation.

Les masticatoires sont indiqués dans les affections soporeuses, & dans la paralysie de la langue, dans les fluxions des dents, dans les maux de tête, & autres douleurs produites par une affluence d'humeurs sur ces parties.

On emploie journellement le poivre, l'alun & autres substances âcres, contre la chûte de la luette. La fumée de la sauge, de la bétoine, celle du tabac, dissipent les fluxions & augmentent l'action tonique de la membrane pituitaire. Enfin, on fait mâcher les feuilles de sauge, de lavande, & de romarin pour donner du mouvement aux organes de la voix. On peut encore les employer en gargarisme, lorsqu'on veut remédier à certaines maladies qui ont leur siège dans le fond de la bouche. M. AMI.

MASTICATOIRES. Médecine vétérinaire. Les masticatoires ou apophlegmatisans, sont des médicamens dont l'effet est de dégorger le tissu des glandes muqueuses de la bouche, & des glandes salivaires des animaux, en les agaçant, en les irritant, & en augmentant l'action organique de ces parties.

On compte parmi ces substances, les racines d'impératoire, d'angélique, de zédoaire, de pimprenelle blanche, de galéga, de myrrhe, le sel commun, les gousses d'ail, l'assa-fœtida, employé plus fréquemment encore que les autres.

Les maréchaux en font usage en nouet ou en billot. En nouet, ces remèdes grossièrement pulvérisés & enfermés dans un linge, étant suspendus à un mastigadour, ou à un filet. En billot, le linge qui les contient, entourant un bois qui tranche, comme le canon d'un mors de bride, la bouche, d'un angle à l'autre, ou le linge étant simplement roulé dans une certaine consistance, & étant placé de même.

Ces remèdes sont indiqués dans des cas de dégoût & d'inapétence, parce qu'ils débarrassent les houppes nerveuses des humeurs muqueuses qui les couvrent, & qui se mêlant aux alimens, peuvent encore en rendre la saveur désagréable, & ils réveillent ainsi la sensation, & s'opposent au séjour de ces mêmes humeurs, qui ne pourroient que contracter une sorte de putridité.

Enfin, ils sont très-efficaces & très-utiles dans les maladies contagieuses du bétail; ils éloignent, pour ainsi dire, les corpuscules morbifiques qui s'exhalent, se répandent, nagent & circulent dans l'air que les animaux respirent, ils les empêchent de se mêler avec la salive, & de s'introduire avec elle dans les estomacs; & en pareille occurrence, les masticatoires les plus convenables, sont un mélange de vinaigre, de sel ammoniac, de camphre, &c. M. T.

MATRICAIRE. (*Voyez planche XI, page* 444). Tournefort la place dans la troisième section de la quatorzième classe des herbes à fleurs radiées, dont les semences n'ont ni aigrette ni chapiteau de feuille ; & il l'appelle *matricaria vulgaris sive sativa.* Von Linné la nomme *matricaria Parthenium*, & la classe dans la singénésie polygamie superflue.

*Fleur.* Composée d'un amas de fleurons hermaphrodites dans le disque, & de plusieurs demi-fleurons à la circonférence. Chacun des fleurons est un tube B renflé dans le milieu, évasé à son extrémité, & divisé en cinq segmens. Le demi-fleuron C est un tube court, menu à sa base, terminé par une languette ovale divisée en trois petites dents à son extrémité : toutes les parties de la fleur sont rassemblées sur un réceptacle hémisphérique qui est au centre de l'enveloppe ou calice D.

*Fruit.* Graines E solitaires, oblongues, sans aigrette.

*Feuilles.* Composées, planes, les folioles ovales, très-découpées.

*Port.* Tiges nombreuses, hautes de deux pieds environ, droites, cannelées, lisses, moëleuses ; les fleurs naissent au sommet, disposées en coquilles ; les feuilles naissent alternativement sur les tiges.

*Racine.* A blanche, rameuse, fibreuse.

*Lieu.* Originaire des provinces méridionales, cultivée dans les jardins au nord. Elle est vivace, quelquefois bis-annuelle, & elle fleurit pendant tout l'été.

*Propriétés.* Les feuilles ont une odeur aromatique, forte, & une saveur amère, médiocrement âcre. Toute la plante est emménagogue, stomachique, histérique, vermifuge. Les feuilles échauffent, & calment les douleurs d'estomac, causées par des matières pituiteuses, & les coliques venteuses ; elles diminuent la violence des accès hystériques ou hypocondriaques, & quelquefois elles sont utiles dans les accès de fiévre. Sous forme de pessaire, elles favorisent l'action des feuilles prises intérieurement. Le syrop de matricaire est semblable en vertu à celle de l'infusion des feuilles, édulcorée de sucre. L'eau distillée des feuilles est inutile, lorsqu'on peut se procurer l'infusion.

*Usages.* Avec l'herbe fraîche & ses feuilles, on fait des décoctions pour lavement ; avec l'herbe sèche, des décoctions & des infusions. Le suc de la plante fraîche, & clarifié, se donne depuis une once jusqu'à deux ; sa décoction ou infusion à la dose de quatre onces.

MATRICE. MÉDECINE RURALE. Viscère particulier à la femme, situé dans le petit bassin, entre la vessie & le rectum, & destiné à remplir une des fonctions les plus intéressantes. La matrice est exposée à une infinité de maladies, tant par sa situation & ses attaches, que par son organisation.

Hyppocrate nous apprend qu'elle est la cause d'une infinité de désordres. En effet, il y a bien peu de maladies chez les femmes, où la matrice n'ait quelque part. Les causes de toutes ses affections dépendent toujours, ou de la lésion immédiate, & d'un vice apparent dans ce viscère, ou de l'impression des causes morbifiques qui attaquent d'autres viscères qui lui correspondent : les premières sont toujours plus fâcheuses que celles qui font fubordonnées à une caufe fympathique ; pour l'ordinaire la terminaifon en eft plus prompte, & la crife plus complète & falutaire.

Parmi celles qui dépendent de fa léfion, les unes font générales & font connues fous les noms particuliers de fureur, fuffocations utérines, vapeurs, paffion hyftérique, &c. Les autres font locales, le vice qui les conftitue eft apparent, & forme le fymptome principal. Dans cette claffe, nous comprendrons un dérangement dans l'évacuation périodique des mois, la chûte, la hernie, l'hydropifie, l'inflammation, l'ulcère, le fkirrhe, & le cancer de la matrice.

Nous ne parlerons point de chacune de ces maladies, nous nous contenterons de faire une mention fort fuccinte de la chûte ou defcente de matrice, de fon inflammation, & de l'ulcère de ce même vifcère.

*Chûte ou defcente de matrice.*

La chûte de matrice eft complète ou incomplète.

Elle eft incomplète, lorfque la matrice eft defcendue dans le vagin. On peut aifément s'en convaincre par le toucher. On n'a pas plutôt introduit le doigt dans le vagin, qu'on diftingue très-bien fon orifice interne. La femme fe refufe, pour l'ordinaire aux défirs de fon mari; le devoir & les plaifirs du mariage lui font à charge, infipides, douloureux, difficiles, & même impoffibles à remplir. La compreffion que ce vifcère exerce fur la veffie & le rectum, produit des difficultés d'uriner, & d'aller à la felle, des coliques, & autres maux très-douloureux. Les femmes éprouvent encore des douleurs & des tiraillemens aux lombes, parties où vont s'implanter les ligamens larges.

La chûte de matrice complète eft aifée à connoître : la vue feule fuffit pour cela; mais il arrive quelquefois que la matrice, en tombant ainfi, fe renverfe; c'eft-à dire que l'orifice refte en-dedans du vagin, tandis que le fond fe préfente au dehors. Dans cet état on pourroit la confondre avec quelque tumeur polipeufe; mais l'on évitera toute erreur, fi l'on fait attention que les tumeurs augmentent infenfiblement, au lieu que cette chûte fe fait fubitement, toujours à la fuite d'un accouchement laborieux, ou par la faute d'un accoucheur peu habile & peu expérimenté.

La chûte incomplette de matrice eft une maladie plus incommode que dangereufe. On a cependant vu des femmes devenir groffes, & accoucher dans cet état. Dans la chûte complète, il eft à craindre un étranglement qui amène l'inflammation, & la gangrène; & dans ces cas la mort eft ordinairement prochaine.

On remédie à la chûte de matrice, par la réduction. Mais auparavant, il faut bien examiner fi ce vifcère eft fain, fans inflammation & gangrène. S'il en eft atteint, il faut, avant de le faire rentrer & le remettre en place, y faire quelques légères fcarifications avec la pointe de la lancette, & le fomenter avec une décoction de quinquina, de fcordium, d'eau-de-vie camphrée, & d'autres remèdes antifeptiques. Il faut encore, avant d'en venir à la réduction, faire uriner la femme, lui procurer la liberté du ventre, par des lavemens; oindre fes parties d'huile d'amande douce & de beurre.

On

On fait coucher la femme sur le dos, la tête fort basse, & les fesses élevées. On prend la matrice, enveloppée d'un linge fort souple, & l'on tâche, par de légères secousses, de côté & d'autre, de la repousser endedans : ce moyen est plus sûr & plus facile qu'aucun autre dans l'exécution; il n'est pas de femme à la campagne, ni de paysan, qui ne puissent faire cette opération, avec un peu d'attention, de réflexion & de dextérité; il est préférable au fer rougi au feu, qu'on conseille d'approcher de la matrice, pour la faire rentrer.

La matrice réduite, on la contient, & on en prévient la rechûte par un pessaire percé, qui permette la sortie de l'urine, l'évacuation périodique des règles, & l'injection de quelque eau astringente, telle que la décoction de plantin, d'écorce de grenades.

On fortifie les reins, par l'application de quelque emplâtre fortifiant, tel que celui de *pro fracturis*.

*Inflammation de matrice.*

Les symptomes qui la caractérisent, sont des douleurs dans la partie inférieure du ventre, qui deviennent plus fortes & plus aiguës au toucher. La région du pubis, ses parties voisines sont fort tendues, & dans un état de roideur. Les malades ressentent dans la matrice une chaleur & une ardeur considérable; elles sont tourmentées par une soif vive & brûlante; elles éprouvent des foiblesses; les urines sont rares, rouges, enflammées, se filtrent très-difficilement dans les reins, & sont évacuées avec douleur. Le poulx est vif, serré, tendu, piquant, le visage enflammé, les yeux étincelans. Les frissons, le hoquet, le vomissement, la convulsion & le délire surviennent, & la cessation de tous ces symptomes est toujours l'annonce d'une gangrène & d'une mort prochaine.

Cette maladie est des plus douloureuses & des plus cruelles. Sa terminaison est très-prompte, & presque toujours mortelle : rarement elle va au-delà du septième jour. Elle se termine aussi très-rarement par la résolution, mais le plus souvent par suppuration & la gangrène.

On n'observe guères cette maladie qu'après un accouchement laborieux. La suppression des lochies peut la produire, ainsi que les vives passions, des contusions, & la rétention du placenta dans la matrice.

On combat cette maladie par des saignées abondantes & souvent répétées : on doit les pratiquer dès les premiers jours; on feroit le plus grand mal, si on les différoit, & si on vouloit les ménager : il ne faut cependant pas perdre de vue l'état des forces, l'âge & le tempéramment particulier de la malade.

Les boissons délayantes & adoucissantes, légérement nitrées, telles que l'eau de poulet, celle de veau & de riz, doivent venir à l'appui des saignées. Les lavemens coupés avec moitié lait, sont très-efficaces dans cet état, ainsi que l'application des linges imbibés d'une décoction de plantes émollientes, ou des vessies pleines de lait chaud, coupé avec l'eau commune.

*Ulcère de la matrice.*

C'est à l'écoulement du pus par le vagin, qu'on connoît sûrement l'ulcère de la matrice. On peut aussi s'assurer de sa présence & de la partie qu'il occupe, par le tact, & même par la vue, au moyen du *speculum*, ou miroir de matrice.

Cette maladie vient toujours à la suite d'une inflammation superficielle de la matrice, terminée en suppuration, qui a dégénéré à son tour en ulcère. Elle peut être excitée par une métastase d'humeurs âcres, qui peuvent se fixer sur ce viscère; par un vice vénérien, scorbutique; par une errosion faite peu-à-peu dans la face intérieure de la matrice, sans qu'aucun abcès ait précédé; par une plaie faite dans la cavité de la matrice, laquelle a suppuré, & est devenue un véritable ulcère.

Les femmes malades rapportent à différens endroits la douleur qu'elles ressentent, suivant le siège de l'ulcère qui l'a produit : souvent la vessie & le rectum participent de l'ulcère. Les femmes cohabitent avec beaucoup de peine avec leurs maris. Dans le principe du mal, il n'y a point de fièvre, ou il y en a bien peu; mais peu-à-peu la fièvre lente s'y joint par le mêlange des parties du pus, à quoi la douleur que la malade ressent, ne contribue pas peu. Cette fièvre, qui est lente de sa nature, redouble tous les soirs; enfin, les malades, consumés par cette fièvre, tombent dans le marasme, & finissent par la bouffissure des extrémités inférieures, qui augmente de plus en plus, ou par la diarrhée colliquative.

Le traitement de cette maladie est relatif aux causes qui la produisent; mais en général, on ordonne aux malades les décoctions vulnéraires balsamiques, les eaux minérales sulphureuses de Barèges, prises intérieurement & injectées avec une seringue en arrosoir dans la matrice. Personne n'ignore les heureux effets qu'elles ont produit. Il vaudroit bien mieux commencer le traitement par ces eaux, que de suivre le préjugé, malheureusement adopté, de donner aux malades le lait, qui ne réussit presque jamais, & qui, comme l'observe fort bien Hoffman, dispose plutôt à l'ulcère, qu'il ne le guérit. Il y a d'autres adoucissans, pris dans la classe des végétaux, qui sont préférables au lait. Ce sont les crêmes de riz, de sagou, la décoction aqueuse de racine de salep, le petit-lait, coupé avec la fumeterre, les bouillons, où l'on fait entrer la racine de bardane, les tiges de fumeterre & autres plantes dépuratives. On employera le mercure sous la forme la plus usitée, si l'ulcère tient à une cause vérolique; mais en général il faut s'abstenir des injections astringentes, qui feroient dégénérer l'ulcère en cancer. M. Ami.

MATURATIF. Médecine rurale. C'est ainsi qu'on appelle les remèdes propres à aider la formation du pus dans les plaies & les abcès. Ces topiques favorisent & opèrent la suppuration, en entretenant dans une douce chaleur, les parties disposées à suppurer, en relâchant les vaisseaux, & en calmant les douleurs.

Les maturatifs sont de deux espèces. Les uns sont stimulans, & les autres adoucissans. L'application de ces derniers convient principalement sur les parties douloureuses, trop tendues, rénitentes & enflammées. Les premiers, au contraire, agissent plus efficacement sur les tumeurs froides qui suppurent difficilement, ou dont la suppuration est trop lente.

Les maturatifs sont simples, ou composés. Dans la classe des simples, on doit compter la farine de fèves, de lin, d'orge; les semences de moutarde, de staphisaigre, la mie de pain bouilli, la poix de Bourgogne, le miel, le lait, le beurre, & tous les corps gras.

Dans celle des composés, on ne doit point oublier le baume d'arcéus, l'onguent de la mère, celui de stirax, l'emplâtre de diachilon gommé, & de mucilage. M. Ami.

MATURE. (*Voyez* les mots Pins, Sapins, Mélese.)

MATURITÉ. État où sont les feuilles & les fruits lorsqu'ils sont mûrs: peu après ils se détachent de l'arbre & tombent. Newton vit tomber, d'elle-même, une poire de l'arbre qui la portoit, & cette chûte lui fit imaginer son fameux systême de la *gravitation*. Cet homme immortel, & auquel la bonne physique doit ses élémens, explique bien pourquoi ce fruit est attiré par la terre; mais personne encore, avant M. Amoreux, n'avoit découvert la vraie cause particulière qui le séparoit de l'arbre, ainsi que les feuilles, lors de leur maturité. L'auteur va parler.

» Dans l'homme, comme dans les animaux, la réunion de deux pièces qui peuvent se séparer au besoin, soit qu'elles adhérent étroitement l'une à l'autre, soit qu'elles se meuvent l'une sur l'autre, à l'aide de quelques liens, constituent une articulation. D'après ce principe incontestable, je dis que les feuilles qui sont implantées sur les branches, sur les rameaux, & sur les tigesdes plantes, spécialement des arbres & des arbustes, y sont réellement articulées. Cette assertion reçoit sa pleine certitude vers la fin de l'automne, quand les arbres se dépouillent de leur ornement. Les cicatrices que les feuilles laissent en se détachant de l'arbre, prouveront à tout observateur, que ces parties sont simplement contigues, puisque leur séparation se fait sans déchirure. »

« Les vaisseaux de communication de l'arbre aux feuilles, & les fibres qui se continuent de l'un à l'autre, ne reçoivent plus les sucs nécessaires à leur entretien, par la suppression & l'engourdissement que cause dans le mouvement de la sève la température froide de l'air. L'engorgement par trop d'humidité, le resserrement des fibres, l'oblitération ou l'affaissement des pores des feuilles, ne permettent plus ni absorption, ni transpiration; celles-ci deviennent des organes inutiles, & abandonnent leur soutien. C'est ainsi que se détacheroit un membre d'un animal, si on interceptoit totalement le cours des fluides qui y abordent, jusqu'à lui donner la mort, ou si l'on en coupoit les ligamens articulaires ».

« Si on tâche d'enlever les feuilles d'un arbre en vigueur, & dans le temps qu'il est en sève, quelque précaution que l'on prenne, on ne sçauroit y réussir, sans casser le pétiole ou la queue des feuilles, ou même sans causer une déchirure dans l'écorce des branches: ces parties semblent en effet ne faire qu'un seul tout. Si l'arbre devient, au contraire, languissant, on les arrachera sans peine: elles s'en sépareront spontanément, ou par le moindre effort extérieur, comme par une secousse, par le vent, par la pluie, ou lorsque le froid commence à ralentir la végétation.... Si les feuilles étoient continues à l'arbre, pourquoi celles-là se sépareroient-elles dans une saison, pour être renouvellées dans une autre, tandis que celles-ci sont permanentes & peuvent être regardées comme une extension de l'arbre; ou plutôt comment s'opéreroit cette séparation aussitôt que les feuilles deviennent des membres inutiles aux plantes »?

« Si on examine l'extrémité des pétioles des feuilles qui se sont naturellement détachées de l'arbre, on les trouve pour l'ordinaire applatis, plus ou moins évasés, formant une espèce d'empatement qui s'adapte à la branche à laquelle elles adhéroient fortement : quelquefois aussi ils sont taillés en bisau, en cœur, en croissant; d'autres, sont creusés en gouttière, &c. ».

» Des stipules & plusieurs glandes accompagnent communément les bords de cette coupe ou insertion, & fournissent par-là aux feuilles une attache plus solide contre les tiges qui les soutiennent. Ceci se remarque sur-tout aux feuilles des arbres fruitiers qui partent de l'aisselle d'un bourrelet ou bouton qui leur sert de support, & qu'elles défendent elles-mêmes. C'est dans l'excavation de l'extrémité des pétioles que l'on apperçoit des glandes, des mamelons, souvent entre-mêlés de légères cavités propres à recevoir les petites éminences de la branche, laquelle a réciproquement quelques glandules qui s'adaptent aux cavités pétiolaires. On y voit aussi les aboutissans des fibres ligneuses, tantôt au nombre de trois, plus ou moins, qui se ramifient ensuite, & vont déterminer la forme de la feuille & le nombre de ses nervures. Ces faisceaux fibreux varient suivant la forme & la grosseur du pétiole. Les feuilles du marronnier d'Inde, celles du noyer, du faux acacia, du mûrier, &c., offrent avec évidence cette structure. La *désarticulation* est encore bien plus sensible sur le conduit dioïque, sur le cotyledon orbiculé, &c. ».

« La plupart des feuilles étant encore vertes, & tenant à l'arbre, y sont si adhérentes, qu'elles paroissent lui être unies par cette espèce d'articulation immobile que les anatomistes appellent *harmonie*. On n'apperçoit qu'un léger sillon, une fente qui en indique superficiellement les limites. Si, au contraire, l'on examine les feuilles séparées de l'arbre, les éminences & les cavités que présentent leurs extrémités pétiolaires, & qui correspondent à celles des rameaux, elles paroissent constituer une articulation à charnière, ou même une double arthrodie, mais bornée à raison du peu d'étendue du mouvement & des cavités superficielles qui reçoivent les mamelons glanduleux ».

» Presque toutes les feuilles exécutent divers mouvemens : les unes suivent le cours du soleil, se ferment à l'entrée de la nuit; ce qu'on a appellé *sommeil des plantes*, (*voyez* ce mot.) & s'épanouissent de nouveau à certaines heures avant, avec ou après le soleil levé, &c. Il en est de même de plusieurs fleurs. Outre les raisons qu'en ont donné les physiciens, les articulations n'auroient-elles pas quelque part à cet épanouissement périodique, & ne le favoriseroient-elles pas? Il n'est pas jusqu'aux corolles ou pétales des fleurs, qui ne puissent se détacher du calice ou du réceptacle qui les soutient; ce que l'on remarque sur-tout ſur les roſes & ſur les lys, &c. Les fleurs ſe fanent & tombent, lorſqu'elles ne ſont plus d'aucun uſage au germe ou au fruit naiſſant, qu'elles ont défendu & nourri d'un ſuc plus délicat & plus épuré. Lorſque ce petit fruit eſt parvenu au point de recevoir plus abondamment la ſève ordinaire; ce que les jardiniers appellent *fruit noué*, les fleurs diſparoiſſent. N'eſt-il pas évident que les ſquelettes des fleurs & des calices ſeroient au moins perſiſtans, s'ils avoient fait corps avec l'enſemble des parties de la fructification, ce qu'on obſerve rarement? J'en dis autant des pédicules qui ſoutiennent les fleurs, les calices & les fruits; ils ſont à cet égard comparables aux pétioles des feuilles, c'eſt-à-dire, qu'ils ſont tous articulés ».

« Je rangerai encore parmi les pièces articulées des végétaux, les fruits & les graines qui ſe détachent ſpontanément dans leur état de maturité; quelques capſules s'ouvrent avec éclat & une ſorte d'exploſion qui punit la curioſité de ceux qui y regardent de trop près. Tels ſont les fruits du concombre ſauvage, des pommes de merveille, des balſamines ».

« Les jointures les plus admirables ſont celles qui en ont le moins l'apparence; je veux dire les valvules des noyaux, ou les os des fruits à noyaux, comme la pêche, l'abricot, &c., qui ſont ſi intimement unies, qu'il faut employer la plus grande force pour les ſéparer; encore les caſſe-t-on plutôt qu'on ne les disjoint, tandis que cette forte connexion cède naturellement au gonflement de l'amande, & au développement des cotylédons qui ſéparent proprement les deux coques à l'endroit de leur jointure. Quelle que ſoit cette force expanſive, ces coques s'ouvrent auſſi facilement dans la terre, qu'une coquille d'huître par la volonté de l'animal. La même choſe s'obſerve, avec quelque différence cependant, dans les gouſſes, dans les ſiliques, dans les légumes: la déhiſcence ſe fait ſans effort, lorſqu'elles ſont au point de la maturité. Je ne finirois point ſur cet article, s'il ne me reſtoit à parler de quelques articulations qui ſont plus viſibles dans les tiges de certaines plantes, ſoit annuelles, ſoit vivaces, telles que dans la queue de cheval, dans les graminées, &c. Il n'y a pas de doute ſur l'articulation des premiers; c'eſt une ſuite de gomphoſes qui repréſente au mieux les dents enchaſſées dans leurs alvéoles. L'*hippuris vulgaris* eſt à-peu-près articulé de même: on le déſarticule avec bruit. Quant aux tiges des graminées qui ſont noueuſes, on n'a pas fait de difficulté de les appeller de tout temps des *gramens articulés*: les roſeaux ſe prêtent à la même comparaiſon ».

» Enfin, j'ai remarqué que la belle-de-nuit ne ſemble être formée qu'avec des pièces de rapport. Quand cette plante eſt ſur le point de ſe faner, & qu'elle eſt ſur-tout touchée des premières gelées, on en ſépare, avec la plus grande facilité, les feuilles, les branches & les tiges; on diviſe même ces dernières en pluſieurs pièces, comme on feroit d'une colonne vertébrale, ou comme des os de nos mains. Pluſieurs plantes graſſes ſont dans le même cas: le guy, en ſe ſéchant, ſe ſépare auſſi pièce à pièce; ſes feuilles, ſes fruits, ſes branches, ſe déboîtent comme une machine qui ne tient que par artifice ».

« La champlure, maladie particulière à la *vigne*, désarticule un cep en autant de pièces qu'il y a de nœuds dans la nouvelle pousse. La vigne-vierge ou de Canada, & mille autres plantes qu'il est inutile de nommer ici, offrent le même phénomène ».

« En général, les jointures végétales servent à donner les différens degrés d'inclinaison, à opérer les inflexions, les changemens de direction nécessaires aux feuilles pour présenter alternativement l'une ou l'autre de leur face à l'humidité ou à la chaleur, selon qu'elles ont besoin de transpirer ou de pomper la nourriture dans l'air. Il n'est pas moins évident que les feuilles devenant un poids inutile, incommode aux plantes vivaces que l'hiver engourdit, la nature les en décharge au moyen des ruptures naturelles qu'occasionne le desséchement des jointures. Les plantes herbacées & les annuelles périssent en entier après leur fructification; aussi leurs feuilles ne sont pas articulées ».

« J'observerai, en dernier lieu, que les arbres déracinés dans le temps de la sève, ou ceux qu'un coup de soleil dessèche promptement sur pied, gardent plus long-temps leurs feuilles sur les branches mortes, parce que les liens qui les unissoient, étoient encore en vigueur lors de la destruction de l'arbre. La mort les a surprises avant le temps ».

Il est donc démontré, par les observations de M. Amoreux, que les feuilles & les fruits tombent lors de leur maturité, lorsque leurs articulations ne sont plus lubréfiées par la sève. Si on considère un fruit, la cerise, par exemple, on distinguera aisément l'articulation, au moyen de laquelle son pédicule tient à la branche; mais il en existe une autre dans la partie qui tient au fruit: celle-ci a lieu avec l'écorce du fruit, beaucoup plus épaisse dans cet endroit que dans le reste, & qui y forme bourrelet. Tant que le fruit n'est simplement que mûr, on le détache avec une espèce de peine de son pédicule; & dans sa parfaite maturité, un coup de vent & le plus léger effort l'en sépare. Je sçais que souvent la cerise reste sur l'arbre malgré sa parfaite maturité, & y sèche. Il n'en est pas ainsi de la guigne; aussi l'articulation de celle-ci est-elle un peu différente de celle-là. Presque tous les fruits présentent, du plus au moins, le même phénomène. C'est par ces parties mamelonées des articulations, que la sève nourrit les feuilles, que les feuilles épurent la sève du bouton, & une double articulation raffine celle qui doit former le fruit.

Cette loi est générale pour les fruits à noyaux, pour les pommes; quelques espèces de poires sur-tout font exception. La partie du pédicule qui tient au fruit, par exemple, dans le bon chrétien d'hiver, est un épanouissement de fibres, dont les unes s'implantent avec la peau, les autres s'insinuent dans l'intérieur, & s'unissent avec celles qui logent les graines; de manière que l'on ne peut séparer ce pédicule dans la maturité du fruit, sans briser une partie de l'écorce, & une partie de cette espèce de colonne dans laquelle sont nichées les semences. La nature a pourvu au raffinement de la sève par le grand nombre de mamelons qui se trouvent à l'articulation qui réunit le fruit à la branche; enfin, le fruit, le légume le plus parfait, le plus exquis, celui dont le suc est le plus délicat, est celui dont la sève a passé par un plus grand nombre de filières mamelonées aux articulations.

Rien de plus intéressant que les travaux de la maturité. Le fruit, après avoir noué, a une saveur âpre, austère, acide : peu à peu l'âpreté disparoît, & l'acide domine ; il prépare le développement de la substance sucrée. A mesure que celle-ci se forme, la partie aromatique se développe, & enfin le fruit se colore sous l'admirable pinceau de la nature. Le point le plus long-temps exposé au soleil est celui qui change le premier : peu à peu la couleur s'étend, & gagne tout le fruit de l'arbre à plein vent ; car celui des espaliers appliqués contre des murs, reste souvent verd, ou presque verd du côté exposé à l'ombre. Dans cet état, c'est un fruit forcé, dont la saveur & l'odeur sont toujours médiocres. Le premier point mûr est celui qui pourrit le premier, si rien ne dérange l'ordre de la nature. C'est donc par une fermentation intestine, excitée par la chaleur & par *la lumière* du soleil, que la substance sucrée & aromatique se développe, & que sa pulpe, & la pellicule qui la recouvre, changent de couleur.

On connoît la maturité d'un fruit, lorsque, pressé doucement près de son pédicule, il obéit sous le doigt. La couleur indique ce changement ; mais les fruits d'hiver n'ont en général qu'une seule couleur dominante, & par-tout égale, parce qu'ils n'ont pu recevoir sur l'arbre leur point de maturité, & dans le moment de cette métamorphose ils ne sont pas colorés par les rayons du soleil. La maturité développe l'intensité de couleur ; mais l'api, par exemple, qui aura resté sur l'arbre, recouverte par des feuilles, ne prendra qu'une simple couleur jaune dans le fruitier, & ne sera jamais décorée de ce beau vermillon qui flatte si agréablement la vue. La lumière seule du soleil donne le fard aux fruits & aux légumes.

MAUVE. Tournefort la place dans la quatrième section de la première classe des herbes à fleur en cloche, à filets des étamines réunis par leur base. Il l'appelle *malva vulgaris, flore majore, folio sinuato.* Von Linné la nomme *malva silvestris*, & la classe dans la monadelphie polyandrie.

*Fleur.* D'une seule pièce en cloche, évasée, partagée jusqu'en bas en cinq parties en forme de cœur ; le calice double : les étamines tiennent le pistil comme dans une gaîne.

*Fruit.* Plusieurs capsules presque rondes, réunies par articulation, semblables à un bouton enveloppé du calice extérieur de la fleur, renfermant des graines en forme de rein ; les capsules membraneuses, placées autour du même axe sur un plant horizontal, les unes à côté des autres.

*Feuilles.* Arrondies, velues, découpées par leurs bords en lobes obtus, portées par de longs pétioles velus.

*Racine.* Simple, blanche, peu fibreuse, pivotante.

*Port.* De la racine s'élèvent plusieurs tiges de trois à quatre pieds de hauteur dans les provinces du midi, & dont la hauteur diminue à mesure qu'on approche du nord. Elles sont cylindriques, velues, remplies de moëlle. Les feuilles d'en-bas sont moins crenelées que celles du haut ; les fleurs naissent des aisselles des feuilles au nombre de six ou de sept.

*Lieu.* Les haies, les champs, les bords des chemins. La plante est vivace, & fleurit pendant tout l'été.

*Propriétés.* Cette plante a une saveur fade, mucilagineuse, aqueuse, un peu gluante. Elle est émolliente, adoucissante, laxative : c'est une des quatre premières herbes émollientes. Les fleurs calment la soif, favorisent l'expectoration, nourrissent très-légèrement, rendent le cours des urines plus facile, diminuent leur âcreté, & maintiennent le ventre libre. En lavement, elles sont indiquées dans la rétention des matières fécales, dans les coliques par des matières âcres, dans le tenesme & la dyssenterie. Les feuilles de mauve, sous forme de cataplasme, relâchent la portion des tégumens sur lesquels on les applique, & calment la douleur, la chaleur & la dureté des tumeurs phlegmoneuses. La racine est recommandée dans les espèces de maladies où les fleurs sont indiquées.

*Usages.* Fleurs récentes, depuis demi-drachme jusqu'à demi-once en infusion dans six onces d'eau; fleurs sèches, depuis huit grains jusqu'à deux drachmes dans cinq onces d'eau; feuilles récentes, broyées dans suffisante quantité d'eau, jusqu'à consistance pulpeuse pour cataplasme; racine sèche, depuis deux drachmes jusqu'à demi-once, en décoction dans huit onces d'eau.

En général, toutes les mauves, les althæa & les lavatères ont les mêmes propriétés; elles ne diffèrent qu'en raison d'un peu plus, ou d'un peu moins de mucilage.

MAUVE-ROSE OU D'OUTREMER OU DÉTREMIER OU PASSE-ROSE. *Malva rosea, folio subrotundo, flore vario.* C. B P. *Alcea rosea.* LIN. Elle est de la même classe que la précédente. La corolle est beaucoup plus grande, ainsi que le fruit qui est plus applati. Les feuilles sont sinueuses, en forme de cœur, anguleuses, très-larges, couvertes d'un duvet fin..... Les tiges s'élèvent depuis quatre jusqu'à six pieds, & même plus; elles sont épaisses, solides, velues. Les feuilles du bas sont arrondies, & les autres anguleuses, à cinq ou six découpures, crenelées dans leurs bords.

Aucune fleur ne masse plus agréablement dans un grand parterre, dans de larges plattes-bandes, à l'entrée des bosquets, dans les clarières des bois, où l'on est agréablement surpris d'en trouver. Les fleurs varient dans toutes les couleurs possibles : on fait peu de cas des pieds à fleurs simples.

Cette plante n'exige aucun soin particulier : on la sème au premier printemps dans de bon terreau, & dès qu'elle est assez forte, on la transplante à demeure. Elle ne fleurit pas la première année, mais à la seconde & à la troisième. Plusieurs auteurs l'ont regardée comme une plante bienne. Toutes celles que j'ai sous les yeux dans ce moment, sont plantées depuis quatre ans. Si on veut la conserver, on ne doit pas attendre pour couper les tiges, que les graines soient mûres; il faut abattre les tiges & les couper près de terre, dès que les fleurs sont passées. A l'entrée de l'hiver, il convient d'enfouir au pied une certaine quantité de fumier, non pour la garantir du froid qu'elle ne craint pas, mais afin de renouveller près d'elle la terre végétale, fortement absorbée par sa grande

grande végétation, & pendant l'été, elle demande à être souvent arrosée, sur-tout dans les provinces du midi. Cette plante est originaire d'orient.

La Mauve en arbre. *Althæa maritima, arborea, veneta.* Tourn. *Lavatera arborea.* Lin. Même classe que les précédentes. Elle en diffère par son calice extérieur, découpé en trois pièces, au lieu que celui des mauves est composé de trois feuilles distinctes. Ses feuilles sont à sept angles, veloutées & plissées. La tige s'élève en arbre; elle est branchue, ferme, solide, blanchâtre; elle est originaire d'Italie, & on la cultive dans nos jardins, non à cause de la beauté de ses fleurs, mais par rapport à la forme pittoresque de ses branches. Elle ne sauroit passer l'hiver en pleine terre dans les provinces du nord, & elle réussit très-bien dans celles du midi. Sa culture est la même que celle de la précédente.

La Mauve ou Rose de Cayenne. *Kermia Syrorum quibusdam.* Tourn. *Hibiscus syriacus.* Lin. Tige en arbre, feuilles ovales, en forme de lance, dentelées sur leurs bords en manière de scie. Elle varie quelquefois par ses feuilles découpées en trois lobes; celui du milieu est le plus grand.

Von Linné compte vingt-deux espèces de mauves. Comme cet Ouvrage n'est point un dictionnaire de botanique, il est inutile d'en parler : d'ailleurs elles ne sont d'aucune utilité pour la décoration d'un parterre.

MAYENNE. (*Voyez* Aubergine)

MÉDICAMENT, Médecine rurale. On entend par médicament toute substance qui, prise intérieurement, ou appliquée extérieurement, a la propriété de changer les dispositions vicieuses des parties, tant fluides que solides du corps, en des meilleures. Les médicamens sont simples, ou composés : les simples sont ceux qu'on emploie sans préparation, & tels que la nature les offre; les composés sont toujours faits par différens mêlanges.

On les divise aussi en internes, externes & moyens. Les premiers se prennent intérieurement; les externes s'appliquent extérieurement, & les moyens sont ceux qu'on introduit dans quelque cavité, pour les faire sortir bientôt après qu'ils sont reçus, comme les gargarismes & les clistères. M. de *Lamure*, célèbre médecin de Montpellier, nous apprend que la connoissance des médicamens est ou empirique, ou rationnelle.

« La connoissance empirique se » borne, selon lui, à leur histoire, » à leur caractère distinctif, aux pays » d'où on les tire, aux cas où on les » emploie, aux effets qu'ils ont pro- » duit, à la manière de les donner, » & à la dose à laquelle on les » prescrit.

» Les empiriques se fondoient en- » core sur l'analogie; & voyant qu'un » tel remède avoit opéré de bons ef- » fets dans une maladie, ils em- » ployoient le même remède dans » une autre qui lui étoit analogue ».

La connoissance rationnelle va plus loin; & après avoir adopté tout ce que les empiriques ont découvert sur les effets des médicamens, elle tâche d'en connoître la cause, pour pouvoir ensuite les employer dans les cas où l'on n'en avoit fait aucun usage.

C'est cette route qu'ont pris les partisans de la nouvelle médecine ; & bien loin de se fonder sur la ressemblance qu'ils appercevoient dans certaines plantes, & certaines parties du corps humain, & de dire que l'hépatique étoit le spécifique des maladies du foie, ils ont, au contraire, soumis les médicamens à l'analyse chymique ; mais on peut dire que cette méthode n'a pas été plus satisfaisante que celle des anciens.

Ces analyses sont presque toujours suspectes : l'action du feu ne peut-elle pas changer & altérer les qualités des corps qu'on y soumet, & leur en donner quelquefois moins qu'ils n'en avoient dans leur état naturel ? Les sels alkalins qu'on forme avec certains corps par l'action du feu, & qui n'existoient point auparavant dans ces mêmes corps, sont une preuve très-complète de cette assertion. Outre l'analyse chymique, n'a-t-on pas mêlé différentes substances avec du sang extravasé ? ne les a-t-on pas injectées dans les vaisseaux des animaux vivans, pour observer les effets qu'elles produiroient ? On n'a pas été plus heureux : cette dernière méthode est aussi vicieuse que la première, parce que les effets d'un médicament sont bien différens avec le sang qui circule ; parce qu'une même dose, portée immédiatement dans le sang, agit bien différemment que quand elle passe par les voies de la digestion. D'après cela, on doit conclure qu'il faut se contenter d'une *pharmacologie* expérimentale, jusqu'à ce qu'on en ait découvert une rationnelle qui nous contente plus que celles qui ont paru jusqu'à présent.

Nous n'entrerons point dans une discussion plus longue ; nous nous contenterons de faire observer que les médicamens ne peuvent être utiles, que lorsqu'ils sont indiqués & administrés avec prudence ; que leur réussite dépend le plus souvent du bon régime des malades : s'il est négligé, les remèdes ne produisent aucun bon effet.

On doit préférer les remèdes simples aux composés ; les premiers sont toujours moins dangereux, & leurs bons effets sont toujours mieux assurés ; ils entrent plus dans les vues de la nature, & secondent bien mieux ses efforts : mais, malheureusement pour l'humanité, tout le monde s'érige en médecin ; il n'est pas de bonne femme qui n'ait chez elle un remède universel, & quoique ce remède soit pour l'ordinaire mal administré & produise de mauvais effets, les personnes les plus constituées en dignité sont celles qui l'accréditent le plus, & lui donnent le plus de vogue ; mais aussi, peu de temps après qu'elles en ont fait usage, elles ne tardent pas à s'en repentir, en devenant les victimes de leur croyance ou de leur opiniâtreté.

La nature inspire souvent le goût des remèdes convenables à la maladie ; le médecin doit alors se prêter au goût & aux désirs des malades. C'est d'après ce principe que *Degner* permit à une femme hydropique de manger des fèves de marais, qui la guérirent de sa maladie. Cet exemple n'est pas le seul qu'on pourroit citer ; on en trouveroit une infinité d'autres avérés par les gens de l'art les plus expérimentés.

L'usage continu des remèdes en

rend les effets souvent nuls; on doit donc les varier quand on les prend comme préservatifs, & dans les maladies chroniques ils doivent être administrés avec ordre, avec précaution & avec prudence; mais le premier de tous les médicamens, inspiré par la nature, est l'eau, & l'on guériroit beaucoup de maladies par son seul usage, si les médecins étoient assez patiens pour attendre les mouvemens critiques de la nature, & les malades pour supporter leurs maux. M. AMI.

MÉDECINIER. (*Voyez* RICCIN)

MÉLÈSE ou LARIX. Tournefort le place dans la troisième section de la dix-neuvième classe des arbres à fleurs mâles séparées des fleurs femelles, mais sur le même pied, & dont le fruit est en cône, & il l'appelle *Larix folio deciduo, conifera.* Von Linné le classe dans la monoécie monodelphie, & l'appelle *pinus larix.*

*Fleur.* A chaton, mâles & femelles sur le même pied; les fleurs mâles, disposées en grappes, composées de plusieurs étamines réunies à leur base en forme de colonne, & de plusieurs écailles qui tiennent lieu de calice & forment un chaton écailleux. Les fleurs femelles composées d'un pistil, rassemblées deux à deux sous des écailles qui forment un corps ovale, cylindrique, qu'on nomme cône.

*Fruits.* Cônes, moins alongés, plus petits, plus pointus que ceux du sapin; d'un pourpre violet.

*Feuilles.* Petites, molles, obtuses, rassemblées en faisceau.

*Port.* Grand arbre, l'écorce de la tige lisse, celle des branches raboteuse, presqu'écailleuse: les branches divisées, étendues, pliantes, inclinées vers la terre, le bois tendre, résineux, les feuilles rassemblées par houppes sur un tubercule de l'écorce; elles tombent & se renouvellent chaque année, ce qui le distingue du *cèdre* du Liban (*Voyez* ce mot) qui est une espèce de mélèse, dont les cônes sont très-gros, ronds & obtus: les cônes du mélèse sont adhérens aux tiges, & distribués le long des branches.

*Lieu.* Les Alpes, les montagnes du Dauphiné, &c.

La seconde espèce est le mélèse noir d'*Amérique*, à petits cônes lâches, & à écorce brune.

La troisième, le mélèse de *Sibérie*, à feuilles plus longues & à plus gros cônes.

La quatrième, le melèse nain.

La cinquième, le mélèse à feuilles aiguës, ou *cèdre du Liban*, dont il a été fait mention au mot CÈDRE.

## SECTION PREMIERE.

### *Est-il possible de multiplier le mélèse?*

Il est surprenant qu'on n'ait pas songé à multiplier en France un arbre si précieux, & il est plus surprenant encore, que dans *nos environs*, on ne le trouve que dans les Alpes, chez les Grisons, en Savoye & en Dauphiné. A quoi tient donc cette localité? pourquoi ne viendroit-il pas aussi bien sur les Pyrénées? Une vieille tradition dit que le mélèse ne croît que sur les hautes montagnes, au-dessus de la région des sapins, & au-dessous de celle des *alviès*. (1) Est-ce parce que les Pyrénées sont moins élevées que les Alpes? est-ce à cause de la qualité du sol? Tâchons, par des points de fait, à jeter quelque jour sur ces questions.

Dans le Briançonnois, moins élevé que les Alpes & que les Pyrénées, le mélèse est un des arbres les plus communs. Dans la vallée du Rhône, & fort peu au-dessus du niveau du lac de Genève, la graine, entraînée des montagnes supérieures, soit par les vents, soit par les eaux, y a germé, & il en est provenu des mélèses qui végètent tout aussi bien que ceux des plus hautes montagnes. S'il n'y a point de mélèse dans les Pyrénées & sur les hautes montagnes de l'intérieur du royaume, c'est parce qu'il n'y a jamais eu de semences dans le pays, & que d'autres arbres se sont emparés du sol; il n'est pas douteux que si un seul grain y eût fructifié, le haut des Pyrénées en seroit couvert aujourd'hui. Admettons pour un instant que le sommet de ces montagnes seroit au-dessus de la région des sapins; mais au-dessous de cette région les Pyrénées sont couvertes par de fertiles pâturages, qui conviendroient aux mélèses autant que les Alpes. Il y a dans les plus hautes Alpes des pays entiers où l'on ne le connoît pas, & où cependant la nature est absolument la même que dans celle où l'on en voit de grandes forêts. Le pays le plus fertile en Suisse est le Valais, vallée très-étroite, où coule le Rhône depuis sa source jusqu'au gouvernement d'Aigle, & de-là jusqu'au lac de Genève. Cette vallée est au nord, séparée du canton de Berne, & au sud, de l'Italie, par deux chaînes de montagnes qui sont les plus hauts glaciers de l'Europe. La patrie du mélèse est sur ces deux chaînes de montagnes du côté de l'Italie; on les retrouve au revers de cette chaîne au pied des glaciers de Chamonix, & plus loin dans toute la Savoye & dans tout le haut Dauphiné. Du côté de Berne on en voit sur la même montagne, au revers & au-dessus des sapins; mais plus loin, à Grindelvald, à Lautterbruum, & au-delà jusqu'à Lucerne, le nom même est inconnu; cependant c'est la même exposition, le même sol, &c., les semences n'y ont donc pas été transportées?

Il est très-vrai en général que les mélèses habitent la région supérieure à celle des sapins, mais on ne doit pas en conclure, ainsi que je l'ai déjà dit, qu'ils ne peuvent pas en habiter d'autres; voici la preuve du contraire. Dans le Valais & sur la côte au-dessus des vignes, qui, dans ce pays, sont la culture des côtes basses, on voit de grandes forêts qui ne sont pas à une hauteur excessive; elles sont mêlées de mélèses & d'*Epicia*, (2) de sapins Voilà donc le mélèse déjà descendu d'un étage.

A Bex, dans le gouvernement de l'Aigle, pays bas, à la tête du lac de Genève, on voit des mélèses crûs spontanément sur une colline, voisine

(1) C'est le *pinus cimbra*. Lin.

(2) Nous nommons en France *vrai sapin* celui qu'en Suisse on appelle sapin blanc, *pinus picea*, Lin. & celui qu'en France on appelle *epicia*, est connu en Suisse sous le nom de sapin rouge, *pinus abies*. Lin.

d'une châtaigneraie, & M. Veillon, à qui elle appartient, encouragé par le succès, a semé de la graine dans sa châtaigneraie, & elle y réussit à tel point que, dans quelques années, il faudra détruire les châtaigniers pour conserver les mélèses. Lorsqu'on abat les forêts d'épicia & de mélèse, il ne recroît d'abord que des épicia, & quand on fait ensuite une coupe de cet arbre, il croît des mélèses. Le mélèse reste longtemps à pousser; ce n'est que lorsque ses racines se sont fortifiées en terre, lorsqu'on lui donne de l'air, que, semblable au chêne, il s'empare de tout le terrein, & détruit tous les arbres qui l'avoisinent.

Il faut convenir cependant que les mélèses des pays bas sont moins hauts, moins élancés que ceux des hautes montagnes; mais en revanche la qualité de leur bois est non-seulement égale, mais encore supérieure.

Dans la vallée de Chamonix, qui est à la vérité un pays beaucoup plus élevé que le dernier, on voit des bois entièrement de mélèse; cela est conforme à la règle générale: mais dans la vallée, même au pied de la source de l'Alveron, on traverse un bois de mélèse & d'épicia, & ceci est encore une exception à la prétendue règle générale, suivant laquelle la région des mélèses devroit être au-dessus de celle des sapins. Dans le Chamonix comme dans le Valais, les graines des mélèses des montagnes sont portées dans les vallées, & y produisent des arbres. Enfin sur les bords de l'Arve on trouve cet arbre mêlé avec les aulnes & autres bois forestiers, preuve incontestable que le terrein sec & fort élevé n'est pas essentiel à la végétation du mélèse.

Pour qu'un arbre se rende maître d'un pays, & qu'il y fasse une forêt, il ne suffit pas que le terrein & le climat lui soient favorables, il faut qu'ils ne conviennent pas à d'autres arbres ou à d'autres plantes qui excluent celui-ci; c'est ce que l'on voit chaque jour dans une bruyère ou une lande que l'on défriche, le chêne y vient bien après le défrichement; par le moyen de la culture, ce terrein convient au chêne, puisqu'il y réussit, mais il convenoit encore mieux à la bruyère, &c. : voilà pourquoi il a fallu la détruire, & l'empêcher de recroître pour que le chêne put y prospérer.

Dans l'état de pure nature, toute la Suisse, la Savoye, le Briançonnois étoient une forêt; au-dessus de la région des sapins étoit celle des hêtres, des châtaigniers, des chênes, enfin des broussailles, & dans les vallées étoit celle des arbres aquatiques, des roseaux, &c.: il n'est donc pas surprenant que dans ces fourrés le mélèse ne pût pas se faire jour, & c'est la raison pour laquelle il est resté depuis tant & tant de siècles au haut des montagnes, où il n'a pas trouvé les mêmes antagonistes que dans les parties inférieures. Ce n'est donc que depuis que la Suisse est défrichée, que les graines emportées par les vents, &c., sont tombées dans un terrein où elles ont eu assez d'air & assez d'espace pour prospérer; mais il faut peut-être bien des siècles pour qu'un arbre se naturalise de lui-même dans un nouveau pays.... au surplus, ceux qui ont défriché les basses montagnes & les vallées, se sont toujours opposés jusqu'à présent à la croissance du mélèse. Les vignerons du Valais les ont sûrement arrachés avec les mauvaises herbes qui nuisent à leurs vignes, & ceux qui ont des châtaigneraies ou des vergers, après avoir détruit aussi les mauvaises herbes pendant la jeunesse de leurs arbres, ont fait depuis de ces vergers un pâturage où les vaches sont continuellement, & les animaux détruisent le jeune plant en le piétinant.

Il est donc bien prouvé, & ce point est important, que les mélèses végétent très-bien dans des régions au-dessous de celles des sapins, qu'ils croissent à-peu-près dans toutes sortes de fonds; mais il s'agit de prouver encore par des faits, que le succès couronne sa culture.

Dans un bailliage du pays de Vaud, pays très-éloigné des mélèses, M. Engel a fait planter, il y a quelques années, un fort grand terrein en mélèses, par ordre & pour le compte de la république de Berne, & cette opération a singulièrement bien réussi.

A Basle, dans le jardin du Marg-Grave de Baden-Dourlat, on en voit de fort beaux, également plantés à main d'homme.

Enfin M. Duhamel, si connu par son zèle patriotique, & si digne des regrets de tous les bons citoyens, a été le premier françois qui ait cultivé le mélèse; non-seulement cet arbre a réussi dans la terre de Vrigny, mais il s'y reproduit aujourd'hui de lui-même par sa propre graine. Il n'est pas douteux que les bois de Vrigny, limitrophes de la forêt d'Orléans, ne peuplent peu-à-peu cette dernière, si le bétail ne piétine pas les jeunes pieds, & si on respecte le jeune plant lorsque l'on coupera les taillis. Enfin on a commencé à s'occuper de la culture du mélèse dans la haute Alsace; il ne reste donc plus de doute sur la possibilité de cultiver cet arbre dans les autres parties montueuses du royaume, & mêmes dans les plaines des provinces tempérées.

## Section II.

*Quelle est la manière de multiplier le mélèse?*

Je n'ai jamais été dans le cas de cultiver le mélèse; je vais emprunter cet article de M. le Baron de Tschoudi.

Quoique les cônes du mélèse, attachés à l'arbre, ouvrent d'eux-mêmes leurs écailles vers la fin de mars par l'action réitérée des rayons du soleil, cependant je n'ai pu parvenir, dit l'Auteur, à les faire ouvrir dans un four médiocrement échauffé; on est contraint de lever les écailles les unes après les autres avec la lame d'un couteau, pour en tirer la graine, à moins que, déjà pourvu de mélèses fertiles, on n'attende, pour la semer, le moment où elle est près de s'échapper de ses entraves, moment qui, indiqué par la nature, doit être sans doute le plus propre à leur prompte & sûre germination. Il est plusieurs méthodes de faire ces semis de mélèses, qui sont adaptées au but qu'on se propose... Ne voulez-vous élever de ces arbres qu'en petit nombre, & dans la vue seulement d'en garnir des bosquets, d'en former des allées? semez dans de petites caisses de sept pouces de profondeur, remplissez ces caisses de bonne terre fraîche & onctueuse, mêlée de sable & de terreau; unissez bien la superficie, répandez ensuite des grains assez épais, couvrez-les de moins d'un demi-pouce de sable fin, mêlé de terreau tamisé, de bois pourri & devenu terre; serrez ensuite avec une planchette unie, enterrez ces caisses dans une couche de fumier récent, arrosez de temps à autre avec un goupillon, ombragez-les de paillassons pendant la chaleur du jour, diminuez graduellement cet ombrage vers la fin de juillet, & le succès de vos graines sera très-certain. Si vous voulez multiplier cet arbre en plus grande quantité, semez avec les mêmes attentions & dans de longues caisses, enterrées au levant ou au nord, ou sous l'ombre de quelques hauts arbres, ou bien en pleine terre dans des lieux frais sans être humides, ayant toujours soin de procurer un ombrage artificiel lorsque des feuillées voisines n'y suppléront pas.

L'ombre est plus essentielle encore aux jeunes mélèses, qu'aux sapins & aux pins, quoique dans la suite ils s'en passent plus aisément que ceux-ci.

Le troisième printemps, un jour doux, nébuleux ou pluvieux du commencement d'avril, vous tirerez ces petits arbres du semis, ayant attention de garder leurs racines entières & intactes, & de les planter dans une planche de terre commune & bien façonnée, à un pied les uns des autres en tout sens; vous en formerez trois rangées de suite, que vous couvrirez de cerceaux, sur lesquels vous placerez de la fane de pois; vous ajusterez en plantant, contre la racine de chacun, un peu de la terre du semis, vous serrerez doucement avec le pouce autour du pied, après la plantation, & y appliquerez un peu de mousse ou de menue litière, & vous arroserez de temps à autre jusqu'à parfaite reprise. Deux ans après vos mélèses auront de deux à trois pieds de hauteur; c'est l'instant de les planter à demeure, plus forts ils ne reprendroient pas si bien, & ne végéteroient pas, à beaucoup près, si vîte. Vous les enleverez en motte, & les placerez là où vous voudrez les fixer, ayant soin de mettre de menue litière autour de leurs pieds. Vous pouvez en garnir des bosquets, en former des allées ou en planter des bois entiers sur des côteaux, au bas des vallons, & même dans des lieux incultes & arides, où peu d'autres arbres réussiroient aussi bien que celui-ci. La distance convenable à mettre entr'eux est de douze ou quinze pieds; mais pour les défendre contre les vents qui les fatiguent beaucoup & les font plier jusqu'à terre, vous pouvez les planter d'abord à six pieds les uns des autres, sauf à en ôter, de deux en deux, un dans la suite, ce qui vous procurera une coupe de très-belles perches. La même raison doit engager à planter les bois de mélèse, tant qu'on pourra, dans les endroits les plus bas & les plus abrités contre la furie des vents. On sent bien que, dans les bosquets & les allées, il faudra soutenir les mélèses avec des tuteurs pendant bien des années.

Ce seroit en vain qu'on tenteroit de grand semis de mélèse, à demeure, par les méthodes ordinaires; la ténacité des terres empêcheroit la graine de lever; les foibles plantules qui pourroient paroître, seroient ensuite étouffées par les mauvaises herbes, ou dévorées par les rayons du soleil. Nous ne connoissons que deux moyens praticables. Plantez des hayes de saule-marsaut, à quatre pieds les unes des autres, & dirigées de manière à parer le midi & le couchant: tenez constamment entr'elles la terre nette d'herbes. Lorsque les haies auront six pieds de haut, creusez une rigole au milieu de leur intervalle, que vous remplirez de bonne terre légère, mêlée de sable fin. Semez par-dessus, & recouvrez les graines d'un demi-pouce de terre, encore plus légère, mêlée de terreau. Si l'été est un peu humide, ce semis lèvera à merveille, & vous vous bornerez à le nétoyer avec soin des mauvaises herbes. Vous ôterez successivement, les années suivantes, les petits arbres surabondans. Lorsqu'ils pourront se passer d'ombre, vous arracherez les marsauts. Le produit de leur coupe payera vos frais, & vous aurez un bois de mélèse.

*Autre méthode*. C'est toujours l'auteur qui parle. Je suppose des landes, des broussailles, un terrein en herbe, ou une côte rase, il n'importe. Vous aurez des caisses de bois, ou des panniers d'osier brun, sans fond, d'un pied en quarré, vous les planterez à quatre pieds, en tout sens, les uns des autres; vous les remplirez d'un mêlange de terre convenable, & y semerez une bonne pincée de graine de mélèse. Il vous sera facile d'ombrager les panniers avec deux cerceaux croisés, sur lesquels vous mettrez des roseaux, ou telle autre couverture légère qui sera le plus à votre portée. Par les temps secs, il sera possible, dans le voisinage des eaux, d'arroser ces panniers, autour desquels vous tiendrez, net d'herbes, un cercle d'un pied de rayon, à prendre des bords; vous en userez dans la suite comme il a été dit dans la méthode première.

Les mélèses qui viendront en bois, étant d'abord fort rapprochés les uns des autres, n'auront pas du tout besoin d'être étayés; la privation du courant d'air fera périr, dans la suite, leurs branches latérales. A l'égard de ceux plantés à de grandes distances, voici comment il faudra s'y prendre pour former un tronc nud. Vous les laisserez durant trois à quatre années après la plantation, se livrer à tout le luxe de la croissance; les branches latérales inférieures, en arrêtant la sève vers le pied, le fortifieront singulièrement; ensuite, au mois d'octobre, tandis que la sève rallentie, ne laissera exuder de thérébenthine que ce qu'il en faudra pour garantir les blessures de l'action de la gelée, vous couperez, près de l'écorce, l'étage des branches les plus inférieures, & vous vous contenterez, à l'égard de celui qui est immédiatement au-dessus, de le retrancher jusqu'à quatre ou cinq pouces du corps de l'arbre. Ces chicots végéteront foiblement, tandis que les plaies d'en-bas se refermeront; l'automne suivant vous les couperez près de l'écorce, & formerez de nouveaux chicots au-dessus; vous continuerez ainsi, d'année en année, jusqu'à ce que votre arbre ait six pieds de tige nue, alors vous la laisserez trois ou quatre ans dans cette proportion. Ce temps révolu, vous pouvez continuer d'élaguer jusqu'à ce que votre arbre ait la figure que vous voulez lui donner.

Nous avons multiplié, continue l'auteur, les mélèses par les marcottes, particulièrement le mélèse noir d'Amérique. Nous avons couché des branches en juillet, en faisant une coche à la partie inférieure de la courbure; ces marcottes, bien soignées, se sont trouvées très-enracinées à la troisième automne. Un de mes voisins a planté, ce printemps, des cônes de mélèse, que

que des branches percent par leur axe, les branches ont poussé, & étoient assez vigoureuses la dernière fois que je les ai vues.

Enfin, les espèces rares se *greffent* en approche (*Voyez* le mot Greffer) sur le mélèse commun. J'ai deux mélèses noirs d'Amérique, que j'ai greffés de cette manière, & qui sont d'une vigueur & d'une beauté étonnantes; ils sont une fois plus gros & plus hauts que les individus de cette espèce, qui vivent sur leurs propres racines. Les plus petites espèces doivent se greffer sur le mélèse noir. Je ne doute pas que les pins & les sapins ne puissent se multiplier aussi par cette voie, en faisant un choix convenable des espèces les plus disposées à contracter entr'elles cette alliance.

Les mélèses se taillent très-bien : on en forme, sous le ciseau, des pyramides superbes, & il seroit aisé, (si la mode n'en étoit passée,) de leur donner, comme aux ifs, toutes les figures qu'on voudroit imaginer. On en forme des palissades qu'on peut élever aussi haut que l'on veut. Plantez des mélèses de trois à quatre pieds de haut, & à quatre ou cinq pieds de distance chacun; taillez-les sur leurs deux faces, de bas en haut, bientôt ils se joindront par leurs branches latérales, & formeront une tenture verte, des plus riches & des plus agréables à la vue. Si vous voulez jouir plus vîte, plantez-les plus jeunes, à un pied & demi de distance : il ne faut les tailler qu'une fois, & choisir le mois d'octobre, temps où la sève rabattue, ne se perd plus par les coupures. Les mélèses seroient très-propres à couvrir des cabinets & des tonnelles. La terre que ces arbres semblent préférer, quoiqu'ils n'en rebutent aucune, est une terre douce & onctueuse, couleur de noisette, ou rouge. Tel est le résumé des expériences faites en Alsace, par M. le baron de Tschoudi, qui nous a donné une excellente traduction de l'ouvrage de Miller, intitulé : *des Arbres résineux*. M. Duhamel, dans son traité des *arbres*, dit : si la forêt est exposée au nord, & en bon terrein, les mélèses, qui n'ont que trois pieds de circonférence par le bas, s'élèvent d'un à quatre-vingt pieds de hauteur, après quoi ils grossissent, & ne s'élèvent plus. Cependant, dans le Valais on en voit de très-beaux du côté du midi, & qui confirment ce que j'ai avancé dans la première section.

### Section III.

#### §. I. *De l'utilité du Mélèse, considéré comme bois de construction.*

De l'aveu de tous ceux qui connoissent cet arbre, c'est le meilleur de tous les bois, soit pour les ouvrages de charpente, soit pour ceux de menuiserie. Sa force égale au moins celle du chêne, & on ne connoît pas les bornes de sa durée. Il résiste à l'air, & durcit dans l'eau. On lit dans les Mémoires de la Société-Economique de Berne, que Witsen, auteur Hollandois, assure que l'on a trouvé autrefois un vaisseau Numide dans la Méditerranée, & qu'il étoit construit de bois de mélèse & de cyprès; mais qu'il étoit si dur, qu'il résistoit au fer le plus tranchant. D'autres assurent, qu'une pièce de ce bois, plongée pendant six mois dans l'égoût de fumier, & ensuite dans l'eau, devient dur comme de la pierre &

du fer, & eſt inacceſſible à la corruption. On commence ſi bien à reconnoître la valeur du mélèſe en Suiſſe, qu'il y eſt fort recherché & payé très-chèrement. Chez les Griſons, on en fait des bardeaux qui durent des générations entières, & des tonneaux qu'on peut appeller éternels, & où le ſpiritueux du vin ne s'évapore preſque pas.

Dans le territoire de Bex, au gouvernement de l'Aigle, on voit aujourd'hui un bâtiment conſtruit avec le bois de mélèſe, qui, à préſent eſt une écurie, expoſée à toutes les injures de l'air; cependant elle a été bâtie en 1536, ainſi que le porte la date gravée ſur ce bois.

Dans le haut-Dauphiné, la Savoye, le pays de Vaux, on bâtit des maiſons avec des pièces de ce bois, de l'épaiſſeur d'un pied, poſées horizontalement les unes ſur les autres. Il n'eſt pas néceſſaire de recourir à un enduit pour les jointer les unes aux autres, il ſe forme naturellement, par la chaleur du ſoleil, qui fait ſortir la réſine de l'arbre, & cette réſine bouche tous les vides. Sur les coins de chaque face, on fait des entailles à mi-bois, afin de mieux lier les pièces les unes aux autres; les interſtices & les trous faits pour placer les chevilles, ne tardent pas à être remplis de ce maſtic, qui rend tout l'édifice impénétrable à l'eau ou à l'air. Enfin, le bâtiment eſt entièrement verniſſé par la réſine. Dans le principe, le bois eſt blanc; mais après quelques années, le vernis qui le recouvre devient noir comme du charbon.

Dans le Chamonix, on en fait des lattes ou anſelles, dont on couvre les maiſons, & elles ſont incorruptibles.

Dans le Briançonnois, tous les gens de l'art conviennent que la durée de la charpente, faite en mélèſe, eſt du double de durée de celle du meilleur chêne.

Les conduites ſouterraines des eaux, par des mélèſes forés, ſont encore, de l'aveu de tout le monde, incorruptibles. Ainſi donc, dans les différens pays à mélèſe, les opinions ſe réuniſſent à atteſter, que c'eſt l'arbre d'Europe dont la durée eſt la plus conſidérable, & que dans beaucoup de circonſtances ce bois eſt incorruptible. Voilà, pour les uſages ſimplement économiques. Voyons actuellement quels avantages la marine pourroit en retirer.

On fait avec le mélèſe des mâts pour naviguer ſur le lac de Genève; ils y durent environ cinquante ans, & preſque tous les bois de bordage de ces barques ſont de ce bois, & durent le double du chêne.

L'expérience a encore prouvé dans le Valais, que le mélèſe, venu dans la plaine, au pied des montagnes, vaut mieux pour l'uſage, que celui des hauteurs; & c'eſt préciſément le contraire pour le ſapin.

Pierre Serre, maître mâteur, du département de Rochefort, fut envoyé, il y a quelques années, dans le pays de Vaux, & autres adjacens, où il ſéjourna pendant pluſieurs mois, pour examiner ſi on pouvoit y trouver des bois propres à la mâture. Il y vit en effet, & en quantité, de très-belles pièces de ſapin; mais après les avoir bien vérifiées, il trouva que ce ſapin ne valoit pas mieux que celui des Pyrennées que la marine réprouve, parce qu'il n'a pas la peſanteur ſpécifique des mâts qu'on tire du nord. Quant au mélèſe, il s'aſſura qu'il avoit plus de peſanteur ſpécifique,

& plus de dureté que les bois mêmes du nord (1). Mais il craignit d'abord, que ce grand poids ne rendît les vaisseaux sujets à chavirer, ou au moins ne les tourmentât. Il a été rassuré sur cette crainte, par les instructions qui lui furent ensuite envoyées de France, portant, que puisque le bois étoit plus dur, on pourroit faire des mâts moins gros, & aussi forts, ce qui ne feroit que la même pesanteur absolue . . . On voit à Chamonix des mélèses qui ont jusqu'à seize pieds & demi de circonférence par le bas; mais pour en faire usage dans la marine, il faut auparavant en enlever l'écorce, qui est très-épaisse, ainsi que l'*aubier*, ou faux bois (*Voyez* ce mot), ce qui diminue de beaucoup le diamètre de l'arbre. Ne pourroit-on pas, un an ou deux avant d'abattre un de ces beaux arbres, suivre l'opération décrite au mot AUBIER; la totalité de l'arbre seroit plus dure, & on auroit moins à perdre sur sa circonférence. J'invite ceux qui sont sur les lieux à faire cette expérience.

D'après ce qui vient d'être dit, il me paroît démontré que la multiplication de cet arbre intéresse singulièrement l'administration. Mais, comment penser aujourd'hui à un bénéfice réel qu'on ne retirera que dans cent-cinquante ans? L'exemple donné par l'immortel Sully, qui fit planter en ormeaux les bords des grandes routes du royaume, afin d'avoir les bois nécessaires à l'artillerie, n'est pas oublié : on voit encore aujourd'hui quelques-uns de ces arbres respectables à la porte des églises de campagne, qui ont bravé les injures du temps, & qui attestent la sage prévoyance de ce ministre : on les appelle *les Rosny*; & dans la suite on donneroit aux mélèses le nom du ministre qui en auroit encouragé la culture. Je ne doute pas un instant que cet arbre ne réussît très-bien sur les Pyrennées, sur les hautes montagnes du Languedoc, de la Provence, de la Franche-Comté, de la Bourgogne, du Forêt, de l'Auvergne, du Limosin, du Périgord, &c. Une fois acclimatés sur ces hauteurs, ils gagneroient insensiblement les régions propres aux hêtres, aux châtaigniers, & de proche en proche, les vallées.

Les pays d'état sont ceux qui peuvent s'occuper le plus fructueusement de ces améliorations partielles. Je suis bien éloigné de penser que l'administration générale ne veuille ou ne puisse pas le faire; mais il lui manque réellement des hommes entendus, & zélés pour ces objets de détails. Il se présentera cent personnes, pour une, qui demanderont à être chargées de l'entreprise, dans la vue d'y gagner gros; & l'homme de mérite, qui ne sera, ni intriguant, ni solliciteur, ne sera pas celui à qui elle sera confiée, uniquement parce qu'il n'aura pas été connu. Ce n'est pas la faute de l'administration générale, lorsqu'une entreprise de cette nature coûte très-cher & manque, c'est toujours celle des employés. Voilà pourquoi je dis que les pays d'état, ou les administrations provinciales, doivent être chargées de ces détails. Chaque administrateur

(1) Le pied cube de celui du Valais pèse cinquante liv. poids de marc, ce qui excède d'un cinquième la pesanteur du bois pour mâture, envoyé de Riga.

est sur les lieux ; il est animé du bien public, il y veille comme sur son propre bien, & son amour propre est flatté lorsqu'il réussit. Dans ces provinces, MM. les évêques ont non-seulement l'administration spirituelle; mais encore beaucoup de part dans l'administration civile. Chacun sçait jusqu'à quel point s'étendent leurs bienfaits & leur patriotisme ; il suffit de leur montrer le bien, pour qu'ils saisissent aussitôt les moyens de le faire. J'oserois donc leur dire, & les prier, pour le bonheur de leurs diocésains, de faire venir de Suisse de la graine de mélèse, de la distribuer à MM. les curés, habitans les montagnes, & de leur promettre une récompense de la part des états, lorsqu'ils seront parvenus à multiplier un certain nombre de pieds, soit chez eux, soit parmi les habitans de leurs communautés. Outre MM. les curés, il convient encore de faire distribuer de la graine aux particuliers zélés qui en demanderont. Les semis & la culture de ces arbres (lorsqu'une fois on a la graine), exigent dans le commencement plus de petits soins que de dépense, & avec une once de graine on peut faire une belle plantation. Puisse le vœu que je fais, être réalisé.

Pline, & plusieurs auteurs anciens, ont avancé que le bois du mélèse étoit inaltérable au feu. Ou ces auteurs n'ont pas connu cet arbre, ou ils ont voulu parler de quelqu'autre. Comment un arbre si résineux résisteroit-il au feu ?

### SECTION IV.

*De la manière de retirer sa résine & sa manne.*

Dans les pays à mélèse, on ignore en certains endroits l'art de tirer la résine ; & dans d'autres, on ne se doute pas que cet arbre produise de la manne ; enfin, dans certains cantons on retire l'une & l'autre. Dans le Briançonnois, on fait, avec la hache, & au pied de ces arbres, une entaille de quelques pouces de profondeur. Par cette ouverture la résine coule dans des baquets placés au-dessous. Dans la vallée de Chamonix, ce n'est ni avec la hache, ni avec la serpe, qu'on incise l'arbre ; mais on le perce avec une tarrière, jusqu'à la profondeur de huit pouces, & même davantage, & on la reçoit dans un baquet fait avec l'écorce du mélèse. On pense dans ce pays, que la profondeur de ce trou est essentielle, parce que si on n'attaque que l'écorce, la résine qui en découle a très-peu de qualité, & que la bonne doit se tirer du cœur même de l'arbre. Si l'arbre est vigoureux, on le perce en plusieurs endroits différens, & à la même hauteur : l'exposition du midi est préférée, ainsi que les nœuds des anciennes branches coupées. Lorsque ces gouttières ne donnent plus, on pratique de nouveaux trous en-dessus, & ainsi de suite en remontant. Cette opération dure communément depuis la fin de mai jusqu'en septembre, & jusqu'au commencement d'octobre, suivant la saison. Les trous qui cessent de couler sont bouchés avec des chevilles pendant une quinzaine de jours, & sont rouverts ensuite pour donner issue à de nouvelle résine. On compte qu'un mélèse, dans un sol qui lui convient, peut, pendant quarante à cinquante ans, fournir chaque année, sept à huit livres de résine, connue dans le commerce sous la dénomination de *térébenthine*, ou de *térébenthine de Venise*. Si cette thérébentine est mêlée de quelques impuretés, on la passe à travers un tamis de crin.

On fait très-bien de tirer la thérébentine dans les pays où les mélèses sont très-multipliés, & où l'on ne peut pas se procurer un bon débit de cet arbre; car il est certain que cette opération l'énerve, & qu'il n'a plus ensuite d'autre valeur que celle de servir au chauffage, ou à faire du charbon.

Les anciens auteurs qui ont écrit sur l'histoire naturelle du Dauphiné, & sur-tout sur ses prétendues *sept merveilles*, n'ont jamais oublié d'admettre comme une des premières, la *manne de Briançon* . . . *manna laricea*, ou manne des mélèses. Elle n'est pas plus particulière à ceux de ce pays qu'à ceux de tous les autres. Ces auteurs n'ont pas manqué de la comparer encore à la manne des Hébreux dans le désert, qui devoit être recueillie avant le lever du soleil. Il est clair que si les Hébreux n'avoient pas eu d'autre nourriture, ils auroient été perpétuellement purgés, puisque celle des mélèses a la même propriété que celle du frêne.

Les vieux arbres n'en donnent point sur leurs tiges, mais simplement sur les jeunes branches; les jeunes arbres en sont quelquefois tous blancs. Les vents froids s'opposent à sa formation au printemps & pendant l'été, & elle n'est jamais plus abondante que lorsqu'il y a beaucoup de rosée. Cette manne est une espèce de crême fouettée, par petits grains blancs & gluans, d'un goût fade & sucré; dès que le soleil est levé elle disparoît de dessus l'arbre. Jusqu'à ce jour cette manne a été peu employée en médecine.

## SECTION V.

### *De l'utilité de la térébenthine dans les arts & en médecine.*

En ajoutant de l'eau à la térébenthine, & en distillant ce mêlange, on en retire ce qu'on appelle l'*huile essentielle de térébenthine*. Cette huile, dont l'usage dans les arts est très-fréquent, soit pour les vernis, soit pour rendre les couleurs à l'huile plus siccatives, est un très-bon diurétique employé en médecine; il pousse beaucoup par les voies urinaires, & plus vivement que la simple térébenthine; mais, prise à haute dose, elle cause une grande soif, une ardeur vive dans la région épigastrique, & porte sur la poitrine; il vaut mieux n'employer que la térébenthine simple.

La *colofone*, que mal-à-propos on nomme *colofane*, est la térébenthine privée de la plus grande partie de son huile essentielle; on s'en sert rarement pour l'usage intérieur: réduite en poussière & enveloppée dans de la toile de coton ou mousseline, & appliquée tout autour du col, on assure qu'elle arrête & dissipe les douleurs causées par l'inflammation des amygdales. On l'emploie encore sous forme de poudre, afin de dessécher les chairs molles & peu sensibles des ulcères de bonne qualité, par exemple, des engelures. Personne n'ignore la nécessité de la colofone pour souder en étain, & de quelle utilité elle est aux joueurs de violon, & autres instrumens à cordes.

La térébenthine, prise intérieurement, communique aux urines une odeur de violettes, & les détermine à sortir en plus grande quantité, presque sans preuve bien démonstrative.

On a regardé son usage intérieur comme avantageux dans les coliques néphrétiques, les ulcères des poumons, du foie, des reins, de la vessie, de la matrice, du canal de l'urètre; elle est indiquée avec succès & à dose très-modérée dans la toux catarrhale & ancienne, l'asthme pituiteux & la difficulté d'uriner, causée par des humeurs pituiteuses : donnée à haute dose, elle purge, procure de l'ardeur dans les premières voies, & cause des épreintes.

MÉLILOT. (*Voyez Planche XI, page* 444) Tournefort le place dans la quatrième section de la dixième classe des herbes à fleur de plusieurs pièces, irrégulières & en papillon, qui portent trois feuilles sur un même pétiole, & il l'appelle *melilotus officinarum germaniæ*. Von Linné le classe dans la diadelphie décandrie, & le nomme *trifolium melilotus officinalis*.

*Fleur*. Comme celle des légumineuses, composée de l'étendard ou pétale supérieure B, de deux latéraux C, ou aîle de la carène ou pétale inférieure D. Le pistil E est enveloppé par le faisceau de dix étamines F; ce faisceau est représenté ouvert en G; les dix étamines qui le composent se réunissent à leur bâse par une membrane légère qui forme un tube; toutes les parties de la fleur sont rassemblées dans le calice H à cinq dentelures.

*Fruit*. Légume à deux vulves I, qui s'ouvrent longitudinalement, représentées en K, & renferme deux à quatre graines L ovales & applaties.

*Feuilles*. Trois à trois, légérement dentées, la foliole impaire & portée sur un pétiole.

*Racine* A. Blanche, pliante, menue, garnie de quelques fibres capillaires & fort courtes.

*Port*. Tiges droites, quelquefois de la hauteur d'un homme; les fleurs en grappes, pendantes, & naissant des aisselles des feuilles; elles varient dans leur couleur; il y en a de jaunes, de blanches, & quelquefois des unes & des autres sur le même pied. Les feuilles florales sont à peine visibles, celles des tiges sont placées alternativement.

*Lieu*. Les haies, les buissons, la plante est bienne, & fleurit en juin & juillet.

*Propriétés*. Les feuilles sont odorantes, & ont une saveur âcre, amère, nauséeuse; elles sont émollientes, carminatives & légérement résolutives.

*Usage*. On les emploie rarement à l'intérieur, mais on s'en sert dans les lavemens émolliens, dans les cataplasmes, fomentations, bains, &c.

MÉLISSE BATARDE ou DES BOIS. (*Voyez planche XI, pag.* 444) Tournefort la place dans la troisième section de la quatrième classe des herbes à fleur d'une seule pièce, & en lèvre, dont la supérieure est retroussée, & il l'appelle *melissa humilis, latifolia, maximo flore, purpurascente*. Von Linné la nomme *melittis melissophylum*, & la classe dans la didynamie gymnospermie.

*Fleur*. B représente une corolle entière; c'est un tube menu à sa base, renflé vers la moitié de sa longueur, divisé en deux lèvres, dont la supérieure est obronde, plane & relevée; l'inférieure rabattue, ouverte, partagée comme on le voit en C; les étamines, au nombre de quatre, dont

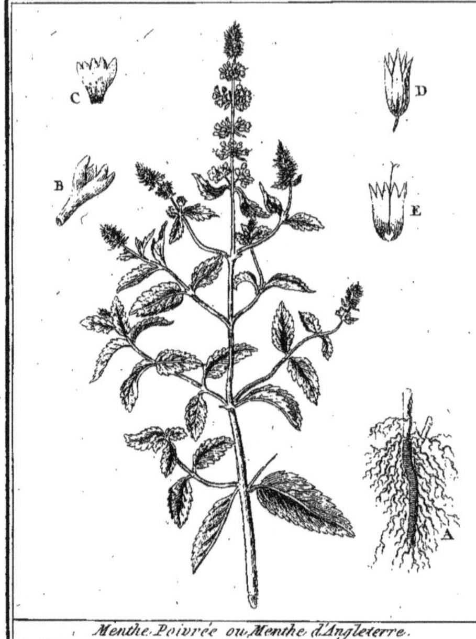


Menthe Poivrée ou Menthe d'Angleterre.

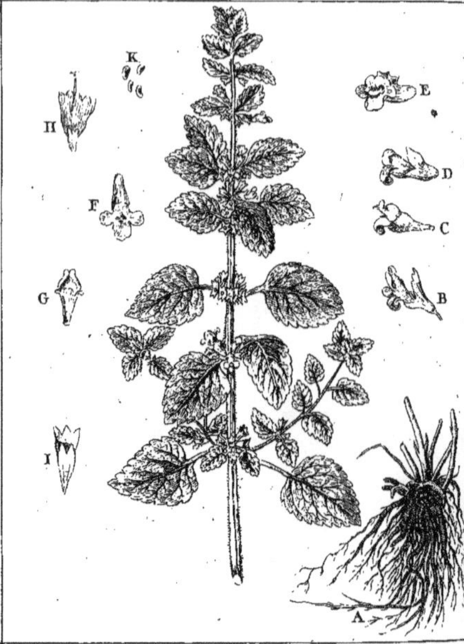


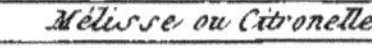

Mélisse ou Citronelle.

Sellier sculp.

Menthe à épi.

Méniante ou Trèfle d'eau.

deux plus longues, sont en-bas, & deux, plus courtes, sont en-haut, comme on le voit en C. Le pistil D est placé au fond du calice E, qui est d'une seule pièce divisée en deux lèvres.

*Fruit.* F quatre semences G placées au fond du calice, elles sont obrondes, pointues.

*Feuilles.* Ovales, crenelées, obtuses, portées sur des pétioles.

*Racine.* A rameuse, fibreuse.

*Port.* Tiges plus basses que celles de la vraie mélisse, quarrées, velues, simples, remplies de moële; les fleurs naissent des aisselles des feuilles, seules à seules, soutenues par des péduncules plus courts que les calices, qui sont trois fois plus petits que les corolles; les feuilles sont opposées.

*Lieu.* Les montagnes, les bois; la plante est vivace.

*Propriétés.* Un peu aromatique, d'une saveur âcre, vulnéraire, apéritive, diurétique.

*Usage.* On n'emploie que les feuilles, & on les donne en infusion théiforme.

MÉLISSE ou CITRONELLE. (*Planche XII, pag.* 471) Les deux auteurs la classent avec la plante ci-dessus. Tournefort l'appelle *melissa hortensis*, & Von Linné la nomme *melissa officinalis.*

*Fleur.* Les figures B & D montrent la fleur de profil, enfermée dans son calice. La corolle C est également vue de profil: c'est un tube à deux lèvres, dont la supérieure est courte, retroussée, échancrée, arrondie; l'inférieure divisée en trois parties, dont la moyenne est grande, & en forme de cœur, comme on le voit en E, où la fleur est vue de face; les étamines, au nombre de quatre, dont deux plus longues & deux plus courtes, deux à la lèvre supérieure F, & deux à l'inférieure G; le calice est représenté ouvert en H, divisé en cinq segmens I.

*Fruit.* Quatre semences K, presque rondes, placées dans le fond du calice à deux lèvres, renflé par la maturité.

*Racine* A. Ligneuse, longue, ardie, profonde, fibreuse.

*Lieu.* L'Italie, cultivée dans les jardins. La plante est vivace, & fleurit pendant tout l'été.

*Propriétés.* Odeur forte, agréable; saveur un peu amère & âcre. La plante est cordiale, céphalique. Les feuilles échauffent, altèrent, constipent, réveillent les forces vitales; elles sont indiquées dans les pâles couleurs, dans la suppression du flux menstruel, des lochies, des fleurs blanches, par l'impression des corps froids, & avec foiblesse; quelquefois elles calment les accès des affections hystériques & des hypocondriaques: elles sont nuisibles dans la palpitation de cœur, & dans la plûpart des maladies convulsives.

*Usages.* L'eau distillée de mélisse, ne doit jamais être substituée à l'infusion des feuilles, quelle que soit l'espèce de maladie: à très-haute dose, cette eau distillée augmente très-peu la force du pouls. L'extrait de mélisse ne vaut pas son infusion, & cette même infusion édulcorée avec du sucre, vaut tout autant, pour ne pas dire mieux, que le syrop de mélisse. La dose des feuilles récentes est depuis deux drachmes jusqu'à une once, en infusion dans six onces d'eau; les feuilles sèches, depuis une drachme jusqu'à demi once, en infusion dans la même quantité d'eau.

MELON. Tournefort le place dans la septième section de la première classe des fleurs d'une seule pièce en cloche, dont le calice devient un fruit charnu, & il l'appelle *melo vulgaris*. Von Linné le réunit au genre des concombres; il le nomme *cucumis melo*, & le classe dans la monoécie singénésie.

*Fleur.* Jaune, en forme de cloche évasée, découpée en cinq parties terminées en pointe; les fleurs mâles & femelles séparées, mais sur le même pied. Un simple coup-d'œil sur l'intérieur de l'une ou de l'autre les fera distinguer; la forme des fleurs femelles est plus en soucoupe, & celle des mâles plus en entonnoir. Les pistils des premières débordent & surmontent la base de la soucoupe; les étamines des secondes, nichées dans le fond de leur entonnoir. Au-dessous de la base de la soucoupe, on voit un renflement qui est le fruit, & tient lieu de calice : au contraire, l'extrémité inférieure de l'entonnoir porte un calice d'une seule pièce, & ordinairement à cinq dentelures aiguës. A ces signes, il est impossible de se tromper.

*Fruit.* Renflé, à surface ou unie, ou raboteuse, ou à côtes, suivant les *espèces jardinières*; (*voyez* ce mot) de couleur blanche, verte ou jaune, divisé en trois loges, renfermant des semences presque ovales & applaties, disposées dans la pulpe du fruit sur un double rang.

*Feuilles.* Anguleuses, arrondies, douces au toucher, plus petites que celles des concombres, & beaucoup plus que celles des courges.

*Racine.* Branchue, fibreuse.

*Port.* Tiges longues, rampantes, sarmenteuses, dures au toucher. Les fleurs naissent des aisselles des feuilles: les premières qui paroissent sont des fleurs mâles, & en quantité. La nature produiroit en vain des fleurs femelles les premières, puisqu'il n'y auroit point de fleurs mâles pour les féconder, & la nature ménage les secours qu'elle donne.

*Lieu.* Nos jardins. On ignore son pays natal; mais il est constant qu'il doit venir des pays chauds, puisque la moindre gelée le fait périr; & son fruit exige beaucoup de chaleur pour acquérir une bonne maturité.

*Propriétés.* La chair est aqueuse, mucilagineuse, d'une saveur agréable, sucrée, quelquefois musquée; la semence douce, huileuse, savonneuse; l'une des quatre semences froides majeures. Le fruit nourrit peu, se digère lentement, donne quelquefois des coliques.

*Usage.* La semence est employée comme celle des *courges*, & dans les mêmes cas.

## SECTION PREMIÈRE.

### *Des espèces jardinières de Melons.*

Je suis très-persuadé que nous ne connoissons plus l'espèce première, le type unique de toutes les espèces *jardinières* que nous cultivons. Le changement de climat, la culture, & sur-tout des espèces jardinières plantées les unes près des autres, ou confondues ensemble, multiplient les variétés à l'infini. Les fleurs mâles sont, comme nous l'avons dit, séparées des fleurs femelles, quoique sur le même pied. La poussière fécondante des *étamines*, (*Voyez* ce mot) doit donc, par le mouvement élastique qui fait ouvrir les capsules qui la renferment, être portée sur

sur le pistil de la fleur femelle, & la féconder. Mais si cette poussière est portée sur une fleur femelle d'une espèce de melon différente, qui se trouve dans le voisinage, il est donc clair qu'il y aura une fécondation *hybride*, (*voyez* ce mot) de laquelle il résultera un fruit qui participera des qualités du père & de la mère. On en semera la graine sans s'être douté de cette alliance, & on sera bien étonné ensuite de recueillir un fruit différent de celui sur lequel on avoit récolté la graine. Que d'exemples sans nombre il seroit facile de citer en ce genre! & combien de fois les abeilles, qui vont butinant d'une fleur à l'autre, n'ont-elles pas porté très-loin les étamines attachées à leurs pattes! De-là cette fécondité hybride, & qui étonne toujours, lorsque l'on ne remonte pas à son origine. Il est donc probable, & plus que probable, en admettant cent espèces de melons cultivées en France, que le nombre sera doublé, si on le veut, & en moins de dix ans. Il suffira de mélanger les pieds, ou de procurer des hybridicités par la méthode indiquée au mot *Abricotier*.... Si, dans le voisinage d'une melonnière, des concombres, des courges végètent, on trouvera souvent sur le même pied un melon excellent & naturel, & un autre melon, dont la saveur participera, ou du concombre, ou de la courge. D'où peut donc provenir cette singulière différence dans la saveur? Le sol, l'exposition, la culture sont les mêmes: il y a donc une cause étrangère, c'est l'hybridicité: c'est un point de fait que j'ai observé cent & cent fois. Il faut donc conclure, 1°. que tout pied de melon doit être éloigné des concombres & des courges; 2°. que chaque espèce doit être placée dans un endroit séparé, si on veut la conserver franche. La culture des melons dans les pays froids, où l'on se sert de couches, de cloches, &c., rend ces conclusions un peu moins précises; mais elles sont de rigueur pour les climats où on les cultive en pleine terre, sans autre secours que ceux de la nature.

La nomenclature des melons varie non-seulement d'une province à l'autre, mais encore de deux en deux lieues, & souvent on ne les connoît que par le nom du lieu d'où on a tiré de la graine. Il n'est donc pas possible de dire rien de positif à ce sujet. Dans les environs de Paris, au contraire, la nomenclature est réglée jusqu'à un certain point; c'est pourquoi il convient de la suivre. Si les amateurs, dans les provinces, y trouvent des dénominations qui leur soient inconnues, il leur est possible de se procurer chez le grainetier, à Paris, les espèces qu'ils désirent. Il ne faut pas croire être bien riche en melons, parce qu'on en a un grand nombre d'espèces; il vaut beaucoup mieux choisir dans le nombre celles qui réussissent le mieux dans le pays, & dans le terrein qu'on cultive. On observe en effet que plusieurs réussissent mieux dans tel canton que dans tel autre; cependant, plus on approche du midi, soit par sa position géographique, ou par sa position locale, qui dépend des *abris*, (*voyez* le mot AGRICULTURE, Chap. 2 & 3) & plus on peut espérer être dans le cas de cultiver un grand nombre de bonnes espèces. Les meilleurs melons de France ne sont pas à comparer aux melons, même médiocres en qualité, de l'Amérique, d'où l'on doit conclure qu'on ne sauroit trop chercher à leur procurer une chaleur forte & soutenue. Je parle de celle du soleil, & non de celle des serres chaudes, qui est humide & mal-saine, & d'ailleurs pas assez renouvellée par l'air extérieur.

Outre les causes dont on vient de parler, qui produisent les espèces hybrides, il en est encore d'autres qui agissent sur les formes. Par exemple, la graine d'un melon de forme ronde cette année, semée de nouveau donnera un fruit qui s'alongera : c'est que cette espèce n'étoit pas vraiment une espèce jardinière, mais une simple variété d'une espèce jardinière. Il n'est pas plus surprenant de voir la forme changer, que de voir un oignon de tulipe, &c. donner une fleur d'une seule couleur, & le même oignon produire une fleur panachée l'année d'après. Quant aux melons de formes défectueuses ou contrefaites, cela tient à des accidens particuliers; comme à des meurtrissures, des piqûres faites par les insectes, &c. On doit rigoureusement enlever ces melons de la melonnière, parce qu'il est infiniment rare qu'ils aient de la qualité; & dans les pays où les cloches sont en usage, ils occuperoient inutilement un espace précieux.

On divise, en général, les melons en deux classes. La première est destinée aux melons qu'on appelle *françois*, & la seconde aux melons *étrangers*, quoiqu'ils soient tous étrangers à la France; mais on les appelle *françois*, parce qu'ils sont naturalisés au pays, & qu'ils y réussissent mieux que les autres, c'est-à-dire, aux environs de Paris. On sent combien cette définition est vague.

## §. I. *Des Melons françois.*

1. *Melon commun* ou *Melon maraicher* (1). Ce melon est le plus généralement recherché par le peuple de Paris. Il n'a point de côte sensible; elle est très-brodée; sa chair est épaisse, aqueuse & rouge. Sa broderie ressemble à un réseau, à un filet dont les mailles sont un peu confuses. J'ai observé, pendant que je demeurois à Paris, que lorsque, sous la grosse broderie, on en voyoit une autre plus fine, & pas aussi caractérisée, ce qui sembloit former deux réseaux l'un sous l'autre, la qualité du melon étoit bonne. Sur plus de cent, je ne me suis pas trompé deux fois. Il en est à-peu-près ainsi de tous les melons brodés, soit à côtes, soit sans côtes : cependant je donne cette observation sans la garantir. Ce melon varie beaucoup dans sa forme : il y en a de plus ou moins brodés, de plus ou moins ronds ou alongés, de plus ou moins gros; ce qui tient beaucoup, quant à la grosseur, aux fréquens arrosemens qui augmentent leur volume aux dépens de leur qualité; mais elle importe peu au maraicher qui vend son melon en raison de sa grosseur. Il varie encore par ses feuilles plus ou moins découpées, & par sa maturité plus hâtive ou plus tardive. Ainsi la forme des feuilles,

(1) On appelle les jardins potagers des environs de Paris *marais*, sans doute parce que le sol en étoit originairement marécageux; on appelle *maraicher*, *marèché*, *marayer* les personnes qui les cultivent; je crois la première dénomination préférable aux suivantes, d'ailleurs elle est consacrée par l'habitude.

celle du fruit, sa broderie, & l'époque de sa maturité, ne constituent pas des *espèces jardinières* proprement dites, (*voyez* ce mot) mais de simples variétés d'une espèce jardinière.

2. *Melon morin* ou *gros maraicher*. Sa grosseur est plus considérable que celle du précédent : il est plus hâtif, son écorce plus brodée, & l'endroit où la fleur étoit attachée, est marqué par une espèce d'étoile. L'écorce au-dessus de la broderie est d'une couleur verte, tirant sur le noir; sa chair est rouge & ferme; son goût est sucré & vineux. C'est un bon melon.

3. *Melon des carmes*. Il y en a de deux espèces; le *long* & le *rond :* on pourroit ajouter encore de blancs à l'extérieur. Il est originaire de Saumur, dit M. Descombes; il fut apporté au potager du Roi, d'où il passa chez les carmes, qui le cultivèrent avec soin, le firent connoître plus qu'il ne l'étoit, & il a conservé leur nom. De moyenne grosseur, de forme ovale; sans côtes, ou à côtes très-peu sensibles; son écorce légérement brodée; jaunit lorsque le fruit approche de sa maturité; sa chair plus ou moins rouge, pleine, quelquefois blonde, fort sucrée, d'un goût relevé; mais il faut le prendre à temps, sans quoi la chair devient pâteuse, pour peu qu'il soit trop mûr. Il est hâtif.

Le melon des *carmes*, *rond*, ne diffère de l'autre que par sa forme.

Le melon des *carmes*, *blanc*, de forme plus alongée; écorce sans broderie, unie & blanchâtre, d'un goût plus fin & plus délicat que les deux précédens.

Le melon *Romain*, ordinairement bon & hâtif, & de forme très-ronde, ne seroit-il pas encore une variété du melon des carmes ?

4. *Melon à graine blanche*. Forme ovale; peau verte & sans broderie; chair sucrée, aqueuse, peu aromatisée; graines blanches; fort hâtif. On peut le rapporter à l'espèce de melon des carmes; il est délicat pour la culture : en tout il leur est inférieur pour la qualité.

5. *Melon de St.-Nicolas-de-la-Grave*. Nom du lieu, diocèse de Lombez, d'où ce melon a été apporté; qualité supérieure à tous les précédens; de grosseur moyenne; forme alongée; à côtes régulières; écorce verdâtre & mince; chair ferme, rouge, pleine d'eau, sucrée, vineuse. On connoît une variété sans côte, à écorce finement brodée, de forme plus alongée. Il est très-bon. Celui-ci est encore connu sous le nom de *melon d'Avignon*.

6. *Melon Langeai*. Long-temps inconnu par-tout ailleurs que dans ce village près de Tours, d'où il a été transporté dans les environs de Paris. Forme alongée, à côtes; de couleur d'un verd foncé après que la fleur est nouée, & d'un jaune doré à mesure qu'il approche de sa maturité. Elle est quelquefois avec ou sans broderie; chair ferme, rouge, d'un goût sucré, vineux, il donne beaucoup d'eau.

7. *Melon-sucrin*. On le divise en trois espèces; la grosse, la petite & l'alongée.

*Gros sucrin de Tours*. Son écorce est ordinairement plus brodée que celle de toute autre espèce de melons; jaunit en mûrissant; forme inégalement ronde; côtes très-peu sensibles; chair ferme, rouge, pleine d'eau, d'un goût sucré & aromatisé.

Il mûrit tard en comparaison des deux variétés suivantes.

*Petit sucrin de Tours.* Très-petit, comme une grosse orange, rond, applati par les extrémités; écorce verte, change peu en mûrissant, quelquefois lisse, quelquefois brodée; chair remplissant presque toute la capacité, très-agréable, aromatisée & très-sucrée.

*Sucrin de Tours long.* Égal en qualité au précédent : il n'en diffère que par sa forme.

## §. II. *Des Melons étrangers.*

1. *Melon de Malthe.* On en compte plusieurs espèces; celui à chair blanche, celui à chair rouge, & le melon d'hiver.

*Melon de Malthe à chair blanche.* Il est très-hâtif dans nos provinces du midi: quelquefois avec une broderie très-fine, & quelquefois sans broderie; assez gros, de forme alongée par les deux bouts; chair fondante & sucrée.

*Melon de Malthe à chair rouge.* Forme alongée par les deux bouts, quelquefois ronde; écorce bien brodée, saveur sucrée & aromatisée; plus hâtif que le premier.

*Melon de Malthe d'hiver*, qu'on nomme encore *melon de Morée, de Candie*, &c. Il est plus connu sous la première dénomination. Il réussit assez mal dans nos provinces du nord, & fait les délices de celles du midi. Il varie dans sa forme, tantôt ronde, ou alongée par un bout, ou par tous les deux. Il n'a rien de réglé pour son volume; il pèse quelquefois huit à dix livres, quelquefois une ou deux seulement; ce qui dépend beaucoup de l'année & de sa culture. D'après cet exposé, il est aisé de concilier les assertions des écrivains du nord ou du midi : les uns & les autres ne voyoient que le climat qu'ils habitoient, & jugeoient par lui du reste du royaume. L'écorce de ce melon est lisse, sans côtes, mais dure au toucher, raboteuse. Sa chair est verte, moins foncée que son écorce, fondante, sucrée & parfumée. Ce melon en Italie, à Malthe, &c., est aussi supérieur à celui cultivé en Provence, en Languedoc, que ce dernier l'est sur ceux de Paris. On l'a appellé *melon d'hiver*, parce qu'on le récolte avant les gelées, ou en octobre, & qu'on le transporte sur la paille dans un fruitier, comme on y conserve une pomme de reinette. Quelques-uns le suspendent au plancher, dans un lieu sec & aéré. Il est très-aqueux, fondant, très-sucré, plus ou moins aromatisé, suivant le degré & l'intensité de la chaleur qui l'a fait végéter. On connoît le point de sa maturité, lorsqu'une ou quelques petites taches blanches paroissent sur son écorce. C'est une moisissure qui gagneroit tout l'intérieur, si on attendoit plus long-temps. Les mois de janvier & de février sont l'époque ordinaire où on le sert sur la table. Je cultive cette espèce, &, par une singularité remarquable, je cueille ce melon à-peu-près à la même époque que celle des autres espèces de melons, & sur le même pied il s'en trouve qui ne sont mangeables qu'en hiver.

A ces espèces de melons de Malthe, on peut en réunir une très-petite, à chair verte & à côtes, sucrée & pleine de suc. Elle est fort hâtive.

2. *Melon Cantaloup.* Ainsi nommé, parce qu'il a d'abord été cultivé au

village de *Cantalupi*, près de Rome : on le croit originaire d'Arménie. Leur nombre est considérable, & augmentera vraisemblablement de jour en jour, & en multipliera les variétés. De tous les melons en général, les cantaloups sont ceux qui se digèrent le plus facilement ; ils nouent avec facilité, mûrissent promptement, & même ceux de l'arrière-saison ne sont pas sans qualité. Leur volume est peu considérable dans les provinces du nord ; ils sont, au contraire, d'une belle taille dans celles du midi : on y en voit qui pèsent jusqu'à dix livres.

*Cantaloup ananas*. Plus long que rond, à côtes très-saillantes, terminées vers l'extrémité supérieure, & réunies par une espèce de calotte ou couronne qui déborde de huit à dix-huit lignes. Cette proéminence est formée en partie par l'écorce & par la chair du fruit ; elle est pleine & sans graine. L'écorce de ce melon est très-épaisse pour l'ordinaire, chargée de verrues ou tubercules ; quelquefois elle en est privée ; la chair rouge, ferme, sucrée, très-parfumée. On en voit par-fois sans couronne.

*Cantaloup noir*. Moins gros que le précédent, de forme ronde, applatie par une extrémité, quelquefois par toutes deux ; avec ou sans calotte, & à la place on remarque une espèce d'étoile ; l'écorce chargée de verrues ; la chair comme celle du précédent : ce sont deux excellentes espèces de melons, elles sont hâtives.

Ces deux espèces ont beaucoup varié, & ont fourni le cantaloup à écorce *argentée*, à verrues argentées ou noires ; le cantaloup *doré*, à écorce dorée avec ou sans verrues ; le cantaloup à forme plus ou moins *alongée*, avec ou sans verrues.

*Cantaloup* à chair verte, fondante, sucrée, vineuse ; cantaloup *plat*, à chair rouge. A ces melons étrangers, il seroit possible d'ajouter un grand nombre de variétés : telles sont celles des melons de Castelnaudari, de Perpignan, de Quercy, de Côte-Rôtie, sur la droite du Rhône, près de Vienne, de Pezenas, &c. ; mais il est une espèce qui mérite d'être connue : c'est le melon à écorce lisse, couleur paille dans sa maturité, à côtes ; alongé, & d'une belle grosseur ; à chair d'un rouge vif & foncé ; plein d'une eau sucrée, vineuse, & très-parfumée. Il mûrit un peu tard dans le climat que j'habite : c'est un excellent melon que l'on nommera comme on voudra.

J'ai également des graines sous la dénomination de *melon monstrueux de Portugal*. Il mérite le nom de *monstrueux*, par sa grosseur : sa forme est ronde, & a près d'un pied de diamètre. Son écorce est entièrement & finement brodée ; sa chair est peu rouge, courte : il y a beaucoup de vide dans l'intérieur. Ce melon promettoit beaucoup à la vue ; mais sa qualité n'a pas répondu à mon attente. Est-ce le défaut de l'espèce, est-ce la faute de la saison ; ou bien demande-t-il une culture différente de celle des autres melons ? C'est ce que je vérifierai.

Les Auteurs qui ont écrit sur le jardinage placent ordinairement les *pastèques* avec les melons. La forme de leurs graines & de leur pistil m'a déterminé à les placer après les courges. (*Voyez* le mot CITROUILLE) Il y en a deux espèces ; la citrouille ou *pastèque* à confiture, le pastèque proprement dit, appellé *melon d'eau* par les auteurs, rempli d'eau peu ſucrée, ſans parfum, même dans nos provinces du midi, où il eſt un peu plus paſſable que dans celles du nord. Il eſt inutile de répéter ici ce qui a déjà été dit à ce ſujet.

### Section II.

### *De la culture des Melons.*

A Paris, on mange ce fruit beaucoup plutôt que dans les provinces du midi. Deux motifs y concourent; l'art, & le choix des eſpèces hâtives: il y a donc deux cultures différentes, néceſſitées par la différence des climats; l'une, *naturelle*, & c'eſt celle de l'intérieur du royaume & des provinces du midi; l'autre, *artificielle*, & c'eſt celle des environs de Paris & des provinces du nord du royaume.

#### §. I. *De la culture naturelle.*

Dans les provinces, dans les cantons où la chaleur du climat eſt aſſez forte & aſſez ſoutenue, on donne peu de ſoins à cette culture. L'année de repos des champs à blé eſt deſtinée à l'établiſſement des melonnières. Après avoir donné aux époques ordinaires les labours, on ouvre, entre quinze à vingt pieds de diſtance de l'une à l'autre, de petites foſſes d'un pied en quarré ſur autant de profondeur, & la terre eſt rangée circulairement tout autour. La foſſe eſt remplie avec de nouvelle terre franche, mêlée par moitié avec du terreau ou vieux fumier bien conſommé. Pour l'ordinaire, cette terre eſt le réſidu du ballayage des cours, ou de la terre qui ſe trouve au fond des foſſes à fumier, lorſqu'il a été enlevé. Dès qu'on ne craint plus les gelées tardives, on ſème la graine dans les petites foſſes, & dans chacune cinq ou ſix grains. Lorſqu'ils ont germé, qu'ils ont quatre feuilles, ſans parler des *cotyledons* ou feuilles ſéminales, (*Voyez* ce mot) on en détruit deux ou trois, afin que les autres aient plus de force. La graine eſt enterrée environ à un pouce de profondeur. S'il ne tombe pas de pluie de longtemps, on arroſe chaque foſſe; mais, comme ſouvent l'eau n'eſt pas à la portée du champ, le cultivateur recouvre, avec la bale du blé, de l'orge, de l'avoine, ou avec de la paille coupée menue, ou enfin avec des herbes, la ſuperficie de la foſſe, à l'exception de la place où ſont les ſemences. Par ces petits ſoins, il conſerve la fraîcheur de la terre, & empêche l'évaporation. La terre première, tirée de la foſſe, abrite les jeunes pieds contre les vents.

Avant de confier à la terre la graine de melons, on la jette dans un vaſe plein d'eau. La mauvaiſe ſurnage, la médiocre deſcend lentement; mais la bonne ſe précipite tout d'un coup, & c'eſt la ſeule qu'on ſème. Ainſi on n'attend pas que la médiocre ait gagné le fond, pour vider l'eau du vaſe; & en s'écoulant, elle entraîne la médiocre & la mauvaiſe graine. Le cultivateur ſait encore qu'au beſoin il peut ſemer la graine cueillie & conſervée avec ſoin depuis trois ans, mais il préfère celle de la dernière récolte, parce qu'elle germe plus vîte. S'il a pluſieurs beaux fruits dans ſa melonnière, il les reſpecte, ne les vend point, & les laiſſe pourrir ſur pied, pace qu'il eſt bien convaincu que la chair du fruit eſt deſtinée à perfectionner la graine, &

que la graine du melon que l'on mange à son point, produit un fruit dont la chair n'a pas alors autant de finesse. Enfin, lorsque le fruit est pourri, il sépare la graine des parenchymes par des lavages réitérés : mais si la saison est assez chaude pour dessécher sur pied le melon, il laisse la graine se conserver dans la chair desséchée, & il ne l'en sépare par des lavages, ou autrement, qu'au moment de la mettre en terre. Pendant le cours de l'année, la graine est tenue dans un lieu sec & à l'abri de la voracité des rats, souris & mulots qui en sont très-friands.

Ce simple cultivateur ignore qu'il existe un art de pincer les tiges, lorsque le fruit est noué; & lorsqu'on lui en parle, il répond : Mes courges, mes concombres viennent à bien sans tant de précautions, & la nature n'a pas donné aux melons de longues tiges pour les détruire, ni pour déranger leur végétation. Avez-vous peur, ajoute-t-il, que cette végétation soit foible & languissante? Voyez mes courges, dont les tiges s'étendent à plus de trente pieds; celles des melons, au moins à dix & à quinze. Pourquoi donc voulez-vous que chaque plant ne s'étende pas à plus de deux pieds, & qu'il ne porte qu'un seul ou deux melons? Gardez votre science & ses raffinemens : je me trouve fort bien de ma méthode; j'ai un plus grand nombre de melons que vous; ils sont aussi bons que les vôtres lorsque la saison les favorise, & leur culture exige peu de soins & peu de peines. Le raisonnement de ce simple laboureur ou cultivateur en vaut bien un autre.

Lorsque les bras de la plante ont à-peu-près deux à trois pieds de longueur, & lorsqu'il y a des fruits noués, il les dispose de manière que, lorsqu'ils s'étendront, ils ne se mêleront pas, & couvriront tout l'espace qu'on leur a laissé sur le champ. Après les avoir ainsi disposés, il ouvre, vers leur extrémité, une petite fosse de trois à quatre pouces de profondeur, il y range la partie du bras qui y correspond, & la charge d'environ trois à quatre pouces de terre sur l'espace de six à douze pouces, lorsque la longueur du bras & l'écartement des feuilles le permettent. La tige qui vient d'être enterrée, acquiert de nouvelles forces; elle se hâte de prolonger son bras; & lorsqu'elle est parvenue à-peu-près à trois ou quatre pieds, le cultivateur recommence la même opération, & ainsi de suite. Voilà en quoi consiste toute sa méthode. Quelques-uns attendent que les bras aient six pieds de longueur, & plus, pour les enterrer.

Il faut avoir été témoin de cette culture, pour juger de la quantité de melons qui couvrent la terre. Il est bien clair que ceux dont la fleur noue, lorsque la saison est un peu avancée, n'auront aucune qualité, & même qu'un très-grand nombre ne mûrira pas. On demandera à quoi bon travailler à se procurer cette surabondance qui doit préjudicier aux premiers melons formés, puisque ces dernières tiges, ces derniers fruits appauvrissent les premiers d'une très-grande partie de la sève? 1°. On ne doit pas perdre de vue que les plantes se nourrissent plus par leurs feuilles que par leurs racines : en effet, que l'on considère la racine d'un pied de courge, de citrouille, &c., & on verra qu'elle est peu étendue, & qu'il ne se trouve aucune proportion entr'elle & ses tiges de vingt à trente pieds de longueur; enfin, qu'il est impossible que la racine seule puisse nourrir sur son seul pied huit à dix courges, citrouilles, dont quelques-unes pèseront jusqu'à soixante ou quatre-vingt livres. Il en est ainsi pour le melon. 2°. Il faut compter pour beaucoup ces petits monticules de terre, placés de distances en distances sur les bras, & qui en font comme autant de nouvelles tiges. Enfin, tous les raisonnemens ne sauroient contredire une expérience fondée sur une coutume établie de temps immémorial, & couronnée par un succès habituel.

Les plus beaux melons sont choisis dans la melonnière, & portés au marché des villes voisines; les tardifs, ou les mauvais & contrefaits des premiers, servent à la nourriture des bœufs & des vaches, & durent ordinairement jusqu'à ce que les courges aient acquis leur grosseur sur pied. Dans les pays où les fourrages sont chers, les melons sont une ressource précieuse.

Depuis le milieu de septembre, jusqu'au milieu d'octobre, on laisse les melons tardifs sur pied, afin qu'ils parviennent à la grosseur & à la maturité qu'ils sont susceptibles d'acquérir. On les récolte alors, on arrache leur fanne, & on laboure aussitôt pour semer les blés hivernaux.

Lorsque l'hiver est tardif, lorsqu'on prévoit que la végétation languira, ou aura de la peine à s'émouvoir au printemps, le cultivateur prépare une surface platte de terre sur le fumier ordinairement placé devant sa maison ou dans une basse-cour, il la couvre de quatre à six pouces de fumier, & il sème sur cette couche & dans cette terre les graines de melon. Il recouvre le tout avec des épines, afin que les poules & autres oiseaux de basse-cour ne viennent pas gratter ou détruire les jeunes plants. L'embarras ensuite est de les transporter sur le champ: lorsque l'eau, pour les arroser, n'est pas dans le voisinage, il choisit un jour & un temps pluvieux qui assure sa reprise.

Quoique je préfère les méthodes les plus simples à toutes les autres, je conviens cependant qu'il y a un grand avantage à hâter le plant sur la couche, & à le transporter au champ du moment qu'on ne craint plus l'effet des gelées tardives. Le melon est originaire des pays très-chauds; il n'est donc pas surprenant qu'il soit détruit par le froid, & sur-tout dans sa jeunesse, où la plante est si herbacée & si aqueuse. L'avancement de la plante pour le printemps, assure une plus prompte maturité de ses fruits pendant l'été, d'où dépend leur qualité, & plus de grosseur & plus de maturité dans les melons tardifs. Le grand point est que la terre qui entoure les racines, ne s'en détache pas lors du transport & de la transplantation. Au moment qu'on lève les pieds sur la couche, on doit les envelopper, avec la terre de leurs racines, dans une feuille de chou ou de toute autre plante, & ranger le tout au fond d'une corbeille: ces petites précautions ne sont point à négliger. On fera très-bien encore de semer autour des pieds que l'on met en terre, quelques graines de melons. Si les pieds transplantés périssent par une cause quelconque, on aura la ressource des plants venus de graine: & s'ils réussissent, on arrache ces derniers.

Une

Une méthode moins simple que celle dont on vient de parler, est celle des jardiniers ordinaires. Ils sèment sur *couche* (*voyez* ce mot) ou contre de bons abris, leur graine environ vers la fin de février, ou même en janvier, si le climat est peu exposé aux grandes gelées, ou s'ils ont les facilités pour les en garantir; ils lèvent les pieds en mars, & les plantent à demeure. J'ai très-souvent observé que, lorsque la fin de l'hiver & le commencement du printemps sont froids, les melons mis en place languissent, sont très-long-temps à se remettre, & qu'ils ne donnent pas des fruits plus précoces que ceux dont on a semé tout simplement la graine lorsque la saison a été décidée; cependant souvent l'on gagne beaucoup à avoir de bonne heure des pieds sur couche.

Dans les jardins sujets aux courtillières ou *taupes-grillons*, (*Voyez* ce mot) la chaleur du fumier attire ces animaux, qui y pratiquent leurs galeries & viennent ensuite couper, entre deux terres, les jeunes pieds les uns après les autres. Combien de semis détruits complètement de cette manière! Dès que l'on parle de la culture d'un jardin, on suppose déjà des moyens que n'ont pas ceux qui cultivent en pleine terre; dès-lors on peut mettre un peu plus de recherche dans la méthode. Je propose, pour éviter le dégât presque inévitable, causé par les taupes-grillons, de faire carreler le fond du lieu destiné aux couches; d'établir de longues caisses de grandeur, & en nombre proportionné au besoin. Ces caisses seront faites avec des planches d'un pouce d'épaisseur, taillées & assemblées en mortoise par les bouts; enfin, pour prévenir leur déjettement, leurs angles seront maintenus par des équerres en fer. On pose ces caisses sur la partie carrelée, & on enduit leur séparation avec les carreaux, par du mortier à chaux & à sable, ou avec du plâtre; on les remplit & on forme des *couches*, ainsi qu'il a été dit. (*Voyez* ce mot.)

Afin de prévenir la séparation de la terre d'avec la racine, lors de la transplantation, soit encore pour laisser fortifier le pied sur la couche, il convient d'avoir un nombre suffisant de petits vases sans pied, percés au fond par de très petits trous, larges de cinq pouces par le bas, & de six par le haut, & leur hauteur également de six pouces. Les pots ronds, placés les uns à côté des autres, laissent inutilement un espace vide: il vaut donc mieux qu'ils soient quarrés par le haut; alors nulle place n'est perdue. On place ces pots sur la couche de fumier, & on garnit exactement avec de la terre les vides qui se trouvent entre chaque pot, & ainsi de suite rang par rang, jusqu'au bout de la caisse, qui, sur quatre rangs, peut aisément contenir cent pots au moins, suivant le besoin. On remplit ces vases avec de la terre bien préparée, & on seme quatre à six graines en différens endroits du vase. On est sûr que les taupes-grillons n'y pénétreront pas, & qu'on pourra transporter les plantes avec le vase, sans les déranger, jusqu'aux lieux où elles doivent être mises à demeure. L'évasement d'un pouce de la superficie du vase, sur les cinq qui sont à sa base, facilite le dépotement, & les petites racines chevelues, qui tapissent alors la terre, servent à la retenir, sur-tout si on a eu soin d'arroser les plantes un ou deux jours auparavant.

Le trou en terre, préparé d'avance, & garni de terreau, s'ouvre pour recevoir la nouvelle plante à demeure. On passe les doigts de la main gauche, & étendus entre les tiges; on renverse le pot sur la main gauche, & avec la droite on l'enlève : alors, retournant la gauche sur la droite, on place ensuite la plante de la manière convenable, & elle ne s'apperçoit pas avoir changé d'habitation, ni elle ne souffre en aucun point de la transplantation. Un petit arrosement qu'on donne ensuite réunit les terres.

La coutume des jardiniers est de pincer les bras au-dessus de l'endroit où la fleur femelle a noué. Ce travail est-il donc si nécessaire? J'ai la preuve du contraire, outre celle en grand, dont on a parlé plus haut. J'ai laissé, livré à lui-même, un cantaloup; il a poussé des bras autant & comme il a voulu, & je puis assurer que j'ai eu de très-bons, de très-beaux melons, & en abondance. Doit-on également admettre cette méthode dans nos provinces du nord? Je n'ose prononcer, parce que je n'en ai pas fait l'expérience; mais elle est aisée à répéter dans celles où l'intensité de chaleur dispense du service des cloches. Il convient encore d'essayer si on réussira mieux en enterrant, ou en n'enterrant pas les bras.

Tous les auteurs s'accordent à dire qu'on doit rarement arroser les melons. Cette assertion est vraie jusqu'à un certain point, & sa confirmation tient beaucoup au climat. Par exemple, à Pezenas, où les melons sont si renommés, on arrose souvent les cantaloups à couronne, ou à verrues sans couronne, & ils sont délicieux. J'en ai élevé presque sans les arroser, & ils ont été moins agréables & moins gros. J'ai également fait arroser, suivant la coutume de ce pays, les melons maraichers, les sucrins, & ils ont été détestables.... De ces variétés, on doit nécessairement conclure qu'il n'y a point de règle généralement bonne sur la culture des melons, qu'elle doit varier suivant les espèces, & sur-tout suivant les climats; enfin, que chacun doit étudier, par des expériences de comparaison, ce qui convient le mieux à son pays, & quelles sont les espèces dont le succès & la qualité sont les moins casuels.

Dans plusieurs jardins, les limaces & les escargots font de grands dégâts. Le parti le plus sûr est d'aller les chercher dans leurs retraites qu'elles indiquent par la bave qu'elles laissent par-tout où elles passent. Malgré cela il n'est pas toujours aisé de les détruire. On peut, tout autour des pots, couvrir la terre avec de la cendre, & la renouveller autant de fois qu'elle sera tapée & agglutinée, soit par les pluies, soit par les arrosemens. On sait que les escargots coupent les tiges par le pied.

Les mulots sont encore de grands destructeurs des couches de melons, de concombres & de courges; ils déterrent les graines & les mangent. On prend, pour les détruire, des graines de courge que l'on fend dans leur longueur, on garnit l'entre-deux avec de la noix vomique, réduite en poudre & passée au tamis de soie, on réunit les deux parties de la graine : mais cette méthode ne remplit pas les vues qu'on s'étoit proposées, parce que la noix vomique étant un peu amère, les mulots abandonnent cette graine, & aiment mieux fouiller la terre, & manger celle que l'on a semée. Le tartre-émétique, employé de la même manière, réussit mieux. L'arsenic, également incorporé dans la graine de courge, dont les rats, les souris & les mulots sont très-friands, les détruit sûrement & promptement; mais il est dangereux de mettre un poison aussi actif entre les mains d'un jardinier, ou de tel autre homme de cette classe. Le propriétaire devroit lui-même se charger de ce soin, compter le nombre de graines préparées, & deux ou trois jours après, enlever & brûler celles qui n'auront pas été mangées par ces animaux. On aura alors la preuve qu'ils ont tous été crever dans leurs coins. Voilà pour les couches.

Les pieds transplantés, ou venus de graine sur le lieu, craignent également les taupes-grillons, les limaçons & limaces. La cendre, souvent renouvellée, interdit l'approche à ces derniers; mais les taupes-grillons, les vers blancs, ou turcs, ou larves du *hanneton*, (*Voyez* ce mot,) comment s'en défendre? Je n'ai trouvé qu'un seul expédient. Il consiste à avoir, en quantité suffisante, des morceaux ou broches de bois quelconque, de six à huit pouces de longueur; de les enfoncer en terre, les uns après les autres, & si près que ces insectes ne puissent passer entre deux; de manière que tous ensemble, plantés circulairement autour de la plante, formeront une espèce de tour intérieure de huit à dix pouces de largeur, qui défendra l'approche de la plante. Cette opération est l'ouvrage des enfans ou des femmes; & lorsque la plante est forte, on peut enlever ces morceaux de bois. Je crois même avoir observé, que s'ils s'élèvent de quelques pouces au-dessus de la superficie du sol, les limaces & limaçons ne les franchissent pas, lorsque leur sommet est taillé en pointe fine, parce qu'alors ces animaux ne peuvent se tenir dessus. Ces détails paroîtront minutieux à beaucoup de jardiniers. Quant à moi, qui ai été forcé de les mettre en pratique, je m'en trouve bien, & ceux qui sont dans le même cas que moi, ne seront pas fâchés de les connoître & de les employer.

### SECTION III.

#### *De la culture artificielle.*

Elle est en général très-compliquée; mais elle est indispensable lorsque le peu de chaleur du climat exige que l'art vienne au secours de la nature, & on diroit que l'on met une espèce de gloire & d'amour-propre à surmonter les difficultés, & même à avoir des melons dans une saison tout-à-fait opposée. L'art fait donc beaucoup, il donne la forme au fruit; mais lui donne-t-il son eau sucrée, sa saveur vineuse, son parfum? Non sans doute. La perfection tient à la nature, elle seule colore les fruits, leur donne l'odeur & la saveur qui leur conviennent; mais l'art se traînant sur ses pas, n'offre que le simulacre de cette perfection. Cependant, dans les provinces du nord on s'extasie devant ces fruits, ils sont réputés délicieux; mais la véritable raison de cet entousiasme, est qu'on n'en connoît pas de meilleurs, & qu'on n'est pas à même de faire la comparaison.

J'appelle *culture artificielle* celle qui nécessite à employer les couches

& les cloches, ou les chassis, ou les serres chaudes.

La méthode la moins compliquée est celle pratiquée à Honfleur en Normandie. On choisit, dans un jardin, l'exposition la plus méridionale, la mieux abritée des vents, & qui reçoit le mieux les rayons du soleil depuis son lever jusqu'à son coucher. Si l'abri n'est pas assez considérable, on le renforce avec des paillassons, &c. Soit pour la totalité du sol destiné à la melonnière, soit pour chaque fosse à melon, la terre forte, neuve & bonne, est préférable à toute autre.

Lorsque les fortes gelées ne sont plus à redouter, c'est-à-dire vers le commencement de mars, on creuse, à six pieds de distance l'une de l'autre, des fosses de deux à deux pieds & demi de profondeur, largeur, longueur & hauteur. Elles sont remplies de fumier de litière, depuis le commencement jusqu'au 15 d'avril, & à coups de masse, ou par un très-fort piétinement, le fumier est foulé couche par couche jusqu'à ce qu'il remplisse la fosse au niveau du sol. La fosse est recouverte par un pied environ de bonne terre mêlée avec du terreau, & le tout est recouvert avec des cloches, dont les verres sont réunis par des plombs, & qui ont presque le même diamètre que la fosse. Cinq ou six jours après, lorsque la chaleur s'est établie dans le centre, & s'est communiquée à la couche supérieure de terre, au point de ne pouvoir y tenir le doigt en l'y enfonçant, on seme la graine, & on l'enterre à la profondeur de quinze à dix-huit lignes, & chaque graine est séparée de sa voisine par trois ou quatre pouces de distance. On met deux graines à la fois dans chaque trou.

Les melons, parvenus à avoir cinq feuilles, en y comprenant les deux cotylédons, ou feuilles séminales, on examine quels sont les plants les plus vigoureux, on en choisit deux pour chaque fosse, & tous les autres sont coupés entre deux terres, & non arrachés; alors on retranche la partie supérieure de la tige, avec la feuille qui l'accompagne, en coupant sur le nœud.

Lorsque les plantes auront fait des pousses de huit à dix pouces de long, on les pincera par le bout, pour donner lieu à la production d'autres pousses latérales, que l'on pincera comme les précédentes. Il faut avoir l'attention de couvrir les cloches dans la nuit, avec des paillassons, jusqu'aux premiers jours chauds, dont on profitera pour donner aux plantes un peu d'air.

Lorsque les pousses ne peuvent plus tenir sous les cloches, on les élève de quatre à cinq pouces, & ensuite davantage; on fouit alors la terre intermédiaire entre les cloches, pour la rendre presque de niveau à la couche du melon.

Lorsque les plantes commencent à donner du fruit, il faut couper une partie de ces fruits pour faire assurer l'autre, & n'en laisser que trois ou quatre sur chaque pied. Lorsqu'ils sont gros comme de petits œufs de poule, il faut arrêter les branches d'où ils partent, & avoir grande attention de couper de temps en temps les petites branches foibles, qui diminuroient la force de la plante. Lorsque les fruits ont à-peu-près vingt jours, on met sous chacun une tuile ou un carreau de terre cuite; on a soin de retourner doucement les melons tous les quatre jours.

Quand la queue commence à se

détacher, & que le melon jaunit au-dessous, & qu'il a peu d'odeur, on peut le couper & le garder deux ou ou trois jours avant de le manger (1). Il faut au moins deux mois à un très-beau melon de quinze à vingt livres, du jour qu'il est assuré, pour qu'il parvienne à une parfaite maturité.

Entre la méthode de Honfleur, & celle que l'on suit à Paris, ou dans les provinces du nord, il y a beaucoup de petites modifications, trop longues à détailler ici, & que le lecteur sentira en comparant les deux méthodes.

*Méthode des environs de Paris.*

I. *De la position de la melonnière.* Elle doit avoir le soleil du levant & du midi, & même, s'il est possible, celui du midi jusqu'à trois heures. Celle qui est environnée de murs est la meilleure; c'est-à-dire, que plus le mur du midi sera élevé, & plus il reverbérera de chaleur, & plus il mettra la melonnière à l'abri des vents du nord. Les murs latéraux, depuis leur réunion à celui du midi, doivent venir en diminuant de hauteur jusqu'à leur autre extrémité. S'ils étoient aussi élevés que celui du midi, la melonnière ne recevroit que le soleil de cette heure, ou tout au plus depuis onze jusqu'à une heure, suivant leur distance & leur hauteur, tandis que l'on doit, au contraire, lui procurer les rayons du soleil le plus longtemps qu'il est possible : la pente du sol sera dirigée sur le devant de la melonnière, afin que les eaux s'écoulent facilement. Plus la terre sera durcie, & meilleur sera le sol; mais si l'on craint les taupes-grillons, il vaut mieux le faire carreler, ainsi qu'il a été dit. Dans les environs, ou près de la melonnière, il convient d'établir un dépôt destiné aux cloches, aux pailles de litière, à la terre franche, préparée avec le terreau; enfin, à tout ce qui est nécessaire à la culture & à l'entretien des melons. Un point essentiel est d'établir un réservoir pour y puiser l'eau destinée à arroser, & qui sera par conséquent à la température de l'atmosphère. (*Voyez* le mot ARROSEMENT, il est essentiel à lire.)

II. *De la couche destinée au semis.* On commence à la préparer, dans les premiers jours de janvier, avec du fumier à grandes pailles & de la litière. Une couche de neuf à douze pieds de longueur, sur trente à trente-six pouces de largeur, & sur une hauteur de trois pieds, après que le fumier aura été bien foulé couche par couche. Sur la longueur de neuf pieds on peut placer vingt cloches, & ainsi en proportion sur celle de douze.

Quelques maraichers attendent que cette *couche* ait jeté son feu, pour établir tout autour un *réchaud* d'un pied d'épaisseur. (*Voyez* les mots COUCHE & RÉCHAUD) D'autres, plus instruits, le font en même temps que la couche, & ce réchaud, après qu'il a été battu, la déborde en hauteur de six pouces. La couche ainsi préparée, il ne reste plus qu'à la garnir.

Chacun prépare à sa manière le terreau qui doit la couvrir : les uns

(1) *Note de l'Éditeur.* Il vaut beaucoup mieux couper sur pied le melon que l'on estime mûr, & le manger quelques heures après, lorsqu'il est rafraîchi.

emploient celui des vieilles couches de deux ans, qui n'a servi à aucun autre usage; les autres le composent moitié de terre franche, un quart de terreau de couche, & un quart de colombine ou de crotin de mulet, de mouton, &c., réduits en poudre depuis un an. Quelques-uns ne se servent que des balayures des grandes villes, des débris des végétaux bien consommés; & quelques autres, de la *poudrette* ou excrémens humains qui sont réduits en terreau par une atténuation de plusieurs années, ou par les débris des voieries réduits au même état. Ce terreau est également répandu sur toute la couche. Les praticiens ne sont pas tous d'accord sur l'épaisseur que doit avoir la couche du terreau : quelques-uns ne lui donnent que trois pouces, & d'autres en donnent six. Ces derniers ont raison, parce que les racines trouvent plus à s'étendre & à s'enfoncer. Plusieurs, enfin, fixent la profondeur à neuf pouces. Plusieurs cultivateurs préfèrent les petits pots de basilics enfoncés dans la couche jusqu'au haut, & les interstices garnis de terreau, afin de laisser moins d'issue à la chaleur; mais il y a de la place perdue, & elle est précieuse sur une couche.

Lorsque la couche a jeté son plus grand feu, c'est-à-dire, lorsque l'on peut encore à peine y tenir la main plongée sans souffrir, on profite de ce moment pour semer, & aussitôt on place les cloches, ou on ferme les *chassis*. (*Voyez* ce mot) Pour semer, on fait avec le doigt des trous dans le terreau, & dans chaque trou on place deux graines que l'on recouvre de terre fort légérement. Chaque trou est séparé de son voisin de deux à trois pouces.

La chaleur de cette couche suffit ordinairement pour faire germer & lever cette graine; mais dès qu'on s'apperçoit que cette chaleur diminue, on la renouvelle en détruisant le réchaud, & en le suppléant par un nouveau. On doit, autant qu'il sera possible dans cette saison, donner de l'air aux jeunes plantes, dont le grand défaut est de fondre, lorsqu'elles sont trop long-temps privées de la lumière du jour; mais si la saison est froide, si les gelées deviennent fortes, on couvrira les cloches, en raison de l'intensité du froid, avec des paillassons, ou avec de la paille longue.

Si, malgré les réchauds, les paillassons, &c. la chaleur de la couche diminue trop sensiblemenr, on se hâtera d'en préparer une seconde comme la première, sur laquelle on transportera promptement les pots de la première; ce qui prouve l'avantage de semer dans des pots plutôt qu'en pleine couche; car la transplantation dans ce dernier cas, est beaucoup plus longue à faire, & moins sûre pour la reprise de ces mêmes plants. Les cloches ou les chassis ne doivent rester entièrement fermés que pendant les grands froids, les pluies, la neige ou les brouillards, & il est important de les ouvrir un peu au premier instant doux, au premier rayon du soleil. Il faut essuyer les cloches & les chassis, afin de dissiper leur humidité intérieure.

III. *Des couches de transplantation.* La seconde, dont on vient de parler, est une couche de précaution, à raison des grands froids; & encore il vaudroit beaucoup mieux s'en servir pour de nouveaux semis, dans le cas que la rigueur de la saison ou la trop longue soustraction de l'air & de la lumière fissent périr les premiers. Ce n'est que par un art soutenu qu'il est possible, dans cette saison rigoureuse, de conserver & d'avancer les plants. Dès que les réchauds ne maintiennent plus une chaleur convenable à la première couche, on en dresse une seconde à l'instar de la première, sur laquelle on transporte les vases ou les plants semés dans la terre. Si les froids sont prolongés, si cette seconde ne suffit pas, on travaille à une troisième, & à une quatrième au besoin, comme pour les deux premières. Enfin, il faut que ces couches conduisent les plantes jusqu'au milieu de mars environ. Si on a employé à la forme des premières couches, le tan, les feuilles de bruyères, ainsi qu'il a été dit aux mots *Couches* & *Chassis*, il est rare qu'on soit obligé de recourir à une troisième, parce que ces substances ne commencent à acquérir la chaleur, que lorsque le fumier de litière perd la sienne : ainsi ce mêlange la soutient bien plus long-temps.

IV. *De la dernière couche* ou *à demeure*. Elle sera, comme les premières, haute seulement de deux pieds après le fumier battu, & couverte de dix à douze pouces de terreau bien substanciel. Si on croit avoir encore besoin des réchauds, ils doivent être faits en même temps, & renouvellés au besoin. Lorsque le grand feu sera passé, & que la couche n'aura plus que la chaleur convenable, sur une telle couche de douze pieds de longueur on établit quatre pieds de melons, nombre très-suffisant pour garnir dans la suite toute la superficie : en les plaçant en échiquier, il en entrera un bien plus grand nombre, quoique tous également à trois pieds de distance ; mais il y aura confusion dans les branches. Les plants dans des vases sont renversés sur la main, sans déranger en aucune sorte les racines. Plusieurs cultivateurs détruisent les petits chevelus blancs qui ont circulé autour du vase entre la terre & lui, & ils ont le plus grand tort : ces petits chevelus, bien ménagés, deviendront de belles racines qui aideront beaucoup à la végétation du pied. Il convient donc de l'étendre doucement dans la petite fosse ouverte & destinée à recevoir la motte, & elle sera un peu plus enterrée dans la couche qu'elle ne l'étoit dans le vase, c'est-à-dire, de neuf à douze lignes, suivant la force du pied. Après l'opération, on régale la terre, & l'on donne un léger arrosement, afin d'unir la terre de la couche avec celle de la motte, en prenant soin de ne pas mouiller les feuilles, crainte de rouille. La surface de la couche doit être inclinée au midi, afin qu'elle reçoive mieux les rayons du soleil. On place ensuite les cloches, que l'on tient plus ou moins ouvertes, suivant l'état de la saison. Lorsqu'elle sera trop chaude, on les couvrira avec de la paille & des paillassons pendant les heures les plus chaudes de la journée ; le plant seroit brûlé sans cette précaution.

V. *De la conduite des jeunes plants*. Ils ne tardent pas à pousser des bras, & ces bras se chargent de fleurs mâles que l'on nomme communément *fausses fleurs*, & que beaucoup de jardiniers détruisent impitoyablement. Pourquoi ne détruisent-ils pas également celles de leurs courges, de leurs citrouilles, de leurs potirons? Ils n'en savent rien; mais ils l'ont vû pratiquer à leurs pères, & ils n'examinent pas si la nature a jamais rien produit en vain. Ne séparez aucune fleur mâle, quand elle aura rempli l'objet pour lequel elle est destinée elle se flétrira & tombera d'elle-même; mais auparavant il s'en trouvera dans le nombre qui auront servi à féconder les fleurs femelles, & dont le fruit nouera certainement & viendra à bien, tandis que plus des trois quarts des fleurs femelles, non fécondées, se fondent & avortent.

Aussitôt après la transplantation, ou peu de jours après; enfin, lorsque le plant a quatre ou cinq feuilles, outre les deux cotyledons que les jardiniers appellent *oreilles*, on rabat au-dessus des feuilles les plus près des oreilles. De l'aisselle de chaque feuille qu'on a laissée, part une nouvelle tige ou *bras* qu'on laisse s'étendre & se charger des fleurs dont on vient de parler, & de ces bras il en sort ensuite plusieurs autres connus sous le nom de *coureurs*. On leur laisse le temps d'acquérir de la force. Après cela, on supprime les plus foibles, pour ne conserver que deux ou trois des plus vigoureux. Ces nouveaux bras, lorsqu'ils ont cinq feuilles, sont encore arrêtés, & ainsi de suite; mais s'il en survient du pied, on les supprime, parce qu'ils deviennent pour la plante ce que les gourmands sont aux arbres, c'est-à-dire que leur prospérité affame tous les bras supérieurs. Le nombre des melons à conserver sur un pied, est depuis deux jusqu'à cinq, suivant la force de végétation; mais avant de détruire les fruits surnuméraires, il convient de choisir ceux qui promettent le plus, soit par leur grosseur, soit par leur belle forme. Il est rare, ainsi qu'on l'a déjà dit, qu'un melon mal conformé soit bon.... Après le choix, si la tige est foible, on taille à un œil au dessus du fruit; si elle est vigoureuse, à deux ou à trois. Il convient de ne supprimer les cloches que lorsque la saison est assurée, & après que le fruit a acquis la grosseur d'un œuf de pigeon. Si, après de beaux jours, l'air redevient froid, on remettra les cloches, & on les laissera autant de temps que le froid durera.

Les melons ainsi élevés craignent les pluies ou les arrosemens qui baignent les feuilles, les bras & les fruits. Afin de prévenir cet inconvénient, on couvre avec des cloches, & l'eau des pluies arrose la terre de la circonférence; comme l'humidité gagne de proche en proche, elle pénètre jusqu'aux racines, & elle suffit à la plante. Les chassis ont l'avantage de garantir des pluies, & on les couvre facilement avec des paillassons, faits exprès, lorsque l'on veut garantir la plante de la grande ardeur du soleil. Les fréquens arrosemens sont les vrais destructeurs de la qualité du fruit, quoiqu'ils en augmentent le volume : il vaut mieux que le pied souffre un peu de sécheresse, que d'être trop arrosé.

Depuis l'époque de la fixation du nombre de fruit sur chaque pied jusqu'à sa mâturité, il pousse une infinité de petits bras foibles, qui épuisent les deux à quatre principaux qu'on a conservés; s'ils sont foibles, cette multiplicité de surnuméraires aura bientôt diminué leur subsistance: il est donc nécessaire de visiter tous les huit jours sa melonnière, & d'en supprimer

ſupprimer le nombre en raiſon de la vigueur des premiers; ſi on en retranche trop, il monte dans le fruit une ſève mal élaborée : le trop & le trop peu ſont nuiſibles à ſa perfection.

Afin de donner de la qualité & une qualité égale à toutes les parties du melon, les uns placent au-deſſous de chaque melon une tuile, ou une brique, ou une ardoiſe, &c., & une feuille entre le fruit & la brique, & tous les huit jours ils retournent le fruit à tiers ou à quart, afin que ſucceſſivement chaque partie ſoit frappée des rayons du ſoleil. On compte pour l'ordinaire quarante jours depuis celui où le fruit a noué juſqu'à celui de ſa maturité. La thuile, &c. empêche que l'humidité de la couche ou de la terre ne ſe communique au fruit, qui abſorbe cette humidité autant que les feuilles abſorbent celle de l'atmoſphère. Si le fruit eſt couvert par des feuilles, on ne doit pas les ſupprimer, mais les tirer de côté, afin que rien n'empêche l'action directe du ſoleil ſur le melon.

Les maraichers, pour éviter les embarras & les ſoins continuels à donner aux couches pendant les mois de janvier & de février, ne commencent à ſemer leurs melons qu'à la fin de février ou de mars; la récolte en eſt retardée de trois ſemaines ou d'un mois tout au plus.

La conduite d'une melonnière exige donc beaucoup de ſoins, une vigilance continuelle, &c.; mais je demande ſi le fumier de litière étoit, à Paris & dans ſes environs, auſſi rare & auſſi cher que dans nos provinces éloignées, que deviendroient la théorie & la pratique de cette culture, qui ont pour bâſe la multiplicité des fumiers, tandis que dans les provinces, ſortant de deſſous les pieds des chevaux, il coûte juſqu'à trois liv. le tombereau ? la même quantité d'engrais, répandue ſur un champ à bled, ne rendroit-elle pas au propriétaire du champ beaucoup plus numériquement en bled qu'en melons ? Il n'y a pas le plus petit doute à ce ſujet; cependant je ne déſapprouve point la deſtination de cet engrais dans les environs de la capitale & des grandes villes des provinces du nord, puiſque la vente des melons prouve annuellement que le cultivateur y trouve un bénéfice réel; je dirois même plus, il prouve que ſi, généralement parlant, les melons des environs de Paris ne ſont pas tous excellens, ils ſont au moins à-peu-près preſque tous paſſables; au lieu que dans les provinces où la culture eſt ſimple, ſi la ſaiſon eſt pluvieuſe, ſi l'intenſité de chaleur n'eſt pas ſoutenue, les melons ſont en général tous mauvais. Il eſt donc naturel que chaque pays cultive ſuivant une méthode proportionnée à ſes facultés & à ſes reſſources, & l'on ne doit point blâmer la culture de ſes voiſins, ou celle des provinces éloignées.

Melon d'eau *ou* pastéque. *Paſtéque* à confire. ( *Voyez* le mot Citrouille ) Dans cet article ces deux plantes ſont décrites, ainſi que la manière de les cultiver.

MELONGÈNE. (*Voyez* Aubergine)

MÉMARCHURE. ( *Voyez* Entorse)

MENIANTE ou TRÈFLE D'EAU. ( *Voyez Planche XII, page* 471 )

Von Linné le classe dans la pentandrie monogynie, & le nomme *menyanthes trifoliata*. Tournefort l'appelle *menyanthes palustre latifolium triphillum*, & le place dans la première section de la seconde classe destinée aux herbes à fleur d'une seule pièce, en entonnoir.

*Fleur*. Représentée en B, séparée du groupe; c'est un tube d'une seule pièce, évasé à son extrémité, divisé en cinq parties égales, étroite, unie, pointue, recourbée, tapissée intérieurement d'un duvet long & frisé; les étamines au nombre de cinq, & un pistil. Les étamines sont représentées dans la corolle ouverte C; le pistil D occupe le centre de la fleur; le calice E est composé de cinq feuilles égales, longues, étroites, pointues, & alternatives avec les divisions de la fleur.

*Fruit*. F succède à la fleur; capsule ovoïde & pointue, à une loge formée par des valvules G, représentée coupée transversalement en H, pour montrer la disposition des semences. I semences petites & ovales.

*Feuilles*. Celles qui partent des racines, ont des pétioles en manière de gaîne; elles sont trois à trois en forme de doigts; celles des tiges sont ovales & entières.

*Racine* A. Horizontale, articulée.

*Port*. représente une portion de la base d'une tige avec des feuilles naissantes. La tige est grêle, cylindrique; elle s'élève du milieu des feuilles radicales, à la hauteur d'un pied & demi environ, en se recourbant. Les fleurs sont rassemblées en bouquet; les feuilles florales sont en forme de filets, entières & embrassant la tige par leur base.

*Lieu*. La plante est vivace, naît dans les marais, fleurit en mai & en juin.

*Propriétés*. La fleur & là plante ont une odeur aromatique & piquante, une saveur amère & âcre. La plante est résolutive, déterfive, savonneuse, diurétique, tonique, fébrifuge, antiscorbutique; la semence est expectorante. Les feuilles sont quelquefois indiquées dans le scorbut, dans l'ictère essentiel, lorsqu'il n'existe ni spasme, ni disposition inflammatoire; dans les pâles couleurs, les affections hypocondriaques, par obstruction récente & légère du foie ou de la rate; dans la paralysie, par des humeurs séreuses. Elles échauffent & portent préjudice dans les maladies inflammatoires, & la plûpart des maladies convulsives.

*Usages*. On en prépare une eau distillée, qui a moins d'action que la simple infusion des feuilles : il en est de même de son extrait.

MENSTRUE (flux menstruel.) (*Voyez* Règles.)

MENTHE A ÉPI. (*Voyez Pl. XII, pag.* 471.) Von Linné la classe dans la didynamie gymospermie, & la nomme *mentha viridis*. Tournefort la place dans la section de la quatrième classe des fleurs en lèvres, dont la supérieure est creusée en cuiller, & l'appèle *mentha angusti folia spicata* .... B en représente une séparée de l'épi; c'est un tube cylindrique, menu à sa base, gonflé à son extrémité, & divisé en deux lèvres, dont la supérieure est creusée en cuiller, & découpée en cœur; l'inférieure est divisée en trois parties égales : ces divisions sont disposées, par rapport à la lèvre supérieure; de manière qu'elle ne paroissent former ensemble qu'une corolle d'une seule pièce, divisée en quatre parties presqu'égales, comme on le voit dans la figure C, où la fleur est représentée vue de face. La figure D offre la corolle ouverte par la partie latérale de la lèvre supérieure; le pistil E est placé au centre; le calice, dans lequel repose la fleur, est représenté ouvert en F.

*Fruit.* Quatre semences G renfermées au fond du calice, oblongues, pointues.

*Feuilles.* Entières, oblongues, terminées en pointe, dentelées assez régulièrement.

*Racine.* A Pivot simple, articulé, garni de fibres rameuses à chaque articulation.

*Port.* Tiges de deux pieds environ de hauteur, droites, quarrées, rameuses; les feuilles opposées deux à deux; les rameaux naissent des aisselles des feuilles, & les fleurs, disposées en épi, au sommet des tiges.

*Propriétés.* Odeur aromatique, saveur un peu amère : ses propriétés sont les mêmes que celle de la menthe dont on va parler; mais plus foibles.

Menthe crépue ou frisée, appellée par Tournefort *mentha rotundi folia, crispa, spicata*, diffère de la première par ses feuilles en forme de cœur; dentelées, ondulées & crépues; par ses tiges hautes de trois pieds; par la position verticillée de ses fleurs; enfin, par ses feuilles adhérentes aux tiges sans pétiole.

*Lieu.* Originaire de Sibérie; & on la cultive dans les jardins, elle y est vivace, & fleurit depuis juillet jusqu'à la fin de septembre, suivant la saison.

*Propriétés.* Odeur aromatique & forte; saveur amère, âcre, légèrement piquante. Elle est stomachique, anti-émétique, anti-vermineuse, apéritive, tonique, & vulnéraire. Les feuilles échauffent médiocrement, altèrent peu, constipent, augmentent la vélocité & la force du pouls, fortifient l'estomac, favorisent la digestion dérangée par la foiblesse de l'estomac, ou par des humeurs pituiteuses, ou par des humeurs acidules : elles sont indiquées dans le dégoût par des matières pituiteuses; dans le vomissement par des humeurs acidules, ou séreuses, ou pituiteuses, sans dispositions inflammatoires; dans les maladies des enfans, entretenues par des acides, pourvu que dans leur infusion on ait délayé des terres absorbantes, telles que la craie ou les yeux d'écrevisses; dans les coliques venteuses; l'asthme humide; les pâles couleurs; la suspension du flux menstruel, des pertes blanches, des lochies, par impression des corps froids, & avec foiblesse; dans la rétention du lait dans les mammelles, sans inflammation.

*Usages.* Les feuilles récentes en infusion depuis deux drachmes jusqu'à une once dans six onces d'eau; les feuilles sèches, depuis une drachme jusqu'à demi once, dans la même quantité d'eau. L'eau distillée n'a pas plus de propriétés que l'infusion des feuilles. Le syrop de menthe, depuis une drachme jusqu'à deux onces, dans cinq à six onces d'eau.

Pour le bétail, une poignée en macération, dans une demi-livre de vin blanc.

MENTHE AQUATIQUE. *Mentha aquatica*. LIN. *Mentha rotundi folia palustris, seu aquatica major*. TOURN. Elle diffère de la précédente par les étamines, plus longues que les corolles; par ses feuilles ovales, dentées en manière de scie; par sa racine très-fibreuse; par ses tiges menues, velues, remplies d'une moëlle fongeuse; par ses fleurs rassemblées au sommet, en manière de tête arrondie. Elle naît dans les marais; elle est vivace, & fleurit en juillet.

MENTHE POIVRÉE, ou MENTHE D'ANGLETERRE. (*Voyez planche XII, page* 471) *Mentha piperita*. LIN. On doit à M. Barbeu Dubourg, célèbre traducteur des œuvres de M. Francklin, de nous avoir fait connoître cette plante, vivace & originaire d'Angleterre.

*Fleur*. B représente la corolle. C'est un tube dont l'extrémité est partagée en deux lèvres; la supérieure arrondie, l'inférieure divisée en trois parties presque égales. C représente la même corolle ouverte, afin de laisser voir la disposition des parties sexuelles. E représente le pistil dans le calice ouvert, & toutes les parties de la fleur reposent dans le calice. D tube divisé en cinq segmens aigus.

*Fruit*. Semblable à celui des autres menthes.

*Feuilles*. Ovales, terminées en pointe, dentées régulièrement tout autour.

*Racine*. A Pivot médiocre, garni de nombreuses fibres, rameuses.

*Port*. Tiges hautes d'un pied & demi environ, droites, quadrangulaires, rameuses; feuilles opposées deux à deux sur les tiges, & portées sur de petits pétioles, sillonnés dans leur longueur; les rameaux sortent des aisselles des feuilles; les fleurs naissent au sommet des rameaux, verticillées tout autour, & sur des épis courts.

*Lieu*. Originaire d'Angleterre, vivace, cultivée dans nos jardins.

*Propriétés*. C'est une des plus singulières productions du règne végétal, sur-tout à raison de son goût piquant, suivi d'une fraîcheur très-sensible : propriété qui sembleroit caractériser l'*éther* exclusivement. (*Voyez* ce mot.)

*Propriétés*. Beaucoup plus actives que celles de toutes les menthes, particulièrement dans les maladies de l'estomac, causées par des humeurs séreuses, ou par foiblesse, ou par abondance d'humeurs pituiteuses. L'époque de la plus grande activité de la plante, est lorsque les fleurs nouent, & c'est celle de la cueillir. On prépare des pastilles aussi agréables au goût qu'elles sont utiles; elles laissent, sur le palais & dans toute la bouche une odeur & une fraîcheur très-agréables.

MÉPHITISME, MÉPHITIQUE, ou MOFÉTIQUE, ou AIR FIXE. Pour bien comprendre comment cet air mortel vicie l'air atmosphérique, il est essentiel de relire l'article AIR, & sur-tout la partie qui traite spécialement de l'air fixe. Je me contente, dans cet article, de considérer cet air sous quelques rapports particuliers, & sur-tout relativement à la manière de désinfecter un lieu, une maison, &c. où l'air vicié est susceptible de nuire à la santé de l'homme & des animaux. Pour produire un pareil effet, il n'est pas toujours nécessaire que l'air soit vicié au point que la lumière s'y éteigne, que l'animal meure suffoqué. Alors c'est l'air méphitique le plus destructeur; mais, entre ce point extrême & celui où l'air est salubre, il y a un grand nombre de nuances, & ces nuances deviennent plus ou moins dangereuses, suivant que l'air du lieu est plus ou moins chargé d'air fixe. Il faut se rappeller, 1°. que l'air atmosphérique que nous respirons, contient tout au plus un tiers de son poids d'air pur, ou air appellé *déphlogistique*; 2°. que l'air fixe est plus pesant que l'air atmosphérique, & par conséquent, qu'il règne & augmente toujours dans la partie inférieure de l'appartement, de l'écurie, &c. 3° que dans un lieu infecté, c'est l'air que nous respirons, puisque l'air atmosphérique est plus léger, & occupe la région supérieure de la chambre. Ainsi, l'air d'une bergerie, d'une écurie, remplies d'animaux, ou celui d'une chambre où les enfans, où les hommes sont entassés, devient insensiblement méphitique, & à la longue il devient mortel; parce que l'air atmosphérique de ces lieux s'approprie l'air fixe qui sort des corps par la transpiration, & qui est encore vicié de nouveau dans les poumons, par l'inspiration & par la respiration. Si on veut une preuve bien palpable de cette corruption de l'air, il suffit de prendre une bouteille, d'y descendre un morceau de bougie allumée, & de bien boucher cette bouteille. Tant que la flamme trouvera d'air pur à s'approprier, cette flamme subsistera; mais, lorsque la masse des deux tiers d'air méphitique, qui étoient renfermés dans l'air atmosphérique de cette bouteille, sera encore augmentée par l'air fixe qui s'échappe de la flamme, cet air deviendra mortel, & la flamme s'éteindra. Si après cela, on plonge dans l'air de cette bouteille un animal quelconque, il périra en peu de minutes; si on y plonge un second, un troisième, &c. ce dernier mourra en moins de temps que le premier & le second, & ainsi de suite; parce que sa transpiration a augmenté la masse de l'air mortel.

Dans un semblable vase, rempli d'air mortel, jetons de semblables animaux, & bouchons le vase. Leur inspiration absorbera peu-à-peu la portion d'air déphlogistiqué, & leur transpiration augmentera la masse de l'air méphitique; enfin, ils mourront. Si on ajoute de nouveaux animaux, leur mort sera plus prompte, &c.

Appliquons ces extrêmes à l'air atmosphérique de nos appartemens, des bergeries, des écuries, &c. &c. Moins l'air s'y renouvellera, & plus il y sera contagieux; la contagion augmentera en raison du nombre des individus, & de la position des fenêtres qui établissent la communication de l'air extérieur avec l'air du dedans. Les fenêtres, ou plutôt les larmiers des bergeries, (*Voyez* ce mot), sont toujours placés à cinq ou six pieds de l'animal: il est donc forcé de respirer l'air le plus pesant, & par conséquent l'air le plus mal sain; au lieu que si le larmier avoit été placé près du sol, l'air pesant se seroit échappé au dehors; sauf à boucher ces larmiers dans le besoin. D'après cet exemple, chacun peut en faire l'application à l'appartement qu'il occupe, & en conclure combien il est indispensable d'en renouveller l'air atmosphérique, afin qu'entraîné par le courant, il dissolve & se charge de l'air méphitique, pour le transporter dans le réservoir immense de l'atmosphère . . . On doit conclure encore, que toute habitation près d'un cimetière, près des lieux marécageux, & de tous ceux où les corps éprouvent une fermentation, soit spiritueuse, soit putride, est mal placée. De-là, résulte la nécessité d'en éloigner les fumiers, & en général tout ce qui vicie l'air. Consultez les mots ÉTANGS, AISANCE (fosses de).

Il y a plusieurs moyens de désinfecter les endroits qui le sont : l'eau, la fumée, le feu, l'établissement d'un courant d'air nouveau, & certains procédés, lorsque l'air est devenu vraiment méphitique.

On a vu au mot AIR FIXE, que l'eau s'en chargeoit à-peu-près de moitié de son volume. Ainsi, les lavages à grande eau sont utiles, & malheureusement trop peu employés.

Au mot FUMÉE, on a renvoyé à celui de FUMIGATION, & ce dernier a été oublié. Il convient d'en parler ici. Pendant les épidémies & les épizooties, la coutume est de faire brûler dans les lieux infectés, des herbes & arbrisseaux aromatiques, tels que le geniévrier, la lavande, le thym, &c. On ne détruit point l'air méphitique, la fumée le masque pour un temps, sur-tout si l'endroit est clos & bien fermé. Mais si on établit un courant d'air rapide pendant l'ignition de ces plantes, alors cette fumée devient méchaniquement salutaire, parce qu'elle entraîne avec elle l'air fixe. Voilà pourquoi les cheminées sont si avantageuses dans les appartemens, par le courant d'air extérieur qu'elles occasionnent, qui renouvelle celui du dedans, & qui, enfin, est entraîné par lui dans le tuyau de la cheminée. On a donc le plus grand tort de boucher, pendant l'été, l'ouverture de la cheminée, sous prétexte de décoration, ou par tel autre motif de ce genre. De ces courans d'air dépend la salubrité des appartemens.

C'est encore ainsi que le feu, pendant l'hiver, renouvelle l'air par l'activité que la chaleur & la flamme donnent au courant qui passe dans la cheminée. Si pendant les chaleurs, un malade dans son lit, vicie l'air par sa transpiration, souvent empestée ; si on craint mal-à-propos de renouveller l'air de sa chambre, il faut, dans ce cas, établir du feu dans la chambre voisine, & il attirera le mauvais air de l'autre. Il vaudroit beaucoup mieux ouvrir les fenêtres, établir un courant d'air naturel, laisser les rideaux du lit ouverts, sur tout dans toutes les maladies putrides, ayant cependant soin de défendre le malade de l'impression du froid. S'il n'y a point de courant d'air, c'est poignarder l'homme malade & l'homme en santé, que de placer dans sa chambre un brasier de charbons allumés & très-allumés, quoiqu'on soit dans l'habitude de mettre, dans le milieu, de vieilles ferrailles, sous prétexte de s'opposer aux qualités délétères du charbon allumé. Le feu, dans ce cas, change l'air atmosphérique, déjà un peu vicié outre mesure, en véritable air mortel. Ne voit-on pas chaque année, une multitude de personnes périr par la vapeur de ces brasiers, quoique bien allumés? Une quantité de lampes, de chandelles, de bougies allumées, produisent des effets aussi sinistres, toutes les fois que l'air n'est pas renouvellé.

Si, par maladie contagieuse, une chambre, une écurie, bergerie, &c.

ſont infectées juſqu'à un certain point, le premier ſoin eſt d'établir le plus de courant d'air qu'il eſt poſſible; 2°. de laver à grande eau les murs, les carreaux, les rateliers, les auges, &c.; 3° de laver le tout avec du vinaigre; 4°. de mettre ſur un réchaud bien allumé, un vaſe rempli de vinaigre, & en quantité proportionnée à l'étendue qu'on veut déſinfecter. On a coutume d'y ajouter des zeſtes de citron, des écorces d'oranges, des baies de genièvres, & toutes ces drogues ne purifient point l'air, elles maſquent ſeulement, je le répète, l'odeur & pour peu de temps. Le vinaigre ſeul agit comme acide, comme neutraliſant les *alkalis volatils*, (*Voyez* ce mot), qui s'exhalent des corps en putréfaction. Ces moyens ſuffiſent lorſque le méphitiſme n'eſt pas à ſon dernier période; c'eſt-à-dire qu'on doit les regarder juſqu'alors comme des reſſources, & des précautions contre l'air méphitique, encore un peu éloigné d'être mortel.

Lorſque cet air méphitique commence réellement à devenir dangereux, & un peu avant qu'il ſoit complètement mortel, il faut employer un moyen plus efficace, dont on doit la découverte à M. de Morveau, ancien avocat général du parlement de Dijon, ſi connu dans la république des lettres, par l'étendue de ſes connoiſſances. Voici comment s'explique ce citoyen, ce patriote. L'égliſe cathédrale de Dijon étoit ſi infectée par l'air putride qui s'élevoit des caveaux de ſépulture, que le chapitre fut obligé d'aller faire le ſervice divin dans une autre égliſe, & celle-ci fut abandonnée.

» Je fis mettre ſix livres de ſel marin, non décrépité (1), & même un peu *humide*, dans une de ces grandes cloches de verre, dont on ſe ſert dans les jardins. Cette cloche fut placée ſur un bain de cendres froides, dans une chaudière de fer fondu. On plaça la chaudière ſur un grand réchaud, qui avoit été précédemment rempli de charbons allumés. Je verſai, ſur le champ, dans la cloche, & ſur ce ſel, deux livres de l'acide connu ſous le nom impropre *d'huile de vitriol*, & je me retirai. Je n'étois pas à quatre pas du réchaud, que la colonne de vapeurs qui s'en élevoit, touchoit déjà la voûte du collatéral: il étoit alors ſept heures du ſoir; tout le monde ſortit précipitamment, & les portes furent fermées juſqu'au lendemain ».

» C'eſt un principe généralement avoué, qu'il ſe dégage une quantité conſidérable d'alkali volatil, des corps qui ſont dans un état de fermentation putride. Dès-lors, pour purifier une maſſe d'air qui en eſt infectée, il n'y a point de voie plus courte & plus ſûre, que de lâcher un acide, qui, s'élevant & occupant tout l'eſpace, s'empare de ces molécules alkalines, les neutraliſe, & réduit l'odeur, ainſi décompoſée, à ſes parties fixes, que l'air ne peut plus ſoutenir. Le procédé que je viens d'indiquer, remplit parfaitement ces deux objets. 1°. Perſonne n'ignore que dans cette

(1) *Note de l'Éditeur.* Sel marin ou ſel de cuiſine ſont deux mots ſynonimes; on appelle ce ſel *décrépité*, lorſque, ſur une pêle expoſée ſur le feu, on a fait chauffer ce ſel au point de perdre ſon eau de cryſtalliſation, & de ne conſerver que ſa partie ſaline bien ſèche.

opération, l'acide marin est mis en liberté & est volatilisé par le feu : aussi trouva-t-on le lendemain, l'église remplie des vapeurs de cette dissolution ; & l'un de messieurs les fabriciens m'a assuré, que s'étant présenté à l'une des portes de l'église, environ deux heures après l'opération, il avoit été saisi par cette vapeur qui s'échappoit par le trou de la serrure ; 2°. cette vapeur a neutralisé l'alkali & décomposé l'odeur. Ceux qui entrèrent dans cette église, le dimanche matin, avouèrent tous, avec étonnement, qu'il n'y avoit plus aucun soupçon d'odeur quelconque ; & l'effet est ici d'autant plus marqué, qu'il a été reconnu depuis, que le foyer de la fermentation putride n'étoit pas éteint dans le caveau ».

» Quelque grand que puisse être le vaisseau à désinfecter, la dose de deux livres d'acide vitriolique, sur six livres de sel marin, sera plus que suffisante, puisque ce mêlange a fourni assez de vapeurs pour remplir une église très-vaste, & que je trouvai encore dans la capsule ou cloche, plus de moitié du sel marin qui n'avoit pas encore été décomposé ; ce qui venoit de ce que le feu ne s'étoit pas soutenu assez long-temps, & il n'auroit pas été prudent de tenter de le renouveller pendant l'effervescence ».

» L'on peut donc réduire les doses énoncées ci-dessus, suivant la grandeur des appartemens, en observant toujours les proportions de trois parties de sel de cuisine pour une partie d'huile de vitriol. Ainsi donc, trois onces d'acide vitriolique, & neuf onces de sel marin, peuvent suffire pour toute chambre de grandeur ordinaire. L'opération se feroit, du moins en grande partie sans feu, si l'on employoit du sel de cuisine décrépité ; mais, pour peu que les doses fussent considérables, il y auroit tout à craindre que celui qui en feroit le mêlange n'eût pas le temps de se retirer, & ne fût suffoqué sur le champ, par l'activité des vapeurs acides. Voilà pourquoi je me suis servi du sel ordinaire, non séché, & même un peu humide ».

Cette opération ne peut avoir lieu dans une chambre où il y auroit des malades ; mais combien d'autres occasions n'existent-elles pas où il est nécessaire de purifier l'air ?

Il suffit de transporter les malades dans des appartemens éloignés, & de ne les ramener dans le premier que le lendemain. Ce qui est dit pour les appartemens, s'applique également aux écuries, aux étables, aux bergeries, sur-tout lorsqu'il règne des *épizooties*, ( *Voyez* ce mot) dont le caractère est putride, gangreneux & inflammatoire.

MERCURIALE MALE ou FEMELLE. (*Voyez planche XIII, pag.* 496) Tournefort la place dans la sixième section des fleurs à étamines, séparées des fruits, sur des pieds différens, & il l'appelle *mercurialis testiculata sive* MAS ... *Mercurialis spicata sive* FŒMINA. Von Linné la classe dans la dioécie ennéandrie, & la nomme *mercurialis annua*.

*Fleur* B. Composée d'étamines seulement. Le n°. 1 représente la tige d'un pied, à fleurs mâles ; & le n°. 2, une tige d'un pied, à fleurs femelles. Ainsi, les unes & les autres sont séparées & portées sur des pieds différens,

Les

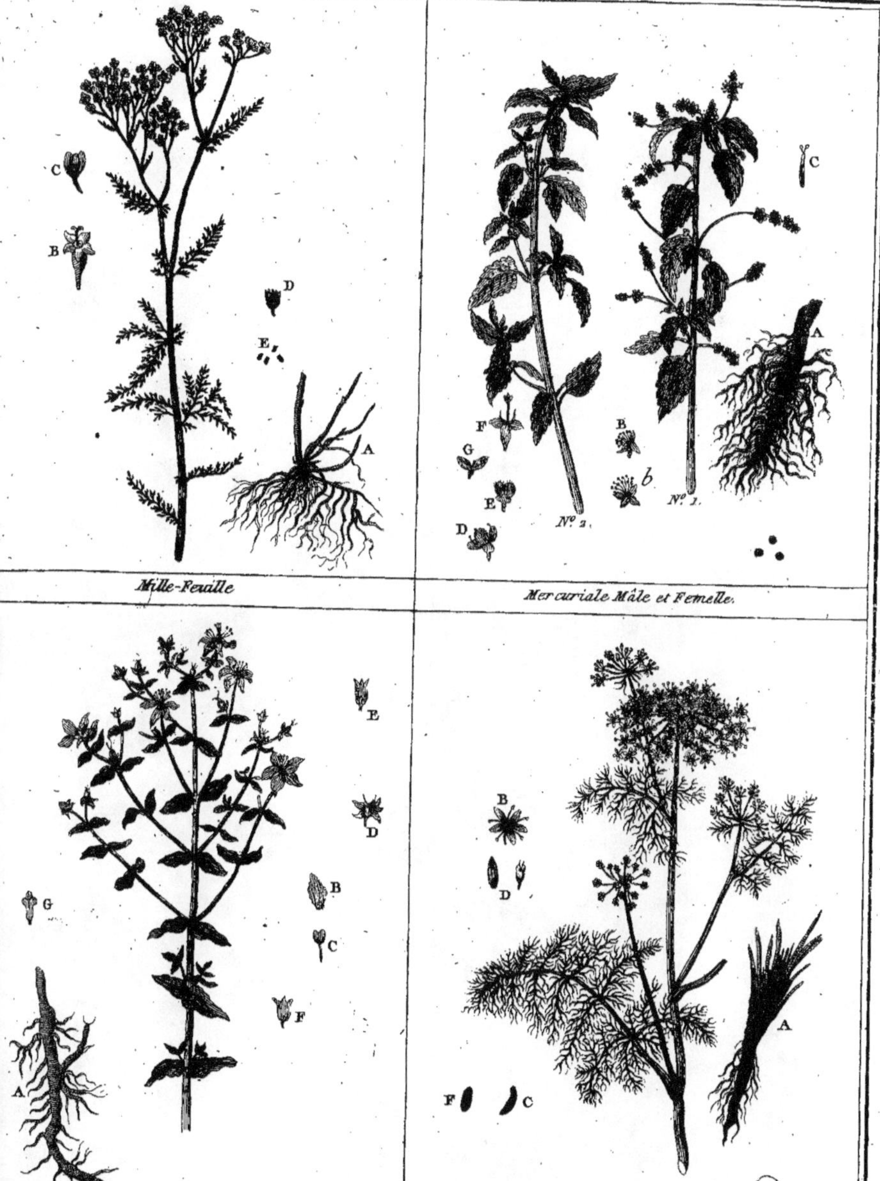


Mille-Feuille

Mercuriale Mâle et Femelle.

Mille-Pertuis.

Meum.

Sellier sculp.

Les fleurs mâles sont portées par un calice divisé en trois segmens, & quelquefois en quatre. C représente une étamine. Les fleurs femelles F, sont composées du pistil & de deux nectaires pointus, insérés sur chaque côté du germe, porté dans un calice semblable à celui de la fleur mâle, qui accompagne l'embrion D jusqu'à sa maturité.

*Fruit.* La figure E représente le fruit mûr, hérissé de poils, divisé en deux capsules, représentées ouvertes en G, & qui renferment chacune une seule graine presque ronde.

*Feuilles.* Lisses, simples, entières, pointues, souvent ovales, dentées en manière de scie.

*Racine.* A très-fibreuse.

*Port.* Tiges d'un pied environ, anguleuses, noueuses, lisses, rameuses; les fleurs naissent opposées, & des aisselles des feuilles; les mâles portées sur des pédicules, & rassemblées en épi; les femelles, presque adhérentes aux tiges, & souvent deux à deux; les feuilles sont opposées; les stipules doubles.

*Lieu.* Elle croît par-tout; la plante est annuelle, & fleurit pendant tout l'été. Sa graine est une des principales nourritures des oiseaux, & sur-tout des becs-figues, elle les engraisse promptement.

*Propriétés.* Fade, désagréable au goût, sans odeur, laxative, émolliente, tient le ventre libre, nourrit peu, raffraîchit médiocrement; en lavement elle favorise l'expulsion des matières fécales.

*Usage.* On tient inutilement chez les apothicaires du *miel mercurial*, puisqu'il ne diffère en rien, quant à ses propriétés, du miel ordinaire. On donne le suc exprimé des feuilles, depuis deux onces jusqu'à cinq, seul, ou délayé dans cinq parties égales d'eau pure. Les feuilles récentes, broyées jusqu'à consistance pulpeuse, pour cataplasme émollient.

MÈRE (mal de). MÉDECINE RURALE. Maladie connue sous différens noms. *Pline* en a parlé sous celui de suffocation des femmes; *Rodericus* l'a appellée étranglement de matrice; Lorry, apoplexie spasmodique; les Latins, suffocation histérique, & le peuple, mal de mère.

Cette maladie vient tout-à-coup; les femmes qui en sont frappées, perdent le mouvement & le sentiment; la respiration est à peine sensible; le pouls est déprimé, petit, & quelquefois intermittent; le froid s'empare de tout le corps, & les deux machoires sont quelquefois si étroitement serrées, qu'il est impossible de faire ouvrir la bouche aux malades. Les femmes sujettes à cette maladie, sentent, pour l'ordinaire, les approches d'un paroxisme aussi extraordinaire; il est toujours précédé de vives passions, de quelque terreur panique; les malades éprouvent une sorte d'étranglement, une difficulté, ou pour mieux dire, une gêne dans la respiration: on apperçoit même dans le globe de l'œil un mouvement extraordinaire; elles sont aussi tourmentées par des rapports très fréquens, & par un battement à l'hypogastre.

Une infinité de causes peut exciter cette maladie; pour l'ordinaire elle dépend de la sensibilité des nerfs, de la délicatesse des organes, & de l'irritabilité de la matrice. Outre ces trois causes, qui sont les plus ordinaires, on a vu cette maladie occasionnée par la présence des vers dans l'estomac, par l'abus des boissons échauffantes & spiritueuses; par un exercice immodéré; par des évacuations périodiques supprimées; par l'effet des poisons, pris intérieurement; par l'usage immodéré de l'opium; par une pléthore universelle; enfin, par l'abus des plaisirs.

Cette maladie ne doit pas être regardée comme fort dangereuse, sur-tout si elle dépend de toute autre cause que du poison.

Les hypocondriaques subissent souvent de pareilles attaques; mais quand ils sont hors du paroxisme, ils se rappellent avoir parlé, sans s'être remués; avoir entendu d'une manière fort obscure, tout ce qu'on leur a dit; ils assurent même l'avoir prouvé par les gestes qu'ils ont fait dans l'attaque.

Les indications à remplir dans le traitement de cette maladie, sont relatives à l'intensité du paroxisme, & aux moyens qu'on doit employer pour s'opposer à ses retours.

1°. Dans le paroxisme, si le malade a le visage rouge & enflammé, un degré de chaleur augmentée, une pulsation bien marquée aux artères temporales, le pouls fort, piquant & tendu, il faut alors faire saigner le malade, & lui tirer une petite quantité de sang; quoiqu'en général la saignée soit contre-indiquée, & même nuisible dans presque toutes les affections nerveuses, néanmoins l'expérience a prouvé ses bons effets dans quelques circonstances; le pouls devient plus fort, le paroxisme cède bientôt, & le malade est bientôt rétabli.

Mais si la cause est purement nerveuse, on emploiera avec succès les remèdes antispasmodiques, tels que la rhue, le castor, le camphre corrigé avec le nitre; un grain de musc mis dans la vulve, est le véritable spécifique dans cette maladie; je m'en suis toujours servi avec succès.

Il est quelquefois avantageux d'avoir recours à des remèdes qui produisent des irritations locales.

Dans quelques circonstances, il faut faire inspirer la fumée de plume brulée sur des charbons ardents, ou de cuir. Un emplâtre fétide, fait avec parties égales de thériaque & d'assa-fétida, appliqué sur le creux de l'estomac, produit aussi de bons effets.

L'eau de menthe, combinée avec la liqueur minérale anodine d'Hoffman, le petit-lait coupé avec la fleur de tilleul, les bains domestiques, le régime végétal, sont les remèdes les plus propres à combattre le retour & les paroxismes de cette maladie. M. Ami.

MERRAIN. Ce mot s'applique plus particulièrement au bois de chêne refendu en planches, qu'aux planches de tout autre arbre; il désigne encore d'une manière plus spéciale le bois travaillé pour faire des douves, & de ces *douves* (*Voyez* ce mot) des futailles. Cependant l'usage a prévalu; on appelle encore ces planches *merrain à panneaux*, lorsqu'il est employé dans la menuiserie. Il est inutile de répéter ici ce qui a été dit au mot Douve.

MÉTAIRIE. J'ai renvoyé à cet article les mots *ferme*, *domaine*, &c., afin de réunir sous un même point de vue tout ce qui a rapport à l'habitation de l'homme qui vit à la campagne, au placement des greniers, des fourrages, des écuries, &c. D'après ce plan, je définis une métairie, un assemblage de logemens destinés à mettre à couvert les hommes, les animaux, tous les objets de leur nourriture, de leur boisson, & les instrumens nécessaires à l'exploitation des terres, à laquelle est réunie une quantité de terres propres à la culture, & proportionnée à la masse des bâtimens : tous ces objets réunis constituent une *métairie*.

Elle est ou simple, ou ornée. La métairie simple est celle qui sert d'habitation ou au fermier, ou à un homme d'affaire, ou à un maître valet, chargé de veiller aux travaux champêtres & sur les valets. La métairie ornée suppose, outre les bâtimens nécessaires à l'exploitation, l'habitation du propriétaire, plus ou moins vaste, commode, plus ou moins décorée suivant ses facultés, & embellie par des jardins potagers, des parterres, des allées, des promenades, &c.; c'est ce qu'on appelle mal-à-propos *maison de campagne*, qui, dans le sens strict, n'est qu'une habitation ordinairement renfermée dans un clos, sacrifiée à l'agréable, & en partie au potager & au fruitier, au lieu que la métairie doit être, au moins, plus utile qu'agréable. Si le propriétaire n'habite pas sur ses possessions, s'il n'y passe pas une partie de l'année, il ne doit avoir en vue que le produit, la facilité dans le service pour l'intérieur, la solidité & l'entretien des bâtimens, la prospérité des animaux, enfin la santé & le bien-être de ses valets. *Voyez* (le mot ABONDANCE)

Quelle doit être la situation & disposition d'une métairie ? Est-il avantageux aux propriétaires d'avoir de grandes métairies ? Chacune de ces questions mérite un examen particulier.

## CHAPITRE PREMIER.

### *De l'établissement d'une métairie, ou de son achat.*

### SECTION PREMIÈRE.

#### *De l'achat d'une métairie.*

» Quand vous penserez, dit Porcius-Caton, à faire l'acquisition » d'un fonds de terre, mettez-vous » bien dans la tête, que c'est une » opération qu'il ne faut pas faire » à la hâte, & que vous ne devez » pas épargner vos peines à le bien » visiter auparavant, ni vous en tenir à une simple inspection. Plus » vous visiterez souvent un fonds de » terre, plus il vous plaira, s'il est » bon. Faites attention à l'extérieur » des voisins ; si le pays est bon & » sain, ils auront infailliblement le » teint brillant & fleuri. Réfléchissez » aussi, avant de faire cette emplète, » si vous ne vous embarquez pas » dans une mauvaise affaire ; examinez si le climat est bon, s'il est » sujet aux orages ; si le sol, par lui-même, est de bonne qualité ; si la » sortie & le débouché des denrées » sont faciles. Ne négligez pas, sans » raison particulière, de faire attention au goût du propriétaire. En » effet, si c'est un bon cultivateur, » & qui se plaise aux bâtimens, votre » acquisition n'en sera que meilleure. » Quand vous irez voir la métairie, » examinez s'il y a beaucoup d'ustensiles ; leur petit nombre est une

» preuve certaine que la terre n'est » pas d'un grand rapport, &c. » A ces préceptes, il convient d'en ajouter quelques autres.

De l'achat d'une métairie, dépend la fortune d'un homme simplement aisé. Si l'acquisition est bonne, c'est un trésor dans ses mains, pour peu qu'il ait de l'intelligence & de la conduite; si l'acquisition est médiocre, cette métairie ressemblera à un arbre planté dans un sol de peu de qualité, qui végéte mal, à moins que l'œil du maître ne veille perpétuellement sur sa culture; si elle est mauvaise, le propriétaire est ruiné. Par ces mots, bonne, médiocre & mauvaise, je n'entends pas parler de la masse d'argent à compter pour l'acquisition, mais des fonds de terre, & de l'état des bâtimens. En effet, une vaste métairie, dont la majeure partie des fonds est essentiellement mauvaise, est toujours ruineuse pour le cultivateur, soit à cause du peu de produit, soit à cause de l'éloignement. Cette nature de terre, dans l'espace de dix ans, coûte plus qu'elle ne produit. On perd donc, & l'intérêt du prix de l'acquisition, & celui de ses *avances* foncières, (*Voyez* ce mot), & ses déboursés pour la culture. Les prétendus bons marchés ruinent; payez plus cher, mais achetez du bon. . . . .

Ces assertions demandent quelques modifications. J'appelle un bon fonds, celui que les belles récoltes prouvent être tel, & celui qui n'est pas productif dans le moment, soit par la négligence du propriétaire, ou soit parce que ses moyens ne lui permettent pas de le faire valoir, quoiqu'il soit de qualité. Ce n'est donc pas par une rapide inspection des terres, des champs, des vignes, &c. ni par une simple promenade qu'on peut s'assurer de la valeur d'une métairie, mais par un examen long & réfléchi, par de petites sondes faites de distance en distance, sur les lieux qui paroissent médiocres ou mauvais; par la végétation plus ou moins active des arbres & des arbrisseaux, &c. Ne vous pressez donc jamais d'acquérir sans une connoissance complète de la masse; pesez les avantages & les défauts de la totalité; calculez les produits, les bonifications dont l'ensemble est susceptible; les réparations, qui ne portent point d'intérêt, & les *avances* foncières qu'une métairie exige: (relisez le mot AVANCES foncières, il est essentiel à celui-ci.) Enfin, d'après un calcul fait sans prévention, voyez s'il est plus que probable, que le produit de cette métairie soit en proportion de l'intérêt de la somme que vous devez donner, soit pour l'acquisition, soit pour les avances foncières, soit pour les droits de lods & ventes, soit enfin pour les droits du roi; si tous ces objets se trouvent réunis, ne laissez pas échapper l'occasion. Voilà, quant à la valeur intrinsèque de l'acquisition. Occupons-nous actuellement de l'examen des accessoires.

Les chemins, les routes qui conduisent aux différentes possessions, sont-ils bons & praticables pendant toute l'année? Les champs situés sur le penchant des colines, sont-ils environnés de fossés, afin de prévenir la dégradation des terres, par les grands lavages des eaux pluviales? Les champs de la plaine sont-ils submergés, inondés; pendant combien de temps? Peut-on facilement donner issue aux eaux surabondantes? Le lit des rivières, des torrens qui avoisinent les possessions, sont-ils assez creusés? Ne craint-on point les débordemens, & les engravemens? L'eau, pour abreuver les bestiaux, est-elle éloignée de la métairie, ou bien, la qualité d'une eau plus rapprochée, est elle pure? A-t on assez d'eau pendant toute l'année, malgré les sécheresses, pour le service aisé de la métairie? Le corps des bâtimens est-il placé dans le centre des possessions? S'il est à une de ses extrémités, quelle sera la perte du temps pour les hommes & pour les bestiaux, lorsqu'il s'agira d'aller cultiver les terres, & d'en rapporter les récoltes! Trouve-t-on dans cette métairie les bois de chauffage nécessaires à la consommation; les bois propres aux réparations, ainsi que les pierres & le sable? Le légumier & les arbres fruitiers sont-ils en proportion avec les besoins? L'air y est-il pur? Est-on éloigné des *étangs*, (*Voyez* ce mot) des marais, des eaux stagnantes, causes indubitables & permanentes des fièvres, & des épidémies? Enfin les chemins qui aboutissent à des villes ou à des rivières, qui assurent les débouchés, sont-ils en bon état, & le lieu des débouchés est-il éloigné? Ces observations de détail paroîtront minutieuses à l'habitant des villes, mais le bon cultivateur qui calcule la perte du temps, qui sait que le bon travail dépend de la santé de ses valets & de ses bestiaux, n'en jugera pas ainsi.

D'après cet examen général & particulier, d'après la juste balance des avantages & des inconvéniens, des produits certains & des produits casuels, on se décide à faire l'acquisition de cette métairie; mais jusqu'à présent on n'a rien fait pour s'assurer si on en jouira paisiblement. Un homme qui vend, a nécessairement des raisons, des motifs qui l'engagent ou le forcent à se dessaisir de ce qu'il possède, sans quoi il ne vendroit pas, parce qu'on n'aime pas à se dépouiller. On peut donc dire en général que la vente d'une métairie suppose que les affaires du vendeur sont dérangées. Que sera-ce donc si ce vendeur est de mauvaise foi, s'il les a dérangées sourdement, si, pour se procurer de l'argent, il a laissé accumuler hypothèques sur hypothèques, si les contrats ont été passés dans un lieu éloigné, &c.; on achettera, on payera. Les hypothécaires ne tarderont pas à paroître, ils entreront dans leurs droits, & l'acheteur perdra la somme qu'il a payée : ces exemples ne sont pas rares.

Les substitutions sont encore des fléaux dans l'acquisition; elles ont force de loix jusqu'à la quatrième génération. Or, on peut facilement supposer que chaque individu vivra cinquante ans; il s'écoulera donc deux siècles avant que la terre soit libre; comment veut-on après cela que la tradition de pareille substitution se perpétue dans un canton, sur-tout si la métairie est affermée de père en fils, & si ces propriétaires habitent de grandes villes, où tout se confond. Il arrive même trop souvent que l'intérêt des familles exige que le testament reste secret; les loix ont bien ordonné des formalités d'enrégistrement, &c., mais combien de perquisitions ne faut-il pas faire avant de découvrir la vérité? Il n'est même pas toujours possible à l'acquéreur de lever le voile du mystère, sur-tout si le vendeur n'est pas de bonne foi. La tranquillité & le repos des familles sollicitent auprès des Souverains une nouvelle loi qui enjoigne, sous peine de nullité, la publication de toute hypothèque & de toute substitution, & leur enrégistrement au greffe du tribunal ou jurisdiction de la métairie hypothéquée ou substituée; enfin, pour qu'il n'y ait ni subterfuge, ni dol, ni cachette, que dans cedit greffe il y ait un tableau attaché contre le mur pendant autant de temps que durera ou l'hypothèque, ou la substitution. Avec le secours de ce tableau, on trouvera aussitôt dans les archives du greffe les actes originaux qu'il importe de connoître. Il est de l'intérêt du prêteur que sa créance soit connue du public, & il importe peu à l'emprunteur de bonne foi, qui veut & qui peut payer dans le temps, que l'on sache qu'il doit. Le fripon seul a besoin d'être couvert du manteau du mystère; celui qui substitue à ses enfans jusqu'à la quatrième génération, ne prévoit certainement pas qu'ils se serviront un jour de ce privilège pour tromper un acheteur.

Si l'acquisition d'une métairie n'est pas nette, c'est-à-dire, si la possession de quelque champ est contestée, si des droits sont litigieux, n'achetez pas, à quelque bas prix que ce soit; on achette toujours trop cher dans ces cas, & les meilleurs procès appauvrissent celui qui les gagne. Sans tranquillité d'esprit, point de bonne agriculture, & le temps que le propriétaire ira perdre à solliciter, les valets le passeront à ne rien faire; d'ailleurs, distrait par les poursuites, il sera forcé de s'en rapporter à eux sur les opérations agricoles, & tout ira mal, parce qu'*il n'est pour voir que l'œil du maître*.

## SECTION II.

### *De l'établissement d'une métairie.*

Une source, une fontaine, un ruisseau déterminent ordinairement la position des bâtimens, parce qu'il n'est pas plus possible de se passer d'eau que d'alimens; cependant, comme les sources & les fontaines sortent en général de terre dans les lieux bas, le local du bâtiment n'est pas alors dans l'endroit le plus salubre; les rosées y sont plus fortes, le serein plus dangereux, l'air y est moins renouvellé, la putridité, occasionnée par l'humidité, est moins entraînée par les vents; enfin, si l'hiver & les autres saisons sont pluvieux, on croupit dans la fange, & le bétail est écrasé dans ses charrois. Plus on approche des provinces méridionales, plus ces positions basses & humides sont dangereuses, mal saines ou pestilentielles.

On se résout difficilement à abandonner des bâtimens déjà élevés, quoique le lieu soit mal sain; leur transport est dispendieux & pénible, & souvent, faute d'avances, on est dans l'impossibilité de mettre la main à l'œuvre & de changer de position; cette privation est fâcheuse, parce qu'elle devient la ruine de la santé des valets, des fermiers, & celle des terres. Comme à l'impossible nul n'est tenu, il faut, malgré soi & avec chagrin, se soumettre aux circonstances; mais le propriétaire n'est pas moins un barbare, son cœur est d'acier s'il immole la santé de ses valets à une parcimonie mal entendue; il devroit être condamné à cultiver lui-même ses terres, & à gémir toute sa vie sous le poids des maladies & des infirmités.

Admettons que les bâtimens soient élevés, que l'air soit pur, que l'eau soit abondante; une meilleure culture sous les yeux d'un cultivateur vigilant & entendu, suppose nécessaire une meilleure récolte, par conséquent plus de local, plus de bâtimens qu'on n'en avoit auparavant; cette meilleure culture suppose un plus grand nombre de valets, plus de bétail, plus d'instrumens aratoires, il faut plus de place pour les loger; que fait-on? on adosse par-ci par-là un toit supporté par un mur; on augmente la totalité des bâtimens, & non pas l'aisance de service. Ces additions sont proportionnellement plus coûteuses que si on avoit réellement élevé sa maison d'un étage; la toiture auroit servi au rez-de-chaussée & au premier étage. C'est par ces additions, faites après coup, que les logemens sont sans ordre, sans arrangemens, sans commodités. Un acquéreur doit prendre son parti tout de suite; je ne prétends pas qu'il doive renverser tous les édifices, mais qu'il dresse un plan général, auquel se rapporteront toutes les réparations postérieures. Je mets en fait que si on examinoit bien le total des réparations ou additions partielles qui ont été faites, on trouveroit qu'elles excèdent de beaucoup ce qu'il en auroit coûté pour rebâtir à neuf une ménagerie; la seule excuse capable de pallier cette faute, c'est que ces additions ont été faites petit-à-petit, & que le propriétaire s'est moins apperçu de la dépense; mais j'ajoute qu'elle auroit été moindre si on avoit travaillé d'après un plan général, & cependant par parties, suivant ses facultés. Comme il n'est pas possible de parler de chaque métairie en particulier, soit par rapport à sa position, soit par rapport à sa salubrité, à sa facilité pour le service des champs, &c. &c. &c. il vaut beaucoup mieux supposer, qu'après avoir acheté une étendue de terrein quelconque, cette métairie est assez considérable & assez productive pour nécessiter à la dépense des constructions. Enfin supposons que le propriétaire aisé est déterminé à y vivre, &, pour la rendre plus agréable, supposons encore que les bâtimens seront placés à mi-côteau d'une colline à pente très-douce.

Il faut convenir que cet emplacement est heureux, qu'il facilite les moyens d'avoir de bonnes caves, de placer avantageusement un *cellier*, (*Voyez* ce mot) de donner l'écoulement à toute espèce d'eaux, de les rassembler dans des creux à fumier, de n'en perdre aucune sans le vouloir, &c.; mais, avant de fixer l'emplacement, il convient d'examiner s'il n'est pas exposé aux vents orageux du pays, s'il est à couvert des évaporations des lieux infects, des étangs, entraînées par les courrans d'air; si les eaux de source sont abondantes & continuelles, & si on peut les disposer avec facilité pour le service de la maison & pour l'irrigation des jardins; enfin s'il est possible d'y réunir toutes les commodités & toutes les aisances qui contribuent à rendre le service plus facile & moins coûteux, deux objets essentiels auxquels on ne fait pas assez d'attention.

Faisons actuellement connoître le plan d'une métairie ornée & habitée par un propriétaire aisé, il sera ensuite facile de le réduire à celui d'une métairie simple & proportionnée aux facultés & suivant les besoins des propriétaires moins fortunés; c'est donc un simple apperçu que nous allons donner ; & rien de plus, puisque toutes dispositions de bâtimens tiennent au local, à la situation, à la commodité des eaux, &c.

Dans les provinces du nord, la meilleure exposition, sur-tout pour le bâtiment du maître, est celle du levant au midi. Dans les cantons voisins de la mer, il est important d'être à l'abri des vents qui en viennent, parce qu'ils traînent après eux une humidité extrême qui pénètre les murs, s'insinue jusques dans les appartemens les mieux fermés, & pourrit les boiseries, les tapisseries appliquées de ce côté-là. Dans les provinces du midi, le levant est le plus sain, le nord l'est également, il rend les chaleurs plus supportables ; l'exposition du couchant y est détestable, elle renouvelle la chaleur dans le temps que l'air, la terre & les bâtimens sont déjà les plus échauffés ; d'ailleurs, on peut dire *en général* que les vents qui soufflent du couchant y sont les plus incommodes & les moins sains. Il est facile d'imaginer que ces assertions ne peuvent pas être rigoureusement exactes pour tous les cantons, puisque les *climats*, (*Voyez* ce mot) changent en raison des abris ; cependant malgré leur généralité elles sont variées. Actuellement examinons en détail les différentes parties qui entrent dans l'établissement d'une forte métairie, telle que nous l'avons conçue, & représentée dans la *Planche XIV*, en la supposant, comme nous l'avons dit, au milieu d'une colline à pente très-douce.

1. Creux à fumier placés au-dehors des bâtimens & de la cour, & qui reçoivent les eaux pluviales & les eaux des fontaines par un aqueduc qui passe sous les écuries des bœufs & des chevaux, nos. 5 & 26 : ces creux doivent être fermés de murs de trois côtés, & un seul ouvert, afin d'en pouvoir faire sortir le fumier. Ces murs ne sont pas absolument nécessaires, mais ils dérobent à la vue un coup d'œil peu agréable ; on pourroit les couvrir avec de la charmille, des ormeaux, des noisettiers, &c.

2. Ouverture des aqueducs dans la cour. Il est bon & même très-sain d'avoir la facilité de conduire l'eau des fontaines dans ces deux écuries, afin d'en laver le sol de temps à autre, pendant que les bêtes sont au travail, ou lorsque l'on en a sorti le fumier. De l'extrême propreté dépend presque toujours la salubrité de l'air, & on a vu dans l'article Air combien l'eau absorbe d'air fixe, & par conséquent purifie d'autant celui des écuries.

3. Porte d'entrée, *seule & unique*, dont chaque soir on remet la clef au propriétaire ; si on l'accompagne d'une grille aussi étendue que la façade de la maison, la vue en sera plus agréable, & cet espace augmentera le courant d'air.

4. Loges des chiens ; ces animaux doivent être attachés pendant le jour & lâchés pendant la nuit ; un seul suffit dans la basse-cour, & l'autre doit être placé dans le Jardin. Un seul homme, & toujours le même, les attachera à l'entrée du jour, & les détachera à l'approche de la nuit.

5. Écurie des bœufs. (*Voyez* les mots Ecurie, Étable) Ce bâtiment est composé d'un rez-de-chaussée, qui forme l'écurie, & d'un premier étage, destiné à renfermer les pailles &

27
Sellier sculp.

& les fourrages nécessaires à la nourriture.

6. Boulangerie & four. On peut ménager dans cet espace un retranchement pour y loger quelques poules, quelques femelles de dinde pendant l'hiver, afin d'avoir une plus grande quantité d'œufs, & sur-tout afin que ces femelles, bien nourries, soient plutôt en état de couver. Le produit de ce petit soin économique & peu embarrassant, fait grand plaisir à la campagne. Ce bâtiment ne doit avoir qu'un rez-de-chaussée.

7. Bâtiment avec rez de-chaussée & premier étage. Le bas est consacré à la cuisine & à la salle à manger de tous les gens de la métairie; le premier étage est distribué en chambres où ils couchent.

8. Remise à un seul étage, destinée à loger les outils & les instrumens aratoires, lorque les animaux reviennent des champs. Il ne faut jamais souffrir qu'aucun outil ou instrument, lorsqu'on ne s'en sert pas, soit, dans le jour & dans la nuit, ailleurs que sous la remise.

9. Rez-de-chaussée & premier étage. Le bas sert de bûcher, & le haut de magasin à fourrage.

10. Remise, sans premier étage, des charrettes, tombereaux, brouettes, &c.

11. Cellier (*Voyez* ce mot) composé d'un rez de chaussée & d'un premier étage.

12. Logement des cuves & des pressoirs, sans premier étage. Dans les provinces où l'on ne récolte pas de vin, & où l'on bat en grange pendant l'hiver, cet emplacement servira à loger les grains (*Voyez* le mot *Grenier*). Comme ce bâtiment est par sa hauteur supposé avoir un rez-de-chaussée & un premier étage, on supprimera le plancher de séparation, & il y aura une étendue proportionnée au volume des gerbes. Dans les pays de vignobles, au contraire, où l'on bat rarement pendant l'hiver, & presque toujours aussitôt après la moisson, le plancher de séparation devient nécessaire; alors le premier étage servira simplement de grenier.

13. Fontaines disposées à servir d'abreuvoir.

14. Portes d'entrée du jardin, supposé d'une grandeur proportionnée aux besoins du propriétaire, & du nombre des domestiques de sa maison, & des valets de la métairie.

15. Maison & habitation du propriétaire, plus ou moins ornée, suivant ses facultés, mais garnie de *caves* (*Voyez* ce mot) dans toute l'étendue du bâtiment.

16. Jardin légumier, fruitier, parterre, &c.

17. Terrasse formant mur de clôture, parce que l'emplacement total est supposé situé sur une colline à pente douce.

18. Fontaine avec son bassin, qui distribue l'eau aux fontaines 13 de la cour. Si on craint, & cette crainte est bien fondée, de faire passer les conduits de cette eau dans l'intérieur des bâtimens, on doit les diriger vers l'angle des grilles 14, & y établir la fontaine.

19. Colombier; la partie inférieure qui sert de dépôt aux outils du jardinage, peut dans le besoin devenir une espèce de serre, d'orangerie, ou de ce qu'on appelle jardin d'hiver, ou enfin devenir un pavillon entouré de bancs pour y être à l'ombre. Si l'un des deux colombiers est surnuméraire,

celui qui ne sera pas rempli, servira d'observatoire au propriétaire ; c'est-à-dire que de là il verra & veillera sur ses gens qui travaillent. Qu'il y paroisse quelquefois ; qu'il avertisse ses valets qu'il y va souvent, ils croiront avoir toujours l'œil du maître sur eux ; les bons chercheront à lui plaire en bien travaillant, & les paresseux feront comme les autres, afin d'éviter la réprimande.

20. Bâtimens correspondans à ceux des n$^{os}$. 11 & 12. La partie supérieure sert de grenier ; l'inférieure, de bûcher, de lavanderie, & même de remise à l'habitation du Maître.

21. Bâtiment correspondant au n°. 10. Dindonnerie.

22. Bâtiment correspondant au n°. 9, qui peut devenir une écurie dans le besoin, & le premier étage renferme la paille ou les fourrages.

23. Correspond au n°. 8. Poulaillier divisé en deux parties ; dans la première, logent les poules, & dans la seconde, les poules couveuses. Cette seconde doit être très-peu éclairée, mais chaude. Le poulaillier exposé au midi est le mieux placé.

24. Correspond au n°. 7. *Bergerie.* (*Voyez* ce mot) La partie supérieure renferme les fourrages qui sont destinés aux troupeaux. Afin qu'elle ait un grand courant d'air, on ménagera des soupiraux au-dessus du toît, n$^{os}$. 23 & 25.

25. Loge des cochons ; elle correspond au n°. 6.

26. *Ecurie* des chevaux. (*Voyez* ce mot) Correspond au n°. 5.

27. Cour pavée & ornée de deux rangs d'arbres, tenus cependant de manière qu'ils ne dérobent pas la vue au propriétaire lorsqu'il est dans sa maison.

Ce plan, qu'on peut modifier de plusieurs manières, suivant les lieux, les circonstances, les facultés & les besoins, me paroît dirigé d'après des principes avantageux pour le propriétaire, & le plus propre à empêcher les déprédations, à faciliter le service, & à éloigner toutes les causes susceptibles d'altérer la pureté de l'air. Il s'agit actuellement des motifs qui m'ont déterminé à préférer cette disposition.

Le mi-côteau d'une colline à pente douce, & dans l'exposition la plus convenable relativement au climat & au canton, n'offre aucun obstacle à la facilité des charrois, à l'écoulement des eaux pluviales, & facilite la conduite des eaux, lorsqu'on arrose par *irrigation*, (*Voyez* ce mot), & diminue le travail, lorsqu'on est forcé de se servir d'arrosoirs. Si les eaux sont abondantes, la métairie est environnée de prairies & de vergers, dont le coup-d'œil est toujours agréable.

Sur un mi-côteau, l'air est toujours plus pur que dans la plaine, & j'ai cherché à l'épurer encore par la plantation des arbres dans la cour, & tout autour des bâtimens de la métairie. On a vu au chapitre de l'*air fixe*, à quel point les arbres & les végétaux purifioient l'air athmosphérique, par l'absorption de l'air mortel combiné avec lui. On a vu encore que par leur transpiration, ils rendoient une certaine quantité d'air pur qui se mêloit avec l'air athmosphérique. Ces arbres sont donc d'une utilité réelle, & ils servent en même temps à la décoration de l'habitation.

La cour doit être pavée dans toute son étendue, ou du moins on ne doit laisser qu'une allée sablée & battue depuis le portail, n°. 3, jusqu'à l'habitation du maître. Ce pavé donne un air de propreté, empêche les petits dépôts d'ordure, qui sont autant de foyers de putridité. Une forte pluie tient cette cour toujours propre & nette; & au défaut de pluie, on l'arrose & on la balaie. Un Maître attentif & ami de l'ordre, ne doit jamais y laisser plus de vingt-quatre heures aucun encombrement. Sans cette vigilance assidue, & sur-tout dans les commencemens, jusqu'à ce que tous les gens de la métairie soient accoutumés à l'ordre & à la propreté, cette cour sera dans peu le réceptacle général de tous les immondices. Après la pureté de l'air, la propreté est le point le plus essentiel pour la conservation des hommes & des animaux.

Si on me demande pourquoi, entre chaque corps de bâtimens, j'en laisse un composé d'un simple rez de chaussée, contradiction apparente avec la remarque faite ci-dessus sur les métairies composées de bâtimens de rapports, ou faits après coup? je répondrai : 1°. c'est afin d'établir de grands courans d'air, quelle que soit la direction des vents, & de procurer la salubrité à toutes les habitations. 2°. Ces alternatives de toîts hauts & bas, facilitent l'établissement des soupiraux dans toutes les écuries, remises, &c. dès-lors la santé des animaux, & la conservation des outils, instrumens aratoires, &c. Je regarde ces soupiraux, comme absolument indispensables, sur-tout dans les provinces du midi, & dans les cantons humides. On en sent aisément les raisons, sans les détailler; au surplus, consultez les mots *Bergeries*, *Ecuries*, &c. 3°. Si par malheur un incendie se manifeste dans un bâtiment, on n'a jamais à la campagne les ressources & le monde nécessaire, je ne dis pas pour l'éteindre, mais seulement pour empêcher ses grands ravages. Dans ce cas désastreux, on abat à côté du pavillon incendié, la toîture du rez-de-chaussée, & on coupe aussi-tôt toute communication à l'incendie. Ainsi, on ne sacrifie qu'une partie, pour conserver la totalité. Mais, dira-t-on, il est rare de voir des incendies. Ils peuvent arriver; donc le plus sûr est d'en prévenir les suites fâcheuses.

Je n'ai supposé qu'une seule porte d'entrée, soit pour le maître, les valets, soit pour les animaux de toute espèce, afin que le propriétaire voie de ses fenêtres tout ce qui entre ou ce qui sort. C'est un des moyens les plus efficaces pour ne pas être volé, & pour prévenir les voleries. Il y a plus, si la nécessité exige que quelques fenêtres soient toujours ouvertes, & qu'elles donnent sur l'extérieur de la cour, je voudrois qu'elles fussent fermées avec des barreaux de fer, & grillées. Ces précautions seront un obstacle aux tentatives des voleurs qui voudroient s'introduire par-là dans la maison, & l'on empêchera par ce moyen la communication qu'ils pourroient avoir avec ceux qui s'y seroient glissés pendant le jour. On m'objectera que je porte la méfiance bien loin; que je suppose les valets & autres gens de service bien corrompus. J'en conviens; mais en les supposant honnêtes, on ne risque rien de leur ôter les occasions de devenir des pillards. Il ne faut qu'un seul valet pour déranger tous les autres; payez-les, nourrissez-les bien, donnez-leur des gratifications proportionnées à leurs travaux, &

exigez qu'ils soient fidèles. S'ils s'habituent une fois au gaspillage, vous ne parviendrez plus à le détruire, même en congédiant les plus vicieux; il faut alors faire ce qu'on appelle *maison neuve*. Ce n'est pas tout, tâchez d'éloigner, de dépayser, autant que vous le pourrez, ces anciens serviteurs; s'ils communiquent avec les nouveaux, ils chercheront à justifier leur conduite par celle de leurs prédécesseurs, dont les conseils auront bientôt corrompus les nouveaux venus.

Le propriétaire, par la position de sa maison, voit d'un seul coup d'œil tout ce qui se passe dans sa cour & dans ses jardins, & le voit à toutes les heures du jour. La grille, n° 3, une fois fermée, tout est sous sa main, & en sûreté: son ombre seule suffit pour contenir tout son monde dans le devoir, parce qu'il n'y a ni coin, ni recoin, ni cachettes capables de dérober à sa vue le paresseux, ou l'homme à mauvaise volonté. Le propriétaire doit sans cesse avoir présent à l'esprit cet adage de l'inimitable Lafontaine: *il n'est pour voir, que l'œil du maître.*

L'homme singe des grands seigneurs, dira: quoi! dans cette cour, je verrai passer le bétail qui va ou qui revient des champs; j'aurai l'ennui d'entendre le bêlement des troupeaux, d'y voir des poules, des dindes, &c. Il vaut beaucoup mieux élever des murs qui masquent tout ce fatras de ménagerie. Je lui dirai à mon tour: restez à la ville, vous n'êtes pas digne de vivre à la campagne, & de sentir le prix des plaisirs innocens qu'on y goûte. Vous ne faites donc pas attention que ce petit fraças est bien éloigné du tumulte bruyans des villes; que les mêmes objets changent la scène d'un moment à l'autre; que ces diverses sortes d'animaux l'animent & donnent la vie au paysage, &c.... Pour vous faire plaisir, je conviens que j'ai le goût campagnard, & que je fuis toutes les occasions de m'ennuyer avec dignité. La campagne & ses accessoires sont froids à vos yeux, parce qu'accoutumé aux plaisirs factices, vous savez peu apprécier ceux qui sont attachés à la simplicité de la nature. Ils sont doux, tranquilles & sans remords. Eh! croyez-moi, ils en valent bien d'autres! Cependant, je ne veux point disputer sur les goûts, chacun a sa manière de voir; ainsi, je n'offre ce plan que pour ce qu'il vaut, & sans prétention.

Je n'entre dans aucun détail sur le prix du toisé de maçonnerie, des ferrures, des bois, & autres objets nécessaires à la construction & à ses aisances. Le prix de chaque objet varie d'une province, & même d'un canton à l'autre; ainsi, un tableau de dépense dans un village des environs de Paris, ne sauroit servir dans les provinces où l'on ne connoît pas le plâtre, & ainsi du reste. Sur ces objets, on doit consulter les gens de l'art du lieu; & observer que si l'on donne à prix fait, on sera mal servi; que tout s'exécute à la journée, & en fournissant les matériaux, le travail sera bon, mais plus coûteux, & qu'il faut compter qu'il en coûtera un tiers de plus que la masse totale portée dans le devis estimatif. Je ne spécifierai également pas le nombre de valets & de bestiaux nécessaires à l'exploitation d'une métairie quelconque. Il dépend de la qualité des terres & des genres de produit. Par exemple, une métairie de qui dépendent beaucoup de prairies, peu de terres labourables, & peu de vignes, exige bien moins de bras que celle dont le principal reveau est en grains, & celle-ci, beaucoup moins que celle dont la majeure partie est en vignoble que l'on travaille à la main. Tout est relatif; dès-lors les généralités, même en supposant les possessions contigües, ne présentent rien de déterminé. Que sera-ce donc, si des champs sont éloignés, les chemins mauvais, & dans des pays de côteaux & de montagnes, dans des cantons habituellement froids & pluvieux, &c. &c. C'est au propriétaire à entrer dans ces détails, après avoir bien apprécié la nature de ses possessions.

## CHAPITRE II.

*EST-IL PLUS AVANTAGEUX POUR L'ÉTAT ET POUR LE PARTICULIER, D'AVOIR DE GRANDES POSSESSIONS RÉUNIES AUTOUR DE LA MÉTAIRIE.*

### SECTION PREMIÈRE.

*Des grandes possessions relativement à l'état.*

La prospérité d'un état tient à sa population; une partie de cette population produit & consomme; l'autre consomme & perfectionne, & la troisième consomme sans produire. Le cultivateur fournit les matières premières, l'artisan les embellit, & l'argent du riche solde la main-d'œuvre des deux premiers. Demandera-t-on actuellement laquelle de ces trois classes de citoyens est la plus utile à l'état? La prééminence doit être sans doute décernée à celle qui est méprisée par les deux autres, à l'honnête & au bon cultivateur. Sans ses sueurs, sans ses travaux, que deviendroient les artistes & les gens riches? Et sans eux les cultivateurs n'auroient-ils pas toujours les ressources de l'exportation de leurs denrées en nature. Plus on donne d'étendue à une métairie, & moins, circonstances égales, le nombre des travailleurs est augmenté. Pour se convaincre de cette vérité, il suffit de comparer les pays de vignoble, où l'on ne laboure pas les vignes, & où tout le travail est fait à la main, avec les pays de plaine, réservés ou aux prairies, ou à la culture des grains. Dans celui-ci, on y voit par-ci, par-là, quelques grosses métairies, & très-éloignées les unes des autres; tandis que dans celui-là, les villages se pressent & se touchent; la population y est nombreuse, parce que l'air des côteaux est plus sain que celui des plaines; enfin, il faut des hommes pour travailler les vignes, & le bétail les supplée dans la plaine. Sur les côteaux tout est productif; dans la plaine, un tiers du sol est sacrifié à la nourriture du bétail quelconque; ordinairement le second tiers de ce sol reste une année en jachère; enfin, le troisième tiers est productif. Je sais qu'il y a beaucoup d'exception à faire contre ces assertions; mais ce n'est pas ici le cas d'entrer dans des détails étrangers à l'objet présent, ni d'examiner s'il ne seroit pas plus avantageux que toute culture fût faite à bras d'homme que par le bétail. Il est hors de doute que le produit en seroit plus considérable; si la population étoit plus nombreuse, un plus grand nombre d'individus vivroit & bénéficieroit sur le produit de la culture. Un village, dont la récolte est le fourrage & les grains, est presque toujours divisé par hameaux, & occupe souvent plus d'une lieue quarrée de superficie. Sur cette même étendue on trouve quatre à cinq villages dans les pays de vignobles. Actuellement que l'on mette en parallèle laquelle de ces deux étendues paye plus d'impositions à l'état, & on aura la solution du problême.

Ce n'est pas tout. Si l'on compare la perfection du travail dans les pays de vignoble, avec celle des grands pays à grain, il n'y aura aucune proportion. Si, dans le pays de vignoble il se trouve quelques champs dans le voisinage, à coup-sûr il n'y aura pas une année de jachère pour eux, chaque année ils donneront une récolte, parce qu'ils seront travaillés à mains d'hommes. Outre le montant de l'imposition, l'état retirera un plus grand produit d'une superficie de champ, comparée avec la même dans la plaine.

## SECTION II.

### *Des vastes métairies, relativement aux particuliers.*

Les opinions sur cet objet différent suivant les pays. Par exemple, les écrivains Anglois sont presque tous pour les grandes possessions; quelques François ont copié ce qu'ils ont écrit, & leur entousiasme anglomane a embrouillé un peu plus la matière. Ils ont comparé la France avec l'Angleterre, dont toutes les productions se réduisent aux grains, aux laines, au bétail & aux mines; tandis qu'en France nous avons les mêmes productions, & de plus les vins, les eaux-de-vie, les huiles de noix & d'olive; objets principaux dont les Anglois sont privés en totalité. En présentant au lecteur impartial, les objections pour & contre, il sera à même de juger avec connoissance de cause.

### §. I. *Des avantages des grandes métairies.*

1°. Une grande métairie ou *ferme*, suppose presque toujours une fortune aisée chez le propriétaire, & la bonne culture dépend de l'aisance; suivant sa position, il peut y élever des chevaux, du bétail, de nombreux troupeaux : objets qui demandent peu de dépense, produisent beaucoup, & sans exiger aucun déboursé, servent à remplacer les animaux affoiblis par l'âge ou par les maladies.

2°. Il y a réellement moins d'avances foncières à faire dans l'aménagement d'une forte métairie, que dans celui de deux ménageries dont l'étendue égaleroit la première, en supposant la qualité du sol & la nature des produits parfaitement les mêmes.

3°. Il faut payer, nourrir moins de valets dans une grande ménagerie, que si elle étoit divisée en deux.

4°. L'entretien des bâtimens, des harnois, des outils de labourage, &c. est moins coûteux, & on a plus de ressources dans les grandes possessions.

5°. Comme on y fait les provisions en grand, il y a un bénéfice réel; parce que le propriétaire aisé les fait à propos. . . . Tout objet acheté par parcelles, coûte beaucoup plus.

6°. Si la saison presse, les valets & les bestiaux y sont tous employés sur le même champ; les récoltes, les semailles sont plus expéditives.

7°. Un grand propriétaire trouve plus facilement de bons valets que les petits; ils sont mieux payés &

mieux nourris, & les journaliers préféreront donc de servir le premier, parce qu'ils sont sûrs d'avoir un travail plus soutenu que chez les autres.

8°. Un propriétaire aisé n'est pas forcé de vendre ses récoltes, il les garde jusqu'à ce que son grain, son vin, &c. soient montés à un certain prix; alors ils les vend avec bénéfice.

### §. II. *Des avantages des petites métairies.*

Répondre aux assertions précédentes, ce sera les réfuter; mais avant tout il se présente une observation bien simple, & qui mérite notre attention. Depuis quelques années les grands seigneurs & les forts tenanciers du royaume, qui aiment mieux compter avec eux-mêmes, que de se laisser gouverner par des étrangers, ont vu qu'il étoit presque du double plus lucratif pour eux, d'affermer leurs possessions par parcelles, plutôt que d'avoir un seul & unique fermier général, suivant l'ancienne coutume, & pour une terre entière. Ce fermier unique, & même supposé fort à son aise, fera-t-il valoir par lui-même toutes les métairies ou domaines affermés en total, par exemple 20 à 25,000 livres. Il est très-rare que les domaines de cette seigneurie soient contigus, & quand ils le seroient, son avantage se trouveroit-il à réunir dans une seule & même habitation, tous les valets & tous les bestiaux? Quel parti prendra-t-il? Le voici. Il sous-affermera les domaines les plus éloignés, & fera tout au plus valoir le plus considérable, si toutefois il n'habite pas la ville; mais en sa qualité de fermier général il doit bénéficier sur le sous-fermier, & celui-ci gagner dans sa sous-ferme.

Le propriétaire, en affermant par parcelles, auroit donc eu le bénéfice que le grand fermier fait sur le petit.

Supposons, par exemple, une métairie de six cens *arpens*; (*Voyez* ce mot) je dis que sur cette étendue, d'ailleurs toutes circonstances égales, s'il y avoit deux métairies, le total de la ferme des deux seroit plus considérable que celui d'une ferme unique; & que s'il y en avoit quatre, le total augmenteroit en proportion.

Supposons encore que cette ferme ou ces deux métairies soient à la proximité d'une ville, ou d'un gros & riche village; je dis que si chaque pièce de champ étoit affermée séparément, la totalité du prix seroit beaucoup plus considérable. Il en est du prix des fermes comme de celui des ventes. On gagne beaucoup à vendre par parcelles, parce que ceux qui achètent, payent la proximité & la convenance, sur-tout lorsque la partie en vente, contribue à l'arrondissement de leurs possessions. L'exemple de tous les jours & de tous les lieux, prouve ces assertions.

1°. Une grande métairie suppose un propriétaire à son aise, un fermier riche, &c. On est forcé de convenir qu'il faut beaucoup d'avances pour cultiver, puisque le produit est le résultat de ces avances, & il n'existeroit pas sans elles. Les prairies, les bois déjà formés, font exception à cette règle; mais ils ont supposé dans le temps des avances, pour les semer ou pour les planter; les domaines à vignoble, travaillés à la main, sont ceux qui en exigent le plus journellement. L'homme riche a un grand avantage sur celui dont la fortune est bornée: on sait qu'il en coûte plus à gagner la première pistole que le second million. Mais, tout propriétaire, dont les fonds ou les avances sont en raison des besoins d'une métairie ou d'une ferme, n'a aucunement besoin de moyens excédens, à moins qu'il ne veuille donner dans les spéculations; dès-lors c'est un objet à part, & qui n'a point de rapport à la circonstance dont il s'agit. Que l'étendue de la métairie soit plus ou moins forte, cela est indifférent, si on a les avances nécessaires; mais, au contraire, dit Columelle, si le champ est plus fort, le maître sera écrasé. Il doit donc y avoir des proportions entre le fonds & les avances, le surplus est inutile. Admettons qu'un homme riche prenne à ferme votre métairie par un *bail* de six ans: (*Voyez* le mot BAIL) telle est l'époque la plus commune dans plusieurs de nos provinces. Croira-t-on, de bonne foi, que ce fermier fera de grosses avances en réparations & améliorations pour un terme si court? C'est à-dire, vous supposez qu'il bonifiera vos champs pour ses successeurs? C'est bien peu connoître cette classe d'homme; elle ne prend une ferme que pour y gagner, & cela est juste. Il n'en est pas ainsi du maître, du véritable propriétaire; il profite des années d'*abondance* (*Voyez* ce mot), afin de prévenir les fâcheux effets des années de disette; enfin, de ses épargnes il améliore sa possession, & il l'arrondit par des acquisitions nouvelles. Le propriétaire, beaucoup au-dessus du produit de ses champs, après les avoir bonifiés, place son argent; il fait, d'après Pline, qu'on doit donner le nécessaire à un champ, & rien de plus, & que rien n'est moins lucratif que de le trop bien soigner. Ainsi, en tout état de cause, pouvu que le propriétaire ne soit pas au-dessous de sa possession, tout ira bien, & l'homme opulent n'y gagneroit pas davantage.

L'éducation des chevaux, du bétail & des troupeaux, dépend des circonstances locales, & elle sera toujours en proportion de l'étendue du domaine, & de la possibilité ou de l'avantage de s'y livrer. Les préceptes coûtent peu à donner, c'est la manie des écrivains; & sur-tout de les généraliser; mais ils ne font pas attention que le propriétaire *intelligent* voit & connoît mieux qu'eux la partie de son champ.

2°. *Il y a moins d'avances à faire pour une grande que pour deux métairies de contenance égale à la première*. Cette proposition est très-vraie en général; mais la grande produira-t-elle autant que les deux petites? Je ne puis me le persuader. Que l'on embrasse dans une circonférence, par exemple, cent métairies; que l'on examine la quantité de valets, d'animaux qui en font le service; que l'on évalue l'étendue du sol, en proportion de leur nombre, & j'ose avancer, qu'en supposant même toutes les saisons régulières, il y en aura quatre-vingt-quinze qui n'auront ni assez de monde, ni assez de bétail, & que les travaux seront toujours faits à la hâte, & arrièrés. La perte est donc double dans la métairie unique. Que sera-ce donc si les saisons sont dérangées, & si le chef des ouvriers n'est pas vigilant & laborieux. Dans le cas de maladie du bétail, les ressources, le supplément de travail dans les petites métairies sont plus faciles, parce qu'on trouve plutôt cinq hommes que dix, & le

bétail

bétail en proportion, sur-tout dans les provinces à grains.

3°. *Il faut payer moins de valets.* C'est précisément sur ce que l'on n'en paye pas assez que je me récrie. Mais dans les pays où l'on ne bat pas en grange pendant l'hiver, & où la saison des pluies ou des gelées est longue; enfin, où il pleut souvent pendant l'été, que fait le nombre des valets? Il consomme, ne travaille pas, & l'ouvrage est arriéré.

Les assertions que j'établis dans le n°. ci-dessus, & dans celui-ci, s'appliquent, dira-t-on, aux petites métairies comme aux grandes. Cela est vrai à la rigueur. Mais une observation constante & régulière m'a prouvé, non pas une fois, mais cent, que le travail est toujours plus avancé dans les petites que dans les grandes, abstraction faite de la supposition d'après laquelle on prétend que ces dernières exigent plus de valets que la première. Ici, il n'y a ni demi, ni quart de journée, susceptible de travail, qu'on ne puisse mettre â profit. Là, l'éloignement des lieux est cause que le temps le plus clair de la journée est perdu en allées & en venues. Ainsi, en supposant demi-heure ou trois quarts d'heure dans la matinée, & autant dans la soirée, & mettant bout à bout ces heures perdues, il sera facile de calculer combien il y aura dans l'année de beaux jours perdus. Le bénéfice est donc au moins de la moitié dans les petites métairies. On dira que les valets, dans les grandes terres, partiront plus matin, & reviendront plus tard. Supposition gratuite, démentie par l'expérience de tous les jours & de tous les lieux. Ils ont une heure fixée pour le départ de l'écurie, & c'est celle à laquelle ils sont on ne peut moins exacts si on n'y veille de très-près. Une chose ou une autre sert de prétexte; mais je ne connois pas de pendule qui indique plus exactement le retour des champs que leur habitude; passe encore, s'ils ne la devancent pas; mais à coup sûr, ils ne travailleront pas une minute de plus. En allant au travail, leurs bêtes marchent à pas comptés; au retour, la marche est bien autrement accélérée.

Si, dans une grande métairie on a moins de valets, de bestiaux, de harnois à entretenir, &c. on a donc moins de travail fait! Cependant le grand point de l'agriculture est d'avoir beaucoup de travail fait & bien fait; enfin, d'être en avance, & de ne pas craindre d'être arriéré par le dérangement des saisons; on n'a pas toujours à son choix le moment de semer, & il arrive huit fois au moins sur dix, que le produit des semailles tardives est au-dessous du médiocre.

4°. *L'entretien des bâtimens, &c.* Cet article est vrai dans toute son étendue; mais les deux propriétaires supposés, sont censés avoir compté les réparations journalières dans le calcul de leurs dépenses; & à moins qu'il ne s'agisse de réparations majeures, le bénéfice excédent des deux petites métairies sur une grande, est bien au-dessus des proportions des réparations journalières. Au surplus, ces réparations sont très-peu de chose, si le propriétaire le veut. Une tuile est dérangée, la pluie survient, la maîtresse poutre pourrit, le toît tombe, il entraîne les murs qui le portoient, & tout le dégât eût cependant été prévenu par le simple remplacement d'une tuile.

5°. *Les provisions sont faites à propos.* Dès que l'on suppose les propriétaires aisés, relativement à leurs possessions, le plus riche achètera par cent quintaux, si l'on veut, & le petit propriétaire, par cinquante : ce qui revient au même. L'objection est donc nulle; mais elle reste dans toute sa force si le propriétaire est au-dessous de sa métairie ; le détail le ruinera un peu plus vîte, & il payera plus cher les objets de qualité médiocre.

6°. *Si la saison presse, &c.* Il importe peu qu'on ait beaucoup de valets & de bestiaux à mettre à la fois sur un champ, si on a un grand nombre de champs dont la culture presse. A richesse égale, mais proportionnée, les fermiers se procureront les mêmes ressources, & il en coûtera plus au grand tenancier, parce que son travail sera moins avancé que celui du petit.

7°. *Un grand propriétaire trouve des journaliers.* Je ne vois pas la raison pour laquelle ces hommes soient mieux payés & mieux nourris chez l'un que chez l'autre. On paye ces malheureux au plus bas prix possible, on épargne autant qu'on le peut sur leur nourriture. Sur cent propriétaires, on en trouvera trois ou quatre qui regardent les journaliers comme des hommes, & les traitent en conséquence, & sur le nombre des fermiers qui ne font valoir qu'une partie des domaines, à peine en trouveroit-on deux. Je sais tout ce que l'on peut dire en faveur de ces fermiers; mais qu'on nomme ceux qui méritent d'être exceptés de la régle générale, & on verra combien de pareils exemples sont rares. Payez bien, nourrissez bien, & de toutes parts les ouvriers viendront travailler pour vous.

8°. *Un propriétaire aisé, vend ses récoltes avec avantage.* Le malheureux qui vit du jour à la journée, qui est au-dessous de ses possessions, est forcé de vivre au moment qu'il récolte : ce n'est pas la faute de la métairie. Mais supposez-y un propriétaire aisé proportionnellement à ses possessions, il aura, dans son genre, le même avantage que le grand tenancier aisé.

Les lieux, les circonstances doivent faire beaucoup d'exceptions à ces généralités. Cependant, je sais fort bien que si ma métairie étoit du double plus étendue qu'elle ne l'est actuellement, je ne balancerois pas à la partager en deux.

METEIL. Froment & seigle mêlés & semés ensemble, en plus ou moins grande quantité de l'un ou de l'autre, suivant la volonté du cultivateur. Lorsque l'on seme moitié l'un & moitié l'autre, c'est ordinairement pour la nourriture des valets.

Il n'est pas aisé de deviner sur quel motif cette méthode est fondée : certainement elle n'est pas dictée & approuvée par la raison. L'expérience de tous les temps & de tous les lieux prouve que le seigle semé dans le même champ & en même temps que le froment, enfin, toute circonstance égale, est aumoins huit à quinze jours plutôt mûr que celui-ci. Il est donc clair, qu'en moissonnant tout ensemble, la majeure partie du seigle s'égraine sur le sol ou dans le transport. Si on moissonne le froment un peu avant sa maturité, on le sacrifie donc au seigle, & on prévient seulement en partie la perte de celui-ci.

On a sans doute dit, en semant l'un &

l'autre ensemble : si le seigle manque, le froment réussira, & ainsi tour à tour. Ce raisonnement, tout spécieux qu'il est, n'en est pas moins absurde. Tout considéré, ne vaut-il pas mieux, sur le même champ semer le froment & le seigle séparément; on les récolte à leur point, & leur mêlange est ensuite plus commodément & plus exactement fait dans le grenier.

L'on seme, pour l'ordinaire, le méteil que l'on a recueilli ; mais comme il est rare de voir en même temps réussir le seigle & le froment, il en résulte qu'à la longue il ne se trouve plus aucune proportion entre ces deux grains, & l'on finit par avoir presque tout seigle ou tout froment. Ainsi, sous quelque point de vue que l'on considère les semailles du méteil, elles sont contraires à la saine raison, à l'intérêt du particulier, & l'expérience le prouve chaque année à l'homme dont les yeux ne sont pas fascinés par la coutume moutonnière du canton.

MÉTÉORES. (*Phis.*) On donne ce nom à tous les phénomènes qui se passent au-dessus de la terre, dans la région de l'air. Mussenbroeck a porté plus loin cette définition, puisqu'il entend par le mot *météores*, tous les corps suspendus entre le ciel & la terre, qui nagent dans notre atmosphère, qui y sont emportés, & qui s'y meuvent; les corps que leur légéreté spécifique soutient dans les airs, qui s'y combinent de mille & mille manières, & qui par ces combinaisons donnent naissance à des phénomènes particuliers, doivent être regardés dans ce sens comme des météores; ainsi, les vapeurs que la terre exhale continuellement, que l'air dissout, qui s'élèvent dans les hautes régions de l'atmosphère, pour y rester suspendues sous forme de nuages, qui ensuite, par la raréfaction, se rassemblent en gouttes, & tombent sous forme de pluie, de neige, de grêle, &c. ces vapeurs, dis-je, présentent autant de météores qu'elles réunissent d'apparences différentes.

On distingue communément trois espèces de météores; les uns aëriens, ou dépendans de l'air; les seconds aqueux, qui doivent leur origine à l'eau, & les troisièmes ignés, qui sont formés par le feu ou par la lumière.

Les météores aëriens renferment tous ceux que l'air peut produire. Les principaux sont les *vents*, qui ne sont autre chose que l'air agité, & porté, par une cause particulière, dans une direction déterminée, & plus ou moins rapidement; les *brouillards secs*, de la nature de celui qui a couvert une partie de l'Europe au mois de juin 1783 ; les exhalaisons qui émanent de tous les corps qui couvrent la surface de la terre, & qui restent flottantes au-dessus, &c.

Les météores aqueux sont tous ceux qui sont produits par les vapeurs qui s'élèvent dans l'air, & s'y dissolvent, tels sont les *nuages*, *les brouillards humides*, *la bruine*, *la pluie*, *la rosée*, *la gelée blanche*, *les frimats*, *la grêle*, *&c.* Tous ces météores ne sont que la même substance à laquelle des circonstances particulières donnent des apparences différentes. Il sera facile de s'en assurer en consultant chacun des mots ci-dessus.

Les météores ignés sont de deux espèces : les uns ne sont que des apparences lumineuses, & les autres sont de véritables substances actuellement en ignition & en déflagration. A la première espèce appartiennent *l'arc-en-ciel*, les *couronnes* que l'on apperçoit autour du soleil ou de la lune; les *parhelies*, c'est-à-dire ce phénomène singulier, qui représente une ou deux images du soleil; les *paraselenes*, qui pareillement offrent une ou deux images de la lune; la lumière zodiacale, l'aurore boréale.

Les météores ignés de la seconde espèce, sont les *feux folets*, les *étoiles tombantes*, les *globes enflammés*, les *éclairs*, le *tonnerre*, &c. &c.

Tous ces météores se portant dans la région de l'atmosphère, assez proche de la terre, doivent influer & influent réellement beaucoup sur l'atmosphère, & par conséquent sur tous les êtres vivans qui en sont environnés. Il est donc de notre intérêt de bien connoître ces météores, pour les tourner, autant qu'il se pourra, à notre avantage, & en faire l'application, soit à l'économie animale, soit à l'économie rurale. A chaque mot nous sommes entrés sur ces deux objets dans les détails qui nous ont paru nécessaires, on peut les consulter. M. M.

MÉTÉORISME. MÉDECINE RURALE. Tension & élévation douloureuse du bas-ventre, qu'on observe dans les fièvres putrides, & qui manquent rarement dans celles qui sont strictement malignes.

Cette maladie est presque toujours effrayante & en impose quelquefois aux médecins les plus expérimentés, en les empêchant de donner certains remèdes utiles. Mais, pour n'être point embarrassé, il faut distinguer le météorisme produit par l'inflammation du bas-ventre, & le météorisme qui dépend d'un boursoufflement des boyaux, occasionné par des vents, par des matières vaporeuses, ou par un empâtement putride dans l'estomac, & les premières voies.

Dans le météorisme inflammatoire, les douleurs que les malades ressentent au bas-ventre, sont vives & aiguës; ils ne peuvent supporter la plus légère application de la main sur cette partie; leur pouls est dur, fréquent, serré & tendu; leur sommeil est toujours interrompu par des songes fatiguans; ils sont tourmentés par les veilles; les urines qu'ils rendent, quelquefois avec peine & douleur, sont rouges, enflammées, sans sédiment, & en petite quantité. Le hoquet, la constipation, le délire & la convulsion surviennent; leur langue est sèche, aride & brûlante; la soif qu'ils éprouvent est très-ardente, & la boisson froide, bien loin de les soulager, les embrase davantage, & ne fait qu'augmenter la violence des douleurs.

Le météorisme, au contraire, produit par une cause putride, ou par des vents, ou par des matières vaporeuses, est sans fièvre, & quoique le ventre soit tendu, pour l'ordinaire il est sans douleur, & le pouls diffère peu de l'état naturel. De plus, on n'observe point un assemblage de symptomes aussi effrayans que dans le météorisme inflammatoire.

Les purgatifs produisent de très-bons effets, & dissipent le plus souvent cette maladie; on peut les combiner avec les carminatifs & les anti-hystériques, sur-tout si l'on a à combattre la pourriture d'un côté, des vents & des matières vaporeuses d'un autre.

C'est mal-à-propos que les médecins s'allarment dans cette espèce de météorisme, il est le plus souvent l'ouvrage de la nature, & l'annonce d'une évacuation prochaine. C'est aussi d'après cette observation que les purgatifs sont si recommandés, puisqu'ils aident la nature dans ses efforts.

Il n'en est pas de même du météorisme inflammatoire. Le mal est plus grand, la crainte est mieux fondée, & le danger plus imminent. On ne doit pas perdre de temps, soit dans le choix des remèdes, soit dans leur emploi. La saignée du bras sera plus ou moins répétée, selon l'état du pouls, celui des forces, & le degré d'inflammation.

L'émétique & les purgatifs seroient ici extrêmement nuisibles, & ne feroient qu'aggraver le mal, & exposer les malades au danger le plus évident de perdre la vie.

Les huileux, les relâchans, le petit-lait, une limonade légère à laquelle on mêlera quelques grains de nitre, les fomentations émollientes sur le bas-ventre, sont les vrais remèdes curatifs de cette maladie, ils ne diffèrent point de ceux qui conviennent dans l'inflammation du bas-ventre. (*Voyez* INFLAMMATION) M. AMI.

MÉTÉORISME TYMPANITE. MÉDECINE VÉTÉRINAIRE. C'est une tuméfaction du ventre, produite par la raréfaction de l'air.

Le ventre est distendu, la respiration s'exécute avec peine, l'animal bat des flancs, les matières fécales sont souvent retenues; l'animal témoigne de la douleur, par l'agitation continuelle où il est; lorsqu'on frappe le ventre, il résonne à-peu près comme un tambour.

*Première espèce. Tuméfaction des estomacs du bœuf, de la chèvre & de la brebis, causée par la raréfaction de l'air.*

Si l'air se ramasse ou se développe en grande quantité dans les estomacs du bœuf, de la chèvre & de la brebis, il s'y raréfie; le ventre se tuméfie, la respiration devient difficile, la digestion se dérange, l'animal souffre, s'agite, bat du flanc, & ne rend point de vents par l'anus; le ventre résonne quand on le frappe, sans donner aucun signe de fluctuation de matière liquide. Nous n'avons aucun signe pour découvrir la tuméfaction de l'estomac du cheval: la petitesse & la situation de ce viscère dans cet animal, la grandeur des gros intestins, empêchent toujours de s'en appercevoir, tandis que la panse du bœuf, de la chèvre & de la brebis, est si grande qu'elle ne sauroit être distendue, sans augmenter sensiblement le volume du ventre.

*Causes.* On attribue les principes de cette maladie aux substances nutrives trop abondantes en air, telles que les pommes, les courges, les trefles, la luzerne, &c. puisque ordinairement les animaux ne sont attaqués du météorisme tympanite, qu'après avoir mangé avec avidité de ces alimens, & sur-tout de la luzerne. On peut encore joindre à ces causes, la boisson des eaux impures.

Le météorisme est presque toujours accompagné de douleur: plus le ventre est tendu, plus la douleur est vive, & le danger considérable.

*Curation.* L'indication qui se présente à remplir, c'est d'augmenter la force contractile de la panse, pour surmonter la résistance qu'oppose le feuillet & la caillette ( *Voyez* ESTOMAC ) à l'expulsion de l'air raréfié, lorsqu'on est persuadé sur-tout que les orifices du feuillet ne sont point enflammés.

Pour cet effet, prenez de bon vin blanc environ une chopine; délayez-y de l'extrait de genièvre, deux onces, pour un breuvage que vous donnerez au bœuf. Ce remède administré, donnez-lui un lavement composé d'une forte infusion de fleurs de camomille romaine & de feuilles de séné, & réitérez-le toutes les heures; appliquez sur le ventre & les flancs des linges trempés dans de l'eau à la glace, si vous êtes à portée de vous en procurer, dont vous renouvellerez l'application tous les quarts-d'heure. Si l'animal n'éprouve aucun soulagement de ces remèdes, faites-lui boire de l'eau à la glace, mais en petite quantité, de crainte d'occasionner des tranchées violentes & une inflammation considérable dans les estomacs. Faites promener & courir l'animal malade; le mouvement de tout le corps, l'agitation des estomacs & des matières contenues, déterminent ordinairement le passage de l'air dans les intestins. Un breuvage composé d'un bon verre d'eau-de-vie & de deux onces de sel de nitre, n'est pas à mépriser. Nous sommes parvenus, au moyen de ce remède, accompagné de quelques lavemens émolliens, à sauver à la campagne quelques bœufs expirans, que les bouviers, suivant la pratique ordinaire, tentoient vainement de soulager par maintes incisions faites à la peau, dans l'intention sans doute, de dégager le tissu cellulaire de l'air qui le remplissoit. Si malgré tous ces moyens, le météorisme augmente, avec le battement des flancs, plongez le troicart dans le bas-ventre, & laissez-y la canulle jusqu'à ce que l'air contenu dans la panse se soit dissipé. Il vaut mieux, dans un cas désespéré, tenter un remède incertain, que de laisser périr évidemment l'animal. D'ailleurs, la blessure de la panse avec le troicart, n'est pas aussi dangereuse qu'on le prétend; l'expérience prouve que la canulle étant retirée, les bords de la plaie se rapprochent, & les matières contenues dans la panse ne peuvent plus y passer.

Le météorisme dépend quelquefois d'une forte inflammation des orifices du feuillet: dans ce cas, ayez recours à la saignée, aux boissons adoucissantes, aux lavemens émolliens & mucilagineux, & à tous les médicamens capables de diminuer l'inflammation.

*Deuxième espèce. Tuméfaction des intestins, par la raréfaction de l'air.*

Cette espèce de météorisme attaque rarement le bœuf, la chèvre & la brebis, parce que les gros intestins de ces animaux sont musculeux, étroits, & chassent avec facilité l'air contenu; mais le cheval, dont les gros intestins occupent la plus grande partie du ventre, & qui ne sont pas assez épais pour s'opposer aux efforts de l'air raréfié, est beaucoup plus exposé à cette maladie, qui le réduit, en très-peu de temps, à la dernière extrémité. Le ventre présente un gonflement considérable; les matières fécales sont retenues, la respiration est difficile, les fonctions de l'estomac troublées, l'animal s'agite avec violence; le ventre est dur, élastique, & sonore lorsqu'on le frappe, & s'il sort des vents par l'anus, l'animal paroît soulagé.

*Traitement*. Il n'y a pas de temps à perdre, si l'on veut sauver l'animal. Il faut se hâter de livrer passage par l'anus, à l'air renfermé dans l'intestin cœcum & colon. Otez donc promptement, avec la main enduite d'huile d'olive, les matières contenues dans l'intestin rectum; administrez aussitôt des lavemens composés de la seule infusion de fleurs de camomille romaine, de même que les breuvages indiqués dans la tuméfaction de la première espèce. M. Vitet conseille d'introduire la fumée de tabac dans l'intestin rectum, à l'aide d'un long tuyau de bois ou de métal bien poli.

Quelques auteurs vantent les oignons & le savon, triturés, mêlés, ajoutés au poivre; & introduits ensemble dans l'intestin rectum, après l'avoir nettoyé avec la main : d'autres préférent un lavement de savon blanc dissout dans l'eau commune. Nous n'avons jamais éprouvé ce remède; mais il nous paroît qu'il doit être contre-indiqué, s'il y a la plus légère inflammation; dans ce cas, la saignée, la décoction de racine de guimauve, saturée de crême de tartre, l'oxycrat prescrits en lavement, sont les remèdes à employer. Selon M. Vitet, les lavemens & les boissons à la glace, ne conviennent pas au cheval; ils diminuent bien la raréfaction de l'air; mais ils augmentent la tension & l'inflammation des intestins, & mettent l'animal dans le cas de périr promptement. M. T.

MÉTÉOROLOGIE. (*Phys.*) C'est la partie de la physique, qui s'occupe particuliérement des météores (*Voyez* ce mot), de leur apparence, de leur durée, de leurs révolutions & de leurs effets. Plus on a étudié cette partie, plus on a senti combien l'étude en étoit intéressante. Notre existence physique & morale semble dépendre de tout ce qui nous environne, & rien n'a autant d'influence sur nous, que l'atmosphère au milieu duquel nous vivons. Les médecins anciens ont reconnu que l'application de la connoissance de l'atmosphère & de ses phénomènes à la pratique de la médecine, étoit absolument nécessaire. Hyppocrate la recommande comme une science essentielle qui doit servir de guide à celui qui, comme un dieu bienfaisant, se charge de rendre la santé à son semblable, ou de prévenir ses maladies. Si de notre intérêt personnel nous descendons à une considération qui nous touche de bien près, nous verrons que la météorologie est une science infiniment intéressante sous tous les points; l'influence des météores sur la végétation est trop bien connue, pour être discutée; c'est la base de l'agriculture; & il y a long-temps que le premier axiome de cette science utile, est que l'*année en fait plus que la culture*. Le laboureur le fait, & agit souvent en conséquence; le savant qui ne travaille que dans son cabinet, fait de brillans systêmes, & se trompe, parce qu'il n'étudie point la nature comme il doit l'étudier.

La météorologie est donc destinée à quêter les plus grands secours, à perfectionner même les deux sciences, pour lesquelles l'homme a, sans l'avouer, souvent la plus grande vénération, parce que ses besoins l'y rappellent sans cesse, la médecine & & l'agriculture. Pourquoi donc a-t-on été si long-temps à s'appliquer à l'étude de la météorologie? C'est que l'homme, occupé à jouir, réfléchit peu sur ses jouissances, & sur-tout sur le moyen de les prolonger & de les assurer. De plus, en médecine & en agriculture, l'homme aime à ne voir que lui; la nature, cet être puissant qui agit sans cesse, & presque toujours indépendamment de ses raisonnemens & de ses caprices, opère, réussit, & l'homme jaloux s'en attribue toute la gloire: la maladie est dissipée, la récolte est abondante. Le médecin a dit: voilà l'effet de mes remèdes; & le laboureur, voilà celui de mes soins, tandis que souvent la nature plus forte & plus intelligente que l'un & l'autre, a dissipé le principe morbifique, & a fait prospérer les grains qui lui avoient été confiés.

Mais enfin, l'homme plus instruit, & savant par ses propres fautes, s'est défié de ses lumières; il a ouvert les yeux, & a vu bientôt qu'il n'étoit qu'un instrument qu'un principe secret dirigeoit malgré lui. La nécessité l'a forcé à étudier cette nature qu'il méprisoit; & dès-lors le champ de ses connoissances s'est développé, ses lumières se sont étendues, & il a été bientôt persuadé qu'il devoit étudier & connoître non-seulement cet élément qui l'environnoit, mais encore tout son système & les phénomènes nombreux qui s'exécutent dans son sein. De-là, la naissance de la météorologie. Les observations ont commencé, on les a faites avec plus de soin & d'exactitude; on les a comparées entre elles; on a connu les météores; on a suivi leurs influences sur le règne animal & végétal; insensiblement cette science s'est fixée. Mais, comme elle est fondée sur l'observation long-temps continuée, elle ne devra sa perfection qu'à une série d'années & de siècles mêmes, qui aura ramené plusieurs fois toutes les périodes dont le système météorique peut être susceptible. En attendant, il est de l'intérêt présent de s'y appliquer sans relâche; & les observations journalières ont une utilité dont on peut profiter à chaque instant. C'est dans cette idée que nous ne cessons de recommander au médecin & au grand cultivateur, qui est plus qu'un ouvrier méchanique, de se livrer à cette science dont ils doivent retirer les plus grands avantages.

Pour remplir l'objet que nous nous proposons, à la description de chaque météore, nous avons soin de donner le précis de ses influences sur le règne animal & végétal. Nous avons encore eu soin de décrire exactement les instrumens propres à faire les observations météorologiques, & la manière de s'en servir. Il faut consulter ces différens articles; il ne reste plus qu'à connoître la manière de rédiger ces observations.

On doit apporter le plus grand soin dans le choix & la perfection des instrumens qu'on doit employer, comme baromètre, thermomètre, hygromètre, anemomètre, &c.; être très-exact à faire ses observations trois fois par jour, le matin, à midi & le soir; à noter toutes les variations du jour, & l'état du ciel; en tenir un registre fidele. Ce registre doit être un cahier de papier, dont chaque feuillet sera divisé en vingt-une colonnes comme il suit:

*Modèle*

*Modèle des Tables du régiſtre d'obſervations météorologiques.*

| s s. | THERMOMÈTRE. | | | BAROMÈTRE. | | | HYGROMÈTRE. | | | VENTS. | | | ÉTAT DU CIEL. | | | quantité de pluie. | quantité d'évaporation. | aurore boréale |
|---|---|---|---|---|---|---|---|---|---|---|---|---|---|---|---|---|---|---|
| | Matin. | Midi. | Soir. | Matin. | Midi. | Soir. | Matin. | Midi. | Soir. | Matin. | Midi. | Soir. | Matin. | Midi. | Soir. | | | phénomènes céleſtes. |
| | 10 | 15 | 12 | 26. 8. | 26. 8. | 25. | 10 | 9 | 11. | E. | E. S. | E. | beau. | couvert. | pluie. | 1. lig. | 0 | aurore boréale. |

Nous ne pouvons mieux faire, que de rapporter ici ce que le P. Cotte, le plus ſçavant obſervateur-météorologique que nous ayons, dit ſur la meilleure méthode qu'on doit employer pour la rédaction de ces obſervations.

A la fin de chaque mois on récapitule, pour ainſi dire, toutes ſes obſervations, & on en cherche la moyenne proportionnelle de chaque colonne. Cette opération eſt très-ſimple ; il ſuffit d'additionner toutes les obſervations faites dans un mois, & de diviſer la ſomme qui en réſulte, par le nombre des obſervations ; le quotient ſera la moyenne cherchée. Je ſuppoſe que la ſomme des obſervations du termomètre, faite dans un mois, ſoit de 1140 degrés, & que le nombre de ces obſervations ſoit 90, à raiſon de trois obſervations par jour (1). Je diviſe 1140 par 90, & il me vient au quotient 12, 7 d. : c'eſt le degré moyen de chaleur pour chaque jour du mois. Si dans un mois d'hiver, par exemple, on a des degrés au-deſſus & au-deſſous du terme de la congélation, on fait deux ſommes, l'une des degrés au-deſſus, & l'autre des degrés au-deſſous ; on retranche la plus petite de la plus grande, & on diviſe le reſte par le nombre total des obſervations. Je ſuppoſe que, la ſouſtraction faite, il me reſte 14 degrés de froid à diviſer par 93 ; j'ajoute un zéro à 14, pour avoir des dixièmes de degrés ; je diviſe 140 par 93, & je trouve que le froid moyen a été de — 0, 2 d. La barre indique que les degrés ou les fractions de degrés ſont au-deſſous du terme de la congélation, & le zéro, ſuivi d'une virgule, marque qu'il n'y a point de degrés entiers, mais ſeulement des dixièmes de degré exprimés par le chiffre qui ſuit la virgule. S'il s'agit des obſervations du baromètre, on commence par additionner les lignes : à l'égard des pouces, ſi le baromètre a été pendant tout le mois entre 27 & 28 pouces, alors on n'opérera que ſur la ſomme des lignes ; s'il a été pluſieurs fois à 28 pouces & au-delà, on comptera le nombre de fois, & on ajoutera autant de fois 12 lignes à la ſomme des lignes déjà additionnées ; s'il a été plus ſouvent au-deſſus de 28 pouces, on comptera le nom-

(1) Que le nombre des obſervations ſoit plus ou moins grand, on parvient toujours au réſultat, en diviſant par le nombre des obſervations, tel qu'il ſoit ; plus elles ſont multipliées, plus le réſultat eſt exact.

bre de fois qu'il a été au-dessous de ce terme, & on retranchera autant de fois 12 lignes de la somme déjà trouvée : on divisera le reste par le nombre total des observations.

On voit combien cette méthode est exacte, puisqu'étant le résultat de toutes les observations, elle présente fidèlement la moyenne proportionnelle entre toutes ces observations.

Passons maintenant à la manière dont on doit opérer, pour obtenir tous les résultats qui caractérisent une température moyenne, 1°. pour chaque mois; 2°. pour l'année; 3°. pour chaque mois de l'année moyenne; & pour l'année moyenne, par un résultat général de tous les résultats particuliers qu'on a obtenu d'un certain nombre d'années d'observations.

### 1°. *Résultats extrêmes & moyens de chaque mois de l'année.*

Je vais parler aux yeux, ce sera le moyen de me faire mieux entendre.

## PREMIÈRE TABLE.

*Résultats des Observations du Thermomètre, du Baromètre & des Vents, faites à Montmorenci en 1779.*

| MOIS. | THERMOMÈTRE. Jours de la Plus grande chaleur. | Jours de la Moindre chaleur. | Plus grande chaleur. | Moindre chaleur. | Chaleur moyenne. | BAROMÈTRE. Jours de la Plus grande élévation. | Jours de la Moindre élévation. | Plus grande élévation. | Moindre élévation. | Élévation moyenne. | VENTS DOMINANS. |
|---|---|---|---|---|---|---|---|---|---|---|---|
| | | | Degrés. | Degrés. | Degrés. | | | Pouc. lig. | Pouc. lig. | Pouc. lig. | |
| Janvier. . . | 31. | 5. | 4,7. | — 7,5. | — 0,7. | 20. | 1. | 28. 5, 4. | 27. 5,8. | 28. 2, 2. | E. |
| Février. . . | 17. 27. | 1. | 11,6. | — 0,8. | 5,5. | 17. | 12. | 6, 5. | 11,4. | 3, 4. | E. S. & S. O. |
| Mars. . . . | 27. | 11. | 16,0. | — 0,0. | 6,8. | 5. | 19. | 6. 0. | 8,0. | 1, 6. | E. N. & N. E. |
| Avril. . . . | 19. | 2. | 21,0. | 2,0. | 10,3. | 2. 3. | 26. | 3,10. | 7,0. | 0, 5. | S. O. |
| Mai. . . . . | 26. | 5. | 24,0. | 2,0. | 11,9. | 22. | 8. | 2, 3. | 6,5. | 27. 10,10. | S. O. & O. |
| Juin. . . . . | 29. | 21. | 22,4. | 6,4. | 12,8. | 21. | 11. | 1,10. | 7,0. | 10, 4. | N. |
| Juillet. . . . | 18. | 6. 17. | 27,0. | 10,0. | 15,8. | 12. | 4. | 3, 9. | 4,8. | 10, 4. | S. O. |
| Août. . . . | 17. | 8. | 25,0. | 9,3. | 16,7. | 28. | 6. | 2, 1. | 6,6. | 11,10. | N. E. N. & E. |
| Septemb. . | 1. | 21. | 25,0. | 6,6. | 14,5. | 16. | 24. | 3, 4. | 8,0. | 11, 5. | S. O. S. & N. |
| Octob. . . . | 19. | 4. | 18,0. | 5,8. | 11,1. | 31. | 14. 15, 16. | 3. 6. | 8,6. | 11, 9. | S. O. |
| Novemb. . | 1. | 19. 20. | 14,2. | — 0,0. | 6,3. | 9. | 29. | 3.10. | 26. 9,8. | 8, 8. | S. O. & O. |
| Décemb. . | 3. | 31. | 13,6. | — 2,6. | 5,4. | 6. | 22. | 3, 0. | 8,2. | 8,10. | S. O. |
| Résultats de l'année. | 18. Juillet. | 5. Janvier. | 27,0. | — 7,5. | 9,8. | 17. Février. | 22. Décemb. | 28. 6,5. | 26. 8,2. | 27. 11. 7. | S. O. |

*2°. Résultats extrêmes & moyens d'une année d'observations.*

La dernière colonne horizontale de la table précédente indique ces résultats; on les trouve en opérant sur les douze mois de l'année, précisément comme on a opéré sur les 30 jours d'un mois, pour avoir les résultats de ce mois.

*3°. Résultats extrêmes & moyens de chaque mois de l'année moyenne.*

Ces résultats exigent un peu plus de travail; mais ils sont aussi faciles à trouver que les précédens. Il s'agit de comparer ensemble, mois par mois, toutes les tables de chaque année semblables à la précédente, & d'en déduire des résultats moyens, en divisant les sommes des observations par le nombre des années d'observations. Si l'on vouloit avoir les résultats moyens pour chaque jour, il faudroit rapprocher les observations faites chaque jour du mois, pendant 3, 4, 6, 10 ans, plus ou moins. Par exemple, du premier Janvier de chacune des années d'observations, & diviser cette somme par le nombre des années. Le quotient donnera la chaleur moyenne, l'élévation moyenne du baromètre, &c. pour le premier janvier de l'année moyenne. On fera le même travail pour chaque jour de l'année, & l'on aura un *Calendrier Météorologique*, semblable à ceux que j'ai publiés dans mon *Traité de météorologie* (1), dans le Mémoire cité plus haut (2), dans la *Connoissance des temps* (3), & dans le *Journal de physique* (4). Ce travail est bien moins pénible, lorsqu'on se borne à chercher la température moyenne de chaque mois. Je vais donner des exemples.

(1) Page 241.
(2) Savans Étrangers, Tome VII, page 453.
(3) Année 1775, page 340.
(4) Tome V, année 1775, première partie, page 511.

MÉT

## TABLE II.

### 1°. Thermomètre,

*Résultats des observations du Thermomètre, faites à Montmorenci pendant treize ans.*

MOIS DE JANVIER.

| Années. | Plus grande chaleur. | Plus grand froid, | Chaleur moyenne. |
|---|---|---|---|
| | *Degrés.* | *Degrés.* | *Degrés.* |
| 1768. | 8, 0. | — 13, 5. | 0, 9. |
| 1769. | 8, 2. | — 5. 0. | 2, 3. |
| 1770. | 8, 2. | — 7, 0. | 2, 0. |
| 1771. | 11, 0. | — 8, 0. | 1, 1. |
| 1772. | 10, 1. | — 6, 9. | 0, 4. |
| 1773. | 11, 4. | — 4, 6. | 1, 5. |
| 1774. | 9, 9. | — 6, 0. | 2, 7. |
| 1775. | 10, 0. | — 8, 5. | 2, 9. |
| 1776. | 8. 4. | — 15, 1. | — 3, 3. |
| 1777. | 8. 7. | — 9. 0. | 1, 0. |
| 1778. | 8, 0. | — 5, 6. | 1, 6. |
| 1779. | 4, 7. | — 7, 5. | — 0, 7. |
| 1780. | 7, 6. | — 6, 8. | 0, 2. |
| Janvier de l'année moyenne. | 8, 8. | — 8, 0. | 1, 0. |

J'additionne chacune de ces colonnes; je divise le total par 13, nombre des années d'observations, & je trouve que la plus grande chaleur qui a lieu en janvier, année commune, est 8,8 degrés; que le plus grand froid est — 8,0 degrés de condensation, enfin que la chaleur moyenne de chaque jour est de 1,0 degrés.

## TABLE III.

### 2°. Baromètre.

*Résultats des observations du baromètre, faites à Montmorenci pendant treize ans.*

MOIS DE JANVIER.

| Années. | Plus grande élévation. | Moindre élévation. | Élévation moyenne. |
|---|---|---|---|
| | *Pouc. lig.* | *Pouc. lig.* | *Pouc. lig.* |
| 1768. | 27. 11, 6. | 27. 3, 6. | 27. 8, 0. |
| 1769. | 28. 1, 3. | 27. 6, 6. | 27. 9, 3. |
| 1770. | 28. 5, 6. | 27. 2, 0. | 27. 11, 0. |
| 1771. | 28. 1, 0. | 27. 2, 6. | 27. 7, 3. |
| 1772. | 28. 0, 3. | 26. 10, 6. | 27. 4, 6. |
| 1773. | 28. 3, 0. | 27. 2, 6. | 27. 9, 9. |
| 1774. | 28. 2, 0. | 27. 0, 6. | 27. 6, 9. |
| 1775. | 28. 2, 0. | 27. 5, 0. | 27. 10, 2. |
| 1776. | 28. 0, 6. | 26. 11, 0. | 27. 6, 9. |
| 1777. | 28. 2, 0. | 27. 4, 0. | 27. 9, 3. |
| 1778. | 28. 1, 9. | 26. 8, 5. | 27. 7, 10. |
| 1779. | 28. 5, 4. | 27. 5, 8. | 28. 2, 2. |
| 1780. | 28. 3, 0. | 26. 10, 0. | 27. 8, 5. |
| Janvier de l'année moyenne. | 28. 2, 1. | 27. 1, 10. | 27. 8, 7. |

J'opère sur cette table comme sur la première, & je trouve les résultats moyens pour janvier de l'année commune, tels qu'on les voit dans la dernière colonne horizontale de la table.

# TABLE IV.

## 3°. VENTS.

*Résultats des Vents qui ont dominé.*

## MOIS DE JANVIER.

| ANNÉES. | Nord. | N. E. | N. O. | Sud. | S. E. | S. O. | Est. | Oueſt. |
|---|---|---|---|---|---|---|---|---|
| 1768. | 6. | 4. | 0. | 2. | 2. | 2. | 10. | 5. |
| 1769. | 8. | 4. | 1. | 3. | 5. | 3. | 3. | 4. |
| 1770. | 14. | 1. | 5. | 1. | 0. | 0. | 2. | 8. |
| 1771. | 8. | 3. | 6. | 1. | 0. | 3. | 4. | 6. |
| 1772. | 8. | 8. | 1. | 4. | 0. | 3. | 2. | 5. |
| 1773. | 8. | 2. | 2. | 3. | 0. | 5. | 0. | 11. |
| 1774. | 4. | 1. | 5. | 4. | 0. | 7. | 4. | 6. |
| 1775. | 1. | 5. | 3. | 5. | 1. | 12. | 1. | 3. |
| 1776. | 5. | 16. | 0. | 2. | 1. | 1. | 5. | 1. |
| 1777. | 5. | 6. | 6. | 5. | 0. | 5. | 2. | 2. |
| 1778. | 5. | 9. | 1. | 6. | 1. | 8. | 1. | 2. |
| 1779. | 7. | 7. | 1. | 3. | 3. | 1. | 14. | 0. |
| 1780. | 7. | 8. | 4. | 4. | 0. | 3. | 7. | 1. |
| Janvier de l'année moyenne. | 76. | 74. | 35. | 43. | 13. | 53. | 55. | 54. |

J'additionne les chiffres contenus dans chaque colonne, & qui marquent le nombre de fois que chaque vent a ſoufflé, & la progreſſion des nombres contenus dans la dernière colonne horizontale de la table, indique l'ordre des vents qui dominent en janvier, année commune.

# TABLE V.

4°. *Quantités de pluies & d'évaporation ; Nombre des jours de pluie, de neige, de tonnerre, d'aurores boréales ; & Températures observées à Montmorenci pendant treize ans.*

## MOIS DE JANVIER.

| Années. | Quantités de pluie. | Quantités d'évaporation. | Nombre des jours de pluie. | Nombre des jours de neige. | Nombre des jours de tonn. | Nombre des jours d'aur. boré. | Température. |
|---|---|---|---|---|---|---|---|
| | *Pouc. lig.* | *Pouc. lig.* | | | | | |
| 1768. | .... | .... | 5. | 1. | ..... | ..... | Très-froide, sèche. |
| 1769. | .... | .... | 5. | 2. | ..... | 1. | Douce, humide. |
| 1770. | 1. 4, 10. | .... | 8. | 5. | ..... | 1. | Froide, humide. |
| 1771. | 1. 2. 6. | 0. 6, 0. | 6. | 8. | ..... | ..... | *Idem.* |
| 1772. | 2. 0. 6. | 0, 6, 0. | 4. | 5. | 1. | ..... | *Idem.* |
| 1773. | 2. 2. 6. | 0. 6, 0. | 12. | 2. | 1. | ..... | Très-douce, humide. |
| 1774. | 2. 3. 10. | 0. 11, 0. | 10. | 2. | ..... | ..... | Assez douce, humide. |
| 1775. | 1. 4. 6. | 0. 9, 0. | 9. | 3. | ..... | 4. | *Idem.* |
| 1776. | 2. 5. 3. | 0. 10, 0. | 5. | 5. | ..... | ..... | Très-froide, humide. |
| 1777. | 2. 6. 9. | 0. 3, 0. | 7. | 11. | ..... | 1. | Froide, humide. |
| 1778. | 2. 6. 3. | 0. 7, 0. | 9. | 6. | 1. | 1. | *Idem.* |
| 1779. | 0. 1. 3. | 1. 3, 0. | 2. | 1. | ..... | ..... | Froide, sèche d'abord, humide ensuite. |
| 1780. | 1. 1, 10. | 0. 7, 0. | 6. | 7. | ..... | ..... | Froide, humide. |
| Janvier de l'année moyenne. | 1. 9, 0. | 0. 8, 0. | 7, 0. | 4, 4. | 0, 2. | 0, 6. | Froide & humide. |

Ce petit nombre de tables suffit pour faire entendre ma méthode ; on trouvera de même les résultats moyens de l'hygromètre, de l'aiguille aimantée, des maladies, des naissances, mariages & sépultures, du progrès de la végétation, relativement aux différentes productions de la terre, &c. &c.

Il est aisé de voir, qu'en opérant ainsi sur chaque mois, on aura une table de résultats moyens, semblable pour la forme à la première table ci-dessus, de laquelle on tirera facilement les résultats moyens de l'année commune ; si l'on vouloit avoir seulement ces derniers résultats, sans être obligé de chercher ceux de chaque mois, on dresseroit une table de tous les résultats extrêmes & moyens de chaque année d'observations, & on opéreroit sur cette table comme nous l'avons fait sur les précédentes ; le résultat indiquera celui de l'année commune. Exemple.

## TABLE VI.

*RÉSULTATS des observations faites chaque année à Montmorenci, sur le thermomètre & le baromètre, depuis 1772 jusqu'en 1779.*

| ANNÉES. | THERMOMÈTRE. | | | BAROMÈTRE. | | |
|---|---|---|---|---|---|---|
| | Plus grande chaleur. | Plus grand froid. | Chaleur moyenne. | Plus grande élévation. | Moindre élévation. | Élévation moyenne. |
| | *Degrés.* | *Degrés.* | *Degrés.* | *Pouc. lig.* | *Pouc. lig.* | *Pouc. lig.* |
| 1772. | 28,5. | — 6, 8. | 9, 6. | 28. 2, 2. | 26. 10, 5. | 27. 8, 6. |
| 1773. | 27,8. | — 8, 0. | 8, 9. | 28. 5, 0. | 26. 10, 0. | 27. 10, 0. |
| 1774. | 27,5. | — 6, 5. | 9, 3. | 28. 6, 0. | 27. 0, 5. | 27. 10, 0. |
| 1775. | 27,8. | — 8, 5. | 9, 1. | 28. 5, 9. | 26. 10, 0. | 27. 10, 5. |
| 1776. | 27,5. | — 15, 1. | 8, 4. | 28. 5, 0. | 26. 11, 0. | 27. 10, 10. |
| 1777. | 27,0. | — 9, 0. | 8, 1. | 28. 7, 0. | 26. 11, 9. | 27. 10, 1. |
| 1778. | 25,5. | — 5, 6. | 8, 7. | 28. 7, 10. | 26. 8, 5. | 27. 10, 1. |
| 1779. | 27,0. | — 7, 5. | 9, 8. | 28. 6, 5. | 26. 8, 2. | 27. 11, 7. |
| Année moyenne. | 27,8. | — 8, 4. | 9, 0. | 28. 5, 8. | 26. 10, 3. | 27. 10, 2. |

La méthode de rédaction que je viens de proposer, exige de la patience & de l'exactitude, mais elle n'est pas difficile, & elle est très-satisfaisante. C'est le seul moyen de tirer parti des observations météorologiques, soit en comparant toutes celles qui ont été faites dans un même pays, soit en établissant cette comparaison entre les observations faites en différens pays, pour avoir des résultats moyens & généraux. Ce travail n'est presque rien pour chaque observateur en particulier, surtout s'il a soin de le faire à la fin de chaque mois & de chaque année.

C'est d'après une longue suite d'observations météorologiques, que l'on pourra construire des espèces d'almanachs météorologiques, qui, sans mériter une confiance entière, pourront cependant toujours servir d'indicateur prévoyant.

Il est une autre espèce de météorologie, que l'habitant de la campagne, les batteliers, les marins, &c. & en général tous ceux qui sont les plus intéressés à prévoir les variations du temps, se sont faite; c'est celle qui regarde les changemens de temps, annoncés par des pronostics tirés des animaux, des plantes, en un mot de tout ce qui éprouve l'influence de l'athmosphère; cette météorologie est susceptible d'une espèce de justesse, & rarement elle est en défaut. Un savant du premier mérite à Genève, a fait une longue suite d'obſervations ſur ce ſujet, & en a dreſſé un almanach météorologique à l'uſage ſur-tout des cultivateurs : nous le ferons connoître au mot Présage. M. M.

METTRE A FRUIT. Il ſe dit d'un arbre qui naturellement, ou par art, eſt obligé de porter du fruit. Un arbre jeune, fort, vigoureux, greffé franc ſur franc, ( le poirier, par exemple, ) & planté dans un bon fonds, ſe met difficilement à fruit, & ne pouſſe que des bourgeons pleins de vie, ou des *gourmands*. ( *Voyez* ce mot ) Un arbre qui a ſouffert, & planté dans un ſol de médiocre qualité, ou greffé ſur coignaſſier, ſe met beaucoup plus facilement à fruit. Il eſt encore des eſpèces, comme le beurré, le doyenné, &c. qui ſe mettent plutôt à fruit que la virgouleuſe. Cette variété tient à la manière d'être de leur végétation, qui leur permet d'avoir plus de boutons à fruits que de boutons à bois; mais quel en eſt le principe? C'eſt le ſecret de la nature. Il eſt plus aiſé en apparence de mettre à bois un arbre qui ſe charge de fruits, que de mettre à fruit celui qui ne pouſſe que des feuilles & du bois. Conſultez les mots Bourgeons & Boutons. Sur les premiers, en taillant court, en raccourciſſant ſucceſſivement & petit-à-petit les anciennes branches, en ſupprimant même pluſieurs boutons à fruits & des Bourses; ( *Voyez* ce mot ) on parvient à mettre l'arbre facilement à fruit.

Il eſt aiſé de remarquer que les arbres qui ſe mettent le plus facilement à bois, ſont ceux ſur leſquels on a conſervé plus de canaux directs de la ſève, c'eſt-à-dire plus de tiges perpendiculaires dans leſquelles la ſève monte avec toute ſon impétuoſité, & ſe porte vers le ſommet. ( *Voyez* les mots Buisson, Espalier. ) Afin d'éviter cet amas de bois, on a ſuppoſé une trop grande abondance de ſève; & en conſéquence, après avoir ouvert une tranchée au pied de l'arbre, on a ſupprimé une de ſes mères racines, au riſque de faire périr l'arbre, ou du moins de faire jeter toutes les branches du même côté; & on ſait, par expérience, que celles du côté le plus fort attirent à elles toute la ſève, & ruinent les branches foibles du côté oppoſé. On ſait encore que les branches ſont toujours en proportion des racines, & ainſi tour-à-tour; enfin, qu'il doit y avoir un équilibre parfait entre le volume des branches, comme il ſe trouve dans les racines, lorſque cet équilibre n'eſt pas contrarié par la main de l'homme, ou par quelque accident. C'eſt de lui que dépend la proſpérité de l'arbre.

D'autres ſe ſont imaginés, qu'en perçant avec une tarrière le tronc & les branches, ils rallentiroient le cours de la ſève, & que l'arbre ſe mettroit plutôt à fruit. On fait gratuitement des plaies à l'arbre, dont il eſt long-temps à ſe remettre, & on n'en eſt pas plus avancé. Il ſeroit trop long & trop faſtidieux de rapporter ici les pratiques ridicules, employées par les jardiniers qui ne doutent de rien.

Le moyen unique, ſimple, & indiqué par la nature, conſiſte dans les buiſſons, de ménager autant de fourches qu'il eſt poſſible, dès-lors il n'y a plus de ligne verticale dans les eſpaliers; d'incliner les premières & ſecondes branches, & de leur donner la forme d'un Y très-évaſé; enfin, sur les arbres mal taillés, & qui seroient très-difficiles à être réduits à une taille régulière, d'incliner doucement les branches presque jusqu'à l'horizon, sauf l'année d'après de leur laisser une inclinaison moins forcée.

MÉUM. (*Voyez Planche XIII*) Tournefort le place dans la seconde section de la septième classe des fleurs en ombelle, dont le calice se change en deux petites semences oblongues, & il l'appelle *meum foliis anethi.* Von Linné le nomme *athamantha meum*, & le classe dans la pentandrie digynie.

*Fleur.* En rose B, disposée en ombelle, composée de cinq pétales égaux : on voit un des pétales séparé en C; le calice est posé sur l'ovaire avec lequel il fait corps; on le reconnoît à cinq petites dentelures; les parties sexuelles que l'on voit dans la figure B, consistent en cinq étamines & un pistil D.

*Fruit* F. Il succède au pistil, & il est formé de deux graines qui se séparent lors de leur maturité; elles sont lisses, cannelées, convexes d'un côté & applaties de l'autre.

*Feuilles.* Elles embrassent les tiges par leur bâse, elles sont aîlées & les folioles sont capillaires.

*Racine* A. En forme de fuseau, garnie de quelques fibres.

*Port.* Tige haute de deux coudées environ, herbacée, cannelée; l'ombelle naît au sommet; l'ombelle universelle est composée de plusieurs folioles linéaires plus courtes que les rayons; les partielles ont également une seconde enveloppe de trois à cinq feuilles linéaires; les feuilles sont placées alternativement sur les tiges.

*Lieu.* Les hautes montagnes dans les prairies; la plante est annuelle, & fleurit en juin & juillet.

*Propriétés.* L'odeur de la racine est agréable, quoique forte & aromatique; sa saveur est âcre & modérément amère; elle est carminative, diurétique, emménagogue, incisive, détersive & anti-asthmatique.

*Usage.* On se sert seulement de la racine; on la prescrit, pulvérisée, depuis demi-drachme jusqu'à deux drachmes, incorporée avec un syrop, ou délayée dans cinq onces d'eau; réduite en petits morceaux, depuis une drachme jusqu'à demi-once, en macération au bain-marie dans six onces d'eau.

C'est en grande partie à cette plante, mêlée dans les fourrages des hautes montagnes, qu'est dûe l'odeur douce & aromatique qui les caractérise; elle est pour eux ce que les épiceries sont aux ragoûts.

MEZEREUM ou BOIS-GENTIL. *Voyez* LAURÉOLE.

MIASME. MÉDECINE RURALE. On entend, par ce mot, des corps extrêmement subtils, qu'on regarde comme le principe & les propagateurs des maladies épidémiques.

Leur nature & leur manière d'agir sur les corps, sont encore inconnues. L'on a pensé jusqu'ici, que ces petites portions « de matières, prodigieusement atténuées, s'échappoient des corps infectés de la contagion, & la communiquoient à ceux qui ne l'étoient pas, en les pénétrant, après s'être répandus dans l'air, ou par des voies plus courtes, en passant immédiatement du corps affecté, dans un corps non-malade. Ce n'est que par

» leurs effets qu'on eſt parvenu à en ». ſoupçonner l'exiſtence. »

C'eſt ainſi qu'un homme attaqué de la peſte peut répandre cette maladie dans pluſieurs pays. La petite vérole en fournit encore un autre exemple. Perſonne n'ignore que, quoiqu'elle ſe communique par le contact immédiat, ſoit en rendant des ſoins à celui qui en eſt attaqué, ſoit en habitant dans la même chambre & dans la même maiſon, elle ſe communique encore par l'air, qui étant le véhicule des corps les plus ſubtils, & de pluſieurs qui ſont ſeulement diviſés ou atténués juſqu'à un certain point, tranſporte & répand de tous côtés les miaſmes varioliques. Bientôt ils infectent un village, un bourg, une ville; il naît une épidémie plus ou moins violente, qui s'étend principalement ſur les enfans, ſans cependant épargner les adultes qui ne l'ont pas eue.

On peut aſſurer, que les maladies épidémiques ſe propagent plus par les miaſmes dont l'air eſt infecté, que par le contact immédiat; car on ſait que quoiqu'on s'éloigne des endroits où elles règnent, & qu'on n'aborde point les appartemens où ſont des malades infectés de la contagion, on peut cependant être attaqué de cette maladie.

Quelques médecins ont obſervé & prédit qu'une épidémie étoit prochaine, parce qu'il ſouffloit un vent d'une ville où elle règnoit, & leur prédiction s'eſt trouvée juſte. Comment, en effet, prévenir, s'écrie M. Fouquet, célèbre médecin de Montpellier, la ſubitanéité avec laquelle le venin, c'eſt-à-dire le miaſme deſtructeur, vous frappe à l'improviſte? C'eſt l'air ou le vent qui l'apporte des pays très-lointains; c'eſt un oiſeau qui, franchiſſant l'intervalle immenſe des terres & des mers, vient d'une région inconnue, infecter vos contrées. On peut ſe rappeller que la peſte fut apportée, il y a quelques années, en Italie, par une corneille. Dans la dernière peſte de Marſeille, les oiſeaux quittèrent le pays, & n'y revinrent qu'après qu'elle fut entièrement diſſipée. C'eſt l'air qui, en Egypte, eſt comme le premier réceptacle, la première matrice où ſe dépoſe la peſtilence, un des produits naturels de cette contrée mal-ſaine, & le vent en eſt le rapide meſſager, qui la tranſporte & la répand au loin, ſur tous les corps animés. Nous ſommes cependant bien éloignés de diſſuader les perſonnes qui n'ont pas eu la petite vérole, de prendre toutes les précautions que la prudence leur dicte à cet égard. (*Voyez* CONTAGION) M. AMI.

Perſonne ne reſpecte plus que moi les déciſions de MM. les médecins; mais il eſt permis d'avoir un avis différent, quand il a pour baſe l'expérience. J'oſe le dire, l'air n'eſt pas plus le véhicule de la peſte, des maladies vénériennes, de la phtiſie pulmonaire, de la gale, de la lèpre, du cancer, du charbon dans les animaux, &c. que de la petite vérole pour l'homme, & du claveau ou clavellée pour les moutons; le contact ſeul, eſt ſon véritable véhicule. Un cordon de troupes bien ſerrées, eſt le meilleur préſervatif contre la peſte; jamais elle ne paſſe la ligne de démarcation. On peut dire que pendant plus de la moitié de l'année il y a des peſtiférés dans les lazarets de Marſeille, de Livourne, de Gênes, &c. & cependant ces villes ne ſont pas infectées de la peſte. Or, ſi l'air en étoit le promoteur, elles seroient bientôt désertes, & la maladie deviendroit endémique dans les hôpitaux; ceux qui traitent les malades vénériens, cancéreux, galeux, n'y prennent pas le germe de ces maladies, quoiqu'ils y respirent le même air qui est rendu plus impur encore par la transpiration des malades; mais si ces virus touchent & sont portés sur la plus légère égratignure du garçon-chirurgien, cette petite plaie devient vénérienne, cancereuse, &c. & galeuse, s'il manie & touche sans précaution la main d'un galeux; le contact seul, soit des vêtemens, soit de la peau, est susceptible de communiquer les maladies dont on parle. Il y a plus; on avoit pratiqué dans une même grande chambre, une double séparation, avec des planches criblées de trous faits avec une petite vrille, & on avoit laissé un pied de distance entre chaque séparation. D'un côté, douze enfans chargés de petite vérole furent placés, & de l'autre, douze enfans du même âge, qui ne l'avoient pas eu : aucun de ces derniers n'en fut attaqué, quoiqu'ils fussent certainement dans le même bain d'air que les premiers : ils ne pouvoient ni communiquer ni se toucher en aucune manière. Voilà quel fut le vrai, le seul & l'unique préservatif. Il seroit absurde de dire qu'aucun de ces enfans ne devoit avoir la petite vérole, parce que plusieurs personnes ne l'ont jamais; ce nombre est peu considérable, & quand il le seroit davantage, comment supposer qu'on eût été assez habile, ou que le hasard eût procuré douze sujets de cette classe si peu nombreuse? Ce seroit, en vérité, pousser bien loin le septicisme!

Il faut cependant convenir que dans les mines, dans les hôpitaux, dans les salles de spectacle, dans les vaisseaux, &c., l'air est plus ou moins méphitique, (*Voyez* MÉPHITISME & AIR FIXE) & que les personnes qui le respirent pendant longtemps, sont attaquées de maladies de langueur, ou meurent subitement, s'il est trop méphitique. La raison en est simple; c'est qu'il n'est pas assez renouvellé, & que l'air fixe méphitise essentiellement l'air athmosphérique. Mais faites changer d'air aux malades, ils sont aussitôt remis.

Le nombre & l'étendue des étangs, sur-tout ceux de mer qui reçoivent de l'eau douce, exhalent, en proportion, des miasmes dangereux pendant l'été, & portent le germe de l'insalubrité dans tous les lieux de la circonférence, suivant la direction des vents. Mais ces courans d'air ne procurent ni la peste, ni la petite vérole, ni la maladie vénérienne, ni la gale, ni le scorbut, ni le charbon; il en résulte une fiévre tierce ou quarte, purement & simplement symptomatique, & qui, *peut-être*, est souvent renouvellée par les habits portés pendant la fiévre de l'année précédente, & qui n'ont pas été rigoureusement lavés. J'admets cette dernière assertion comme purement hypothétique, & je dis qu'il n'y a aucune proportion entre les miasmes d'une ville pestiférée, & ceux qui s'élèvent des marais, des étangs, où le foyer de la putridité & du méphitisme est immense & sans cesse existant, & où enfin il se développe en raison de l'intensité de chaleur de la saison. Le vent change, les pluies, les froids surviennent, alors la cause cesse ainsi que les effets. Que tous les enfans d'un village soient atteints de petite vérole, ceux du village voisin en seront exempts, si dans ce cas on prend les mêmes précautions que pour la peste. J'ai ainsi circonscrit, dans deux métairies, une maladie charbonneuse & pestilentielle, qui en avoit attaqué les bêtes à corne; & dans les mêmes métairies, les animaux sains en furent préservés par une simple, mais rigoureuse séparation. Au surplus, je présente ces observations pour ce qu'elles sont, pour ce qu'elles valent, c'est au public à en juger.

MICOCOULIER. Tournefort l'appelle *celtis australis, fructu nigricante*, & le classe dans la seconde section de la vingt-unième classe des arbres à fleurs en rose, dont le pistil devient une baie. Von Linné le nomme *celtis australis*, & le classe dans la polygamie monoécie.

*Fleur*. En rose, hermaphrodite, mâle ou femelle sur le même pied; les hermaphrodites composés d'un calice d'une seule pièce, divisé en cinq parties; de deux pistils recourbés, & de cinq étamines très-courtes sans corolle: les mâles n'ont ni corolle, ni pistil, & leur calice est divisé en six.

*Fruit*. Noyau un peu charnu, rond, à une seule loge, renfermant un noyau presque rond.

*Feuilles*. Portées par des pétioles, simples, entières, ovales, en forme de lance, dentées à leurs bords, rudes en-dessus, nerveuses & douces en dessous.

*Racine*. Ligneuse, très-fibreuse.

*Lieu*. L'Italie, la Provence, le Languedoc.

*Propriétés*. Les feuilles & les fleurs sont astringentes; les fruits un peu raffraîchissans.

*Usages*. On se sert des feuilles & des fruits en décoction: on tire des fruits un suc qu'on dit utile dans les dissenteries.

C'est un bel arbre dans nos provinces du midi; son bois est souple & pliant. On en fait des cerceaux de cuve, & de grands vaisseaux. Il est excellent pour la menuiserie & pour la marqueterie. En le sciant obliquement à ses couches, il peut suppléer au bois satiné, qu'on apporte de l'Amérique; il produit un très-bel effet, & il est susceptible d'un beau poli. Aucun bois ne lui est comparable pour les brancards de chaise; il plie beaucoup sans rompre.

Si on ne veut pas le laisser monter en arbre, on peut en former des palissades, & tailler ses branches comme celles des charmilles. On le multiplie par graines; mais pour avoir moins d'embarras, on lève les pieds venus des graines tombées de l'arbre. En travaillant un peu & autour de la circonférence, avant & après la chûte des graines, on a un très-bon semis. Si les deux années suivantes on a le soin d'enlever les mauvaises herbes, & de serfouir, on pourra à la fin de la seconde année, lever les plants. Dans nos provinces du nord, ces semis demandent plus de soins, & peu-à-peu on y acclimatera cet arbre.

On compte plusieurs espèces de micocoulier. Celui de Virginie, *celtis occidentalis*, Lin., diffère du premier par son fruit d'un pourpre-foncé; par ses feuilles obliquement ovales, pointues, dentées en manière de scie: lorsqu'elles sont encore tendres, elles sont un peu cotonneuses; dans leur état de perfection, leur forme est un ovale large, dentée en manière de scie, excepté à la base & au sommet. Cet arbre aime les terreins humides & gras, il s'élève très-haut, se couvre & se dépouille très-tard de ses feuilles.

Le micocoulier des Indes, *celtis orientalis*. Lin. Feuilles à crenelures très-fines, en forme de cœur, & velues en-dessous.

## MIEL.

### Plan du Travail.



### Section premiere.

*De l'origine du miel, & sur quelles plantes les abeilles vont le recueillir.*

Virgile, dans son quatrième livre des Géorgiques sur les abeilles, chante le miel en très-beaux vers, comme une rosée céleste, & un présent des cieux. Aristote, avant lui, avoit pensé de même, & Pline n'a pas eu un sentiment différent du leur, puisqu'il dit qu'il est une émanation des astres, ou les exhalaisons de l'atmosphère, dont l'air se défait. Si le miel étoit cette rosée qui tombe sur les plantes, les abeilles auroient peu de voyages à faire pour ramasser leurs provisions qu'elles trouveroient par-tout; il faudroit qu'elles fussent encore plus diligentes; quoiqu'elles le soient infiniment, afin de prévenir le soleil, dont les premiers rayons ont bientôt desséché ces petites gouttes d'une eau très-claire, qui paroissent sur les plantes, avant qu'il ait donné dessus. Les fleurs, dont le calice est souvent incliné, ou perpendiculaire, ne participeroient point à l'abondance, & celles qui sont à couvert n'y auroient absolument aucune part; celles dont le calice, ou la coupe est bien évasée & large, en recevroient davantage que celles qui n'ont qu'une coupe fort étroite & très-resserrée.

Cependant, il est très-certain, & toutes les personnes qui élèvent des abeilles peuvent l'observer, que ces insectes n'entreprennent jamais leurs voyages qu'après le lever du soleil, & que le fort de leurs sorties est toujours lorsqu'il est depuis quelque temps sur l'horizon, & qu'il commence à faire très-chaud: alors il n'y a plus de rosée; si elles vont sur les plantes avant que le soleil l'ait attirée, c'est plutôt pour s'en abreuver que pour recueillir le miel qui seroit encore trop mêlé avec elle. Quoique le temps soit couvert, & qu'il n'y ait point de rosée, les abeilles sortent comme à leur ordinaire, & rapportent du miel dans la ruche. Qu'on en prenne de celles qui rentrent sur la fin d'une journée où le soleil n'a point paru, ou lorsqu'il n'y a point eu de rosée, qu'on les presse entre deux doigs, on verra le miel sortir de leur bouche par cette pression, en forme de petite goutte, & si on doutoit que ce fût du vrai miel, en le portant à la bouche, la douceur qu'on y trouveroit en seroit la preuve.

Les abeilles entrent dans le calice des fleurs qui, par leur inclinaison, soit oblique, verticale ou perpendiculaire, ne peuvent recevoir la rosée, & dans celles qui sont à couvert, si elles en ont la liberté : peut-être imaginera-t-on qu'elles se trompent, & qu'elles n'y trouveront point le miel qui les attire : qu'on porte la langue au fond du calice de ces fleurs, & qu'on en brise les pétales avec les dents, on s'assurera, en les suçant, que les abeilles ont eu raison de s'y adresser, & qu'elles peuvent en extraire du miel comme de celles qui sont exposées à la rosée. Ne voit-on pas souvent une foule d'abeilles se porter avec une ardeur étonnante sur un petit jasmin, & laisser un grand rosier qui sera à côté, dont les fleurs seront bien épanouies & très-larges? Un œillet simple devroit bien moins contenir de ce suc mielleux, dont les abeilles sont si avides, que ces beaux & larges œillets bien épanouis ; cependant elles les préfèrent à ceux-ci, & avec raison. Qu'on sorte en effet les feuilles d'un petit œillet de leur capsule, & qu'on en suce le fond & les pétales qui y étoient attachées, on y trouvera plus de douceur qu'à ceux qui sont très gros.

La rosée n'est donc pas le miel, elle contribue cependant à sa production. Ainsi que les pluies douces, elle fournit aux végétaux une humidité qui est reçue par les infiniment petits canaux, dont l'orifice est à la surface des feuilles comme à la tige des plantes; ce suc arrive à la partie supérieure des feuilles où les pores sont plus ouverts : c'est aussi par-là que se fait la plus grande transpiration du suc intérieur, parce que les vaisseaux excrétoires par où s'échappent les humeurs de la plante, y aboutissent : c'est encore par là que les absorbans, qui servent de nutrition à la plante, comme la pluie, les vapeurs, sont reçus. Cette humidité, conjointement avec celle que la plante tire de la terre, par les tubes qui sont à l'extrémité de toutes leurs racines, s'incorpore à leur substance par la fermentation combinée de ces matières, & produit ainsi la sève qui nourrit la plante. La destination de cette sève, n'est pas seulement de nourrir la plante, elle doit contribuer à la reproduction du végétal ; elle suinte donc, & s'élève dans les canaux de la plante, & va aboutir dans cette glande qui se trouve au fond de la capsule des fleurs; le surplus de cette liqueur sort par l'extrémité supérieure de cette glande, & retombe au fond de la capsule. M. Linné l'appelle le *nectaria* ; c'est en effet un réservoir rempli d'une liqueur mielleuse, dont l'excédent sort par son extrémité, & retombe au fond de la capsule. C'est-là que les abeilles, qui connoissent parfaitement la position de ces réservoirs, vont puiser le miel, ou la liqueur propre à le devenir.

M. Ligier s'est donc trompé quand il a pensé que ce *miellat* qu'on trouve sur les feuilles, principalement à la fin de l'été, étoit une rosée gluante & mielleuse tombée de l'athmosphère. (*Voyez* ci-après le mot MIELLAT). Le miel est ce suc doux & sucré, qui, après avoir circulé avec la sève dans les végétaux, s'en sépare par une transudation sensible, & arrive dans le vase à nectar, placé au fond du calice des fleurs, d'où il se répand par surabondance au fond même du calice des fleurs, d'où il est porté par une autre transudation sur les feuilles de ces fleurs. Il est porté avec plus d'abondance sur certaines plantes que sur d'autres : les fleurs en contiennent toujours beaucoup plus que les feuilles des plantes & des arbres, sur lesquels souvent il n'est pas sensible. Les feuilles des frênes, des érables, en sont très-fournies dans la Calabre & le Briançonnois. Dans certaines plantes, telles que les cannes à sucre, & celles de maïs, c'est dans la moëlle que ce suc mielleux se porte avec le plus d'abondance ; & dans les arbres à fruit, c'est le fruit lui-même qui le reçoit, & son degré de saveur, qui est plus ou moins doux, est toujours proportionné à une circulation de ce suc, plus ou moins abondante, en raison des obstacles.

Tous les végétaux contiennent donc les principes du miel, & ne diffèrent que du plus au moins : par-tout les abeilles peuvent par conséquent se nourrir & faire une récolte proportionnée à l'abondance que leurs offrent les cantons qu'elles habitent. Mais les vastes prairies bien émaillées de fleurs, les campagnes remplies de bled noir ou sarrasin, de navette, &c. ; les immenses forêts, garnies de toutes sortes d'arbres, leur offrent, avec profusion, de quoi se rassasier, & des provisions pour remplir leurs magasins. Les montagnes couvertes de romarin, de lavande, de thym, de serpolet & de tant d'autres plantes aromatiques, leur fournissent toujours un miel excellent & souvent en abondance. Le temps de leur récolte dure autant que la saison des fleurs, & lorsqu'elle est finie, les fruits qui succèdent sont encore d'une grande ressource pour elles.

## SECTION II.

### *Comment l'abeille fait la récolte du miel.*

Rien n'est aussi admirable, & si difficile à saisir, que le méchanisme employé par l'abeille, pour enlever le miel que lui offrent les végétaux. Les expériences que M. de Réaumur a faites pour connoître de quelle manière elle recueille le miel épanché dans le calice des fleurs, nous ont découvert des vérités inconnues jusqu'à lui. On avoit toujours pensé que c'étoit par succion qu'elles enlevoient le miel, & on avoit regardé leur trompe comme un corps de pompe, au moyen duquel la liqueur mielleuse étoit aspirée, & portée par le canal de la pompe dans l'estomac de l'abeille, & que c'étoit encore par ce même canal qu'elles le dégorgeoient dans les alvéoles. Swammerdam, un des plus grands naturalistes que nous ayons eu, & auquel nous sommes redevables d'un nombre infini de découvertes sur la conformation anatomique des abeilles, ne pensoit pas autrement. Si, dans son cours de dissections anatomiques des abeilles, il eût découvert leur bouche & leur langue, si aisées à remarquer, quand on suit leur position, il eût sans doute senti alors l'impossibilité du passage du miel dans l'estomac de l'abeille, par un canal qui ne pouvoit être, s'il eût existé, que d'une petitesse infinie.

La trompe est l'instrument dont l'abeille se sert pour recueillir la liqueur mielleuse épanchée dans le calice des fleurs ou sur leurs feuilles : l'usage qu'elle en fait avec une adresse & une activité merveilleuses, lorsqu'elle est à portée de cette liqueur, ne permet pas d'en douter. Placée sur une fleur, elle alonge le bout de sa trompe contre les pétales, & tout près de leur origine, & lui fait faire successivement une infinité de mouvemens différens ; elle l'alonge, le raccourcit, le contourne, le courbe, pour l'appliquer sur toutes les parties concaves & convexes des pétales de la fleur, & tous ses mouvemens sont extrêmement précipités & très-variés. Comment agit cette trompe, pour attirer la liqueur mielleuse, & de quelle manière passe-t-elle dans l'estomac de l'abeille? Il n'est point possible d'observer tout cela, lorsqu'on ne suit l'abeille que sur une fleur : enfoncée bientôt dans l'intérieur de son calice, elle se dérobe à nos observations. Ce n'est que dans un tube de verre, dont on a endui légèrement les parois intérieurs d'un peu de miel, qu'on peut juger à quoi tendent tous les mouvemens de la trompe de l'abeille qu'on y a introduite : c'est le parti que prit M. de Réaumur, pour s'assurer quel étoit le résultat des mouvemens & des différentes inflexions de la trompe, qu'il soupçonnoit déjà, sans oser encore l'affirmer. L'abeille introduite dans un tube de verre, nous laisse voir clairement le méchanisme de sa trompe, lorsqu'elle enlève le miel; & alors on s'apperçoit qu'elle ne l'attire point par succion, puisqu'elle ne pose point l'extrémité de sa trompe sur la goutte de miel qui est dans le tube, comme elle devroit le faire, si elle avoit un trou par lequel elle dût être aspirée pour être conduite dans l'estomac. En s'alongeant, le bout de la trompe se trouve toujours au-delà de l'extrémité des étuis, qui ne cessent de la couvrir dans le reste de son étendue; la partie qui est à découvert se courbe, afin que la surface supérieure s'applique sur la liqueur; & cette partie fait alors exactement la même chose que la langue d'un chien qui lappe une boisson. Par des inflexions réitérées avec une vîtesse & une promptitude étonnante, elle frotte & lèche la liqueur à diverses reprises, de sorte que le bout de la trompe, où l'on a prétendu qu'étoit l'ouverture qui recevoit la liqueur, se trouve toujours au-delà de la liqueur même où puise l'abeille. Cette partie antérieure de la trompe, qu'on pourroit appeller la langue extérieure & velue, pour la distinguer de l'autre qui est dans la bouche, par ses différens mouvemens, se charge de la liqueur & la conduit à la bouche, en se raccourcissant, de telle sorte qu'elle est quelquefois absolument recouverte par les étuis. Cette liqueur arrive à une espèce de conduit qui se trouve entre le dessus de la trompe & les étuis qui la couvrent ; d'où elle passe dans la bouche : aussi voit-on, à l'endroit où est le canal qui répond à la bouche, la trompe se gonfler, se contracter, & faciliter par ces gonflemens & ces contractions, le passage de la liqueur à la bouche.

L'abeille

L'abeille n'aspire donc point la liqueur mielleuse qu'elle a à sa disposition; mais elle la lèche & la lappe. Qu'on presse entre ses doigts, & vers son origine, la trompe d'une abeille, cette pression obligera la liqueur de produire un déchirement dans les membranes par lesquelles elle s'échappera; mais jamais on ne la verra sortir par le trou qu'on avoit supposé être à son extrémité. Il est probable, & on peut même l'assurer, que les abeilles n'ont pas une manière de recueillir le miel sur les fleurs, différente de celle dont elles enlèvent celui qui est dans un tube de verre. Elles ne trouvent pas sur les fleurs une liqueur toujours préparée, souvent elle est renfermée dans les réservoirs qui la contiennent; c'est alors, sans doute, qu'elles font usage de leurs dents pour briser les *nectaires* qui la renferment, comme elles déchirent le papier qui couvre un vase où est contenu du miel qu'on laisse à leur disposition. Du conduit qui est à la racine de la trompe, le miel passe dans la bouche de l'abeille, où est une langue courte & charnue, qui, par diverses inflexions, pousse vers l'œsophage, le miel qui lui a été apporté, afin qu'il aille par ce canal dans l'estomac. C'est dans ce premier estomac que cette liqueur limpide que l'abeille recueille sur les fleurs, souffre un degré de coction, qui, sans altérer sa qualité, l'épaissit & la condense, & la change en miel. Dès que l'abeille a suffisamment rempli cet estomac, elle dirige son vol vers son habitation où sont les magasins dans lesquels elle va le déposer; dès qu'elle est entrée, elle se repose sur le bord d'une cellule qui sert de magasin, elle y entre la tête la première, & va au fond dégorger la provision qu'elle a ramassée. Le sentiment de Swammerdam le portoit nécessairement à croire que l'abeille versoit son miel dans les alvéoles, par l'infiniment petit trou qu'il supposoit être au bout de la trompe. Cette opération eût été bien plus longue que celle de le ramasser, puisqu'il sort plus condensé de l'estomac, qu'il ne l'étoit lorsqu'il y est entré, comme il l'a reconnu lui-même. M. Maraldi & M. de Réaumur ont très-bien observé que le miel sortoit de l'estomac de l'abeille, par cette ouverture au-dessus de la trompe, & tout près des dents, c'est-à-dire par la bouche.

Les abeilles ne vont point déposer leur miel indifféremment dans toutes sortes de cellules; elles commencent par les plus élevées, & descendent à mesure qu'elles les remplissent. Elles ne vont pas toujours jusqu'aux alvéoles pour se décharger; lorsqu'elles rencontrent leurs compagnes, que leurs occupations obligent de rester dans le domicile, elles leur font part du miel qu'elles apportent: celle qui arrive, & qui en est bien remplie, étend sa trompe, & celle qui a besoin de manger approche la sienne qu'elle a dépliée, & lappe la liqueur qui lui est offerte de bonne grace. C'est par un mouvement de contraction, semblable à celui des animaux ruminans, que l'abeille dégorge son miel; les parois de l'estomac qui en est bien rempli, sont distendus en forme de vessie; & quand elle veut le faire sortir, une portion des parois de l'estomac s'approche du centre, par un mouvement de contraction, & le retire, & une autre portion se rapproche aussitôt, & ainsi ſucceſſivement, à-peu-près comme une veſſie remplie d'eau qu'on preſſeroit entre les mains, tantôt d'un côté, tantôt d'un autre. La liqueur preſſée par-tout, cherche une iſſue pour s'échapper, l'abeille, en ouvrant la bouche, lui laiſſe un paſſage libre, & elle ſort.

## Section III.

### *Comment le miel eſt-il contenu dans les alvéoles ou cellules ?*

Il paroît difficile que le miel encore aſſez liquide au ſortir de l'eſtomac de l'abeille, puiſſe être contenu & fixé dans les alvéoles, dont la poſition eſt horizontale. Lorſqu'il n'y en a encore que quelques gouttes, on conçoit bien qu'il peut y demeurer ſans verſer; mais à meſure que l'alvéole s'emplit, cela pourroit arriver. Les abeilles intéreſſées à prévenir l'épanchement d'une liqueur qui leur donne tant de peine à ramaſſer, ont ſoin que la dernière couche ſoit plus épaiſſe : & comment y réuſſiſſent-elles ? C'eſt ce qui n'eſt point aiſé à connoître. Peut-être que le miel qui a ſéjourné un peu plus dans leur eſtomac que l'autre, eſt mêlé avec de la cire qui lui donne aſſez de conſiſtance pour ſervir de couvercle à l'alvéole. Quoi qu'il en ſoit, ce couvercle, qu'on peut comparer à la crême qui s'élève au-deſſus du lait, n'a point un plan perpendiculaire à l'axe de l'alvéole, les abeilles lui font prendre une certaine courbure, jugeant cette forme de couvercle plus capable de retenir leur miel dans les magaſins. Quand une abeille, qui veut ſe débarraſſer, arrive dans un alvéole, la tête étant entrée, les pattes de ſes premières jambes ſoulèvent cette croute, ou ce couvercle, & alors elle dépoſe ſon miel, qui s'unit à l'autre par cette ouverture qu'elle lui a ménagée. Avant de ſortir, elle a ſoin de rapprocher le couvercle avec ſes premières pattes, & de lui donner la courbure néceſſaire, afin que le miel ſoit retenu, & qu'il ne s'épanche pas.

Lorſque les alvéoles, qui ſervent de magaſins pour y dépoſer le miel, ſont remplis, l'abeille, pour en fermer l'entrée, forme tout autour un cordon de cire, qu'elle continue juſqu'à ce qu'il ne reſte plus d'ouverture; & dès qu'il eſt fermé, on n'y touche plus; c'eſt un dépôt de proviſions auquel on aura recours dans le temps que la campagne n'offrira plus aucune ſorte de nourriture : il y en a d'autres qui ſont toujours ouverts, & qui ſont deſtinés pour la conſommation journalière. Les abeilles, très-économes & aſſurées de la diſcrétion de toutes les citoyennes qui compoſent la république, ne ferment pas leurs magaſins pour prévenir la diſſipation que quelques-unes d'entr'elles pourroient faire du miel qui y eſt dépoſé : c'eſt uniquement pour empêcher une évaporation que ne manqueroit pas d'occaſionner la grande chaleur de la ruche : le plus liquide du miel étant évaporé, ce qui reſteroit auroit trop de conſiſtance, & deviendroit grainé : c'eſt préciſément ce qu'elles veulent éviter; parce qu'alors il leur eſt plus difficile de s'en nourrir, & elles ſeroient obligées de le broyer avec les dents pour le rendre un peu liquide; & nos ouvrières, qui ne craignent point la peine quand il faut ſe bâtir des logemens, veulent en prendre fort peu pour se nourrir.

## SECTION IV.

### *De la manière d'extraire le miel des gâteaux.*

Dès qu'on a sorti les gâteaux de la ruche, il faut choisir les plus beaux, les plus blancs, & les séparer de ceux qui sont noirs ou bruns, & de ceux qui contiennent la cire brute ou du couvain : les plus beaux sont ordinairement sur les côtés de la ruche. On passe légèrement la lame affilée d'un couteau, sur la surface des rayons pleins de beau miel, pour détacher les couvercles des alvéoles qui l'empêcheroient de couler. On rompt ensuite en plusieurs pièces tous ces gâteaux qu'on a séparés, & on les met dans des paniers très-propres, ou sur des claies d'osier, ou sur une toile de canevas tendue sur un chassis ; ou enfin sur une toile de crin assez claire : on place au-dessous des vases de terre vernissés, pour recevoir le miel qui va couler : si l'air étoit froid, il faudroit approcher les gâteaux, ainsi placés, d'un feu modéré, afin que le miel coulât plus aisément. Lorsque ce premier miel, qui est toujours le plus beau & le meilleur, & qu'on nomme pour cela miel vierge, est sorti, on brise les gâteaux avec les mains, sans les pétrir, en y ajoutant ceux qui sont d'une moindre qualité, & on les remet, comme on vient de dire, dans des panniers, ou sur des claies, il en découlera un autre miel qui sera encore fort bon, quoique d'une qualité inférieure au premier. Lorsqu'il n'en coule plus du tout, on pétrit les gâteaux avec les mains, sans y mêler ceux qui contiennent du couvain qui feroit aigrir le miel. En ayant formé une espèce de pâte, on la met sous une presse, ou simplement dans un gros linge & fort, que deux personnes, dont chacune tient un bout, tordent fortement ; il sortira encore de cette pâte quelque peu de miel très-grossier, à la vérité, & qui peut cependant être encore de quelque utilité. Il faut avoir attention de ne point se servir de la presse, ni pour le premier, ni pour le second miel : ce seroit le moyen d'y mêler de la cire, qui le rendroit moins beau & altéreroit sa qualité. Le miel qu'on a fait découler des gâteaux, n'a besoin d'aucune sorte de préparation ; il suffit de le mettre dans des vases bien propres, dont l'intérieur soit vernissé, & de les boucher pour le conserver.

## SECTION V.

### *Des différentes qualités du miel.*

Quoique tout le miel provienne généralement des mêmes principes, qu'il soit fait & préparé par les mêmes ouvrières dont la méthode est uniforme, il y en a cependant dont les qualités & les propriétés diffèrent essentiellement, & pour la couleur & pour le goût. Il en est du miel comme de toutes les productions de la terre ; la diversité des climats, les différentes natures du sol, la manière de cultiver, donnent aux productions des végétaux des qualités qui varient presque à l'infini. La nature & la qualité du miel subissent toutes ces variations. Celui qu'on recueille sur les montagnes où abondent toutes sortes de plantes aromatiques, a un goût balsamique, que n'a point celui des plaines les plus fertiles. Dans les riches campagnes on a l'abondance, & sur les montagnes & les côteaux, on en est dédommagé par une meilleure qualité. Celui du mont Hymette, dont les Grecs faisoient leurs délices, étoit le produit des abeilles qui avoient sur cette montagne toutes sortes de plantes aromatiques à discrétion. Le miel de Narbonne, si vanté parmi nous, & dont la qualité est très-supérieure à celui des autres pays, tire son goût balsamique du romarin, de la mélisse, & de quantité d'autres plantes odoriférantes qu'il y a sur les Corbières d'où vient le miel, mal-à-propos dit de Narbonne.

Le miel de la première qualité est toujours celui que fabriquent les abeilles qui habitent les montagnes; celui qu'on peut appeller de la seconde qualité, est recueilli par elles dans les prairies & dans les campagnes couvertes de sarrasin; & lorsqu'elles sont logées dans les bois, elles en font d'une qualité encore inférieure. Le plus blanc est le meilleur, & désigne un miel de montagne; il répand alors une odeur douce, agréable & aromatique; il est épais, grenu, clair & fort pesant. Le miel jaune est d'une qualité inférieure, quoique très-bon : il n'a pas toujours eu cette couleur au sortir de la ruche; assez ordinairement il est un peu pâle, & c'est à mesure qu'il vieillit qu'il devient jaune, de même que le blanc, qui perd aussi un peu de sa première blancheur. Il faut donc toujours préférer le miel des montagnes & des endroits secs & arides à celui des pays gras. Celui qu'on sort de la ruche au printemps, est le meilleur & le plus estimé; celui que l'on prend en été, n'est pas aussi bon; mais il est encore meilleur que celui qu'on ne prend qu'en automne: celui des jeunes essaims est préférable à celui des vieilles abeilles.

Le miel est donc assez ordinairement de deux couleurs, c'est-à-dire blanc & jaune; il n'y a que le plus & le moins dans les teintes. M. de Réaumur en a trouvé une seule fois, il est vrai, dans une de ses ruches, qui étoit verd : dans les alvéoles d'où il avoit été sorti il paroissoit un suc d'herbes; & quand il fut déposé dans un vase, cette couleur devint plus claire. Ce qui est très-surprenant, c'est que dans la même ruche où fut trouvé ce miel verd, les autres gâteaux n'en contenoient que du jaune. Cette couleur verte, qui n'est point ordinaire, provenoit peut-être d'une mauvaise disposition de quelques abeilles.

En général, le miel ne diffère que du plus au moins pour la bonté & pour le goût : il peut y en avoir cependant, qui, quoique d'un goût agréable, soit d'une très-mauvaise qualité, & devienne un aliment très-pernicieux, dont il seroit dangereux de faire usage. De même que les plantes aromatiques contribuent à sa bonne & bienfaisante qualité, celles qui sont mauvaises, qui contiennent des sucs mal-faisans, des principes venimeux, peuvent aussi lui donner des qualités dont il seroit dangereux de faire l'épreuve. On sçait que le miel des abeilles qui sont logées près des buis où elles vont souvent, a un goût âcre & dur : des plantes dont les sucs sont nuisibles, peuvent communiquer leurs mauvaises qualités au miel que les abeilles en retirent : l'aventure des dix mille Grecs, rapportée par Xenophon, en est une preuve. Arrivés près de Trébisonde, où ils trouvèrent plusieurs ruches d'abeilles, les soldats n'en épargnèrent pas le miel ; il leur survint un dévoiement par haut & par bas, suivi de rêveries & de convulsions ; ensorte que les moins malades ressembloient à des personnes ivres, les autres à des furieux ou des moribonds ; on voyoit la terre jonchée de corps comme après une bataille : personne, cependant, n'en mourut, & le mal cessa le lendemain, environ à la même heure qu'il avoit commencé, de sorte que les soldats se levèrent le troisième & quatrième jour ; mais en l'état où l'on est après avoir pris une forte médecine. M. de Tournefort, qui cite ce passage de Xenophon dans la dix-septième lettre de son voyage du Levant, pense que ce miel avoit tiré sa mauvaise qualité de quelques-unes des espèces de chamœrhodadenaros qu'il a trouvé auprès de Trébisonde. Heureusement, dans nos climats nous n'avons point de miel qui ait des qualités mal-faisantes.

## Section VI.

### *Des différens usages auxquels le miel est employé.*

Depuis qu'on a découvert le sucre, le miel n'est plus d'un usage aussi fréquent : les anciens, qui ne connoissoient pas le sucre, se servoient beaucoup du miel pour l'apprêt de leurs mêts ; ils le mêloient aussi, si nous en croyons Virgile, avec le vin âpre & dur, pour corriger ses mauvaises qualités. Quelques-uns le regardoient presque comme un remède universel, & le croyoient propre à préserver de la corruption, & à prolonger la vie. Pythagore & Démocrite ne prenoient point d'autre aliment que du pain avec du miel, dans la persuasion que cette nourriture prolongeroit leurs jours. Pollion, parvenu à une extrême & belle vieillesse, répondit à Auguste, qui lui demandoit par quel secret il étoit parvenu à un âge si avancé, sans infirmités, qu'il n'en avoit pas d'autre que le miel dont il se nourrissoit. Cette substance étoit en si grande vénération dans ces temps-là, qu'on la regardoit comme une nourriture sacrée : aussi, les anciens l'appelloient un don des dieux, une rosée céleste, une émanation des astres. Nous avons aujourd'hui moins de considération pour son origine, & l'usage du sucre, qui lui a succédé, a relégué le miel dans les pharmacies & chez les apothicaires. Les pauvres gens s'en servent encore dans les campagnes, & en font des repas délicieux, parce que le luxe, qui ne peut point pénétrer chez eux, le laisse en possession de leur être d'un usage utile & agréable, & ils en font des confitures qui sont très-bonnes. On en fait encore, dans les pays du nord sur-tout, une boisson très-agréable & très-salutaire, connue sous le nom d'*hydromel*. (*Voyez* ce mot)

Les médecins prétendent que le miel échauffe & desséche, de quelque manière qu'on en use, soit en aliment, soit en assaisonnement. Les tempérammens pituiteux, ceux qui par quelques maladies, ou autrement, abondent en humeurs grossières & visqueuses, ne peuvent qu'en faire un usage salutaire pour leur santé : aussi les médecins ne l'ordonnent-ils que pour des prisanes, des gargarismes & des lavemens. La chirurgie en fait avec succès, des lotions pour laver & déterger les ulcères. Le miel est le plus sûr & le plus efficace de tous les remèdes contre la piquure des abeilles. M. D. L.

MIELLAT. On désigne par ce nom une matière sucrée, légèrement mucilagineuse, qui est tantôt rapprochée, par sa nature, des gommes & tantôt des résines. On la trouve sous la forme de gouttes le soir & le matin en été, sur les feuilles ou les tiges de plusieurs plantes. Ce fluide est une sécrétion des plantes, & il y a apparence qu'il existe dans toutes; mais il paroît dans des parties différentes; on le trouve sur les fleurs, sur les fruits, sur les feuilles & sur les tiges, &c.; il couvre quelquefois les bourgeons & les tiges des plantes. Cette matière n'est pas produite, comme plusieurs auteurs l'ont cru, par les nuages ou par l'air, non plus que par les exhalaisons de la terre; mais par la plante elle-même, dans les vaisseaux de laquelle elle a été élaborée d'une manière particulière. C'est ce même suc qui, dans quelques plantes, est dans l'intérieur de la tige, de la racine, &c.; & dans quelques arbres, dans le bois même. On retire ce suc des cannes à sucre, des racines de carottes, des différentes espèces d'érables, &c.

Ce suc est rendu visible sur les feuilles & sur les branches, comme on peut l'observer sur les chênes & les frênes, le tilleul, &c. Il se présente d'abord sous la forme d'une humidité gluante, il devient ensuite semblable au miel, & il acquiert enfin la consistance de la manne. (*Voyez* Miel, Manne)

L'abbé de Sauvages a observé deux sortes de miellats ou sucs miellés, qui paroissent d'ailleurs de même nature, & qui servent également aux mouches à miel : l'une est celle qu'on trouve naturellement sur les différentes parties des végétaux; l'autre est le suc qui a passé à travers les organes de la digestion des pucerons.

Quelquefois le suc miellé n'est point l'effet d'une maladie; mais il est seulement produit par une trop grande abondance de sucs dans les végétaux. Quand la quantité de ce suc est trop considérable, & qu'il se présente dans des circonstances défavorables, il fait beaucoup de tort aux plantes & aux arbres : on observe cependant qu'ils souffrent moins de cette maladie que les plantes. L'ardeur du soleil, lorsqu'elle dure longtemps, détermine le suc miellé à paroître au dehors. Les végétaux les plus vigoureux en fournissent plus abondamment que les autres. Les plantes qui croissent dans les terres qui ont reçu de fréquens labours & plusieurs engrais, sont très-robustes : aussi a-t-on observé que les récoltes dans ces sortes de terreins sont très sujettes au miellat, ce qui a été attribué, par quelques cultivateurs, aux exhalaisons du fumier. On ne doit cependant pas pour cela se dispenser de fumer les terres, parce qu'on garantit par ce moyen les plantes de plusieurs autres maladies plus dangereuses que le suc miellé.

Dans la chaleur du jour, le fluide miellé qui sort des végétaux n'a point encore acquis une certaine consistance; il reste dans cet état tant que le soleil est sur l'horizon; mais aussitôt qu'il eſt couché, la fraîcheur de l'air rend ce ſuc plus épais, & les roſées l'enlèvent enſuite de deſſus les plantes ; car il eſt diſſoluble dans l'eau. Lorſque ce fluide reſte longtemps ſur les plantes, il ſe répand ſur toutes les parties extérieures, il bouche les pores, & nuit par conſéquent à la végétation, en arrêtant la tranſpiration. Il attire ainſi les inſectes qui piquent la plante & peuvent la faire périr.

Lorſque les roſées ſont peu abondantes, le miellat reſte ſur les feuilles., & les plantes ſont en danger ; il eſt à déſirer alors qu'il ſurvienne au bout de deux ou trois jours des pluies qui compenſent les roſées. Le vent après la pluie ou après la roſée, aide beaucoup à dégager les plantes de ce ſuc. C'eſt par cette raiſon que les bleds qui ſont dans des champs ouverts, ſont moins ſujets à cette maladie, que ceux qu'on a ſemés dans des enclos. On doit donc laiſſer un libre paſſage au vent dans les champs où les plantes ſont ſujettes à être miellées.

Lorſqu'il fait chaud, que les nuits ſont ſèches & qu'il n'y a point de vent, il eſt facile de reconnoître le miellat, ſi les jeunes épis ſont en même temps décolorés, & ſi l'on ſent ſur les plantes un ſuc gluant.

Les principaux moyens de garantir les récoltes de cette maladie, ſont de deſſoler les terres : on a encore conſeillé de fumer les terreins où l'on a ſujet de craindre que la récolte ne ſoit miellée, avec de la ſuie préférablement au fumier ordinaire, parce que la ſuie fournit des ſucs moins épais que celui-ci. On a remarqué que le froment ſemé le plus tard étoit le plus ſujet à cette maladie, parce que le miellat étant produit, ſur-tout dans l'été, les plantes ſemées trop tard ſont alors tendres & propres à la production de ce ſuc. Lorſque, au contraire, le grain a été mis en terre de bonne heure, les plantes qui ſont déjà vigoureuſes en été ne fourniſſent preſque point de miellat.

Lorſqu'un champ eſt miellé, & qu'il ſurvient une pluie douce & ſans vent, le ſuc diſſous ſe répand ſur toute la plante : s'il ne fait pas une pluie accompagnée de vent, ou que les roſées ne ſoient pas ſuffiſantes, on court le plus grand riſque de perdre toute la récolte. Quelques cultivateurs ont conſeillé dans ce cas, de mener dans les champs des gens qui frappent doucement les plantes avec des branches de frêne chargées encore de leurs feuilles. On doit uſer de ce moyen avant le lever du ſoleil, ou du moins avant que le ſoleil ne ſoit fort; parce que ce remède eſt plus efficace lorſque la roſée eſt encore ſur les plantes.

On peut, au lieu de branches d'arbres, ſe ſervir d'une corde garnie d'un filet étroit. Deux hommes, avant le lever du ſoleil, entrent dans le champ, & marchant de front, ils le parcourent en faiſant paſſer la corde ou le filet ſur tous les épis qui ſe relèvent à meſure & ſe déchargent du miellat diſſous par la roſée. Cette opération produit le même effet que le vent. Lorſqu'il n'y a eu ni pluie ni roſée, on tâche d'arroſer le champ au moyen d'une pompe. Ce moyen eſt plus difficile que les autres à mettre en uſage ; mais il eſt très-efficace, & peut être d'un grand ſecours pour des récoltes particulières.

Ce que nous avons dit du bled a lieu pour toutes les autres plantes. A. B.

MIGRAINE. Médecine rurale. Douleur aigue, qui occupe le côté droit ou le côté gauche de la tête, quelquefois le devant, le derrière & le sommet, & souvent dans un seul point. La migraine est toujours caractérisée par des douleurs vives, aigues & lancinantes. Ceux qui en sont attaqués, ne peuvent pas quelquefois supporter la lumière du jour, & sont obligés de se renfermer dans l'obscurité. Ces douleurs ne se bornent pas toujours à l'endroit affecté, elles s'étendent quelquefois jusqu'aux oreilles, de telle sorte que le moindre air produit dans cet organe une sensation des plus vives & des plus douloureuses : les gencives se ressentent quelquefois aussi de leur impression.

Dans certains sujets, la migraine occupe une partie si petite, qu'il leur semble qu'on leur enfonce un clou. Le pouls, dans cet état, se ressent de l'irritation de la tête; il est serré, tendu & piquant. La convulsion survient; les soubresauts des tendons se font appercevoir, ainsi que les nausées & le vomissement. Il est aisé de distinguer la migraine du mal de tête général, appellé *cephalée*. Dans celui-ci la douleur est étendue, & il n'y a aucune partie de la tête qui en soit exempte; dans la première, au contraire, la douleur est circonscrite & fixée à un seul côté.

La migraine est véritablement une maladie périodique. La moindre erreur dans le régime, le passage subit d'un endroit chaud en un lieu froid, la suppression de transpiration, donneront naissance à des retours périodiques.

Ceux qui mènent une vie molle & oisive, les gros mangeurs, ceux qui ne font aucun exercice; les femmes, & sur-tout celles qui sont stériles, sont en général très-sujettes à la migraine : leur organisation, la sensibilité de leurs nerfs prêtent beaucoup au développement de cette maladie.

Tout ce qui peut affecter la tête & les parties qui en dépendent, peut l'exciter. L'irritation des fibres du cerveau, & de ses membranes, leur inflammation, la contusion du péricrane, des coups portés à la tête, la lésion des parties molles & externes, une commotion quelconque, sont autant de causes idiophatiques de la migraine; mais elle en a de sympathiques, telles qu'une abondante saburre des premières voies, la présence des vers dans l'estomac, la suppression des mois, du flux hémorroïdal & des lochies, la répercussion de quelque éruption cutanée, & tout ce qui peut affecter la matrice & les parties qui en dépendent.

Elle est aussi occasionnée quelquefois par la plénitude générale des humeurs, & par des causes morales; dans ce nombre on doit comprendre tout ce qui peut affecter trop vivement l'ame, & exciter certaines oscillations dans le systême nerveux; les vives passions, les grands chagrins, des désirs immodérés, mais rendus vains, une irritation extrême dans le systême artériel.

Elle dépend très-souvent d'un exercice trop fort, d'un travail trop pénible, de l'abus des boissons spiritueuses.

D'après la différence des symptomes

mes qui caractérisent la migraine & la cephalée, ou le mal de tête général, on peut dire qu'il n'y a personne, même parmi celles qui ne sont pas de l'art, qui méconnoisse la migraine, & qui ne la distingue de l'autre maladie.

La migraine en général est une maladie peu dangereuse ; il ne faut cependant pas la négliger, ni la perdre de vue. Il ne faut pas aussi trop la heurter par des applications & des remèdes peu convenables, elle pourroit avoir des suites très-fâcheuses, dégénérer en inflammation, & exposer le malade au plus grand danger, ou déterminer certaines maladies de l'œil, & occasionner la perte de cet organe.

On doit être très-réservé pour différentes applications vulgaires qu'on n'oublie jamais de mettre en exécution, & qui pour l'ordinaire sont nuisibles.

Il faut, avant d'en venir aux remèdes, examiner avec attention, & tâcher de découvrir la véritable cause de la migraine, & agir en conséquence.

On combattra la migraine par cause putride des premières voies, avec des vomitifs & des purgatifs appropriés ; & si malgré l'usage de ces remèdes, elle persiste & reconnoît pour cause la foiblesse de l'estomac, on donnera des eaux ferrugineuses, les martiaux, quelques cuillerées d'élixir de garrus, du cachou brut, ou préparé à la violette, le rob de genièvre, de la rhubarbe, & autres différens stomachiques.

Si elle dépend de la suppression des règles, ou des hemorrhoïdes, ou de l'écoulement d'un cautère, il faut alors rétablir ces évacuations, soit par la saignée, soit par les sangsues, soit par le vésicatoire, pour suppléer à l'écoulement supprimé.

Si elle est occasionnée par la tension des nerfs, une irritation considérable, par un état spasmodique, & de roideur de tout le corps ; les bains domestiques, les bouillons frais, les remèdes anti-spasmodiques, tels que le camphre corrigé par le nitre, les narcotiques donnés à une dose modérée ; l'eau de fleurs de tilleul, une infusion de fleurs de camomille ou de menthe, le petit-lait, sont les remèdes recommandés en pareil cas.

Si ce sont des vers contenus dans l'estomac, qui lui donnent naissance, les huileux combinés avec la thériaque, l'eau de menthe, & les différentes poudres absorbantes, produiront à coup sûr les effets les plus salutaires.

La saignée du bras & du pied trouvera son emploi, lorsque la migraine reconnoîtra pour cause la plénitude du sang, &c.

Si le mal de tête ne cède point à ces remèdes, on appliquera sur la partie douloureuse, des compresses imbibées d'eau-de-vie de lavande, ou d'esprit-de vin camphré, ou un emplâtre d'opium.

On employera le quinquina dans la migraine périodique, sans néanmoins perdre de vue l'intensité de la douleur, & certaines autres circonstances qui peuvent être inséparables de la maladie.

Mais le cautère est le vrai spécifique des migraines invétérées. *Gramt* a guéri une demoiselle qui souffroit d'une migraine violente depuis beaucoup d'années, en lui faisant un cautère sur la tête, à la jonction des deux sutures sagittales & temporales; mais la profondeur de ce cautère doit porter jusqu'à l'os, il faut qu'il soit découvert entièrement, & dépouillé de son périoste.

Dans la migraine, par relâchement & foiblesse de toute la constitution, le bain froid, les substances aromatiques, le quinquina, & les différentes préparations martiales, sont très-convenables.

Wesley fait recevoir par le nez, pendant demi-heure, la fumée d'ambre; il recommande un autre moyen, qui peut suppléer au cautère; il veut qu'on fasse raser la partie de la tête qui est affectée, qu'on y applique un emplâtre qui puisse s'attacher, & dans lequel on aura pratiqué un trou rond, large comme une pièce de vingt-quatre sols, & qu'on mette sur ce trou des feuilles de renoncule fraîchement écrasées & remplies de leur jus. C'est un vésicatoire fort doux, qu'on peut mettre en usage sans courir le moindre risque.

Quand la migraine a pour cause l'humeur de la goutte remontée, si le malade ne peut point supporter la saignée, on fera baigner souvent ses pieds dans l'eau tiède, & on les lui frottera souvent avec une toile. Si ces deux moyens sont insuffisans, on lui appliquera des cataplasmes de moutarde & de raifort, ou des sinapismes à la plante des pieds.

Enfin, les secours moraux viendront à l'appui de ces différens remédes, si la migraine est causée par de vifs chagrins, & par certaines affections de l'ame. M. Ami.

MILLE-FEUILLE. (*Voyez planche XIII, page 496*) Tournefort la place dans la troisième section de la quatorzième classe, qui comprend les herbes à fleurs radiées, dont les semences n'ont ni aigrette ni chapiteau de feuilles, & il l'appelle *mille-folium, vulgarè album.* Von Linné la nomme *achillea mille-folium*, & la classe dans la singénésie polygamie superflue.

*Fleurs.* Radiées, composées d'un amas de fleurons hermaphrodites dans le disque, & ornées d'un cercle de demi fleurons femelles dans la circonférence. B représente un fleuron: c'est un tube évasé à son extrémité, & découpé en cinq parties. Le demi-fleuron C est sillonné dans sa longueur, terminé par trois dentelures: ils reposent les uns & les autres au fond du calice D, & produisent les semences E.

*Feuilles.* Adhérentes aux tiges, oblongues, deux fois aîlées, leurs découpures linéaires & dentées.

*Racine* A. Ligneuse, fibreuse, noirâtre, traçante.

*Port.* Tige d'un pied & demi & plus, suivant les terreins, roides, menues, cylindriques, cannelées, velues, rameuses; les fleurs naissent au sommet en forme de corymbe applati; les feuilles sont alternativement placées sur les tiges. Il y a une variété du mille-feuille, à fleur rouge ou pourpre. Cette plante peut figurer dans les jardins.

*Lieu.* Les bords des chemins; la plante est vivace & fleurit pendant tout l'été.

*Propriétés.* Les feuilles. Saveur amère, légèrement austère, d'une odeur aromatique, légère, lorsque les feuilles sont récentes & froissées. Cette plante est réputée astringente & résolutive. Quelques auteurs l'ont vantée dans les hémorrhagies internes, pour déterger les ulcères des poumons & de la vessie; dans la diarrhée & la dissenterie, pour expulser les graviers des reins & de la vessie ; les autres, au contraire, soutiennent que le succès est fort douteux.

*Usage*. On a qualifié cette plante du nom *d'herbe au charpentier*, parce que pilée & appliquée sur une plaie récente ou une coupure, elle facilite la réunion des lèvres & la cicatrice. Cette guérison n'est elle pas purement mécanique ? On sçait qu'il suffit d'intercepter le contact de l'air extérieur à une plaie récente, pour qu'elle se cicatrise d'elle-même. La nature fait ensuite elle seule la cure, qu'on attribue mal-à-propos à la plante : une compresse imbibée d'eau pure auroit eu le même succès sur un homme sain. On prépare un syrop avec la mille-feuille, qui ne produit pas plus d'effets que le suc des feuilles, épuré & édulcoré avec du sucre.

MILLE-PERTUIS. (*Voyez planche XIII, page 496*) Tournefort l'appelle *hypericum vulgare*, & le place dans la quatrième section de la sixième classe des herbes à fleurs de plusieurs pièces, régulière, en rose, & dont le pistil devient un fruit divisé en cellules. Von Linné le nomme *hypericum perforatum*, & le classe dans la polyadelphie polyandrie.

*Fleur*. Composée de cinq pétales en rose. Chacun de ces pétales B est terminé par une pointe qui se dirige constamment de droite à gauche, ou de gauche à droite, en se rapprochant de la base. Les étamines sont rangées autour de l'ovaire, & partagées en trois faisceaux, comme on le voit distinctement dans la fleur qui termine la tige. Les anthères C sont testiculaires. D représente le pistil attaché au fond du calice qui est divisé en cinq segmens.

*Fruit* E. le pistil se change en un fruit composé de trois capsules. En G on voit le fruit coupé transversalement. Les semences F sont oblongues, luisantes, d'une odeur & d'une saveur résineuse.

*Feuilles*. Obtuses, sans pétioles, veinées, marquées de points brillans.

*Racine* A. Ligneuse, fibreuse, jaunâtre & dure.

*Port*. Tiges hautes d'une coudée & plus, nombreuses, ligneuses, roides, cylindriques, rougeâtres, branchues; les fleurs au sommet des rameaux; les feuilles opposées deux à deux ; elles paroissent percées de plusieurs trous : ce sont des glandes vésiculaires, semées sur les deux surfaces avec des points noirs, semblables à ceux qu'on observe sur les folioles du calice.

*Lieu*. Les prairies, le long des chemins; la plante est vivace & fleurit en juin, juillet & août.

*Propriété*. La semence est d'une saveur amère & résineuse, celle des feuilles est un peu salée, styptique & légèrement amère ; les fleurs & les semences ont une odeur de résine : cette plante tient le premier rang parmi les vulnéraires ; elle est résolutive, diurétique & vermifuge.

*Usage*. On se sert, pour l'homme, des feuilles, des fleurs, des semences, des sommités fleuries, infusées ou bouillies dans du vin ou dans de l'eau, à la dose d'une poignée, & des semences à la dose de demi-once. Pour les animaux, la dose est une poignée de toute la plante en infusion dans une à deux livres d'eau. Les feuilles appliquées sur les plaies récentes, comme celles de la mille-feuille. Quant à l'huile dans laquelle on a mis, pendant plusieurs jours, digérer les feuilles, les fleurs & les semences de mille-pertuis, elle a les mêmes propriétés que l'huile d'olive.

MILLET ou PETIT-MIL. Tournefort l'appelle *millium semine luteo*, & le place dans la trente-cinquième section de la quinzième classe des herbes à fleurs à étamines, qu'on nomme graminées, & dont on peut faire du pain. Von Linné le nomme *panicum miliaceum*, & le classe dans la triandriedigynie.

*Fleur*. A étamine, composée de trois étamines, & d'une bâle qui ne contient qu'une fleur, & qui est divisée en trois valvules, dont l'une est très-petite : dans la bâle on trouve deux autres valvules ovales, aiguës comme les précédentes, & qui tiennent lieu de corolle.

*Fruit*. Semences ovoïdes, un peu applaties d'un côté, luisantes, lisses, renfermées dans les valvules intérieures.

*Feuilles*. Longues, terminées en pointe, élargies par le bas, revêtues d'un duvet dans la partie de leur base, qui embrasse la tige en manière de gaîne.

*Racine*. Nombreuse, fibreuse, blanchâtre.

*Port*. Tiges de deux à trois pieds, droites, noueuses; les fleurs au sommet, disposées en panicules lâches. Il y a une espèce de millet dont les semences sont noires, & ont la même forme que les autres; ce qui ne constitue qu'une variété.

*Lieu*. Originaire des Indes orientales ; aujourd'hui cultivé dans nos champs ; la plante est annuelle.

*Propriétés*. La semence est farineuse, insipide, peu agréable, peu nourrissante, indigeste, venteuse. Dans quelques provinces de France on en fait du pain; les Tartares en tirent une boisson, un aliment. On peut en donner aux bestiaux; mais son principal usage est pour nourrir & engraisser la volaille. On parlera ci-après de sa culture.

MILLET DES OISEAUX, ou PANIS. Tournefort le place dans les mêmes sections & classes que le précédent, & il l'appelle *panicum germanicum*, *sive panicula minore flava*. Von Linné le nomme *panicum italicum*.

*Fleur*. Caractère de celle du millet. On y trouve une barbe plus courte que la bâle.

*Fruit*. Semences rondes, plus petites que celles du millet.

*Feuilles*. De la longueur & de la forme de celles du *roseau*, plus rudes & plus pointues que celles du millet.

*Racine*. Forte, fibreuse.

*Port*. Tiges de deux à trois pieds, rondes, solides, noueuses; les fleurs naissent au sommet, disposées en espèce de panicule, ou épi composé d'une multitude de petits épis serrés, rassemblés par paquets, mêlés de poils, portés sur des péduncules velus.

*Lieu*. Les Indes, l'Italie, cultivé dans nos champs & dans nos jardins : la plante est annuelle.

*Propriétés*. La farine est fade, peu

mucilagineuse; on la croit un peu dessicative, adoucissante & détersive.

*Usage*. Dans le cas de disette on en fait du pain. On mange le panis mondé & cuit, dans du lait, dans du bouillon, ou dans de l'eau. Il sert à nourrir les oiseaux & la volaille.

GRAND MILLET NOIR, ou MILLET D'AFRIQUE, ou SORGHUM. Tournefort le nomme *milium arundinaceum, sub rotundo semine nigrante, SORGHO nominatum*, & le place parmi les millets qu'on vient de décrire. Von Linné l'appelle *holius sorghum*, & le classe dans la polygamie *monoécie*. Nous avons cru, afin d'éviter la confusion, devoir rapprocher ces trois espèces, à cause des noms françois qu'on leur donne.

*Fleur*. Sans pétales, à trois étamines, fleurs hermaphrodites & mâles sur le même pied; les hermaphrodites composées d'une balle à deux valvules, qui renferme une seule fleur velue dans cette espèce. Dans la balle on trouve deux autres valvules velues, molles, plus petites que le calice, l'intérieur plus petit: on peut les considérer comme une corolle. . . . Les fleurs mâles n'ont qu'une balle à deux valvules; elles sont velues.

*Fruits*. Les fleurs mâles sont stériles; chaque femelle porte une semence noire ou blanche, couverte par une espèce de corolle: la couleur ne constitue qu'une variété.

*Feuilles*. Simples, entières, pointues, évasées dans le bas, embrassant la tige par leur base en manière de gaîne, partant de chaque articulation.

*Port*. Tige ordinairement unique, haute de cinq à huit pieds, suivant la culture, cylindrique, articulée, droite, un peu penchée à son extrémité supérieure. Les fleurs naissent au sommet, disposées en grosses panicules rameuses. Le *sorghum* blanc est cultivé à Malte, sous le nom de *carambosse*.

*Lieu*. Cette plante est originaire des Indes, & elle est vivace.

*Propriétés*. La semence nourrit la volaille & le bétail; les feuilles nourrissent également ces derniers, comme celle du maïs.

MILLET D'INDE, ou GROS MILLET. *Voyez* MAÏS.

### §. I. *De la culture des deux premiers millets.*

La première espèce est plus communément semée en pleine campagne, & la seconde dans les jardins; cependant toutes deux peuvent l'être dans les champs; elles aiment les sols légers, mais substanciels, & pourrissent dans ceux qui sont trop humides. On se contente, pour l'ordinaire, de donner un seul labour, ou deux au plus: mais ce n'est point assez lorsque la terre est un peu forte; la plante ne réussit que lorsque la terre est bien préparée & bien émiettée. Cette dernière circonstance est essentielle dans tous les cas, autrement la semence qui est fine, seroit enfouie sous des motes de terre qu'elle ne pourroit pas traverser lors de sa germination.

Ces plantes, originaires des pays chauds, & annuelles, craignent les plus petites gelées. Le climat, la saison, indiquent donc l'époque à laquelle on doit les semer; c'est-à-dire, du moment que dans chaque canton on ne redoute plus les funestes effets du froid. Il n'y a donc aucun jour, aucun mois, qui fixent les semailles; elles dépendent, & du canton, & des circonstances.

Il est avantageux de semer par tables de trois à quatre rangées de plans, & de laisser un petit sentier entre deux : ce moyen facilite l'enlèvement des herbes & le serfouissage de temps à autre. A mesure que la tige s'élève, le collet des racines se déchausse, & s'il survient une sécheresse, la plante souffre, au lieu qu'en serfouissant, ou labourant, comme il a été expliqué au mot Maïs, on ramène chaque fois la terre vers le pied, on chausse la plante, elle profite beaucoup, & elle craint moins la sécheresse. Si, au contraire, la saison est pluvieuse, ces espèces de petits fossés attirent & éloignent l'eau, & la plante n'est pas pourrie par une humidité surabondante.

La graine de ces millets, & surtout du panis, est très-petite, & il est difficile de ne semer que ce qu'il convient. On est dans l'habitude de mêler du sable avec la graine, afin que la main du semeur contienne moins de graines : cette précaution est peu utile. Personne n'ignore la manière de placer un drap ou un sac au-devant de lui; il imprime, en marchant, à ce sac & à son contenu, un mouvement continuel. Le sable glisse entre les surfaces polies de la graine, & petit-à-petit gagne le fond; de manière qu'en semant, une partie du champ est trop recouverte des graines, & l'autre ne l'est pas pas assez, & la dernière n'a presque que du sable. Il vaut mieux semer tout uniment à la volée, semer clair, & lorsque tous les grains auront germé, enlever les plans surnuméraires lorsqu'on arrachera les mauvaises herbes : c'est l'ouvrage des femmes & des enfans.

Comme la panicule de la seconde espèce de millet est trop grosse, trop longue, & trop pesante, proportion gardée avec sa tige, sur-tout si elle est agitée par le vent, ou chargée d'eau des pluies, il arrive souvent que cette tige plie, se corde, ou est entraînée sur le sol. Alors la maturité du grain devient incomplette, & toute la plante souffre. Afin de prévenir tout accident, on fera très-bien de ramer les plantes ainsi qu'il a été dit au mot Lin; & au défaut de baguettes, du *roseau* des jardins, (*Voyez* ces mots) très-commodes pour cette opération, on se servira de petites perches de saule, ou du bois le plus commun dans le pays, & par conséquent le moins cher, suivant les circonstances. Cette précaution n'est pas à négliger pour la première espèce de millet, quoiqu'il en ait moins besoin que la seconde.

Le changement de couleur de la plante indique qu'elle approche de sa maturité, & qu'elle est mûre lorsque la tige, les feuilles & les panicules sont d'une belle couleur jaune-paille. Si on attend une trop grande maturité, on perdra beaucoup de graines, & on infectera son champ pour l'année suivante. Quoique la récolte de ces millets soit mise au nombre de celle des petits grains, elle est cependant d'une grande ressource lorsque les saisons pluvieuses, les froids, &c. ont empêché de semer les bleds aux époques convenables, ou lorsque, par une cause quelconque, ils ont péri pendant l'hiver. Cependant, si le sol est convenable, on doit leur préférer le *maïs*, (*Voyez* ce mot) bien plus utile pour la nourriture des hommes & celles des bestiaux.

§. II. *De la culture du sorghum.*

Lorsque la mode & l'enthousiasme de l'agriculture règnoit en France, il y a environ vingt-cinq ans, les écrivains parlèrent beaucoup de cette plante, & ils la vantèrent comme une trouvaille merveilleuse qui devoit enrichir nos campagnes; d'après le résultat des expériences faites dans des jardins, on a calculé, sans réfléchir, le bénéfice de sa culture dans les champs. Qu'est-il résulté de tous les verbiages des prôneurs? On a, pour ainsi dire, abandonné cette culture. Cette plante, étrangère à nos climats, & qui n'y est en aucune sorte naturalisée, craint singulièrement le froid, & elle exige une chaleur soutenue pour la maturité de sa semence. Elle réussit donc très-rarement dans nos provinces septentrionales; & dans celles du midi, la culture du maïs lui est infiniment préférable. Que le sorghum réussisse à Malte, d'où nous l'avons tiré; qu'il réussisse même en Espagne, ces faits, supposé qu'ils soient aussi vrais qu'on l'a avancé, ne prouvent rien en faveur de la France. Les expériences faites sur le sorghum, ont, en 1760 & 1761, eu du succès dans les environs de Berne. On doit en conclure seulement, que l'année lui a été favorable, Mais, comme je n'aime pas à juger d'après les autres, j'ai répété ces expériences, & dans un jardin & dans les champs. En voici le résultat.

Sur une table de quatre-vingt pieds de longueur, sur vingt pieds de largeur, je semai environ une livre de graine noire & blanche de sorghum confondues. Cette table fut arrosée au besoin, par *irrigation*; (*Voyez* ce mot) son produit fut environ de cinquante-cinq à soixante-dix livres de graines, & le quart d'une charretée en tiges & feuilles desséchées. On doit tenir compte de ce dernier produit, puisqu'il devient une excellente nourriture d'hiver pour le bétail. La tige est légérement sucrée: aussi les animaux ne laissent-ils que la partie qui avoisine la racine, trop dure pour être broyée & mâchée.

Dans le champ, le sorghum livré à lui-même, souffrit beaucoup de la sécheresse, les tiges ne s'élevèrent pas plus de quatre pieds, les panicules de graines furent maigres, & leur produit, sur une même étendue, fut de vingt à vingt-cinq livres. Il ne m'est pas possible d'évaluer au juste le véritable produit. Cinquante-cinq livres du premier, & vingt livres du second, sont effectivement ce que j'ai récolté, & le surplus a été mangé par les moineaux & autres oiseaux à bec court & fort, qui en sont très-friands.

On a avancé que cette plante n'effritoit pas la terre. La seule inspection de la multitude des chevelus des racines, suffisoit pour démentir cette assertion. Malgré cela, je puis répondre qu'un pied du *tournesol*, (*Voyez* ce mot) n'effrite pas plus la terre de son voisinage que celui du sorghum. Enfin, j'ai été obligé de fumer fortement la planche du jardin destinée à sa culture. Je félicite ceux qui ont eu plus de succès que moi; mais je dis ce que j'ai vu & suivi de près pendant deux années conſécutives. Je le répéte, la culture du maïs eſt préférable à tous égards.

Si le ſorghum réuſſit dans les pays chauds, c'eſt parce que l'on n'y craint pas les gelées. On a par conſéquent la facilité de ſemer de très-bonne heure; la plante profite des pluies de la fin de l'hiver & du printemps pour hâter ſa forte végétation, & à meſure qu'elle approche de ſa maturité, elle a moins beſoin de pluie, & plus beſoin de chaleur; c'eſt préciſément ce qui arrive dans ces climats. Au contraire, dans nos provinces, même les plus méridionales du royaume, quoique l'hiver n'y ſoit pas rigoureux, le voiſinage des Alpes, des Pyrennées, ou de leurs embranchemens & de leur prolongation, ne mettent pas à l'abri des gelées. Il faut donc attendre qu'elles ne ſoient plus à redouter. Dès-lors la ſaiſon s'avance, les pluies ceſſent, la grande chaleur ſurvient; enfin, la végétation languit & ſouffre, &c.

Si malgré ce que je viens de dire on veut tenter cette culture dans l'intérieur du royaume, on doit préparer la terre au moins par deux bons labours croiſés, & ſemer par ſillons lorſque l'on ne craindra plus les gelées; il faut enſuite herſer & briſer les mottes; le reſte de ſa culture comme celle des deux millets précédens. En ſeptembre, ou en octobre, ſuivant le climat & l'époque des ſemailles, on levera ſa récolte.

Un écrivain aſſure que l'année d'après on a ſemé du ſainfoin ſur le champ qui avoit ſervi au ſorghum; d'où il conclut que cette plante n'effrite pas la terre; & je lui réponds d'après mon expérience, que le bled & le ſeigle y réuſſiſſent fort mal. D'où vient donc cette différence? De la forme des racines du ſainfoin & de celles du bled. Les premières ſont pivotantes, & les ſecondes chevelues, & preſque horizontales. Celles-ci ont trouvé une terre épuiſée, & celles-là une terre neuve en-deſſous. Je l'ai déjà dit cent fois, la forme des racines d'une plante déſigne quelle doit être ſa culture, & celle du grain qui doit être ſemé enſuite. Le trèfle, le ſainfoin, la luzerne, les carottes, les panais, &c., n'effritent point la partie ſupérieure de la terre, & toutes les graminées laiſſent intacte celle du deſſous, puiſqu'elles n'y pénètrent pas.

*Voyez* ce qui a été dit à la ſeconde colonne de la p. 226 du ſecond volume. Une gelée ſurvint vers le milieu du mois d'octobre, & tout périt; cependant j'avois déjà coupé une douzaine de braſſées de ce fourrage. L'année ſuivante cette dernière récolte ne fut preſque pas plus abondante, quoiqu'il n'eût pas gelé avant le 10 décembre; mais le degré de chaleur néceſſaire manquoit à la végétation.

MISERERE. *Voyez* COLIQUE.

MOINEAU. Oiſeau malheureuſement trop connu pour qu'il ſoit néceſſaire de le décrire. On a eu la ſageſſe de mettre ſa tête à prix en Angleterre, & aujourd'hui la race en eſt détruite; la même loi ſubſiſte dans quelques cantons d'Allemagne: pareille méthode ſeroit très-utile en France; on devroit encore comprendre dans la proſcrition les pinçons, quoique moins deſtructeurs que les moineaux; le froid ſeul les oblige, ſur l'arrière ſaiſon & dans l'hiver, d'environner nos maiſons & de ſe jeter dans les greniers. La nourriture

riture d'un moineau, par an, est au moins de dix livres de grains, & s'il avoit du bled à discrétion, elle excéderoit trente livres. Cet oiseau avale & digère promptement. Quoique très-bien nourri, il n'en vaut pas mieux pour manger, il est toujours coriace & d'un goût peu flatteur. Ainsi, de quelque côté qu'on le considère, il n'est d'aucune utilité.

Le moineau fait trois pontes dans une année, & chacune est de cinq à six œufs; il est aisé de calculer quelle sera sa population après un certain nombre d'années. Leur nombre effraye. Voici ce que dit de cet oiseau M. l'abbé Poncelet, dans son histoire naturelle du froment.

» J'ai eu souvent lieu de soupçonner que les moineaux vivent en société; qu'ils ont entr'eux, sinon un langage proprement dit, du moins des accens variés & expressifs, au moyen desquels ils se communiquent les projets relatifs à leur conservation particulière, & au bien commun de leur république. Car, comment expliquer autrement les avis qu'ils semblent se donner réciproquement les uns aux autres, quand quelque grand danger les menace? Il en est de même des ruses qu'ils employent, & des précautions qu'ils prennent de concert pour n'être pas surpris ».

» Assailli, tourmenté pendant les trois dernières années que j'ai cru devoir consacrer aux observations relatives à l'agriculture; excédé par des milliers de moineaux qui paroissoient avoir jeté un dévolu sur ma petite plantation, que n'ai-je point tenté pour les en écarter! J'ai d'abord eu recours au fusil: mauvais moyen, pernicieux même, puisque pour un moineau que j'abattois, il m'arrivoit souvent de détruire du même coup, de vingt à quarante épis. Les pièges sont sans doute plus sûrs, & n'exposent point au même inconvénient; mais les rusés voleurs ne tardent guères à les éventer, & à s'avertir les uns les autres, qu'il est dangereux d'en approcher. Enfin, je me déterminai, pour leur inspirer quelque terreur, de planter au milieu de mon champ, un phantôme couvert d'un chapeau, les bras tendus, & armé d'un bâton. Le premier jour les maraudeurs n'osèrent approcher; mais je les voyois postés dans le voisinage, gardant le plus profond silence, & paroissant méditer profondément sur le parti qu'il leur convenoit de prendre. Le second jour, un vieux mâle, vraisemblablement le plus audacieux, & peut-être le chef de la bande, approcha du champ, examina le phantôme avec beaucoup d'attention, & voyant qu'il ne remuoit pas, il en approcha de plus près; enfin, il fut assez hardi pour venir se poser sur son épaule: dans le même instant il fit un cri aigu, qu'il répéta plusieurs fois avec beaucoup de précipitation, comme pour dire à ses camarades: Approchez, nous n'avons rien à craindre. A ce signal toute la bande accourut. Je pris mon fusil, j'approchai doucement. La sentinelle, toujours à son poste, toujours attentive, toujours l'œil alerte, m'apperçut: aussitôt elle fit un autre cri, mais différent de celui qu'elle venoit de faire pour convoquer l'assemblée. A ce nouveau signal, toute la bande précédée de la sentinelle, & sans doute conductrice en même temps, s'envola. Je lâchai mon coup de fusil en l'air pour les intimider: je réussis effectivement pour quelques jours ; mais vers le quatrième je les vis reparoître à une certaine distance comme la première fois, & gardant tous le plus profond silence. Il me vint alors à l'esprit une idée, que j'exécutai sur le champ. J'enlevai le phantôme ; je vêtis ses haillons, & me portai à sa place dans la même attitude, le bras tendu & armé d'un bâton. Il est probable que nos rusés maraudeurs, malgré toute leur sagacité, ne s'apperçurent pas du changement. Après une demi-heure d'observation, j'entendis le signal ordinaire, & immédiatement après je vis la bande entière s'abattre de plein vol, au beau milieu du champ, & presque à mes pieds. Préparé comme je l'étois, il m'étoit presqu'impossible que je manquasse mon coup ; j'en assommai deux, & le reste s'envola. J'essayai de suspendre les deux que j'avois tué, pour intimider les autres. Cet exemple fut sans succès ; au bout de quelques jours mes maraudeurs, au fait du nouvel épouventail, revinrent, très-convaincus qu'ils n'avoient rien à redouter de leurs défunts camarades. A force de soin & d'assiduité, je parvins pourtant à les écarter efficacement & pour toujours, & le moyen dont je me servis, consiste à changer mon phantôme de place & d'habillement deux fois par jour. Cette diversité de forme & de situation en imposa à mes voleurs : défians comme ils sont, ils abandonnèrent enfin la partie, & je sauvai par ce moyen la plus grande partie de mon bled ».

MOIS. *Voyez* Règle.

MOISISSURE. Plante très-fine, très-déliée, ordinairement à rameaux, qui graine, se multiplie de semence, & qui se manifeste sur les corps qui commencent à se décomposer, & à entrer en putréfaction. La couleur, ou blanche, ou verte, ou jaune, rouge ou noire, dépend de la qualité du corps sur lequel cette plante s'attache. La moisissure ne se manifeste jamais sur l'humidité qui lui sert de véhicule. Ainsi, la moisissure dans le pain, dans un fruit, &c. n'est autre chose qu'un composé de plante. Cette partie de la botanique a encore très-peu été étudiée ; elle demande de bons yeux & de bons microscopes pour en suivre les détails, & sur-tout un observateur fidèle, & qui ne se laisse pas prévenir. Les botanistes classent les moisissures avec les fungus, dont cependant elles n'ont pas toujours la ressemblance. La fleur du vin qui surnage le vin dans une bouteille, (*Voyez* le mot Fleur) qu'on n'a pas laissé assez essuyer, ne paroît, au simple coup d'œil, qu'une espèce de substance composée de membranes placées les unes sur les autres. On pourroit la comparer à la lentille d'eau qui tapisse la partie supérieure des eaux stagnantes, & qui se multiplie rapidement. Bradley, dit M. Valmont de Bomare, a suivi avec soin les phénomènes de la moisissure dans un melon. Il a observé que ces petites plantes végètent très-promptement ; que les semences jettent des racines en moins de trois heures, & six heures après la plante est dans son entier accroissement ; alors les semences sont mûres & prêtes à tomber. Après que le melon eut été couvert de moisissure pendant six jours, sa qualité végétative commença à diminuer,

& elle cessa entièrement deux jours après. Alors le melon tomba en putréfaction, & ses parties charnues ne rendirent plus qu'une eau fœtide, qui commença à avoir assez de mouvement à sa surface. Deux jours après il y parut des vers, qui, après six jours, se changèrent en nymphes; ils restèrent quatre jours dans cet état, & ils en sortirent sous la forme de mouches.

L'examen de ces détails fait un plaisir extrême à l'observateur, & cette végétation, réduite à l'infiniment petit, amuse peu la personne de campagne, chargée de la nourriture d'un grand nombre de valets. Le pain qu'elle leur prépare se moisit, & c'est une perte réelle pour elle. Les causes de la moisissure du pain sont très-variées, & les principales tiennent à sa fabrication. 1°. On met communément trop d'eau dans la farine. 2°. La pâte n'est ni assez paîtrie ni assez long-temps; on ne lui donne pas le temps de lever: plus elle est mate & compacte, & moins elle est parsemée d'yeux formés par l'introduction de l'air, lorsqu'on paîtrit; & cet air, pendant la cuisson, ne peut s'échapper sans entraîner une bonne partie de l'eau mêlée avec la pâte. 3°. Le four n'est pas assez chaud, ou il l'est trop; dans ce dernier cas, la croûte est surprise & durcie avant que l'intérieur soit cuit, & par conséquent la surabondance d'eau dissipée. Dans l'autre cas, la chaleur n'est pas assez forte pour faire évaporer une partie de l'eau. 4°. Sortant du four, on le porte ordinairement dans un endroit trop frais, & il n'a pas la facilité de transpirer; il est, au contraire, environné d'une athmosphère humide.

Dès qu'on s'apperçoit que l'intérieur du pain commence à moisir, il convient de l'ouvrir par le milieu, & de retrancher la portion chancie: s'il est réellement trop humide, il faut mettre quelques fagots au four, & y passer ensuite le pain; il servira à faire les soupes. La partie moisie & passée à l'eau, jusqu'à ce que toute la moisissure en soit enlevée, sera de qualité médiocre; mais mise à sécher de nouveau, elle servira également pour la soupe ou pour la nourriture des oiseaux de basse-cour.

C'est toujours la faute de celui qui fait le pain, qui le cuit & le range, en sortant du four, si la moisissure s'en empare; elle dépend, après la manipulation, du lieu où on le ferme. En général, des pains volumineux se gâtent plus facilement que si, avec la même pâte, on en avoit fait trois ou quatre. Les paysans ont la détestable coutume de coller les uns contre les autres ces grands pains portés sur des perches. L'air environne, il est vrai, leur circonférence; mais il ne circule pas entre les deux surfaces. Un petit morceau de bois d'un pouce d'épaisseur, placé au haut & entre chaque pain, permettroit à l'air de circuler, de l'environner de toute part, & de prévenir la moisissure par l'évaporation de l'humidité. Malgré ces précautions, dans les provinces voisines de la mer, lorsque le vent vient de ce côté-là, il traîne avec lui une si grande humidité, que le seul moyen de s'opposer à la moisissure, est de placer les pains sur la *gloriette*, c'est-à-dire au-dessus du four, qui conserve assez de chaleur pour dissiper l'humidité. Le pain moisi est mal-sain, si par les lavages ou n'a fait disparoître la cause qui le vicie.

MOISSON. Mot spécialement consacré pour désigner la récolte du bled & autres grains analogues. Il indique le moment qui va récompenser le cultivateur de ses travaux. C'est ici que commence sa jouissance, quoique mêlée d'un peu d'inquiétude. On voit estimer quel sera le produit des gerbes en les pesant, & à mesure que le gerbier s'élève, il sourit à sa vue. . . . Un propriétaire vigilant se prépare longtemps d'avance. Quelques heures qui auroient été perdues sont employées dans les jours les moins pressés de travail, à préparer les chemins, afin de moins fatiguer ses bêtes, à disposer l'aire, à nettoyer ses greniers; & s'il attend jusqu'à la veille de la moisson, tout est fait à la hâte & mal fait; les ouvriers manquent ou sont très-chers, ou bien il faut déranger tous les valets de la métairie, & pendant qu'ils sont occupés à contre-temps, le bétail demeure à l'écurie, & y consomme inutilement le fourrage.

MOISSONNEUR. Celui qui coupe le bled; & on nomme MOISSONNEUSE, celle qui ramasse le bled coupé, le met en gerbes & les lie. Chaque province à son usage particulier, relativement à la moisson & au moissonneur. Il est assez rare que les habitans du lieu fassent toute la récolte, parce que les pays à bled sont rarement assez peuplés. En général, les gens des montagnes, suivis de leurs moissonneuses, descendent à cette époque dans les plaines; c'est pour eux une partie de plaisir, & l'occasion de gagner de bonnes journées. S'ils sont en petit nombre, si la saison presse, &c., ces journées deviennent très coûteuses; entr'eux ils fixent un prix, & le défaut de bras oblige les propriétaires à souscrire à la loi qu'ils imposent. Chaque canton d'une montagne, ou d'un pays de vignoble, a pour l'ordinaire son lieu affidé dans la plaine, sur-tout lorsque l'on paye les travailleurs en nature, & non à prix d'argent. Alors ils se succèdent de père en fils, & ils ont le temps de lever la récolte de la plaine avant de songer à lever la leur. Dans les pays de vignoble, toujours très-peuplés, lorsque l'on travaille les vignes à bras, les travailleurs se rangent de manière qu'ils ont le temps de couper le bled, de le battre, de le vanner, de le cribler; enfin, de le rendre net dans le grenier; parce qu'à cette époque les grands travaux des vignes sont finis. Ils *viennent affaner du bled*, vous disent-ils. On convient avec eux qu'ils se chargeront de toutes les opérations, & qu'on donnera, par exemple, à la totalité des travailleurs, la septième ou la huitième mesure des grains recueillis. A la fin de chaque semaine, on fait la distribution générale, qu'ils se partagent ensuite entr'eux. Le chef & le sous-chef des affaneurs ont ordinairement une légère retenue sur les autres; mais c'est peu de chose. Cette méthode est avantageuse au propriétaire, puisqu'il est de l'intérêt de l'affaneur qu'il y ait beaucoup de grains. ( *Voyez chapitre 10, page* 141, de l'article FROMENT. )

MOLETTE. MÉDECINE VÉTÉRINAIRE. Maladie particulière aux chevaux. La *molette* est formée par un amas de lymphe ou de férofité qui fe manifefte au-deffus du boulet par une tumeur molle ; cette tumeur couvre tantôt la face poftérieure du tendon du mufcle fublime, tantôt les parties latérales des tendons des mufcles fublime & profond. Lorfqu'elle paroît de chaque côté des tendons, on l'appelle *molette fouflée* ; lorfquelle eft fur le tendon même, on la nomme *molette fimple*, ou par corruption *molette nerveufe*.

Pour traiter la *molette* avec une certaine connoiffance, il eft utile d'avoir au moins une légère notion des parties qui forment l'extrémité inférieure du canon, près de fon union avec le paturon.

La peau & le tiffu cellulaire en font les enveloppes générales. Le *tiffu cellulaire* a des connexions intimes avec la peau qui le couvre ; avec les tendons des mufcles fléchiffeurs du pied, qui defcendent le long de la face poftérieure du canon entre les deux péronnés ; avec les deux parties ligamenteufes, qui de la partie poftérieure & inférieure du canon, vont fe joindre aux adhérences que les mufcles extenfeurs du pied contractent avec l'articulation du boulet, avec le prolongement de l'artère brachiale, dont le tronc rampe poftérieurement le long du canon jufqu'au-deffus du boulet où il fe bifurque, pour former les artères latérales qui donnent naiffance aux articulaires, avec les divifions de la veine cubitale ; telles que les veines articulaires qui partent du boulet après en avoir entouré l'articulation ; telle que la veine mufculaire qui part de ce même endroit & monte jufqu'au près du genou en fe perdant dans les mufcles du canon, avec les filets nerveux qui émanent du nerf brachial interne ; ces filets donnent plufieurs rameaux aux mufcles fléchiffeurs du canon & du pied, & vont enfuite fe perdre dans le boulet, dans le paturon, dans la couronne, &c. *Le tiffu cellulaire* remplit encore exactement les interftices qui règnent entre toutes ces parties, l'humeur qui s'en fépare eft reçue dans les *cellules de ce tiffu* ; fi la fécrétion eft lymphatique ou féreufe, & fi elle eft trop abondante, elle diftend les *cellules* qui la reçoivent, & forme la *molette fimple* ou la *molette foufflée*.

La *caufe* prochaine de la *molette* eft une lymphe ou une férofité arrêtée ou infiltrée dans le *tiffu cellulaire*.

1°. Dans les chevaux qui ont le fang trop épais, le reffort des artères n'a pas affez de force pour le chaffer en avant, il coule plus lentement, la lymphe a plus de temps pour s'extravafer, elle paffe plus abondamment dans le *tiffu cellulaire* qui les enveloppe, elle le gonfle & le furcharge : or comme la lymphe participe du même caractère que le fang d'où elle fort, elle eft conféquemment épaiffe, gluante, vifqueufe, propre à former des engorgemens, à fe durcir & à fe pétrifier. Les alimens & tout ce qui eft capable d'épaiffir le fang & de rendre le chyle crud & groffier, font des caufes éloignées de la *molette* qui fe termine par l'endurciffement.

2°. Dans les chevaux qui ont le fang trop aqueux, la férofité qu'il contient eft trop abondante, celle-ci relâche les fibres des vaiffeaux, elle leur fait perdre leur reffort, elle les rend incapables de chasser avec vigueur les liquides, le sang circule lentement dans les artères, la sérosité s'en échappe avec trop de facilité, elle s'infiltre dans le tissu cellulaire, à mesure quelle s'y accumule, elle donne naissance à *la molette simple* ou à la *molette soufflée*.

3°. Dans les chevaux à qui on comprime, par une ligature quelconque, les vaisseaux sanguins qui se distribuent à l'extrémité inférieure du canon, le sang ne circulant plus avec facilité dans cet endroit, les veines articulaires & la musculaire sont forcées d'y laisser échapper une partie de la lymphe ou de la sérosité qu'elle contiennent; c'est le *tissu cellulaire* qui reçoit ce liquide, il en distend les *cellules* & forme la *molette*.

4°. Dans les chevaux dont le volume des boulets est trop menu, trop petit, relativement à l'épaisseur de la jambe, ces sortes de boulets, sont la plûpart trop flexibles, & cette flexibilité est un indice presque certain de leur foiblesse; cette partie ainsi conformée, les chevaux communément se lassent & se fatiguent dans le plus léger travail; elle est bientôt gorgée, &, l'enflure dissipée, il y reste ou il y survient cette tumeur molle & indolente dans son principe, mais dure & sensible ensuite & par succession de tems, que nous avons nommée *molette simple* ou *molette soufflée*.

*Diagnostic.* On connoît que c'est la lymphe qui forme la *molette*, lorsqu'après un certain temps, l'impression du doigt reste dans la tumeur; on conjecture au contraire, qu'elle est formée par la sérosité qui s'est extravasée dans le *tissu cellulaire*, dès que le liquide épanché fait relever la tumeur quand on cesse de la comprimer.

*Prognostic.* La *molette* lymphatique & la séreuse, sont plus faciles à guérir au commencement, que lorsqu'elles sont invétérées. Ces liquides croupissant long-temps dans les *cellules*, deviennent si âcres qu'ils les rongent, ainsi que les tendons des muscles fléchisseurs du pied, les parties ligamenteuses de l'articulation du boulet, les vaisseaux qui s'y distritribuent, &c. Les mollécules les plus visqueuses de la lymphe, se rapprochent à mesure que la chaleur de la partie affectée dissipe ce qu'elle a de plus fluide; enfin elle s'épaissit, se durcit, & forme des pierres plus ou moins volumineuses, qui gênent les mouvemens de flexion & d'extention de l'articulation du boulet.

La *cure* de la molette qui dépend de l'épaississement du sang & de la lymphe, demande des apéritifs & des purgatifs hydragogues. On prescrira donc les tisanes faites avec les racines de patience, d'aunée, de fenouil, d'asperges, de petit houx, de persil, de cerfeuil, avec l'orge. On en fera avaler au cheval pendant quinze jours une livre ou deux, une heure avant ses repas. Il faut purger le cheval au commencement ou au milieu & à la fin de l'usage de ces tisanes, avec le jalap, le mercure doux, le turbith, la semence d'ieble, le sel de duobus pulvérisé, la gomme gutte & le syrop de nerprun. (*Voyez* MÉTHODE PURGATIVE) Pendant l'usage de ces remèdes, on emploiera les topiques capables d'atténuer & de résoudre la lymphe visqueuse qui forme la *molette*, & de dessécher & fortifier les fibres trop relâchées. Pour cet effet on fomentera la partie avec

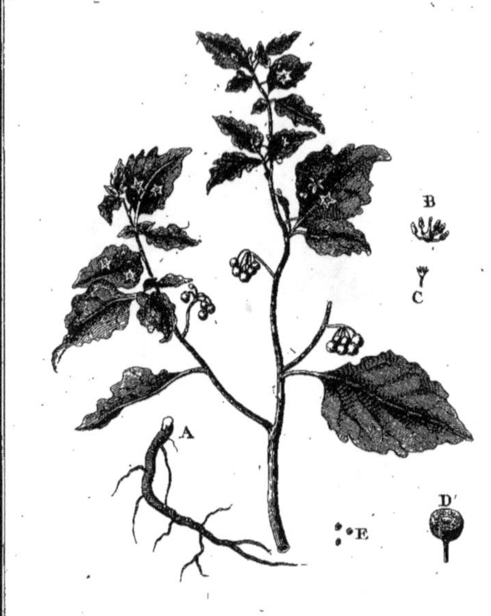


la Morelle à fruit noir.

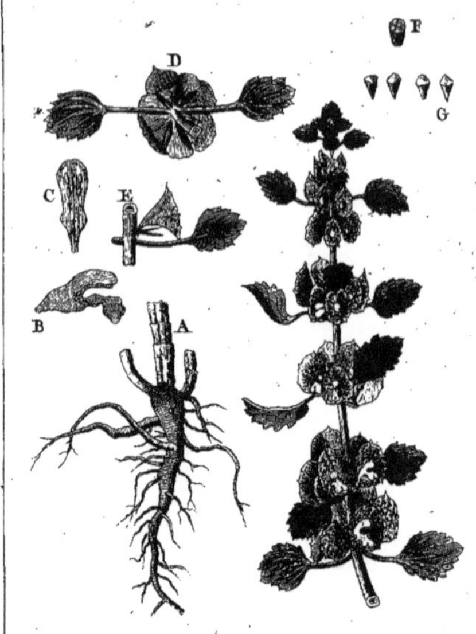


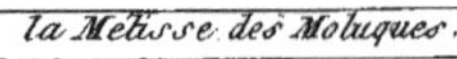

la Melisse des Moluques.

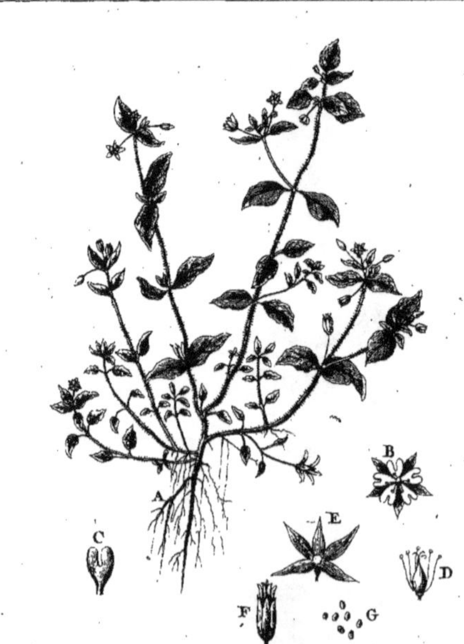


la Morgeline.

la Morelle grimpante, ou Vigne de Judée.

Sellier

une lessive de cendres de sarment, dans laquelle on aura fait bouillir du soufre, ou avec une décoction de romarin, de sauge, d'absinthe & de camomille, ou avec de l'esprit de vin, auquel on ajoutera parties égales de sel ammoniac & d'eau de chaux. Après les fomentations, on appliquera un cataplasme fait avec la farine de fèves, cuite dans l'oxymel, y ajoutant des roses rouges & de l'alun; & si malgré ces remèdes, la *molette* augmente de volume, on aura recours à des résolutifs plus forts. Telles sont les fomentations faites avec les décoctions de romarin, de thym, de serpolet, de laurier, de camomille, d'anis, de fenouil, de moutarde, de semences, de fœnugrec & de fiente de pigeon, dont on fait une forte décoction. On pile le marc & on l'applique en cataplasme sur la molette. Les feuilles d'hieble & de sureau, pilées avec de l'esprit de vin, font aussi un bon cataplasme.

Si la molette résiste, le secours le plus prompt est de faire de légères scarifications sur la *molette*, de manière à ouvrir la peau & quelques-unes des *cellules* qui contiennent la lymphe; comme elles ont communication les unes avec les autres, toutes ces *cellules* se dégorgeront insensiblement par celles qui seront coupées: & si cette lymphe dépravée y a croupi assez long-temps pour y former un calcul d'une forme & d'un volume quelconque, connoissant la structure anatomique de la partie affectée, rien n'empêche qu'on ouvre la peau & le *tissu cellulaire*, de manière à en extraire avec facilité le corps étranger.

Quand la lymphe ou la pierre sont sorties, les incisions se cicatrisent bien vîte, si l'on n'a pas trop attendu à les faire. Il faut cependant appliquer sur les ouvertures, des compresses trempées dans de l'eau vulnéraire ou dans de l'eau-de-vie camphrée, pour rétablir le ressort des fibres. Si les plaies étoient pâles, & qu'il y eût de la disposition à la gangrène, on les panseroit avec le baume de styrax, ou les autres remèdes convenables à cette maladie.

La *molette* qui dépend d'un sang trop aqueux, demande les mêmes remèdes que la précédente, & principalement ceux qui sont propres pour l'hydropisie; il ne s'agit que d'évacuer les sérosités trop abondantes, & de fortifier ensuite les fibres qui sont relâchées.

Si la *molette* provient de quelque compression, elle cesse quand on a levé l'obstacle; si le tissu adipeux est gonflé & qu'il fasse compression, les atténuans, les apéritifs & les hydragogues décrits dans la cure de la *molette visqueuse*, y conviennent.

Si la molette est l'effet d'un boulet trop menu, trop petit, alors elle se trouve dans la classe des maladies incurables. M. BRA.

MOLUQUE ODORANTE, ou MÉLISSE DES MOLUQUES. (*Voyez planche XV, page 559*) Tournefort la place dans la seconde section de la quatrième classe des herbes à fleurs d'une seule pièce, irrégulière & en lèvre, dont la supérieure est creusée en cuiller, & il l'appelle *molucella levis*. Von Linné lui conserve la même dénomination, & la classe dans la didynamie gymnospermie.

*Fleur* B. composée d'un tuyau, découpée par le haut en deux lèvres, dont la supérieure C cache les étamines & le pistil. On les a représentées en D, vues en-dessous, & de la manière dont la fleur tient à la tige; la lèvre supérieure est droite, entière; l'inférieure divisée en trois parties; le calice E est dessiné vu de profil.

*Fruit.* L'embrion qui succède à la fleur est représenté en F, avec les quatre graines G, relevées de trois coins, tronquées.

*Feuilles.* Rondes, quelquefois en forme de coin, simples, entières.

*Racine* A. Pivotante, rameuse.

*Port.* Plante haute de deux pieds; tiges unies, quarrées; les fleurs disposées tout-autour en manière d'anneau, remarquables par leur grand calice; les feuilles opposées.

*Lieu.* Originaire des Isles Moluques; cultivée dans les jardins; annuelle.

*Propriétés.* Saveur âcre, odeur aromatique; elle est cordiale, céphalique, vulnéraire, astringente.

*Usage.* On l'employe en poudre, en cataplasme, en décoction, en infusion.

MONADELPHIE. (Bot.) C'est la seizième classe du systême sexuel des plantes du chevalier Von Linné, qui renferme les plantes à plusieurs étamines, réunies par leur filets en un seul corps. Ce mot est composé de deux mots grecs, μονος ἀδελφός, qui signifient un seul père; toutes les étamines se trouvant réunies par leurs filets, ne forment qu'un seul corps, un seul père. Les mauves appartiennent à cette classe. En développant le systême du botaniste Suédois, nous donnerons le dessin des étamines monadelphes. *Voyez* le mot SYSTÊME. M M.

MONANDRIE. (Bot.) du grec μονος ανερ, un seul mari. M. Von Linné, établissant son systême sur les sexes des fleurs, a donné le nom de *mari* a ces étamines, parce qu'elles renferment la poussière fécondante, & il a divisé les douze premières classes de son systême par le nombre des étamines ou des maris. La première classe renferme les plantes, dont les fleurs n'ont qu'une étamine comme le balisier. *Voyez* au mot SYSTÊME, le dessin d'une fleur à une seule étamine. M M.

MONOECIE. (Bot.) du grec μονος οἰχία, une maison. M. Von Linné voyant que dans certaines plantes, les parties mâles & les parties femelles ne se trouvoient pas réunies dans la même fleur, que quelquefois, elles se trouvoient séparées & attachées à différentes branches, quoique toujours sur le même individu, les a considérés comme l'époux & l'épouse qui vivent séparés l'un de l'autre, quoique sous le même toit dans la même *maison*, & d'après cette idée, il a donné à la vingt-unième classe de son systême, le nom de Monoëcie, que portent les plantes dont les fleurs mâles & femelles sont séparées, quoique sur le même individu; telle est par exemple la masse d'eau. *Typha latifolia de Linné.* M M.

MONOGAMIE. (Bot.) de deux mots grecs, μονος γαμος, une noce; c'est la cinquième subdivision de la dix-neuvième classe du systême sexuel du du chevalier Von Linné, nommé singénésie; cette classe renferme les fleurs formées de l'agrégation de plusieurs petites fleurs. Considérant cette agrégation comme la réunion de plusieurs familles, plusieurs noces, il lui donna le nom caractéristique de *polygamie*. En considérant ensuite la position des fleurs mâles & des fleurs femelles dans cette polygamie, il donna le nom de *monogamie* à celles qui sans être composées de fleurons, ont leur étamines réunies en cylindre par leurs anthères, comme la violette. M M.

MONOPÉTALE. (Bot.) se dit d'une fleur, ou plutôt d'une corolle, qui est d'une seule pièce, & dont les divisions si elle en a, ne vont pas jusqu'à l'onglet. (*Voyez* au mot FLEUR, le dessein d'une corolle monopétale.) M M.

MONOPHILE. (Bot.) se dit d'une partie de fleurs qui est d'une seule pièce, qui n'est point divisée, ou dont les divisions ne vont pas jusqu'à la base; il y a des calices, des colerettes, des périanthes, des vrilles monophiles. (*Voyez* ces mots) M M.

## MONSTRE. MONSTRUOSITÉ.

PHYSIOLOGIE ANIMALE ET VÉGÉTALE.

### PLAN du Travail.

SECT. I. *Coup-d'œil général sur les monstres.*
SECT. II. *Des monstres végétaux.*
SECT. III. *Exemples de monstruosités végétales.*
1°. *Monstruosités de tiges.*
2°. *Monstruosités de feuilles.*
3°. *Monstruosités de fleurs.*
4°. *Monstruosités de fruits.*
SECT. IV. *Causes des monstruosités.*



### SECTION PREMIÈRE.

*Coup-d'œil général sur les Monstres.*

Etudier les végétaux, suivre de près leurs développemens & leur croissance, c'est parcourir une carrière féconde en phénomènes plus ou moins intéressans. Si la régularité des formes plaît & satisfait nos yeux, les variétés & les écarts doivent nous intéresser encore davantage; ce qui s'éloigne des loix communes de la nature, ce qui paroît être, je ne dis pas une simple exception, mais même une opposition formelle, demande de nous une attention particulière, une étude sérieuse; trop heureux si une explication simple & naturelle vient nous satisfaire & détailler à notre esprit la marche que la nature a suivie dans la production qui fait le sujet de notre étonnement. Les monstruosités végétales beaucoup plus abondantes qu'on ne l'imagine, seront long temps un objet de méditation pour le philosophe, tandis qu'elles ne présentent qu'un objet de dédain & de mépris à l'homme indifférent, qui ne demande que des beautés & des jouissances. Les monstruosités animales, toujours hideuses, toujours révoltantes, affligent un cœur sensible. L'anatomiste voit avec douleur sa production, parce qu'il songe sans cesse que la mère qui l'a mis au jour, a d'autant plus souffert que le monstre est plus singulier; que l'individu qui a été ainsi vicié dans sa conformation, devoit être un homme ou un animal sain & parfait, & que la mort de l'un & de l'autre accompagnoit trop souvent un accouchement pénible & monstrueux. C'est d'après ce sentiment, que M. Cooper voudroit qu'on bannît entièrement le terme de monstre, parce qu'il répugne à notre sensibilité, qu'il emporte toujours avec lui une idée triste, douloureuse & désagréable. Il conviendroit bien mieux d'y substituer celui *de jeu de la nature*. Dans le règne végétal au contraire, la naissance d'un monstre ou d'une partie monstrueuse, ce qui est bien plus commun, entraîne très-rarement le dépérissement de la mère ou de la plante totale; une feuille monstrueuse n'altère pas la tige qui la porte; un calice informe ne vicie pas les parties nobles qu'il renferme, & si la fleur surchargée d'embonpoint & d'une sève surabondante, voit flétrir les organes de la génération, ce malheur semble bientôt réparé par la multiplication des pétales, & la vivacité de leurs couleurs. L'homme même, ce roi de la nature, pour qui elle paroît sans cesse travailler, ignore souvent, ou oublie bientôt que cette fleur double qu'il admire, qu'il préfère, n'est qu'un monstre, pour ne penser qu'à ses beautés. Il faut encore beaucoup de connoissances en botanique pour observer & distinguer toutes les monstruosités végétales, & jamais ou presque jamais elles ne sont désagréables à la vue, & révoltantes comme les monstruosités animales. Cela ne viendroit-il pas aussi de ce que le règne animal nous touche infiniment de plus près; que dans le fœtus humain monstrueux, l'homme voit la perte de son semblable, & dans le fœtus d'un animal monstrueux, la perte d'un être utile & nécessaire. Ainsi la nature & l'intérêt, sont les premiers mobiles de sa sensibilité, tandis que dans le règne végétal, il y trouve une nouvelle jouissance. Pour l'homme qui raisonne ses jouissances, il est donc de son intérêt de connoître plus particulièrement les monstruosités végétales, leur cause, ce qui les constitue telles, & les différencie des simples accidents, & les différens systêmes que l'on a imaginés pour les expliquer, & pourquoi elles sont plus abondantes dans certaines espèces, dans certains cantons & dans certaines années, comme M. Gleditsch l'a observé dans les territoires de Francfort, de Furstemwald, de Cüstrin, Lebus &c., pour les années 1740, 1741, 1743, où il vit naître beaucoup plus de plantes *fasciées*, feuillues, prolifères, & à fleurs doubles que dans les autres années.

## SECTION II.

### *Des monstres végétaux.*

Il est nécessaire de bien saisir l'idée que renferme le mot de monstre, & de bien distinguer les parties qui sont réellement monstrueuses, de celles qui ne sont que viciées. Plusieurs auteurs en décrivant des monstruosités végétales, ont confondu trop souvent ce qui n'étoit qu'un accident, & pour ne pas tomber dans cette faute, il est nécessaire de spécifier exactement ce que nous entendons par monstre. Nous nommons *monstre* en général, avec l'immortel M. Bonnet, toute production organisée, dans laquelle la conformation, l'arrangement ou le nombre de quelques-unes des parties ne suivent pas les règles ordinaires; nous ajoutons à cette définition générale, que dans le règne végétal, ces vices de conformation doivent être dûs à l'acte seul & unique de la végétation, à cette cause intérieure & non à des causes extérieures, comme fracture ou luxation des parties, piquures d'insectes, &c. &c. On voit déjà combien cette interprétation exacte, jette de jour, & dissipe la confusion qui règne dans cette partie.

D'après cette définition, la nature nous offre dans le règne végétal quatre genres de monstres; le premier renferme ceux qui sont nés tels par la conformation extraordinaire de quelques-unes de leur parties; le second comprend les plantes qui ont quelques-uns de leurs organes ou de leur membre autrement distribués que dans l'état naturel. Dans le troisième genre, il faut placer les plantes monstrueuses par défaut, ou qui ont moins de parties qu'il ne leur en faut; & dans le quatrième, les plantes monstrueuses par excès, ou celles qui ont plus de parties qu'elles ne doivent en avoir. Il faut encore ajouter, que parmi ces monstruosités, les unes se perpétuent, soit par les graines, soit par les greffes, tandis que les autres sont passagères & n'altèrent en aucune manière les individus auxquels les plantes monstrueuses ont donné naissance.

Quelques botanistes ont regardé les variétés dans les feuilles de certaines plantes, les panachures, &c. comme des monstruosités; mais d'après la définition que nous venons de donner, c'est improprement que l'on donne le nom de monstres à ces accidents.

Les greffes par approche, ne sont pas non plus des monstruosités, soit qu'elles aient lieu naturellement, soit artificiellement: car l'union de deux plantes ainsi greffées subsiste sans détruire en rien les loix de la végétation. Ces plantes hybrides se nourrissent, croissent & se régénèrent par graines & par boutures; en un mot, elles remplissent toutes leurs fonctions végétales à l'ordinaire. Tout est dans l'ordre de la nature, rien contre ses loix; par conséquent, point de monstruosités, d'autant plus que la plantule, en sortant de la graine, n'offre pas de tiges greffées naturellement, ce qui seroit nécessaire pour constituer un monstre. Si des greffes par approche étoient des monstres naturels, je ne vois pas pourquoi les greffes ordinaires ne le seroient pas aussi. (*Voyez* le mot Greffe)

Il faut en dire autant des monstres par accidents; ce n'en sont pas de véritables. Les météores, les vents, les déchirures, les meurtrissures, les insectes occasionnent très-souvent sur la surface des tiges, des feuilles & même des fleurs des plantes, des accidents très-variés, comme la brûlure, des protubérances, des rachitismes, &c. qui ne sont que des maladies. (*Voyez* les mots Brulure, Gale) La fullomanie elle-même ne paroissant que dans le cours de la vie de la plante, est plutôt une maladie qu'une monstruosité. Si elle paroissoit dès le moment de la naissance & du développement du fœtus, alors elle en seroit une véritable, parce que, comme nous le verrons plus bas, c'est dans les vices du fœtus qu'il faut chercher le vrai principe des monstruosités.

## Section III.

*Exemples de monstruosités végétales.*

Nous allons parcourir les principaux exemples de véritables monstruosités que les différents observateurs ont recueillies; mais afin qu'on les saisisse mieux, nous les classerons suivant les parties principales des plantes, en suivant les genres de monstruosités: observons ici qu'il ne s'agit que de monstruosités de naissance & de végétation, & non de monstruosités produites par des insectes.

1°. *Monstruosités des tiges.* Les tiges sont sujettes à plusieurs espèces de monstruosités, principalement à celles de conformation. Dans presque toutes les plantes, les tiges sont rondes, c'est la figure que la nature leur a assignée, comme la plus propre à la circulation égale des sucs; cependant il s'est trouvé beaucoup d'exemples où l'on a vu cette forme varier, sur-tout s'applatir & offrir l'image d'une bande platte ou de rubans. Borrichius a observé un *geranium* qui avoit deux tiges ainsi applaties & larges de près de deux doigts; chacune de ces tiges plattes étoit formée de quinze petites qu'on pouvoit encore distinguer, & qui s'étoient réunies & collées ensemble sur un même plan. Cette monstruosité s'étendoit jusqu'à quelques-unes des branches supérieures. La plante arrachée, la racine a paru nouée & tortillée contre son ordinaire. Un hissope, un lis martagon, & une couronne impériale, lui ont offert le même phénomène.

M. Scholotterberg cite un *lilium album polyanthos*, le lis blanc ordinaire, dont la tige composée d'un grand nombre d'autres, avoit trois doigts de diamètre. On en a des exemples communs encore dans les tiges de l'amaranthe qui s'applatissent assez souvent; dans celles du maïs, de la chicorée sauvage, de la valériane, dans les branches du frêne, du saule, &c.

Ces applatissemens des tiges, sont dûs à la réunion naturelle de plusieurs tiges, & dont il est à croire que le principe existoit dans le fœtus même, puisqu'ils ont lieu sur la plante très-petite, comme sur la plante développée, & presqu'à son point de perfection. Cet excès de parties dans le végétal, est analogue à l'excès de parties dans l'animal, comme un quadrupède à six pattes, &c.; mais le règne végétal offre souvent une autre espèce de monstruosité beaucoup plus rare dans le règne animal; c'est la réunion de tiges de différentes natures; je vais en citer quatre exemples singuliers. M. Lalandrini a observé un tuyau de froment de l'un des nœuds duquel sortoit un second tuyau qui portoit à son extrémité un tuyau d'ivraie; & l'ayant disséqué à l'endroit de leur insertion, il a trouvé leurs membranes parfaitement continues.

Les fromentacées ont offert à Wormins un exemple de monstruosité pareille, celle de l'orge avec le seigle. C'étoit un court épi, partagé en quatre pointes, d'un pouce de longueur, qui à la première vue paroissoit être un vrai épi d'orge, mais qui renfermoit réellement tout-à-la-fois du seigle & de l'orge. Les quatre branches de cet épi, étoient disposées de façon, qu'alternativement la première n'avoit que des grains d'orge au nombre de cinq, & la seconde des grains de seigle. Les grains d'orge avoient leur longueur, leur dureté, leur rudesse ordinaires, & les barbes dont ils sont naturellement garnis; caractères qui ne se trouvoient point dans ceux du seigle.

Le professeur Gesner de Zurich (ce savant si estimable par l'étendue de ses connoissances, la franchise de ses vertus, l'aménité de son caractère, auquel je me plais à rendre ici un tribut de reconnoissance pour les bontés dont il m'a honoré à mon passage à Zurich, en 1784) a donné une description circonstanciée de l'union monstrueuse de la paquerette avec la renoncule, & de plantes de divers genres, de divers ordres & de diverses classes.

L'exemple suivant, sans être aussi frappant, n'est pas moins intéressant; il est dû aux observations du P. Cotte. C'est une carotte, moitié carotte & moitié betterave. Cette espèce de monstre avoit un pied de longueur & vingt-sept lignes dans son plus grand diamètre; l'extérieur étoit rouge comme une betterave: cette couleur n'étoit pas particulière à la peau, elle s'appercevoit encore tout autour dans l'espace d'une ligne; le centre de cette racine étoit teint de la même couleur dans un espace de six lignes jusqu'aux deux tiers de sa longueur; tout l'espace intermédiaire étoit jaune. Cette carotte cuite avoit le goût de la carotte & de la betterave.

2°. *Monstruosités des feuilles.* Les monstruosités des feuilles sont infiniment plus communes que celles des tiges, & l'on pourroit même dire qu'il y a peu de plantes à feuilles composées ou sur-composées qui n'en offre quelqu'exemple, plus fréquemment cependant dans les espèces herbacées, que dans les ligneuses; nous en citerons quelques-uns.

M. Bonnet, cet illustre & exact scrutateur de la nature, a observé un grand nombre de variétés très-frappantes dans les folioles du framboisier, qui sont autant de monstruosités qui doivent leur origine à la réunion ou à la greffe des folioles les unes avec les autres. Il a remarqué que dans les feuilles à cinq folioles, ce sont toujours celles de la seconde paire qui s'unissent à celles de l'extrémité du pédicule; la proximité qui est entre ces folioles, favorise cette union. Tantôt il n'y a qu'une seule foliole qui se greffe à celle de l'extrémité; tantôt c'est la paire entière; tantôt l'union se fait dans toute la longueur de la foliole ou des folioles; tantôt elle ne se fait que sur la moitié, le quart ou une très-petite partie de cette longueur. La jonction commence toujours à l'origine du pédicule particulier. On voit ordinairement à l'endroit de la réunion, un pli ou une espèce d'arrête.

Les folioles de la feuille du noyer, sont sujettes à de pareilles difformités. M. Bonnet en a vu une feuille à cinq folioles, dont celle de l'extrémité étoit plus petite que les autres, & parfaitement circulaire; dans d'autres, les folioles tenoient au pédicule commun, non-seulement par un court pédicule, mais encore par une espèce de peau ou de membrane, qui donnoit à ces folioles une figure très-irrégulière. Dans une autre feuille, l'extrémité portoit deux folioles, dont l'une étoit fort échancrée d'un côté; il y a observé souvent des greffes semblables à celles des feuilles du framboisier, & dans une sur-tout, que toutes les folioles s'étoient réunies, de façon que la feuille offroit une forme très-bizarre, qu'elle étoit un peu plissée, & que sa principale nervure, au lieu d'être arrondie, étoit absolument plate & fort large.

Les feuilles du jasmin offrent encore un plus grand nombre de variétés, & elles sont si communes sur cette plante, qu'il est facile de les appercevoir au premier coup d'œil, pour peu que l'on connoisse parfaitement la forme de la feuille du jasmin.

La feuille du lilas, qui est toujours simple & sans découpure, quelquefois est double & comme divisée en deux feuilles différentes, qui se réunissent près du pétiole, divergent & s'écartent ensuite l'une de l'autre.

Le violier rouge a encore offert un phénomène de feuilles composées; sa feuille est simple, un peu allongée & un peu roulée, sur-tout aux approches de l'automne; on en a vu une triple, ou au moins remarquable par trois divisions; la feuille du milieu étoit plus grande que les deux autres latérales; de plus, cette feuille étoit beaucoup plus courte que les autres, & la silique qui succéda à la fleur, resta grêle, courte & menue.

M. Bonnet cite une monstruosité des feuilles du chou-fleur, beaucoup plus singulière que toutes celles que je viens du rapporter. De dessus & de la principale nervure d'une feuille, s'élevoit une tige cylindrique, qui portoit à son sommet un bouquet d'autres feuilles, dont la forme imitoit celle d'un cornet; la surface inférieure, aisée à reconnoître à sa couleur & au relief de ses nervures, formoit l'extérieur du cornet, dont les bords sont dentelés : quelques-uns de ces cornets avoient une espèce de bec, leur ouverture étoit elyptique, c'est-à-dire, qu'au lieu d'être dans un plan parallèle à l'horison, elle étoit dans un plan incliné; d'autres cornets avoient leur ouverture à peu près circulaire : leurs grandeurs varioient beaucoup, depuis un pouce d'ouverture sur un pouce & demi de hauteur jusqu'à la petitesse de têtes d'épingles; ces petits cornets étoient portés sur une tige assez courte & cylindrique; examinés de fort près, on appercevoit au centre un enfoncement indiquant essentiellement en petit la même forme que les grands; ils partoient de la principale nervure d'un autre cornet; on découvroit çà & là des appendices de forme irrégulière, quelquefois approchants de celle d'un cornet, qui adhéroient à la principale tige ou à quelques-uns des plus grands cornets. Les monstres des feuilles de choux-fleur ne sont pas rares, car M. Bonnet en a trouvé plusieurs dans une seule planche de choux-fleurs.

3°. *Monstruosités des fleurs.* Si on étudioit bien attentivement les fleurs, on trouveroit beaucoup plus de monstruosités dans leurs parties que l'on ne pense; on peut même, en général, regarder comme une monstruosité permanente, la multiplicité des pétales dans certaines espèces de fleurs, ce qui les a fait nommer *fleurs doubles*. On pense communément que c'est la culture qui amène les fleurs à cet état par une surabondance de sève; mais nous croyons que cela dépend encore plus de la nature du fœtus; car sur une planche de semis de renoncule, par exemple, dont toutes les graines viennent de la même plante simple, il s'en trouvera quelques-unes de doubles, & le reste sera simple. Or dans cet exemple si frappant, & qui se renouvelle tous les jours, l'uniformité des circonstances accompagne absolument le développement de tous les germes; même semence, même terrein, même influence atmosphérique; pourquoi quelques fleurs doubles? Pourquoi quelques monstres? Nous en développerons la cause plus bas.

Nous allons citer cependant quelques monstruosités florales assez singulières. Les premières nous seront fournies par M. Bonnet. Il cite des fleurs de renoncules du milieu desquelles sortoient une tige portant une autre fleur; mais sur-tout une rose qui offroit le même phénomène; du centre de cette fleur, partoit une tige quarrée, blanchâtre, tendre & sans épines, qui portoit à son sommet deux boutons à fleurs, opposés l'un à l'autre, & absolument dépourvus de calice; un peu au-dessous de ces boutons, sortoit un pétale de forme assez irrégulière. Sur la tige épineuse qui portoit la rose, on observoit une feuille qui différoit beaucoup de celles qui sont propres au rosier; elle étoit en trefle; son pédicule étoit large & plat.

Dans cette classe de monstruosités, il n'est pas rare de voir les étamines se convertir en pétales, & M. Duhamel pense même que la multiplicité des pétales des fleurs doubles, n'est dûe qu'à cette conversion. La stérilité de ces fleurs s'explique facilement par-là; moins il y aura d'étamines, ou plus il y en aura de converties en pétales, & plus cette stérilité sera parfaite par ce défaut d'organes générateurs. En examinant ces fleurs doubles, on peut souvent observer ce passage, & on trouve des étamines qui ne sont qu'à demi changées en pétales. Les roses sur-tout offrent ces accidents.

Quand le pistil éprouve un effet analogue, au lieu de produire des pétales, il se change en feuilles vertes ordinaires, ou en une tige portant feuilles & fleurs: les rosiers, les cerisiers à fleurs doubles & les œillets, sont sujets à ces accidents. Presque tous les auteurs qui ont écrit sur les monstruosités végétales, comme Bonnet, Duhamel, Schlotterberg, Adanson, &c. &c., ont cité plusieurs exemples de monstruosités florales, & sur-tout de fleurs implantées les unes dans les autres, ce qui a fait donner aux plantes qui les portoient le nom de *plantes prolifères*. Quelques plantes corimbyfères produisent aussi quelquefois des corimbes implantés l'un dans l'autre.

La fleur de la balsamine est terminée par un éperon. Je l'ai observé quelquefois avec deux; *M. Schlotterberg* en a trouvé une à trois. Curieux de savoir si cette fleur produiroit des graines comme les autres, il ne voulut pas la cueillir; mais son attente fut vaine, & la fleur se dessécha.

4°. *Monstruosités des fruits*. Les monstruosités des fruits sont encore infiniment plus multipliées que celles des tiges, des feuilles & des fleurs, & l'on peut même dire en général, qu'il n'y a point de fleur monstrueuse, lorsqu'elle produit un fruit, qui ne produise un fruit monstrueux; mais il ne faut pas en inférer de-là, qu'il n'y a de fruit monstrueux, que lorsqu'il a existé auparavant une fleur monstrueuse. Souvent d'une fleur belle, saine & bien proportionnée, naît un fruit monstrueux, qui doit alors son origine au germe monstrueux contenu dans l'ovaire. La monstruosité des fruits est presque toujours par excès, & par greffe naturelle. Borrichius rapporte qu'on lui fit voir une poire monstrueuse de ce genre. C'étoit moins un seul fruit que deux fruits réunis. Le premier étoit formé de la queue & de la moitié d'une poire ordinaire; l'autre formoit la partie la plus considérable, & l'extrémité du fruit; entre les deux, sortoient de part & d'autre des feuilles qui se touchoient avec symétrie, & s'unissoient de manière qu'on les eût prises pour une seule feuille diversement découpée; on ne voyoit aucune séparation dans l'intérieur, & tout y étoit tellement disposé, qu'on eût dit que c'étoit un seul fruit, si ce n'est quelques fibres irrégulières, & les pepins dispersés confusément, qui annonçoient un peu le vice de la conformation.

M. Bonnet a vu pareillement une poire qui donnoit naissance à une tige ligneuse & nouée, dont le sommet portoit une seconde poire un peu plus grosse que la première. Il falloit que cette nouvelle tige eût porté fleur, & que le fruit eût noué.

M. Duhamel a fait la même observation sur un jeune poirier, dans le jardin des Chartreux de Paris. De l'œil de presque toutes les poires de cet arbre, sortoit une branche ou une fleur, & quelques-unes de ces fleurs qui avoient noué leurs fruits, produisoient une poire double, dont l'une sortoit de l'extrémité de l'autre. Il arrive fréquemment quelque chose de semblable aux citroniers; on y trouve de ces fruits surnuméraires, renfermés, soit en partie, soit même quelquefois en entier, dans le vrai fruit. Cette observation est confirmée par une semblable de M. Marcorelle, consignée dans le Journal de Physique, de février 1781. Il cite aussi un grain de raisin double, c'est-à-dire un petit grain, garni de feuilles & d'une petite tige, sortant d'un gros.

Les monstruosités des fruits, par approche, ou par greffe naturelle, sont très-communes. Il n'est pas rare de voir deux fruits accolés l'un à l'autre, & recouverts par la même écorce & le même épiderme : les deux péricarpes n'en faire qu'un; les graines multipliées en raison des deux individus, & cependant le tout porté par un pédicule commun. Les baies de genevriers, les prunes, les cerises, les poires, les pommes, &c. sont sujets à cet accident. M. Scholotterberg a observé un concombre de jardin, double, & réuni à un plus petit.

Telles sont en général les principales monstruosités naturelles que l'on a observé dans les plantes. Nous traiterons, au mot Maladie, de celles qui surviennent par accidens, que l'on a regardé improprement comme des monstruosités, qui n'en sont point, mais de simples maladies ou excroissances produites par des piqures d'insectes, des déchirures, des luxations, &c. &c. Cherchons à présent à expliquer, autant que nous le pourrons, les causes des monstruosités naturelles.

## Section IV.

### *Causes des monstruosités végétales.*

Hypocrate, en comparant les monstruosités animales aux végétales, nous a indiqué qu'il falloit ici raisonner par analogie, comme dans presque tous les grands phénomènes de la végétation, (*Voyez* au mot Arbre, le parallèle du règne végétal avec le règne animal.) Lorſque dans la phyſiologie animale on eut imaginé que tout ſe produiſoit par des œufs, on commença à raiſonner aſſez juſte ſur l'origine des monſtres ; tout ce que l'on avoit dit auparavant étoit, ou abſolument contraire à la véritable phyſique, ou des explications plus obſcures que ce que l'on vouloit expliquer. On accuſoit la nature d'erreur & de mépriſe, qu'il falloit lui pardonner ; & l'on regardoit les monſtres, ou comme indignes de l'attention d'un philoſophe, ou comme l'objet de ſon horreur. La ſcience faiſant des progrès inſenſibles, a, peu-à-peu, détourné le voile dont la nature ſe cachoit dans la fabrication des monſtres ; & la découverte des germes & des œufs, a commencé celle de la formation des monſtres ; c'eſt dans leur exiſtence, leur manière d'être, & dans leur développement que l'on a cherché la cauſe de ce phénomène. Mais, à peine a-t-on cru avoir trouvé le vrai principe, qu'il s'eſt élevé deux ſentimens fameux.

L'un enſeignoit que des œufs, originairement monſtrueux, qui ſe développoient auſſi régulièrement que les autres, produiſoient naturellement des monſtres, & que par conſéquent ces monſtres étoient autant la première intention de la nature, que les animaux ordinaires & parfaits.

Suivant le ſecond ſyſtême, les monſtres doivent leur origne à l'union & à la confuſion accidentelle de deux œufs. Tous les autres ſyſtêmes ſe rapprochent plus ou moins de ces deux-là ; par conſéquent il eſt inutile d'en faire ici mention. Les germes ayant été ſubſtitués aux œufs, les mêmes principes peuvent avoir lieu avec les germes comme avec les œufs, & il peut y avoir des germes monſtrueux, ou deux germes ſe pénétrant & ſe confondant l'un avec l'autre. Comme dans le règne végétal la doctrine des germes paroît abſolument démontrée, (*Voyez* le mot Germe) nous l'emploirons pour chercher à expliquer la formation des monſtres. M. Bonnet nous ſera d'un très-grand ſecours ; & comme en général nous avons adopté la ſublime théorie de cet illuſtre ſavant, pour la phyſiologie, il ſera encore notre guide dans le labyrinthe obſcur que nous allons parcourir.

Les germes deſtinés par la nature à ſe développer un jour & à vivre, doivent être doués de toutes les qualités néceſſaires à cet objet, ſans quoi le but de la nature ne ſeroit pas rempli. S'il s'en trouvoit d'originairement monſtrueux, ils iroient directement contre la ſageſſe de l'auteur de la nature ; je doute même qu'il pût être fécondé dans cet état ; car le germe n'étant compoſé que des ſeules parties élémentaires, reſſerrées les unes contre les autres, qui doivent un jour ſe développer par la fécondation & l'accroiſſement, s'il manquoit une ſeule de ces parties élémentaires, ou s'il s'en trouvoit quelques-unes de doubles, pourroit-il exiſter dans ce germe, en cet état de déſordre, la faculté de ſe développer. Avant la fécondation, on peut conſidérer le germe naturel comme une montre ordinaire, douée de toutes ſes pièces infiniment parfaites, mais dont le reſſort n'eſt pas monté. On monte ce reſſort : voilà l'acte de la fécondation ; voilà le *ſtymulus*, le reſſort bandé, tout marche, tout va, la montre vit. Mais, si par hasard cette montre venoit à manquer d'une partie essentielle, comme de la roue de rencontre ou de la roue de la fusée, certainement la montre n'iroit pas : il en est à-peu-près de même pour le développement des germes. Voilà pour les germes monstrueux par défaut. Supposons à présent qu'il se trouve dans la montre, & sous la même quadrature, deux fusées ou deux échappemens, & même deux rouages complets l'un dans l'autre, il est de toute évidence qu'en vain l'on monteroit le ressort, rien ne marcheroit, parce que tout se gêneroit, tout seroit contre l'ordre & l'économie : c'est-là le cas des germes monstrueux par excès. Il est donc probable qu'il n'existe & ne peut exister de germes monstrueux. Ce principe paroîtra encore plus vraisemblable, si l'on adopte le systême de l'emboîtement des germes, celui auquel nous donnons la préférence, comme au plus plausible. Dans ce systême, l'existence des germes monstrueux est encore plus difficile à concevoir. Comment, & pourquoi ces germes qui existent de tout temps, qui préexistent à la fécondation, qui, avant ce moment, vivent de la vie de l'individu qui les porte, & qui attendent le *stymulus* de la fécondation; pourquoi, dis-je, ces germes feroient-ils monstrueux ? Qui est ce qui les auroit créés tels ? Et comment auroient ils pu être emboîtés les uns dans les autres, s'ils l'avoient été dès l'origine. Un germe monstrueux nécessite une monstruosité pareille dans le germe qui l'emboîte ; celui-ci par conséquent en nécessite autant; ainsi les uns des autres jusqu'au premier : ainsi, il ne pourroit exister actuellement un monstre, soit dans le règne animal, soit dans le règne végétal, que l'on ne fût obligé d'en conclure que le premier germe, celui qui renfermoit tous les autres, étoit lui-même monstrueux, & que depuis son développement jusqu'à celui dont il est question, on n'a eu nécessairement que des fœtus ou des individus monstrueux; ce qui est absolument opposé à ce que nous voyons tous les jours. Une plante douée de toutes ses étamines, de son pistil, &c., en un mot, de toutes les parties nécessaires pour la constituer telle plante, & qui n'a qu'elles, donne souvent des graines qui produisent des monstres; toutes les fleurs doubles viennent de fleurs simples. Il en est de même dans le règne animal. Combien de fois n'a-t-on pas vu un monstre né d'un homme & d'une femme bien faits ? Il n'est donc pas probable, tranchons le mot, il n'existe donc pas de germes monstrueux !

S'il n'existe pas de germes monstrueux dans le règne végétal comme dans le règne animal, quel peut donc être le principe des monstruosités? Le même dans les deux règnes. La réunion de deux germes, leur confusion durant leur développement; en un mot, les monstruosités sont dûes à des fœtus devenus monstrueux. Il faut bien distinguer entre les germes & les fœtus. Le germe est le fœtus avant sa vie propre, & le fœtus est le germe vivant & se développant. Au moment de la fécondation, le germe végétal est stimulé & animé par l'action de la poussière séminale, (*Voyez* FÉCONDATION) il s'étend, il croît en tous sens. Mais auparavant ce n'étoit qu'une gelée; deux germes à côté l'un de l'autre étoient deux gouttes de gelées très-voisines : c'est comme s'exprime M. Bonnet, une suite de points qui formeront dans la suite des lignes, ces lignes se prolongeront, se multiplieront, & produiront des surfaces. Combien n'est-il pas facile qu'en se prolongeant ainsi dans tout sens, deux ou plusieurs germes ne viennent à se toucher, à s'aboucher, à se greffer les uns contre les autres. Si cette réunion persiste durant le développement, le fœtus deviendra monstrueux dans l'ovaire de la plante même; la germination animera de plus en plus cette monstruosité, & elle deviendra très-sensible dans la plante adulte.

D'après ce principe, on explique facilement la formation & l'existence des monstres par défaut, ou par excès. Si deux germes en se pénétrant, détruisent absolument les parties par lesquelles ils se pénétrent, le fœtus en sera privé, & voilà un monstre par défaut. Si, au contraire, ces parties ne font que se greffer, & subsistent assez isolées & indépendantes pour qu'elles soient sensibles : voilà un monstre par excès.

Il existe encore une autre cause de monstruosité, qui paroît avoir beaucoup plus d'influence dans le règne végétal que dans le règne animal, & qui ne dépend nullement de la pénétration de deux germes, mais seulement du simple développement d'une partie du fœtus au dépens de ses voisines. Je suppose qu'un germe fécondé d'une rose, d'une renoncule ou de toute autre fleur, qui, de simple, peut devenir double par la culture, se développe & vive comme fœtus; il peut se faire qu'il tire de la terre & de l'air une nourriture plus propre au developpement des pétales que des étamines. Qu'arrivera-t-il ? Les pétales se développeront plutôt que les étamines ; & comme les germes se trouvent disséminés dans toute la plante, les étamines elles-mêmes pompant une nourriture qui convient plus aux pétales qu'à elles-mêmes, ne se changeront pas en pétales, comme on le dit communément, mais laisseront développer les germes de pétales qu'elles renferment, à leur propre détriment, de façon que les étamines ne paroîtront plus; mais comme ces nouveaux pétales sont composées de deux espèces de germes, des germes d'étamines, & des germes de pétales, ces nouveaux pétales seront des monstres informes, qui tiendront plus ou moins de l'un & de l'autre.

Il en est de même des pistils. Le pistil contient sans doute plus de germes de feuilles que d'autres ; une surabondance de sucs, plus propres à nourrir des feuilles que des pistils, venant à circuler dans les vaisseaux des pistils, feront développer les germes des feuilles au dépens de ceux des pistils, & on aura des monstres, moitié feuilles & moitié pistils.

Tous les autres exemples de monstruosités végétales que nous avons cités, peuvent tous s'expliquer par une de ces raisons.

La monstruosité de plusieurs tiges de même espèce réunies, est dûe à la confusion de fœtus se développant, se pénétrant, & dont toutes les parties ont été tellement confondues, qu'elles n'en ont plus fait qu'une, excepté les tiges qui sont restées accollées & sensibles.

La réunion des tiges de différentes espèces, est sans doute une espèce d'hybridicité, (*Voyez* le mot HYBRIDE) & s'explique très-facilement par-là.

Les monstruosités des feuilles sont toutes dûes à des greffes naturelles, opérées dans le développement du fœtus même, ou tout au plûtard dans le bouton.

Il en est de même des fruits doubles.

Le développement contre nature des étamines & des pistils, donne l'explication des fleurs doubles & des fleurs prolifères.

MONTAGNE. Grande masse de terre, ou de rocher, fort élevée au-dessus du reste de la surface de la terre. On peut diviser les montagnes en cinq ordres; placer dans le premier les glacières ou montagnes qui sont toujours couvertes de neige & de glace. Le second est la patrie des *mélèses*. Le troisième des sapins. Le quatrième des *pins*, des *hêtres*, (*Voyez* ces mots) & du seigle. Le cinquième des vignes, du froment, &c., à mesure que la hauteur diminue, pour ne plus former qu'une côte & ensuite un côteau. Telle est, relativement à la hauteur, l'idée qu'on peut se former de ces grandes masses, qui coupent en mille manières la circonférence du globe. D'après cet apperçu général, il est aisé de juger la hauteur d'une montagne, & ses degrés de froid depuis le haut jusqu'en-bas; par les plantes qui naissent sur ces différentes zones. Cet examen est plus du ressort du naturaliste que de l'agriculteur.

Si l'on considère les montagnes du côté de leur formation, on distinguera les montagnes *primitives*, c'est-à-dire celles dont les *scissures* sont de haut en-bas : elles existoient avant le déluge; les montagnes *secondaires* ont été formées par les eaux, soit du déluge, soit postérieures : celles-ci sont par *couches* horisontales ou inclinées. Il y a un troisième ordre de montagnes que je nomme *accidentelles*; ce sont celles formées par les volcans, & qui sont les plus élevées du canton. Ici tout ordre, toute harmonie est détruite. On ne voit plus ce bel ensemble; les laves ont comblé ou creusé des précipices; les tremblemens de terre ont ébranlé les montagnes, & elles se sont écroulées dans les abîmes : c'est à ces grands accidens qu'est dûe la naissance des lacs, des amas d'eau qu'on trouve assez souvent dans les pays volcanisés, & qu'on doit distinguer des cratères ou bouches par lesquelles les volcans vomissoient des monceaux de pierres, des laves & du feu.

Les montagnes primitives sont de nature vitrifiable; les secondaires sont *calcaires*, c'est-à-dire qu'elles fournissent des pierres à chaux, & font effervescence avec les acides. Les premières n'en font point, & se fondent en verre, lorsqu'on les soumet à l'activité convenable du feu.

Un grand nombre d'auteurs, avant & après M. de Buffon, ont beaucoup travaillé sur l'origine & sur la formation des montagnes, on peut consulter leurs ouvrages; & ce seroit s'écarter de celui-ci, si j'entrois dans de plus grands détails; il suffit de les considérer du côté de leur utilité pour l'agriculture.

1°. Leur élévation met à couvert des vents froids, & par la réfraction des rayons du soleil, elle augmente la chaleur de la partie tournée vers le midi; tandis que celle qui regarde le nord, privée de l'impression des vents du sud, & exposée à ceux du nord, devient beaucoup plus froide qu'un semblable terrein, & sous le même parallèle, dont la chaîne de montagne seroit du nord au sud. (*Voyez* ce qui est dit au mot ABRI, la troisième partie du mot AGRICULTURE, chapitre, II, *page* 226, où il est question de la dépendance des objets de l'agriculture, relativement aux bassins & aux abris.)

Les effets produits par les montagnes ne sont pas par-tout les mêmes. Par exemple, la haute chaîne de montagnes appellée Gâte, qui s'étend du nord au sud, depuis les extrémités du mont Caucase jusqu'au Cap Comorin, a d'un côté la côte du Malabar, & de l'autre celle de Coromandel. Du côté du Malabar, entre cette chaîne de montagnes & la mer, la saison de l'été a lieu depuis le mois de septembre jusqu'au mois d'avril, & pendant tout ce temps, le ciel y est serein & sans aucune pluie; tandis que sur l'autre côté de la montagne, sur la côte de Coromandel, c'est la saison de l'hiver & des pluies sans relâche. Mais, depuis le mois d'avril jusqu'au mois de septembre, c'est la saison d'été du pays, tandis que c'est celle de l'hiver du Malabar; en sorte qu'en plusieurs endroits, qui ne sont guère éloignés que de vingt lieues de chemin, on peut, en croisant la montagne, se procurer une saison opposée, en deux ou trois jours. L'Arabie, le Pérou, offrent la même singularité, & l'on pourroit, sans sortir du royaume, ne pas remarquer, il est vrai, des altérations si frappantes, mais beaucoup de petites dégradations de ces grands phénomènes. Toujours est-il certain que nos chaînes de montagnes décident du genre de culture des environs, & que suivant les abris qu'elles offrent, elles augmentent l'intensité de chaleur, ou la diminuent, comme on en voit un exemple frappant entre Gênes & la province de Guipuscoa en Espagne, bien plus méridionale que cette partie de l'Italie. Les divers genres d'agriculture tiennent à la diversité des climats, celle des climats à la diversité des abris, & les abris quelconques, à la disposition des montagnes.

L'on remarque, si les montagnes sont sèches, c'est-à-dire, si depuis long-temps il n'y est pas tombé de la pluie, que les vents qui les traversent sont chauds & brûlans pendant l'été. Si, au contraire, elles sont mouillées, humides, &c. ces mêmes vents tempèrent les chaleurs dans les provinces du midi, produisent des sensations froides dans celles du centre du royaume, & un vrai froid dans celles du nord, parce que ces vents augmentent l'évaporation de l'humidité, & l'évaporation produit le froid. Lorsqu'elles sont chargées de neiges pendant l'hiver, le grand vent la *mange*, expression populaire, qui désigne son action sur la neige, il en détache & entraîne avec lui la couche supérieure, la neige perd de son épaisseur, & celle qui est entraînée augmente le froid dans l'athmosphère. C'est d'après de semblables observations, qu'on parvient petit-à-petit à étudier la manière d'être des saisons du pays que l'on habite, la cause de plusieurs phénomènes locaux, soit utiles, soit nuisibles. Il convient d'en rapporter un bien singulier.

Le bas-Languedoc est traversé de l'est à l'ouest par une grande chaîne de montagne qui s'embranche à leur extrémité d'un côté, avec celle des Cevennes, du Vivarais, &c. & de l'autre avec celles du Rouergue, &c. Lorſque la région ſupérieure de l'athmoſphère de ces montagnes commence à ſe refroidir dans les mois d'octobre, novembre & décembre, & lorſque celle de la plaine eſt encore chaude, s'il ſurvient dans ces trois mois un vent d'eſt, ou de ſud, ou ſud-eſt, qui traîne avec lui beaucoup de vapeurs qu'il enlève de la mer, cette humidité forme des nuages lâches, peu élevés, & qui reſſemblent à de forts brouillards; ils ſont pouſſés par le vent, & attirés par la chaîne des montagnes. En ſuppoſant à ces nuages la température de ſix à dix degrés de chaleur, ils trouvent, en arrivant ſur les montagnes, un athmoſphère de quelques degrés au-deſſous de la glace; ce froid les condenſe, ils s'accumulent, & leur peſanteur ſpécifique devenant plus conſidérable que la force de l'air qui ſuffiſoit auparavant pour les ſoutenir, ils ſe diviſent en pluie ſi abondante, que vingt-quatre heures après les plaines ſont couvertes par l'eau débordée des rivières, quoique ſouvent à peine quelques gouttes d'eau ſont-elles tombées dans la plaine. On ne peut mieux comparer ce phénomène qu'à celui de la diſtillation dans un alembic où le froid condenſe les vapeurs dans la partie ſupérieure du chapiteau, & les réunit en un filet d'eau: tel eſt à-peu-près encore l'effet de la pompe à feu. Les nuages dont on parle, ne franchiſſent point cette chaîne de montagnes, toute la pluie tombe ſur les premières en rang; mais lorſque la région de l'athmoſphère eſt aſſez chaude pour ne plus condenſer ces nuages vaporeux, ils franchiſſent la chaîne ſans laiſſer échapper que peu d'eau. Si l'athmoſphère de la plaine eſt froid, ſi la neige couvre ces montagnes, les nuages paſſent au-delà, & vont augmenter la couche de neige ſur les montagnes ſupérieures aux premières. Ce qui prouve exactement ces aſſertions, c'eſt que depuis janvier juſqu'en octobre, les ruiſſeaux, les rivières qui prennent leur ſource dans cette chaîne, ne débordent jamais; tandis que ſouvent les rivières qui prennent leur ſource dans les Pyrennées, par exemple, débordent dans d'autres ſaiſons & par d'autres vents. Il paroît que l'on peut expliquer de la même manière les crues ſubites du Rône toutes les fois qu'il règne un vent d'oueſt, & que ce vent ſe propage juſques ſur les Alpes, qui ſéparent le royaume de France des royaumes voiſins. Ainſi, le même vent qui fait ici déborder une rivière, ne produit aucun effet, par exemple, à quelques lieues de-là; parce qu'il ne ſe trouve pas les mêmes cauſes de condenſation. D'après ces deux faits, auxquels on en pourroit joindre une infinité d'autres, il eſt facile à chacun d'en faire l'application au pays qu'il habite, & deviner pourquoi il pleut plus dans tel canton que dans un autre; pourquoi tel vent eſt ſalutaire ou nuiſible, &c. Je ne préſente ici que des apperçus, c'eſt au lecteur à leur donner l'extenſion qu'ils jugeront à propos; il ſuffit de les mettre ſur la voie.

Les montagnes ſont une des grandes cauſes de la fécondité des plaines, puiſque c'eſt d'elles qu'elles reçoivent les rivières, les ruiſſeaux, &c. Ces grandes élévations attirent les nuages, & l'air de leur région supérieure les condense, & les y réduit en pluie. Il est très-rare de voir clairement le sommet des hautes montagnes, parce que s'il y a un seul nuage sur l'horison, ( excepté au soleil levant & couchant, ) il en est enveloppé, il ne peut l'être sans recevoir la pluie, sans soutirer les nuages : il est rare qu'il se passe plusieurs jours sans pluie. Telle est l'origine de ces sources, de ces fontaines que l'on trouve sur le sommet des plus hautes montagnes, & dont la manière d'expliquer leur formation a été si long-temps inconnue. Cette eau, presque perpétuellement soustirée des nuages, filtre à travers les scissures des montagnes, coule & s'enfonce dans l'intérieur de la terre, jusqu'à ce qu'elle trouve une couche d'argille qui en intercepte l'enfouissement, la force de la suivre, souvent à des distances qui étonnent. Telle est, par exemple, l'origine des fontaines salées de Franche-Comté, qui prennent leurs sources en Lorraine dans les montagnes des Vosges, à plus de trente lieues au-delà de leur sortie, &c. &c.

La disposition des montagnes explique pourquoi tel ou tel canton est fréquemment abîmé par la grêle, tandis que ceux qui l'environnent en sont exempts. Les montagnes brisent les directions du vent, & le contraignent à en suivre de nouvelles. Ainsi, en supposant que la grêle vienne par un vent d'ouest, & que ce vent rencontre une chaîne très-élevée, le pays situé derrière cette chaîne, & en ligne directe avec l'ouest, ne sera pas grêlé; tandis que si le vent trouve une gorge dans ces montagnes, ou deux pics séparés, il portera la terreur & la désolation dans tous les lieux qui correspondent à leur embouchure. Actuellement, que le lecteur calcule du grand au petit, & en fasse l'application à son pays.

Dans le canton que j'habite, le vrai vent de nord ne souffle pas la valeur de six jours dans une année, & dure seulement pendant quelques heures. Il est le présage certain des vents d'est ou sud, & d'une continuité de plusieurs jours très-pluvieux ; tandis que dans la majeure partie du royaume ce vent assure le beau temps. Le nord nord-ouest est ici le garant des beaux jours. La chaîne des montagnes des Cévennes, du Velay, située du sud au nord, dirige ce vent contre la chaîne qui traverse le bas-Languedoc de l'est à l'ouest, & lui fait prendre une direction qui dérive de la première. C'est donc relativement à la hauteur, à la direction & au gissement des montagnes, qu'il convient de recourir lorsqu'on veut étudier la manière d'être de l'athmosphère d'un pays. Encore un trait, pour achever l'esquisse de ce tableau. Les deux premiers rangs inférieurs des montagnes qui sont au nord de Béziers, laissent entr'eux de grands vallons. Par une espèce de grande coupure formée à la longue par les eaux ou par les éboulemens de terre, les eaux débouchent dans la plaine. Lors des orages, les nuages suivent ces vallons, ces chaînes de montagnes, & semblent se réunir pour venir fondre sur la ville de Béziers ; mais après avoir parcouru l'espace de trois à quatre lieues qui se trouvent entre ces deux points, on voit l'orage, un peu avant d'arriver à Béziers, se partager en deux, & gagner à droite & à gauche, pour suivre d'un côté le vallon qui est dirigé du côté de Narbonne, & de l'autre dans celui de Pézenas; de manière que les environs de Béziers n'ont jamais que ce qu'on nomme *la queue de l'orage*. Les habitans les plus âgés de cette ville ne se rappellent d'y avoir vu tomber la grêle qu'une seule fois, & il y a plus de vingt ans. La cause réelle de la bifurcation de l'orage tient donc à l'espèce de promontoire de Béziers, & à la naissance de deux grands vallons latéraux. L'intérieur du royaume fournit mille traits semblables, auxquels on ne prend pas garde, & qu'il seroit important que connût celui qui veut acheter un bien de campagne.

Au mot Défrichement, j'ai fait voir l'abus criant de cultiver les montagnes trop inclinées, & la faute presque irréparable que l'on a commise en coupant les bois qui ombrageoient leur sommet. C'est une perte réelle pour l'agriculture, & elle s'étend beaucoup plus loin qu'on ne pense. Il en est résulté que le rocher est resté à nud, qu'il est impossible d'y semer du bois; que les plaines se sont enrichies des débris des montagnes, & par conséquent exhaussées; que les abris se sont abaissés, & que dans telle partie où l'on cultivoit des vignes ou des oliviers, on est aujourd'hui privé de ces productions. Une malheureuse expérience démontre que les pluies sont plus rares, & que les sources ne fournissent pas la moitié de l'eau qu'elles donnoient autrefois, parce que les nuages sont beaucoup moins attirés par une pique décharnée que si elle étoit couverte de bois. D'ailleurs, avec des bois l'eau suit l'enfoncement des racines, pénètre dans l'intérieur de la terre, tandis que le roc la laisse subitement échapper. Combien de prairies naturelles n'a-t-on pas été obligé de détruire, parce qu'il ne reste plus d'eau pour leur irrigation? Cet abaissement des montagnes a déjà changé & changera encore l'ordre des cultures dans beaucoup de cantons. On dit que les saisons ne sont plus les mêmes, que les pluies sont moins fréquentes. Et pourquoi recourir à des explications qui n'expliquent rien, & ne démontrent pas la cause des effets? Je dis à mon tour, les saisons n'ont point changé, cherchez-en la cause dans ce qui vous environne, & vous verrez que par une succession de temps, & par des travaux déplacés, les abris ne sont plus les mêmes, & ont singulièrement diminué depuis un siècle, & sur-tout depuis la faveur des défrichemens. Or, si les abris ne sont plus les mêmes, le canton moins boisé, il n'est donc pas étonnant qu'il y fasse plus froid, qu'il y pleuve plus rarement, que les vents y soient plus impétueux, &c.

MONTER EN GRAINE. Ce mot a deux significations dans le jardinage; par la première, on désigne une plante qui commence à perdre ses fleurs, & qui est remplacée par sa graine. La giroflée, par exemple, allonge ses siliques après les fruits. La seconde signification désigne qu'une plante n'est pas plutôt semée qu'elle pousse, & que malgré sa jeunesse, elle fleurit & graine beaucoup plutôt qu'elle ne devroit. Par exemple, dans le climat de Paris, on peut semer des épinards depuis la fin de l'hiver presque jusqu'à son renouvellement; mais dans les provinces du midi & même dans plusieurs cantons

tons de l'intérieur du royaume, on le sème en octobre, novembre, février, mars, avril, mai, & pendant le reste de l'été; la chaleur du climat le précipite & il monte presqu'aussitôt en graine qu'il est sorti de terre. Il en est ainsi d'une infinité de plantes potagères; preuve démonstrative que les écrivains ont le plus grand tort de fixer une époque pour les semailles, à moins qu'ils ne spécifient clairement qu'ils écrivent pour tel ou tel canton en particulier.

MONTREUIL. Village situé à une lieue environ de Paris, au-dessus de la barrière du fauxbourg Saint-Antoine. Nous ne citons dans ce Dictionnaire ce canton, que parce qu'il est rempli de jardins où on cultive, avec le plus grand succès, les arbres fruitiers, & qu'il seroit à désirer que tous les jardiniers qui se destinent à la même branche d'économie, y eussent fait, avant de suivre cette culture, un apprentissage de quelques années. Ces superbes jardins, où l'on rencontre à chaque pas des phénomênes de culture, méritent d'être visités par les curieux, par les gens qui savent apprécier les beautés de la nature; ils y doivent aller admirer des espaliers couverts de fruits monstrueux, & coloriés le plus agréablement : les étrangers y apprendront ce que peut l'industrie, soutenue pendant de longues années, contre les intempéries d'un climat froid, & dans une terre que le soleil réchauffe si rarement de ses rayons bienfaisans.

On cultive principalement à Montreuil des pêchers, & c'est sur-tout pour cet arbre que ce village est renommé, comme Montmorency l'a été pour sa belle espèce de cerise. La culture des pêchers est cependant plus en vigueur à Montreuil que celle des cerisiers ne l'est à Montmorency, où on l'a presque tout-à-fait abandonnée. A la vérité on cultive moins de pêchers à Montreuil qu'on ne faisoit autrefois, parce que ces arbres y sont sujets à être détruits par des insectes, & que les plantations qu'on a faites du côté de Vincennes ou de Bagnolet ne sont point sujettes au même inconvénient; peut-être la nature différente de la terre, ou du moins les terreins dans lesquels on n'avoit jamais planté d'arbres fruities, favorisent moins la production de ces insectes destructeurs, que les terres qui sont déjà épuisées par une longue culture.

Les expositions des espaliers sont très-variées à Montreuil, & l'art de disposer des murs pour recevoir les rayons du soleil à différentes heures du jour y est très-étudié. Sur un espalier le soleil paroît à sept heures du matin, sur un autre à huit, à neuf ou à dix heures seulement. Les murs qui reçoivent le soleil à sept heures & demi du matin sont les plus favorables à la culture des pêchers, parce qu'ils sont éclairés plus long-temps que les autres. Ces différentes expositions sont causes qu'on a des fruits murs à différentes époques, même à de très-éloignées les unes des autres.

Les arbres bien abrités, plantés dans plusieurs pieds de bonne terre neuve, qu'on a le soin d'élaguer, d'émonder, de laver, de couvrir pendant les temps froids ou dans les brouillards, ces arbres, dis-je, ainsi traités, végètent avec force, ils se plient sous la main du cultivateur, ils prennent toutes les formes qu'il veut leur donner, & un ſeul offre quelquefois une tapiſſerie de plus de ſoixante-dix pieds de long. La quantité prodigieuſe de fruits dont ces arbres ſe chargent, paye abondamment la peine & les dépenſes qu'on a faites. Ces ſortes de jardins ne ſont bien placés que dans le voiſinage d'une grande ville, d'une capitale, où les gens riches achettent à grand prix les primeurs ou les fruits très-beaux : c'eſt ainſi que le luxe & les vices des villes tournent à l'avantage des campagnes.

Depuis cent quatre-vingts ans environ, le village de Montreuil jouit du précieux avantage de fournir la capitale des plus beaux & des meilleurs fruits. On voit dans ce village des pêchers plantés à la fin du dernier ſiècle, & qui ſont encore d'une grande beauté ; c'eſt-là qu'on trouve des jardiniers formés par l'expérience, & qui ont forcé la nature à leur révéler ſon ſecret; c'eſt-là qu'on trouve les plus excellens phyſiciens en ce genre, ſans s'en douter ; en un mot, les vrais & les ſeuls maîtres de l'art dignes de ce nom. Cependant la ſcience n'eſt plus aujourd'hui uniquement circonſcrite dans Montreuil ; Bagnolet & quelques villages voiſins, ont établi une heureuſe concurrence, & on doit eſpérer que l'art gagnera peu à peu de proche en proche, & qu'à la fin la méthode meurtrière de tailler les arbres, ne ſera plus que le partage du jardinier qui ne voudra, ou qui ne ſaura pas voir. La réputation de ces villages a engagé pluſieurs riches propriétaires à y envoyer des élèves. Si, *avec des diſpoſitions*, ils ont reſté ſous un bon maître pendant deux ou trois ans, il eſt certain qu'ils doivent en revenir bien inſtruits.

Les noms de *Girardot*, ancien mouſquetaire, qui ſe retira à Bagnolet, & celui de *Pepin* à Montreuil, y ſeront immortels, & celui de M. l'abbé *Royer de Schabol* aura le même honneur, parce qu'il a perfectionné & réduit en principes la méthode de la taille & la conduite des arbres, établie par les deux premiers.

MORELLE GRIMPANTE, ou VIGNE DE JUDÉE, ou DOUCE-AMERE. ( *Voyez planche XV, page 539* ) Tournefort la place dans la ſeptième ſection de la ſeconde claſſe de herbes à fleur en roſette, dont le piſtil devient un fruit mou & charnu, & il s'appelle *ſolanum ſcandens, ſeu dulcamara ;* Von Linné la nomme *ſolanum dulcamara*, & la claſſe dans la pentandrie monogynie.

*Fleur* B. D'une ſeule pièce, découpée en cinq ſegmens pointus, l'extrémité de ces diviſions ſe roule ordinairement en deſſus ; les étamines au nombre de cinq, environnent le piſtil C, placé au centre de la corolle, & le tout eſt porté ſur le calice D; tube menu à ſa baſe, évaſé à ſon extrémité, terminé par cinq petites diviſions.

*Fruit.* Le calice ne tombe point juſqu'à la maturité du fruit E; c'eſt une baie ovoïde, charnue, pleine de ſuc, repréſentée coupée tranſverſalement en F, pour faire voir l'arrangement des graines G; elles ſont blanchâtres & liſſes.

*Feuilles.* Les ſupérieures oblongues & en fer de pique.

*Racine* A. Petite, fibreuſe & s'étend profondément.

*Port.* Tige ſarmanteuſe, grimpante, longue de cinq à ſix pieds, grêle, fragile; les fleurs naiſſent en grappes au haut des tiges, & les feuilles sont placées alternativement.

*Lieu.* Les endroits humides, les haies, les buissons; la plante est vivace par ses racines seulement, & fleurit en mai & juin.

*Propriété.* Feuilles inodores, d'une saveur purement douceâtre, ensuite légèrement amère, enfin âcre. Elles sont apéritives, détersives, résolutives, expectorantes.

Voici comment s'exprime M. Vitet dans sa *pharmacopée de Lyon.* Les feuilles de la douce-amère font un urinaire actif, ne causant ni ardeur, ni douleur dans les premières voies, si elles sont prescrites à petites doses dès le commencement de l'administration; elles sont indiquées dans la colique néphrétique par des graviers, la difficulté d'uriner par des matières pituiteuses, l'ulcère de la vessie, le scorbut & ses ulcères, les écrouelles, le rhumatisme par des humeurs séreuses, l'asthme pituiteux, la jaunisse par obstruction des vaisseaux biliaires. Il est permis de douter de leur utilité dans la suppression du flux menstruel, occasionné par des corps froids, & dans la morsure de la vipère..... Il est très-rare qu'elles purgent, qu'elles provoquent la sueur, qu'elles calment les douleurs de la goutte, du cancer, & favorisent la résolution de la pleurésie par des matières pituiteuses.

M. Razoux, docteur en médecine, très-distingué, de la ville de Nismes, communiqua en 1758, à l'académie royale de sciences de Paris, un mémoire sur la douce-amère, & on doit avec raison, regarder ce médecin comme le promoteur de ce remède en France. Le célèbre Von Linné caractérisoit de l'épithète d'*héroïque*, les vertus de cette plante; c'est lui qui les fit connoître à M. de Sauvages, dont la mémoire sera toujours précieuse aux médecins, & celui-ci à M. Razoux son digne ami. Une demoiselle avoit un chancre scorbutique à la lèvre supérieure, & un autre à la lèvre inférieure : tous deux avoient les symptômes de cette grande malignité qui caractérisent les maux de cette espèce; les dents se détachoient presque de leur alvéole, & le corps étoit parsemé de taches rouges, violettes ou brunes, une fièvre quotidienne paroissoit tous les soirs, & étoit marquée par un frisson assez fort. Tous les remèdes indiqués dans ce genre de maladie, furent mis en usage sans succès. Enfin M. Razoux se détermina à faire prendre à la malade la décoction de la douce-amère; les premiers essais ne furent pas heureux, les douleurs dans les extrémités devinrent excessives; il s'y joignit des élancemens si vifs dans la tête, que suivant les expressions de la malade, on lui arrachoit les yeux. Malgré ces fâcheux présages, on continua l'usage de cette décoction, & quelques jours après les chancres donnèrent une bonne suppuration, se cicatrisèrent, les taches disparurent, & enfin la malade recouvra la santé; elle fut mise ensuite au lait d'ânesse pour terminer la maladie, qui a été sans récidive. Voici comment M. Razou a administré ce remède. On prend en commençant, un demi gros de la tige récente ou fraîche de cette plante; on en ôte les feuilles, les fleurs & les fruits; on la coupe par petits morceaux & on la fait bouillir dans seize onces d'eaux de fontaine, jusqu'à la diminution de moitié. On coule cette décoction, on la mêle avec partie égale de lait de vache bien écrêmé, & on en fait boire au malade un verre de quatre en quatre heures. On augmente peu à peu la dose de la plante jusqu'à deux gros. C'est à la prudence des médecins à en régler la quantité.

M. Razoux & un très-grand nombre de médecins en ont obtenu les succès les plus marqués dans les maladies dont il est fait mention ci-dessus.

MORELLE A FRUIT NOIR. (*Voyez planche XV, page 559*) Tournefort & Von Linné la placent dans la même classe que la précédente; le premier l'appelle *solanum officinarum acinis nigricantibus*, & le second, *solanum nigrum*.

*Fleur*. D'une seule pièce, divisée en cinq segmens pointus & disposés en rosette, au centre desquels on remarque le pistil B, & cinq étamines. Ce pistil sort du fond du calice C.

*Fruit*. Baie ronde, noire, lisse, marquée d'un point au sommet, à deux loges. D la représente coupée transversalement, remplie de plusieurs semences E, presque rondes, brillantes & jaunâtres.

*Feuilles*. Ovales, molles, pointues, dentées, anguleuses.

*Racine* A. Longue, déliée, fibreuse, chevelue.

*Port*. La tige s'élève à la hauteur d'un pied & plus, sans supports, herbacée, anguleuse, branchue; les feuilles deux à deux, l'une à côté de l'autre; quelquefois solitaires, ainsi que les péduncules; l'ombelle des fleurs se meut au moindre vent.

*Lieu*. Les endroits incultes, les vignes, les bords des chemins; la plante est annuelle & fleurit en juin, juillet & août, temps de la cueillir.

*Propriétés*. Les feuilles ont une odeur narcotique, virulente, & une saveur nauséabonde & âcre. Les baies sont inodores & d'une saveur légèrement acidule; toute la plante est, dit-on, extérieurement anodine, rafraîchissante, c'est un doux répercussif... Intérieurement, c'est un poison assoupissant; les acides lui servent de contre-poison.

*Usages*. Plusieurs auteurs ont vanté à l'excès l'efficacité de la morelle; l'expérience a démontré que l'application des feuilles récentes, quelque réitérée qu'elle soit, calme rarement les douleurs causées par les hémorrhoïdes externes, la douleur du panaris, du cancer occulte & du cancer ulcéré; elles ne détergent point les ulcères scrophuleux; elles ne favorisent pas l'éruption des érysipèles; elles sont nuisibles dans toutes espèces d'inflammations cutanées, & dans les violents maux de tête par la fièvre... L'eau distillée, proposée pour résoudre les inflammations internes, & pour dissiper l'ardeur d'urine, doit être rejetée. Plusieurs observations constatent qu'elle est vénéneuse & par conséquent dangereuse. Telle est la manière dont s'explique M. Vitet, dans sa pharmacopée de Lyon.

MORFONDU. Terme consacré par M. Roger de Schabol, à l'occasion de la sève du printemps & des greffes enterrées. « Quand, au printemps, il survient certains coups de soleil vifs qui, d'abord, mettent tout en mouvement & font monter précipitamment la sève, & ensuite à ces coups de soleil si pénétrans succèdent tout-à-coup des vents de galerne, dont le froid saisit & refroidit ces arbres où couloit rapidement la sève, on se sert alors du terme de morfondre, pour exprimer ce qui se passe dans les plantes; il leur arrive ce que nous éprouvons nous-mêmes, quand passant subitement d'un excès de chaleur à un froid saisissant, nous sommes frappés de fluxion de poitrine; il se fait alors un mélange, un bouleversement d'humeurs par la répercussion de la matière de la transpiration. La même chose arrive dans les plantes, & c'est delà que vient cette maladie fatale aux pêchers (1), que l'on appelle la *cloque* ou *brouissure*. »

« On dit encore sève morfondue en parlant des greffes enterrées : ainsi quand par l'impéritie & la mal-adresse du jardinier, dont il n'est presqu'aucun qui sache planter, la greffe est enterrée, la sève qui passe par ces greffes, abreuvée par l'humidité de la terre, ne peut être que morfondue. Les greffes des arbres sont faites pour recevoir les impressions de l'air, comme les racines sont faites pour recevoir l'humidité de la terre, & non pour l'air; ainsi les racines sont faites pour l'humide & périront à l'air, de même les greffes se trouvent fort mal d'être enterrées & morfondues dans la terre. On ne peut trop insister sur ce sujet à raison de son importance, & parce que le mal est presque universel.

MORFONDURE. Médecine Vétérinaire. En Languedoc, la plûpart des maréchaux, & presque tous les paysans, appellent de ce nom toute maladie dans laquelle le cheval, l'âne & le mulet sont dégoûtés, ont le poil terne & hérissé, sur-tout à la queue, sans toux ni flux par les naseaux, ni engorgement des glandes lymphatiques de la ganache; ils sont dans l'erreur, puisque d'après une expérience journalière, la morfondure est une affection semblable au rhume simple de l'homme, avec toux, écoulement de mucosité, comme dans la gourme, (*Voyez* ce mot) d'abord limpide, séreux & abondant dans le commencement, épais à la fin, tristesse, perte d'appétit, & qui dégénère quelquefois en morve, (*Voyez* ce mot) si elle est négligée ou mal traitée.

Les causes les plus ordinaires de cette maladie sont le froid : si un cheval, par exemple, après avoir eu chaud, est exposé au froid, au vent & à la pluie, la transpiration qui se fait à la tête, est tout-à-coup supprimée, la peau se condense, les pores se resserrent, & l'humeur de la transpiration refluant dans le nez, il en nait la morfondure. Les *boissons* trop fraîches respectivement à l'état de l'animal, peuvent occasionner aussi cette maladie.

Quelquefois la difficulté de respirer est si considérable, que la vie de l'animal est en danger. Nous avons vu dans un cheval de carrosse, appartenant à M. l'évêque de Lodève, une difficulté de respirer si forte, à la suite d'un froid que cet animal avoit éprouvé, qu'il ne pouvoit rien avaler, &, pour le tirer du danger dont il étoit menacé, nous fûmes obligés de lui faire ouvrir la jugulaire, malgré le préjugé du cocher, qui dans

(1) *Note de l'Éditeur.* Je ne suis pas d'accord avec M. Roger de Schabol sur la cause de cette maladie. *Voyez* les motifs de cette différence, rapportés au mot Cloque.

ce cas regardoit la saignée comme mortelle.

*Traitement.* Aussi-tôt que la morfondure commence à se manifester, il faut promptement exposer la tête du cheval aux fumigations émollientes, dans la vue de détacher la matière, & de diminuer l'engorgement des glandes. L'eau blanche, nitrée & miellée, lui servira de boisson; le son mouillé & la paille seront la seule nourriture à lui présenter dans les trois ou quatre premiers jours de la maladie : on le tiendra couvert, dans une écurie chaude, propre, & dont l'air soit bien pur.

Cette méthode, quoique simple, est bien opposée à celle que tiennent la plûpart des maréchaux de la campagne, qui ont l'habitude de faire suer des animaux par des couvertures de laine & des breuvages échauffans, réitérés sur-tout à haute dose, persuadés que les remèdes de ce genre ont plus d'affinité avec le tempérament des brutes qu'ils traitent, que les mucilagineux & les adoucissans. Mais qu'arrive-t-il de cette mauvaise conduite? qu'au lieu de remédier à la morfondure, ils provoquent des inflammations de poitrine ou des toux violentes qui conduisent inévitablement l'animal à la mort. Cette observation est très-importante, & elle doit intéresser les fermiers qui ont des animaux utiles à leurs travaux. M. T.

MORGELINE. (*Voyez Planche XV, page* 559) Tournefort la place dans la seconde section de la sixième classe des fleurs de plusieurs pièces régulières, dont le calice devient une capsule, & il l'appelle *alsine media*. Von Linné lui conserve la même dénomination, & la classe dans la pentandrie trigynie.

*Fleur* B. Séparée de la plante. La corolle est composée de cinq pétales égaux, plus courts que les feuilles du calice; ces pétales sont fendus dans presque toute leur longueur, comme on le voit en C. Les parties sexuelles D sont les cinq étamines & le pistil; quelquesfois on trouve dix étamines. Celles-ci, figure D, sont attachées à la base de l'ovaire en opposition avec les pétales de la corolle B. Le pistil D est composé de l'ovaire, de trois stils & de trois stigmates. Le calice E est composé de cinq feuilles égales.

*Fruit.* Le calice devenu membraneux, persiste jusqu'à la maturité du fruit qu'il enveloppe, comme on le voit en F; c'est une capsule à une seule loge ovale, qui renferme des semences menues, rougeâtres, attachées au placenta, en manière de grappes G.

*Feuilles.* Simples, entières, ovales, en forme de cœur, portées par des pétioles.

*Racine* A. Fibreuse, chevelue.

*Port.* Plusieurs tiges herbacées, cylindriques, foibles, d'un demi-pied de haut, couchées, velues, articulées, rameuses; les fleurs naissent au sommet, partent des aisselles & sont seules à seules.; les feuilles sont opposées sur les nœuds des tiges.

*Lieu.* Les jardins, les cours, les chemins; la plante est annuelle, & fleurit en mai.

*Propriétés.* Les feuilles ont un goût d'herbe, un peu salé; la plante passe pour vulnéraire, détersive, rafraîchissante.

MORSURE. Médecine rurale. Solution de continuité faite à la peau par les dents de quelque animal irrité. Pour l'ordinaire, les morsures faites par des animaux qui ne sont ni venimeux ni enragés, ne sont suivies d'aucun accident grave. Les malades ressentent néanmoins dans la partie mordue, de la douleur, de l'irritation, toujours suivies d'une légère inflammation contre laquelle on n'emploie ni saignée, ni aucun autre moyen antiplogistique : ces sortes de blessures se traitent le plus simplement possible; on se contente de les laver avec de l'eau de guimauve plusieurs fois dans le jour, & de les couvrir d'un emplâtre suppuratif, tels que l'onguent de la mère, ou une combinaison de cire jaune, avec l'huile d'olive; souvent des compresses d'eau froide & humectées très-souvent, suffisent. Les morsures de ce genre doivent être traitées comme des plaies simples qui se guérissent d'elles-mêmes par la simple privation du contact immédiat de l'air.

Il n'en est pas de même de la morsure des animaux venimeux, tels que le serpent à sonettes, la vipère, & plusieurs autres : ceux qui ont le malheur d'en être mordus, courent les plus grands risques de perdre la vie si l'on n'emploie promptement les remèdes propres à en arrêter les effets & les progrès.

*Morsure du serpent à sonnettes.*

Le serpent à sonnettes n'a pas plutôt fait sa morsure, qu'aussi-tôt la partie affectée devient froide, douloureuse, tendue & engourdie. Une sueur froide s'empare de tout le corps, & notamment des alentours de la plaie. Si la morsure a été faite aux parties inférieures, les glandes des aînes ne tardent pas à être tuméfiées, ainsi que les glandes des aisselles, si le mal a son siège dans les parties supérieures; la chaleur qui survient à la plaie est toujours relative à la morsure & à sa grandeur; les bords en sont meurtris, les malades y ressentent une démangeaison des plus vives, leur visage devient contrefait, il s'amasse des matières gluantes autour des yeux, les larmes sont visqueuses, les articulations perdent le mouvement, & cet accident est toujours suivi de la chûte du fondement & des envies continuelles d'aller à la selle. Les malades écument de la bouche; le vomissement, le hoquet & les convulsions ne tardent point à paroître.

On remédie à tous ces accidents, en prenant intérieurement de la racine d'althea & de panais : cette dernière est un remède excellent, soit qu'on la mange verte ou qu'on la prenne en poudre.

On appliquera sur la plaie une feuille de tabac trempée dans du *rum*, & tout de suite on donnera au malade une forte cuillerée du remède spécifique contre la morsure de ce serpent, publié en Angleterre, par le docteur *Brooks*, dont l'invention est d'un nègre, pour la découverte duquel il a été affranchi, & l'assemblée générale de la Caroline lui a fait une pension de cent livres sterlings par année, sa vie durant : nous allons en donner la formule, telle que Buchan l'a insérée dans le troisième volume de sa médecine domestique.

Prenez de feuilles & racine de plantain & de marrube, cueillies en été, quantité suffisante; broyez le tout dans un mortier, exprimez-en le suc; si le malade a de la répugnance à avaler, parce qu'il a le col gonflé, il faut la lui faire prendre de force. Cette dose suffit pour l'ordinaire; mais si le malade ne se trouve point soulagé, il faut au bout d'une heure lui en donner une seconde cuillerée, qui ne manque jamais de guérir.

*Morsure de la vipère.*

Les anciens ont très-bien connu la vipère à cause de son venin; ils regardoient cet animal comme si terrible, qu'ils croyoient qu'il étoit envoyé sur la terre pour assouvir la colère de l'Etre suprême, sur tous ceux qui avoient commis des crimes qui n'étoient point parvenus à la connoissance des juges. Les Egyptiens regardoient les serpens comme sacrés, & comme les ministres de la volonté des dieux qui pouvoient préserver les gens honnêtes de tout mal, & qui pouvoient beaucoup nuire aux méchans en leur faisant subir les plus cruels supplices.

C'est aussi d'après un culte aussi superstitieux, que l'antiquité a représenté la médecine sous l'image de la vipère, soit dans les statues, soit dans les armoiries : mais *Macrobius* en donne une raison toute opposée, & prétend, que comme les serpens changent de peau tous les ans, ils sont, par cela même, le vrai symbole de la santé, dont le recouvrement est sans contredit regardé comme un nouveau période de la vie : les dépouilles des serpens sont sans doute l'emblême de la vieillesse; & le recouvrement de la vigueur, celui de la santé.

La vipère en mordant, exprime un suc vénimeux, qui devient l'instrument & la cause des désordres les plus affreux.

Aussi-tôt qu'on a été mordu, on sent dans la partie une douleur vive, suivie d'un engourdissement, d'un gonflement, & d'une espèce de bouffissure; insensiblement la partie se tuméfie, & perd entièrement le mouvement & le sentiment. L'enflure gagne insensiblement des pieds aux jambes & aux cuisses, des mains au bras & à l'avant-bras. *Mead* a observé des maux de cœur, des foiblesses, des défaillances, des vertiges, des convulsions, & le vomissement de matières bilieuses. Son observation est en cela bien conforme à celle de *Vepfer*, sur les effets des poisons; il ajoute, que lorsque la maladie est sur son déclin, & que les symptômes augmentent, la couleur de la peau devient d'un jaune foncé.

Le vrai spécifique du venin de la vipère, est l'alkali volatil, pris à la dose de six gouttes dans un verre d'eau, & versé en assez grande quantité sur chaque blessure pour servir à les bassiner & à les frotter. C'est à l'illustre Bernard de Jussieu qu'on est redevable de cette découverte; il fut le premier qui guérit un étudiant en médecine, qui fut mordu un jour d'herborisation par une vipère, uniquement avec de l'eau de Luce, qui n'est qu'une préparation d'alkali volatil, uni à l'huile de succin. Ce même malade étant tombé, quelques heures après ce remède, en défaillance, une seconde dose dans du vin la fit disparoître; on le réitéra dans la journée; il fit désenfler les mains, en faisant le lendemain des embrocations avec de l'huile d'olive, à laquelle on avoit ajouté un peu d'alkali volatil, & fit disparoître l'engourdissement du bras, & une jaunisse qui avoit paru le troisième jour, en en faisant avaler au malade, trois fois par jour, deux gouttes d'alkali volatil dans un verre de boisson.

Autrefois, pour guérir les effets venimeux de la vipère, on faisoit des ligatures très-fortes au-dessus de la partie mordue, & en même temps des scarifications profondes sur la plaie; on y appliquoit du sel, du poivre & autres matières très-irritantes, enfin on faisoit avaler du vin aromatisé; on se contentoit même de faire sucer la playe.

Mais aujourd'hui les moyens qu'on employe sont & plus doux & plus efficaces; on se sert, outre l'alkali volatil, de l'application de l'huile d'olive qui suffit quelquefois pour guérir de l'impression du venin de la vipère sur la peau. On lit dans la gazette de santé (n°. 21, mois de mai 1777) qu'un homme appercevant une vipère sous une laitue, & voulant l'arrêter par le milieu du corps avec un instrument trop foible pour pouvoir la blesser, prit son couteau pour lui couper la tête; mais l'animal, irrité, s'élance si violemment, qu'il se retire avec frayeur; revenu de sa peur, il parvint à la tuer: un moment après, la main qu'il avoit présentée devint très-enflée, il assura n'avoir pas été mordu, il se frotta la main avec l'huile d'olive, & cela suffit pour le guérir.

Cette observation pourroit faire présumer que la vipère lance son venin par la seule contraction de ses muscles, & que le venin ainsi lancé s'insinue à travers l'épiderme, sans qu'il y ait blessure à la peau. *Mead* a vu jaillir le venin de la vipère comme d'une seringue, en faisant ouvrir la gueule à ce reptile, & en lui pressant extrêmement le col, puisque le muscle qui presse la glande où le venin se filtre, est susceptible de la plus forte contraction, & peut en outre exprimer subitement les vésicules qui le renferment & l'en faire sortir, comme par la compression on fait sortir l'huile essentielle contenue dans les mamelons de l'écorce d'un citron. M. Ami.

Morsure. *Médecine vétérinaire.* C'est une plaie faite à la peau par la dent d'un animal. Les morsures par elles-mêmes n'ont aucune suite funeste; mais elles produisent quelquefois des effets terribles, quand les animaux qui les font, sont en fureur, ou enragés, ou venimeux.

Notre dessein n'est pas d'entrer ici dans une longue discussion sur les remèdes qu'on doit employer contre les effets de la morsure des animaux enragés. On trouvera là-dessus les détails nécessaires, en consultant le mot Rage. Nous allons traiter seulement de la morsure de la vipère, comme étant l'accident le plus ordinaire, & le plus funeste aux animaux répandus dans la campagne.

Le venin de la vipère est corrosif. *Cartheuser*, dans sa matière médicale, dit d'après *Rhedi*, que sa couleur est semblable à l'huile que l'on retire des amandes douces; il est renfermé dans des vésicules qui se trouvent sous la dent de ce reptile, lorsqu'il les a redressées pour mordre. La vésicule étant alors comprimée, le venin coule dans la dent, & s'insinue par une petite fente longitudinale, qu'on remarque à l'extrémité de la courbure externe de cette dent. Lorsqu'elle mord, elle introduit dans la plaie son venin, qui, s'insinuant dans les vaisseaux, coagule peu-à-peu le sang, interrompt la circulation, &

la mort suit de près, si l'animal n'est pas promptement secouru.

On a remarqué que les petits animaux mourroient beaucoup plus promptement de la morsure que les grands.

Le meilleur remède qu'on ait employé jusqu'à présent contre la morsure de ce reptile, est sans contredit *l'alkali volatil fluor*. Il est prouvé que ce fluide, en se combinant avec l'acide du venin, le neutralise, & forme un mixte qui n'a plus rien de mal-faisant. Mais il est certain que pour obtenir un bon effet de cet *alkali*, il faut l'employer presque aussitôt après la morsure. Nous en avons un exemple dans deux chiens confiés à mes soins. Un chien courant, qui ne me fut amené que deux heures après l'accident, & sur la morsure duquel j'appliquai *l'alkali volatil*, périt deux heures après; tandis qu'un mâtin, mordu dans une vigne, par une vipère; & sur la plaie duquel je mis tout aussi-tôt une compresse d'*alkali* que j'avois sur moi dans un flacon, échappa à la mort. Je fis prendre encore à ce dernier quelques gouttes d'*alkali* dans de l'eau commune.

La dose de ce fluide doit être proportionnée à la force & à la grosseur de l'animal. On pourra donc le faire prendre aux bœufs de la plus haute taille, jusqu'à la dose d'un gros; la moitié de cette dose suffira à un cheval de taille médiocre; un quart de dose pour le mouton, la chèvre, le chien de la forte espèce. Mais l'essentiel est d'en mettre des compresses sur la morsure, & d'en faire de temps en temps par-dessus des embrocations si l'on voit que le gonflement soit considérable.

Si, par mégarde, un maréchal ou un berger avoient fait prendre intérieurement, sans eau, une trop grande quantité d'*alkali volatil*, on fera cesser l'érosion qu'il aura produite, en donnant à boire à l'animal du petit-lait, ou de l'eau avec du vinaigre. M. T.

MORTALITÉ. Il ne s'agit pas ici de ces grandes mortalités qui surviennent dans les épidémies. Personne ne sauroit calculer leurs effets. Il suffit d'observer qu'à Paris & à Londres, il meurt par an une personne sur trente; dans les petites villes & dans les bourgs, une sur trente-sept, & dans les campagnes une sur quarante. La différence est donc au préjudice des grandes villes. Si les habitans des campagnes y étoient plus heureux; si le luxe, le goût de la frivolité, & peut-être de l'oisiveté étoient moins répandus, ils ne se jetteroient pas en foule dans les villes, & on les verroit moins se dépeupler. Que de réflexions présente ce tableau de mortalité à l'esprit de celui qui réfléchit de sang-froid! Je laisse à mes lecteurs la facilité de les multiplier; elles seroient ici déplacées. Ce tableau est trop général; il auroit convenu de calculer ces mortalités dans les villages situés près des étangs, des marais, des relaissés des fleuves, de la mer, &c. Je mets en fait, que dans la plaine du Forez, dans la Bresse-Bressande, dans certains voisinages de la mer, la mortalité est d'une personne sur vingt! (*Voyez* le mot Étang.)

MORTIER. Mêlange de terre ou de sable, avec l'eau & la chaux éteinte dans l'eau. (*Voyez* ce qui a été dit aux mots CHAUX, BÉTON, articles essentiels à celui-ci, ainsi que les mots CAVES, CITERNES, CUVES.

Quelle doit être la proportion entre la chaux, le sable & l'eau pour faire un bon mortier. Je n'entreprendrai pas de résoudre ce problême, dont la solution me paroît essentiellement impossible.

Il y a autant d'espèces de chaux que de cantons où on la fabrique, & souvent dans le même canton, la pierre tirée de telle ou telle autre carrière, diffère de celle de la carrière voisine, & varie suivant les bancs de la même carrière. De là sont prises les dénominations de chaux *grasse*, de chaux *maigre*, &c.; c'est-à-dire que celle-ci exige beaucoup moins de sable, parce qu'elle contient essentiellement peu de parties calcaires, mélangées avec beaucoup de substances peu susceptibles de calcination, comme les argilles, les craies, &c. L'autre, au contraire, demande beaucoup plus d'eau pour l'éteindre, & plus de sable pour en faire un bon mortier. C'est en partant de ces deux points, & en variant les proportions, que l'on parvient à connoître la chaux de son canton & sa qualité. Cependant, si la chaux n'est pas assez cuite, qu'elle soit mal calcinée, on ne peut rien conclure.

On qualifie encore du nom de chaux *grasse*, celle qui ressemble à du beurre, par sa finesse; & chaux *aigre*, celle qui contient des graviers ou des portions pierreuses non calcinées, soit parce qu'elles n'en ont pas été susceptibles, soit parce qu'on n'a pas assez poussé le feu pendant la cuisson.

De la qualité du sable dépend encore celle du mortier. Le sable le plus fin n'est pas le meilleur. Il convient de choisir, quand on le peut, un sable anguleux. Le sable gras est préférable au sable sec. Si on ne peut pas se procurer de sable, la brique pilée peut le suppléer, & elle est à préférer au meilleur sable. Au défaut de ces deux matières, on peut se servir d'argile préparée, ainsi qu'il sera dit en parlant du mortier de M. Loriot. L'expérience a démontré que lorsque l'on prépare le mortier aussitôt que la chaux est éteinte, & qu'elle est encore très-chaude, ce mortier se durcit, fait corps & se crystallise beaucoup plus promptement que lorsque la chaux a été éteinte depuis long-temps; la maçonnerie, faite avec ce premier mortier, est beaucoup plus solide, plus ferme, dure plus long-temps, & elle est moins sujette aux impressions des météores. Cette observation est importante, sur-tout lorsqu'on est forcé à bâtir dans l'arrière-saison. Si une gelée un peu forte, si des pluies surviennent, le mortier fait avec de la chaux éteinte depuis long-temps, & par conséquent très-longue à crystalliser, souffrira beaucoup, par la désunion de ses parties glacées par le froid, ou trop imbibées d'eau par les pluies. Une chaux nouvellement éteinte, consomme plus de sable que la même chaux qui l'est depuis long-temps. Dans les grandes entreprises, ce n'est pas une petite économie. On compte qu'il faut ordinairement trois quintaux de chaux, poids de marc, pour une toise quarrée de maçonnerie d'un mur de dix-huit pouces d'épaisseur. Cependant il n'y a point de règle géométriquement sûre sur ce point. Un des grands défauts dans la construction, vient de la part de ceux qui broyent le mortier. Les enfans, ou petits manœuvres, sont presque toujours chargés de ce travail, & ils n'ont ni la force, ni la patience de le porter à sa perfection. On ne sauroit broyer le mortier trop long-temps, ni trop diviser les molécules de la chaux, & les amalgamer avec le sable. Si les maçons sont chargés de l'opération, ils commencent leur journée par broyer le mortier, & ils en préparent, à peu de chose près, autant qu'ils prévoient pouvoir en employer dans la journée. Il arrive que ce mortier est trop surchargé d'eau, & malgré cela, dans les grandes chaleurs de l'été, l'évaporation est trop forte, la crystallisation commence, il faut ajouter de temps à autre de l'eau pour renouveller la souplesse du mortier, & on dérange cette crystallisation d'où dépend la solidité de l'ouvrage. Il convient donc de veiller attentivement à ce qu'ils broyent le mortier après chacun de leur repas, c'est-à-dire trois ou quatre fois par jour, ou bien il faut que la même personne soit occupée à le préparer à mesure qu'on l'emploie. Ces détails sont trop négligés, on s'en rapporte trop à l'ouvrier à qui il importe fort peu que le mortier soit trop gras ou trop maigre; les trois-quarts du temps c'est un automate qui agit, qui broye aujourd'hui comme il le fit hier, sans examiner si la chaux est de même qualité, ou qui se hâte de broyer tant bien que mal, afin d'avoir plus de temps pour se reposer.

D'un autre côté, le maçon, si l'ouvrage est donné à prix fait, économise sur la quantité de chaux, & il augmente les proportions du sable; dès-lors, le mortier en se séchant, n'opère qu'une crystallisation imparfaite: le maçon épargne également le mortier dans la construction, & si on n'y veille de près, on trouvera, d'une pierre à une autre, ce qu'on appelle des *chambres*, ou vides, qui dans la suite deviendront le repaire des rats & des souris, & faciliteront l'ouverture de leurs galeries dans l'épaisseur des murs.

Si on fournit les matériaux aux maçons, & qu'on leur paye la main-d'œuvre à tant la toise, on n'aura presque que des lits de mortier; les pierres seront moins bien jointées, moins serrées les unes contre les autres, & à peine les ouvriers se serviront-ils de leurs marteaux pour les bien enchâsser dans le mortier. Le meilleur mur est celui qui est construit avec très-peu de mortier, où l'on n'a pas épargné les retailles ou petites pierres, afin de remplir tous les vides, & de ne pas laisser des masses trop épaisses de mortier; enfin, celui où le marteau de l'ouvrier a beaucoup travaillé.

D'après ces observations, auxquelles on pourroit en ajouter beaucoup d'autres, on sent la nécessité où l'on est de suivre les ouvriers; de prendre de temps en temps leur petit levier, de sonder entre les assises de chaque pierre, afin de se convaincre par soi-même que la maçonnerie est bien garnie, qu'il n'y a pas de chambres, ni de trop forts dépôts de mortier. Si l'on s'apperçoit de quelques-uns de ces défauts, il n'y a pas à balancer, on doit faire lever un assise de pierre sur une longueur déterminée, afin de convaincre l'ouvrier que vous avez des yeux accoutumés à voir, que vous connoissez le travail; enfin, il sera obligé de refaire l'ouvrage toutes les fois que vous le trouverez mauvais ou mal conditionné. Mais, afin que l'ouvrier ou le prix-fataire ne soit pas dans le cas de se plaindre, cette vérification, de la part du maître, doit être stipulée dans le concordat que l'on passe avec lui avant de commencer l'entreprise. Alors, s'il y travaille mal il est dans son tort, & il n'a aucun prétexte pour ne pas recommencer l'ouvrage lorsque ses défectuosités l'exigent. Après deux ou trois bonnes leçons dans ce genre, & lorsqu'il sera convaincu que le maître visite souvent ses travaux, on peut alors espérer que la maçonnerie sera solide, & c'est le seul & unique moyen pour atteindre à ce but.

On est aujourd'hui très-étonné de la dureté du mortier employé par les Romains; les pierres cèdent plus facilement que ce mortier à la pince ou à l'effort de la poudre. A cet égard il convient de remarquer qu'un mortier *bien fait* acquiert, par le laps des temps, une solidité, une ténacité extrêmes; en second lieu, que les Romains employoient des procédés, dont on trouve quelques traces éparses dans leurs écrits. La vue de leurs anciens travaux a fixé l'attention de M. Loriot, & l'a engagé à conclure que la solidité de leurs ouvrages ne tenoit ni à un avantage local, ni à une qualité particulière des matériaux; mais qu'elle étoit le résultat d'un procédé particulier.

Ces monumens offrent pour la plûpart des masses énormes en épaisseur & en élévation, dont l'intérieur masqué seulement par un parement presque superficiel, n'est évidemment formé que de pierraille & de cailloutage jetés au hasard, & liés ensemble par un mortier qui paroît avoir été assez liquide pour s'insinuer dans les moindres interstices, & ne former qu'un tout de cet amas de matières, soit qu'elles aient été jetées dans un bain de ciment ou de mortier, soit qu'arrangées d'abord, on l'ait versé sur elles.

L'art de cette construction consiste dans la préparation & l'emploi de ce mortier qui n'est sujet à aucune dissolution, & dont la ténacité est si grande, qu'il résiste aux coups redoublés du pic & du marteau. Les propriétés principales du mortier des Romains, sont, 1°. d'être impénétrable à l'eau : (le béton jouit aussi de cet avantage) 2°. de passer très-promptement de l'état liquide à une consistance dure; 3° d'acquérir une ténacité étonnante, & de la communiquer aux moindres cailloutages qui en sont imprégnés; 4°. enfin, de conserver toujours le même volume, sans retraite ni extension. Ces propriétés ont fait supposer par le peuple, qui a toujours recours à l'extraordinaire pour expliquer les choses les plus simples, que les Romains employoient le sang, parce que leur ciment avoit quelquefois une teinte rougeâtre; cette teinte est uniquement dûe à la brique pilée, qui lui a communiqué une partie de sa couleur. Quand ils n'employoient que le gravier & la pierraille, la couleur étoit alors blanche ou grise.

Voici la marche qu'a suivie M. Loriot pour connoître la base de ce ciment, & pour parvenir à l'imiter exactement. Il prit de la chaux éteinte depuis long-temps dans une fosse recouverte de planches, sur laquelle on avoit répandu une certaine quantité de terre; de sorte que ce moyen avoit conservé toute la fraîcheur de la chaux. Il en fit deux lots séparés, qu'il gâcha avec une égale attention. Le premier lot, sans aucun mêlange, fut mis dans un vase de terre vernissé & exposé à l'ombre, à une dessication naturelle. A mesure que l'évaporation de l'humidité se fit, la matière se gersa en tout sens. Elle se détacha des parois du vase, & tomba en mille morceaux, qui n'avoient pas plus de consistance que les morceaux de chaux nouvellement éteinte, qui se trouvent desséchés par le soleil sur les bords des fosses.

Quant à l'autre lot, M. Loriot ne fit qu'y ajouter un tiers de chaux-vive mise en poudre, & amalgamer & gâcher le tout, pour opérer le plus exact mêlange qu'il plaça dans un pareil vaisseau vernissé. Il sentit peu-à-peu que la masse s'échauffoit, & dans l'espace de quelques minutes, il s'apperçut qu'elle avoit acquis une consistance pareille à celle du meilleur plâtre détrempé & employé à propos. C'est une sorte de lapidification consommée en un instant. La dessication absolue de ce mêlange est achevée en peu de temps, & présente une masse compacte sans la moindre gerçure, & qui demeure tellement adhérente aux parois des vaisseaux, qu'on ne peut l'en tirer sans les briser. Si le mêlange est fait dans une exacte proportion, il n'éprouve ni retrait ni extension, & reste perpétuellement dans le même état où il s'est trouvé au moment de sa fixité.

M. Loriot forma avec ce composé différens bassins, & vit qu'après les avoir laissé sécher, l'eau qu'on y avoit mise n'avoit éprouvé d'autre diminution que celle qui est une suite de l'évaporation ordinaire, & le poids du bassin exactement reconnu avant l'expérience, a été strictement le même après l'opération.

Ces expériences, suffisantes pour le moment, ne décidoient pas quels seroient sur ce mortier les effets de l'intempérie des saisons : de nouvelles épreuves ont démontré que ce mortier acquéroit progressivement plus de solidité.

Il est donc certain que l'intermède de la chaux-vive en poudre dans toutes sortes de mortiers & de cimens faits avec la chaux éteinte, est le plus puissant moyen pour obtenir un mortier inaltérable. Telle est la base de la découverte de M. Loriot. En voici quelques conséquences. Dès que par le résultat de l'expérience, il est prouvé que les deux chaux se saisissent & s'étreignent si fortement, l'on conçoit qu'elles peuvent également embrasser & contenir les autres substances que l'on y introduira, les serrer & faire corps avec elles selon la convenance plus ou moins grande de leur surface, & par-là augmenter le volume de la masse que l'on veut employer.

Les corps étrangers, reconnus jusqu'ici pour les plus convenables à introduire dans le mortier, sont le sable & la brique. Prenez donc, pour une partie de brique pilée très-exactement & passée au sas, deux parties de sable fin de rivière passé à la claie, de la chaux vieille éteinte en quantité suffisante pour former dans l'auge, avec l'eau, un amalgame à l'ordinaire, & cependant assez humecté pour fournir à l'extinction de la chaux vive que vous y jetterez en poudre jusqu'à la concurrence du quart en sus de la quantité de sable & de brique pilée, pris ensemble. Les matières étant bien incorporées, employez-les promptement, parce que le moindre délai peut en rendre l'usage défectueux ou impossible.

Un enduit de cette matière sur le fond & les parois d'un bassin, d'un canal & de toutes sortes de constructions faites pour contenir & surmonter les eaux, opère l'effet le plus surprenant, même en les mettant en petite quantité. Que seroit-ce donc si les constructions avoient été originairement faites avec ce mortier?

La poudre de charbon de terre, en quantité égale à celle de la chaux vive, s'y incorpore parfaitement, & la substance bitumineuse du charbon est un obstacle de plus à la pénétrabilité de l'eau.

Le mêlange de deux parties de chaux éteinte à l'air, d'une partie de plâtre passé au sas, & d'une quatrième partie de chaux vive, fournit par l'amalgame qui s'en fait, un enduit très-propre pour l'intérieur des bâtimens, & qui ne se gerse point. Ces mortiers doivent être préparés par rangées.

Si on ne peut avoir de la brique pilée pour les ouvrages destinés à recevoir l'eau ou à la contenir, on peut y suppléer en faisant des pelottes de terre franche qu'on laissera sécher, & qu'on fera cuire ensuite dans un four à chaux. Ces pelottes, aisément réduites en poudre, valent la brique pilée.

Un tuf sec, pierreux, bien pulvérisé, & passé au sas, peut remplacer le sable & la terre franche: il seroit même à préférer à ceux-ci à cause de sa légéreté pour les ouvrages que l'on voudroit établir sur une charpente.

Les marnes, exactement pulvérisées & délayées avec précaution, à cause de leur onctuosité qui peut résister au mêlange, sont également propres à s'incorporer avec la chaux. La poudre de charbon de bois, & en général toutes les vitrifications des fourneaux, celles des forges, des fonderies, crasses, laitiers, scories, mâches-fer, toutes celles qui sont imprégnées de substances métalliques, altérées par le feu, sont également susceptibles des entraves que ce mêlange des deux chaux leur prépare, & peuvent donner un ciment de telle couleur qu'on le désirera; en un mot, tous les débris de pierres, les cailloux, les graviers, les gravats des démolitions, peuvent entrer dans les gros ouvrages qui doivent faire corps.

Au surplus, le mêlange d'un quart de chaux en poudre, indiqué par M. Loriot, est en général la proportion convenable. Mais si la chaux est nouvellement cuite, si elle est parfaite dans sa calcination, ainsi que dans les parties constituantes de la pierre qu'on réduit en chaux par la calcination, il en faudra un peu moins; & plus, à proportion qu'elle s'éloignera de son point de perfection. Si on met trop de chaux en poudre, elle se combinera mal en mortier, se brûlera, & tombera en poussière. Si elle est inondée, à mesure que l'eau superflue se desséchera, le mortier ou ciment se gersera. Un peu de pratique instruira mieux l'ouvrier que les plus grands détails.

L'opération de M. Loriot est simple, & à la portée de tout le monde; mais elle exige de réduire la chaux nouvelle en poudre, & cette opération, long-temps continuée, devient très-nuisible à la santé de l'ouvrier.

M. de Morveau, ce savant & zélé citoyen, dont tous les momens sont consacrés à l'utilité publique, a trouvé un expédient capable de prévenir tous les inconvéniens, & peu coûteux. Nous empruntons ses propres paroles.

« M. Loriot n'est pas le premier qui ait proposé de mêler une portion de chaux vive avec le mortier ordinaire; mais il a l'avantage d'avoir le premier publié cette méthode en France; de l'avoir annoncée avec des promesses fondées sur des expériences-pratiques, capables d'éveiller l'attention & d'inspirer la confiance. Or, il est certain que c'est le plus souvent à ce dernier pas que tient l'utilité des découvertes. Elles restent dans les livres comme des trésors ignorés, que mille gens touchent sans en connoître le prix, & c'est celui qui nous en met en possession, qui mérite sur-tout notre reconnoissance. Il n'est donc pas étonnant que son nom se conserve dans la mémoire des hommes, avec l'idée de son invention, de manière à lui assurer la gloire de tout ce que le temps pourra y ajouter. »

» 1°. Il faut que la chaux vive soit réduite en poudre très-fine, sans cela l'action expansive seroit trop puissante, le gonflement deviendroit trop considérable. J'ai vu un enduit de dix lignes d'épaisseur se bomber en moins de deux minutes, de quatre pouces sur deux pouces de longueur, parce que la chaux n'avoit point été assez pulvérisée; le frottement ne permettant pas une expansion pareille au mur, tout l'effort se porta en avant.

» 2°. Les parties de chaux vive doivent y être distribuées également, & dans une proportion avec la qualité absorbante de cette chaux: n'y en a-t-il pas assez, ou n'est-elle pas assez vive? l'effet manque, il y a plus de mélange que de combinaison; c'est un mortier qui n'est plus travaillé par l'affinité, qui contient une quantité d'eau surabondante, & dont l'évaporation laissera des interstices. Y en a-t-il trop, ou bien la chaux est-elle trop vive? la dessication des parties voisines est subite, leur déplacement n'est plus successif, elles sont violemment heurtées par le mouvement expansif; & au lieu de les attaquer, il les brise, comme lorsqu'on remanie un mortier trop sec: aussi ai-je constamment observé que, dans ces circonstances, ce mortier étoit friable & s'écachoit facilement, même après le refroidissement. »

3°. On doit observer & saisir le moment de mettre en œuvre cette préparation, peut-être avec plus d'exactitude encore que pour le plâtre: en rendant ce mortier plus liquide avant que d'y mêler la chaux vive, on peut empêcher qu'il ne prenne aussi promptement, mais c'est toujours aux dépens de la solidité; la chaux se sature d'eau, elle fait tout son effet dans l'auge de l'ouvrier; il croit employer le mortier de M. Loriot, & ce n'est plus qu'un mortier ordinaire, où l'on a mis une nouvelle portion de chaux éteinte; il faut le prendre dans l'instant précis où il ne reste plus assez d'action à la chaux vive pour changer sensiblement ses dimensions sous la truelle, où il lui en reste assez pour opérer un mouvement intérieur qui se mette en équilibre avec la ténacité du mélange. C'est dans ce juste milieu qu'il acquiert

acquiert la consistance nécessaire quand il a été convenablement délayé; & je me suis bien convaincu que c'est de-là que dépend constamment le succès de l'opération. »

» Les moyens de rendre la préparation de ce mortier moins dangereuse, plus économique & plus sûre, ne peuvent être indifférens. Celui que je propose réunit tous ces avantages; il consiste à laisser éteindre la chaux à l'air libre, en lieu couvert, jusqu'à ce qu'elle soit tombée en farine ou poussière impalpable, & à la recalciner ensuite à mesure que l'on en a besoin, dans un petit four fait exprès avec des briques. »

» 1°. Je dis que cette préparation sera bien moins *dangereuse* que l'autre. C'est le danger auquel sont exposés les ouvriers en pilant la chaux vive qui m'a fait naître cette idée; la poussière qui s'élève dans cette opération leur cause des picotemens, des irritations dans la gorge, une toux cruelle, des saignemens de nez, &c. Le danger n'est pas moins considérable lorsqu'il faut bluter ou tamiser cette chaux; le mouvement volatilise les parties les plus subtiles, & tous ceux qui ont quelquefois manié de la chaux en poudre, savent bien qu'il en émane une forte odeur nauséabonde, aussi incommode que mal-faisante. Que l'on ne dise pas que les ouvriers pourront se couvrir la bouche, comme on le pratique dans les atteliers où cette opération se répète habituellement, cette précaution remédie très-peu aux accidens, & rend le travail plus pénible, puisque la respiration est cruellement gênée. »

» 2°. Je dis que l'opération sera plus *économique*. Supposons que l'on ait besoin d'un muid de chaux vive en poudre, c'est tout ce que pourront faire dans une journée huit hommes vigoureux, exercés à ce travail, même en admettant qu'il puisse être continu, que de la pulvériser & de la passer au tamis & au bluteau; il en coûtera au moins 10 livres pour sa préparation, & c'est au prix le plus bas.... Pour préparer à ma manière la même quantité, il faut tout au plus un travail de six heures d'un seul ouvrier, & le quart d'une corde de bois, ou l'équivalent en fagotage: la valeur de ce bois ne peut monter à 10 livres en quelque pays que ce soit. »

» On commencera par construire un four, à-peu-près dans la forme des fours de fonderie, ou plutôt des fours à fritte. (*Voyez* dans le dictionnaire encyclopédique, article FORGES, *manufactures de glaces*) Ce four peut être de telle grandeur qu'on le jugera convenable, par rapport à la consommation de chaux vive; mais comme c'est une matière dont on ne doit pas faire provision, & que le four une fois échauffé exige moins de bois pour les fournées successives, il y aura de l'avantage à le tenir dans de moindres dimensions. Pour le construire dans une proportion moyenne & commode, je lui donnerois quatre pieds de long, deux pieds de large, & un pied de haut, une forme ovale ou elliptique, je voudrois qu'il fût ouvert à ses deux extrémités; une de ces deux ouvertures serviroit à la communication de la flamme, de la toquerie & du tisard; l'autre seroit la bouche du four, par laquelle la flamme s'échapperoit dans la hotte de la cheminée, après avoir circulé dans l'intérieur; c'est par-là que l'ouvrier introduira la chaux éteinte, la remuera avec un rable, & la retirera lorsqu'elle sera suffisamment calcinée. »

» On sent bien que, pour la commodité de l'ouvrier, l'aire du four doit être environ de trois pieds & demi, & que le tisard doit être placé parallèlement, ou au moins en retour, afin que le coup de vent qui sert à entretenir le feu, n'imprime pas à la flamme un mouvement trop rapide; ce tisard, destiné à recevoir le bois, pourra avoir deux pieds de longueur, un pied de largeur, & dix-huit pouces de haut, il sera terminé en dessus par une voûte en brique, en bas par une grille posée à dix pouces au-dessous de l'aire du four, & un cendrier sous cette grille. »

» Le four ainsi disposé, l'ouvrier aura sous sa main une grande caisse remplie de chaux que l'on aura laissé éteindre à l'air, dont on aura séparé avec le rateau les pierres qui n'auroient pas fusé; il en jettera dans le four environ deux pieds cubes, il poussera le feu jusqu'à ce qu'elle soit rouge, ayant soin de l'étendre & de la retourner de temps à autre avec un rable à long manche, pour rendre la calcination plus égale & plus prompte: cette portion une fois calcinée, il la ramera avec son rable, il la fera tomber ou sur le pavé, ou dans des caisses de tôle, & procédera de même pour les fournées successives, dont la durée ne peut être de plus d'une heure & demie pour chacune. On ne manquera pas d'opposer que la construction de ce four augmentera la dépense: mais la réponse est facile, elle est fondée sur les vrais principes de l'économie dans les arts, qui compte pour beaucoup la diminution d'une dépense qui se répète à l'infini, au moyen de quelques avances une fois faites.... Environ un demi-millier de briques, deux tombereaux d'argile, & quelques barreaux de fer pour la grille du tisard, voilà tout ce qu'il faut pour construire un four, tel qu'il est ci-dessus décrit; encore peut-on retrancher une partie des briques, en plaçant l'aire du four sur un massif de moëllons, & en bâtissant en pierres le cendrier du tisard. Pour peu que l'entreprise soit considérable, ces frais se répartiront sur tant de fournées, qu'ils formeront un objet de peu de conséquence, & il est aisé de prévoir que le bénéfice de cette répartition deviendra plus général, à mesure que l'usage de ce mortier deviendra plus familier, parce que les entrepreneurs établiront chez eux des fours pour cette préparation, comme les plâtriers pour la cuisson du plâtre. »

» 3°. Je dis que la préparation sera plus sûre, & c'est ici un article important. On a vu que tout dépendoit de la juste proportion & de la qualité de la chaux vive ajoutée. M. Loriot insiste avec raison sur la nécessité d'avoir continuellement de la chaux nouvelle; il désire que dans les travaux suivis & en grand, on établisse des fours à chaux, comme ceux que l'on voit aux environs de Chartres, où l'on stratifie la pierre concassée avec des lits de charbon: il a bien senti que l'augmentation de la proportion de chaux vive, pour suppléer à la qualité, n'étoit qu'un remède infidèle, un tâtonnement sujet à mille incertitudes, & quand on seroit sûr de retrouver toujours exactement la même somme de parties absorbantes en variant les doses, je ne croirois pas encore que cela fût entièrement indifférent, du moins à un certain point, parce que la présence d'une certaine portion de chaux, qui n'est ni vive ni fondue, qui n'est plus que la poussière de pierre, change nécessairement la distribution des parties composantes. Du procédé que je présente, il résulte qu'on a de bonne chaux en poudre de moment en moment, & que l'on épargne à-la-fois deux opérations pénibles & dangereuses, la pulvérisation & le blutage.» On peut voir dans *le journal de physique*, *année* 1775, *tome VI*, *page* 511, la représentation de ce four, & celle de ses proportions.

M. de la Faye, après les recherches les plus exactes sur les ouvrages des anciens qui ont pour objet la bâtisse, en a publié les procédés dans son ouvrage intitulé : *Recherches sur la préparation que les Romains donnoient à la chaux* ; à Paris, chez Mérigot le jeune, quai des Augustins : voici son procédé pour éteindre la chaux. Vous vous procurerez de la chaux de pierres dures, & qui sera nouvellement cuite ; vous la ferez couvrir en route, afin que l'humidité de l'air ou la pluie ne puisse la pénétrer; vous ferez déposer cette chaux sur un plancher balayé, dans un endroit sec & couvert ; vous aurez dans le même lieu des tonneaux secs & un grand baquet rempli jusqu'aux trois quarts; d'eau de rivière, ou d'une eau qui ne soit ni crue ni minérale.

Il suffira d'employer deux ouvriers pour l'opération; l'un avec une hachette brisera les pierres de chaux, jusqu'à ce qu'elles soient toutes réduites à-peu-près à la grosseur d'un œuf.... L'autre prendra avec une pêle cette chaux brisée, & en remplira à ras seulement un panier plat & à claire voye, tel que les maçons en ont pour passer le plâtre ; il enfoncera ce panier dans l'eau, & l'y maintiendra jusqu'à ce que toute la superficie de l'eau commence à bouillonner ; alors il retirera ce panier, le laissera s'égoutter un instant, & renversera cette chaux trempée dans un tonneau; il répètera sans relâche cette opération, jusqu'à ce que toute la chaux ait été trempée & mise dans les tonneaux, qu'il remplira à deux ou trois doigts des bords : alors cette chaux s'échauffera considérablement, rejettera en fumée la plus grande partie de l'eau dont elle est abreuvée, ouvrira ses pores en tombant en poudre, & perdra enfin sa chaleur. Tel est l'état de chaux que Vitruve appelle *chaux éteinte*.

L'âcreté de cette fumée exige que l'opération soit faite dans un lieu où l'air passe librement, afin que les ouvriers puissent se placer de manière à n'en point être incommodés. Aussi-tôt que la chaux cessera de fumer, on couvrira les tonneaux avec une grosse toile ou avec des paillassons.

On jugera de la nécessité que la chaux soit nouvellement cuite, par le plus ou moins de promptitude qu'elle mettra à s'échauffer & à tomber en poudre ; si elle est anciennement cuite, ou si elle n'a pas eu le degré de cuisson nécessaire, elle ne s'échauffera que lentement, & sera très-mal divisée.

*De quelques préparations employées par les Romains.*

Pour les enduits des appartemens, les Romains suppléoient le sable par la poussière de marbre, passée au tamis fin.

Lorsque l'on pétrit un boisseau de chaux qui vient de tomber en poudre, suivant la méthode indiquée ci-dessus, avec deux boisseaux de sable de rivière fraîchement tiré de l'eau, si l'on repétrit ces matières après avoir répandu sur la totalité une ou deux onces d'huile de noix, ou de lin, ou de navette, ce mortier, ayant pris consistance, ne sera plus susceptible d'être pénétré par l'eau : on pourra en faire l'épreuve pour des constructions qui doivent être exposées à l'eau. Il paroît ici que l'huile s'étend & se divise dans le mortier encore plus qu'elle ne fait sur l'eau, puisqu'en rompant l'intérieur & l'extérieur de ces essais, on verra que l'un & l'autre sont impénétrables à l'eau. Comme la qualité de la chaux n'est pas toujours la même, il faut faire des essais pour juger de la quantité d'huile que peut exiger la chaux que l'on employe.

Il faut éteindre de la chaux dans du vin pour faire la *maltha* des Romains, mortier plus dur que la pierre; ils la faisoient avec de la chaux vive qu'on venoit d'éteindre dans cette liqueur, & ils la mêloient avec de l'huile ou avec de la poix réduite en poudre. C'étoit une pâte préparée pour remplir les joints des grandes tuiles, employée dans la construction des terrasses des maisons.

Après avoir pétri avec du vinaigre deux mesures de sable & une mesure de chaux qui vient de tomber en poudre, on y ajoute la portion d'huile indiquée ci-dessus, & on obtient un mortier parfaitement dur & impénétrable à l'eau.

D'après tout ce qui vient d'être dit, on voit que le meilleur mortier est celui dont la chaux est la plus nouvellement tirée du four, qui a été fusée avec la moins grande quantité d'eau, & qui est employée le plus promptement possible. Les préparations de M. Loriot & de M. de la Faye sont excellentes pour de petits ouvrages ou pour réparer des ouvrages anciennement faits, quoiqu'on puisse les employer dans les travaux en grand; cependant, dans ces derniers cas, je préférerois l'emploi du *beton;* fortement corroyé & massivé, il devient imperméable à l'eau, au vin, & enfin à tous les fluides; on en fait des *bassins*, des *citernes*, & des voûtes de *caves* d'une seule pièce. (*Voyez* ces mots) Le grand point est de broyer la chaux lorsqu'elle est encore très-chaude & fusée, de se hâter de la broyer avec le sable & les retailles ou petites pierres, de jeter le tout encore chaud dans la tranchée, enfin de se hâter de massiver.

Si sur deux parties de sable & une de cette chaux, on retranche une partie de sable, & si on en ajoute une de pouzzolane, (*Voyez* ce mot) on aura un béton parfaitement crystallisé, & pris dans moins de quarante-huit heures.

A la place de la pouzzolane, on peut se servir d'une terre appellée, dans quelques endroits, *terre de la monnoye*, parce qu'elle est sans doute le résidu de quelqu'opération qui s'y pratique; au moins je le crois ainsi, mais je ne puis rien assurer de positif à ce sujet, n'ayant pas sous la main de cette terre pour l'examiner; ce qu'il y a de certain, c'est qu'elle produit le même effet que la pouzzolane. Cette terre ne seroit-elle pas du *colcotar*, ou terre qui est le résidu du vitriol de mars, après qu'il a été calciné & distillé à très-grand feu; j'en ai fait des expériences en petit, qui m'ont très-bien réussi. A l'article

POUZZOLANE, nous examinerons ses qualités & ses propriétés.

Pour les conduites d'eau, faites avec des tuyaux en terre cuite, on soude leurs points de réunion avec une pâte faite avec la brique pilée, la chaux vive en poudre, & du saindoux ou graisse blanche, le tout à parties égales & bien pétri ensemble.

MORVE. MÉDECINE VÉTÉRINAIRE. Maladie des chevaux. Pour rendre plus intelligible ce que l'on va dire sur la *morve* & sur les différens écoulemens auxquels on a donné ce nom, il est à propos de donner une description courte & précise du nez de l'animal & de ses dépendances.

Le nez est formé principalement par deux grandes cavités nommées fosses nasales; ces fosses sont bornées extérieurement par les os du nez & les os du grand angle; postérieurement par la partie postérieure des os maxillaires & par les eaux palatins; & latéralement par les os maxillaires, & par les os zygomatiques; supérieurement par l'os ethmoïde, l'os sphénoïde & le frontal. Ces deux fosses répondent inférieurement à l'ouverture des naseaux, & supérieurement à l'arrière-bouche avec laquelle elles ont communication par le moyen du voile du palais. Ces deux fosses sont séparées par une cloison en partie osseuse, & en partie cartilagineuse. Aux parois de chaque fosse, sont deux lames osseuses, très-minces, roulées en forme de cornets, appellées, à cause de leur figure, *cornets du nez*; l'un est antérieur & l'autre postérieur; l'antérieur est adhérent aux os du nez & à la partie interne de l'os zygomatique; il ferme en partie l'ouverture du sinus zygomatique: le postérieur est attaché à la partie interne de l'os maxillaire, & ferme en partie l'ouverture du sinus maxillaire; ces deux os sont des appendices de l'os ethmoïde; la partie supérieure est fort large & évasée; la partie inférieure est roulée en forme de cornets de papier, & se termine en pointe; au milieu de chaque cornet, il y a un feuillet osseux, situé horizontalement, qui sépare la partie supérieure de l'inférieure.

Dans l'intérieur de la plupart des os qui forment le nez, sont creusées plusieurs cavités à qui on donne le nom de *sinus*; les sinus sont les zygomatiques, les maxillaires, les frontaux, les ethmoïdaux & les sphénoïdaux.

Les sinus zygomatiques sont au nombre de deux, un de chaque côté: ils sont creusés dans l'épaisseur de l'os zygomatique: ce sont les plus grands; ils sont adossés aux sinus maxillaires, desquels ils ne sont séparés que par une cloison osseuse.

Les sinus frontaux sont formés par l'écartement des deux lames de l'os frontal; ils sont ordinairement au nombre de deux, un de chaque côté, séparés par une lame osseuse.

Les sinus ethmoïdaux sont les intervalles qui se trouvent entre les cornets ou les volutes de cet os.

Les sinus sphénoïdaux sont quelquefois au nombre de deux, quelquefois il n'y en a qu'un; ils sont creusés dans le corps de l'os sphénoïde: tous ces sinus ont communication avec les fosses nasales; tous ces sinus de même que les fosses nasales, sont tapissés d'une membrane nommée *pituitaire*, à raison de l'humeur pituiteuse qu'elle filtre; cette membrane semble n'être que la continuation de la peau à l'entrée des naseaux; elle est d'abord mince, ensuite elle devient plus épaisse au milieu du nez sur la cloison & sur les cornets. En entrant dans les sinus frontaux, zygomatiques & maxillaires, elle s'amincit considérablement; elle ressemble à une toile d'araignée dans l'étendue de ces cavités; elle est parsemée de vaisseaux sanguins & lymphatiques, & de glandes dans toute l'étendue des fosses nasales; mais elle semble n'avoir que des vaisseaux lymphatiques dans l'étendue des sinus; sa couleur blanche & son peu d'épaisseur dans ces endroits le dénotent.

La membrane pituitaire, après avoir revêtu les cornets du nez, se termine inférieurement par une espèce de cordon qui va se perdre à la peau à l'entrée des naseaux; supérieurement, elle se porte en arrière sur le voile du palais qu'elle recouvre.

Le voile du palais est une espèce de valvule, située entre la bouche & l'arrière-bouche, recouverte de la membrane pituitaire du côté des fosses nasales, & de la membrane du palais du côté de la bouche: entre ces deux membranes, sont des fibres charnues, qui composent sur-tout sa substance. Ses principales attaches sont aux os du palais, d'où il s'étend jusqu'à la base de la langue; il est flottant du côté de l'arrière bouche, & arrêté du côté de la bouche; de façon que les alimens l'élèvent facilement dans le temps de la déglutition, & l'appliquent contre les fausses nasales; mais lorsqu'ils sont parvenus dans l'arrière-bouche, le voile du palais s'affaisse de lui-même, & s'applique sur la base de la langue; il ne peut être porté d'arrière en avant; il intercepte ainsi toute communication de l'arrière-bouche avec la bouche, & forme une espèce de pont, par-dessus lequel passent toutes les matières qui viennent du corps, tant par l'œsophage que par la trachée artère; c'est par cette raison que le cheval respire par les naseaux, c'est par la même raison qu'il jette par les naseaux le pus qui vient du poumon, l'épiglote étant renversée dans l'état naturel sur le voile palatin. Par cette théorie, il est facile d'expliquer tout ce qui arrive dans les différens écoulemens qui se font par les naseaux.

La *morve* est un écoulement de mucosité par le nez, avec inflammation ou ulcération de la membrane pituitaire.

Cet écoulement est tantôt de couleur transparente, comme le blanc d'œufs, tantôt jaunâtre, tantôt verdâtre, tantôt purulent, tantôt sanieux, mais toujours accompagné du gonflement des glandes lymphatiques de dessous la ganache; quelquefois il n'y a qu'une de ces glandes qui soit engorgée, quelquefois elles le sont toutes deux en même-temps.

Tantôt l'écoulement ne se fait que par un naseau, & alors il n'y a que la glande du côté de l'écoulement qui soit engorgée; tantôt l'écoulement se fait par les deux naseaux, & alors les glandes sont engorgées en même-temps; tantôt l'écoulement vient du nez seulement, tantôt il vient du nez, de la trachée-artère & du poumon en même-temps.

Ces vérités ont donné lieu aux différences suivantes:

1°. On distingue la *morve* en *morve* proprement dite, & en *morve* improprement dite.

La morve proprement dite, a son siège dans la membrane pituitaire, & même il n'y a pas d'autre morve que celle-là.

Il faut appeller *morve* improprement dite, tout écoulement par les naseaux, qui vient d'une autre partie que de la membrane pituitaire; ce n'est pas la *morve*, c'est à tort qu'on lui donne ce nom; on ne le lui conserve que pour se conformer au langage ordinaire.

Il faut diviser la *morve* proprement dite, à raison de sa nature; 1°. en *morve* simple, & en *morve* composée; en *morve* primitive, & en *morve* consécutive; 2°. à raison de son degré, en *morve* commençante, en *morve* confirmée, & en *morve* invétérée.

La *morve* simple est celle qui vient uniquement de la membrane pituitaire.

La *morve* composée n'est autre chose que la *morve* simple, combinée avec quelqu'autre maladie.

La *morve* primitive, est celle qui est indépendante de toute autre maladie.

La *morve* consécutive, est celle qui vient à la suite de quelqu'autre maladie, comme à la suite de la pulmonie, du farcin, &c.

La *morve* commençante, est celle où il n'y a qu'une simple inflammation & un simple écoulement de mucosité par le nez.

La *morve* confirmée, est celle où il y a ulcération dans la membrane pituitaire.

La *morve* invétérée, est celle où l'écoulement est purulent & sanieux, où les os & les cartilages sont affectés.

2°. Il faut distinguer la *morve* improprement dite, en *morve* de morfondure, & en *morve* de pulmonie.

La *morve* de morfondure, est un simple écoulement de mucosité par les naseaux, avec toux, tristesse & dégoût qui dure peu de temps.

On appelle du nom pulmonie toute suppuration dans le poumon, qui prend écoulement par les naseaux, de quelque cause que vienne cette suppuration.

La *morve* de pulmonie se divise à raison des causes qui la produisent, en *morve* de fausse gourme, en *morve* de farcin & en *morve* de courbature.

La *morve* de fausse gourme, est la suppuration du poumon, causée par une fausse gourme, ou une gourme maligne qui s'est jetée sur les poumons.

La *morve* de farcin, est la suppuration du poumon, causée par un levain farcineux.

La *morve* de courbature, n'est autre chose que la suppuration du poumon après l'inflammation, qui ne s'est pas terminée par la résolution. Enfin on donne le nom de *pulmonie* à tous les écoulemens de pus qui viennent du poumon, de quelque cause qu'ils procèdent; c'est ce qu'on appelle vulgairement *morve*, mais qui n'est pas plus *morve* qu'un abcès au foie, à la jambe, ou à la cuisse.

Il y a encore une autre espèce de *morve* improprement dite, c'est la *morve* de pousse: quelquefois les chevaux poussifs jettent de temps en temps, & par flocons, une espèce de morve tenace & glaireuse; c'est ce qu'il faut appeller *morve* de *pousse*.

*Causes*: examinons d'abord ce qui arrive dans la *morve*. Il est certain que dans le commencement de la *morve* proprement dite, (car on ne parle ici que de celle-ci) il y a inflammation dans les glandes de la membrane pituitaire; cette inflammation fait séparer une plus grande quantité de mucosité; delà l'écoulement abondant de la *morve* commençante.

L'inflammation subsistant, elle fait resserrer les tuyaux excréteurs des glandes, la mucosité ne s'échappe plus, elle séjourne dans la cavité des glandes, elle s'y échauffe, y fermente, s'y putréfie, & se convertit en pus; delà l'écoulement purulent dans la *morve* confirmée.

Le pus croupissant devient âcre, corrode les parties voisines, carie les os, & rompt les vaisseaux sanguins; le sang s'extravase & se mêle avec le pus; delà l'écoulement purulent noirâtre & sanieux dans la *morve* invétérée : la lymphe arrêtée dans les vaisseaux qui se trouvent comprimés par l'inflammation, s'épaissit, ensuite se durcit; delà les callosités des ulcères.

La cause évidente de la *morve* est donc l'inflammation; l'inflammation reconnoît des causes générales & des causes particulières : les causes générales sont la trop grande quantité, la raréfaction & l'épaississement du sang; ces causes générales ne sont qu'une disposition à l'inflammation, & ne peuvent pas la produire, si elles ne sont aidées par des causes particulières & déterminantes : ces causes particulières sont, 1°. le défaut de ressort des vaisseaux de la membrane pituitaire, causé par quelque coup sur le nez : les vaisseaux ayant perdu leur ressort, n'ont plus d'action sur les liqueurs qu'ils contiennent, & favorisent par-là le séjour de ces liqueurs; delà l'engorgement & l'inflammation : 2°. le déchirement des vaisseaux de la membrane pituitaire par quelque corps poussés de force par le nez; les vaisseaux étant déchirés, les extrémités se ferment & arrêtent le cours des humeurs; de-là l'inflammation.

3°. Les injections âcres, irritantes, corrosives & caustiques, faites dans le nez; elles font crisper & resserrer les extrémités des vaisseaux de la membrane pituitaire; de-là l'engorgement & l'inflammation.

4°. *Le froid.* Lorsque le cheval est échauffé, le froid condense le sang & la lymphe; il fait resserrer les vaisseaux; il épaissit la mucosité & engorge les glandes : de-là l'inflammation.

5°. *Le farcin.* L'humeur du farcin s'étend & affecte successivement les différentes parties du corps; lorsqu'elle vient à gagner la membrane pituitaire, elle y forme des ulcères & cause la *morve* proprement dite.

*Symptômes.* Les principaux symptômes sont l'écoulement qui se fait par les naseaux, les ulcères de la membrane pituitaire, & l'engorgement des glandes de dessous la ganache.

1°. L'écoulement est plus abondant que dans l'état de santé, parce que l'inflammation distend les fibres, les sollicite à de fréquentes oscillations, & fait par-là séparer une plus grande quantité de mucosité; ajoutez à cela que dans l'inflammation, le sang abonde dans la partie enflammée, & fournit plus de matière aux sécrétions.

2°. Dans la *morve* commençante, l'écoulement est de couleur naturelle, transparent comme le blanc d'œuf, parce qu'il n'y a qu'une simple inflammation sans ulcère.

3°.

3°. Dans la *morve* confirmée, l'écoulement est purulent; parce que l'ulcère est formé, le pus qui en découle se mêle avec la *morve*.

4°. Dans la *morve* invétérée, l'écoulement est noirâtre & sanieux; parce que le pus ayant rompu quelques vaisseaux sanguins, le sang s'extravase & se mêle avec le pus.

5°. L'écoulement diminue & cesse même quelquefois, parce que le pus tombe dans quelque grande cavité, telle que le sinus zygomatique & maxillaire, d'où le pus ne peut sortir que lorsque la cavité est pleine.

6°. La *morve* affecte tantôt les sinus frontaux, tantôt les sinus ethmoïdaux, tantôt les sinus zygomatiques & maxillaires, tantôt la cloison du nez, tantôt les cornets, tantôt toute l'étendue des fosses nasales, tantôt une portion seulement, tantôt une de ces parties seulement, tantôt deux, tantôt trois, souvent plusieurs, quelquefois toutes à la fois, suivant que la membrane pituitaire est enflammée dans un endroit plutôt que dans un autre, ou que l'inflammation a plus ou moins d'étendue. Le plus ordinairement cependant, elle n'affecte pas les sinus zygomatiques, maxillaires & frontaux; parce que dans ces cavités la membrane pituitaire est extrêmement mince, qu'il n'y a point de vaisseaux sanguins visibles, ni de glandes: on a observé, 1°. qu'il n'y a jamais de chancres dans les cavités, parce que les chancres ne se forment que dans les glandes de la membrane pituitaire; 2°. que les chancres sont plus abondans & plus ordinaires dans l'étendue de la cloison, parce que c'est l'endroit où la membrane est le plus épaisse & le plus parsemée de glandes: les chancres sont aussi fort ordinaires sur les cornets du nez.

L'engorgement de dessous la ganache étoit un symptôme embarrassant. On ne concevoit guère pourquoi ces glandes ne manquoient jamais de s'engorger dans la *morve* proprement dite; mais on en va trouver la cause.

Assuré que ces glandes sont, non des glandes salivaires, puisqu'elles n'ont pas de tuyau qui aille porter la salive dans la bouche, mais des glandes lymphatiques, puisqu'elles ont chacune un tuyau considérable qui part de leur substance pour aller se rendre dans un plus gros vaisseau lymphatique qui descend le long de la trachée-artère, & va enfin verser la lymphe dans la veine axillaire; on a remonté à la circulation de la lymphe, & à la structure des glandes & des veines lymphatiques.

Les veines lymphatiques sont des tuyaux cylindriques qui rapportent la lymphe nourricière des parties du corps dans le réservoir commun, nommé dans l'homme, le *réservoir de Pecquet*, ou dans la veine axillaire: ces veines sont coupées d'intervalle en intervalle par des glandes qui servent comme d'entrepôt à la lymphe. Chaque glande a deux tuyaux; l'un qui vient à la glande apporter la lymphe; l'autre qui en sort, pour porter la lymphe plus loin. Les glandes lymphatiques, de dessous la ganache, ont de même deux tuyaux, ou, ce qui est la même chose, deux veines lymphatiques; l'une qui apporte la lymphe de la membrane pituitaire dans ces glandes; l'autre qui reçoit la lymphe de ces glandes pour la porter dans la veine axillaire. Par cette théorie, il est facile d'expliquer l'engorgement des glandes de dessous la ganache : c'eſt le propre de l'inflammation d'épaiſſir toutes les humeurs qui ſe filtrent dans les parties voiſines de l'inflammation ; la lymphe de la membrane pituitaire dans la *morve*, doit donc contracter un caractère d'épaiſſiſſement ; elle ſe rend avec cette qualité dans les glandes de deſſous la ganache, qui en ſont comme le rendez-vous, par pluſieurs petits vaiſſeaux lymphatiques, qui après s'être réunis forment un canal commun qui pénètre dans la ſubſtance de la glande ; comme les glandes lymphatiques ſont compoſées de petits vaiſſeaux repliés ſur eux-mêmes, qui font mille contours, la lymphe déjà épaiſſie doit y circuler difficilement, s'y arrêter enfin & les engorger.

Il n'eſt pas difficile d'expliquer par la même théorie, pourquoi dans la gourme, dans la morfondure & dans la pulmonie, les glandes de deſſous la ganache ſont quelquefois engorgées, quelquefois ne le ſont pas ; ou ce qui eſt la même choſe, pourquoi le cheval eſt quelquefois glandé, quelquefois ne l'eſt pas.

Dans la morfondure, les glandes de deſſous la ganache ne ſont pas engorgées, lorſque l'écoulement vient d'un ſimple reflux de l'humeur de la tranſpiration dans l'intérieur du nez, ſans inflammation de la membrane pituitaire ; mais elles ſont engorgées lorſque l'inflammation gagne cette membrane.

Dans la gourme bénigne, le cheval n'eſt pas glandé, parce que la membrane pituitaire n'eſt pas affectée ; mais dans la gourme maligne, lorſqu'il ſe forme un abcès dans l'arrière-bouche, le pus en paſſant par les naſeaux, corrode quelquefois la membrane pituitaire par ſon âcreté ou ſon ſéjour, l'enflamme, & le cheval devient glandé.

Dans la pulmonie, le cheval n'eſt pas glandé, lorſque le pus qui vient du poumon eſt d'un bon caractère, & n'eſt pas aſſez âcre pour ulcérer la membrane pituitaire ; mais à la longue, en ſéjournant dans le nez, il acquiert de l'âcreté, il irrite les fibres de cette membrane, il l'enflamme & alors les glandes de la ganache s'engorgent.

Dans toutes ces maladies, le cheval n'eſt glandé que d'un côté, lorſque la membrane pituitaire n'eſt affectée que d'un côté, au lieu qu'il eſt glandé des deux côtés, lorſque la membrane pituitaire eſt affectée des deux côtés : ainſi dans la pulmonie & la gourme maligne, lorſque le cheval eſt glandé, il l'eſt ordinairement des deux côtés, parce que l'écoulement venant de l'arrière-bouche, ou du poumon, l'humeur monte par-deſſus le voile du palais, entre dans le nez, également des deux côtés, & affecte également la membrane pituitaire. Cependant, dans ces deux cas mêmes, il ne feroit pas impoſſible que le cheval fût glandé d'un côté & non de l'autre ; ſoit parce que le pus en ſéjournant plus d'un côté que de l'autre, affecte davantage la membrane pituitaire de ce côté-là, ſoit parce que la membrane pituitaire eſt plus diſpoſée à s'enflammer d'un côté que de l'autre, par quelque vice local, comme par quelque coup.

*Diagnoſtic.* Rien n'eſt plus important, & rien en même temps de plus difficile, que de bien diſtinguer chaque écoulement qui ſe fait par les naſeaux ; il faut pour cela un grand uſage & une longue étude de ces maladies. Pour décider avec ſûreté, il faut être familier avec ces écoulemens ; autrement on est exposé à porter des jugemens faux, & à donner à tout moment des décisions qui ne sont pas justes. L'œil & le tact sont d'un grand secours pour prononcer avec justesse sur ces maladies.

La *morve* proprement dite, étant un écoulement qui se fait par les naseaux, elle est aisément confondue avec les différens écoulemens qui se font par le même endroit ; aussi il n'y a jamais eu de maladie sur laquelle il y ait tant eu d'opinions différentes & tant de disputes, & sur laquelle on ait tant débité de fables : sur la moindre observation chacun à bâti un systême, de-là est venu cette foule de charlatans qui crient, tant à la cour qu'à l'armée, qu'ils ont un secret pour la *morve*, qui sont toujours sûrs de guérir & qui ne guérissent jamais.

La distinction de la *morve* n'est pas une chose aisée, ce n'est pas l'affaire d'un jour ; la couleur seule n'est pas un signe suffisant, elle ne peut pas servir de règle : un signe seul ne suffit pas ; il faut les réunir tous pour faire une distinction sûre.

Voici quelques observations qui pourront servir de règle.

Lorsque le cheval jette par les deux naseaux, qu'il est glandé des deux côtés, qu'il ne tousse pas, qu'il est gai comme à l'ordinaire, qu'il boit & mange comme de coutume, qu'il est gras, qu'il a bon poil, & que l'écoulement est glaireux, il y a lieu de croire que c'est la *morve* proprement dite.

Lorsque le cheval ne jette que d'un côté, qu'il est glandé, que l'écoulement est glaireux, qu'il n'est pas triste, qu'il ne tousse pas, qu'il boit & mange comme de coutume, il y a encore plus lieu de croire que c'est la *morve* proprement dite.

Lorsque tous ces signes existans, l'écoulement subsiste depuis plus d'un mois, on est certain que c'est la *morve* proprement dite.

Lorsque tous ces signes existans, l'écoulement est simplement glaireux, transparent, abondant & sans pus, c'est la *morve* proprement dite commençante.

Lorsque tous ces signes existans, l'écoulement est verdâtre, ou jaunâtre, & mêlé de pus, c'est la *morve* proprement dite confirmée.

Lorsque tous ces signes existans, l'écoulement est noirâtre, ou sanieux, & glaireux en même-temps, c'est la *morve* proprement dite invétérée.

On sera encore plus assuré que c'est la *morve* proprement dite, si avec tous ces signes, on voit en ouvrant les naseaux, de petits ulcères rouges ou des érosions sur la membrane pituitaire, au commencement du conduit nasal.

Lorsqu'au contraire l'écoulement se fait également par les deux naseaux, qu'il est simplement purulent, que le cheval tousse, qu'il est triste, abattu, dégoûté, maigre, qu'il a le poil hérissé, & qu'il n'est pas glandé, c'est la *morve* improprement dite.

Lorsque l'écoulement succède à la gourme, c'est la *morve* de fausse gourme.

Lorsque le cheval jette par les naseaux une simple mucosité transparente, & que la tristesse & le dégoût ont précédé & accompagnent cet écoulement ; on a lieu de croire que c'est la *morfondure* : on en est certain lorsque l'écoulement ne dure pas plus de quinze jours.

Lorsque le cheval commence à

jeter également par les deux naſeaux une *morve* mêlée de beaucoup de pus, ou le pus tout pur ſans-être glandé, c'eſt la pulmonie ſeule; mais ſi le cheval devient glandé par la ſuite, c'eſt la *morve* compoſée, c'eſt-à-dire la pulmonie & la *morve* proprement dite, tout-à-la-fois.

Pour diſtinguer la *morve* par l'écoulement qui ſe fait par les naſeaux, prenez de la matière que jette un cheval morveux proprement dit, mettez-la dans un verre, verſez deſſus de l'eau que vous ferez tomber de fort haut : voici ce qui arrivera; l'eau ſera troublée fort peu; il ſe dépoſera au fond du verre une matière viſqueuſe & glaireuſe.

Prenez de la matière d'un autre cheval morveux depuis long-temps, mettez la de même dans un verre, verſez de l'eau deſſus, l'eau ſe troublera conſidérablement; & il ſe dépoſera au fond une matière glaireuſe, de même que dans le premier : verſez par inclinaiſon le liquide dans un autre verre, laiſſez-le repoſer, après quelques heures l'eau deviendra claire, & vous trouverez au fond, du pus qui s'y étoit dépoſé.

Prenez enſuite de la matière d'un cheval pulmonique, mettez-la de même dans un verre, verſez de l'eau deſſus, toute la matière ſe délaiera dans l'eau & rien n'ira au fond.

D'où il eſt aiſé de voir que la matière glaireuſe eſt un ſigne ſpécifique de la *morve* proprement dite, & que l'écoulement purulent eſt un ſigne de la pulmonie : on connoîtra les différens degrés de la *morve* proprement dite, par la quantité de pus qui ſe trouvera mêlé avec l'humeur glaireuſe ou la *morve*. La quantité différente du pus en marque toutes les nuances.

Pour avoir de la matière d'un cheval morveux, ou pulmonique, on prend un entonnoir, on en adapte la baſe à l'ouverture des naſeaux, & on le tient par la pointe; on introduit par la pointe de l'entonnoir une plume, ou quelqu'autre choſe dans le nez, pour irriter la membrane pituitaire, & faire ébrouer le cheval, ou bien on ſerre la trachée-artère avec la main gauche, le cheval touſſe & jette dans l'entonnoir une certaine quantité de matière qu'on met dans un verre pour faire l'expérience ci-deſſus. Il y a une infinité d'expériences à faire ſur cette matière; mais les dépenſes en ſeroient fort conſidérables.

*Prognoſtic.* Le danger varie ſuivant le degré & la nature de la maladie. La *morve* de morfondure n'a pas ordinairement de ſuite, elle ne dure ordinairement que douze ou quinze jours, pourvu qu'on faſſe les remèdes convenables : lorſquelle eſt négligée, elle peut dégénérer en *morve* proprement dite.

La *morve* de pulmonie invétérée, eſt incurable.

La *morve* proprement dite commençante, peut ſe guérir par les moyens que je propoſerai; lorſqu'elle eſt confirmée, elle ne ſe guérit que difficilement : lorſqu'elle eſt invétérée, elle eſt incurable juſqu'à préſent. La *morve* ſimple eſt moins dangereuſe que la morve compoſée; il n'y a que la morve proprement dite qui ſoit contagieuſe, les autres ne le ſont pas.

*Curation.* Avant d'entreprendre la guériſon, il faut être bien aſſuré de l'eſpèce de *morve* que l'on a à traiter & du degré de la maladie : 1°. de peur de faire inutilement des dépenſes, en entreprenant de guérir des chevaux incurables; 2°. afin d'empêcher la contagion, en condamnant avec certitude ceux qui sont morveux ; 3°. afin d'arracher à la mort une infinité de chevaux qu'on condamne très-souvent mal-à-propos. Il ne s'agit ici que de la *morve* proprement dite.

La cause de la *morve* commençante étant l'inflammation de la membrane pituitaire, le but qu'on doit se proposer est de remédier à l'inflammation ; pour cet effet, on met en usage tous les remèdes de l'inflammation ; ainsi dès qu'on s'apperçoit que le cheval est glandé, il faut commencer par saigner le cheval, réitérer la saignée suivant le besoin, c'est le remède le plus efficace : il faut ensuite tâcher de relâcher & de détendre les vaisseaux, afin de leur rendre la souplesse nécessaire pour la circulation ; pour cet effet, on injecte dans le nez la décoction des plantes adoucissantes & relâchantes, telles que la mauve, guimauve, bouillon blanc, brancursine, pariétaire, mercuriale, &c., ou avec les fleurs de camomille, de mélilot & de sureau : on fait aussi respirer au cheval la vapeur de cette décoction, & sur-tout la vapeur d'eau tiède, où l'on aura fait bouillir du son ou de la farine de seigle ou d'orge ; pour cela on attache à la tête du cheval un sac où l'on met le son ou les plantes tièdes : il est bon de donner en même-temps quelques lavemens rafraîchissants pour tempérer le mouvement du sang, & l'empêcher de se porter avec trop d'impétuosité à la membrane pituitaire.

On retranche le foin au cheval & on ne lui fait manger que du son tiède, mis dans un sac de la manière que je viens de le dire : la vapeur qui s'en exhale adoucit, relâche & diminue admirablement l'inflammation. Par ces moyens, on remédie souvent à la *morve* commençante.

Dans la *morve* confirmée, les indications que l'on a, sont de détruire les ulcères de la membrane pituitaire. Pour cela on met en usage les détersifs un peu forts : on injecte dans le nez, par exemple, la décoction d'aristoloche, de gentiane & de centaurée. Lorsque par le moyen de ces injections, l'écoulement change de couleur, qu'il devient blanc, épais, & d'une louable consistance, c'est un bon signe ; on injecte alors de l'eau d'orge, dans laquelle on fait dissoudre un peu de miel rosat ; ensuite pour faire cicatriser les ulcères, on injecte l'eau seconde de chaux, & on termine ainsi la guérison, lorsque la maladie cède à ces remèdes.

Mais souvent les sinus sont remplis de pus, & les injections ont de la peine à y pénétrer ; elles n'y entrent pas en assez grande quantité pour en vuider le pus ; elles sont insuffisantes ; on a imaginé un moyen de les porter dans ces cavités, & de les faire pénétrer dans tout l'intérieur du nez ; c'est le trépan, c'est le moyen le plus sûr de guérir la *morve* confirmée.

Les fumigations sont aussi un très-bon remède ; on en a vu de très-bons effets. Pour faire recevoir ces fumigations, on a imaginé une boëte dans laquelle on fait brûler du sucre ou autre matière détersive ; la fumée de ces matières brûlées est portée dans le nez par le moyen d'un tuyau long, adapté d'un côté à la boëte, & de l'autre aux naseaux.

Mais souvent ces ulcères sont calleux & rebelles, ils résistent à tous les remèdes qu'on vient d'indiquer ; il faudroit fondre ou détruire ces callosités, cette indication demanderoit les caustiques : les injections fortes & corrosives rempliroient cette intention, si on pouvoit les faire sur les parties affectées seulement ; mais comme elles arrosent les parties saines, de même que les parties malades, elles irriteroient & enflammeroient les parties qui ne sont pas ulcérées, & augmenteroient le mal; delà la difficulté de guérir la *morve* par les caustiques.

Dans la *morve* invétérée, où les ulcères sont en grand nombre, profonds & sanieux, où les vaisseaux sont rongés, les os & les cartilages cariés, & la membrane pituitaire épaisse & endurcie, il ne paroît pas qu'il y ait de remède; le meilleur parti est de tuer les chevaux, de peur de faire des dépenses inutiles, en tentant la guérison.

Tel est le résultat des découvertes de MM. de la Fosse, père & fils, telles que celui-ci les a publiées dans une dissertation présentée à l'Académie des Sciences, & approuvée par ses commissaires.

Auparavant il y avoit une profonde ignorance, ou une grande variété de préjugés sur le siége de cette maladie; mais pour le connoître, dit M. de la Fosse, il ne faut qu'ouvrir les yeux : en effet, que voit-on lorsqu'on ouvre un cheval morveux proprement dit, & uniquement morveux? On voit la membrane pituitaire plus ou moins affectée, les cornets du nez & les sinus plus ou moins remplis de pus & de *morve* suivant le degré de la maladie, & rien de plus; on trouve les viscères & toutes les autres parties du corps dans une parfaite santé. Il s'agit d'un cheval morveux proprement dit, parce qu'il y a une autre maladie à qui on donne mal-à-propos le nom de *morve*; d'un cheval uniquement morveux, parce que la *morve* peut-être est accompagnée de quelque autre maladie qui pourroit affecter les autres parties. Mais le témoignage des yeux s'appuie de preuves tirées du raisonnement.

1°. Il y a dans le cheval & dans l'homme des plaies & des abcès qui n'ont leur siége que dans une partie; pourquoi n'en seroit-il pas de même de la *morve*?

2°. Il y a dans l'homme des chancres rongeans aux lèvres & dans le nez; ces chancres n'ont leur siége que dans les lèvres ou dans le nez; ils ne donnent aucun signe de leur existence après leur guérison locale. Pourquoi n'en seroit-il pas de même de la *morve* dans le cheval?

3°. La pulmonie ou la suppuration du poumon, n'affecte que le poumon; pourquoi la *morve* n'affecteroit-elle pas uniquement la membrane pituitaire?

4°. Si la *morve* n'étoit pas locale, ou, ce qui est la même chose, si elle venoit de la corruption générale des humeurs, pourquoi chaque partie du corps, du moins celles qui sont d'un même tissu que la membrane pituitaire, c'est-à-dire d'un tissu mol, vasculeux & glanduleux, tel que le cerveau & le poumon, le foie, le pancréas, la rate, &c., ne seroient-elles pas affectées de même que la membrane pituitaire? Pourquoi ces parties ne seroient-elles pas affectées plusieurs & même toutes à la fois, puisque toutes les parties sont également abreuvées & nourries de la masse des humeurs, & que la circulation du sang, qui est la source de toutes les humeurs, se fait également dans toutes les parties? Or il est certain que dans la *morve* proprement dite, toutes les parties du corps sont parfaitement saines, excepté la membrane pituitaire. Cela a été démontré par un grand nombre de dissections.

5°. Si dans la *morve*, la masse totale de la *morve* étoit viciée, chaque humeur particulière qui en émane, le seroit aussi & produiroit des accidens dans chaque partie; la *morve* seroit dans le cheval, ainsi que la vérole dans l'homme, un composé de toutes sortes de maladies; le cheval maigriroit, souffriroit, languiroit & périroit bientôt; des humeurs viciées ne peuvent pas entretenir le corps en santé. Or on sait que dans la *morve* le cheval ne souffre point, qu'il n'a ni fièvre ni aucun autre mal, excepté dans la membrane pituitaire; qu'il boit & mange comme à l'ordinaire, qu'il fait toutes ses fonctions avec facilité, qu'il fait le même service que s'il n'avoit point de mal; qu'il est gai & gras, qu'il a le poil lisse & tous les signes de la plus parfaite santé.

Mais voici des faits qui ne laissent guère de lieu au doute & à la dispute.

*Premier fait.* Souvent la *morve* n'affecte la membrane pituitaire que d'un côté du nez, donc elle est locale; si elle étoit dans la masse des humeurs, elle devroit au moins attaquer la membrane pituitaire des deux côtés.

*Second fait.* Les coups violens sur le nez produisent la *morve*. Dira-t-on qu'un coup porté sur le nez a vicié la masse des humeurs?

*Troisième fait.* La lésion de la membrane pituitaire produit la *morve*. En 1779, au mois de novembre, après avoir trépané & guéri du trépan un cheval, il devint morveux, parce que l'inflammation se continua jusqu'à la membrane pituitaire. L'inflammation d'une partie ne met pas la corruption dans toutes les humeurs.

*Quatrième fait.* Un cheval sain devient morveux presque sur-le-champ, si on lui fait dans le nez des injections âcres & corrosives, or ces injections ne vicient pas la masse des humeurs.

*Cinquième fait.* On guérit de la *morve* par des remèdes topiques. M. Dubois, médecin de la faculté de Paris, a guéri un cheval morveux par le moyen des injections. On ne dira pas que les injections faites dans le nez ont guéri la masse du sang; d'où M. de la Fosse le fils conclud que le siège qu'il lui assigne dans la membrane pituitaire, est son unique & vrai siège. (Voyez *sa dissertation sur la morve, imprimée en* 1761.) M. BRA.

MORVE DES BREBIS. *Médecine vétérinaire.* La morve des brebis est une maladie contagieuse qui offre la plûpart des symptomes de la morve des chevaux. Il se fait par les naseaux un écoulement d'une humeur, d'abord visqueuse, ensuite blanchâtre; enfin, purulente. Tant que l'écoulement n'est que muqueux, la brebis mange comme à son ordinaire; mais lorsqu'il devient purulent, la tristesse, le dégoût, la maigreur & la foiblesse s'accroîssent tous les jours; l'odeur qu'exhale le corps est fœtide, & la mort est prochaine. Quelquefois la matière muqueuse qui s'accumule dans les naseaux est si considérable, que l'animal est obligé de faire de violens efforts pour la chasser hors des narines, & on en a vu mourir suffoqués par l'abondance de ce mucus accumulé, soit dans les narines, soit dans les bronches.

Cette maladie est ordinairement mortelle, & souvent elle se communique aux autres brebis, au point d'infecter en très-peu de temps des troupeaux nombreux. Elle a beaucoup de ressemblance avec la morve des chevaux; (*Voyez* l'article ci-dessus) mais elle en diffère en ce que les glandes lymphatiques de la brebis ne sont pas ordinairement engorgées, ce qui a toujours lieu dans les chevaux morveux.

L'ouverture des brebis morveuses démontre que les cavités du nez, le larinx, la trachée-artère & les bronches sont tapissés de la même matière que celle qu'on voit sortir. Quand celle qui sort des naseaux est purulente, on trouve les bronches & l'intérieur du nez ulcérés.

*Traitement.* M. Vitet conseille, après avoir séparé la brebis morveuse du troupeau, de lui faire prendre, deux fois par jour, un bol composé de deux drachmes de souffre incorporé avec suffisante quantité de miel; d'injecter dans les narines de l'eau seconde de chaux, édulcorée avec du miel; de mêler à sa boisson & à sa nourriture du sel, & de ne la nourrir qu'avec de la farine de seigle. Ces remèdes facilitent très-bien l'expectoration nazale & la détersion de l'ulcère; mais ne seroit-ce pas aussi le cas d'employer les autres injections prescrites pour la morve des chevaux, de même que le séton à côté des deux oreilles, & le trépan sur les os du nez?

Si dans le commencement de la maladie, on ne trouve que deux ou trois brebis affectées de la morve, il faut les assommer sur le champ & les enterrer profondément. Ce parti est bien plus avantageux, que de livrer au boucher les brebis qui sont attaquées, & dont la chair est capable d'occasionner des maladies épidémiques & contagieuses? Les magistrats, chargés de la police de la campagne, devroient redoubler leurs efforts pour supprimer un abus aussi nuisible à la santé des citoyens & à la population. M. T.

Morve des Chiens. *Médecine vétérinaire.* Les chiens sont aussi sujets à la morve. Chez ces animaux la maladie se manifeste d'abord par un éternuement qui est bientôt suivi d'un écoulement par les narines & par les yeux, d'une liqueur visqueuse & jaunâtre, accompagné d'une grande tristesse & d'un abattement qui ne leur permet plus de manger.

Cette maladie est une peste, & il n'y a pas encore d'exemple qu'un seul chien en ait réchappé, quelques remèdes qu'on ait employés. Cependant, M. Berniard rapporte plusieurs guérisons opérées par l'administration de l'*éther vitriolique*. Voici le fait; c'est l'auteur qui parle.

» Au mois de Février dernier, six lévriers, cinq chiens courans & deux chiens d'arrêt, appartenans à M. le marquis Myszkowski, furent attaqués d'une maladie que les chasseurs Polonois appèlent *morve*... Plusieurs personnes, tant chasseurs qu'autres, ayant été consultées sur les moyens qu'il y auroit de procurer du soulagement à ces animaux souffrans, les uns conseillèrent de faire avaler à chacun, pendant trois jours consécutifs, une pinte de boisson, avec moitié lait & moitié huile. On leur fit prendre

ce

ce remède, qui ne produisit aucun effet, puisque trois crevèrent le quatrième jour; les autres personnes conseillèrent de leur faire casser la tête à tous, & de les jeter dans la rivière, afin, disoient-ils, d'empêcher les chiens bien portans, de flairer les malades, & de les préserver par ce moyen, de la même maladie....

» J'avoue que la sentence de mort, prononcée contre ces pauvres animaux, qui, par leurs cris plantifs, & leurs regards nonchalans, sembloient demander aux hommes qui les environnoient, un remède beaucoup plus doux pour leur mal, que celui qu'on venoit de prescrire; j'avoue, dis-je, que cette sentence excita en moi un mouvement de compassion, qui me porta à demander leur grace, en promettant de faire tout ce qui seroit en mon pouvoir, pour leur procurer du soulagement. J'ordonnai qu'on coupât toute espèce de communication entr'eux & les chiens bien portans. Dès-lors, je cherchai quels médicamens je pourrois employer avec succès contre cette maladie. Je me ressouvins bientôt d'avoir lu dans le Journal encyclopédique, que quelqu'un avoit administré l'*éther vitriolique* à des chevaux malades; mais je ne me souvenois ni du nom de la personne, ni du volume du journal où je l'avois lu; je croyois seulement que c'étoit contre la morve des chevaux que ce remède avoit été donné... Je résolus aussitôt de donner de l'*éther vitriolique* de la manière qui suit :

» Je mêlai trente gouttes d'éther avec un demi-septier de lait dans une bouteille à large ouverture; j'agitai fortement la bouteille, en appuyant le pouce sur l'orifice, pour faciliter le mêlange, & éviter l'évaporation de l'éther; pendant ce temps-là, une personne tenant entre ses jambes le chien, & les deux oreilles avec ses mains, tandis qu'une autre lui ouvroit la gueule, en tenant la mâchoire supérieure avec une main, & la mâchoire inférieure avec l'autre; je versai en même temps la moitié de la liqueur dans le gosier, & je le fis lâcher ensuite un moment, pour lui donner plus de facilité à avaler: bientôt après je lui donnai l'autre moitié de la même manière. J'employai la même dose pour chacun. De neuf qu'ils étoient, il n'y en eut que deux qui prirent ce remède de bon gré, dans un plat qu'on leur présenta; quant aux sept autres, il fallut le leur faire avaler de force: ce qui n'est pas difficile quand l'orifice de la bouteille qui contient la boisson, n'est pas aussi large que l'ouverture de la gueule du chien. »

» Vingt-quatre heures après, j'eus quelque satisfaction de mon essai; je trouvai un changement total; il n'y avoit plus d'éternuement; l'écoulement des narines avoit diminué de moitié, & celui des yeux avoit entièrement cessé; l'appétit étoit revenu, & la tristesse moins grande. D'après un changement si marqué, je ne crus pas nécessaire de réitérer le remède; je voulus attendre au lendemain; mais les ayant trouvé alors fort gais & jouant ensemble, je vis qu'il seroit inutile de leur en donner davantage, & au bout de quatre jours, huit furent entièrement guéris; il n'y eut que le neuvième, qui étoit une chienne en chaleur, & dont la maladie étoit à un plus haut période quand j'en entrepris le traitement, à laquelle je donnai une seconde dose, & je fis renifler une fois de l'eau de luce, qui lui procura une évacuation très-abondante par les narines : deux jours après cette chienne se porta aussi bien que les huit autres chiens. »

» Je dois avertir ici qu'on doit tenir ensemble tous les chiens malades pendant le traitement, & qu'après leur guérison, on doit faire bien nettoyer leur cheni, le laver à grande eau, le laisser ouvert jusqu'à ce qu'il soit bien sec, après quoi il faut le refermer & y brûler du soufre, & quelques jours après des baies de genièvre. Il faut faire la même chose pour leur mangeoire & leur abreuvoir, si l'on n'aime mieux en refaire de neufs, ce qui seroit préférable. Pendant ce temps-là, il faut laisser les chiens en liberté dans une cour, pour prendre l'air. »

*Nota*. C'est M. le marquis de Saint-Vincent qui a imaginé le premier d'administrer l'*éther vitriolique* aux animaux dans les coliques d'indigestion. A son exemple nous l'avons une fois essayé dans un cheval espagnol, auquel on avoit inconsidérément donné de la luzerne pour nourriture. Nous lui donnâmes soixante gouttes d'*éther* avec du sucre pilé, en lui faisant avaler par-dessus une corne d'eau pure. Cet animal qui se rouloit, se débattoit depuis environ trois heures, avec la plus grande violence, devint, une heure après, calme, tranquille, rendit des excrémens fœtides, fit beaucoup de vents, & fut entièrement guéri. On ne doit pas moins de reconnoissance à M. Berniard d'avoir employé l'*éther* dans une maladie aussi cruelle & aussi désespérée, & dans une espèce d'animaux aussi utiles que celui-ci aux plaisirs de l'homme. M. T.

MOTTE DE TERRE. Morceau détaché du sol par la bèche ou par la charrue, & en masse plus ou moins grosse. Les terres tenaces, argilleuses, &c. sont sujettes à être soulevées en mottes, sur-tout après qu'il a plu, ou lorsque les troupeaux l'ont piétinnée pendant qu'elle est humide. Si on a donné un fort *labour* croisé, ( *voyez* ce mot) avant l'hiver, il n'est pas nécessaire de briser ces mottes, au contraire elles s'imprégneront beaucoup plus de l'eau des pluies, des neiges, des rayons du soleil, de l'acide de de l'air, ( *Voyez* le mot Amendement ) ; enfin les gelées les pénétreront & le dégel en séparera mieux les molécules que ne pourroient le faire les mains de l'homme. Dans les pays où l'on a la mauvaise coutume de laisser les champs sur lesquels on a levé la moisson sans être labourés jusqu'après l'hiver, on est assuré d'avoir dans les deux premiers labours une quantité prodigieuse de grosses mottes qui se durciront & se scelleront de plus en plus par l'exsication. S'il survient une sécheresse au printemps, comme c'est assez l'ordinaire dans les provinces méridionales, tous les labours que l'on donnera ensuite jusqu'à ce qu'il survienne une pluie, tourneront & retourneront ces mottes sans les briser, & à peine remueront-ils & sillonneront-ils le sol du dessous. Le plus court est, aussitôt après le premier labour, de faire passer la *herse*, ( *Voyez* ce mot ) à plusieurs reprises, & jusqu'à ce que ces mottes soient divisées. Alors on donnera un second labour qui croise le premier. Si ce second labour soulève encore beaucoup de mottes, on *hersera* de nouveau. Si de nouvelles pluies viennent encore sceller cette terre, on hersera chaque fois qu'on aura labouré. Le point essentiel est que la terre soit bien émiettée au moment des semailles. En effet, il est presque impossible de bien semer, de semer également, lorsque le champ est couvert de mottes. Le semeur doit toujours avoir les yeux fixés sur la place où doit tomber le grain, & s'il fait un faux pas en mettant le pied sur une motte qu'il ne voit pas : alors son coup de main ne sera plus égal ; ces masses de terres forment des monticules sur lesquelles le grain ne peut se reposer ; le semeur glisse, & les grains se trouvent rassemblés & trop épais vers son pied. Si le grain reste dessus, ou si en hersant il se trouve dessous, dans l'un & l'autre cas il est perdu. Le premier est dévoré par les oiseaux, & le second est étouffé sous une masse qu'il ne peut pénétrer. Je sais que des femmes, des enfans, armés de maillets de bois & à longs manches, marchent après le semeur, & brisent les mottes autant qu'ils le peuvent. Mais c'est une augmentation de dépense & de dépense considérable, lorsqu'il faut massoler une grande étendue de terrein. Si on la compare avec celle occasionnée par la herse, on verra qu'elle l'emporte de beaucoup, & que l'ouvrage ne sera jamais si bien fait. Que l'on compare un champ qui a été hersé autant de fois que le besoin l'exigeoit, avec un pareil champ où l'on a été obligé de briser les mottes avec le maillet, on verra certainement dans celui-ci beaucoup de places vides, & un très grand nombre d'autres inégalement semées.

Si on étoit toujours assuré d'avoir une pluie favorable près de l'époque des semailles, les mottes seroient moins nuisibles, sur-tout, si malgré leur résistance on avoit donné des labours profonds, parce qu'elles offrent une plus grande surface capable de recevoir les impressions des météores. (*Voyez* le mot AMENDEMENT & le dernier chapitre du mot CULTURE.) Mais, comme rien n'est plus incertain que cette pluie bienfaisante, la prudence dicte la loi de herser autant de fois que le besoin l'exige, & de *donner un nouveau labour après le travail de la herse*, afin de découvrir & de présenter au soleil le plus de surface qu'il est possible.

On a proposé différentes espèces de rouleaux pour suppléer à la herse. Ils sont représentés, planche XIX, page 477 du cinquième volume. Ce que je viens de dire sur la nécessité de herser après chaque labour dans les fonds tenaces, n'implique pas contradiction avec ce que j'ai avancé à l'article HERSE, qu'il convient de relire. Il ne s'agit que des sols gras, & on doit observer qu'on demande sur-tout, qu'après qu'on aura hersé, on laboure de nouveau. Les motifs en sont détaillés dans cet article.

MOTTE (PLANTER EN). Opération par laquelle on ouvre un fossé à une certaine distance de l'arbre, & tout autour, afin de lui conserver le plus grand nombre de racines qu'il est possible ; ensuite, lorsque le fossé est à une profondeur plus basse que celles des racines, on cerne la terre par-dessous, & on enlève l'arbre avec la terre qui est attachée aux racines. Cette manière de travailler réussit assez bien lorsque la terre est forte & tenace ; mais ordinairement c'eſt une peine & de l'argent perdus ; lorſque le ſol eſt meuble & léger, parce qu'il ſe détache de lui-même à la moindre ſecouſſe. Pour donner plus d'adhéſion à cette terre, on fera très-bien d'arroſer largement le pied de l'arbre pluſieurs jours à l'avance avec de l'eau de fumier; elle donne du nerf à la terre.

Preſque toujours la tranchée eſt trop rapprochée du tronc, tandis qu'au contraire elle devroit en être très-éloignée. Plus elle eſt près, & plus on eſt forcé de mutiler un grand nombre de racines, c'eſt cependant de leur longueur & du nombre de leurs chevelus, que dépend la proſpérité de l'arbre. Le propriétaire intelligent veillera à ce que l'ouvrier les ménage, ainſi que les chevelus. C'eſt, il eſt vrai, augmenter la longueur du travail; mais, en même temps, c'eſt conſerver le bien être de l'arbre & ſes reſſources pour la végétation. En général les jardiniers & tous les hommes à routines blâmeront cette méthode. Cependant, pour déſiller leurs yeux, je les invite à planter deux arbres, l'un dont, ſuivant leur coutume, ils auront rigoureuſement coupé toutes les racines qui excèdent la motte de terre, & l'autre dont ils auront ménagé avec beaucoup de ſoin les racines & les chevelus qui l'excèdent. Dans ce dernier cas l'arbre proſpérera, & dans le premier, on le verra ſouvent périr après la ſeconde ou troiſième année, parce que les nouvelles racines que l'arbre pouſſe ne ſont pas aſſez fortes pour pénétrer dans la terre de la circonférence de l'ancien trou. J'ai vu des arbres ſur leſquels cette circonférence avoit produit le même effet que celle d'un vaſe ſur les racines de la plante ou de l'arbuſte qu'il contient, c'eſt-à-dire, que les nouvelles racines en faiſoient tout le tour.

Il eſt encore à remarquer, que dans les terres fortes, & ſur-tout dans les provinces méridionales, la terre ſe gerce pendant les ſéchereſſes de l'été, & ſe fend ſur-tout, & dans toute ſa profondeur, & préciſément dans l'endroit de la circonférence du trou ; alors les racines ſont à l'air, & l'arbre périt. On objectera qu'on peut faire travailler le deſſus de cette terre, l'arroſer & faire diſparoître les gerçures. J'en conviens, lorſqu'il s'agit ſimplement d'un jardin, où l'on a tout ſous la main; mais en eſt-il de même pour les grandes plantations ? Il y a trois ans que j'ai fait planter une allée de marronniers-d'Inde, & malgré mes ſoins & les arroſemens que j'ai fait faire, à peine la terre du trou & celle de la circonférence commencent-elles à faire corps. Je n'ai pas trouvé de meilleur moyen pour prévenir ces gerçures, que de couvrir la terre du trou, & un peu de celle de la circonférence, avec la bale du bled; elle empêche l'évaporation après l'arroſement, & prévient les nouvelles gerçures. Le point eſſentiel, après qu'on a planté un arbre en motte, eſt de faire piocher une certaine étendue du terrein de la circonférence près de celui de la foſſe, & opérer de même chaque fois que l'on travaille le pied de l'arbre. Avec de tels ſoins, de telles précautions, on peut planter de très-gros arbres ; mais, je le répète, il faut n'être avare ni du temps, ni de la dépenſe, & voir manœuvrer ſous ſes yeux. Si on s'en rapporte à ſon jardinier, ou aux ouvriers, c'eſt une opération manquée.

*On plante en motte* les arbres ou arbustes, ou plantes semées dans des pots. Le premier soin est de les arroser quelques jours d'avance, de renverser ensuite le pot, de le rouler un peu & par petites secousses, de passer la main gauche & les doigts étendus entre la plante & la terre supérieure, afin de les contenir; enfin, avec la main droite, on soulève le pied du pot, & l'on fait glisser en avant sur la main gauche & la terre & la plante. Si le vase est considérable on se fait aider. On voit ordinairement tout autour de la forme de terre une multitude de petites racines capillaires & blanches, que les jardiniers appèlent la *perruque*, parce qu'en effet ces racines sont entrelacées & semblent former un réseau contigu comme les tresses d'une perruque. Ils ont grand soin de les couper, de les détruire, & ils s'imaginent en savoir plus que la nature. Je leur dirai : commencez à faire une fosse beaucoup plus grande que le volume de terre que vous venez de tirer du pot; placez au milieu de cette fosse la motte; détachez-en doucement ces racines blanches; étendez-les en tout sens dans le fond de la fosse; couvrez-les avec de la terre meuble; enfin, finissez de combler la fosse avec la terre que vous en avez tirée, ou avec de la meilleure si vous en avez.

MOUCHE. Insecte fort commun, & dont les espèces sont très-multipliées. On les reconnoît & on les distingue des autres insectes par leurs aîles transparentes, semblables à de la gaze, & sur lesquelles on ne voit point cette poussière, ou plutôt ces petites plumes brillantes, & diversement colorées, qui embellissent les aîles des papillons. Leurs aîles sont en réseau, & ne sont cachées sous aucune enveloppe. La multiplication des mouches est prodigieuse. Elles déposent leurs œufs là où elle savent que le ver qui en proviendra, trouvera une nourriture conforme à ses besoins. L'une choisit les fruits, les arbres, l'autre la viande; celle-ci le fondement du cheval, celle-là les naseaux du mouton, de la brebis; & après que ces vers ont subi différens changemens de peau, à-peu-près comme le *ver-à-soie*, (*Voyez* ce mot), ils forment leurs cocons d'où ils sortent enfin en insecte parfait, c'est-à-dire en mouche, qui cherche à s'accoupler aussitôt avec sa semblable. Si on désire de plus grands détails & très-curieux, on peut consulter les ouvrages de M. de Réaumur, l'abrégé de l'histoire des insectes, imprimé à Paris chez Guerin; le dictionnaire de M. Valmont de Bomare, &c. De plus grands détails m'écarteroient du but de cet ouvrage. Il vaut mieux s'occuper d'objets pratiques.

1°. *Des mouches relativement à l'homme.* Rien de plus incommode que les mouches, rien de plus tyrannique & de plus désagréable que leurs piquures, lorsque le temps est lourd, bas, ou lorsque le vent du sud règne; ou enfin à l'approche d'un orage. Les provinces méridionales sont plus à plaindre à cet égard, que celles du nord du royaume, parce que la durée des mouches est plus longue, & la chaleur plus forte contribue & hâte singulièrement leur multiplication. Chacun a proposé son moyen pour éloigner de nos demeures un animal aussi incommode que celui-ci. Toutes les odeurs fortes, & mêmes vénéneuses, ont été mises à contribution. Il est certain que quelques-unes éloignent ces insectes ; par exemple, l'odeur de l'huile de laurier ; mais quel est l'homme qui pourra supporter cette odeur ? Les feuilles de sureau ont les mêmes propriétés, mais leur odeur entête, elle est nauséabonde, & ses émanations vicient l'air d'un appartement, & le convertissent en *air fixe*, (*voyez* ce mot) s'il reste fermé. On a beaucoup vanté du miel étendu sur une feuille de papier. L'expédient seroit admirable, puisque ce papier est bientôt couvert de mouches qui y demeurent attachées ; mais l'odeur du miel, du sucre, &c. les attire d'une très-grande distance. On propose de suspendre au plancher plusieurs petits fagots de branches de saule sur lesquelles les mouches se retirent pendant la nuit. Alors on détache doucement ces fagots, & on les secoue dans l'eau ou dans le feu ... L'eau submerge la mouche, mais dès qu'on jette cette eau, dès que la mouche est frappée par le courant d'air, & réchauffée par le soleil, elle revient de sa léthargie. On peut, pour s'assurer du fait, faire une expérience assez singulière ; on noye quelques mouches, & avec du sel de cuisine, réduit en poudre très-fine, on les saupoudre légèrement, on les retire de l'eau, & on les porte ensuite au soleil. L'humidité de leur corps fait fondre le sel, l'évaporation de l'eau est augmentée, & l'insecte revient promptement à la vie, & comme par miracle.

On doit éviter avec soin d'avoir, dans la partie que l'on habite, des fruits, des viandes, des sucreries, &c. qui attirent les mouches, sur-tout lorsque le vent du sud règne, & que le temps est bas. Un moyen assez aisé pour en détruire une grande quantité, consiste à délayer, dans l'eau & dans une assiette, de l'orpiment, dont les peintres se servent dans leurs couleurs, ou du réalgar. Les mouches viennent sur les bords de l'assiette, & trompées par cette boisson douce, mais perfide, elles s'empoisonnent, & vont tomber à quelques pas de-là. Ce procédé ne peut être mis en usage dans les chambres où l'on a laissé des enfans, à moins qu'on ne place le vase si haut qu'il leur soit impossible d'y atteindre. Leur indiscrète curiosité pourroit leur être aussi funeste qu'aux mouches.... Il seroit encore très-imprudent de le mettre en pratique auprès des cuisines, des offices : outre le désagrément de trouver des mouches mortes dans tous les vases ; elles pourroient infecter les liqueurs ou les substances qu'elles contiennent.... Un autre moyen est de fermer toutes les fenêtres d'une chambre, de n'y laisser aucun jour, & d'ouvrir ensuite la porte de communication avec la chambre voisine. Elles abandonneront le premier appartement pour se jeter dans le second qui sera éclairé par l'astre du jour, & ainsi de suite de chambres en chambres. Il faut convenir que ces petites ruses produisent leur effet, mais il est momentané si on r'ouvre la fenêtre pour donner de l'air, ou pour respirer le frais ; les mouches rentrent par centaines, & c'est toujours à recommencer.

Après avoir essayé tous les moyens proposés par différens auteurs, j'ai vu que je diminuois le nombre de ces insectes, mais que je ne pouvois détruire le mal par la racine. J'ai enfin pris le parti de faire de petits cadres en bois, d'y tendre & clouer ſur toute leur largeur & longueur, un cannevas peu ſerré. Le cadre eſt ſoutenu contre le dormant de la fenêtre par des viroles, & l'entrée du cabinet eſt également fermée par une porte volante, faite avec un cadre garni comme celui des fenêtres. Avec un moyen ſi ſimple & ſi peu coûteux, je ſuis parvenu à avoir cette tranquillité ſi néceſſaire lorſqu'on travaille, & un courant d'air agréable, qui tempère la chaleur de l'été du climat que j'habite. Ce canevas garantit des couſins, bien plus à redouter que les mouches dans les pays méridionaux. On peut au moins laiſſer les fenêtres ouvertes pendant la nuit, ſans crainte d'être aſſailli & dévoré le lendemain par ces inſectes mal-faiſans.

La piquure des mouches eſt quelquefois dangereuſe & funeſte; mais c'eſt *accidentellement* : conſultez les mots ARAIGNÉE, tome premier, page 600. Un peu d'alkali volatil fluor, ou d'eau de chaux, ſuffiſent pour diſſiper l'inflammation. (1)

Si les fenêtres d'un appartement rempli de mouches, reſtent pendant pluſieurs jours de ſuite fermées, les mouches meurent. Eſt-ce de faim, ou bien ont-elles beſoin de reſpirer un air nouveau? L'une & l'autre cauſe peuvent y concourir, mais la dernière me paroît la plus probable. Quoique la rumination des mouches n'ait pas un rapport direct avec notre objet, ce fait nous a paru trop curieux, & même, à certains égards, trop intéreſſant, pour le paſſer entièrement ſous ſilence.

2°. *Des mouches relativement aux animaux.* L'expérience journalière apprend que les chevaux, les bœufs, les mules, &c. maigriſſent à vue d'œil pendant l'été; les chevaux ſur-tout, lorſqu'ils ſont perſécutés par les mouches. Ils ſe trémouſſent, ils s'agitent, frappent du pied, leur queue eſt dans un mouvement continuel; enfin, ils ne ſont pas un ſeul moment tranquilles. Au mot ÉCURIE, tome quatrième, pages 142 & 143, j'ai indiqué le moyen le plus ſûr de chaſſer ces mouches, & de permettre à toute eſpèce de bétail de manger & de repoſer paiſiblement. La boucherie de Troyes en Champagne m'a fait imaginer cet expédient : en effet, on n'y voit pas une ſeule mouche. L'opinion populaire eſt que Saint Loup leur a défendu d'y entrer; mais la véritable raiſon eſt que cette boucherie eſt très-longue, très-baſſe, & orientée du nord au ſud, ce qui établit un courant d'air continuel, & les mouches le craignent. D'ailleurs, comme cette boucherie eſt peu éclairée, on ne voit des mouches, & encore en petite quantité, que dans les boutiques les plus près de la porte; celles de l'intérieur n'en ont aucune. Si dans cet intérieur on porte des mouches & qu'on les lâche enſuite, elles ſe hâtent de gagner la porte. Ainſi, un grand courant d'air & l'obſcurité ſont les meilleurs préſervatifs pour l'intérieur.

Lorſque les animaux ſortent de

(1) Les Brames, & preſque tous les habitans de l'Aſie, font un grand uſage de la chaux contre les piquures des couſins, & ſur-tout des guêpes & des mouches à miel; ils prennent de la chaux vive un peu délayée, & ils en frottent toutes les parties piquées & tuméfiées; la douleur ceſſe ſur-le-champ : il reſte encore un gonflement que l'on diſſipe bien vîte par l'application & le lavage avec de l'eau fraîche.

l'étable, de l'écurie, &c. on n'a plus les mêmes facilités de les garantir des mouches; les plus à redouter pour eux sont les mouches appellées *taons*, dont la piquure est si forte qu'elle traverse de part en part le cuir du bœuf, même dans la partie la plus épaisse. Si plusieurs taons s'acharnent à le persécuter, il rompt, brise ses liens, & s'échappe comme un lion furieux. On voit souvent dans les marchés, dans les foires, la plupart des bœufs qu'on conduit, s'agiter avec violence, s'emporter, méconnoître la voix de leur gardien, prendre la fuite & jeter par-tout l'épouvante. Le peuple dit qu'on leur a jeté un sort; mais les taons, les seuls taons sont l'unique cause de tout le désastre.

Il arrive quelquefois que les piquures de ces mouches dangereuses, sont suivies d'ulcères, & que ces ulcères prennent un caractère inflammatoire lorsque des mouches d'espèces différentes y déposent leurs œufs, d'où proviennent ensuite des vers qui se nourrissent de la chair de l'animal, & dans laquelle ils s'implantent si fortement, qu'il est très-difficile de les en arracher: alors l'ulcère creuse de plus en plus sous les muscles, il s'y forme des clapiers; enfin, il gagne jusqu'aux os. A l'article Ver, nous indiquerons la manière de les détruire, ainsi que ceux qui sont logés dans l'intestin-rectum du cheval, dans les sinus frontaux du mouton, &c. Ces simples indications démontrent combien il importe de préserver les chevaux & le bétail des piquures des mouches. Dans plusieurs cantons de la Franche-Comté, on suit une coutume qui me paroît fort raisonnable. Les chevaux sont couverts, pendant qu'ils travaillent, d'une pièce de toile qui leur couvre tout le dos. La partie de devant s'attache au collier, & celle de derrière, à la croupière; de manière que cette toile ne touche l'animal que par les côtés, & non pas sur le dos: une semblable toile leur couvre tout le ventre & jusqu'aux jambes de devant; de sorte que la tête, l'encolure & les jambes sont les seules parties qui ne soient pas couvertes. Chaque pas de l'animal donne un mouvement aux toiles, & les mouches, fatiguées par ce mouvement perpétuel, vont chercher ailleurs à exercer plus tranquillement leur voracité. Cette méthode devroit particulièrement être suivie dans les provinces méridionales où les mouches & les insectes sont beaucoup plus multipliés que dans le nord. D'ailleurs, ces toiles blanches réfléchissent les rayons du soleil; & comme elles ne touchent que par peu de points le corps de l'animal, il règne perpétuellement un courant d'air entre elle & sa peau. L'usage des caparaçons est également utile; mais les mouches piquent le dos de l'animal entre les mailles; la toile est à préférer.

On a proposé un nombre infini de décoctions faites avec des plantes à odeur forte & puante, & d'en frotter le corps de l'animal lorsqu'il va aux champs. On doit bien penser que celle du sureau n'est pas oubliée, ni celle de la jusquiame, de la pomme épineuse, &c. Outre le danger qui résulte de ces préparations, pourquoi vouloir empester pendant la journée entière, & les bestiaux & les conducteurs? Tout le monde sait que les mouches fuient le vinaigre: servez-vous vez-vous donc de vinaigre dans le besoin, & abandonnez toutes ces recettes ou inutiles ou dégoûtantes.

3°. *Des mouches relativement aux plantes.* Il n'existe aucun arbre, aucun arbrisseau, aucune herbe qui ne soit destiné, ou à la nourriture d'une ou de plusieures espèces d'insectes, ou de dépôt pour leurs œufs. Les mouches en général s'attachent peu aux fleurs, aux fruits, comme nourriture; mais certaines espèces y logent leurs œufs.

Plusieurs espèces de mouches se jettent sur les arbres attaqués par les *galles-insectes*, (*Voyez* ce mot) par les pucerons, & sur les arbres à feuilles cloquées. (*Voyez* CLOQUE) La sève s'extravase par les piqûres multipliées que font ces insectes sur les bourgeons, sur la nervure des feuilles, & cette sève miellée attire les mouches qui la sucent & s'en nourrissent. C'est donc accidentellement qu'elles font du mal, ou plutôt elles profitent du mal qui est déjà fait, & il est en tout semblable à celui occasionné par les *fourmis*. (*Voyez* ce mot) Leurs excrémens multipliés & mêlangés par leur piétinement, avec le mucilage de la sève, prend une couleur noire qui gagne petit-à-petit tous les endroits où les mouches & les fourmis se jettent; enfin, le tout forme une croute noire. Le moyen le plus simple pour la faire disparoître, & le plus salutaire pour l'arbre, est de laver le tout par le moyen des seringues à la hollandoise .... L'eau détrempe le mucilage, l'entraîne, & laisse la branche & les feuilles nettes.

Est-ce une mouche, ou une autre insecte, qui pique les fruits quand ils sont encore très-petits, ou quand ils commencent à nouer, afin d'y déposer ses œufs? Ce qu'il y a de certain, c'est que l'on voit un nombre assez considérable de mouches brunes voltiger çà & là sur ces fleurs & sur ces fruits. En admettant que ce soient elles, la question sera déterminée pour une espèce seulement; mais elle n'en reste pas moins embrouillée à bien des égards, à moins qu'on n'admette plusieurs autres espèces de mouches. Par exemple, celle qui dépose ses œufs sur le bon-chrétien d'été, n'est pas la même que celle qui pique le martin-sec; puisque leur floraison ne se fait pas à la même époque, & la forme du ver que l'on apperçoit en coupant ces fruits, est bien différente; d'ailleurs, l'une est une des premières poires du printemps, & l'autre de l'hiver. Cependant ces vers ont besoin de leur maturité, pour trouver une nourriture convenable à leurs besoins ou à la formation de leur chrysalide; car lorsque la poire blanquette est bien mûre, on voit la cicatrice de l'ancienne piqûre enlevée, & la place de la sortie de l'insecte ailé, entièrement dépouillée de la chair du fruit .... Certainement la mouche qui pique la pomme calville, par exemple, n'est pas la même que celle du poirier ou du pommier d'été: leurs vers prouvent cette différence. Il faut donc nécessairement conclure que si on doit attribuer aux mouches, les vers que l'on trouve dans les fruits, les espèces sont différentes, & convenir de bonne-foi que l'on est encore très-peu instruit sur cet objet.... La connoissance de ces espèces malfaisantes, seroit digne de l'attention d'un amateur, & qui auroit le temps de faire des recherches réglées & soutenues. Il pourroit, dès qu'il s'apperçoit qu'un fruit est piqué, l'entourer d'un cannevas léger, & lier le bas contre la branche qui supporte le fruit : alors il sera bien sûr que nul autre insecte ne pourra en approcher, & il trouvera sous le cannevas celui que le ver aura produit. L'insecte une fois connu, il est plus facile alors de lui déclarer la guerre, & à force de soins multipliés, de l'éloigner, ou de le détruire.

La mouche *menuisière*, ainsi nommée, parce qu'avec sa tarrière elle perce l'écorce de l'arbre, dépose son œuf sur l'aubier, il y éclot, & devient un ver qui va toujours en montant vers le sommet de la branche, afin que par l'ouverture inférieure, puissent s'échapper les sciures du bois de l'arbre, ou de la branche qu'il a rongée. Cette sciure trahit l'insecte, en tombant sur la terre; elle décèle son existence dans l'arbre, & en cherchant perpendiculairement sur la branche, dans l'endroit qui y correspond, on trouve l'entrée de sa retraite. Alors on prend un fil de fer que l'on a fait rougir, afin de le rendre plus souple, plus disposé à suivre les courbures de la galerie; on l'enfonce jusqu'à ce qu'il rencontre le ver, & on connoît qu'il l'a blessé quand on voit son extrémité mouillée & gluante. Quelquefois ces galeries ont jusqu'à deux pieds de longueur, d'où l'on doit conclure le dégât qu'il occasionne à la branche. Un second moyen, moins difficile que le premier, est de boucher à une certaine profondeur, & avec de l'argille, l'entrée de sa galerie. On l'y enfonce, & on la presse avec force, afin qu'elle devienne un corps solide. Elle intercepte dans la suite le courant d'air nécessaire à l'animal pour vivre, & elle retient les sciures qui ne peuvent plus sortir. La mouche menuisière est beaucoup plus grosse qu'une abeille; sa couleur est d'un bleu foncé, & elle bourdonne beaucoup en volant. Elle se jette indifféremment sur toutes espèce d'arbres, & elle dépose son œuf toujours dans le dessous de la branche. Ne produit-t-elle qu'un seul œuf? Je l'ignore; mais il est certain que dans chaque galerie on n'en trouve qu'un seul.

Une autre mouche, dont je ne connois pas l'espèce, travaille de la même manière que la mouche menuisière: elle doit être beaucoup plus petite, puisque sa galerie l'est aussi, & ses sciures sont plus petites & à grains plus fins. Ses ravages sont les mêmes. Plusieurs abeilles sont encore appellées *menuisières*, *charpentières*, parce qu'elles déposent leurs œufs dans les vieux bois. Il seroit trop long de parler de toutes les espèces de mouches, & de traiter cet article en naturaliste. Si on désire de plus grands détails, on peut consulter le traité des insectes, de M. Geoffroy, il compte quatre-vingt-huit espèces de mouches.

On a conseillé, pour éloigner les mouches des jardins, de jeter çà & là des branches de sureau sur celles de l'arbre fruitier que l'on veut garantir, à cause de son odeur forte qui les éloigne. Mais on n'a donc pas observé que pendant que le sureau est en fleur, il est lui-même couvert de mouches? Je veux bien qu'elles ne soient pas de la même espèce. Si celles-ci piquent ses baies, pourquoi ne piqueroient-elles pas également les fruits de nos jardins? Ce que je puis assurer d'après ma propre expérience, c'est que j'ai vu autant de fruits piqués sur un poirier que j'avois garni de branches de sureau, que sur les autres qui n'en avoient pas eu.

On a proposé également des fumigations avec des herbes fortes, de faire brûler de l'arsenic, de l'orpiment, &c. Cette fumée peut éloigner pour un instant les mouches & les insectes; mais ils reviennent aussitôt qu'elle est dissipée. Il faudroit donc que les arbres fussent environnés pendant des semaines entières d'une fumée épaisse; & pendant ce temps-là, qui cultiveroit le jardin, & qui voudroit exposer ses ouvriers à la fumée de l'arsenic, de l'orpiment! &c. On se mettra au dessous du courant de fumée, dira-t-on! Il n'y aura donc qu'une partie des arbres du jardin qui sera préservée? Il est donc clair que ceux qui donnent de pareils conseils, ou qui les répètent dans leurs écrits, ne les ont jamais mis en pratique.

Mouche a Miel. (*Voyez* Abeille)

Mouche cantharide. (*Voyez* Cantharde)

MOULES. On donne ce nom à plusieurs espèces de coquilles bivalves, dont quelques-unes se trouvent dans la mer, & d'autres dans l'eau douce. La *moule de mer* est un animal mol, oblong, blanchâtre, & dont les bords sont frangés; il est logé dans une coquille composée de deux pièces assez minces, oblongues, convexes & bleuâtres à l'extérieur, concaves & blanches dans leur face interne.. Ces animaux se fixent sur différens corps, au moyen d'un grand nombre de fils, à-peu-près de la grosseur d'un cheveu, & qu'ils collent autour d'eux: les cuisiniers ont soin d'arracher ces fils avant de faire cuire les moules.

M. *Mercier du Paty* a donné la description des *bouchots à moules* dans les mémoires de l'académie de la Rochelle: ce sont des espèces de parcs formés par des pieux avec des perches entrelacées, qui forment une espèce de clayonage très-solide; les moules s'y attachent par paquets pour y déposer leur frai, elles y croissent promptement, s'y engraissent & deviennent meilleures & plus saines que les autres moules; il ne faut qu'une année, ou à-peu près, pour peupler un bouchot. On prend les moules depuis le mois de juillet jusqu'au mois d'octobre, en exceptant cependant les temps des fortes chaleurs & celui du frai; on n'enlève pas toutes les coquilles du parc, mais on y en laisse au moins le dixième.

On se sert beaucoup des moules dépouillées de leurs coquilles, pour garnir des haims pour prendre différentes espèces de poissons. On a observé que les moules devenoient quelquefois un aliment mal sain, ce qui doit être attribué à un petit crustacée qui est renfermé dans la même coquille, & qu'on mange avec la moule; on éprouve alors des malaises, des anxiétés, & même des convulsions, souvent accompagnées d'éruptions cutanées: les vomitifs sont très-bons dans ce cas.

La poudre des coquilles ou écailles de moules passe pour diurétique; les vétérinaires l'employent contre les taïes & les onglets qui viennent sur les yeux des chevaux; on souffle la poudre sèche sur les parties malades.

Au rapport de *Lister*, les moules sont si communes dans la province de Lancastre, que plusieurs cultivateurs les ramassent pour les jeter sur leurs terres en guise de fumier.

La moule d'eau douce, qu'on trouve dans les rivières, dans les ruisseaux & sur-tout dans les étangs, est très-différente de celle de mer; les coquilles de la première sont beaucoup plus larges que celles des moules de mer. On mange celle d'eau douce, mais l'animal est coriace, & d'un goût inférieur à celui qui se trouve dans la mer. Les moules d'eau douce fournissent d'assez belles perles; on en trouve de telles dans les lacs d'Écosse, de Bavière, de la Valogne en Lorraine, de Saint-Savinien, & sur-tout de la Chine; les perles sont toujours formées dans ces coquilles, comme dans toutes celles qui en fournissent, sur l'endroit qui a été piqué par un insecte. Les Chinois imitent en cela la nature; ils percent les coquilles avec un morceau de fil de laiton, ou bien ils introduisent dans la coquille un petit morceau d'une autre coquille, qui gêne l'animal, & le détermine à l'enduire de la matière des perles. A. B.

MOULIN. Machine dont on se sert pour pulvériser différentes matières, & particulièrement pour convertir le grain en farine.

Les moulins, considérés dans leur généralité, exigeroient un très-grand traité; il est déjà fait, relativement aux bleds, par M. Beguillet, en six volumes *in*-8°. à Paris, chez Prault, 1780, & enrichi de toutes les gravures nécessaires à leur description. Le même auteur avoit déjà publié, en 1775, un ouvrage, intitulé: *Manuel du charpentier des moulins & du meûnier, rédigé sur les mémoires du sieur César Buquet*, & c'est l'extrait du grand ouvrage dont on vient de parler. Les moulins ordinaires & à bled sont trop connus pour que je m'en occupe ici, d'ailleurs on peut recourir au travail de l'auteur. Les *moulins économiques* méritent de remplacer tous les autres, parce que, d'une quantité de bled donnée, on en retire plus de farine, par conséquent moins de son, & une farine de qualité très-supérieure à celle qui provient de la mouture ordinaire; enfin une farine appellée de *minot*, & telle qu'on l'expédie dans de petits tonneaux pour les isles. Je préviens que ce qui va être dit est copié littéralement de l'ouvrage intitulé *Manuel du meûnier*. Nous nous occuperons ensuite des moulins particuliers aux fruits.

## SECTION PREMIERE.

### §. I. *Du meilleur moulin à bled, ou moulin économique.*

Ce moulin, comme tous les autres, peut être mis en mouvement par le vent ou par l'eau; on doit préférer ceux à base solide aux moulins montés sur bateaux. Les moulins à vent sont ou à *cage tournante*, ou à *sommier*, ou à *axe*, ou à *pied droit* qui les traverse perpendiculairement, ou à *pile*, c'est-à-dire, que le comble seul tourne, afin de pouvoir placer les aîles sur la direction du vent; ou le moulin *à la polonaise*, dont les aîles sont verticales, ainsi que l'arbre tournant. Le second mérite la préférence à

COUPE SUR LA LARGEUR.

cause de sa base solide; le troisième est peu connu en France. Il faut remonter aux temps des croisades pour trouver l'origine des moulins à vent; c'est de l'orient que les croisés en apportèrent l'idée en france, découverte précieuse pour l'europe, parce que par-tout on peut établir ces moulins, & par-tout on n'a pas la commodité de l'eau. Le moulin à vent n'est cependant autre chose que le moulin à eau renversé, c'est-à-dire que dans celui-ci le mouvement est communiqué par le bas à toute la machine, tandis que dans celui-là il l'est par le haut.

Le sieur César Buquet ne se donne pas pour l'inventeur des moulins économiques, plusieurs meûniers faisoient un secret de cette mouture, mais on lui doit la justice de dire qu'il a donné le premier à cette invention la publicité que méritoit une si utile manipulation, & qu'il l'a singulièrement perfectionnée.

Comme chacun connoît la manière dont est placée la roue à aube, mue par l'eau, ainsi que celle des aîles d'un moulin à vent, & de la manière dont l'arbre qu'elles font tourner, s'engraine avec le reste du mécanisme, il suffit de faire sentir ici en quoi les moulins économiques différent des autres.

*Description de la Planche XVI; coupe du moulin sur la largeur.*

A. Pont de bois.
B. Vanne de décharge.
C. Pont de pierre qui conduit à la vanne mouloire.
D. Entrée principale.
E. Escalier pour monter au premier étage.
F. Rouet avec chevilles.
G. Arbre tournant.
H. Tourillon.
I. Hérisson & chevilles.
K. Lanterne à fuseaux pour faire tourner la petite bluterie.
L. Lanterne à faire tourner la meule.
M. Croisée.
N. Fer.
O. Palier.
PP. Les deux braies.
Q. Lanterne à faire monter les sacs.
S. Arbre de couche portant une lanterne & des poulies, servant à faire tourner les bluteries, & tarare des étages supérieurs.
T. Meule gissante.
V. Meule courante.
X. Enchevêtrures.
Y. Annille.
Z. Archures & couvercles qui entourent & recouvrent les meules.
&&. Trémions & porte trémions.
1. Auget.
2. Trémie.
3. Crible de fil de fer, ou crible d'Allemagne.
4. Moulinet pour lever la meule.
5. Bluterie à son gras.
6. Auget de la bluterie.
7. Trémie de la même bluterie.
8. Tarare servant à nettoyer le bled.
9. Aîles du tarare.
10. Poulie.
11. Corde à faire tourner le tarare.
12. Trémie & auget.
13. Anche qui conduit le bled du tarare dans le bluteau de fer blanc.
14. Bluteau de fer blanc à passer le bled.
15. Poulie & corde servant à faire tourner le même bluteau.
16. Ouvrier qui jette du bled dans la trémie.
17. Bascule à monter les sacs.

18. Garouenne de dehors pour monter les facs.
19. Corde à pareil ufage.
20. Garouenne du dedans.
21. Rouleau à faciliter le cable.
22. Ouvrier qui engrène le cable.
23. Autre qui verfe du bled dans le tarare.

*La Planche XVII repréfente la coupe du moulin fur la longueur.*

A. Ouvrier qui avance ou recule le chevreffier.
B. Chevreffier du dehors.
C. Chaife qui porte l'arbre tournant.
D. Arbre tournant.
E. Tourrillon.
F. Maffif fervant à porter la chaife.
G. Roue à vanne.
HH. Aubes.
II. Coyaux.
K. Niveau de l'eau qui fait tourner la grande roue.
L. Rouet, embrafures & chevilles.
M. Chevreffier du dedans.
N. Hériffon fervant à faire tourner la bluterie de deffous.
O. Palier.
P. Lanterne à monter le bled.
Q. Les deux braies.
R. Beffroi.
S. Batte & croifée.
T. Lanterne.
V. Babillard.
X. Baguette pour remuer le bluteau qui tamife la farine.
Y. Bafcule pour engrener la lanterne qui fait tourner la bluterie du deffous.
Z. Bluteau fupérieur.
&. Partie fupérieure de la huche, où tombe la farine lorfqu'elle fe tamife.

*a*. Accouples du bluteau.
*b*. Bluterie cylindrique tournante.
*c*. Anche qui conduit les iffues dans la bluterie du deffous.
*dd*. Les différens gruaux.
*e*. Lanterne à faire tourner la bluterie du deffous.
*f*. Chaife du dedans.
*g*. Poulie & corde à faire monter le bled.
*h*. Corde à monter les facs.
*i*. Anche des meules, ou conduite de la farine dans le bluteau.
*k*. Cordages & poulies faifant tourner les bluteries au-deffus.
*l*. Trempure pour approcher les meules.
*m*. Meule giffante.
*n*. Meule courante vue en coupe.
*o*. Enchevêtrure.
*p*. Annille.
*q*. Frayon.
*r*. Archures.
*ff*. Trémions & porte trémions.
*t*. Poulie & corde fervant à élever ou à baiffer l'auget.
*u*. Auget.
*x*. Trémie.
*y*. Crible de fer.
*z*. Moulinet, cable & vintaine à élever la meule pour rhabiller.
1. Bluterie à fon gras.
2. Auget.
3. Trémie.
4. Sonnette avec une corde, pour avertir lorfqu'il n'y a plus de bled dans la trémie.
5. Tarare fervant à nettoyer le bled.
6. Aîles du tarare.
7. Trémie du tarare.
8. Auget du tarare.
9. Bluteau de fer blanc pour cribler le bled.

COUPE SUR LA LONGUEUR DU MOULIN.
Echelle de
1
2
3 Toises.
Sellier sculp

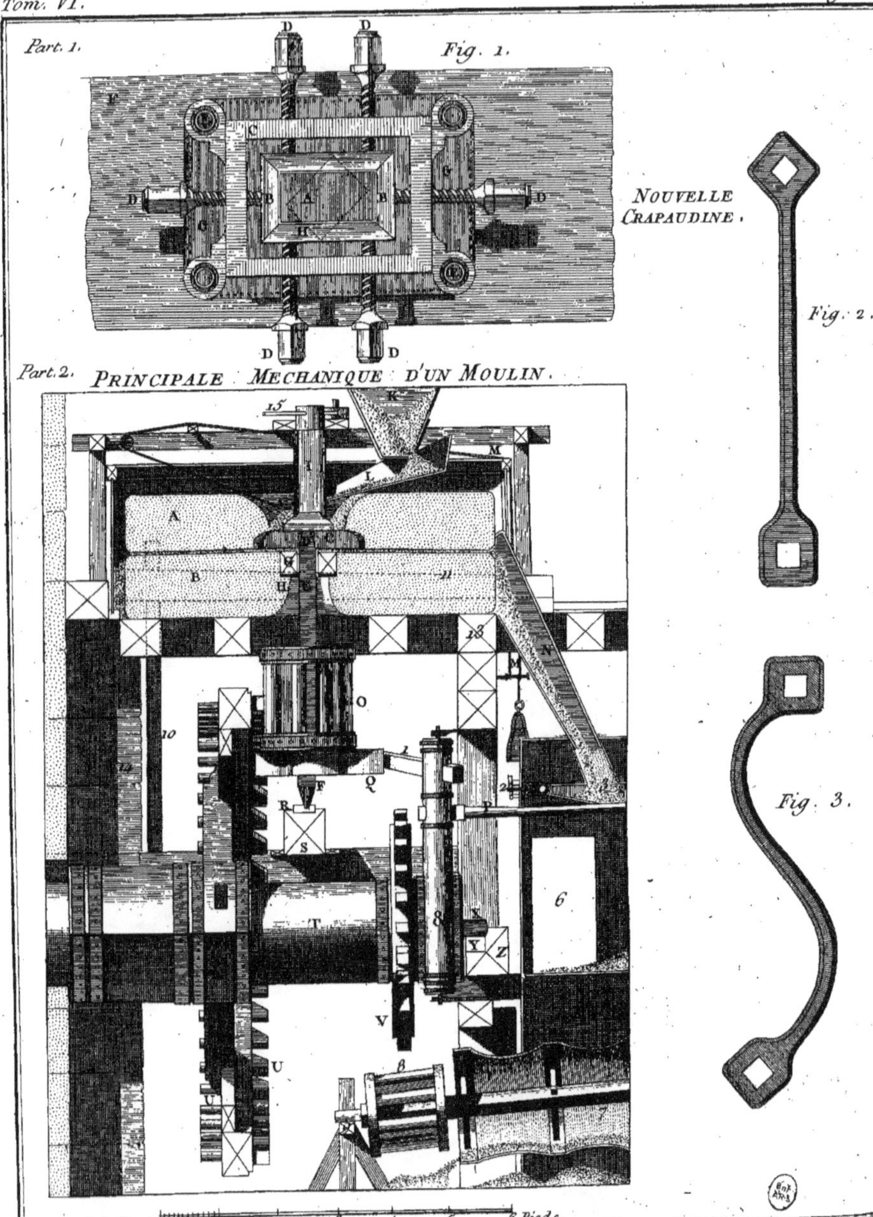
Part. 1.
Fig. 1.
NOUVELLE CRAPAUDINE.
Fig. 2.
Part. 2. PRINCIPALE MECHANIQUE D'UN MOULIN.
Fig. 3.
Echelle de 1 2 3 4 5 6 Pieds.
Sellier sc.

10. Ouvrier qui renverse un sac de son gras dans une trémie.
11. Dessous de l'escalier.
12. Bascule à faire monter les sacs.
13. Garouenne à tirer les sacs.
14. Ouvrier qui engrène le cable pour faire monter les sacs.
15. Corde à monter les sacs.
16. Palier de l'escalier.
17. Ouvrier qui ramasse le son.

*La Planche XVIII est divisée en deux parties, dont la première représente une nouvelle crapaudine, servant à porter le pivot ou la pointe du fer.*

La *figure* I. donne le plan de la crapaudine.

A. Crapaudine ou pas qui porte la pointe du fer.
B. Boîte ou poellette dans laquelle est enfermée la crapaudine.
C. Chassis de cuivre à travers lequel passent les vis de pression.
DD. Vis de pression pour faire couler la poellette du côté nécessaire pour dresser les meules.
EE. Boulons pour arrêter le chassis sur le palier.
FF. Grosses pièces de bois ou palier, sur lequel se pose la crapaudine.
G. Plaque de taule ou de fer blanc battu, pour faciliter la poellette à à couler avec plus d'aisance.
H. Quarré ponctué qui désigne le plan du fer.

Il est à observer que lorsque les crapaudines n'ont qu'un seul pas, quarre vis suffisent.

Les *fig.* II & III représentent différentes clefs pour serrer plus ou moins les vis de pression.

*La seconde partie de la Planche XVIII exprime en détail la principale méchanique du moulin.*

A. Coupe de la meule courante.
B. Coupe de la meule gissante.
C. Annille ou clef de la meule courante.
D. Papillon du gros fer.
E. Fusée.
F. Pointe du fer.
G. Boîte & boitillons.
H. Faux boitillon de tôle.
I. Frayon à remuer l'auget.
K. Trémie où l'on met le bled.
L. Auget qui conduit le bled dans l'œillard de la meule.
M. Corde du baille-bled, servant à élever plus ou moins l'auget.
N. Anche qui conduit la farine dans le bluteau mouvant.
O. Lanterne à fuseaux pour faire tourner la meule.
P. Baguette pour secouer le bluteau.
Q. Croisée pour faire mouvoir le babillard.
R. Le pas ou crapaudine pour porter le pivot ou la pointe du fer.
S. Palier & les deux braies.
T. Arbre tournant.
U. Rouet, embrasures & chevilles.
V. Hérisson & chevilles pour faire tourner la lanterne 8 qui est audessous.
X. Tourillon.
Y. Plumard de cuivre pour porter le tourillon.
Z. Chevressier ou chaise de l'arbre tournant.
&. Babillard.
1. Batte.
2. Baguette ou clogne.
3. Bluteau mouvant.
4. Accouples du bluteau.

5. Huche où tombe la farine à mesure qu'elle se tamise.
6. Petite porte à coulisse, pour tirer la farine hors de la huche.
7. Bluterie tournante pour tamiser les différents gruaux.
8. Lanterne de la bluterie à gruaux.
9. Bascule pour engrener la lanterne dans le hérisson, à dessein de faire tourner la bluterie.
10. Épée de la trempure pour élever plus ou moins la meule courante, au moyen d'une bascule 11, & de son contrepoids 12.
13. Beffroi pour porter le plancher des meules.
14. Pied droit ou pilier en pierre.
15. Bastiant.

*La Planche XIX, divisée en trois parties, représente différens détails & outils.*

*LA PREMIÈRE partie offre divers développemens.*

A. D. Le gros fer.
A. Papillon.
B. Fusée.
C. Fer.
D. Pointe du fer.
E. Pas ou crapaudine.
F. Plan de la crapaudine.
G. Une des chevilles du rouet.
H. Fuseau de la lanterne.
I. Petit coin de fer pour dresser la meule.
K. Plan de l'annille.
L. Tourillon.
M. Frayon.
N. Plan de la boîte.
O. Coupe de la boîte.
P. Autre coupe de la boîte.
Q. Plumard de cuivre servant sous les tourillons R. de l'arbre tournant.

*LA DEUXIÈME partie de la planche XIX, présente les différens outils pour rhabiller les meules.*

A. Orgueil ou cremaillère qui sert d'appui à la pince pour lever la meule.
B. Pince pour lever la meule.
C. Coin de levée, qui sert à caler la meule à mesure qu'on l'a levée.
D. Pipoir qui sert à serrer les pipes ou petits coins.
E. Pipe ou petit coin de fer, servant à serrer la meule courante.
F. Rouleau servant à monter ou descendre la meule pour la remettre à sa place.
G. Marteau à rhabiller les meules.
H. Marteau à grain d'orge, servant à engraver l'annille.
I. Marteau servant à piquer les meules.
K. Masse de fer servant à frapper sur le pipoir.

*LA TROISIÈME partie de la planche XIX exprime les plans de différentes meules.*

La *figure* I représente le plan des meules qui rendent la farine rouge, le son lourd & mal écuré, ce qui provient de la mauvaise qualité des meules, de la manière de les rhabiller, & de l'irrégularité des rayons.

La *figure* II exprime le plan des meules à moudre par économie.

A. Meule courante, *fig.* I & II.
B. Engravure de l'annille, ou place de la clef, *fig.* I.
B. L'annille, scellée sur la meule, *fig.* II.
C. Meule gissante, *fig.* I & II.
D. Place où l'on met la boîte, *fig.* I.

D. Boîte

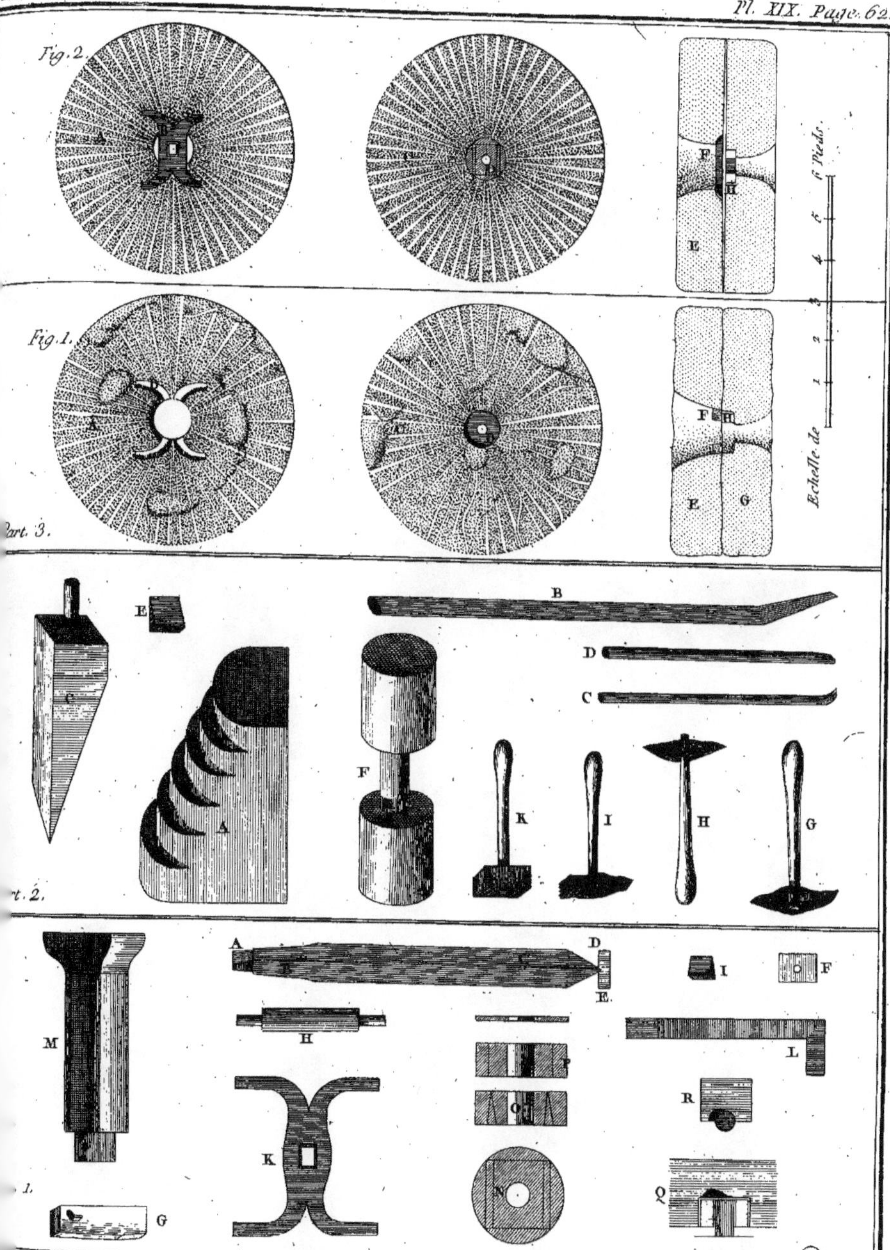
Fig. 2.
Fig. 1.
Part. 3.
Echelle de
1
2
3
4
5
6 Pieds.
A
B
C
D
E
F
G
H
I
K
L
M
N
O
P
Q
R

...lier sculp.

D. Boîte & boîtillons, *fig*, II.

E. Coupe de la meule courante avec les engravures de l'annille, *fig*. I. La même garnie de l'annille, *fig*. II.

G. Coupe de la meule gissante avec la place de la boîte H, *fig*. I. La même garnie de sa boîte, boîtillon & faux boîtillon, *fig*. II.

Le grain de bled est composé de plusieurs substances, (*Voyez* le mot Bled & son analyse) les unes plus dures & plus grossières, les autres plus fines & plus molles. Il est donc évident qu'un seul & même moulage & qu'un seul blutage sont insuffisans pour séparer ces parties, mêlées par un seul broyement. Après le premier moulage du grain, il reste beaucoup de parties qui ne sont que concassées, & qui n'ont pu être pulvérisées, parce qu'elles ont échappé à l'action de la meule qui portoit sur le grain entier dans le premier broyement; d'ailleurs, le rhabillage des meules, excepté celui du moulin économique, est trop grossier pour atteindre ces petites parties: ce sont ces parties concassées & non moulues qu'on nomme *gruau* ou *grésillon*.

Il y a donc dans le produit du même grain plusieurs espèces de gruaux, comme il y a plusieurs sortes de son & de farine, selon la différence des parties pulvérisées ou seulement concassées. On distingue le *gruau blanc*, qui n'a pas d'écorce; le *gruau gris*, qui n'a que la seconde écorce, & le *gruau gris* qui est taché de son. On retire des deux premiers gruaux, lorsqu'on les fait remoudre séparément, une farine plus belle & plus savoureuse que celle du corps farineux qu'on nomme *farine de bled*.

Par une mouture bien raisonnée, & par des préparations faites à propos dans des sas convenables, on retire des farines différentes en goût & en qualité, sur-tout si l'on remoud chaque partie du grain, comme les gruaux, à diverses reprises, selon leur degré respectif de dureté & de densité, ce que l'on ne peut faire dans la mouture ordinaire.

On connoît en France quatre sortes de moutures, la *rustique*, en usage dans les provinces du nord; la mouture *en grosse*, où l'on rapporte chez soi la farine mêlée avec le son; la mouture *méridionale* pour les isles, qui n'est que la mouture en grosse perfectionnée; enfin la mouture *économique*.

Pour opérer selon la *mouture rustique*, on place dans une huche au-dessous des meules, un bluteau d'étamine de laine, qui va en même temps que le moulin. On divise la mouture rustique en trois classes, relatives aux différentes grosseurs des bluteaux, & à leur plus ou moins de finesse. Lorsque le bluteau est d'une étamine assez grosse pour laisser passer le gruau & la grosse farine avec beaucoup de son, on l'appelle la *mouture du pauvre*; si le bluteau, moins gros, sépare le son, les recoupes, recoupettes, &c. on la nomme la *mouture du bourgeois*; enfin, si l'étamine est assez fine pour ne laisser passer que la fleur de farine, on l'appelle *mouture du riche*.

Tout ce qui n'a pas passé par les bluteaux dans ces différens moulages, se nomme *son gras*, parce qu'il y reste encore quantité de belle & bonne farine adhérente au son; ce qui le rend gras, lourd & épais. On sait que le bled renferme beaucoup d'huile, qui a des propriétés, & qu'on se procure en pressant le grain entre deux lames de fer chaud : de même, cette mouture grossière étant rapide & fort serrée, elle échauffe le grain & fait sortir l'huile du bled; la farine, tamisée sur le champ, lorsqu'elle est encore brûlante & grasse, ne peut se détacher du son, ce qui le rend gras. Le bluteau ne pouvant débiter aussi vîte que les meules, on éprouve un déchet & une perte d'autant plus considérables, que le bluteau est plus fin. Un septier de bled de deux cent quarante livres ne rend souvent que quatre-vingt dix livres de farine, au lieu de cent soixante-quinze à cent quatre-vingt qu'il pourroit produire. Si, au contraire, le bluteau est gros & ouvert, le son passe avec les recoupes & les gruaux bruts, ce qui rend le pain lourd, brun, indigeste, difficile à lever & à cuire, &c.

Les inconvéniens de la mouture rustique, & les pertes qu'elle entraîne, l'ont fait abandonner à Paris & dans plusieurs provinces, sur tout par les boulangers. On a préféré avec raison la *mouture en grosse*, qui consiste à faire moudre le grain sans bluteau. A la sortie des meules, on ensache le son pêle-mêle avec la farine, & l'on rapporte tout le produit à la maison, où l'on est d'obligation de le tamiser & bluter à la main.

Cette *mouture en grosse*, quoique moins défectueuse que la précédente, occasionne cependant bien des pertes, sans parler de celles qui viennent de la mauvaise mouture, parce que les meûniers ont intérêt d'expédier l'ouvrage. On peut même ajouter que le prix des moutures n'ayant augmenté que de très-peu, ou même de rien du tout en plusieurs lieux, malgré le surhaussement des baux, de l'impôt & de toutes les denrées, les meûniers les plus honnêtes se trouvent forcés de hâter l'ouvrage, & de ne broyer les grains qu'à moitié, pour se trouver au pair. Mais, pour se restreindre aux seuls inconvéniens de la mouture en grosse, il doit se trouver une grande variation dans les produits, suivant les différentes manières de bien ou mal sasser ou bluter. On sent de reste, que le pauvre & l'artisan, obligés de vivre au jour le jour, & d'acheter le bled à la petite mesure, ne sassent qu'une fois par un tamis de même grosseur, sitôt que la farine encore chaude est arrivée du moulin, & qu'ils essuient à-peu-près la même perte, le même déchet que dans la mouture rustique. Le bourgeois, qui laisse reposer & refroidir la farine, en ne la faisant bluter qu'à mesure de l'emploi, dans une bluterie dont le sas est de trois grosseurs, fait bien moins de perte; mais il en essuie toujours beaucoup, sur-tout en confiant le soin de la bluterie à des servantes & à des domestiques ignorans. Les boulangers, qui font moudre à la grosse, sont ceux, qui savent tirer le meilleur parti de cette méthode, par une bluterie bien entendue & bien conduite. Ceux de Paris sur-tout excellent dans cet art.

Le commerce a aussi contribué à perfectionner la mouture en grosse dans les provinces méridionales, où l'on fabrique les *farines de minot*, ainsi nommées du nom des barriques dans lesquelles on les envoie aux Isles. Avant de faire moudre le grain dans la *mouture méridionale*, on a soin d'adoucir les meules en les faisant travailler pour le pauvre, ou pour les bestiaux. On rapporte tout le produit de la mouture qu'on étend dans un grenier, pour le laisser fermenter en tas pendant cinq ou six semaines. Ce tas de *farine entière* se nomme *rame*, sans doute parce qu'on le remue de temps à autre avec des rames ou balais, pour le faire fermenter également par-tout avec le son. On prétend que cette opération perfectionne la farine, & la dispose à se mieux séparer des sons. Quand la rame est refroidie, il faut la bluter à propos; une seconde fermentation la feroit gâter, en détruisant la combinaison de principes, qui est le résultat de la première.

Pour tirer la farine de la rame, on la fait passer par un bluteau de trois qualités qui se suivent par degrés de finesse. On se sert aussi de plusieurs bluteries de différentes soies, plus ou moins grosses. La farine qui tombe la première, se nomme *farine de minot*, ou *le fin*; la seconde se nomme le *simple*, & quand on la mêle avec la première, on l'appelle *simple-fin*, ou farine en *cô*; enfin, la troisième & la plus grosse, qui comprend le germe & la plûpart des gruaux, se nomme *gresillon*, sans doute à cause de sa ressemblance avec du gresil. On passe encore les sons dans un bluteau plus gros, pour en tirer une farine grossière qu'on nomme *repasse*, & qu'on mêle avec le gresillon pour faire le *pain du pauvre*: le simple sert à faire le *pain bourgeois*, & le fin s'envoie aux Isles en minot, ou sert à faire le *pain des riches*.

L'auteur de l'art de la meûnerie, inséré parmi ceux de l'Académie, donne la préférence à la mouture méridionale sur toutes les autres; mais il n'étoit pas assez instruit sur les procédés de la mouture économique, pour pouvoir les comparer, quoiqu'il y ait d'excellentes choses dans son Ouvrage. Parmi une infinité de défauts qui se rencontrent dans la mouture méridionale, elle a 1°. le vice de multiplier la main-d'œuvre & d'occasionner la perte du temps; 2°. de trop échauffer la farine, par un moulage trop fort & trop serré, quand on veut broyer en une seule fois toutes les parties du grain; 3°. la farine trop échauffée fermente, ce qui, au lieu de la bonifier, comme on le croit, peut en altérer la qualité plus ou moins: d'ailleurs, si l'on manque l'instant de cette première fermentation, on court risque de voir corrompre tout le tas de rame ou de *farine entière*; 4°. la farine qui a éprouvé un commencement de fermentation, à cause du son qu'on y laisse pendant six semaines, ne se conserve pas si bien que celle qui a été purgée du son sans fermentation; 5°. on sacrifie, par le défaut de *remoulage*, des gresillons & repasses, & même du son qui est mal écuré, une quantité considérable de bonne farine qui pourroit être employée avec avantage: le *fin* qu'on retire par cette méthode est en très-petite quantité.

Enfin, la mouture méridionale ne diffère de la mouture en grosse, que par la fermentation qu'on lui fait éprouver à l'aide d'un air chaud & d'une mouture serrée. Cette fermentation n'a pas paru si nécessaire dans les pays septentrionaux, où le bled est moins sec & le climat plus humide: elle seroit inutile d'ailleurs dans la mouture économique, où l'on a trouvé le secret de moudre à plusieurs reprises toutes les parties du grain, sans échauffer la farine, & d'épargner, par des bluteaux attachés au moulin, des manipulations ultérieures, du temps & des frais. Ceux des boulangers de Paris, qui font encore moudre à la grosse, & qui sont en petit nombre, se contentent de laisser reposer leur farine avant de la bluter, sur-tout s'ils ont le moyen d'attendre.

§. II. *Examen des pièces particulières aux moulins économiques.*

Les moulins économiques ne diffèrent des moulins ordinaires que par les cribles, tarares & autres machines à nettoyer les grains. Le simple énoncé ou catalogue des pièces qui constituent ceux-ci, suffit pour en donner une idée juste. D'ailleurs, on peut se transporter dans les moulins ordinaires, & y étudier ce que l'on ne connoîtroit qu'imparfaitement.

Les deux points capitaux de la mouture par économie, consistent: 1°. A bien *manœuvrer* les bleds pour ne les moudre qu'après avoir été bien *épurés* & nettoyés de toutes les mauvaises graines & poussières qui les infectent: 2°. à bien séparer les *farines* des *sons*, *recoupes* & *gruaux*, pour pouvoir *remoudre* ceux-ci séparément & à propos.

On vient à bout de la première opération par le moyen des *cribles*, *tarares*, &c. & de la seconde par le secours des *bluteries adaptées au moulage*. Toutes ces machines *font leur effet*, & sont mises en mouvement par la même *force motrice* de la roue à aubes: le reste est entièrement semblable aux moulins ordinaires, tels qu'ils sont décrits dans ce chapitre.

Le *nettoyage des grains* doit précéder leur moutures, & ne s'opère que par les *cribles* qui sont de trois sortes; 1°. les *cribles ronds à la main*. Voyez *fig.* 11, de la *Planche XI*, *pag.* 309, du second volume, au mot Blutoir. Les *cribles inclinés* ou cribles d'Allemagne, *fig.* 10 de la même gravure; 3°. Les *cribles* cylindriques, *fig.* 1. *idem.*

Le meûnier économe, qui sait de quelle importance il est, pour faire de belles farines & de bon pain, & même pour la santé, de ne moudre que des grains bien *nets*, bien *épurés*, bien *secs* & bien *rafraîchis par le sassement*, fait usage des trois sortes de *cribles* dont on vient de parler, sur-tout quand il a des endroits convenables, & que son moulin a plusieurs *étages*; parce qu'alors le *même mouvement* du moulage peut faire *tourner les cribles* & épargner la main d'œuvre.

On sépare avec les cribles, les bleds dans les *trois qualités* distinguées dans le commerce des grains; savoir, bled de la *tête*, bled du *milieu* & bled de la *dernière qualité*.

Dans le *crible normand*, qu'on emploie à la main, on fait passer tout le grain le plus petit, le moins nourri & les mauvaises graines. Ce bled, formé en tas avec le crible normand, sert à faire les petites farines bises de dernière qualité. Un autre avantage qu'on a de se servir d'abord du crible normand, c'est que le *coup de poignet* fait venir du bord, au-dessus du bon bled, la paille du petit bled mort, toutes les *bouffes*, & sur-tout l'*ergot* & la *clocque*, qui est proprement l'enveloppe du bled charbonné, dont la poussière fétide nuiroit à la qualité des farines & à la salubrité du pain. L'homme se plaint souvent d'un grand nombre de maladies dont il ignore la source; il la trouveroit dans son indolence à nettoyer les grains dont il se nourrit. Lorsque le coup de poignet a fait monter toutes ces saletés, qui se rassemblent au-dessus du bon grain parce qu'elles sont plus légères que lui, on les enlève soigneusement à la main, ce qui ne peut s'opérer aussi parfaitement dans les autres cribles que dans le crible normand qui mérite, à cet égard, la préférence, ou du moins qui est plus à la portée de tout le monde.

Après cette opération, on verse le bon grain qui n'a pu passer par le crible normand, dans un grand *crible cylindrique à fil de fer*, dont la tête étant plus serrée, laisse passer le grain *moyen*, & forme le *bled du milieu*: la partie inférieure de ce cylindre étant un peu plus ouverte, livre passage aux grains les plus gros, les plus ronds & les *mieux nourris*, qui forment le *bled de la tête*.

Après la division faite de ces bleds en *trois qualités*, ils ne sont point encore nettoyés des poussières provenant du mêlange des grains étrangers, de la nielle & de la poussière du charbon, dont la brosse du grain peut être garnie.

Mais on remplit ce dernier objet, en faisant passer chaque qualité de grain séparément par le *ventilateur* (1) ou crible à vent, que les meûniers nomment *tarare*, mot significatif, emprunté du bruit qu'il fait.

Du ventilateur, le bled tombe dans un grand cylindre de fer-blanc, appellé *crible des Chartreux*, dont les feuilles de fer-blanc sont piquées en-dedans en manière de *rape* pour nétoyer & comme raper les grains qui y sont ballotés, afin d'enlever la poussière de charbon dont ils pourroient être tachés. Au sortir du cylindre de fer blanc, les bleds coulent dans un second *crible d'Allemagne*, au bas duquel est un *émotteux*, pour arrêter les pierres & les petites mottes de terre qui auroient pu passer avec le bled par tous les cribles. Une petite poche de cuir qui est attachée sous ce dernier crible incliné, en reçoit les criblures & mauvaises graines. D'autres se servent d'un petit ventilateur qui est préférable au crible d'Allemagne, attendu que le cylindre en rape, ayant occasionné beaucoup de crasse & de poussière dans le bled par les tours qu'il a fait, le vent les jette hors ou dans une poche. Enfin, le bled bien nettoyé tombe dans la *trémie*, & delà entre les meules, où il est écrasé. Ce *manœuvrage* industrieux des bleds en augmenteroit beaucoup la valeur.

Il faut supposer un étage supérieur dans tous les moulins ordinaires, pour y placer les différens cribles dont j'ai parlé, & pour faire tourner par le même moteur un *ventilateur* ou *tarare*, *fig.* 8 & 9, *Planche XVI*, un crible des Chartreux, *fig.* 14, & une bluterie cylindrique, *fig.* 5, 6 & 7, destinée pour bluter à part les sons gras lorsqu'on les a un peu laissés sécher, afin d'en tirer encore mieux la farine qui pourroit y être restée adhérente: elle peut aussi faciliter le travail des moulins qui, tandis que la bluterie sépare les

(1) Voyez *figure* 2, 3, 4 de la même gravure que l'on vient de citer.

gruaux, continuent toujours de leur côté à moudre du nouveau bled.

Pour cet effet, il n'y a qu'à adapter à l'extrémité d'un *arbre de couche* ou horisontal, faisant un angle droit avec le grand arbre tournant du moulin, une petite *lanterne* de dix-huit à vingt pouces de diamètre, plus ou moins, suivant la force du moulin, afin que les fuseaux de cette petite lanterne, prenant les dents du rouet F, fassent tourner l'arbre de couche de trois ou quatre pouces de gros, dans lequel sont *emmanchées* les trois *poulies S*, *Planche XVI*.

Ces poulies sont de petites *roues cannelées* qu'on enchâsse dans les arbres des machines, auxquelles on veut imprimer un mouvement de rotation par le moyen d'une chaîne ou corde sans fin. Ces poulies se peuvent prendre dans une même *tourte* de bois d'orme, quand la bluterie à son gras est *droit* sous le tarare, ou si elle n'y est pas, on place sa poulie sur l'arbre de couche au *droit* de ladite bluterie.

Il est bon que les poulies de l'arbre de couche soient, autant que faire se peut, directement *au-dessous* des autres poulies adaptées aux autres machines qu'elles doivent mettre en mouvement: car si les poulies ne pouvoient pas être placées directement les unes sous les autres, il faudroit absolument se servir de *poulies de renvoi* pour regagner la *perpendiculaire*.

La poulie d'en-bas du tarare ou ventilateur, peut avoir trente pouces de diamètre, & celle qui sera emmanchée dans le tourrillon de l'arbre tournant du ventilateur, doit avoir douze pouces: celle de l'arbre de couche, destinée à faire mouvoir le moulin de fer-blanc, vingt-quatre pouces, & celle emmanchée dans le bout de l'arbre tournant dudit moulin de fer-blanc, vingt-huit pouces. On peut faire cette dernière poulie d'une tourte plus épaisse, afin d'y ménager une seconde poulie de renvoi qui ira faire tourner un grand crible de fil de fer, posé en sens contraire du moulin de fer-blanc.

Enfin la poulie qui fera tourner la bluterie, doit avoir vingt-deux pouces, & celle qui sera emmanchée dans le bois de l'arbre tournant de ladite bluterie, doit avoir vingt-six pouces. Toutes ces mesures peuvent varier suivant la différence & la force des moulins, des machines & des mouvements. On peut voir cette disposition dans la *Planche XVI*, *fig. S*.

En général, on peut observer que si le mouvement se trouve trop rapide, on peut tenir les poulies plus grandes en haut, ou bien se contenter de diminuer celles du bas: cela fera rallentir le mouvement. S'il arrivoit au contraire que le mouvement fût trop lent, on diminueroit les poulies d'en haut, ou, ce qui produiroit le même effet, on en mettroit de plus grandes en bas. On doit calculer les poulies suivant la force des moulins, de manière que le ventilateur fasse quatre-vingt-dix à cent tours par minute, & la bluterie, ou crible cylindrique, environ vingt-cinq ou trente au plus.

Il est nécessaire que les poulies soient faites en *patte d'écrevisse*, c'est-à-dire, que la rainure soit large d'entrée, & aille toujours en diminuant, afin que les cordes serrent mieux & tournent avec plus de facilité. Il est à propos que les cordes employées à ces opérations, aient déjà servi, parce qu'elles ne sont point si dures, & qu'elles font tourner plus *rondement* quand elles ont fait leur *effet*.

On sait que les cordes se raccourcissent dans les temps humides, & s'allongent dans les temps secs. On remédie aisément à cet inconvénient, en mettant au bout des cordes une *patte de cuir* de Hongrie d'un bout, & de l'autre une *longe*. Par ce moyen si simple, on peut allonger ou raccourcir les cables suivant le temps. On peut encore faire de petites *bascules*, qui servent à élever ou à baisser les arbres tournants; ce qui fera allonger ou raccourcir les cordes suivant le besoin.

Si le tarare ne tourne point assez rapidement, le secret est de raccourcir les cordes; s'il tourne au contraire avec trop de rapidité, il faut les rallonger.

Cet arrangement est, sans nulle comparaison, de beaucoup préférable aux *rouages* & aux petits *hérissons* qu'on pourroit employer en pareilles occasions; parce que les poulies durent bien plus & coûtent bien moins. D'ailleurs, ces hérissons demandent, pour leur exécution, un charpentier habile & versé dans la méchanique, ce qui n'est pas facile à trouver; au lieu que l'invention des poulies est d'une simplicité qui est à portée de toutes sortes d'ouvriers, & qui ne demande que peu d'attention & d'adresse pour être conduite.

Telle est, en général, la manière d'opérer la première chose qu'exige la bonne mouture par économie, savoir, le *parfait nettoiement des grains*.

§ III. *Des pièces qui donnent le mouvement au blutage, &c.*

Le blutage de la méthode économique contribue en quelque sorte encore plus que les meules, à la perfection des farines. C'est par cette raison que la mouture en grosse & la mouture méridionale, dans lesquelles on blute hors le moulin, apportent tant de soins, tant de précautions & de patience, & emploient un si grand nombre de bluteaux différents pour distinguer les farines, les gruaux & les sons.

La mouture rustique avoit un avantage sur les deux autres, en ce qu'en faisant bluter en même temps qu'elle broie les grains, elle épargne du temps & de la main d'œuvre. Mais la bluterie est si imparfaite, & la perte qu'on essuie, faute de savoir employer les sons gras, est si considérable, que la mouture en grosse & la mouture méridionale, malgré leurs imperfections, sont de beaucoup préférables à la mouture rustique.

Les meûniers économes ont adopté ce que toutes les autres méthodes avoient de meilleur: ils ont procuré aux moutures en grosse l'épargne du temps & de main d'œuvre employés aux bluteries hors le moulin, & ils ont substitué à la mouture rustique toute la perfection des bluteries de la mouture en grosse & de la méridionale. Outre ces avantages, considérables par eux-mêmes, ces meûniers ont encore su faire *bénéficier* leur méthode de tout l'excédent de belles farines de gruaux, c'est-à-dire, des meilleures parties du grain, que les autres meûniers laissent consommer en pure perte.

On voit par-là, de quelle importance est là *bluterie* dans la mouture par économie, dont elle est une *dépendance* & comme l'accessoire principal. Il y a un grand nombre de moulins économiques qui pèchent par cet article : la perfection & la conduite du blutage méritent la plus sérieuse attention des meûniers pour qui cette science est toute nouvelle.

Il ne faut pas que le blutage *commande* le moulin ; en effet, s'il ne répondoit pas suffisamment au mouvement des meules, cela occasionneroit un retard, parce qu'il faudroit souvent retirer du bled. Le bluteau *supérieur*, placé dans la *huche* sous les meules, est un sac d'étamine de sept à huit pieds de longueur, dont l'ouverture est cousue par un bout, sur le cerceau qui joint au trou de la huche par où sort le son gras : ce dernier tombe dans l'*anche*, qui conduit dans le *dodinage* ou la *bluterie cylindrique*, posée dans la partie inférieure de la même huche. Il faut donc que ce bluteau supérieur *tamise* également la même quantité que les meules font de farine ; autrement si le bluteau ne tamise pas aussi vîte que le moulin moud, il faut relever l'*auget* de la trémie, pour empêcher qu'il ne tombe tant de bled dans les meules. Mais alors les meules n'ayant pas une *nourriture suffisante*, ou manquant de bled, font la farine *rouge*, parce que le son se broie en très-petites parties & se mêle à la farine. Il est donc bien essentiel que le blutage *marche* en même temps que le moulin, puisque s'il fait un *retard*, & que les meules n'aient pas autant de bled qu'elles en doivent *porter*, les farines seront bises & mauvaises. Si au contraire le bluteau tamise plus vîte que le moulin ne *fournit*, il tamise mal & il laisse passer du son avec la fleur.

Tout dépend donc de l'accord de ces pièces, qui doivent être proportionnées entr'elles, afin qu'elles puissent produire leur *effet* à leur aise.

Pour parvenir à faire bien bluter un moulin, il faut que le pivot du *babillard*, & *Planche XVIII*, soit placé sur le *chevressier*, du dedans Z, ou à côté & le plus près possible, à six ou huit pouces des *tourillons* de l'*arbre tournant* T, *Planche XVIII*. Il faut lui donner une *croisée* Q, de trente à trente-six pouces, à quatre *bras*, quand le lieu le permet. Si l'on est borné par la place, il suffit de monter une *croisée* faite d'une *tourte* de bois d'orme, d'environ vingt-deux pouces de diamètre, avec trois bras égaux de huit à dix pouces de longueur, en observant de percer bien dans le milieu, la *lumière* ou le trou par où doit passer le fer du moulin. A l'aide de cet arrangement, le blutage sera excellent & très-doux ; car il est souvent préférable de ne laisser que trois bras à la croisée, parce que lorsqu'il y en a quatre, & que le moulin va fort, les coups sont trop fréquents, & le bluteau n'a pas le temps de bien tamiser.

On se rappelle sans doute que le *babillard* est une pièce de bois posée perpendiculairement, de manière qu'elle peut se mouvoir en bas sur un *pivot*, & en haut dans un *collet* de fer ou de bois bien dur, attaché au *beffroy*. Il est percé en haut d'une *lumière* ou trou quarré, par où passe la *batte*, qui va joindre la croisée, & d'une *seconde lumière* où passe la *baguette*, ou *clogne* attachée au bluteau.

Pour monter la *batte* 1 & la *baguette*

*guette* P dans une juste proportion ; il faut appuyer la baguette d'un côté P contre la *huche* 5, & mesurer la batte 1 contre la pointe de la croisée Q, de façon qu'il y ait à-peu-près deux pouces de distance du bout de la batte au bout de la croisée. On laisse alors revenir le babillard, de manière que la batte prenne de quatre à cinq pouces sur le bras de la croisée, & l'on est sûr alors que la baguette doit faire remuer le bluteau dans une juste vîtesse, & ne sauroit toucher contre la huche en tournant ; ce qu'il faut éviter avec soin. Il faut que la force de la batte soit proportionnée à celle du moulin, & même qu'elle ne soit pas si forte, parce que cette partie doit être *leste*.

Si un moulin est *en-dessous* avec une *huche de bout*, il convient de mettre le babillard *à mont l'eau* ; & *avallant l'eau*, toujours près du tourillon, si c'est un moulin *en-dessus*. Le mouvement en est bien plus doux.

Lorsqu'un moulin va très-fort, il y a toujours de l'avantage de préférer, comme on l'a dit, une *croisée* à trois *bras* & trente pouces de diamètre, quand le lieu le permet. On peut faire la croisée de trois morceaux de *jantes* ; c'est-à-dire, de ces pièces de bois qui forment les tours d'une roue de charriot emmanchées l'une dans l'autre & bien chevillées : de cette manière la croisée n'est pas si sujette à se fendre que si elle n'étoit que d'une seule pièce.

On parvient à la consolider par le moyen de trois boulons ou têtes de fer de deux à trois pouces de tour, retenus chacun par un bon *écrou*, & qui prenne depuis la tourte du dessous de la lanterne, c'est-à-dire depuis l'assiette du dessous de la lanterne, jusques dessus les bras de la croisée : ces boulons servent de faux fuseaux en dedans de la tourte, en y ajontant une équerre de fer sur la croisée si l'on veut de la solidité, & fermant le tout à écrou ; cette pièce devient presque impérissable, elle rend le mouvement plus doux & casse bien moins de bluteaux que les croisées à quatre bras, sur-tout quand les moulins passent vingt-cinq à trente setiers. En effet, à chaque tour de lanterne, la croisée heurte trois fois contre la batte, ce qui fait remuer trois fois le babillard, la baguette, & par conséquent le bluteau ; & quatre fois lorsque la croisée a quatre bras. Comme il faut que le bluteau aille & vienne, il est évident que lorsque le moulin va vîte, le bluteau n'a pas le temps de revenir, & la farine ne se remue pas bien.

On ajoute un second babillard auprès du premier quand on se sert d'un *dodinage* ou bluteau lâche pour tamiser les gruaux, en observant que si le grand babillard qui donne la secousse au bluteau supérieur, est *à mont l'eau*, à côté de l'arbre tournant, il faut que celui du dodinage ou bluteau inférieur soit *avallant l'eau* : si au contraire le grand est *avallant*, l'autre doit être à *mont l'eau*.

Mais lorsqu'au lieu du *dodinage*, ou second bluteau à gruaux, on préfère, comme plus utile, une petite *bluterie cylindrique*, alors on la fait tourner au moyen d'une petite *lanterne* de vingt à vingt-deux pouces de diamètre, avec onze ou douze *fuseaux*, même à huit (suivant la force du moulin) qui s'engrènent dans les dents d'un petit *hérisson* de vingt-quatre à vingt-cinq *chevilles*, posé autour de l'*arbre tournant*, près les *tourillons* du dedans.

Cette dernière méthode est très-bonne, lorsque la *huche* est *de bout*, c'est-à-dire, lorsque les bluteaux sont sur la même ligne que l'arbre du moulin. Mais si la huche est *de plat*, c'est-à-dire, si elle est posée en sens contraire de l'arbre du moulin, de manière qu'elle coupe l'arbre du moulin à angles droits, alors on pourra faire engrener une petite lanterne ou un petit hérisson dans les dents du grand rouet; cette lanterne ou hérisson fera tourner à l'autre bout une poulie qui, par le moyen d'une chaîne ou d'une corde, ira prendre l'autre poulie adaptée à l'arbre de la bluterie cylindrique, pour lui communiquer le même mouvement. On sent que ces poulies doivent être proportionnées à la force des moulins, c'est-à-dire, que lorsqu'un moulin va fort, il faut que la poulie soit plus grande pour rallentir son mouvement : si le moulin est inférieur en force, il faut que la poulie soit plus petite, pour multiplier le mouvement. En un mot, il faut donner aux poulies le diamètre nécessaire pour que les bluteries fassent à-peu-près vingt-cinq tours par minute.

Il faut des pages entières pour décrire des machines qui sont si simples, que la seule inspection les feroit comprendre dans un clin d'œil. J'ai tâché d'y suppléer en définissant tous les termes, afin de donner de la clarté aux expressions, & de les rendre à portée d'être facilement entendues, sur-tout si l'on veut prendre la peine de conférer les explications avec les gravures.

### §. IV. *Des bluteaux, &c.*

Après l'examen des pièces qui donnent le mouvement au blutage, vient celui de l'arrangement intérieur d'une bonne bluterie : il faut une *huche* 5, *Planche XVIII*, de sept à huit pieds de longueur, & de trois à quatre pieds de largeur, avec un *bluteau* à trois grands *lés d'étamine*, ou à quatre petits lés, ce qui produit le même effet.

Vers le haut de cette huche, on place un *palonnier* 4, *Planche XVIII, Part.* 2. supporté par des *accouples* de fer ou de cuivre, & même de corde, qui tiennent à la huche & au palonnier. Ce palonnier qui sert à soutenir la corde du bluteau, est un morceau de bois blanc bien sec & bien léger, d'environ quatre pouces de largeur; il doit déborder le bluteau aux deux bouts, tant à cause des accouples qui le soutiennent par des cordons, que des *passements* qui font le tour du palonnier.

Les *passements* sont la partie du cordeau qui soutient le bluteau, renforcée d'une longe de cuir de Hongrie, qui doit aller le long du bluteau & soutenir les attaches de cuir qui tiennent à la baguette : la dernière attache du bluteau doit être au bout de la baguette, & l'autre à environ quinze pouces de distance. Il est à propos que la longe de cuir ait déjà servi, afin qu'elle s'alonge moins ayant fait son effet. Il est bon de réduire le palonnier à un pouce d'épaisseur entre les deux passements, parce que plus il sera léger, & mieux le bluteau tamisera; il suffit qu'il ait de la force aux accouples & sous les passements.

On ne doit point mettre de passement de l'autre côté des attaches, à moins que ce ne soit un moulin très-forcé; car quand le bluteau est fermé d'un passement des deux côtés, souvent il ne commence à bluter qu'aux attaches : il y en a qui préfèrent les bluteaux à quatre petits lés & deux *palonniers à chaſſis*, parce qu'étant bien ouverts ils doivent mieux bluter : mais ces bluteaux ſont trop lourds & trop matériels pour des moulins inférieurs de force ; le poids des deux palonniers à chaſſis ſurcharge trop, & un blutage ne ſauroit être trop leſte pour bluter avec plus de facilité : quoiqu'il n'y ait qu'un paſſement, on ne doit pas craindre que le bluteau ſe déchire s'il eſt bien monté.

La pente qu'on donne au bluteau, doit être d'environ un pouce par chaque pied, ſuivant la longueur de la huche ; c'eſt-à-dire, une huche de huit pieds à huit pouces de pente, & ſept pouces de pente ſi elle n'a que ſept pieds, à moins que ce ne ſoit un moulin qui aille fort : auquel cas on peut donner encore quelques pouces de pente au bluteau, afin qu'il ne ſe *charge* pas tant.

On ne peut avoir de belle farine que par l'accord du blutage avec le moulage, parce que le bluteau doit débiter à proportion que les meules travaillent : ainſi la groſſeur du bluteau doit être proportionnée à la force des moulins : car plus un moulin moud fort & vîte, plus il faut que le bluteau débite à proportion ; il doit par conſéquent être un peu plus gros, afin qu'il laiſſe paſſer vîte la farine, puiſqu'il s'en préſente plus, ſi les meules vont vîte & ſi elles moulent promptement. Un moulin qui *affleure* bien, ſouffre un bluteau plus gros ſans que la farine en ſoit pour cela plus biſe.

La qualité & la fineſſe des bluteaux doit auſſi varier ſuivant la ſéchereſſe des bleds, ſuivant la piquure des meules, & ſuivant qu'un bluteau eſt bien ou mal monté. Tout le monde ſait que quand les bleds ſont ſecs, il faut des bluteaux plus fins, & que quand ils ſont tendus, il en faut de plus ronds : des meules piquées convenablement, & montées pour faire un bon travail, peuvent ſouffrir un bluteau plus rond, ſans pour cela rougir la farine. Souvent on peut faire bluter également un bluteau de deux échantillons plus fins l'un que l'autre avec les mêmes bleds & mêmes moulins d'égale force ; tout cela dépend de la manière de bien monter le blutage.

L'*étamine* ou étoffe à deux étaims, eſt une étoffe de laine, qu'on fabrique à Rheims & en Auvergne, pour les bluteaux, & qui porte un tiers ou un quart de largeur : il y a douze échantillons d'étamines pour les bluteaux, qui vont en augmentant de fineſſe depuis le numéro 11, juſqu'aux numéros 40 à 42, c'eſt-à-dire qu'elles ont depuis onze juſqu'à quarante-deux fils dans chaque portée : les derniers numéros ſont les plus fins, parce que plus il y a de fils dans une même portée, & plus les intervalles qu'ils laiſſent entre eux ſont étroits ; ainſi on prend ces derniers numéros pour les bluteaux ſupérieurs qui tamiſent la fleur-farine de bled, & on emploie depuis le numéro 11 juſqu'au numéro 18, pour le dodinage ou bluteau inférieur qui doit tamiſer les gruaux & recoupes, &c.

Tous les détails qu'on vient d'expoſer montrent ſuffiſamment de quelle importance il eſt de bien ſavoir monter les bluteaux ſupérieurs, propres à tamiſer la farine de bled & celle de gruau : c'eſt apparemment cette difficulté qui avoit engagé le ſieur Maliſſet à ſubſtituer dans ſes moulins de Corbeil, des blutoires cylindriques de soie aux bluteaux lâches ordinaires; mais il s'en faut bien que le produit en farine blanche en soit aussi avantageux, tant pour la qualité que pour la quantité, & ils ne peuvent d'ailleurs servir à faire moudre les gruaux.

En effet, ces blutoires de soie donnent assez leur premier produit pour les farines de bled, parce qu'il s'y trouve des sons alongés, des gruaux en nature, & des recoupes en *noyaux* durs, qui, par leur sassement, frottent continuellement la soie, & facilitent le passage de la fleur : mais lorsque les gruaux sont remoulus, il ne s'y trouve presque plus aucuns noyaux, aucune dureté, & les blutoires de soie s'engraissent & ne tamisent plus, ou du moins pas si bien, à beaucoup près, qu'une étoffe de laine fortement secouée, & sans cesse agitée par le mouvement de la baguette.

On a fait à Lizy, près de Meaux en Brie, une nouvelle épreuve, qui consiste à mettre deux bluteaux dans le premier étage d'une *huche de bout*, de six pieds de large sur sept à huit de long, un babillard à *mont l'eau*, & l'autre *avallant*, à côté de l'arbre tournant. Il y a aussi deux *anches* qui, à l'aide d'une *coulisse* adaptée à la pièce d'*enchevêtrure*, dirigent la farine pour la faire tomber également dans les deux bluteaux : il faut que le second bluteau soit plus fin que le premier, attendu que la première anche, du côté de la poussée de la meule, est celle où est la coulisse, & par où la fleur tombe toujours la première : au moyen de cette coulisse, on charge le second bluteau tant & si peu que l'on veut. Il faut tenir ces deux bluteaux à trois petits lés, & bien ouverts, avec des palonniers larges, comme on l'a expliqué ci-devant.

Il faut observer qu'avant cet arrangement, la huche du moulin de Lizi étoit de travers au lieu d'être en long, de sorte que n'étant pas possible d'approcher le babillard près le tourillon, à cause d'un mur, il falloit retirer beaucoup de bled au moulin pour faire bluter le bluteau, ce qui rougissoit la farine. Ce moulin ne pouvoit moudre alors qu'environ trente setiers en vingt quatre heures; mais depuis qu'il est monté de cette nouvelle façon, il peut moudre, dans la bonne eau, jusqu'à cinquante-cinq & même soixante setiers dans le même espace de temps, & faire la farine de bien meilleure qualité. Une suite de cette observation est que, pour opérer un pareil changement dans un moulin, il faut qu'il aille fort, & que les meules soient bien ardentes à proportion, pour bien affleurer & écurer les sons, & cela parce qu'il a fallu augmenter le débit du bluteau à proportion de la force du moulin : il faut cependant avouer que la farine d'un moulin économique, qui va de vingt cinq à quarante setiers, est préférable à celle d'un moulin qui débite jusqu'à soixante setiers.

Pour terminer cet article du blutage par quelques principes généraux, il faut examiner, 1°. si le babillard du bluteau supérieur n'est éloigné du tourillon de l'arbre tournant que de six à huit pouces, ou de dix au plus; 2°. si la bluterie déchire les bluteaux, ou s'ils bluttent trop fort; car alors il faudroit *débrayer* la batte ou la baguette pour rallentir & diminuer leurs coups; 3°. ou bien s'il arrivoit que les bluteaux ne blutent point assez, ce seroit alors une marque qu'ils n'auroient pas assez de mouvement, & il faudroit *rembrayer*. Débrayer ou rembrayer, c'est serrer plus ou moins la batte sur la croisée ; ou serrer la baguette plus ou moins près de la huche du côté de la croisée.

### §. V. *Du dodinage & de la bluterie cylindrique.*

Comme l'étage supérieur de la huche est pour les bluteaux fins, destinés à tirer la première farine de blé, on place dans l'étage inférieur un *dodinage* ou bluteau lâche, d'une étamine plus ouverte, & de deux ou trois grosseurs pour séparer les gruaux & recoupes. Ce dodinage peut être fait & monté comme le grand blutage, à l'exception que la lumière de la baguette ne doit point être à plomb à celle de la batte ; mais elle doit être percée un peu en équerre, suivant la lumière de la batte, c'est-à-dire venant sur la croisée, afin de donner au bout de la baguette une plus grande distance de son moteur, & que cela fasse mieux tamiser, en donnant un plus grand mouvement au dodinage. Si le grand babillard est, comme on l'a déjà dit, à mont l'eau, celui du dodinage doit être avallant, parce qu'il faut les poser en sens contraires.

Dans tous les cas, soit que l'on ait une huche *de bout*, soit qu'elle soit *de plat*, on doit préférer une bluterie cylindrique à un dodinage, sur-tout si l'on *vise au blanc*, & à l'exacte division des matières. Cette bluterie se met en mouvement, comme on l'a pu remarquer plus haut, au moyen d'une lanterne emmanchée à son extrémité, & engrenant dans les dents d'un petit hérisson posé près les tourillons sur l'arbre tournant ; ou bien on supplée la lanterne & l'hérisson par deux poulies unies par un pignon, engrenant dans les dents du grand rouet.

Par le moyen de cette bluterie, on a toujours un gruau plus parfait qu'avec un dodinage, mais il faut bien prendre garde que la bluterie ne se *gomme*, c'est-à-dire, ne s'engraisse par les gruaux trop mous. C'est ce qui arrive encore quand le bluteau supérieur ne blute pas suffisamment, ou blute mal, parce qu'alors il tombe dans la bluterie cylindrique de la farine de bled, ou de la fleur avec les gruaux, ce qui gomme la soie.

Lorsqu'on se sert d'un dodinage, les gruaux, & sur-tout les seconds, sont souvent mêlés de rougeurs, & quand on fait remoudre ces parties, qui sont dures & petites, on est obligé d'approcher les meules pour pouvoir les atteindre, & l'on rougit la farine en mettant en poudre les rougeurs que le dodinage a mêlées aux gruaux. Le plus sûr moyen, pour avoir du blanc, est de sasser les gruaux gris, pour en ôter les rougeurs avant de les moudre.

Mais, par le moyen d'une bluterie, on soulage le moulin pour n'enlever que l'écorce extérieure de la partie qu'on veut moudre, parce qu'on est sûr que la bluterie séparant exactement ces *rougeurs*, on pourra ensuite, dans le moulage, *approcher* tant qu'on voudra pour *atteindre* les petits *noyaux* qui auront échappé aux premières moutures, sans piquer ni rougir la farine qui en doit provenir. Le premier lés de la bluterie fait, en dernier travail, un gruau clair & fin, qu'on peut aisément mettre dans le *blanc;* le second lés, un second gruau qui est bon pour le *bis-blanc*, & une partie du reste en *bis :* au lieu qu'avec le dodinage, les gruaux restans du remoulage sont bien plus rouges, & ne peuvent plus être employés qu'en *bis*.

La bluterie est encore d'une grande utilité lorsqu'il y a des *recoupes* qui sont *dures*, ce qui est souvent occasionné par une rhabillure trop foncée, ou par la nature du bled. Lorsqu'on veut remoudre ces recoupes, on est obligé d'approcher le moulin, ce qui le fatigue beaucoup & *rougit* totalement la farine qui provient de ces recoupes, si l'on se sert d'un dodinage; au lieu que, par le moyen d'une bluterie, le moulin va toujours en *allégeant*, sans que l'on remette les *rougeurs* sous la meule, ce qui fait que la farine provenant de ces recoupes est bien plus *claire*. On trouve encore par le remoulage au premier lés de la bluterie, de petits gruaux bons à mettre en *bis-blanc*, & le reste en *bis;* ce qui *avantage* beaucoup un moulin, parce que rien n'est perdu, & qu'il tourne toujours sur ses *marchandises* en allégeant.

Il est vrai que cette méthode occasionne des évaporations; mais on en est amplement dédommagé par la quantité & la qualité de la farine. D'ailleurs, il ne faut pas perdre de vue qu'on n'entend parler ici que d'un moulin *à blanc*, d'où l'on cherche à tirer de grandes qualités : mais pour un moulin *à bis* ou *à bis-blanc*, le dodinage est suffisant, & l'on peut tirer, par son moyen, la totalité des farines. On ne prétend cependant pas blâmer les dodinages; mais, d'après l'expérience, il conste que les bluteries font les gruaux plus *clairs*. Plusieurs meûniers se servent d'abord du dodinage pour dégraisser les sons gras, & ensuite d'une bluterie : cette opération est très-bonne.

On pourra encore objecter, qu'au §. précédent on a blâmé la méthode de ceux qui préfèrent les blutoirs de soie aux bluteaux d'étamine ; mais il s'agissoit alors du bluteau supérieur, qui, dans tous les cas, doit être de laine, parce qu'il est destiné à passer la fleur ou farine de bled qui *gommeroit* la soie : ici au contraire il ne s'agit que du bluteau inférieur pour les gruaux & recoupes, dont le supérieur a ôté la fine fleur ou farine *alongée* sur le bled, & *grasse* par elle-même, & qui a besoin d'une forte secousse pour être bien blutée; au lieu que la bluterie cylindrique suffit pour les gruaux secs & les sons durs. D'ailleurs, les soies, ou *quintins* & *cannevas* des cylindres à gruaux, doivent être plus *ouverts* que ceux qu'on emploieroit à tamiser la farine de bled, & par cela même ils sont moins sujets à s'engraisser, &c. (1)

(1) Ceux qui ont assez d'emplacement, feront bien de laisser fermenter le son gras avant de le passer à la bluterie, le gruau se sépare mieux, le son reste plus sec, &c. On verra dans l'explication des Planches, les moyens de placer avantageusement cette bluterie séparément, sans qu'elle gêne en aucune manière les autres opérations du moulin.

§. VI. *Résumé de toutes les machines du moulin économique, de leur prix commun, & des moyens de monter les moulins ordinaires à l'économique.*

On a cru bien faire de récapituler en très-peu de mots le jeu des machines, & de suivre le bled par les différens changemens successifs qu'il éprouve, pour parvenir à donner ses divers produits.

En supposant donc qu'il s'agisse d'un moulin à eau de pied ferme, où l'on peut moudre par économie, avec des greniers au-dessus pour le nettoyage des grains; le bled, après avoir été transporté, à l'aide des machines, dans l'étage supérieur, où il est criblé & séparé en ses trois qualités de bled, de la *tête*, du *milieu* & de la *dernière classe*, par les différens *cribles normands* & *à cylindre*, est versé,

1°. Dans la *trémie* du *tarare* ou *ventilateur*, qui en enlève la poussière & la *balle*.

D'où il tombe, 2°. dans le crible cylindrique de *fer-blanc*, où le bled moucheté & niellé est comme vergetté & rapé;

— 3°. Dans le *crible d'Allemagne* incliné, au bas duquel est l'*émotteux*.

— 4°. Dans la *trémie* des méules, qui le verse par l'*auget* agité par le *frayon*.

— 5°. Dans l'*œillard* de la *meule courante*, à travers les bras de l'*annille*;

— 6°. Sur le *cœur* de la *meule gissante boudinière*, où il se *brise*.

— 7°. Dans l'*entrepied* des meules, où il *s'afine* & se forme en *gruau*;

— 8°. Dans la *feuillure* des meules, où il *s'affleure* par l'*écurage* des *sons* & se convertit en *farine*;

— 9°. Dans l'*anche*, où la *farine entière* est chassée par le mouvement circulaire des meules;

— 10°. Dans le *bluteau supérieur*, où passe la farine de bled, dite *le blanc*, & d'où sort le son gras;

— 11°. Dans le *dodinage*, ou *bluterie cylindrique*, qui distingue le son gras dans ses trois *gruaux*, *recoupettes* & *recoupes*;

Et enfin, 12°. Au bout du *bluteau inférieur*, par où sort le *son maigre* bien évidé de farine.

Quand on a retiré toutes ces qualités & ces divers produits du grain, on met à part la farine de bled ou le blanc tiré par le bluteau supérieur, & on la distingue en deux qualités; savoir, *la première farine de bled*, ou la *fleur*, qui se trouve à la tête du bluteau, & un cinquième ou un sixième sur la longueur de la huche, de *seconde farine de bled*. Cette distinction de première & de seconde farine de bled est bonne dans les moutures, telles que celles de Melun, où les sons gras sont rapportés chez le boulanger; mais à la mouture économique toutes ces farines doivent être tirées à blanc.

Ensuite on prend le gruau blanc pour le faire repasser sous les meules & le produit de ce premier gruau fait le même chemin que le premier produit du blé. Il donne, par le bluteau supérieur, une première farine ou fleur, bien supérieure à la première de bled. On la nomme *première farine de gruau.*

Ce qui n'a pas passé à travers le bluteau supérieur, se remet encore sous la meule, pour être remoulu une seconde fois, & l'on obtient la *seconde farine de gruau*, qui est un peu moins blanche que la précédente.

Le résidu de cette seconde farine se repasse encore sous la meule une troisième fois, lorsqu'on a pour but de tirer la plus grande quantité de blanc possible; mais ordinairement ce résidu se mêle avec le gruau gris, ce qui forme une troisième farine de gruau, moins blanche encore que la seconde.

L'on passe une seconde fois sous la meule le résidu du gruau gris pour avoir une quatrième farine de gruau qui est bise, & l'on y mêle encore le produit des gruaux bis & des recoupettes qu'on ne moud qu'une seule fois.

Il reste à la fin de toutes ces opérations, un petit son qu'on appelle *fleurage*, ou remoulage de gruaux, qui est bon pour les volailles & les cochons.

On voit par-là qu'on peut varier à l'infini les procédés de la mouture par économie, pour en tirer toutes les qualités de farine qu'on désire.

La construction de la cage & des bâtimens d'un moulin à eau de pied-ferme, qui est la principale sorte de moulin la plus commune, la mieux connue & la plus utile, coûte à proportion de la plus ou moins grande étendue des bâtimens qu'on veut y faire, & du nombre ou de l'étendue des magasins que l'on y veut établir. On n'entrera point dans le détail & le prix de ces sortes de constructions, pour se fixer à ce qui regarde la méchanique seulement.

La roue & l'arbre tournant peuvent coûter deux cent soixante, à trois cent livres, suivant la hauteur de la roue, la grosseur de l'arbre, & les ferrures qu'on veut y mettre.

Le rouet & la lanterne coûtent environ deux cent, à deux cent cinquante liv., suivant la hauteur du rouet, la qualité des bois, le boulonnement du rouet, les ferrures de la lanterne, &c.

Le beffroi peut être en maçonnerie; le pallier, les deux braies & la trempure peuvent coûter cinquante à soixante liv.

Le fer, l'annille, le pas ou crapaudine, environ cent ou cent-cinquante liv., suivant la force; & si l'on veut y joindre les nouveaux chassis à dresser les meules avec des vis, chassis de fer, poëlette de cuivre, crapaudine métallique, c'est encore un objet de soixante à quatre-vingt liv.

Les deux meules de bonne qualité, & bien mises en moulage, peuvent revenir à environ mille livres, & à Paris, huit cent liv. Les cerces des meules, couvercles, trémion, porte-trémion, trémie, auget & frayon, environ cent liv.

La huche & sa bluterie de dessous, ou dodinage, quatre-vingt-dix à cent livres; ses bluteaux, depuis quinze à vingt-quatre liv. pièce, suivant leur finesse; le babillard quinze liv., &c.

Et si l'on veut y joindre les machines nécessaires pour cribler & manœuvrer les bleds, il faut une lanterne qui prenne dans le rouet; un petit arbre de couche; poulies, cordages, ventilateurs, cylindre d'environ

viron douze pieds ſur deux pieds & demi de gros, garni de feuilles de fer-blanc piqué; cribles Normands, cribles de fil-de-fer à cylindres, cribles d'Allemagne, inclinés, &c. &c. Toutes ces machines qui servent à cribler & épurer les blés ſans main-d'œuvre, peuvent coûter environ trois à quatre cens liv., même juſqu'à ſix & huit cens liv., ſuivant leurs qualités.

Un moulin à vent que l'on voudroit conſtruire pour y moudre par économie, feroit un objet de cinq à ſix mille livres. D'ailleurs, tous ces prix varient ſuivant le prix de la main-d'œuvre, plus ou moins chère dans un pays que dans l'autre, ainſi que le prix du bois.

On doit également conclure de tout ce qui précède, que tout moulin ordinaire peut facilement opérer la mouture par économie avec peu de dépenſes, en y faiſant très-peu de changemens, ſur-tout ſi l'on ne veut pas y ajouter les machines à nettoyer les blés; parce qu'en effet on peut y ſuppléer en quelque ſorte par les cribles Normands, par les cribles d'Allemagne inclinés, par les cribles cylindriques de fil-de-fer à manivelle; & enfin, par le tarare portatif.

Dans cette ſuppoſition, il ne s'agit, 1°. que de piquer les meules, non pas à coups perdus comme ci-devant, mais en rayons compaſſés du centre à la circonférence, comme on le voit repréſenté, *Planche XIX*, *part.* 3.

2°. D'ajouter une *huche* diviſée ſur la hauteur en deux parties. Dans la *partie ſupérieure*, on placera un bluteau d'une ſeule étamine, pour tirer tout le produit de la farine de blé. Pour mouvoir ce premier bluteau, on placera, comme on l'a dit, un *babillard* ou treuil vertical ſur le *chevreſſier* du dedans, à ſix pouces environ du *tourillon* du grand arbre. Ce treuil roulant par en-bas ſur un *pivot*, & par en-haut dans un *collet* attaché au *beffroi*, eſt percé dans la partie ſupérieure de deux *lumières*, l'une par ou paſſe la *batte* qui va joindre les dents de la *croiſée* adaptée à l'*arbre de fer* au deſſus de la lanterne; l'autre trou, ou *lumière* ſert à paſſer la *baguette* attachée au *bluteau*, de manière que chaque fois que la batte attrape la croiſée, le babillard fait un demi-tour, & par conſéquent la baguette attachée au bluteau fait le même mouvement dans un ſens oppoſé à la batte. La planche XVIII rend cet arrangement ſenſible. & eſt le babillard; 1 eſt la batte; P eſt la baguette; 3 eſt le bluteau; Q eſt la croiſée adaptée ſur la lanterne, & tournant avec elle.

3°. Dans la *partie inférieure* de la huche, il faut mettre une bluterie cylindrique garnie de trois différentes étoffes : la première de *ſoie*, la deuxième de *quintin*, la troiſième de *cannevas*. Ceux qui veulent diſtinguer les recoupettes & recoupes, du gruau bis, mettent le cannevas de trois groſſeurs. Cette bluterie cylindrique eſt traverſée par un *axe*, au bout duquel eſt une lanterne qui tourne par le moyen d'un *hériſſon* adapté au grand arbre de la roue. Le bas de la planche XVII fait voir cette diſpoſition : & eſt la huche, Z eſt le premier bluteau, 6 repréſente la bluterie, C la lanterne, & N le hériſſon adapté à l'arbre D du moulin. Souvent, à la place du hériſſon & d'une lanterne, on met à la tête de la bluterie une *poulie de renvoi*, qui tourne au moyen d'un *pignon* prenant dans le *rouet*. On peut aussi remplacer la bluterie cylindrique par un dodinage ou bluteau lâche, formé d'étamines de trois grosseurs, & agité par un second babillard posé en sens contraire du premier, &c.

Tel est le simple méchanisme à ajouter aux moulins ordinaires, pour y pratiquer la mouture par économie. Tous ces changemens sont peu coûteux, quand d'ailleurs le moulin est bien monté de ses pièces, telles qu'elles ont été décrites. Une huche avec une petite bluterie, ou dodinage, peut coûter à-peu-près cent livres. Chaque babillard peut être un objet de douze à quinze livres. Il est à propos d'avoir cinq à six bluteaux d'étamines de différentes grosseurs, qui reviennent depuis quinze à vingt-quatre livres. On peut juger par-là qu'un moulin bien conditionné pour moudre à l'ordinaire, ne peut guères exiger au-delà de quatre à cinq cent liv. Au surplus, l'estimation de cette dépense concerne principalement les moulins des environs de Paris, qui sont déjà en bon état, quoique moulant brut. Mais lorsqu'il s'agit de faire ce changement en province, & d'y envoyer des ouvriers, cela coûte beaucoup plus, tant pour la main-d'œuvre que pour le voyage & retour des ouvriers. D'ailleurs, les autres pièces de ces moulins sont souvent en très-mauvais état.

## §. VII. *Description d'un moulin économique, & détail de ses opérations.*

Avant de faire l'explication de tous les procédés de la mouture économique, il faut donner une idée légère de l'ensemble d'un moulin disposé pour opérer suivant cette nouvelle méthode. Cet ensemble servira de récapitulation à tout ce qui a précédé sur le méchanisme de chaque partie en détail. On pourra recourir au grand Ouvrage de M. Beguillet pour avoir de plus grands éclaircissemens sur les moulins économiques, & en particulier sur celui de Senlis, dont je me contente de tracer l'élévation & la coupe sur la longueur & la largeur.

La planche XVI exprime la *coupe du moulin sur la largeur*. On y voit la liaison de toutes ses diverses parties : on doit principalement observer comment, à l'aide des *poulies* S adaptées à un *arbre de couche*, ayant à son extrémité une *lanterne* qui s'engrène dans les dents du rouet, on fait mouvoir naturellement la *bluterie à son gras* 5 au premier étage; & dans le second, le *tarare* 8, 9, au moyen de la *poulie de renvoi* 10, ainsi que le *crible de fer-blanc* 14, à l'aide de la *poulie de renvoi* 11.

L'*ouvrier* 22, en tirant une corde, fait engrener dans le rouet la *lanterne* Q, qui a pour axe le *treuil* R : aussitôt le *cable* 19, au crochet duquel est attaché un sac, file sur ce treuil, l'enlève au troisième étage du moulin, où l'ouvrier le reçoit & le verse dans le grenier à l'endroit 23, d'où il découle dans la *trémie* 12, de-là dans le *tarare* 8, 9, dans l'*anche* 13, dans le *crible de fer-blanc* 14, dans le *crible de fil-de-fer* d'Allemagne 3, dans la *trémie* 2, de-là entre les *meules* pour être moulu.

Si l'on veut suivre le chemin que fait le produit du blé moulu, il faut avoir recours à la planche XVII qui représente la *coupe du moulin sur la longueur.* On y voit dans une autre situation les objets qu'on vient de décrire. L'ouvrier 14 fait engrener la lanterne pour faire monter le sac; 5, 6 expriment le *tarare* ou *ventilateur*; 9, le bluteau de fer-blanc; *y*, le crible de fil-de-fer; *x*, la trémie; *n*, la meule courante; *m*, la meule gissante.

Le blé broyé entre les *meules*, est chassé par l'*anche i*, d'où il entre dans un *bluteau fin* Z où passe la *fleur de farine &*, qui tombe dans la *huche* : de-là, par un *conduit c*, le *son gras* va dans la *bluterie b*, dont la longueur est divisée en trois parties : celle qui est plus élevée est plus fine que la seconde, & celle-ci plus fine que la troisième : les trois tas de différens gruaux sont exprimés par *d*, *d*, *d*, & le *son maigre* sort par l'extrémité inférieure.

Cette *bluterie b* est mise en mouvement par la *lanterne* e, que l'on fait engrener à volonté dans les dents du *hérisson* N, adapté au grand arbre de la roue.

Quand au *bluteau* Z, il est mû par la *baguette* X, qui tient au *babillard* V, lequel est mis à son tour en mouvement par le moyen de la *batte* S, qui frappant sur les dents de la *croisée* adaptée sous la lanterne T, fait agiter le bluteau Z.

Toute cette disposition du moulin étant bien entendue, il sera aisé de concevoir ses différentes opérations. La première consiste à nettoyer & à cribler le blé, avant qu'il tombe dans la trémie des meules : la seconde, à le moudre de manière qu'il ne puisse ni s'échauffer, ni contracter aucune odeur ni autre mauvaise qualité, ni souffrir trop de déchet & d'évaporation : la troisième, à bluter en même temps que les meules travaillent, pour séparer les diverses qualités de farines & de gruaux : la quatrième, à faire remoudre les différens gruaux, pour en tirer de nouvelle farine.

La première opération, de nettoyer le blé, se fait, comme on l'a déjà dit, en transportant les sacs au troisième étage, pour y passer par les cribles. Deux ouvriers, l'un en bas, l'autre en haut, font tout ce service. Le premier, à l'aide d'une brouette très-commode par sa simplicité & sa facilité, mène le sac jusqu'à l'endroit convenable, & l'attache au crochet du cable 19; aussi-tôt l'ouvrier 22, *Planche XVI*, qui est en haut, fait engrener, en tirant une corde, la lanterne Q du treuil R dans le rouet F, ce qui emporte sur le champ au troisième étage le sac de blé attaché au cable 19 : lorsqu'il y est arrivé, l'ouvrier 22 lâche la corde pour désengrener la lanterne Q, & détache le sac, qu'il vide sur un tas voisin, d'où, après avoir été criblé deux fois au crible normand ou à la main, il découle de lui-même à travers le plancher, par un conduit, dans la trémie 12 du tarare 8, où il est éventé par les aîles 9 du ventilateur, qui le purifient & le nettoyent en chassant la poussière, les pailles, la clocque, les grains légers rongés par les insectes, & en séparant, par ses grilles, la plupart des grains étrangers. Ensuite le grain va communiquer, par le conduit 13, dans le crible de fer-blanc piqué 14, où il est comme rapé & frotté, pour en ôter la poussière de charbon : le tarare & le crible sont mis en action par les poulies S. De-là le grain est reçu dans un crible d'Allemagne 3, *Planche XVI*, & y *Planche XVII*, au bas duquel eſt un émotteux dont les fils de fer plus diſtants laiſſent paſſer le grain & retiennent les pierres & les petites mottes de terre qui pourroient s'y trouver : enfin, le grain tombe pur & net dans la trémie des meules.

Cette première opération du nettoyage des grains, eſt, comme l'on voit, indépendante de la mouture économique, & ne regarde que la préparation du blé avant d'être moulu; préparation qui peut ſe faire naturellement & à peu de frais, en diſpoſant la partie ſupérieure d'un moulin à eau de la manière qu'on vient de décrire; mais dans le cas où cet arrangement ne ſeroit pas poſſible, il faut apporter au moulin les blés bien nets & purgés de toute mauvaiſe graine; ſans cela, il ne faut eſpérer ni belle farine ni bon pain.

La ſeconde opération conſiſte dans le moulage du grain, ſans échauffer la farine. Les meules entre leſquelles le blé eſt introduit, ſont piquées en rayons réguliers, *Pl. XIX, part. 3. fig. II.* Comme les meules ſont bien montées, elles vont toujours en allégeant. La piquure plus fine que celle des meules ordinaires, fabrique mieux la farine, ſans couper le grain ni hacher les ſons. A quelques pouces de l'annille, le blé commence à être concaſſé; au milieu de l'entrepied, ce ſont les gruaux, & la feuillure affleure la farine & écure les ſons. Comme on doit remoudre les différents grains, l'on n'eſt point forcé de rapprocher ni de ſerrer les meules, ainſi que dans les méthodes ordinaires, où l'on veut tirer tout le produit par une ſeule mouture. Ici au contraire le premier moulage eſt fort *gai*, la farine qui en ſort n'eſt point *échauffée* & conſerve toute ſa qualité.

Par la troiſième opération, on tamiſe la farine & l'on ſépare les gruaux en même temps que l'on moud, ce qui ſe fait d'après les principes donnés dans le chapitre précédent, pour accorder le blutage avec le moulage, afin que le bluteau ne débite ni plus ni moins que les meules. La farine *entière*, c'eſt-à-dire, mêlée avec les gruaux, les recoupes & les ſons, tombe au ſortir des meules par la hanche *i*, *Pl. XVII*, dans le premier bluteau *Z*, placé dans la partie ſupérieure de la huche : le bluteau reçoit ſon mouvement de la batte *S*, qui, en frappant ſur les bras de la croiſée, placée ſur la lanterne *T*, fait agir le babillard *V*, & par conſéquent la baguette *X*, attachée au bluteau *Z*. La farine qui paſſe par ce bluteau, tombe en *&*; elle eſt d'une grande fineſſe & a toute ſa perfection; on la nomme *farine de blé*, parce qu'elle eſt produite dans la mouture ſur blé, ce qui la diſtingue des farines de gruau : elle va à-peu-près à la moitié du produit.

Le reſte du grain moulu qui eſt le ſon gras, ſort par le bout inférieur du premier bluteau, & va par un conduit *c*, dans un ſecond bluteau frappant, nommé *dodinage*, qui eſt plus gros & plus lâche que le précédent. Il eſt ordinairement compoſé de trois différentes groſſeurs d'étamines & de cannevas qui diviſent ſa longueur en trois parties égales. On verra tous ces développemens du dodinage, dans les Planches du grand ouvrage de M. Beguillet, & dans l'explication dont elles ſont accompagnées.

Dans le modèle du moulin de Senlis, il n'y a point de dodinage dans la partie inférieure de la huche; à ſa place eſt une bluterie à cylindre *b*,

*Pl. XVII*, laquelle est préférable, en ce qu'elle fait un plus beau gruau qu'un dodinage; elle est garnie par tiers, de soie ronde, d'un quintin & d'un cannevas : cette bluterie *b*, reçoit son mouvement de rotation du hérisson N, dont les dents s'engrènent dans les fuseaux de la petite lanterne *e*, qui termine l'axe de la bluterie à cylindre.

Des divisions du bluteau inférieur, soit dodinage, soit bluterie cylindrique, doivent nécessairement sortir trois sortes de gruaux, ou plutôt de matières de farine imparfaite; *d*, *d*, *d*; la première, est le *gruau blanc* qui se trouve à la tête du bluteau; la deuxième, le *gruau gris* qui se prend dans le milieu, & la troisième, les *recoupes* à l'extrémité du bluteau : ceux qui multiplient les divisions de la bluterie cylindrique, distinguent encore avant les recoupes, les *gruaux gris* & les *recoupettes*; mais une si grande précision n'est pas nécessaire.

La quatrième opération du moulin de Senlis, consiste à remoudre les différens gruaux pour en tirer de nouvelle farine. Après que les bluteaux ont séparé toutes les qualités, & que le meûnier a mis à part la farine de bled, il rengrène le gruau blanc trois fois séparément des autres espèces, & toujours de la même façon, mais en ne faisant *communément* usage dans tout le reste des opérations que du premier bluteau *Z*, *Planche XVII*. On dit *communément*, parce que les meûniers qui visent à une grande qualité de blancheur, laissent encore passer à chaque opération les gruaux à travers la bluterie cylindrique ou le dodinage, pour en extraire les rougeurs ou les particules de son qui s'y trouvent, d'où il résulte que la deuxième & troisième farine de gruaux en est bien plus claire.

Le premier rengrènage du gruau donne une farine supérieure en qualité à la farine de blé : on nomme cette farine de premier gruau, *blanc-bourgeois*, pour la distinguer de la farine de blé qu'on appelle le *blanc*. Le blanc n'est pas plus fin que le *blanc-bourgeois*, mais celui-ci a plus de corps & de saveur.

Le second rengrènage du restant du premier gruau, produit une farine d'une qualité un peu inférieure à la précédente, & le troisième rengrènage donne encore une farine au-dessous, mais sans mélange de son, parce que le gruau blanc n'en a point; c'est en remêlant ces farines des trois rengrènages du premier gruau, qu'on forme le *blanc-bourgeois*, selon l'Auteur de l'art de la meûnerie; mais selon les termes admis par les marchands de farine, le *blanc-bourgeois* est proprement le produit du premier rengrènage de gruau blanc seul.

Le gruau gris se rengrène séparément & se moud légèrement pour en extraire, par un tour de bluterie, les rougeurs, de manière que la tête de cette bluterie peut rentrer avec le gruau blanc sous les meules. Enfin le reste du gruau gris, après avoir été repassé sous la meule, donne une *farine bise*, mais purgée de son par l'attention qu'on a de moudre les gruaux gris légèrement la première fois, & d'en extraire le son ou les rougeurs par la bluterie. Les farines de blé, de premier & second gruaux, mêlées ensemble, forment le pain blanc de quatre livres qu'on vend à Paris.

Il est à observer qu'il y a des meûniers qui, après avoir tiré la première farine du gruau blanc, mêlent le restant des gruaux blancs avec le gruau gris, & les font repasser ensemble deux fois sous les meules; mais les meûniers intelligents repassent à part sous les meules, les gruaux gris, & à l'aide d'une bluterie, parviennent à en faire du blanc, ou du moins une partie.

Les recoupes se rengrènent de même séparément une seule fois, & produisent une *farine bise* égale à-peu-près à la seconde qualité du gruau gris, & toujours sans mélange de son: comme il tombe à chaque opération du blutage, de gros gruaux qui ont échappé à la meule, le meûnier les ramasse encore pour les remoudre, ce qu'on nomme *remoulage de gruaux*.

Le meûnier doit être attentif pendant ces différents moulages, à fixer l'assiette de ses meules, à en diriger les mouvements avec égalité, à les faire approcher plus ou moins, afin d'enlever légèrement la pellicule suivant les différents genres de mouture, & afin d'empêcher dans tous les cas que la farine ne soit *courte* & *échauffée*, mais au contraire, de faire en sorte qu'elle soit *fraîche*, *allongée*, & produise un *gros son doux*: lors de la mouture des derniers gruaux, il n'en résulte qu'un petit son qu'on nomme *fleurage*.

Pendant le premier moulage sur blé, le meûnier a soin de tenir la meule courante un peu *haute*, c'est-à-dire de ne pas la serrer beaucoup, *afin d'enlever la pellicule*, *de faire plus de gruaux*, & de mettre moins de son avec la farine; mais lors de la mouture des gruaux, il affecte au contraire de tenir les meules plus serrées, vu que les parties sont plus petites, dures, &c. Cependant les véritables bons moulages bien rhabillés, demandent souvent à alléger un quart d'heure après avoir pris fleur.

## §. VIII. *Différents résultats de la mouture économique des blés.*

Premier Résultat. En suivant tous les procédés qu'on vient de décrire, un setier de bon blé pesant deux cents quarante livres, mesure de Paris, doit donner communément en totalité de farines, tant bises que blanches, 175 à 180 livres, ci. 180 l.

| | |
|---|---|
| En sons, recoupes, & issues . | 55 |
| En déchet . . . . . . . | 5 |
| Poids égal à celui du blé. | 240 l. |

Si la bluterie inférieure sépare les issues du premier bluteau, en trois gruaux, recoupettes & recoupes, alors ces différents produits montent en détail, savoir:

| | |
|---|---|
| En fleur ou farine de blé environ . . . . . . . . . . | 100 l. |
| En belle farine de premier gruau . . . . . . . . | 40 |
| En farine de deuxième gruau. | 20 |
| En farine de troisième gruau. | 10 |
| En farine de remoulages de gruaux & recoupettes . . | 10 |
| | 180 |
| Sons de différentes espèces. | 55 |
| Déchet . . . . . . | 5 |
| Poids égal à celui du blé. | 240 l. |

Par le mélange de toutes ces sortes de qualités, on fait ordinairement de quatre espèces de farines; 1°. la *farine de blé*, ou *le blanc*, en mêlant les deux qualités que donne le bluteau supérieur; 2°. la farine des trois rengrènages du premier gruau, appellée *blanc bourgeois ;* 3°. la *farine de second gruau*, que l'on mêle très-souvent avec le blanc bourgeois, quand le meûnier a eu assez d'adresse pour moudre légèrement le gros gruau & en séparer les rougeurs ; 4°. la *farine bise*, qui résulte du mélange des farines des derniers gruaux, remoulages & recoupettes.

Les sons restants se trouvent aussi de trois espèces : les *gros sons*, les *recoupes*, les *petits sons* ou *fleurages*.

Il faut encore observer qu'il y a beaucoup de variations sur les déchets: ils sont moins forts dans les procès-verbaux d'expériences publiques, où tout est pesé aux onces avec le plus grand scrupule, & au sortir des meules, ce qui fait moins de déchet que si les farines reposées ne sont pesées que deux ou trois jours après la mouture, sur-tout si elles ont été transportées de cinq, dix, quinze à vingt lieues par la chaleur qui, avec les secousses des voitures, contribue pour beaucoup aux déchets: souvent l'erreur vient de l'inexactitude de la pesée, &c.

On devinera aisément que les produits de la mouture économique ne peuvent pas être toujours uniformes tant en farines qu'en sons ; les différentes façons de moudre & remoudre, l'habileté du meûnier, la bonté des meules & du moulin, le jeu & la perfection de ses diverses pièces, les différentes sortes de grains, suivant qu'ils sont plus ou moins secs, plus ou moins pesants, plus nouveaux ou plus vieux, &c. apportent toujours des différences considérables dans les produits. On va, par cette raison, examiner encore les divers produits, eu égard aux qualités des blés, & en faisant en sorte de se borner, pour chaque qualité de blé, à un terme moyen de comparaison, souvent même en affectant de prendre le plus foible, pour qu'on n'accuse pas l'auteur de trop avantager la nouvelle méthode.

Second Résultat. Il y a en tout pays trois classes de blé : *blé de la tête*, ou de qualité supérieure ; blé du milieu, dit *blé marchand*, & blé de la dernière qualité, dit *blé commun*.

Première Classe.

Poids du setier année commune. 240 l.

| | |
|---|---|
| Produit en farines des quatre sortes susdites . . . . . | 180 |
| Produit en sons des trois sortes susdites . . . . . . . | 55 |
| Déchet . . . . . . . | 5 à 6 l. |
| Poids égal à celui du blé. | 240 |
| Produit en pain cuit. . . | 240 |

Deuxième Classe.

Poids du setier . . . . . 230 l.

| | |
|---|---|
| Produit en farines des quatre sortes . . . . . . | 170 |
| Produit en sons des trois sortes. | 55 |
| Déchet . . . . . . . | 5 à 6 l. |
| Poids égal à celui du blé. | 230 |
| Produit en pain cuit . . | 230 |

Troisième Classe.

Poids du setier . . . . . 220 l.

| | |
|---|---|
| Produit en farines des quatre sortes . . . . . . . | 160 |
| En sons . . . . . . . . | 55 |
| Déchet. . . . . . . . . | 5 à 7 l. |

| | |
|---|---|
| Poids égal à celui du setier. | 220 |
| Produit en pain cuit. . . | 220 |

On voit par ces résultats que, dans la différence des qualités de grains, celle des produits tombe sur la farine, & non pas sur les sons; parce que meilleur est le blé, & moins il a de son. Je mets ici le produit en pain cuit au plus bas. Il est de fait qu'on retire d'un setier de blé, lorsque la farine est bien purgée de son, autant de livres de pain cuit qu'il y a de livres de blé.

Troisième Résultat. En opérant sur de moindres quantités de blés également secs, mais de qualités différentes, un quintal, ou cent livres de blé de la tête peuvent produire environ quatre-vingt livres de farine, savoir (1):

| | |
|---|---|
| Farine à faire pain blanc. . | 65 l. |
| Farine à faire pain bis-blanc & bis. . . . . . . . | 15 |
| Gros & petits sons. . . . | 18 |
| Déchet, environ . . . . | 2 |
| Total égal au poids du blé. | 100 l. |

Un quintal de blé de la deuxième qualité peut produire 76 livres de farines, savoir:

| | |
|---|---|
| Farine à faire pain blanc . . | 60 l. |
| Propre à faire pain bis-blanc & bis . . . . . . . . | 16 |
| Sons . . . . . . . . . . | $21\frac{1}{2}$ |
| Déchet . . . . . . . . | $2\frac{1}{2}$ |
| Egal au poids . . . . | 100 l. |

Un quintal de blé de la dernière qualité peut produire soixante-dix livres de farine, dont cinquante à cinquante-cinq livres à faire pain bis-blanc, & le surplus en pain bis, en son & en déchet. Les troisièmes classes de blé ne sont propres en effet qu'à faire de bon bis-blanc, & il n'y a que les deux premières qui puissent fournir le blanc.

On voit avec plus d'évidence encore dans ce troisième résultat, où le poids des trois qualités est supposé le même, que la diminution qui se fait sur les farines, se rejette sur les sons & le déchet, qui augmentent en quantité, à proportion que celle des farines diminue relativement à la qualité des blés.

Il se trouve aussi une différence relative à la qualité des farines. Les meûniers de Pontoise prétendent que le blé de belle qualité doit rendre environ seize parties de farines blanches contre une dix-septième partie de farine bise ou petite farine: que le blé de la seconde qualité rend neuf dixièmes de blanc contre un dixième de bis; & celui de la dernière qualité, cinq sixièmes de blanc ou bis-blanc contre un sixième de bis. L'exactitude de ces proportions dépend aussi des années; par exemple, les blés versés rendent moins en farines blanches, &c. &c.

Les proportions ci-dessus ne sont pas exactes, selon le sieur Buquet, qui prétend qu'un neuvième à un dixième, tant bis-blanc que bis, est une mouture bien faite, ou un douzième

(1) Malgré le produit admis dans ces résultats, on doit toujours s'en tenir au produit *commun* de cent soixante & quinze à cent quatre-vingt livres, de toute farine, par setier de deux cents quarante livres dans la mouture économique ordinaire.

au

au plus. Mais il faut de grandes qualités de blé pour cela : si on tire plus, le pain blanc & le bis n'ont pas assez de saveur : le pain blanc n'est pas clair, &c.

Observez encore que, relativement à cette même qualité de blés, le pain fait de farine provenant du blé de la première classe, sera plus beau que celui de la seconde, & celui de la seconde, que celui de la troisième, suivant les proportions ci-devant remarquées.

§. IX. *Mouture des pauvres, dite à la Lyonnoise.*

Dans les résultats précédens, on a fixé le produit du septier de blé par la mouture économique, de cent soixante-quinze à cent quatre-vingt livres de farine bien purgée de son; mais avec un peu d'adresse & d'habitude, & si les blés sont d'une *qualité supérieure*, on peut porter ce produit à cent quatre-vingt cinq liv. & plus. Le sieur Buquet imagina depuis la mouture des pauvres, dite à la *Lyonnoise*, comme un rafinement de la mouture économique, pour procurer encore, en faveur des maisons de charité, une plus grande épargne & un plus grand produit du grain, & pour tirer des issues de la mouture les parties de farine qui y restent encore attachées après la séparation des gruaux.

Suivant cette nouvelle méthode, on dispose les meules comme pour la mouture économique, de manière qu'elles travaillent légérement sans trop approcher le blé : on a également soin de tenir le cœur & l'entrepied des meules, plus ouverts de deux à trois pouces, afin que le son se concasse moins, devant repasser sous la meule. On retire d'abord la farine de blé; mais au lieu de remoudre toute la masse des sons gras ensemble, on les fait passer par une bluterie cylindrique qu'on emploie au lieu du dodinage. On en retire les deux gruaux blancs, dits *premier* & *second*, qu'on fait remoudre deux fois, toujours sans trop approcher les meules, crainte de tacher la farine par les parties de son qu'une mouture trop forte y feroit infailliblement passer : la farine de ces gruaux se mêle avec la première farine de blé.

Ensuite on repasse sous la meule tout à la fois le gruau gris, la recoupette, les recoupes & les sons, en adaptant un bluteau d'un ou deux degrés plus gros que celui qui a servi à tirer la première farine, & on place au-dessous un dodinage pour en tirer encore un petit gruau que l'on peut faire entrer dans la masse totale de la farine, en le mêlant, soit tel qu'il a passé par le dodinage, soit en le repassant encore sous la meule.

La mouture dite des pauvres a cet avantage, que si l'on veut séparer la farine de blé d'avec celle des gruaux blancs ainsi remoulus, elle donnera beaucoup plus de pain, & il sera de meilleur goût; mais si l'on mêle les derniers produits du gruau gris, recoupes & sons avec ces premières farines blanches, on aura un pain de ménage excellent, supérieur en substance & en vraie nourriture à tous les autres pains, & l'on en aura une plus grande quantité.

C'est-là le vrai pain qui convient au peuple, c'est le plus savoureux, le plus substantiel, celui qui conserve le plus long-temps sa fraîcheur, celui qui fait le plus de *profit* : c'est le *pain de ménage* fait de toutes farines, en n'ôtant que le gros son & les recoupes; ce pain n'est pas parfaitement blanc; il est plutôt jaune mêlé de gris; c'est pourquoi les habitans des villes pourroient le confondre au premier coup-d'œil avec le pain bis-blanc; mais la différence en est bien grande, puisque dans ce dernier, on a extrait la farine de blé ou le blanc, & la farine savoureuse du premier gruau pour faire le pain blanc, & que le pain bis, & le bis-blanc ne sont faits que de seconde, troisième & quatrième farines de gruaux & recoupettes, suivant le nombre de fois qu'on les fait remoudre. Souvent encore mêle-t-on du son & des recoupes dans le pain bis. Le pain de ménage, au contraire, est fait en mêlant ensemble toutes les farines, soit la farine de blé, soit les farines de gruau & le produit des remoulages.

On dira que le son d'une mouture économique ne vaut rien pour les animaux; ce son, il est vrai, n'est pas si gros, ni si chargé de farine. Mais apprenons à tirer toute la farine de nos grains, nous serons les maîtres de laisser aux animaux la nourriture quand nous le voudrons, c'est-à-dire dans les années abondantes. D'ailleurs on voit les pauvres manger du sarrasin, même de l'avoine, de l'orge, du seigle ergotté, &c. Qu'on donne aux animaux tous ces grains, & qu'on fasse manger aux pauvres la farine de froment, en apprenant bien la mouture, & à tirer tout le produit du grain.

Jusqu'ici, ceux qui suivoient la mouture économique ne faisoient remoudre que les gruaux; mais, malgré toutes les ressources de l'art, il restoit encore beaucoup de parties farineuses attachées aux recoupes & aux sons. Ces parties retranchées sur la substance du pauvre, pouvoient être épargnées en faisant remoudre les écorces dans lesquelles elles étoient retenues, pour les mêler avec toutes les autres farines. C'est là la véritable *mouture des pauvres* & des maisons de charité, puisque c'est celle qui donne le plus grand produit, la meilleure nourriture & le moins de déchet. Il est vrai que le pain est moins blanc; mais est-ce la couleur qui fait le bon pain?

La mouture des pauvres, dite à la *Lyonnoise*, au lieu de cent soixante-quinze à cent quatre-vingt livres de farine que peut rendre le setier de blé du poids de deux cent quarante livres par la mouture économique, en peut tirer jusqu'à cent quatre-vingt-quinze de toute farine; ce qui fait quinze livres de farine de plus sur le setier, & près de sept pour cent sur le produit en farine. Le même setier moulu à la Lyonnoise, rend environ deux cent soixante livres de pain, &c. C'est par cette économie que l'Hôpital-général de Paris a épargné près de cinq mille setiers par année, lorsque le sieur Buquet fut chargé des moutures de cet Hôpital. Les preuves de ce fait sont authentiques, puisqu'elles sont consignées dans les registres de cette maison, & dans le rapport imprimé de l'un des administrateurs, &c.

En effet, le setier de blé ne produisoit, lors de l'entrée du sieur Buquet à l'Hôpital, que de cent soixante-quinze à cent soixante-dix-huit livres de farine, & il l'a porté de cent quatre-vingt-dix à cent quatre-vingt-quatorze. L'Hôpital consomme six à sept muids par jour:

c'est donc environ douze cent livres de farine, qui font au moins seize cent livres de pain par jour, dont le sieur Buquet a fait profiter l'Hôpital : c'est bien cinquante à soixante mille livres par an que ce meûnier a fait gagner à cette maison ; ce qui a déjà été prouvé par M. l'abbé Baudeau, dans les éphémérides.

§. X. *Manière de moudre par économie les seigles, méteils, &c.*

Tout ce qu'on a dit jusqu'ici sur la manière de moudre par économie, ne concerne que les fromens. A l'égard des autres grains, les procédés, ainsi que les résultats, en sont un peu différens.

Comme il y a plus d'un cinquième du royaume qui ne vit que de seigle, on a cru devoir donner un article particulier à la mouture de cette espèce de blé qui, par sa forme mince & alongée, perd bien plus que le froment, par la mouture ordinaire. C'est néanmoins précisément sur les seigles qu'on devroit prévenir la perte énorme qui s'en fait par les mauvaises moutures, parce que le pauvre qui s'en nourrit n'est en état de supporter aucune perte.

La mouture rustique est celle qui occasionne le plus grand déchet dans l'emploi des seigles. On dira peut-être que l'on parvient à l'éviter, en mettant un gros bluteau qui tire toutes les farines, & même les sons. Mais alors la farine est composée, pour la majeure partie, de gruaux entiers & de recoupes qui ne prennent pas l'eau, qui ne lèvent point, qui empêchent le bouffement du pain & la bonne fabrication : indépendamment de ce qu'un pareil pain sera préjudiciable à la santé, c'est qu'en employant les gros & petits gruaux en nature, il y a un douzième ou un quinzième à perdre sur la quantité, dans la fabrication du pain.

Le dodinage dont on se sert pour la mouture économique, permet d'employer un bluteau d'un degré plus fin que le bluteau ordinaire parce que l'on peut remoudre les gruaux & les recoupes qui sont dilatés par l'effet de la meule : la farine plus alongée fait beaucoup plus blanc, prend plus d'eau, occasionne la bonne fabrication du pain, & le rend plus profitable au corps.

Il faut, pour la bonne mouture des seigles, tenir les rayons des meules plus près & plus petits que pour moudre les fromens, afin que le grain se hache davantage, parce qu'on en tirera plus de farine. On commence par moudre les seigles sans dodinage, puis l'on fait remoudre la totalité des sons & gruaux, & l'on ne fait aller le dodinage ou la bluterie que la seconde fois pour en tirer tous les gruaux & recoupes, afin de les remoudre séparément deux petites fois, & de les tirer à sec.

La vraie raison de la différence de ces procédés de la mouture économique des seigles à celles des blés, vient de ce que le son, ou la robe extérieure du froment, tient moins à la farine que celle du seigle ; un premier broiement suffit pour détacher l'enveloppe du froment ; au lieu que le son de seigle restant toujours chargé de farine, il est bon de le faire repasser sous la meule une seconde fois avec les recoupes ou gruaux. Cette observation est de la plus grande importance, en ce qu'elle opère un *ménagement* considérable sur la nourriture spéciale du pauvre.

Dans tous les pays où la mouture économique n'est point adoptée, il seroit du moins intéressant, lorsqu'il s'agit de *petites moutures*, de faire remoudre toute la quantité des sons, une ou deux petites fois, & de bien alonger la farine. Le produit se trouveroit à-peu-près le même que celui de la mouture économique, quoique la farine n'en fût pas si purgée de son, à cause du dodinage qui tire chaque partie à blanc; mais du moins l'on éviteroit sur cette denrée la perte de la mouture rustique. Quant à la mouture en grosse, comme on ne tire pas les sons au moulin, on ne peut pas les faire remoudre, & la perte qu'elle fait faire sur les seigles est inévitable.

Si la nature même des choses exige que les procédés de la mouture des seigles soient différens de ceux de la mouture des fromens, & que même le rabillage des meules & les rayons varient suivant l'espèce à moudre, il est évident que tous les mêlanges de seigle & de froment, connus sous les noms de *méteil*, *conceau*, *mescle*, *méléard*, *cossegail*, &c. seront toujours désavantageux à toutes les moutures. Cela sera encore plus sensible, si l'on réfléchit qu'à chaque broiement des parties de froment, soit entières, soit en gruaux, l'adresse du meûnier consiste dans l'art d'enlever légèrement la pellicule extérieure, tandis que dans le seigle, le son étant plus adhérent par sa nature à la farine, il faut un broiement plus fort & plus serré pour l'en détacher.

Il seroit donc intéressant de faire toujours moudre le froment d'un côté, & le seigle à part, suivant les procédés détaillés ci-devant pour chaque espèce, afin de mieux tirer toute la farine. Sans cela, la différente configuration de ces deux espèces de grains fait que l'un est broyé & haché sous la meule, tandis que l'autre n'est qu'applati ou à peine concassé, ce qui produit une perte considérable dans la mouture, mais bien moins grande dans la mouture économique que dans les autres, parce que celle-là se tempère par le remoulage des gruaux. Au reste, ces observations sur les méteils ne concernent que ceux qui sont dans l'habitude de mêler le seigle & le froment avant de les envoyer au moulin; car lorsque ces deux sortes de blés ont été semés & récoltés ensemble (ce qui est encore désavantageux, puisque le temps de leur maturité n'est pas le même), il est alors impossible de les moudre séparément: mais du moins dans ce cas, il n'y a que la mouture économique qui puisse diminuer le déchet & la perte que l'on fait sur les méteils.

La mouture économique des orges demande aussi des attentions particulières. Il faut bien se garder de remoudre la totalité des sons comme cela se fait pour les seigles, parce que la paille de l'orge passeroit alors dans le bluteau, & seroit préjudiciable à la conservation des farines, à la beauté du pain, & même à la salubrité. Il faut nécessairement mettre un dodinage ou une bluterie pour en tirer la paille: ensuite on fait remoudre deux fois les gruaux bis & blancs qui en sortiront, en ayant soin de les bien affleurer. Puis on remoud les recoupes une seule fois & fort légérement, sans approcher les meules que très-peu, afin que repassant toute la masse au dodinage ou à la bluterie, on puisse encore en tirer les petits gruaux qui pourront s'y trouver.

La mouture des blocailles, sarrasins ou blés noirs, ainsi que celle des avoines, peut se faire également avec beaucoup d'avantage par la même méthode que celle des orges, au moyen d'un gros dodinage pour en extraire la paille, & en faisant remoudre deux fois les gruaux, &c.

La conséquence naturelle de ce §., est que la mouture économique est spécialement avantageuse dans l'emploi des seigles & menus grains, pour l'épargne de la subsistance des pauvres : on en va voir de nouvelles preuves que l'expérience rendra sans réplique.

*Résultats de la mouture économique des seigles.*

| | | |
|---|---|---|
| Le produit d'un setier de seigle moulu par économie, & supposé du poids de deux cent cinquante livres, donne en farine de seigle . . . | 107 l. | 183 l. $\frac{1}{2}$. |
| En deuxième farine . . . . | 42 | |
| En troisième farine . . . . | 34 $\frac{1}{2}$. | |
| En sons . . | 34 | 60 $\frac{1}{2}$. |
| Et de remoulage. . . . | 26 $\frac{1}{2}$. | |
| Fraiement ou déchet . . . | | 6 |
| Total égal à celui du setier . . . . . . . | | 250 l. |

Les expériences de comparaison des moutures faites par économie, avec toutes les autres moutures, & où on avoit poussé l'exactitude jusqu'à tenir compte des onces & même des gros, ont prouvé dans différentes provinces, que les anciennes sont très-défectueuses, & que la mouture économique mérite seule à tous égards de devenir la méthode universelle dans le royaume.

## Section II.

### *Des moulins à graines.*

Je prends & cite pour modèle celui des Hollandois, comme le plus parfait de tous ceux que l'on connoît, & le seul en état de bien extraire l'huile des graines; mais je puis en même temps parler du moulin, sans donner le détail du pressoir qui l'accompagne. La même méchanique fait mouvoir l'un & l'autre, & ils sont pour ainsi dire inséparables. Les moulins à huile & à vent, si multipliés dans les environs de Lille en Flandres, en sont les diminutifs, quant à l'effet & quant à la perfection.

Le moulin que je vais décrire n'est point une machine nouvelle, enfantée par une imagination plus brillante que réglée ; une machine dont le succès soit douteux. Elle existe, au contraire, depuis nombre d'années ; d'abord grossière & mal entendue comme nos moulins, elle est parvenue, à force de tâtonnemens & d'expériences, à la plus haute perfection. Toutes les proportions en sont si bien & si exactement prises, la machine a tant de solidité, qu'on n'entend aucun craquement. Elle est si bien entendue, qu'on n'apperçoit aucun frottement dur ; en un mot, chaque pièce est dans son genre aussi bien travaillée, aussi bien proportionnée que le sont les rouages & les autres pièces de nos montres. Ceux qui ne connoissent pas les machines hollandoises, diront que ce témoignage tient de l'enthousiasme ; j'y consens, & j'ajouterai encore, que dans le silence du cabinet, je ne puis me lasser d'admirer la simplicité & la perfection du méchanisme de ce moulin ; cependant, la description en sera longue, parce qu'il est plus difficile de décrire toutes les parties pour les faire comprendre, que de se les représenter à l'imagination.

Les objets d'utilité réelle gagnent de proche en proche, & pour cela il faut du temps ou des circonstances heureuses. Le Brabançon, lié intimément par son commerce avec le Hollandois, a commencé à adopter son moulin à graines : celui de Gand mérite d'être examiné par les voyageurs ; & comme il est nouvellement construit, il a presque toutes les perfections de ceux de Hollande. Le genre de moulin que je décris, est prodigieusement multiplié en Hollande, & c'est aujourd'hui le seul qui y soit en usage ; il n'y varie que par un peu plus ou par un peu moins de perfections.

La Hollande & le Brabant sont à la porte de nos provinces septentrionales ; & froids sur nos véritables intérêts, nous regardons avec indifférence, ou plutôt, nous ne savons pas voir ce qui augmenteroit nos richesses. L'homme qui ne peut pas apprécier une machine, & dont les connoissances sont bornées, devroit faire le raisonnement suivant, qui est à la portée de l'homme le moins instruit, puisqu'il s'agit de ses intérêts. « Le Hollandois sait compter & calculer le produit & la dépense ; il a » l'œil ouvert jour & nuit sur le plus » léger intérêt, il tire le *fin du fin.* » Or, s'il a généralement adopté » ce moulin, quoique plus dispendieux que celui de ses voisins, ce » moulin doit donc donner un plus » grand bénéfice ? Mais, pour qu'il » donne un plus grand bénéfice, » il faut donc que le travail aille » plus vîte, que la main-d'œuvre » soit diminuée ; que l'huile soit » extraite des graines en plus grande » quantité ; car il ne peut y avoir » que ces objets qui assurent un bénéfice, & qui couvrent l'intérêt » pour la mise des frais de construction ? Pourquoi ne retirerai-je » pas comme lui ce bénéfice » ? Ce raisonnement est bien simple, & tout simple qu'il est, nous ne l'avons pas encore fait, nous dont le terrein produit abondamment les graines à huiles, avantages que n'ont pas les Hollandois ; nous qui avons la simplicité de leur vendre ces mêmes graines, tandis que nous rachetons d'eux l'huile qu'ils en fabriquent. Cet aveu est humiliant pour la Nation ; mais il n'en est pas moins vrai. Comme ces vues de commerce ne sont pas de ma compétence, je ne m'y arrêterai pas davantage, & je reviens à des observations préliminaires sur le moulin dont il est ici question.

En Hollande, dans le Brabant, en Flandres, en Artois, &c. ces moulins ont le vent pour moteur.

Si le local le permettoit, il feroit bien plus avantageux que l'eau le fît agir, parce que le vent est trop inconstant, souvent trop actif, ou nul, & rarement modéré au point qu'on le désire : mais il faut bien se servir du vent quand on ne peut pas faire autrement. Malgré cette nécessité absolue pour quelques endroits, j'ai représenté le moulin que je vais décrire, pour être placé sur un courant d'eau, moteur plus uniforme & toujours constant; parce que les moulins à vent ne peuvent avoir lieu dans la majeure partie des provinces de France. Si on trouve des positions où l'on puisse employer les moulins à vent & à eau, c'est aux propriétaires à bien examiner lequel des deux partis leur sera le plus avantageux. Tout le monde connoît le méchanisme du moulin à vent ordinaire, il suffit de faire l'application de son mouvement pour le moulin dont je parle. La différence de celui à vent avec celui à eau est peu considérable pour le mouvement à donner. Dans celui à vent, le mouvement est communiqué par les ailes ou vannes par le haut, & dans celui à eau, par une roue à aubes ou à palettes, &c., qui agit dans le bas.

La division du mouvement d'un moulin à huile à la manière des Hollandois, & qui est mu par le vent, s'accorde, à peu de chose près, avec celui que je vais décrire. Voici en abrégé la règle du mouvement de ce moulin à vent.

| | | |
|---|---|---|
| La première roue dentée, mue par l'arbre qui porte les ailes ou volans, a | 54 dents. | l'espace de 5 pouces & demi. |
| La lanterne mue par celle ci, a | 35 dents. | |
| Le même arbre perpendiculaire a une autre lanterne de . . | 26 dents. | l'espace de 5 pouces & demi. |
| Sur l'arbre horizontal, qui fait mouvoir les pilons | 61 dents. | |
| Sur le même arbre perpendiculaire, une lanterne de treize fuseaux, mue par la lanterne de 35 dents | 13 dents. | l'espace de 5 pouces 3 quarts. |
| Cette lanterne de 13 dents fait mouvoir une roue de 76 dents, laquelle fait mouvoir les meules . . . | 76 dents. | |

Ceux qui veulent avoir une idée claire & rapprochée des moulins actuels de Flandres, & qui ne peuvent pas les juger sur les lieux, n'ont qu'à consulter le mémoire que j'ai publié, intitulé : *Vues économiques sur les moulins & pressoirs à huile d'olives, connus en France & en Italie*. Ce mémoire a été inséré dans le journal de physique, d'histoire naturelle & des arts, dans le cahier de décembre 1776.

*Plan, description, coupes & proportions de toutes les parties du moulin à huile, construit à la manière des Hollandois, & combiné pour être mis en action par un courant d'eau. (Planche XX, première division.)*

Figure première. A... n°. 1. La roue à aubes, mue par un courant d'eau. Pour sa grandeur, voyez l'échelle de proportion, ainsi que pour toutes les autres parties de cette planche. C'est à la masse ou à la chûte d'eau que l'on a, à décider le diamètre de cette roue. Elle est la cheville ouvrière de tout l'édifice & le moteur général. Moins la chûte sera haute, moins on aura d'eau, plus les aubes doivent avoir de largeur, & le diamètre de la roue diminuer en proportion. On voit à *Apeldorn* un moulin, dont la chûte est si courte, que la roue a à peine six pieds de diamètre; mais en revanche, les aubes ont six pieds de longueur, & deux pieds & demi de largeur; de sorte que cette chûte ayant plus de surface, équivaut à une chûte d'une plus grande hauteur. Au contraire, si la chûte vient d'un endroit fort élevé, & si on a la facilité d'agrandir le diamètre de la roue, la la chûte aura plus de force. Tout dépend donc du local & de savoir combiner la masse d'eau & le poids qu'elle acquiert par sa chûte avec le diamètre de la roue, afin d'avoir une force suffisante pour mettre en jeu toutes les pièces nécessaires.

2. Le dormant sur la maçonnerie, avec le pivot de l'arbre tournant.

3. La chûte d'eau supposée & vue par derrière.

Figure seconde. B... n°. 1. La roue dentée, mue par la roue à aubes, composée de 52 dents, le pas de 5 pouces un quart.

2. La lanterne ou rouet, mise en mouvement par la roue dentée, n°. 1, cette lanterne est composée de 78 dents, dont le pas est de 5 pouces & un quart.

3. L'arbre tournant, destiné à élever les pilons. Cet arbre est garni de grandes dents ou *élèves*, sur sa circonférence, & les pilons tombent deux fois sur une révolution de la roue, mue par le courant d'eau.

4. La charpente avec la pierre, ou *grenouille de cuivre*, placée & assujettie sur le dormant, pour supporter l'arbre tournant; le tout marqué par des points, pour éviter toute confusion à l'œil. *Le profil en est représenté, figure 5, seconde division.*

5. Maçonnerie portant le dormant de l'arbre de la roue à aubes, supportant l'équipage du haut.

6. Pivot qui entre dans un heurtoir ou *plaque d'acier*, pour contenir l'arbre à sa place.

Figure troisième. C, *élévation du moulin à huile; équipage des pilons, les creux, les pilons pour presser ou tordre l'huile, & les pilons du défermoir.*

1. Les six pilons. *Leurs proportions sont données dans la planche XXI, seconde division.*

2. Les pièces appliquées entre les pilons & les pièces de traverse, *marquées* 3. Ces premières pièces désignées par le *chiffre* 2, forment des coulisses qui maintiennent les pilons dans leur à-plomb & dans leur place.

3. Deux pièces de traverse. (On ne voit qu'une de ces pièces dans cette

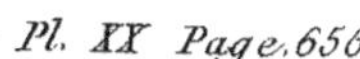

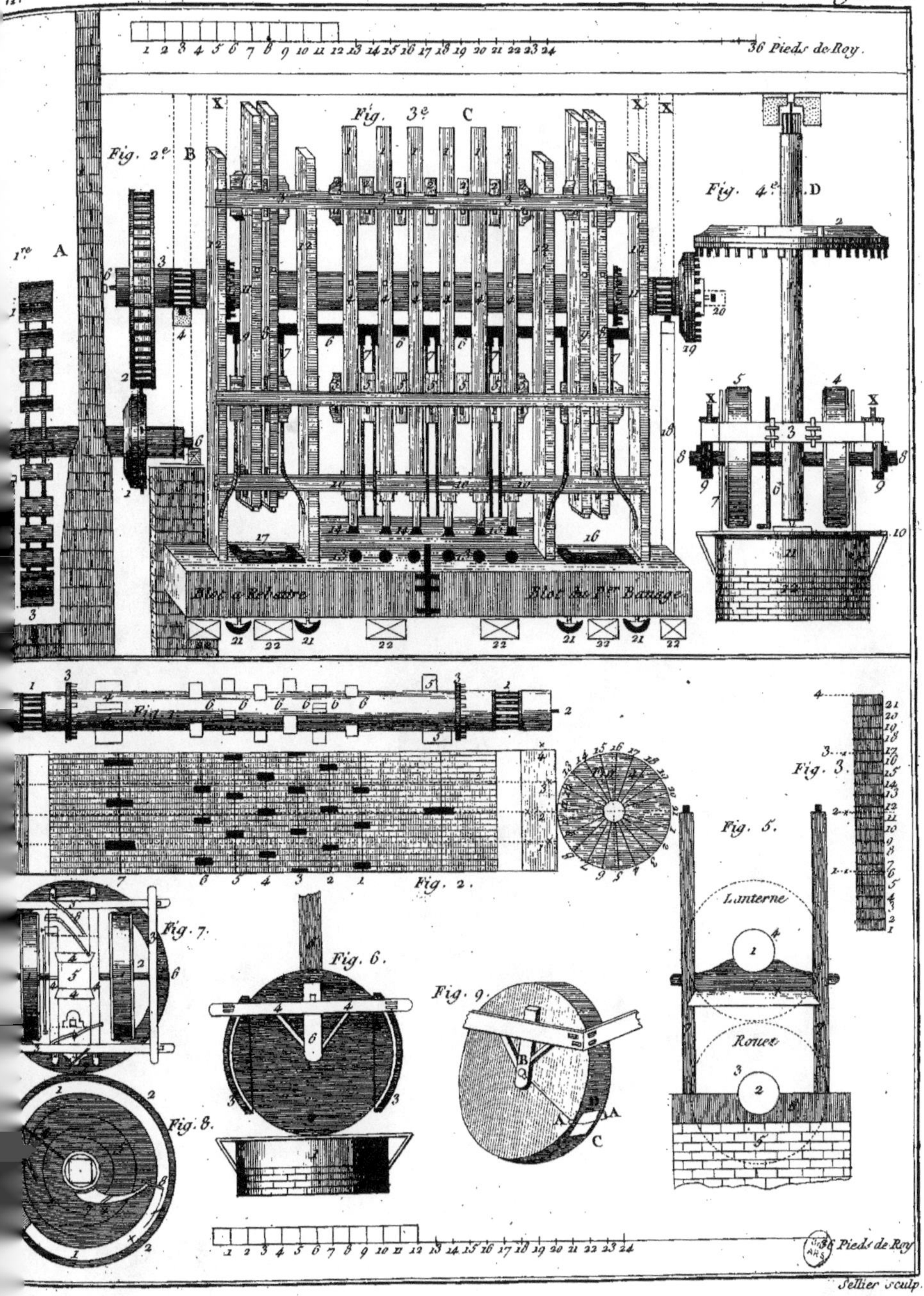

36 Pieds de Roy.

Fig. 1re A

Fig. 2e B

Fig. 3e C

Fig. 4e D

Blot à Rebattre

Blot du 1er Batage

Fig. 1.

Fig. 2.

Fig. 3.

Fig. 4.

Fig. 5.

Lanterne

Rouet

Fig. 6.

Fig. 7.

Fig. 8.

Fig. 9.

36 Pieds de Roy

Sellier sculp.

cette élévation ). Elles font affujetties par des boulons de fer dans les montans, n°. 12... *Ces pièces de traverse sont caractérisées*, n°. 13, *dans la planche XXI, première division.*

4. Les queues des mentonets des pilons, qui répondent aux bras des élèves de l'arbre.

5. Une pièce de traverse, seulement par-devant pour adapter les élèves & pour arrêter les pilons, *marqués* n°. 14, *dans la planche XXI, première division.*

6. Une folive à une distance des pilons, fur laquelle font attachées les poulies qui fupportent la corde pour lever & arrêter les pilons, *indiqués*, n°. 16, *planche XXI, première division.*

7. Les poulies avec les cordes, *marquées* n°. 14, *planche XXI, première division.*

8. Le pilon pour frapper fur le coin qui preffe ou *tord* l'huile.

9. Le pilon pour frapper fur le défermoir qui fait lâcher le coin.

10. Deux pièces de traverse ( on n'en peut voir qu'une dans le deffin ) avec les pièces entre-deux, qui forment des couliffes en bas, *marquées* n°. 19, *planche XXI, première division.*

11. Rouet deftiné à mouvoir la fpatule dans la payelle ou *baffine*, pour remuer & retourner la pâte fur le feu, il eft composé de 28 dents, dont le pas eft de 3 pouces & demi, *marqué*, n°. 6, *figure 1, planche XXI, première division.*

12. Quatre montans attachés au bloc & fupérieurement aux poutres & folives du bâtiment, & qui contiennent & affermiffent enfemble tout l'équipage.

13. Les fix creux pour les fix pilons.

14. Le bas des fix pilons, garnis d'une chauffure de fer.

15. Une planche par-derrière, de champ, & inclinée en renverfant, pour empêcher le grain de fauter, de tomber par terre & de fe perdre : on le garantit par-devant de la même manière ; mais on n'a pu repréfenter ici cette feconde planche.

16. Creux pour preffer ou *tordre* la farine de la graine après qu'elle eft fortie pour la première fois de deffous les meules. *Figure* 3, n°. 9.

17. Creux à l'autre extrémité du bloc, pour tordre la farine après qu'elle a paffé pour la feconde fois fous les pilons.

18. Équipage pour fupporter l'arbre des pilons.

19. Rouet à l'extrémité de l'arbre des pilons, pour mouvoir les meules, composé de 28 à 30 dents, dont le pas eft de 5 pouces & un quart.

20. Pivot heurtant contre un heurtoir, affermi dans le montant de l'équipage, & fimplement marqué par des points.

21. Baffins à recevoir l'huile.

22. Pièces de fupport, affifes fur le terrein fous le bloc.

Figure Quatrième. D, *méchanisme & élévation des meules.*

1. Arbre perpendiculaire, qui traverse la roue dentée & le chaffis des meules qui tournent fur champ.

2. Roue horizontale, mife en mouvement par le rouet, n°. 19, *de la figure troisième.* Cette roue eft composée de 76 dents, dont le pas eft de cinq pouces un quart.

3. Chaffis des meules tournantes, *plus facile à connoître dans la figure 6*,

n°. 4 *de la planche XX, seconde division*.

4. Pierre ou meule tournante, que je nomme *intérieure*, parce qu'elle est plus rapprochée de l'arbre, n°. 1.

5. Pierre ou meule extérieure, parce qu'elle est plus éloignée de l'arbre.

6. Le ramoneur *intérieur*, qui conduit le grain sous la meule extérieure.

7. Le ramoneur *extérieur*, qui conduit le grain sous la meule intérieure; en sorte que le grain est sans cesse labouré & écrasé en-dessus, en-dessous & dans toutes les faces qu'il présente successivement (1). Ce ramoneur extérieur est encore garni d'un chiffon de toile qui frotte contre la bordure ou contour, n°. 10, afin d'entraîner le peu de graines qui resteroient dans l'angle de ce contour.

8. Les extrémités de l'essieu de fer qui traverse l'arbre perpendiculaire, de sorte que les meules tournent sur ce centre. Elles ont donc deux mouvemens; 1°. le mouvement de rotation sur elles-mêmes; 2°. celui qu'elles subissent en décrivant un cercle sur la table, ou maçonnerie sur laquelle elles roulent. Les trous des meules, & même ceux des oreilles du chassis, ne doivent point être si justes, que l'essieu n'ait pas un jeu très-libre; car on sent très-bien que si la meule rencontroit sur la table une trop grande masse de graines à écraser par son seul poids, elle ne pourroit vaincre cet obstacle qui feroit forcer l'essieu, & le casseroit peut-être. Il convient donc qu'elle puisse un peu hausser ou baisser, suivant le besoin; alors son mouvement sera toujours régulier, uniforme, & n'ira pas par sauts & par bonds.

9. Les oreilles qui conduisent les deux extrémités de l'essieu. Elles sont attachées avec des tenons qui traversent la pièce de bois du chassis en ++.

10. Contour & rebord en bois de la table, ou *pierre gissante* ou *meule* posée à plat. Quelques moulins n'ont point de rebord, & c'est un mal, parce qu'il s'échappe beaucoup de graines.

11. La table, ou pierre gissante, ou meule posée à plat. Ces noms varient suivant les lieux.

12. Maçonnerie solide sur laquelle est posée la meule gissante. Cette meule doit être parfaitement assujettie & placée dans le niveau le plus exact, sans quoi la mouture seroit plus longue, & on risqueroit de faire rompre l'essieu, & d'user les meules plus sur un point que sur un autre.

## PLANCHE XX, SECONDE DIVISION.

FIGURE PREMIÈRE. L'*arbre tournant avec les cames, ou mentonets à élever les pilons*.

---

(1) Le nombre de ces ramoneurs varie; il y a des moulins où l'on n'en met qu'un; il est plus avantageux d'en mettre deux : l'intérieur ramène la graine en talus. (*Voyez fig.* 3, *Planche XXI, première division.*) La meule l'applatit, & le second ramoneur la relève, ainsi qu'il est marqué figure 4; de sorte que le grain est représenté en tout sens sous la meule, & le reste de la pierre gissante, n°. 11, ou table, est par eux balayé, de manière qu'il n'y reste pas la moindre graine.

1. Deux endroits arrondis, garnis de lames de fer enchâssées exactement au niveau du bois, pour tourner sur une pierre dure, ou sur une *grenouille* de cuivre fondu, de métal, &c., parce que le jeu des pilons & le tremblement, ne pourroient être supportés par des pivots enchâssés aux extrémités, comme dans la manière ordinaire.

2. Deux pivots heurtoirs aux extrémités, pour heurter en tournant contre une plaque d'acier qui empêche que l'arbre ne vacille.

3. Les rouets pour mouvoir la spatule, *marquée dans le plan d'élévation*, n°. 11, *figure* 3, *planche XX*, *première division.*

4. Les mentonets pour la presse, ou *tordoir* du rebattage.

5. Les mentonets pour le tordoir du premier battage.

6. Les mentonets pour élever les six pilons.

FIGURE SECONDE. *Explication pour compasser le devis des mentonets sur l'arbre tournant, pour le mouvement des six pilons, des fermoirs du premier tordage & du second tordage, ou rebattage : le tout à la façon de Hollande, qui diffère de celle de Flandres.*

La figure seconde représente l'arbre déployé dans toute sa circonférence, de sorte que l'on voit l'arbre tout entier. 1°. On partage l'arbre sur la longueur & par quartiers ; 2°. on marque les quatre lignes mitoyennes, qu'on appelle les quatre pôles mitoyens ; comme on les voit dans cette figure, marqués par des points & numérotés 1. 2. 3. 4. Les quatre lignes sont indiquées par des ++++.

On commence ensuite par une ligne mitoyenne, & on partage la longueur de l'arbre sur la circonférence, en 21 portions égales ; la circonférence est ensuite partagée en 7 portions ; savoir, 6 pour les pilons, & une pour le fermoir & défermoir du rebattage, ou second tordage. Elles sont indiquées dans cette figure par les nombres 1. 2. 3. 4. 5. 6. 7. Le fermoir & défermoir du premier tordage, ne se comptent pas dans la mesure de la marche.

On place ensuite trois mentonets pour chaque pilon, & trois pour le fermoir & défermoir du second tordage. Le fermoir & défermoir du premier tordage ont une cheville & demie, c'est-à-dire, une pour le fermoir, & une demie pour le défermoir seulement ; en sorte que le défermoir frappe deux fois, & le fermoir une fois dans une révolution de l'arbre, comme on le voit par le n°. 5.

FIGURE TROISIÈME. L'arbre divisé en 21 portions égales ; les quatre lignes mitoyennes plus en grand, afin de mieux faire sentir les divisions. On prévient que dans cette figure, on n'a pas observé l'échelle de proportion.

FIGURE QUATRIÈME. Manière dont l'arbre est divisé en 21 portions égales, avec les quatre lignes mitoyennes marquées par des points qui forment la croix. On n'a observé ici aucune proportion de l'échelle, parce qu'elle étoit inutile.

Pour placer les chevilles, on observe de les mettre vis-à-vis les mentonets des pilons où elles doivent agir, & dans chaque point où la ligne de distance coupe la division de 21. La cheville & demie du premier tordage, du côté où elle est double, se place sur la ligne mitoyenne qui tombe entre les numéros 10 & 11, comme on le voit dans la *fig.* 3, au point marqué + de la *Pl. XX, seconde division*, traversant l'arbre par le centre. On a la cheville, dont la moitié sert à l'autre côté, comme on le voit dans la figure première de la même planche, à l'endroit marqué n°. 5. Ensuite, on commence, à gauche, à disposer les chevilles pour les pilons. Si on compte à gauche, ce premier pilon porte sur les chevilles 1. 8. 15.; le second, sur les chevilles 4. 11. 18.; le troisième, sur les chevilles 7. 14. 21.... On voit dans le troisième, les deux demi-chevilles ne faire qu'un dans la circonférence..... Le quatrième porte sur les numéros 3. 10. 17....; le cinquième, sur les numéros 6. 13. 20....; le sixième, sur les numéros 2. 9. 16..... La septième cheville, destinée pour le fermoir & le défermoir du second tordage, se place sur les numéros 5. 12. 19.

Les pilons, pour tordre ou presser l'huile, s'élèvent à 20 pouces de hauteur, & ceux qui tombent dans les creux, s'élèvent à la hauteur de 7 pouces. Les creux ont douze pouces & demi de profondeur.

Figure cinquième. Numéro 1. L'arbre à chevilles ou de profil.

2. L'arbre mu par la roue à aubes, & mise en mouvement par le courant d'eau.

3. La roue dentée, mue par la roue à aubes, & caractérisée par des points.

4. La roue de l'arbre aux pilons, marquée par des points.

5. La maçonnerie.

6. Le dormant.

7. Le montant & le dormant pour supporter l'arbre des pilons, *marqué par des points*, n°. 4, *planche XX, fig.* 2, *première division.*

Figure sixième, *représentant la meule sur la table ou sur la pierre gissante.*

Numéro 1. La maçonnerie sur laquelle porte la meule.

2. Meule tournant sur champ.

3. La meule emboîtée, pour empêcher que le grain ne tombe à terre, entraîné par le mouvement de rotation. Je préférerois, en cette partie, la méthode de *Gemer* de Dordrecht, à celle de *Sardam. Voyez figure* 9. A A, sont deux tringles de fer, de 6 à 8 lignes d'épaisseur, attachées des deux côtés sur l'essieu B de la meule. La partie inférieure C de cette tringle, touche presque à la meule, & dans le petit intervalle qui reste entre deux, on adapte un morceau de cuir D, qui frotte continuellement sur la meule, & fait tomber la graine sur la table.

4. La partie du chassis, du côté du plat de la meule.

5. L'arbre droit qui donne le mouvement.

6. L'oreille enchâssée par le haut dans le chassis, avec deux pièces en arc-boutant, fixant & portant dans sa base l'axe qui traverse la meule. Cet axe est porté & implanté dans l'arbre principal, n°. 5, dont je viens de parler.

Figure septième. *Les mêmes parties que celles décrites dans la figure sixième, mais vues par-dessus ou à vol d'oiseau.*

1. Les meules tournantes.

2. La pierre gissante.

3. Le chassis.

4. Les bras qui enveloppent l'arbre perpendiculaire.

5. L'essieu qui traverse la pierre.

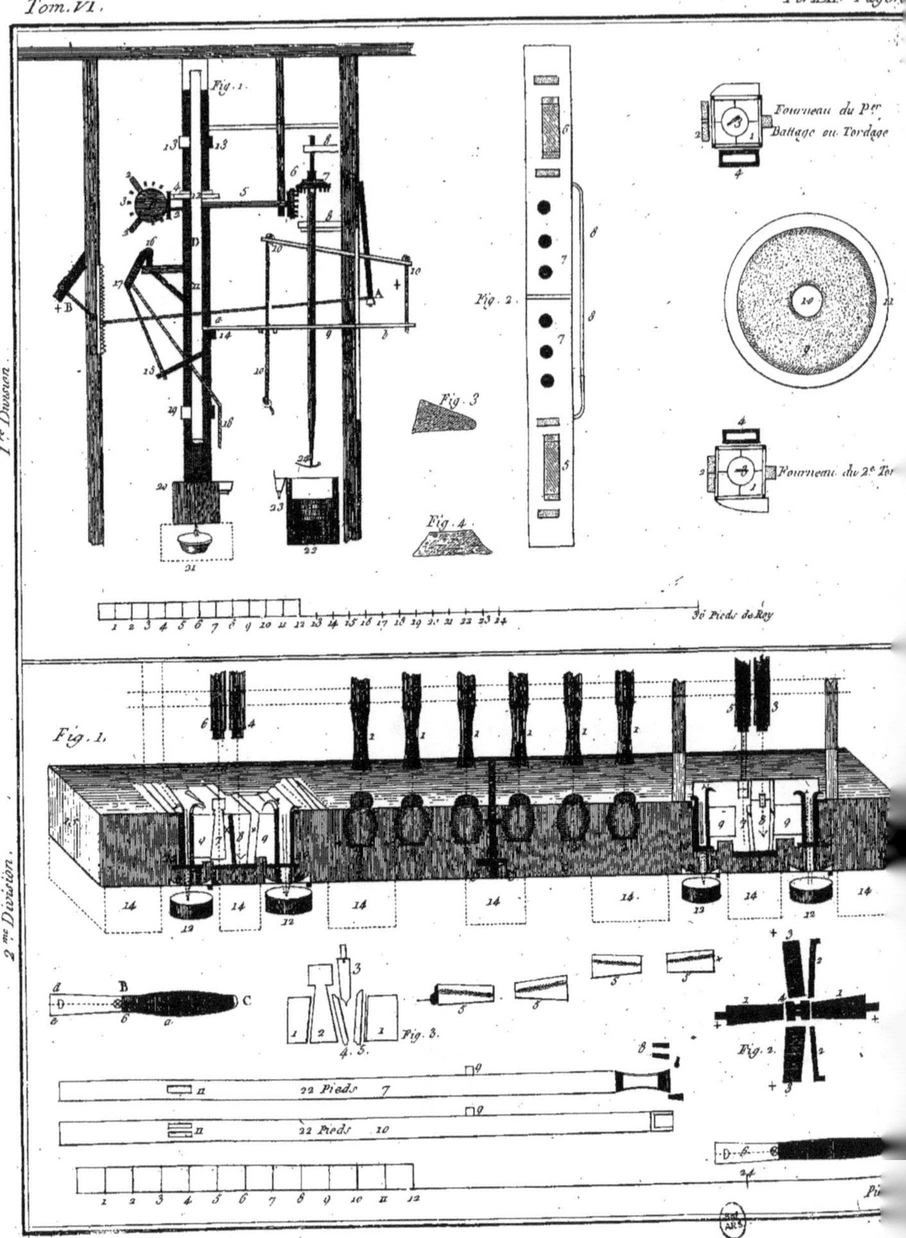
1re Division.
Fig. 1.
Fig. 2.
Fig. 3
Fig. 4.
Fourneau du 1er Battage ou Tordage
Fourneau du 2e Tor
30 Pieds de Roy
2me Division.
Fig. 1.
Fig. 2.
Fig. 3.
22 Pieds
Pi

6. Le ramoneur extérieur.

7. Le ramoneur intérieur.

FIGURE HUITIÈME, *repréſentant la table nue* ( aux deux ramoneurs près ), *ou la pierre giſſante avec le couloir.*

1. Le couloir à l'entour de la pierre giſſante.

2. Bordure en bois, de 6 pouces de hauteur, ſur un pouce d'épaiſſeur, élevée à l'entour du couloir. Beaucoup de moulins n'ont pas cette bordure, & c'eſt un mal.

3. Vanne ou *trappe*, qu'on ouvre & ferme à volonté, pour faire tomber la farine, c'eſt-à-dire la graine moulue.

4. Portion du cercle que décrit la meule extérieure en tournant.

5. Portion du cercle décrit par la meule intérieure en tournant. On voit par ces deux portions de cercle, que les deux meules ne roulent pas ſur la même place, & on juge par-là de la néceſſité des deux ramoneurs pour diriger les grains ſous les meules.

6. Le ramoneur extérieur.

7. Le ramoneur intérieur.

8. Ramoneur pour faire tomber la farine par la trappe, n°. 3. On voit dans cette figure 8 deux traits près du n°. 7, & une ┼ depuis ces deux traits juſqu'au n°. 8. Or, cette partie reſte ſoulevée pendant tout le temps que la meule broye les graines. Lorſqu'elles ſont ſuffiſamment broyées, moulues, on laiſſe tomber l'extrémité de ce ramoneur intérieur ſur la table, lorſqu'on veut faire couler la farine par la trappe, pour remettre de nouvelles graines. La partie de ce ramoneur intérieur, la plus rapprochée du centre, reſte toujours étendue, & touchant la table par tous ſes points.

## PLANCHE XXI, PREMIÈRE DIVISION.

*Equipage vu de profil.*

FIGURE PREMIÈRE. *Numéro* 1. L'arbre tournant pour élever les pilons.

2. Trois chevilles à élever les pilons.

3. Roue pour la ſpatule, *déſignée planche XX*, n°. 11, *première diviſion*, & n°. 3, *ſeconde diviſion*, compoſée de 28 dents.

4. Autre roue qui engraine dans la première, compoſée de 20 dents. Les dents de cette roue & de la précédente ſont eſpacées de trois pouces & demi.

5. L'eſſieu tournant.

6. Autre roue à l'extrémité de l'eſſieu, compoſée de 13 dents... Pas, de trois pouces.

7. La roue au haut de la verge de la ſpatule, compoſée de 12 dents... Pas de trois pouces.

8. Deux pièces, que traverſe la verge de fer de la ſpatule, de façon à pouvoir tourner librement dans les ouvertures, & hauſſer & baiſſer à volonté.

9. Pièce mobile, par laquelle paſſe la verge & où elle tourne librement. La verge dans cet endroit eſt garnie d'un bouton ou rebord qui appuie deſſus la pièce mobile, & par lequel elle eſt élevée ou abaiſſée à volonté.

10. Pièce mobile pour lever la ſpatule & la verge, pour les engrainer & dégrainer. La pièce 9 eſt fixée en *a*, & mobile en *b* dans une couliſſe.

11. Un pilon.

12. Un mentonet attaché au pilon.

13. Les deux pièces de traverſe, *marquées* n°. 3 *dans la planche XX, figure* 3, *première diviſion.*

14. La pièce de traverſe, à laquelle eſt attaché le bras pour élever, arrêter & tenir le pilon ſuſpendu, *marqué* n°. 5 *dans le plan d'élévation.*

15. Bras pour arrêter les pilons par le moyen de la corde.

16. Solive à une diſtance des pilons pour attacher la poulie, par laquelle paſſe la corde, *marquée dans le plan d'élévation*, n°. 6.

17. Poulie ſur laquelle paſſe la corde, *marquée dans le plan d'élévation*, n°. 7.

18. La corde pendante du côté de l'ouvrier.

19. Deux pièces de traverſe, *marquées*, n°. 10, *dans le plan d'élévation.*

20. Bloc des creux des pilons, *marqués*, n°. 21 *dans le plan d'élévation.*

21. Baſſin à recevoir l'huile, *marqué dans le plan d'élévation*, n°. 22.

22. Fourneau à échauffer la farine.

23. Baſſin ouvert par-deſſous, dans lequel on place le ſac deſtiné à recevoir la farine, dont on doit extraire l'huile après qu'elle a été échauffée.

24. Spatule qu'on laiſſe tomber dans la payelle, ou baſſine pour retourner la farine pendant qu'elle eſt ſur le feu.

Figure seconde. *Plate-forme de l'ouvrage ſur le terrein.*

1. Fourneau à échauffer la farine, *marqué*, n°. 22, *dans la figure précédente.*

2. Le baſſin diviſé en deux portions, ſous leſquelles on ſuſpend les deux ſacs pour verſer la farine derrière la payelle ; de ſorte qu'elle tombe en deux portions égales, *marquées* n°. 23 *dans la figure précédente.*

3. Payelle ou baſſine ſur le feu avec la ſpatule dans le fond.

4. Boîte, ſur laquelle eſt poſé un couteau pour rogner les rives ou bords des tourteaux, lorſqu'ils ſortent du ſac après la preſſe, & dans laquelle tombent les débris des tourteaux.

5. Le tordoir ou preſſe pour le ſecond tordage.

6. Le tordoir du premier tordage, parce qu'il eſt plus près des meules.

7. Les ſix creux pour les pilons.

8. Planche ſur champ & inclinée pour empêcher la graine de tomber.

9. La meule giſſante.

10. Le centre de la meule giſſante, plus élevée.

11. Planche garnie d'une bordure pour élargir le contour de la meule giſſante, & pour empêcher la farine de tomber à terre. *Elle eſt indiquée* n°. 10, *figure* 4, *planche XX*, *première diviſion.*

## PLANCHE XXI, SECONDE DIVISION.

*Le bloc avec les creux des pilons & les tordoirs coupés.*

Figure première. *Numéro* 1. Les ſix pilons.

2. Les ſix creux avec une plaque de fer dans le fond, marquée par une +.

3. Le fermoir qui frappe ſur le coin du premier battage ou tordage.

4. Le fermoir qui frappe ſur le coin du ſecond tordage.

5. Le défermoir du premier tordage, qui frappe sur le coin à défermer.

6. Le défermoir du second tordage, qui frappe sur le coin à défermer.

7. Coin à défermer.

8. Coin à fermer.

9. Coussins de bois entre le fer & le coin + + +, deux plaques de bois de deux pouces d'épaisseur, qui se placent entre le coin à fermer & le coussin & le défermoir.

10. Serrails, entre lesquels on place le sac de crin qui contient la graine. Dans la figure suivante, je détaillerai mieux ce qu'on entend par *serrail*. L'usage varie pour les sacs: ici, ils sont de crin; là, c'est une pièce d'étoffe de laine. Tous deux sont bons, dès qu'ils n'éclatent pas par la force de pression.

11. Fontaine par où coule l'huile.

12. Bassin pour recevoir l'huile.

13. Plaque de fer, qui se place à plat sous les coins, les coussins & les glissoirs.

14. Pièces de bois sur lesquelles est posé & assujetti le bloc.

15. Le bloc en deux pièces jointes ensemble dans le milieu, garnies de bandes de fer. Il doit en être également garni aux deux extrémités.

16. La corde pour laisser descendre le coin ou défermoir à la hauteur convenable, afin qu'il puisse défermer.

FIGURE SECONDE. *Serrails entre lesquels on place les sacs garnis de farine pour en extraire l'huile.*

1. Deux fers nommés *chasseurs de plat.*

2. Les mêmes vus sur champ ou par côté, de la manière dont on les voit n°. 10, *figure* 1, *Planche XXI*, *seconde division.*

3. Plaques de fer, qui se placent sur la longueur.

4. La fontaine, *marquée* n°. 11, *dans la figure première.* Les serrails se placent de la même façon que dans cette figure; il s'agit seulement de réunir les deux bouts qui répondent à la fontaine, & en redressant les quatre extrémités, marquées par une +, on s'en forme une idée très-juste.

5. Les sacs dans lesquels on met la farine pour tordre. Il faut observer que les coutures de ces sacs viennent sur le plat & non sur les bords extérieurs; la pression pourroit les faire éclater.

6. Le crin, entre les plis duquel on renferme le sac.

*Détails de l'opération pour enfermer le sac dans le crin.* Le sac étant rempli, on place sa base en *a* & l'autre bout en *b*; on plie ensuite le bout *c* jusqu'en *b*, & on replie ensuite l'extrémité *d* jusqu'en *a*; l'ouverture *c* sert pour l'empoigner, l'emporter, le placer dans le tordoir & l'en retirer.

7. Un pilon garni de sa virole, ou chaussure de fer.

8. Clous qui s'enfoncent dans le bout du pois du pilon, lequel est entouré de sa virole ou chaussure.

9. Pièces qui servent pour élever les pilons & les arrêter.

10. Pilon pour le tordoir.

11. Mortoises, dans lesquelles se placent les mentoners qui répondent au bras des leviers sur l'arbre tournant pour élever les pilons.

FIGURE TROISIÈME. *Ce qui constitue la presse ou tordoir.*

1. Les coussins, pièces de bois,

*marquées* n°. 9, *dans la figure première.*

2. Le coin à défermer, n°. 7, figure 1.

3. Le coin à fermer ou tordre, n°. 8, figure 1.

4 & 5. Les deux gliſſoirs de bois, entre leſquels on place le coin à fermer, *marqué figure* 1, par des + + + +.

D'après les détails dans leſquels je viens d'entrer pour expliquer le mouvement & l'action de toutes les pièces qui compoſent cette ingénieuſe machine, que l'on compare actuellement le moulin Hollandois avec ceux des provinces de Flandres, d'Artois & de Picardie. Le plus ſimple coup-d'œil & le plus léger examen démontreront juſqu'à l'évidence, lequel des deux l'emporte en perfection, en diminution de main-d'œuvre & en produit. Le Flamand ſe contente, en premier lieu, de faire écraſer la graine par des pilons; le Hollandois la fait broyer par des meules qui ont 7, 8 & même 9 pieds de hauteur, ſur 18 à 20 pouces d'épaiſſeur. Cette opération lui donne une graine beaucoup mieux écraſé en tout ſens, & par conſéquent, elle fournit au tordage beaucoup plus d'huile *vierge*, c'eſt-à-dire, tirée ſans feu... Comme les meules écraſent beaucoup plus de graines à la fois que les pilons, & que la même quantité de graines, miſes ſous les pilons ou ſous les meules, eſt beaucoup plus promptement écraſée par celle-ci, le travail eſt donc conſidérablement diminué, & dans le même eſpace de temps, il l'eſt au moins du double par les meules..... Quel avantage immenſe ne retireroit-on pas d'un ſemblable moulin placé ſur une rivière; puiſqu'en Flandres, comme en Hollande, les moulins ne peuvent aller un bon tiers de l'année, je pourrois même dire la moitié.... Le moulin Flamand n'a qu'un tordoir: il faut donc qu'on ſe contente, ou de tordre ſeulement de la graine pour avoir l'huile *vierge*, ou de la graine qui paſſe par la payelle pour y être échauffée. Le moulin Hollandois fait ces deux opérations à la fois.... Le Flamand ne diſpoſe que des trois pilons pour écraſer ou la graine fraîche, ou la farine qui a déjà été tordue; le Hollandois en fait manœuvrer ſix, dont trois pour la farine fraîche & trois pour la farine qui a ſubi le premier tordage; il a donc encore en cela un double avantage.... Comme la graine a été mieux écraſée par la meule, elle devient donc ſuſceptible d'être mieux écraſée de nouveau par les pilons au ſecond battage. Or, cette pâte du ſecond battage donne plus d'huile au retordage. En effet, les tourteaux ſortis du retordage hollandois ſont parfaitement ſecs, tandis que ceux des moulins de Flandres, d'Artois & de Picardie ſont encore gras au toucher & onctueux, lorſqu'ils ſortent du retordage..... Le Hollandois a donc retiré plus d'huile d'une maſſe de graine donnée .... il l'a retirée plus promptement; il a donc, ſur le Flamand, l'Arteſien & le Picard, le bénéfice du temps, & le bénéfice de la plus grande quantité d'huile.... Le Flamand & le Hollandois ont le même moteur pour leurs moulins, le vent; il eſt auſſi actif dans l'un que dans l'autre pays. La ſeule différence eſt donc dans le produit? Quelle leçon!

Si on compare actuellement à combien la graine revient aux Hollandois, on concluera que, ſans la promptitude & l'excellence de leurs moulins, ils ne pourroient pas soutenir la concurrence dans cette branche de commerce, avec le Brabançon & le François. En effet, le Hollandois vient acheter nos graines, particulièrement celles de lin, jusques dans les provinces méridionales de France, sans parler de celles qu'il achète à Bordeaux, à la Rochelle, à Nantes, à Dunkerque, &c. (1). Il a donc à supporter le prix de l'achat, & par conséquent, le bénéfice de celui qui vend la graine, les frais de chargement, de déchargement, de fret, &c. & ceux de la main-d'œuvre beaucoup plus hauts chez lui qu'en France. Malgré cela, il donne ses huiles de graine au même prix qu'en France, & même quelquefois à un prix inférieur.

A ces considérations, il convient d'en ajouter encore une autre; c'est la dépense considérable qu'il fait nécessairement pour la construction de ses moulins. Le Hollandois ne regarde jamais à la mise première, lorsqu'elle doit assurer la solidité & la durée. Par-tout, il est obligé de fortement piloter pour bâtir, & le pays ne fournit pas un seul arbre capable de se conserver sous terre & dans l'eau. Il est donc forcé de recourir à l'étranger pour les bois de pilotage. Il l'est également pour tous les bois de construction, de charpente, & même pour le bois destiné à faire des planches. S'il bâtit, c'est en briques, & la brique est fort chère en Hollande; enfin, l'on voit à Amsterdam, près la porte d'Utrecht, un moulin piloté, bâti en brique & fort élevé, pour gagner le vent, qui a coûté plus de 80000 liv. de notre monnoie. On sent bien que tous les moulins à huile de la Hollande ne coûtent pas à beaucoup près autant que celui-ci. Je ne cite cet exemple que pour prouver quel doit donc être le produit pour couvrir les intérêts de la mise de construction, la différence du prix auquel les graines reviennent, & la hausse de la main d'œuvre. Cependant, le Hollandois soutient la concurrence avec nous, si elle n'est pas déjà à son avantage.

Tout concourt donc à prouver les avantages que les Flamands, les Artésiens & les Picards auroient en adoptant ce moulin. Il serviroit avec le même succès dans l'intérieur de ce royaume, pour la mouture des noix, objet d'une prodigieuse consommation. Combien n'y a-t-il pas de provinces dans le royaume où la seule huile de noix est en usage!

Des Provinces septentrionales, passons à celles du midi, & faisons l'application de ce moulin pour les huiles d'olives de Languedoc, de Provence & de Corse. Les meules qu'on

(1) Dans les Pays-Bas Autrichiens, il est défendu, sous quelque prétexte que ce soit, de sortir des graines à huile, pour que toute l'huile soit fabriquée dans le pays. La seule Châtellenie de Lille fait, année commune, de trente-six à quarante mille tonnes d'huile (la tonne contient 200 livres, poids de marc) de graines quelconques, dont au moins les trois quarts de celle de colsat, environ un huitième de celle de lin, environ un huitième de celle d'*œillet*. Ceux qui ont vu la quantité de lin cultivé dans cette Châtellenie, conviendront que les Lillois vendent aux Hollandois ou aux Brabançons, au moins la moitié de leurs graines de lin. Avec de meilleurs moulins, ils seroient dans le cas d'acheter des graines, & non pas d'en vendre.

y emploie font, en général, trop petites, pas aſſez maſſives, & l'ettritage d'une motte d'olives, dure trois heures. Des meules de 7 à 9 pieds de diamètre, & de 16 à 18 pouces d'épaiſſeur, feroient l'ettritage en moins d'une demi-heure ; 1°. à cauſe de leur poids ; 2°. à cauſe de la vîteſſe avec laquelle elles tournent ; 3°. parce qu'il y auroit deux meules ſi on adoptoit la machine que je propoſe ; 4°. enfin, que l'on compare l'action du vent ou de l'eau avec celle du cheval qui tourne la meule, & qui eſt obligé de décrire un très-grand cercle. Chaque meule, mue par ces deux agens, auroit fait trois tours dans le temps que celle que fait aller un cheval, n'en auroit fait qu'un ; c'eſt donc ſix contre un de différence.

Ceux qui veulent avoir de l'huile excellente pour la qualité, verront les premiers, qu'en diminuant le temps de l'opération de l'ettritage, les olives ſeront moins long-temps à fermenter, & les habitans d'Aix ſavent, par expérience, que l'amoncelement des olives trop long-temps miſes à fermenter, nuit ſingulièrement à la qualité de l'huile. Il ne s'agit aujourd'hui que de la manière d'extraire l'huile en plus grande quantité & plus promptement ; ſuivons la marche de l'opération.

1°. L'olive, parfaitement ettritée, ſera miſe dans des cabats ou dans des ſacs de laine ou de crin, (plus grands què ceux dont on ſe ſert actuellement en Hollande, quoique ceux-ci ſoient plus que du double plus grands que ceux de Flandres), attendu que l'olive, réduite en pâte, eſt bien moins sèche que la farine de la graine, & qu'elle cède plus facilement à l'action de la preſſe. Je ne crains pas de ſoutenir que cette manière de tordre, l'emporte ſur toutes celles qu'on employe dans les pays méridionaux. L'action du *coin*, ici, eſt directe, & les *couſſins* agiſſent directement ſur toutes les parties du ſac, tandis que l'action du *manteau* des preſſes ordinaires, ſe porte & ſe partage ſur pluſieurs doubles des cabats. L'on met d'ailleurs toujours trop de cabats les uns ſur les autres, ce qui diminue & amortit beaucoup l'action de la preſſe. Il faut cinq, & même ſix hommes, pour ſervir les preſſes ordinaires ; ici, un ſeul ſuffit pour le premier tordage & pour le ſervice des meules ; & un ſecond, pour le ſecond tordage & le rebattage. La machine fait tout le reſte.

2°. Les tourteaux ſortis du premier tordage, ſeront mis dans les pots voiſins, pour que la pâte ſoit écraſée de nouveau par les pilons, & remiſe enſuite dans le premier battage. On retirera, par cette opération, une huile plus épaiſſe & moins fine que la première, mais elle ſera encore retirée ſans le ſecours de l'eau chaude, qui nuit toujours à la qualité de l'huile ; cette ſeconde huile formera une ſeconde qualité.

3°. Le tourteau ſorti pour la ſeconde fois du premier tordage, ſera repris par une ſeconde perſonne pour être remis ſous les ſeconds pilons, ou *pilons de rebattage* ; enſuite, les parties de ce tourteau ainſi briſées, ſeront miſes dans la *payelle* ou *baſſine*, avec un peu d'eau. L'action du feu du petit fourneau qui eſt en deſſous, ramollira le parenchyme du fruit, détachera l'huile des débris des noyaux, & cette pâte ainſi échauffée, ſera portée dans les ſacs du rebattage, & tellement diſpoſée à ſubir l'action de la presse, qu'il n'y restera plus un atôme d'huile. Si on veut juger de la quantité d'huile qui reste dans les tourteaux sortis des presses ordinaires, que l'on considère que les moulins de *récense* de la seule ville de Grasse, retirent par an plus de 2000 rhubs d'huile (le rhub pèse 20 liv.) des seuls marcs que l'on jettoit autrefois (1).

Cette manière de presser l'olive dispenseroit donc, 1°. d'avoir recours aux moulins de *recense*; 2°. on diminueroit au moins de moitié, peut-être même des trois quarts, la dépense en bois pour chauffer l'eau que l'on vide dans les cabats après la première presse. Cet objet mérite certainement d'être pris en considération dans le Languedoc & dans la Provence, où le bois est très-cher. Je sais que l'on se sert communément du marc, après qu'on l'a retiré de la presse, pour chauffer l'eau; mais ce marc, consumé inutilement, serviroit à chauffer ses propriétaires, ou du moins les gens de leur ferme. 3°. Deux hommes seuls dirigeront six opérations à la fois; 1°. celle des deux meules; 2°. celle du premier tordage; 3°. le battage pour le second tordage; 4°. le battage pour le troisième tordage; 5°. l'échaudement de la pâte; 6°. le battage du retordage. Enfin, ces six opérations seront faites en deux tiers moins de temps que l'ettritage & le pressurage tels qu'on les fait actuellement. Cela paroît difficile à comprendre, mais je m'en rapporte à la décision de ceux qui auront vu, comme moi, les opérations de Languedoc & de Provence, & qui, sans prévention, les auront comparées avec celles de Flandres, & sur-tout, avec celles de Hollande. Si ces vérités étoient moins frappantes, il me seroit facile de les démontrer jusqu'à l'évidence; mais ce n'est point pour celui qui ne sait pas voir, que j'écris.

On se récriera, sans doute, sur la difficulté de se procurer des meules de sept à neuf pieds de diamètre, sur quinze à dix-huit pouces d'épaisseur, & sur la dépense de cette emplette. Je demande : en reconnoît-on l'avantage ? on ne doit donc pas regarder à la dépense. Si le Hollandois s'en sert pour des graines, à plus forte raison le Languedocien & le Provençal doivent-ils les employer pour un fruit dont le noyau l'emporte par sa dureté, à tous égards, sur celle des graines. Si le moulin de recense, établi près de Bastia en Corse, avoit une meule dont la hauteur fût en proportion de son épaisseur, on ne diroit pas que les noyaux des olives de Corse sont trop durs pour être écrasés, parce que la meule agiroit avec plus d'action sur une moins grande surface, car il est évident que la trop grande surface diminue considérablement l'action de la meule en partageant trop son poids. Il faut donc du poids aux meules, & plus il sera considérable, plus elles seront parfaites. Revenons aux moyens de se procurer des meules, & examinons quelle doit être leur qualité.

Plus le grain d'une meule est serré & compacte, plus la meule pèse, & moins elle s'use promptement. Aussi, un Hollandois qui auroit à faire construire un moulin, par exemple, dans la partie voisine du Pont de Saint-Esprit, & qui n'auroit pas une es-

(1) *Voyez* la description du moulin de recense à l'article Huile.

pèce de marbre comme celui des meules qu'il tire des environs de Namur, ne balanceroit pas à faire tailler les laves dures qui sont à cent toises du Rhône, vis-à-vis Montélimard. Celui qui craindra cette dépense, trouvera entre Viviers & le village de Theil, au bord du Rhône, dans la carrière nommée le *Détroit*, une pierre calcaire, dure, qui offre de très-grands bancs, & qui est susceptible du poli; il trouvera encore à Chaumeyrac en Vivarais, & qui n'est pas éloignée du Rhône, une bonne carrière de marbre gris, & d'une grande dureté; enfin, une autre carrière près du Poussin. On voit donc que ces carrières suffiroient bien au-delà pour la fourniture des moulins à huile, depuis Rochemore, Aramont, jusqu'à Nismes, & le transport n'en seroit pas bien coûteux. Les moulins, depuis Nismes jusqu'à Beziers & au-delà, seront approvisionnés par les meules du Poussan, entre Agde & Montpellier; par celles de Saint-Julien, près de Carcassonne, qui seront transportées par le canal. On donne la préférence pour le blé à celles de Saint-Julien, & je préférerois à toutes deux, pour ettriter les olives, les meules qu'on feroit avec les laves d'Agde; le transport en seroit facile & peu coûteux. Les pierres noires de Nebian, près de Pezenas, sont déjà employées pour l'ettritage; elles sont bonnes, très-dures, il ne s'agit plus que de leur donner un plus grand volume. Ne pourroit-on pas encore, dans les couches de marbre gris, veiné de blanc, qu'on voit près de la ville de *Cette*, & au bord de la mer, tailler commodément des meules? ceci mérite d'être examiné. Combien d'autres endroits n'y a-t-il pas à citer dans cette partie basse du Languedoc? mais c'est à chaque particulier à étudier la nature des carrières qui sont dans son voisinage, afin d'éviter la dépense. Il suffit de bien voir, & surtout de vouloir efficacement.

La Provence n'est pas moins abondamment pourvue de carrières. Les environs de Draguignan fournissent aujourd'hui des meules taillées dans la grandeur de cinq pieds, sur huit à dix pouces de largeur. Ces bancs de pierres calcaires sont susceptibles de fournir des meules dans les proportions que je demande.... On en trouveroit du même grain & de même nature à Cassis.... La pierre calcaire de la petite montagne du fort de la Malque, qui couvre Toulon, offre les mêmes ressources... Dans les environs de cette ville, on a découvert un marbre (bardille bleu) aussi dur que le marbre ou *pierre de Namur*, dont les Hollandois se servent si avantageusement pour leurs moulins. Les blocs de ce marbre sont d'un volume prodigieux, & les meules qu'on en tailleroit seroient transportées sans peine par terre & par mer. Le marbre de Sainte-Baume seroit trop dispendieux pour le transport.... Le territoire de Roquevaire fournit des meules dont on se sert à Marseille; mais les meilleures, sans contredit, sont celles que l'on tire des *vaux* d'Ollioules à Cagolin & à Evenos; ces *vaux* sont remplis de laves & de pierres volcaniques. La chaîne de montagnes de Toulon en fourniroit de semblables. On regarde en Provence les meules tirées des laves, comme les meilleures & les plus propres à écraser l'olive, & j'y en ai vu plusieurs de cette nature. Les bonnes meules d'Ollioules, de cinq pieds &

demi de hauteur sur quatorze pouces d'épaisseur, ne coûtent, transportées jusqu'à Saint-Nazaire, que de cent cinquante à deux cent livres, & en leur donnant la proportion que je demande, elles seroient excellentes pour le nouveau moulin. J'ai vu de semblables laves dans les montagnes de l'Esterelle, que l'on traverse pour aller de Toulon à Antibes; mais la difficulté du transport en rendroit le prix trop excessif.... La chaîne de montagnes contre laquelle la ville de Grasse est adossée, fournit des marbres à grains durs & excellens, dont on tireroit de bonnes meules, & même dans des grandeurs plus considérables que celle de dix pieds.

Plus la pierre sera dure, plus son grain sera serré, & mieux elle vaudra pour ettriter l'olive. Celle que l'on nomme ordinairement *pierre meulière*, (*lapis molitoris*) quoique excellente pour moudre le blé, n'a pas le même avantage pour l'olive; elle s'use trop facilement, & elle est trop persillée. La pâte de l'olive se niche dans cette espèce de carie; ces petites cavités correspondent presque toutes les unes avec les autres; elles font, pour ainsi dire, l'office de siphon, & une quantité d'huile est absorbée par cette pierre. Ce n'est encore qu'un demi mal, puisqu'une fois farcie de pâte & d'huile, elle ne sauroit en recevoir davantage; mais cette pâte & cette huile moisissent, fermentent, se rancissent, & acquièrent enfin la causticité des huiles essentielles. On sent combien, dans cet état, elles communiquent facilement leur mauvais goût & leur mauvaise odeur à la pâte fraîche qu'elles broyent. Le besoin exigeroit donc de démonter tous les mois ces meules pour les laver & les nettoyer à fond; ce qui seroit encore presque impossible..

J'avois publié ce mémoire en 1777, & tout ce que j'ai vu en fait de moulins à graines & à fruit, depuis cette époque, ne sert qu'à confirmer mon opinion sur l'excellence du moulin Hollandois; j'en avois fait faire un modèle en Hollande, je l'ai envoyé à M. de Marange, à Cadillac sur Garonne, près de Bordeaux, où il va le faire exécuter, & je ne doute pas que son exemple ne soit bientôt suivi dans les provinces voisines où l'on sait calculer. Si j'avois eu de l'eau à ma disposition, il y a long-temps qu'il seroit sur pied dans l'endroit que j'habite.

### SECTION III.

#### *Des moulins à fruit.*

Ils servent communément aux noix, noisettes, faînes, pommes, poires, olives, &c.

L'emplacement d'un moulin à graines huileuses n'est pas indifférent; car l'on sait que lorsque le froid s'y fait sentir, ces graines lâchent plus difficilement l'huile qu'elles contiennent; par conséquent il y a une perte réelle pour le propriétaire, & cette perte augmente en raison de l'intensité du froid. Malgré cette observation, connue dans tous les pays, on voit cependant presque par-tout ces moulins mal recouverts, les fenêtres n'en sont pas fermées par des chassis, & souvent leur toîture est percée par de grandes lucarnes destinées à l'issue de la fumée des fourneaux. Les propriétaires de pareils moulins, & sur-tout ceux qui retiennent comme salaire, une partie des marcs de ces graines, ajoutent encore le plus d'ouvertures qu'ils peuvent, afin d'augmenter le bénéfice qu'ils retirent par une nouvelle mouture des marcs, soit en les faisant bouillir dans des chaudières, soit en les passant au moulin de *recense*, (*Voyez* la gravure & la description de ce moulin, à l'article Huile.)

Le moulin n'est autre chose qu'une masse de maçonnerie A (*figure* 1, *planche XXII*). Suivant les pays elle varie beaucoup sur la hauteur, qui est communément de vingt-quatre à trente pouces. Je crois que la meilleure est celle qui, combinée avec la hauteur de la meule B, rendroit presque de niveau la barre C au poitrail du cheval, comme on la voit représentée dans la figure 2; parce que, dans cette position, l'animal a plus de force & fatigue moins. Il est bien démontré que le cheval ne tire que par son poids, ou par sa pesanteur, & l'effort de ses muscles ne sert qu'à porter successivement son centre de gravité en avant, ou à reproduire continuellement le renouvellement de cette action de sa pesanteur. Si les cordes ou leviers attachés à la barre C sont trop basses, le cheval, en tournant, a beaucoup plus de peine, & supporte en partie le poids de la meule: cette pesanteur est cependant nécessaire pour écraser les graines, éritter les olives, &c. Si, au contraire, elles sont trop hautes, le cheval est soulevé par-devant, & ses pieds ne trouvent pas contre terre un bon appui pour pousser son corps en avant. Il y a donc un point qu'on doit saisir, & auquel on ne pense guères, puisque les mêmes traits, sans les alonger ou les raccourcir, servent à des chevaux qui varient beaucoup pour la taille. Exiger ces précautions de l'ouvrier, ce seroit trop lui demander; il n'y regarde pas de si près.

La maçonnerie A, *figure* 1, dont le diamètre est de six à huit pieds, est recouverte de dales polies, qui inclinent de E en F. Dans certains endroits on suppléé les dales par des planches de chêne fortement assujetties; & leur inclinaison est de six à dix pouces. La meilleure est celle qui offre le moins de résistance à l'homme qui, avec la pêle, repousse en G le marc que la meule en tournant fait refluer sur le plan incliné. La partie G est celle sur laquelle la meule en tournant, presse, brise, triture les graines, les fruits charnus & leurs noyaux. On doit préférer les dales aux plateaux en bois. L'humidité, la chaleur, la sécheresse fait travailler ceux-ci, ils se déjettent, se désunissent & s'usent; enfin, l'huile les pénétre, rancit dans les pores du bois, & communique sa rancidité aux fruits qu'on y moud. Consultez le mot Huile.

Le seule inspection de la gravure explique le méchanisme bien simple de ce moulin. Le cheval attaché au levier C, fait tourner la meule B: la meule en suit le mouvement; mais elle a encore son mouvement particulier sur son axe, autrement il n'y auroit qu'une de ses parties qui frotteroit contre la meule gissante; ce qui la rendroit defectueuse en peu de temps.... Le levier C est fortement assujetti en H dans l'arbre K, mobile & perpendiculaire, & dont la partie supérieure tourne dans une poutre du plancher L, qui le tient d'à-plomb, & lui permet de tourner sur lui-même avec la meule,

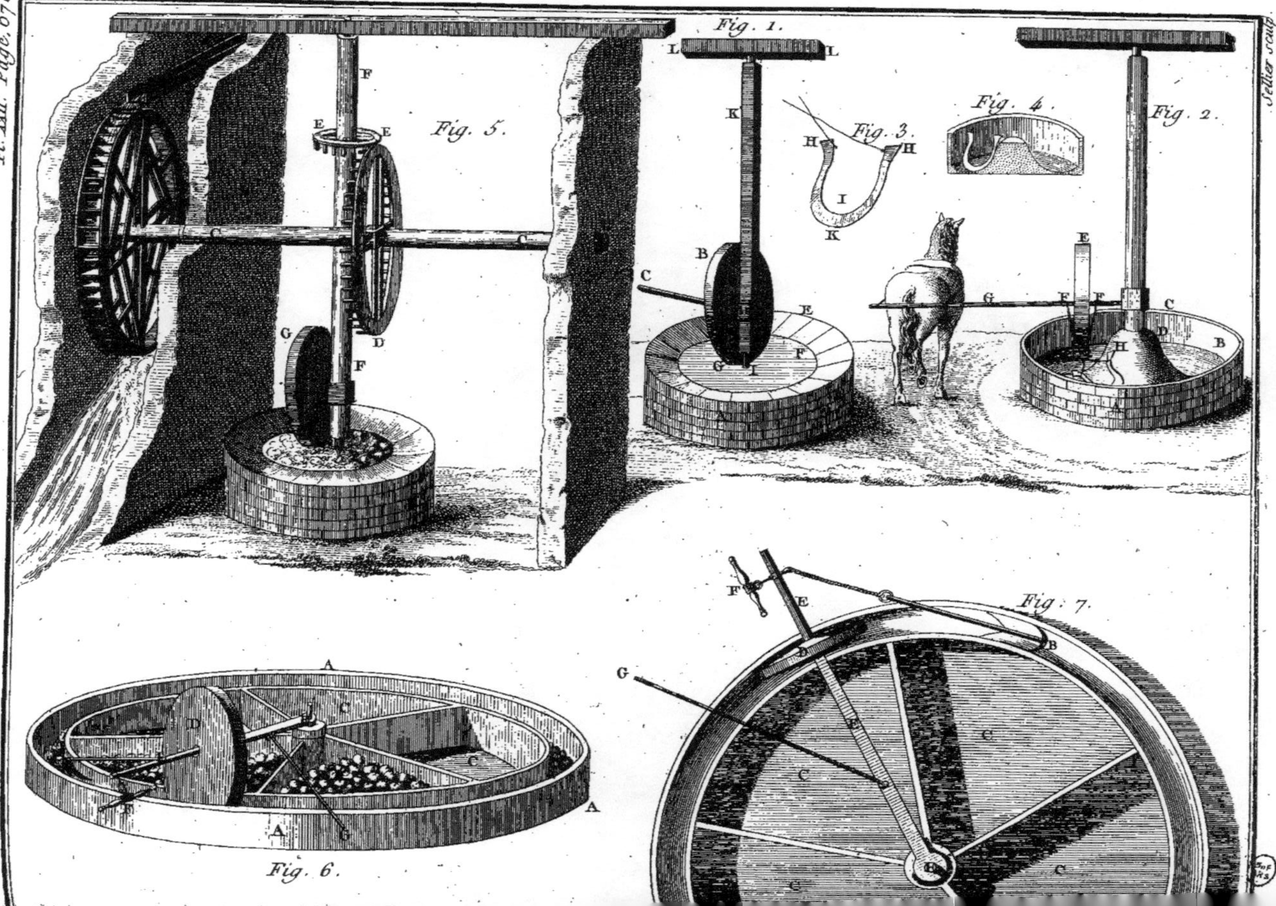


Sellier sculp.

Ce moulin est le plus simple de tous; mais il exige qu'une personne repousse sans cesse la pâte de E en F, & la suppression d'une journée d'homme, qui se renouvelle sans cesse, n'est pas une petite économie.

La figure 2 démontre qu'on peut se passer de cet ouvrier. La table A est en maçonnerie comme dans la figure première; mais au lieu d'être inclinée comme celle de E en F, elle forme au contraire une auge circulaire. L'extérieur est construit en pierres taillées exprès, qui portent un peu sur la meule gissante; & le noyau intérieur qui supporte l'arbre est de la même hauteur que les pierres de la circonférence; de sorte qu'entre elles & lui, l'espace forme l'auge. Si les circonstances le permettent, on peut construire & tailler le tout dans une seule pierre, ou bien on se sert de plusieurs. La cavité qui se trouve de C en D forme l'auge de six à dix pouces de profondeur, dans laquelle la meule E roule & tourne sur elle-même comme dans la figure première. Comme les parois du noyau & des pierres de la circonférence sont taillées d'à-plomb, la pâte retombe au fond de l'auge, à mesure que la meule s'avance & s'éloigne; mais comme cela n'arrive pas toujours, & comme la pâte a besoin d'être soulevée, d'être ramenée au milieu de l'auge pour que la meule la reprenne, on ajoute un rabot ou valet qui suit la meule, & fait le travail de l'homme dont on a parlé. A cet effet on attache en FF, du côté de la meule qui traverse le levier G, une corde ou une chaîne, ou une petite barre de fer appellée *tringle* : cette corde, chaîne, &c. derrière & un peu au-delà de la meule. Là les deux bouts de la corde s'attachent à la base des oreilles HH de l'instrument de fer I appellé *rabot ou valet*, représenté séparément, *fig.* 3; de sorte que la meule en tournant le traîne après elle.

Ce rabot est courbé en demi-cercle dans le même sens que l'auge. Il touche en tournant par toutes les parties, & presse celles de la pierre. Les deux montans HH sont repliés en manière d'oreilles, dont la largeur augmente en raison de leur élévation, afin de faire tomber dans le milieu de l'auge le marc qui étoit adhérent à ses parois. La partie inférieure K du rabot est applatie, mince & elle sert à soulever la pâte sur laquelle la meule vient de passer; de sorte que lorsque la meule revient, la pâte est retournée, & présente de nouvelles faces.

Si dans les environs du local on avoit un courant d'eau à sa disposition, il vaudroit mieux en construire un à aubes, qui iroit par la chûte de l'eau (*Voyez fig.* 5.); & en y ajoutant un valet ou rabot, on économiseroit la journée d'un homme, & de deux chevaux ou mules, parce que les animaux ont besoin de se reposer après avoir travaillé pendant deux à trois heures de suite. Je ne propose le plan de ce moulin que pour en donner l'idée, parce que les accessoires doivent varier suivant le local, la quantité d'eau & sa chûte. Si la chûte ou la quantité sont considérables, la même roue à aubes, & le même arbre CC peuvent en faire aller plusieurs. Ce moulin ne diffère des précédens que par la position des roues. L'eau est supposée venir par le canal A, mettre en mouvement la roue à aubes B, fortement assujettie & traversée par l'arbre C. La roue D, perpendiculaire & parallèle à la roue à aubes, tourne avec l'arbre C. Mais comme elle est garnie de dents, elles s'engrainent dans celles de la roue horizontale D, supportée par le pied F, & contre lequel la meule G est assujettie par une traverse.

Les moulins à cidre, de Normandie, de Bretagne, &c. diffèrent des précédens, quoique dans le fond, l'idée soit la même. C'est toujours une meule qui tourne dans une auge; mais elle doit être grosse, moins haute, moins massive, parce que les fruits à pepins, cèdent plus facilement à la pression, que les graines de lin, de colzat, &c., & sur-tout que les noyaux d'olives.

AA. Auge circulaire de la pile *figures* 6 & 7; B rabot ou valet; CC cases ou séparation pour recevoir les différentes espèces de pommes; D la meule; E axe de la meule; F palonnier auquel les traits de l'animal sont attachés; G guide du cheval. Sans cette guide, formée d'un bois léger, l'animal ne sauroit tourner autour du moulin, & il s'en écarteroit. On couvre ses yeux avec une toile à plusieurs doubles, ou avec ce qu'on appelle des *lunettes* en cuir, qui s'enchâssent sur ses yeux sans les blesser. Sans cette précaution, le cheval seroit étourdi en tournant les yeux ouverts.

Il seroit trop long de décrire toutes les espèces de moulins; en général, ils rentrent tous du plus au moins dans ceux dont on vient de parler; & ceux-ci sont les plus simples & les plus communs.

MOURON. (*Planche XXIII*). Tournefort le place dans la dixième section de la classe des herbes à fleur d'une seule pièce & en entonnoir, dont le pistil devient un fruit dur & sec. Il l'appelle *anagallis phœniceo flore*. Von Linné le nomme *anagallis arvensis*, & le classe dans la pentandrie monogynie.

*Fleur* A. En rosette, profondément découpée en cinq parties, ainsi que le calice. B représente le pistil, C les étamines.

*Fruit* D. Capsule sphérique, s'ouvrant horizontalement E, & renfermant des semences G menues, anguleuses, ridées, brunes, & attachées au placenta.

*Feuilles*. Très-entières, simples, lisses, pointues par le bout, évasées à leur base par où elles adhérent aux tiges.

*Port*. Tiges herbacées, rameuses, foibles, longues de six à dix pouces; les fleurs naissent de leurs aisselles, & chacune est soutenue par un pédoncule; elles sont rouges; les feuilles sont opposées une à une sur les tiges.

*Racine*. Blanche, simple, fibreuse.

*Lieu*. Les champs, les bords des chemins; la plante est annuelle & fleurit presque pendant tout l'été.

Telle est la plante, improprement appellée *mouron mâle*, puisque sa fleur est hermaphrodite, composée de cinq étamines & d'un pistil.

Le mouron appellé *femelle* est une variété du premier, & il ne mérite pas mieux cette dénomination. Il ne diffère du précédent que par ses feuilles plus petites, ses tiges plus menues, & ses fleurs d'une belle couleur bleue & quelquefois blanche.

*Propriétés*.

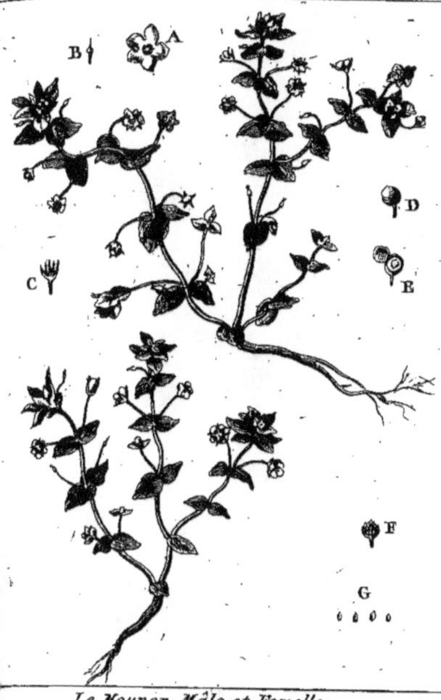


Le Mouron Mâle et Femelle.

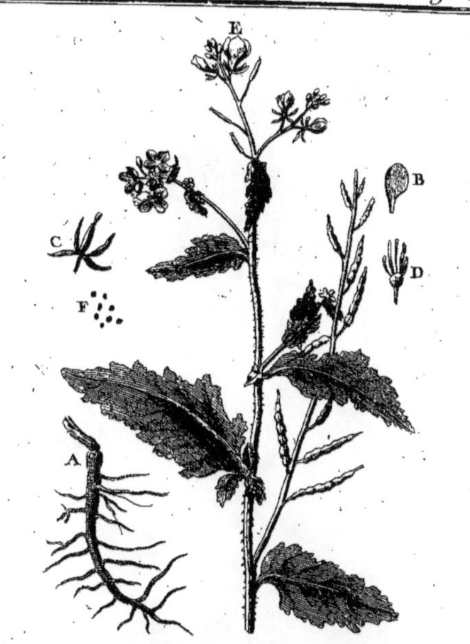


La Moutarde ou le Seneve.

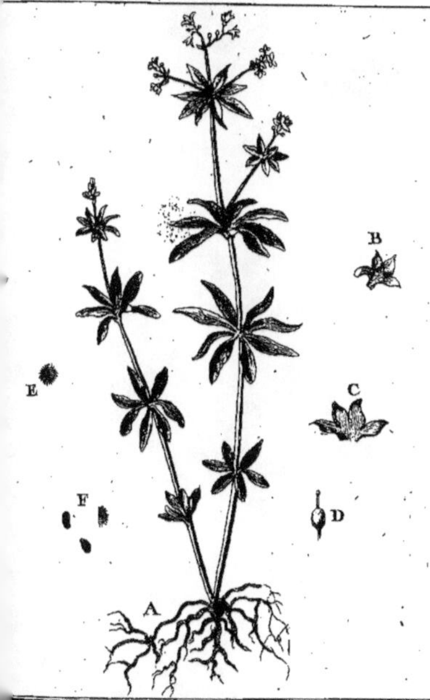


Le Muguet des bois ou Hépatique étoilée.

Le Mufle de Veau, ou Mufleaude.

*Propriétés.* Les feuilles ont une saveur douce & amère, une odeur légérement aromatique, & désagréable quand elles sont froissées. Toute la plante est vulnéraire, détersive & céphalique; le suc exprimé des feuilles & des tiges, & leur infusion, contribuent à rendre l'expectoration plus libre, & à diminuer l'oppression dans l'asthme pituiteux, dans la phtisie pulmonaire de naissance, & dans la phtisie pulmonaire par inflammation des poumons.

La Société Économique de Berne a publié dans la collection de ses Mémoires, que plusieurs de ses Membres s'étoient servis avec succès de cette plante dans l'hydrophobie ou rage des hommes. J'ai obtenu également un bon succès de cette plante dans le traitement de plusieurs animaux mordus par des chiens enragés. Malgré ces avantages, cette découverte doit être examinée & suivie avec beaucoup d'attention. On exprime le suc des feuilles fraîches, & on le donne depuis une once jusqu'à quatre; en poudre sèche, deux à quatre drachmes infusées dans cinq ou dix onces d'eau suffisent. On met du sel en poudre sur la partie mordue, & on applique par-dessus le marc de l'infusion, ou une plus grande quantité : le tout est maintenu par un linge à plusieurs doubles, & ce marc doit être changé deux fois dans les vingt-quatre heures. Mais, comme la chaleur de la partie affectée fait bientôt évaporer l'humidité du marc & des linges, il faut avoir soin de les tenir toujours mouillés avec l'infusion. Au remède extérieur on ajoute l'intérieur, qui consiste à boire plusieurs fois par jour, & à des distances réglées, un verre de l'infusion. Le traitement est le même pour les animaux; il suffit d'augmenter la dose suivant leur grosseur.

MOUSSE. Je ne m'arrêterai pas à décrire *botaniquement* les espèces de mousses; elles sont trop variées. D'ailleurs chacun distingue sans peine des autres plantes, la mousse qui naît dans son pays. Il s'agit seulement ici de considérer cette plante relativement à son utilité ou à ses désavantages.

On confond en général les lichens avec les mousses, quoique ce soient des plantes très-différentes; mais cette erreur ne porte aucun préjudice à l'agriculture. Les lichens sont des plantes membraneuses, qui s'étendent & sont appliquées comme des feuilles de papier, presque colées contre les arbres, les pierres, &c. Leur couleur ordinaire sur les troncs & les branches d'arbres est jaune, quelquefois brune ou blanche. Ces membranes sont chargées de boutons, & de rugosités. Il est très-difficile de tirer aucun parti avantageux des lichens, excepté dans la teinture & dans la médecine; ils nuisent beaucoup aux arbres sur lesquels ils végétent.

*De l'utilité des mousses.* Ces plantes forment presque toujours une masse composée d'un grand nombre de tiges feuillées depuis le bas jusqu'en haut; mais les feuilles inférieures, privées de l'influence de l'air & de la lumière, se desséchent, & chaque tige n'est plus feuillée qu'à son sommet. La plante reste toujours verte, & elle est vivace. La chûte & la décomposition des feuilles inférieures, établit à la longue sur le sol une couche de terre noire, douce, légère & entièrement végétale;

enfin, le véritable *humus*. (*Voyez* le dernier chapitre du mot CULTURE, & le mot AMENDEMENT.) Cette couche, après un certain nombre d'années, a quelquefois de quatre à six pouces d'épaisseur. Voilà une ressource bien précieuse pour les fleuristes & pour les amateurs, la nature en fait tous les frais, & l'amateur n'a d'autre dépense à faire que de l'enlever. Si l'éloignement, les frais ou d'autres circonstances, ne permettent pas de voiturer la terre, on peut faire de très-gros paquets ou ballots de mousse, & les charger sur un animal ou sur une charrette. Le sol des forêts, les grottes un peu humides, sont couverts par cette plante. Une fois arrivée au dépôt de l'amateur, il fait un lit de terre, un lit de mousse de la même épaisseur, & ainsi de suite; le dernier est en terre; & la mousse de chaque lit doit être recouverte avec la terre, afin qu'il n'en paroisse point sur les bords que l'on tasse fortement afin de retenir la terre. Si ce mêlange a lieu au printemps, ou au commencement de l'été, il est prudent d'arroser largement chaque lit de mousse, afin que la chaleur, faisant travailler l'humidité intérieure du monceau, y excite une prompte fermentation, & par conséquent une plus prompte décomposition des principes des plantes. Lorsqu'on s'apperçoit que les mousses sont pourries, on passe la terre à la grille, & on met de côté la mousse qui est restée entière, afin qu'elle serve dans un nouveau monceau. Si aux lits des plantes on ajoute la terre du sol qui les nourrissoit, il convient de proportionner la masse de terre vierge.... La mousse sert encore à couvrir les semis des plantes délicates, qui exigent que le terrein reste meuble, & ne soit pas serré par les arrosemens.

Il faut observer qu'une plante de mousse, qui reste exposée à l'air, au soleil, par exemple, pendant plusieurs mois, ou même pendant une année, se flétrit, & se desséche, & ressemble à une plante parfaitement morte; mais si on la remet en terre & qu'on l'arrose, elle reprend sa première végétation qui n'avoit été que suspendue. Ce qui prouve combien il est important que tous les lits de mousse du monceau soient cachés par la terre.

Les mousses, employées comme litière, sont excellentes, parce qu'elles se pénètrent bien des urines & des excrémens; mais on ne doit employer le fumier qui en résulte, que lorsqu'il est bien consommé.

Tout est habitude; les gens de la campagne dorment sur un peu de paille, sur des feuilles de noyer, de chataignier, &c.; cependant on peut ajouter facilement à leur bien-être en se servant de la mousse, parce qu'il est aisé d'en faire de très-bons matelats.

On choisit & on ramasse la mousse lorsqu'elle est dans sa plus forte végétation, c'est-à-dire, au mois d'août, & on la débarrasse, autant que l'on peut, de la terre qui est restée attachée aux racines. Il faut choisir la mousse la plus longue, la plus douce, & en séparer tout corps étranger. On porte cette mousse sous des hangards, & on l'y étend afin de la faire sécher. Lorsqu'elle est assez sèche, mais non pas cassante, on la place sur des claies, & on la bat légérement avec des baguettes, ce qui finit de la dépouiller de toute poussière & de toute terre; s'il y reste quelques corps durs, on les sépare. Il ne s'agit plus que d'apporter les toiles des matelas, & de les remplir aussi également qu'on le peut : l'épaisseur de six, huit, à dix pouces forme un excellent matelas; après cela on coût toutes les ouvertures, on pique d'espace en espace le matelas, afin que la mousse ne se rassemble pas par paquets. Si le matelas, à force de coucher dessus, s'applatit, on le bat de temps à autre; il reprend sa première épaisseur, & il dure plus de dix ans.

*Des effets nuisibles des mousses.* On a déjà dit qu'on nommoit vulgairement *mousses* toutes espèces de plantes qui s'attachoient aux arbres, & qui se nourrissoient à leurs dépends, le *guy* excepté. ( *Voyez* ce mot ) Les principes répandus dans l'air atmosphérique contribuent au moins pour les trois quarts à leur nutrition. Ce n'est donc pas par l'absorption des sucs qu'elles tirent des arbres qu'elles leurs nuisent beaucoup; on pourroit même avancer en général que l'écorce des arbres sert seulement de matrice à leurs racines, extrêmement déliées & fines; en effet, on voit des lichens assez ressemblans à ceux des arbres, croître & végéter sur des pierres, sur des rochers nuds & durs, qui ne peuvent fournir à leur nourriture; ainsi on peut conclure, par analogie, que les arbres ne contribuent en rien ou du moins pour bien peu à la prospérité des mousses, des lichens, & des autres plantes parasites. Le véritable dommage qu'elles causent aux arbres, consiste dans la suppression de leur transpiration sous toute la partie qu'elles recouvrent, & l'on sait jusqu'à quel point cette sécrétion est essentielle à la plante, à l'homme & à l'animal.

On a conseillé de déchausser tout autour le pied de l'arbre jusqu'à la courbure principale des grosses racines, & de jeter dans cette fosse un demi-boisseau, par exemple, de cendres de bois ou de charbon de terre; c'est travailler & tourmenter un arbre en pure perte, puisque le remède ne peut pas produire l'effet qu'on désire. Par cet engrais, on augmentera la végétation de l'arbre, sans détruire les lichens ou les mousses, puisque ces plantes ne s'attachent que sur leurs écorces, & même sur les écorces devenues sèches, ligneuses, crevassées & réduites en croûtes sèches, comme on le voit sur les vieux chênes, &c. Dira-t-on que le sel des cendres, dissous & entraîné avec la sève dans son ascension & sa descension dans l'arbre, fera mourir ces plantes; ce seroit avancer un paradoxe, puisque la sève ne nourrit plus les écorces déjà séchées ou ligneuses. Il n'y a qu'un seul moyen capable de détruire ces lichens, ces mousses; c'est d'avoir des brosses à poils courts & rudes, ou des torchons de paille, & d'en frotter, après qu'il a plu, les branches, les troncs qui en sont chargés; alors ces lichens ramollis, cèdent facilement, & l'arbre reste net. En général, les arbres qui croissent dans des terreins secs, & dont les pieds sont assez éloignés les uns des autres pour que leurs têtes ne se touchent pas, ne sont pas sujets à avoir des plantes parasites; au contraire, ceux qui végètent dans un terrein bas, humide, ou souvent arrosé, ou sous un ciel pluvieux, en sont couverts, si on ne les en délivre ; ce qui prouve encore que ces plantes se nourrissent beaucoup plus des sucs répandus dans l'atmosphère, que de ceux de l'arbre.

Lorsque la mousse gagne une prairie, elle la détruit bientôt; la bonne herbe périt & meurt étouffée; il lui succède des plantes dont la végétation est analogue avec celle des mousses, ou du moins qui ne la détruisent pas. L'expérience a prouvé que toute espèce de *cendre*, (*Voyez* ce mot) répandue sur ce terrein, fait disparoître les mousses, & que la bonne herbe reprend leur place. La chaux éteinte à l'air & réduite en poussière, produit un effet encore plus prompt & plus sûr. Il vaudroit beaucoup mieux pour le propriétaire, conserver ces cendres, & s'en servir à la fabrication du *salpêtre*. (*Voyez* ce mot)

MOÛT, ou MOUST. Liqueur exprimée du raisin, de la poire, enfin de tous les fruits, & qui n'a pas encore subi le commencement de la *fermentation*, (*Voyez* ce mot) & qui par conséquent n'est pas, dans cet état, dans le cas de donner du spiritueux par la *distillation;* ce n'est même pas un vin, mais seulement une substance capable de le devenir. Le moût se digère très-difficilement, il fermente dans l'estomac, & occasionne des coliques, &c. par la quantité d'air qui s'en dégage dans ce viscère.

MOUTARDE, ou SENEVÉ, ou SINAPI, ou MOUTARDE NOIRE. (*Voyez Planche XXIII, page 672*) Tournefort la place dans la quatrième section de la cinquième classe, comme les *choux*, (*Voyez* ce mot) & il l'appelle *sinapi rapi folio.* Von Linné la classe dans la tétradymie siliqueuse, & il la nomme *sinapi nigra.*

*Fleur.* Composée de quatre pétales B, disposées en croix, & attachées au calice par des onglets. Le calice C est formé de quatre feuilles longues & étroites, qui tombent avant la maturité du fruit; les étamines D au nombre de six, dont quatre plus longues & deux plus courtes.

*Fruit.* Silique E, qui renferme les graines F *noires* & sphériques, ce qui fait appeler cette plante *moutarde noire.*

*Feuilles.* A-peu-près semblables à celles de la rave, plus petites, plus rudes au toucher, adhérentes aux tiges.

*Racine* A. En forme de navet, ligneuse, fibreuse.

*Port.* Tige haute de deux à trois pieds, moëlleuse, velue, rameuse; les fleurs portées par des péduncules au sommet; les feuilles placées alternativement.

*Lieux.* Les bords de la mer, les terreins pierreux; cultivée dans nos jardins; la plante est annuelle, fleurit en juin & juillet.

*Propriétés.* Odeur aromatique, piquante, d'une saveur âcre & brûlante. On ne se sert ordinairement que des semences; elles sont réputées sternutatoires, diurétiques, vésicatoires, puissamment détersives, anti-scorbutiques.

L'usage des semences réveille les forces vitales, elles échauffent & fortifient l'estomac affoibli par abondance d'humeurs séreuses & pituiteuses; elles sont indiquées dans la paralysie par humeurs séreuses; dans la paralysie par apoplexie pituiteuse; l'asthme pituiteux; le rhumatisme séreux; comme masticatoires, elles déterminent une plus grande sécrétion de salive, tendent à diminuer la paralysie de la langue, à relever le voile du palais & la luette, relâchés sans inflammation.

Les semences, réduites en poudre, & appliquées sous forme de cataplasmes sur les tégumens, causent en très-peu de temps une douleur aiguë, une grande chaleur, l'inflammation, & forment des vessies; mises sur le point douloureux de la poitrine dans les premiers jours d'une pleurésie ou d'une péripneumonie essentielle, elles calment la douleur, & favorisent la résolution avec plus de succès que les mouches cantharides; appliquées sur les parties affectées de rhumatisme séreux ou de paralysie par des humeurs séreuses, elles produisent souvent de bons effets; sur les jambes, dans les maladies soporeuses & dans les maladies de foiblesse, où il faut obtenir une prompte dérivation & produire une violente action sur le genre nerveux, elles sont d'un grand secours; on doit même les préférer dans ce cas à l'application des mouches cantharides, parce que l'action de ces dernières seroient trop lentes, & que la douleur n'en seroit ni assez vive, ni assez prompte, & que leurs mollécules passées dans les secondes voies, pourroient affecter le cerveau.

*Usages.* On donne pour l'homme les semences pulvérisées, depuis six grains jusqu'à une drachme, délayées dans quatre onces de véhicule aqueux, ou incorporées avec un sirop..... semences concassées, depuis une drachme jusqu'à une once, en macération au bain-marie dans cinq onces d'eau..... semences pulvérisées & mêlées avec suffisante quantité de vin ou de vinaigre, pour un cataplasme, à laisser plus ou moins sur les tégumens, suivant le degré de sensibilité du malade.

On a remarqué dans les hôpitaux ou dans les grandes maisons où l'on nourrit un nombre considérable d'hommes & d'enfans, que l'usage de la moutarde, mêlée avec les alimens, diminuoit beaucoup le vice scorbutique qui attaque souvent ces individus rassemblés. On retire, par expression, de la moutarde une huile qui sert à tous les usages économiques; mais pour l'en extraire, il faut avoir recours aux *moulin* & *pressoir* hollandois; (*Voyez* le mot MOULIN), les nôtres n'expriment pas les sucs assez fortement Si on désire lui faire perdre l'odeur & le goût du fruit qui rend cette huile désagréable à ceux qui n'y sont pas accoutumés, consultez l'article HUILE.)

MOUTARDE BLANCHE *ou* A FEUILLES DE PERSIL. *Sinapi alba.* LIN. même classe que la précédente.

*Fleur.* La même.

*Fruit.* Silique velue, dont l'extrémité est alongée & courbée comme un bec; semences quelquefois blanches.

*Feuilles.* Découpées, garnies de poils, adhérentes aux tiges.

*Racine.* Comme dans la précédente.

*Port.* Tige de la hauteur de deux à trois pieds, velue, rameuse, cylindrique; les fleurs au sommet, portées sur des péduncules de même que la précédente; feuilles alternes.

*Lieu.* Dans les blés, les prés; la plante est vivace.

*Propriétés.* Les mêmes que la précédente, mais dans un moindre degré.

MOUTON, BÉLIER, BREBIS. Médecine vétérinaire. Le mouton est le mâle coupé de la brebis. Cet animal domestique, symbole de la douceur & de la timidité, semble n'exister que pour fournir aux premiers besoins de l'homme. La laine, la peau, la chair, les os, tout enfin, dans cet animal, est devenu le domaine de la nécessité & de l'industrie.

On appelle bélier, le mâle de la brebis lorsqu'il n'a pas été coupé.

Ces animaux, dont le naturel est si doux, sont aussi d'un tempérament très-foible, sur-tout la brebis. Ils ne peuvent marcher longtemps, les voyages les affoiblissent & les exténuent; dès qu'ils courrent, ils palpitent & sont bientôt essouflés. La grande chaleur, l'ardeur du soleil, l'humidité, le froid excessif, les mauvaises herbes, &c. sont la source de leurs maladies.

La phisionomie du bélier se décide au premier coup d'œil. Les yeux gros & fort éloignés l'un de l'autre, les cornes abaissées, les oreilles dirigées horizontalement de chaque côté de la tête, le museau long & effilé, le chanfrein arqué sont les traits qui caractérisent la douceur & l'imbécillité de cet animal.

La grandeur des béliers varie beaucoup: ceux de médiocre taille ont, si on les mesure en ligne droite, depuis le bout du museau jusqu'à l'anus, trente-six ou quarante pouces; de hauteur du train de devant, mesuré depuis le garot jusqu'à terre, vingt à vingt-deux pouces; du train de derrière, un pouce de plus que celui de devant.

Nous ne nous étendrons pas davantage sur l'histoire naturelle du mouton. (Pour cet effet, *voyez* l'Histoire Naturelle de M. de Buffon, article Mouton, Brebis, &c.) Nous croyons assez remplir notre tâche, en donnant au long un traité économique sur cet animal. C'est principalement dans l'instruction pour les bergers & pour les propriétaires des troupeaux, de M. Daubenton, que nous avons puisé pour rédiger cet article. Le public, déjà prévenu en faveur de cet Ouvrage, nous saura sans doute gré de lui faire part de plus en plus des découvertes utiles de ce citoyen aussi zélé que respectable. Entrons en matière.

*PLAN du Travail.*

## PREMIÈRE PARTIE.

CHAPITRE PREMIER. *De la connoissance & du choix des bêtes à laine.*

CHAP. II. *Des alliances des bêtes à laine & de leur amélioration.*

CHAP. III. *De la génération & de la castration.*

CHAP. IV. *De l'engrais des moutons.*

CHAP. V. *De la conduite des moutons aux pâturages.*

CHAP. VI. *De la nourriture des moutons.*

CHAP. VII. *Manière de donner à manger aux moutons. De la quantité des alimens. Manière de les faire boire & de leur donner du sel.*

CHAP. VIII. *Du parcage des bêtes à laine.*

CHAP. IX. *Du logement, de la litière & du fumier des moutons.*

CHAP. X. *De la tonte des bêtes à laine.*

## DEUXIÈME PARTIE.

*Des Maladies des Moutons.*

CHAPITRE PREMIER. *Maladies aiguës.*

CHAP. II. *Maladies chroniques.*

# PREMIÈRE PARTIE.

## CHAPITRE PREMIER.

### *De la connoissance et du choix des Bêtes a laine.*

§. I. *De la connoissance de l'âge.*

Les bêtes à laine diffèrent les unes des autres par le sexe, par l'âge, par la hauteur de la taille, & par les qualités de la laine & de la chair.

On connoît l'âge par les dents du devant de la mâchoire inférieure, la mâchoire supérieure en étant dépourvue : elles sont au nombre de huit ; elles paroissent toutes dans la première année de l'animal, qui porte alors le nom d'agneau mâle ou femelle. Ces dents ont peu de largeur & sont pointues.

Dans la seconde année les deux du milieu tombent, & sont remplacées par deux nouvelles dents que l'on distingue aisément par leur largeur, qui surpasse de beaucoup celle des six autres : durant cette seconde année le bélier, la brebis & le mouton portent le nom d'antenois ou de primet.

Dans la troisième année, deux autres dents pointues, une de chaque côté de celles du milieu, sont remplacées par deux larges dents ; de sorte qu'il y a quatre larges dents au milieu, & deux pointues de chaque côté.

Dans la quatrième année, les larges dents sont au nombre de six, & il ne reste que deux dents pointues ; elles sont toutes remplacées par de larges dents.

On peut donc, par l'état de ces huits dents, s'assurer de l'âge des bêtes à laine pendant leur cinq premières années ; ensuite on l'estime par l'état des dents mâchelières ; plus elles sont usées & rasées, plus l'animal est vieux. Enfin, les dents de devant tombent ou se cassent à l'âge de sept ou huit ans. Il y a des bêtes à laine qui perdent quelques dents de devant dès l'âge de cinq ou six ans.

§. II. *Des différences de la taille des bêtes à laine, & comment on les reconnoît.*

On distingue les bêtes à laine de divers pays, en diverses races ou branches qui diffèrent entr'elles par la hauteur de la taille, par les qualités de la laine, &c.

Pour connoître les différences de la taille, il faut prendre la hauteur de chaque bête, depuis terre jusqu'au garot, comme on mesure les chevaux. On dit qu'il y a des races de bêtes à laine qui n'ont qu'un pied de hauteur ; ce sont les plus petites : d'autres ont jusqu'à trois pieds huit pouces, ce sont les plus grandes. Ainsi, les races moyennes de toutes les bêtes à laine connues, ont environ deux pieds quatre pouces de hauteur, suivant les mesures qui en ont été données. Mais il n'y a en France que les bêtes à laine de Flandre qui aient plus de deux pieds quatre pouces. Ainsi, parmi les autres races, la petite taille va depuis un pied jusqu'à dix-sept pouces ; la taille moyenne, depuis dix-huit pouces jusqu'à vingt-deux, & la grande taille, depuis vingt-trois jusqu'à vingt-sept pouces. On est aussi dans l'usage de mesurer les bêtes à laine depuis les oreilles jusqu'à la naissance de la queue ; mais cette mesure est sujette à varier dans les différentes situations de la tête de l'animal. On peut juger de l'une de ces mesures par l'autre ; car la hauteur d'une bête à laine a un tiers de moins que sa longueur. Par exemple, un mouton qui est long de trois pieds, n'a que deux pieds de hauteur.

### §. III. *Des différences des laines, manière de les connoître.*

Les laines sont blanches, ou de mauvaise couleur, courtes ou longues, fines ou grosses, douces ou rudes, fortes ou foibles, nerveuses ou molles.

Il n'y a que les laines blanches qui reçoivent des couleurs vives par la teinture. Les laines jaunes, rousses, brunes, noirâtres ou noires ne sont employées dans les manufactures qu'à des ouvrages grossiers, ou pour les vêtemens des gens de la campagne, lorsqu'elles sont de mauvaise qualité ; mais celles qui sont fines servent pour des étoffes qui restent avec leur couleur naturelle, sans passer à la teinture.

Les mèches de la laine sont composées de plusieurs filamens, qui se touchent les uns les autres par leurs extrémités. Chaque mèche forme dans la toison un flocon de laine séparé des autres par le bout. Les laines les plus courtes n'ont qu'un pouce de longueur, les plus longues ont jusqu'à quatorze pouces & davantage. Il y en a de toutes longueurs, depuis un pouce jusqu'à quatorze, & même jusqu'à vingt-deux pouces.

Il y a des filamens très-fins dans toutes les laines, même dans les plus grosses ; mais quelle que soit la finesse ou la grosseur d'une laine, ses filamens les plus gros se trouvent au bout des mèches. En examinant ces filamens dans un grand nombre de races de moutons, on a distingué différentes sortes de laines ; savoir, des laines superfines, laines fines, laines moyennes, laines grosses, laines supergrosses.

Pour reconnoître ces différentes sortes de laines, il faut avoir des échantillons de chaque sorte pour leur comparer la laine dont on veut connoître la finesse ou la grosseur. *Voyez la planche XX de l'instruction pour les bergers & pour les propriétaires de troupeaux*, par M. Daubenton. Pour faire cet examen, on prendra une mèche sur le garat du mouton, où se trouve toujours la plus belle laine de la toison. Ensuite on séparera un peu les filamens de l'extrémité de cette mèche les uns des autres, pour les mieux voir ; on les mettra à côté des échantillons, sur une étoffe noire, pour les faire mieux paroître. Alors on verra facilement auquel des échantillons ils ressembleront le plus. Pour savoir, par exemple, si la laine d'un bélier est plus ou moins fine que celle des brebis avec lesquelles on veut le faire accoupler, il faut couper le bout d'une mèche sur le garot du bélier, & en placer les filamens sur une étoffe noire ; on mettra sur la même étoffe, des filamens pris au boût des mèches du garot de quelques brebis, & l'on reconnoîtra aisément si leur laine est plus ou moins fine que celle du bélier.

En touchant un flocon de laine, on sent aisément si elle est douce & moëlleuse sous la main, ou rude & sèche, ou bien l'on étend une mèche entre deux doigts, & en frottant légèrement ses filamens, on connoît s'ils sont doux ou rudes.

Si des filamens de laine qu'on prend & qu'on tend, en les tenant des deux mains par les deux bouts, cassent au premier effort, c'est une preuve que la laine est foible; plus ils résistent, plus la laine a de force.

Pour connoître si la laine est nerveuse ou molle, on en prend une poignée & on la serre; ensuite on ouvre la main. Alors si la laine est nerveuse, elle se renfle autant qu'elle l'étoit avant d'avoir été comprimée dans la main; au contraire, si la laine est molle, elle reste affaissée ou se renfle peu.

Les laines blanches, fines, douces, fortes & nerveuses sont les meilleures laines. Celles qui ont une mauvaise couleur, & qui sont grosses, rudes, foibles ou molles, sont de moindre qualité. Les laines mêlées de beaucoup de jarre sont les plus mauvaises.

Le jarre est un poil mêlé avec la la laine, & qui en diffère beaucoup; il est dur & luisant; il n'a pas la douceur de la laine, & il ne prend aucune teinture dans les manufactures. Une laine jarreuse ne peut servir qu'à des ouvrages grossiers: plus il y a de jarre dans la laine, moins elle a de valeur. On voit du jarre dans les laines superfines, & il s'en trouve d'aussi fin que ces laines.

## §. IV. *Des signes de la mauvaise & bonne santé des bêtes à laine.*

Les parties du corps dégarnies de laine, le regard triste, la mauvaise haleine, les gencives & la veine pales, sont autant de signes de la mauvaise santé des bêtes à laine. Les signes, au contraire, de leur bonne santé, se réduisent aux suivans: la tête haute, l'œil vif & bien ouvert; le front & le museau secs, les naseaux humides sans mucosité; l'haleine sans mauvaise odeur, la bouche nette & vermeille, tous les membres agiles, la laine fortement adhérente à la peau qui doit être rouge, douce & souple, le bon appetit, la chair rougeâtre, & sur-tout la veine bonne & le jarret fort.

Pour connoître la veine, le berger met le mouton entre ses jambes; il empoigne sa tête avec les deux mains; il relève avec le pouce de la main droite, la paupière du dessus de l'œil, & avec le pouce de la main gauche, il abaisse la paupière du dessous. Alors il regarde les veines du blanc de l'œil; si elles sont bien apparentes, d'un rouge vif, & si les chairs qui sont au coin de l'œil, du côté du nez, ont aussi une belle couleur rouge, c'est un signe que l'animal est en bonne santé.

Pour savoir si le jarret est bon, il faut saisir le mouton par l'une des jambes de derrière; s'il fait de grands efforts pour retirer sa jambe; si l'on est obligé d'employer beaucoup de force pour la retenir, c'est une preuve que l'animal est fort & vigoureux.

## §. V. *Des proportions qui font reconnoître un bon bélier & les bonnes brebis.*

Il faut choisir des béliers qui aient la tête grosse, le nez camus, les naseaux courts & étroits, le front large, élevé & arrondi, les yeux noirs, grands & vifs, les oreilles grandes & couvertes de laine, l'encolure large, le corps élevé, gros & allongé, le rable large, le ventre grand, les testicules gros & la queue longue.

Les brebis doivent avoir le corps grand, les épaules larges, les yeux gros, clairs & vifs, le col gros & droit, le ventre grand, les tettines longues, les jambes menues & courtes, & la queue épaisse.

Quant aux moutons, il faut choisir ceux qui n'ont point de corne, qui sont vigoureux, hardis & bien faits dans leur taille, qui ont de gros os & la laine douce, grasse, nette & bien frisée.

§. VI. *A quel âge faut-il prendre les bêtes à laine pour former un troupeau? Doit-on toujours préférer les bêtes à laine de la plus haute taille? Les plus grandes races sont-elles préférables dans tous les pays?*

Pour former un troupeau, il faut prendre les béliers à deux ans: c'est l'âge où ils commencent à avoir assez de force pour produire de bons agneaux. Ils sont bons béliers jusqu'à l'âge de huit ans; mais plus vieux, ils ne peuvent plus être de bon service. Il faut aussi prendre des brebis de l'âge de deux ans, & préférer celles qui n'ont pas porté, s'il est possible d'en trouver. A cinq ans les brebis sont encore plus propres à produire de bons agneaux, si elles n'ont jamais porté, ou au moins si elles n'ont pas porté avant l'âge de dix-huit mois ou deux ans. A sept ou huit ans, elles s'affoiblissent, parce que les dents de devant leur manquent pour brouter. On prend les moutons à l'âge de deux ou trois ans, pour en tirer les toisons jusqu'à l'âge de sept ans, & alors on les engraisse pour les vendre au boucher.

On ne doit pas toujours préférer les bêtes à laine de la plus haute taille. Une bête à laine de taille médiocre, & même petite, est préférable à une plus grande, lorsqu'elle a de meilleure laine; mais lorsque la qualité de la laine est la même, il faut choisir les plus grandes, parce qu'elles sont d'un meilleur produit par les toisons & par la vente que l'on fait de l'animal pour la boucherie, & aussi parce qu'elles sont plus fortes & plus robustes.

Les plus grandes races ne sont pas non plus à préférer dans tous les pays, parce qu'il faut des pâturages très-abondans pour suffire à la nourriture des bêtes à laine de grande race, telle que la flandrine. Elles ne trouveroient pas assez de nourriture dans les terreins secs & élevés, où l'herbe est rare & fine. Ces terreins conviennent mieux aux petites espèces qui demandent moins de nourriture. On ne met pas des moutons de grande race sur des terreins humides, parce qu'ils y sont plus sujets à la maladie de la *pourriture* (*Voyez* ce mot) que les moutons de petite race. D'ailleurs, si les petits étoient attaqués de ce mal, il y auroit moins à perdre que sur les grands.

## CHAPITRE II.

### DES ALLIANCES DES BÊTES A LAINE, ET DE LEURS AMÉLIORATIONS.

§. I. *Des précautions à prendre pour tirer un bon produit des alliances des bêtes à laine.*

Pour tirer un bon produit des alliances des bêtes à laine, il ne faut donner le bélier aux brebis que dans le temps qui est le plus favorable pour l'accouplement, & qui répond le mieux à la saison où les agneaux prennent un bon accroissement. On doit choisir les béliers & les brebis les plus propres à perfectionner l'espèce, soit pour la taille, soit pour la laine. Il faut séparer les béliers des brebis, lorsqu'il est à craindre qu'ils ne s'accouplent trop tôt.

§. II. *Du temps le plus favorable pour l'accouplement des bêtes à laine.*

Ce temps n'est pas le même partout; il dépend du froid des hivers & de la chaleur des étés, dans les différens pays où sont les troupeaux.

Plus les hivers sont rigoureux, plus il faut retarder le temps des accouplemens. On ne doit les permettre dans nos provinces septentrionales, qu'en septembre, en octobre, afin que les agneaux ne naissent qu'au mois de février & de mars, & ne soient pas exposés aux grands froids qui retarderoient leur accroissement dans le premier âge, parce qu'ils n'auroient que de mauvaises nourritures s'ils étoient nés plutôt. Au contraire, dans les pays où les hivers sont doux, & les étés fort chauds, tels que la Provence & le bas-Languedoc, il faut avancer les accouplemens, en donnant les béliers aux brebis dès le mois de juin ou de juillet, afin d'avoir des agneaux dans les mois de novembre ou de décembre. Ils n'ont rien à craindre de l'hiver, ils trouvent une bonne nourriture dans cette saison, & ils deviennent assez forts pour résister aux grandes chaleurs de l'été; ils ont beaucoup plus de laine dans le temps de la tonte, & ils sont beaucoup plus grands à la fin de l'année que s'ils n'étoient venus qu'après l'hiver. Tous ces usages étant bons, les uns pour les pays chauds, & les autres pour les pays froids, le plus sûr, dans les pays tempérés, où l'hiver est doux dans quelques années, & très-froid dans d'autres, est d'attendre le mois de septembre pour donner le bélier aux brebis, parce que l'on courroit le risque de perdre beaucoup d'agneaux, si l'hiver étoit très-froid, & qu'ils vinssent à naître dans les mois de décembre ou de janvier.

§. III. *Les béliers qui n'ont point de cornes sont-ils aussi bons que ceux qui en ont? A quel âge sont-ils en état de produire de bons agneaux? Combien faut-il donner de brebis à chaque bélier?*

On doit préférer les béliers qui n'ont point de cornes, parce qu'ils tiennent moins de place au ratelier, & qu'on a moins à craindre qu'ils ne blessent quelqu'un, qu'ils ne soient blessés eux-mêmes en se battant à coups de tête les uns contre les autres, & qu'ils ne fassent du mal aux autres bêtes du troupeau ; sur-tout aux brebis pleines. D'ailleurs, les agneaux qu'ils produisent ont la tête moins grosse que ceux qui viennent des béliers cornus, & fatiguent moins la mère lorsqu'elle met bas. Mais dans les pays où l'on enferme les moutons par des clôtures de haies, on préfère ceux qui ont des cornes, parce qu'elles les empêchent de passer à travers les haies, & de perdre de leur laine en les traversant.

Les béliers sont en état de produire des agneaux depuis l'âge de dix-huit mois jusqu'à sept ou huit ans; c'est à trois ans qu'ils sont le plus vigoureux. Lorsqu'on fait accoupler des béliers de dix-huit mois ou deux ans, il faut choisir les plus forts. Dès l'âge de six mois ils pourroient saillir les brebis; mais n'ayant pas encore pris assez d'accroissement, ils ne produiroient que de foibles agneaux: passé huit ans ils sont trop vieux.

Il faut donner plus de brebis aux béliers jeunes & vigoureux, qu'à ceux qui sont vieux & foibles. Un bon bélier peut servir cinquante ou soixante brebis ; mais pour conserver un bélier sans l'affoiblir, & pour avoir de forts agneaux qui ne dégénèrent pas de l'espèce du bélier, il ne lui faut donner que douze à quinze brebis. Il faut au surplus que le bélier soit de bonne taille, bien sain & couvert de bonne laine.

§. IV. *A quel âge doit-on faire saillir les brebis ? Sont-elles susceptibles de transmettre leurs vices aux agneaux ? Moyens de les prévenir.*

Il faut faire saillir les brebis depuis l'âge de dix-huit mois jusqu'à huit ans. Dès l'âge de six mois, elles donnent des signes de chaleur, & elles peuvent recevoir le mâle ; mais elles sont trop jeunes pour produire de bons agneaux, & passé huit ans, elles sont trop vieilles : cependant on en voit qui font de bons agneaux dans un âge plus avancé. Les brebis sont dans leur plus grande force à quatre ans. Le meilleur est de ne commencer qu'à trois ans à les faire couvrir.

Les défauts & les vices que les brebis peuvent communiquer à leurs agneaux, sont ceux de leur taille de leur laine, & de plusieurs maladies. L'agneau participe aux mauvaises qualités de la brebis & du bélier dont il vient. Il faut choisir, pour l'accouplement, les bêtes blanches, ou celles qui n'ont que la face & les pieds tachés.

Pour relever la taille des bêtes à laine, il faut choisir les brebis les plus grandes du troupeau, & leur donner des béliers qui soient encore plus grands qu'elles. Dès la première génération les agneaux deviendront plus grands que les mères, presqu'aussi grands que les pères, & quelquefois plus grands. ( *Voyez* ce qui est dit au mot LAINE. )

§. V. *Comment peut-on améliorer les laines ?*

Il y a deux sortes d'amélioration pour les laines : on peut les rendre plus longues ou plus fines.

On les rend plus longues, en choisissant dans le troupeau les brebis qui ont la plus longue laine, & les faisant accoupler avec des béliers qui ont la laine encore plus longne ; celle des agneaux qu'ils produiront deviendra plus longue que la laine des mères, & quelquefois plus longue que celle des pères.

On a eu des preuves de cet accroissement de la laine en longueur, en donnant des béliers dont la laine avoit six pouces de longueur, à des brebis dont la laine n'étoit longue que de trois pouces. Celle des bêtes qui sont venues de ces alliances, avoit jusqu'à cinq pouces & demi de longueur. En donnant aux brebis, à toutes les générations, des béliers dont la laine étoit plus longue que la leur, on est parvenu en Angleterre à avoir des laines longues de vingt-deux pouces. On auroit peine à croire cette grande amélioration, si l'on n'avoit vu cette laine, & mesuré la longueur de ses filamens.

Pour rendre la laine plus fine, on choisit dans le troupeau que l'on veut améliorer, les brebis qui ont la laine la moins grosse, & on leur donne des béliers qui aient une laine plus fine. Les bêtes qu'ils produisent ont la laine moins grosse que celle des mères, & quelquefois aussi fine & même plus fine que la laine des pères.

On a eu également des preuves de cette amélioration de la laine en finesse, en donnant des béliers qui avoient une laine fine, à des brebis à laine grosse. Celle des agneaux qu'ils ont produits est devenue de qualité moyenne, entre le fin & le gros. Des brebis à laine moyenne, ayant été alliées avec des béliers à laine superfine, leurs agneaux ont eu une laine fine : quelquefois la laine des agneaux a surpassé en finesse celle des béliers qui les avoient produits. Par ces alliances on est parvenu à améliorer au degré de superfin des races d'Angleterre, de Flandres, d'Auxois, de Roussillon & de Maroc, par des béliers de Roussillon, sans avoir des béliers d'Espagne. On en a eu des preuves convaincantes dans un troupeau de trois cents bêtes de différentes races qui ont des laines superfines, quoiqu'elles viennent de brebis à grosses laines, la plûpart jarreuses : ces brebis ont été accouplées avec des béliers de Roussillon. Le troupeau, ainsi amélioré est en Bourgogne, près de la ville de Montbard, sans que les agneaux aient été mieux nourris & mieux soignés que leur père. On les avoit laissés à l'air nuit & jour pendant toute l'année, au lieu de les renfermer dans des étables.

§. VI. *Comment peut-on rendre la production de la laine plus abondante ? Peut-on faire produire par des brebis jarreuses des agneaux qui n'ont point de jarre ?*

Pour augmenter le poids des toisons, il faut avoir des béliers qui portent plus de laine que ceux du troupeau que l'on veut améliorer. La toison des agneaux qui en viendront, sera proportionnée à celle de leurs pères. On a des preuves de cette amélioration par les expériences suivantes faites dans un canton où les pâturages sont maigres, & où les moutons & les béliers ne portent communément qu'une livre ou cinq quarterons de laine, & les brebis trois quarterons ; en donnant à ces brebis des béliers qui avoient environ trois livres de laine, leurs agneaux en ont eu à la seconde année deux livres, & jusqu'à deux livres & demie. Un bélier de Flandres dont la toison pesoit cinq livres dix onces, ayant été allié à une brebis de Roussillon, qui n'avoit que deux livres deux onces de laine, a produit un agneau mâle, qui dans sa troisième année, en portoit cinq livres quatre onces six gros. Ce bélier avoit été bien nourri; car il ne faut pas espérer qu'avec des pâturages & des fourrages peu abondans, les moutons puissent avoir des toisons d'un grand poids.

Si l'on fait accoupler une brebis médiocrement jarreuse, avec un bélier qui n'ait point de jarre, l'agneau qu'ils produiront ne sera pas jarreux. Si la brebis a beaucoup de jarre, son agneau en aura aussi, mais en moindre quantité. Si cet agneau est une femelle, qui soit accouplée dans la suite avec un bélier sans jarre, leur agneau n'en aura point. On a eu plusieurs preuves de cette amélioration après avoir fait accoupler exprès des brebis jarreuses avec des béliers sans jarre.

§. VII. *Si l'on peut rendre l'amélioration des bêtes à laine plus prompte & plus profitable, en achetant des béliers de haut prix.*

Pour toutes les améliorations des bêtes à laine, les béliers les plus parfaits améliorent le plus promptement, & donnent le plus de profit. Il ne faut donc pas épargner l'argent pour faire venir des béliers de loin, lorsque les bonnes races se trouvent dans des pays éloignés. On peut compter d'avance ce que l'on pourra gagner sur les agneaux qu'ils produiront, par l'amélioration de leur taille & de leur laine en quantité & en qualité. On ne sera pas surpris qu'un bélier, dont la laine avoit jusqu'à vingt-trois pouces de longueur, ait été vendu 1200 francs en Angleterre. Jamais l'amélioration des troupeaux ne se soutiendra dans un pays où les béliers ne seront pas de très-grand prix. Il faudroit au moins qu'ils se vendissent plus chers que les beaux moutons, afin d'engager les propriétaires des troupeaux à garder les meilleurs agneaux pour en faire des béliers. On seroit plus sûr d'avoir ces béliers, si l'on donnoit des arrhes au propriétaire, pour l'empêcher de faire couper ou de vendre les agneaux que l'on avoit choisis. Il vaudroit encore mieux les acheter, afin de les bien nourrir jusqu'au temps où ils seroient en état de service. Il faudroit aussi que les communautés missent de bons béliers dans leurs troupeaux; un bélier produit chaque année au moins quinze ou vingt agneaux, tandis qu'une brebis n'en a ordinairement qu'un seul. Il faudroit donc quinze ou vingt fois plus de brebis qu'il ne faut de béliers pour avoir la même amélioration; d'où l'on doit conclure que les bons béliers sont plus nécessaires que les bonnes brebis pour l'amélioration des troupeaux.

§. VIII. *Moyens pour améliorer une race de bêtes à laine, sans faire de dépense, ou avec peu de dépense.*

Il est possible d'améliorer une race de bêtes à laine sans faire de dépense, mais il faut beaucoup de temps. L'amélioration se fait peu à peu; si l'on choisit tous les ans les meilleurs agneaux mâles pour être des béliers lorsqu'ils seront en bon âge, & les meilleurs agneaux femelles pour les accoupler dans la suite avec les béliers de choix, chaque génération sera meilleure que celle qui l'aura précédée, mais les progrès seront lents.

Quant aux moyens d'améliorer plus promptement & avec peu de dépense, il faudroit acheter des béliers d'une race meilleure que celle que l'on veut améliorer; on peut trouver de ces béliers dans le voisinage, alors il n'en coûte pas beaucoup; si l'on est obligé de les aller chercher un peu loin, ce n'est encore qu'une petite dépense, & l'on gagne bien du temps pour l'amélioration, parce que ces béliers ayant des qualités supérieures à celles des brebis les mieux choisies de la race que l'on veut perfectionner, & étant accouplés avec elles, ils produisent des agneaux qui ont de meilleures qualités que s'ils étoient venus des béliers de la race de leurs mères.

§. IX. *Moyens pour maintenir en bon état une race de bêtes à laine améliorée.*

Lorsqu'une race de bêtes à laine est améliorée au point qu'on le désiroit, pour la maintenir dans cet état, il faut la bien loger, la bien nourrir, guérir les maladies, tâcher de les prévenir; il faut aussi avoir grand soin de ne faire accoupler que les meilleurs béliers & les meilleures brebis, tant pour la taille, pour la quantité & la qualité de la laine, que pour la bonne santé, car il n'y a rien de bon à espérer d'une brebis, & principalement d'un bélier, qui seroient foibles ou de mauvaise santé.

§. X. *Est-il nécessaire de faire venir des brebis avec les béliers, lorsqu'on veut avoir une race d'un pays éloigné ou d'un pays étranger?*

En faisant venir des brebis avec les béliers, la dépense seroit plus grande; il est vrai que l'on gagneroit du temps, puisque l'on auroit la race parfaite dès la première génération; mais il y auroit plus de risque pour le succès de l'entreprise, que si l'on ne faisoit venir que des béliers sans brebis. Il faut que non-seulement les béliers, mais aussi les brebis, ne trouvent, dans les pays où ils ont été amenés, rien qui leur soit nuisible, ni aux agneaux qu'ils produiront; au lieu qu'en accouplant des béliers étrangers avec des brebis du pays, il n'y a de risque que pour les béliers; les agneaux qui viennent de ce mêlange ayant déjà le tempéramment à demi fait au pays, puisque leurs mères en sont.

§. XI. *De l'âge & de la saison auxquels il faut faire venir les bêtes à laine; manière de les gouverner dans le voyage; précautions à prendre pour les accoutumer au nouveau pays.*

Le meilleur âge pour faire voyager les bêtes à laine, est celui où elles ont pris la plus grande partie de leur accroissement: c'est à deux ans. La meilleure saison est lorsqu'il ne fait pas trop chaud, lorsque la terre n'est ni gelée ni mouillée, lorsqu'il y a de l'herbe sur les chemins pour servir de pâture, & lorsque les brebis ne sont pas pleines & n'allaitent pas leurs agneaux. D'après ces considérations, il faut prendre le temps le plus favorable, par rapport à la longueur de la route & au pays que les moutons doivent traverser.

Il faut encore les mener doucement, sans les échauffer ni les fatiguer. On doit les faire reposer à l'ombre dans le milieu du jour, lorsqu'il fait chaud; il faut les laisser paître chemin faisant. Quand ces animaux sont arrivés au gîte, on leur donne du fourrage, s'ils n'ont pas le ventre assez rempli, & de l'avoine pour les fortifier : ils peuvent faire quatre, cinq ou six lieues moyennes chaque jour; mais lorsqu'ils paroissent fatigués, il est nécessaire de les faire séjourner pour qu'ils se reposent. Si, dans les lieux où l'on s'arrête, il n'y a point de rateliers, on attache plusieurs bottes de fourrage à une corde par un nœud coulant, & on les suspend à la hauteur des moutons. Ils se placent autour du fourrage : à mesure qu'ils en mangent, le nœud se serre, & empêche que le reste du foin ne tombe.

Quant aux précautions à prendre, lorsque les bêtes à laine sont arrivées dans un pays nouveau pour elles, elles se réduisent à peu de chose, si ces animaux ne viennent pas de loin; mais si on les a tirées d'un pays éloigné, on doit s'informer de la manière dont elles y étoient nourries & conduites au pâturage; il faut tâcher de les gouverner de la même manière, & de leur donner les mêmes nourritures; si l'on est obligé à quelque changement, on ne le fera que peu à peu, & avec prudence.

## CHAPITRE III.

### *De la génération.*

§. I. *Des précautions qu'il faut prendre pour l'accouplement des bêtes à laine.*

On doit faire un bon choix des béliers & des brebis pour améliorer les races, ou pour les empêcher de dégénérer; il faut sur-tout ne prendre, pour l'accouplement, que des bêtes en bonne santé & en bon âge; si l'on s'apperçoit que quelques brebis refusent le mâle, on peut leur donner quelques poignées d'avoine ou de chenevis, ou une provende composée d'un oignon ou de deux gousses d'ail, coupés en petits morceaux, & mêlés avec deux poignées de son & une demi-once de sel, qui fait deux pincées; il faut traiter de même les béliers, lorsqu'ils ne sont pas assez ardens.

§. II. *Des soins qu'il faut avoir des brebis après l'accouplement. Moyens pour prévenir les accidens qui causent l'avortement.*

Il s'agit de préserver les brebis de tout ce qui peut faire mourir l'agneau dans le ventre de la mère, ou la faire avorter; la mauvaise nourriture, la fatigue, les sauts, la compression du ventre, la trop grande chaleur, la frayeur peuvent causer ces accidens, qui ne sont que trop fréquens. (*Voyez* AVORTEMENT)

On ne peut pas, à la vérité, prévenir la frayeur que cause un coup de tonnerre, ou l'approche d'un loup; mais

mais on peut empêcher que les chiens, les béliers, ou d'autres animaux n'épouvantent les brebis lorsqu'elles sont pleines; il faut les bien nourrir, les conduire doucement, ne les pas mettre dans le cas de sauter des fossés, des rochers, des haies, &c., de se serrer les unes contre les autres, ou de se heurter contre des portes, des murs, des pierres ou des arbres.

§. III. *Combien de temps les brebis portent-elles? Comment connoît-on qu'une brebis est prête à mettre bas? Que faut-il faire lorsqu'elle souffre trop long-temps sans pouvoir mettre bas?*

La brebis porte environ cent cinquante jours, qui font à peu près cinq mois. On s'apperçoit qu'elle est prête à mettre bas, par le gonflement des parties naturelles & du pis qui se remplit de lait, & par un écoulement de sérosités & de glaires par les parties naturelles, & que les bergers appellent les mouillures; elles durent vingt-cinq jours, & quelquefois un mois ou six semaines.

Si l'accouchement est laborieux, si la brebis souffre trop long temps sans pouvoir mettre bas, il faut tâcher de savoir si les forces lui manquent, ou si, au contraire, elle a trop de chaleur & d'agitation; dans ce dernier cas il est bon de la saigner, mais si elle est foible, il faut lui faire boire un verre de bon vin, ou deux verres de piquette, ou de bierre, ou de cidre, ou de poiré : on doit préférer celui de ces breuvages qui est le moins cher dans le pays où l'on se trouve. On peut aussi donner à la brebis la provende qui a été conseillée pour exciter la chaleur dans le temps de l'accouplement. (*Voyez* le §. I.) Mais, avant d'employer les remèdes, il faut être bien sûr que l'accouchement n'est retardé que par la foiblesse de la mère; ils lui seroient très-contraires si, au lieu d'être trop foible, elle étoit trop agitée, ce qu'il est aisé de connoître par la chaleur des oreilles, & le pouls plus prompt que dans les autres brebis, par la langue & les lèvres sèches, la rougeur des yeux & le battement du flanc.

§. IV. *Ce qu'il y a à faire lorsqu'une brebis agnèle, & que l'agneau se présente mal. De la situation de l'agneau dans le ventre de la mère. Des moyens à employer pour changer la mauvaise situation de l'agneau. Du délivre.*

Il n'y a rien à faire si l'agneau se présente bien & sort facilement; mais s'il reste trop long-temps au passage, il faut l'aider à sortir en le tirant peu-à-peu & doucement; mais il faut attendre pour cela que la brebis fasse elle-même des efforts pour le pousser au-dehors; si au contraire il se présente mal, il faut tâcher de changer sa mauvaise situation, & de le retourner pour le mettre en état de sortir.

Pour que l'agneau sorte aisément du ventre de la mère, il faut qu'il présente le bout du museau à l'ouverture de la matrice ou portière, & qu'il ait les deux pieds de devant au dessous du museau & un peu en avant; ses deux jambes de derrière doivent être repliées sous son ventre, & s'étendre en arrière à mesure qu'il sort de la matrice.

Les mauvaises situations les plus fréquentes qui empêchent l'agneau de sortir de la matrice, sont, 1°. la mauvaise situation de la tête, lorsque l'agneau, au lieu de présenter le bout du museau à l'ouverture de la matrice, présente quelque partie du sommet ou des côtés de la tête, tandis que le bout du museau est tourné de côté ou en arrière.

2°. La mauvaise situation des jambes de devant, qui, au lieu d'être étendues en avant de façon que les pieds se trouvent à l'ouverture de la matrice avec le museau, sont repliées sur le cou ou étendues en arrière.

3°. La mauvaise situation du cordon ombilical, lorsqu'il passe devant l'une des jambes.

Pour changer ces mauvaises situations, le berger, lorsqu'il sent, à l'ouverture de la matrice, la tête de l'agneau, au lieu du museau, doit tâcher de repousser la tête en arrière, & d'attirer le museau à l'ouverture de la matrice; il est nécessaire qu'il frotte ses doigts avec de l'huile, pour faire cette opération sans blesser la brebis ni l'agneau; s'il ne voit pas les pieds de devant, il faut qu'il tâche de les trouver & de les attirer à l'ouverture de la matrice; si les jambes de devant sont étendues en arrière, il faut que le berger tâche de faire sortir la tête, ensuite qu'il essaye d'attirer les deux jambes de devant, ou seulement l'une, pour empêcher que les épaules ne forment un trop grand obstacle à la sortie de l'agneau; si les jambes de devant restoient étendues en arrière, on seroit obligé de tirer l'agneau avec tant de force, que l'on courroit risque de le faire mourir. Lorsque le berger reconnoît que le cordon passe devant l'une des jambes, il doit tâcher de le rompre sans attirer le délivre, le cordon se rompant de lui-même dès que l'agneau est sorti.

Le délivre est composé des membranes qui enveloppoient l'agneau dans le ventre de la mère; elles tombent quelque temps après que l'agneau est né. Si le délivre ne sort pas de lui-même, le berger doit le tirer doucement; s'il le tiroit avec force, il risqueroit de le casser ou de déchirer la matrice, ou d'attirer celle-ci au-dehors avec le délivre; lorsqu'il est sorti, on l'éloigne de la mère, pour empêcher qu'elle ne le mange.

§. V. *Des soins qu'il faut avoir pour la brebis après qu'elle a mis bas. Des moyens à employer pour qu'elle allaite son agneau & qu'elle le soigne. Ce qu'il y a à faire lorsqu'elle fait plus d'un agneau d'une même portée.*

Quelques heures après que la brebis a mis bas, il faut lui donner un peu d'eau blanche tiède, du son, de l'orge ou de l'avoine, & la meilleure nourriture que l'on pourra trouver dans la saison; on la laisse avec son agneau pendant quelques jours; tant qu'elle allaite il faut la bien nourrir.

Pour que la brebis allaite son agneau & le soigne, on comprime les mammelons de la mère, c'est-à-dire, les bouts du pis, afin de les déboucher en faisant sortir un peu de lait. Il faut prendre garde si la mère lèche son agneau pour le sécher; & lorsqu'elle ne le fait pas, on répand un peu de sel en poudre sur l'agneau, & on l'approche de la mère pour l'engager à le lécher par l'appât du sel. Lorsque la saison est humide ou froide, on peut, s'il est nécessaire, aider la mère à sécher son agneau, en l'essuyant avec du foin ou avec un linge. Les brebis qui agnèlent pour la première fois, sont plus sujettes que les autres à négliger leurs agneaux; pour les rendre plus attentives, on les sépare du troupeau, & on les enferme quelque part avec leurs agneaux. Lorsqu'un agneau ne cherche pas de lui-même la mammelle, c'est-à-dire le pis pour tetter, il faut l'en approcher, & faire couler du lait de la mammelle dans sa gueule. Lorsqu'une brebis rebute son agneau, qu'elle l'empêche de tetter & qu'elle le fuit, il faut la tenir en place, & lever une jambe de derrière pour mettre les mammelles à portée de l'agneau.

La brebis fait ordinairement un seul agneau, quelquefois deux, & très-rarement trois. Il y a des races de brebis qui portent deux fois l'an. On dit que celles des comtés de Juliers & de Clèves portent deux fois, & donnent deux ou trois agneaux chaque fois; cinq brebis produisent jusqu'à vingt-cinq agneaux en un an. Quoi qu'il en soit, si la brebis qui a fait plus d'un agneau est grasse, si les mammelles sont grosses & bien remplies, si la saison commence à être bonne pour les pâturages, on peut laisser à la mère deux agneaux, mais il faut lui ôter le troisième; & même le second, si elle est foible, ou si la saison est mauvaise.

§. VI. *Comment fait-on venir du lait aux brebis qui n'en ont pas assez? En quel temps peut-on traire les brebis, & quelles sont celles que l'on peut traire? De l'usage du lait.*

On fait venir du lait aux brebis en leur donnant de l'avoine ou de l'orge mêlées avec du son, des raves & des navets; des carottes, des panais ou des salsifix; des pois cuits, des fèves cuites, des choux ou du lierre, &c. (*Voyez* tous ces mots.) on les mène dans les meilleurs pâturages. On a remarqué que le changement de pâturage leur donne de l'appétit, & leur fait beaucoup de bien, pourvu qu'on ne les fasse pas sortir d'un bon pâturage pour les mettre dans un moindre.

Lorsque l'agneau qu'allaitoit une mère brebis ne peut pas la tetter, on tire le lait de la mammelle pour le faire boire à l'agneau. On peut aussi traire les brebis lorsque les agneaux sont morts ou sevrés. Il y a des bergers allemands qui sèvrent les agneaux à huit ou dix semaines, & qui traient ensuite les mères pendant toute l'année. Dès que les agneaux peuvent paître, il y a des gens qui les séparent des mères sans les sevrer entièrement. Le matin, après avoir trait les mères, ils font venir les agneaux pour tetter le peu de lait qui est resté dans les mammelles, ensuite ils éloignent les agneaux pendant toute la journée; le soir, ils les font revenir pour tetter encore, après que l'on a trait les brebis. On dit que le peu de lait qui reste à chaque fois, joint à l'herbe des pâturages, suffit pour la nourriture de ces agneaux; mais, si l'herbe n'étoit pas assez nourrissante, cet usage pourroit leur être nuisible.

L'écoulement de lait préserve les brebis de plusieurs maladies qui pourroient venir d'humeurs trop abondantes; mais lorsqu'il dure trop longtemps, les brebis maigrissent & dépérissent, & elles donnent moins de laine.

On ne risque rien de traire les brebis dont la laine est de mauvaise qualité & de peu de produit, mais il ne faut pas traire celles qui ont de bonne laine, & principalement celles dont on veut relever ou maintenir la race ; cependant, si elles étoient soupçonnées de maladies produites par des humeurs trop abondantes, on pourroit les traire une ou deux fois par semaine, pour donner issue à ces humeurs. On croit que cette précaution les préserve de la pulmonie, de la pourriture, &c.; (*Voyez* ces mots) mais il faudroit jeter ce lait comme mal sain.

Quant à l'usage du lait de la brebis, il est le même que celui de la vache; (*Voyez* BOEUF) il rend moins de petit lait, mais il est plus gras & plus agréable au goût, il a plus de parties propres à faire du fromage; on en fait de très-bons & de très-recherchés, principalement ceux de Roquefort en Rouergue.

§. VII. *Des soins qu'il faut avoir lorsqu'un agneau vient de naître. Manière de reconnoître la bonne qualité de lait. Ce qu'il y a à faire lorsque la mère n'a point de lait, ou n'en a pas assez, lorsqu'il est mauvais, qu'elle est malade, ou qu'elle est morte en agnelant.*

Lorsqu'un agneau vient de naître, il faut visiter le pis de la mère, pour couper la laine, s'il y en a dessus, pour savoir s'il est assez plein de lait, & pour en faire sortir des mammelons, afin de voir s'il est bon; ensuite il faut prendre garde si la mère lèche son agneau, & si l'agneau la tette.

On peut croire que le lait est bon, lorsque la mère est en bonne santé, & lorsqu'il est blanc & de bonne consistance, c'est-à-dire, assez épais; mais lorsqu'il est gluant, bleuâtre, jaunâtre ou clair, il est mauvais.

Si une brebis mère est malade, ou si elle est morte en agnelant, il faut donner à l'agneau, pour l'allaiter, une autre mère qui aura perdu le sien, ou une chèvre qui aura du lait.

Il arrive souvent qu'une brebis ne veut pas allaiter un agneau qui ne vient pas d'elle; mais on dit que l'on peut la tromper en couvrant cet agneau pendant une nuit avec la peau de celui qui est mort, si cette peau est encore fraîche; quoiqu'on l'ôte le matin, la brebis croit déjà avoir retrouvé son propre agneau : mais on a éprouvé un moyen plus facile que celui-là, c'est de frotter seulement l'agneau mort contre celui que l'on veut faire tetter à sa place.

Si l'on n'a ni brebis, ni chèvre pour allaiter un agneau privé de sa mère; on fait boire à cet agneau du lait tiède de brebis, de chèvre ou de vache, d'abord par cuillerées, ensuite au moyen d'un biberon dont le bec est garni d'un linge, afin que l'agneau puisse sucer ce linge à-peu-près comme le mammelon d'une brebis : on lui présente le biberon aussi souvent qu'il auroit tetté la mère. Il faut faire ensorte que le museau ne soit pas trop élevé, parce que dans cette posture le lait pourroit suffoquer l'agneau en entrant dans le cornet; on tient l'agneau dans un lieu un peu chaud, pour suppléer à la chaleur qu'il auroit reçue de sa mère, s'il avoit été couché contr'elle. Il y a des agneaux qui, au bout de trois jours, peuvent se passer de biberon, & boire dans un vase. On commence par faire boire du lait aux agneaux quatre fois par jour, ensuite trois fois, & enfin deux fois, jusqu'à ce qu'ils soient assez forts pour manger de l'herbe. Si l'on n'avoit point de lait, ou si on vouloit l'épargner, on pourroit leur donner de l'eau tiède, mêlée de farine d'orge; mais cette boisson est moins nourrissante que le lait.

§. VIII. *Que faut-il faire lorsqu'on s'apperçoit qu'un agneau est triste, foible, ou maigre, ou engourdi par le froid?*

Lorsqu'un agneau est triste, foible ou maigre, le berger doit observer si la mère est en bonne santé, si son lait est bon, si l'agneau la tette, ou si quelqu'autre agneau lui dérobe son lait. Il y a des agneaux gourmands qui tettent plusieurs mères les unes après les autres, ce qui prive les autres agneaux de la nourriture de leur mère; il faut veiller soigneusement à ce que tous les agneaux, principalement les plus foibles, tettent leurs mères, & à ce qu'ils aient de bon lait & en suffisante quantité. La plupart des agneaux qui périssent, meurent de faim, ou n'ont eu que de mauvais lait.

Si un agneau a beaucoup souffert du froid, il faut le réchauffer en l'enveloppant de linges chauds, en le couchant auprès d'un feu doux, & en le disposant de manière que la tête soit à l'ombre du corps. En Angleterre, on met ces agneaux refroidis dans une meule de foin, ou dans un four chauffé seulement avec de la paille; on en a sauvé de cette manière qui avoient tant souffert du froid, qu'ils donnoient à peine quelques signes de vie. On fait prendre à l'agneau une petite cuillerée de lait tiède, ou, s'il est nécessaire, une cuillerée de bierre ou de vin, mêlés d'eau: on le nourrit au coin du feu pendant quelques jours s'il est foible, ensuite on le met avec sa mère, jusqu'à ce qu'il soit rétabli, dans un lieu couvert & même fermé.

§. IX. *Que faut-il faire des agneaux qui ne viennent qu'à la fin d'avril ou en mai?*

On ne doit point garder ces agneaux pour les troupeaux, parce qu'ils sont foibles & petits. On les engraisse pour les manger. Il est facile de les engraisser, parce qu'ils naissent dans une saison où il y a déjà de l'herbe. Ces agneaux sont les premiers des jeunes brebis, ou les derniers qui viennent des vieilles. Nous leur donnons le nom de *tardons*, parce qu'ils sont venus trop tard; on les appelle en Angleterre, agneaux-coucous, parce qu'ils naissent dans la saison où cet oiseau chante.

§. X. *Manière d'engraisser les agneaux.*

On garde les agneaux à la bergerie où ils tettent les mères, soir & matin, & pendant la nuit. Dans le jour, tandis que leurs mères sont aux champs, on leur fait tetter des marâtres, c'est-à-dire, des brebis qui ont perdu leurs agneaux. On donne de la litière fraîche, une ou deux fois en vingt-quatre heures ; aux agneaux que l'on engraiſſe. On met auprès d'eux une pierre de craie pour qu'ils la lèchent. La craie les préſerve du dévoiement ( *Voyez* ce mot ) auquel ils ſont ſujets, & qui les empêcheroit d'engraiſſer. Lorſque les agneaux mâles que l'on engraiſſe, ont quinze jours, il faut les couper, comme il ſera expliqué au §. XIII..... Les agneaux mâles coupés ont la chair auſſi bonne que celle des agneaux femelles ; mais ils ne deviennent pas ſi gros que ceux qui n'ont pas été coupés. La plûpart des gens qui engraiſſent des agneaux pour les vendre, aiment mieux ne les pas couper, pourvu qu'ils ſoient plus gros, quoique leur chair n'ait pas alors ſi bon goût, ils les vendent mieux.

§. XI. *A quel âge les agneaux peuvent-ils prendre d'autres nourritures que le lait ? Quelles précautions y a-t-il à prendre jusqu'à ce qu'ils ſoient ſevrés. Quand & comment faut-il les ſevrer ?*

Il y a des agneaux qui commencent à manger dans l'auge & au râtelier, & à brouter l'herbe à l'âge de dix-huit jours. Alors on peut leur donner les choſes ſuivantes dans les auges.

1°. De la farine d'avoine ſeule, ou mêlée avec du ſon : on dit que le ſon leur donneroit trop de ventre s'il n'étoit pas mêlé avec d'autres nourritures. 2°. Des pois, les bleus ſont plus tendres & plus nourriſſans que les blancs & les gris. Si l'on fait crever les pois dans l'eau bouillante, & ſi on les mêle avec du lait, ils ſont encore plus tendres & plus appétiſſans. On peut auſſi les mêler avec de la farine d'avoine ou d'orge ; mais la farine d'orge dégoûte les agneaux, parce qu'elle reſte entre leurs dents. 3°. De l'avoine ou de l'orge en grain : l'avoine eſt la nourriture que les agneaux aiment le mieux ; c'eſt auſſi la plus ſaine, & celle qui les engraiſſe le plus promptement. 4°. Du foin le plus fin, de la paille battue deux fois, pour la rendre plus douce ; du treffle ſec, des gerbées d'avoine, &c., & principalement du ſain-foin. 5°. Les herbes des prés bas, & toutes celles qui ſont bonnes pour l'engrais des moutons, comme on le verra dans le §. II du chapitre quatrième.

Les précautions que demandent les agneaux juſqu'à ce qu'ils ſoient ſevrés, conſiſtent à ne pas tenir trop chaudement ceux que l'on eſt obligé de mettre à couvert à cauſe des grands froids ; on doit leur donner de l'air & les faire ſortir le plus ſouvent qu'il eſt poſſible, pour les fortifier. Lorſqu'un agneau a huit jours, il peut déjà ſuivre ſa mère près de la bergerie.

On ſèvre les agneaux lorſque le lait de la mère commence à tarir : alors l'agneau a environ deux mois. C'eſt vers le premier de mai, pour les agneaux qui viennent à la fin de février ou au commencement de mars. Lorſque les agneaux naiſſent plutôt, on eſt obligé de les laiſſer tetter plus de deux mois, afin qu'ils puiſſent avoir de bonne herbe lorſqu'on les ſèvre. Par exemple, un agneau qui vient en décembre, ne pourroit avoir de bonne herbe en février : dans les pays où l'hiver est rude, il faut attendre le mois de mars ou d'avril pour le sevrer. Il y a des gens qui ne sèvrent les agneaux qu'au temps de la tonte; quelques-uns ne reconnoissent plus leurs mères après qu'elles ont été dépouillées de leur toison; il arrive plus souvent que la mère ne reconnoît son agneau que difficilement après qu'il a été tondu. Si l'agneau reste toujours avec sa mère, elle le sèvre d'elle-même, lorsque le lait lui manque, ou lorsqu'elle entre en chaleur : alors elle repousse son agneau, & lui fait perdre l'habitude de tetter : quelquefois aussi les agneaux s'en dégoûtent lorsqu'ils ont de bons pâturages.

Pour sevrer les agneaux, on les sépare des mères, & s'il est possible, on les éloigne assez pour qu'ils ne puissent pas entendre la voix des mères, ni leur faire entendre la leur. Pour qu'ils s'oublient de part & d'autre plus promptement, on met les agneaux jusqu'au nombre de quarante, avec une vieille brebis, pour les conduire & les empêcher de s'écarter. On les fait paître dans des prairies de treffle, de mélilot ou de raygras, &c.; on peut aussi les mettre dans des prairies ordinaires qui ne soient pas humides. On a trouvé un moyen de sevrer les agneaux sans les séparer de leurs mères. On leur met une sorte de caveffon ou muselière assez lâche pour leur laisser la liberté de manger, & garni sur le nez de pointes ou d'épines qui piquent les mammelles de la mère, & l'obligent à repousser l'agneau lorsqu'il veut tetter; mais il faut que ces piquans soient assez doux pour ne pas blesser les mammelles.

§. XII. *Doit-on couper la queue des agneaux? Manière de la couper.*

Il s'attache beaucoup d'ordures à la queue des bêtes à laine, principalement lorsqu'elles ont le dévoiement. (*Voyez* ce mot) Celles dont la queue a été coupée, sont les plus propres. Les moutons qui n'ont point de queue paroissent avoir la croupe plus large. On dit que l'on ne raccourcit la queue des agneaux, que pour empêcher qu'elle ne se charge de boue par l'extrémité, & que cette boue une fois durcie, ne blesse les pieds de la bête, ou ne l'excite à courir. Lorsqu'elle a commencé à doubler le pas, la pelotte de terre dure, attachée au bout de la queue, frappe de plus en plus sur le bas des jambes; ces coups redoublés animent la bête au point qu'il est difficile de l'arrêter. Il est donc à propos de couper la queue des agneaux dans les pays où la terre est de nature à s'attacher & à se durcir à l'extrémité de leurs queues.

On fait cette opération par un temps doux, lorsque l'agneau a un mois, six semaines, ou deux mois, ou dans l'automne qui suit sa naissance. On coupe la queue à l'endroit d'une jointure entre deux os, & l'on met des cendres sur la plaie. Si les cendres ne suffisoient pas seules, on les mêleroit avec du suif.

Il est bon même de couper la laine de la queue, ainsi que des fesses, lorsqu'elle est chargée d'ordures qui pourroient causer des démangeaisons & la gale. (*Voyez* ces mots.)

§. XIII. *De la castration. A quel âge & comment doit-on la faire?*

On châtre les agneaux pour rendre la chair de l'animal plus tendre; & pour lui ôter un mauvais goût qu'elle auroit naturellement, si on le laissoit dans l'état de bélier; pour le disposer à prendre plus de graisse; pour rendre la laine plus fine & plus abondante: en même temps on rend l'animal plus doux & plus aisé à conduire.

On les appelle moutons, lorsqu'ils sont âgés d'un an.

C'est à huit ou quinze jours après leur naissance, qu'on châtre les agneaux. On est aussi dans l'usage de ne les châtrer qu'à l'âge de trois semaines, ou de cinq à six mois; mais leur chair n'est jamais si bonne que s'ils avoient été châtrés huit jours après leur naissance: plus on retarde cette opération, plus elle fait périr d'agneaux. Ceux qui ont été châtrés n'ont pas la tête aussi belle, & ne deviennent pas aussi gros que les autres.

Lorsqu'on châtre les agneaux à huit ou dix jours, la manière la plus simple est de leur faire une ouverture par incision au bas des bourses, & de couper les cordons qui sont au-dessus des testicules: c'est ce que l'on appelle châtrer en agneaux. Lorsque les agneaux sont plus âgés, on incise les bourses de chaque côté de leur fond; on fait sortir un testicule par chacune de ces ouvertures, & on coupe le cordon qui est au-dessus de chaque testicule. On appelle cette opération, châtrer en veau, parce que c'est ainsi que l'on châtre les veaux.

Quant aux autres manières de châtrer les agneaux, consultez l'article CASTRATION.

Pour faire cette opération, on doit bien comprendre qu'il faut choisir un temps qui ne soit ni trop chaud, ni trop froid. La grande chaleur pourroit causer la grangrène dans la plaie; le trop grand froid l'empêcheroit de guérir. Après l'opération, on frotte les bourses avec du sain-doux; on tient les agneaux en repos pendant deux ou trois jours, & on les nourrit mieux qu'à l'ordinaire.

§. XIV. *Des moutonnes. A quel âge & comment fait-on les moutonnes?*

Les moutonnes sont des brebis auxquelles on a ôté les ovaires dans leur premier âge, pour les empêcher d'engendrer. On les appelle, à cause de cela, brebis châtrices; mais il vaut mieux leur donner le nom de moutonnes, parce qu'elles sont dans le même cas que les moutons.

On fait des moutonnes pour rendre les brebis aussi utiles que les moutons, par le produit de la laine, & par la qualité de la chair.

Pour faire des moutonnes, on attend que les agneaux femelles aient environ six semaines, parce qu'il faut que les ovaires soient à-peu-près gros comme des haricots, afin que l'on puisse les reconnoître aisément en les cherchant avec le doigt.

Le berger qui fait l'opération, commence par coucher l'agneau sur le côté droit, près du bord d'une table, afin que la tête soit pendante hors de la table. Ensuite il place à sa gauche un aide qui étend la jambe gauche

gauche de derrière de l'agneau, & qui l'empoigne avec la main gauche à l'endroit du canon, c'eſt-à-dire au-deſſus des ergots, pour la tenir en place. Un ſecond aide, placé à la droite de l'opérateur, raſſemble les deux jambes de devant de l'agneau, avec la jambe droite de derrière, & les contient en les empoignant toutes les trois de la main droite, à l'endroit des canons. (*Voyez la planche VIII de l'ouvrage de M. Daubenton, déjà cité, fig. 1, page 231*). L'agneau étant ainſi diſpoſé, l'opérateur ſoulève la peau du flanc gauche avec les deux premiers doigts de la main gauche, pour former un pli à égale diſtance de la partie la plus haute de l'os de la hanche & du nombril. L'aide du côté gauche, alonge ce pli auſſi avec la main gauche juſqu'à l'endroit des fauſſes côtes. Alors l'opérateur coupe le pli avec un couteau, de manière que l'inciſion n'ait qu'un pouce & demi de longueur, & ſuive une ligne qui iroit depuis la partie la plus haute de l'os de la hanche juſqu'au nombril. L'ouverture étant faite, en coupant peu-à-peu toute l'épaiſſeur de la chair, juſqu'à l'endroit des boyaux, ſans les toucher, l'opérateur introduit le doigt index, c'eſt-à-dire, celui qui eſt près du pouce, dans le ventre de l'agneau, pour chercher l'ovaire gauche; lorſqu'il l'a ſenti, il l'attire doucement au-dehors. Les deux ligamens larges, la matrice & l'autre ovaire ſortent en même temps. L'opérateur enlève les deux ovaires, & fait rentrer les ligamens & la matrice; enſuite il fait trois points de couture à l'endroit de l'ouverture pour la fermer; il ne paſſe l'aiguille que dans la peau, il a ſoin qu'elle n'entre pas dans la chair; il laiſſe paſſer au-dehors les deux bouts du fil, & il met un peu de graiſſe ſur la plaie. Au bout de dix ou de douze jours, lorſque la peau eſt cicatriſée, on coupe le fil au point de couture du milieu, & on tire les deux bouts qui paſſent au-dehors, pour enlever le fil, afin d'empêcher qu'il ne cauſe une ſuppuration. Lorſque cette opération eſt bien faite, les agneaux ne s'en reſſentent que le premier jour; ils ont les jambes un peu roides; ils ne tettent pas; mais dès le ſecond jour, ils ſont comme à l'ordinaire.

## CHAPITRE IV.

### DE L'ENGRAIS DES MOUTONS.

#### §. I. *Du terrein qui convient le mieux aux moutons pour l'engrais.*

En général, les terreins ſecs & élevés conviennent mieux aux bêtes à laine que les terreins bas & humides, principalement aux béliers, & aux moutons de garde, c'eſt-à-dire, aux moutons que l'on ne veut pas engraiſſer; mais l'humidité des pâturages contribue à engraiſſer les moutons & les brebis deſtinés à la boucherie, ainſi que les béliers tournés.

Des moutons de trois & de quatre ans ne profitent que dans les terreins où il y a beaucoup d'herbages; mais les moutons d'un an & de deux ans peuvent profiter dans des terreins où les pâturages ſont moins fournis.

#### §. II. *Manière d'engraiſſer les moutons. Des meilleurs herbages.*

Il y a trois manières d'engraiſſer les moutons. L'une eſt de les faire pâturer dans de bons herbages : c'est ce que l'on appelle l'engrais d'herbe, ou la graisse d'herbe. L'autre manière est de leur donner de bonnes nourritures au ratelier & dans des auges : c'est l'engrais de pouture, ou la graisse sèche, la graisse produite par des fourrages secs. La troisième manière est de commencer par mettre les moutons aux herbages en automne, & ensuite à la pouture.

Le temps nécessaire pour engraisser les moutons par les engrais d'herbages, est relatif à l'abondance & à la qualité de ces mêmes herbages; lorsqu'ils sont bons, on peut engraisser des moutons en deux ou trois mois, & faire par conséquent trois engrais par an dans le même pâturage, en commençant dès le mois de mars. Lorsque les pâturages sont moins bons, il faut plus de temps pour engraisser les moutons.

Il faut laisser les moutons en repos le plus qu'il est possible, les mener très-doucement, prendre garde qu'ils ne s'échauffent, les faire boire le plus que l'on peut, & prendre bien garde qu'ils n'aient le dévoiement, qui est ordinairement occasionné par la rosée.

Cette manière d'engraisser les moutons n'a lieu qu'au printemps. En été & en automne, dans les pays où les gelées détruisent l'herbe, on mène les moutons au pâturage de grand matin, avant que le soleil ait séché l'herbe; on les met au frais & à l'ombre pendant la chaleur du jour, & on les fait boire; on les remène sur le soir dans des pâturages humides, & on les y laisse jusqu'à la nuit.

Les meilleurs herbages pour engraisser les moutons, sont la luzerne; outre qu'elle est très-nourrissante, elle engraisse très-promptement; mais on dit qu'elle donne à la graisse des moutons une couleur jaunâtre & un goût désagréable; d'ailleurs elle peut les faire enfler, & par conséquent les faire mourir. Les treffles offrent les mêmes avantages & les mêmes inconvéniens que la luzerne : on prétend qu'ils rendent la chair jaunâtre, mais qu'elle a bon goût. Le sain-foin est fort bon pour engraisser, & l'on n'a rien à en craindre. Le fromental, la coquiole ou graine d'oiseau, le thimuthy, le ray-gras, les herbes des prés, surtout des prés bas & humides, & dans certains pays les chaumes après la moisson, & les herbages des bois, sont aussi de bons engrais pour les moutons; mais ils ne les engraissent pas aussi promptement que la luzerne, le treffle & le sain-foin.

L'engrais de pouture se fait pendant la mauvaise saison; par exemple, à Noël. Après avoir tondu les moutons, on les renferme dans une étable, & on ne les laisse sortir qu'à midi pendant que l'on met de la nourriture dans leurs auges. Le matin & le soir on leur donne à manger au ratelier, & même pendant les nuits longues. On leur donne de bons fourrages & des grains ou d'autres choses fort nourrissantes, suivant les productions du pays & le prix des denrées; car il faut prendre garde que les frais de l'engrais n'emportent le gain que l'on devroit faire en vendant les moutons gras.

Dans plusieurs pays on donne aux moutons de trois ou quatre ans, le matin, trois quarterons de foin à chacun, & autant le soir; à midi une livre d'avoine & une livre de maton, c'eſt-à-dire, de pain ou tourte de navette, ou rabette, ou de chenevi réduit en morceaux gros comme des noiſettes; on les fait boire tous les jours. Dans d'autres pays on ne leur donne à chacun le matin, que dix onces de foin; à midi un quarteron d'avoine & une demi-livre de maton, & le ſoir dix onces de foin; mais la meilleure manière eſt de leur donner de ces nourritures tant qu'ils en peuvent manger. Le maton rend la chair huileuſe & le ſuint trop abondant. Il faut ſubſtituer au maton une autre nourriture pendant les quinze derniers jours, pour donner bon goût à la chair.

Les meilleures nourritures pour l'engrais de pouture, ſont les grains, tels que l'avoine en grain, ou groſſièrement moulue, l'orge ou la farine d'orge, les pois, les fèves, &c. La nourriture qui engraiſſe le plutôt, eſt l'avoine en grain, mêlée avec de la farine d'orge ou de ſon, ou avec les deux enſemble. Si on ne mettoit que du ſon avec la farine d'orge, cette nourriture, comme nous l'avons déjà dit, reſteroit entre les dents des moutons, & ils s'en dégoûteroient.

On engraiſſe encore les moutons avec des navets ou des choux. Pour les engraiſſer avec des navets, on commence par faire pâturer les moutons dans des chaumes après la moiſſon juſqu'au mois d'octobre, pour les diſpoſer à l'engrais. Enſuite on les met dans un champ de navets pendant le jour; le ſoir on leur donne de l'avoine avec du ſon & de la farine d'orge. Les navets qui ſont dans de bons terreins, bien cultivés, & pris avant d'être trop vieux, ou pourris, ou gelés, valent preſque autant que l'herbe pour engraiſſer, Ils rendent la chair des moutons, tendre & de bon goût. Mais lorſqu'on donne le ſoir une bonne nourriture d'auge aux moutons, elle contribue plus encore que les navets à les engraiſſer, & à rendre leur chair tendre: elle les préſerve des maladies que les navets peuvent leur donner lorſqu'ils ſont dans un terrein humide. Les navets trop vieux & filandreux, pourris ou gelés, font une mauvaiſe nourriture. Un arpent de bons navets peut engraiſſer treize ou quatorze moutons.

Quant à l'engrais des moutons avec les choux, on met les moutons dans des champs de choux cavaliers ou de choux friſés, (*Voyez* CHOU.) depuis le mois d'octobre ou de novembre juſqu'au mois de février. Les choux engraiſſent les moutons plutôt que l'herbe; mais ils donnent à la chair un goût de rance, & lorſque les moutons mangent de vieux choux, leur haleine a une mauvaiſe odeur qui ſe fait ſentir lorſqu'on approche du troupeau. Pour empêcher que les choux ne donnent un mauvais goût à la chair des moutons, ou ne les faſſe enfler, il faut leur donner en même-temps une nourriture d'auge plus douce, telle que l'avoine, les pois, la farine d'orge, &c.

### §. III. *A quel âge faut-il engraiſſer les moutons? Comment connoît-on qu'un mouton eſt gras?*

Si l'on veut avoir des moutons gras, dont la chair ſoit tendre & de bon goût, il faut les engraiſſer de pouture à l'âge de deux ou trois ans. Les moutons de deux ans ont peu de corps, & prennent peu de graisse. A trois ans ils sont plus gros, & prennent plus de graisse. A quatre ans ils sont encore plus gros & ils deviennent plus gras ; mais leur chair est moins tendre. A cinq ans la chair est dure & sèche; cependant si l'on veut avoir le produit des toisons & des fumiers, on attend encore plus tard, même jusqu'à dix ans, lorsqu'on est dans un pays où les moutons peuvent vivre jusqu'à cet âge ; mais il faut les engraisser un an ou quinze mois avant le temps où ils commenceroient à dépérir.

On connoît qu'un mouton est gras, en le tâtant à la queue, qui devient quelquefois grosse comme le poignet; on regarde aussi aux épaules & à la poitrine, & si l'on y sent de la graisse, c'est signe que les moutons sont bien gras. Lorsqu'après les avoir dépouillés on voit sur le dos la graisse paroître en petites vessies comme de l'écume, c'est une marque de bon engrais : cela arrive ordinairement lorsqu'ils ont mangé des navets. Les moutons que l'on a engraissés d'herbages ou de pouture ne vivroient pas plus de trois mois, quand même on ne les livreroit pas au boucher. L'eau qui contribue à ces engrais, causeroit la maladie de la pourriture. (*Voyez* ce mot)

## CHAPITRE V.

### *De la conduite des moutons aux pâturages.*

Les principales règles que les bergers doivent suivre pour faire paître les moutons, peuvent se réduire à sept.

1°. Faire paître les moutons tous les jours, s'il est possible.

2°. Ne les pas arrêter trop souvent en pâturant, excepté dans les pâturages clos.

3°. Empêcher qu'ils ne fassent du dommage dans les terres exposées au dégât.

4°. Éviter les terreins humides & les herbes chargées de rosées ou de gelées blanches.

5°. Mettre les moutons à l'ombre durant la plus grande ardeur du soleil, & les conduire le matin sur des côteaux exposés au couchant, & le soir sur des côteaux exposés au levant, autant qu'il est possible.

6°. Éloigner les moutons des herbes qui peuvent leur être nuisibles.

7°. Les conduire lentement, surtout lorsqu'ils montent des colines.

Nous allons, pour l'instruction des gens de la campagne, faire un paragraphe particulier de chacune de ces règles principales.

### §. I. *Pourquoi faire paître les moutons tous les jours ?*

On doit faire paître les moutons tous les jours, parce que la manière la plus naturelle & la moins coûteuse de nourrir les moutons, est de les faire pâturer, & qu'on n'y supplée qu'imparfaitement en leur donnant des fourrages au ratelier. En pâturant ils choisissent leur nourriture à leur gré, & la prennent dans le meilleur état : l'herbe leur profite toujours mieux que le foin & la paille. Quand même ils ne trouveroient point de pâture dans les champs, l'exercice qu'ils prendroient en marchant, leur donneroit de l'appétit pour les fourrages secs; d'ailleurs, l'allure naturelle des bêtes à laine est de vaguer de place en place pour paître : cet exercice entretient leur vigueur.

§. II. *Pourquoi ne pas laisser paître les troupeaux en liberté dans les pâturages clos, comme dans ceux des champs?*

Les bêtes à laine gâteroient plus d'herbe avec les pieds qu'elles n'en brouteroient, si on les laissoit parcourir en liberté un pâturage abondant. Pour conserver l'herbe, on ne livre chaque jour au troupeau que celle qu'il peut consommer ; on le retient dans un parc où il se trouve assez d'herbe pour le nombre des moutons ; le lendemain on change le parc, & successivement le troupeau parcourt tout le pâturage.

§. III. *Pourquoi éviter les terreins humides?*

Quoique les terreins humides soient ceux où l'herbe est le plus abondante, l'humidité est contraire aux moutons, lorsqu'il y en a trop dans le sol qu'ils habitent ou qu'ils parcourent, & dans les herbes aqueuses qu'il produit. Cette humidité, lorsqu'elle est froide comme celle des rosées, peut causer la maladie appellée la pourriture, le foie pourri, la maladie du foie, le gamer ou gamige. (*Voyez* ces mots) L'humidité cause aussi aux moutons des coliques très-dangereuses ; leur instinct les porte à attendre d'eux-mêmes dans les champs, avant de pâturer, que la rosée ou la gelée blanche soient dissipées.

Ordinairement la rosée est plus froide que la pluie ou le serein ; les bêtes à laine pâturent avec moins d'appétit lorsque l'herbe est mouillée, excepté dans les temps où la pluie, arrivant après une grande sécheresse, humecte l'herbe, & la rend plus douce & plus appétissante.

§. IV. *Pourquoi faut-il mettre les bêtes à laine à l'ombre, & les faire marcher le matin du côté du couchant, & le soir du côté du levant?*

On met les moutons à l'ombre, parce que la grande chaleur est plus à craindre pour eux que le grand froid ; leur laine, qui empêche que l'air ne les refroidisse en hiver, empêche aussi que l'air ne les rafraîchisse en été, & n'augmente la chaleur de leur corps au point de les empêcher de pâturer ; c'est pourquoi il faut les mettre à l'ombre durant la grande ardeur du soleil, qui les échaufferoit beaucoup trop sous leur laine ; d'ailleurs, ces animaux ont le cerveau foible, les rayons du soleil tombant à plomb sur leur tête, peuvent leur causer des vertiges (*Voyez* VERTIGE, TOURNOIEMENT) qui les font tourner, & le mal, appellé la chaleur, qui les fait périr promptement, si l'on n'y remédie par la saignée : il faut les mettre à l'ombre d'un mur ou d'un arbre dans le milieu du jour ; le matin on doit les conduire du côté du couchant, & le soir du côté du levant, pour que leur tête soit à l'ombre du corps, tandis qu'elles la tiennent baissée en pâturant.

Mais, me dira-t-on, lorsque les moutons se serrent les uns contre les autres, & que chacun d'eux baisse le cou & place la tête sous le ventre de son voisin, n'est-elle pas suffisamment garantie de l'ardeur du soleil? Il est vrai que la tête du mouton est à l'ombre; mais cette situation est plus dangereuse que l'ardeur du soleil, parce que la tête est penchée & environnée d'un air chargé de poussière, & infecté par la vapeur du corps des moutons, qui l'échauffe, & qui empêche qu'il ne se renouvelle; aussi les moutons ne cachent leur tête que pour mettre leurs naseaux à l'abri de la persécution des mouches qui les cherchent pour y pondre leurs œufs; dans ce cas, il faut conduire le troupeau dans un lieu frais.

Les moutons ne peuvent pâturer, lorsque la terre est couverte d'une assez grande épaisseur de neige pour empêcher qu'ils ne découvrent l'herbe avec les pieds; alors on ne les conduit dans la campagne que pour les faire boire & pour les promener; mais lorsque les vents sont très-grands & les pluies très-abondantes, il ne faut pas les faire sortir pendant le fort de l'orage; il faut les mener paître le matin, au lever du soleil, lorsqu'il n'y a point de rosée ou de brouillard; & lorsqu'il y en a, il faut attendre qu'ils soient dissipés. Dans le milieu du jour, lorsque la chaleur commence à fatiguer les moutons dans la campagne, ils cessent de pâturer, ils s'agitent, ils s'arrêtent, les mouches les tourmentent; c'est alors qu'il faut les mettre à l'ombre dans un lieu frais & bien exposé à l'air, où ils soient éloignés des mouches, & où ils puissent ruminer à leur aise. Il seroit dangereux de les faire entrer en trop grand nombre dans une étable fermée; ils pourroient y périr, suffoqués par l'air qu'ils auroient échauffé & infecté par la vapeur de leur corps & leur transpiration pulmonaire. On les remène au pâturage lorsque le soleil commence à baisser, & que le fort de la chaleur est passé, & on peut les laisser pâturer jusqu'à la fin du jour, & même pendant quelques heures de nuit, dans les cantons où l'herbe est assez grande & assez abondante pour être saisie facilement: mais lorsqu'elle est mouillée par le serein, il faut retirer le troupeau du pâturage, quoique beaucoup de gens croient que le serein n'est pas nuisible aux bêtes à laine, ou qu'il l'est moins que la rosée; cependant c'est la même humidité froide, elle doit produire à-peu-près le même effet le soir que le matin.

### §. V. *Pourquoi éloigne-t-on les moutons des herbes qui leur sont nuisibles?*

Les moutons ne mangent pas les herbes qui pourroient leur être nuisibles par elles-mêmes; quand on met quelques-unes de ces herbes dans leur ratelier, ils restent auprès pendant toute la journée sans y toucher, quoiqu'ils n'ayent aucune autre nourriture; mais il y a des herbes qui, quoique de bonne qualité par elles-mêmes, & quoique les moutons les mangent avec avidité, peuvent cependant leur faire beaucoup de mal dans certaines circonstances.

Les bonnes herbes qui peuvent faire du mal aux moutons, sont les trèfles, la luzerne, le froment, le seigle, l'orge, le coquelicot, & en général toutes celles que les moutons mangent avec le plus d'avidité, ou qui sont trop succulentes; les herbes trop tendres & trop aqueuses, telles que celles des regains, celles qui se trouvent dans des sillons humides, & celles qui sont à l'ombre des bois; les herbes qui sont dans leur plus grande vigueur ou chargées de rosée, ou de l'eau des pluies froides.

Les herbes font du mal aux moutons, lorsqu'étant en trop grande quantité dans la panse, elles la font enfler au point de rendre l'animal plus gros qu'il ne devroit être, & lui donnent le mal qu'il faut appeler colique de panse; on le nomme ordinairement écouflure, enflure, enflure des vents, fourbure, gonflement de ventre, &c. (*Voyez* tous ces mots) alors il reste debout sans manger, il souffre, il s'agite, sa respiration est gênée, il bat des flancs; lorsqu'on frappe le ventre avec la main, il sonne sans que l'on entende aucun mouvement d'eau; ensuite les animaux attaqués de ce mal tombent & meurent suffoqués, quelquefois en grand nombre.

Il est aisé de prévenir ce mal en attendant qu'il n'y ait plus de rosée ni de gelée blanche sur les herbes, avant de faire paître les moutons. Il ne faut pas les conduire le matin, lorsqu'ils sont affamés, dans des herbages abondans & succulens; au contraire, il faut laisser passer leur grosse faim dans des pâturages maigres, les mener ensuite dans de plus gras, & ne pas les y laisser assez long-temps pour qu'ils y prennent trop de nourriture. Il ne faut pas non plus faire boire les moutons après qu'ils ont mangé des pois, des fèves, ou d'autres légumes farineux.

Quant aux remèdes que le berger doit mettre en usage, lorsqu'il voit enfler les moutons par la colique de panse; *Voyez* BOUFFISSURE, MÉTÉORISME, PANSE. (colique de)

§. VI. *Pourquoi faut-il conduire lentement un troupeau, & sur-tout lorsqu'il monte des collines?*

Si le berger conduit son troupeau trop vîte, sur-tout en montant des collines, il risque d'échauffer plusieurs de ses moutons au point de les rendre malades, & même de les faire périr; il faut empêcher qu'aucune bête ne s'écarte du troupeau en allant trop en avant, en restant en arrière, ou en s'éloignant à droite ou à gauche.

Le berger peut faire tout cela à l'aide de son fouet, de sa houlette & de ses chiens. Lorsqu'il fait marcher le troupeau devant lui, il chasse avec le fouet les bêtes qui restent en arrière; le chien est en avant du troupeau, & retient les bêtes qui vont trop vîte; le berger menace avec la houlette celles qui s'éloignent à droite ou à gauche pour les faire revenir au troupeau, ou s'il a un chien derrière lui, il l'envoie aux bêtes qui s'écartent pour les ramener, ou il les fait retourner en jetant vers elles un peu de terre, mais il ne faut jamais leur rien jeter directement. Lorsqu'il veut arrêter son troupeau, s'il est derrière ce même troupeau, il commence par s'arrêter lui-même, en même-temps il parle au chien qui est au-devant du troupeau, pour que ce chien s'arrête, & empêche les premières bêtes d'avancer. S'agit-il de remettre le troupeau en marche, il parle au chien qui est au-devant du troupeau pour le faire avancer, & ensuite il chasse devant lui les dernières bêtes. Le berger peut aussi faire aller son troupeau en avant, ou le faire revenir, en parlant sur différens tons auxquels il l'a accoutumé d'obéir, & pour l'engager à rester en place dans un endroit où la pâture est bonne, il doit y rester lui-même avec ses chiens, & jouer de quelqu'instrument, tel que le flageolet, la flûte, le hautbois, la musette, &c. Les bêtes à laine se plaisent à entendre le son des instrumens; elles paissent tranquillement, tandis que le berger en joue.

## CHAPITRE VI.

### *DE LA NOURRITURE DES MOUTONS.*

§. I. *De la meilleure nourriture pour les moutons. D'où dépend la bonté des pâturages? Des meilleures herbes.*

La meilleure de toutes les nourritures pour les moutons, est, sans contredit, l'herbe des pâturages broutée sur pied; mais tous les pâturages ne sont pas également bons.

La bonté des pâturages dépend de la situation & de la qualité du terrein, de l'état & de la propriété des brebis.

Les terreins les plus élevés, les plus en pente, les plus légers & les plus secs, sont les meilleurs pour le pâturage des moutons.

Les meilleures herbes sont celles qui ont déjà pris de l'accroissement, qui approchent de la floraison, ou qui commencent à fleurir. Les herbes trop jeunes n'ont pas été assez mûries par l'air & par le soleil pour faire une bonne nourriture; elles sont trop aqueuses, &, pour ainsi dire, trop crues. Celles qui ont pris tout leur accroissement, qui portent graine, ou qui sont trop vieilles, n'ont plus assez de suc & sont trop dures. Il y a des herbes qui résistent à la gelée, & qui sont presqu'aussi fraîches dans le fort de l'hiver que dans la bonne saison; telles sont la pimprenelle & le pastel; on peut en faire des pâturages pour l'hiver.

§. II. *Des fourrages secs. Moyens d'empêcher leurs mauvais effets. Des nourritures fraîches que l'on peut avoir pour les moutons dans la mauvaise saison.*

Lorsque l'herbe des pâturages manque, on peut donner une bonne nourriture aux moutons en fourrages secs. Les meilleurs fourrages de cette espèce font dépérir les moutons, & sur-tout les brebis pleines, celles qui allaitent, & leurs agneaux. Le mauvais effet de la nourriture sèche, sur les bêtes à laine, vient de ce qu'elles sont accoutumées à vivre d'herbes fraîches pendant toute la bonne saison; les fourrages secs ne sont pas aussi convenables à leur tempérament, ils les échauffent, ils les nourrissent moins, & ils nuisent à l'accroissement & aux bonnes qualités de la laine.

Si les bêtes à laine restent pendant plusieurs jours de suite sans aller au pâturage, on empêche le mauvais effet des fourrages secs, en tâchant de se procurer quelques nourritures fraîches qu'on leur donne au moins une fois dans la journée.

Les nourritures fraîches que l'on peut se procurer pour les moutons dans la mauvaise saison, sont le colza, les choux de bouture, les choux cavaliers & les choux frangés; ils résistent à la gelée, & on peut cueillir les

les feuilles de ces plantes qui ſont hautes, & que la neige laiſſe à découvert dans les temps où elle couvre le paſtel & la pimprenelle. Ces plantes ſeroient mauvaiſes pour les moutons dans la bonne ſaiſon, lorſqu'ils ne mangent que de l'herbe fraîche; mais dans l'hiver, lorſqu'ils n'ont ſoir & matin que du fourrage ſec, elles ne peuvent que leur faire du bien. Outre ces plantes, on peut avoir encore des racines de carotte, de panais, de ſalſifix & de chervi; des raves & des navets, des pommes de terre & des topinambours.

§. III. *Ne peut-on pas donner aux moutons des choſes plus nourriſſantes que ces racines?*

On donne encore aux moutons des grains, des graines & des légumes. Les grains, tels que l'avoine, l'orge & le ſon de froment leur profitent beaucoup; une petite poignée d'orge ou d'avoine, donnée chaque jour à un mouton, ſuffit pour le préſerver du mauvais effet des fourrages d'hiver; les graines de la bourre du foin, du chenevis, la graine de genêt, les glands, le pain ou tourteau de chenevi, de navette & de colza ſont très-nourriſſans. Parmi les graines de ces ſortes de plantes, il s'en trouve qui fortifient l'eſtomac des moutons, & qui aident à la digeſtion. Le chenevis réchauffe, & il donne des forces aux animaux; il les anime pour l'accouplement: les glands ſont nourriſſans, mais ils donnent le dévoiement aux bêtes à laine, & ils les altèrent lorſqu'elles en mangent beaucoup; il ne faut leur en donner qu'une fois par jour & en petite quantité. Les pains ou tourteaux de chenevis, de navette, de colza, de noix & de lin, ne ſont autre choſe que le marc qui reſte après que l'on a tiré l'huile de ces ſubſtances; le pain de chenevis nourrit, réchauffe & anime les moutons, mais il les altère & leur donne le dévoiement lorſqu'ils en mangent en trop grande quantité; le pain de navette & de colza les échauffe & les altère moins que celui de chenevis: le pain de graine de lin & de noix les nourrit & les engraiſſe plus que les autres pains.

Les légumes que l'on donne aux moutons ſont les féverolles & les veſces; on pourroit auſſi leur donner des lentilles, des pois & des haricots, lorſqu'il y en a de reſte pour la nourriture des hommes.

Les moutons mangent auſſi des lupins, après qu'on les a fait tremper dans l'eau pour en ôter l'amertume.

§. IV. *Des gerbées & des feuillées que l'on donne aux moutons dans la mauvaiſe ſaiſon.*

Les gerbées ſont des bottes de paille battue, dans laquelle on a laiſſé du grain, ce qui fait que ces gerbées ſont une très-bonne nourriture.

La gerbée d'avoine eſt la meilleure, parce que le grain & la paille y ſont plus tendres, & par conſéquent meilleurs que dans les gerbées de ſeigle, d'orge & des grains mêlés que l'on appelle brelée. Dans quelques pays, les gerbées de froment & de méteil, ou conſeau ou conſeigle, qui eſt un mêlange de froment & de ſeigle, ſeroient les meilleures de toutes; mais les grains ſont trop chers, ils doivent être réservés en entier pour la nourriture des hommes.

On peut faire encore des gerbées avec des légumes, tels que les vesces, les lentilles, les pois & les haricots; on recueille ces plantes avant que le fruit soit mûr, ou après sa maturité; mais ces fourrages sont plus tendres & plus nourrissans, lorsqu'ils ont été recueillis avant leur maturité.

On fait aussi des gerbées du maucorne & de la dragée. On appelle maucorne un mêlange de pois & de vesces semés ensemble, tandis que la dragée est un mêlange d'avoine & de vesce d'été, ou de pois. On donne aussi le nom de dragée à un mêlange d'avoine avec des pois, de la vesce, des lentilles, des lupins ou de fenúgrec. (*Voyez* tous ces mots)

Les feuillées sont des branches d'arbres garnies de leurs feuilles, que l'on donne aux moutons. On coupe ces branches après la sève d'août, avant que les feuilles se dessèchent; on les laisse un peu faner, & ensuite on en fait des fagots.

Les meilleures feuillées sont celles d'aunes, de bouleaux, de charmes, de frênes, de peupliers, des saules, &c.; on en peut faire de presque toutes les sortes d'arbres & des arbrisseaux.

§. V. *Des meilleurs foins & de la meilleure paille. Des herbes dont on fait des prairies artificielles pour les moutons. De leurs effets. De leurs qualités. Des autres espèces de nourriture.*

Les foins des prés, où l'eau de la mer monte, & que l'on appelle prés salés, sont les meilleurs pour les moutons, parce que l'eau de la mer y laisse du sel. Les foins des prés secs, où l'eau ne croupit jamais, sont aussi très-bons, parce qu'ils sont fins, délicats & agréables au bétail; les foins qui ont été fauchés avant d'être trop mûrs, & qui ont été peu fanés, sont ceux dont ces animaux sont les plus friands.

Les prés bas & marécageux donnent des foins grossiers : leurs herbes sont rudes & désagréables au bétail. Les herbes qui croissent au bord des étangs & des rivières, les joncs des marais, les roseaux, sont encore plus mauvais pour faire du foin; celui qui a été fauché, lorsqu'il étoit trop mûr, ou qui a été trop fané, a perdu son suc; il est peu nourrissant. Le foin qui a été mouillé pendant la fenaison perd sa couleur & ses bonnes qualités; il ne se garde pas; il est sujet à s'échauffer & à se pourrir dans le fenil. Le foin qui a reçu quelque mauvaise odeur des étables, ou qui a été mouillé & moisi, dégoûte les bêtes à laine; celui qui a été rouillé est très-mauvais, parce qu'il donne à ces animaux des maladies de poitrine; ils ne le mangent que lorsqu'ils y sont forcés par la faim.

Pour avoir des prairies qui ne portent que des herbes de bonne qualité & d'un bon rapport, il faut nécessairement commencer par détruire, par la culture, toutes les herbes qui y sont, & ensuite en semer d'autres, bien choisies pour le terrein où on les met, & pour l'emploi que l'on en veut faire : c'est par ce moyen que l'on obtient des prairies artificielles pour les moutons.

Les herbes dont on fait des prairies artificielles sont le fromental, la coquiole, le raygrass, la luzerne, le trèfle, le sain-foin, la pimprenelle, &c. ( *Voyez* ces mots) On donne le nom de graminées aux trois premières, ainsi qu'à toutes celles qui ont des feuilles longues & étroites, qui poussent un long tuyau, & qui portent un épi : on sème ces herbes séparément, ou plusieurs mêlées ensemble.

Le fromental s'élève à une plus grande hauteur que toute autre herbe des pâturages ; il vient dans toutes sortes de terreins, mais il produit plus d'herbes dans les bonnes terres que dans les mauvaises : on le fauche de bonne heure; son herbe & son foin sont très-bons pour les moutons.

Les terreins légers conviennent à la coquiole ; elle est fine & très-bonne pour les moutons, tant en vert qu'en sec.

Le ray-grass vient dans les terres fortes & dans les terres froides ; c'est une très-bonne nourriture pour les moutons, mais ses tuyaux sont sujets à se durcir lorsqu'on ne les fauche pas assez tôt.

La luzerne est d'un très-grand rapport dans les bons terreins en plaine; les terreins humides ne lui conviennent pas. L'herbe & le foin de la luzerne sont très-nourrissans pour les moutons; mais l'herbe, prise en trop grande quantité, ou lorsqu'elle est mouillée, fait enfler ces animaux, & le foin peut les faire périr de la gras-fondure, ( *Voyez* ce mot) ou d'autres maladies ; il faut le mêler avec du foin ordinaire, du sain-foin ou de la paille.

Les terres douces, grasses & humides, & sur-tout celles que l'on peut arroser, conviennent au tréfle ; il est très-nourrissant, & sujet à peu près aux mêmes inconvéniens que la luzerne, tant en herbe qu'en foin.

Le sain-foin vient dans les plaines, sur les côteaux & sur les montagnes ; mais il est d'un meilleur rapport dans les terreins qui ont du fond & dans les bonnes terres : il est très-sain, mais trop nourrissant, si on ne le mêle avec de la paille pour le donner aux moutons ; ses tiges sont trop dures lorsqu'on les fauche tard.

La pimprenelle vient dans toutes sortes de terreins, mais elle est d'un meilleur rapport dans les bonnes terres fraîches ; cette plante fortifie les moutons, elle est toujours verte ; on peut la faire pâturer en hiver, & la couper pour la donner aux agneaux dans les auges.

La meilleure paille pour les moutons est la paille d'avoine, parce qu'elle est la plus tendre : celle de seigle vaut mieux que la paille de froment, parce qu'elle n'est pas si dure, & qu'il reste dans les épis quelques grains que l'on appelle des épézones. La paille d'orge barbu peut être nuisible, à cause des barbes qui s'attachent à la laine lorsqu'elles tombent dessus. Les moutons ne mangent que l'épi, le bout du tuyau & les feuilles de la paille. Cette nourriture ne suffit pas pour entretenir un troupeau en bon état, il faut y ajouter quelque chose de plus nourrissant.

Les moutons mangent encore les balles d'avoine, de froment & de seigle, mais ils ne mangent pas la balle d'orge. Quant à ce qui reste de la tige de lin, après qu'elle a été teillée, les moutons mangent cette paille, mais c'est la plus mauvaise de toutes. On les nourrit encore avec des écorces d'arbres, des marrons d'inde & des chaillats. On enlève l'écorce des peupliers, des sapins &

d'autres arbres; on la fait sécher, & on la brise, pour la donner ensuite aux moutons dans des auges; mais on ne fait usage de cette nourriture que lorsqu'il n'y en a pas de meilleure. Ces animaux mangent non-seulement les marrons d'inde, lorsqu'ils sont coupés en deux ou trois parties, mais aussi l'écorce qui les enveloppe, quoiqu'elle ait des pointes dures & piquantes. Quant aux chaillats, ce ne sont que les tiges, les feuilles & les gousses des pois, des harricots, des vesces, des lentilles & des féverolles, après que les plantes ont été battues: lorsqu'on les bat, il s'en casse des parcelles que l'on ramasse, & que l'on appelle de la bourre; les bêtes à laine aiment mieux le chaillat que la paille: il est plus nourrissant. Le chaillat de pois a moins d'humidité que celui des haricots.

## CHAPITRE VII.

*MANIÈRE DE DONNER A MANGER AUX MOUTONS. DE LA QUANTITÉ DES ALIMENS. MANIÈRE DE LES FAIRE BOIRE ET DE LEUR DONNER DU SEL.*

§. I. *En quel temps est-on obligé de donner à manger aux moutons?*

Lorsque les moutons ne trouvent pas assez de pâture dans la campagne ni dans les enclos, ou lorsque les mauvais temps les empêchent de sortir, il faut leur donner du fourrage au ratelier ou dans les auges.

Dans les provinces de France, où l'hiver est rude, on commence à donner du fourrage sec aux moutons en octobre & en novembre; on le donne le matin, lorsque la gelée blanche empêche pendant quelques heures le troupeau d'aller à la campagne, & le soir, lorsqu'il revient du pâturage sans être assez rempli; mais lorsque la neige empêche pendant toute la journée le troupeau de sortir, on lui donne le matin & le soir du fourrage sec; mais il faut tâcher d'avoir à lui donner, dans le milieu du jour, une nourriture fraîche, telle que des feuilles de choux, des racines de carottes, de panais ou de chervis, des raves, des navets, des pommes de terre ou des topinambours; des marrons d'inde, du gland, &c. (*Voyez* le chapitre VI, §. 2, 3 & suiv.)

§. II. *De la quantité de feuilles de choux, de carottes, de navets, de pommes de terre, de marrons d'inde, qu'on doit donner aux moutons.*

On a éprouvé qu'un mouton de taille médiocre mangeoit environ cinq livres de feuilles de chou en un jour; ainsi il faut en donner au moins une livre & demi pour une ration. Lorsque les feuilles sont tendres comme celles des choux cabus, il les mange en entier; mais lorsqu'elles sont dures comme celles du chou de boutûre, il laisse des côtes qui font près d'un tiers du poids des feuilles: pour y suppléer, il faut donner au moins deux livres de ces feuilles pour une ration. Un mouton mange environ trois livres de carottes à un repas, près d'une livre & demi de navets; environ une livre & demi de pommes de terre ou de topinambours, à peu près une livre & un quart de marrons d'inde ou de leur écorce.

On donne à ces animaux de la nourriture fraîche au moins une fois chaque jour, parce que cette espèce de nourriture est leur aliment naturel; ils s'y sont accoutumés pendant toute la bonne saison. Lorsqu'on change entièrement cette nourriture en ne leur donnant que de la paille, ils ne sont plus assez nourris; ils maigrissent peu à peu. Les bergers disent alors qu'ils perdent leur graisse, leur suif, c'est-à-dire, qu'ils dépérissent. La nourriture sèche les altère, ils boivent beaucoup d'eau qui peut leur donner plusieurs maladies, surtout celle de la pourriture. (*Voyez* ce mot) Un repas chaque jour de nourriture fraîche, les empêche de dépérir & d'être trop altérés. Lorsqu'on n'a point de nourriture fraîche à donner aux moutons dans la mauvaise saison, on y supplée par l'usage des grains, des légumes, des gerbées, &c. (*Voyez* le chap. VI, §. III, IV.) Une poignée d'avoine ou d'autre grain, suffit pour empêcher les moutons de dépérir.

§. III. *De la quantité de paille & de foin à donner aux moutons.*

Au mois d'Octobre & de Novembre, lorsque les moutons commencent à avoir besoin de manger au ratelier, il faut leur donner les choses qui ne se gardent pas long-temps, ou qui se gâteroient, parce qu'elles ne sont pas bien conditionnées. On commence par celles qui leur sont les moins agréables, comme la paille de froment, de seigle, & de conseigle, parce que si l'on commençoit par leur donner de la paille d'avoine qu'ils aiment le mieux, ils répugneroient dans la suite à manger les autres.

La quantité de paille nécessaire à un mouton, dépend de la hauteur de la taille de l'animal & de la qualité de la paille. Il faut donner chaque jour à un mouton de taille médiocre, deux livres & demie de paille d'avoine, si l'on a soin de remettre au ratelier celle qui en est tombée. Le mouton mange chaque jour, suivant les épreuves qui en ont été faites, un peu plus de deux livres de cette paille, & il en reste près d'une demie livre qu'il ne trouve pas bonne à manger, & qui se mêle avec la litière. On peut compter qu'il ne faut par jour qu'un fagot de paille d'avoine, pesant cinquante livres, pour vingt moutons de taille médiocre, si l'on relève après chaque repas, celle qui est tombée du ratelier.

La quantité de foin nécessaire à un mouton, dépend, comme la quantité de la paille, de la hauteur de l'animal & de la qualité du foin. Il faut donner chaque jour à un mouton de taille médiocre deux livres de foin commun, tiré d'une bonne prairie; ces deux livres suffisent, si l'on a soin de remettre au ratelier le foin qui en est tombé. Ainsi on peut compter qu'il faut une botte de foin du poids de dix livres, tirée d'une bonne prairie, pour cinq moutons, en supposant toujours qu'on relève, après chaque repas, ce qui est tombé du ratelier.

La paille ne suffiroit aux moutons que jusqu'au mois de Janvier, dans les pays où l'hiver est rude, parce qu'alors il n'y a plus guères de bonnes herbes. On y supplée en mêlant avec la paille un peu de foin ou d'autres bonnes nourritures, telles que les chaillats de pois, de haricot, de vesce, ou de lentille. (*Voyez* le chap.

VI. §. V.) On a remarqué depuis long-temps que le chaillat de fèves est plus sec que le chaillat de pois, & qu'il faut le donner aux bêtes à laine le soir dans les temps humides & pluvieux.

§. IV. *En quel temps cesse-t-on de donner à manger aux moutons? Quelle quantité d'herbe un mouton mange-t-il en un jour?*

On cesse de donner du fourrage aux moutons dans le ratelier, au printemps, lorsqu'ils commencent à trouver dans la campagne une suffisante quantité d'herbe pour leur nourriture, & lorsqu'ils sont bien ronds, c'est-à-dire, bien remplis en revenant le soir à la bergerie.

Un mouton de taille médiocre a mangé chaque jour, suivant l'épreuve qui en a été faite, près de huit livres d'herbe tirée d'un bon pré. On a fait perdre à cette herbe environ les trois-quarts de son poids en la faisant faner; huit livres d'herbe se sont réduites à environ deux livres de foin. On peut donc conclure qu'un mouton de taille médiocre, mange à peu près huit livres d'herbe en un jour, ou environ deux livres de foin dans le même espace de temps; mais lorsque les moutons ne mangent que de l'herbe, ils ne boivent que peu ou point du tout, tandis que lorsqu'ils sont au sec, ils boivent une plus grande quantité d'eau.

§. V. *De la meilleure eau pour les moutons. De la quantité d'eau qu'ils peuvent boire, & dans quel temps on doit les faire boire.*

L'eau des rivières & des ruisseaux qui coulent continuellement, est la meilleure pour les moutons. L'eau des lacs & des étangs qui coule en partie, est préférable à l'eau des marais qui ne coule point du tout: il n'y faut abreuver les moutons que lorsqu'il est impossible d'avoir de meilleure eau. La plus mauvaise est celle qui croupit dans les marais, dans les mares, dans les fossés, dans les sillons, &c. Lorsqu'on est obligé de donner aux moutons de l'eau de pluie ou de citerne, il faut l'exposer à l'air pendant quelque temps. Les eaux croupies & corrompues sont très nuisibles aux moutons, & sont la source des maladies épizootiques. (*Voyez* EPIZOOTIE.)

Ces animaux boivent peu, quand ils sont en bonne santé; lorsqu'on voit un mouton courir à l'eau avec trop d'avidité, c'est signe qu'il est malade ou qu'il le deviendra bientôt. Les moutons ne boivent que très-peu dans les temps où les herbes sont les plus succulentes. Ils boivent davantage dans les grandes sécheresses, dans les grandes chaleurs, les grands froids, & lorsqu'on ne leur donne que des nourritures sèches. Alors un mouton d'environ vingt pouces de hauteur, boit une, deux, trois ou quatre livres d'eau par jour, mais il y a des jours où il n'en boiroit point, quoiqu'on lui en présentât. On sait par des expériences faites par M. Daubenton, que plusieurs moutons nourris d'un mêlange de paille & de foin au fort de l'hiver, sont restés dans une étable fermée pendant trente jours sans boire, & qu'on ne leur a reconnu d'autre incommodité que la soif.

Quant au temps où l'on doit faire boire les moutons, il y a sur cela des pratiques bien différentes; dans plusieurs pays, on les fait boire deux fois le jour; dans d'autres, on les abreuve une fois chaque jour; dans d'autres enfin, une fois en deux jours, ou en quatre jours, ou en six, huit, dix ou quinze jours, &c. Ces pratiques changent suivant les saisons & les différentes nourritures; mais il n'y a point de règle établie sur de bonnes raisons. Cependant on a reconnu par des expériences faites en Bourgogne, qu'il ne falloit pas abreuver les moutons deux fois par jour, parce qu'ils boivent plus d'eau chaque jour en plusieurs fois qu'en une seule. Lorsqu'il y a de l'eau dans le voisinage, & lorsque le troupeau est sain, conduisez-le à l'eau une fois chaque jour seulement; mais ne l'arrêtez pas, menez le doucement. Les bêtes qui auront besoin de boire s'arrêteront, tandis que les autres passeront sans boire; moins une bête à laine boit, mieux elle se porte.

Quelquefois l'eau est si loin que l'on ne peut pas y conduire les moutons sans les fatiguer; dans ce cas, il suffit d'y conduire le troupeau une fois en deux ou trois jours, suivant la nourriture & la saison; mais il ne faut jamais trop tarder à l'abreuver, parce qu'il est prouvé que les moutons boivent en un jour presqu'autant d'eau qu'ils en auroient bu dans les jours précédents qu'ils ont passés sans boire. Cette grande quantité d'eau prise tout à la fois, leur fait plus de mal, que s'ils l'avoient bue en plusieurs fois & à différents jours. Cet excès cause les épanchemens d'eau auxquels les bêtes à laine sont très-sujettes.

§. VI. *S'il faut donner du sel aux moutons? En quel temps faut-il le donner? Combien doit-on en donner à chaque fois? Quels sont les effets du sel?*

Les moutons qui sont dans un pays sec, & qui se portent bien, peuvent se passer de sel. On voit des troupeaux en très-bon état dans les pays où on ne donne point de sel aux moutons; même dans les pays marécageux où ils sont sujets à la pourriture & aux autres maladies causées par l'eau, & dans tous les pays lorsque les bêtes à laine sont attaquées de ces maladies, le sel pourroit peut-être les en préserver ou les guérir.

On doit donner du sel aux moutons, lorsqu'ils sont languissans ou dégoûtés; ce qui arrive le plus souvent dans les temps de brouillards, de pluie, de neige, ou de grand froid, & lorsqu'ils n'ont que des nourritures sèches.

Une petite poignée à chaque mouton tous les quinze jours, une livre pour vingt tout les huit jours, ce qui fait environ six gros pour chaque bête, voilà la quantité de sel qu'il faut donner à chaque fois.

Le sel par sa nature donne de l'appétit & de la vigueur, dessèche les humidités, empêche les obstructions, fait couler les eaux superflues qui sont la cause de la plupart des maladies des moutons. Il est donc indispensable d'en donner, au temps prescrit, à ces animaux.

Cependant l'usage n'en est ni assez général ni assez uniforme. Certains cultivateurs en donnent deux fois par mois, d'autres trois fois, d'autres tous les huit jours; quelques-uns le croient plus nécessaire dans les temps de sécheresse, d'autres dans des temps d'humidité. Ces derniers prétendent que lorsque le mouton commence à prendre les herbes du printemps, on ne peut assez lui en servir : quelques autres, effrayés par la dépense, n'en donnent qu'une fois par mois, ou en hiver seulement; d'autres enfin, par les mêmes motifs ou par d'autres raisons, n'en donnent point du tout; aussi voit-on beaucoup de moutons périr, sur-tout pendant l'hiver, & on en attribue la perte à tout autre cause qu'à la privation du sel.

Parmi les cultivateurs qui ne font point usage de cet aliment pour leurs moutons, les uns, comme nous l'avons déjà dit, s'en abstiennent par économie, tandis que les autres le regardent au moins comme inutile. Les uns & les autres n'ont pas sans doute consulté l'expérience; c'étoit-là cependant ce qui devoit les guider.

Il est prouvé que les moutons qui paissent sur les côtes de la mer, sont en général plus robustes que les autres, à éducation égale, & moins sujets aux maladies qui affectent trop souvent ceux de l'intérieur du royaume. C'est sans doute d'après cette réflexion que les cultivateurs intelligens, qui ne sont pas à portée de la mer, se sont déterminés à en donner à leurs troupeaux. Il est encore prouvé que les moutons qui paissent dans des pâturages salés, ou auxquels on donne du sel, ont la chair plus ferme & de meilleur goût; enfin, indépendamment de ce que nous sommes à portée de voir par nous-mêmes, on peut encore s'en rapporter à la conduite de nos voisins. Les Espagnols donnent du sel au gros & menu bétail; les Anglois ne l'en privent jamais; enfin, les Suisses sont si persuadés de la nécessité d'en donner, que les Cantons ont plusieurs fois délibéré qu'on devoit en augmenter la dose aux troupeaux.

Si l'usage du sel est indispensable, l'excès en doit être nuisible. La véritable dose, pour l'ordinaire, nous le répétons, est d'en donner une livre par vingt moutons; l'animal le plus vorace & le plus fort, est celui qui en mange le plus. Lorsqu'il en prend trop, son sang s'échauffe, sa santé & la qualité de la laine s'altèrent, tandis que l'humidité qui règne dans l'animal auquel on règle l'usage de cet aliment, en lui conservant une bonne constitution, prête à la laine des ressorts & une finesse que l'humidité naturelle de l'animal lui refuseroit.

Quelques personnes prétendent qu'en abreuvant les troupeaux dans les marais salans, cette pratique peut suppléer au sel, en appaisant la soif; mais elles se trompent, & exposent le bétail à plusieurs accidens. L'eau des marais salans est communément bourbeuse, & celle qui est renouvellée par les eaux de la mer, est encore chargée d'une trop grande quantité de parties limoneuses; la partie saline dont elle est d'ailleurs composée, est trop âcre, pour qu'elle puisse produire le même effet que le sel. Pour s'en convaincre, on n'a qu'à jeter les yeux sur la manière dont se fait le sel, & l'on verra qu'avant de le faire crystalliser, il faut purger l'eau de ce qu'elle a de limoneux & de trop âcre, sans quoi le sel seroit nuisible : d'ailleurs, il y a encore une autre inconvénient d'abreuver les troupeaux dans les marais salans ; les bords en sont remplis d'herbes que les moutons broutent : ces herbes contiennent beaucoup d'humidité, des parties limoneuses & âcres que le sel qu'elles renferment ne sauroit corriger ; on ne doit donc pas, sous prétexte d'économie, faire abreuver les troupeaux dans ces marais, parce que le prétendu avantage qu'on croit en tirer, ne compense pas les inconvéniens qui peuvent en résulter.

M. Leblanc, inspecteur des manufactures de Languedoc, après avoir réfléchi tant sur les inconvéniens que sur la dépense que le sel occasionne, a tâché de remédier à l'un & à l'autre, par le moyen de certains gâteaux salés, qui, en faisant le même effet que le sel, n'en ont pas les inconvéniens, & diminuent la dépense de trois cinquièmes : nous en avons introduit l'usage dans quelques granges de notre département, & les propriétaires s'en trouvent bien : voici en quoi consiste cette méthode économique.

La base de ces gâteaux est de la farine de froment, qu'on mêle avec de la farine d'orge, ou par moitié, ou par cinquième. Sur une quantité déterminée de cette farine, on y met un quart de sel. On prend le tiers du poids de ces farines mêlangées, que l'on pétrit avec une quantité d'eau suffisante, & dans laquelle on a fait dissoudre environ un huitième de sel, en supposant toujours qu'on en emploie vingt-cinq livres, pour un quintal de farine. On met dans la pâte la quantité de levain d'usage : lorsque cette première pâte est bien levée, on prend le second tiers, que l'on pétrit avec le premier, en les mêlangeant ensemble par le moyen d'une quantité d'eau suffisante, dans laquelle on aura fait dissoudre le tiers de ce qui restera de sel, & lorsque cette pâte est encore bien levée, on pétrit le troisième tiers, que l'on mêle avec les deux premiers par le moyen de l'eau qui reste, & dans laquelle on a fait dissoudre le surplus du sel. Dans tous ces cas, le sel doit être dissous dans l'eau, pour le distribuer également par-tout. Après avoir donné à la pâte le temps nécessaire pour lever & être mise au four, on la divise en petits gâteaux d'une livre : ces gâteaux doivent être plats, c'est-à-dire, qu'on ne doit leur donner qu'un pouce d'épaisseur, afin qu'il n'y ait absolument que la croûte, soit pour éviter que ceux que l'on conserve ne se moisissent, soit pour les concasser avec plus de facilité. On fait ensuite cuire ces gâteaux comme le pain ; il vaut mieux qu'ils soient trop cuits que trop peu, parce qu'ils se broyent & se conservent mieux quand ils sont un peu secs. Lorsqu'on les a tirés du four, on les laisse refroidir entièrement avant de s'en servir, & si on veut les conserver, on doit les mettre dans un endroit sec & à l'abri des rats : on peut les garder, sans risque, une année.

Avant de donner aux moutons les gâteaux salés, il faut les concasser par petits morceaux, afin que la distribution en soit plus égale. Si cette distribution se fait en plein champ ou dans une basse cour, on pourroit avoir deux planches en forme de goutière, avec un linteau en-dedans, pour les assujettir & faciliter aux moutons le moyen de prendre tout ce qu'ils trouveront ; on aura seulement attention qu'il n'y ait que vingt moutons à-la-fois pour chaque gâteau du poids d'une livre, sans quoi on ne pourroit être sûr de faire une distribution égale. Si cette distribution se fait dans la bergerie, on fera sortir les moutons, & après avoir mis un gâteau concassé, du poids d'une livre, dans la mangeoire, on laissera entrer vingt moutons seulement; après que ceux-ci auront mangé, on les fera sortir pour en faire entrer vingt autres, pour lesquels on aura concassé un autre gâteau du même poids, & ainsi de suite.

Les gâteaux salés, ainsi distribués aux moutons, préviendront leurs maladies, & entretiendront leur bonne constitution, ou la rétabliront s'ils l'ont perdue, du moins s'il n'y a point de vice intérieur qui exige un traitement extraordinaire. On peut aussi en donner aux béliers quelques heures avant de faire saillir les brebis, aux brebis avant d'être saillies, aux moutons dont la laine paroît tomber, ou dont le tempéramment paroît affoibli; & aux agneaux qui ne paroissent pas d'une bonne constitution, en observant de diminuer la dose de plus de la moitié; on peut en donner aussi aux chevaux, aux mulets, aux bœufs, &c. qui sont dégoûtés, relativement à des humeurs qui s'amassent dans l'estomac & les intestins; mais la dose pour ceux-ci doit être quadruple.

Outre les gâteaux salés, on peut encore employer d'autres sels qui sont moins coûteux que le sel commun, & peut-être aussi bons & même meilleurs. Le sel de tartre, la potasse ou les cendres gravelées fondues dans l'eau, seroient aussi appétissans que les gateaux pour les moutons; mais il faudroit les donner à moindre dose. On a éprouvé que la potasse, donnée à la dose d'un gros pendant plusieurs jours de suite à un mouton, ne lui a causé aucune incommodité. Si l'on n'avoit aucuns de ces sels, on pourroit y suppléer par le procédé suivant: Versez deux écuellées, ou environ deux livres d'eau sur une demi-livre de cendres, laissez reposer l'eau pendant quatre heures, & la transvasez pour la faire boire à un mouton.

Pour savoir positivement si ces sels sont aussi bons que le sel commun dans la maladie de la pourriture, (*Voyez* ce mot) il faudroit être dans un canton où les moutons fussent sujets à cette maladie: on pourroit choisir alors des moutons du même âge, qui auroient cette maladie au même degré, & l'on donneroit aux uns du sel commun, & aux autres de l'eau dans laquelle on auroit jeté des cendres, ou fait fondre de la potasse, des cendres gravellées, du sel de tartre. En continuant ces remèdes on jugeroit de leurs effets, & l'on parviendroit à connoître quelles en doivent être les doses.

Tous ces essais sont assez intéressans pour mériter l'attention d'un médecin vétérinaire, ou d'un cultivateur intelligent, qui seroient capables de les bien faire, & qui habiteroient un pays où les moutons seroient sujets à la pourriture.

## CHAPITRE VIII.

### *DU PARCAGE DES BÊTES A LAINE.*

§. I. *Qu'entend-on par parcage? Comment fait-on parquer les bêtes à laine?*

Le parcage des bêtes à laine est le

temps qu'elles passent sur différentes pièces de terre, qu'on veut rendre plus fertiles par l'urine & la fiente que ces animaux y répandent.

On fait parquer les bêtes à laine, en les enfermant dans une enceinte, qui est formée par des claies, & que l'on appelle un parc. Cette enceinte retient ces animaux dans l'espace de terre qu'elles peuvent fertiliser pendant un certain temps, & arrête les loups. Le berger est couché près du parc, dans une cabane, pour le garder; le chien est aussi autour du parc pour donner la chasse aux loups.

§. II. *Comment les claies d'un parc doivent être faites. Manière de les dresser pour former un parc. De l'étendue d'un parc.*

On donne aux claies quatre pieds & demi ou cinq pieds de hauteur; & sept, huit, neuf ou dix pieds de longueur, si elles ne deviennent pas pas trop pesantes; car il faut que le berger puisse les transporter aisément. Elles sont composées de baguettes de coudrier, ou d'autre bois léger & flexible, entrelacées entre des montans un peu plus gros que les baguettes. On fait aussi des claies avec des voliges assemblées, ou simplement clouées sur des montans. On laisse dans les claies de coudrier trois ouvertures d'un demi-pied de hauteur & de largeur, placées toutes les trois à la hauteur de quatre pieds; il y en a une à chaque bout, & une dans le milieu; celles des bouts sont appellées les voies.

Pour former un parc, on dresse ces claies les unes au bout des autres sur quatre lignes, pour former un quarré, & on les soutient par le moyen des crosses, qui sont des bâtons courbés par l'un des bouts. Les claies anticipent un peu l'une derrière l'autre, de façon que les deux voies se rencontrent; on y passe le bout de la crosse. Il est percé de deux trous, dans lesquels on met deux chevilles, l'une derrière les montans des claies, & l'autre devant; ensuite on abbaisse contre terre l'autre bout de la crosse, qui est courbe & percée d'une entaille, dans laquelle on met une clef, que l'on enfonce en terre à coups de maillet. (*V. la Pl. XII. de l'Instruction pour les bergers & pour les propriétaires de troupeaux, par M. Daubenton, fig. III. IV. V. VI. VII.*) Il ne faut point de crosses aux coins du parc, il suffit de lier ensemble les deux montans qui se touchent, avec un cordeau passé dans les voies.

L'étendue d'un parc doit être proportionnée au nombre des moutons que l'on veut y mettre, parce qu'il faut que le troupeau répande assez de fiente & d'urine, pour fertiliser l'espace de terre renfermé dans le parc. Chaque mouton peut fournir à une étendue d'environ dix pieds quarrés; par conséquent si les claies ont dix pieds de longueur, il faut douze claies pour un parc de quatre-vingt-dix moutons; dix-huit pour deux cents; vingt-deux pour trois cents. Si les claies n'ont que neuf pieds, il faut deux claies de plus pour chacun de ces parcs; quatre claies de plus, si elles n'ont que huit pieds, & six de plus, si leur longueur n'est que de sept pieds. Il faut pour un parc de cinquante bêtes, douze claies de sept ou huit pieds chacune, ou dix claies de neuf ou dix pieds de longueur, &c. Ces comptes ne peuvent pas être bien justes, c'est pourquoi l'on peut mettre un peu plus ou un peu moins de moutons pour chaque nombre de claies. Lorſque leur nombre ne peut pas être égal ſur chacun des quatre côtés du parc, il doit y avoir ſur deux côtés oppoſés une claie de plus que ſur les deux autres.

§. III. *Comment le berger fait-il un parc? Manière de faire un parc à la ſuite d'un autre.*

Pour faire un parc, le berger ſe met au coin du champ, il meſure au pas, ſur le bout & ſur le long du champ, l'étendue néceſſaire pour placer les claies des deux côtés du parc: il marque le point où la dernière doit aboutir: enſuite il meſure l'étendue que doivent avoir les deux autres côtés du parc pour former un quarré, & il fait une marque où les deux autres côtés ſe rencontrent; enfin il poſe les claies ſuivant ces alignemens. Pour tranſporter chaque claie, le berger paſſe le bout de ſa houlette dans l'ouverture qui eſt au milieu, il appuie ſon dos contre la claie, il la ſoulève, & la porte, en faiſant paſſer la houlette ſur ſon épaule, & en la tenant ferme avec les deux mains. On peut auſſi porter les claies, en paſſant le bras droit à travers la voie du milieu, ou ſous l'avant-dernière planche des claies de volige. (*Voyez la Planche XIII. fig. I. de l'ouvrage ci-deſſus cité, ſect. II.*) Après avoir placé la claie, il l'aſſure par une croſſe.

Lorſque le berger veut faire un nouveau parc à la ſuite d'un autre, l'un des côtés du premier parc ſert pour le ſecond; après avoir meſuré & aligné les trois autres côtés du ſecond parc, il y tranſporte les claies du premier. Lorſqu'il eſt parvenu au bout du champ, après avoir placé des parcs à la file les uns des autres, il en fait un nouveau à côté du dernier, & il ſuit une nouvelle file en revenant juſqu'à l'autre bout du champ, & ainſi de ſuite, juſqu'à ce qu'il ne reſte aucun eſpace qu'il n'ait parqué.

§. IV. *De la cabane du berger. Où doit-elle être placée?*

La cabane du berger doit avoir ſix pieds de longueur ſur quatre pieds de largeur & de hauteur; elle doit être couverte par un toît de paille ou de bardeau. On la poſe ſur quatre petites roues. (*Voyez la Planche XIV. fig. I. de l'ouvrage ci-deſſus cité.*) Elle a une porte qui ferme à clef. On met dans cette cabane un matelas, des draps & des couvertures pour coucher le berger, & une tablette pour placer quelques haches, & des proviſions de bouche.

On place la cabane près du parc, afin que le berger puiſſe le voir de ſon lit, en ouvrant la porte. Lorſqu'un nouveau parc s'éloigne trop, le berger en approche ſa cabane, en la faiſant rouler lui ſeul, ſi le terrein eſt aiſé, ou en prenant l'aide d'un ſecond dans le cas contraire.

§. V. *Combien de tems fait-on parquer les moutons chaque nuit? A quelles heures faut-il changer de parc dans la nuit & dans la matinée?*

On fait entrer les moutons dans le parc ſur la fin du jour, ou à neuf heures du soir, lorsque les jours sont bien longs, & qu'il n'y a point de serein. On les fait sortir du parc à neuf heures du matin, lorsque l'air & le soleil ont séché les herbes, ou à huit heures, lorsqu'il n'y a point eu de rosée.

Il faut changer de parc dans la nuit & dans la matinée, dans la saison où les moutons rendent beaucoup de fiente & d'urine, parce que les herbes qu'ils mangent ont beaucoup de suc : chaque parc ne doit durer qu'environ quatre heures. Ainsi le premier parc commence à neuf heures du soir, il doit finir à une heure du matin ; le second à cinq heures, & le troisième à neuf heures. Ce dernier parc se faisant de jour, les loups ne sont point tant à craindre. C'est pourquoi le berger peut se dispenser de l'enclorre de claies, il suffit de placer les chiens de manière qu'ils retiennent les moutons dans l'espace destiné au troisième parc : c'est ce qui s'appelle parquer en blanc. Lorsque les nuits sont longues, & que le premier parc commence avant neuf heures du soir, on fait durer d'autant plus long-tems chacun des parcs. Dans les saisons où les herbes ont moins de suc, & où les bêtes à laine rendent moins de fiente & d'urine, le berger ne change le parc qu'une fois : il tâche de donner à-peu-près autant de tems pour le premier que pour le second. Si l'on parquoit en hiver, on pourroit ne faire qu'un parc chaque jour, parce que dans cette saison les bêtes à laine rendent peu de fiente & d'urine, & que le froid ne permet pas au berger de changer son parc dans la nuit.

§. VI. *Si l'on peut faire parquer les moutons dans l'hiver. Du moindre nombre de bêtes à laine que l'on peut faire parquer. Effets de l'engrais de parcage.*

On peut faire parquer pendant l'hiver sur les terreins secs, tant que le berger n'est pas incommodé du froid en couchant dans sa cabane : mais en hiver, lorsque les moutons n'ont que des fourrages secs, ils ne rendent que peu d'urine & de fiente, qui sont peut-être mieux employés à engraisser des fumiers sous eux, qu'au parcage.

Lorsqu'on n'a qu'un très-petit nombre de bêtes à laine à faire parquer, il n'y a que la dépense du berger qui puisse en empêcher ; le produit du troupeau n'y suffiroit pas. Mais on peut rassembler plusieurs petits troupeaux pour les faire parquer tous ensemble sous la conduite d'un seul berger. Il y a des cultivateurs qui prennent à louage, pour un certain tems, plusieurs troupeaux peu nombreux, & qui les réunissent pour les faire parquer sur leurs terres. D'autres n'ayant qu'un petit troupeau, les mettent tous ensemble, & les font parquer à frais communs, sur les terres qui leur appartiennent à chacun en particulier. Si l'on ne faisoit parquer qu'un très-petit nombre de moutons, il faudroit beaucoup de tems pour fertiliser un champ. Il faut avoir au moins cinquante ou soixante bêtes pour faire un parc; encore est-ce lorsque le berger, étant un enfant de la maison, ne coûte rien de plus pour le parcage. Cinquante bêtes à laine fertilisent dans un parc l'espace de cinq cent pieds quarrés; ainsi, il faut soixante-cinq parcs pour un arpent de terre. Si l'on fait trois parcs chaque jour, il faudra vingt-deux jours pour fertiliser un arpent; trente-deux jours, si l'on ne fait que deux parcs en un jour; soixante-cinq jours, si l'on ne fait qu'un parc: & suivant le même calcul, deux cents soixante-dix moutons parqueront un arpent, en douze parcs; deux cents bêtes, en dix-sept parcs; cent bêtes, en trente-deux parcs, &c. L'arpent de terre contient à-peu-près cent perches quarrées, de dix-huit pieds chacune, ce qui fait trente-deux mille quatre cents pieds quarrés.

Avant de faire parquer les moutons, on donne deux labours, afin que l'urine entre plus facilement dans la terre. Aussi-tôt que le parcage est fini dans un champ, on le laboure afin de mêler la fiente & l'urine avec la terre, avant qu'il y ait du dessèchement ou de l'évaporation.

Lorsqu'un champ est semé, & que le grain est levé, on peut encore parquer dans des jours secs, jusqu'à ce que le bled ou l'orge ait un pouce de hauteur. On dit que les moutons dédommagent, parce qu'ils font du bien aux racines, en foulant les terres légères, & qu'ils écartent les vers par leur odeur.

L'engrais du parcage est meilleur que le fumier de mouton: il produit un effet très-sensible pendant deux ans sur la production du froment que l'on recueille dans la première année, & sur celle de l'avoine dans la seconde année. Il rend aussi les prairies sèches d'un bon rapport, en donnant des récoltes abondantes de foin sur des côteaux, où, sans le parcage, il ne viendroit pas assez d'herbe pour être fauchée; on ne sauroit donc trop parquer les prairies sèches: plus le parc y reste, plus elles produisent. Dans les temps secs, on peut laisser le parc pendant deux ou trois nuits sur le même endroit, tandis que dans les tems humides on est obligé de le changer chaque jour, parce que les excrémens de la veille n'étant pas séchés, ne peuvent que salir les moutons.

## CHAPITRE IX.

### *DU LOGEMENT, DE LA LITIÈRE ET DU FUMIER DES MOUTONS.*

§. I. *S'il faut loger les moutons dans des étables fermées: comment doit-on les loger pour les maintenir en bonne santé, & pour avoir de bonnes laines & de bons fumiers?*

Les étables fermées sont le plus mauvais logement que l'on puisse donner aux moutons. La vapeur qui sort de leur corps & du fumier, infecte l'air, & met ces animaux en sueur. Ils s'affoiblissent dans ces étables trop chaudes & mal-saines; ils y prennent des maladies; la laine y perd sa force, & souvent le fumier s'y dessèche & s'y brûle. Lorsque les bêtes sortent de l'étable, l'air du dehors les saisit quand il est froid: il arrête subitement leur sueur; & quelquefois il peut leur donner de grandes maladies. Il faut donc donner beaucoup d'air aux moutons; ils sont mieux logés dans les étables ouvertes que dans les étables fermées, même sous des appentis ou des hangards, que dans des étables ouvertes : un parc peut leur servir de logement sans aucun abri.

§. II. *Des étables ouvertes. Du bien & du mal qu'elles font aux moutons. Des appentis & des hangars ; de leurs proportions.*

Une étable ouverte a plusieurs fenêtres, qui ne sont fermées que par des grillages, de même que la porte. Elle vaut mieux qu'une étable fermée, parce qu'une partie de l'air infecté de la vapeur du corps des moutons & du fumier, sort par les fenêtres & par la porte, tandis qu'il entre de l'air sain du dehors par les mêmes ouvertures ; mais ce changement d'air ne se fait qu'à la hauteur des fenêtres : l'air qui reste autour des moutons dans la partie basse de l'étable, au-dessous des fenêtres, est toujours mal-sain, quoiqu'il soit moins échauffé & moins infect que celui des étables fermées. Celles qui sont ouvertes ne font que diminuer le mal ; ce logement, quoique moins mauvais pour les moutons que les étables fermées, n'est cependant pas bon.

Un appentis est un pan de toît, appliqué contre un mur, & soutenu en devant par des poteaux. Ce logement vaut mieux que les étables en partie ouvertes, parce qu'il est entièrement ouvert du côté des poteaux dans toute sa longueur, mais il est fermé en entier du côté du mur ; l'air infecté reste au milieu des moutons, sur-tout au pied de ce mur. Quoique ces appentis valent mieux pour les moutons que les étables ouvertes, ce n'est cependant pas leur meilleur logement. Les hangars sont à préférer.

Un hangard est un toît soutenu tour-au-tour sur des poteaux. (*Voyez la Planche II, avec l'explication, fig. I. de l'ouvrage de M. Daubenton, cité ci-dessus.*) L'air infect en sort facilement, & l'air sain y entre de tous les côtés ; les moutons peuvent en sortir, lorsqu'ils ont trop chaud, & y entrer pour se mettre à l'abri de la pluie. C'est certainement le meilleur logement pour ces animaux, il est très-sain & très-commode pour eux ; mais il est coûteux pour les propriétaires des troupeaux.

La manière la moins coûteuse de faire un hangar pour loger les moutons, est de le faire sans murs. Pour cet effet, ayez des poteaux de six ou sept pieds de hauteur, placez-les de manière qu'ils soient soutenus chacun par un dé, & rangés sur deux files, à dix pieds de distance les uns des autres ; assemblez-les avec des solives & des sablières, de la même longueur de dix pieds, qui porteront un couvert, dont les faîtes n'auront aussi que dix pieds, & les chevrons seulement sept pieds. Au milieu de cet espace on met un rattelier double ; de chaque côté du même espace on bâtit un petit appentis qui n'a que deux pieds de largeur, & dont le faîte est placé contre les poteaux du bâtiment du milieu, à un demi-pied au-dessous de la sablière. Les solives de cet appentis n'ont que deux pieds de longueur, & les chevrons trois pieds. Les poteaux qui soutiennent la sablière n'ont aussi que trois pieds. Des contrefiches placées à des distances proportionnées à la longueur du bâtiment, & assemblées avec les entraits & les poteaux, empêchent que la charpente ne déverse. On attache contre les poteaux des appentis un ratelier ; de sorte que la bergerie a quatre rangs de rateliers sur sa largeur, qui est de quatorze pieds. (*Voyez la Planche indiquée ci-dessus.*) Si on la couvre en toile, il suffit que les bois de la charpente aient quatre à cinq pouces d'équarrissage. Ils peuvent encore être plus petits, si l'on fait la couverture en bardeau ou en paille.

En donnant à chaque bête un pied & demi de ratelier, il y a dans la bergerie, pour chacune, un espace de cinq pieds quarrés, ce qui suffit d'autant mieux pour les moutons de petite taille, qu'il n'est pas à craindre que l'air s'y échauffe, car cet espace n'est fermé que par des claies ; les unes servent de portes, & les autres empêchent que les moutons ne passent par-dessous les rateliers du côté de la bergerie, & soutiennent le fourrage qui est dans les rateliers. De plus, l'air se renouvelle aussi à tout instant par l'ouverture qui est tout autour de la bergerie au-dessus des appentis. Si l'on destinoit cette bergerie à des bêtes de taille moyenne ou de grande taille, il faudroit en augmenter les dimensions ou supprimer le ratelier double du milieu ; dans le dernier cas, il y auroit pour chaque bête un espace de dix pieds quarrés, ce qui suffiroit pour les plus grandes. En augmentant la largeur de la bergerie de trois pieds ou de six, ce qui feroit deux ou quatre pieds pour le bâtiment, & un demi-pied ou un pied pour chacun des appentis, & en laissant le ratelier double, chaque bête auroit un espace de six ou sept pieds quarrés, ce qui suffiroit pour des moutons de moyenne race. Quant à la longueur de la bergerie, elle seroit proportionnée au nombre des bêtes ; on pourroit la construire en ligne droite ou en équerre, &c. suivant le terrein.

Un hangar, tel que nous venons de le décrire, est le logement que l'on doit préférer à tout autre pour les moutons. Quoique sa construction soit moins couteuse que celle des étables & des appentis, cependant elle exige assez de dépense pour qu'il fût à désirer d'en être dispensé ; car quand même la couverture de ce hangar ne seroit que de chaume, il faudroit toujours une charpente assez forte pour résister aux grands vents, & de quelque manière que ce hangar fût construit, il exigeroit des frais pour son entretien. Il vaut donc mieux éviter toute cette dépense en laissant les moutons dans un parc en plein air, sans aucun couvert. On le place dans une basse-cour, & on lui donne le nom de parc domestique, pour le distinguer du parc des champs.

§. III. *De l'étendue d'un parc domestique, de sa situation, de la hauteur qu'il faut lui donner pour mettre les moutons eu sûreté contre les loups. Des auges & des rateliers.*

Lorsque la litière est rare, on est obligé de resserrer le parc domestique, afin d'avoir assez de litière pour en mettre par-tout ; mais il faut qu'il y ait au moins six pieds quarrés pour chaque mouton de race moyenne. Lorsqu'on peut donner plus de litière, il est bon d'agrandir le parc domestique jusqu'à ce qu'il y ait dix ou douze pieds quarrés pour chaque mouton : les endroits couverts de fiente y sont plus éloignés les uns des

des autres que dans un parc moins grand; les moutons y saliſſent moins leur laine; ils peuvent s'y mouvoir plus librement; ils y endommagent moins leur laine en ſe frottant les uns contre les autres; les brebis pleines & les agneaux nouveaux nés y ſont moins expoſés à être bleſſés.

Les meilleures expoſitions pour un parc domeſtique, ſont celles du midi, du ſud-oueſt & du ſud-eſt, parce que les murs du parc mettent le troupeau à l'abri des vents de biſe & de galerne; les moutons y réſiſtent comme aux autres expoſitions, mais ils y ſont plus fatigués. Des bêtes à laine qui ſeroient répandues dans la campagne, comme les animaux ſauvages, y trouveroient des abris: il faut donc placer leur parc dans le lieu le plus abrité de la baſſe-cour; il faut auſſi que le terrein du parc ſoit en pente, afin que les eaux des pluies aient de l'écoulement.

Des murs de ſept pieds de hauteur, dit M. d'Aubenton, ont empêché les loups d'entrer dans un parc domeſtique près de Montbard, où il y a beauoup de moutons & de chiens depuis quatorze ans. Ces murs ſont bâtis de pierres ſèches; il y a néceſſairement entre ces pierres des joints ouverts qui donneroient aux loups la facilité de grimper au-deſſus des murs; mais ils ſont terminés par de petites pierres amoncelées en dos-d'âne, de la hauteur de huit pouces; quelques-unes de ces pierres tomberoient ſi le loup mettoit le pied deſſus pour arriver ſur le mur. On ne s'eſt apperçu d'aucun dérangement qui ait fait ſoupçonner des tentatives de la part des loups pour entrer dans le parc, quoique l'on ait reconnu les traces de ces animaux qui avoient rodé tout autour.

Les rateliers d'un parc domeſtique doivent avoir deux pieds de longueur aux barreaux, & on les place à deux pouces & demi de diſtance les uns des autres, ſi c'eſt pour une petite race de moutons; on éloigne davantage les barreaux, ſi la race eſt plus grande, parce que leur muſeau eſt plus gros; mais plus les barreaux ſont éloignés les uns des autres, plus les moutons perdent de fourrage, car ils ne ramaſſent pas celui qu'ils font tomber ſur le fumier en le tirant du ratelier. On fait des rateliers ſimples pour les attacher contre les murs ou contre les claies, & des rateliers doubles en forme de berceau, pour les placer au milieu du parc.

Si l'enclos dont on veut faire un parc domeſtique eſt petit, & ſi le troupeau eſt nombreux, on met des rateliers contre tous les murs & un ratelier double au milieu du parc; mais ordinairement on fait le parc dans une baſſe-cour, comme nous l'avons déjà dit, dont il n'occupe qu'une partie, & pour le former, on place un rang de claies vis-à-vis les murs à une diſtance convenable, & on attache les rateliers au mur; on peut auſſi en attacher aux claies: dans ce cas, il faut laiſſer entre les claies & le mur une plus grande diſtance que s'il n'y avoit qu'un rang de rateliers, afin que les moutons aient chacun dans le parc le nombre de pieds quarrés qui leur eſt néceſſaire. Il faut toujours mettre par préférence les rateliers contre les murs, parce que les moutons ſe réfugient au pied de ces murs pour avoir un abri.

Quant aux auges, on les met ſous les rateliers, pour recevoir les graines & les brins de fourrage qui tombent du ratelier, & que les moutons ne voudroient pas manger, s'ils se mêloient avec la litière & le fumier. On fait ces auges avec des voliges; on peut leur donner six pouces de profondeur, un pied de largeur au-dessus, & six pouces au fond. Lorsqu'on veut donner aux moutons des racines, du grain ou d'autres choses qui passeroient à travers les rateliers, on les met dans les auges.

§. IV. *Si les moutons peuvent résister aux injures de l'air dans les hivers les plus forts, sans être à couvert dans un parc domestique.*

La laine dont les moutons sont vêtus, les défend assez des injures de l'air: elle a une sorte de graisse, que l'on appelle le suint, qui empêche pendant long-temps la pluie de pénétrer jusqu'à sa racine; de sorte que les flocons ne sont ni froids, ni mouillés près de la peau, tandis que le reste est chargé d'eau, de glace, ou couvert de givre ou de neige. Lorsque les moutons sentent qu'il y a trop d'eau sur leur laine, ils la font tomber en se secouant. Ils peuvent se débarrasser de la neige par le même mouvement; mais quand ils en seroient couverts, quand même ils s'y trouveroient enfouis pendant quelque temps, ils n'y périroient pas. M. d'Aubenton a fait cette épreuve près de la ville de Montbard, dans la haute Bourgogne, d'abord sur une douzaine de bêtes à laine, & ensuite pendant quatorze ans, depuis 1767, jusqu'en 1785, sur un troupeau d'environ trois cents bêtes, qui n'ont eu d'autre logement pendant ce temps qu'une basse-cour fermée de murs. Les rateliers sont attachés aux murs sans aucun couvert, les brebis y ont mis bas; les agneaux y sont toujours restés, & toutes les bêtes s'y sont maintenues en meilleur état qu'elles n'auroient fait dans des étables fermées, quoiqu'il y ait eu pendant le temps de leur séjour à l'air, plusieurs années très-pluvieuses, & des hivers très-froids, en particulier celui de 1776. On sait d'ailleurs qu'en Angleterre, les bêtes à laine restent en plein champ pendant tout l'hiver. Il y en a eu dans ce pays-là qui ont passé plusieurs jours enfoncées sous la neige & qui en ont été retirées saines & sauves; mais dans la saison où les brebis agnèlent, les bergers veillent pendant les nuits froides, pour empêcher que les agneaux ne gèlent, principalement ceux des mères jeunes, foibles ou mal nourries: cet accident est peu à craindre, lorsqu'on n'a donné le bélier aux brebis qu'en octobre. Avant d'exposer un grand troupeau en plein air, on peut faire un essai sur un petit nombre de bêtes, comme on l'a fait en Bourgogne.

Les parties du corps des moutons sur lesquelles il n'y a point de laine, telles que les jambes, les pieds, le museau & les oreilles, ne pourroient point résister au grand froid, si ces animaux ne savoient les tenir chaudes. Etant couchés sur la litière, ils rassemblent leurs jambes sous leurs corps; en se serrant plusieurs les uns contre les autres, ils mettent leur tête & leurs oreilles à l'abri du froid, dans les petits intervalles qui restent entr'eux, & ils enfoncent le bout de leur museau dans la laine. Les temps où il fait des vents froids & humides, sont les plus pénibles pour les moutons exposés à l'air; les plus foibles tremblent & serrent les jambes, c'est-à dire, qu'étant debout, ils approchent leurs jambes plus près les unes des autres qu'à l'ordinaire, pour empêcher que le froid ne gagne les aînes & les aisselles où il n'y a ni laine, ni poil; mais dès que l'animal prend du mouvement ou qu'il mange, il se réchauffe, & le tremblement cesse.

Dans un troupeau logé en plein air, s'il y a des agneaux foibles & languissans, s'il y a des moutons malades, & si l'on voit que les injures de l'air augmentent leur mal, il faut les mettre à couvert de la pluie & à l'abri des mauvais vents, dans quelque coin d'appentis, d'écurie, ou de quelqu'autre bâtiment, jusqu'à ce qu'ils soient fortifiés ou guéris.

§. V. *Si les fumiers d'un parc domestique sont aussi bons que ceux d'une étable.*

Les fumiers qui se font en plein air ne sont pas sujets comme ceux des étables, à se trop échauffer, à blanchir & à perdre de leur force; parce que les brouillards, la neige & les pluies les humectent, & en font un engrais meilleur que les fumiers qui ont été pendant long-temps à couvert.

Tant qu'il y a du fumier dans le parc domestique, il faut nécessairement de la litière pour empêcher les moutons de salir leur laine & d'être dans la boue; mais si l'on n'avoit plus de litière à leur donner, il faudroit mettre le fumier hors du parc, ensuite le balayer tous les matins & enlever les ordures. On a fait cette épreuve pendant plusieurs années sur un troupeau qui s'est bien passé de litière; mais dans ce cas, il faut sabler le parc, si le terrein n'est pas solide, & lui donner beaucoup de pente pour l'écoulement des eaux. On ne s'est pas apperçu que les eaux des pluies qui cavent le fumier d'un parc domestique, & qui s'écoulent en dehors, aient dégraissé le fumier & en aient diminué la force; il a fait autant & plus d'effet sur les terres que celui des étables; mais pour ne rien perdre, il faut tâcher de conduire l'égoût du parc sur un terrein en culture, ou dans une fosse dont on retire l'engrais qui s'y est amassé.

## CHAPITRE X.

### *De la tonte des bêtes a laine.*

§. I. *Du temps où il faut tondre les moutons. Des inconvéniens qu'il y a à tondre trop tôt, ou trop tard. Des mauvais effets du retard de la tonte.*

Tous les ans, vers le mois de mai, il sort une nouvelle laine de la peau des moutons; en écartant les mèches de la laine, on apperçoit la pointe de la nouvelle, lorsqu'elle commence à pousser: c'est alors le temps de la tonte.

Si l'on tondoit plutôt, la laine ne seroit pas à son vrai point de maturité; elle n'auroit pas toutes les qualités qu'elle peut acquérir jusqu'au terme naturel de son accroissement; les moutons étant dépouillés trop tôt dans les pays froids, souffriroient des injures de l'air.

Plus on retarde la tonte, plus il se perd de laine. Lorsque la nouvelle laine commence à paroître, l'ancienne se déracine aisément; le moindre effort suffit pour l'arracher,

Alors si les moutons passent contre des buissons ou des haies, les branches accrochent quelques flocons de laine qui y restent suspendus, après s'être détachés de la peau.

Le retard que l'on met encore à tondre les moutons, a d'autres mauvais effets, en causant une autre perte; lorsque la nouvelle laine a déjà quelques lignes de longueur au temps de la tonte, on la coupe avec l'ancienne. Quoique cette nouvelle laine augmente le poids de la toison, le propriétaire y perd au lieu d'y gagner, parce que l'acheteur intelligent & le manufacturier savent que cette nouvelle laine étant très-courte, se sépare de l'autre, lorsqu'on l'emploie; ainsi ils diminuent d'autant le prix de la toison. La nouvelle laine ayant été coupée à son extrêmité est moins longue qu'elle ne devroit l'être l'année suivante.

## §. II. *Ce qu'il faut faire avant de tondre les moutons.*

Il n'y a rien à faire si l'on veut enlever la toison sans l'avoir lavée; mais c'est un mauvais usage, il vaut mieux laver la laine sur le corps du mouton avant de le tondre; c'est ce que l'on appelle laver à dos ou sur pied. Ce lavage sépare de la laine les ordures qui la salissent & qui pourroient gâter la toison, si elle restoit long-temps avec l'urine, la fiente & la boue dont elle s'est chargée; d'ailleurs, le propriétaire connoît mieux la valeur des toisons lorsqu'il les vend au poids après qu'elles ont été lavées à dos, qu'en les vendant au suint. L'acheteur sait toujours mieux acheter que le propriétaire ne sait vendre, parce que celui-ci ne vend qu'une fois l'an, & que l'autre achette tous les jours.

## §. III. *Du lavage à dos; comment se fait-il?*

Pour faire le lavage à dos, on fait entrer chaque mouton dans une eau courante jusqu'à ce qu'il en ait au moins à mi-corps; le berger est aussi dans l'eau au moins jusqu'au genou; il passe la main sur la laine & la presse à différentes fois pour la bien nettoyer. On peut faire aussi ce lavage dans une eau dormante, si elle est propre. Mais dans les cantons où l'on n'a que de l'eau de fontaine, de puits ou de citerne, il suffit d'en remplir des baquets. On verse cette eau avec un pot sur la laine du mouton, en la pressant avec la main. Mais si l'on pouvoit avoir une chute d'eau de trois ou quatre pieds de hauteur, on la recevroit dans un cuvier où l'on plongeroit le mouton; (*voyez la planche X de l'ouvrage de M. Daubenton plusieurs fois cité*) deux hommes, dont les manches feroient retroussées & recouvertes par de fausses manches de toile cirée, laveroient mieux le mouton que de toute autre manière; on a suivi cette méthode pendant plusieurs années avec l'eau d'une fontaine, sans que les moutons aient été incommodés par la fraîcheur de cette eau: ceux que l'on tient en plein air pendant toute l'année, sont, sans aucun inconvénient, souvent exposés à des pluies aussi froides qu'un bain d'eau de source.

Mais avant de tondre les moutons, il est nécessaire de les laver plusieurs fois pour que la laine soit bien nette & de bon débit; après le dernier lavage, il faut tenir les moutons dans des lieux propres jusqu'au moment de la tonte, que l'on ne doit faire qu'après avoir laiſſé ſécher la laine, afin que la toiſon ne ſoit pas ſujette à ſe gâter par l'humidité. Il faut donc tâcher de ne faire le dernier lavage que par un beau temps.

Les gens de la campagne ont beaucoup de préſages du beau temps ou de la pluie; mais la plupart de ces préſages ſont faux ou trop incertains; ils ne connoiſſent preſque pas le meilleur qui eſt le baromètre. Un berger bien inſtruit devroit le connoître; on voit dans un tuyau de verre, du vif-argent qui monte ou qui deſcend en différens temps; à côté du tuyau, la hauteur eſt marquée par pouces & par lignes. (*Voyez baromètre & la planche, fig. 1, tom. 2, pag. 158.*) Lorſqu'on regarde le baromètre, on remarque à quel point de hauteur & à quelle ligne eſt le vif-argent: on revient quelque temps après, & on voit ſi le vif-argent a monté ou deſcendu; s'il a monté, c'eſt ſigne de beau temps; s'il a deſcendu, c'eſt ſigne de pluie ou de vent.

§. IV. *Comment faut-il tondre les moutons? Du traitement qu'il faut leur faire, lorſqu'ils ſont tondus. Ce qu'il y a à craindre pour les animaux après la tonte; moyens d'éviter tous les dangers.*

On eſt dans l'uſage, quand on veut tondre les moutons, de leur lier les quatre jambes enſemble pour les empêcher de ſe débattre, mais c'eſt une mauvaiſe pratique; lorſqu'on les gène ainſi, le ventre, & par conſéquent la veſſie, ſont preſſés, de façon que l'urine & la fiente ſortent & saliſſent la toiſon, il vaut mieux coucher le mouton ſur une table percée de pluſieurs trous près du bord; on paſſe un cordon en pluſieurs endroits par les ouvertures, pour retenir ſur la table les jambes de devant dans un endroit, & les jambes de derrière dans un autre. (*Voyez la planche XI de l'ouvrage ci-deſſus cité.*) Lorſque c'eſt un bélier cornu, on attache auſſi l'une des cornes ſur la table; par ce moyen, la bête eſt moins gênée, & les tondeurs travaillent à leur aiſe; ils peuvent être aſſis. Cette commodité eſt néceſſaire pour un ouvrage qui demande de l'attention & de l'adreſſe, car il faut couper la laine avec les forcèps, très-près de la peau, ſans la bleſſer. Lorſque le mouton eſt tondu ſur l'un des côtés du corps, on le délie, on le retourne, & on l'attache de l'autre côté.

Lorſque les moutons ſont tondus, ſi l'on apperçoit quelque ſigne de gale, (*voyez ce mot*) il faut les frotter avec un onguent de graiſſe ou de ſuif & d'eſſence de térébenthine. Si la peau a été entamée par les forcèps, le même onguent eſt bon pour ces petites plaies. Cet onguent ſe fait de la manière ſuivante:

Faites fondre une livre de ſuif en été, ou de graiſſe en hiver, retirez-la du feu, & mêlez avec le ſuif ou la graiſſe un quarteron d'huile de térébenthine ou plus, s'il eſt néceſſaire pour la gale.

La grande chaleur du ſoleil & les pluies froides ſont à craindre pour les moutons pendant dix ou douze jours après la tonte. Le grand ſoleil racornit leur peau ſur le dos, & la diſpoſe à la gale & à d'autres maladies, tandis que les pluies froides morfondent les moutons & les tranſiſſent au point de les faires mourir, ſi on ne les réchauffe promptement.

Mais on peut éviter ces dangers, en mettant les moutons à l'ombre, au milieu du jour lorsque le soleil est très-ardent; au contraire, s'il est à craindre qu'il ne tombe des pluies froides ou de la grêle, il ne faut pas éloigner le troupeau de la bergerie, afin de pouvoir le faire rentrer & le mettre promptement à couvert s'il est nécessaire. Cela arrive plus rarement pour les moutons qui sont toujours à l'air, que pour les autres; car dans une bergerie qui est située en Bourgogne près de Montbard, & où il n'y a point d'étables depuis plus de quatorze ans, on n'a jamais été obligé de mettre les moutons à couvert après la tonte.

§. V. *Que faut-il faire de la toison, après qu'une bête à laine a été tondue ?*

Il faut exposer la toison à l'air pour la faire sécher : plus elle est sèche, moins elle est sujette à se gâter; ensuite on l'étend de façon que la face qui tenoit au corps de l'animal se trouve en dessous, & l'on replie tous les bords sur le milieu de l'autre face; on en fait un paquet que l'on arrête en alongeant de part & d'autre quelques parties de laine que l'on noue ensemble. Les toisons ainsi disposées, sont mises en tas dans un lieu sec, jusqu'au temps de les vendre.

§. VI. *Des insectes qui gâtent le plus la laine. Manière de les connoître & d'en préserver la laine.*

Les insectes qui gâtent le plus la laine sont les teignes. On donne ce nom à des chenilles produites par des papillons que l'on appelle aussi des teignes; pour les distinguer des autres insectes du même nom, on les appelle teignes communes. La plupart des gens prennent les chenilles teignes pour des vers, quoiqu'elles aient des jambes comme les autres chenilles, tandis que les vers n'en ont point. Les papillons teignes se trouvent dans les maisons où il y a des meubles ou des magasins de laine; ils ont à-peu-près trois lignes de longueur; ils sont de couleur jaunâtre luisante. On les voit voltiger depuis la fin d'avril jusqu'au commencement d'octobre, un peu plutôt ou plus tard, suivant que la saison est plus ou moins chaude. Pendant tout ce temps les papillons teignes pondent sur la laine de petits œufs que l'on apperçoit difficilement; c'est de ces œufs que sortent les chenilles qui rongent la laine. (*Voyez* CHENILLE.)

Les chenilles teignes éclosent pendant les mois d'octobre, de novembre & de décembre; elles sont très-petites, & prennent peu d'accroissement pendant tout ce temps, & même elles sont engourdies, lorsqu'il fait de grands froids; mais pendant le mois de mars & le commencement d'avril, elles grandissent promptement; c'est alors qu'elles coupent un grand nombre de filamens de laine pour se nourrir & se vêtir.

On connoît les chenilles teignes, lorsqu'on voit sur les toisons de laine ou dans d'autres endroits, de petits fourreaux d'environ une ligne de diamètre, sur quatre ou cinq lignes de longueur & rarement six; ces fourreaux sont un peu renflés dans le milieu & évasés par les deux bouts.

Il y a dans chacun une chenille qui s'y tient à couvert, parce qu'elle n'est revêtue que d'une peau blanche, mince, transparente & délicate. La chenille teigne avance un tiers de la longueur de son corps au dehors de son fourreau, par un bout ou par l'autre; car elle peut s'y retourner dans le milieu, à l'endroit où il est le plus large; elle peut aussi en sortir presqu'entiérement, il n'y reste que la partie postérieure du corps & les deux jambes de derrière qui s'attachent au fourreau, de sorte que la chenille peut l'entraîner avec elle lorsqu'elle marche, par le moyen de ses autres jambes: elle n'a que le tiers de son corps au dehors du fourreau lorsqu'elle coupe les filamens de la laine: elle se contourne en différens sens pour atteindre au plus grand nombre de ces filamens; elle se nourrit de la substance de la laine, & elle l'emploie aussi pour former & pour agrandir son fourreau; c'est pourquoi il est de même couleur que la laine. On ne peut pas douter qu'il n'y ait eu, ou qu'il n'y ait encore des chenilles teignes dans de la laine, lorsqu'on y voit de leurs excremens, ou lorsqu'ils sont répandus au-dessous. Ces excrémens sont en petits grains arides & anguleux, gris, lorsque la laine est blanche, noirâtres, lorsqu'elle est noire.

Les chenilles teignes, après avoir pris tout leur accroissement, quittent pour la plupart les toisons pour se retirer dans de petits coins obscurs du magasin de laine, & s'y attachent par les deux bouts de leur fourreau, ou elles se suspendent au plancher par un seul; alors elles ferment les deux ouvertures du fourreau, & changent de forme & de nom; on leur donne alors celui de chrysalide. (*Voyez ce mot*) Elles restent dans cet état pendant environ trois semaines; ensuite ces insectes percent le bout de leur enveloppe qui est le plus près de leur tête, & ils sortent sous la forme d'un papillon.

Quant aux moyens de préserver la laine du dommage des chenilles teignes, jusqu'à présent on n'en a trouvé aucun pour l'en garantir entièrement, mais on peut l'éviter en partie: faites enduire en blanc les murs & plafonner le plancher du magasin où l'on garde des laines, afin que les papillons teignes qui se posent sur les murs & sur le plafond, soient plus apparents. Placés les laines sur des claies qui soient soutenues à un pied au-dessus du carrelage, ayez un bâton terminé comme un fleuret à l'une de ses extrémités par un bouton rembourré; lorsque vous entrerez dans le magasin, vous frapperez avec le bâton sur les laines & sous les claies pour faire sortir les papillons teignes; ils s'envoleront, ils iront se poser sur les murs ou sur le plafond, où il sera facile de les tuer en appliquant sur eux l'extrémité du bâton rembourré. En répétant souvent cette recherche, depuis la fin d'avril jusqu'au commencement d'octobre, on détruit un grand nombre de papillons teignes; on prévient leur ponte, ou on ne la laisse pas achever; par conséquent il y a beaucoup moins de ces chenilles rongeuses dans la laine: un enfant est capable de la soigner de cette manière.

On a prétendu que l'odeur du camphre ou de l'esprit de térébenthine, étoient des préservatifs pour la laine, contre les teignes: elles peuvent être détournées par ces odeurs, si elles trouvent à se placer sur des laines qui ne les aient pas; mais à leur défaut elles s'accoutument à l'odeur du camphre & de la térébentine.

La vapeur du souffre fait aussi périr les chenilles teignes; mais il faut que cette vapeur soit concentrée dans un petit espace. Elle ne pourroit pas l'être dans un magasin de laines, d'ailleurs elle leur donneroit une mauvaise odeur; celle du camphre est aussi très-désagréable. Il vaut mieux battre les laines dans les magasins, & en tirer les papillons teignes: aussi est-ce la méthode des fourreurs, pour conserver les pelleteries; ils les battent, & ils courent après les papillons teignes, dès qu'ils en apperçoivent.

# DEUXIÈME PARTIE.

## CHAPITE PREMIER.

### *Maladies aigues.*

§. I. *Inflammatoires.*

Le catarre, la péripneumonie ou inflammation de poitrine, les tumeurs phlegmoneuses, l'esquinancie simple, l'enflure à la tête, la courbature, le pissement de sang, l'enflure au bas ventre, le mal rouge, la maladie du sang.

§. II. *Carbunculaires.*

Le charbon à la langue, le charbon œdémateux, le vrai charbon, le chancre.

§. III. *Phlogoso-gangreneuses.*

L'esquinancie gangreneuse, le feu sacré ou érésipèle, la rougeole.

§. IV. *Putrides & malignes.*

La peste des brebis.

§. V. *Eruptions exanthématiques.*

Le claveau ou clavellée, la crystalline des brebis.

§. VI. *Phlegmon insectes.*

Les tumeurs par la piquure des insectes, &c, par la ponte de leurs œufs.

## CHAPITRE II.

### *Maladies Chroniques.*

§. I. *Séreuses, humorales, pléthoriques.*

La bouffissure, l'hydropisie.

§. II. *Hydatideuses.*

L'hydropisie au cerveau, aux poumons, au bas ventre, la pourriture, les douves, les vers de différente espèce, la toux, la pulmonie.

§. III. *Fluxionnaires ou évacuatives.*

L'écoulement par les naseaux, la morve, la dyssenterie, la diarrhée ou dévoiement.

§. IV. *Les psoriques.*

La gale, les dartres, le bouquet ou noir museau, le cancer des brebis ou feu Saint-Antoine.

§. V. *Sèches ou arides.*

La brûlure ou mal de feu, la consomption.

La planche ci-jointe représente un mouton, & indique les parties affectées par ces différentes maladies. Quant

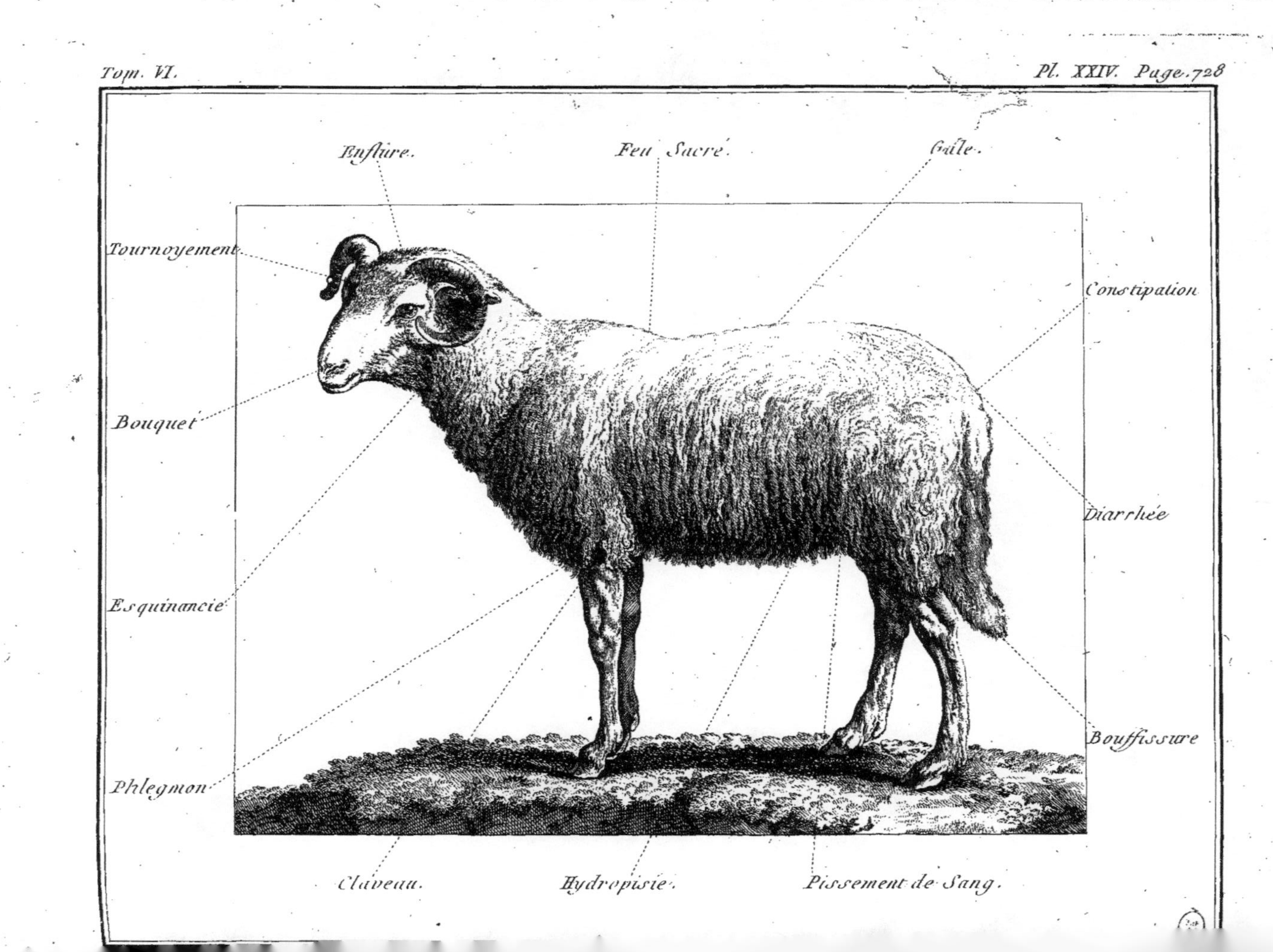
Enflure.
Feu Sacré.
Gâle.
Tournoyement
Constipation
Bouquet
Diarrhée
Esquinancie
Bouffissure
Phlegmon
Claveau.
Hydropisie.
Pissement de Sang.

Quant au traitement, on le trouvera dans le corps du Dictionnaire sous le nom qui les désigne. M. T.

MOUTURE. *Voyez* MOULIN.

MOXA. Espèce de coton de la Chine dont on se sert pour cautériser. Les Japonois & les Chinois en font un grand usage; il mériteroit bien d'être généralement adopté en Europe. C'est une espèce de duvet fort doux au toucher, d'un gris de cendre, & semblable à la filasse de lin. On le compose de feuilles d'*Armoise*, pilées, (*Voyez* ce mot) dont on sépare les fibres dures & les parties les plus épaisses; cette matière étant sèche, prend aisément feu, mais elle se consume lentement sans produire de flamme & sans causer une brûlure fort douloureuse. Il en part une fumée légère, d'une odeur assez agréable. Lorsqu'il s'agit d'appliquer le moxa, on prend une petite quantité de cette filasse que l'on roule entre ses doigts pour lui donner la forme d'un cône d'environ un pouce de hauteur; on applique ce cône par sa base, après l'avoir humecté d'un peu de salive, sur la partie que l'on veut cautériser, pour qu'il s'y attache plus aisément, après quoi l'on met le feu au sommet du cône, qui se consume peu à peu, & finit par faire une brûlure légère à la peau, qui ne cause point une douleur considérable: quand un de ces cônes est consumé, on en applique un second, un troisième, & même jusqu'à dix & vingt, suivant l'exigence des cas. C'est sur-tout le long du dos que les Chinois appliquent le moxa.

M. Pouteau, chirurgien de Lyon, connu dans toute l'Europe par ses savans écrits, & que la mort a trop tôt enlevé pour le bien de l'humanité, a été un des plus célèbres promoteurs de la cautérisation Japonoise. D'une santé foible, délicate, affecté de la poitrine, c'est sur lui qu'il en a fait les premiers essais, & il s'en est si bien trouvé, qu'il a essayé & réussi à guérir plusieurs poitrinaires, & à faire disparoître des maladies contre lesquelles on avoit essayé tous les remèdes connus. Cette méthode paroît au premier coup d'œil barbare, & sur-tout très-douloureuse; cependant elle ne l'est point. J'ai vu plusieurs femmes tenir elles-mêmes le cylindre, se laisser brûler tranquillement, & recommencer de nouveau quand le cylindre étoit consumé. Le feu mis dans la partie supérieure, pousse lentement la chaleur contre la peau; la peau lubréfiée par un peu d'humidité qui reste dans le moxa, & par la transpiration qui ne peut s'échapper, s'y accoutume peu à peu; la douleur est si petite quand le feu est bien gradué, que je réponds, d'après ma propre expérience, qu'il faut être bien délicat pour ne pas la supporter.

On a publié plusieurs manières de préparer le moxa, de le composer, &c; elles sont au moins inutiles puisqu'il ne s'agit d'établir qu'une chaleur graduée; & les propriétés particulières des plantes n'ajoutent rien à la valeur de l'action du feu. Le coton seul suffit. On prend un morceau de toile d'un pouce de hauteur & d'un peu plus de trois pouces de largeur, dont on réunit & fixe les deux extrémités par des points, ce qui forme alors un cylindre. On le remplit couche par couches de coton, que l'on presse vivement. Au bas du cylindre & de chaque côté, on attache un morceau de ruban de fil au moyen duquel on tient commodément le cylindre fixé dans l'endroit qu'on veut cautériser ; ensuite on met le feu au haut du cône.

J'ai vu réussir avec le plus grand succès, cette cautérisation dans les commencemens des maladies de poitrine, en appliquant le moxa deux pouces au-dessus du creux de l'estomac ; sur les parties affectées de rhumatismes, & de rhumatismes goutteux. Il me paroît que dans ces cas urgens, le moxa doit très-utilement suppléer les vésicatoires, vu que son effet est plus prompt : d'ailleurs, on ne craint pas, comme avec les vésicatoires, les funestes effets des mouches cantarides sur la vessie.

Il convient d'entretenir la plaie faite par la brûlure, par l'application des feuilles de *bettes* ou de *cardes-poirées*, ou de laitues ; (*Voyez* ces mots) Il en découle une eau ordinairement limpide, & c'est la matière de l'humeur qui sort par cette voie.

MUCILAGE. Substance qu'on retire des plantes, qui est parfaitement miscible à l'eau, & la seule dans la nature qui soit nourrissante ; on l'appelle *gélatineuse* dans le règne animal ; quant au fond, c'est la même substance que celle qu'on tire des végétaux : ce qui nourrit dans la farine, dans les fruits, dans les viandes, &c, c'est cette partie *muqueuse* ou *mucilagineuse*. (*Voyez* le mot PAIN) Ce mucilage est uni naturellement ou artificiellement avec une portion sucrée, & tous deux étendus dans un fluide en quantité proportionnée, la *fermentation* s'établit, (*Voyez* ce mot) il en résulte un vin, & de ce vin on retire de l'esprit ardent ou eau-de-vie. Tel est le résultat de la fermentation de la liqueur du raisin, du cidre, du poiré, de l'orge fermentée pour la bière, &c. Le mucilage est en général plus particulier aux semences & aux racines, qu'aux tiges & aux fleurs : les plantes graminées sont exceptées de cette règle. Les gommes pures sont des mucilages.

MUFLE DE VEAU. (*Voyez Planche XXIII, page 672*) Tournefort le place dans la quatrième section de la quatrième classe des fleurs d'une seule pièce irrégulière, terminées par un mufle à deux machoires, & il l'appelle *anthirrinum vulgare*. Von Linné le nomme *anthirrinum majus*, & le classe dans la dydinamie angiospermie.

*Fleur.* Composée d'un tube très-long, divisé en deux lèvres ; la supérieure fendue en deux, & l'inférieure en trois. B représente la lèvre supérieure avec les quatre étamines, dont deux plus longues & deux plus courtes. C fait voir le calice, le pistil & l'embrion.

*Fruit.* Capsule singulière quand elle est sèche ; elle représente le mufle d'un veau, d'où la plante a tiré sa dénomination. On le voit en D : cette capsule est partagée en deux loges, remplies de semences menues.

*Feuilles.* Entières, en forme de fer de lance, portées par des pétioles.

*Racine* A. En forme de fuseaux, avec des rameaux latéraux & chevelus.

*Port.* Tige haute de deux à trois pieds, suivant le sol & la culture, droite, rameuse ; les fleurs au haut de la tige disposées en épi, les feuilles alternativement placées sur elles. La fleur est purpurine, plus ou moins foncée en couleur; il y en a une variété à fleur blanche & à fleur jaune.

*Lieu.* Les terreins incultes, les vieux murs. La plante est vivace; on l'a transportée dans nos jardins, & elle sert de décoration dans les plates-bandes.

*Propriétés.* On la dit vulnéraire, & on l'emploie en décoction.

*Culture.* Le lieu où elle croit spontanément prouve que sa culture n'est pas difficile. On multiplie le musle de veau de deux manières, & par semence & par filleule. On le sème dès que l'on ne craint plus les gelées de l'hiver. Dans les provinces du midi & du centre du royaume, les plantes provenues des semis, fleuriront en automne, & les autres au printemps suivant, à moins que l'été des provinces du nord n'ait été chaud.... On multiplie la plante par filleule, en en séparant les tiges, & en les emportant avec leur racine; chaque brin, ainsi garni de racines, reprend avec la plus grande facilité. L'opération doit être faite ou vers la fin de l'automne, ou avant que la sève se soit mise en mouvement après l'hiver: ces plantes craignent les terreins humides & marécageux. Si on veut qu'elles fleurissent pendant presque toute l'année, il faut couper raz de terre les tiges au moment qu'elles ont passé fleur, & répéter la même opération après chaque fleuraison.

MUGUET ou LIS DES VALLÉES. Tournefort le place dans la seconde section de la première classe des herbes à fleur en grelot, dont le pistil devient un fruit mou & assez petit, & il l'appelle *lilium convallium album.* Von Linné le nomme *convallaria majalis*, & le classe dans l'hexandrie monogynie.

*Fleur.* En forme de cloche, d'une seule pièce, découpée sur ses bords, à quatre ou cinq segmens recourbés.

*Fruit.* Sphérique, mou, rouge, rempli de pulpe & de semences dures, entassées les unes sur les autres.

*Feuilles.* Pour l'ordinaire au nombre de deux, grandes, ovales, partant des racines & embrassant la tige par leur base.

*Racine.* Horizontale, charnue, noueuse, traçante.

*Port.* La tige est nue, elle s'élève à un demi pied, porte plusieurs fleurs disposées en grappes, & rangées d'un seul côté.

*Lieu.* Dans les bois du centre du royaume, la plante est vivace par sa racine & fleurit au printemps.

*Propriétés.* Les fleurs ont une odeur pénétrante très-agréable, leur saveur est amère; elles sont atténuantes, antispasmodiques, & tiennent le premier rang entre les céphaliques; les fleurs seules sont en usage en médecine.

*Usage.* L'huile par macération des fleurs offre un parfum agréable; elle relâche la portion des tégumens sur lesquels elle est appliquée: les fleurs sèchées, pulvérisées, tamisées & inspirées par le nez, déterminent l'évacuation des humeurs séreuses qui remplissent la membrane pituitaire. Sous cette forme elles sont indiquées dans le larmoyement par abondance d'humeurs séreuses, par des humeurs pituiteuses, dans le catarrhe humide, l'enchifrénement, lorsqu'il n'existe pas de dispositions inflammatoires.

Il n'est aucun propriétaire habitant la campagne, qui ne doive avoir chez soi une petite provision de bonne eau-de-vie, dans laquelle on fait infuser les fleurs du muguet. Si l'eau-de-vie marchande est trop foible ou trop affoiblie par l'eau, il faut se servir d'esprit-de-vin. On remplit une ou deux bouteilles de pinte, avec des fleurs de muguet, sans les presser; on ajoute par-dessus autant de bonne eau-de-vie ou d'esprit-de vin que chaque bouteille peut en contenir; enfin on les bouche exactement; on les laisse ainsi macérer pendant quelques mois dans un endroit naturellement chaud. Au bout de ce temps, on passe la liqueur à travers un papier gris; on retire les fleurs, on exprime, à l'aide d'un linge, le fluide qu'elles ont retenu, afin de la passer par le papier gris, & tout le produit en liqueur est mêlé ensemble, & renfermé dans des bouteilles bien bouchées. Voici les usages auxquels on peut employer cette liqueur, dont je répond de l'efficacité après une expérience de trente années.

Dans les indigestions, dans les dérangemens d'estomac par foiblesse, on en prend une cuillerée à bouche. Cet élixir bien simple réussit singulièrement dans les coliques, lors de la suppression du flux menstruel, dans les défaillances, les syncopes, à la dose indiquée ci-dessus; dans les premiers momens de l'apoplexie séreuse on double la dose.

Cet élixir, inspiré par le nez lorsqu'une abondance d'humeurs séreuses se jette sur les yeux, fait beaucoup éternuer, & détourne cette humeur. C'est ainsi que j'ai rendu la vue à un dessinateur, après avoir, pendant quinze jours de suite, inspiré chaque matin un peu d'élixir.

Muguet des bois, *ou* Hépatique étoilée. ( Voyez *Planche XXIII, page 672.* ) Tournefort nomme cette plante *aparine latifolia, humilior, montana;* & Von Linné la désigne sous le nom de *asperula odorata,* & la place dans la tétandrie monogynie.

*Fleurs.* Pédunculées, terminales, blanches & composées d'un tube divisé en quatre parties B.

*Fruit.* Sec & un peu velu E & F, surmonté d'un pistil D.

*Feuilles.* Ovales, lancéolées, un peu ciliées sur leur bord, au nombre de huit par verticilles; les supérieures sont plus grandes que les inférieures. C fait voir le calice.

*Racine* A. Branchue, chevelue & vivace.

*Port.* Tiges hautes de six à sept pouces, simples, lisses, feuillées & légérement anguleuses.

*Lieu.* Les bois & les lieux couverts.

*Propriétés.* L'herbe verte & à demi formée, a une odeur agréable: elle est regardée comme tonique, vulnéraire, & légérement éménagogue.

MUID. Mesure dont on se sert pour les liquides & pour les solides. A Paris le muid pour tous les grains est composé de douze setiers; chaque setier contient deux mines; chaque mine deux minots; chaque minot trois boisseaux; chaque boisseau quatre quarts de boisseau ou seize litrons; chaque litron trente six pouces cubes, qui excèdent notre pinte de $1\frac{11}{32}$ pouces cubes: le setier de froment pèse de deux cent quarante à deux cent cinquante livres, poids de marc, suivant la bonté du grain.

Le muid d'avoine est double du muid de froment, quoique composé comme celui-ci de douze setiers, mais chaque setier contient vingt-quatre boisseaux; le muid de charbon de bois contient vingt mines, sacs ou charges, chaque mine deux minots, chaque minot huit boisseaux, chaque boisseau quatre quarts de boisseau.

On mesure également le vin par muid, ainsi que les autres liqueurs. Le muid de vin se divise à Paris en demi muid, quatre quarts de muid, & huit demi-quarts de muid. Le muid de Paris contient deux cent quatre-vingt-huit pintes; celui du Bas-Languedoc est de six cent soixante-quinze bouteilles, mesure de Paris, & en temps de guerre cette mesure ne coûte souvent que dix-huit à vingt livres.

MULE. (*Voyez* ENGELURE).

MULES TRAVERSINES. MÉDECINE VÉTÉRINAIRE. On donne ce nom à des espèces de crevasses, d'où suinte une sérosité fétide, & qui sont situées sur le derrière du boulet. Il est rare qu'elles arrivent aux pieds de devant: c'est sans doute à raison de leur position transversale, qu'on les appelle *traversines*, *traversières*, &c.

Elles sont toujours douloureuses, & ne se guérissent pas facilement, attendu que le cheval en marchant, meût, étend & plie successivement l'articulation, ce qui les ouvre, & les irrite continuellement.

On les guérit dans le commencement, en y appliquant des cataplasmes émolliens & adoucissans, & ensuite des dessicatifs qu'on fait tomber avec la brosse. Quant aux *mules traversines* invétérées & de mauvaise qualité, on emploira les remèdes indiqués aux mots CREVASSE, CRAPAUDINE, & sur-tout à l'excellent traité des *eaux aux jambes*, inséré dans cet ouvrage, tom. IV, pag. 84. par M. Huzard, vétérinaire très-distingué dans la capitale. M. T.

MULET, MULE. Le mulet est un quadrupède, pour l'ordinaire, engendré d'un âne & d'une jument, quelquefois d'un étalon & d'une ânesse. La croupe de cet animal est affilée & pointue, sa queue & ses oreilles tiennent beaucoup de celles de l'âne; pour le reste, il ressemble au cheval. Il tient de l'âne la bonté du pied, la sûreté de la jambe & la santé; il a les reims très-forts, & il porte des fardeaux plus considérables que le cheval. On donne le nom de mule à la femelle de cet animal. Nous allons traiter un peu au long de l'un & de l'autre.

## CHAPITRE PREMIER.

### *Parallèle du mulet avec le* Bardeau.

En conservant, dit M. de Buffon, le nom de mulet à l'animal qui provient de l'âne & de la jument, nous appellerons *bardeau*, celui qui a le cheval pour père & l'ânesse pour mère. Personne n'a jusqu'à présent observé les différences qui se trouvent entre ces deux animaux d'espèce mélangée; c'est néanmoins l'un des plus sûrs moyens que nous ayons pour reconnoître & distinguer les rapports de l'influence du mâle & de la femelle, dans le produit de la génération...... Le bardeau est beaucoup plus petit que le mulet, il paroît donc tenir de sa mère l'ânesse, les dimensions du corps; & le mulet, beaucoup plus grand & plus gros que le bardeau, les tient également de la jument sa mère ; la grandeur & la grosseur du corps, paroissent donc dépendre plus de la mère que du père, dans les espèces mélangées. Maintenant, si nous considérons la forme du corps, ces deux animaux, pris ensemble, paroissent être d'une figure différente; le *bardeau* a l'encolure plus mince, le dos plus tranchant, en forme de dos de carpe, la croupe plus pointue & avalée, au lieu que le mulet a l'avant-main mieux fait, l'encolure plus belle & plus fournie, les côtes plus arrondies, la croupe plus pleine, & la hanche plus unie. Tous deux tiennent donc plus de la mère que du père, non-seulement pour la grandeur, mais aussi pour la forme du corps. Néanmoins, il n'en est pas de même de la tête, des membres & des autres extrémités du corps. La tête du *bardeau* est plus longue, & n'est pas si grosse à proportion que celle de l'âne ; & celle du mulet est plus courte & plus grosse que celle du cheval. Il tiennent donc pour la forme & les dimensions de la tête, plus du père que de la mère. La queue du bardeau est garnie de crins, à-peu-près comme celle du cheval : la queue du mulet est presque nue, comme celle de l'âne ; ils ressemblent donc à leur père par cette extrémité du corps. Les oreilles du mulet sont plus longues que celles du cheval, & les oreilles du *bardeau* sont plus courtes que celles de l'âne ; les autres extrémités du corps appartiennent donc aussi plus au père qu'à la mère : il en est de même de la forme des jambes, le mulet les a sèches comme l'âne ; & le *bardeau* les a plus fournies : tous deux ressemblent donc par la tête, par les membres, & par les autres extrémités du corps, beaucoup plus à leur père qu'à leur mère.

## CHAPITRE II.

*Des moyens pour avoir de beaux & bons mulets.*

Pour avoir des mulets pour la parade & pour voyager, on se sert des ânes, les plus gros & les mieux corsés qu'on peut trouver, & on leur fait sauter des jumens espagnoles. Ces animaux ainsi accouplés, produisent des mulets superbes, d'une couleur qui tire ordinairement vers le noir. On en fait venir encore de plus forts, en leur faisant sauter des jumens flamandes ; cette espèce est ordinairement aussi vigoureuse que les plus forts chevaux de carosse ; ils résistent même à des travaux plus rudes, sont nourris à moins de frais, & sont exposés à moins de maladies.

## CHAPITRE III.

*Des soins qu'il faut avoir pour se procurer de bons mulets, relativement à l'usage auquel on les destine.*

Les mulets servent à la selle, à la charrette ou à la charrue ; leur pas est doux & aisé, & leur trot n'est pas si fatiguant que celui du cheval. En général, avant que de faire propager ces animaux, il faut savoir quel service on prétend en tirer ; on choisit en conséquence ses jumens ; car il est de fait, que le mulet tient plus de la mère que du père ; si les mulets, donc, sont destinés à la selle, il faut choisir une jument alongée & légère, tandis que l'on doit choisir les jumens les plus fortes & les plus massives, quand on les destine à la charrette ou au labourage.

## CHAPITRE IV.

*Ce qu'il y a à rechercher dans la mule & le mulet, pour qu'ils soient bons.*

Une mule bonne & propre au travail doit avoir le corsage gros & rond, les pieds petits, les jambes menues & sèches, la croupe pleine & large, la poitrine ample, le col long & voûté, la tête sèche & petite.

Le mulet, au contraire, doit avoir les jambes un peu grosses & rondes, le corps étroit, la croupe pendante vers la queue. Les mulets sont plus forts, plus puissans, plus agiles que les mules, & vivent plus long-tems.

## CHAPITRE V.

*Du climat le plus propre au mulet. De la durée de sa vie. De son âge. De la manière de le nourrir & de connoître l'âge.*

Le mulet est un animal d'autant plus précieux, qu'il vient & se maintient vigoureux dans toutes sortes de climats. Ceux qui sont nés dans les pays froids sont toujours les meilleurs; l'expérience prouve qu'ils vivent plus long-tems que ceux qui viennent dans les pays chauds. On en élève beaucoup en Auvergne, en Poitou, dans le Mirebalais. Il y en a de très-beaux en Espagne: on en fait des attelages de carrosses.

Quant à la durée de la vie de cet animal, & à la manière de le nourrir, elle est la même que pour le cheval. (*Voyez cet article, tom. III. pag. 236.*)

## CHAPITRE VI.

*Des maladies auxquelles le mulet est sujet.*

On trouve dans le dictionnaire économique, plusieurs recettes contre les maladies des mulets. Il en est sur-tout une contre la fièvre que nous ne saurions approuver. Il faut, dit-on, leur donner à manger des choux verds. Quelle peut être la raison d'une pareille indication? Ne vaudroit-il pas mieux consulter l'expérience, & dire, si la manière de vivre des mulets est la même que celle du cheval, si les causes des maladies qui affligent l'un & l'autre de ces animaux, dépendent également de la manière peu convenable dont ils sont soignés ou conduits; si l'état de servitude & de contrainte dans lequel on les tient perpétuellement, état si opposé à leur nature, sont la source ordinaire de leurs maladies; si les signes, la marche, les progrès de ces maladies, sont à-peu-près les mêmes, pourquoi n'emploieroit-on pas les mêmes remèdes? Ainsi *Voyez* CHEVAL, *en ce qui concerne la division des maladies, & chaque maladie en particulier suivant l'ordre du dictionnaire, quant au traitement qui leur est propre.* M. T.

*FIN du Tome Sixième.*

# ERRATA.

Aux mots Bergerie, Écurie, Étable, il est dit *Voyez* Fumigation lorsqu'il s'agit de les désinfecter, & cependant le mot Fumigation a été omis; cet oubli est réparé au mot Méphitisme, à la page 494 de ce sixième Volume.

Je ne sais par quelle singularité, ou si c'est la faute de celui qui a corrigé les épreuves, il s'est glissé une erreur manifeste au mot Froment, Tome V, page 122, ligne 34, II$^{e}$ colonne, *voilà donc deux points connus*, &c.; il faut lire jusqu'à la fin de l'article: « Voilà donc deux points connus, » celui du total de la superficie, *exprimé par le nombre* 14400, & le total » des grains *par* 368640. Pour savoir combien il y aura de grains de » semence par pied quarré, *il suffit d'établir cette proportion* 14400: 1:: » 368640: *X la valeur; la valeur de X est en ce cas* $25\frac{3}{5}$, *ce qui exprime la* » *quantité de grains de semence contenus par chaque superficie de pied quarré.* » *Le pied quarré contient* 144 *pouces quarrés*, & *chaque superficie de pied* » *quarré* ayant 25 grains $\frac{3}{5}$, chaque grain aura donc un peu plus de cinq » pouces quarrés de *superficie*. »

Page 123, I$^{ere}$ colonne, ligne 12; *espacé de deux pouces*; lisez: *espacé de cinq pouces.*

*Ibid*.... ligne 26, *en semant* 400 *livres*; lisez: *en semant* 40 *livres.*

De l'Imprimerie de Cl. SIMON, Imprimeur de Mgr. l'Archevêque de Paris, rue Saint-Jacques, près S. Yves. N°. 27. 1785.

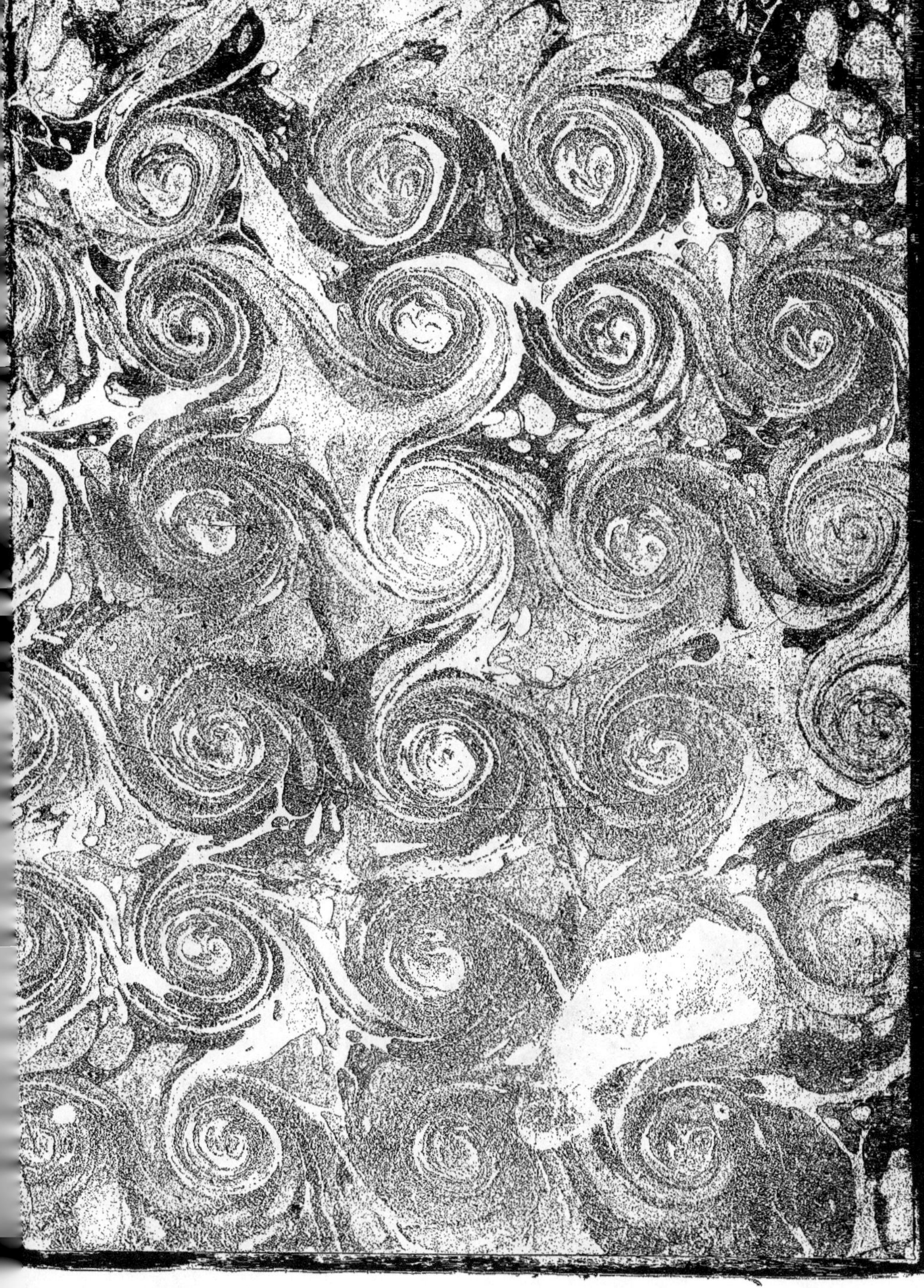

www.ingramcontent.com/pod-product-compliance
Lightning Source LLC
Chambersburg PA
CBHW030010220326
41599CB00014B/1756

* 9 7 8 2 0 1 9 5 7 8 8 8 6 *